采　矿　手　册

第 2 卷

《采矿手册》编辑委员会　编

北　京
冶　金　工　业　出　版　社
2008

图书在版编目(CIP)数据

采矿手册. 第2卷/《采矿手册》编辑委员会编. —北京：冶金工业出版社，1990. 12（2008. 11重印）

ISBN 978-7-5024-0648-6

Ⅰ. 采… Ⅱ. 采… Ⅲ. 矿山开采-技术手册 Ⅳ. TD8－62

中国版本图书馆CIP数据核字(2008)第026623号

出 版 人 曹胜利

地 址 北京北河沿大街嵩祝院北巷39号，邮编100009

电 话 (010) 64027926 电子信箱 postmaster@cnmip.com.cn

责任编辑 杨秋奎 王之光 美术编辑 王耀忠 版式设计 张 青

责任校对 刘 倩 责任印制 李玉山

ISBN 978-7-5024-0648-6

北京百善印刷厂印刷；冶金工业出版社发行；各地新华书店经销

1990年12月第1版，2008年11月第7次印刷

787mm×1092mm 1/16；50.5印张；1221千字；788页；10001－12000册

165.00元

冶金工业出版社发行部 电话：(010) 64044283 传真：(010) 64027893

冶金书店 地址：北京东四西大街46号 (100711) 电话：(010) 65289081

（本书如有印装质量问题，本社发行部负责退换）

《采矿手册》第2卷编写人员

（按章节顺序排列）

主　编　徐小荷

副主编　廖国华　洪有秋　黄存绍　贯鸿林　周晋华

编写人员

第六章　廖国华　林韵梅　周叔举　田良灿　钟时猷　赵庆和　王泳嘉
刘宝琛　马　光

第七章　徐小荷　张国忠　蔡友梅　丁振堃　曹一南　刘清荣　张天生
田永生　文先保　高　森　张文祯

第八章　洪有秋　钮　强　程宏盛　贾进宝　汪旭光　唐宜进　刘宝康
徐天瑞　边克信　曾世奇　朱德达　高士才　廖先骙　廖明清
吴稚淮　马柏龄　郭子庭　普永发　夏兆铭　刘定吉　李香灿

第 九 章　黄存绍　王惠英　罗国魁　姚必鸿　王家齐　赵煜东　王方强
杨竹林

第 十 章　贯鸿林　王　柯　罗邦兆　程良奎　张春漪　肖焕杰　廖国华

第十一章　周晋华　吴理云　宋　琳　袁再武　简富昌　何修仁　常德河
冯爱华　曹敏学　谢国华　张泽荫　周昌达　张春漪

《采矿手册》第2卷审稿人员

（按姓氏笔画排列）

王昌汉（第六章主审）　王泳嘉　王喜鹏　王永固　王集璇（第十章主审）
王均中　邓洪贵　冯铭翰　白永江　古德生　刘智超　朱瑞赓
孙德新（第七章主审）　李树生　朱　烨　牟以诺　孙伟历
何文鑫　陈尚文　佟杰新　何正范　陈均海　陈新万（第十一章主审）
邹佩麟　周先明　周自成　张俊熙　罗贤保　欧阳建功　周秉坤　吴培生
张济中　郑家就　吴统顺　侯启英　赵统武　赵慧文　姜渭中　钟时猷
钟德达　倪应玲　桑玉发　袁德在　陶颂霖（第八章主审）　徐小荷
高　磊　曹燮明　梁国强　章寿梧（第九章主审）　曾　跃

《采矿手册》总目录

第 1 卷

第 2 卷

第 3 卷

第 4 卷

第 5 卷

第 6 卷

第 7 卷

目　录

CONTENTS

第6章 岩 石 力 学

6.1 概　　述

采矿工程是在地壳表层中进行开挖的一种工程，它以安全并最大限度地采出有用矿体为目标。采矿所开挖的空间，是一个由巷道、硐室和采场等构成的系统。为了保证在这个系统中能够高效、安全、连续不断地作业，它要维护已经被开挖出来的空间。通常在岩石不好的地段，须给予适当的支护，以防止开挖空间发生垮塌和毁坏。部分矿体被采出之后，专门为它服务的巷道和采场随着失去了继续存在的意义，但是这部分被废弃的开挖空间，仍然可能影响邻近作业区域甚至整个开挖系统的安全，因此在原则上仍须予以处理和控制。

岩石力学是岩石和岩体力学性态理论及应用的科学，它是与岩石和岩体对所在物理环境中力场的反应有关的力学分支[1]。研究地壳岩体因开挖而诱发的变形和破坏及其控制方法的学科属于岩石力学。采矿工程中一系列重要的设计及生产环节，诸如露天矿边坡设计及不稳定边坡的处理，地下矿开拓系统及开采顺序的确定，巷道、硐室及采矿场的合理布局、支护方式及支护量的估算，采矿方法及其构成要素的选定，地层控制及空区处理，岩层移动及井下和地面对象的合理布局及保护性开采等等，都涉及岩石力学理论和实践问题。可以认为，岩石力学是现代采矿工程学的一门基础科学。

开挖体围岩的变形和破坏无疑与开挖体的大小、几何形态、埋藏深度甚至开挖方式有关，然而也往往在更大程度上与围岩的岩体结构（断层及节理之类地质不连续面对岩体的切割）、岩性及水文地质条件有关。事实说明，岩土工程中发生过的重大灾难事故，几乎总是由于不了解现场的重大地质缺陷而造成的。充分查明现场的地质条件是正确应用岩石力学原理解决实际问题不可缺少的前提。

全面了解并正确评价了矿区工程及水文地质条件之后，就有可能对采矿设计及生产中将要发生的岩石力学问题进行预测。结构控制的破坏和应力控制的破坏是岩体失稳的两种基本模式[2]，结构控制的破坏模式可通过分析地质不连续面及开挖临空面对岩体的切割方式来加以识别。地质不连续面及临空面切割岩体而形成的潜在滑塌体的稳定性可通过极限平衡分析来加以估算；应力控制的破坏是否发生则需在作出了应力分析后才能得出结论。岩石力学中遇到的应力分析问题大都是十分复杂的，但由于数值法的发展及电脑的普遍应用，求得问题的数值解如今也不十分困难。除计算解法之外，也可用物理模拟法来解决岩石力学问题。设计正确的简单物理模拟可帮助人们了解问题的主要力学机制，如果要通过模拟来了解问题的细节，则制作模型需要高度的技巧。

力学计算中所用的多种参数，需通过室内或现场岩石力学性能试验加以测定，测得的参数若不能反映真实岩体，则计算结果也难以正确。事实上，对于岩体这种复杂的对象，用唯一确定的参数来描述其性能可能局限性很大，因此，对于重要的课题，常需进行对参数的灵敏度分析，以了解答案变化的情况及变动的范围，为决策提供更多的信息[3]。

采矿开挖是一种长期不断的开挖，开挖范围不断扩大和延深，新问题可能层出不穷。因此，长期地监测岩体的动态是十分重要和必要的。长期监测所积累起来的资料，对于指导当前的施工、处理工程难题、检验理论的正确性、规划今后的岩石力学工程都是最可靠的依据。

本章将对岩石力学的基本概念和一般性原理作简要说明。至于岩石力学在一些重要的采矿设计和生产方面的应用则在其他有关章节专门讨论。

6.2 岩石的示性指标

岩石种类很多，其物理力学性能变化的范围很宽，为满足岩体工程的需要，常通过试验来了解它们的性能。其主要的力学指标示于本章6.4节和6.6节，本节仅对物理性指标和使用简易试验方法测得的一些示性指标加以介绍。

6.2.1 比重和密度

岩石的比重是试样固体部分的质量与其同体积4℃时蒸馏水质量的比值。岩石的比重用比重瓶法测定。试样需经粉碎并通过孔径为0.25mm筛。置于比重瓶中的试样和蒸馏水需用煮沸法或真空抽气法排除气体。按（6-1）式计算岩石比重：

$$\Delta_s = \frac{M_s}{M_1 + M_s - M_2}\Delta_0 \tag{6-1}$$

式中 Δ_s——岩石比重；

M_s——试样干质量，kg；

M_1——瓶、水合质量，kg；

M_2——瓶、水、试样合质量，kg；

Δ_0——与试验温度同温的蒸馏水的比重。

单位体积岩石的质量称为密度。计算岩体中的重力载荷时，质量是不可缺少的数据。岩石质量中包含了水分的质量，因含水率的不同岩石密度分天然密度、干密度和饱和密度；一般未说明含水状况时，即指干密度。

岩石密度的测定，根据岩石类型和试样形态，可分别采用量积法和蜡封法。

（1）量积法。试样可制备成圆柱体、立方体和方柱体。在试样两端和中间三个断面处测量其互相垂直的两个直径或边长，计算平均值，测量试样中心和四周的五个高度，计算平均值。

将试样置于烘箱中，在105～110℃温度下烘干24h，然后放入干燥器内，冷却至室温，称干质量。试样干密度按下式计算：

$$\rho_D = \frac{M_s}{AH} \tag{6-2}$$

式中 ρ_D——岩石干密度，kg/m³；

M_s——试样干质量，kg；

A——平均面积，m²；

H——平均高度，m。

（2）蜡封法。蜡封法适用于一切软硬岩石。选取边长为4～6cm的近似立方体的岩石试样，置于烘箱中于105～110℃温度下烘干24h，然后放入干燥器内，冷却至室温后称质量。用丝线缚住试样，置于刚过熔点的石蜡中1～2s，使试样表面均匀涂上一层蜡膜。将蜡封的试样置于水中称质量，然后擦干表面水分，在空气中称质量。试样干密度按（6-3）

式计算：

$$\rho_D = \frac{M_s}{\dfrac{M_1 - M_2}{\rho_w} - \dfrac{M_1 - M_s}{\rho_n}} \tag{6-3}$$

式中 ρ_D——岩石干密度，kg/m^3；

M_s——试样干质量，kg；

M_1——蜡封试样在空气中质量，kg；

M_2——蜡封试样在水中质量，kg；

ρ_n——石蜡密度，kg/m^3；

ρ_w——水的密度，kg/m^3。

如需求岩石天然密度时，可按（6-4）式计算：

$$\rho = \rho_D(1 + 0.01W) \tag{6-4}$$

式中 ρ——岩石天然密度，kg/m^3；

W——岩石天然含水率，%。

某些岩石的密度如表6-1所示。

6.2.2 孔隙率

岩石的孔隙率是岩石的总孔隙体积与岩石总体积之比，其数值按（6-5）式计算：

$$n = 100\left(1 - \frac{\rho_D}{\rho_s}\right) \tag{6-5}$$

式中 n——岩石的孔隙率，%；

ρ_D——岩石密度，kg/m^3；

ρ_s——岩石固体密度，kg/m^3，当ρ_s的单位取g/cm^3时，ρ_s与Δ_s的数值相等。

一些岩石的孔隙率示于表6-1，另一常用以表示孔隙状态的指标是孔隙比，定义为孔隙体积与固体体积之比，记为e。

$$e = \frac{n}{100 - n} \tag{6-6}$$

6.2.3 含水率和吸水率

含水率是指岩石所含水分的质量与岩石烘干后的质量之比。根据岩石含水状态的不同，岩石的含水率可分为天然含水率、吸水率和饱和吸水率。

岩石的天然含水率是岩石在天然状态下所含水分的质量与岩石烘干后的质量之比，定义为：

$$W = \frac{M_n - M_s}{M_s} \times 100\% \tag{6-7}$$

式中 M_n——保持天然水分的试样质量，kg。

岩石吸水率是试样在大气压力和室温条件下，岩石吸入水的质量与试样固体质量之比，常用自由浸水方式求岩石的吸水率。岩石饱和吸水率是试样在强制状态下岩石的最大吸水质量与试样固体质量之比。

选取边长约4~6cm近似立方体的试块，使试样按高度逐步浸水，直至全部浸没，在水下自由吸水48h后取出，擦去表面水分，称质量，记为M_o。

表6-1 某些岩石的性质指标

	岩石名称	密度 (g/cm^3)	孔隙率 (%)	吸水率 (%)	渗透系数 (cm/s)	纵波速度 (m/s)	横波速度 (m/s)
岩浆岩	花岗岩	2.30~2.8	0.5~4.0	0.1~4.0		4500~6500	2370~3800
	较致密微裂隙				1.1×10^{-12}~9.5×10^{-11}		
	含微裂隙				1.1×10^{-11}~2.5×10^{-11}		
	微裂隙及一些粗裂隙				2.8×10^{-9}~7×10^{-8}		
	正长岩	2.40~2.85					
	闪长岩	2.52~2.96	0.18~5.0	0.3~5.0		5700~6450	2793~3800
	辉长岩	2.55~3.0	0.29~4.0	0.5~4.0		5300~6560	3200~4000
	辉绿岩	2.53~2.97			$<10^{-13}$	5200~5800	3100~3500
	玢岩	2.40~2.80	2.1~5.0	0.4~1.7	8×10^{-11}		
	斑岩	2.70~2.74					
	粗面岩	2.30~2.67				3000~5300	1800~3100
	安山岩	2.30~2.70	1.1~4.5	0.3~4.5		4200~5600	2500~3300
	玄武岩	2.5~3.10	0.5~7.2	0.3~2.8	$<10^{-13}$	4570~7500	3050~4500
	流纹岩	2.37			$<10^{-13}$	4800~6900	2900~4100
	纯橄榄岩					6500~7980	4080~4800
火山岩	凝灰岩	2.29~2.50	1.5~7.5	0.5~7.5		2600~4300	1550~2600
	火山集块岩		2.2~7.0	0.5~1.7			
	火山角砾岩		4.4~11.2	0.2~5.0			
沉积岩	砾岩	2.40~2.66	0.8~10.0	0.3~2.4		1500~2500	900~1550
	砂岩	2.20~2.71	1.6~28.0	0.2~9.0		1500~4000	915~2400
	较致密				10^{-13}~2.5×10^{-8}		
	空隙较发育				5.5×10^{-6}		
	页岩	2.30~2.62	0.4~10.0	0.5~3.2	2×10^{-10}~8×10^{-9}	1330~3970	780~2300
	泥岩		3.0~7.0	0.7~3.0			
	石灰岩	2.30~2.77	0.5~2.7	0.1~4.5		2500~6000	1450~3500
	致密				3×10^{-12}~6×10^{-10}		
	微裂隙孔隙				2×10^{-9}~3×10^{-6}		
	孔隙较发育				9×10^{-5}~3×10^{-4}		
	石膏	2.3				2130~4500	1270~2700
	岩盐	2.1					
	煤	0.7~2.0					
	油页岩	1.6~2.7					

续表 6-1

岩石名称		密度 (g/cm³)	孔隙率 (%)	吸水率 (%)	渗透系数 (cm/s)	纵波速度 (m/s)	横波速度 (m/s)
沉积岩	泥灰岩		1.0~100	0.5~3.0			
	白云岩		0.3~25	0.1~3.0		2500~6000	1500~3600
	硅质石灰岩					4400~4800	2600~3000
	泥质石灰岩					2000~3500	1200~2200
	白垩					1800~3500	1100~2200
变质岩	片麻岩 致密 微裂隙 微裂隙发育	2.30~3.00	0.7~2.2	0.1~0.7	 $<10^{-13}$ $9\times10^{-8}\sim4\times10^{-7}$ $2\times10^{-6}\sim3\times10^{-5}$	6000~6700	3500~4000
	花岗片麻岩		0.3~2.4	0.1~0.85			
	片岩	2.09~2.92	0.7~3.0	0.1~0.6	$10^{-9}\sim5\times10^{-8}$	5800~6420	3500~3800
	石英岩	2.40~2.80	0.1~8.7	0.1~1.5	$1.2\times10^{-10}\sim1.8\times10^{-10}$	3030~5610	1800~3200
	大理岩	2.60~2.75	0.1~6.0	0.1~1.0		5800~7300	2700~3500
	板岩	2.31~2.75	0.1~0.45	0.1~0.3		3650~4450	2160~2860
	千枚岩		0.4~3.6	0.5~1.8		2800~5200	1800~3200
	蛇纹岩		0.1~2.5	0.2~2.5			

可用煮沸法或真空抽气饱和法对试样进行强制饱和。采用煮沸法饱和试样时，煮沸时间不得少于6h。采用真空抽气法饱和试样时，抽气的真空度达到98.66kPa负压力，抽气时间不得少于4h。经饱和的试样应留置在原容器中4h，然后取出，擦去表面水分，称质量，记为M_P。

吸水率及饱和吸水率按（6-8）式、（6-9）式计算：

$$W_a=\frac{M_o-M_s}{M_s}\times100\% \tag{6-8}$$

$$W_{sa}=\frac{M_p-M_s}{M_s}\times100\% \tag{6-9}$$

式中 W_a——岩石吸水率,%；

W_{sa}——岩石饱和吸水率,%。

某些岩石的吸水率见表6-1。

6.2.4 渗透系数

岩石的渗透系数是表征岩石透水能力强弱的指标。按达西定律，渗透系数定义为：

$$K=\frac{Q}{FI} \tag{6-10}$$

式中 K——渗透系数，m/s；

Q——渗透量，m^3/s；

F——过水断面面积，m^2；

I——水头梯度。

岩石渗透系数值的大小主要取决于岩石中孔隙的大小、数量、方向及相互连通情况。几种岩石渗透系数值见表6-1。

当岩石的渗透系数K值小于10^{-7}cm/s时，可认为该岩石实际上是不透水的。岩体含有节理裂隙，其渗透性可能相当高，K值须通过野外试验确定。

6.2.5 点载指数

将岩石试样置于上下两个球端圆台加荷器之间。对试样施加集中载荷，直至试样破坏，通过计算求得试样的点荷载强度。点载指数是表示岩石试样点载强度的指标，定义为

$$I_s = \frac{p}{D_e^2} \tag{6-11}$$

式中 I_s——点载指数，MPa；

p——试样在点载作用下破坏时的总荷载，N；

D_e——等效直径，mm。

对于岩心径向试验，$D_e^2 = D^2$，这里D是岩心直径；对于岩心轴向试验、方块体试验或不规则块体试验，$D_e^2 = 4A/\pi$，这里

$$A = HB,\ \mathrm{mm^2}$$

式中 H——作用在试样两加荷端点之间的距离，mm；

B——通过两加荷点的试样最小截面上垂直于加荷轴的平均宽度，mm。

试验用点载荷仪进行。点载荷仪由加荷部分和荷载测量部分组成，其示意外形见图6-1，选择的试样应具有均匀性。对各向异性明显的岩石，应分别使加荷方向平行及垂直于面理进行测定。试样尺寸应满足

长（L）≥直径

或 长（L）≥宽（B）≥高（H）

的要求。

由于I_s是D_e的函数，为了取得标准的点载指数，需要将I_s修正成$D_e = 50$mm、径向加载的标准点载指数$I_{s(50)}$。

尺寸修正按下述方法进行：

（1）当可能进行比较试验时，可进行一系列不同尺寸试样的试验，确定出p与D_e^2的关系曲线，然后再用内插法与外推法得到相应于$D_e^2 = 2500\mathrm{mm^2}$的$p_{50}$值，再按$p_{50}/(D_{50})^2$计算$I_{s(50)}$。

（2）在未能获得$p - D_e^2$曲线的情况下，可用（6-12）式进行修正：

$$I_{s(50)} = \sqrt{D_e/50}\, I_s \tag{6-12}$$

为保证数据的精度，一般认为圆柱状试样试验次数不少于10次，不规则试样为15～25次，取平均值作为试验指标。

点载指标可用于岩石分类，评价岩石各向异性，估计岩石单轴抗压强度和抗拉强度。岩石的点载指数与其单轴抗压强度之间存在如（6-13）式近似关系：

$$\sigma_c = 24 I_{s(50)} \tag{6-13}$$

式中 σ_c——岩石的抗压强度。

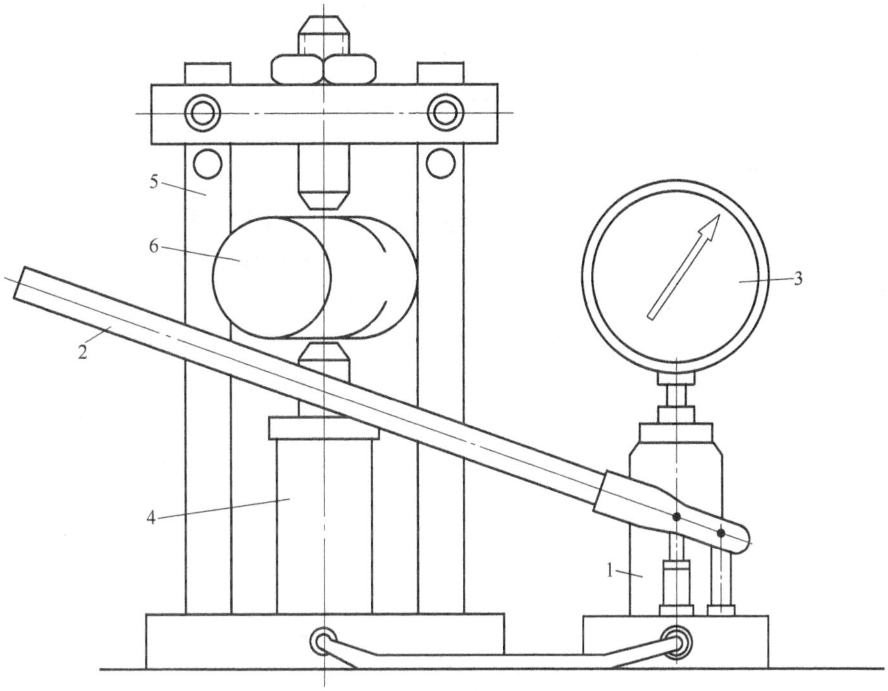

图 6-1　点载荷仪示意图

1—油泵；2—手柄；3—压力表；4—千斤顶；5—框架；6—试件

6.2.6　施密特硬度

硬度是一种关于物料性态的概念而不是物料的基本性质。岩石硬度的量度数值取决于所用试验的类型和仪器的型号。用回弹仪测定的硬度称为施密特硬度，这种硬度用回弹仪中的冲击锤通过弹击杆冲击被测面的回弹高度刻度表示。天津建筑仪器厂生产的 HT-225 型回弹仪可以用来进行这种硬度测定。

测定岩石施密特硬度应遵守下列要求：

(1) 在每次试验之前，回弹仪要用仪器制造厂提供的标定试验砧子进行校正。须在试验砧上测 10 个读数，取平均值；

(2) 若在实验室测定，要尽量用尺寸较大的岩石做试验，可用直径 54mm 岩心试样或者边长最少为 60mm 的试样。试样必须牢固地夹持在质量至少为 20kg 的钢座上；

(3) 试样表面应是光滑平整的，没有裂纹或局部结构面；

(4) 所获得的施密特硬度值受回弹仪方向的影响。回弹仪的使用方向最好是下述三个方向中的一个：垂直向上，水平，或是垂直向下。若因条件限制，试验要以一定角度进行时，就要把试验结果修正为水平或垂直方向的结果。修正工作要利用制造厂家提供的修正曲线。

对任何一个岩石试样至少要进行 20 个单独试验，各次试验的位置间的距离要等于或大于弹击杆直径。测得的试验数据要按递降序列排列起来。舍弃后一半的数据，由前一半的数据求平均值。此平均值乘以修正系数即得施密特硬度。

$$修正系数 = \frac{砧子的规定标准值}{在标定砧子上测 10 个数据的平均值} \tag{6-14}$$

在岩石的施密特硬度和单轴抗压强度之间有某种统计关系[3]。建立起这种关系曲线，可以通过测量不连续面壁施密特硬度来换算它的单轴抗压强度，这对于研究不连续面的力学性能是一种方便的途径。

6.2.7 耐水指数

某些软岩，特别是那些黏土含量高的岩石，在水的作用下常显示膨胀、松动或崩解的性质。表示岩石耐水性的指标有膨胀压力指标、膨胀变形指标和耐崩解性指数。

6.2.7.1 膨胀压力指标

膨胀压力指标定义为岩石试样浸没于水中保持原状和体积不变时所需要的压力。

膨胀压力指标的测定用土工试验设备固结仪进行。试验容器如图 6－2 所示。试样的几何形状是正圆柱体时，其直径不小于厚度的 2.5 倍。将具有天然含水量的或人工控制含水量的试样置于金属环内，试样和环紧密配合。用水浸没试样，随时调节所施加的力。使试样的膨胀保持为零，连续记录膨胀力，直至达到常数或超过峰值。

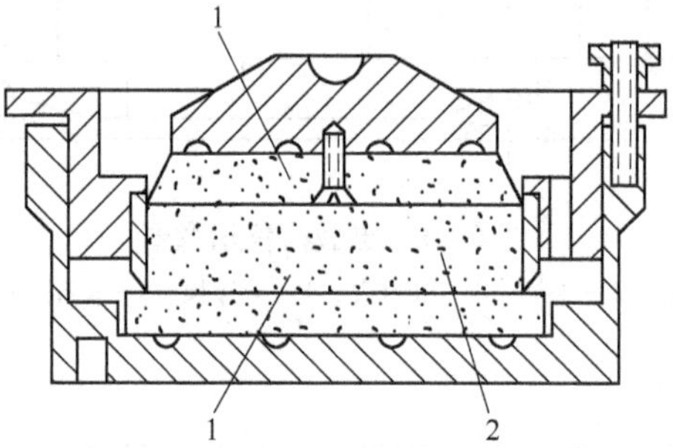

图 6－2 侧限膨胀试验容器及试样组件

1—试样；2—多孔板

膨胀压力指标计算如下：

$$膨胀压力指标 = \frac{F}{A}, \mathrm{Pa} \tag{6-15}$$

式中 F——轴向膨胀力，N；

A——试样断面面积，m^2。

6.2.7.2 膨胀变形指标

膨胀变形指标定义为径向受约束的岩石试样浸没于水中时，在固定轴向压力下所发生的膨胀变形。

测定膨胀变形指标所使用的设备和方法与测定膨胀压力指标所用者基本相同，区别之处在于：

(1) 试样的直径不小于其厚度的 4 倍。

(2) 在试验过程中对试样施加 30kPa 的持续压力。

(3) 浸水后连续记录膨胀位移直至达到常数或超过峰值。

膨胀变形指标计算如下：

$$膨胀变形指标 = \frac{d}{L} \times 100, \% \tag{6-16}$$

式中 d——试验时记录的最大膨胀位移，mm；

L——试样的初始厚度，mm。

6.2.7.3 耐崩解性指数

耐崩解性指数可用来估价在经受干燥及湿润两个标准循环之后，岩石样品对软化及崩解作用所表现出的抵抗能力，耐崩解性指数通过试验确定。试验设备的基本组成如下：

（1）试验圆筒：包括一个净长100mm，直径140mm，标准筛孔为2.0mm的圆柱体和固定筛筒的刚性基盘。圆筒必须耐温105℃，圆筒有一个可移动的盖子，圆筒应有足够的强度，保证在工作时不变形。

（2）水槽装有由水平轴支撑并能自由旋转的试验圆筒。

（3）马达传动能使圆筒按20r/min的速度旋转。

耐崩解性试验设备控制尺寸如图6-3所示。

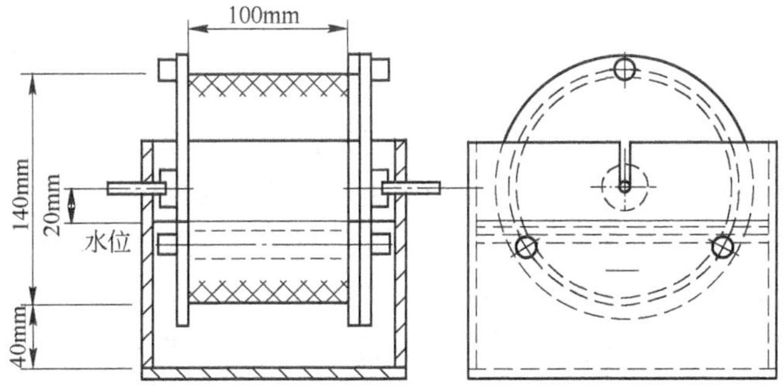

图6-3 耐崩解性试验设备

试验程序如下：

（1）选10块代表性试样，每块质量40~60g，总质量450~550g。样品最大颗粒尺寸不大于3mm。在形状上每块样品大致是球状的，准备时已需将棱角磨圆；

（2）将试样放入圆筒在105℃下烘干，记录圆筒加上样品的质量A，冷却后即可用作试验；

（3）盖上盖子，在水槽中安装圆筒，连接马达。在水槽中充20℃的自来水，使水位在圆筒轴以下20mm处。在10min期间圆筒旋转转数达200次；

（4）将圆筒从水槽中取出，取下盖子。圆筒加上样品残留部分在105℃烘干到质量稳定为止。冷却后，记录圆筒加上样品残留部分质量B；

（5）重复步骤（3）~（4），并记录圆筒加上样品残留部分质量C；

（6）擦干净圆筒，记录其质量D。

耐崩解性指数（第二循环）用最终干样品质量对最初干样品质量的百分比表示，计算如下：

$$耐崩解性指数\ I_{d2} = \frac{C-D}{A-D} \times 100, \% \tag{6-17}$$

对于第二循环指数从0到10%的那些样品应当进一步地计算出它们的第一循环崩解性指数，如（6－18）式：

$$耐崩解性指数\ I_{d1} = \frac{B - D}{A - D} \times 100,\% \tag{6-18}$$

6.2.8　弹性波传播速度

岩石传播弹性波的速度与其致密程度有关。在实验室岩石试验中测定弹性波传播速度可采用超声脉冲法（频率范围100～2000kHz）。声脉冲法（频率范围12～20kHz）和共振法（频率范围1～100kHz）。

测定岩石弹性波所用的仪器包括下列基本部件：

（1）脉冲发生器；（2）换能器——发射换能器和接收换能器；（3）放大器（包括滤波及时钟电路）；（4）示波器。

6.2.8.1　试验方法

从岩心中选取试样，经仔细加工、抛光（磨光到10^{-3}mm以内），使两个端面平行（偏差小于1°），贴换能器的每个面都要足够平坦并使用耦合剂，以保证换能器与试件面耦合良好。

A　超声脉冲法

（1）试件最小横向尺寸（垂直于波传播方向）应不小于发射脉冲波长的5倍。脉冲穿过岩石的旅行距离应至少为平均粒径的10倍，且脉冲波长应大于平均粒径。

（2）发射换能器要以约$10N/cm^2$的压力压在垂直于传播方向的平面中心。

（3）接收换能器的设置有两种方法：

1）脉冲发射法：接收换能器置于发射换能器对面试件的端面上，由测定的波的旅行时间和发射器到接收器之间的距离，计算波速。

2）地震剖面法：发射换能器置于试件的一个端面，接收器沿试件侧面逐点移动，此时可测得波的旅行时间与距离的关系曲线，由曲线就可计算波速。

B　声脉冲法

试件的长度要大于直径的3倍，其他要求及试验方法与超声脉冲法相同。

C　共振法

（1）试样的长度应大于直径的3倍。

（2）测定纵共振频率时，发射器和接收器都用软弹簧压在两端面的中心，最大负载10N。

（3）改变发射频率以得到在示波器上最大读数，至少要记录共振频率3个谐振图形。

（4）为了测定扭转共振频率，发射器的安装位置要能导致扭转振动。

6.2.8.2　计算

对于超声和声脉冲法，弹性波的传播速度用（6－19a）、（6－19b）两式求得

$$v_p = \frac{d}{t_p} \tag{6-19a}$$

$$v_s = \frac{d}{t_s} \tag{6-19b}$$

式中 v_p ——纵波速度，m/s；

v_s ——横波速度，m/s；

d ——发射器与接收器之间的距离，m；

t_p、t_s ——纵波和横波通过距离 d 所需的时间，s。

如果是采用地震剖面法，则由时距曲线斜率的倒数求得速度，即

$$\frac{1}{v}=\frac{\mathrm{d}t}{\mathrm{d}x} \tag{6-20}$$

对于共振法，纵波速度由（6-21a）式计算：

$$v_p=2lf_o \tag{6-21a}$$

式中 l ——棒状试件的长度，m；

f_o——膨胀或扭转振动的主频率，1/s。

亦可由（6-21b）式计算

$$v_p=2l\Delta f \tag{6-21b}$$

式中 Δf——两谐振峰之频率差，1/s。

某些岩石的纵波、横波速度示于表6-1。

6.3 岩体的工程分类

不同矿区矿体的埋藏条件各不相同，即使在同一矿区，不同区段岩体的岩性、地质结构及水文地质条件变化也可能十分显著，需要有一种标准去认识与区分岩体质量的好坏，并根据这种标准对岩石进行工程分类，以便按岩体的类别作出适当的工程设计和施工，并进行科学管理及经济效益评价。当这种分类标准为许多同行所公认和应用后，它们还会成为交流和积累经验的有效手段。事实上已经有许多人从事过岩体分类的研究，从文献中能找到上百种分类方案，分类标准通常是提出者总结自己和归纳他人的经验而给定的。由于作者针对的问题、看问题的角度及经历的不同，因此所提的分类有所不同，表6-2列出了几种岩体分类。本节将重点介绍三种分类方案：首先介绍历史最长的普氏坚固性分类，这个分类在我国矿山仍有使用。然后介绍巴顿（N. Barton）等人的岩体质量分类，这一分类与别涅亚夫斯基（Z. T. Bieniawski）的岩体评分法分类是近年国际上流传较广的分类法，二者之间有渠道相通，本文仅就前者作出说明。最后介绍东北工学院采矿系近年提出的动态分级法，此法正在发展之中。

6.3.1 普氏坚固性分级[10]

普罗托季雅可诺夫（M. M. Протодьяконов）1907年提出用岩石坚固性这一概念划分岩石的级别。坚固性是一个反映岩石在各种外力（钻孔、爆破、锹、镐及地压……）作用下破坏难易程度的抽象概念。普氏在坚固性分级中，将岩石分为十级，如表6-3所示，表中 f 为普氏坚固性系数。坚固性分级与 f 的对应关系已示于表中，各种常见岩石的分级归属在表中也已说明。

普氏也曾用岩石的单轴抗压强度 R_c 的百分之一作为 f 值使用，R_c 需用当时的应力单位 $\mathrm{kgf/cm^2}$ 表示，这时：

$$f=\frac{R_c}{100} \tag{6-22}$$

表6-2 岩石分类的几种方案

分类方法名称	发表年份	作 者	分类依据	参考文献
岩体结构分级法	1970	中国科学院地质研究所	岩体结构，弹性波参数	4
坑道围岩分类	1973	某部队（中国）	抗压强度，岩体结构，水与围岩状态	5
铁路隧道围岩分类	1975	铁道部	抗压强度，结构特征，开挖后的状态	5
喷锚支护分类	1985	国家建设委员会（GBJ86—85）	抗压强度，岩体结构，毛硐稳定状态	
岩体质量 M 指标法	1978	水电部成都勘测设计研究院	抗压强度，弹性模量，弹性波速等	6
采场顶板分类	1978	煤炭科学研究院北京开采所，中国矿业学院	强度指数，直接顶初次跨落步距	5
围岩稳定性的动态分级法	1984	东北工学院采矿系	点载强度，弹性波速，巷道稳定时间，岩体结构	5
岩石载荷分类	1946	Terzaghi（美）	岩体缺陷的类型	2
RLD 图表法	1957	Lauffer（奥）等	有效跨度的自稳时间	7
简易岩石分类法	1957	Talobre（法）	地质情况	5
RQD 岩石质量指标	1964	Deere（美）	10cm 以上岩心累计长度所占比例	2
岩石实质分类法	1966	Coates（加）等	抗压强度，弹性模量	8
岩石分类	1965	日本岩石力学委员会	抗压强度，岩体平均龟裂间距，声波速度	9
岩体强度分级法	1969	Hansagi（瑞典）	岩块抗压强度，裂隙系数	10
用于掘进的围岩分类	1970	Weber（德）	裂隙块特征，掘进与支护情况图表	6
RSR 分类法	1972	Wickham（美）等	岩体地质结构，节理状态，水等	8
CSIR 分类	1974	Bieniawski（南非）	岩石强度，RQD，节理的间距及状态，地下水条件	2
NGI 岩体质量 Q 分类	1974	Barton（挪威）等	RQD，节理组数及粗糙度和蚀变程度裂隙水，地应力	2

该法采用的指标十分简单，用途比较广泛，曾为我国采矿生产及设计部门广泛采用。但由于该法企图用一个强度指标反映岩体多方面的性能，就常常发生不切实际之处，布雷切夫（Н. С. Булычев）已建议对 f 加以修改，然后用来判断岩体工程的稳定性。修改要考虑岩体的裂隙程度、裂隙组数、裂隙面粗糙度、岩石潮湿性、裂隙张开度、裂隙中的充填物以及巷道与最发育裂隙组的相对方向等因素，详见参考文献［11］。

6.3.2 岩体质量 Q 分类（NGI 法）[2]

挪威巴顿等根据 200 多座已建隧道的实测资料分析，于 1974 年提出了确定隧道开挖条件下岩体质量 Q 指标以及根据 Q 值估算支护量的方法。指标 Q 值按（6-23）式计算：

$$Q=\left(\frac{\mathrm{RQD}}{J_n}\right)\times\left(\frac{J_r}{J_a}\right)\times\left(\frac{J_w}{\mathrm{SRF}}\right) \tag{6-23}$$

式中 RQD——Deere 的岩石质量指标；

表 6-3 普氏坚固性分级表

等级	坚固性程度	岩石	f
Ⅰ	最坚固	最坚固、致密和有韧性的石英岩和玄武岩，其他各种特别坚固的岩石	20
Ⅱ	很坚固	很坚固的花岗质岩石、石英斑岩，很坚固的花岗岩，矽质片岩，比上一级较不坚固的石英岩，最坚固的砂岩和石灰岩	15
Ⅲ	坚固	花岗岩（致密的）和花岗质岩石，很坚固的砂岩和石灰岩、石英质矿脉，坚固的砾岩，极坚固的铁矿	10
$Ⅲ_a$	坚固	石灰岩（坚固的），不坚固的花岗岩，坚固的砂岩，坚固的大理岩和白云岩、黄铁矿	8
Ⅳ	较坚固	一般的砂岩，铁矿石	6
$Ⅳ_a$	较坚固	砂质页岩，页岩质砂岩	5
Ⅴ	中等	坚固的黏土质岩石，不坚固的砂岩和石灰岩	4
$Ⅴ_a$	中等	各种页岩（不坚固的），致密的泥灰岩	3
Ⅵ	较软弱	较软弱的页岩，很软的石灰岩、白垩、岩盐、石膏、冻土、无烟煤、普通泥灰岩，破碎的砂岩、胶结砾石、石质土壤	2
$Ⅵ_a$	较软弱	碎石质土壤，破碎的页岩、凝结成块的砾石和碎石、坚固的煤、硬化的黏土	1.5
Ⅶ	软弱	黏土（致密的）、软弱的烟煤、坚固的冲积层，黏土质土壤	1.0
$Ⅶ_a$	软弱	轻砂质黏土、黄土、砾石	0.8
Ⅷ	土质岩石	腐殖土、泥煤、轻砂质土壤、湿砂	0.6
Ⅸ	松散性岩石	砂、山麓堆积、细砾石、松土、采下的煤	0.5
Ⅹ	流砂性岩石	流砂、沼泽土壤，含水黄土及其他含水土壤	0.3

注：1. 将每一种岩石划入这种或那种等级时，不仅要按照它们的名称，而且必须按照岩石的物理状态，然后根据它的坚固性与分级表中列出的各种岩石进行比较。风化、破碎、碎裂成个体，接近地表的岩石一般说来，应划入比同种完整状态岩石稍低的等级中；

2. 上述岩石的坚固性系数，可认为是岩石在各不同方面的相对坚固性指标，采矿作业中，可反映出：1）手工开采的采掘性；2）浅孔和深孔的凿岩性；3）应用炸药时的爆破性；4）冒落时的稳定性；5）作用于支架上的压力等等；

3. 同时必须注意到：分级表中指出的数值是对某一类岩石中所有岩石而言的（例如：页岩类、石英岩类、石灰岩类等等），而不是对其中某个别岩石而言的；因此，在特定情况下确定f值时，必须十分慎重，并且这一f数值在不同的情况下是不一样的。

J_n ——节理组数系数；

J_r ——节理粗糙度系数；

J_a ——节理蚀变（或蜕化）影响系数；

J_w ——节理水折减系数；

SRF ——应力折减系数。

RQD 由 Deere 于 1964 年提出，是表示岩石质量的一种定量指标。按 Deere

$$\mathrm{RQD} = 100\,\frac{100\mathrm{mm}\ \text{以上的整段岩心的累计长度}}{\text{钻孔长度}}\%$$

一般确定 RQD 时要用直径不小于 50mm 的双套管金刚石钻进的岩心。RQD 通常按每个钻进回次计算，统计整段岩心时要去掉人为地折断岩心的因素。

Deere 按 RQD 值将岩石的工程质量分为如下五类：

RQD 值	岩石质量
<25%	很差
25% ~50%	差
50% ~75%	一般
75% ~90%	好
90% ~100%	很好

RQD 作为一个独立的指标已在岩石力学工程中获得了国际性的广泛应用。例如，考虑阶段自然崩落采矿法的可行性时，常用 RQD 作为评价矿体自然可崩性的重要指标之一。在 Q 分类中巴顿采用 RQD 作为评价岩体质量的指标之一，使用时 RQD 隔 5 选取就足够精确，且在实测 RQD 小于 10 时，计算中取为 10。

J_n 是与岩体中的节理组数有关的系数，NGI 法对 J_n 的取值，如表 6－4 所示。

表 6－4　J_n 值

岩 体 节 理 数	J_n 值
整体性岩体不含或只含少量的节理	0.5 ~1.0
一组节理	2
一组节理再加一些紊乱分布的节理	3
二组节理	4
二组节理再加一些紊乱分布的节理	6
三组节理	9
三组节理再加一些紊乱分布的节理	12
四组及四组以上的节理，节理特别发育，岩体成方块糖状	15
粉碎状岩石、土状物	20

注：J_n 值对巷道交叉口取 $3.0J_n$，对巷道入口取 $2.0J_n$。

由此可见，公式（6－23）中（RQD/J_n）说明岩体结构的影响。岩体愈完整则 RQD 愈高且 J_n 愈低，于是第一项的数值愈大。这一项的两个边界值 100/0.5；10/20 相差 400 倍，一般说可以概括实践情况，超过这一范围的情况是个别的。

第二项（J_r/J_a）说明不连续面的特征，其中 J_r 为节理粗糙度系数（见表 6－5），J_a 为节理蚀变系数（见表 6－6）。

由表 6－6 可见，直接接触的粗糙节理，糙度系数 J_r 大，而直接接触且未蚀变的节理，蚀变系数 J_a 小，结果第二项（J_r/J_a）大。事实上这样的节理强度高，对巷道稳定性是有利的。反之，节理壁不接触，节理中含黏土质充填物的节理岩体对巷道稳定性不利，据表（J_r/J_a）值也小。

第三项（J_w/SRF）中 J_w 是节理水影响系数，它是水压的一个测度，此系数据表 6－7 确定。

第三项中的 SRF 称为应力折减系数，其数值分四种不同情况，据表 6－8 选定，在松软破碎岩石中它表示散体载荷，如表中 a 栏所示。岩石条件愈差，散体载荷愈大，SRF 值亦愈大；在坚固岩石中 SRF 用以考虑地应力的影响，如 b 栏的各款所示；在塑性岩石中，如 c、d 栏，SRF 表示挤压和膨胀载荷的作用。实际上，水（通过 J_w）也影响到应力。但是

表6-5　J_r 值

岩体不连续面特征	J_r 值
岩壁互相接触，以及岩壁错动10cm以前，是接触的	
不连续的节理	4
粗糙或不规则的波状节理	3
光滑的波状节理	2
波状的擦痕光面	1.5
粗糙或不规则的平面状节理	1.5
光滑的平面状节理	1.0
平面型擦痕光面	0.5
即使错动岩壁也不接触	
充填物为黏土矿物，厚到使岩壁不能接触	1.0
充填物为砂状、砾状及压碎岩状物，厚到使岩壁不能接触	1.0

注：1. 如果有关的节理组的平均间距大于3m则表中数值再加1；

2. 若线理与最小强度方向一致，则对于具有这种线理的平面状擦痕光面节理，可取 $J_r=0.5$。

表6-6　J_a 值

岩体不连续面特征	J_a 值	φ_r(近似值)(°)
节理全部闭合		
A 节理面紧密接触，坚硬，无软化充填物，不透水	0.75	
B 节理面无蚀变，表面只有锈蚀	1.0	25~35
C 节理面轻度蚀变，含有非软化的矽质覆盖层，砂粒和无黏土的解体岩石等	2.0	25~35
D 含有粉砂质或砂质黏土覆盖层和少量的软化黏土细粒	3.0	20~25
E 含有软化或摩擦力低的矿物覆盖层，如高岭土和云母，也可以是绿泥石、滑石和石墨等，以及少量的膨胀性黏土（覆盖层不连续，厚度≤1~2mm）	4.0	8~16
节理面在剪切错动10cm前是接触的		
F 含砂粒和无黏土的解体岩石	4.0	25~30
G 含高度超固结的、非软化的黏土质矿物充填物（连续，厚度小于5mm）	6.0	16~24
H 含中等（或轻度）固结的、软化的黏土矿物充填物（连续、厚度小于5mm）	8.0	12~16
I 含膨胀性黏土充填物如蒙脱土（连续，厚度小于5mm），J_a 值取决于膨胀性黏土颗粒所占的百分数以及含水量	8.0~12	6~12
节理面经剪切错动后不接触		
J 含有解体岩石、岩粉以及黏土的夹层（见关于黏土条件的 *G*）	6.0	6~24
K 含有解体岩石、岩粉以及黏土的夹层（见关于黏土条件的 *H*）	8.0	6~24
L 含有解体岩石、岩粉以及黏土的夹层（见关于黏土条件的 *I*）	8.0~12.0	6~24
M 由粉砂质或砂质黏土和非软化的少量的黏土微粒构成的夹层	5.0	
N 含有厚而连续的黏土夹层（见关于黏土条件的 *J*、*H* 和 *I* 项）	10.0~13.0	6~24
O 含有厚而连续的黏土夹层（见关于黏土条件的 *J*、*H* 和 *I* 项）	10.0~13.0	6~24
P 含有厚而连续的黏土夹层（见关于黏土条件的 *J*、*H* 和 *I* 项）	13.0~20.0	6~24

注：如果存在蚀变产物，则残余摩擦角 φ_r 可作为蚀变产物的矿物学的一种近似标准。

J_w 与SRF不可能直接合并，因此，透过（J_w/SRF）说明的复杂情况，仍是反应应力影响的，可以称 J_w/SRF 为“主动”应力。

从上述可见，Q 值可看成是只有三个参数的函数，这三个参数是下列三个因素的粗略测度：

表6-7 J_w 值

节理水特征	J_w 值	水压近似值（kgf/cm²）	备 注
A 隧道干燥或只有极少量的渗水，即局部地段渗流量小于5升/分	1.0	<1.0	1. C 至 F 款的数值均为粗略估计值，如采取疏干措施，J_w 可取大一些 2. 本表中没有考虑结冰引起的特殊问题
B 中等流量或中等压力，偶尔有节理充填物被冲刷的现象	0.66	1.0~2.5	
C 节理无充填物，岩石坚硬，流量大或水压高	0.5	2.5~10.0	
D 流量大或水压高，大量充填物均被冲出	0.33	2.5~10.0	
E 爆破时流量很大或压力很高但随时间而减弱	0.2~0.1	>10	
F 持续不衰减的特大流量或特高水压	0.1~0.05	>10	

（1）RQD/J_n：是岩块尺寸的测度。

（2）J_r/J_n：说明节理的一系列特性，因此是岩块间抗剪强度的一种测度。

（3）J_w/SRF：主动应力。

NGI 分类不像其他分类那样强调节理方位。NGI 分类认为结构面相对于隧道轴线的方位关系，不像预想的那样重要，而 J_n、J_r 和 J_a 则影响要大得多。为了使分类更简单和更加具有普遍意义，NGI 分类中不包括节理方位参数。

现在重要的问题在于把 Q 与开挖体的性态和支护要求联系起来。NGI 分类中进一步定义了一个附加参数，称为开挖体的"当量尺寸"（等效直径）D_e，此参数是将开挖体的跨度、直径或侧帮高度除以所谓的开挖体"支护比"ESR 而得的，即：

$$D_e = \frac{\text{开挖体的跨度、直径或高度(m)}}{\text{开挖体的支护比(ESR)}} \tag{6-24}$$

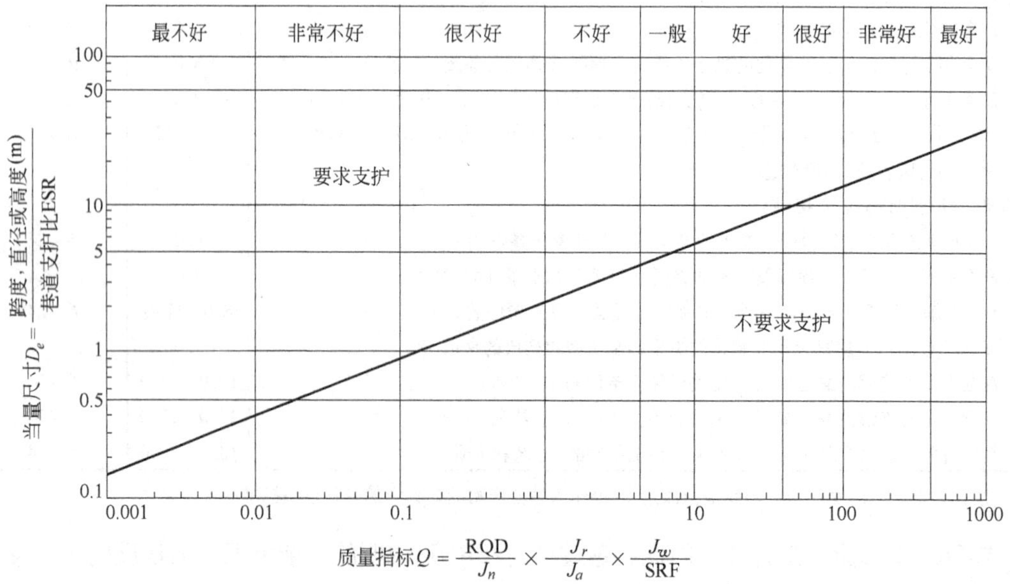

图6-4 不支护的地下开挖体的最大当量尺寸 D_e 与指标 Q 的关系

表 6-8　SRF（应力折减系数）

岩　石　条　件	SRF		
a　软弱带穿过开挖体，开挖时可能引起岩体松动	SRF		
A 含黏土或化学分解岩石的软弱带多次出现围岩十分松软（深度不限）	10.0		
B 有单一一个含黏土或化学分解岩石的软弱带（开挖深度小于 50m）			
C 同 *B*，但开挖深度大于 50m	5.0		
D 岩石坚硬不含黏土，但多处出现剪切带，围岩松散（深度不限）	7.5		
E 岩石坚硬不含黏土，有单一剪切带，深度小于 50m	5.0		
F 同 *E*，但深度大于 50m	2.5		
G 含松散的张开节理，节理很发育，如方块糖，深度不限	5.0		
b　坚固岩石，岩石应力问题	σ_c/σ_1	σ_t/σ_1	SRF
H 低应力，接近地震	>200	>13	2.5
J 中等应力	200 ~ 10	13 ~ 0.66	1.0
K 高应力，岩体结构非常紧密（一般有利于稳定性，但对侧帮稳定性可能不利）	10 ~ 5	0.66 ~ 0.33	0.5 ~ 2
L 轻微岩爆（整体岩石）	5 ~ 2.5	0.33 ~ 0.16	5 ~ 10
M 严重岩爆（整体岩石）	<2.5	<0.16	10 ~ 20
c　挤压性岩石，不坚固岩石在高应力下的塑性流动	SRF		
N 挤压性微弱的岩石压力	5 ~ 10		
O 挤压性强的岩石压力	10 ~ 20		
d　膨胀性岩石，化学膨胀活性取决于是否有水			
P 膨胀性微弱的岩石压力	5 ~ 10		
R 膨胀性强的岩石压力	10 ~ 20		

注：1. 如果有关的剪切带只影响而不穿过开挖体，则 SRF 值减少 25% ~ 50%；

2. *b* 项目中：

σ_c 为单轴抗压强度

σ_t 为抗拉强度（点载试验）

σ_1 为最大主应力

如果原岩应力场各向异性强烈（如果已测出的话），则：当 $5 \leqslant \sigma_1/\sigma_3 \leqslant 10$ 时 σ_c 减为 $0.8\sigma_t$，当 $\sigma_1/\sigma_3 > 10$ 时，σ_c 减为 $0.6\sigma_c$，σ_t 减为 $0.6\sigma_t$；

3. 可以找到几个埋藏深度小于跨度的实例，对于这种情况建议将 SRF 值从 2.5 增加到 5（见 *H* 款）。

开挖体支护比与开挖体的用途和它所允许的不稳定程度两者有关。Barton 对 ESR 值建议见表 6-9，由表可见，ESR 与边坡设计中所用的安全系数大体相仿。

表 6-9　ESR 值

开　挖　体　类　别	ESR
临时性矿山巷道	3 ~ 5
永久性矿山巷道，水电引水涵洞（不包括高压涵洞）、大型开挖体的导硐，导坑和通风隧道	1.6
地下储藏室、地下污水处理厂、次要公路及铁路隧道、调压室及隧道联络道	1.3
地下电站，主要公路及铁道隧道、民防设施、隧道入口及交叉点	1.0
地下核电站，地铁车站，地下运动场和公共设施及地下厂房	0.8

按 Q 值可将岩体质量分为最不好，非常不好，很不好，不好，一般，好，很好，非常好，最好等几级，开挖体不支护而能保持稳定的当量尺寸 D_e 与岩体质量指标 Q 有关，关系如图 6-4 所示。

算例：

一地下破碎机站，建于某铅锌矿体底盘的石灰岩中，求其不支护的最大跨度。调查所得的基本情况如下表所示。据表中所给数据可按（6－23）式算得 Q 指标值为：

分类项目	基本情况	数值
岩石质量	好	RQD = 80%
节理组数	两组	$J_n=4$
节理糙度	粗糙	$J_r=3$
节理蚀变情况	黏土质充填物	$J_a=4$
节理水	流量大	$J_w=0.33$
应力折减条件	中等	SRF = 1.0

从而

$$Q=\frac{80}{4}\times\frac{3}{4}\times\frac{0.33}{1}=5$$

由图6－4查出，在这种岩体中，开挖体不支护的最大当量尺寸 D_e 为4m，破碎站属永久性矿山巷道，支护比ESR为1.6。因此，此破碎站硐室不支护的最大跨度等于：$ESR\times D_e=1.6\times4=6.4$m。

6.3.3　动态分类法[5]

由东北工学院林韵梅等提出，下面介绍这种方法：

6.3.3.1　基本原理

采用“聚类分析”原理对巷道围岩的稳定性进行动态分类。认为“类是一种最佳集合，这种最佳状态对于某样本总体总是客观存在的”；“任一分类均由分类判据、分类数目与分类标准三大要素组成。对于某样本总体，三要素是互相制约的。因此，分类判据与分类数目一旦确定，分类标准即自动形成。不能再由作者主观决定”。

6.3.3.2　分类判据的确定

根据分类目的应用统计方法确定最佳的分类判据。经过11000个测试数据的处理后，建议采用四指标作为现有技术条件下的分类判据，它们是：点荷载强度值；弹性波速度；巷道围岩位移的稳定时间；岩体结构指标。

6.3.3.3　动态图

动态分级法的实质就是先给一个粗糙的初始分级，然后按某种原则进行反复修改，直到分级合理为止。

动态分级法的过程可用图6－5表达。

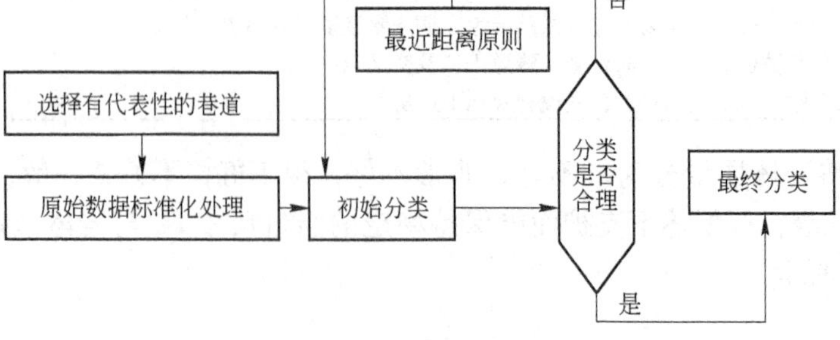

图6－5　动态调整图

6.3.3.4 计算步骤

（1）选择有代表性的岩石巷道作为样本总体。

（2）对要定级的巷道进行以上四个指标的测试工作，作出原始数据表格。

（3）通过电脑对原始数据作标准化处理。

（4）给出分级数目的上、下限，例如指定电脑将样本总体划分为2级、3级……直至9级，以便寻找出最佳分级数目。

（5）用X_{ij}表示标准化第i条巷道的第j个测试指标。

令
$$sum(i) = \sum_{j=1}^{m} X_{ij}$$
$$AMAX = \max sum(i)$$
$$AMIN = \min sum(i)$$

当全体样品（巷道）分为K类时，可用下式求得每条巷道的初始分级级别：

$$NC(I) = IFIX\left(\frac{(K-1)\times(AMAX - sum(i))}{(AMAX - AMIN)} + 0.5\right) + 1 \tag{6-25}$$

式中，$IFIX$表示将括号内的数取为整数。

求得每条巷道的初始级别后，计算每类的重心，并以这K个重心作为初选的分级界限。

（6）计算每一巷道到各类重心的欧氏距离，并按最近距离的原则，将该巷道划入最近的新类。

（7）仿照迭代法的思路，反复调整各巷道的所属类别，直到分级合理为止。

（8）为了解分类的合理与否，常用分类函数值的大小来衡量，因此在每次修改分级时，都要同时计算出分类函数DS，修改分级的原则就是使分类函数DS不断缩小，直到不能减小为止。不同分类法有不同的分类函数，本法采用的分类函数为：

$$DS = \sum_{i=1}^{n} (Di, B(i))^2 \tag{6-26}$$

式中，$i=1, 2, \cdots, n$，样品编号；

$B(i)$——各类的重心；

$Di, B(i)$——各个样品到其所属类别重心$B(i)$的欧氏距离；

DS——全部样品到其所属类别重心欧氏距离的总和。

（9）以上过程全部根据一种“动态调整”的分级程序通过电脑来完成。在本方法中，并不像传统分类方法那样，先确定分类数目，而是命令电脑完成不同分类数目（例如$K=2\sim6$）条件下的分类工作。

（10）以分类数目为横坐标，以分类函数DS值（DS值也用电脑输出）为纵坐标，可作出各矿山分类函数DS与分类数目K的关系曲线。根据关系曲线，寻找斜率由急陡转向平缓的转折点可获得最适合于该矿的分类数目。

6.3.3.5 方法的用途

该分类法通过电脑分析，可解决以下问题：

（1）给出合理的分类数目。

（2）根据矿山对分类数目的要求提供合理的分级标准，如表6－10为根据全部试点矿山电算结果综合确定的参考分类表，可供各矿山使用。

（3）建立各矿山不同岩种巷道稳定性的系列。

（4）建立全国的（或各个部门的）分级系列。

（5）建立数据库，为各矿预测巷道的稳定性，并提出所需要的支护型式。

表6－10 用四指标划分为 *t* 类时的参考分类表

分类编号	分类指标					
	点荷载强度（MPa）	声波速度（m/s）	位移稳定时间 T（d）	块尺寸模数 d_p（m）	巷道稳定程度评价	预测使用支护型式
	分类标准					
Ⅰ	15.5	5700	12	1.3	极稳定	不必支护
Ⅱ	10.0	5300	12	1.3	稳定	不必支护
Ⅲ	9.0	4800	12.5	0.5	稳定性较好	基本上不支护
Ⅳ	7.4	3600	18.0	0.4	中等稳定	局部支护
Ⅴ	4.8	3200	24.0	0.3	稳定性较差	喷射混凝土支护
Ⅵ	2.5	2700	80.0	0.1	不稳定	喷锚或喷锚网支护
Ⅶ	1.1	2000	180.0	0.04	极不稳定	喷锚网、钢筋混凝土或金属支护

注：d_p 定义为统计的岩块平均尺寸，即各结构面组的平均间距，当结构面组数为三组，且各组结构面的间距为 d_1、d_2 与 d_3 时，有：

$$d_p=\frac{1}{3}(d_1+d_2+d_3),\ \mathrm{m}$$

6.3.3.6 方法的特点

（1）运用近代数学手段揭示分类三要素的内在规律，并按此规律运用程序进行定量分类。摆脱按某一作者制定的表格对号入座的传统做法，因此人为的主观因素少，具有较高的准确率。

（2）分类不是一次完成的。分类标准将随着数据库的扩充而不断完善。国家可以根据每年增补的测试结果对标准作相应的调整；各矿山可随时将测试数据送往数据库要求提供本矿所需的分类信息与设计原则，或要求为本矿确定巷道的类别与建立地区分类标准。

（3）本分级法的电算程序是一个通用的分类程序。当需要分类的对象不同时，只要改变所用的判据，并将新判据的测试数据输入电子计算机，就可利用该程序对任意样本总体进行分级。例如：RQD值是一个很有价值的判据，可以用来评价岩体质量或采场可崩性等问题；如果进行了这类判据的测试工作，将数据输入，即可获得岩体质量的综合级别。

6.4 岩石的变形与强度

6.4.1 室内试验

岩石作为一种材料，其变形与强度性能可通过室内试验来测定。测试的对象由具有代表性的岩样加工而成的试件构成。

6.4.1.1 试验方法

试件内的应力分布取决于试件的形状及其受力方式，为使问题得到简化，希望在试件内分别产生均匀分布的单一拉伸、单一压缩或纯剪切应力场。图 6－6 表示的几种方案是常用的，它们能够近似地满足这种要求，究竟采用哪一种，取决于用户，结果的好坏则取决于操作技术以及样品的好坏及装备条件。

A 压缩试验

采用材料试验机沿试件长轴对试件加压的试验称为单轴压缩试验，如图 6－6*a* 所示。圆柱状试件是常用的。当试件高径比大于 1.5～2.0 时，可望在试件半高附近的断面上得到均匀的轴向压应力分布。逐渐加载直到使试件破坏，因此加载设备应有足够的出力，最大出

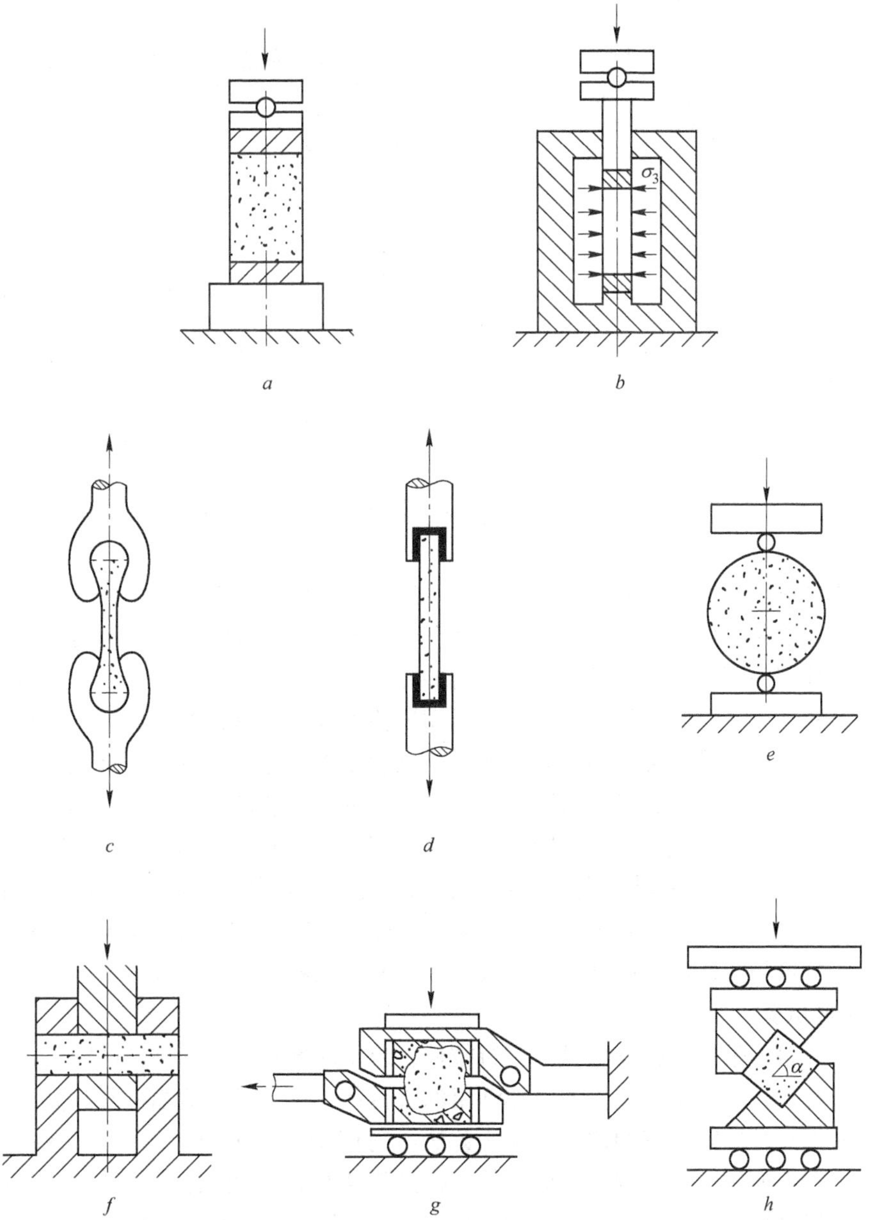

图 6－6 室内岩石试验方法

a—单轴压缩；*b*—三轴压缩；*c*—直接拉伸（哑铃状试件）；*d*—直接拉伸（黏结试件）；*e*—圆盘劈裂；*f*—双面剪切；*g*—直接剪切；*h*—斜面剪切

力应为试件破坏载荷的一倍左右；载荷的有效读数值应为破坏载荷的1%；加载速度应可调，通常要求以0.5～1.0MPa/s的速度均匀加载。

量测试件在不同的受力水平下产生的变形是最基本的工作。可以采取两种方式进行这种量测：一种是量测试件高度的变化和周长或直径的变化，另一种办法是测量试件表面点的长轴向应变和圆周向应变。如有自动记录设备则可进行连续测量，否则只能进行间隔读数。

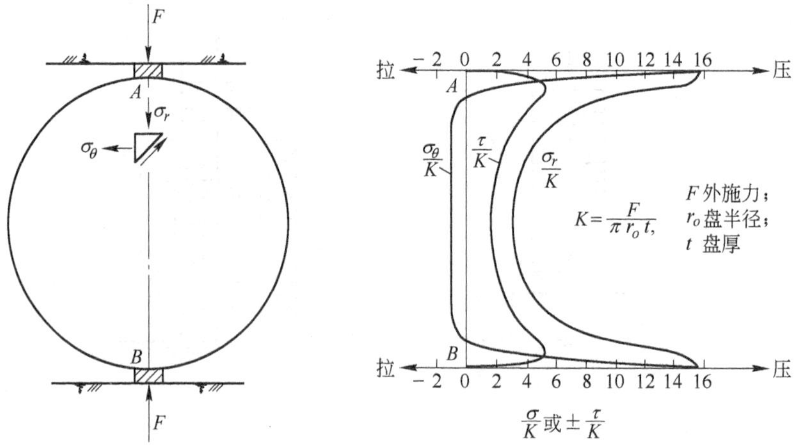

图6-7 窄条加压时圆盘内的应力分布及破坏方式

另一种目前已经通用的办法是将试件置于压力容器中，除施加轴向力外，同时还通过容器中的油介质对试件施加固定的围压，如图6-6*b*所示。这种试验称为常规三轴压缩试验。通过这种试验可以观测围压对受压岩石的影响，对地下开挖工程而言，了解这种影响是十分重要的。大量试验证明，常规三轴压缩试验条件下，试件的破坏属于剪切破坏，因此也可认为这种试验是一种剪切试验，而且是比较令人满意的一种剪切试验。

进行常规三轴压缩试验时，通常先施加给定的围压，使试件受到各向均压作用，然后再增加轴压。以后的试验手续与单向压缩没有原则区别。应该说明的是，为防容器中液体进入试件，应用厚1mm的乳胶套将准备好的试件连同安放在试件两端的圆盘钢垫块套好，在钢垫与试件接触处的乳胶套外面缠上数圈宽1cm的透明胶带，这样既可防高压油将接缝处击穿，又可防止油渗入试件和试件破坏后岩屑落入容器之中。

B 拉伸试验

对岩石而言，采用等径棒状试件进行拉伸，由于端部不能经受夹楔的咬夹，因此不能成功。作为替代，可将试件加工为两端渐粗的哑铃状，然后配合适当夹具，如图6-6*c*所示，可以成为一种方案。试用说明，采用此法所得试验结果不稳定，而且试件加工复杂，故实际很少有人使用。另一种实际可行的直接拉伸法是将棒状试件两端粘接在钢套筒内，用拉伸试验机经套筒进行单轴拉伸，情况如图6-6*d*所示。试件与套筒的连接可采用水泥浆或环氧树脂黏结剂，安装时要保证对准中心，夹具壁厚至少15cm，夹具与连杆连接后再与试验机头连接，连杆与圆筒夹具的连接应保证使试件不产生扭转和弯曲应力。

直接拉伸法手续繁效率低，在许多实验室中，它已为图 6－6e 所示的一种方法代替。如果取一圆盘状的试件，在一个对径的窄条带上施加压应力，则试件可被劈为两半。应力分析说明，沿施力的直径上，径向应力 σ_r，切向应力 σ_θ 及斜向剪应力 τ 的分布如图 6－7 所示，图形说明，沿直径线在很长一段距离上，圆盘受均布拉应力作用，由于岩石抗拉强度极低，因此产生拉伸劈裂，这可由试件断开情况证明。事实上，两端受压处裂纹常分支成束状，这可能是由该处的剪应力 τ 引起的，这种方法已成功地被用作一种测定抗拉强度的方法，称为巴西法，它是一种测定抗拉的间接法。

C 剪切试验

剪切试验可分两类：受剪面上正压力为零者为一类，正压力不为零者为另一类。

对图 6－6f 所示双面剪可以施加也可以不施正压力，但试验中在受剪面上都将产生弯曲应力且切力附近的应力集中无法准确计算，因此，尽管方法简单，但不常使用。

图 6－6g 所示的直接剪切试验法是一种广泛使用的方法。试件被置于上下两个分离的剪切盒中，盒中空隙用砂浆密实充填，干固后置于剪切机加载。首先施加以预定的正压力，然后施加剪力，直到试件被剪断且剪力保持一个稳定的残值后停止试验。试验时通过稳压使正压力保持恒定，剪切过程中不仅要记录剪切位移，也要记录受剪面上下两侧岩石垂直受剪面方向的相对位移，后一记录将用来了解岩石的剪胀性能；前一记录是了解剪切性能必需的，它还被用来计算不断变化的受剪面积，以及用来指示试验：试件较小时剪切位移应达 5cm，较大时达 10cm。总之要让剪位移充分发展，直到进入残余摩擦状态。

这类试验要在不同正压力下重复进行，工作量较大。替代曾使用的斜面剪方式，如图 6－6h。改变模具斜面角 α 可调整剪力与法向力的比例。但倾角过陡和过缓都将使试验失败。

自从国产岩石三轴压力机定型生产并为许多岩石力学试验室使用以来，完整岩石的抗剪性能测定已大多采用等围压三轴试验来完成，这已在前面说明过了。

6.4.1.2 试件

为了取得指定地段的岩石样品，普遍使用岩心钻取样法。即使取块石样，进一步加工也以岩心钻取法作圆柱状样坯为便利。因此，采用圆柱状试件已成为世界通行的实践，所以压缩采用圆柱试件，剪切采用圆柱常规三轴试验，拉伸采取截取圆柱为圆盘作巴西试验这样一套方法也已成为通行的实践，以至测试岩石断裂韧度的试件也将是由岩心加工制成的。

用新鲜岩心或岩块加工为试件时，冷却液不允许使用油液，试件制成后，存储时间不应超过 30 天。

试件的几何形状和尺寸必须满足一定的精度要求，否则将导致严重的试验误差。作压缩用的圆柱试件，直径可以是 5cm 或 7cm，直径比为 2～2.5，两端面的不平行度不超过直径的 1%（5cm 直径试件各点高度差不大于 0.05cm）。端面应垂直于轴线，最大偏差不超过 0.25°，试件上下端面的不平整度不超过 0.002cm。柱面应平滑，整个高度上直径误差不超过 0.03cm。在任意高度截取的截面的两个正交直径差不得超过 0.01cm，作巴西试验用的圆盘试件直径通常为 5cm，厚度等于直径或半径。在整个厚度上，直径最大误差不应超过 0.025cm，两端面不平行度不应超过 0.025cm，端面垂直于轴线，最大偏差不超过 0.25°。

试件的数量取决于对误差所作的规定。现以某种给定岩石的抗压强度 σ_c 为例，所谓抗

压强度，即

$$\sigma_c = \frac{p_{max}}{A} \tag{6-27}$$

式中 p_{max}——试件所能承受的最大压力；

A ——试件截面积。

岩石是一种非均值材料，而试验本身又包含一定误差，故取 N 个试件进行测试，所得 σ_c 一般都有显著差异，记第 i 次试验所得强度值为 σ_{ci}，则平均抗压强度为

$$\sigma_c = \sum_{i=1}^{N} \sigma_{ci}/N \tag{6-28}$$

则此组试验所得强度值的标准差 S 及变异系数 V 分别为：

$$S = \left[\frac{\sum_{i=1}^{N} (\sigma_{ci} - \sigma_c)^2}{N-1} \right]^{1/2} \tag{6-29}$$

$$V = \frac{S}{\sigma_c} \times 100\% \tag{6-30}$$

一般要求 V 小于 15% ~30%，要满足这一要求，均质岩石可能需 3 块试件，均质性差的可能要求 5 块，均质性愈差则要求块数愈多。

6.4.2 应力－应变曲线及破坏判据

6.4.2.1 应力－应变关系曲线

A 实验曲线

岩石的力学性能体现在其受力变形及至破坏的全过程之中。归纳一系列的压缩试验结果，可得图 6－8 所示的典型应力、应变及扩容关系曲线。

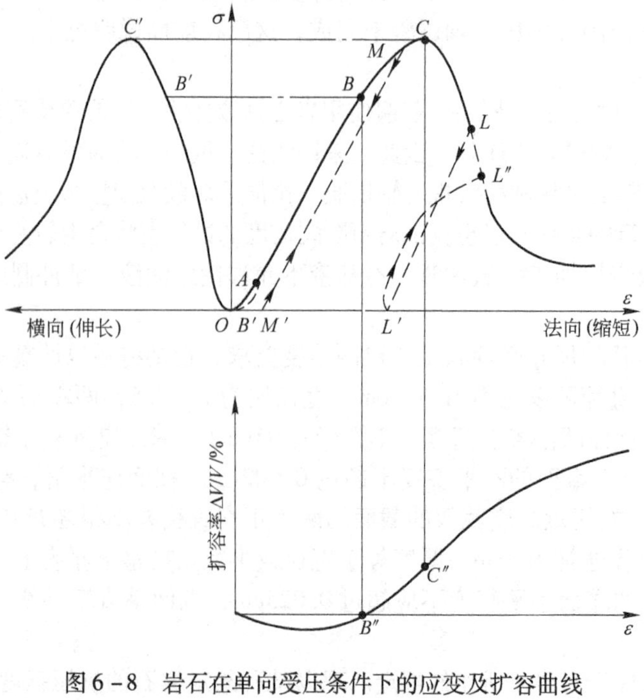

图 6－8 岩石在单向受压条件下的应变及扩容曲线

对一块完整的岩石试件从零开始施加压应力，沿力方向将产生压缩应变，横向则发生伸长应变。开始时施力不大即可产生较大变形，这种情况持续到 A 点结束，OA 段曲线下弯，在 OA 间卸载会发现残余变形。此段被称为“压密段”，通常它被认为是由于裂缝闭合引起的，由于 A 点应力水平很低人们不大关心此段的性态。

弹性段 AB：段内应力应变之间有一一对应关系，而且 AB 近似直线，在 AB 段内卸载不会产生残余变形，此段性态可用弹性力学描述。

屈服点 B：是应力应变曲线上一个重要的特征点，被称为屈服点。应力超过 B 点应力后，材料进入延性段或强化段。

延性段或强化段 BC：在 BC 段内任意点 M 卸载，将可观察到显著的不可逆残余变形（以 $B'M'$ 量度）。材料在能够维持永久变形而不失去其抵抗载荷能力的情况，叫做处于延性状态或延性的[12]。若从 M' 点重新加载，工作点沿 $M'M$ 上行，在此段内材料重新显弹性，$M'M$ 大体平行于 AB。一旦应力到达 M 点，材料重新屈服。这时的屈服点 M 称为继生屈服点。图形显示继生屈服应力大于初始屈服应力，这种现象称为强化或工作硬化，值得注意的是，当从 O 开始加载时，压缩应变大于横向伸长应变，试件体积缩小。到 B 点附近，横向伸长应变增加快于纵向缩短，到 B 以后，体积缩小变为体积的增大，称为扩容。研究说明，这时的扩容原因在于材料内平行压缩方向的微裂隙张开。

极限强度点 C：应力应变图上的最大应力值点，此应力称为单轴抗压强度 σ_c。研究证明：这时试件中的微破裂开始向穿过试件中心的斜截面集中，形成一种破裂密集的面，此面也被称为断层。

脆性段或软化段 CD，过 C 后，由于断层的形成，试件承载能力迅速丧失，若仍保持最大载荷不变或不能即时减小荷载，则试件就会受超压突然崩裂造成岩爆，如果能即时适当减小载荷，则应力应变将能沿 CD 从 C 降到 D，这种抵抗载荷的能力随变形的增加而减少的情况叫做处于脆性状态或脆性的。若在 CD 途中的 L 点超速减小荷载，也能获得卸载线 LL'，从 L' 重新加载，加载线将在 L'' 处重新屈服，L'' 处应力小于 L 处的，这种屈服应力的降低称为应变软化。在 CD 段上试件大量扩容，这种扩容不仅归因于破裂张开，更在于沿断层面的滑移，由于滑动面是粗糙起伏的，滑移因此伴随扩容。总之，C 以后若不即时充分减载，试件中的破坏就会自动发展。故 C 后段是一渐进破坏段，是一不稳定段。

上述的变形性态大致可以推广到低围压的三向受力状态中去，随围压的增加，抗压强度将提高，应力应变曲线的性态也将发生重大变化，要了解这些情况，可参考有关的专著如参考文献［12］。

B 理论曲线

应力－应变关系实验曲线通常随所用的试件而有所变化且变化较为复杂。为使分析具有概括意义，理论计算一般采用典型化的应力应变曲线模型，此类模型中的简型如图6－9所示。图6－9a 所示为应变 ε 与应力 σ 有线性对应关系的模型，称为弹性模型，它们有着广泛用途。图中 b 为理想弹塑性模型，c 为线性硬化和软化弹塑性模型，d 为黏性模型，e 为弹黏性、f 为黏弹性模型等等。单一的弹性、塑性和黏性体可分别用弹簧、滑块及油缸等元件来表示，性能复杂的材料可用几种元件的复合来构成。例如最简单的弹黏性体可由弹簧和油缸串联而成，最简单的黏弹性体可由弹簧和油缸并联而成。

6.4.2.2 破坏判据

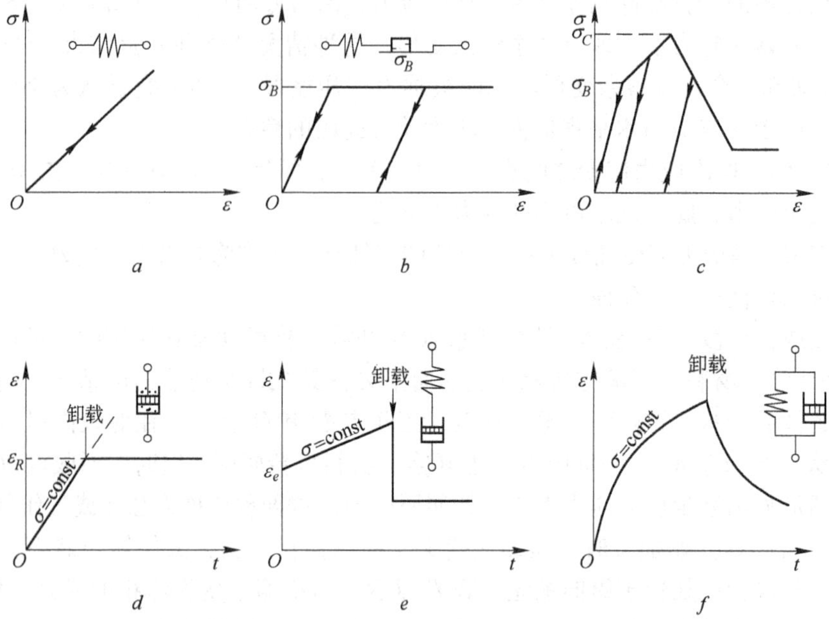

图6-9 理论应力-应变关系曲线

a—弹性模型；*b*—弹塑性模型；*c*—弹塑性硬化、软化模型；*d*—黏性模型；*e*—弹黏性模型；*f*—黏弹性模型

岩石在不同的应力状态下有不同的破坏形式。研究岩石在何种应力状态下破坏的理论是岩石强度理论。表征岩石中某一点的应力状态满足一定的关系式而发生破坏的条件称为强度条件，也称为破坏准则或破坏判据。破坏判据的种类很多，下面的六种是岩石力学中所常用的。

A 最大拉应力破坏判据

这一判据认为当岩石中的最大拉应力 σ 达到某一强度极限 σ_t 即

$$\sigma=\sigma_t \tag{6-31}$$

岩石就会发生脆性破坏。

岩石的抗拉强度 σ_t 常用劈裂法求得。

B 最大伸长线应变破坏判据

这一判据认为：材料产生拉伸破坏的主要原因是线应变达到了最大伸长线应变 ε_t。即材料不论处于何种应力状态下，最大伸长线应变 ε_3 是引起材料断裂的主因。破坏判据为：

$$\varepsilon_3=\varepsilon_t \tag{6-32}$$

在单向受拉的条件下，$\varepsilon_t=\sigma_t/E$，式中 σ_t 为破坏时的拉应力。

根据广义虎克定律

$$\varepsilon_3=\frac{1}{E}[\sigma_3-\mu(\sigma_1+\sigma_2)]$$

所以用应力来表示破坏判据时有：

$$\sigma_3-\mu(\sigma_1+\sigma_2)=\sigma_t \tag{6-33}$$

对于三向受压的状态，最大伸长线应变发生在与最大压应力相垂直的方向，所以在最

小主应力 σ_3 的方向产生最大线应变。

该破坏判据适用于脆性岩石在压缩时的破坏情况。

C 最大剪应力破坏判据

最大剪应力破坏判据又称屈斯卡（Tresca）破坏判据。这一判据认为作用在物体上的外力过大时材料就会沿最大剪应力所在的平面发生滑移破坏，最大剪应力 τ_{max}是引起材料流动破坏的主要原因。最大剪应力破坏判据可以表示为：

$$S=\tau_{max}=\frac{\sigma_1-\sigma_3}{2} \tag{6-34}$$

式中 S——材料的剪切强度；

σ_1、σ_3——最大和最小主应力值。

这个判据对于塑性材料相当符合，且其计算结果偏于安全的方面。

D 应变能破坏判据

这一判据是胡勃（Huber）在 1904 年所提出来的，他认为弹性变形位能的大小是引起材料流动破坏的主要原因。

岩石变形后在单位体积内所积聚的总变形位能 e 等于各应力分量所作的功，即有：

$$e=\frac{1}{2}(\sigma_x\varepsilon_x+\sigma_y\varepsilon_y+\sigma_z\varepsilon_z+\tau_{xy}\gamma_{xy}+\tau_{yz}\gamma_{yz}+\tau_{zx}\gamma_{zx}) \tag{6-35}$$

在上式中利用广义虎克定律以应力表示应变，并从中减去平均应力所引起的体积变形位能，遂得到单位体积的形状弹性变形位能 e_f 为

$$e_f=\frac{1+\mu}{6E}[(\sigma_x-\sigma_y)^2+(\sigma_y-\sigma_z)^2+(\sigma_z-\sigma_x)^2+6(\tau_{xy}^2+\tau_{yz}^2+\tau_{zx}^2)] \tag{6-36a}$$

若以主应力表示则为：

$$e_f=\frac{1+\mu}{6E}[(\sigma_1-\sigma_2)^2+(\sigma_2-\sigma_3)^2+(\sigma_3-\sigma_1)^2] \tag{6-36b}$$

岩石在单向压缩条件下破坏时有 $\sigma_1=\sigma_c$ 和 $\sigma_2=\sigma_3=0$，则

$$e_f=\frac{1+\mu}{3E}\sigma_c^2 \tag{6-37}$$

比较（6-36b）和（6-37）两式得应变能的破坏判据为：

$$\sqrt{\frac{1}{2}[(\sigma_1-\sigma_2)^2+(\sigma_2-\sigma_3)^2+(\sigma_3-\sigma_1)^2]}\leqslant\sigma_c \tag{6-38}$$

上式仅适用于平均应力为压应力时，如以压应力为正，有：

$$\frac{1}{3}(\sigma_1+\sigma_2+\sigma_3)>0 \tag{6-39}$$

因此对于岩体比较完整又不出现拉应力的情况下，应变能破坏判据基本上与实际情况是符合的。

应变能破坏判据还可以看成是一种广义的剪应力破坏判据或八面体剪应力破坏判据。

E 莫尔破坏判据

莫尔认为，材料发生破坏主要是由于破坏面上的剪应力达到一定限度的缘故，极限剪应力的大小除了与材料本身的性质有关外还与该面上的正应力的大小有关。这是因为在材料的剪切破坏面上，随着正应力增加，剪切面上的摩擦阻力也加大，从而提高了抗剪强度。所以材料沿某一个面剪断时的剪应力 τ 与该面上的正应力 σ 之间存在着某种函数关系，即有

$$\tau = f(\sigma) \tag{6-40}$$

这一函数关系称为莫尔破坏判据，可以在“$\sigma - \tau$”坐标内用一曲线来表示，具体的曲线形状则要根据实验结果来确定。图6－10所示为用三轴压缩试验所求得的强度曲线。根据在不同侧压条件下破坏时的极限应力圆，画出包络线，即为强度曲线。在这条曲线上的每点的坐标值都代表岩石沿某一剪切面发生破坏时所需的剪应力和正应力。这条曲线的内外即是岩石稳定和破坏的应力区，而曲线本身就表征为莫尔破坏判据。

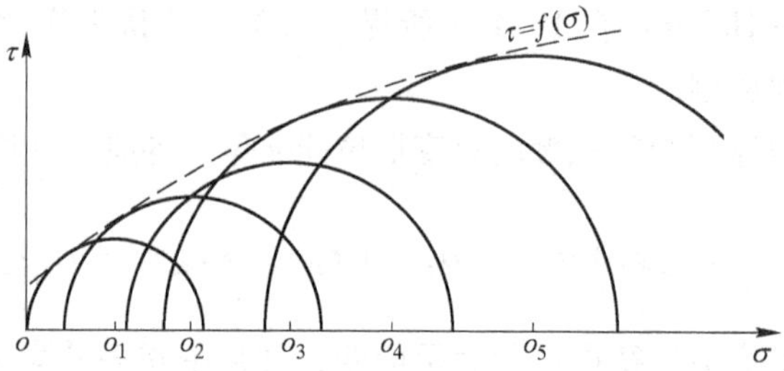

图6－10　三轴压缩试验所求得的强度曲线

强度曲线还可以用倾斜压模剪切试验或根据单轴拉、压和剪切试验求得。

为了建立相应的关系以便计算，曾提出过包络线为抛物线型、摆线型和直线型等各种形式。其中最简单和便于工程应用的当推直线型，如图6－11有：

$$\tau = C + \sigma_n \mathrm{tg}\phi \tag{6-41}$$

式中　C——内聚力强度；

　　　ϕ——内摩擦角。

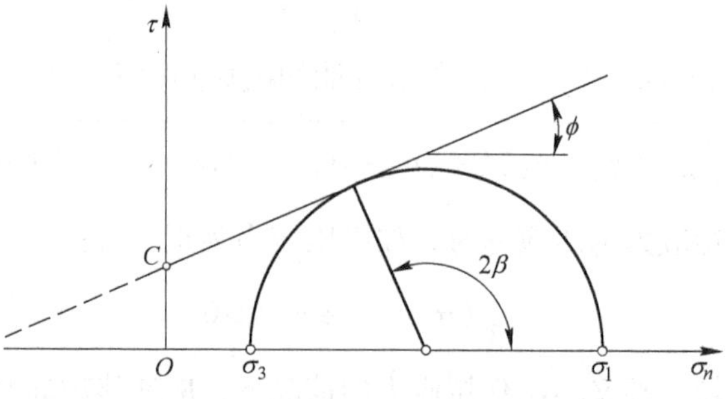

图6－11　直线型强度曲线

这种直线型的莫尔包络线的强度条件也称为“库仑－莫尔”破坏判据。图6－12所示为岩石试块沿 ab 面剪切破坏的情况。这时以 σ_1，σ_3 绘出的莫尔应力圆与直线型强度曲线相切（图6－11）。由图易见剪切破坏角的大小为

$$\beta = 45^\circ + \frac{\phi}{2} \tag{6-42}$$

莫尔破坏判据是在岩石力学中应用最广泛的一个破坏判据，它不仅适用于塑性材料还适用于脆性材料。它的缺点是不适用于拉断破坏以及没有考虑中间主应力 σ_2 对材料破坏的影响。

F　格里菲斯破坏判据

格里菲斯理论认为：材料内部存在着许多微裂缝，当处于复杂的应力状态下时，裂缝端部便会出现很大的拉应力。当拉应力超过材料的抗拉强度时裂隙就开始扩大。裂隙发展的方向最后将与最大主应力方向平行，使材料脆性破坏（图 6－13）。

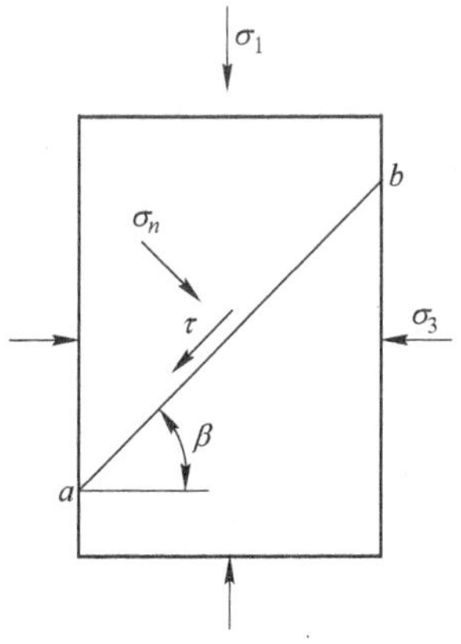

图 6－12　沿 ab 面的剪切破坏

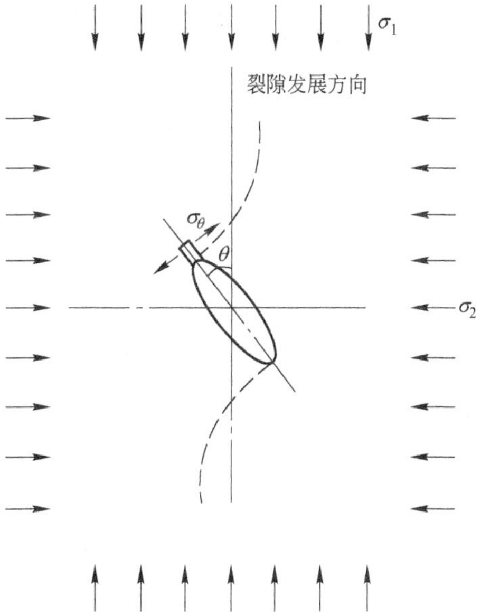

图 6－13　平面压缩的格里菲斯裂缝模型

在平面压缩条件下裂隙发展的格里菲斯判据为：

当　$\sigma_1 + 3\sigma_2 > 0$ 时，$\dfrac{(\sigma_1 - \sigma_2)^2}{8(\sigma_1 + \sigma_2)} = T_o$　　(6－43a)

当　$\sigma_1 + 3\sigma_2 < 0$ 时，$\sigma_2 = T_o$　　(6－43b)

式中　T_o——岩石材料的单轴抗拉强度。

格里菲斯破坏判据也可以用剪切应力 τ 和垂直于裂缝主轴平面的正应力 σ_n 来表示，有：

$$\tau^2 = 4T_o(\sigma_n + T_o) \tag{6-44}$$

图 6－14 所示为（6－43）和（6－44）两式所代表的格里菲斯包络线。由图可见使裂隙发展的单轴压应力为其单轴抗拉强度的 8 倍。

为了使上述格里菲斯判据能用于三轴试验的结果，人们往往将式中的 σ_2 写成 σ_3，但由于岩石破坏的真实图景甚为复杂，与实际的偏差很大，其结果是人们宁可采用较简单的由实验求得库仑或莫尔破坏判据。

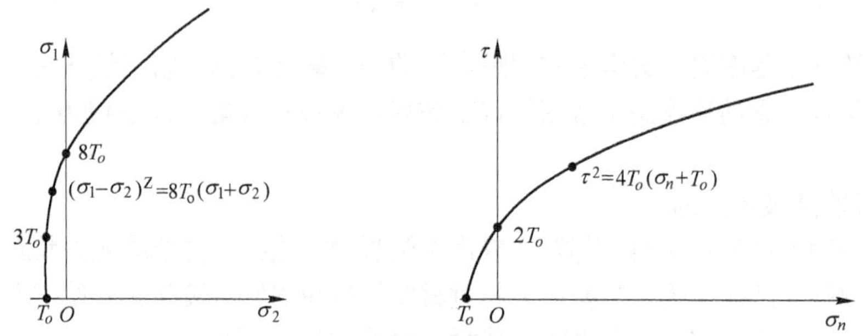

图6－14　平面压缩的格里菲斯包络线

表6－11　若干种岩石材料和矿石的力学参数

岩石名称	抗压强度（MPa）	抗拉强度（MPa）	弹性模量（10^4MPa）	泊松比	内摩擦角（°）	内聚力（MPa）
含锰白云岩	100～190		9	0.19～0.27	25	80
黑色页岩	60～100		1.4～2.0	0.11～0.14	31.5	4
灰质白云岩	90～210		4～6.0	0.11～0.18	26.5	50
石英砂岩	160	21	4.7	0.24		
石灰岩	100～150		7～8		27	35
白云岩	70～100		8～9		27～28	32
红色板岩	70～90	3.1～4.5	3～6	0.21～0.27	20～26	26～32
蚀变板岩	50～80	2.4～4.5	3～5	0.24～0.27	11～21	27～33
石英辉锑矿	70～120	2.1～5.5	4	0.17～2.0	19～20	60～70
花岗岩	100～250	7～25	5～10	0.2～0.3	45～60	14～52
砂岩	20～200	4～25	1～10	0.2～0.3	35～50	8～40
大理岩	100～250	7～20	1～9	0.2～0.35	35～50	15～30
石英岩	190～240	8～14	6～8	0.16～0.19	57～66	23～28
片麻岩	50～200	5～20	1～9	0.2～0.35	30～50	3～5
页岩	10～100	2～10	2～8	0.2～0.4	15～30	3～20
长龙界页岩	40～60	1.3	1.64	0.13		
矽化灰岩	150～230	7～10	5～6	0.11		
灰岩	80～160	2～4	5～8	0.24～0.27		
变质砂岩	140～180	7～15	6～7	0.21	56～63	18～25
闪长斑岩	180～210	6～13	6～7	0.15～0.3		
玄武玢岩	40～80	5	3～4	0.18	33	7.5
含砾石英砂岩	80～90	10	4～5	0.33	59	20
变质花岗闪长岩	80～120	3～14	4～8	0.2～0.34	40	24
变质石英斑岩	110～150	6～17	7～8	0.17～0.27		
变质石英二长斑岩	120～160		4～8	0.19～0.33	42	28
绿泥石石英片岩	80～130	4～10	4～6	0.19～0.29	46	16
绢云母石英岩	80～150	5～11	4～7	0.09～0.24		
辉绿岩	140～220	4～9	7～8	0.26		
绢云母石英片岩	100～160		4～6	0.19～0.36		
玄武岩	150～300	10～30	6～10	0.1～0.35	40～60	20～60
安山岩	100～250	10～20	3～10	0.2～0.3	45～50	10～40

6.4.3　岩石的力学参数

6.4.3.1　几种常见岩石的力学参数

岩石性能复杂，即使用应力－应变曲线和强度包络线表示这种性能也难做到充分，如果要求用更简单的语言来表示这种性能，则下述几个参数是最常用的，它们包括：单向抗压和单向抗拉强度，弹性模量，泊松比，内摩擦角和内聚力强度等。

表6－11列举了若干种岩石的这类力学参数，它们只能在比较的意义上作为参数。

6.4.3.2　影响岩石力学参数的因素

除了岩石本身的结构、矿物组成、孔隙度、裂隙的分布以及矿物粒度等影响岩石强度和变形特征之外，还有以下影响因素。

A　试件尺寸效应

形状相同的岩石试件，其强度随试件尺寸的增加而降低。图6－15表示边长从5cm至20cm的石灰岩和绢云母片岩立方体试件的尺寸和强度的关系，但在尺寸增加到一定程度后，强度大致保持不变。

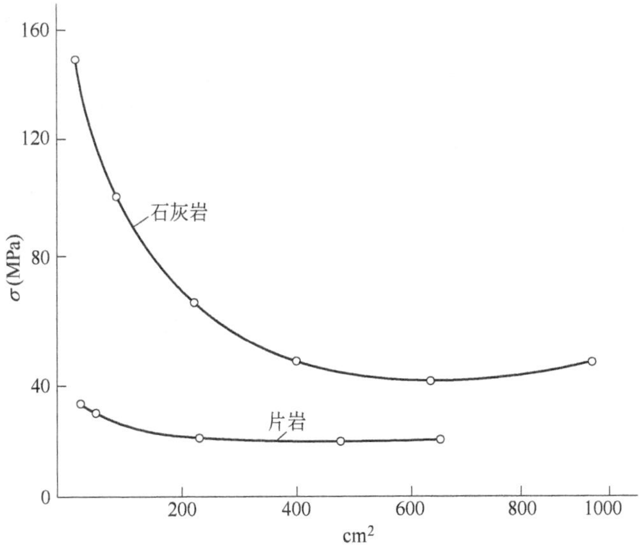

图6－15　试件尺寸与强度的关系

边长20cm的立方体试件仅为边长5cm立方体试件强度的23%～43%，表6－12列出三种岩石的现场原位试验和室内小试件试验的强度对比值。现场岩体强度仅为边长5cm小试件强度的9.4%～23.2%。

表6－12　岩石现场原位试验和室内试验强度对比值

岩石名称	承压面积（cm^2）		抗压强度（MPa）	
	现　场	室　内	现　场	室　内
变质石英岩	495	25	11.5	122.8
石英砂岩	377	25	57.6	335.5
花岗斑岩	400	25	36.6	157.6

6.4.3.3　端部效应

岩石试件在材料试验机的上下压板之间压缩时，若压板能与岩样端部的横向变形完全一致，且试件上下端面绝对平滑而两端面严格垂直于试件轴，则试件内将只产生均匀的单向压应力，所测得的将是理想的单轴抗压强度。实际上材料试验机的压板与试件端部的横向变形不可能一致，因而相互之间将产生摩擦力。这种摩擦力将阻止试件的横向变形，并导致试件内产生三向应力状态和不均匀的应力分布，即所谓端部效应。为了克服端部效应，加大试件的长度以保证在试件的中间部位足够长，产生近似单向应力状态的均匀应力区。从研究试件受正应力 σ 和剪应力 τ 条件下的应力分布，分析端部应力异常区的大小和范围，得出试件高度应大于直径的2倍，则岩石的抗压强度就趋向稳定。若小于2倍，其强度偏高，若大于3.5倍，则试验时易于出现偏心的产出不稳定而提前破坏。

6.4.3.4 水对岩石力学性态的影响

水能改变岩石的性态，使其强度和变形特征发生改变。岩石受水浸湿后会改变岩石内部颗粒间的表面能，使强度降低。强度降低的程度取决于岩石组分的亲水性和水的含量，水的理化性质。当砂岩的含水量增至4%时，其强度降低约50%，而泥质页岩当水分增到1.5%时，其强度降低约70%。表6－13给出几种岩石在水作用下强度变化范围。

表6－13 水作用下岩石强度变化范围

岩石名称	抗压强度（MPa）		折减系数（%）
	干 燥	浸水（饱和）	
花岗岩	40.0～220.0	25.0～205.0	3～25
闪长岩	97.7～232.0	68.8～159.7	20～40
玄武岩	102.7～290.0	102.0～192.4	8～29
凝灰岩	62.0～178.5	32.5～153.7	14～48
石灰岩	13.4～250.0	7.5～190.0	6～42
砂 岩	17.5～250.8	5.7～245.5	3～56
黏土岩	20.7～59.0	2.4～31.8	13～92
页 岩	57.0～136.0	13.7～75.1	45～76
千枚岩	30.0～50.0	28.0～33.0	4～31
片 岩	59.6～219.0	29.5～174.0	20～51

表6－14 加载速度对抗压强度的影响

加载至破坏的加载时间	砂 岩	辉长岩
	抗压强度（MPa）	
30s	55.0	210.0
3s	83.0	280.0
强度提高（%）	25	34

6.4.3.5 加载速度对强度的影响

测定岩石强度时，其强度值随加载速度而提高。加载速度还影响到岩石的变形特征，加载速度愈高易呈现弹性变形，加载速度愈低则易出现塑性状态。表6－14给出了加载速度对抗压强度的影响。

6.4.3.6 侧压对岩石强度的影响

岩石的抗压强度随侧压的增加而提高，且随侧压的不断增加，塑性也增加。图6－16表

示致密砂岩在侧压 $\sigma_a=0$，30.0，60.0，90.0，120.0 和 150.0MPa 作用下的轴向应力－应变曲线[13]，由图可以看出，砂岩在达到同一轴向应变值，其抗压强度 σ_c 随侧向压力的增加而提高；且弹性模量亦随侧压的增加而增大，图 6－17 表示大理岩的三轴强度 σ_c 随侧压的增加而增加。其定量关系可用指数形式的经验公式来表达。

$$\sigma_c=\sigma_o+K\sigma_a^n \tag{6-45}$$

系数 K 和指数 n，不同岩石具有不同数值，应由试验决定，σ_o 为岩石的单轴抗压强度，表 6－15 给出几种岩石在不同侧压下得出的系数 K 和 n 值。

有些岩石，特别是在侧压不大的情况下，指数 n 近似等于 1.0，即图 6－17 成线性关系

$$\sigma_c=\sigma_o+K\sigma_a \tag{6-46}$$

式中，K 与岩石内摩擦角的关系为

$$K=\frac{1+\sin\phi}{1-\sin\phi}$$

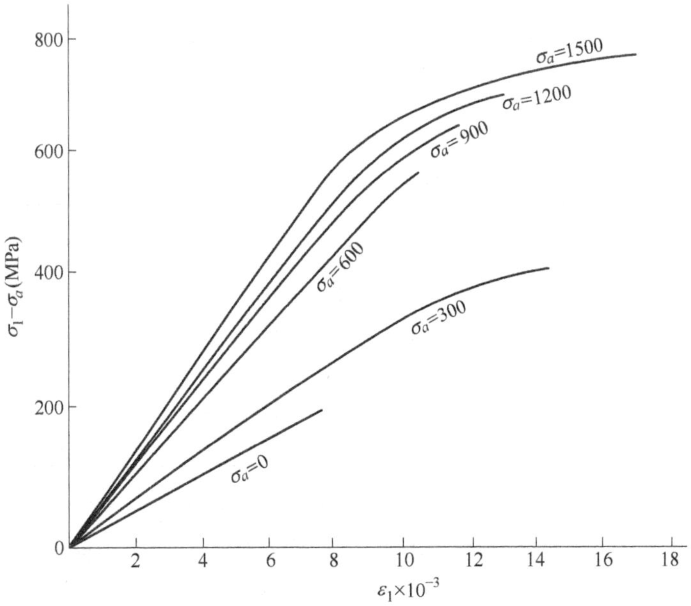

图 6－16 致密砂岩的常规三轴试验结果

6.4.3.7 材料试验机的刚度

普通材料试验机的刚度都比较小，在岩石试验过程中，与岩石产生变形的同时试验机也产生小的形变。试验机的刚度愈小，这种变形就愈大，当岩石产生破坏时其承载能力下降。此时，即使不再向压力机油缸输送高压油，试验机本身存储的弹性变形能足以对岩石继续加载，在很短的时间内给试验机增加一个较大的位移，致使岩石到达峰值强度时产生瞬时破坏。

6.4.3.8 时间效应

在应力条件不变的情况下，岩石的变形随时间的增长而增加。图 6－18 表示岩石在应力不变时，岩石的典型变形－时间过程。岩石受载荷后立即产生与时间无关的弹性变形 ε_o，

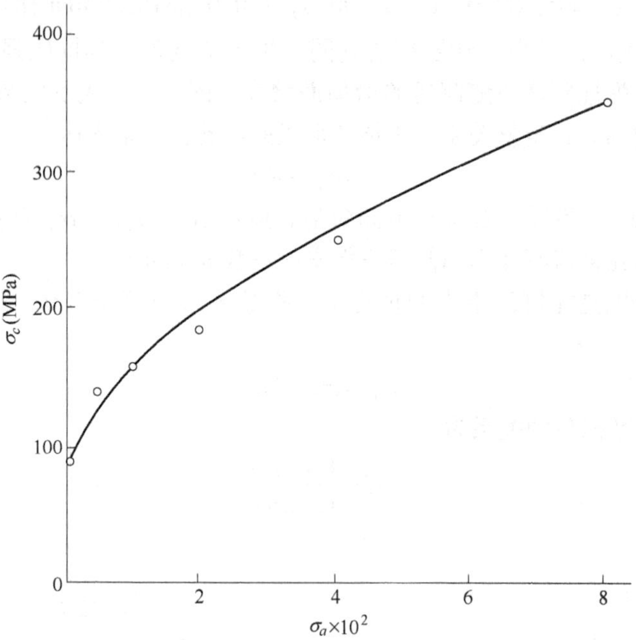

图6-17　$\sigma_c - \sigma_a$ 关系曲线

表6-15　系数 *K* 和 *n* 值

岩石名称	侧压范围 (MPa)	σ_o (MPa)	K	n	c (MPa)	ϕ (°)
大理岩	80	80.5	55.34	0.586	9.5	66
石灰岩	100	68.8	50.00	0.600	18.0	44
千枚岩	70	39	70.95	0.558	9.9	48.5
砂　岩	150	215	171.8	0.303	45.0	48
红色砂岩	140	123	199	0.457	26.0	44.5

ε_o 亦称瞬时变形，若应力 σ 不大，变形随时间的增长而增加，其变形速率逐渐减小而趋于稳定如图中 ε_r。若应力 σ 大于某一定值 σ_k，则变形过程如图中曲线 B，ab 为变形减速阶段，其变形速率随时间 t 而逐渐减小，bc 为等速变形阶段，其变形速率为常数。cd 为加

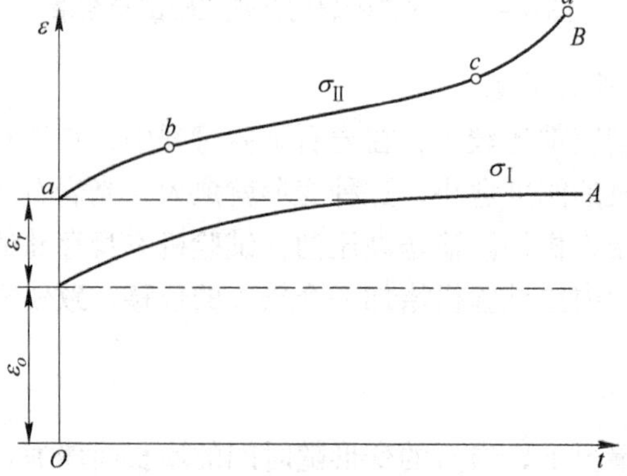

图6-18　岩石随时间的变形过程

速变形阶段，其变形速率随时间 t 而增加。当其增加到某一极限值，岩石即出现破坏。这种在应力不变条件下，变形随时间增加而增加的现象称为蠕变，极限应力 σ_k 称为长期蠕变强度，在 σ_k 作用下，经过无限长时间以后岩石破坏，σ_k 值小于岩石的瞬时强度 σ_o。

当岩石承受载荷使其产生一定的变形，若保持此变形不随时间而变化，但岩石内的应力随时间的延长而下降，这种变化过程称为应力松弛过程。对于任何岩石，在变形不变的条件下，其内部的应力随时间而降低，最后下降到 σ_k 而逐渐趋于稳定，或下降到零，此称为完全松弛。图 6－19 为五种矿岩的蠕变特性曲线。五种岩石的长期强度

$$\sigma_\infty = (0.7 \sim 0.92)\sigma_o$$

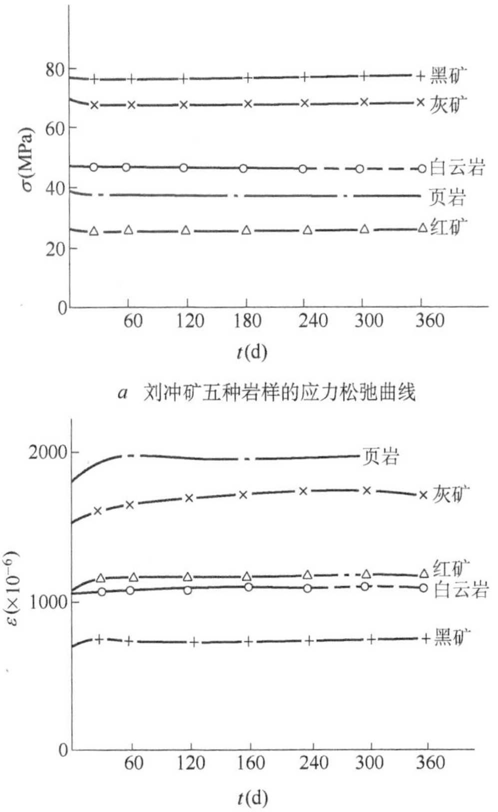

a 刘冲矿五种岩样的应力松弛曲线

b 刘冲矿五种岩样的蠕变曲线

图 6－19 岩石的蠕变曲线

6.5 应 力 分 析

6.5.1 几个有用的弹性解析解

进行应力分析时线性弹性力学是常用的。本节中设岩石满足线性理论的全部假定，即完全弹性、均质、连续、各向同性和小变形，且为简明起见主要研究平面应变问题。当地下结构，例如巷道、采场的一个方向的长度较其余两个方向的长度要大许多时，平面应变的假定是正确的。至于空间问题可以参考有关书籍[14]。

6.5.1.1 基本方程

在直角坐标系中，线弹性理论平面应变问题的基本方程由三组组成：

A 平衡方程

由于物体内一点所处的位置不同而有不同的应力状态，取其周围的一个微元（图6-20），可得微元的平衡方程为：

$$\left.\begin{aligned}\frac{\partial \sigma_x}{\partial x}+\frac{\partial \tau_{yx}}{\partial y}+X=0\\ \frac{\partial \tau_{xy}}{\partial x}+\frac{\partial \sigma_y}{\partial y}+Y=0\end{aligned}\right\} \tag{6-47}$$

式中 σ_x、σ_y ——物体内任一点沿 x、y 轴方向的正应力；

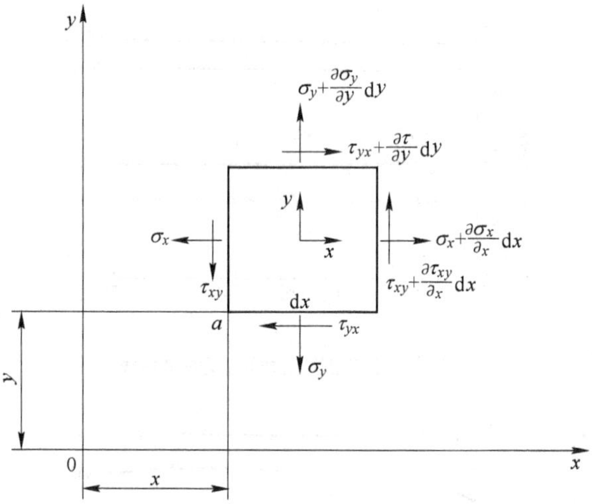

图6-20 微元的平衡

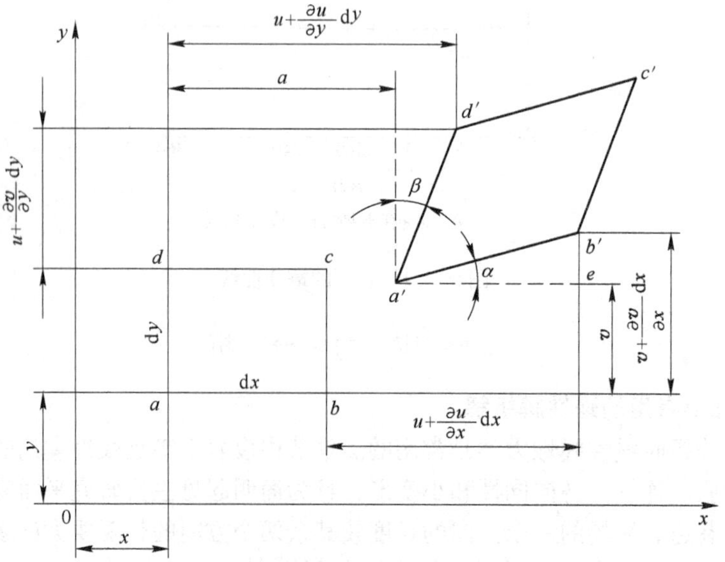

图6-21 一点的位移和应变

τ_{xy}、τ_{yx} ——物体内任一点的剪应力，由力矩平衡的条件可得剪应力互等定理：

$\tau_{xy}=\tau_{yx}$；

X、Y——物体内任一点沿 x、y 轴的体积力。

图 6-20 所示的各应力分量均为正值，即以拉应力为正，在岩石力学中往往以压应力为正，这时要注意符号。

B 几何方程

如图 6-21 所示，微元 $abcd$ 变形后变为 $a'b'c'd'$，则一点的位移分量 u，v 和应变分量之间的关系为：

$$\left.\begin{aligned}\varepsilon_x&=\frac{\partial u}{\partial x}\\ \varepsilon_y&=\frac{\partial v}{\partial y}\\ \gamma_{xy}&=\frac{\partial v}{\partial x}+\frac{\partial u}{\partial y}\end{aligned}\right\}\qquad(6-48)$$

这就是几何方程。关于符号规定应变 ε 以伸长为正，剪应变 γ 以直角变小时为正。

（6-48）式中的 3 个应变分量是由两个位移分量所导出的，因此应变分量之间存在着一定的关系。事实上在上式中消去 u 和 v 可以得到：

$$\frac{\partial^2\varepsilon_x}{\partial y^2}+\frac{\partial^2\varepsilon_y}{\partial x^2}=\frac{\partial^2\gamma_{xy}}{\partial x\partial y}\qquad(6-49)$$

（6-49）式为变形协调方程，它的物理意义是说，如果该方程满足，则一个物体变形前是连续的，变形后仍是连续的。

C 物理方程

物理方程亦称为本构方程，是将物体的应力和应变通过物体的力学性质联系起来的一组方程。对于线弹性体的平面应变问题有：

$$\left.\begin{aligned}\varepsilon_x&=\frac{1-\mu^2}{E}\left(\sigma_x-\frac{\mu}{1-\mu}\sigma_y\right)\\ \varepsilon_y&=\frac{1-\mu^2}{E}\left(\sigma_y-\frac{\mu}{1-\mu}\sigma_y\right)\\ \gamma_{xy}&=\frac{1}{G}\tau_{xy}\end{aligned}\right\}\qquad(6-50)$$

式中 E——弹性模量；

μ——泊松比；

G——剪切模量，剪切模量与弹性模量之间的关系为：

$$G=\frac{E}{2(1+\mu)}\qquad(6-51)$$

上面这三组方程共有八个方程式和八个变量（三个应力分量 σ_x，σ_y，τ_{xy}，三个应变分量 ε_x，ε_y，γ_{xy} 和两个位移分量 u，v），所以弹性力学平面问题的解是要找到满足以上方程，同时又满足边界条件的解。根据边界上给定的是表面力、位移或部分是表面力和部分是位移，弹性力学的边值问题可以分为应力边值问题，位移边值问题和混合边值问题。在岩石力学中经常用到的是边界上给定表面力的应力边值问题。

如果引入艾雷应力函数，且不考虑体积力，即 $X=Y=0$，则将使平面问题的求解大为简化。设应力函数为 $F(x,\ y)$，令

$$\left.\begin{aligned}\sigma_x&=\frac{\partial^2 F}{\partial y^2}\\ \sigma_y&=\frac{\partial^2 F}{\partial x^2}\\ \tau_{xy}&=\frac{\partial^2 F}{\partial x\partial y}\end{aligned}\right\}\tag{6-52}$$

将之代入（6-47）式，可见平衡方程自动得到满足。

将（6-51）式代入（6-50）式，再代入（6-49）式，可以得到：

$$\left(\frac{\partial^2}{\partial x^2}+\frac{\partial^2}{\partial y^2}\right)\left(\frac{\partial^2 F}{\partial x^2}+\frac{\partial^2 F}{\partial y^2}\right)=0\tag{6-53a}$$

亦即

$$\nabla^4 F=\frac{\partial^4 F}{\partial x^4}+2\frac{\partial^4 F}{\partial x^2\partial y^2}+\frac{\partial^4 F}{\partial y^4}=0\tag{6-53b}$$

这就是应力函数 F 所应满足的双调和方程。于是弹性力学的平面问题就归结于找出一个满足边界条件的双调和方程的解。在工程问题中往往采用逆解法，即先假定某个满足双调和方程的函数 F，然后再由 F 求出应力分量，看是否满足边界条件。

在岩石力学中所谓体积力往往是由重力所造成的。所以如果要考虑重力总可以在一个无体积力的解上叠加一个静水应力场解的办法来得到，从而使问题得到解决。

6.5.1.2 几个弹性解析解

A 长圆柱状孔附近的应力变形分析（Kirsh 问题）

设在一无限弹性体中开挖一个长圆柱状孔洞，孔洞的半径为 a，远场作用有均匀水平压力为 p_x（图6-22）。

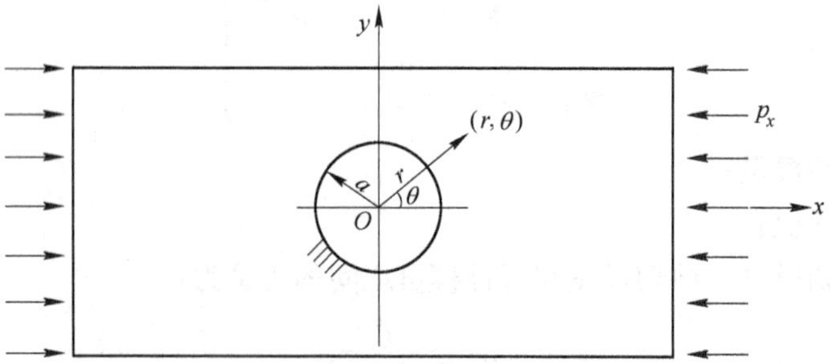

图6-22 无限弹性体中的长圆柱状孔

孔附近一点（r，θ）的应力为：

$$\left.\begin{aligned}\sigma_r &= \frac{p_x}{2}\left[1-\frac{a^2}{r^2}+\left(1-4\frac{a^2}{r^2}+3\frac{a^4}{r^4}\right)\cos2\theta\right]\\ \sigma_\theta &= \frac{p_x}{2}\left[1+\frac{a^2}{r^2}-\left(1+3\frac{a^4}{r^4}\right)\cos2\theta\right]\\ \tau_{r,\theta} &= \frac{p_x}{2}\left(1+2\frac{a^2}{r^2}-3\frac{a^4}{r^4}\right)\sin2\theta\end{aligned}\right\} \tag{6-54}$$

因开孔而引起的径向位移和环向位移的增加量为：

$$\left.\begin{aligned}u_r &= \frac{1+\mu}{2E}p_x\left[\frac{a^2}{r}+\left(4\frac{a^2}{r}-4\mu\frac{a^2}{r}-\frac{a^4}{r^3}\right)\right]\cos2\theta\\ u_\theta &= -\frac{1+\mu}{2E}p_x\left[(1-4\mu)\frac{2a^2}{r}+\frac{a^4}{r^3}\right]\sin2\theta\end{aligned}\right\} \tag{6-55}$$

如果垂直方向还作用有远场应力 p_y，则可根据上面的公式由转轴和叠加得到。

B 厚壁圆筒的应力变形分析（*Lame* 问题）

图 6-23 所示为一厚壁圆筒的横截面。圆筒的内外半径分别为 a 和 b，内外壁作用的压力分别为 p_a 和 p_b。

厚壁圆筒内一点（r，θ）的应力分量为：

$$\left.\begin{aligned}\sigma_r &= (p_a-p_b)\frac{a^2b^2}{(b^2-a^2)r^2}+\frac{p_bb^2-p_aa^2}{b^2-a^2}\\ \sigma_\theta &= -(p_a-p_b)\frac{a^2b^2}{(b^2-a^2)r^2}+\frac{p_bb^2-p_aa^2}{b^2-a^2}\end{aligned}\right\} \tag{6-56}$$

径向位移为：

$$u_r = -(p_a-p_b)\frac{a^2b^2}{2G(b^2-a^2)r}+\frac{(p_bb^2-p_aa^2)r}{2(\lambda+G)(b^2-a^2)} \tag{6-57}$$

式中 λ——拉密系数，$\lambda = -\dfrac{E\mu}{(1-\mu)(1-2\mu)}$。

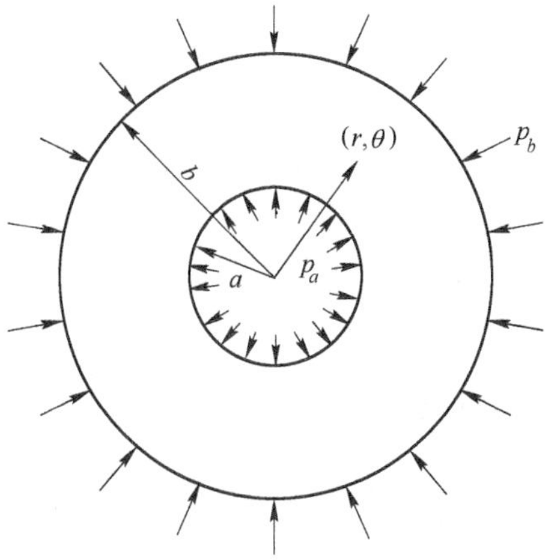

图 6-23 厚壁圆筒

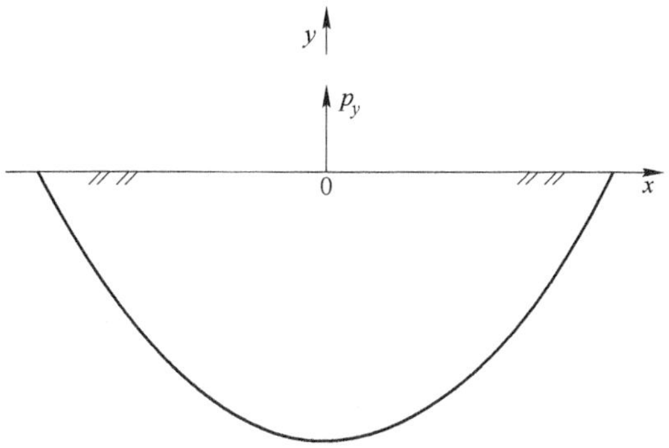

图 6-24 半平面上的法向荷载

C 半平面上的法向荷载（*Flamant* 问题）

图6－24所示为半平面上的法向荷载。因考虑平面应变问题，所以 p_y 实际上是一条沿 z 轴无限延长的力线。

在半平面中（$y \leqslant 0$）的应力为：

$$\left.\begin{aligned}\sigma_{xx} &= -\frac{2}{\pi}p_y\frac{x^2y}{(x^2+y^2)^2}\\ \sigma_{yy} &= -\frac{2}{\pi}p_y\frac{y^3}{(x^2+y^2)^2}\\ \sigma_{xy} &= -\frac{2}{\pi}p_y\frac{xy^2}{(x^2+y^2)^2}\end{aligned}\right\} \tag{6-58}$$

位移为：

$$\left.\begin{aligned}u_x &= \frac{p_y}{2\pi G}\left[(1-2\mu)\left(\text{arc tg}\frac{y}{x}+\frac{\pi}{2}\right)+\frac{xy}{x^2+y^2}\right]\\ u_y &= \frac{p_y}{2\pi G}\left[-2(1-\mu)\ln\left(\frac{x^2+y^2}{L^2}\right)^{\frac{1}{2}}+\frac{y^2}{x^2+y^2}\right]\end{aligned}\right\} \tag{6-59}$$

式中 L——常数，位移 u_y 以（$\pm L$，0）为参考点，此处的 u_y 为零。

Flamant 问题的解可以用来构造成许多复杂问题的数值解。

D 平面应变问题的 *Kelvin* 问题

如图6－25所示，这是一个在无限平面内受一集中力作用的问题。因系考虑平面应变问题，所以 p_i 是一沿 z 轴作用无限延长的集中力线。p_i 有分量为 p_x 和 p_y，所以这个问题可以分成两部分，一部分是水平分量 p_x 的贡献，另一部分是垂直分量 p_y 的贡献。

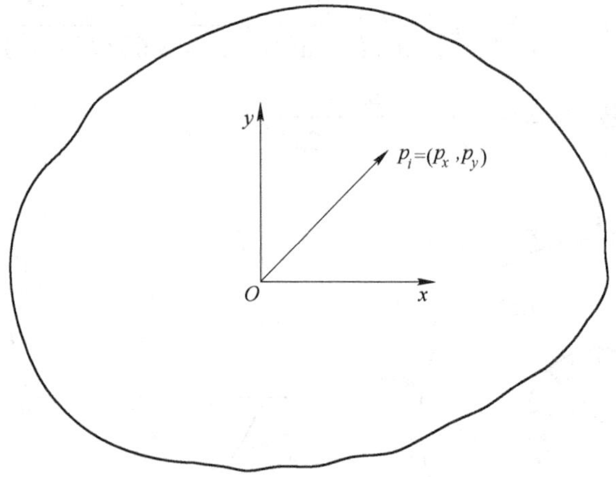

图6－25 平面应变的 *Kelvin* 问题

问题的解可以用 g（x，y）及其导函数来表示，g（x，y）定义为：

$$g(x,y) = -\frac{1}{4\pi(1-\mu)}\ln(x^2+y^2)^{\frac{1}{2}} \tag{6-60}$$

应力分量为：

$$\left.\begin{aligned}\sigma_{xx}&=p_x[2(1-\mu)g_{,x}-xg_{,xx}]+p_y[2\mu g_{,y}-yg_{,xx}]\\\sigma_{yy}&=p_x[2\mu g_{,x}-xg_{,xx}]+p_y[2(1-\mu)g_{,y}-yg_{,yy}]\\\sigma_{xy}&=p_x[(1-2\mu)g_{,y}-xg_{,xy}]+p_y[(1-2\mu)g_{,x}-yg_{,xy}]\end{aligned}\right\}\tag{6-61}$$

式中

$$g_{,x}=\frac{\partial g}{\partial x}=-\frac{1}{4\pi(1-\mu)}\cdot\frac{x}{x^2+y^2}$$

$$g_{,y}=\frac{\partial g}{\partial y}=-\frac{1}{4\pi(1-\mu)}\cdot\frac{y}{x^2+y^2}$$

$$g_{,xy}=\frac{\partial^2 g}{\partial x\partial y}=\frac{1}{4\pi(1-\mu)}\cdot\frac{2xy}{(x^2+y^2)^2}$$

$$g_{,xx}=-g_{,yy}=\frac{\partial^2 g}{\partial x^2}=\frac{1}{4\pi(1-\mu)}\cdot\frac{x^2-y^2}{(x^2+y^2)^2}$$

又位移分量为：

$$\left.\begin{aligned}u_x&=\frac{p_x}{2G}[(3-4\mu)g-xg_{,x}]+\frac{p_y}{2G}[-yg_{,x}]\\u_y&=\frac{p_x}{2G}[-xg_{,y}]+\frac{p_y}{2G}[(3-4\mu)g-yg_{,y}]\end{aligned}\right\}\tag{6-62}$$

平面应变的 *Kalvin* 问题的解是边界元法平面问题的基本解，以此为基础可以构造出解决弹性力学平面问题边界元法的数值解。

6.5.2 有限单元法

由于在采矿工程中，地下硐室、巷道、采场的几何形状大多很复杂，且地质条件多变，用理论或模型试验求解都有很大的困难，所以要借助于数值方法来求解。有限单元法便是一种常用的比较成熟的岩石力学应力分析的数值方法。

有限元法是杆系结构力学中矩阵分析的推广。它将连续体人为地划分为有限个部分（称为单元），如图 6－26 所示。然后由这些单元组成的等价模型对问题进行求解。根据在求解时所选用的未知量的不同，有位移法、力法和混合法之分，其中以位移法应用较普遍。

单元的划分宜在靠近巷道周围应力梯度较大的地方划分得密一些，外侧的单元网格可以划大些。单元的形状可为三角形、四边形或别的形状。这里用三角形单元来说明有限元法的基本原理，先进行三角形单元的单元分析，然后再进行以结点位移为未知量的整体分析，求出结点位移后，进而再求出其他力学量。

6.5.2.1 单元分析

图 6－27 所示为从整体中取出的某一典型的单元 e，它的三个结点为 i，j，k，在每个结点上作用有两个结点力分量 q_{xi}，q_{yi}等，并有结点位移 u_{xi}，u_{yi}等。

单元中间任一点的位移可引入一个插值函数矩阵来表示：

$$[u]=\begin{bmatrix}u_x\\u_y\end{bmatrix}=\Sigma[N_i][u_i]=[\overline{N}_i,\overline{N}_j,\overline{N}_k]\begin{pmatrix}u_i\\u_j\\u_k\end{pmatrix}=[N][u^e]\tag{6-63}$$

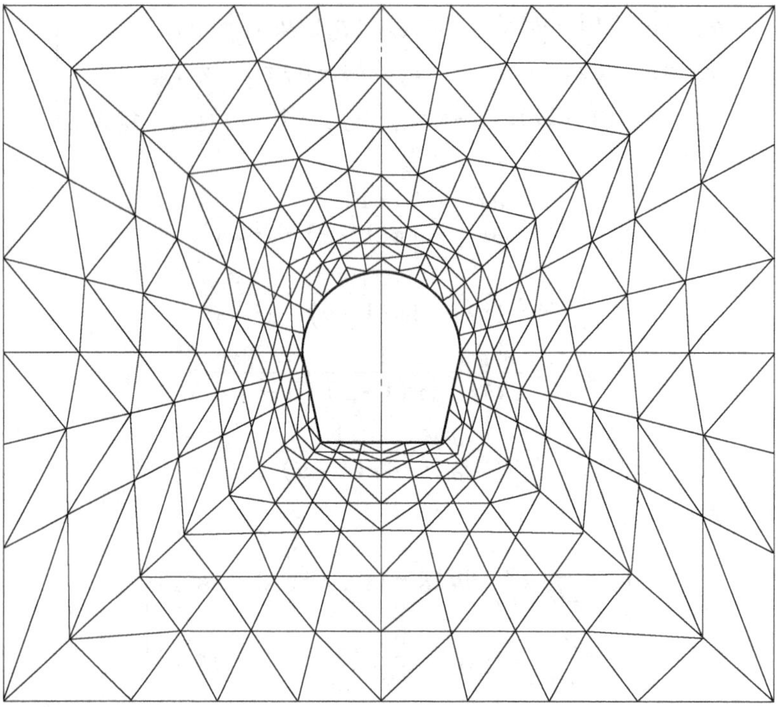

图6-26 有限单元法网格划分

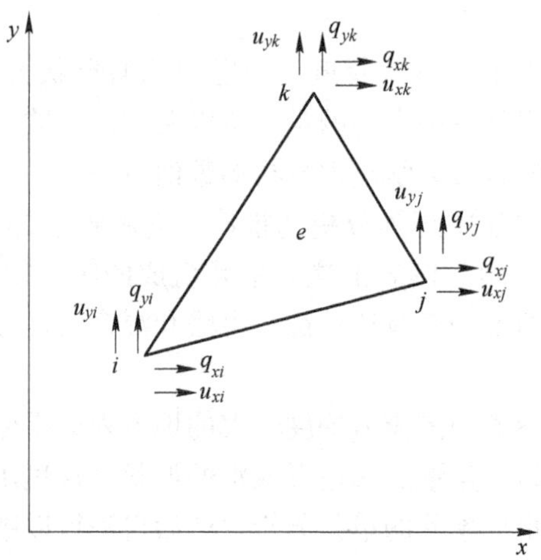

图6-27 三角形单元

式中

$$[u_i] = \begin{bmatrix} u_{xi} \\ u_{yi} \end{bmatrix},\ [N_i] = N_i = \begin{bmatrix} N_i & 0 \\ 0 & N_i \end{bmatrix}$$

[N] 的各元素 N_i，N_j，N_k 等为给定的形状函数，[u^e] 为单元的结点位移列向量，包括 u_{xi}，u_{yi}，u_{xj}，…等。

[N_i] 的性质应在本结点时为单位矩阵，而在其他结点时为零矩阵，即有：

$$[N_i]_{xi,yi} = [I]$$

$$[N_i]_{xj,yj} = [N_j]_{xk,yk} = [0]$$

此外，因为一点的两个位移分量用同样的插值公式，所以有

$$[N_i] = N_i[I] \tag{6-64}$$

式中 N_i——单元中位置的标量函数。

对于三结点三角形单元最简单的为线性插值函数，即有：

$$\left.\begin{aligned} u_x &= \alpha_1 + \alpha_2 x + \alpha_3 y \\ u_y &= \alpha_4 + \alpha_5 x + \alpha_6 y \end{aligned}\right\} \tag{6-65}$$

式中的 α_1，α_2，α_3 可以由方程（6-66）解出：

$$\left.\begin{aligned} u_{xi} &= \alpha_1 + \alpha_2 x_i + \alpha_3 y_i \\ u_{xj} &= \alpha_1 + \alpha_2 x_j + \alpha_3 y_j \\ u_{xk} &= \alpha_1 + \alpha_2 x_k + \alpha_3 y_k \end{aligned}\right\} \tag{6-66}$$

如果用 Δ 表示方程组系数行列式之半：

$$\Delta = \frac{1}{2}\begin{bmatrix} 1 & x_i & y_i \\ 1 & x_j & y_j \\ 1 & x_k & y_k \end{bmatrix} = \text{三角形的面积} \tag{6-67}$$

则为使 Δ 恒为正值应使三角形三结点 i，j，k 按逆时针方向依次编号。于是有：

$$\left.\begin{aligned} \alpha_1 &= \frac{1}{2\Delta}[(x_j y_k - x_k y_j)u_{xi} + (x_k y_i - x_i y_k)u_{xj} + (x_i y_j - x_j y_i)u_{xk}] \\ \alpha_2 &= \frac{1}{2\Delta}[(y_j - y_k)u_{xi} + (y_k - y_i)u_{xj} + (y_i - y_j)u_{xk}] \\ \alpha_3 &= \frac{1}{2\Delta}[(x_k - x_j)u_{xi} + (x - x_k)u_{xi} + (x_j - x_i)u_{xk}] \end{aligned}\right\} \tag{6-68}$$

对于 α_4，α_5，α_6 也有类似的结果，可在上式中将 u_{xi}，u_{xj}，u_{xk} 代之以 u_{yi}，u_{yj}，u_{yk} 即可。

如果令

$$\left.\begin{aligned} a_i &= x_j y_k - x_k y_j \\ b_i &= y_j - y_k \\ c_i &= x_k - x_j \end{aligned}\right\} \tag{6-69}$$

并将上式中的 i，j，k 循环置换，可得 a_j，b_j，c_j 和 a_k，b_k，c_k，于是三角形单元内一点的位移为：

$$\left.\begin{aligned} u_x &= \frac{1}{2\Delta}[(a_i + b_i x + c_i y)u_{xi} + (a_j + b_j x + c_j y)u_{xj} + (a_k + b_k x + c_k y)u_{xk}] \\ u_y &= \frac{1}{2\Delta}[(a_i + b_i x + c_i y)u_{yi} + (a_j + b_j x + c_j y)u_{yj} + (a_k + b_k x + c_k y)u_{yk}] \end{aligned}\right\} \tag{6-70}$$

用矩阵的形式表示有：

$$[u] = \begin{bmatrix} u_x \\ u_y \end{bmatrix} = [N][u^e] = [N_i I, N_j I, N_k I][u^e] \tag{6-71}$$

式中 $N_i=(a_i+b_ix+c_iy)/2\Delta$，$I$ 为 2×2 的单位矩阵。

这种以结点位移来定义的位移场不但能保证三角形单元内位移的连续性，还能保证三角形单元间公共边界上的位移的连续性。

在单元内的位移场确定后就可以建立应变和位移的关系：

$$[\varepsilon]=\begin{bmatrix}\varepsilon_x\\ \varepsilon_y\\ \gamma_{xy}\end{bmatrix}=\begin{bmatrix}\dfrac{\partial u_x}{\partial x}\\ \dfrac{\partial u_y}{\partial y}\\ \dfrac{\partial u_x}{\partial y}+\dfrac{\partial u_y}{\partial x}\end{bmatrix}=\begin{bmatrix}\dfrac{\partial}{\partial x} & 0\\ 0 & \dfrac{\partial}{\partial y}\\ \dfrac{\partial}{\partial y} & \dfrac{\partial}{\partial x}\end{bmatrix}\begin{bmatrix}u_x\\ u_y\end{bmatrix}$$

或者

$$[\varepsilon]=[L][u] \tag{6-72}$$

将（6-71）式代入上式得：

$$[\varepsilon]=[L][N][u^e]=[B][u^e] \tag{6-73}$$

式中的 $[B]$ 称为几何矩阵，有：

$$[B]=\begin{bmatrix}\dfrac{\partial N_i}{\partial x} & 0 & \dfrac{\partial N_j}{\partial x} & 0 & \dfrac{\partial N_k}{\partial x} & 0\\ 0 & \dfrac{\partial N_i}{\partial y} & 0 & \dfrac{\partial N_j}{\partial y} & 0 & \dfrac{\partial N_k}{\partial y}\\ \dfrac{\partial N_i}{\partial y} & \dfrac{\partial N_i}{\partial x} & \dfrac{\partial N_j}{\partial y} & \dfrac{\partial N_j}{\partial x} & \dfrac{\partial N_k}{\partial y} & \dfrac{\partial N_k}{\partial x}\end{bmatrix} \tag{6-74}$$

如果三角形单元内位移为线性插值，则 $\dfrac{\partial N_i}{\partial x}$ 等为常数，因而单元内的应变为常应变。

任何一点的应力分量为：

$$\begin{bmatrix}\sigma_x\\ \sigma_y\\ \tau_{xy}\end{bmatrix}=\frac{E(1-\mu)}{(1+\mu)(1-2\mu)}\begin{bmatrix}1 & \mu/(1-\mu) & 0\\ \mu/(1-\mu) & 1 & 0\\ 0 & 0 & (1-2\mu)/2(1-\mu)\end{bmatrix}\times\begin{bmatrix}\varepsilon_x\\ \varepsilon_y\\ \gamma_{xy}\end{bmatrix}$$

或可写成：

$$[\sigma]=[D][\varepsilon]=[D][B][u^e] \tag{6-75}$$

式中 $[D]$ ——平面应变的弹性矩阵。

单元分析的目的是要建立单元的结点位移和结点力之间的关系。利用虚功原理，设单元结点的虚位移为 $[\delta u^e]$，于是单元内的位移和应变分别为：

$$[\delta u]=[N][\delta u^e]$$

$$[\delta\varepsilon]=[B][\delta u^e]$$

结点力 $[q^e]$ 在结点虚位移上所作的外功为：

$$\Delta W^e=[\delta u^e]^T[q^e]$$

单位体积的内能为：

$$\Delta W^i = [\delta\varepsilon]^T[\sigma] = ([B][\delta u^e])^T[\sigma] = [\delta u^e]^T[B]^T[B]^T[\sigma]$$

将上式就单元的体积积分，并与外功等置，可得：

$$[q^e] = \Delta t[B]^T[D][B][u^e] \tag{6-76}$$

式中 t——单元的厚度；

Δ——单元的面积。

上式总可以写成：

$$[q^e] = [K^e][u^e] \tag{6-77}$$

式中 $[K^e]$——单元刚度矩阵，易见

$$[K^e] = \Delta t[B]^T[D][B] \tag{6-78}$$

6.5.2.2 整体分析

整体分析是将各个单元的刚度矩阵组集起来成为总体刚度矩阵，然后以结点位移为未知量进行求解。现在以由两个单元组成的总体来作说明（图6-28）。

由图6-28可知，2，3两个结点是a，b两个单元所共有的，因此对于a，b两个单元的2，3结点位移有相同的值，但是结点力不同，而应满足，例如对于结点2有：

$$\begin{cases} f_{x2} = q^a_{x2} + q^b_{x2} \\ f_{y2} = q^a_{y2} + q^b_{y2} \end{cases}$$

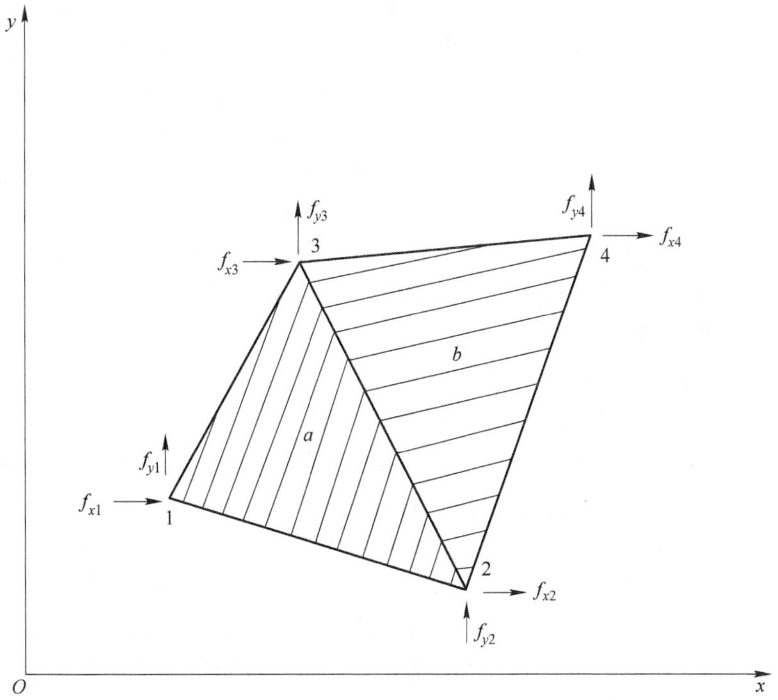

图6-28 两个三角形单元组成的有限元结构

式中，q的上标a，b系表示对于哪个单元的量。

对于非共有的单元结点，例如1，有：

$$f_{x1} = q^a_{x1}$$

$$f_{y1} = q^a_{y1}$$

于是组集后的外力—结点位移的方程为：

$$\begin{Bmatrix} f_{x1} \\ f_{y1} \\ f_{x2} \\ f_{y2} \\ f_{x3} \\ f_{y3} \\ f_{x4} \\ f_{y4} \end{Bmatrix} = \begin{bmatrix} K^a & & 0 & 0 \\ & & 0 & 0 \\ & & & \\ & K^a + K^b & & \\ & & & \\ & & & \\ 0 \quad 0 & & & \\ 0 \quad 0 & & & K^b \end{bmatrix} \begin{Bmatrix} u_{x1} \\ u_{y1} \\ u_{x2} \\ u_{y2} \\ u_{x3} \\ u_{y3} \\ u_{x4} \\ u_{y4} \end{Bmatrix}$$

式中有公共结点的相应单元的刚度矩阵［K^a］和［K^b］要相加。

上式可写成：

$$[K][u] = [f] \tag{6-79}$$

式中　$[K]$——总刚度矩阵；

$[u]$——结点位移列向量；

$[f]$——结点外力列向量。

从（6－79）式中解出［u］，于是单元的应力就可用（6－75）式求得。

在实际应用时单元可能是四边等参单元，或用位移为高阶变化的模式。此外，分布荷载必须化约为结点力等等，但有限元法的基本原理实质上和本节所述是一样的。

对于具有弹塑性性质的岩石，因为应变状态和加载的历史有关，所以在材料达到屈服限后一般采用增量理论，即应变增量可以表示为弹性应变增量和塑性应变增量之和，即有

$$\{d\varepsilon\} = \{d\varepsilon^e\} + \{d\varepsilon^p\} \tag{6-80}$$

式中，上标 e 和 p 分别表示弹性和塑性。弹性应变增量可由弹性模型确定，塑性应变增量可由相应的塑性本构关系来确定。读者可参考专门的书籍[15,16]。

6.5.3　边界单元法

边界元法和有限元法一样也是解决岩石力学问题常用的一种数值方法。它们之间的主要差别在于：边界元法是“边界”方法而有限元法是“区域”方法。例如解决一个地下孔硐的平面应变问题，“边界”方法只需要在孔硐周边 c 上布置单元（图 6－29a），而“区域”方法则需要将整个区域离散化分成网格或有限单元（图 6－29b）。因此使用边界元法有降低维数的效果，即二维问题可降为利用一维边界上的讯息来求解，三维问题只要用到二维边界面上的讯息来求解。从而方程的数目要少得多，数据准备也省事得多，要求计算机的容量也小得多。在边界元法中，先求得边界上的解，区域中的解可由边界上的解求得。因为在边界元法中离散化的误差仅发生在边界，所以其精度一般说来比整个区域离散化的有限元法要高。此外，边界元法对岩石力学中区域延伸到无限远处的情况最为适用。

边界元法的原理可以从很多著作中找到，例如参考文献［17，18］。它有两种不同的表达方法：直接法和间接法。在直接法中，直接用边界积分方程将边界单元的位置和应力联系起来然后求解，在间接法中，则从一已知的基本解出发，使其系数满足边界条件，即可得到问题的解。直接法易于推广到高阶元，而间接法则较为简单明了。这里先介绍间接法。

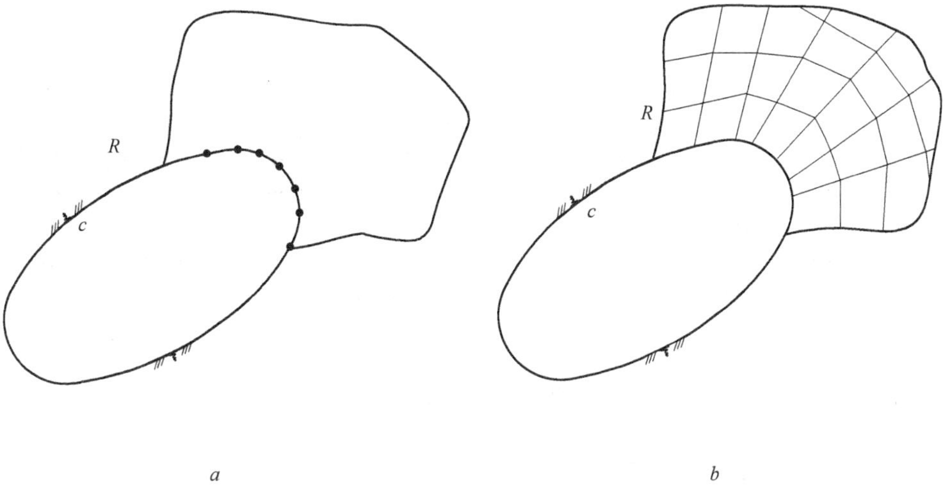

图 6－29 边界元法 a 和有限元法 b

6.5.3.1 间接法

下面用一个例子来说明边界元法间接法的基本思想。假设求解的是平面应变问题。例如在地下均匀应力场（$-p$，负号表示压力）中开挖出一孔硐，孔硐的边界为 c，围岩的区域为 R，要求求出任一点的应力和位移（图 6－30a）。这个问题可以由两个解叠加得到：一个是原岩应力的解（图 6－30b），另一个是采掘应力的解（图 6－30c）。原岩应力的解相当于孔硐开挖前的情况，这是个平凡解很容易得到，这里不作讨论。采掘应力是前面的解在拟开孔硐的边界 c 上所作用的应力的负值，而采掘应力的解则是在边界 c 上作用有采掘应力而远处应力为零的解。对于位移的计算，如假定原始位移为零，则只要考虑采掘应力的解。

用间接法解采掘应力的问题时（图 6－31a），我们解一辅助问题（6－31b）。该问题定义在全平面，而在原定孔硐的轮廓线 c' 上，沿逆时针方向布置有 N 个直线段的边界单元。因为规定了 c' 的外法线系指向孔硐内部，所以 c' 的正侧是该问题的延拓区，而 c' 的负侧才是该问题的实际求解域。根据作用在边界单元上的中间参量是应力或位移，间接法又可分为应力不连续法和位移不连续法两种，图 6－31 上表示的为应力不连续法，这时假定在单元上作用有恒定的应力 $\overset{j}{p}_s$ 和 $\overset{j}{p}_n$（$j=1, 2, \cdots, N$），这些量除了在 j 单元本身的正负侧分别产生 $-\frac{1}{2}\overset{j}{p}_s$，$-\frac{1}{2}\overset{j}{p}_n$ 和 $+\frac{1}{2}\overset{j}{p}_s$，$+\frac{1}{2}\overset{j}{p}_n$ 的不连续效应外（应力不连续法因而得名），在全平面内各点上所产生的应力和位移都是连续的。考虑负侧，将作用在各单元上的应力不连续量的效应递加起来，则这些量应满足边界条件：

$$\left.\begin{aligned}\overset{i}{\sigma}_s &= \sum_{j=1}^{N}\overset{ij}{A}_{ss}\overset{j}{p}_s + \sum_{j=1}^{N}\overset{ij}{A}_{sn}\overset{j}{p}_n \quad (i = 1,2,\cdots,N)\\ \overset{i}{\sigma}_n &= \sum_{j=1}^{N}\overset{ij}{A}_{ns}\overset{j}{p}_s + \sum_{j=1}^{N}\overset{ij}{A}_{nn}\overset{j}{p}_n \quad (i = 1,2,\cdots,N)\end{aligned}\right\} \tag{6-81}$$

式中，$\overset{ij}{A}_{ss}$ 等为应力影响系数，其值可根据 6.5.1 节中的平面应变问题的 Kelvin 解沿单元线段的积分，再予以适当的坐标变换即得。

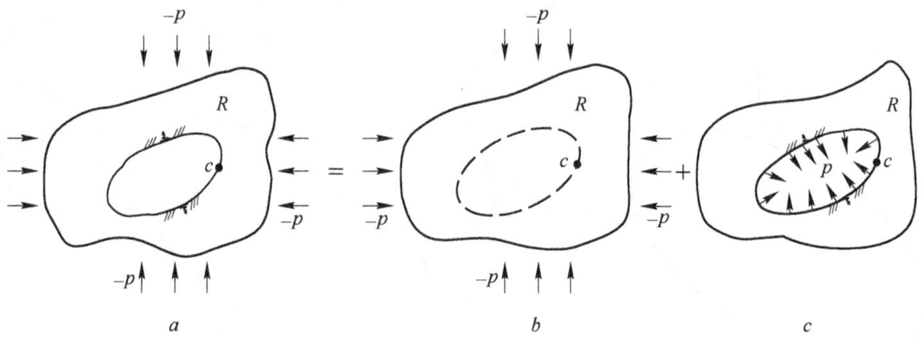

图6-30 孔硐问题

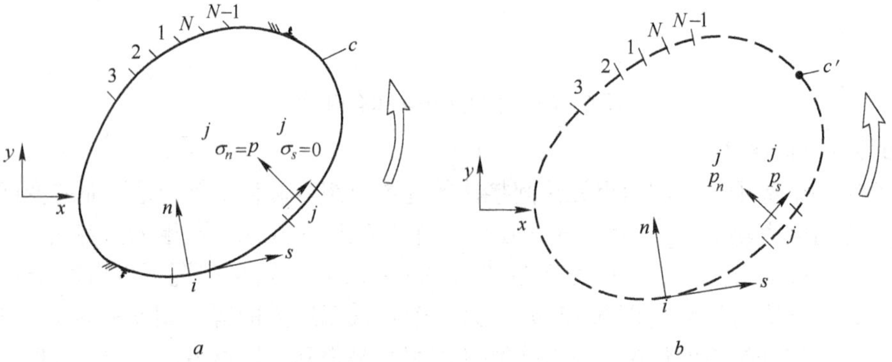

图6-31 应力不连续法

对于采掘应力，有边界条件为：

$$\left.\begin{aligned}\overset{i}{\sigma}_s &= 0\\ \overset{i}{\sigma}_n &= p\end{aligned}\right\}(i=1,2,\cdots,N) \tag{6-82}$$

于是可由方程组（6-81）求解出 $\overset{j}{p}_s$，$\overset{j}{p}_n$（$j=1$，2，…，N）诸值，然后域内任一点 P 的应力和位移就可求得：

$$\left.\begin{aligned}\overset{p}{\sigma}_{xx} &= \sum_{j=1}^{N}\overset{pj}{A}_{xs}\overset{j}{p}_s + \sum_{j=1}^{N}\overset{pj}{A}_{xn}\overset{j}{p}_n\\ \overset{p}{\sigma}_{yy} &= \sum_{j=1}^{N}\overset{pj}{A}_{ys}\overset{j}{p}_s + \sum_{j=1}^{N}\overset{pj}{A}_{yn}\overset{j}{p}_n\\ \overset{p}{\sigma}_{xy} &= \sum_{j=1}^{N}\overset{pj}{A}_{ts}\overset{j}{p}_s + \sum_{j=1}^{N}\overset{pj}{A}_{tn}\overset{j}{p}_n\end{aligned}\right\} \tag{6-83}$$

$$\left.\begin{aligned}\overset{p}{u}_x &= \sum_{j=1}^{N}\overset{pj}{B}_{xs}\overset{j}{p}_s + \sum_{j=1}^{N}\overset{pj}{B}_{xn}\overset{j}{p}_n\\ \overset{p}{u}_y &= \sum_{j=1}^{N}\overset{pj}{B}_{ys}\overset{j}{p}_s + \sum_{j=1}^{N}\overset{pj}{B}_{yn}\overset{j}{p}_n\end{aligned}\right\} \tag{6-84}$$

式中，$\overset{pj}{A}_{xs}$，$\overset{pj}{B}_{xs}$ 等相应地为应力和位移影响系数，其值同样可以根据平面应变问题的 Kelvin 解沿单元长度的积分，经过适当的坐标变换得到。

应力不连续法容易理解，适合于解决孔硐（外部问题）和有限域（内部问题）的问题。

如果中间参量用的不是应力不连续量，而是位移不连续量，则是位移不连续法。除了基本解不同外，它的原理和应力不连续法是一样的。位移不连续法适用于求解介质中有裂缝或层状矿床的开采问题，这时顶底板的相对移动或移近量可以看作是位移不连续量。

6.5.3.2　直接法

边界元法的直接法是将边界上的应力和位移积分方程直接联系起来求解的一种方法。

如图 6－32，假定求解的是内部问题，区域为 R，边界为 c，边界上的切向和法向位移和应力分别为 u_s，u_n 和 σ_s，σ_n。另外，假定同样的区域 R 在 c 上有另一组 u_s'，u_n' 和 σ_s'，σ_n'，则根据互等定理，第一解中的应力对应于第二解中的位移所作的功等于第二解中的应力对应于第一解中的位移所作的功，即

$$\int_c (\sigma_s u_s' + \sigma_n u_n')\mathrm{d}s = \int_c (\sigma_s' u_s + \sigma_n' u_n)\mathrm{d}s \tag{6-85}$$

假定边界 c 以 N 个直线段单元来逼近，每个单元上有恒定的应力及位移值，于是（6－85）式可写为：

$$\sum_{j=1}^{N} \overset{j}{\sigma}_s \int_{j\Delta_s} u_s'\mathrm{d}s + \sum_{j=1}^{N} \overset{j}{\sigma}_n \int_{j\Delta_s} u_n'\mathrm{d}s = \sum_{j=1}^{N} \overset{j}{u}_s \int_{j\Delta_s} \sigma_s'\mathrm{d}s + \sum_{j=1}^{N} \overset{j}{u}_n \int_{j\Delta_s} \sigma_n'\mathrm{d}s \tag{6-86}$$

式中，$\overset{j}{\sigma}_s$，$\overset{j}{\sigma}_n$ 和 $\overset{j}{u}_s$，$\overset{j}{u}_n$ 为第 j 单元中点处的应力和位移值，共有 $4N$ 个。由于一个弹性力学的边值问题其边界上沿切向和法向要有一个位移或应力值为给定，因此剩下只有 $2N$ 个值为未知。例如，如 $\overset{j}{\sigma}_s$，$\overset{j}{\sigma}_n$（$j=1, 2, \cdots, N$）为给定，则未知值为 $\overset{j}{u}_s$，$\overset{j}{u}_n$（$j=1, 2, \cdots, N$）。显然要有 $2N$ 个如式（6－86）的方程式才能求解，也就是说要有 $2N$ 组 u_s'，u_n' 和 σ_s'，σ_n' 的解加入运算才能确定 $\overset{j}{u}_s$，$\overset{j}{u}_n$（$j=1, 2, \cdots, N$）的值。这 $2N$ 组解就是所谓试验解。

试验解的求得，可以设想成在全面中的 R 外部的任一点作用有一集中力（图 6－33），这时在 R 的边界 c 上产生一组位移和应力，u_s'，u_n' 和 σ_s'，σ_n'，这就是一组试验解。因为如果将区域 R 取为分离体，在它的边界 c 上作用有 σ_s'，σ_n'，产生位移 u_s'，u_n'，这的确是

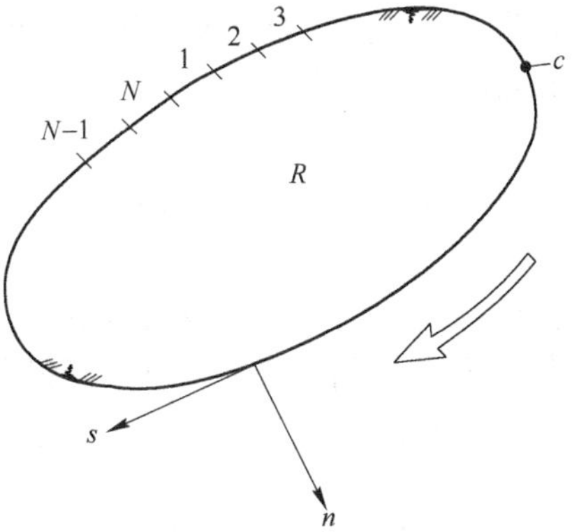

图 6－32　内部问题

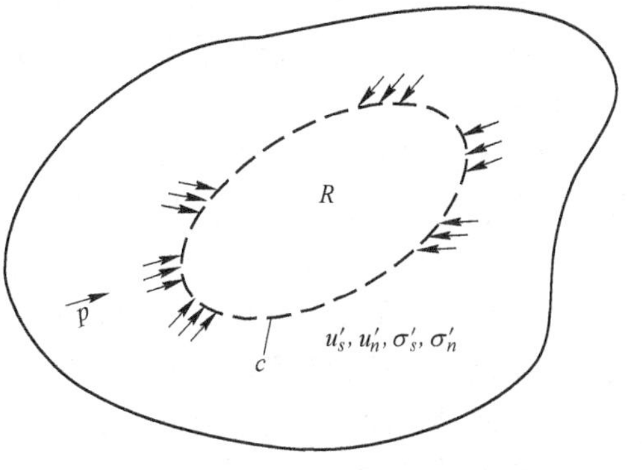

图 6－33　试验解

一组可能的解。这个解很明显也可以像应力不连续法那样从平面应变的 Kelvin 解中经过相应的坐标变换而得到。

原则上 $2N$ 个试验解可以任取，但是更自然的办法是轮流在每个单元上分别求出在中点作用有单位切向集中力 $\overset{j}{F}_s$ 和单位法向集中力 $\overset{j}{F}_n$ 的解 $i=1,2,\cdots,N$，计 $2N$ 个试验解。需要注意的是在求极限过程中，应使集中力从边界外部（正侧）趋近于边界。

于是（6－86）式可写为：

$$\left.\begin{aligned}\sum_{j=1}^{N}\overset{ij}{B}_{ss}\overset{j}{\sigma}_s+\sum_{j=1}^{N}\overset{ij}{B}_{sn}\overset{j}{\sigma}_n=\sum_{j=1}^{N}\overset{ij}{A}_{ss}\overset{j}{u}_s+\sum_{j=1}^{N}\overset{ij}{A}_{sn}\overset{j}{u}_n\\ \sum_{j=1}^{N}\overset{ij}{B}_{ns}\overset{j}{\sigma}_s+\sum_{j=1}^{N}\overset{ij}{B}_{nn}\overset{j}{\sigma}_n=\sum_{j=1}^{N}\overset{ij}{A}_{ns}\overset{j}{u}_s+\sum_{j=1}^{N}\overset{ij}{A}_{nn}\overset{j}{u}_n\end{aligned}\right\}\tag{6-87}$$

式中，i 由 1 到 N，而 $\overset{ij}{A}_{ss}$，$\overset{ij}{B}_{ss}$ 等影响系数有：

$$\overset{ij}{A}_{ss}=\int_{j_{\Delta_s}}\sigma_s'(\overset{j}{F}_s)\mathrm{d}s\tag{6-88}$$

等等。

于是一共得 $2N$ 个方程式。如边界应力 $\overset{j}{\sigma}_s$，$\overset{j}{\sigma}_n$（$j=1,2,\cdots,N$）为给定，则方程组（6－87）的左边为已知，即可解出 $2N$ 个未知数 $\overset{j}{u}_s$，$\overset{j}{u}_n$（$j=1,2,\cdots,N$）。可见边界上的未知位移或应力是根据边界条件由方程组直接解出，无需求助于中间结果，其区别于间接法即在于此。

至于域内任一点 P 的位移则可用 Somigliana 公式来求：

$$\left.\begin{aligned}u_x(P)=-\int_c[u_s\sigma_s'(F_x)+u_n\sigma_n'(F_x)]\mathrm{d}s+\int_c[\sigma_s u_s'(F_x)+\sigma_n u_n'(F_x)]\mathrm{d}s\\ u_y(P)=-\int_c[u_s\sigma_s'(F_y)+u_n\sigma_n'(F_y)]\mathrm{d}s+\int_c[\sigma_s u_s'(F_y)+\sigma_n u_n'(F_y)]\mathrm{d}s\end{aligned}\right\}\tag{6-89}$$

式中　u_s，u_n 和 σ_s，σ_n——已经求得的边界上的位移和应力；

$u_s'(F_i),u_n'(F_i)$ 和 $\sigma_s'(F_i),\sigma_n'(F_i)$ 等——P 点上作用有集中力 $F_x=1$ 或 $F_y=1$ 的解。

（6－89）式经离散化后即可求出某一点 P 的位移，接着还可根据弹性力学的有关公式求出该点的应变和应力。

边界元法的直接法在理论上较为深奥，计算也较为复杂，但是容易推广到高次元的情况。然而对于大多数工程问题来说，间接法却是最有效的计算方法。

6.5.4　离散元法

离散元法是 Cundall 在 20 世纪 70 年代所提出的[19]。现在已有很大的发展，在巷道稳定性研究、边坡工程、放矿力学等方面已有了应用[20]。

岩石力学中一般是将岩石或岩体看作连续介质而赋以不同的本构方程，如弹性、塑性，黏弹性等。但是，岩体往往为众多的节理或结构弱面所切割（图 6－34），特别在开挖区域附近，往往岩石破碎，明显地具有不连续的性质，不能用传统的有限元法或边界元法来解决问题，而要求助于离散元法。

有限元法的理论基础是表达最小总势能的变分原理，边界元法的理论基础是表达 Betti 互等定理的积分方程，而离散元法的基本原理却是最简单也是最基本的牛顿第二定律，即 $F=ma$（或在转动时有 $M=I\ddot{\theta}$）。

离散元以受裂缝切割或分立的块体为出发点，块与块之间的相互作用系在角和面上有接触，角点可以允许有大的位移。在某些情况下如滑坡或冒顶时，岩块可以滑动甚至脱离母体而自由下落（图6－35）。

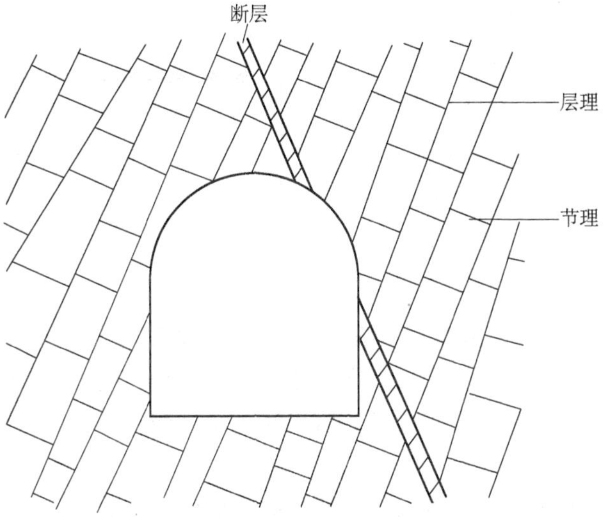

图6－34 巷道周围的离散岩块

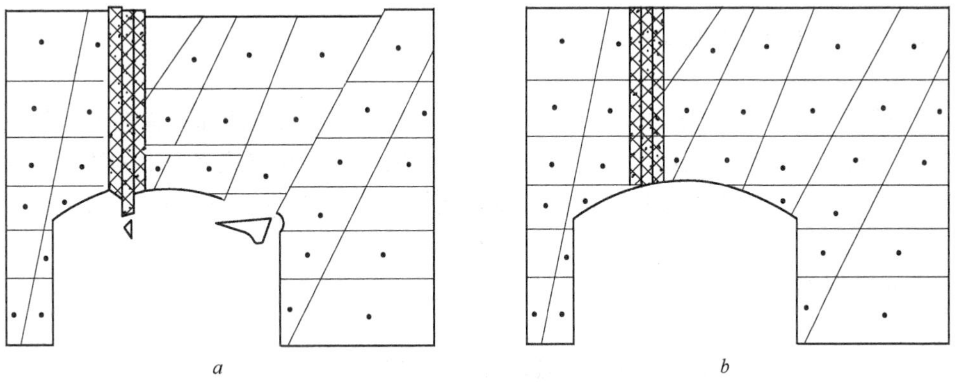

图6－35 岩块脱离母体的冒落

6.5.4.1 力和位移的关系

由于离散元适用于应力水平不高的情况，所以可以假定块体在运动时其形状保持不变，即将块体本身视为刚体。为了使整个岩块体系统在未进入破坏时能保持稳定，所以，块体的边界，应具有某种“刚度”。

A 法向力

假定块体之间的法向力 F_n 正比于它们之间沿法向的“叠合” δ_n 的大小（图6－36a），即有：

$$F_n=K_n\delta_n \tag{6-90}$$

式中 K_n——法向刚度系数。

这里所谓的叠合是数值计算时的一个假定的量，将它乘上一个比例系数作为法向力的一个度量。例如可以增大 K_n 而将 δ_n 取得很小而表示相同的法向力。

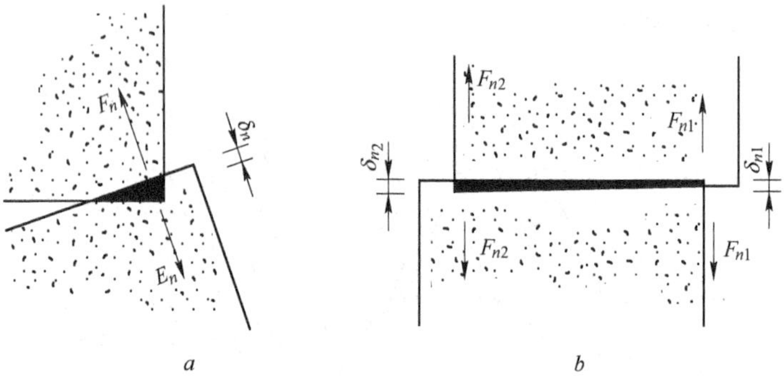

图6－36 离散单元间的法向力

如果离散单元的边界互相叠合（图6－36b），则有两个角点与界面接触，仍可用（6－90）式来计算法向力。当然实际上界面接触的情况要比这个简单的两角点的模式更为复杂，但无法确定究竟哪些点相接触，所以还是采用两角点相接触的界面叠合的模式。

B 剪切力

由于块体所受的剪切力与块体运动和加载的历史或途径有关，所以对于剪切力要用增量来表示（图6－37），而有：

$$\Delta F_s = K_s \delta_s \tag{6-91}$$

式中 K_s——节理的剪切刚度系数。

C 破坏条件

（6－90）和（6－91）式所表示的为弹性的情况，但在某些情况下弹性关系是不成立的，需要考虑破坏条件。例如当张力破坏岩块分离时，作用在岩块表面上的法向力和剪切力随即消失。对于塑性剪切破坏的情况，需要在每一轮迭代时检查剪切力 F_s 是否超过

$$C + F_n \mathrm{tg}\phi$$

式中 C——黏结力；

ϕ——摩擦角。

如果超过则表示产生滑动而剪切力取极限值等于

$$C + F_n \mathrm{tg}\phi$$

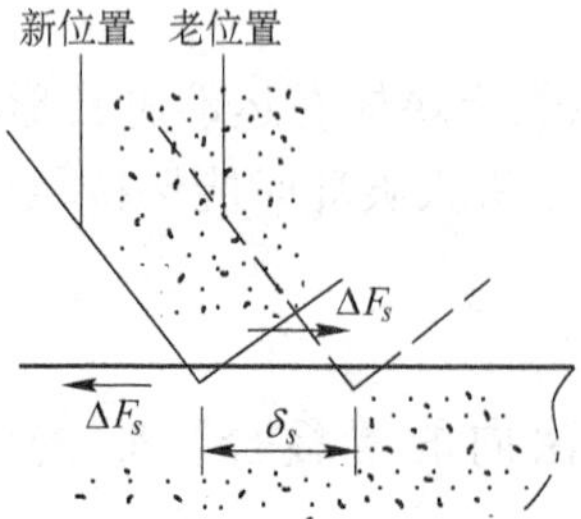

图6－37 离散单元间的剪切力

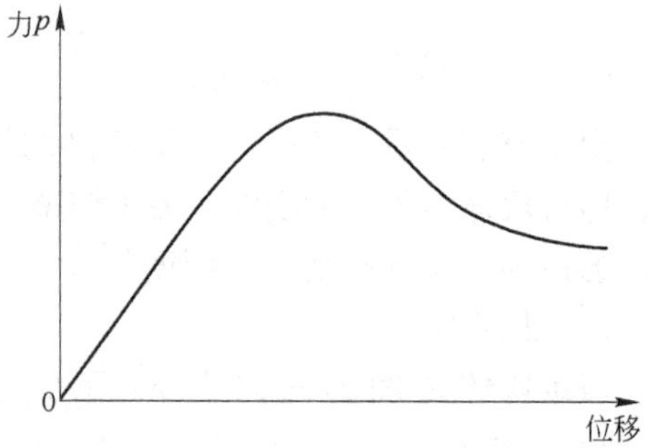

图6－38 力和位移的全过程曲线

对于更一般的情况在数值模拟中也可以包括进去，例如如图 6－38 所示的情况。

6.5.4.2 运动定律

根据岩块的几何形状及其与邻近岩块的关系，可以用上面所表述的原理，计算出作用在某一特定岩块上的一组力 F_{x1}，F_{y1}，F_{x2}，F_{y2}等（图6－39）。

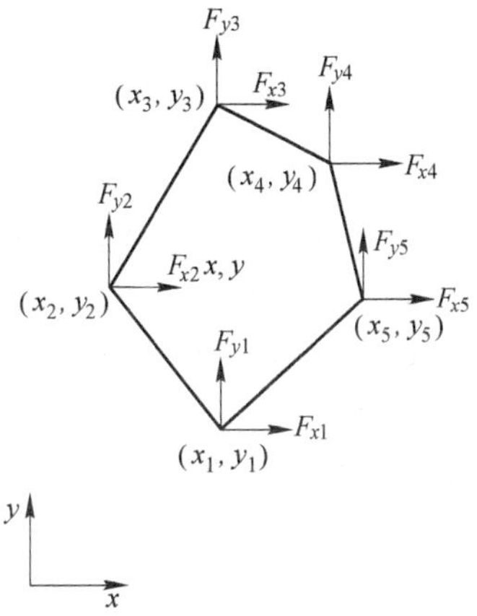

图 6－39 作用于块体上的一组力

根据这一组力可以计算出作用于该块体上的合力 F_x，F_y 和力矩 M：

$$\left.\begin{aligned} F_x &= \sum_{i=1}^{N} F_{xi} \\ F_y &= \sum_{i=1}^{N} F_{yi} \\ M &= \sum_{i=1}^{N} [F_{yi}(x_i - x) - F_{xi}(y_i - y)] \end{aligned}\right\} \tag{6-92}$$

式中 x、y——岩块重心的坐标。

如岩块的质量为 m，于是重心沿 x 方向和 y 方向的加速度分别为：

$$\left.\begin{aligned} \frac{\mathrm{d}\dot{x}}{\mathrm{d}t} &= \frac{F_x}{m} \\ \frac{\mathrm{d}\dot{y}}{\mathrm{d}t} &= \frac{F_y}{m} \end{aligned}\right\} \tag{6-93}$$

式中，字符上的一点表示该量对时间的导数。

设 θ 为块体运动时绕其重心的旋转角度，逆时针方向为正。于是：

$$\frac{\mathrm{d}\dot{\theta}}{\mathrm{d}t} = \frac{M}{I} \tag{6-94}$$

式中 I——岩块绕重心的转动惯量。

考虑中心差分格式：

$$\frac{\mathrm{d}\dot{x}}{\mathrm{d}t} = \frac{\dot{x}(t + \Delta t/2) - \dot{x}(t - \Delta t/2)}{\Delta t} \tag{6-95}$$

式中，$\dot{x}(t + \Delta t/2)$ 等表示 $\dot{x}$ 为（$t + \Delta t/2$）的函数而并非相乘。

由（6－93）、（6－95）两式可得：

$$\dot{x}(t+\Delta t/2)=\dot{x}(t-\Delta t/2)+\frac{F_x}{m}\Delta t \tag{6-96}$$

同理有

$$\dot{y}(t+\Delta t/2)=\dot{y}(t-\Delta t/2)+\frac{F_y}{m}\Delta t \tag{6-97}$$

$$\dot{\theta}(t+\Delta t/2)=\dot{\theta}(t-\Delta t/2)+\frac{M}{I}\Delta t \tag{6-98}$$

岩块的平移和转动可表示为：

$$\left.\begin{aligned} x(t+\Delta t)&=x(t)+x(t+\Delta t/2)\Delta t\\ y(t+\Delta t)&=y(t)+\dot{y}(t+\Delta t/2)\Delta t\\ \theta(t+\Delta t)&=\theta(t)+\dot{\theta}(t+\Delta t/2)\Delta t \end{aligned}\right\} \tag{6-99}$$

在每一个时步 Δt 进行一次迭代，根据前一次迭代所得到的块体的位置，求出接触力，作为下一次迭代的出发点，用以求出块体新的位置，如此反复进行迭代（一般要几千或上万次）直到最后达到平衡状态为止。

6.5.4.3　阻尼

岩块在运动时并不发生弹跳，这是由于运动时动能转化为热能而耗散掉的缘故，因此岩块的运动是不可逆的过程，在计算时应当考虑这一事实。否则如果一个弹性系统中有了动能，就会在平衡位置来回振荡（图6－40）。要避免这一点就要附加进阻尼的因素，这在物理上讲可以用在表征刚度的弹簧上并联一黏性元件（油缸活塞）的办法来达到（图6－41）。

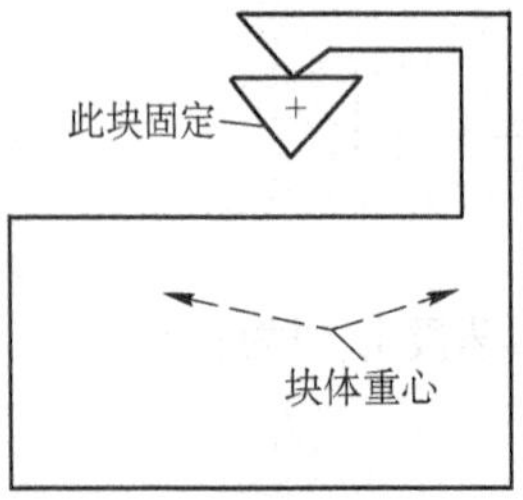

图6－40　简谐振荡系统

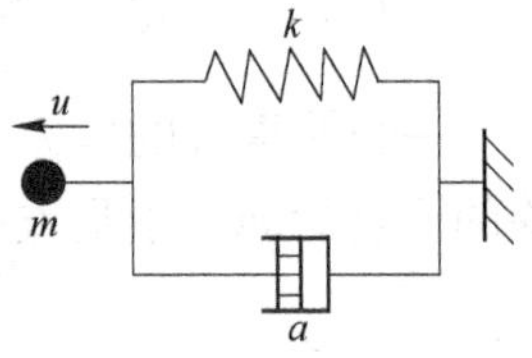

图6－41　集中质量的弹性阻尼系统

图6－41的平衡方程为：

$$m=\frac{d^2u}{dt}+\alpha\frac{du}{dt}+ku=0 \tag{6-100}$$

式中　α——阻尼系数，根据振动理论在临界状态时有：

$$\alpha=2\sqrt{mk} \tag{6-101}$$

在计算时 α 要取得较临界值稍小些，以使响应几乎是“死拍子”，也就是使岩块的运动几乎没有回弹。

由于引入了阻尼，（6－93）式变为：

$$\frac{\mathrm{d}\dot{x}}{\mathrm{d}t}=\frac{F_x}{m}-\alpha\dot{x} \tag{6-102}$$

取上式的差分表述：

$$\frac{\dot{x}(t+\Delta t/2)-\dot{x}(t-\Delta t/2)}{\Delta t}=\frac{F_x}{m}-\alpha\left[\frac{\dot{x}(t+\Delta t/2)+\dot{x}(t-\Delta t/2)}{2}\right] \tag{6-103}$$

于是有：

$$\dot{x}(t+\Delta t/2)=\left[\dot{x}(t-\Delta t/2)\left(1-\frac{\alpha\Delta t}{2}\right)+\frac{F_x}{m}\Delta t\right]\Big/(1+\alpha\Delta t/2) \tag{6-104}$$

对于 $\dot{y}(t+\Delta t/2)$ 和 $\dot{\theta}(t+\Delta t/2)$ 也有类似的公式。

应当说明的是当接触点开始滑动时，则不用附加剪切黏性的阻尼，因为在滑动时由摩擦造成的能量耗散本身就是阻尼的一种有效的方式。

6.5.4.4 时步的选择

对于一个有集中质量 m 和刚度系数为 k 的弹性系统，其位移 u 的差分方程为：

$$u(t+\Delta t)+\left[\frac{k}{m}(\Delta t)^2-2\right]u(t)+u(t-\Delta t)=0 \tag{6-105}$$

只有当时步取为：

$$\Delta t<2\sqrt{\frac{m}{k}} \tag{6-106}$$

时，差分方程（6-105）的解才是稳定的。

对于一个块体系统，其最大的时步值应根据块体系统中刚度和质量所组合的最小 m/k 比来选取。由于一个块体往往和邻近的几个块体相接触，因而对这个块体来说刚度增大而时步值应减小。实际计算中取块体系统中 m/k 的最小值，且 Δt 取为用（6-106）式算得的十分之一，就可得到满意的结果。

6.5.4.5 平均应力

在体积 V 内的应力 σ_{ij} 的平均值 $\bar{\sigma}_{ij}$ 可定义为：

$$\bar{\sigma}_{ij}=\frac{1}{V}\int_v\sigma_{ij}\mathrm{d}v \tag{6-107}$$

利用平衡条件和高斯散度定理，上式可写成：

$$\bar{\sigma}_{ij}=\frac{1}{V}\int_S X_i t_j\mathrm{d}S \tag{6-108}$$

式中 S——块体的表面；

X_i——S 上的一点的 i 坐标；

t_j——该点的表面力的 j 分量。

因为对于一个典型的岩块，表面力为在岩块表面离散作用的若干个力，所以（6-108）式可写成：

$$\bar{\sigma}_{ij}=\frac{1}{V}\sum_1^n X_i F_j \tag{6-109}$$

求出 $\bar{\sigma}_{ij}$ 后，主应力的方向和大小可用通常的办法求得。

6.5.4.6 计算循环

由于计算是按时步动态进行的，所以要通过许多时步的迭代过程问题才会收敛。在每一时步的计算循环可以图6-42来表示。

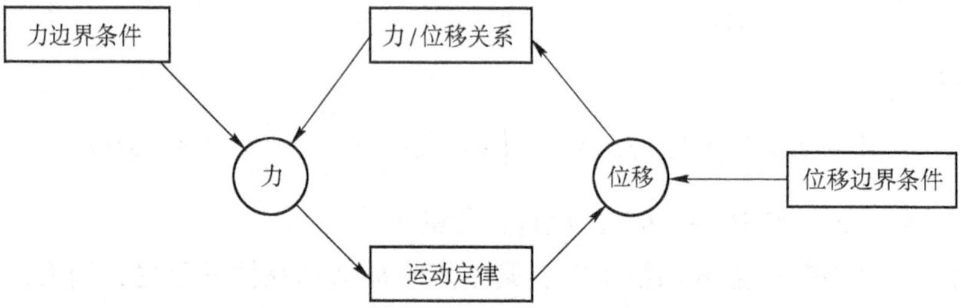

图6-42 时前的计算循环

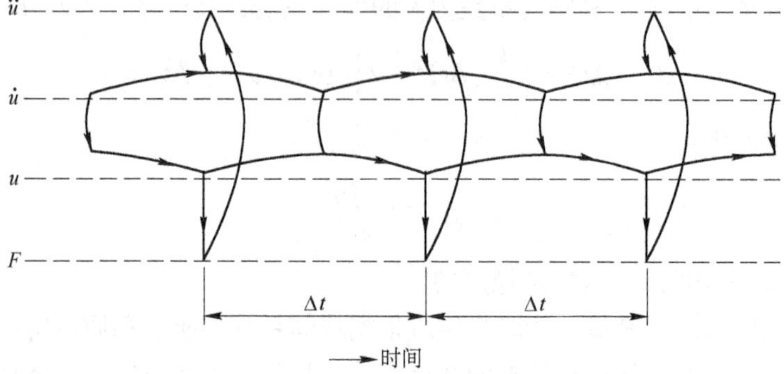

图6-43 中心差分格式时步之间的关系

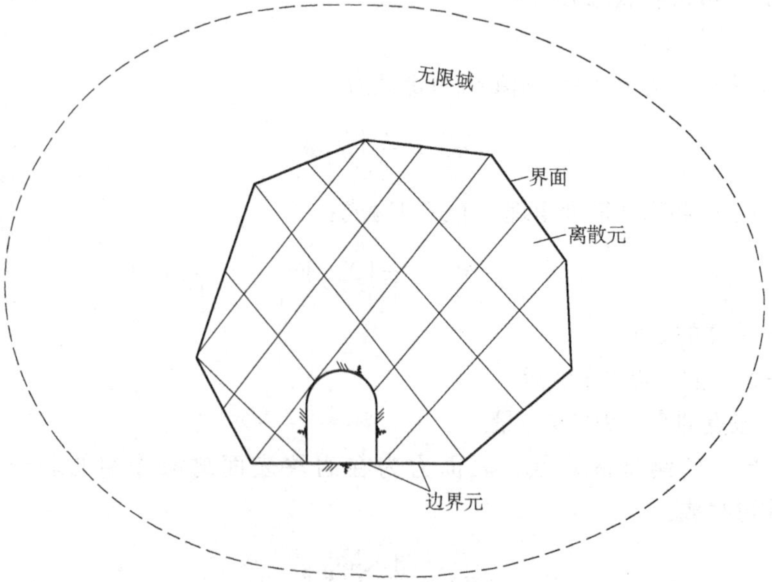

图6-44 边界元法与离散元法的混合法

在计算时时步与时步之间的关系在用中心差分格式时如图6-43所示。图中u为广义坐标，代表x，y或θ，箭头表示计算的顺序。

6.5.4.7 混合法

由于离散元法不考虑单元本身的变形，所以只能用于应力水平较低和为节理所切割的情况，但可以与别的计算方法，例如与有限元法或边界元法相结合，各自发挥自己的优点，使离散元法的效果得以扩充。图6-44所示为边界元法与离散元法相结合的情况。巷道近处的节理岩石用离散元来模拟，破碎带外的无限域则用布置在界面上的边界元来模拟。

6.6 岩体力学性能

工程所涉及的那部分地壳称为岩体。岩体由岩石材料构成并受到地质结构面（或不连续面）的切割。工程岩体的变形和破坏不仅与岩石材料的力学性能有关，而且也取决于岩体中不连续面的分布、产状及其力学性能。不同地区、不同地段岩体的岩性及不连续面分布具有的独特性需要进行现场地质调查和统计分析才能确定，这方面的内容可见本手册第13章。本节专门讨论不连续面的力学性能及岩体的强度和变形性能，而岩石材料的力学性能问题已在6.4节讨论过了。

6.6.1 不连续面的力学性能

要了解岩体和不连续面的力学性能，主要的途径是通过试验。工程师们可根据现场调查和工作经验选用某些数据，但这样做并不可靠。最好的办法是现场试验，然而现场试验工作量大、费用高。作为替代，也可采集小样品作室内试验，样品可以多些，取样点分布面可以广一些。所得数据经过统计处理，产生的结果并不比大型试验不可靠，若能将二者配合使用，效果会更好。

6.6.1.1 室内试验

A 试体

为测定不连续面的力学性能，需在不扰动两壁原配的条件下采得样品，如需对样品作进一步加工，则在加工条件下也不应使原配合条件发生过大的改变。所谓不发生改变意味着不破坏两壁的原始啮合，不扰动充填物，甚至保证样品湿度不变，这常是困难的工作。利用三重套管金刚石钻进是可行的取样方法；在巷道里取样可利用大孔径金刚石钻机平行节理面钻进取样；有时也用密集钻孔或炮孔切取试块。当取完整样品为不可能时，也可采取半壁样品并人工铸出另外的半壁。如果只是理论研究，也可将完整岩块劈为两半供作试验。

B 直剪试验

目前许多工程项目都采用图6-45所示便携式的剪切仪作不连续面的直剪试验。岩心和不规则形状的试件均可采用。首先用专用模具将试件两端铸以混凝土块，中部裸露部分是受剪的不连续面，露出高度应保持1.0～1.5cm之间。试验时掀开剪切盒上盖，将铸好的试体置于下盒中，再盖好上盒，这时受剪面应平行水平千斤顶加载方向并垂直于竖直千斤顶加载方向。稍加载荷使系统定好位，并安好量测水平和法向位移的位移计。准备完毕后施加预定的法向载荷，然后施加水平载荷，大约每5min将水平载荷增加一档，法向载荷则始终维持不变。分级加载时要记录位移。此类剪切盒允许约3cm的位移，但为得到残余强度，通常要求总位移达到5cm左右。为满足这一要求，可在一次位移达到2.5cm

左右时卸载，然后将试件复位，恢复原来的法向载荷，再施加水平载荷，直到与前次位移累计达5cm时停止试验。

为了得到反应不连续面摩擦性能的可靠数据，同样的试验应重复5次左右。

便携式剪切仪（图6－45）只能适应$\phi=5\sim7$cm左右的试件。如采用20cm×20cm甚至30cm×30cm的大试件就需使用固定式的中、大型直剪仪，许多专门性的实验室备有这类设备。

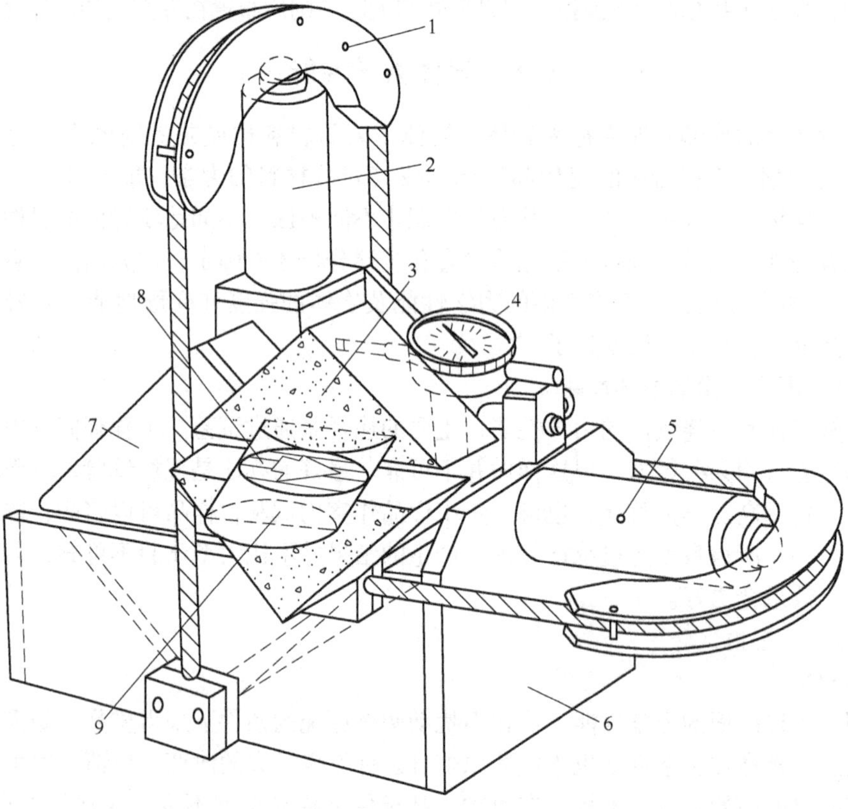

图6－45 便携式剪切仪

1—钢索载荷平衡器；2—法向加载千斤顶；3—固定试件的混凝土；
4—位移计；5—剪切加载千斤顶；6—剪切盒下半部；
7—剪切盒上半部；8—剪切面（节理面）；9—试件

C 三轴试验

对不连续面进行三轴试验时须采用圆柱状试件，做法与完整岩石的常规三轴试验相同。这类试验只有发生沿不连续面剪切破坏时方为有效，因此要求试件中不连续面的倾角适当。当倾角过小和过大时，不连续面上的剪力不足，破坏将不完全沿不连续面发生，测得的强度值偏大。

对于这类试验而言，由于难以得到几何条件相同的多个试件。因此，为了解法向力不同时的不连续面剪切性能，可在一试件上进行多围压的试验，办法是当试件开始沿弱面滑动后迅速提高围压σ_3，然后再增加轴压σ_1，直到又沿不连续面滑动，再增σ_3继续重复下去。

当进行不连续面剪切试验时，剪位移量相当大，接触面积的变化是可观的，因此不论直剪和三轴剪，都要考虑这种变化的影响并对结果加以校正。

D 压缩试验

在计算岩石力学中，不连续面常作为一个力学单元考虑，这时它们的法向刚度是一个重要的力学参数，为此需要测定不连续面的闭合量与其法向力之间的关系曲线，这一曲线可通过对不连续面施加压力同时观测其闭合量来作出。

此外，不连续面两壁岩石的抗压强度也是表示它力学性能的一项重要指标，由于紧靠不连续面的两壁岩石多有风化或蚀变，其力学性能与壁后稍远处的新鲜岩石的性能不同，直接测定这一指标是困难的，有人建议通过测定壁面的施密特硬度作为代替，这一硬度指标可用施密特锤测出，详见本章6.2。施密特硬度与材料抗压强度的关系要经过标定得到。

6.6.1.2 不连续面的变形性能

A 闭合曲线与法向柔度

研究了不连续面的压缩（闭合）试验结果后，认为[21]不连续面的法向闭合量 δ_n 与法向应力 σ_n 之间存在指数关系：

$$\delta_n = a + b\ln\sigma_n \tag{6-110}$$

或幂函数关系：

$$\delta_n = c\sigma_n^d \tag{6-111}$$

式中 a、b、c、d——参数，可通过试验求得。

曲线图形如图6-46a 者可称为闭合曲线。对同种岩石而言，不连续面张开度愈大，则曲线曲率愈小（图中之2曲线）。

所谓法向柔度，意指不连续面受压易于闭合的程度，数学定义为

$$c_n = \frac{d\delta_n}{d\sigma_n} \tag{6-112}$$

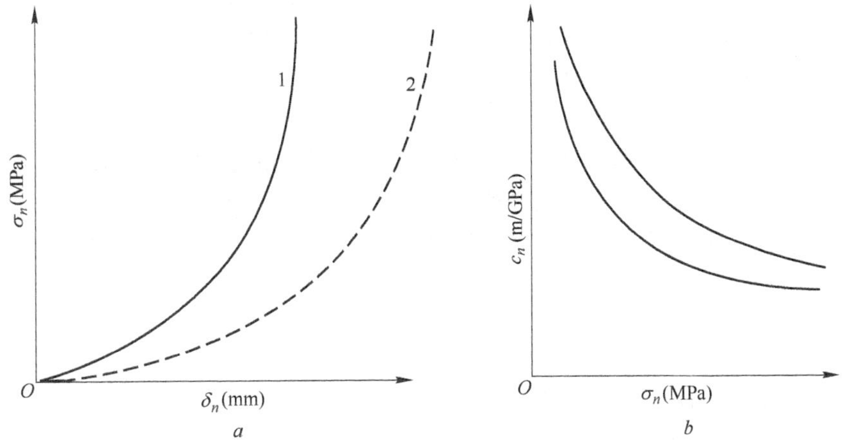

图6-46 闭合试验结果与法向柔度

对于两类闭合曲线分别有

$$\left.\begin{aligned} c_n &= \frac{b}{\sigma_n} \\ c_n &= cd\sigma_n^{d-1} \end{aligned}\right\} \tag{6-113}$$

几何上它们是 $\sigma_n-\delta_n$ 曲线的切线斜率。c_n 与 σ_n 的关系曲线如图 6-46*b* 所示。可见法向柔度不是常数，随闭合量的增加，柔度愈来愈小，刚度愈来愈大，不连续面愈来愈难闭合。

B 剪位移曲线及剪切柔度

剪切试验时，剪应力 τ 及剪切位移 δ_s 曲线可分几种类型，见图 6-47。第 1 类型常在实验室用小块试样做试验时获得。其最大特点是曲线中 τ 出现某一峰值。这是由于小试样中某些凸点在试验中被剪切掉，或天然试样中结构面并未全部贯通，即存在某些“岩桥”所至。

第 2 类曲线则是采用较大的试样（面积大于 500cm^2）且上下试块处于咬合状态。这时较小的切向变形就使剪应力达到其最大值，以后则一直处于稳定。

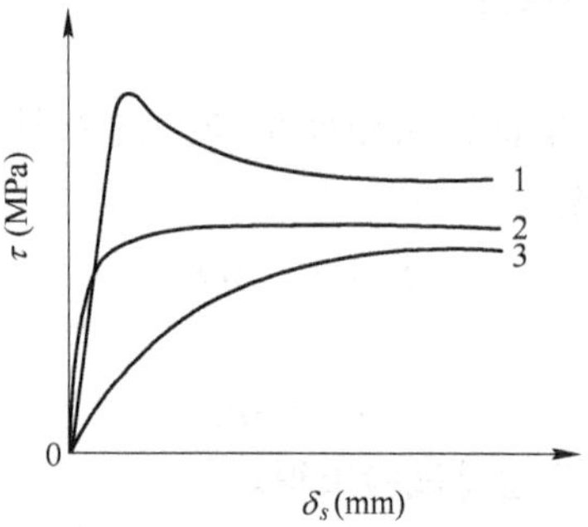

图 6-47 剪切位移曲线

第 3 类曲线则是上下试块未处于咬合状态，因此，在较小的剪应力作用下就开始发生剪切位移，但要经过较长的剪切位移后，剪应力才趋于稳定。

剪切位移曲线的形状还与 σ_n 大小和表面粗糙度有关。一般说来，如果结构面很光滑或 σ_n 很小，则经常得到的是近似于第三类曲线。不同之处是达到最大剪应力之前的剪切变形几乎为零，从而剪切位移曲线由一条垂线和一条水平线构成。

当正应力足够大时，则引起接触表面的进一步磨损，而改变表面的粗糙度。不一定表面变得更光滑。

剪切试验时，除了发生剪切变形（位移）外，对粗糙的接触面，还存在法向变形和位移。如图 6-48 所示。曲线 1 表示在滑动前先发生法向闭合变形，滑动后则发生体积膨胀的现象。曲线 2 则表示接触面较光滑时，滑动前的法向变形很小，滑动后体积变化也很小。

第 2 类剪切位移曲线（图 6-49）的表达式为：

$$\tau = \frac{\delta_s}{A\delta_s + B} + C \tag{6-114}$$

式中 τ ——剪应力；

δ_s ——剪切位移；

A、B、C ——常系数。

剪切试验时，滑动前的法向变形 δ_n 可用（6-115）式表示：

$$\delta_n = n\tau^m + l \tag{6-115}$$

式中 n、m——常数；

l——剪切试验前，施加法向力时引起的法向变形。

相应的剪切柔度 c_s 和对角柔度 c_{od} 为：

$$c_s = \frac{(A\delta_s + B)^2}{B} \tag{6-116}$$

$$c_{od} = mn\tau^{m-1} \tag{6-117}$$

相应的曲线见图 6-49。

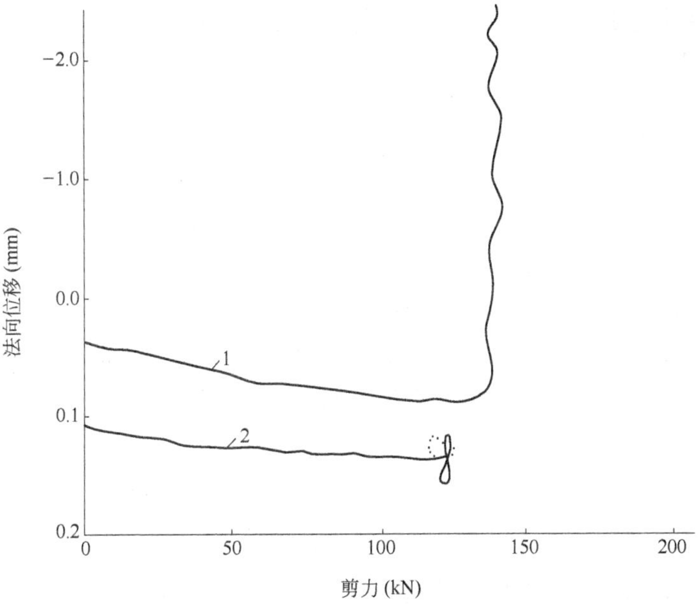

图 6-48 结构面剪切

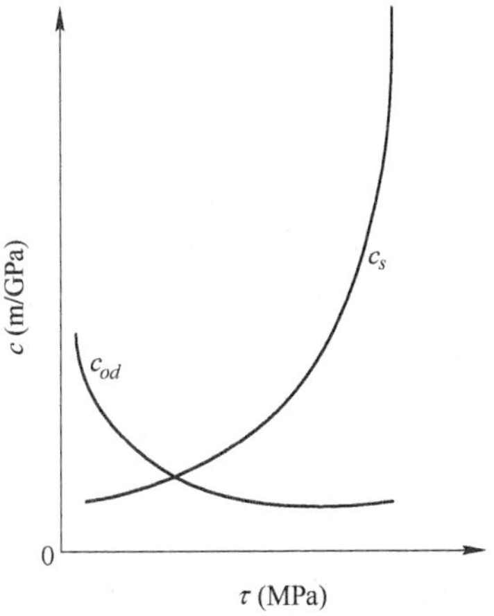

图 6-49 剪切柔度和对角剪切柔度曲线

6.6.1.3 不连续面的抗剪强度

不连续面间的抗剪强度常用面间摩擦系数来表示。即使在比较平滑的试样上所测得的摩擦系数也存在一定的离散性。对大部分岩石试样来说，不管其矿物成分如何，摩擦系数在 0.4 ~ 0.8 范围内变化，其值主要取决于试样表面的粗糙度。对某些片状矿物组成的岩石，摩擦系数可低至0.2左右。这些片状矿物是：云母、黏土、滑石、绿泥石和蛇纹石等。潮湿对摩擦阻力的影响不太一致。即对某些岩石来说影响不大；对某些岩石来说，潮湿使摩擦系数减小；但也有相反的结果，即潮湿使摩擦系数增大的。

有许多人研究剪切强度问题，并提出了不同的表达式，最主要的有下列三种：

A 双直线定律

当正应力较小时 $$\tau=\sigma \text{tg}(\varphi_b+i) \tag{6-118}$$

当正应力较大时 $$\tau=C+\sigma \text{tg}\varphi_r \tag{6-119}$$

式中 φ_b ——基本摩擦角，亦即节理凸点表面抗滑动的摩擦角；

φ_r ——残余摩擦角；

C ——黏结强度；

i ——粗糙角。

B 拉旦尼公式

$$\tau=\frac{\sigma(1-a_s)(\dot{v}+\text{tg}\varphi_b)+a_sS_R}{l(1-a_s)v\text{tg}\varphi_b} \tag{6-120}$$

式中 a_s ——被剪切掉的凸点面积占总面积的比例；

$\dot{v}$ ——峰值剪应力时法向位移与切向位移的比值，亦即剪胀速率的大小；

S_R ——构成节理面凸点的岩石的剪切强度。

$$a_s=1-\left(1-\frac{\sigma}{\sigma_t}\right)^{k_1} \tag{6-121}$$

$$\dot{v}=\left(1-\frac{\sigma}{\sigma_t}\right)^{k_2}\text{tg}i_o \tag{6-122}$$

式中 σ_t ——从沿节理面破坏转化到沿岩石材料破坏的过渡正应力，$k_1=1.5$，$k_2=4$。

i_o ——节理面的平均初始爬坡角。

C 巴顿公式

$$\tau=\sigma \text{tg}\left(JRC\lg\frac{\sigma_c}{\sigma}+\varphi_b\right) \tag{6-123}$$

式中 σ_c ——节理面的抗压强度。一般用施密特锤来确定其大小。当节理表面未风化时，可采用节理岩石的单轴抗压强度来代替；

JRC ——节理面粗糙度系数，取值为0～20，可按节理面粗糙程度，对照典型节理粗糙度剖面图选取（图6-50）。

对比（6-118）式与（6-123）式，可以看出：

$$i=JRC\lg\frac{\sigma_c}{\sigma} \tag{6-124}$$

基本摩擦角 φ_b 可用下列方法进行测试。取三个相同直径的金刚石钻进取得的岩心，按图6-51所示放好，将盘一端逐步抬起，直到上面的岩心 A 开始滑动为止，记录 α 角的大小。然后基本摩擦角 φ_b 可按（6-125）式进行计算：

$$\text{tg}\varphi_b=1.155\text{tg}\alpha \tag{6-125}$$

试验时，一般做10次，求其平均值，每次做后，将上面产生的灰粉擦掉再做下一次试验。

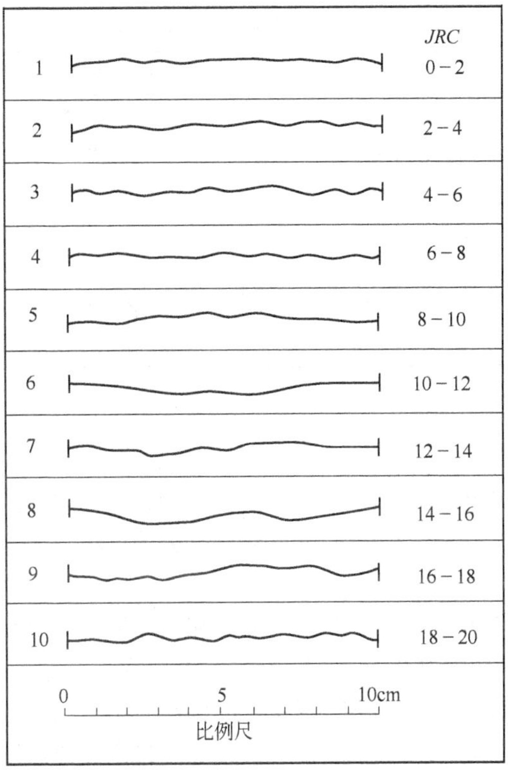

图 6－50 典型节理粗糙度

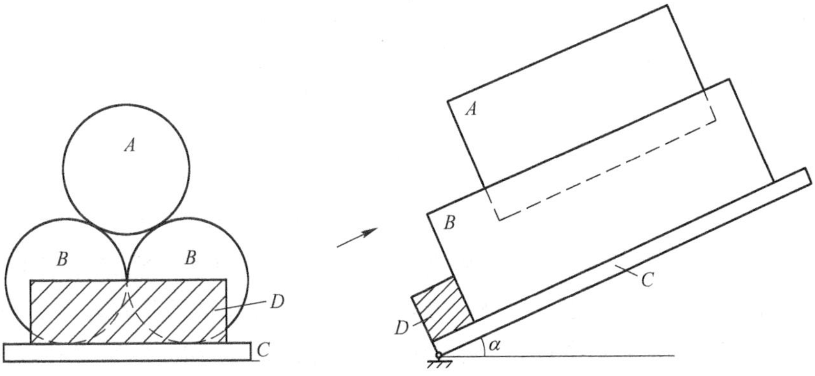

图 6－51 基本摩擦角 φ_b 测试法

A、B—岩心；C—底座；D—挡板

对各种岩石来说，φ_b 一般可看作是常数，因此可参照表 6－16 选取近似值（据巴顿）。

上述几种表达式中，（6－118）式比较简单，它用 i 来表示因节理表面粗糙而引起的爬坡角，但一般只适用于规则齿状结构面。（6－123）式与（6－118）式不同处在于它认为沿节理表面粗糙而引起的爬坡角 i 是随正应力大小不同而变化的，因此，引进了对数函数 $\lg\dfrac{\sigma_c}{\sigma}$，故此时又称 i 为剪胀角，一般多适用于不规则齿状节理面。（6－120）式的特点在于它考虑了某些凸点被剪掉而引起的剪切阻力部分。总之，上面三种表达式有各自的优点，

表6-16 几种岩石的 φ_b 值

岩石名称	φ_b (°)	岩石名称	φ_b (°)
角闪岩	32	花岗岩（粗粒）	31~35
玄武岩	31~38	石灰岩	33~40
砾 岩	35	斑 岩	31
白 垩	30	砂 岩	25~35
白云岩	27~31	页 岩	27
片岩（片状的）	23~29	粉砂岩	27~31
花岗岩（粗粒）	29~35	板 岩	25~30

也有各自的缺点。

D 充填物的影响

不连续面是岩体中排列有致的一些破裂面，破裂面中夹含充填物是相当普遍的情况，值得注意的是，充填物对不连续面的力学特征和抗剪强度有重要影响。

a 充填物物质成分的影响

就充填物颗粒成分来讲，常见的有泥化夹层和夹泥层、碎屑夹泥层、碎屑夹层和角砾碎屑夹层等几种类型。其对抗剪强度的影响主要表现在，夹层内碎屑颗粒愈粗含量愈多时，结构面抗剪强度愈高。相反，碎屑颗粒愈细含量愈多，结构面抗强度愈低，特别是当黏土颗粒含量愈多时，强度降低更为显著。表6-17为说明充填物物质成分对结构面抗剪强度影响的参考性资料。

表6-17 充填物物质成分对结构面抗剪强度的影响

夹层类型	摩擦系数 f	黏结力 C (MPa)
泥化夹层和夹泥层	0.15~0.25	0.005~0.02
碎屑夹泥层	0.3~0.4	0.02~0.04
碎屑夹层	0.5~0.6	0~0.1
含铁锰质角砾碎屑夹层	0.65~0.85	0.03~0.15

试验又表明：当结构面充填不夹泥的薄层角砾时，结构面抗剪强度不但不降低，反较无充填的结构面强度高，如林县崮山灰岩直剪试验测得的层面摩擦系数 $f=0.65$，而夹薄层灰岩碎屑的结构面摩擦系数竟高达 $f=0.84$。这种情况当结构面两壁岩石较软时，更易见到。

b 充填物厚度的影响

充填物厚度对起伏状结构面抗剪强度的影响主要受充填物厚度与结构面起伏差之间的关系控制，可以用结构面内充填物厚度 t 与起伏差 h 之比 t/h，即充填度来反映这种影响。根据中国科学院地质研究所对朱庄水库整理的试验资料，充填度与结构面摩擦系数 f 的关系见图6-52[22]。从图中可以看出，当结构面内夹泥层厚度小于起伏差，即充填度小于100时，充填物对结构面强度影响很大，摩擦系数随着充填度增大而急剧降低。当夹泥层厚度大于起伏差两倍，即充填度大于200%时，结构面抗剪强度才趋于稳定，不再随厚度增大而降低，此时，结构面强度就取决于充填物的强度。但对于平直状无起伏差的结构面，夹泥层厚度对结构面力学性质的影响则更为显著，如对黏土质夹泥层来说，当厚度只达到0.5～2mm时，结构面的强度就完全取决于夹泥层的力学性质。

6.6.2 岩体的强度与变形

6.6.2.1 岩体抗剪强度的原位测定

岩体抗剪强度的现场测定一般多采用双千斤顶法，以避免结构面受扰动。测定工作在专门坑硐内进行，其试验设施如图6－53所示。试件尺寸为700mm×700mm×350mm。采用人工切割成型的方法制备。同时，为了使剪切面不发生挠曲和拉应力，要求剪切千斤顶的布置要与剪切面成15°夹角，并使两个千斤顶加载时的合力作用线能相交于剪切面的中心位置上。

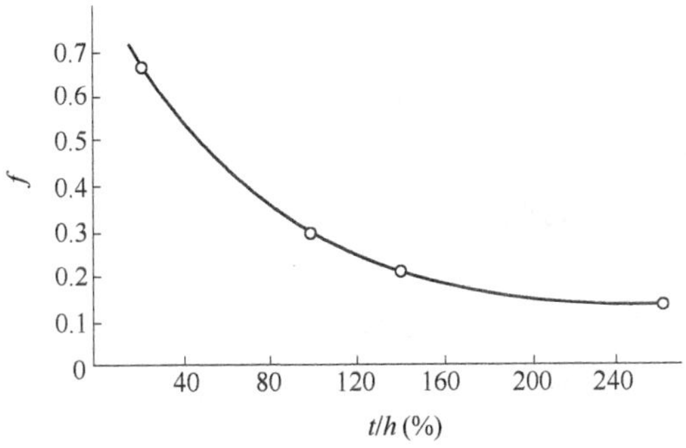

图6－52　夹泥充填度与不连续面摩擦系数的关系

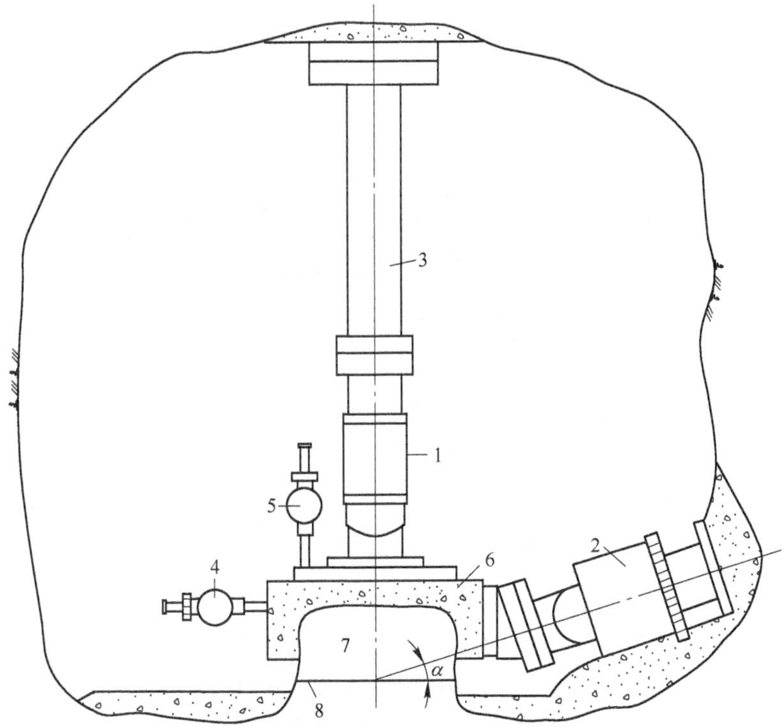

图6－53　原位剪试验布置

1—法向千斤顶；2—剪切千斤顶；3—传力柱；4—量剪切位移百分表（千分表）；5—量法向位移百分表（或千分表）；6—混凝土（或水泥砂浆）；7—试件；8—剪切面

试验时，先用法向千斤顶施加法向力至预定的某一值，然后用剪切千斤顶施加剪切力。剪切力多采用分级等量施加。在施加剪切力过程中，必须注意保持剪切面上的正应力不变。并且在加每一级剪切力前，要记录试件在各级剪切力作用下的剪切位移和法向变形（位移），直至岩体试件剪断为止。这种测定方法一般至少要进行4块试件的试验，并对每个试件施加不同的法向力，这样就可得到几个相应不同的剪切力，设法向力为 N，剪切力为 Q，剪切千斤顶与剪切面成 α 角（一般为15°），剪切面面积为 F，则剪切面上的应力为：

$$\left.\begin{aligned}\sigma &= \frac{N}{F} + \frac{Q}{F}\sin\alpha \\ \tau &= \frac{Q}{F}\cos\alpha\end{aligned}\right\} \tag{6-126}$$

通过一组相同岩性试件的直剪试验，可取得：

（1）岩体剪应力—剪切位移曲线；

（2）岩体剪应力—法向变形（位移）曲线；

（3）岩体剪切强度曲线及抗剪强度指标 C、φ 值。

如果剪切面为一天然结构面，则可测得结构面的剪切强度曲线。

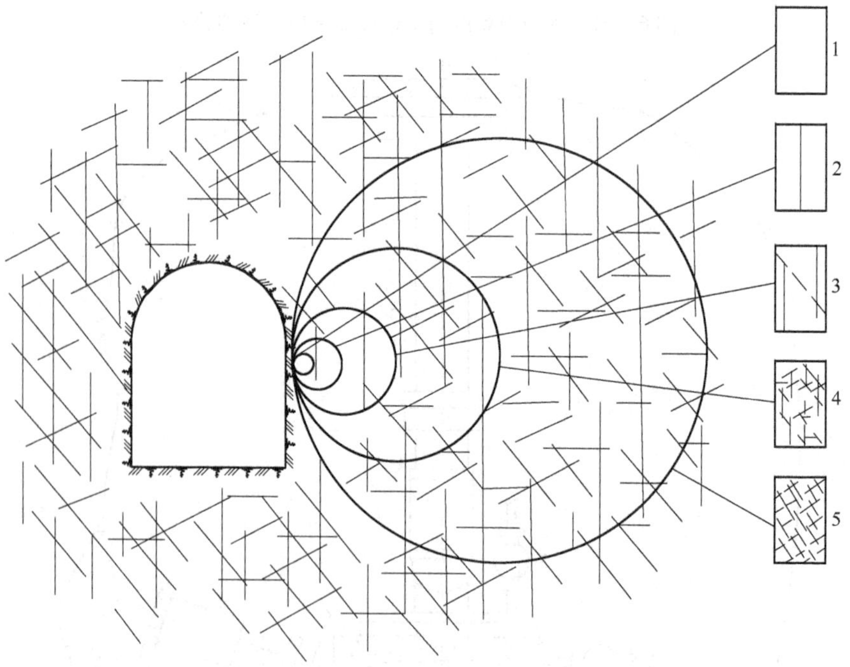

图6-54 岩体强度的尺寸效应

1—完整岩块；2—含单组节理岩体；3—含双组节理岩体；4—含多组节理岩体；5—被节理切割严重岩体

6.6.2.2 岩体强度的影响因素

根据试验资料，可将影响岩体强度的主要因素归纳为以下几点：

A 尺寸效应

随岩体尺寸的增大，岩体强度降低。我们可从图 6-54 得到很好的解释。因为随岩体尺寸的增大，岩体被节理裂隙切割的程度将加剧，从而使岩体强度随之相应降低。

B 结构面倾角效应

对于具有节理、层理、片理等结构面的岩体，其强度具有明显的各向异性。我们可用 σ_3 为某一值的情况下，岩体处于破坏状态时轴向应力 σ_1 与结构面倾角 α 的关系曲线图 6-55 来说明。图中 AB、DE 水平线段表示破坏沿岩石材料发生。曲线 BCD 表示岩体沿结构面破坏，显然与图中 σ_1 极小值相对应的 α 角就是结构面最不利的倾角，当结构面具有该倾角时最易出现破坏。可见，结构面倾角效应是很明显的。但拉旦尼（Ladanyi）等人的模型试验表明，岩体中节理面数增多时，岩体强度的特征将向各向同性转化。据此，霍克与布朗认为[2]：当岩体中节理组达到四组以上时，在岩体工程设计中就可将岩体按各向同性体处理。

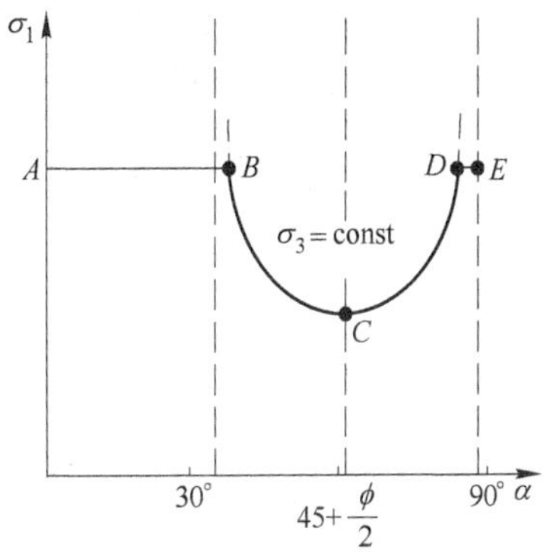

图 6-55 结构面强度的倾角效应

C 孔隙水压效应

孔隙中的地下水不运动时，水将对孔隙周围的岩石颗粒产生静水压力 u，静水压力 u 由水文地质条件确定，考虑图 6-56 所示的一段岩体或节理单元。设作用于单元上的外施压应力为 σ，在断面 AA 上，这一应力将由水压 u 及作用于固体颗粒（或骨架或固体接触点）内的应力 σ'共同平衡，即 $\sigma=\sigma'+u$，从而

$$\sigma'=\sigma-u \tag{6-127}$$

作用于固体颗粒的应力 σ'称为有效应力，沿 AA 发生剪切时，抗剪摩擦阻力将由 $\sigma'\mathrm{tg}\phi$ 或 $(\sigma-u)\mathrm{tg}\phi$ 构成，它小于 $\sigma\mathrm{tg}\phi$，可见水压降低了岩石的抗剪强度。

6.6.2.3 岩体的强度准则

1980 年霍克与布朗提出了能够用于节理岩体的强度准则，它可用主应力表示为[2]：

$$\sigma_1=\sigma_3+(m\sigma_c\sigma_3+s\sigma_c^2)^{1/2} \tag{6-128}$$

式中 σ_c——岩石材料的单轴抗压强度；

m、s——取决于岩体性能的参数，其数值按霍克所提为：

对未扰动岩体：

$$\left.\begin{aligned} m&=m_i\exp[(\mathrm{RMR}-100)/28] \\ s&=\exp[(\mathrm{RMR}-100)/9] \end{aligned}\right. \tag{6-129}$$

对扰动岩体：

$$\left.\begin{aligned} m&=m_i\exp[(\mathrm{RMR}-100)/14] \\ s&=\exp[(\mathrm{RMR}-100)/6] \end{aligned}\right. \tag{6-130}$$

式中 m_i——按（6-128）式拟合完整岩石材料时的 m 值，它可用完整岩石三轴抗压试验结果加以确定。对于完整岩石而言 $s=1$；

RMR——按本章 6.3 节表 6-2 所述 Bieniawski 分类的岩体分值，如果已按该节所述的 NGI 法评定了岩体的 Q 值，则可求得对应的 RMR 值，其关系式为：

$$\mathrm{RMR}=9\ln Q+44 \tag{6-131}$$

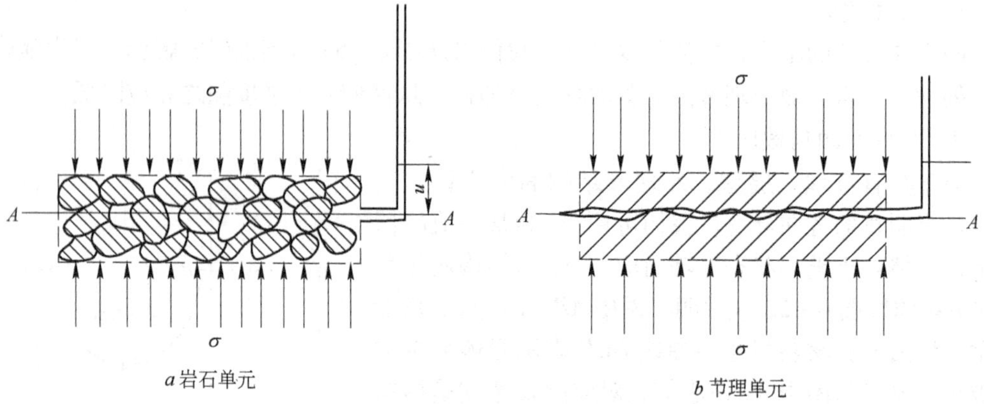

图6-56 水压效应

6.6.2.4 岩体变形性能的原位测定及变形特征指标

由于岩体的变形性质受结构弱面的影响较大，因而一般都是在原位测定岩体变形性质。要求测定的岩体范围内含有足够的节理、层理、裂隙及软弱夹层等软弱结构面，以便能比较真实地反映岩体的变形性质。测定的方法有多种，例如，承压板法、狭缝法、水压法、径向千斤顶法和钻孔弹模计法等，但在采矿工程中最常用的是刚性承压板法。

该法的测试设施见图6-57，测试工作在专门的试验坑硐中进行，先用人工将试验地点的表面松石清除掉，并加工出新鲜岩石的平整受荷面，再以水泥砂浆填平。然后，安装刚性承压板（承压板的直径或边长不应小于45cm，厚度6cm），油压千斤顶和传力系统等。岩体的变形用千分表或百分表测量。千分表表座支承梁要固定在岩体变形影响区之外。加荷方式多采用逐级一次循环加荷。试验时的最大压力不应小于岩体实际所受载荷的1.2~1.5倍。加荷级数最少不得小于五级。每次加卸载都要等变形稳定后才进行。在每次加卸载变形稳定后，记录其相应的变形值。图6-58为逐级一次循环的加-卸载曲线。

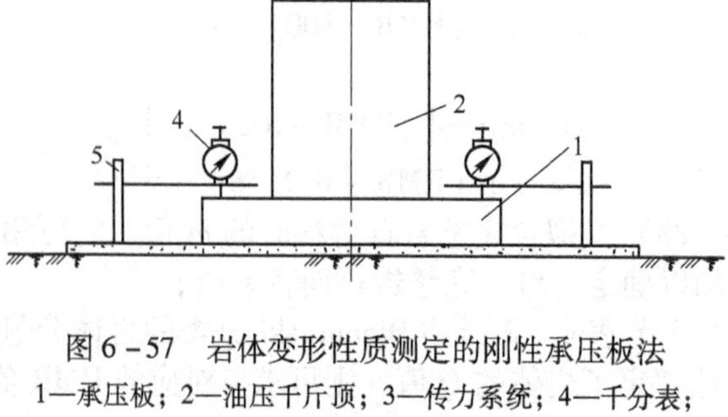

图6-57 岩体变形性质测定的刚性承压板法

1—承压板；2—油压千斤顶；3—传力系统；4—千分表；

5—千分表表座支承钢架；6—混凝土

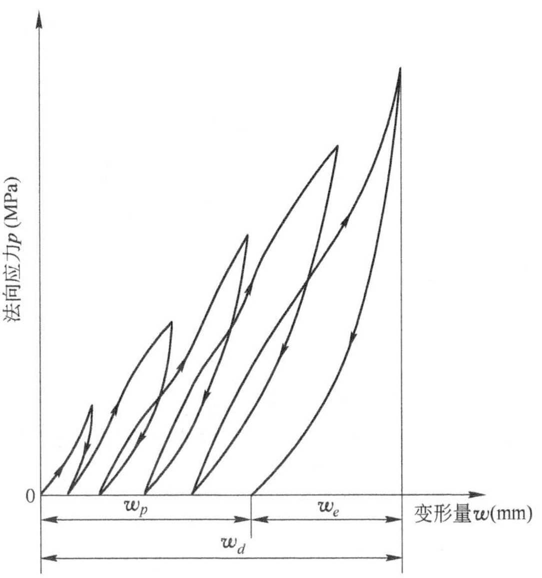

图 6-58　逐级一次循环的 $p-w$ 曲线

如果需要了解岩体的流变特性，可以采用逐级一次循环长期加荷方法进行测定。即每一级载荷加荷后，保持载荷不变，测读岩体的变形。待变形稳定后，将载荷卸至零，再观测岩体变形的回弹。当变形回弹稳定后，开始下一级循环加荷，重复上述过程，直至测得了岩体的流变特性为止。变形-时间关系曲线如图 6-59 所示。

由于结构弱面参与了变形，岩体的残余变形明显增加，因此，岩体的变形性质一般用变形模量 E_d 和弹性模量 E_e 两个指标来表示。并以最后一次循环所对应的压力和变形量来求取。其计算公式为：

$$E_d = \frac{pa(1-\mu^2)\omega}{w_d} \tag{6-132}$$

和

$$E_e = \frac{pa(1-\mu^2)\omega}{w_e} \tag{6-133}$$

式中　w_d ——最后一级载荷产生的总变形量（包括可恢复的弹性变形和残余变形），mm；

w_e ——最后一级载荷卸载后可恢复的弹性变形，mm；

p ——作用在岩面上的压力，MPa；

a ——承压板的直径或边长，mm；

μ ——岩石的泊松比；

ω ——与承压板形状有关的系数：

圆形板　$\omega = 0.79$

方形板　$\omega = 0.88$

承压板法所作测试是在巷道表面进行的，爆破开挖时，表面岩石通常会发生松动。若需测定深部岩体的弹模，可采用弹模计法测量。为实现这一测量先作钻孔到达待测点位，

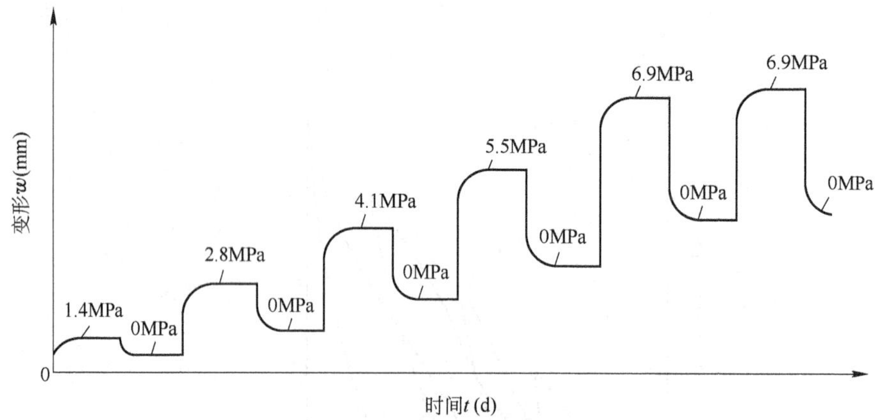

图6－59　变形－时间关系曲线

表6－18　几种主要岩体的变形模量（根据承压板法）

岩石名称	变形模量 E_d（GPa）		
	新　鲜	具有裂隙	风化破碎
花岗岩	19.6～24.5	3.04～3.33	1.27～1.57
	29.4～39.2	6.27～7.05	1.57～3.14
辉绿岩		3.43～4.90	
花岗闪长岩		1.47～3.33	
安山岩		8.13～11.76	
石英粗面岩	8.72	3.04～7.84	
角闪岩			1.37～3.67
石英玢岩	31.36		
石英斑岩			2.65～5.39
凝灰岩	2.74～3.14		
砂　岩	9.51		
石英砂岩	15.09～33.32		
石英岩	37.24～44.1	15.68	
石英千枚岩	9.8		
片麻岩	29.4～39.2	7.84～14.7	
黑云母片麻岩	14.7～19.6	6.17～7.74	
板　岩	4.9		
粘板岩		0.59～2.65	
片　岩	4.41～7.15		
云母片岩	1.27～2.94		
石灰岩	31.36～38.22	9.02～19.2	1.47～5.88
硅质灰岩	33.32		
薄灰岩	3.92～14.7		
泥灰岩	1.27～2.55		
白云岩	6.57～8.03	6.57～17.15	1.27～2.55
黑色页岩	1.86～3.43		
泥质页岩	1.18～2.45		
云母页岩	1.76～6.86		
钙质页岩	7.74		
砾　岩	6.57～15.87		
绿泥石片岩	1.72～2.94		
钙质片岩	3.23		

然后送入高压囊，并注入高压水使囊膨胀，记录加压或卸压时的压差 Δp 及孔径变化量 ΔU，按无限厚壁筒受均布压力的公式，可得：

$$E = (1+\mu) D \frac{\Delta p}{\Delta U} \tag{6-134}$$

式中 μ——岩石的泊松比；

D——钻孔直径。

国产 ZY-76 型钻孔弹模计可用以进行这种测量。

现将几种岩体的变形模量列入表 6-18，以供参考。

岩体的变形性质，也跟强度一样，往往存在各向异性，特别是在层理发育的沉积岩和片理发育的变质岩中表现更为显著。一般说来，在平行层理方向，变形模量最大，在垂直层理方向变形模量最小，其他方向的变形模量则介于两者之间。

最后必须指出，现场大型的岩体力学性质试验虽然能较好地反映岩体的强度与变形特性，但由于工作量大，费时费力又费钱，因此通常只在重要工程中才使用。

6.7 块体滑塌分析

6.7.1 滑塌块体的识别

6.7.1.1 概述

图 6-60 表示两种典型的破坏模式，其中 a 表示应力控制的破坏；b 表示结构控制的破坏。

图 6-60a 中的地下巷道开挖在岩石强度不高但岩体整体性好的岩体中，这类巷道稳定性通常较好。但若岩体中竖直向原始压应力 σ_v 很大，顶底板周边点上将出现绝对值等于 σ_v 的拉应力，当此拉应力大于岩石的抗拉强度 σ_t 时，巷道顶底板上将出现平行走向的顶底板裂缝；而若 $3\sigma_v$ 大于岩石的抗压屈服强度 σ_y 时，巷道两腰将会产生臌帮式的塑性变形。这种因开挖应力过大而引起的破坏称为应力控制的破坏。

图 6-60b 中的岩石强度很高，但岩体中发育着节理组 J 及小断层 F，而开挖巷道造成的临空面与 F 及 J 组合起来正好能使岩体被切割成一种可在重力 W 作用下的潜在滑塌块体 K，此块体的形成与场应力无关，只取决于地质不连续面及开挖面的切割方式，称为结构控制的破坏。

只有地质不连续面与开挖临空面满足一定的几何条件才能形成滑塌块体，因此识别结构控制的破坏首先是一个几何问题。几何上存在的这种块体应视为一种潜在滑塌体，当作用于块体上的致滑力大于周围岩体向潜滑块体提供的抗滑力时，滑动就将发生。

本小节着重讨论识别潜滑体的问题，对于滑塌条件的力极限平衡分析则只作一般性说明。

6.7.1.2 石根华理论[23]

图 6-61 表示两个二维开挖，岩体开挖面和地质不连续面将岩体切割成一些块体，称边长均有界的为有界块体，如 1，2，3，4 及 7，否则为无界块体如 5，6，8 及 9；若块体至少有一个面是临空面则称为临空块体，否则为非临空块体，前者如 1，2，3，4，5 及 6，后者如 7，8，9；如在块体中能找到至少一个方向，块体沿此方向向自由空间运动时，不受相邻块体的阻挡，则称之为不受围块体，如 1，3 及 4。

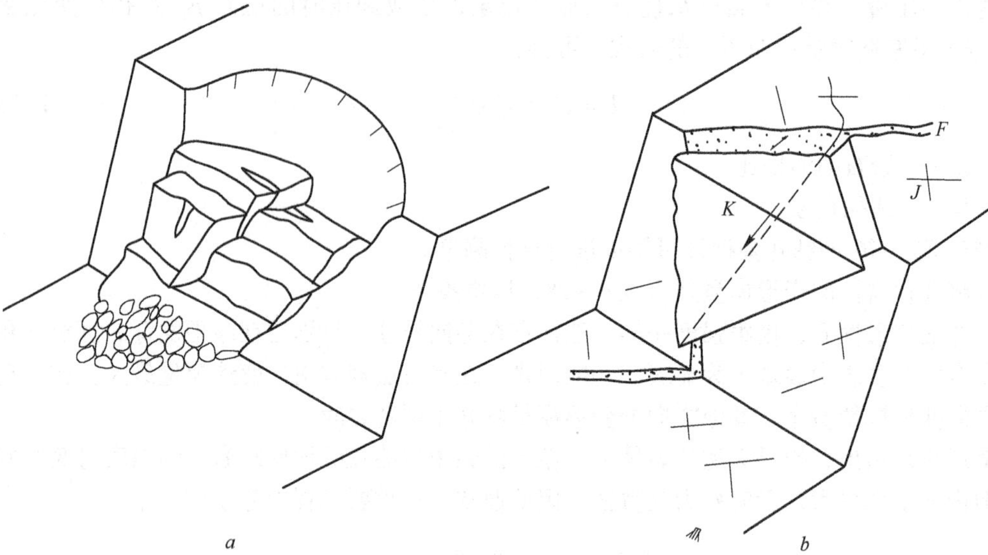

a　　　　*b*

图6-60　两种典型的破坏模式

a—应力控制的破坏；*b*—结构控制的破坏

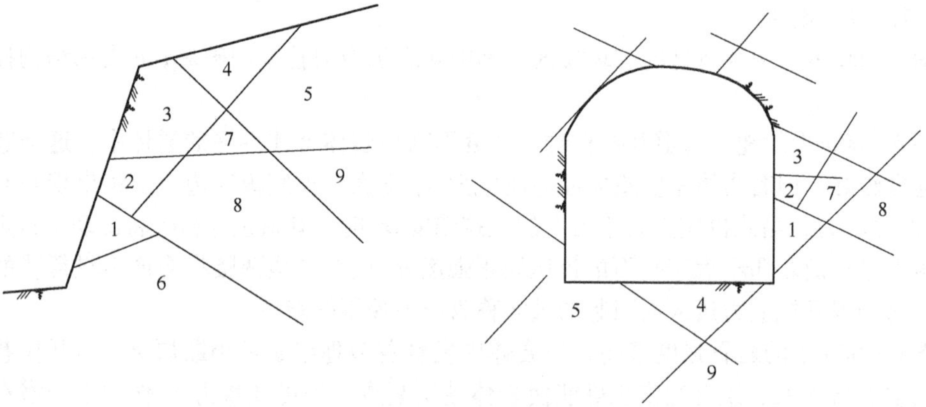

图6-61　块体

受阻挡者为受囿块体，如块2，当然，不临空和无界块体是受囿的。

临空有界不受囿块体是可脱离块体，其中，破坏面上即使摩擦力为零也不会滑塌者称为稳定块体，如块4，它只能被抛出；如果不予支撑时仅重力即可使其滑塌者如块1，称为关键块；如果只是重力还不足以克服摩擦阻力使之滑塌者，可称为潜在关键块如3。由图6-61可见，关键块滑塌后将造成新的临空面，从而相邻块体可能成为新的关键块从而发生联锁滑塌，关键块的重要意义由此自明。下面来讨论识别关键块的方法。

仍以二维问题为例，假定整个空间是被岩石充满的。某个平面1将它切割为两个半空间如图6-62*a*所示，在面1中的任意点上作重力矢W，称含此矢的那个半空间为1面的下盘，记为L_1，另一半空间则为上盘，记为U_1。当空间受1，2两不平行平面切割时被分为锥域A、B、C及D，如图6-62*b*，它们皆是两个半空间的公共部分，例如A是1也是2的上盘，即是两个上盘半空间的公共部分，记为$A=U_1U_2$。其余的是$B=L_1U_2$，$C=U_1L_2$，$D=U_1L_2$等。

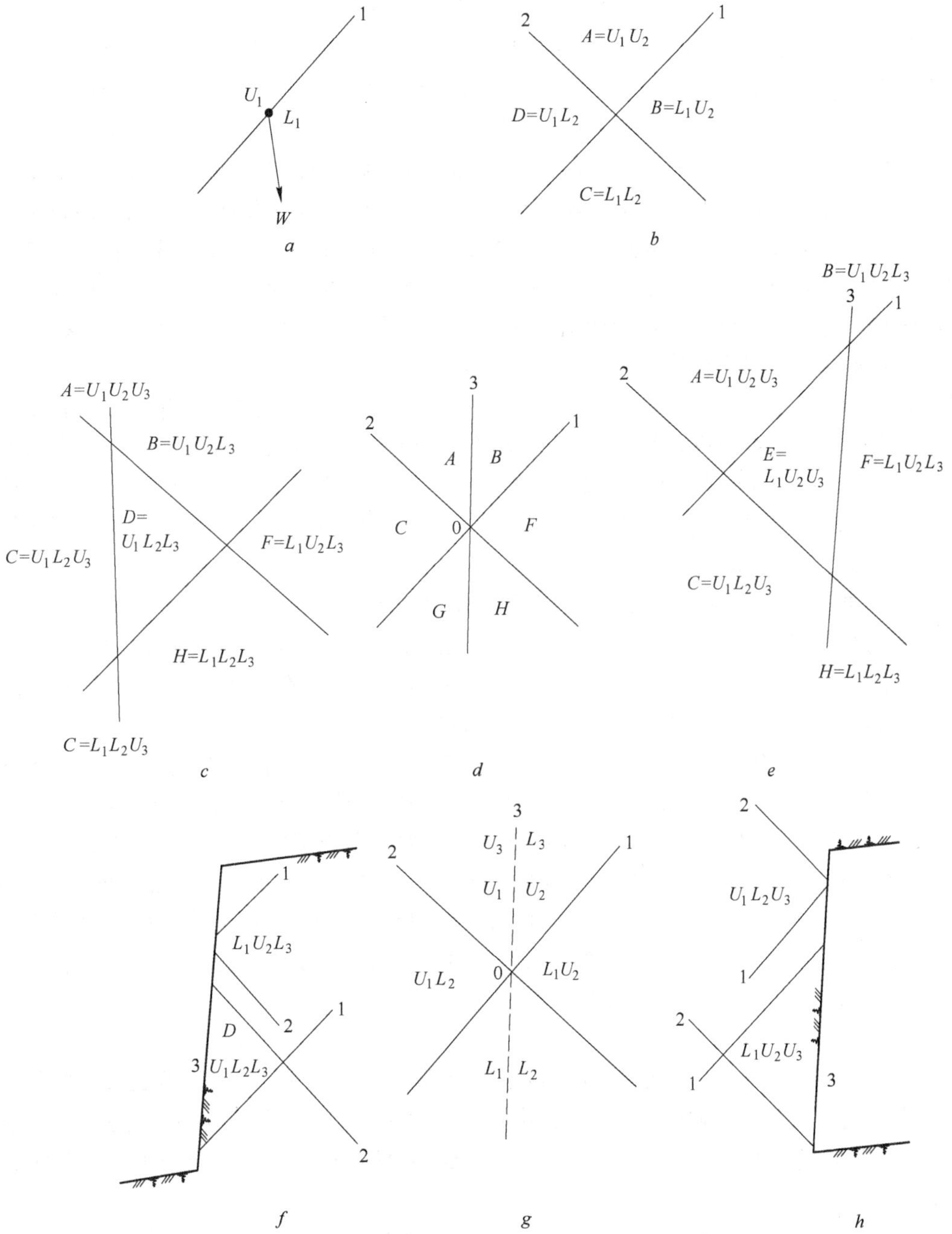

图 6－62　二维关键块识别

三不平行平面切割空间有可能形成八个区域，记 $U_1U_2U_3=A$，$U_1U_2L_3=B$，$U_1L_2U_3=C$，$U_1L_2L_3=D$，$L_1U_2U_3=E$，$L_1U_2L_3=F$，$L_1L_2U_3=G$，$L_1L_2L_3=H$。这些区域对应的块体已清楚地表示在图 6－62c 及 e 中。由此二图可见，这八个区域中 D 及 E 两个是有界区域或有界块体，余为无界区域或无界块体。

现在将 1，2，3 三平面平移，使都通过公共点 0，如图 6－62d 所示，这个图案称为共点图案。值得注意的是共点图案只显示了八个可能区域中的六个，它们是 A、B、C、

F、G 及 H。缺失的两个是 D 及 E，它们恰恰是有界块体。

下面将称地质不连续面为岩体中的切割面，但开挖面也切割岩体，为了区别将称后者为开挖面，它不同于前者，在于开挖面切割岩体而成的两个半空间中只有一侧充满岩体，另一侧为自由空间。例如，令3为开挖面如图6－62f、g、h 所示，其中 f 图表示了下盘为岩体所在一侧，面3相当于坡面；h 图表示3面上盘为岩体所在一侧，3面相当硐室的左帮面。现在讨论3面下盘为岩体一侧的情况，这时，U_3 已被挖去故含 U_3 的块体将不可能是岩块，因而含 U_3 的块体不再有意义。因此，不连续面1及2以及下盘有岩体的临空面3切割岩体可构成的块体只能是 B、D、F、H，它们因含临空面3故均为临空块体，但有界者唯 $D=U_1L_2L_3$ 而已。现在让切割面及临空面都通过任一个公共点0而构成共点图案，先只看不连续面切割岩体构成的锥域，它们是 U_1U_2，U_1L_2，L_1U_2 及 L_1L_2 等四个，称为切割锥。而临空面3构成的域是两个，即 U_3；L_3。我们已经知道，只有 U_1L_2 与 L_3 构成的块体才是临空有界岩块，而区域 U_1L_2 这个切割锥的共点图案（图6－62g）中的特点是：它与临空锥岩体所在一侧 L_3 没有公共部分（除原点以外）。反之不能与 L_3 一起构成临空有界块体的切割锥 U_1U_2，L_1U_2，L_1L_2 则与 L_3 皆有公共部分。从这里得到一条识别临空有界块体的基本方法如下：

“用开挖面及不连续面构成一共点图案，临空锥岩体所在的那一部分称为判断面，搜寻判断区外的切割锥，如能找到与判断区没有公共部分（除原点外）的切割锥，则它与临空锥岩体所在的那一部分区域构成的公共区就是一个临空有界块体，且此块体不受囿，即可脱离的块体”。此法的普遍性已由石根华证明。

这里对临空锥作一补充说明。临空锥也常由一个以上的不平行临空面构成，由于临空面只有一侧为岩体充满。因此临空锥岩体所在一侧的锥体有所谓的凸折锥与凹折锥之分。图6－63中面1为不连续面而面3及4皆为临空面，且规定岩体在3面及4面的下盘一侧，图6－63a 表示凸折锥 $L_3\cap L_4$，图6－63b 表示凹折锥 $L_3\cup L_4$（这里符号 $\cap$ 表示与，$\cup$ 表示或）。凸折锥判断区小而凹折锥判断区大，故前者构成可脱离块体的机会更多。现1为地质不连续面，则当3及4下盘凸折锥时可构成可脱离块体如图6－63c 所示，当凹折锥时则不能构成可脱离块体（见图6－63d）。

6.7.1.3 赤平投影方法

上面的论证及所述的方法完全适用于三维问题，需要补充的是使三维图案平面化，这一目的可通过引用赤平投影法来达到。我们假定读者已了解这种方法的基本点[24]，这里要补充说明的是关于空间方向投影的概念，下面的投影一律采用上半球赤平极射投影，不另说明。

图6－64a 示意性地绘出了一个参考球及一个通过球心的产状为150/30的1平面以及它与球面相交构成的大圆，此平面的赤平投影由图6－64b 给出，后者的作图法是严格的。赤平投影面上的点与球面点一一对应，因此与全部空间指向对应。例如，竖直向上的指向由赤平投影面上的原点 O 表示，重力方向由无穷远点表示，水平面上的各指向由赤平圆上的点表示。1面内的全部指向由其大圆投影圆上的点表示，仰线为1面中的最高指向而倾斜线为1面内的最低指向，它们分别由 h_1 及 g_1 表示。1面投影圆分（投影）平面为两部分，圆内代表 U_1，它包含了 U_1 内的全部指向，反之，圆外部分则表示了下盘 L_1。图6－65表示了产状确定的三个不平行平面的投影，图上 g_{13} 表示1、3两平面交线的俯向投

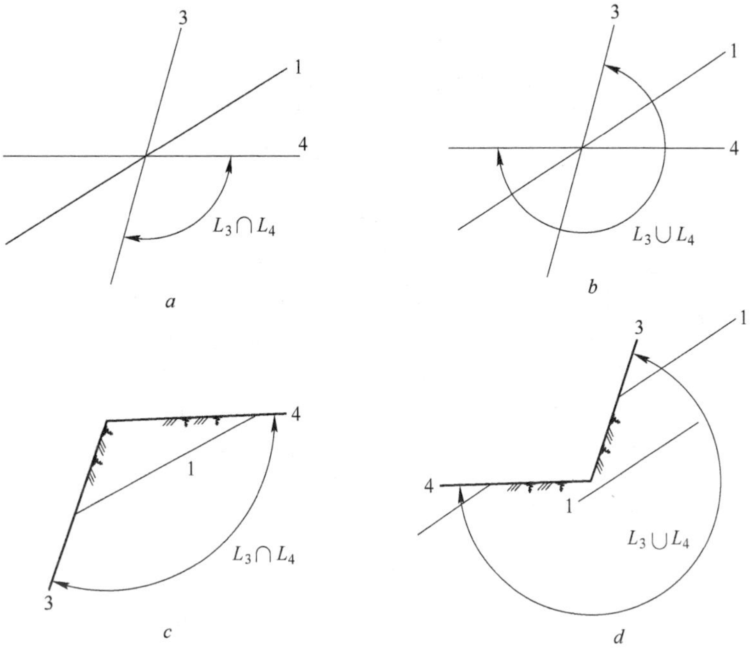

图 6－63 凸折锥及凹折锥

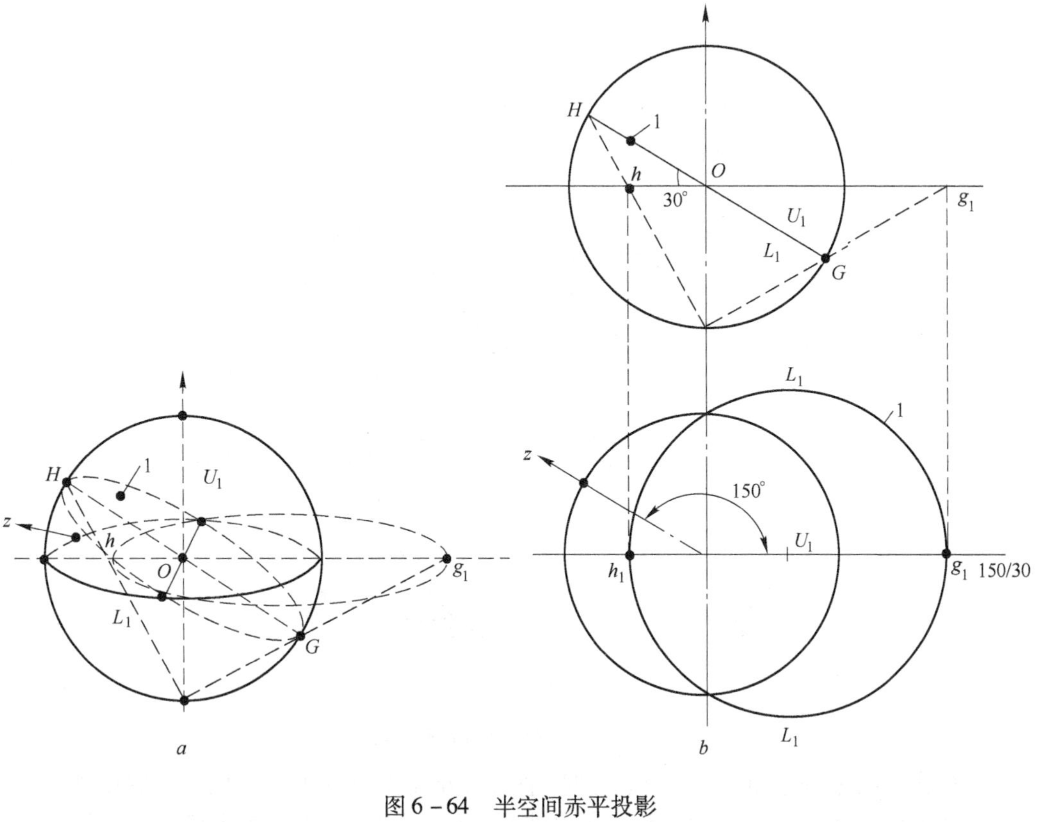

图 6－64 半空间赤平投影

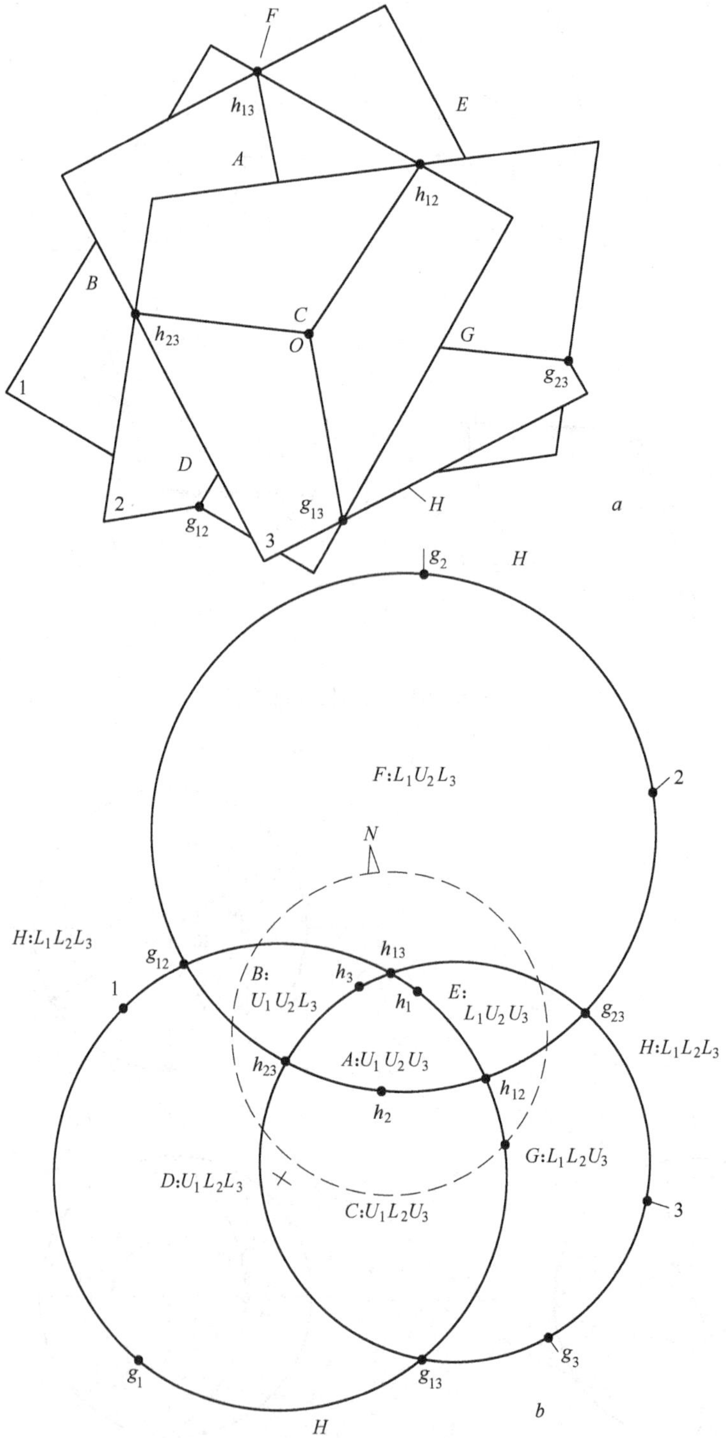

图 6－65　三平面的赤平投影

影，而 h_{13} 则表示仰向投影。三个投影圆将平面划分成 A 至 H 的八个区域，其中如 C，它在 1 圆及 3 圆内而在 2 圆外，因此 C 表示锥域 $C=U_1L_2U_3$；而 H 在所有三圆之外，表示

$H = L_1L_2L_3$。与这些平面上表示的锥域对应的空间锥域的立体示意图如图 6-65*a* 所示。

有了上述的图示方法，我们就可用前述的作图原理搜索三维可脱离块体。举一简例说明。设有一长直边坡，地表面倾南，倾角 10°，开挖面亦倾南、倾角 60°。坡内有两组地质不连续面，产状分别为 210/60 及 135/35，求可脱离的块体。

标号	倾向/倾角	类 型
1	210/60	不连续面
2	135/35	不连续面
3	180/10	坡顶地面
4	180/60	坡面

首先作出四平面的大圆投影（如图 6-66），请注意 3、4 面分别是地面和坡面，它们构成一凸折坡，故其岩石所在一侧 $L_3 \cap L_4$ 是为判断区，它们已被标明在图上，而切割锥有四个，它们是 $A = U_1U_2$，$B = U_1L_2$，$C = L_1U_2$，$D = L_1L_2$。在判断区外的是 A，可见，可脱离体由 $U_1U_2L_3L_4$ 构成，图 6-66*b* 表示了这个潜在破坏体。

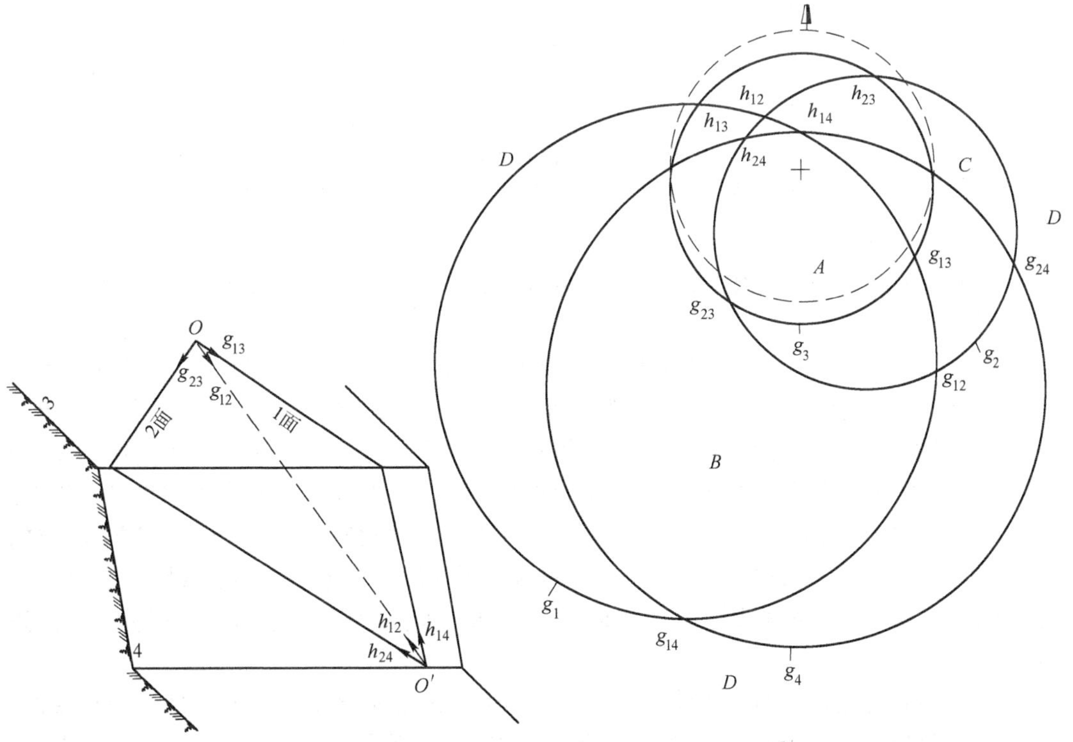

图 6-66 滑坡模式识别

6.7.1.4 滑塌模式

上面我们已经讨论了如何识别可脱离块体的问题，下面进而讨论它们可能的破坏模式。如果重力是基本的滑塌力，则可能的破坏模式有四种（图 6-67）：

（1）如果构成可脱离块体的切割锥是所有切割面的公共下盘，则可能的破坏模式是直接堕落（图 6-67*a*）。

（2）如果切割锥的最低点是其中不连续面 i 的倾向点 g_i，则此可脱离块体将在 i 面上

沿 g_i 方向滑落（图 6-67*b*）。

（3）若切割锥的最低点是 *i*、*j* 两个不连续面的俯交线 g_{ij}，则可脱离块体将沿 g_{ij} 方向在 *i*、*j* 两平面上滑落（图 6-67*c*）。

（4）如果切割锥的最低方向位于赤平圆内，则在重力意义下是稳定的，可能的破坏模式是外力使其抛出（图 6-67*d*）。

图 6-66 中可脱离体的切割锥的最低方向是 g_{12}。故其潜在破坏模式是沿 1、2 面交线 g_{12} 在此两平面上滑动。

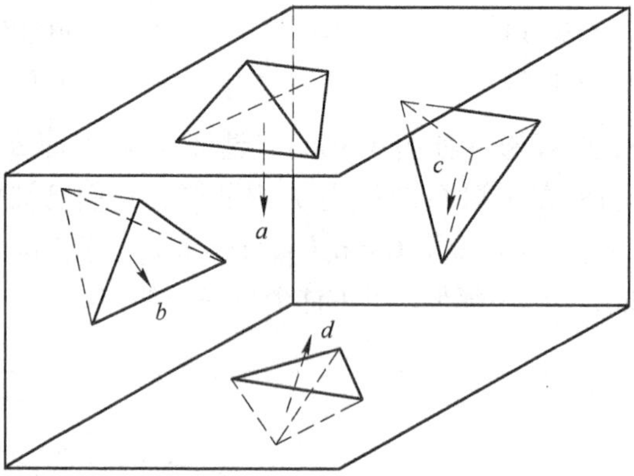

图 6-67 几种典型的破坏模式

a—堕落；*b*—沿滑面倾斜方向滑落；*c*—沿二面交线滑落；*d*—抛出

6.7.2 块体几何

利用上小节的赤平投影图案易于作出可脱离块体的顶视图，下面取图 6-66 的实例来说明作图方法。

上小节对图 6-66 实例所作分析已经说明，块体将由临空面 3 及 4 和不连续面 1 及 2 构成，是一个四面体，它有六个边菱，即 12，13，14，23，24 及 34。现在来绘出此四面体的顶视图。首先在图 6-66*b* 中任作一直线 OO' 平行于 g_{12}，OO' 的指向即为 g_{12} 的指向，进而过 O 点作平行于 g_{23} 及 g_{13} 的直线并标明它们的指向。然后过 O' 作平行于 h_{14} 及 h_{24} 的直线并标出两者的方向。记 g_{13} 与 h_{14} 两指向线的交点为 a，记 g_{23} 与 h_{24} 两线的交点为 b，联结 ab，所得的具有六个边棱的封闭图形即为所求块体的顶视图，它有四个顶点 O，a，O'，b；ab 线应与图 6-66*a* 中 Og_{34} 或 Oh_{34} 线平行，它可用以检验作图的正确性。

这样的图已在图 6-66*b* 中绘出，图 $OaO'bO$ 是按上法严格作出的，是一个顶视图，其边棱的产状都是确定的。在该图上加绘的边坡轮廓线则是任意作出的，用以加深初学者的立体感，请读者注意 $OaO'bO$ 是一个严格的顶视图而不是轴侧投影。

潜滑块体的具体尺寸应按矿坑实际情况确定。例如，如果 1、2 两面是产状和位置皆已确定的断层，这时，它们与坡眉线的交线 a、b 的位置是确定的，ab 确定后其他边棱的长度也完全确定。如果 1 面是位置确定的断层而 2 面是节理级的不连续面。这时，最危险的块体是 O' 位于坡脚上的块体。根据坡高我们可以确定 $O'b$ 或 $O'a$，从而块体尺寸也就确定下来。

此外，当我们从赤平投影图上读取线 g_{ij} 的产状时，需要使用全球赤平投影网。这并非是方便与准确的，作为替代，可以采用下列的解析几何公式来计算交线的产状。

一条地质仰方位角为 α，仰角（仰为正俯为负）为 ψ 的有向直线，在 y 轴指北，x 轴指东，z 轴竖直向上的右手坐标系中，其方向余弦为（见图 6－68）。

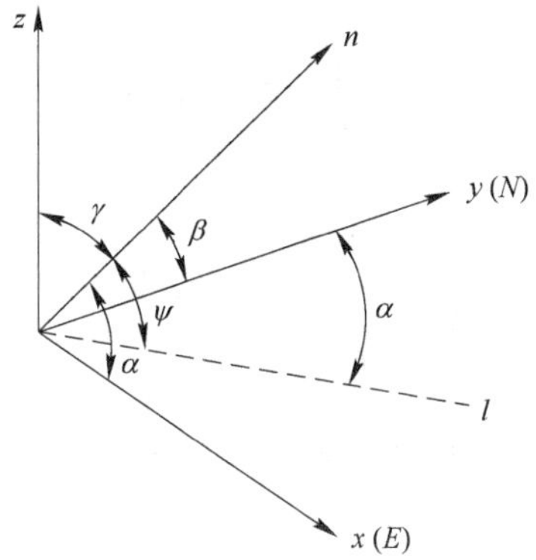

图 6－68 角的规定

$$\left.\begin{aligned} l &= \cos\alpha = \cos\psi\sin\alpha \\ m &= \cos\beta = \cos\psi\cos\alpha \\ n &= \cos\gamma = \sin\psi \end{aligned}\right\} \tag{6-135}$$

反之

$$\left.\begin{aligned} \psi &= \arcsin\psi \\ \alpha &= \mathrm{arctg}\left(\frac{l}{m}\right) \end{aligned}\right\} \tag{6-136}$$

习惯上，平面的产状是以其倾斜线表示的（见图 6－69），如果此平面的倾向方位角为 a_i、倾角为 ψ_i，则其仰法线的方向余弦为

$$\begin{aligned} l_{ni} &= \sin\psi_i\sin\alpha_i \\ m_{ni} &= \sin\psi_i\cos\alpha_i \\ n_{ni} &= \cos\psi_i \end{aligned} \tag{6-137}$$

倾向方位角为 α_i 及 α_j，倾角为 ψ_i 及 ψ_j 的二平面的交线的方向余弦则为

$$\left.\begin{aligned} l_{ij} &= \bar{l}_{ij}/\sqrt{\bar{l}_{ij}^2 + \bar{m}_{ij}^2 + \bar{n}_{ij}^2} \\ m_{ij} &= \bar{m}_{ij}/\sqrt{\bar{l}_{ij}^2 + \bar{m}_{ij}^2 + \bar{n}_{ij}^2} \\ n_{ij} &= \bar{n}_{ij}/\sqrt{\bar{l}_{iz}^2 + \bar{m}_{iz}^2 + \bar{n}_{iz}^2} \end{aligned}\right\} \tag{6-138}$$

$$\left.\begin{aligned} \bar{l}_{ij} &= m_{ni}n_{nj} - m_{nj}n_{ni} \\ \bar{m}_{ij} &= n_{ni}l_{nj} - n_{nj}l_{ni} \\ \bar{n}_{ij} &= l_{ni}m_{nj} - l_{nj}m_{ni} \end{aligned}\right\} \tag{6-139}$$

如果所得 n_{ij} 为正，则为仰交线，为负则为俯交线，对应的俯和仰交线通过倒向即得，于是二面交线的单位矢为 $\hat{e}_{ij}$

$$\hat{e}_{ij} = l_{ij}\vec{i} + m_{ij}\vec{j} + n_{ij}\vec{k} \tag{6-140}$$

如果交线长度已知为 E_{ij}，则其矢量形式为：

$$\vec{E}_{ij} = E_{ij}\hat{e}_{ij} \tag{6-141}$$

现以 $\vec{E}_i$，$\vec{E}_j$ 及 $\vec{E}_k$ 表示共顶三边棱矢量，则 $\vec{E}_i$ 及 $\vec{E}_j$ 二矢间所对应的面积为

$$S_{ij} = \frac{1}{2}\left|\vec{E}_i\,\vec{E}_j\right| \tag{6-142}$$

三矢所定四面体的体积则为：

$$V = \frac{1}{6}\left|\vec{E}_i\,\vec{E}_j\,\vec{E}_k\right| \tag{6-143}$$

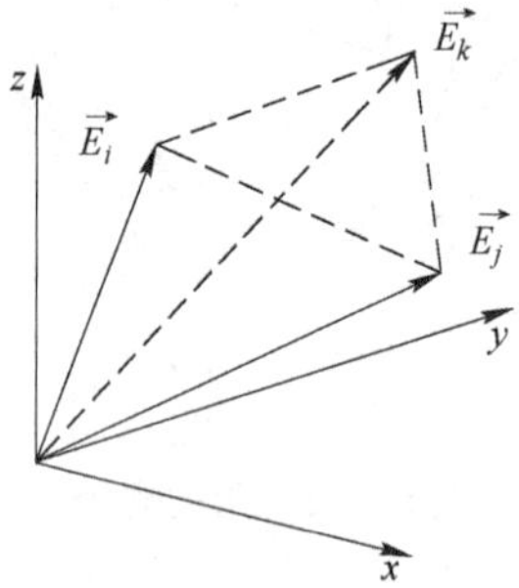

图6-69　平面产状

6.7.3　块体的稳定性

作用于块体上的主动载荷由块体重力 $\vec{W}$，边界面上的水力 $\vec{H}$，地震等效力 $\vec{K}$ 及人工加固力 $\vec{A}$ 构成，假定它们是共点的，则合成为

$$\vec{p} = \vec{W} + \vec{H} + \vec{K} + \vec{A} \tag{6-144}$$

记滑动方向的单位矢量为 $\hat{S}$，则致滑力或滑塌力数值 p_{TS} 为：

$$\vec{p}\,\hat{S} = p_{TS} \tag{6-145}$$

若 $p_{TS} > 0$ 则有滑动趋势，否则不能滑动。垂直于滑动方向的力矢为：

$$\vec{p} - p_{TS}\hat{S} = \vec{p}_{NS} \tag{6-146}$$

将 $\vec{p}_{NS}$ 分解到滑面 i 上，得其面上的正压力为

$$p_{NSi} = -\vec{p}_{NS}\hat{n}_i \tag{6-147}$$

这里 $\hat{n}_i$ 表示 i 面指向岩体一侧的单位法矢，对于一面滑动而言，若 $p_{NS1} < 0$，则意味着浮起或抛出；对二面滑动而言，若 p_{NS1} 及 p_{NS2} 皆为负，则滑体浮起；若只有 p_{NS1} 为负而 p_{NS2} 为正，则意味着滑动将只在2面上发生，这时应重新按一面滑动计算，这样判定的滑动模式（见图6-70），将修正仅仅考虑重力而产生的滑动。

如滑动的可能性已被确认，则潜滑体的安全系数定义为：

$$FS = \frac{\text{滑面上可资利用的抗滑力}}{\text{滑塌力}} = \frac{\sum_i (P_{NSi}\mathrm{tg}\phi_i + S_iC_i)}{p_{TS}} \tag{6-148}$$

式中　ϕ_i ——沿 i 面滑动的摩擦角；

　　　S_i ——i 面的面积；

C_i ——i 面的黏结强度；

i ——1 或 2。

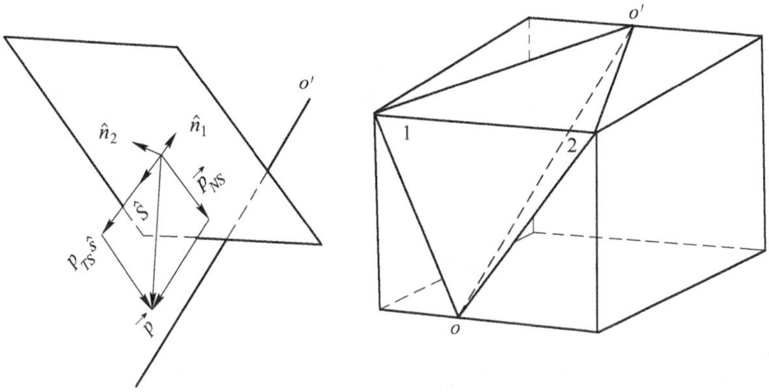

图 6－70 滑动模式

在初步计算中并不考虑加固力 $\vec{A}$，如果按上式算得的 FS 大于所希望的 FS，则坡角尚可加陡，如果小于所希望的 FS，则可采取若干措施，如降低坡角，疏干从而降低 $\vec{H}$，或者施加人工锚固 $\vec{A}$，这类问题在第 13 章将详加讨论。

6.8 散体的物理力学性质

采矿工程中常常需要研究崩落矿岩在放矿过程中的运动规律及堆积在地面上的大型废石堆的稳定性之类的问题，这时，所讨论的对象是散粒矿岩块的集合体，我们把这种材料称之为散体。散体通常分为理想的和非理想的两种。当散体中不含有水分和黏结性物质，矿岩块之间不存在黏结力时，称为理想散体；反之，当散体内含有水分和黏结性物质，矿岩块之间具有一定的黏结力时，就称为非理想散体。崩落矿岩体内的矿岩块之间一般具有一定的黏结力，属于一种非理想的散体。然而矿岩块之间的黏结强度，远比矿岩块本身的强度要小得多，甚至很弱，很容易相互产生位移，有流动的趋势；但其流动的能力又受到一定约束力的制约。

由此可见，散体中的单个矿岩块具有固体的特性，构成了散体的骨架。但从整个散体来看，它又有流动的趋势，具有流体的某些特性。因而散体本身具有双重特性，处于固态和流态之间的中间状态。在一定条件下，散体将从固态向流态转化。这种双重特性就决定了散体的力学特性。本小节将对这类材料的特征、属性和物理力学性质进行分析和讨论。

6.8.1 散体的物理力学参数的测定

由离散矿岩块所组合而成的散体，其所发生的力学行为，取决于散体集合的特征。科学地测定和掌握散体矿岩的物理力学参数，是研究散体力学行为的基础。下面将根据实用的需要，简述散体的物理力学参数的测定方法。

6.8.1.1 块度特征

整体矿岩因受地质构造、物理力学性质和凿岩爆破参数等因素的影响，爆破后将构成一个由大小、形状和排列方向各异的离散矿岩块所组成的崩落岩体。下面分别就其单体及其组成的特征加以说明。

A 单个矿岩块的几何参数

通常用矿岩块的尺寸和形状来表示单个矿岩块的几何参数。

a 矿岩块的尺寸

单个矿岩块可用三个方向相互垂直的最大线性尺寸来量测，所量得矿岩块的长度为L，宽度为B和厚度为T，如图6－71所示。这三个尺寸是外接该矿岩块的平行六面体各对应边的尺寸。

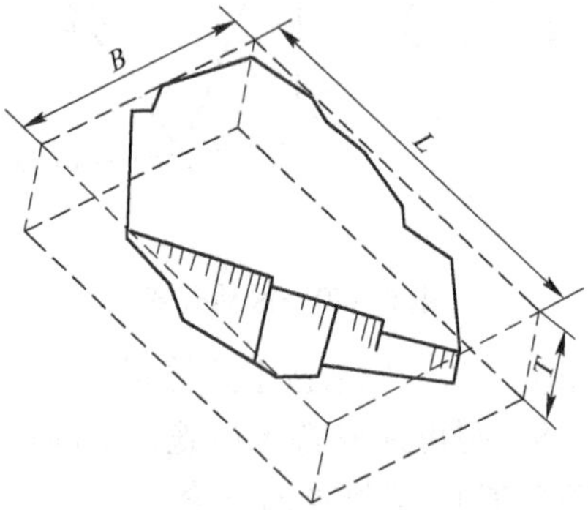

图6－71 矿岩块的尺寸测量图

在实际工作中，通常用矿岩块的平均粒径d_p来表征矿岩块的尺寸。其方法有：

（1）当矿岩块的长与宽相接近时，可令$d_p=B$；

（2）当矿岩块的长与宽相差较大时，可以用$d_p=(L+B+T)/3$来表征矿岩块的粒径；

（3）进一步也可以用$d_p=\sqrt[3]{LBT}$作为矿岩块的粒径；

（4）当筛分时，可以用能通过的筛孔孔径来衡量物料的粒径。

b 矿岩块的形状

根据矿岩块长、宽、厚三者的关系，可以把矿岩块的形状分为：

（1）当$L\approx B\approx T$时，为立方体块；

（2）当$L\approx B>T$时，为薄片状、板状或长板片状块；

（3）当$L>B\approx T$时，为柱状、杆状或针状块。

在实际工作中，有时用矿岩块的长厚比$k=L/T$、宽厚比$f=B/T$或长宽比$e=L/B$来表示矿岩块的形状特征。

实验表明：矿岩块的平均表面积S与其粒径d_p的平方之比，对各块度级的矿岩块来说等于一个常数；同样，矿岩块的平均体积V与其粒径的立方之比，也是一个常数。故有

表面积形状因数 $\alpha_S\approx S/d_p^2$ $\alpha_S=2.0\sim2.9$

体积形状因数 $\alpha_V\approx V/d_p^2$ $d_V=0.02\sim0.28$

矿岩块形状的测度还可以用它与球体表面积之比，来表示其逼近球体的程度。即

$$\text{矿岩块的球形度}\ \psi=\frac{\text{具有与矿岩块相等体积的球体表面积}}{\text{实际矿岩块的表面积}}$$

B 散体矿岩的块度组成

各种不同块度级的矿岩块集合称之为块度组成。

块度的分级。根据对矿岩产品、采掘工艺、评价爆破效果、生产和科学实验研究等的要求，并为了掌握块度组成的特征，通常按矿岩块度的大小范围，分成不同的块度等级，在进行生产实验和评价爆破效果时，一般可把块度分为三级～五级；当进行科学实验研究时，要求把块度分为七级～十级。

每一级的块度通常用级内最小与最大的块度尺寸来表示；或者用级内平均粒径来表示。对所有各级块度的组成，可用各级矿岩块的加权平均粒径（d_j，mm）来表示。按（6－149）式计算：

$$d_j = \frac{\sum U_i d_{pi}}{\sum U_i} \tag{6-149}$$

式中 d_{pi}——某一级块度的平均粒径，mm；

U_i——某一级块度所占重量的百分比，%。

块度组成的测定方法

（1）筛分法。根据所规定的块度分级，预先选好一套标准筛或特制的网筛。再根据测定的目的与要求，以不同的取样方法，从爆堆中取出具有代表性的试样，用四分法缩分，达到适当的量为止。称取试样的总重量，然后由大孔径网筛开始依次进行筛分，称取每次筛余量的重量，分别求出各级块度的重量占试样总重量的百分比。以各级块度累计百分比为纵坐标，以筛孔尺寸为横坐标，可绘制出块度分布曲线图。

这种测定方法是可靠的，但劳动量大，所需时间长，设备多。为了使筛分结果具有可比性，必须在筛分时，按规定的给料制度，持续时间、操作方法进行，否则误差较大。

（2）块度尺照像面积法。专门的块度组成测定证实。在矿岩爆堆表面上，各级块度所占面积的百分比，与其在堆体内各级块度所占的体积百分比几乎是一致的。根据这一结论，把块度尺直接铺设在耙平的爆堆表面上进行拍照，在照片上测定各级矿岩块的水平投影总面积占整个块度尺测定总面积的百分比，就可得出块度的组成。

拍照时应选择具有代表性的矿岩爆堆表面来进行。所拍的照片应是正面照，与实物的比例，可采取 1∶10 或 1∶20。若所拍照片带有一定的倾斜角度，图像将产生一定的变形，必须矫正像差。

另外也可以把照片覆盖上尺寸为 60mm×90mm 带 2mm×2mm 网格，共有 30×45 = 1350 个交点的透明玻片，然后测各级矿岩块上总点数占全部照片上总点数的百分比，来表示各级块度的分布。照片上矿岩块的分级，如表 6－19 所示。

照像面积法简便、可靠、速度快和劳动量小。目前在生产和科学实验研究中广泛使用。

表 6－19 块度的分级方法及分级计算

分级方法	块度分级标准				
	Ⅰ级	Ⅱ级	Ⅲ级	Ⅳ级	Ⅴ级
直接筛分（mm）	<20	20～100	100～300	300～500	>500
拍摄带块度尺的照片（比例 1/20），利用照片读数（mm）	<1	1～5	5～15	15～25	>25
拍摄照片（比例 1/20），用坐标格对照片读数（mm^2）	<1	1～20	20～180	180～490	>490
拍摄照片（比例 1/20），用坐标点对照片读数（点数）	1	1～20	20～180	180～490	>490

（3）多角形面积法。利用摄像和图像显示器，把显示在荧光屏上的矿岩块平面投影的外形，用极接近的多角形来处理。把各矿岩块的多角形各顶点的坐标值输入计算机，按一定的程序计算出各矿岩块的面积，然后分别汇总各级矿岩块的面积，并分别求出各级矿岩块的面积占整个测定总面积的百分比，也就可以得到块度的分级。

每个矿岩的外形投影面积，可由（6－150）式求得：

$$S_d = \frac{1}{2}\sum_{i=1}^{n}(X_iY_{i+1} - X_{i+1}Y_i) \tag{6-150}$$

式中　X_i、Y_i——矿岩块外形多角形顶点的坐标；

n——每个矿岩块多角形顶点的数目。

这种方法方便、可靠、速度快并且工作量小。

6.8.1.2　散体的松散性

整体矿岩经过爆破破碎以后，其体积比原有体积有所增大的性质称为松散性或碎胀性。通常用松散系数来表述松散性的大小。松散系数定义为松散状态下崩落矿岩的体积与其整体时体积之比；或整体时矿岩的容重与破碎后崩落矿岩的容重之比。

地质报告中所提供的松散系数，通常是矿岩经过爆破充分松散后的测定值，可用以计算装载重量，一般为1.4～1.6。矿岩的松散系数如表6－20所示。

表6－20　矿岩的松散系数值

矿岩名称	松散系数	矿岩名称	松散系数	矿岩名称	松散系数
铁矿石	1.5～1.8	花岗岩	1.5	滑石片岩	1.4～1.5
黏土矿石	1.2～1.6	闪长岩	1.5	石英岩	1.4～1.5
锡矿石	1.45～1.8	角闪岩	1.5	泥质灰岩	1.5
锑矿石	1.6	玄武岩	1.5	矽化灰岩	1.5～1.6
铅锌矿石	1.2～1.5	辉绿岩	1.5	灰　岩	1.5～1.7
铜矿石	1.5～1.76	辉长岩	1.5	白云岩	1.5～1.7
钼矿石	1.7～1.9	大理岩	1.5～1.7	砂　岩	1.5～1.6
镍矿石	1.45～1.73	蛇纹岩	1.5～1.6	页　岩	1.3～1.4

地下开采时，如果采场没有足够的碎胀空间，矿石的爆破处于挤压状态之下，不可能得到充分的松散，这时称之为第一次松散，其松散系数一般为1.1～1.3。而后再经过放矿，挤压状态下的崩落矿石将产生第二次松散，二次松散系数一般为1.05～1.15。逐步继续进行放矿，使崩落的矿石经过第一次和第二次松散，将达到某一松散的极限值，可用两者的乘积来表示极限松散系数。

6.8.1.3　散体的空隙度

散体的空隙度n是指散体在松散状态下矿岩块之间的空隙体积V_v占松散总体积V之百分比，即：$n = V_v/V \times 100\%$。或用空隙比e来表示。所谓空隙比是指空隙体积与固体矿岩块的体积V_s之比，即：$e = V_v/V_s$。

散体崩落矿岩块之间具有较多的空隙。其空隙特征对散体的物理力学性质、强度、压实度和渗透性等具有重要的影响。根据崩落矿岩体的结构特点：如块度、形状、组成、压实度以及存放时间的不同，它的空隙度也不同。

散体空隙度的测定方法是：将试样装满量筒，用玻璃量筒慢慢地往装满试样的量筒内注水，到注满为止，记下注入的水量，再用（6－151）式进行计算：

$$n=\frac{V_w}{V}\times 100,\% \tag{6-151}$$

式中 V_w ——注入水的体积，cm^3；

V ——松散状态下试样总体积，cm^3。

6.8.1.4 散体的压实度

为了说明散体矿岩在自然状态下或被压实后的松散与压实情况，可引入压实率 K_y 的概念，并定义：

$$K_y=\frac{V-V_y}{V}\times 100,\% \tag{6-152}$$

式中 V_y ——松散矿岩压实后的体积；

V ——松散状态下试样总体积。

散体矿岩的压实率与动静载荷大小、贮存时间、湿度和块度组成等因素有关。若爆破振动效应强烈且频繁，上覆矿岩重力作用大，湿度增大，贮存时间增长等，都会使松散矿岩块重新排列，结构改变，空隙减少，而导致压实率的增大，引起内摩擦系数和黏聚力的增大，使散体结构的稳定性增强。

6.8.1.5 散体的湿度

为了说明水分对散体特性产生的影响，也有必要测定散体中所含水分的百分比。在采矿中，通常是用崩落矿岩中所含水分重量与其干燥状态下重量的百分比来表示含水情况的。

当水分仅以水膜形式出现在散体矿岩块表面上时，称之为潮的散体；而在矿岩块之间的空隙中充有水分时，称之为湿的散体；当散体中只含有化学结晶水时，称之为干燥的散体。

散体矿岩湿度的大小，除与矿岩的物理性质有关外，往往与矿山的水文地质条件和大气的降雨量有关。特别是当开采范围内的崩落带发展到地表以后，采场内松散矿岩的湿度常常随季节而变化。

散体矿岩的湿度增大，会使具有一定黏结性的矿岩黏结性增大，使放矿困难，放矿效果恶化。但当湿度超过一定范围，水分达到饱和的程度时，矿岩块之间的内摩擦系数和黏结力反而减小，流动性增大，会引起泥石流，给生产及安全造成严重威胁。

散体湿度的测定方法是把用蜡密封容器中的松散矿岩试样取出摊平，用四分法分成四份，分次称试样重量 W_s。再把称后的试样，放入烘箱里，在 105～110℃温度下烘干，直至重量不变为止。而后称烘干的试样的重量 W_g。散体的湿度 $M=(W_s-W_g)/W_g\times 100\%$。取三次以上平行测定的平均值。

6.8.1.6 散体的自然安息角

散体矿岩自然堆积的坡面与水平面所形成的夹角称为自然安息角。自然安息角越小则散体的摩擦系数也越小，越易于流动。自然安息角不仅可以作为摩擦特性的大致标准，而且有时也成为设计散体装置和散体工程的必要因素。

自然安息角的测定方法较多，可根据不同的目的加以选用，请参考文献［25］。这里只简述注入法，该方法是在堆积散体的顶部，再注入散体矿岩，并自然形成锥体。量取散

体堆的高度 H 和散体堆的堆底直径 D，可求得自然安息角 $\alpha_z = \mathrm{tg}^{-1}(2H/D)$，但在实际测量时，堆的高度和坡面各次测量值会有差异，而堆底直径的差异就更大些，故在量测堆底直径时应取两个相互垂直轴的平均值，而不应考虑散落很远的矿岩块，并应多次重复测算。根据散体的湿度不同，其自然安息角值如表 6－21 所示。

表 6－21 自然安息角值

散体名称	自然安息角（°）		
	干 的	潮 的	湿 的
砂 子	28～35	30～40	22～27
砂质黏土	40～50	35～40	25～30
各种块度的碎矿石	32～45	36～48	30～40

6.8.1.7 散体的闪摩擦角

内摩擦阻力是散体抗剪强度的重要组成部分。通过下述两种常用的抗剪试验，可对散体的抗剪性能加以测定，从而对摩擦性能加以测定。

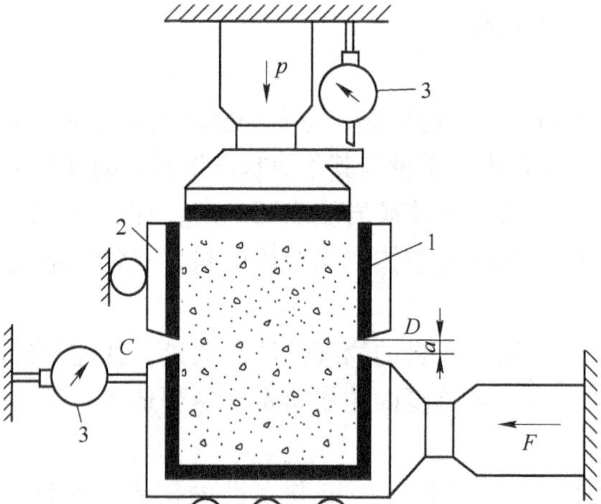

图 6－72 直剪试验装置示意图

1—衬壳；2—钢壳；3—百分表

（1）直接剪切试验。直接剪切试验装置如图 6－72 所示。试验过程如下：首先用加压设备对矿岩试样施加垂直压力使之保持一定的压实状态，而后再对矿样施加一定的垂直压力 p，并逐渐地施加水平剪切力 F，当下部可动箱开始沿 CD 移动时，记录下当时的剪切力 F 值。这时在剪切面上的抗剪力，称之为抗剪强度。用性质相同的矿样分别施加三种以上不同的垂直压力进行同样试验，得出一系列的 p 与 F 的对应值。然后用矿岩样横断面面积 A，去除所得的 p 与 F 值，得出一系列相应的正应力 σ 和剪应力 τ 的值。以 σ 为横坐标，以 τ 为纵坐标，把相对应的 σ 和 τ 值，画在 $\sigma-\tau$ 坐标系的图上，经回归构成一斜直线，这条斜直线就是散体的抗剪强度线。如图 6－73 所示。

为了保证相对剪切面上无力矩作用。剪切箱的直径应为矿样平均粒径的10倍。上下箱之间的余隙，一般应大于最大粒径的四分之一。

（2）三轴剪切试验。三轴剪切试验仪的主要部分为压力室，如图6－74所示。试验过程如下：把试样装入橡胶膜内，导入空气以保证膜内空气等于一个大气压，再将其固定在试验座上，加盖试验帽，然后装好受压室的外罩。在受压室内部导入施加侧压力的水，并达到要求的侧压力数值。向受到一定侧压力试样的端部，施加轴向压力，直到试样破坏为止。并由测力环上的百分表读得轴向压力值。

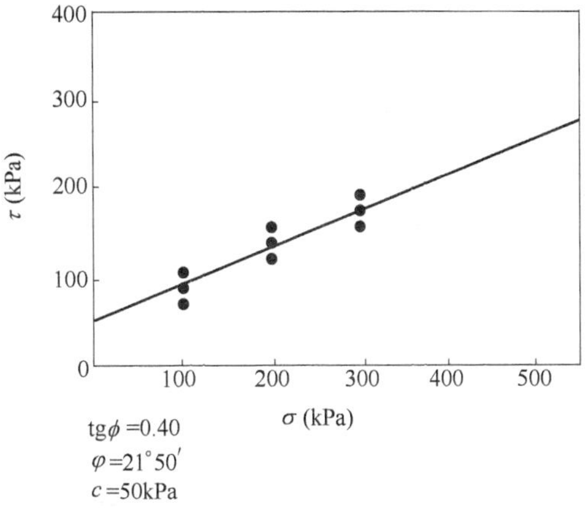

图6－73 散体抗剪强度曲线图

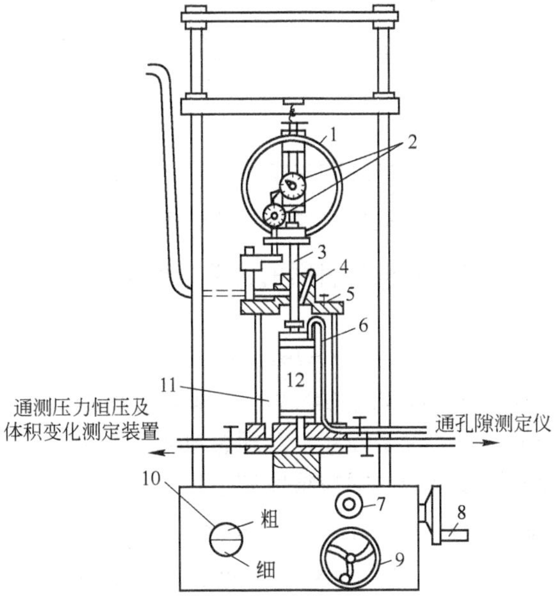

图6－74 三轴剪切试验仪压力室部分

1—测力环；2—百分表；3—活塞杆；4—排气阀；5—进水孔；6—排水管；7—离合器；8—粗调手轮；9—细调手轮；10—离合器粗细调；11—受压室；12—试样

根据试样破损时的轴向应力 σ_1 和侧向应力 σ_3，绘制二者的关系图，如图6－75*a* 所示。也可以在 $\tau-\sigma$ 坐标系中，按不同的 σ_3 及 σ_1，绘出对应的一系列应力圆来表示三轴试验结果。这些极限应力圆的包络线，就是散体材料的抗剪强度曲线，如图6-75*b*所示，它们近似地也可视为直线。

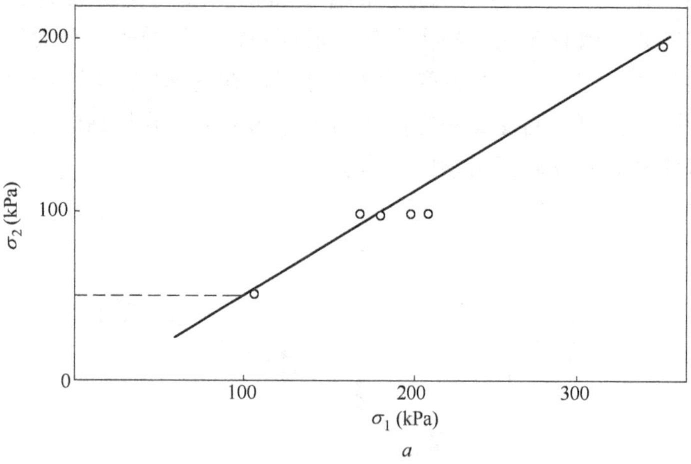

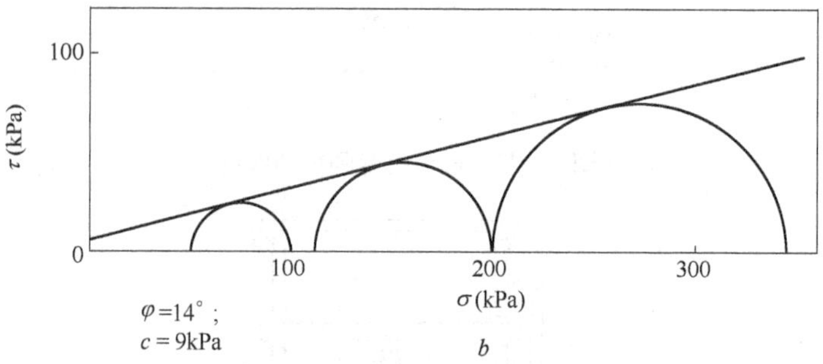

图6-75　三轴剪切试验应力关系和抗剪强度曲线图

a—$\sigma_1 = f(\sigma_2)$ 回归直线图；b—抗剪强度曲线图

上述两类试验结果一致说明：散体材料的抗剪强度 τ 与受剪面上的法应力 σ 间相当近似地具有线性关系，写成通式为

$$\tau = \sigma \mathrm{tg}\varphi + c \qquad (6-153)$$

此式被称为库仑公式。$\mathrm{tg}\varphi$ 为直线的斜率，φ 即为材料的内摩擦角；c 为强度包络线的 τ 轴截距，物理上表示材料的黏结强度，对理想散体，$c=0$。

一种块度不同的硬岩松散体的内摩擦角值如下：

块度分级（mm）	1~5	5~15	15~30	30~45
内摩擦角 φ（°）	37.5	40.5	41.5	44.5

通常，由三轴剪切试验所得之 φ 值较直剪试验所得者略小。

6.8.1.8　散体的外摩擦角

外摩擦角用以表示散体与其他固体器壁之间的摩擦特性。其测定方法有：

（1）逐渐倾斜载有散体的平板，当散体开始滑动时的角度称之为该散体与该种板面的外摩擦角 φ_w，$\mu_w = \mathrm{tg}\varphi_w$ 则为外摩擦系数。外摩擦角值变动范围相当大，对松散容重为

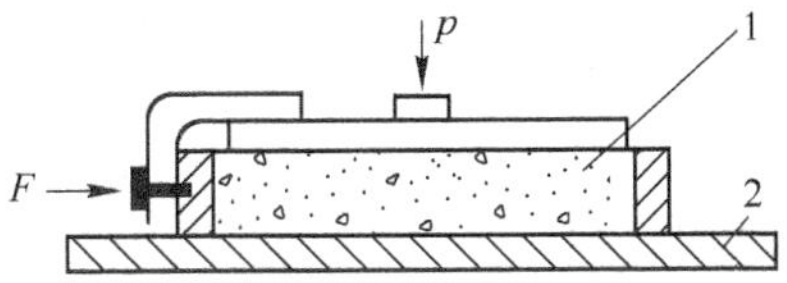

图 6－76 外摩擦测定装置示意图

1—散体；2—壁面

表 6－22 磁铁矿石外摩擦角的测定结果

矿样编号	块度分级 (mm)	外摩擦角值 (°)			
		木材底板		铁底板	
		自然湿度	湿的	自然湿度	湿的
Ⅰ	+160	28.0		23.0	
Ⅱ	－160～＋80	32.0		26.0	
Ⅲ	－80～＋40	32.5	27.0	26.5	24.5
Ⅳ	－40～＋20	34.0	30.0	27.5	25.0
Ⅴ	－20～＋8	35.0	34.0	28.5	26.0
Ⅵ	－8～＋5	37.0	46.0	30.0	40.0
Ⅶ	－5	45.0	51.0	34.0	43.0

表 6－23 静态接触时的外摩擦角

摩擦偶	钢与铁矿石	钢与花岗岩	钢与砂岩	花岗岩板与花岗岩	木材与石材	混凝土板与石材
外摩擦角	22°47′	24°14′	20°49′	33°26′	24°27′～30°58′	37°15′
外摩擦系数	0.42	0.45	0.38	0.66	0.46～0.6	0.76

2.2t/m^3，坚固性系数 $f=14\sim16$ 的磁铁矿石测定外摩擦角，结果如表 6－22 所示。

（2）利用如图 6－76 所示的外摩擦角测定装置可以测出在不同的垂直压力 p 下，使箱体开始沿壁面移动所需的剪切力 F，并计算出一系列对应的正应力 σ 和剪应力 τ 值，绘出该散体与所测壁面之间的抗剪强度曲线，其与横坐标所夹的角 φ_w 为外摩擦角。其值如表 6－23 所示。

6.8.1.9 散体的流动性

流动性是指在一定条件下散体流动能力的特性。由于散体流动所涉及的因素较多，人们从各种角度，提出了各种各样的表达公式和测定方法，应根据需要的不同而加以选用。

譬如用散体从容器底部所设放出口流出的速度来表述散体的流动性。

又如用散体从一个放出口流出后，在散体内所形成的放出体和流动带范围的大小，借助于放出椭球体偏心率 ε、放矿静止角 θ_1，或放矿角 θ 等来表述散体的流动性。

又如用流动因数 $FF=\sigma_1/f_c$ 来表述散体的流动性。它的测定方法是把试样装入理想的几乎是无摩擦的柱状圆筒中，施加固结所需的垂直正应力 σ_1，然后拆除圆筒，在试样无侧向支撑的条件下，再施加应力 f_o 直至使试样产生破坏时为止，求出 FF 值。根据流动因数 FF 值的大小，把散体流动性分为四类，如表 6－24 所示。

表 6-24 散体的流动性分类

类 别	流动因数 FF 值	散体流动性特性
Ⅰ	<2	非常黏结，不流动
Ⅱ	2~4	黏 结
Ⅲ	4~10	容易流动
Ⅳ	>10	自由流动

表 6-25 流动性指数比较

流动特性	河砂		粒状石灰石	
	数 值	点 数	数 值	点 数
自然安息角	25°	25	50°	12
压缩率	8%	23	32%	9.5
举起角	25°	25	93°	2
黏结性（二者取其一）	0%	25	60%	2
均匀性（二者取其一）	2%	23	0%	0.5
流动性指数（I）		96~98		24~25

又如用 R. L. 卡尔（Carr）流动性指数 I 来表述散体的流动性。I 是综合自然安息角、压缩率、举起角和黏结性或均匀度，由标准试验所得的值，每个试验用 25 点作为最大值进行估算，然后再加起来作为表示该散体流动性的指数 I 。I 值分布于 1~100 之间，其值越大则表示流动性愈好，反之则流动性差。例如：流动性好的标准河砂与流动性差的粒状石灰石流动性指数的比较。如表 6-25 所示。

测定举起角、黏结性及均匀度的方法如下：

举起角：用一条薄片将散体挑起，散体停留在薄片上斜面与水平面所形成的角。

黏结性：散体颗粒之间彼此黏附在一起的结合力。测定方法是筛分时经过一定振动时间之后，-200 目试样残留在筛上的重量百分比来测定。

均匀度：用允许通过试样 60%（D_{60}）的筛孔尺寸（颗粒尺寸）与允许通过试样 10%（D_{10}）的筛孔尺寸（颗粒尺寸）之比来表示块度均匀度 u 的特征，即 $u = D_{60}/D_{10}$。均匀度值较低，说明块度大小均匀，反之则不均匀。

后一种方法试验简便，对散体的流动性容易估算和分类。据之有可能预计散体有无结拱或流态化趋势，是否需要采取振动器等辅助设施，以及是否需要特殊工程和措施。

6.8.2 影响散体力学性质的因素

6.8.2.1 散体的属性

散体内具有一定的空隙，在空隙里通常是由液体、气体或气液混合体所填充，所以散体实际上是三相组合的多孔性粒状物体。它能在有限的范围内，保持其本身的形状，但容易改变矿岩块之间的相互位置。抗拉能力极小，随着法向应力的增大会增强其抗剪能力，但与流体有很大差别，流体流动性大，本身无固定形状，能向各个方向传递相等的压强，而散体虽也能向侧向传递压强，但并不相等，而有

$$p_c = \xi p_h$$

式中 p_c——水平压强；

p_h——垂直压强；

ξ ——侧压力系数。对液体 $\xi=1$；对散体 $\xi=0\sim1$。

由此可见，散体具有固态和流态双重特性，在一定条件下将向另一种状态转化，研究转化条件具有很大的实际意义。如放矿时振动可使散体矿岩增强流动性；散体经过压实将会固化。

散体的力学性质较固体和流体更为复杂。特别是在散体矿岩流动过程中，其应力状态相当复杂，应力的大小和方向也在千变万化。所以在研究散体力学问题时，为了简化就要进行科学的抽象，有意抛开次要的属性，而仅仅保留其基本属性，以简化的模型为对象，建立起一个能够遵循的一般规律。同时，散体力学又是以实验为基础的科学，只有在对散体力学实验中所发生的物理现象、过程和数据分析的基础上，才能建立起散体力学模型。

6.8.2.2 散体的黏结性和摩擦性

散体的黏结性是指在无压强条件下，松散矿岩块之间彼此粘附在一起的性质。当散体矿岩块之间的空隙里或接触面上，存在有胶结物质和水分时，会使散体具有一定刚度和抗剪能力，阻碍矿岩块之间的相互位移和分离。这种初始的抗剪能力称之为散体的黏结力，它和内摩擦力共同决定着散体的抗剪强度。

散体的摩擦性是指在一定压强条件下，阻碍散体内部相互接触的矿岩块之间彼此发生相对位移的性质。这种阻碍发生相对位移的力称之为内摩擦力。有其相应的摩擦系数和内摩擦角。散体内部的摩擦力的大小，不但取决于矿岩块之间所产生阻碍滑动的力，而且在相当程度上，取决于矿岩块之间所产生阻碍滚动的力和嵌制力。

6.8.2.3 散体的侧压力系数

散体能够向侧向传递压强，其值有大有小，这一方面说明散体矿岩块之间活动程度不同；另一方面也说明散体在极限平衡状态下它的两个主应力之间存在着一定的比例关系，这个比例称之为散体的侧压力系数 K。即

$$\sigma_h = K\sigma_v \tag{6-154}$$

式中 σ_h、σ_v——散体内某一点的垂直和水平应力分量。

主动侧压力系数 K_A 为：

$$K_A = \frac{1-\sin\varphi}{1+\sin\varphi} = \mathrm{tg}^2\left(45-\frac{\varphi}{2}\right) \tag{6-155a}$$

被动侧压力系数 K_p 为：

$$K_p = \frac{1+\sin\varphi}{1-\sin\varphi} = \mathrm{tg}^2\left(45+\frac{\varphi}{2}\right) \tag{6-155b}$$

根据 Г. И. 普克洛夫斯基用试验统计方法确定的散体侧压力系数 K，与其摩擦角 φ、黏聚力 C 和所承受的压力 p 之间的关系如下：

$$K = 1-0.74\mathrm{tg}\varphi-\frac{1.52C}{p} \tag{6-156}$$

对干砂 $K=0.4$，对湿砂 $K=0.5$，对干的黏土 $K=0.6$，对湿的黏土 $K=0.7$。

6.8.2.4 散体的剪切与变形

散体的抗剪强度曲线已在前面由试验绘出。若把散体受剪应力和剪切变形所产生的滑移量绘成曲线，如图 6-77 所示。开始的倾斜段，说明由于散体的密度和空隙，需要一定

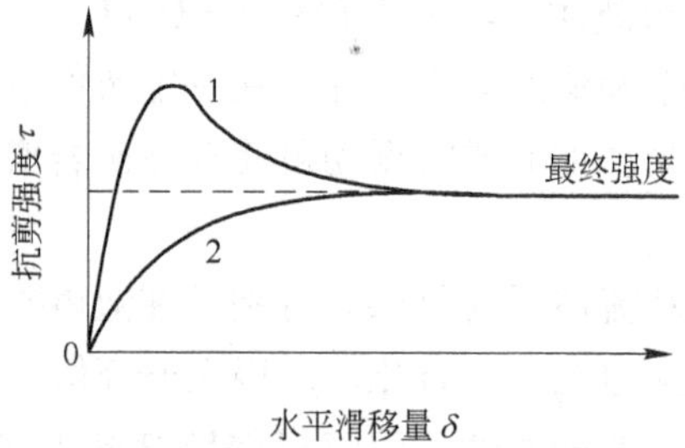

图6－77 剪应力与水平滑移量关系曲线

1—初始松散的砂 A；2—初始致密的砂 B

程度的压实，才能上升到最大的抗剪强度。图中曲线 A，表示初始松散的散体，开始压实后散体的抗剪强度逐渐上升到最大值，剪裂滑移后的剪切强度大致保持不变。曲线 B 代表初始致密的散体，当剪切时抗剪强度迅速提高，剪裂滑移后因颗粒间的原始结构被破坏，新结构又不能迅速恢复到原始结构状态，而使强度下降。一般散体多兼有一定黏结性、松散性和空隙度，故哪一种性质比重大，其结果就接近哪一种曲线形式。

散体的变形主要是结构变形，当散体受到外力后，颗粒之间将产生相对位移，空隙度降低，压实度增大，破坏了颗粒间的初始结构，转变为新的更稳定的平衡状态。在无侧向膨胀条件下，变形主要表现为压实与沉降；而在有侧向膨胀条件下，压实与剪切同时发生。颗粒本身的弹性变形范围是很小的。

6.8.3 等效力学模型

散体是由矿岩块所组成，具有离散的特性。但对相当小的颗粒所组成的散体而言，其所发生的力学行为，可以把它们用连续介质的力学模型来处理。由于散体颗粒之间存在着黏结性和摩擦性，具有一定的强度来阻碍散体的变形，故可以把作用在散体颗粒接触点上的作用力，想象为连续分布在散体任意截面上的想象力，这样就可以通过研究散体的内应力，来研究颗粒之间产生滑移和流动瞬间的极限平衡问题了。大块矿岩所组成的散体，将不能满足连续性假设，采用统计力学的数学方法来研究其平衡状态将更为合理，但它属于另一体系，本节不予涉及。

6.8.3.1 散体的极限平衡与滑移

散体的极限平衡状态就是散体在即将被剪切破坏时的瞬时状态，也就是所施加的剪切力 F 等于或即将大于散体内部的摩擦力和粘聚力 CA 的合力那一瞬间的状态。由于采取了连续性的假设，可写成应力的关系式：

$$\tau=\sigma\mathrm{tg}\varphi+C \tag{6-157}$$

若取 $\sigma'=\sigma+C/\mathrm{tg}\varphi$，则有 $\tau=\sigma\mathrm{tg}\varphi+C=\sigma'\mathrm{tg}\varphi$。其中：$\sigma'$为散体的换算法向应力，相当于实际法向应力 σ 和黏结的等值压应力 $C/\mathrm{tg}\varphi$ 的合成应力；把黏结性散体虚拟作为摩擦性散体来计算时，须把 $\sigma+C/\mathrm{tg}\varphi$ 视为 σ'来进行换算。

使用换算应力 σ'时，在极限应力图上（如图6－78 所示），相当于把坐标的原点 O 左移到 O'处，纵坐标 τ 值不变，横坐标 σ 改为 σ'。当散体无黏结性时，则 $C=0$，$\sigma'=\sigma$。当散体某点的应力比值 $\tau/\sigma'=\mathrm{tg}\varphi$ 时，则该点的散体处于极限平衡状态。

用莫尔应力圆更能清楚地说明散体的极限平衡条件和滑移线的求法。图6－79 上的极限应力线 AE 和 AE'，即为直线方程 $\pm\tau=\sigma\mathrm{tg}\varphi+C$。当散体内某点的剪切应力增长到超过

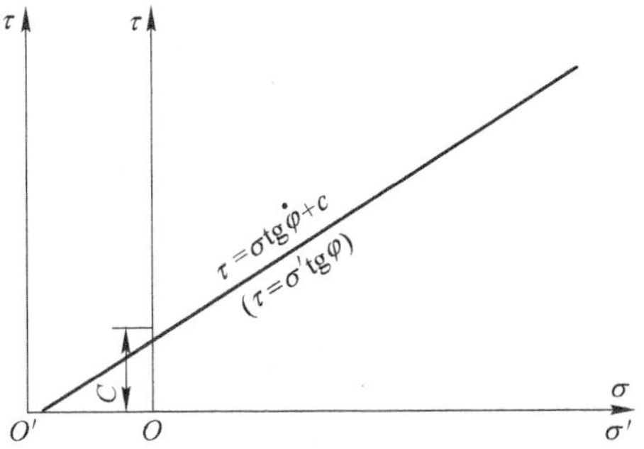

图 6-78 散体极限应力图

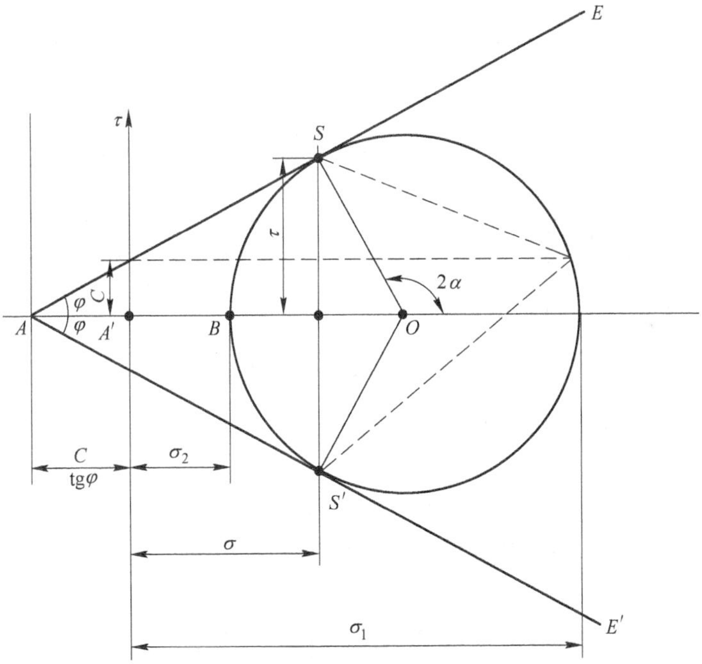

图 6-79 莫尔圆

AE 或 *AE'* 线时，则在该点的散体就已剪切滑移。当剪切应力值位于 *AE* 和 *AE'* 两线之间时，散体是稳定平衡的。当剪切应力处于 *AE* 或 *AE'* 线上时，散体处于即将产生滑移的极限状态。线段 *A'C* 代表最大应力 σ_1 的值，线段 *A'B* 代表最小主应力 σ_2 的值。$\angle ASO$ 是直角，$\angle AOS = 90° - \varphi$，$\angle SOC = 2\alpha = 180° - \angle AOS = 90° + \varphi$，所以 $\alpha = 45° + \varphi/2$。按莫尔圆的规定，角 α 是最大主应力 σ_1 与剪切滑动面上法向应力 σ 的夹角，如图 6-80 所示。σ 垂直于滑移面，所以滑移面 Ⅰ 与 Ⅱ 都和最大主应力 σ_1 的夹角为 $\gamma = 45° - \varphi/2$。并且两个滑移面对称于最大主应力 σ_1，其夹角为 $90° - \varphi$。滑移面在垂直面上的投影所形成的平滑曲线叫做滑移线。因为通过每点的滑移线是两条线，所以它的平面图形是由两族线所组成的滑移线网。

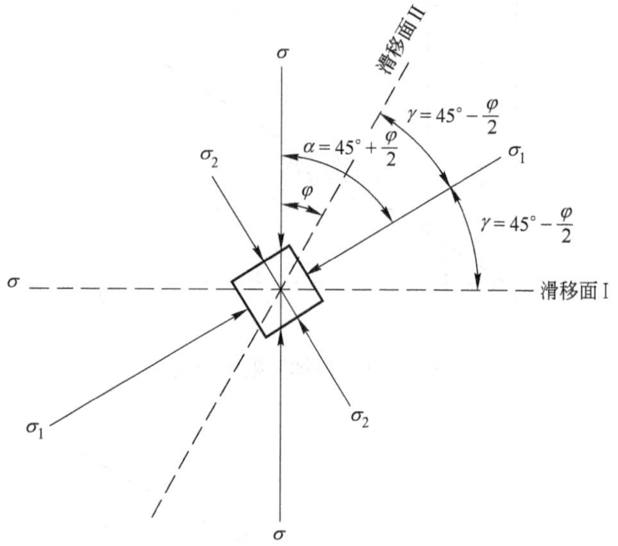

图6-80 最大主应力与剪切滑动面上法向应力的夹角

由图6-79可以看出

$$\tau=\frac{\sigma_1-\sigma_2}{2}\cos\varphi,\qquad \sigma=\frac{\sigma_1+\sigma_2}{2}-\frac{\sigma_1-\sigma_2}{2}\sin\varphi$$

将τ、σ代入$\tau=\sigma\mathrm{tg}\varphi+C$式中得

$$\frac{\sigma_1-\sigma_2}{2}\times\frac{1}{\cos\varphi}=\frac{\sigma_1+\sigma_2}{2}\mathrm{tg}\varphi+C$$

因此，散体的极限平衡条件也可表示为：

$$\frac{\sigma_1-\sigma_2}{\sigma_1+\sigma_2+2C\cos\varphi}=\sin\varphi \tag{6-158a}$$

或

$$(1-\sin\varphi)\sigma_1-(1+\sin\varphi)\sigma_2=2C\cos\varphi \tag{6-158b}$$

当$C=0$则

$$\frac{\sigma_2}{\sigma_1}=\frac{1\mp\sin\varphi}{1\pm\sin\varphi}=\mathrm{tg}^2\left(45°\pm\frac{\varphi}{2}\right) \tag{6-159}$$

如图6-79所示，如果把σ方向作为x轴方向，把τ的方向作为y轴方向。并把主应力σ_1、σ_2沿x轴放置，在$\sigma_1-\sigma_2$线段上构成莫尔圆。圆周上点的坐标是根据与一定α角相应的平面上σ_x、τ_{xy}或σ_y、τ_{yx}的应力构成。在滑移面上以σ_x来表示σ_1，以τ_{xy}来表示τ，以σ_y来表示与y轴平行的法线应力，则主应力σ_1、σ_2与滑移面上的应力有如下的关系：

$$\left.\begin{matrix}\sigma_1\\ \sigma_2\end{matrix}\right\}=\frac{\sigma_x+\sigma_y}{2}\pm\sqrt{\left(\frac{\sigma_x-\sigma_y}{2}\right)^2+\tau_{xy}^2} \tag{6-160}$$

将这个值代入上式可得散体极限平衡条件的又一表达式：

$$(\sigma_x-\sigma_y)^2+4\tau_{xy}^2=\sin^2\varphi(\sigma_x+\sigma_y+2C\cos\varphi)^2 \tag{6-161}$$

6.8.3.2 散体的运动学问题

库仑-莫尔条件在塑性力学里视为一种屈服条件，塑性力学中的滑移线理论，可用以计算屈服区内材料的滑移规律，需要了解的读者可参考文献［26］。

涉及放矿过程那样的散体流问题，采用塑性力学并不奏效，为解决放矿问题另外开辟了许多方法，见文献［25］。

解决崩落矿岩散体运动问题的另一有效途径是采用离散单元法，这一方法的原理已在本章第5节作了介绍，可供读者参考。

6.9　岩石力学中的物理模拟

岩石力学模拟研究常采用相似材料模型、光测弹性力学模型及基底摩擦模型来进行，实质上就是实验岩石力学课题。模拟研究可以定性或定量地描述因开采引起的各种地压现象及边坡稳定，为开采设计、研究地压规律和围岩应力分布、巷道及采场空间和边坡控制提供科学依据[27~30]。

6.9.1　相似材料模拟研究

6.9.1.1　相似准则

所谓相似，是指原型和模型两个系统中所有的物理量（标量和向量）均相似，即：

$$\alpha_1 \frac{u_{p1}}{u_{m1}} = \alpha_2 \frac{u_{p2}}{u_{m2}} = \cdots = \alpha_i \frac{u_{pi}}{u_{mi}} = \alpha u = 常数 \tag{6-162}$$

上式满足则称两系统相似。式中 u_{p1}，u_{p2}，…，u_{pi} 为原型中的各种物理量，u_{m1}，u_{m2}，…，u_{mi} 为模型中相应的各物理量，α_1，α_2，…，α_i，α_u 为常数。

A　几何相似

几何相似也称空间相似，即原型与模型的几何图形之间所有的对应角相等，所有的对应边成比例，即：

$$\frac{l_{p1}}{l_{m1}} = \frac{l_{p2}}{l_{m2}} = \cdots = \frac{l_{pi}}{l_{mi}} = \alpha_l = 常数 \tag{6-163}$$

B　运动相似

即速度场（或加速度场）的相似，即所有的速度（或加速度）都有相对应的方向，大小相应地成比例，

$$\frac{v_{p1}}{v_{m1}} = \frac{v_{p2}}{v_{m2}} = \cdots = \frac{v_{pi}}{v_{mi}} = \alpha_v = 常数 \tag{6-164}$$

C　动力相似

就是力场的几何相似，即所有的作用力都有相对应的方向，大小相应地成比例，

$$\frac{F_{p1}}{F_{m1}} = \frac{F_{p2}}{F_{m2}} = \cdots = \frac{F_{pi}}{F_{mi}} = \alpha_F = 常数 \tag{6-165}$$

（6-162）式、（6-163）式、（6-164）式中，l_{p1}，l_{p2}，…，v_{p1}，v_{p2}，…，l_{m1}，l_{m2}，…，v_{m1}，v_{m2}，…，F_{m1}，F_{m2}，…等表示模型上各相应的长度、速度、力等物理量。

D　时间相似

时间相似就是对应的时间间隔成比例（谐时性）。

因此，根据相似理论，物理现象相似的必要充分条件为：

（1）对变数作相似变换（所有变数都用和它成比例的量代替），基本方程组具有不

变性，即同时存在着方程

$$\left.\begin{aligned} f(u_1, u_2, u_3, \cdots, u_i) = 0 \\ f(\alpha_1 u_1, \alpha_2 u_2, \alpha_3 u_3, \cdots, \alpha_i u_i) = 0 \end{aligned}\right\} \quad (6-166)$$

式中 u_1，u_2，u_3，…，u_i——不同的变数；

α_1，α_2，α_3，…，α_i——对应的相似比例（相似常数或相似变换倍数）。

（2）基本方程组的所有物理参数均相似。

（3）空间（几何）相似。

（4）系统的边界条件相似。

（5）过程的定常性，或过程的初始时刻所有的变数场均相似。

方程（6－165）表明：凡属相似现象，可用同一物理方程描述，而且服从量纲分析中的 π 定理。

6.9.1.2 相似材料模型法

相似材料模型法实质上是用与原型材料（岩体）的力学性能相似的材料，按几何相似原则缩制成模型，在其上开挖各类矿山岩体工程，以观察研究岩体的变形、应力或破坏规律，为地下空间的维护和控制，改进或完善开采工艺提供依据。因此，相似材料模型法必须满足前述的相似条件，即几何相似、物理相似、初始条件相似和边界条件相似。

（1）几何相似：模型与原型各相应的尺寸应按同样的比例缩小或放大，即

$$\frac{l_p}{l_m} = \alpha_l \quad (6-167)$$

$$\frac{l_p^2}{l_m^2} = \alpha_l^2 = \alpha_A \quad (6-168)$$

$$\frac{l_p^3}{l_m^3} = \alpha_l^3 = \alpha_V \quad (6-169)$$

式中 α_l——线相似常数；

α_A——面相似常数；

α_V——体相似常数。

（2）物理相似：模型与原型上各相应的应力、材料的力学常数及应变成比例，即

$$\frac{\sigma_p}{\sigma_m} = \frac{(\tau_{xy})_p}{(\tau_{xy})_m} = \alpha_\sigma \quad (6-170)$$

$$\frac{E_p}{E_m} = \alpha_E \quad (6-171)$$

$$\frac{\varepsilon_p}{\varepsilon_m} = \alpha_\varepsilon \quad (6-172)$$

$$\frac{\rho_p}{\rho_m} = \alpha_\rho \quad (6-173)$$

$$\frac{C_p}{C_m} = \alpha_C \quad (6-174)$$

$$\frac{\varphi_p}{\varphi_m} = \alpha_\varphi \quad (6-175)$$

式中，σ_p、σ_m、E_p、E_m、ε_p、ε_m、ρ_p、ρ_m、C_p、C_m、φ_p、φ_m 分别表示原型与模型上的应力、弹模、应变、密度、黏结力及内摩擦角。在弹性范围内，原型与模型均应满足平衡微分方程。破坏过程应满足强度条件，或莫尔圆包络线相似。

在弹性阶段的相似判据为：

$$\frac{\sigma_p}{l_p\rho_p}=\frac{\sigma_m}{l_m\rho_m}=K$$

在破坏阶段，根据牛顿第二定律可导出：

$$\frac{F_p}{\rho_p l_p^3}=\frac{F_m}{\rho_m l_m^3}$$

式中，F_p，F_m 分别为作用在原型与模型上的牛顿力。因为：

$$\frac{F_p}{l_p^2}=\sigma_p;\quad \frac{F_m}{l_m^2}=\sigma_m$$

所以

$$\frac{\sigma_p}{\rho_p l_p}=\frac{\sigma_m}{\rho_m l_m}$$

因此，无论是弹性阶段或破坏阶段，相似判据均为：

$$\frac{\sigma_p}{\rho_p l_p}=\frac{\sigma_m}{\rho_m l_m}=K \tag{6-176}$$

因为抗压强度 σ_c 与抗拉强度 σ_t 的量纲与应力 σ 一致，根据相似准则，选择模型材料的强度指标可按（6-176）式和（6-177）式求得：

$$(\sigma_c)_m=\frac{l_m}{l_p}\times\frac{\rho_m}{\rho_p}(\sigma_c)_p \tag{6-177}$$

$$(\sigma_t)_m=\frac{l_m}{l_p}\times\frac{\rho_m}{\rho_p}(\sigma_t)_p \tag{6-178}$$

黏结力 C 与 σ 同量纲，也可以按类似公式求得：

$$C_m=\frac{l_m}{l_p}\times\frac{\rho_m}{\rho_p}C_p \tag{6-179}$$

摩擦角为无量纲量，$\alpha_\varphi=1$，即：

$$\varphi_m=\varphi_p \tag{6-180}$$

（3）初始条件相似：原型与模型的初始自然状态相似，对岩体来说，最重要的初始状态是它的原生状态，因此需要模拟岩体结构特征、结构面的分布特征（方位、间距）、结构体的形状与大小以及结构面的力学性质。

在模拟各种不连续面，如断层、节理、层理、裂隙时，应首先区别那些不连续面是至关重要的。通常对主要的不连续面，应按几何相似条件单独进行模拟；对于系统的或成组的结构面，可按地质调查所得的优势结构面模拟。

不连续面上的 C、φ 值，按（6-178）式、（6-179）式计算。若不连续面间有软弱夹层，且其厚度不可忽视，则应从几何相似准则，即：

$$\frac{\mathrm{d}p}{\mathrm{d}m}=\alpha_l \tag{6-181}$$

式中 $\mathrm{d}p$、$\mathrm{d}m$ ——原型与模型中软夹层厚度。

此外，若原型与模型系多层岩体组成的，则原型与模型各层材料的力学性质应保持（6－182）式及（6－183）式的相似关系，即

$$\alpha_\rho=\frac{(\rho_1)_p}{(\rho_1)_m}=\frac{(\rho_2)_p}{(\rho_2)_m}=\cdots=\frac{(\rho_n)_p}{(\rho_n)_m} \tag{6-182}$$

$$\alpha_E=\frac{(E_1)_p}{(E_1)_m}=\frac{(E_2)_p}{(E_2)_m}=\cdots=\frac{(E_n)_p}{(E_n)_m} \tag{6-183}$$

（4）边界条件相似：模型的边界条件应与原型完全一致，或近似一致。

6.9.1.3 相似材料及其配比

A 相似材料

所谓相似材料，就是用来模拟岩体原型的材料。因此，它们的物理力学性质应与被模拟的岩体原型相似。通常相似材料由骨料和胶结料配制而成。

骨料主要有砂子、尾砂、黏土、铁粉、铅丹、重晶石粉、铝粉、云母粉、软木屑、聚苯乙烯颗粒及硅藻土等。

砂子：粒径为 $d=0.12\sim0.21$mm 的纯砂。

黏土：采用容重大于 2.6g/cm^3 的纯黏土，用前先干燥磨粉，用 $d=0.35$mm 筛子筛分。

云母粉：容重 2.7g/cm^3，云母粉有两种用途；作为骨料 $d=0.3\sim0.5$mm，作为分层材料 $d=1.4\sim1.5$mm。

铁粉、重晶石粉、铅丹（Pb_3O_4）、磁铁矿粉等，都属于重骨料，用以增大相似材料的容重。

软木屑、炉渣、浮石等，都属于轻骨料，用以减少材料的容重。

软木屑、砂子及聚苯乙烯用以减小材料的泊松比。

硅藻土用以吸收混合物中多余的水分与降低相似材料的弹模。

铝粉可以增加材料的导热性能，有助于测量用的应变计上的热量扩散与改善测量工作。

尾砂是一种良好的骨料，由于尾砂与被模拟的岩石具有大致相同的成分，故有助于模拟原材料的力学性能。

胶结料有熟石膏、硅酸盐水泥、石灰、水玻璃、树脂、石蜡等。

B 相似材料的配比：相似材料配比要求其力学常数与原型相似。因此，根据模拟岩体的不同可有不同的配比。在我国获得广泛应用的以熟石膏为主要胶结材料的相似材料配比及其力学性质列于表6－26。

6.9.1.4 相似材料模拟法的工程应用

相似材料模拟法在矿山工程方面主要用于研究下列问题。

（1）研究地下工程围岩在不同荷载作用下的应力场与位移场。

（2）研究各种因素在地下工程稳定性中所起的主要与次要作用，以及围岩的破坏机理。

表 6-26 相似材料配比及其力学性质

材料配比（重量比）	使用单位	弹性模量（GPa）	抗压强度（MPa）	抗拉强度（MPa）	抗剪强度（MPa）	黏结力（MPa）	内摩擦角（°）	容量（t/m³）
熟石膏：砂：水：硼砂=1∶9∶1.1∶0.014	东北勘测设计院	5.45	2.4	0.4		0.4	33	
砂：水泥：水=100∶5∶6	铁道部西南研究所	1.13	0.1	0.03			40.5	
砂：熟石膏：石灰=4∶0.7∶0.8	东北工学院		6.55	0.52	3.41			1.872
砂：熟石膏：石灰=6∶0.7∶0.8	东北工学院		5.25	0.28	2.28			1.882
砂：熟石膏：石灰=8∶0.3∶0.7	东北工学院		1.56	0.18	0.9			1.872

（3）研究围岩与支护的互相作用，以及围岩稳定的控制技术。

（4）研究不同施工方法、不同支护方案的最佳选择。

（5）研究边坡稳定性及其控制。

因此，相似材料模拟法常用以模拟巷道、采场及露天矿山边坡等的稳定条件与破坏机制。

6.9.2 偏振光弹模拟研究

20世纪60年代以前，世界各国的岩石力学工作者普遍采用偏振光法来研究巷道及采场周围岩体中的应力分布。地下空间围岩的应力分布，除简单断面形状（圆形及椭圆形）外，用弹性力学解析方法求解十分困难。但是，应用偏振光法实验应力分析来研究各种复杂断面形状的地下工程围岩的应力分布却比较方便和实用。因此，偏振光法曾被广泛地采用。

6.9.2.1 偏振光法的理论基础

A 偏振光法的弹性理论基础

根据弹性理论，在平面应力或平面变形状态下，当体积力仅为重力时，弹性理论的基本方程组并不包含材料的弹性常数 E 及 μ。因此，在研究地下空间围岩的二维应力分布问题时，模型只需满足几何相似及少数物理量相似的条件。应用偏振光的实验应力分析方法来研究透明的光学模型材料（例如玻璃、赛璐珞，明胶，聚合树脂等）在外荷载作用下的应力分布，所得结果即可用于地下空间围岩。

虽然，弹性理论还证明，在三向应力状态及对于平面应力状态的某些特殊情况而言，材料的泊松比对应力分布有些影响，但这一影响很小，实际上可以忽略不计。因此，偏振光的实验应力分析方法同样可用以研究三维应力状态。

B 偏振光实验应力分析方法研究平面模型中的应力分布的基本关系式

早期的物理实验证明，一块各向同性的透明固体材料（例如玻璃），在单向法应力 p 的作用下表现为一个晶体。力 p 的方向对应于晶体的光轴；如果光线以垂直于力 p 的方向透过受到力 p 作用的固体平板，则光被偏振而成为两个波，它们的振动分别平行与垂直于力 p 的方向，在这两个偏振波中的每一个波由应力所引起的减速与应力和板厚成比例，且每一个波的比例常数各不相同，即它们之间产生了光程差。

基于上述实验，若有一平面偏振光垂直投射在透明的各向同性材料制成的平板的某点 O 上。在无外力作用下，光的振动方向为 AA_1（图 6-81），光波通过平板时将无任何变化。在拉力 p 的作用下，此板变成具有双折射现象的似双轴晶体。设所研究的点的主应力为 σ_{max} 及 σ_{min}，此时振动方向为 AA_1 的平面偏振光被分解为两个偏振光，其振动方向为 OD 及

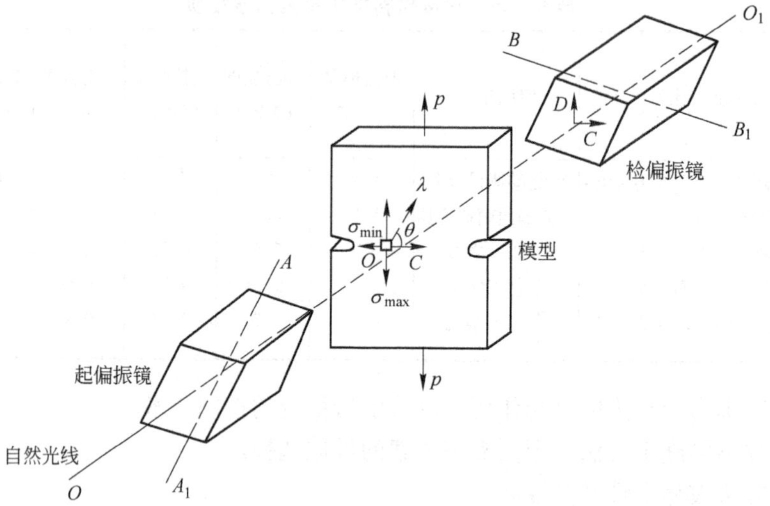

图6-81 偏振光通过透明材料的示意图

OC，与主应力方向相吻合。

当两主应力不等时，此二偏振光的传播速度也不等。在通过平板后，此二光线将具有某一光程差δ，此δ与主应力σ_{max}、σ_{min}之差及平板厚度d成比例，即：

$$\delta = cd(\sigma_{max} - \sigma_{min}) = 2cd\tau_{max} \tag{6-184}$$

式中 c——光学常数，与平板材料及所用光线的性质有关；

d——平板厚度。

公式（6-183）即为偏振光实验应力分析研究模型应力分布的基本定律。以波长λ的n倍来表示光程差δ，则公式（6-183）变为：

$$\tau_{max} = \frac{n\lambda}{2cd} = n\frac{f}{d} = nF \tag{6-185}$$

式中 f——材料条纹值，对任一光学模型材料可按式（6-184）标定；

$$f = \frac{\lambda}{2c}$$

F——模型条纹值，表示模型中每一级条纹所代表的最大剪应力值；

$$F = \frac{f}{d} \tag{6-186}$$

n——应力条纹级数。

6.9.2.2 偏振光法实验技术

偏振光实验应力分析装置如图6-82所示。

将受力模型置于图6-82中6的位置。光源通过起偏镜后，在OO_1-AA_1平面内振动的偏振光的照射下，板内应力将使这一偏振光分解为二偏振光（图6-81），其振动方向为OC，OD，与主应力方向一致。由应力所引起的二偏振光的光程差δ可用干涉的方法来测定。为此，必须使这互相垂直的二偏振光重新在同一平面内振动。当它们通过检偏振镜在OO_1-BB_1平面内振动时，便产生了互相干涉现象（图6-81及图6-83）。

当平面OO_1-AA_1垂直于平面OO_1-BB_1时（起偏振镜与检偏振镜十字交叉），从偏

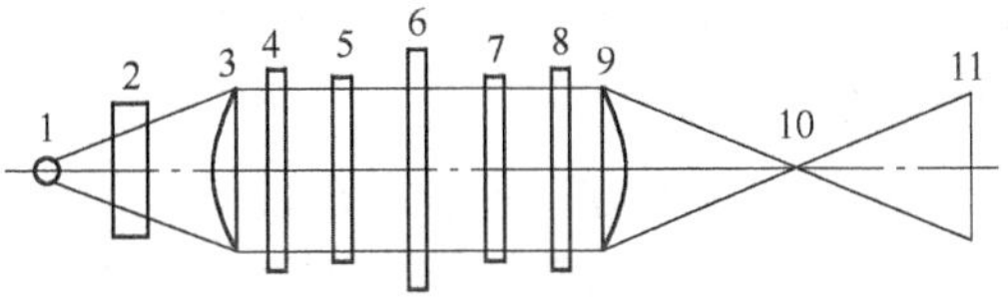

图 6-82 偏振光实验应力分析实验装置

1—光源；2—滤热器；3—透镜；4—起偏振镜，带度盘，可旋转；5、7—四分之一波片，测定等倾线时可取去；6—模型；8—检偏振镜，带度盘，可旋转；9 一透镜；10—照相机镜头的光圈；11—照相机感光底片

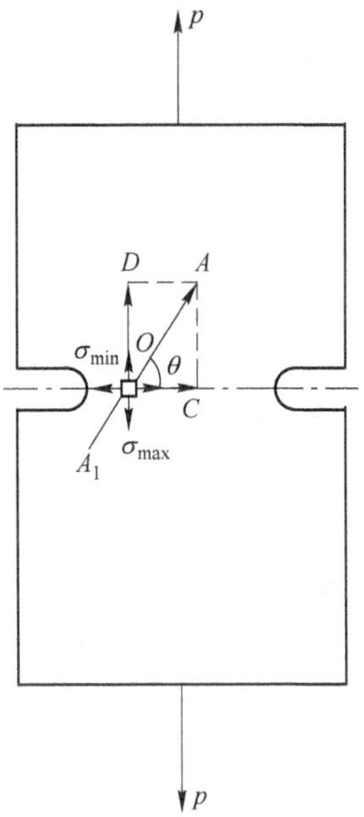

图 6-83 偏振光产生相干图示

振镜出来的光线的强度可用（6-187）式表示：

$$I = a^2 \sin^2 2\theta \sin^2 \frac{\pi\delta}{\lambda} \tag{6-187}$$

式中 a——偏振光的振幅；

λ——所用光波的波长；

θ——偏振光振动方向与主应力之一（σ_{max}或σ_{min}）的夹角。

由（6-186）式可知，在一定条件下光的强度 I 等于 0，即光线穿过起偏振镜，承受应力的模型及检偏振镜后将消失，幕上呈现出黑色条纹。当 $\sin 2\theta = 0$，$\theta = 0°$ 及 $\theta = 90°$ 时 $I = 0$，此时偏振光振动方向与主应力之一的方向重合。符合上述条件的一切点都将发生光的消失，模型上出现黑色线条，此线条称为等倾线，即主应力倾角相同各点的连线。所以，等倾线实质上是表示主应力方向线。

因为从偏振镜出来的偏振光振动平面的倾角为已知，所以借助于偏振光法就可以求出模型上一切点的主应力倾角。使振动平面对某一最初位置（例如 0°）连续转动 $\Delta\theta$（起、检偏振镜同步转动，且保持正交），例如每次 10°，就可得到角间距为 10°的等倾线场。

根据等倾线场，再利用所谓切线法就可以很容易地求出主应力迹线。当 $\delta = n\lambda$（$n = 1, 2, 3, \cdots$）时，$\sin \frac{\pi\delta}{\lambda} = 0$，$I = 0$，即，当单色光的波长为 λ，某光程差 δ 等于波长的整数倍时，模型上各点光的强度为 0，幕上同样呈现出黑色条纹，在

$$n = \frac{1}{2},\ \frac{3}{2},\ \frac{5}{2}\cdots$$

的各点上，因为 $\sin\frac{\pi\delta}{\lambda}=1$，光的强度达到最大值，即各点将为模型上最光亮的地方。因此，在模型上得出明亮及黑暗相间的具有不同级 n 的等差线。在同一等差线上的各点具有相同的光程差 δ，因为：

$$\delta = cd(\sigma_{\max} - \sigma_{\min}) = 2cd\tau_{\max}$$

所以，这些点将具有相同的主应力差，即具有相同的最大剪切应力。具有相同主应力差的各点的几何迹线称为等差线，在用白光的情况下称为等色线。

为了消除 $\theta=0$ 及 $\theta=90°$ 时偏振光振动平面与主应力方向重合所出现的光的消失对等差线的干扰，要设法使等倾线图与等差线图分离。为此，在模型的前后两边，即在起偏振镜和模型之间及检偏振镜与模型之间各安置一个1/4 波片（图6－82 中5、7，此时模型置于圆偏振场中），则等倾线被消除，在模型上就可观察到纯正的等差线图。在进行相应的定量判别以后，就可以根据等差线或等色线图求出模型上所有各点相应的最大剪切应力。

从实验应力光图得到等倾线和等差线后，就可利用弹性力学公式求算主应力，如利用所谓的剪切力差数法或沿主应力线积分法求出任意断面上的主应力值。

6.9.2.3　偏振光模拟法模型材料及模型制作

偏振光实验应力分析法所采用的模型材料要求有一定的透明度、均质、各向同性、光学灵敏性好，即材料的条纹值 f 要小，容易加工等。我国矿山岩体力学模拟实验中较广泛采用两种材料：环氧树脂硬塑料和用明胶甘油或琼脂甘油配制成的软胶。前者常用以研究承受较大荷载的几何图案较复杂的模型。后者光学灵敏度高，适用于研究由自重产生的力场，例如采场、矿柱等。偏振光模型制作应满足几何相似及物理相似。

应该指出：由于近20 年来有限元法，边界元法、离散元法等数值分析方法在岩石力学中的广泛应用和发展，偏振光法在岩石力学中的应用已逐渐减少了。

6.9.3　底摩擦模拟法

底摩擦模拟法是一种简易、直观的定性模型，可以作为观察现象和探索机理的一种工具，也可以为定量模型提供设计依据。底摩擦模拟的基本原理是：将模型放在一个活动沙布带上面，布带是无极的，绕在两滚筒上，装在匣中。滚筒则用电动机和减速机构带动（图6－84）。当砂纸带运动时，模型本应跟着移动，但由于固定挡架的阻挡而实际不能移动。这样在模型底板的每一点上形成摩擦阻力 F：

$$F = \rho_m g d\mu \tag{6-188}$$

式中　ρ_m ——模型材料的密度；
g ——重力加速度；
d ——模型厚度；
μ ——模型底面与砂纸带之间的滑动摩擦系数。

根据圣维南原理，可以用 F 力来模拟自重应力。F 力作用在底面各点上，而重力作用在模型的中间面上，因此模型厚度不宜过大，以免产生失真。

底摩擦模型材料常用的有两类。第一类是可重复利用的可塑性材料，加油泥加砂子、黏土加砂子或橡皮泥等；第二类是各种硬质的块体成型材料，如木块、软木块、塑性块、

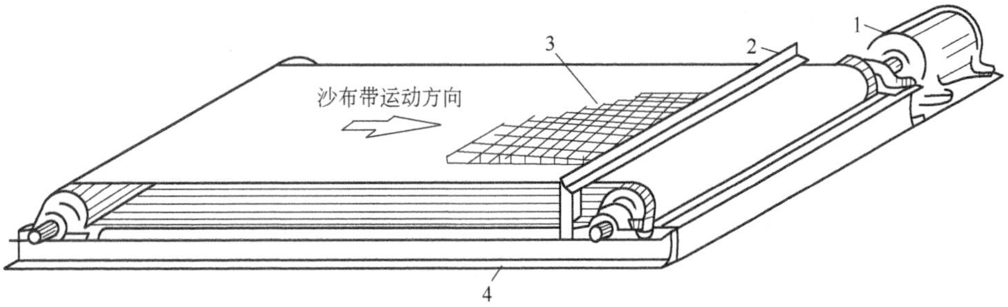

图 6-84 底摩擦模型设备示意图

1—低速电动机；2—模型底线上的固定挡架；3—岩块模型；4—框架和轴承支撑

石膏块等。块体可以制成有规则的几何形状，排列组合成模型可以模拟岩体的结构。底部移动带的材料可根据需要任意选取，常用的有砂纸带、帆布带及塑料带等。

6.10 现 场 测 量

6.10.1 原岩应力测量

6.10.1.1 目的及意义

没有受到开挖扰动影响的岩体，通常叫作原岩体。地下矿山工程所预定开挖地点的原岩应力大小及方向，是研究地下空间周围应力分布，进行合理开挖设计所必不可少的原始数据。当然，原岩应力产生的原因可归结为：岩体自重、地形、板块运动引起的构造应力、剥蚀及封闭应力等方面，但由于影响因素较多，所以原岩应力的大小及方向要借助于现场实测确定。近二十年来，国内外所作的大量实测、统计表明，原岩应力垂直分量可以近似地按所在深度的上覆岩柱重量考虑，但就平均水平应力而言，在相同深度条件下却是相差悬殊（数倍），根本无法凭经验选取，只有借助于实测。

原岩应力通常由自重应力及构造应力组成。在特殊情况下，例如在地表及大深度下测得的结果还包含有温差引起的应力。图 6-85 给出了我国若干金属矿山实测的原岩应力数据，从中可看出原岩应力垂直及水平分量随深度变化的规律及二者的比例关系[31]。

6.10.1.2 量测方法

原岩应力测量方法是岩体力学研究的重要内容之一。量测方法的分类有十余种，当前国内外在矿山条件下广泛使用的方法是应力解除法。其基本原理是，当人为地将具有量测元件的岩体微元与基岩分离时，其几何尺寸将发生弹性恢复。利用测得的独立恢复应变，弹性理论所建立的在既定条件下（例如钻孔几何及孔中带有包容物）的上述恢复应变与场应力之间的关系式及岩石弹性常数，即可求得岩体中一点的应力。利用钻孔法（套钻）进行应力解除可避免坑道表面爆破次生裂隙对量测结果的影响，可量测到远离巷道的岩体内部的应力。根据在钻孔中量测的部位我国现阶段有孔径、孔壁和孔底三种恢复应变测量，此外尚有在巷道表面测试应变的方法。在我国，孔径应变测量主要用中国科学院岩石土力学研究所 36-2 型四分环式孔径变形计，及国家地震局地震地质大队 73-1 型压磁式孔径应力计和北京计算研究所 SYL-1 型数字式压磁应力仪。

孔壁应变测量主要用长沙矿冶研究院的钻孔三轴应变计（甲 KY-90 型及 KY-110 型安

装仪)；最近长江水利科学院作了改进，提出 CJS－1 型钻孔三向应变计。孔底式应变测量，主要用长沙矿冶研究院和东北勘测设计院研制的孔底电阻应变计。

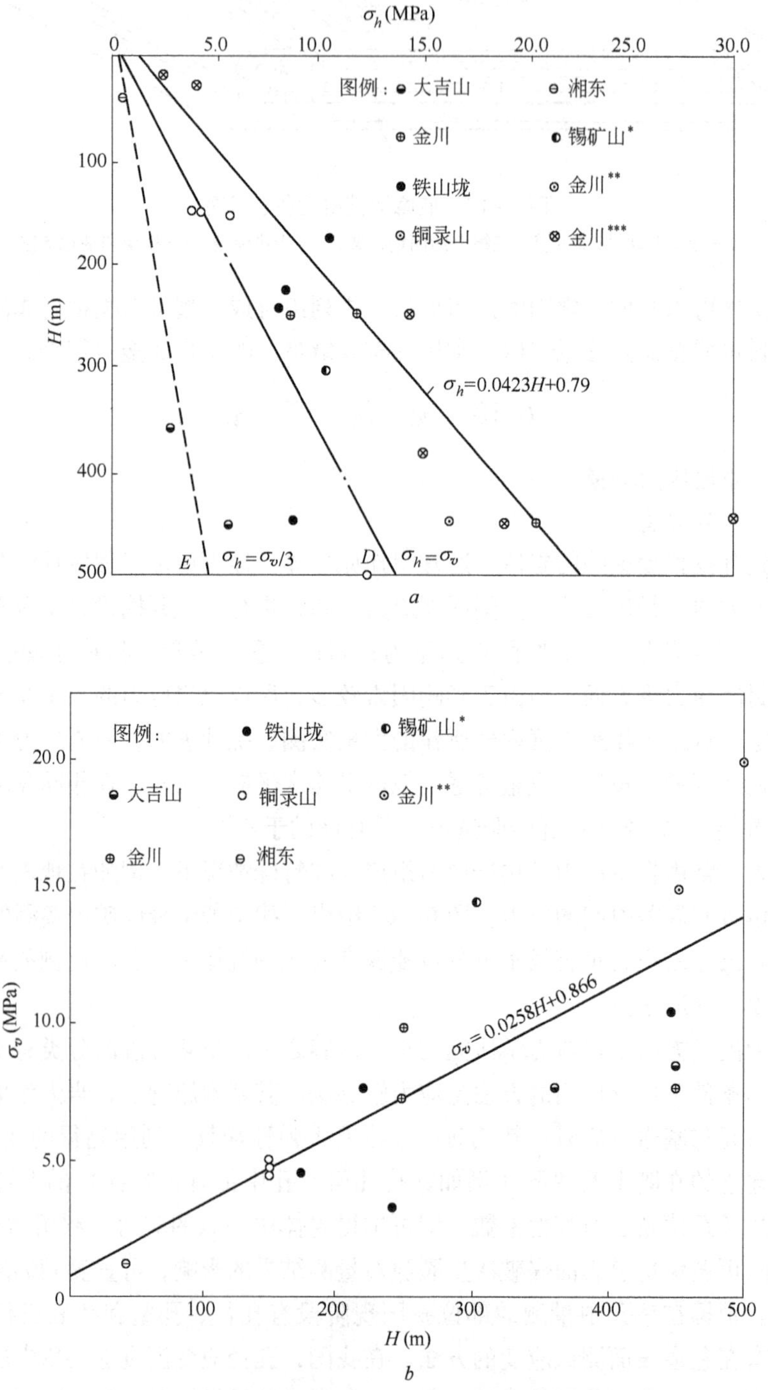

图6－85　我国若干金属矿山的实测原岩应力

a—原岩应力的水平分量；*b*—原岩应力的垂直分量

本节着重介绍在矿井条件下，当前已比较通用，且具有应用前景的方法。

A 岩体内部应力量测——单钻孔全应力解除法

此种方法是国内外使用最广泛的方法。它使用三维量测元件，仅用一个钻孔经过套钻解除应力后就可以求出量测地点的三维应力的大小及方向。它较以前使用的二维量测元件的多钻孔法，可以显著地提高效率、降低量测成本。

a 岩石钻孔三轴应变计套孔解除法

它适用于均质、各向同性、较完整、中硬以上岩石，要求量测地点可以取出长45～60cm左右的岩心，岩石也比较干燥。此法是国内矿山系统中使用最广泛的一种。它利用E. R. 利曼（Leeman）[32]的孔壁应变法原理，制成特制的探头元件及安装系统，通常可使三组应变花（每组有3～4个电阻应变片）安装在ϕ36mm的小钻孔中（见图6－86）。根据岩心情况的不同可以使用ϕ110、ϕ90或ϕ76mm的金刚石岩心钻头进行套孔应力解除，其应力解除过程见图6－87。

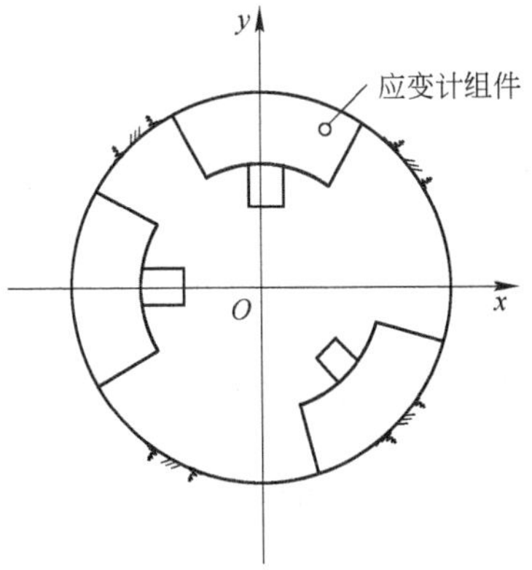

图6－86 三轴应变计在钻孔横断面中的位置

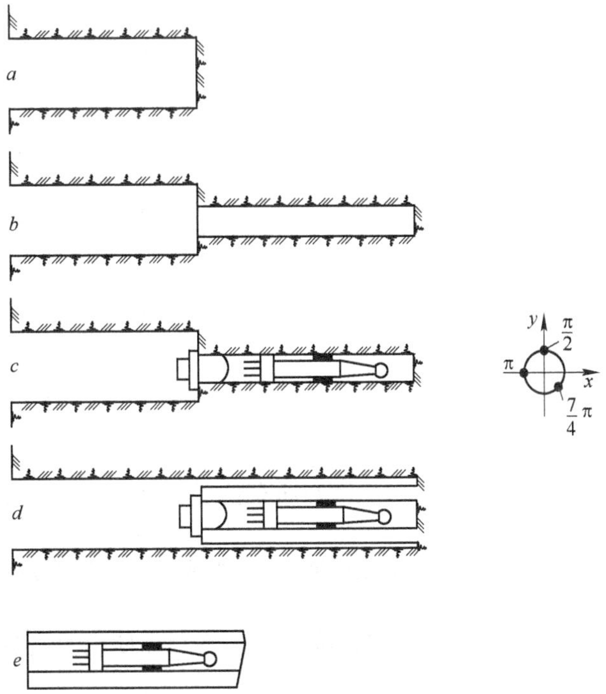

图6－87 套孔应力解除过程

a—钻大孔接近测点；b—接钻小孔穿过测点；c—在测点上安设好探头，记录原始读数并用塞密封钻孔；d—套钻钻毕后读取应变；e—取出的套钻岩心

可使用此种方法测得的孔壁恢复应变观测值e_k求算岩体应力σ。在已知测量地点的岩石弹性常数条件下，可利用圆柱形孔的三维弹性理论解，经过变换以后，在图6－88坐标系中，得到（6－189）式的关系：

$$e_k = A_{k1}\sigma_x + A_{k2}\sigma_y + A_{k3}\sigma_z + A_{k4}\tau_{xy} + A_{k5}\tau_{yz} + A_{k6}\tau_{zx} \qquad (6-189)$$

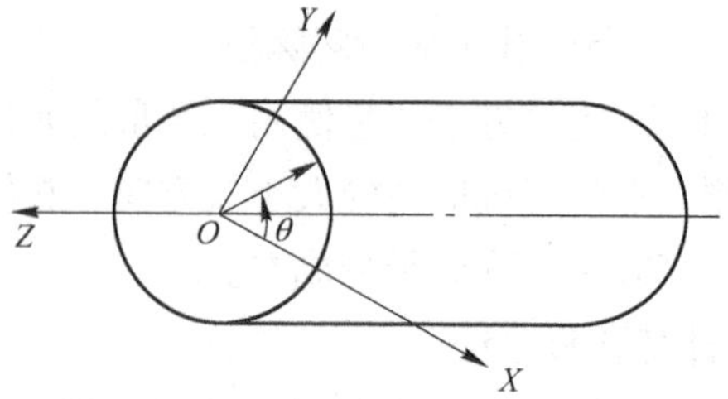

图6-88 坐标系

式中 σ_x、σ_y、σ_z ——岩体中的正应力分量；

τ_{xy}、τ_{yz}、τ_{zx} ——岩体中的剪应力分量；

$$A_{k1} = \frac{1}{E}\{\cos^2\phi_p[1-2(1-v^2)\cos^2\theta_q]-v\sin^2\phi_p\}$$

$$A_{k2} = \frac{1}{E}\{\cos^2\phi_p[1+2(1-v^2)\cos^2\theta_q]-v\sin^2\phi_p\}$$

$$A_{k3} = \frac{1}{E}\{-v\cos^2\phi_p - \sin^2\phi_p\}$$

$$A_{k4} = -\frac{4}{E}(1-v^2)\sin^2\theta_q\cos^2\phi_p$$

$$A_{k5} = \frac{2(1+v)}{E}\cos\theta_q\sin\phi_p$$

$$A_{k6} = -\frac{2(1+v)}{E}\sin\theta_q\sin^2\phi_p$$

θ_q ——电阻应变花所在位置(见图6-88及图6-89)；

ϕ_p ——在钻孔壁面上，每组应变花中应变片位置$\left(\text{沿}\ \theta\ \text{方向为}\ 0°,\text{沿}\ z\ \text{方向为}\frac{\pi}{2}\right)$；

k ——应变观测值序号。在目前使用的孔壁应变花4个一组(0°,45°,90°,135°)，共计三组条件下：$k=4(q-1)+p$；$p=1,2,3,4$；$q=1,2,3$。

如此可得到12个方程，在求解六个应力分量时，可用最小二乘法及规定的允许限差来确定误差最小情况的六个应力分量，从而可确定该点主应力大小及方向。

需要指出的是，此种在钻孔壁粘贴应变片套钻解除的孔壁应变法，近些年国内外已可以将它用于各向异性岩石（一般为横向各向同性）[33]，由于解决了在水下粘贴电阻片的问题，现在瑞典连续测量的下向孔深已达250m[34]；采用特种摩擦式电阻片方案，设计的解除应力量测深度已达2500m（下向孔），成为很有前途的一种方法。

b 中空包容式三轴应变计套孔解除法

鉴于在有些情况下遇到钻孔内岩面潮湿，使用前述普通三轴应变计有一定困难，澳大利亚人G. 沃诺特尼茨基（Worotnicki）[35]，自1976年开始使用此法，经许多改进，至今在澳大利亚、北美、芬兰、挪威等国获得广泛的应用，国内如长沙矿冶研究院等也有仿制的。它是前述常规孔壁应变法的一种发展，它所采用的电阻应变片的布置方式可以和前述钻孔三轴应变计相同或类似（图6－89），此种元件的实质是将孔壁应变法的电阻应变花不直接粘贴在孔壁上，而将它粘贴到距岩石钻孔内壁面很少间隔（例如0.5mm）具有良好防潮层的中空式圆管形元件上，在全圆管周长范围内黏结，所以还可以用于潮湿的下向孔及岩石强度较低条件下的应力解除装置。根据近来M. E. 达坎法玛（Duncan Fama）的进一步研究，表明当岩石坚硬时，该元件的塑料薄壁圆筒对钻孔壁岩石的加强效应很小，几乎和将电阻应变花直接粘贴到孔壁面一样，则此时可直接使用公式（6－172）。当岩石软弱时，则需要用专门的公式[36]求算岩体中一点的三维应力分量。此种方法近年来在理论研究上的努力是企图将它用于各向异性岩石。

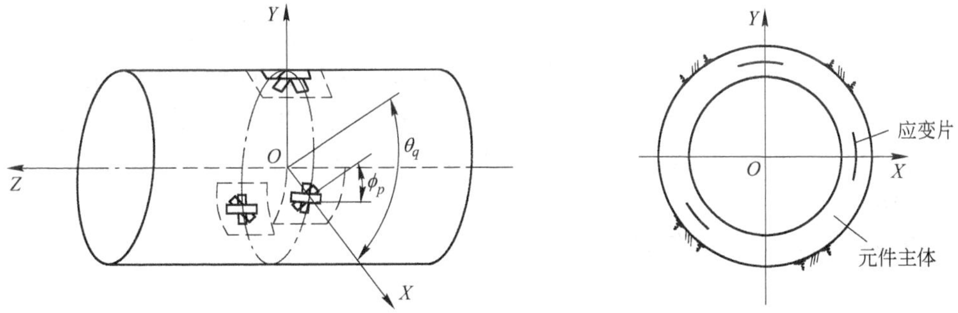

图6－89 中空包容式三轴应变计中电阻应变花布置

c 用孔底三维应变传感器进行套孔解除

此法通常是在钻孔平底面上粘贴三维应变传感器，然后通过卸载后在孔底量测到最低限度6个独立恢复应变，借助于弹性理论的经验方程和有关测点的岩石弹性常数，求算岩体应力。此法的主要优点是要求解除的岩芯长度较短（对钻孔平底面来说只要解除深度大于岩芯直径即可），这意味着此法可用于具有一定节理的岩体，适用的岩石条件从硬质煤到中硬以上的均质岩石都可以，此外量测地点的岩石要比较干燥。长沙矿冶研究院研制并开始应用了一种用于平底端面三维应变传感器[37]，它只要在测点距地表深度大于50m，即可具有足够的灵敏度（包括对量测钻孔轴向的灵敏度）。最近日本人管原藤彦为了进一步提高此种方法的灵敏度，提出了一种钻孔球形孔底端面的三维应变传感器[38]，不过钻进用钻头安装及应力解除作业都要相对复杂了。

B 表面应力量测

用爆破法开挖的巷道表面，难以测到不受爆破影响的巷道表面应力值；但随着使用全断面掘进机的出现，它不失为一种理想的量测方法。此时求算岩体应力时，可把圆形坑道看成一个圆柱形钻孔，在巷道断面的表面上安装三组二维量测元件，并对此三组元件分别进行表面应力解除，同A、a中的道理即可求得巷道所在地的全应力值。

C 其他量测

通常是指利用扁千斤顶以及用水力压裂法确定指定地点的钻孔周边法向应力分量；每

个量测地点的法向应力分量的大小，可以利用对于人工截缝或裂隙施加能补偿当地垂直于该截缝（或裂隙的）法向应力的压力出力大小来确定。对于水力压裂法而言，钻孔周边的力，对于每个特定量测点而言，直接与钻孔钻入以前该地点的应力状态有关。当假设一个主应力方向为铅直时，利用垂直钻孔可求出在水平面内的主应力大小及方向；但扁千斤顶法主要用于巷道表面测量，而水力压裂主要用于大深度量测，通常是和地球物理研究及石油勘探相结合，尚少用于矿山。

6.10.1.3 原岩应力场量测注意事项

由于量测原岩应力至今仍是较为费钱费时间的事，所以最好能在矿山设计中纳入计划以便实施。在目前应注意采取以实测为主，现场巷道调查及构造形迹分析为辅的综合方法进行。现场巷道（或钻孔）破坏调查主要用于开采深度或构造应力较大的情况，此时可用本章中讲过的巷道周围应力分布及岩石破坏强度理论，根据不同方向的巷道或钻孔壁面的破坏情况来近似判断主应力的相对大小及方向。量测地点的选择要避开采场影响（包括侧部及下部）；当用钻孔应力解除法测量时，量测开始的钻孔深度要打在所在巷道的影响半径（3~5倍巷道半径）以外，测点的岩石条件要尽可能地选择在节理间距大，且裂隙中充填物胶结得较好的地段；此外所采用的方法要与量测地点的岩性相适应。

当测点多时，可用极点图统计极点密度的方法找出主应力的大小及方向；至于了解一个矿区的应力场，则要考虑到问题的需要和精度要求，有计划地多布置一些测点，得到结果后再具体分析。

6.10.2 位移测量和收敛测量

6.10.2.1 概述

岩体的变形特征是评价岩体工程稳定性的重要依据。采矿引起的岩体失稳，通常以变形及破坏的形式表现出来，且岩体的破坏是岩体变形发展的最终结果，它受到各种地质因素及开采过程的综合影响。位移是岩体变形的最重要参数，它概念上直观，技术上容易被测量，因此矿山中常用岩体的位移作为评价、判断其稳定性的重要标志。工程实际中岩体位移观测资料，不但可以用于评价岩体的稳定性，而且可以用来进行位移反分析，评价岩体的弹性参数及岩体中的初始应力状态等等。对采用新奥法施工的矿山井巷来说，更是把位移观测作为监测和指导施工的重要内容。

基于上述原因，目前国内外都十分重视研究发展岩体位移测试仪表和测试技术。迄今为止，我国也已研制了多种适于矿山应用的位移量测仪表和装置。

在地下开采的情况下，岩体总是向着开挖空间（井巷、硐室或采场）方向移动，习惯上把岩体表面两点间的位移测量称为收敛测量，用作收敛测量的工具称为收敛计。岩体内部的位移通常使用钻孔多点位移计测量。

6.10.2.2 岩体位移测量

A 钻孔多点位移计

近年来，岩体位移测量技术有了长足的进步，研制了多种形式的钻孔多点位移计，并在采矿工程及其他岩土工程中得到广泛应用。目前，常用的钻孔多点位移计，基于不同的原理，有下述几种主要类型：（1）机械式钻孔多点位移计；（2）电磁感应式钻孔多点位移计；（3）电阻式钻孔多点位移计；（4）电感式钻孔多点位移计；（5）传液式钻孔多点位移计。国产有代表性的钻孔多点位移计及其主要特点列于表6-27。一种机械式四点位

表 6－27 几种钻孔多点位移计的工作原理及主要性能

名称和型号	工作原理	主要技术性能	测点锚固形式	位移传递元件	测读或记录仪器	研制单位
机械式多点位移计	钢带尺直接传递锚头位置	精度 ±1mm 孔深≤12m 测点 6 个	弹簧钢丝爪和压缩木	钢带尺	钢带尺	北京钢铁学院 1980.6
DY－1 电阻式位移计	滑动线圈电阻变化	量程 75mm 精度 ±0.06～0.2mm 测孔深＜10m 测点 5 个	双楔式孔内固定器	钢丝	数字电阻表或惠斯登电桥	长沙矿山研究院 1981.8
SDJ 两用四点钻孔伸长计	钢丝传递位移，电感变化	误差≤±0.1% 分辨率 0.5 微分/字 孔深≤10m 测点 4 个	楔形弹簧式锚头或压缩木锚头	ϕ1mm 高强不锈钢丝，电感式位移传感器	百分表数字式位移计	水利水电科学院岩土研究所 1983.1
传液式钻孔多点伸长计	连通管中液体不可压缩原理	精度 0.025mm 测点 4 个	压缩木锚头	位移传递杆和盛液管	液面读数管	中国科学院地质所 1983.6
DPW－1 型电感频率式伸长计	电感线圈振荡频率变化	精度 0.01mm 读数精度 0.1Hz	锚固弹簧片	位移传递杆	8110A 型数字式袖珍频率计	中国科学院地质所 1983.6
DGC－3 型多点位移计	传递杆直接传递锚位移	精度 0.02mm 孔深 25m 测点 3 个	压缩木锚头	传递杆	游标卡尺	东北工学院 1983.7
S－R－30 型电阻位移计	线性电位器原理	量程 20～30mm 分辨率 0.025mm			SK－6220 数字万用表	水电部昆明勘探设计院科研所 1983.10
JWS 型机械式四点位移计	传递杆直接传递锚头位移	精度 0.05mm 最大埋深 4m 测点 4 个	锥形筒和张壳	传递杆	螺旋测微器	冶金部马鞍山矿山研究院 1984.4
小孔多点位移测试系统	高阻值合金型直滑电位器原理	量程 30mm 精度 0.07mm 孔深 4m 测点 5 个	压缩木锚头	传递杆	WY－40 位移传感器 WD－83A 位移测定仪	总后基建营房部设计院 1985.6
钻头取样式钻孔多点位移计	磁电感应和光电效应	分辨率 0.05mm 系统精度 0.3mm 测孔可达 100m 测点≤50 个	胶结式	探头探测，电脑处理数据	JDW－1 型钻孔位移测量仪，可显示和打印结果	冶金部长沙矿冶研究院 1985.10
WRM－3 型多点位移计	钢丝传递锚头位移	灵敏度 0.01mm 测量误差 ±0.02mm 孔深＜20m	压缩木锚头	ϕ1mm 高强不锈钢丝	螺旋测微器	中国科学院武汉岩土研究所 1985.11

移计如图6－90所示。

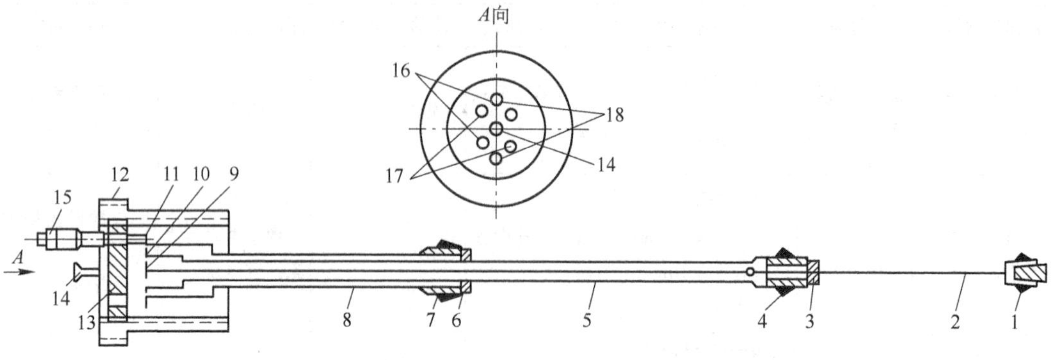

图6－90　JWS－Ⅲ型机械式四点位移计原理图

1—深部测点锚头；2—深部测点传递杆；3—中部测点挡圈；4—中部测点锚头；5—中部测点传递杆；6—浅部测点挡圈；7—浅部测点锚头；8—浅部测点传递杆；9—深部测点端头；10—中部测点端头；11—浅部测点端头；12—孔口套筒；13—基准面板；14—收敛测点；15—螺旋测微器；16—浅部点量测孔；17—中部点量测孔；18—深部点量测孔

B　现场位移测量的基本原则

虽然位移计的形式及其测量方法多种多样，但现场测量要遵循以下几点共同的基本原则：

（1）钻孔多点位移计观测的测孔布局及孔深按被监测工程的性质及试验研究而确定。测孔中测点的个数一般要多于四个，以便较好地描绘出位移分布曲线。

（2）位移测量和收敛测量都是为了监测岩体开挖后其内部或表面测点位置随时间的动态变化，因此必须进行定期观测。每次观测的时间间隔根据实际情况而定。一般说来，采动影响大、位移对时间的变化速率大时，可每天，甚至每工班观测一次。当岩体相对稳定时，可每周、甚至每个月观测一次。

（3）选择位移计型号及锚头形式，要考虑实际现场的适用性，不论何种锚固形式，都必须保证在观测时期内位移测点能随岩体同步位移，不能出现打滑或脱落现象。

（4）每次观测都要有详细记录。除记录测读数据之外，还必须对测点附近的采矿活动、岩体变形和破坏现象进行记录（并作草图），以便综合分析和解释观测结果。

C　应用实例

在湘潭锰矿红旗井区曾用JDW－1型感应式多点钻孔位移计量测水砂充填采场顶板岩体内部的位移，在试验硐室内的五个钻孔里埋设了测点，测点是一种金属环，它们被固定在孔壁上，位移探测器用钢丝悬挂，沿钻孔检测，可读得测点之间的间距，分辨能力达0.05mm。一旦确定了孔口标高，即可确定测点位置及点间相对位移，定期检测可以给出各点位置随开采而变化的规律，布点情况及量测系统如图6－91、图6－92所示。

6.10.2.3　收敛测量

收敛测量最简单的方法是在围岩表面装设测点，用钢卷尺来度量测点间的距离。为了提高量测精度，国内外都研制了专用的收敛计。

马鞍山矿山研究院研制的 GSL 钢环式收敛计示于图 6-93。收敛计的主要技术指标如下：测量范围 2~10m，读数精度 0.01mm，张紧力 8~10kg，仪器整体精度 0.5mm。

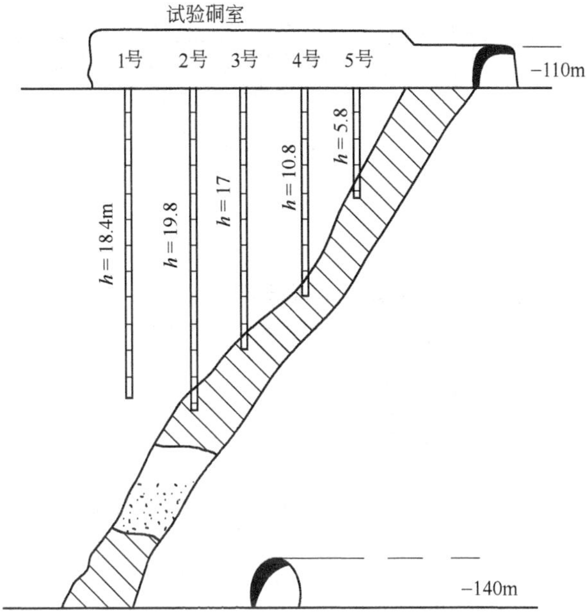

图 6-91 观测孔布置示意图

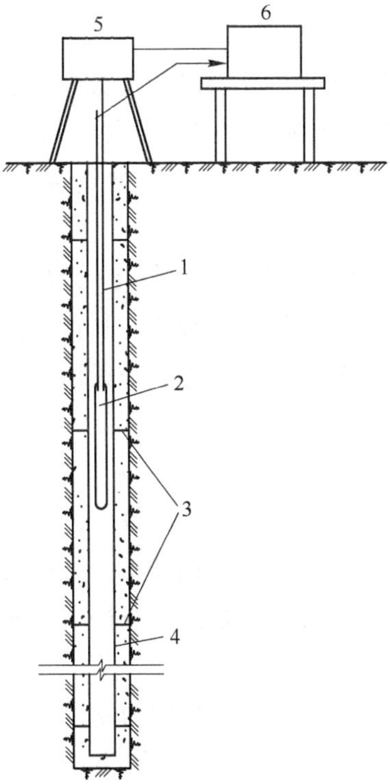

图 6-92 探头取样式多点位移计测试系统图

1—钢丝；2—位移探测器；3—测点；4—塑料管；5—位移变换器；6—位移记录器

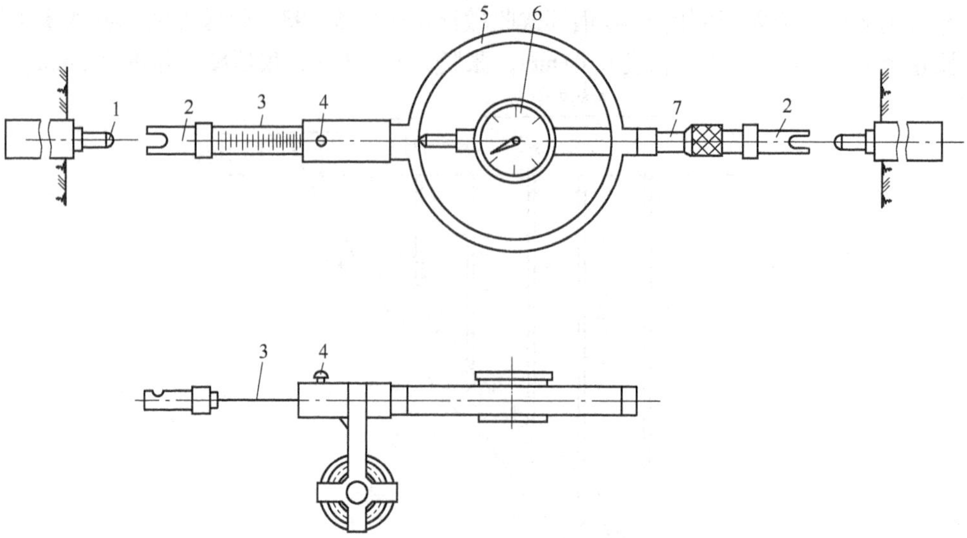

图6-93 GSL钢环式收敛计结构示意图
1—固定球点；2—球铰接头；3—读数钢尺；4—定位钉；
5—钚环；6—千分表；7—测微尺

现场实测时，把固定球点1套在测点上，调节螺旋测微尺7，使读数钢尺3收紧并使测力计千分表6达到预定的张紧力，则读数钢尺3指示的长度和测微尺7的读数之和为两测点的间距。

长沙矿冶研究院研制的双丝式水砂充填采场顶底板收敛计示于图6-94。顶底板间两测点4、6的收敛值通过保护套管1和3中的两根钢丝2，经换向接头8和小套管9，拉到远离测点的合适测量的地方（如天井）测量。测量端两钢丝的位移差值即为测点间的收敛值。

现场测量时，使用弹簧拉力计给予钢丝以恒定的拉力，测读误差为0.5mm。这种收敛计结构上的特点，使采场在水砂充填之后长期监测顶底板的相对位移成为可能。该收敛计也适用于不宜于人进去的房柱法和壁式崩落法采场顶板的动态监测。

6.10.3 其他测量

6.10.3.1 锚杆测量

锚杆支护有许多优点，例如悬吊效应，成梁效应，成拱效应、冠石效应等等。锚杆测量的目的是测定锚杆的支护效果，以便理解锚杆支护原理和判断锚杆支护的有效性。因此锚杆测量应当包括岩体的受力状态和变形状态及锚杆本身的受力状态和变形状态测量，这里，仅限于叙述锚杆本身的测量。

用于量测锚杆受力状态和变形状态的锚杆称为测量锚杆。图6-95表示一种全黏结型测量锚杆。直径（螺纹牙直径）25.4mm的SN型螺纹锚杆上相对的两侧面刨一槽，在槽底面上粘贴应变片制成的。锚杆安装方法与普通砂浆锚杆相同，即锚杆与钻孔之间的空隙，全部充填水泥砂浆。用电阻应变仪测定相对两侧面上应变片的应变ε和ε'，则锚杆的轴向力

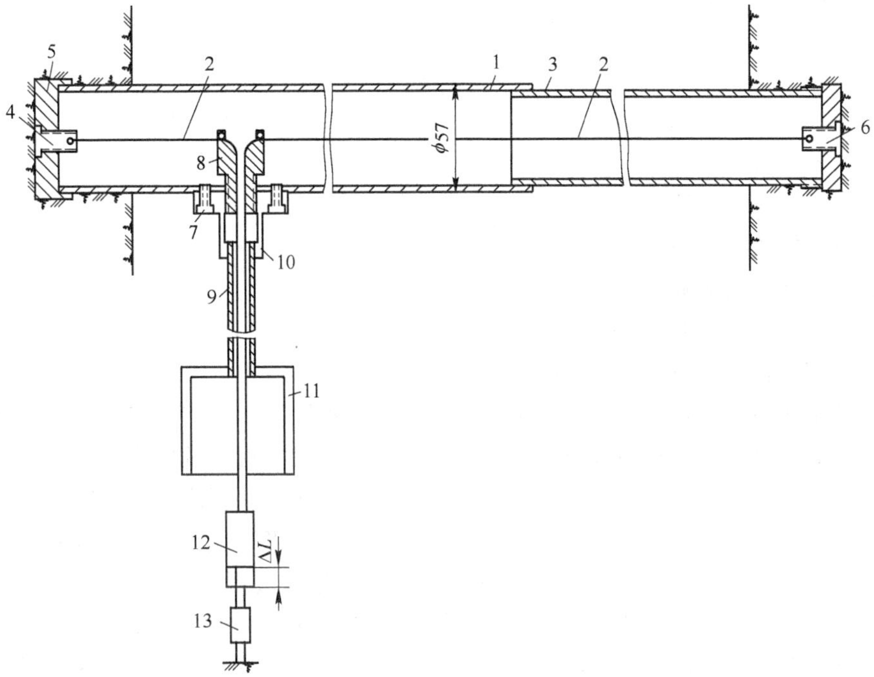

图 6-94 双丝式水砂充填采场顶底板收敛计

1、3—套管；2—钢丝；4、6—螺钉；5—挡板；7—连接螺钉；8—换向接头；
9—小套管；10—连接头；11—保护套；12—测量片；13—拉力计

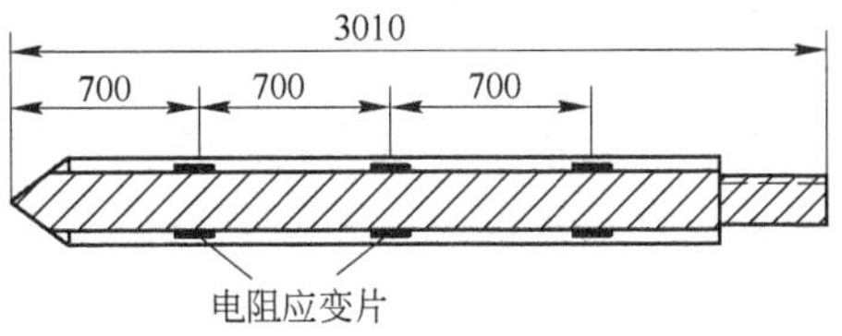

图 6-95 全黏结型测量锚杆

F 和挠曲应变 ε_{PL} 由（6-190）式和（6-191）式计算求得：

$$F = K(\varepsilon + \varepsilon') \tag{6-190}$$

$$\varepsilon_{PL} = \varepsilon - \varepsilon' \tag{6-191}$$

式中，系数 K 由实验室标定确定。

图 6-96 表示另一种测量锚杆—— CGN-Ⅲ型测量锚杆。这也是全长黏结型锚杆。从其

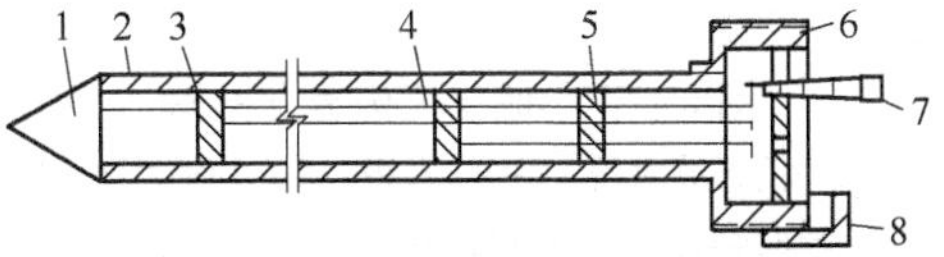

图 6-96 CGN 量测锚杆结构

1—锥形端头；2—铜管锚杆；3—位移测点；4—位移传递杆；5—导向块；
6—孔口装置；7—测微尺；8—保护道

结构图可以看出，这种锚杆是通过测量锚杆位移测点间的变形量来计算该段的轴向力的，即

$$p_i = \frac{\Delta L_i}{L_i}AE \qquad (6-192)$$

式中　L_i——段长；

ΔL_i——段长改变量；

A——杆的断面积；

E——杆材的薄膜。

6.10.3.2　声发射监测

A　声发射现象和检测技术概况

矿山岩体都是不均质的，含有大量的节理、裂纹和孔隙等天然缺陷。采矿活动引起岩体中应力的重新分布，在某些区域产生应力集中，并积聚了很高的应变能。当应力集中达到一定程度，应力集中区具有天然缺陷的部位将首先破坏，并因应变能的突然释放而产生应力波向外传播，这种现象称为声发射现象，声发射现象可以反映矿山结构的稳定性。多年来，矿工们依靠听取岩石的这种破裂声响变化来预测顶板冒落和矿柱破坏事故。40年代初期，人们开始研制比人耳灵敏得多的专用仪器来检测这种声发射现象，以便更及时、更准确地预测矿山岩石结构的破坏。迄今为止，声发射检测技术几乎还是连续观测岩石材料内部微破裂动态过程的唯一手段。

我国在60年代开始研究声发射检测技术。自70年代初以来，冶金部武汉安全技术研究所研制了多种便携式声发射监测系统，进行了较多的现场试验和室内试验，成功地对一些矿山危险工程进行了安全监测和险情预报。

B　声发射监测仪器

目前，已广泛使用于各类矿山和水工、铁道建筑部门的声发射监测仪器有：DY－2型便携式地音仪、WD－1型无线电地音仪及YSS型岩体声发射监测仪。地音仪构造方框图如图6－97所示。

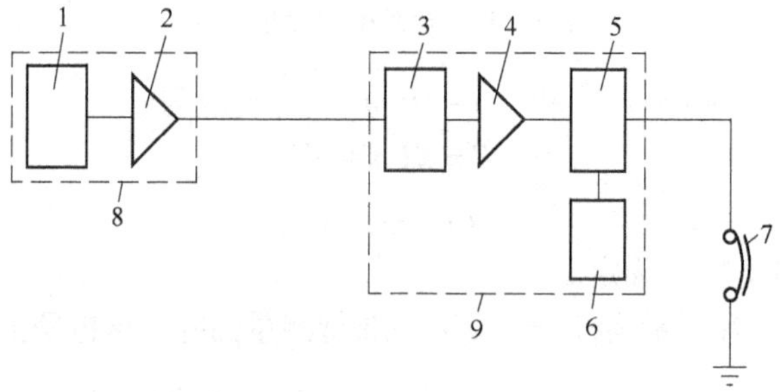

图6－97　地音仪构造方框图

1—拾振器；2—前置放大器；3—输入级；4—主放大器；5—输出级；
6—授时装置；7—耳机；8—探头；9—仪器主体

YSS型岩体声发射监测仪是DY－2型地音仪的改进型。该仪器由探头和主机两部分组成。探头以压电加速度计为传感器，主机中装有电源线路板、信号处理分析线路板及计数控制数字显示板。仪器可用耳机监听或录音记录，可同时检测下列信息：（1）事件频度，

即一分钟内声发射事件的总次数；（2）大事件频度，即一分钟内大声发射事件次数；（3）能率，即一分钟内声发射事件释放能量的相对值。

WD-1型无线电地音仪由发射机、接收机和耳机组成。使用时将发射机贴在岩石表面，把感受到的声发射讯号转换成电讯号并发射到空中，由接收机接收、用耳机监听或录音记录。这种地音仪最适宜于采场顶板的监测。适合于煤矿工作面安全监测的SYK-1型安全，火花型岩体声发射监测仪也已研制成功，并正在推广应用。

C 声发射检测技术的现场应用

试验研究表明，不论哪一类岩石，随着应力的增大，岩石试件的声发射频度都有增大的趋势，当载荷达到试件单轴抗压强度的80%左右时增大特别急速；在试件临近破坏时，大振幅声发射事件所占比例显著增加，能量释放急剧增加。因此，声发射频度是用来评价岩体稳定性的重要参数之一。在实际监测工作中，应逐日绘制出声发射参数—时间曲线，曲线形态的任何突变，都说明岩体可能存在不稳定区。

为准确地预测岩体破坏，首先必须合理布设监测网和建立切实可行的监测制度。监测点应尽可能布置在预计可能出现破坏的地点以及认为对工程有重要意义的地点。每个监测点的监测范围为15~20m，必要时可加密监测网。监测制度是指监测周期的长短和每次合理的监测时间。一般情况下，每一测点每班监测一次，每次监测5~10min即可获得满意的结果。当声发射参数有异常变化迹象，或对某些危险工程的施工进行安全监测时，应尽量缩短监测周期和延长每次监测时间。

现场应用声发射检测技术时最重要的问题是岩体破坏预报准则问题。由于各矿山岩体性质的差异和矿山结构的不同，岩体破坏前声发射的临界值也必然不同，必须针对具体条件试验确定。湖南锡矿山南矿房柱法采场中不规则矿柱（矽化灰岩）的试验结果，可作为坚硬脆性岩石岩体破坏准则的参考，详见表6-28。

表6-28 锡矿山南矿用声发射频度预报岩体状态的准则

声发射频度N（次/分）	岩体稳定性及措施
$N<10$	岩体没有大的破坏，稳定
$10\leqslant N\leqslant 19$	岩体开始产生破裂，破坏可能加速，加强监测
$N>20$	岩体处于严重破坏阶段，可产生矿柱片帮、顶板冒落现象，人员设备撤离险区

声发射监测技术曾先后在江西归美山钨矿、攀枝花兰家火山露天矿、广西大厂矿务局巴里锡矿、焦家金矿、凡口铅锌矿和门头沟煤矿等矿山得到成功应用。

目前，声发射监测技术用来预报岩体破坏的准确性还存在问题，其有效应用，往往有赖于使用者的经验及其对观测资料进行分析处理的能力。为了提高预报的准确性，可将声发射监测技术与其他监测技术结合使用。

6.10.4 水压测量

6.10.4.1 简介

水压测量主要用于分析边坡稳定性，还用于监测由于季节变化、采矿活动及排水所造成的地下水条件的变化。系统地测量地下水条件随时间的变化可以了解岩体的水力特性，在矿山的初始开挖时期进行测量，可以帮助预计今后的变化。

除非地质环境简单，在岩质边坡范围内水头随深度及地点而不同，这就需要用已知其所在标高的水压计进行水压测量。在敞开的钻孔中进行水位测量通常仅适用涌水大的各向同性岩体，而在各向异性地质条件下，敞开钻孔并不能给出可靠的水压指示，因为水头在深度范围内是变化的，还受到地表水渗透的影响。

利用水压传感器，可将水压以某种易于测量的形式输出，例如水头高度、电压或电流等，它们通常要封闭安装在钻孔中，以便量测到该测点的水压。孔越深，为了安装可靠就越需要正确设计的测试设备及相应的工作经验。

6.10.4.2　水压计的类型

表6-29　水压计类型的常用分类

分　类	级别	对水量的要求	读数设备	适　用　范　围	主要优点
开管式	A	高	水位寻找器	对大多数岩石，需要较长的时间延迟。管的全长必须是直的。如果水位明显在30m以下或管倾角小于45°，使用小直径管是困难的	价格便宜、读数简单
闭管式	B	中等到低	一般的水银压力计	要求测试读数位置不要明显低于最低水位面。因此不适于一般的钻孔作用	价格相当便宜
机械薄膜式（压气或液压）	C_1 C_2	低到极低 可以忽略不计	专门的压力转换器	液压型需要周期性地进行监测系统“排气”	具有很好的长时稳定性，可以做得很小。安装简单
电　法	D	可以忽略不计	专门的电子仪器读数	相当贵，特别是电缆长时更是如此。可能有某种零点漂移，某些类型易受爆破破坏	用于遥测的理想仪器，安装简便

表6-30　水压测压装置的基本原理

类　别	元件结构	符号说明
A	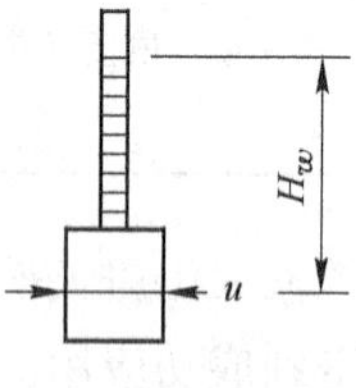	利用水位寻找器量测水位 H_w $u = g\rho_w H_w$ u——水压力，kPa； g——重力加速度，m/s^2； ρ_w——水密度，t/m^3； H_w——水位，m
B	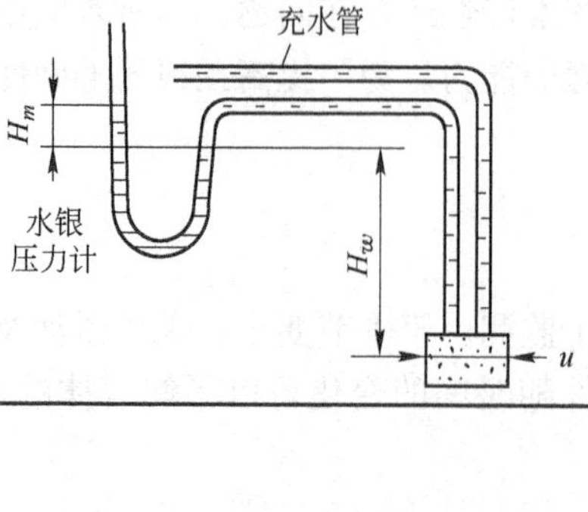	$u = g(\rho_m H_m + \rho_w H_w)$ ρ_m——水银密度，t/m^3； H_m——水银柱高度，m

续表 6－30

类　别	元件结构	符号说明
C_1	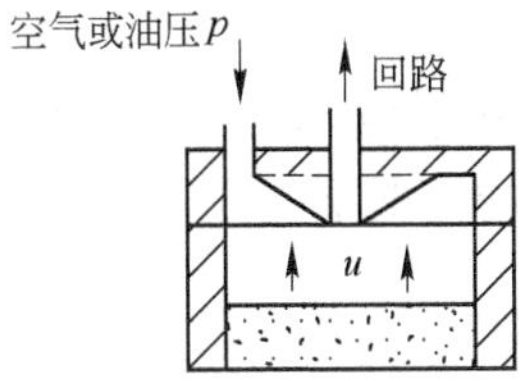	靠水压作用到薄膜上打开回路出口 p 要增加到打开回路出口阀为止， 然后 $u=p$
C_2	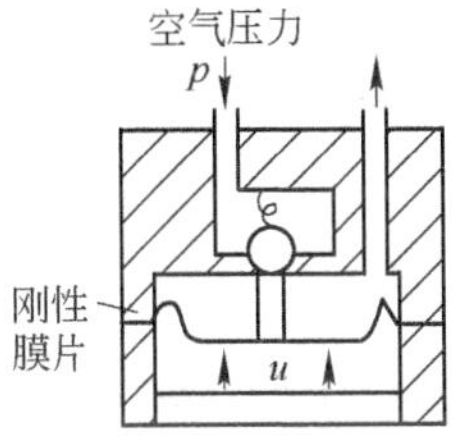	水压作用到薄膜上打开球形校核阀 p 要增加到阀关闭为止，$u=p$
D	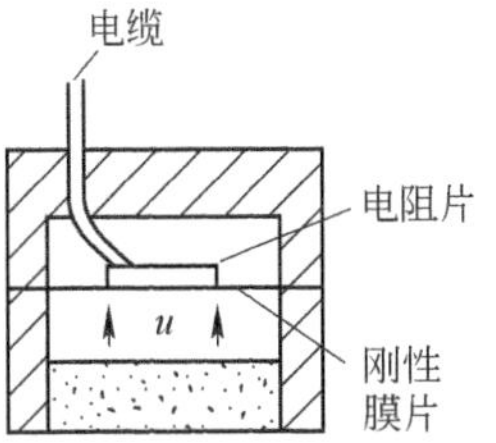	$u=f$（传感器输出读数）

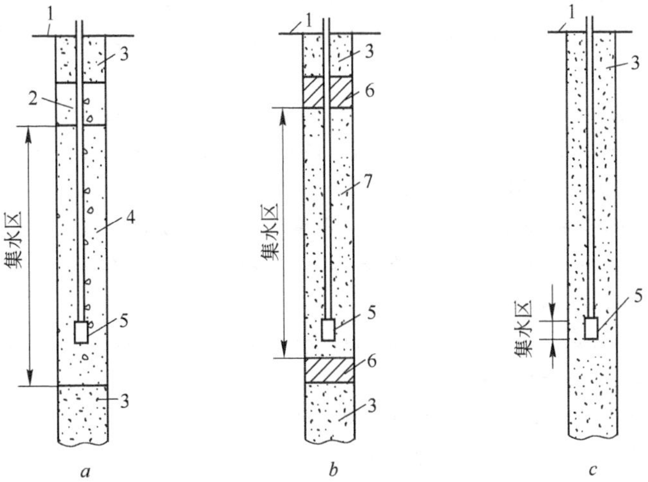

图 6－98　水压计安装示意图

1—地表；2—分级砂过滤器；3—胶结物；4—砂或细砾石；
5—水压计；6—封隔器；7—水

水压计需要坚固及具有长时间使用的可靠性，水压计的选择必须与岩体的渗透速度相适应。

为了准确记录地下水压的变化，用于驱动仪器的水必须与岩体的状况相适应，且不要因驱动仪器导致水压本身发生明显的压力变化。表6-29列举了几种常用的水压计，其作用原理见表6-30。

6.10.4.3 水压计安装

几种可用的水压计安装见图6-98：其中 *a* 为使用过滤器的办法，*b* 为使用封隔器的技术，*c* 为全部长度胶结它仅能在周围的渗透性极低的情况下使用。

参 考 文 献

1 B. H. G. Brady, E. T. Brown, Rock Mechanics for Underground Mining, George Allen & Unwin, 1985

2 E. Hoek, E. T. Brown, 岩石地下工程，冶金工业出版社，1986

3 E. Hoek, J. W. Bray, 岩石边坡工程，冶金工业出版社，1983

4 谷德振，岩体工程地质力学基础，科学出版社，1970

5 林韵梅，围岩稳定性的动态分级法，金属矿山，1985，N8

6 岩石试验规程修订小组，水利电力部岩石试验规程，1979

7 H. Habenicht, E. Brenstiner, 围岩分类的发展情况，隧道译丛，1974，N6

8 V. S, Vutukuri 等，岩石力学性质手册，水利出版社，1981

9 吉中，龙之进；岩体的工程表示方法，隧道译丛，1974，N6

10 露天采矿手册，总论卷，中国矿业学院主编，煤炭出版社，1987

11 H. C. Бульщев，地下结构力学，煤炭工业出版社，1985

12 J. C. Jaeger, N. G. W. Cook, 岩石力学基础，科学出版社，1981

13 刘宝琛，矿山岩体力学概论，湖南科学技术出版社，1982

14 王龙甫，弹性理论，科学出版社，1984

15 于学馥等，地下工程围岩稳定分析，煤炭工业出版社，1983

16 殷有泉，有限单元方法及其在地学中的应用，地震出版社，1987

17 S. L. Cnouch, A. M. Starfield, Boundary Element Methods in Solid Mechanics, George Allen & Unwin 1983

18 王泳嘉，边界元法在岩石力学中的应用，岩石力学与工程学报，1986，V5 N2

19 P. A. Cundall, *A Comnuter Mcdel for Bock Mass Pehavier Using Interactive Graphics*, *U. S. Army Corp. of Engineers*, *Tech*, *Report* MRD2-74, 1974

20 王泳嘉，离散元法及其在岩石力学中的应用，金属矿山，N8，1986

21 孙宗颀，*Fracture Mechanics and Tribology of Rock and Rock Jonts*, *Doctorae Thesis*, *Lulea Cni. of Tech.* 1983

22 孙广忠，岩体力学基础，科学出版社，1983

23 *R. E. Gcodman*, *Geclogy and Rock Slope Stability—Application of the "Key Block" Concept for Rock Slopes*, *Stability in Surface Mining*, V3, 1982

24 廖国华，赤平投影的解析原理，北京钢铁学院学报，No.2，1979

25 王昌汉主编，放矿学，冶金工业出版社，1982

26 B. B. Соколовский，松散介质静力学，地质出版社，1956

27 A. Б. 列兹尼亚科夫，相似方法，科学出版社，1964

28 A. M. Ильштейн, Закономерности Проявлений Горного Лавления, Углетехиздат, 1958

29 林韵梅，实验岩石力学模拟研究，煤炭工业出版社，1984

30 乔治·海默·李，实验应力分析，高等教育出版社，1960

31 马光，黄金寿，*Some Aspect of Rock Stress Measurements in The people's Republic of China*, *Ist International*

conference on Stability in Underground mining 1982

32 E. R. Leemen, *Jhe Determination of the Complete State of Stress in Rock in a Single Borehole*, *Inter. Jou. of Rock mech*, *and mining Scie.* V5, 1968

33 K. Hirashima, A. Koga, *Determination of Stress in Anisotropic medium Unaffected by Boreholes from measured Strain or Deformations*, *Proc. of Inter. Sym. of Field Measurements in Rock Mech*, 1977

34 R. Hiltsher, *et al*, *The measurements of Triaxial Rock Stresses Deep Boleholes and the Use of Rock Stress measurements in the Design and Construction Rock Openings*, 4*th Inter. Cong. of Rock Mech*, 1979

35 G. Worotnicki, R. J. Walton, Triaxial Hollow Inclusion Gauges for Determination of Rock Stress in Situ, 1976

36 M. E. Duncan Fama, Analysis of the Hollow Inclusion Technique for measuring in Situ Rock Stress, 1980

37 黄金寿，马光，岩体应力测量在金河磷矿中的初步应用，矿冶工程，N1，1984

38 K. Sugawara, *et al*, *Hemispherical Ended Borehole Technique for measurement of Absolute Rock Stress*, *Inter. Sym. on Rock Stress and Measurements*, 1986

第7章 凿 岩 工 程

7.1 概 述

7.1.1 凿岩破碎的分类和原理

凿岩工程是采矿作业中的一个基本工序。大量钻凿的眼孔用于爆破岩石，但眼孔在山上还用来作为地质勘探，安装锚杆、管道、电缆或输送物料和水液等用。

凿岩爆破是破碎岩石的一种手段。有时还直接利用机械方法或物理方法来破碎岩石，用来掘进巷道或开采矿石。

用机械方法破碎岩石，又按其工具在孔底破碎岩石的机理不同，可分为冲凿、碾压、切削、磨削四大类，见图7－1。冲击式凿岩机是利用冲凿破碎岩石，常用于较坚硬的岩石。回转钻机，视所用钻头不同，破碎机理各异。牙轮钻头以碾压为主来破碎岩石，适用于中等到坚硬岩石；翼状钻头以切削破碎岩石，因其易被磨损，只用于软弱岩石；金刚石钻头以磨削破碎岩石，其眼孔规整便于取岩心，常用于岩心钻。

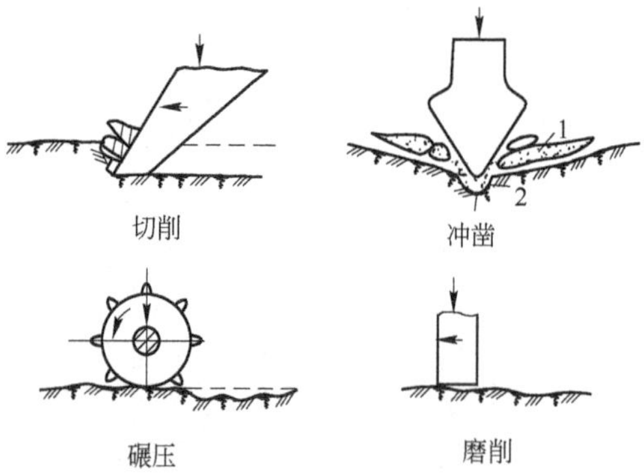

图7－1 四种机械破碎岩石方法

1—崩碎体；2—密实核

按凿岩机械的工作场所和用途，又可分成露天、地下两大系统，但两者有相同之处。

直接破碎岩石的方法，除机械破碎之外，还利用高压水射流切割岩石，用膨胀剂撑裂岩石，和利用高温高速的火焰逐层剥落岩石。此外，还研究激光、高能电子束、等离子焰等破碎岩石，但未见之于实际应用[1]。

7.1.2 岩石可钻性及其测定方法

岩石可钻性是表示钻凿眼孔难易的一种岩石坚固性指标。除了岩石抗压强度、普氏坚固性系数、点荷载强度等可以用来作可钻性指标之外，（测定方法见第6章），还有岩石的侵入硬度、凿碎比能和微型钻速等数种可钻性指标。

7.1.2.1 史氏侵入硬度

这种硬度是以压头侵入岩石时发生第一次跃进式破碎的压强作为硬度指标。Л. А. 史莱涅尔（Щрейнер）对这种硬度作了系统的研究[2]，广泛地用于回转钻孔。测定这种硬度，要先作出压头侵入岩石的载荷－侵深曲线，图7－2是在压力机上测定载荷和侵入深度的原理，分别从千分表中读出侵深，在压力机上读出载荷，然后逐点绘制载荷－侵深曲线，如图7－3所示。以发生跃进时的载荷 P_1 除以压头端面积 S 便得到侵入硬度。

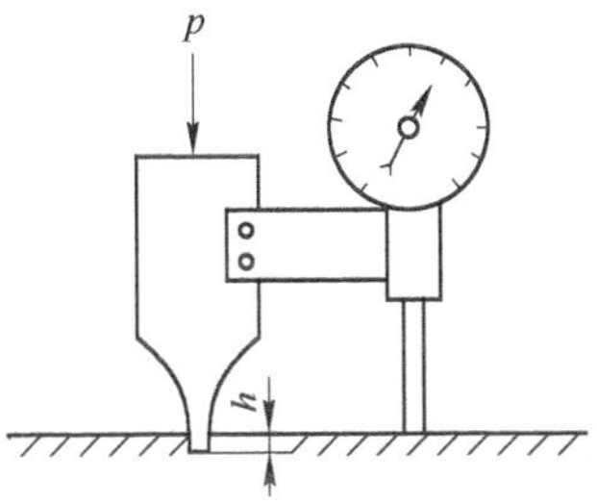

图7－2 测定载荷－侵深曲线的原理

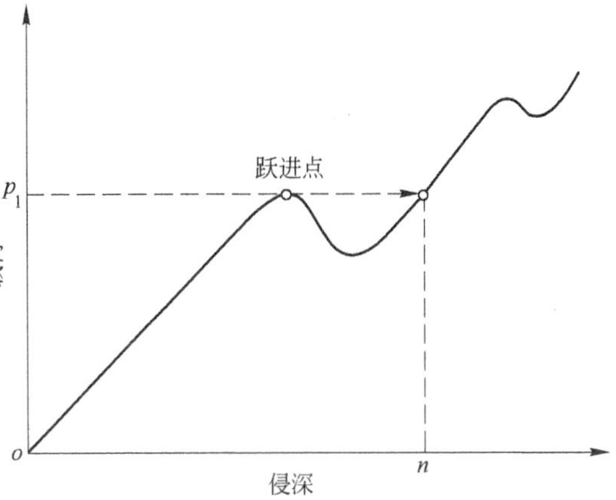

图7－3 载荷－侵深曲线

史氏规定压头端面积 $S=1\sim3\text{mm}^2$，只在多孔性岩石中，采用 $S=5\text{mm}^2$ 的压头。岩石表面事先要磨平，平常用 p_s 来表示史氏硬度，单位是 kN/mm^2，即

$$p_s=\frac{P_1}{S} \tag{7-1}$$

利用压力和侵深传感器，可以自动绘制载荷－侵深曲线。接入微型电机，还可以作到自动整理和存贮数据。

在表7－1中给出了史氏硬度的一般范围。

7.1.2.2 巴氏侵入深度

Л. И 巴隆（Барон）所倡导的侵入硬度[3]，其原理和史氏的相同，但放大了压头尺寸，并采用岩石自然表面进行测定，因较为省事而受到欢迎。

巴氏硬度的压头尺寸 S 不小于 10mm^2。当侵入硬度 $p_k>2.0\text{kN/mm}^2$ 时，可采用 5mm^2 的压头；$p_k<1.0\text{kN/mm}^2$ 时，要采用两种压头试验，两种压头的端面积差3～4倍。测定岩石的硬度时要多次平均，以达到足够的精度。巴氏硬度 p_k 和史氏硬度 p_s 之间，并无准确的一一对应关系，只在统计上有：

$$p_k=0.7p_s \tag{7-2}$$

7.1.2.3 R. I. 莫里斯（Morris）侵深可钻性指标

莫氏也采用侵入岩石试验来度量岩石的可钻性[4]。他以发生跃进式侵入之后，所侵入的深度除以跃进时的载荷（h/p）作为指标。此指标在美国的一些钻头制造厂家得到应用。

莫氏试验采用硬质合金的压头，其端面具有3.18mm（1/8in）的曲率半径。

以上三种侵入硬度或指标，在预估钻速上的应用将在本章7.5中给出。

7.1.2.4 凿碎比能

在某种规定的常用参数下，测定冲击凿碎单位体积岩石所耗之能，可以表示岩石凿岩

表7-1 史氏岩石硬度一般范围

岩石名称	侵入硬度范围（kN/mm^2）
石英岩	5.6~8.1
花岗岩	2.0~5.0
矽卡岩	4.0~5.0
大理岩	0.8~1.3
白云岩	2.0~3.0
石灰岩	1.0~2.0
砂　岩	
黏土胶结	0.1~1.0
碳酸盐胶结	0.75~3.0
接触胶结	1.0~2.0
再生胶结	3.0~5.0
矽化灰岩	4.0~7.0
黏土页岩	0.1~0.25
黏　土	<0.1

破碎的难易。凿碎比能和冲击式凿岩有密切的关系，可得出比较准确的可钻性指标。

东北工学院岩石破碎研究室[6]，研究了一种能在现场测定凿碎比能的简易方法，见图7-4。以4kg重的落锤，中心有个孔，穿在导杆上坠落冲击钻头，构成一个便于携带的岩石凿测器。落锤坠落高度1m，钎头直径40mm，嵌有YG11C的硬质合金，刃角110°。

测定时先开好孔口，冲击480次，每次转动钎头15°，每冲24次清除孔底岩粉，量取凿孔增加的深度H（以毫米为单位）便可用式（7-3）求出岩石的凿碎比能α（J/cm^3）

$$\alpha=\frac{14249}{H} \tag{7-3}$$

岩石的凿碎比能α值，在200~900J/cm^3范围。表7-2给出了不同凿碎比能的代表性岩石。我国金属矿山的岩石，α在245~540J/cm^3范围的占79%左右。

各种设备每钻凿1m所需时间t，和凿碎比能成正比例的关系，即

$$t=K_t\alpha \tag{7-4}$$

式中 K_t ——系数，$min\cdot cm^3/J$ 随钻凿设备而异，可参考表7-3；

t ——钻凿1m深孔时所需时间，min。

凿碎比能测定的数据稳定，简单易行。和普氏岩石坚固性系数f之间，可用下式换算：

$$f\approx\frac{\alpha}{40} \tag{7-5}$$

7.1.2.5 微型钻钻速

由于钻机很大，难以用来测定各种岩石的可能性。常常作成和实际钻机基本相似的微型钻机。A. G. 罗洛（Rollow）研究的微型钻钻速[5]，是用来模拟牙轮钻的。它在美国休斯公司得到应用，在国内也有所研究和应用。

罗氏的微型钻，用八片零号的星形砂轮修整片，互相之间隔一片零号垫片，串在一根

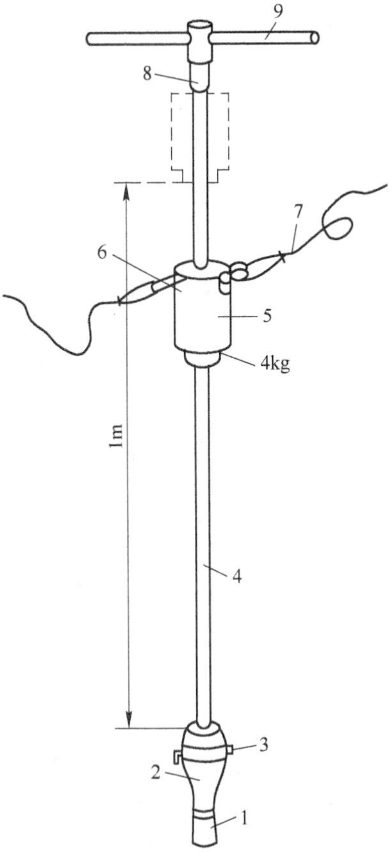

图7-4　岩石凿碎比功测定器

1—钎头；2—承击台；3—插销；4—导向杆；5—落锤；6—Δ形环；
7—操作绳；8—导杆顶；9—转动手把

表7-2　各级可钻性的代表性岩石

级别	凿碎比能α (J/cm³)	可钻性	代表性岩石
Ⅰ	约186	极易	页岩、煤、凝灰岩
Ⅱ	187~284	易	石灰岩、砂页岩、橄榄岩（金川）、绿泥角闪岩（南芬）、云母石英片岩（南芬）、白云岩（大石桥矿）
Ⅲ	285~382	中等	花岗岩（大孤山）、石灰岩（大连甘井子、本溪）、橄榄岩片岩、铝土矿（洛阳）、混合岩（大孤山、南芬）、角闪岩
Ⅳ	383~480	中难	花岗岩、硅质灰岩、辉长岩（兰尖）、玢岩（大孤山）、黄铁矿（白银）、铝土矿（阳泉）、磁铁石英岩（北京）、片麻岩（云南苍山）、矽卡岩（杨家杖子）、大理岩（青城子）
Ⅴ	481~578	难	假象赤铁矿（姑山、白云鄂博）、磁铁石英岩（南芬三层铁、弓长岭）、苍山片麻岩、矽卡岩、中细粒花岗岩（湘东钨矿）、暗绿角闪岩（南芬）
Ⅵ	579~676	很难	假象赤铁矿（姑山，白云鄂博富矿）、磁铁石英岩（南芬一、二层铁）、煌斑岩（青城子）、致密矽卡岩（杨家杖子松北）
Ⅶ	≥677	极难	假象赤铁矿（姑山，白云鄂博）、磁铁石英岩（南芬）

表7－3 设备的时间系数 K_t

设备型号	钻头直径（mm）	K_t（min · cm^3/J）
凿岩机①01－30	40	0.0188
凿岩机①7655	40	0.0102
潜孔钻①KQ200	200	0.0233
牙轮钻60R	310	0.0126
牙轮钻45R	250	0.0112
掘进机SJG58	5800	0.1735

①工作气压0.5MPa。

轴上，再安装在支架上当作微型钻的钻头。钻头直径31.8mm$\left(1\frac{1}{4}\text{in}\right)$，每分钟回转55转，在转动轴上施加钻压889N，测定的钻速折合成英制单位ft/h，或公制单位m/h。钻孔深度2.38mm，在钻孔同时吹出岩粉。微型钻的钻速和牙轮钻的钻速关系，见本章7.5.2。

7.2 露天钻孔

露天钻孔设备主要有牙轮钻机、旋转钻机、潜孔钻机和凿岩钻车四类。

7.2.1 露天牙轮钻机

牙轮钻机的钻头连续破碎岩石，钻孔速度快，生产效率高。它能钻出较大直径的炮孔，与大区爆破、大型装载设备相配套，是大型矿山主要设备之一。

牙轮钻机的钻孔直径，一般在250～455mm范围内，常用的孔径为250～380mm。

80年代以来，国外大型露天煤矿和金属矿广泛使用牙轮钻机，美国和苏联分别达90%以上。

表7－4和表7－5分别给出了国产和国外牙轮钻机的技术性能。

美国是生产牙轮钻机最多的国家，主要厂家有B－E公司，G－D公司和马里昂机铲公司等。产销量最多的牙轮钻机是60－R型、45－R型和GD－120型，其次是61－R型、GD－130型和M－4型等。80年代初期，B－E公司生产的60－R型牙轮钻机已发展到Ⅳ型，先进的47－R型钻机将代替45－R型牙轮钻机。47－R型钻机以两台直流电动机驱动钻机回转机构，并具有推进速度高，排碴能力大的特点。

苏联1986年在矿山使用的牙轮钻机，以СБШ－250МН型占大多数，其次是2СБШ－200型和СБШ－320型，台年效率为4～5万米。新型牙轮钻机СБШ－250－20型和СБШ－250－32型正在推广，逐渐替换老型号的钻机[7]。

美国的牙轮钻机在坚硬岩层的台时效率为9～15m，在中硬岩层中为15～25m，在软岩层中达30m。台年效率约为5～6万米，高的可达8～10万米。

对现代牙轮钻机开展下列方向研究，以进一步提高其性能：

（1）用静态直流传动系统、静态交流变频传动系统代替传统的液压马达传动或普通交流电动机传动和直流电动机传动驱动钻具回转。

（2）在钻机上安装过程监控自动化仪表。指示司机按最优的速度进行钻孔，并能自动记录，打印钻孔过程的诸参数。

表 7-4 国内牙轮钻机技术特征

机型	KY-120①	KY-150	KY-150	KY-200	KY-250	KY-250A	KY-310	YZ-12	YZ-35	YZ-55
加压方式	油缸加压	油缸-钢绳-滑轮组式	滑差电机-封闭链-齿条式	油缸-链条-链轮组式	滑差电机-封闭链-齿条式			液压马达-封闭链-齿条式		
适应岩性	$f=8\sim12$	$f<12$	$f=8\sim12$	$f<16$	$f=6\sim20$	$f=6\sim20$	$f=6\sim20$	$f=4\sim14$	$f=6\sim20$	$f=6\sim20$
钻孔直径（mm）	钻 118 扩 300	150~170	120~150	150~200	220~250	220~250	250~310	95~171	170~270	250~380
钻孔方向（°）	60~90	90	70~90	70~90	90	90	90	70~90	90	90
钻孔深度（m）	50	21	18~20	15；21	17	17	17.5	15；22.5	17.5	16.5
轴压力（kN）	90	137.2	127.4	156.8	411.6	411.4	490	117.6	343	539
钻具提升力（kN）	扩 180		125	66.1	421.4	421.4	500	142.1	230	400
钻具推进速度（m/min）	0.1~0.3	0~2.5	0~0.17~3.4	0~3/10	0~1.17 0~2.34	0~1 0~2.1	0.1~1 0.1~3	0~1.8	0~1.2	0~1.2
钻具提升速度（m/min）	扩 0.01~0.05	0~18.63	0.8~16	0~20	10	10	20	0~18	0~36.7	0~34
钻具转速（r/min）	0~100	0~115	45；60；90	0~120	0~115	0~115	0~100	0~140	0~90	0~120
回转扭矩（kN·m）	3310		4770；4060；3020	3870	6546	6546	7840	4410	6500	8500
回转功率（kW）		30	28	30	50	50	54	20	50	95
回转动力	液压马达	直流电机	交流电机	直流电机						
钻杆直径（mm）	91	114	104，114，168	114，140，159	194，219	194，219	219，273	70，133	140~219	219，273，325
钻杆长度（m）	1.07	7.5	9.5	7.55	9.2	9.2	9	7.5	17.5	16.5
钻杆数（根）		3	2	2	2	2	2		2	2
主空压机气量（m^3/min）	水排碴	18	25	18	30	30	40	18	28	37/56
工作气压（MPa）		0.35	0.4~0.7	0.4	0.35	0.35	0.35	0.28	0.28	0.28
行走方式	轨轮	履带								
行走速度（km/h）		1	0.85	1	0.72	0.73	0.72	0~1.8	1.3	1.1
爬坡能力（°）		15	14	12	12	12	12	30%	15%	25%
外形尺寸 长×宽×高（m） 工作时	0.96×0.65×3.00	7.78×3.341×12.5	7.8×3.2×14.5	8.72×3.58×12.34	11.9×5.48×17.91	12.04×6.29×27.6	13.67×5.7×25	8.1×4.38×13.7	13.3×5.91×24.57	14.248×6.11×27.085
外形尺寸 长×宽×高（m） 运输时	0.96×0.9×1.6	11.78×3.341×4.625	13.6×3.2×5.68		17.1×5.48×6.62	24.03×6.29×7.2	26.6×5.7×7.62	13.05×4.38×4.94	23.7×5.91×6.3	27.033×6.11×7.547
总安装功率（kW）	35.5	216	304.1	227.4	385	351	416		335	399.5
动力型式	电驱动									
机重（t）	6.240	32	40	39	85；90	93	114；120	30	85	140
投产年度	1985	1985	1983	1983	1977	1984	1982	1985	1982	1985
制造厂	长沙新中机械厂	吉林重型机器厂	江西采矿机械厂		江西采矿机械厂			衡阳冶金机械厂		

①地下矿用型。

表7－5　国外牙轮钻机技术特征

机型		HBM－120	HBM－160	SK－35	45－R	47－R	60－RⅣ	61－R	GD－120	GD－130	M－4	M－5	RRC－40	СБШ－250МН	СБШ－320
加压方式		油缸－链条－链轮组式			油马达－封闭链－齿条式						油马达－链条－链轮组式		油马达－钢绳－滑轮组式	油缸－钢绳－滑轮组式	油缸－链条－链轮组式
钻孔直径（mm）		65～159	130～137	159～200	171～279	311	311～381	381～445	251～560	251～444	311	381	158～200	243～269	320
钻孔方向（°）		60～90	60～90		60～90	60～90	60～90	60～90	60～90	60～90	60～90	60～90	60～90	60～90	60～90
钻孔深度（m）		44	40	45.6	50.3	16.76	15.24；19.81	45.7	15.2～20.1	45.7	79.3	79.3	38	32	40
轴压力（kN）		120	160	155.9	306	363	567	569	534	578	460	525	175	300	588
提升钻具的力（kN）		60	96		241	241	420	420	342	342	372	438	85		
钻具推进速度（m/min）		0～35	0～38	0～3/20	0～2.1	0～5.2	0～30	0～30	0～4.1	0～4.1	0～22.95	0～19.85	4.4～30.5	0～1.1	0.7
钻具提升速度（m/min）		0～75	0～38	0～28	0～29.9		0～31.4	0～31.4	0～38.1	0～34	0～45.7	0～39.6	4.4～30.5	0～5	0～13
钻具转速（r/min）		0～159	0～134	0～135	0～100	0～110	0～121	0～121	0～121	0～121	0～110	0～110	0～150	0～150	0～130
回转扭矩（kN·m）		5230	6900	5830	10376	额定7050	15551	31184	16961/33923	33923	12870	25740		4200	9600
回转功率（kW）					2×50	2×50	78	2×52	77.2；95.6	2×78	78	2×78		60	100
回转动力		直流电机									油马达			直流电机	
钻杆直径（mm）					138～228	159～273	273	184～273	197～380	197～380	273	273			
钻杆长度（m）		4.7	8	7.6	9.9；13.6 16.8		15.2/19.8	15.2/19.8	15.3；20.1	15.3；20.1	17	17	7.6	8；18	20；14
钻杆数（根）		5～10	4	6	3	1	3	3	1	1	1	1	4	3	3
主空压机气量（m^3/min）		7.9～12.5	16.8～25	21.2	27.8	41.6	44；50 / 60	74	42；50；55；73	82.9	37.1	74	23	25	2×25
工作气压（MPa）		0.7/1.2	0.7～2.0	0.7	0.28	0.456	0.28 / 0.456	0.28	0.387	0.378	0.28	0.28	0.34～0.86	0.7	0.7
行走方式		轮胎和履带		轮胎/履带	履带										
行走速度（km/h）		3.9	2.6		1.0		1.0	1.0	1.2	1.2	1.6	1.6	3.2	0.7	0.5
爬坡能力（%）		30	30		25		25	25			20	20	35	10（°）	15（°）
外形尺寸 长×宽×高（m）	工作时	8.4×2.6×12.9	10.2×3×14.8	10.4×2.4×11.2	11×5.9×17.5～24.4	11.89×6.25×24.59	13×6.2×24.6 约27.7	13×6.2×23.2 约27.7	13.1×5.97×23.8	13.1×5.97×23.8	13.6×6.3×25.4	13.6×6.3×25.4	9.3×3.5×11.4	9.2×5.45×15.4	10.2×5.45×22.7
	运输时	12.6×2.6×4	14.8×3×5	10.7×2.4×4	23.7×5.9×4.4	24.28×6.25×6.04	22.8×6.2×7.1	22.8×27.3×6.2×7.1	23.77×5.97×6.02	23.77×5.97×6.02	25.5×6.3×6.7	25.5×6.3×6.7	10.7×3.5×4.4	15×5.5×5.5	19.5×5.45×1
总功率（kW）					228		485		505	860	465	765		384	550
动力型式		柴油机驱动或电机驱动						电动	柴油机或电机驱动	电动	柴油机或电机驱动	电动	Cummins 855C	电动	电动
机重（t）		22.24	36	28.2	68～71	113	145	125	136	136	91～120	102～127	32.4	65	130
制造单位		联邦德国豪斯公司		美国里德工具公司	美国布塞路易－伊利公司				美国加登纳－丹佛公司		美国马里昂动力机铲公司		美国乔伊公司	苏联沃罗涅什矿机厂	

（3）应用整体小车式回转加压提升系统，取代常规的封闭链－齿条式回转加压系统。

（4）设有钻凿倾斜炮孔的装置。

（5）强化钻孔工艺参数，提高零部件的强度与可靠性，增大钻机的重量、稳定性、轴压和回转功率。

7.2.1.1 牙轮钻机结构类型

牙轮钻机根据回转和加压方式的不同，可分为三种类型。

A 底部回转间断加压

底部回转间断加压式牙轮钻机是由石油、勘探用钻机移植而来的。这种钻机有一个液压卡盘，它通过油压将钻杆卡住，二者一起回转并向下运动，实现钻进动作。由于回转机构设在钻架的底部，加压是间断的，故而得名。苏联的 СБШ 型、美国的 60－BH 型属于此种类型。此类钻机的主要缺点是，间断加压以及轴压力的提高受到卡盘与钻杆之间的摩擦力的限制。液压卡盘加压原理见图 7－5。

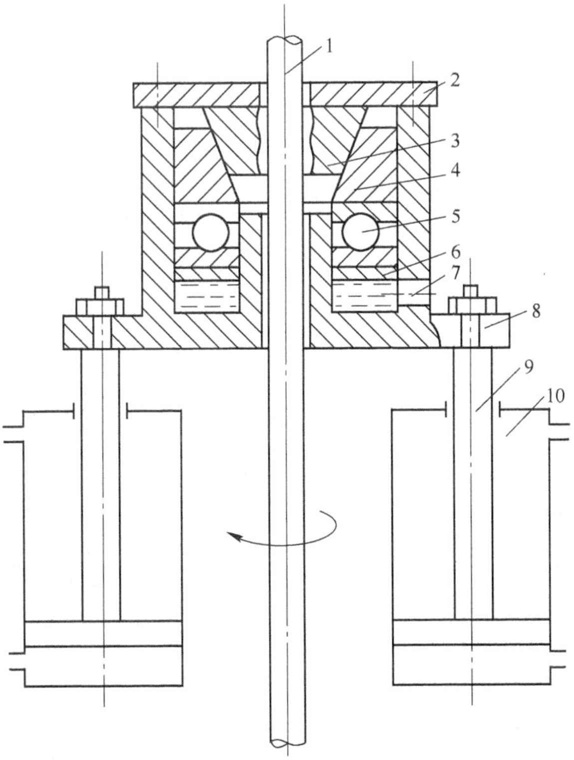

图 7－5 液压卡盘加压示意图

1—钻杆；2—卡盘；3—卡爪；4—楔块；5—轴承；6—滑板；
7—进油口；8—卡盘体；9—活塞杆；10—加压油缸

B 底部回转连续加压

钻机的回转和加压机构安设在钻架底部，并由链传动装置或钢绳液压系统实现连续加压。该类型钻机的特点是钻架不受扭矩作用，但钻杆加工成六方型或花键齿型，因此工艺难度大些。这种底部回转连续加压原理见图 7－6。

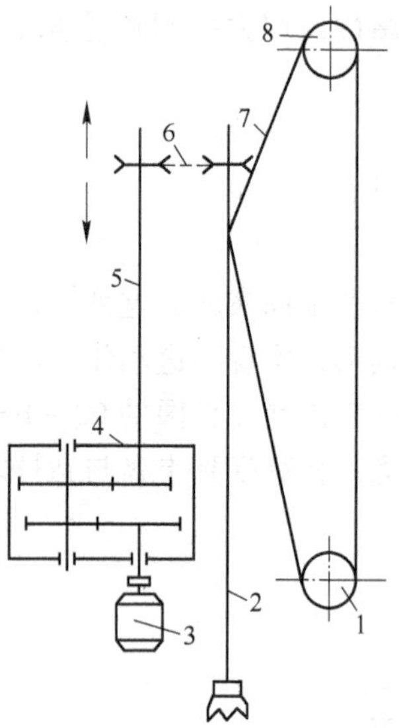

图7-6 底部回转连续加压系统示意图

1—主动链轮；2—钻具；3—回转电机；4—回转减速机；5—花键轴或六方轴；6—链传动机构；7—链条；8—链轮

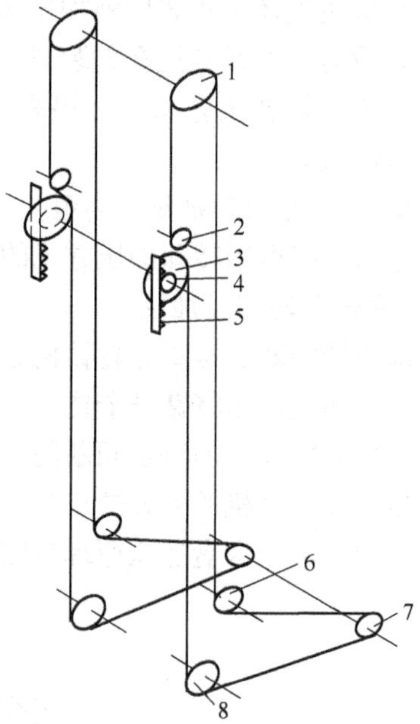

图7-7 封闭链条-齿条加压系统示意图

1—天轮；2—导向轮；3—大链轮；4—小齿轮；5—齿条；6—张紧链轮；7—主动链轮；8—底轮

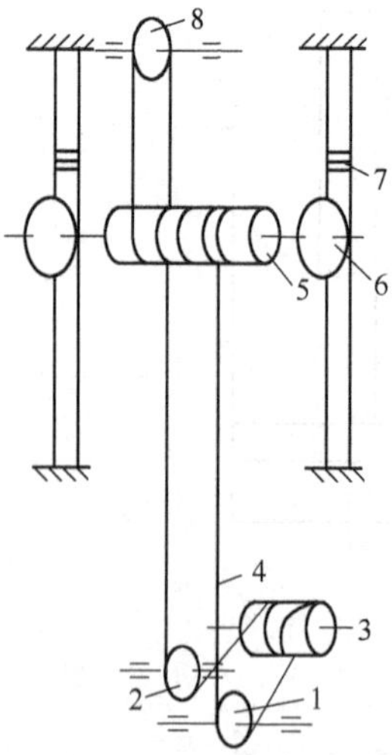

图7-8 钢绳-齿条加压示意图

1、2—下部导向轮；3—主动卷筒；4—钢丝绳；5—加压卷筒；6—加压齿轮；7—齿条；8—天轮

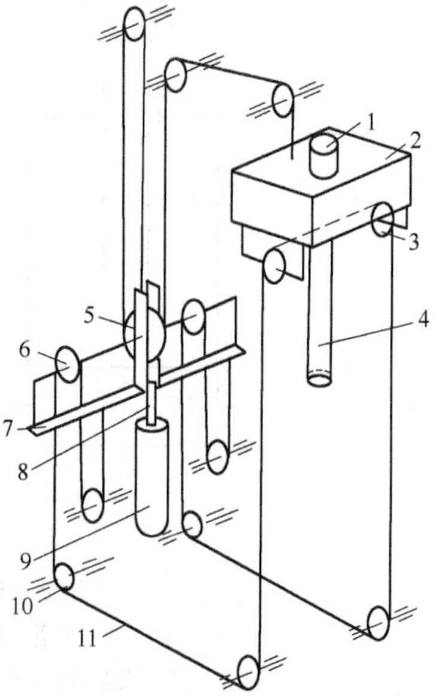

图7-9 钢绳-液压缸加压示意图

1—回转电机；2—回转小车；3—均衡滑动轮；4—钻杆；5—提升动滑轮；6—加压动滑轮；7—杆端装置；8—活塞杆；9—双作用油缸；10—定滑轮；11—钢丝绳

C 顶部回转连续加压

顶部回转连续加压的钻机，主要特点是在钻杆的上部安装一个能沿钻架上下滑动的回转加压小车，以实现钻具的回转和连续加压；故这类钻机又称为滑架式牙轮钻机。当前国内外大型露天矿山的钻机多采用这种类型。

顶部回转连续加压有封闭链条－齿条加压式（见图7－7），钢绳－齿条加压式（见图7－8）、钢绳－液压缸加压式（见图7－9）、整体小车加压式（见图7－10）等四种类型。

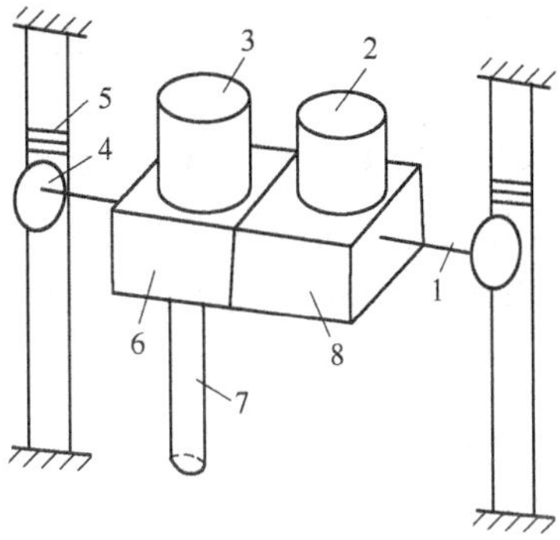

图7－10 整体小车加压示意图

1—回转加压整体小车；2—加压电动机；3—回转电动机；4—加压齿轮；
5—齿条；6—回转减速机；7—钻杆；8—加压减速机

牙轮钻机按其大小又可分为：轻型牙轮钻机，一般钻孔孔径小于150mm；中型牙轮钻机，一般钻孔孔径为170～250mm；重型牙轮钻机，一般钻孔孔径大于310mm。

7.2.1.2 轻型牙轮钻机

A 吉重KY－150型牙轮钻机

吉林重型机械厂生产的KY－150型牙轮钻机适用于$f \leqslant 12$的岩石。钻机采用油缸－滑轮组－钢绳连续加压推进系统；用磁放大器供电直流电机驱动，实现回转系统无级调速；行走系统为双电机分别驱动履带行走机构；三级干式除尘系统，末级采用布袋除尘；液压千斤顶调平车体；机房及司机室设有增压净化装置。钻机在鹤岗岭北铁矿凿中硬及硬砂岩（$f=6 \sim 13$）的平均月进尺为5482m。

B 江采KY－150型牙轮钻机

江西采矿机械厂生产的KY－150型牙轮钻机，采用滑差电机－封闭链－齿条加压方式，轴压力达127kN；回转机构由多速电机驱动；采用平行推送式送杆器，接卸钻杆由气爪及气动扳手来完成，结构简单，工作可靠。本机设干、湿式两种除尘系统。

7.2.1.3 中型牙轮钻机

A KY－250A型牙轮钻机

KY－250A型牙轮钻机是KY－250型钻机的改进定型的产品。该品采用滑差－封闭链－齿条加压方式，设有小车断链防坠保护装置，使工作安全可靠；回转采用直流电机－减速器传动系统，并从实际工况出发，增大了回转扭矩；采用减振接头、滚柱式稳杆器、滚动式导向套控制和减少钻机工作中的振动；钻机采用干、湿两种除尘系统，干式的末级采用脉冲布袋除尘；用干油自动集中润滑系统和人工注油来确保钻机安全运转。钻机在白云鄂博铁矿创台时作业率为63.3%，台时完好率为89.3%。

B YZ－35型牙轮钻机

该钻机采用顶部回转可控硅直流无级调速，这种调速方式可调性好、效益高。钻机另外一个特点是采用液压马达－封闭链－齿条加压方式。钻机大型结构件采用高强度结构钢制作，使钻机具有良好的刚性与稳定性。此外，履带板采用美国专利钢号SD3520H制作。壁薄重量轻，降低了牵引负荷。钻机上安有减振装置和孔深指示仪等。

C 45－R型牙轮钻机

该机用于中硬及坚硬岩石钻凿直径为171～279mm的炮孔。钻机有柴油和电动两种驱动方式。是一种顶部回转、具有用直流电机驱动、用磁放大器对工作机构进行调速特点的钻机。钻机台年效率约为5～7万米。国内生产的YZ－35型牙轮钻机的主要结构与该机类似。

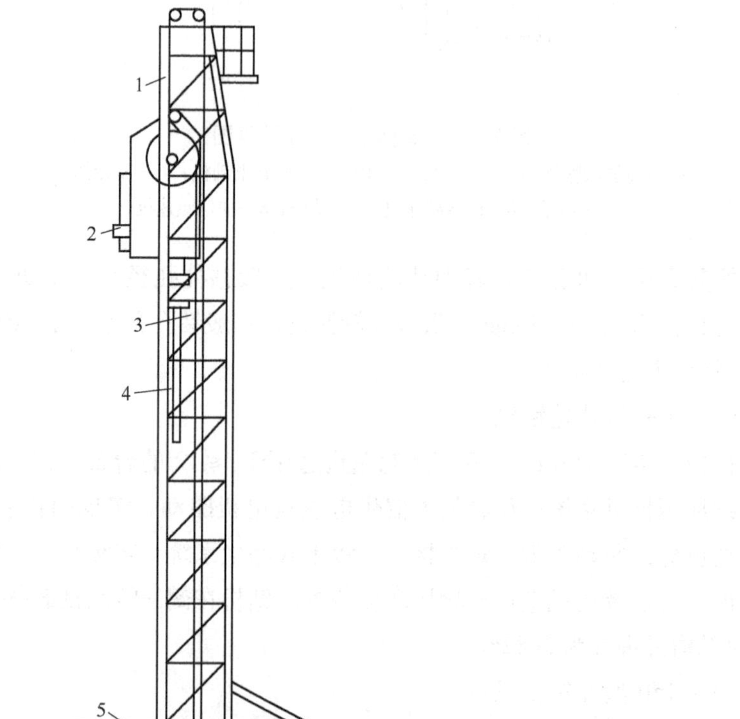

图7－11 KY－310型牙轮钻机总体结构

1—钻架装置；2—回转机构；3—加压提升系统；4—钻具；5—空气增压净化装置；6—司机室；7—平台；8、10—千斤顶；9—履带行走机构；11—机械室

7.2.1.4 重型牙轮钻机

A KY－310型牙轮钻机

这种钻机是国内应用较多的一种重型牙轮钻机。其整机外观见图7－11。

KY－310型牙轮钻是一种带回转加压小车的滑架式钻机。它由钻架、回转小车、加压提升机构、均衡装置、行走机构、除尘装置以及压气系统、液压系统、增压净化装置等组成。

KY－310型牙轮钻机的主要特点是：

（1）采用大容量直流单电机驱动回转机构，从根本上消除了小容量双电机驱动时，常发生电机烧毁的弊病。

（2）回转减速箱采用复合轴承结构（图7－12）。推力轴承承受钻具的反轴压，双列向心球面轴承承受由于钻具的偏扭带来的径向力。提升钻具时，向心滚柱轴承承受小车和钻具的重量及卡钻时的反力。

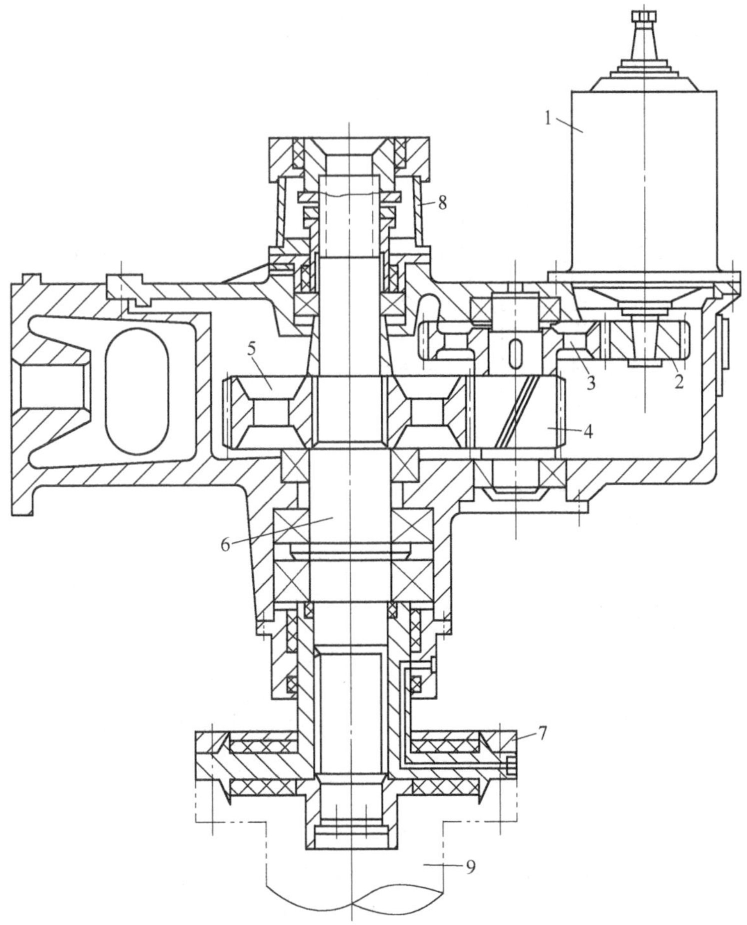

图7－12 KY－310型钻机回转减速器

1—回转电动机；2、3、4、5—齿轮；6—中空轴；
7—钻杆连接器；8—进风接头；9—风卡头

（3）KY－310型钻机采用主传动系统（见图7－13）实现加压、提升（或下放）、行走

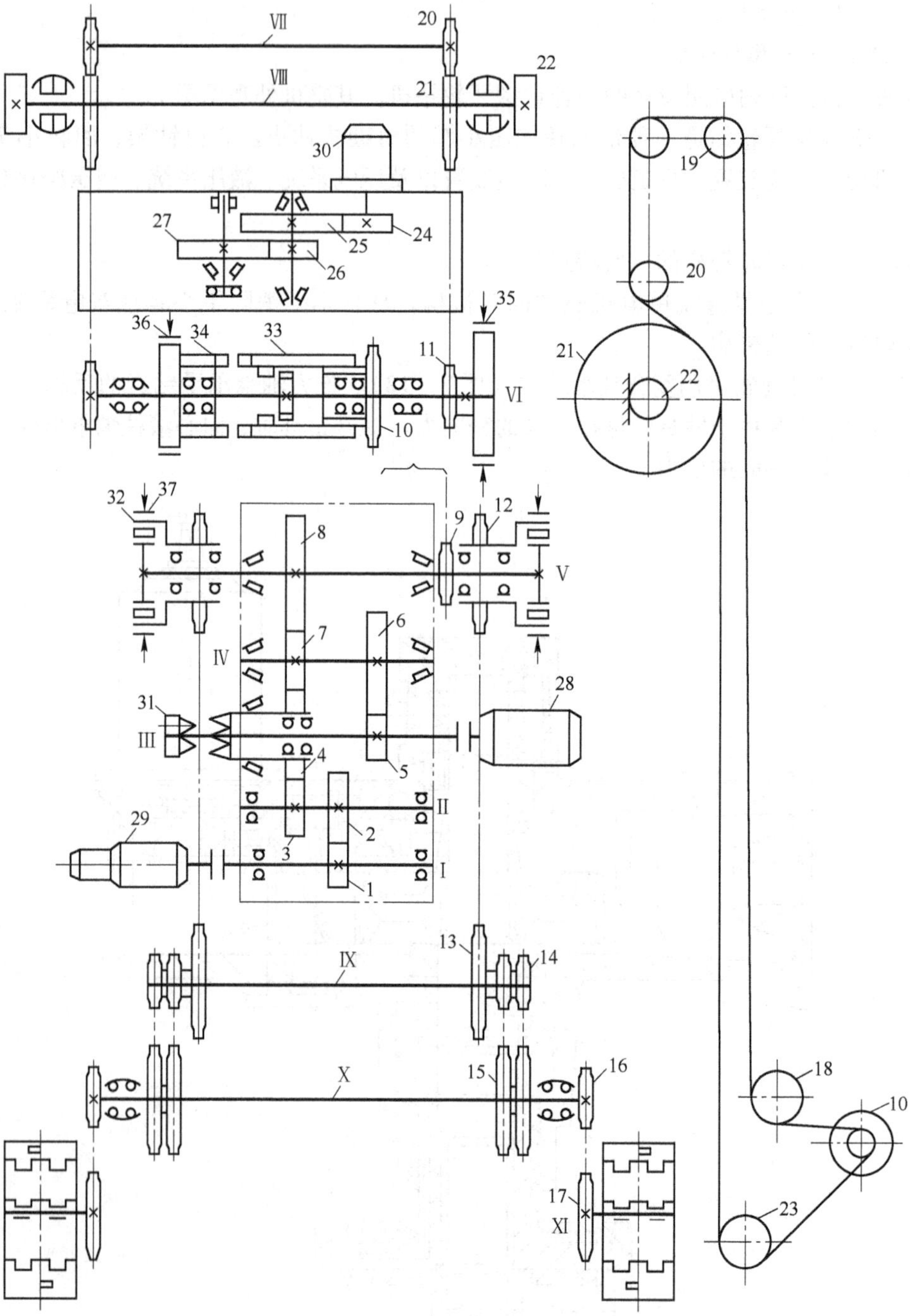

图7-13 KY-310型牙轮钻机主传动系统

1~8—加压提升机构的齿轮；9、10、11、18、19、20、21、23—加压提升机构链轮；12~17—行走机构链轮；22—加压小车；24~27—回转机构齿轮；28—提升电机；29—加压电机；30—回转电机；31—牙嵌离合器；32—行走离合器；33—主动离合器；34—辅助卷扬；35—主制动器；36—辅助卷扬制动器；37—行走制动器；Ⅰ~Ⅹ—传动轴

和起重等四项工作。该系统由一台 JZTZ－52－4 型滑差式调速电动机和一台 54kW 的 ZZKW－52 型直流电动机联合驱动。传动系统中采用国产标准减速器和标准型气胎离合器，故结构紧凑，维修操作十分方便。

（4）接卸钻杆采用平行连杆式送杆机构，见图 7－14。整个钻杆安装在立架内框的后部，卸杆或接杆时，都须通过油缸将带有钻杆的钻杆架推出对准钻孔中心，并借电机的正、反转以及卸杆卡爪的协助实现接卸钻杆动作。

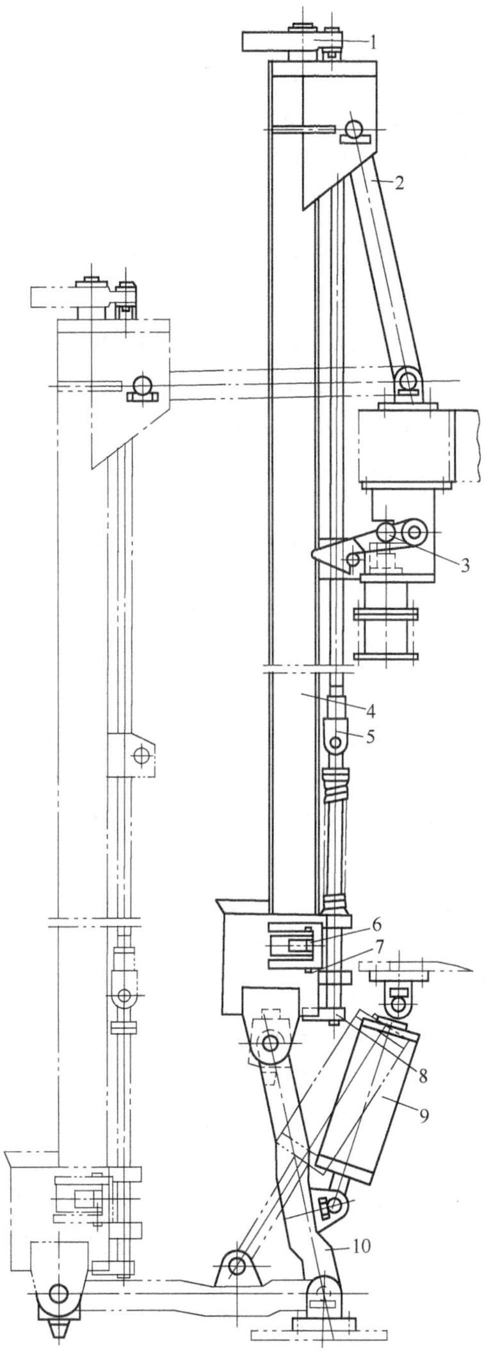

图 7－14 KY－310 型钻机钻杆架
1—抱卡；2—上摇臂；3—气钩装置；4—钻杆架体；5—拉杆；6—卡爪；7—托杯体；8—支承块；9—油缸；10—下摇臂

B YZ－55 型牙轮钻机。

YZ－55 型牙轮钻机是在我国多年来使用牙轮钻所积累的经验的基础上，改进现有钻机而设计成的。回转减速箱轴齿轮采用双支点结构，克服了轴齿轮悬臂剪断电动机轴的缺点；小车用橡胶滚轮机构导向取代了尼龙滑板结构，便于调整加压齿轮和齿条的啮合间隙，减少了小车运行中的附加冲击；采用两种调速方案，并且其中的双绕组可控硅励磁发电机系统较三绕组调试维修方便，而可控硅供电调速直流机系统动态响应速度快、效益高、体积小；钻机还实现了轴压、扭矩、主气压以及水平和垂直方向振动等钻进参数的自动调节；履带支架较 60－RⅢ型加长约 914mm，使整机稳定性有所改善。

C 60－RⅣ及 61－RⅢ型牙轮钻机

60－RⅣ型钻机适用于钻凿各种硬度岩石。钻孔直径 310～380mm。一次钻孔深度达

19.8m。轴压567kN，用油马达-封闭链-齿条连续加压。61-RⅢ型的构造与60-RⅣ型相同，主要用于软岩钻凿直径380～445mm的炮孔，较60-RⅣ型钻机多安装一台回转电机和一台空压机，以提高转矩和加大排碴能力。

7.2.1.5 牙轮钻机常用机构

A 钻架

钻架是由金属构件组成的空间桁架结构。它用于承受加压、回转与提升机构工作时产生的负荷以及保证完成一定的钻孔深度。

从结构上分，有桁架式与箱体式两种钻架。桁架式钻架工艺性好，耗用金属型材少，如桁架节点距离选择适当，也有足够大的刚性和抗扭力矩。无论是哪种结构，都采用“Π”型敞口结构，这种结构有利于存放钻杆和维修架内的各个装置。桁架式与箱体式钻架结构分别见图7-15，图7-16。

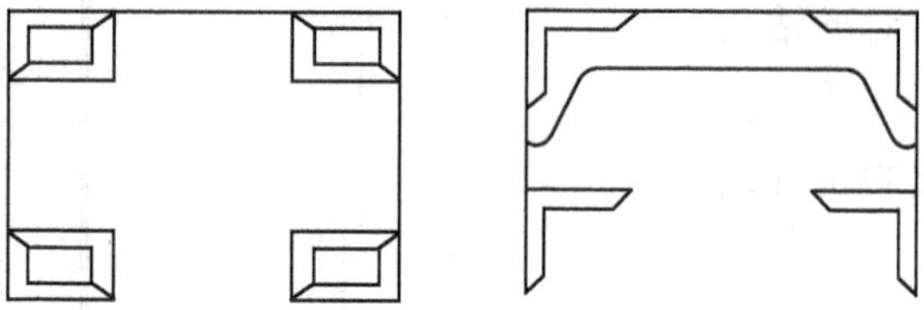

图7-15 几种钻机的桁架式钻架结构示意图

a—KY-250；*b*—45-R

B 封闭链条传动系统及均衡张紧装置

封闭式链条传动系统的作用，是把主传动机构的动力传给加压小车，再经加压齿轮和齿条传给钻具，用均衡张紧装置来保证两条封闭链条都处于同样的工作状态。封闭链条传动系统的结构见图7-17。

当主动链轮旋转时，其动力通过链条5传给回转加压小车的大链轮1，大链轮再传动与其同轴的加压齿轮2一起旋转。由于与加压齿轮啮合的齿条3固定在钻架上，所以迫使加压齿轮带动加压小车沿齿条向下移动，达到加压、提升和下放钻具的目的。封闭链条的缠绕方式如图7-18所示。实践证明KY-310、KY-250的封闭链条缠绕方式结构简单，调整方便，可靠性好。

封闭链条张紧装置及其工作原理如图7-19所示。当油缸1上腔进油时，均衡架2向下移动，与此同时弹簧3、6均被压缩。当加压钻进时，主动链轮5作逆时针方向旋转，此时绕过张紧轮7的链条是紧边，在紧边链条拉力作用下，张紧轮7的轴上移至均衡架导槽的最上端。此时绕过张紧轮4的链条为松边，所以在弹簧3的张力作用下，使张紧轮4沿导槽下移，从而使松边链条张紧，防止了跳链。反之，主动链轮5作顺时针方向转动时，其张紧工作原理亦为如此。

封闭链条平衡装置主要有三种型式，见图7-20，其中并联双油缸式与油缸平衡梁式应用较多。它们可以在较大范围内进行张紧平衡，其缺点是要与油压系统配合，结构复杂。三角形曲板平衡梁式结构简单，动作灵活可靠，但调整范围较小。

C 回转小车

回转小车是支承回转、加压提升机构，并使它们（连同钻具）沿钻架上下移动，从而

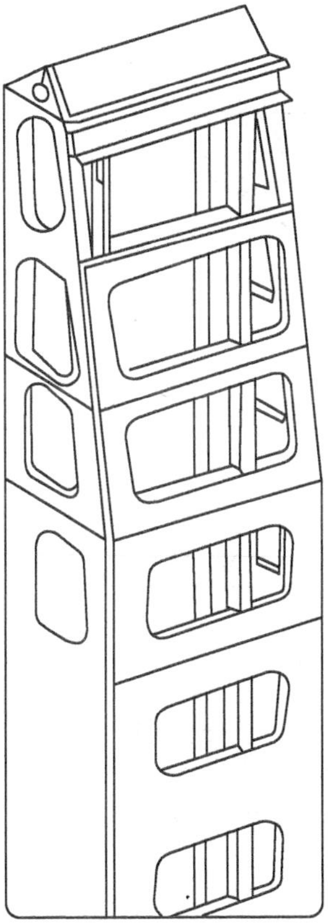

图 7－16 60－R 型钻机箱体式钻架外观图

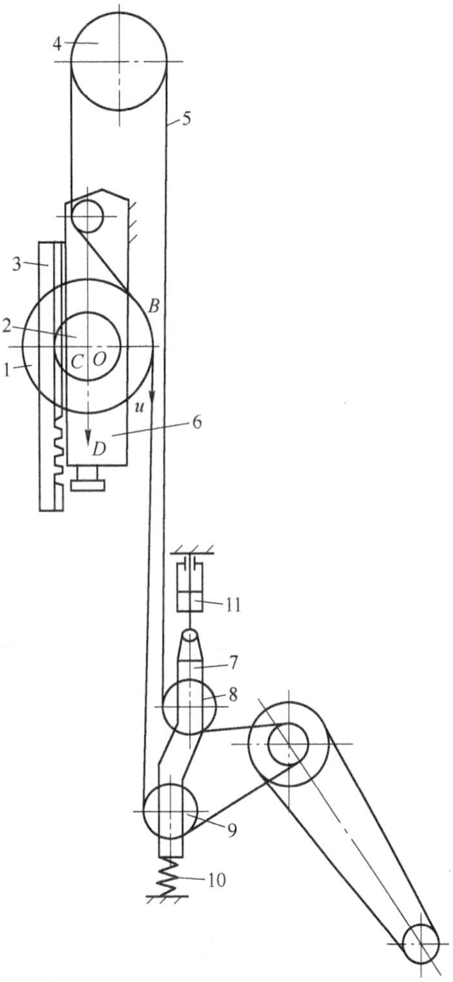

图 7－17 封闭链条传动系统

1—大链轮；2—加压齿轮；3—齿条；4—导向轮；5—链条；6—回转小车；7—平衡张紧装置；8、9—张紧链轮；10—张紧弹簧；11—油缸

实现钻具回转、加压运动和升降运动。回转小车结构如图 7－21 所示。

7.2.1.6 钻机钻孔故障及钻机机构调整

A 钻孔故障及其排除方法

在钻孔过程中，应尽最大努力防止发生钻孔事故。若一旦发生事故，必须作出正确的判断，然后采取适当的措施进行处理和打捞。

(1) 夹钻具。钻具在孔内被夹住，是由于炮孔片帮、掉块、岩粉过多以及突然停止供气等原因造成的。排除夹钻事故首先判明是属于旋转夹钻还是提升夹钻。

钻具能在炮孔中转动，而不能提起来的提升夹钻，一般是由于片帮，掉块引起的，此

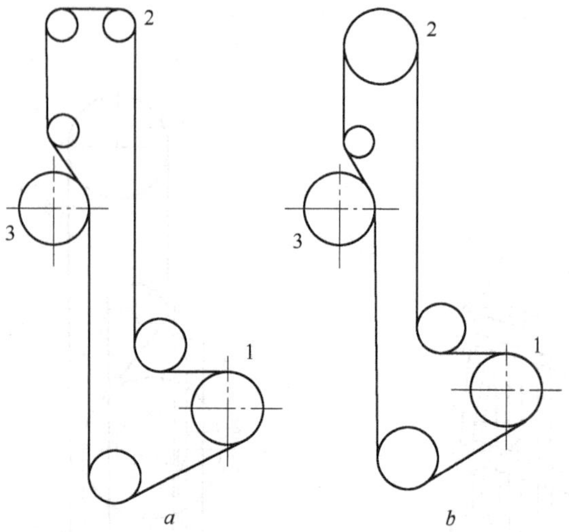

图7-18 封闭链条缠绕方式

a—KY-310；*b*—45-R、60R-Ⅲ

1—主动链轮；2—天轮；3—大链轮

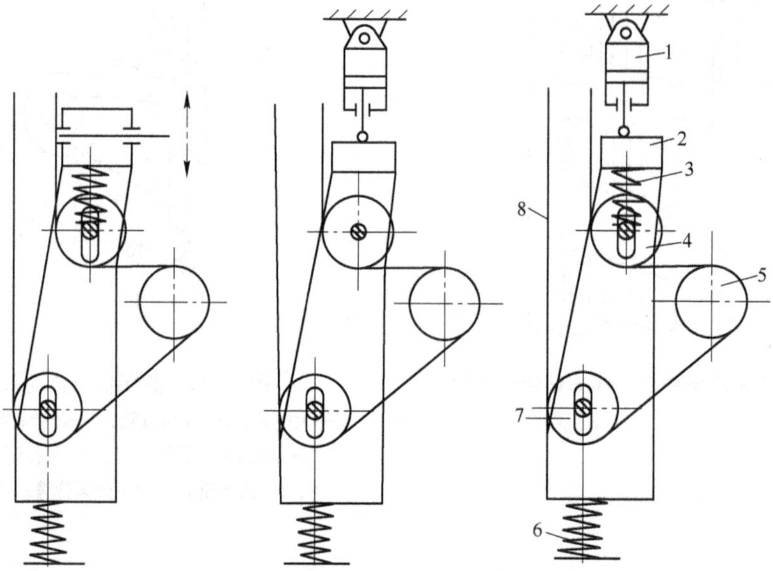

图7-19 封闭链条张紧装置

a—45-R；*b*—KY-250、60-RⅢ；*c*—KY-310、YZ-35

1—油缸；2—均衡架；3—上弹簧；4、7—张紧轮；5—主动链轮；6—下弹簧；8—链条

时不能强行拔出钻具，更不应停止供气，要上下缓慢窜动，反复回转钻具，将卡钻的岩块研碎，即可提起钻具。

钻具在炮孔中不能转动，多半是孔底岩粉过多原因造成的。此时，一定要停止供气，

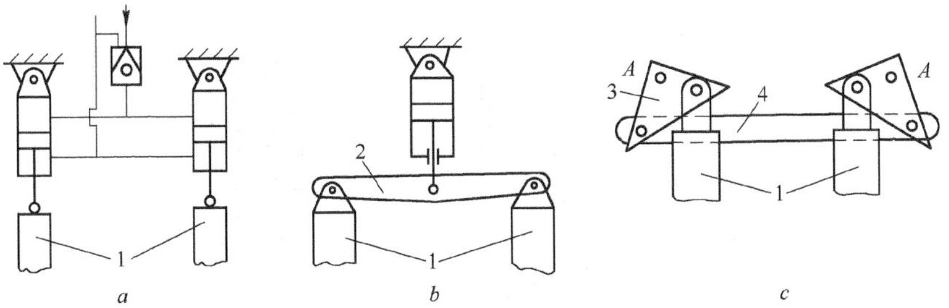

图7-20 链条平衡装置

a—KY-310，KY-250，YZ-35；*b*—60-R；*c*—45-R

1—均衡架；2—平衡架；3—曲柄板；4—横梁

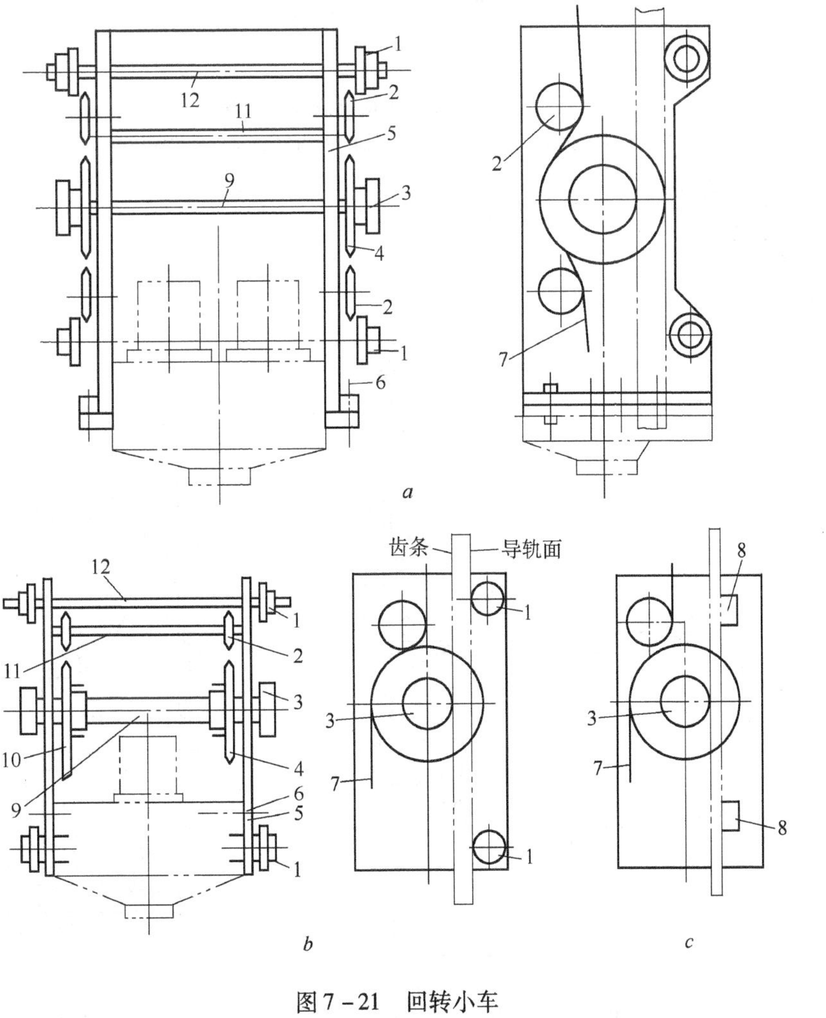

图7-21 回转小车

a—HYZ-250B；*b*—KY-250；*c*—KY-310、45-R、60-RⅢ

1—导向轮；2—小链轮；3—加压齿轮；4—大链轮；5—小车体；6—连接螺栓；7—封闭链条；8—导向尼龙滑板；9—大链轮轴；10—防坠制动器；11、12—连接轴

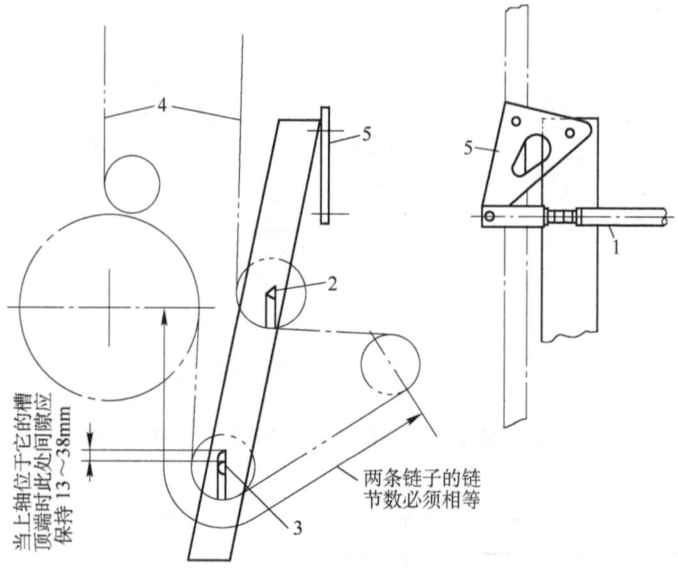

图7-22 加压-提升链条的调整

1—调节均衡器；2—上轴；3—下轴；4—链条；5—直角曲柄板

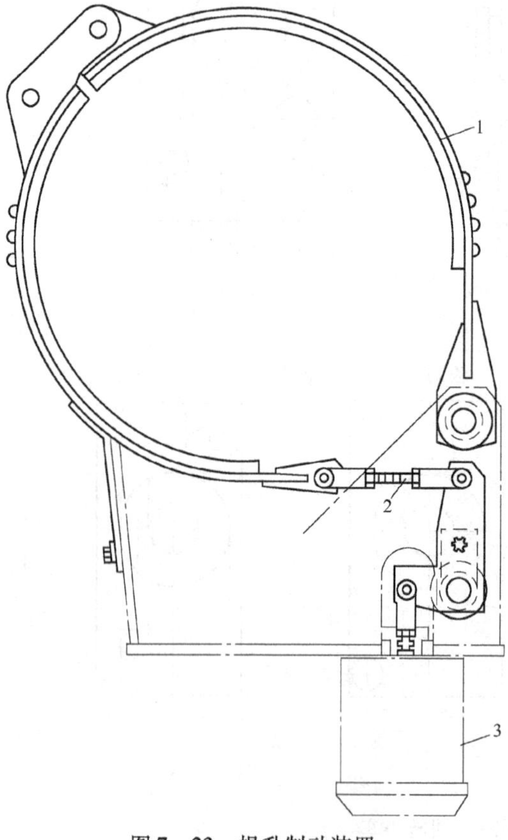

图7-23 提升制动装置

1—闸带；2—调节螺栓；3—气缸

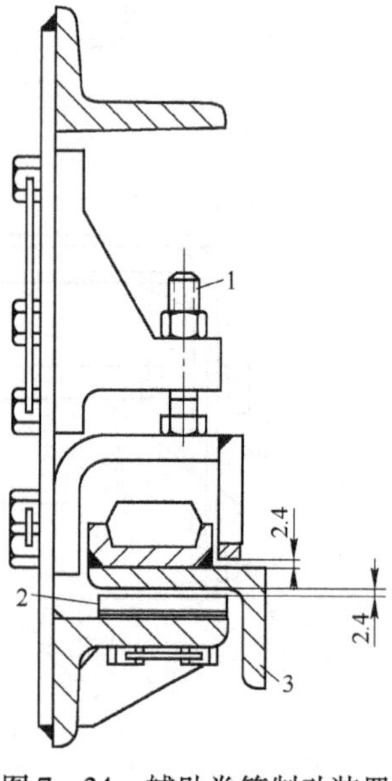

图7-24 辅助卷筒制动装置

1—调节螺栓；2—闸带；3—气缸

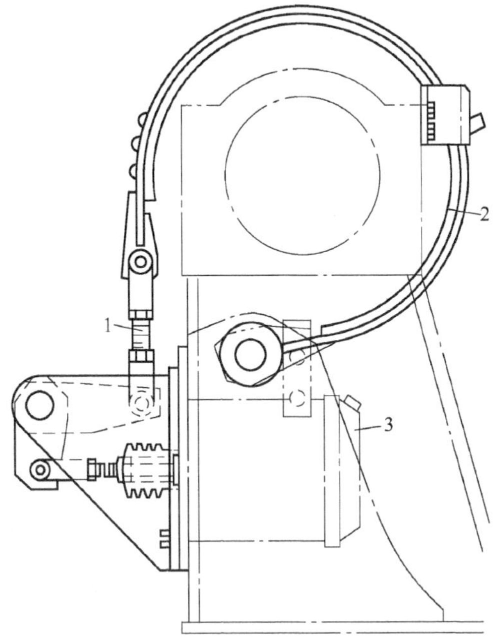

图 7－25 回转机构导向装置的调整

1—调节螺栓；2—衬板；3—钻架

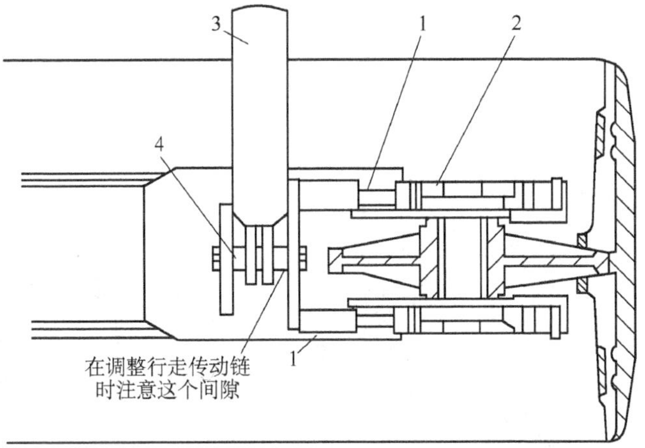

图 7－26 履带张紧

1—小千斤顶；2—填隙片；3—均衡架；4—均衡销

采取边回转边提升的办法慢慢窜动钻具。采用上述方法后，夹钻故障仍不能排除时，可在钻杆两侧焊两个扳手，用液压千斤顶将钻具提起。

（2）掉钻具。处理钻具掉入孔内，可采用打捞锥捞取。

（3）片帮。出现孔壁片帮现象时，首先要减小轴压，降低转速，然后再投入黏土维护好孔眼。

B 钻机机构调整

为确保钻机能持久正常运行，在钻机使用过程中，要不断地调整钻机机构。

这种调整主要有：加压－提升链条的调整、提升和辅助卷筒制动装置的调整、回转机

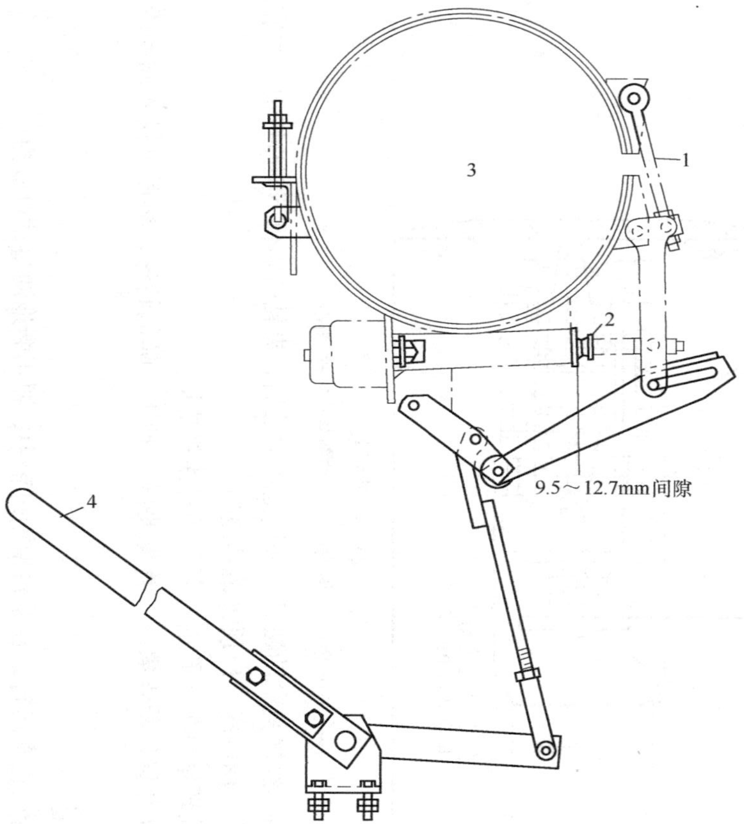

图7－27 行走制动器和手动松闸杆

1—螺栓；2—垫圈；3—行走制动器；4—手动松闸杆

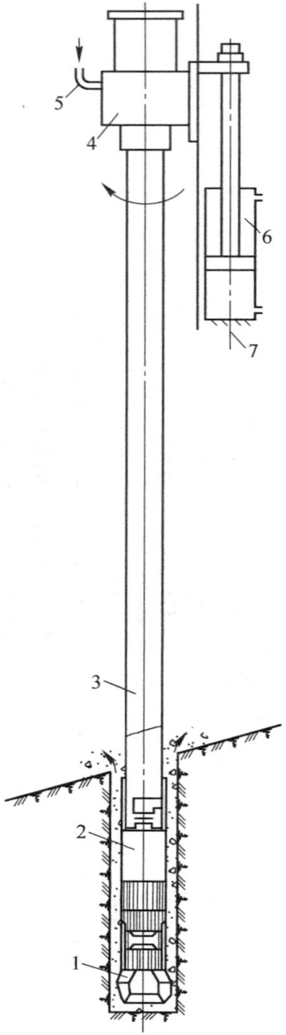

图7－28 潜孔钻作业示意图

1—钻头；2—冲击器；3—钻杆；
4—气接头；5—进气管；
6—加减压气缸；7—钻架

构导向装置的调整、钻杆架的调整、主空压气机皮带的张紧、履带的调整、行走机构的调整等。现以45－R牙轮钻机为例，将其机构调整的方法分别列出如图7－22至图7－27所示。

7.2.2 露天潜孔钻机

潜孔钻是把气动冲击器连钻头装在钻杆的前端，凿岩时，冲击器随着钻孔延深而潜入孔底破碎岩石。图7－28为潜孔钻机作业示意图。

潜孔钻机通常适于钻直径80～250mm的炮孔，深度一般不大于30m，但最深可达150m。

潜孔钻机同接杆凿岩钻车相比较，有如下一些特点：

（1）冲击力直接作用于钎头，冲击能量不因在钎杆中传递而损失，故凿岩速度受孔深的影响小。

（2）以高压气体排出孔底的岩碴，很少有重复破碎现象。

（3）孔壁光滑，孔径上下相等，一般不会出现弯孔。

（4）工作面的噪声低。

值得提出的是，国内外已经有了高工作气压型空气压缩机和相应的高工作气压型潜孔冲击器，将会使钻孔速度提高数倍。

潜孔钻机是中、小露天矿山的主要钻孔设备。国内外露天潜孔钻机主要技术特征列于表7－6和表7－7。

美国生产潜孔钻机的主导厂家是英格索兰德（Ingersoll Rand）公司[8]。该公司的产品代表了国际潜孔钻机的发展水平，它生产的潜孔钻机主要特点是：

（1）适应商品生产的需要，品种多样化，有如下几种主要系列产品：

LM型——小型履带式，凿岩机与潜孔冲击器兼用；

ECM型——中型履带式，钻架借助液压油缸可延长其高度，凿岩机与潜孔冲击器兼用；

CM——中型履带式，钻机自动作业程度较高，凿岩机与潜孔冲击器兼用；

T型——重型轮胎式，潜孔冲击器与牙轮钻头钻进兼备；

DM－SP型——大型履带式，属于下部转盘型高钻架钻机；

DM型——大型履带式，属于顶部回转式钻机。

此外还有ID型、TH型、RO型等。

（2）驱动方式多样化，除了电力驱动外，还广泛采用柴油机驱动。柴油驱动的钻机同日益发展的大型液压挖掘机和汽车相配套，勿须单独为钻机架设供电线路。

（3）潜孔钻机供气压力不断提高，高达2.4MPa。尤其值得提出的是钻机的最低工作气压为0.685MPa，而国内钻机还广泛使用0.49MPa。

（4）钻机行走方式多样化，除了履带行走传动方式外，还有轮胎式行走。后者大大改善了钻机的机动性能。

7.2.2.1 潜孔钻机分类与典型钻机

露天潜孔钻机按其重量和钻孔直径可分为三种类型：轻型潜孔钻机，重量较轻，钻孔孔径一般小于110mm；中型潜孔钻机，重量约为10～15t，孔径为150～170mm；重型潜孔钻机，重量在30t以上，孔径一般大于200mm。

如按钻机钻具使用的空气压力又可分为普通型潜孔钻机和高气压型潜孔钻机。前者使用的空气压力一般小于0.7MPa，后者使用的空气压力一般大于1.0MPa。

表7-6 国内露天潜孔钻机主要技术特征

机型	KQ-100		KQ-150		KQ-170	KQ-200			KQ-250		SQ-100J
孔径（m）	80	100	150	170	170	200	210	220	230	250	80，100，105，127
垂直孔深（m）	18		17.5		18	19			16		30
孔向（°）	0～90		60，75，90		45，60，75，90	60～90			90		45～90
钻杆直径（mm）	60	70	133		127	168			194	219	75
一根钻杆长度（m） 接杆	3～6		9		8.5	10.2，9.5			9		3
一根钻杆长度（m） 不接杆			18						17		
钻具回转转数（r/min）	30～50		21.7，29.2，42.9		60	13.5，17.9，27.2			22.3		0～30
钻具回转扭矩（N·m）	490～735		2906，2447，2141		1107	5802，4812，4312			9427.6		1500
轴压力（kN）			0～5.8		0～11.7	0～14.5			0～29.4		24
钻具提升速度（m/min）	15～20		16		16	12～16			12～16		
孔底有效提升力（kN）	9.8		24.5		14.7	34.3			98		
辅助提升力（N）			4900		4900	9800			19600		
工作气压（MPa）	0.49～0.69		0.49～0.69		0.59～0.74	0.49～0.69			0.49～0.69		0.6～1.5
耗气量（m^3/min）	3～10		15		15～18	22～27			25～30		12～17
除尘方式	干或湿式		干或湿式		湿式	干或湿式			干或湿式		干式扑尘
行走方式	电动履带		电动履带		电动履带	电动履带			电动履带		气动马达履带
钻机重量（t）	6～7		14		22	35			45		5.6
制造厂家	宣化风动机械厂		宣化风动机械厂		大冶铁矿	太原矿机厂			宣化风动机械厂		加兴冶金机械厂

表 7-7　国外几种潜孔钻机主要技术特征

机　　型		QM-5	DM-4 (T-4)	T-5	RCD-930	DH-650	T650W	T685H	ES-115	Rotamec 1702	СБУ-125	СБУ-150	СБУ-200
孔径（mm）		178~225	127~200	228~250	152~178	152~171	152~197		80~250	140~216	125	150	200
推进方式		气马达-链条式	双油缸-链条式	双油缸-链条式		气马达-链条式	双油缸-链条式	双油缸-链条式	气马达-链条式	双油缸-链条式			
推进力（kN）		0~176.4	0~176.4	0~266.5	44.100~88.2		0~137.2		0~137.2	0~170	4.9	4.9	4.9
旋转方式		气马达	油马达	油马达	油马达	气马达	油马达	油马达	油马达	油马达			
钻具转数（r/min）		0~75	0~100	0~79，0~111	0~52	7~38		0~140，0~70	0~40，0~110	0~80	27，40，80	0~60	
旋转扭矩（N·m）			5644.8	9231.6 6546.4	2979.2		4057.2	4635.4 10103.8	7350.3430	5620			
空压机容量（m^3/min）		28.5	29.7		25.5	16.8		24	17	21			
供气压力（MPa）		0.685	2.41		0.685	0.685		2.41		2.0			
行走方式		履带，分传	履带，分传（轮胎）	轮胎	履带，分传	履带	轮胎	轮胎	履带，分传	履带，分传			
原动机功率（kW）			216			216	146			300			
外形尺寸 长×宽×高（mm）	工作时	7200×4200×15800	8700~1070×2400~3200×10900	11150×3050×12200				11150×2438×12120		7210×3250×12960			
	运输时	15200×4200×400		11460×3050×4100				11995×2438×3680		13340×3250×3320			
钻机重量（t）		30	22~27	38.5				25	20	27.2	5	16	35
制造厂家		英格索兰德			G.D.	C.P.	Joy	Schramm		阿特拉斯公司			

A　SQ－100J 型高气压潜孔钻机

SQ－100J 型高气压潜孔钻机的外观如图7－29所示。该钻机由钻具、回转供气机构、推进机构、工作装置变幅机构和行走机构等部件组成。钻机工作气压为0.6～1.5MPa。这种钻机不仅凿岩速度快，能源消耗低，而且可钻不同角度的炮孔，其中包括下向垂直炮孔、上向45°和左右外倾20°的炮孔。该钻机是采用气动马达回转、推进及拖动履带行走的。

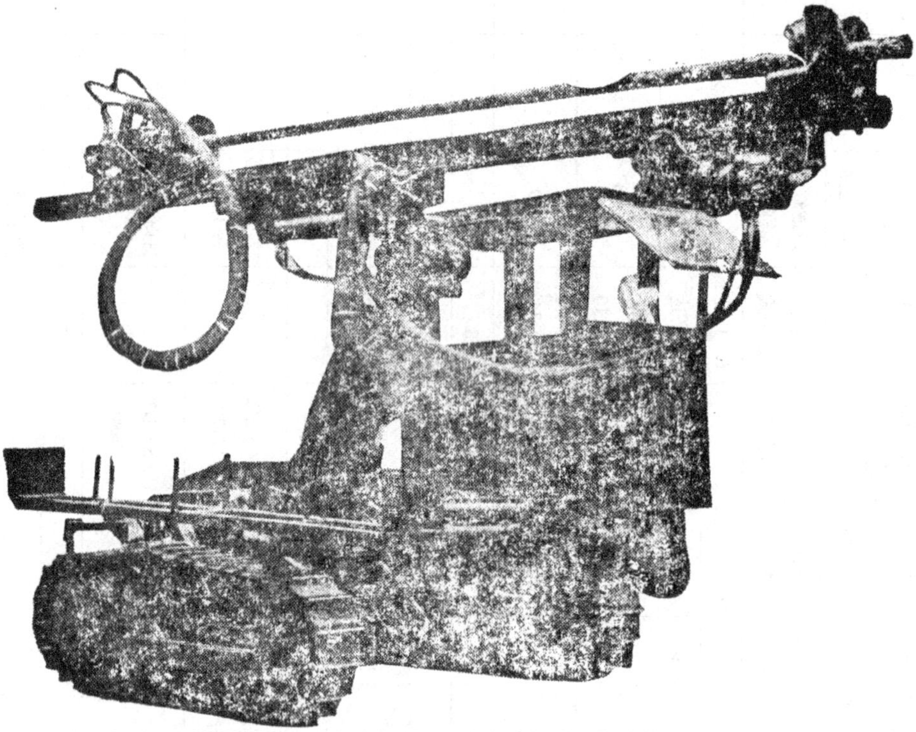

图7－29　SQ－100J 型高气压潜孔钻机

该钻机配用JG80和JG100型潜孔冲击器，用于钻凿孔径85～127mm的炮孔，供矿山处理边坡以及土建工程中挖坝基、地基等用。

B　YQ－150A 型潜孔钻机

YQ－150A 型钻机是国内应用最多的一种中型履带式潜孔钻机。该钻机采用槽钢导轨式滑架。回转、提升、行走均采用交流电机，功率分别为7.5、5和22kW。采用干式旋流除尘、电机功率为5.5kW，钻机不带空气压缩机，用管道供气。

C　KQ－150 型潜孔钻机

该种钻机是在YQ－150A型钻机基础上，制造的一种新型钻机。钻机加大了回转扭矩，降低了钻杆转数，最大推进力由原来的1.2kN提高到5.8kN。钻架由原来的槽钢组件改为方钢焊接桁架，弥补了原型钻机刚度不足的弊端。

D　KQ－200 型潜孔钻机

KQ－200 型钻机在我国矿山应用十分普遍。它是一种自带空气压缩机的履带式重型潜孔钻机，适于中型露天矿应用，可凿直径为200～220mm的炮孔，钻孔深度为19.3m，其

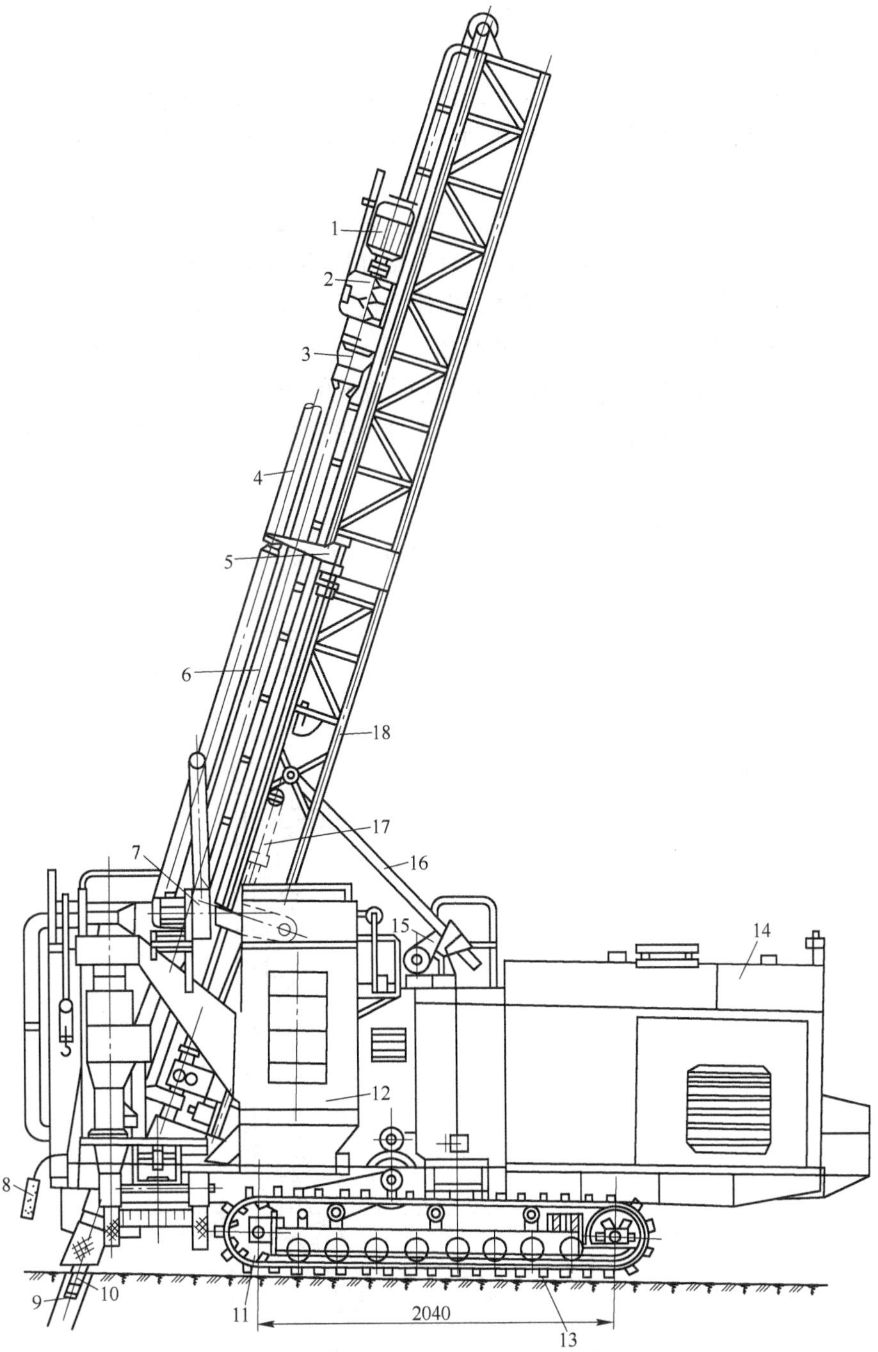

图 7-30 KQ-200 型潜孔钻机

1—回转电机；2—回转减速箱；3—供气接头；4—副钻杆；5—送杆器；6—主钻杆；7—离心通风机；8—手动按钮；9—钻头；10—冲击器；11—行走驱动轮；12—干式除尘器；13—履带；14—机棚；15—钻架起落机构；16—齿条；17—调压装置；18—钻架

技术性能见表7-6。

图7-30为KQ-200型潜孔钻机外观图。

KQ-200型潜孔钻机具有下列特点：

(1) 除冲击器以压缩空气为动力外，钻机的其他机构全部以电为动力；

(2) 钻机自带高压变压器，在移车时不必再迁移变压器，且高压电缆截面小，重量轻，移动十分方便；

(3) 钻架采用四柱式封闭桁架结构，其特点是具有较小的截面较大的刚度；

(4) 回转机构采用三速电机，可按矿岩可钻性选择不同回转参数；

(5) 行走机构采用双电机分别驱动，操作方便，转弯灵活迅速；

(6) 采用轴承式定心环，减少钻杆磨损，且定心环可沿钻架滑动430mm，使钻具提升高度增加，这种非刚性连接还可以缓冲过卷时造成的冲击载荷；

(7) 钻机有干式与湿式两套除尘系统，所采用的脉冲布袋除尘装置有较好的除尘效果。

E KQ-250型潜孔钻机

KQ-250型钻机外观见图7-31。KQ-250型钻机与KQ-200型钻机相比，有以下一些特

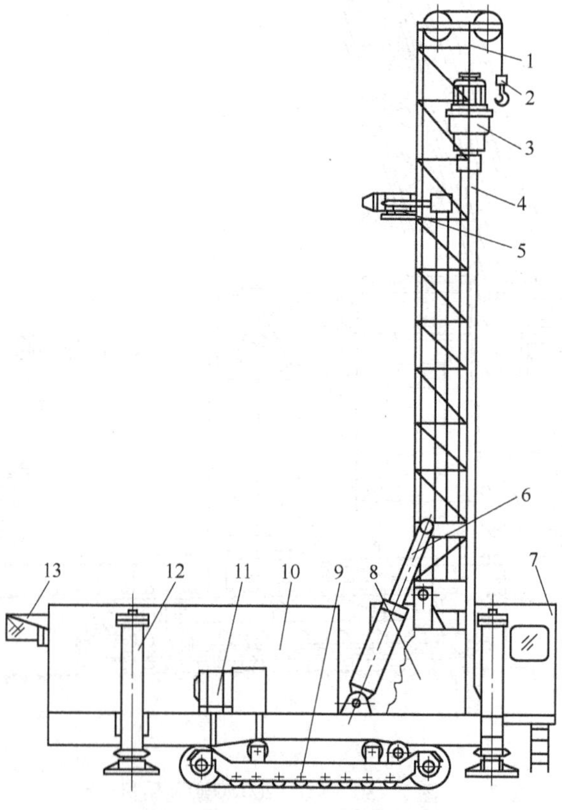

图7-31 KQ-250型潜孔钻机外观

1—辅助卷扬钢绳；2—起重吊钩；3—回转装置；4—钻杆；5—送杆器；6—起落钻架油缸；7—司机室；8—除尘系统；9—履带行走装置；10—机棚；11—空压机；12—稳车千斤顶；13—通风机

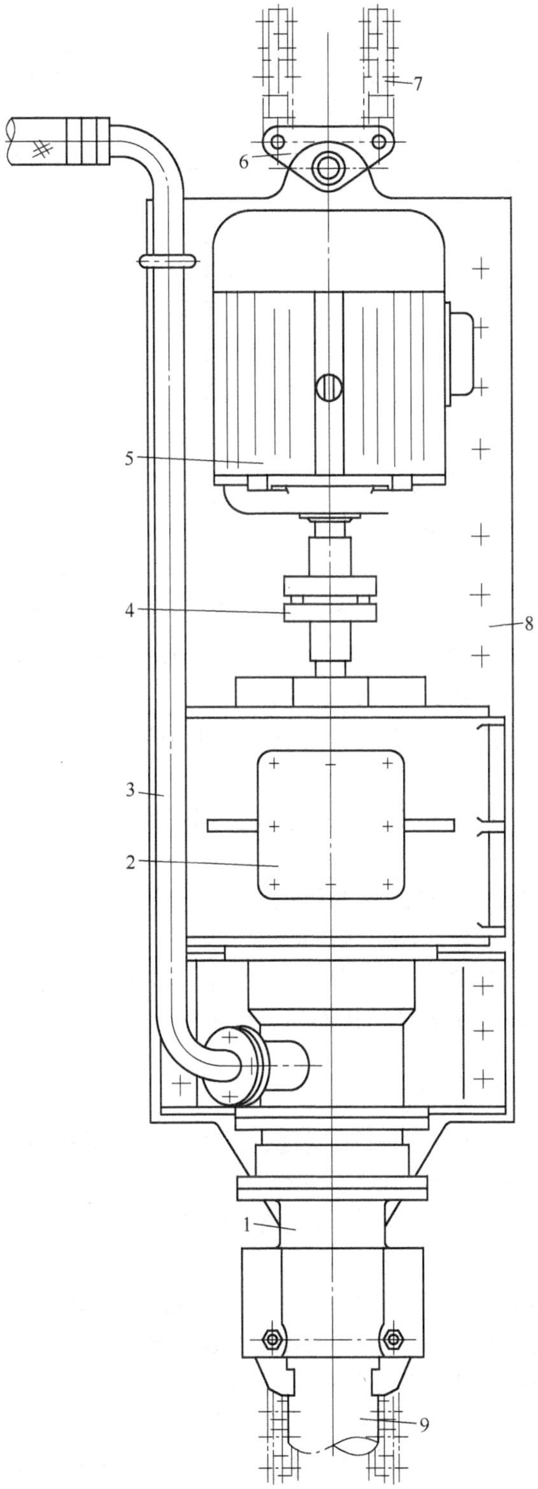

图 7-32　KQ-200 型钻机回转供气系统

1—供气接头；2—回转减速器；3—供气弯管；4—弹性联轴节；
5—回转电机；6—平衡架；7—链条；8—滑板；9—钻杆

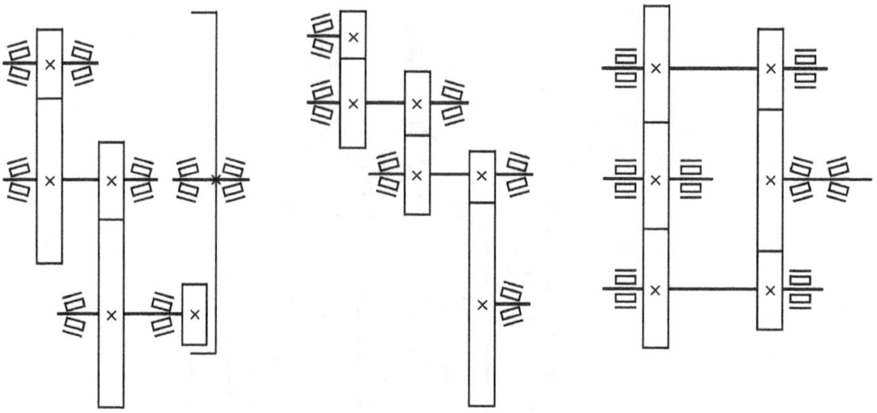

a　　b　　c

图7-33　回转减速器传动形式

a—KQ-200型；b—KQ-150型；c—金-80型

点：

（1）KQ-250型钻机有三种驱动力：冲击器、主传动系统中的气室离合器以及压气传动；钻架起落、稳车千斤顶、送杆器及托杆器采用液压传动；其他机构直接以电为动力，例如回转、提升钻具以及行走传动机构；

（2）钻架起落借助两个液压油缸来完成。由于钻架轴与提升主轴同心，起落时可不拆去链条、油管等零件；

（3）提升推进机构、行走机构及辅助卷扬共用一台电动机。而KQ-200型钻机则为多电机分别驱动；

（4）KQ-250型钻机采用抱闸式调压装置。它是在驱动提升机构的传动主轴上安装一个用气缸操作抱闸的制动轮。调节气缸的进气压力，就能够改变抱闸与制动轮之间的摩擦间隙，从而改变制动力矩的大小。工作时，利用调节制动力的大小，来限制钻进部件依靠自重下放的速度。这种调压装置结构简单，但可靠性及自动化程度较低。

7.2.2.2　露天潜孔钻机主要机构

A　钻机钻具回转与供气系统

该系统多数都由回转电机、回转减速箱、供气接头及滑板等部分组成。图7-32是KQ-200型潜孔钻机的钻具回转与供气系统。

回转减速器主要有圆柱齿轮减速器与摆线针轮减速器两种类型。减速器的传动形式见图7-33。

KQ-200型减速器通过三级圆柱齿轮减速，三级齿轮全部装于封闭的减速箱体内。箱体由焊接的筒体及两端轴承的法兰盘用螺钉连接而成，使减速箱体积小重量轻。

供气接头是连接回转减速箱与钻杆并将压缩空气引入钻杆的一种装置。供气接头按其结构型式分旁侧供气（图7-34）与中心供气（图7-35）两种。前者纵向尺寸较大，且密气效果差、结构复杂；后者尽管横向尺寸大些，但密气效果好、且结构相对简单。

B　提升、推进与调压机构

在凿岩钻孔过程中，必须对钻具施加合适的轴压力。与回转钻进依靠轴压破碎岩石不同，潜孔钻的轴压只用来抵消活塞的冲量，过大的轴压并无好处，它增加回转阻力，加速

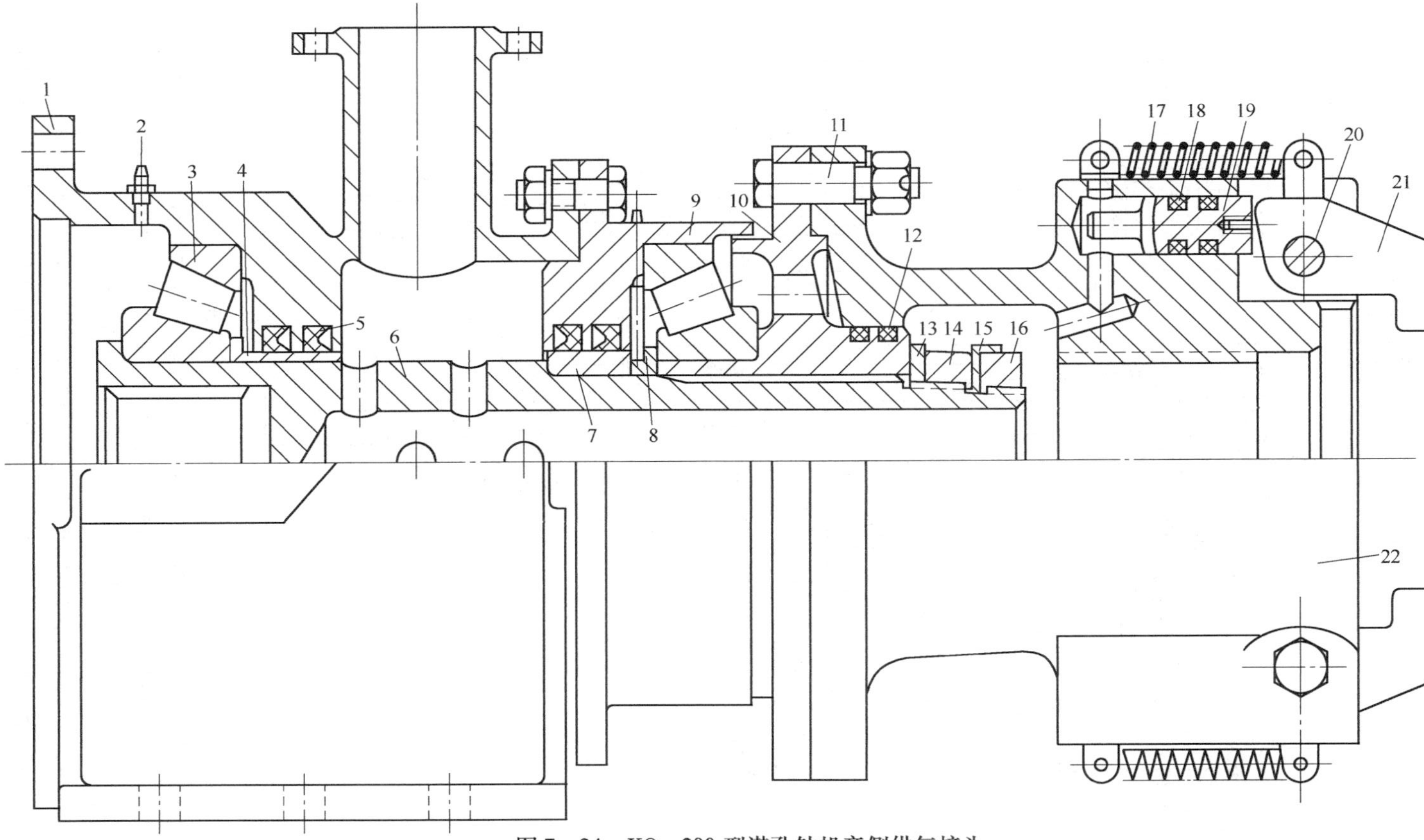

图 7-34 KQ-200 型潜孔钻机旁侧供气接头

1—供气接头体；2—油杯；3—圆锥滚子轴承；4—轴套；5—密封圈；6—空心主轴；
7—轴；8—调整垫；9—轴承套；10—花键套；11—螺栓；12—密封圈；13—垫；
14—左螺栓母；15—防松垫圈；16—螺母；17—拉伸弹簧；18—密封圈；
19—活塞；20—卡爪销轴；21—卸杆卡爪；22—钻头接头

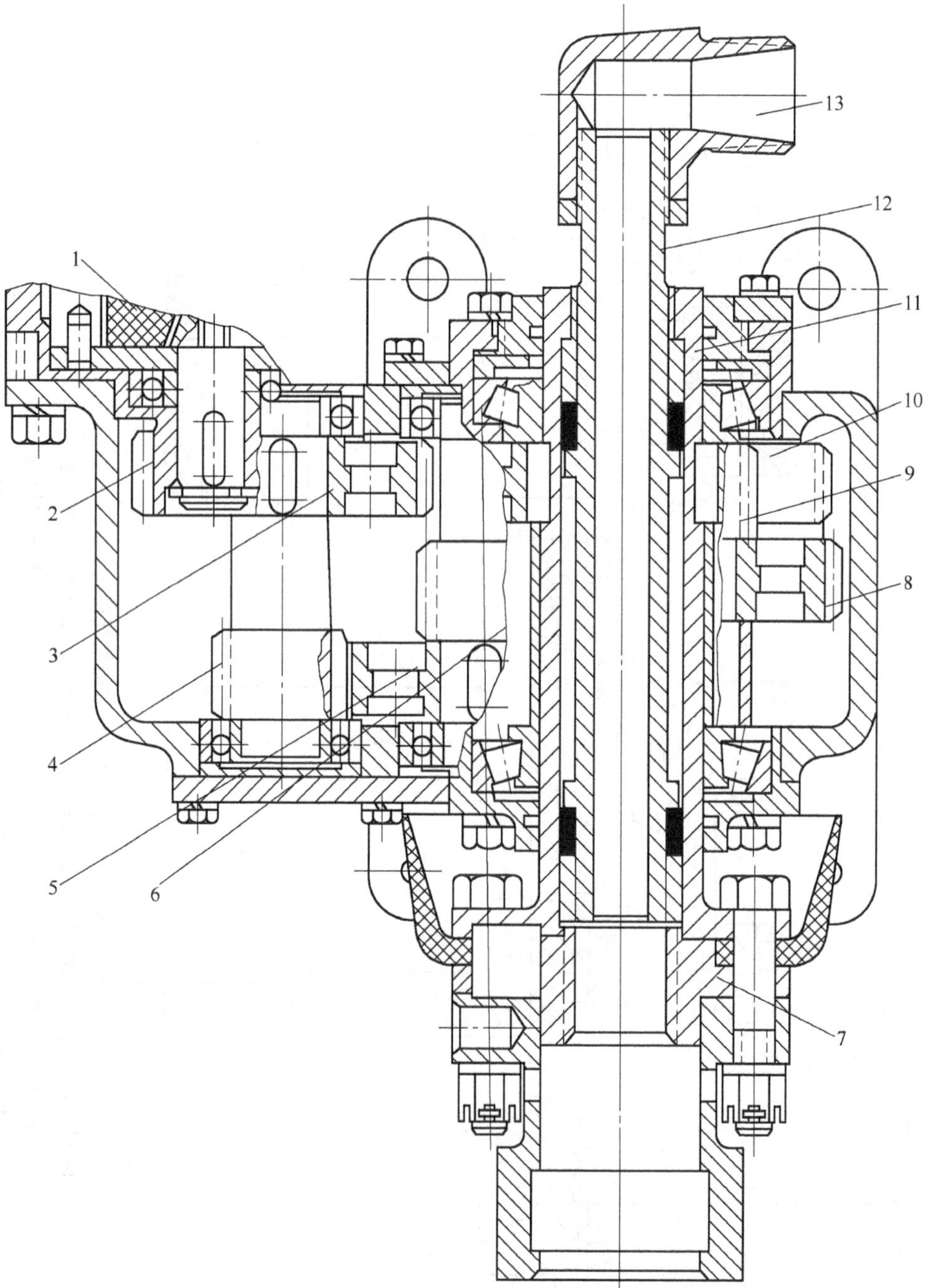

图7-35 潜孔钻机中心供气装置

1—气马达；2—气马达小齿轮；3—Ⅰ轴大齿轮；4—Ⅰ轴小齿轮；5—Ⅱ轴大齿轮；6—Ⅱ轴小齿轮；7—钻杆接头；8—Ⅲ轴大齿轮；9—Ⅲ轴小齿轮；10—Ⅳ轴大齿轮；11—空心主轴；12—中心供气管；13—供气接头

钻头磨损；但轴压太小，会加剧机器的振动，影响凿岩效果。调整轴压力是靠调压机构完成的。与此同时，炮孔要不断的延伸和换位，需要经常升降钻具。由于提升与调压两个机构都直接与钻具发生联系，便形成了统一的提升调压系统。

潜孔钻机钻具的提升与推压机构有链式与钢绳推进两种。钻具的加减压亦有两种方式，即气缸式加减压和抱闸式加减压。国内几种钻机，所用的气缸加减压装置的提升调压系统，示于图7－36。

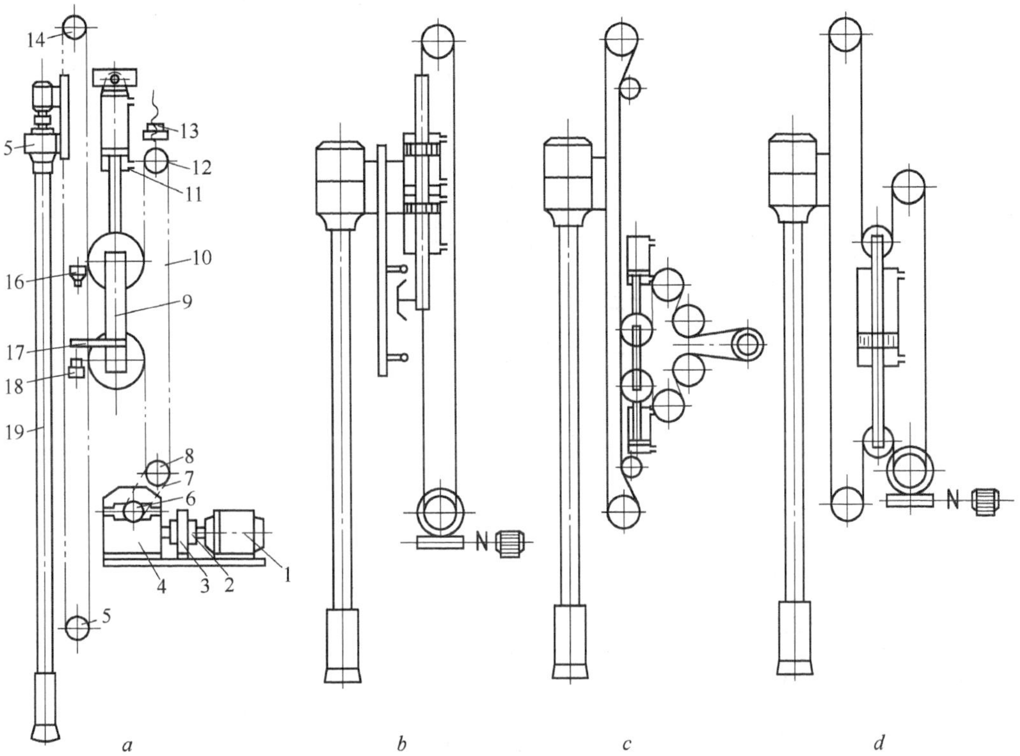

图7－36 潜孔钻机提升与调压系统

a—KQ－200型；*b*—东风－200型；*c*—KQ－150型；*d*—金－80型

一般说来，当钻进总重量（包括回转供气机构、钻杆、冲击器与钻头等四部分重量）大于孔底合理轴压力时，则需减压；反之，则需对钻具部分加压。

现以图7－36*a* 所示的KQ－200型钻机提升与调压系统说明提升与推进机构的工作原理，如图所示，要获得减压需要向调压气缸11上部供气。此时，由于调压气缸缸体固定在钻架架体上，于是活塞推出并带动滑轮组9向下运动，且活塞作用力的一半由链条通过顶部天轮再传递给钻具部分。因其力的方向与钻进部件重力方向相反，故对钻进部件起到减压作用。

上述减压过程是自动完成的，在正常钻进时，提升系统的电动机1处于开断制动状态。设这时动滑轮组9在最下端位置，当冲击器钻进深度1200mm（减压缸行程为600mm）后，它由最下端位置被提到最上端位置（此时，调压缸的活塞杆呈全缩入状态）。此时，通过上极限位置的行程开关16启动电机1旋转，使全系统迅速动作。由于冲击器及钻头抵于孔底，链轮8又呈逆钟向旋转，只有将滑动链轮组9从上极限位置迅速拉到下极限位置。在下极限位置又安有一行程开关18，将提升推进电机电路开断。于是钻进部分又开始了另一个1200mm的钻进循环。显然，钻进是连续的且长时的，而电机运行是间断和短暂的。在钻进时都处在减压的过程。

C 接卸钻杆机构

潜孔钻机多采用接杆钻进，因之它的接卸钻杆机构非常重要。

接卸钻杆机构一般由送杆器、托杆器、卡钎器及定心环等部分组成，接卸钻杆机构类型很多，按其动作原理分为转臂式送杆机构、直推式送杆机构和平行连杆式送杆机构等几种型式，图7－37、图7－38和图7－39给出了几种接卸钻杆机构示意图。

D 钻架起落机构

潜孔钻机钻架起落机构类型较多，根据动力装置和传动机构的不同分为钢绳式、齿条

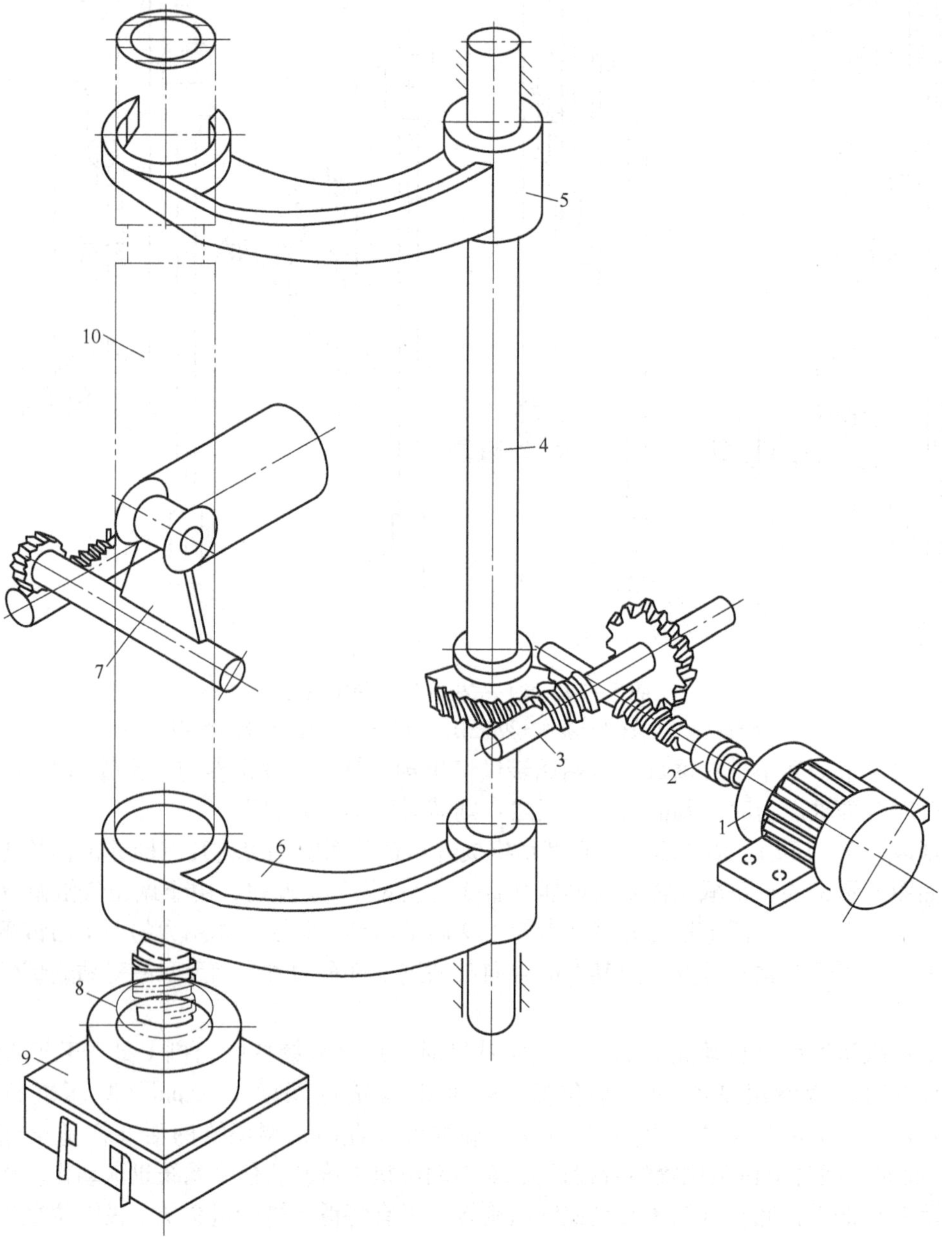

图7－37 电动钻臂式接卸钻杆机构

1—电动机；2—联轴节；3—蜗轮减速器；4—传动轴；5—上转臂；6—下转臂；7—托杆器；8—定心环；9—卡钎器；10—副钻杆

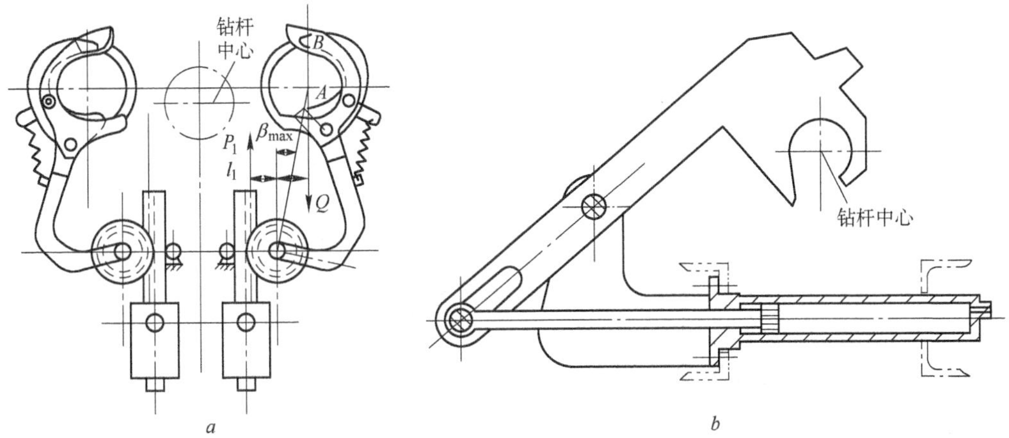

图 7－38 气动转臂式接卸钻杆机构

a—气动齿条式；*b*—气动活塞杆式

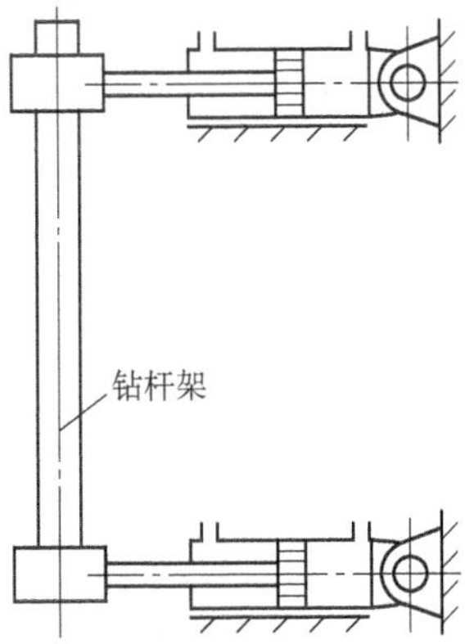

图 7－39 直推式接卸钻杆机构

式、螺杆式和液压活塞式等几种类型。齿条式钻架起落机构见图 7－40。

E 钻机的除尘与空气增压净化装置

钻机凿岩时，从岩孔中排出大量粉尘，造成环境污染，严重地威胁人体健康，降低机器使用寿命，必须采取有效的除尘与防尘措施。

就除尘而言，可大致归为三类：

(1) 干式除尘。从钻孔中排除的粉尘，利用捕尘罩、沉降箱旋风除尘器以及脉冲布袋除尘器等设备进行干式分离和粉尘捕集。这种方法对低温和缺水地区比较适用；

(2) 湿式除尘。向压缩空气中加入一定量的水，利用气与水的混合物进行湿式凿岩，岩粉在孔内被湿润。湿式除尘效果比较理想，但对凿岩效率有不利的影响，且冬季在低温地区应用时，要采取专门的防冻措施；

(3) 混合式除尘。混合式除尘是指孔底干法凿岩，孔口湿式捕尘。

从提高除尘效率角度出发，以采用大捕尘罩以及脉冲布袋除尘装置为好。

几种除尘系统分别示于图 7－41、图 7－42。压气加压供水系统示于图 7－43。

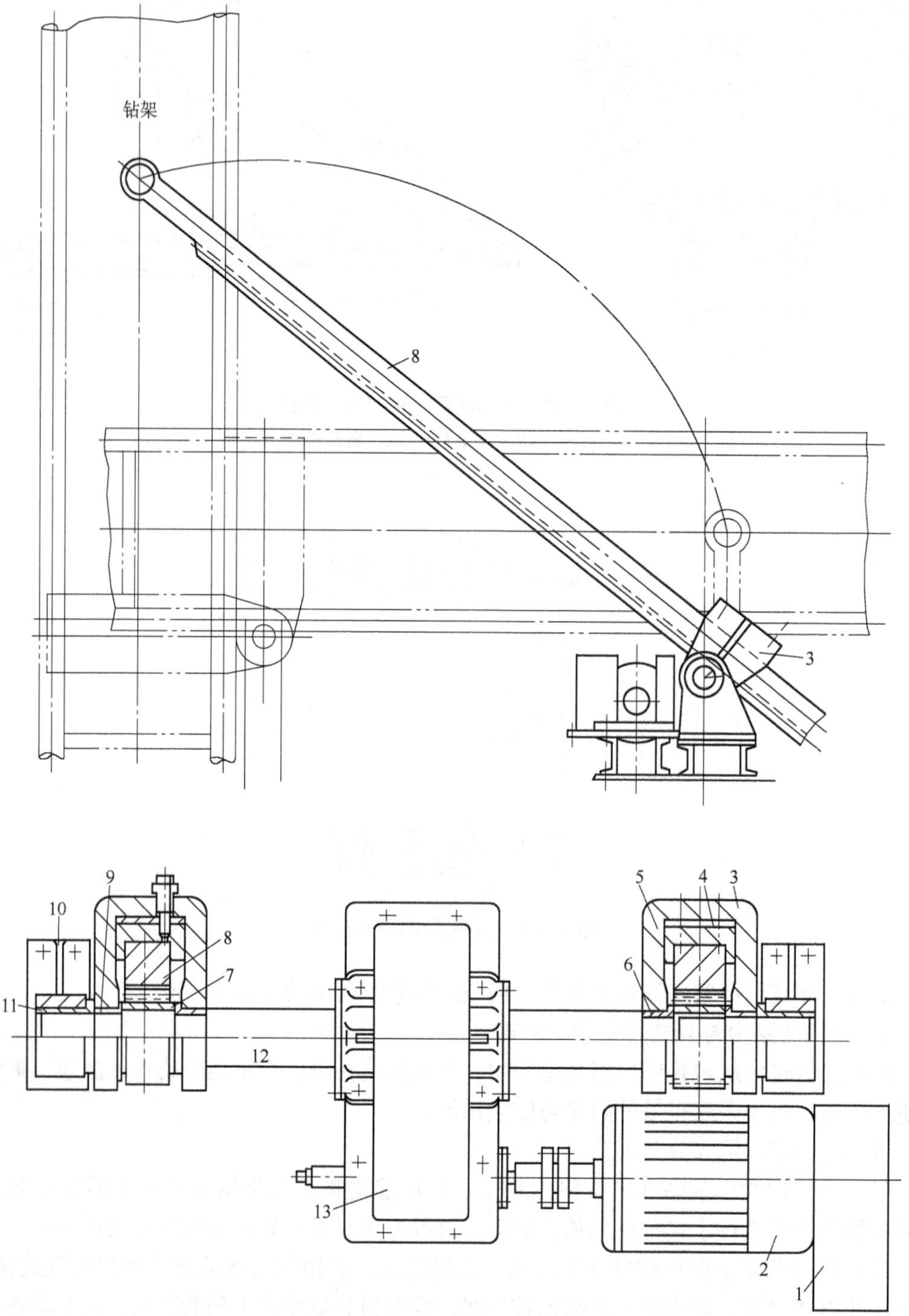

图7-40 齿条式钻架起落机构

1—制动器；2—电动机；3—鞍形轴承座；4—钢垫；5—滑板；6—内铜套；7—齿轮；8—齿条；9—外铜套；10、11—轴承座；12—长轴；13—减速器

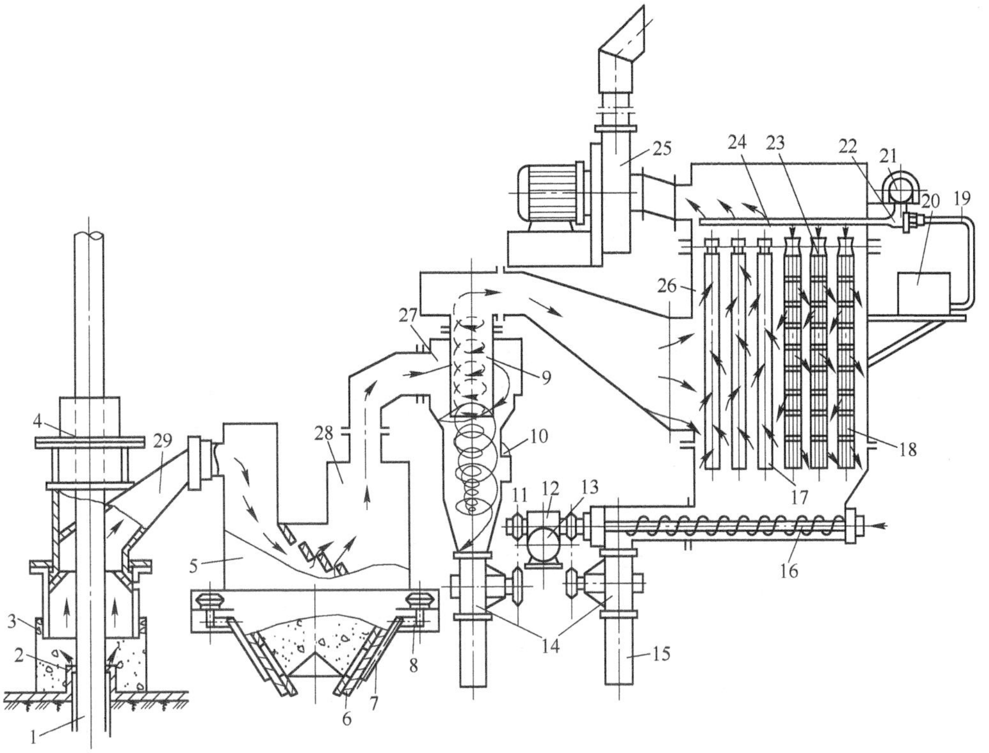

图 7－41 KQ－200 型潜孔钻机干式除尘系统

1—钻杆；2—护口筒；3—帆布罩；4—定心环；5—沉降箱；6—活动盖；7、17—拨杆；8、9—排气管；10—螺旋形旁室；11—链轮；12—减速机；13—电动机；14—卸尘装置；15—布袋；16—搅龙；18—骨架；19—铜管；20—脉冲控制器；21—气包；22—脉冲阀；23—喇叭管；24—喷吹管；25—扇风机；26—机械脉冲布袋除尘器；27—旁室旋风除尘器；28—沉降箱；29—捕尘罩

7.2.3 露天旋转钻机

旋转钻机以切削方式破碎岩石，常用于不甚坚固的岩石，如煤、不坚固的石灰岩、铝土矿、钾盐、软锰矿等。钻孔直径 75～250mm。实践表明，在岩石坚固性系数 $f \leq 6$ 的岩石中钻孔时，与牙轮钻机相比，旋转钻机有如下优点：钻进效率高，能量消耗低，轴压力小；孔壁光滑，成孔质量好；切削式钻头制造、修复比较容易；钻机的振动与噪声小，因此旋转钻机在中硬以下岩石中的应用会得到进一步发展。

7.2.3.1 旋转钻机类型

旋转钻机按钻孔直径分为：轻型旋转钻机，孔径一般小于 120mm；中型旋转钻机，孔径为 150～225mm；重型旋转钻机，孔径一般大于 230mm。按照排碴方式，可分为压气排碴（如 KX 型）和螺旋排碴（如 KXL 型）两大类。此外，还有在钢绳冲击钻机基础上改制而成的 CZ－1 型旋转钻机。它们的主要技术性能列于表 7－8。

从国外引进了旋转钻机中，应用效果较好的有联邦德国的 H60 型、HBM－120 型，以及美国的 GD－25C 型。国外主要旋转钻机技术性能列入表 7－9。

7.2.3.2 常用旋转钻机

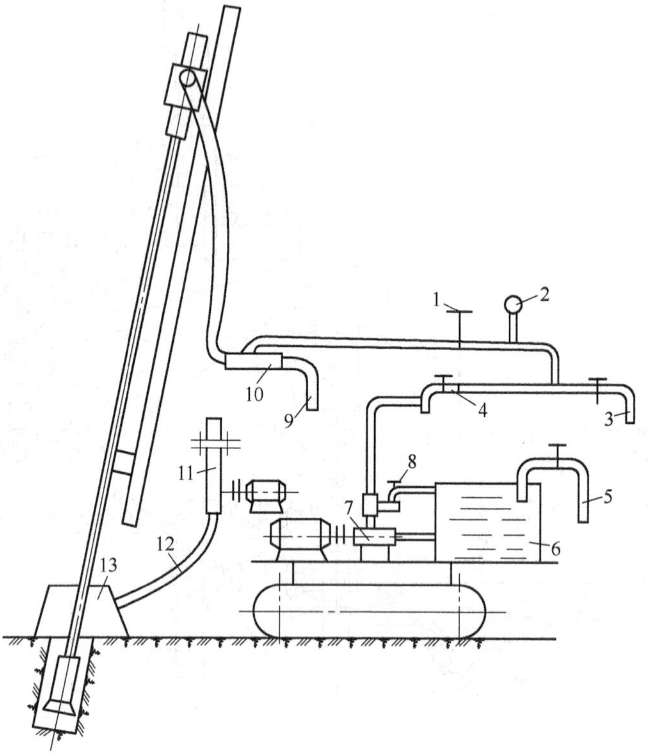

图7－42 湿式除尘系统

1—控制阀；2—水压表；3—加水口；4—逆止阀；5—水箱加水口；6—水箱；7—水泵；8—调压阀；9—主压气管；10—气水接头；11—通风机；12—帆布管；13—捕尘罩

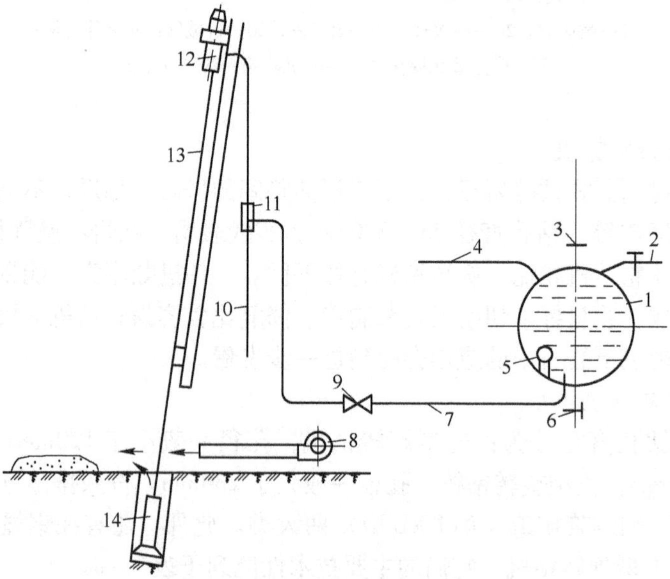

图7－43 压气加压供水系统图

1—水箱；2—供水管；3—排气阀；4—压气管；5—电热器；6—放水阀；7—排水管；8—通风机；9—控制阀；10—主压气管；11—气水接头；12—供气回转接头；13—钻杆；14—冲击器

表 7-8 国内旋转式钻机技术性能

主要技术指标	钻机型号及名称				
	KX-150A 旋转钻机	KX-120 旋转钻机	KXL-150 螺旋钻机	KXL-120 螺旋钻机	CZ-1 旋转钻机
钻孔直径（mm）	150	120	100~130	100~130	160
钻孔深度（m）	20	20	2.5（可以加深）	3.5（可以加深）	17.5
钻孔方向（°）	70~90	70~90	70~90	0~90	90
最大轴压力（kN）	70	70	30	30	
钻杆转速（r/min）	85，114	85，114	118，158	118，158	60
钻具掘进速度（m/min）	0~3.16	0~3.16	0~2.36	0~2.30	
提升速度（m/min）	0~15.4	0~15.4	0~10.7	0~10.7	
快速下降速度（m/min）	17.3	17.3	5.6	5.6	
排碴气量（m^3/min）	12	12	螺旋排碴	螺旋排碴	22
行走速度（km/h）	1.26	1.26	1.12	1.12	
工作时电机最大容量（kW）	114	114	29.5	29.5	
机重（t）	15.4	15.23	10.4	12.6	13
外形尺寸（长×宽×高）（mm） 工作时	5875×3520×7950	5875×3250×7950	5385×2975×7350	5500×2950×8440	6150×3070×12000
外形尺寸（长×宽×高）（mm） 钻架放倒时	7335×3250×4400	7335×3250×4400	6800×2975×4050	7640×2950×4300	

A KX-150 型和 KX-150A 型旋转钻机

此型钻机是一种自带空气压缩机的中型旋转式钻机。钻机钻孔孔径 140~160mm，在岩石坚固性系数 $f<6$ 时用旋转切削钻进。在 $f=7\sim11$ 的岩石中用牙轮钻头钻进。钻机以电为动力，用油缸-钢绳系统加压钻具。压气排碴，干式除尘。KX-150 型钻机外观见图 7-44。

KX-150 型钻机在伊敏河煤矿的岩石坚固性系数为 $f=3\sim11$ 的条件下，平均班钻孔效率 103mm。

在 KX-150 型钻机基础上改进的 KX-150A 型钻机，钻进轴压力由 55kN 改为 70kN，机前部增加了液压千斤顶，空压机气量由 10m^3/min 增加为 12m^3/min，并且行走电机功率相应加大，机械室加长加宽，增加了隔热层等。

B GZ-1 型旋转钻机

该钻机是由 GZ-20-2 型钢绳冲击式钻机改制而成。适用于坚固性系数 $f<7$ 的矿岩。该机的旋转机构由 10kW 电机和三级齿轮减速箱组成。提升推压由推压气缸、绳轮和电动卷扬组成。钻架起落由 4kW 电机、减速箱、齿轮、齿条组成。采用由电机带动的转臂式装卸钻杆机构。为了改善排碴效果，用一台 LG25-22/7 型螺杆空压机吹洗炮孔。

C GD-25C 型旋转钻机

GD-25C 型旋转钻机是一种具有双动力，即柴油或电力驱动的钻机。钻机可钻孔深

表7-9 国外旋转钻机技术性能

名称及单位			H60（KS-95）	LB24-1	LB406	LB610	HBM-120	GD-25C
机重及外形尺寸		总机重量（kg）	2930	7950	11500~14000	24000	20000	25200
		长（mm）	2710				10000	7240
		宽（mm）	2400				8500	3150
		高（mm）	1650				10200	12540
		运输时全宽（mm）					3800	
行走机构		型　式	铁轮拖动式	油马达-履带式	油马达-履带式	油马达-履带式	油马达-履带式	电动-履带式
		履带接地长（mm）					2415	
		履带宽（mm）					400	
		接地压力（MPa）		0.07	0.082	0.079	0.07	
		爬坡能力（%或°）		30~35	35	30~35	30	
		行走速度（km/h）		5.2	3	3	4	3.5
钻孔装置	回转机构	工作压力（MPa）	机械传动	21	24	24	21	
		转速（r/min）	60；90；110；160	0~110	0~85 0~115	0~123 0~87	0~131	0~120
		回转扭矩（N·m）		3000	4180，3060	4100，5700	5230	5530
	加压系统	工作压力（MPa）	间断加压	21	24	24	18	
		给进力（kN）	0~25	60	67.3	102	120	
		给进速度（m/min）	0~0.64	0~31		0~30	0~35	
		空程返回速度（m/min）	0~0.90	0~31		0~30	0~75	45
	钻杆	直径（mm）	60	76；114	63.5~89	76；114	51~114	102
		长度（mm）	2500	4000；3000	4000	6000	4000	7620

续表 7－9

名称及单位			H60（KS－95）	LB24－1	LB406	LB610	HBM－120	GD－25C
钻孔装置	钻车	总长（mm）	7100				8050	
		钻孔角度（°）	0～90					0～30
		可容钻杆数（根）	带 16 根	15；10		7	10	6
	钻孔直径（mm）		85；95；105；115	90～120	80～85（upto 150）	95～135（upto 150）	85～143	130～171
	其　他		最大深度 120m	最大深度 60m	最大深度 44m	最大深度 48m	备有潜孔冲击器	
动力	驱动油泵	型　式	电力拖动油泵和回转机构	柴油机 MWM ZYptD308，3D308－4		柴油机 TYPE 56912	柴油机 FSL 413F	柴油机
		功率（kW） 转数（r/min）	10	34、45 3000		61 2600	14 2000	
	驱动空压机	型　式		或电动机			或电动机	
		功率/转数（kW/r/min）		30/2935			120/1485	
空气压缩机型式			不带空气压缩机				585M	
排气压力（$\times 10^5$Pa）			5			7.14；8.16； 10.2；20.4	7.13	5.6
排气量（m^3/min）			5		8；17	7；10；14；18	8.8	15.58
除尘方式			干式负压除尘	旋风除尘布袋过滤	HY－A－25 旋风除尘和袋式过滤	旋风除尘和袋式过滤	旋风除尘和袋式过滤	
吸气量（m^3/h）					1500	1200；1400	1800	
制　造　厂			联邦德国 Salzgitter					美　国
备　　注								

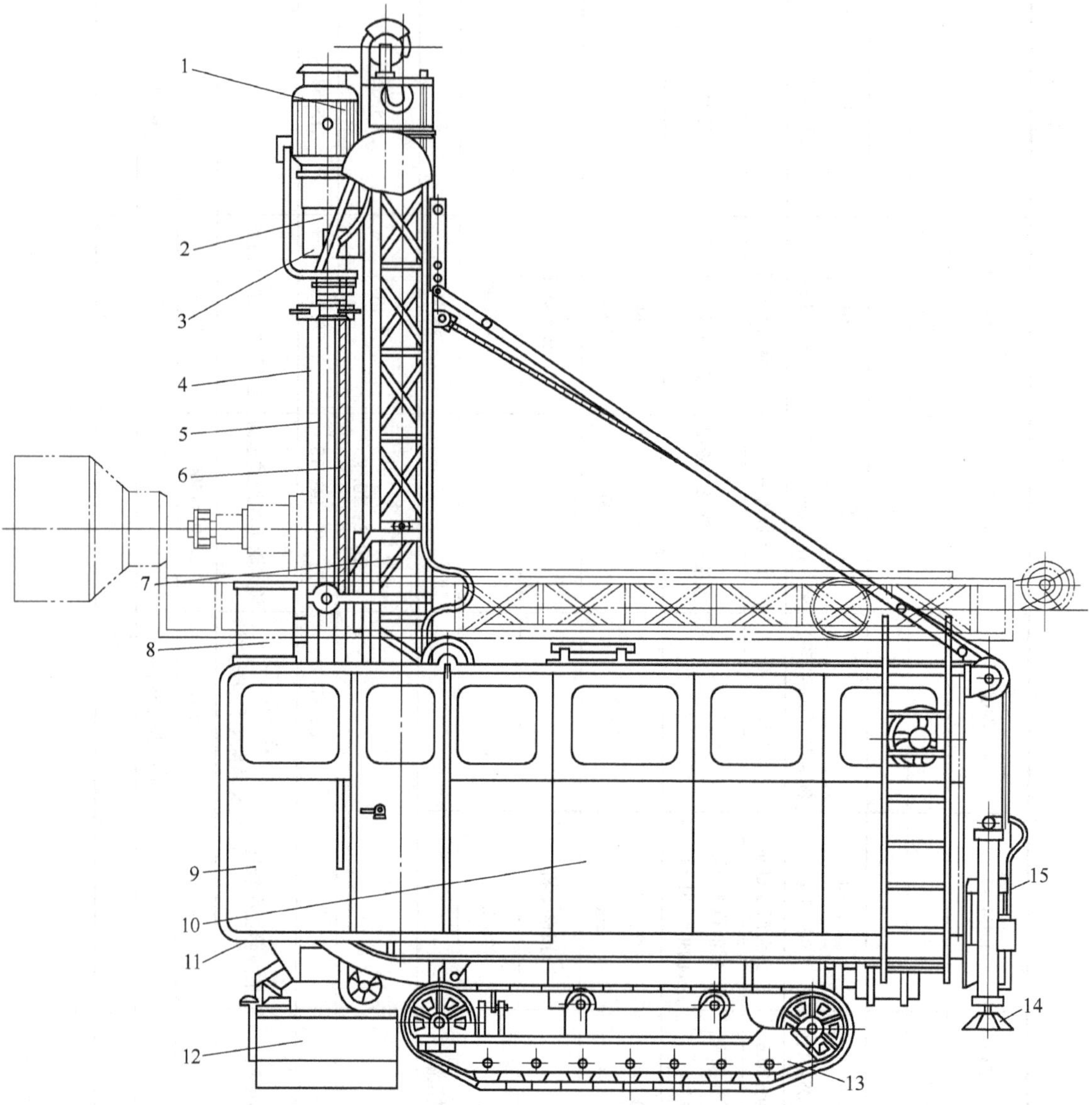

图7-44 KX-150型旋转钻机

1—电动机；2—钻架装置；3—回转机构；4—钻杆架；5—钻具；6—钢绳；
7—加压提升机构；8—空气除尘调节装置；9—司机室；10—机械间；11—平台；
12—除尘装置；13—行走机构；14—支承千斤顶；15—钻架起落装置

50m，孔径130~171mm。该钻机有以下几个主要特点：

（1）可以使用旋转切削钻头和牙轮钻头；

（2）回转机构是由液压马达通过两级2K-H行星减速和一级直齿圆柱齿轮减速后，驱动钻具回转。圆柱齿轮减速箱体又作为加压小车把轴压力或提升力传递给钻具；

（3）圆盘式储杆器可同时储存六根钻杆；

（4）钻机采用美国加德纳-丹佛公司生产的SSZJ型螺杆空压机。该空压机可实现变气压、定气量工作；

（5）采用干式脉冲纸袋过滤除尘。

7.2.3.3 旋转钻机结构综述

（1）动力装置采用柴油驱动的钻机占有相当的比例，这对扩大钻机使用范围，开发边远和缺乏电力的地区有很大的实际意义。

（2）钻机钻具回转机构多数采用油马达驱动的滑架式回转机构。少数采用直流电机驱动。这两者都能适应不同性质岩石的需要，实现无级调速。

（3）加压提升机构，国外普遍采用液压加压（油缸或油马达），并通过链条或钢绳传动，这是压力稳定可调，柔性较好的驱动传动方式，可以实现轴压力和进给速度无级调速。

（4）除尘排碴系统旋转钻机多用压气排碴，过去应用较多的螺旋钻杆排碴逐渐减少。

（5）送杆装置旋转钻机中应用圆盘式转臂送杆装置较多。这种装置能存放4～8根钻杆，并因此可以适当的降低钻架高度。

（6）一机多用。国内外旋转钻机，尤其是其中的中小型旋转钻机明显的发展趋势是一机多用。有些钻机可采用三种不同类型的钻头进行钻孔工作。

7.2.4 凿岩钻车

凿岩钻车与牙轮钻机、潜孔钻机相比，它是一种装机功率与整机重量较小的多用途露天钻孔设备。

在中、小矿山生产中，露天凿岩钻车可作为主要的凿岩钻孔设备；在大型矿山生产中，它又可作为边坡处理、二次破碎、扫除孤丘和消除根底等辅助作业设备。

露天凿岩钻车所配用的凿岩钻孔设备主要有两种：凿岩机和潜孔冲击器，许多露天钻车都具有同时配备这两种钻孔设备的能力。

值得提出的是，露天全液压凿岩钻车已有很大的发展。我国自1982年以来，引进露天全液压钻机达75台之多。露天钻车的应用与发展，是与以下特点分不开的；

1）适应多用途的特点，设备的机动性高于其他设备。

2）能够钻凿多种方位的炮孔，调整钻孔位置迅速而准确。

3）钻孔自动化程度高，一般能够实现自动防止卡钻，自动实现反转，上卸钻杆自动化，开孔自动化，停车自动化等。

4）钻速快，在岩石坚固性系数$f=10\sim14$条件下，钻进孔径100mm，钻深2m时，纯钻速达到900～1200mm/min，这是同级潜孔钻机无法比拟的。

5）钻具寿命高。钻头寿命一般超过1000m，钻杆寿命高达300～1000m。

6）钻孔成本明显降低。

7）动力消耗低，折算到每立方米矿岩的能耗只及潜孔钻机的三分之一和牙轮钻机的二分之一。

7.2.4.1 露天凿岩钻车类型

露天凿岩钻车种类及型式较多。以牵引运行方式分有自行式与非自行式两种。自行式以履带运行为多轮胎为少，非自行式主要是以轮胎为行走轮。按钻孔孔径分，孔径小于80mm者为小型露天凿岩钻车，大于100mm者为大型露天凿岩钻车。以钻具类型分，有气动钻车与液压钻车。国外多数为液压钻车，即液压钻臂配备重型液压凿岩机。国内外露天凿岩钻车主要技术性能列入表7－10和表7－11。

表7-10 国内几种露天钻车技术特征

项 目	CLQ15	CLQ80	CL-1	CT400
总重（包括钻具）(t)	4.7	4.5		0.8
外形尺寸（运行时）(mm)	5650×2700×1985			5000×1800×1000
水平钻孔最高（mm）	3100	2630		2000
水平钻孔最低（mm）	300	1350		400
爬坡能力（°）	25	20		
最大牵引力（N）	34300			
行走速度（km/h）	2	5		
行走功率（kW）	气马达（0.58MPa时），2×4.42	气马达，2×3.68		
履带摆动范围（°）	±10			
推进功率（kW）	气马达（0.58MPa时），2×3.68	气马达，2.21		气马达（0.49MPa时），
最大推进力（N）	980			1.84
有效推进长度（mm）	3660	300		3000
钻臂俯仰范围（°）	水平向上70，水平向下25	上下共70		
钻臂摆动范围（°）	三位共170	左右各45		
推进器前后摆动范围（°）	向前144，向后35	上下共90		
推进器左右摆动范围（°）	左右84，二位共158	左右各45		
油泵马达功率（kW）	气马达传动（0.58MPa时），2.21	气马达驱动，2.21		手动油泵，2.2MPa
工作油压（MPa）	9.8	6.38		1.6
工作气压（MPa）	0.49~0.69			
回转马达功率（kW）	气马达传动（0.58MPa时），2×2.21			
回转扭矩（N·m）	1470			
工作转速（r/min）	0~50			
钻具类型	QC100型潜孔冲击器			YG80型凿岩机
气缸直径（mm）	65			120
结构行程（mm）	120			70
耗气量（m^3/min）	<7			8.5
钻头直径（mm）	ϕ105~115	ϕ80~130	ϕ75（可扩孔至ϕ150）	ϕ60~70

表 7-11 国外几种露天钻车技术特征

项目		ZOOMTRAKDBW	LM300	HALCOTRACK400	SR501	KR901	CRP-9	TYCD-10
总重（t）		7.53	4	3.6	4.5	7.0	4.1	4.45
外形尺寸（mm）		7650×2420×1800			5200×1900×1900	2230×1850	2850×2200×1350	2880×2210×1480
钻孔深度（m）								
水平钻孔最高（mm）			3402	2031	5050	3360	2800	
水平钻孔最低（mm）			203	1245	1700	1850	254	
推进器	推进方式与功率（kW）	液压链条式	液压链条式					
	最大推力（N）	16				2700		2750
	有效推进长度（mm）	3570（4090）						550
工作尺寸范围	钻臂俯仰范围（°）	向上 50.5 向下 16	向上 60 向下 15		向上 60	向上 60，向下 20		向上 45，向下 30
	钻臂摆动范围（°）	向左 47.5 向右 46			向左 45，向右 45	向左 45，向右 45		向左 45，向右 45
	推进器前后摆动范围（°）				向下 105			
	推进器左右摆动范围（°）				向左 45，向右 45	向左 45，向右 45		向左 45，向右 45
回转器	回转方式与功率（kW）			气马达钢绳式				
	回转扭矩（N·m）			2.98				
	回转转数（r/min）			0~62				
履带行走装置	爬坡能力（°）	23					28	35
	最大牵引力（N）							29400
	行走速度（km/h）	1.5	4~4.4		3	5	5	3
	行走功率（kW）	液压马达，2×9	7.3					气马达 2×7.35
	履带摆动范围（°）				3.0	30	20	30
油泵系统	油泵功率（kW）							气马达驱动油泵
	工作油压（MPa）							2.98
钻具	钻具类型	HL428L 液压凿岩机	DHD24 潜孔冲击机		潜孔冲击器	B40001 液压凿岩机	M120 型凿岩机	TYPR 型气动凿岩机
	气缸直径（mm）		68.3				120	120
	活塞直径（mm）						90	88
	回转转数（r/min）	0~300					0~300	
	回转扭矩（N·m）	170（16.6MPa 时）						
	冲击能（J）	245				640		
	冲击频率（Hz）					31.6~61.6	21.6	
	钻头直径（mm）	φ35~102	φ101.6~114	φ89~127	φ67~φ120			
制造厂家		芬兰泰姆劳科	美国英格索兰德	英国	联邦德国	联邦德国	日本	日本古河

7.2.4.2　常用露天凿岩钻车

A　CLQ15型露天凿岩钻车

该型钻车是在CL15型接杆凿岩钻车上配用QC－150型气动潜孔冲击器、H150型回转器和相应的钻具组成的履带式凿岩钻车。钻车外观见图7－45。

图7－45　CLQ15型履带钻车外观

CLQ15型钻车在结构上具有如下特点：

（1）凿岩方位变化大，该钻车可以钻凿多方位不同角度的炮孔，见图7－46。

1）钻臂在同一个油缸的控制下，通过三位式扇形板机构可分别实现三个部分重叠的85°，摆动范围共170°，见图7－46*a*。

2）推进器在油缸作用下，可倾斜179°，即内转35°，外转144°，见图7－46*b*。

3）将钻臂放低，并把推进器调至履带前方，可实现横向水平凿岩，并可向下摆动12°。向上摆动86°，见图7－46*c*。

4）推进器在专门油缸支承下，通过两位式扇形板结构，可分别实现两个部分重叠的98°摆动范围，共摆动154°，见图7－46*d*。

5）钻臂俯仰范围为95°，其中向上70°，向下25°，见图7－46*e*。

（2）钻车动力单一，钻车的运行，凿岩方位的调节，凿岩钻孔作业等都以压缩空气为动力源。

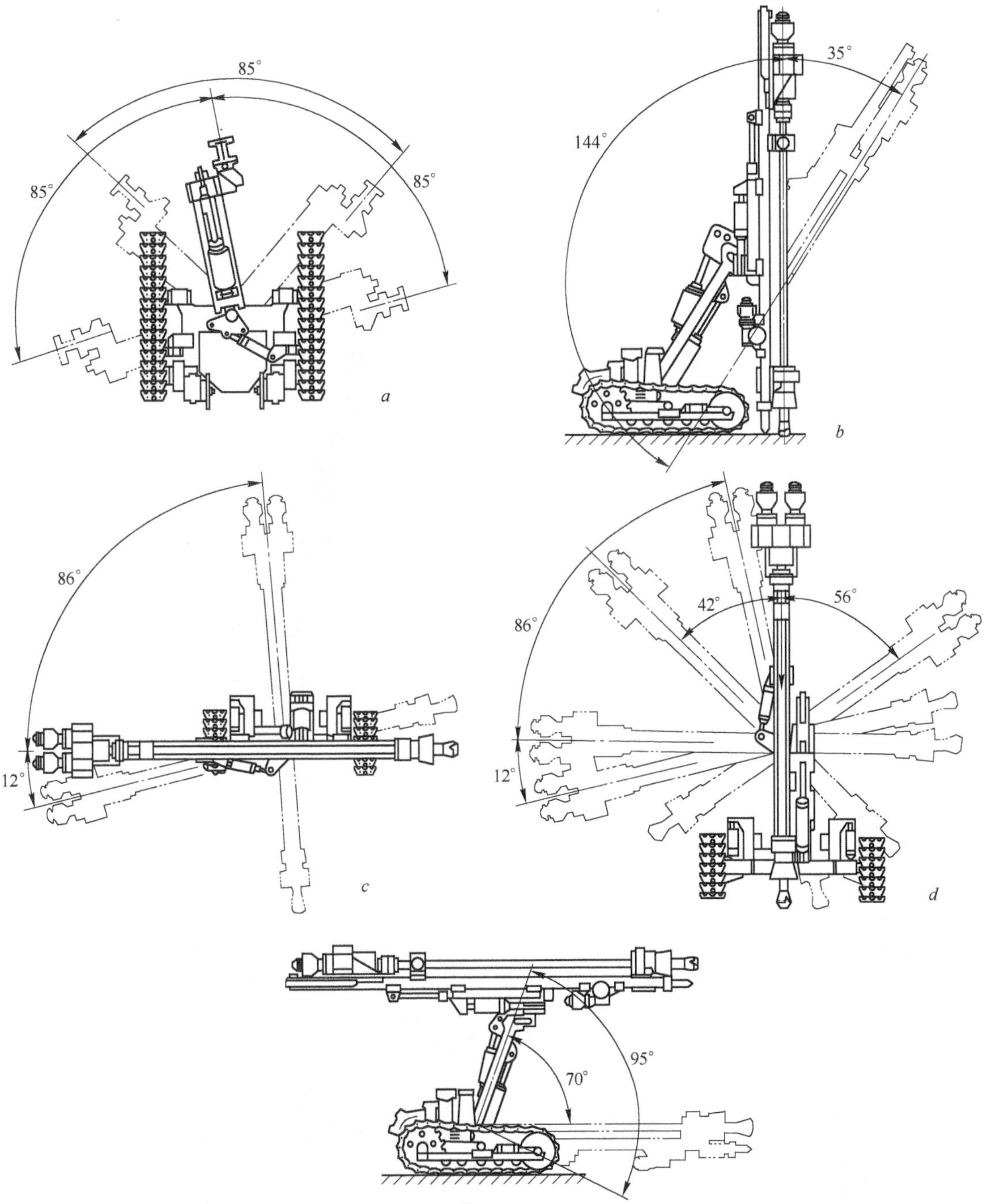

图 7－46 CLQ15 型钻车凿岩方位示意图

(3) 钻车爬坡能力强，钻车由两台 4.5kW 气动马达驱动，可爬坡 25°，并能快速原地转弯。

(4) 钻车能在坡地上作业，钻车底盘上装有两个调平油缸，可以单独调平，又能互相补偿调节，能在复杂的地形条件下安全稳定地进行凿岩作业。

（5）钻机集尘效果好。钻车配 FC90 型集尘器，凿岩时钻车周围几乎看不到有粉尘，达到干式捕尘凿岩要求与规定的标准。

B　CT400 型露天凿岩钻车

该型钻车配备 YG80 型导轨式重型凿岩机，是效率较高的小直径深孔接杆凿岩设备。

一种非自行的轮胎式钻车，其外观见图 7－47。

图 7－47　CT400 型露天凿岩钻车外观

CT400 型钻车主要特点是：

（1）钻车由三个行走轮支承，移车方便；工作时通过三个油压千斤顶调平钻车位。

(2) 钻车液压系统由手动液压泵供给压力油，结构简单，维修方便。

(3) 气动推进马达功率较大，并配以具有自锁性能的蜗杆蜗轮传动。

(4) 钻车设有自动卡钎器，配合具有双回转机构的凿岩机，实现机动卸杆。

综上分析，CT400 型钻车是一种构造简单、操纵灵敏的轻便露天钻车，用在中小露天矿是很适宜的。

C KR901 型露天凿岩钻车

该型钻车是联邦德国生产的一种现代化全液压露天钻车，见图 7-48。

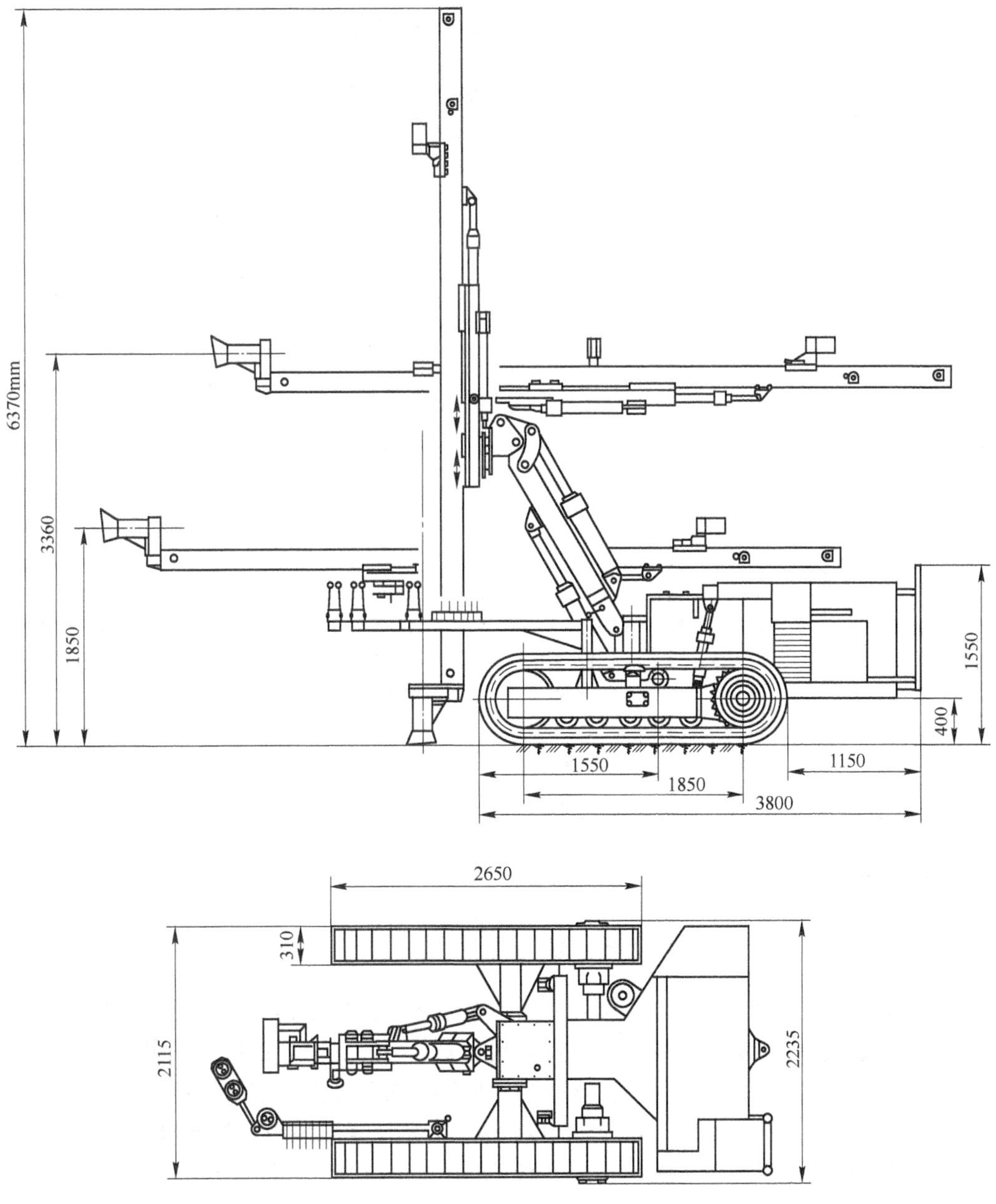

图 7-48 KR901 型露天钻车外观

该钻车的主要特点是：

（1）钻车采用燃油驱动或电力驱动两种方式。

（2）包括凿岩机在内所有机构都由油马达带动或者是以压力油驱动，堪称全液压式。

（3）钻车配备冲击能量较大的B4001型液压凿岩机，其冲击能量、冲击频率均可调，能够按岩石状况选择最优的凿岩机工作参数。

（4）推进器和钻臂工作方位角几乎达到任意可选的状态，最大限度地满足凿岩工艺要求。

此外，天水风动工具厂从瑞典引进了TROC712和ROC812两个系列共五种产品的露天全液压钻车的制造技术。有关ROC系列钻车的技术性能见表7－12。

表7－12 ROC系列露天钻车技术性能

名 称	ROC712H－00	ROC712H－01	ROC712HC－00	ROC712HC－01	ROC812H－0
钻孔直径（mm）	48～89	48～89	48～89	64～127	64～127
钎杆钎头型号	R32T38T45	R82T38	R32T38T45	R32T33	T38T45
一次推进长度（mm）	4400	4400	4400	4400	4400
机重（kg）	7500	7750	9650	9900	9200
机宽（mm）	2410	2410	2410	2410	2440
驱动方式	柴油机	柴油机	柴油机	柴油机	柴油机
型号	F4L912	F4L912	BF6L913	BF6L913	F6L912①
功率（kW）	46.5	46.5	104	104	74
走行速度（km/h）	1.5/3.7	1.5/3.7	1.5/3.7	1.5/3.7	1.5/3.8
液压凿岩机型号	COP1238LE	COP1238LE	COP1238LE	COP1238LE	COP1238ME COP1238HE②
凿岩机最大功率（kW）	10	10	10	10	15、18
供气方式	机外	机外	自带	自带	机外
空压机型号	XAS40～XAS85	XAS40～XAS85	XA85	XA85	XA85、125
耗气量（L/s）	40～83	40～83	83	83	83、122
工作气压（MPa）	0.88	0.88	0.88	0.88	0.88
吸尘器型号	DCT50－03F	DCT50－03F	DCT50－03F	DCT50－03F	DCT100－11F
机械化上卸钎杆	是	无	是	无	是
司机室	无	无	无	无	有

①备有104kW透平增压装置；

②COP1238HE适用凿软岩，并在柴油机上有增压装置。

7.3 地 下 凿 岩

气动凿岩机是目前地下凿岩应用最广、数量最多的凿岩工具。气动凿岩机与液压、内燃和电动凿岩机相比，具有结构简单、重量轻、安全可靠、坚固耐用、适应性强、加工制造容易、价格低廉、操作维修技术要求不高和使用方便等优点。它的不足之处是能量利用率极低，耗电量是同级电动凿岩机所耗动力的6～8倍，是同级液压凿岩机的4～5倍；凿岩速度较低，是同级液压凿岩机的一半；噪声很大，达110～130dB（A），是同级液压凿岩机的4～7倍。

液压凿岩机有凿速快、能耗低、噪声较小和钎具使用寿命较长等优点，受到用户欢迎，得到迅速发展；但液压凿岩机的结构比气动凿岩机复杂、加工精度高、操作和维修技术要求很严，需经专门培训方能掌握；液压系统和泵站要随机移动，设备外形尺寸较大、造价高；对于那些操作维修技术条件较差、井巷断面小、作业地点狭窄的地下矿山，工作灵活性和场地适应性就不如气动凿岩机。

大直径深孔采矿及分段爆破法掘进天井，需要有速度高、偏斜小的凿岩设备，主要采用高气压潜孔钻机和牙轮钻机。

内燃和电动凿岩机的凿岩速度较低，工作可靠性和零件耐用程度等远不如气动和液压凿岩机，但有动力单一、机动灵活、节能等优点，主要用于农田水利、零星小矿点地质勘探和地下矿山边远地点作为辅助凿岩工具。

我国凿岩机械产品的型号编制见表 7 - 13 和表 7 - 14。

7.3.1 气动凿岩机

7.3.1.1 气动凿岩机的主要技术指标

A 压缩空气的工作压力

我国气动凿岩机常用压缩空气的工作压力为 0.4 ~ 0.6MPa，标定凿岩机技术参数过去以 0.5MPa 为标准工作压力；今后将国际通用的 0.63MPa 为标准工作压力。气动凿岩机的使用工作气压与标准工作压力接近，才能较好地发挥其应有的效率。

B 活塞冲击能

冲击破碎岩石的研究表明，只有当冲击能量超过某一门槛值时，才能得到高的破碎效率；但限于活塞、钎具材料所能承受的应力，活塞冲击末速度不能超过 10m/s。目前，气腿式凿岩机的冲击能为 60 ~ 80J，导轨式凿岩机为 80 ~ 250J；活塞冲击末速度 6 ~ 9m/s。

C 活塞冲击频率与钎具转速

活塞冲击频率受其结构、材质、加工条件和使用要求的限制，一般为 26 ~ 58Hz；冲击能不变时，频率高输出功率也高。钎具的转速与冲击频率成正比。活塞每冲击一次，钎具转角的大小有一个最优值，此值随岩石的性质和钎头的结构、尺寸不同而异，一般在 16° ~ 38°范围，独立回转凿岩机，可视情况随意调节，内回转凿岩机是在设计时定了的，只有更换不同导程的螺旋棒及螺母，才能改变钎具转角。

D 转钎扭矩

扭矩要足以克服由轴向推力作用孔底产生的旋转阻力和孔壁对钎具的摩擦阻力；对手持和气腿式凿岩机来说，扭矩过大会使凿岩机振动加剧，操作者不易适应。目前气腿式凿岩机的扭矩一般为 11 ~ 18Nm。向上式凿岩机可到 30Nm。导轨式凿岩机扭矩为 40 ~ 350Nm。

E 耗气量

耗气量是指凿岩机工作时，单位时间所耗压缩空气折算成自由空气的体积，单位为 L/s。耗气量是气动凿岩机一个重要的技术经济指标。凿岩速度相同的凿岩机，空气消耗量小者，动力费用低。经济性好。当工作气压为 0.63MPa 时，手持式、气腿式凿岩机耗气量为 52 ~ 85L/s，向上式为 94 ~ 115L/s，导轨式为 94 ~ 315L/s。

F 重量

气动凿岩机的重量与其用途、结构、型式及功率有关。手持式和气腿式凿岩机靠人力扶持与搬移，要求重量轻，一般为 22 ~ 30kg，其单位功率重量约为 9.5 ~ 13.5kg/kW；导

表7－13　凿岩机（钻机）和钻车型号编制表（JB1590—83）

类型	组　别	型　别	特性代号	产品名称及型号
凿岩机 Y（岩）	气动	手持式		手持式凿岩机 Y
			X（下）	手持式水下凿岩机 YX
			C（尘）	手持式集尘凿岩机 YC
			H	手持式湿式凿岩机 YH
		气腿式 T（腿）		气腿式凿岩机 YT
			P（频）	气腿式高频凿岩机 YTP
			C（尘）	气腿式集尘凿岩机 YTC
		向上式 S（上）		向上式凿岩机 YS
			C（侧）	向上式侧向凿岩机 YSC
			P（频）	向上式高频凿岩机 YSP
		导轨式 G（轨）		导轨式凿岩机 YG
			P 频	导轨式高频凿岩机 YGP
			P 频　S（双）	导轨式高频双向回转凿岩机 YGPS
			Z（转）	导轨式独立回转凿岩机 YGZ
	内燃 N（内）	手持式		手持式内燃凿岩机 YN
			F（副）	带副缸的手持式内燃凿岩机 YNF
	液压 Y（液）	手持式		手持式液压凿岩机 YY
		支腿式 T（腿）		支腿式液压凿岩机 YYT
		导轨式 G（轨）	C（采）	导轨式采矿用液压凿岩机 YYGC
			J（掘）	导轨式掘进液压凿岩机 YYGJ
	电动 D（电）	手持式		手持式电动凿岩机 YD
		支腿式 T（腿）		支腿式电动凿岩机 YDT
				矿用隔爆支腿式电动凿岩机 YDYKB
		导轨式 G（轨）		导轨式电动凿岩机 YDG
钻车 C（车）	露天	轨轮式 G（轨）		轨轮式露天钻车 CG
				轨轮式表土钻车 CG　BT
		履带式 L（履）		履带式露天钻车 CL
				履带式表土钻车 CL　BT
		轮胎式 T（胎）		轮胎式露天钻车 CT
				轮胎式表土钻车 CT　BT
		轨轮式	C（采）	轨轮式采矿钻车 CGC
			J（掘）	轨轮式掘进钻车 CGJ
			T（通）	轨轮式通用钻车 CGT

续表 7－13

类型	组别		型别	特性代号	产品名称及型号
钻车 C（车）	露天		轨轮式	M（锚）	轨轮式锚杆钻车 CGM
				L（联）	轨轮式联合钻车 CGL
	井下		轨轮式 G（轨）	C（采）	履带式采矿钻车 CLC
				J（掘）	履带式掘进钻车 CLJ
				T（通）	履带式通用钻车 CLT
				M（锚）	履带式锚杆钻车 CLM
				L（联）	履带式联合钻车 CLL
			轮胎式 T（胎）	C（采）	轮胎式采矿钻车 CTC
				J（掘）	轮胎式掘进钻 CTJ
				T（通）	轮胎式通用钻车 CTT
				M（锚）	轮胎式锚杆钻车 CTM
				L（联）	轮胎式联合钻车 CTL
	水下 X（下）				水下钻车 CX
钻机 K（机）	潜孔 Q（潜）		履带式 T（履）		履带式潜孔钻机 KQL
			轮胎式 T（胎）		轮胎式潜孔钻机 KQT
			柱架式 J（架）		柱架式潜孔钻机 KQJ
		冲击器 C（冲）			潜孔冲击器 QC
				Z（中）	中心排气潜孔冲击器 QCZ
				C（侧）	侧排气潜孔冲击器 QCC
				Q（前）	前排气潜孔冲击器 QCQ
				Y（液）	液压潜孔冲击器 QCY
				W（无）	无阀潜孔冲击器 QCW
				G（高）	高气压潜孔冲击器 QCG
	回转钻 H（回）		煤式 M（煤）		煤钻 KHM
			岩石式 Y（岩）		岩石钻 KHY
			岩心式 X（心）		岩心钻 KHX

轨式凿岩机的重量无特殊要求，轻的 30～40kg，重的可达 170～180kg。

7.3.1.2 气动凿岩机的参数计算

反映气动凿岩机性能的参数有：冲击能、扭矩、冲击频率、钎具转速、耗气量、机器功率和最优轴向推力等。气动凿岩机活塞的运动受管道阻力、孔口阻力、气缸进气和排气压力等变化影响，计算很繁琐，目前比较精确的是用计算机模拟计算。就是将活塞的运动

表7-14 凿岩辅助设备型号编制表（JB1590—83）

类型	组别	型别	特性代号	产品名称及型号	主参数	
					名 称	单位或单位符号
腿凿岩辅助设备干（辅）	腿 T（腿）			气腿 FT	名义推进力	kgf
		侧向式 C（侧）		侧向式气腿 FTC	名义推进力	kgf
		下向式 X（下）		下向式气腿 FTX	名义推进力	kgf
		水式 S（水）		水腿 FTS	名义推进力	kgf
		油式 Y（油）		油腿 FTY	名义推进力	kgf
		手摇式 J（手）		手摇腿 FTJ	机器质量	kg
	钻架 J（架）	单柱式 Z（柱）		单柱式钻架 FJZ	最低工作高度	d_m
		双柱式 S（双）		双柱式钻架 FJS	最低工作高度	d_m
		圆盘式 Y（圆）		圆盘式钻架 FJY	最低工作高度	d_m
		伞式 D		伞形钻架 FJD	装凿岩机台数 最小支撑直径	台 m
		环式 H（环）		环形钻架 FJH	装凿岩机台数 最小支撑直径	台 m
	气动撬浮机 Q（撬）			气动撬浮机 FQ	机器质量	kg
	注油机 Y（油）			注油器 FY	容油量	mL 或 L
	集尘器 C（尘）			集尘器 FC	滤尘面积	m^2
	磨钎机 M（磨）			磨钎机 FM	砂轮直径	mm
	气动灯 D（灯）			气动灯 FD	发电机容量	W

注：凿岩机的主要参数为机器重量，单位为 kg。

循环分成许多时间片段，建立差分方程，用电子计算机连续求解每个片段的状态，直到满足设计要求为止，可详见参考文献［9］，此处只介绍简化了的计算公式。计算的前提是：

（1）气缸前后腔进气工作压力不变，活塞往返运动时，气缸前后腔示功压力也不变。

（2）活塞在压气作用下，初速为零，然后以等加速往复运动。

（3）钎具质量对活塞往返运动的影响不计，也不考虑钎具的反弹影响。

（4）摩擦阻力忽略不计。

计算式中用经验系数予以修正。用这组公式计算所得结果只能用于概算和校核[10]。

A 冲击能

$$E = K_E p A_1 s \tag{7-6}$$

式中 E——凿岩机活塞单次冲击能，J；

K_E——冲击功修正系数0.4～0.55；

p——进气管路表压力，Pa；

A_1——冲程时活塞有效受压面积，m^2；

s——活塞行程，m。

B 扭矩

$$T = K_T p A_2 \mathrm{tg}（\alpha - \rho）\frac{d_2}{2} \tag{7-7}$$

式中 T——内回转凿岩机回程转钎力矩，Nm；

K_T——扭矩修正系数0.35～0.42；

A_2——回程时活塞有效受压面积，m^2；

α——螺旋副螺旋线升角，(°)

$$\alpha = \mathrm{arctg}\frac{L}{\pi d_2}$$

L——螺旋棒导程，m；

d_2——螺旋棒中径，m；

ρ——螺旋副的摩擦角，(°)

$$\rho = \mathrm{arctg} f$$

f——螺旋副摩擦系数，钢与钢之间$f = 0.15$。

C 活塞冲击频率

$$N = K_N \sqrt{pA_1/2sm} \tag{7-8}$$

式中 N——活塞冲击频率，Hz；

K_N——冲击频率修正系数0.37～0.40；

m——活塞质量，kg。

D 钎具转速

$$n = \frac{N\beta}{360} \tag{7-9}$$

式中 n——内回转凿岩机钎具转数，r/s；

β——钎具每次冲击后的转角，(°)；

$$\beta = 360\frac{\lambda_s}{L}$$

λ_s——活塞实际行程，m；

L——螺旋棒导程，m。

E 冲击频率

$$W = \frac{EN}{1000} \tag{7-10}$$

式中 W——冲击频率，kW。

F 耗气量

$$Q = K_Q AsN \frac{p + 10^5}{p_p} \times 10^3 \qquad (7-11)$$

式中 Q——耗气量，L/s；

K_Q——耗气量修正系数，有阀凿岩机为 $K_Q = 0.6 \sim 0.85$；无阀凿岩机为 $0.3 \sim 0.4$；

p_p——凿岩机排气环境绝对压力，$1.2 \times 10^5 \sim 1.5 \times 10^5$Pa；

A——活塞冲程与回程受压面积之和，m^2。

$$A = A_1 + A_2$$

7.3.1.3 手持式凿岩机

手持式凿岩机的外形见图7-49；机型及规格见表7-15。

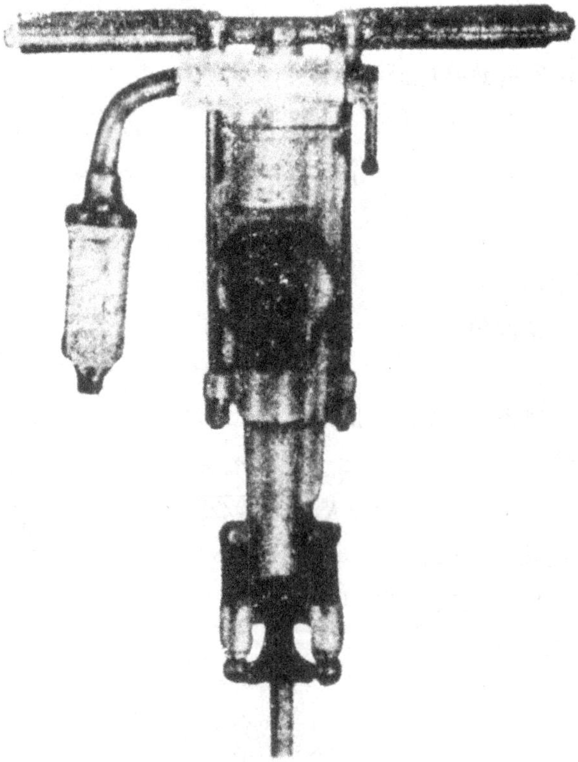

图7-49 手持式凿岩机

7.3.1.4 气腿式凿岩机

气腿式凿岩机的外形见图7-50；机型及规格见表7-16。

气腿式凿岩机主要易损件的使用寿命及废弃极限的标准见表7-17。表中的工作条件是：工作气压 0.55 ~ 0.65MPa；岩石坚固性系数：$f = 10 \sim 14$，钎头一字形，直径 38 ~ 42mm，钎杆符合规定要求。

7.3.1.5 向上式凿岩机

表 7－15 手持式气动凿岩机规格

型 号	Y26	Y24（YH24）	Y3	YO18①
重量（kg）	26	24	4.5	18
外形尺寸（mm）	650×465×125	长 598	355×178×76	长 550
缸径（mm）	65	70	34	58
活塞行程（mm）	70	70	32	45
冲击能（J）（气压 0.5MPa）	44	59	4.9	25
扭矩（Nm）	8.8	12.8	2	7.9
冲击频率（Hz）	27	30	43	
耗气量（L/s）	42	47	12	23
气管内径（mm）	19	19	13	19
水管内径（mm）	13	（13）		8
凿孔直径（mm）	34×42	34×42	12～28	34×42
最大凿孔深度（m）	5	3	0.3	2
钎尾尺寸（mm）	22 或 25×108	22 或 25×108		22×108
制造厂家	沈阳风动工具厂	天水风动工具厂	沈阳风动工具厂	衢州凿岩机厂

①配上 FT100 气腿可作气腿式凿岩机用。

图 7－50 气腿式凿岩机

向上式凿岩机外形见图 7－51，机型及规格见表 7－18。

向上式凿岩机主要易损件的使用寿命如下：

易损件名称	活塞	螺旋棒	螺旋母	花键母	钎尾套
使用寿命（m）	1000	1500	1000	2000	800

表7-16 气腿式凿岩机规格

型号	YT27	7655	YT28	YT24	YT25D	YTP26
重量（kg）	26	24	26	24	24.5	26.5
全长（mm）	668	628	661	678	693	680
缸径（mm）	80	76	80	70	90	95
活塞行程（mm）	60	60	60	70	70	50
工作气压0.5MPa的冲击能（J）	64	59	64	59	64	59
扭矩（Nm）	18	15	18	12.8	19	18
冲击频率（Hz）	37	35	35	30	35	43
耗气量（L/s）	55	60	55	46	50	50
气管/水管内径（mm）	25/13	25/13	25/13	25/13	25/13	25/13
凿孔直径（mm）	34~42	34~42	34~42	34~38	34~42	34~46
最大凿孔深度（m）	5	5	5	5	5	5
钎尾尺寸（mm）	22×108	22×108	22/25×108	22/25×108	22/25×108	22/25×108
气腿推力（N）	1570	1570	1570	1370	1570	1670
制造厂家	沈阳风动工具厂		天水风动工具厂		湘潭风动机械厂	

表7-17 气腿式凿岩机主要易损件使用寿命及报废极限

易损件名称	活塞	螺旋棒	螺旋母	转动套或花键母	钎尾套
使用寿命（m）	2000	3000	2000	2000	2000
废弃极限	冲击端面下凹2mm，花键齿侧磨损2mm	花键齿侧磨损2mm	花键齿侧磨损2mm	花键齿侧面磨损2mm	六角对边磨损2mm

表7-18 向上式气动凿岩机规格

型号	YSP44	YSP45
重量（kg）	44	45
外形尺寸（mm）	1489×354×180	1420×390×160
换钎长度（mm）	750	750
推进缸径（mm）	75	75
缸径（mm）	95	95
活塞行程（mm）	50	47
冲击能（J）（工作气压0.5MPa时）	88	68
扭矩（Nm）	30	18
冲击频率（Hz）	43	45
耗气量（L/s）	75	83
气管/水管内径（mm）	25/13	25/13
凿孔直径（mm）	34/46	34/46
最大凿孔深度（m）	5	4
钎尾尺寸（mm）	22×108	22×108
制造厂家	沈阳风动工具厂	

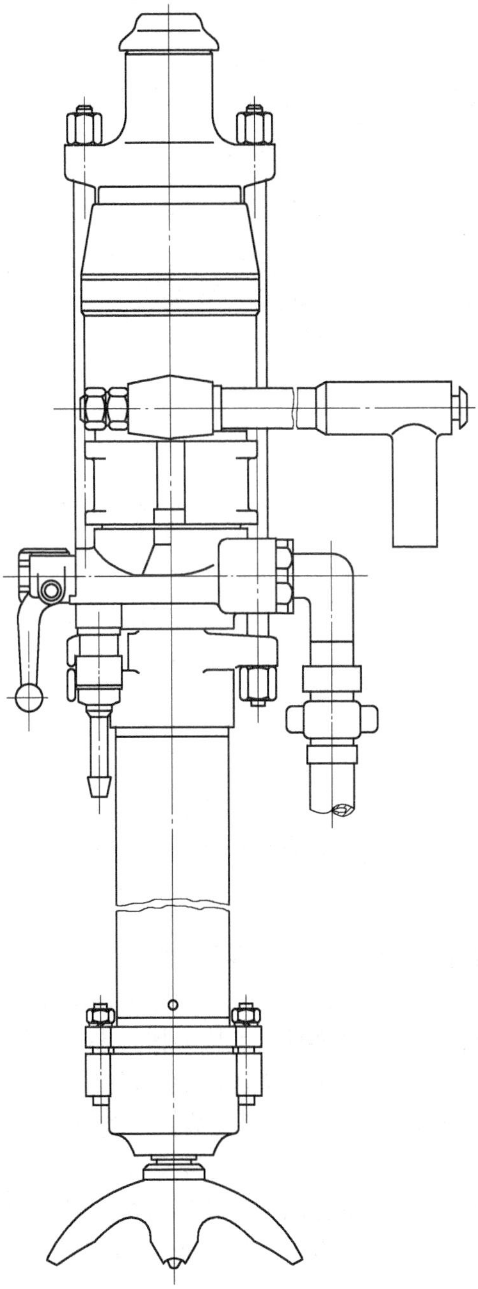

图 7－51 向上式凿岩机

易损件的废弃标准与气腿凿岩机相同。

7.3.1.6 导轨式凿岩机

导轨式凿岩机外形见图 7－52，机型及规格见表 7－19。

a

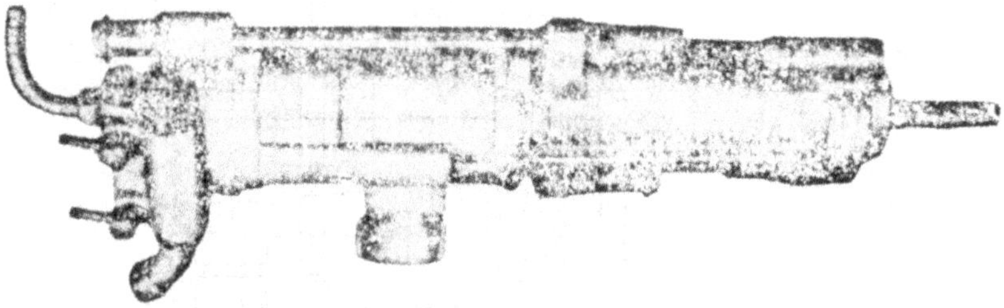

b

图7－52 导轨式凿岩机外形图

a—独立回转导轨式凿岩机；*b*—内回转导轨式凿岩机

7.3.1.7 气动凿岩机的润滑

气动凿岩机的活塞与缸体及转钎机构的零件之间，相对运动速度高，受力不均，加上机器的振动和冲击，必须要有可靠的润滑方式和适合的润滑油才能正常运转。润滑稍有不当就会影响机器工作性能，导致运动零件的急剧磨损、表面擦伤甚至烧结卡死。压缩空气中的雾化油是气动凿岩机连续润滑的主要来源。油雾通过装在凿岩机进气管附近的专用注油器注入压缩空气中。注油量可以通过针阀调节，一般每立方米自由空气需混入0.8～1.5mL的油。注油器的工作原理见图7－53，型号规格见表7－20。

凿岩机用的润滑油可从表7－21选取，气腿凿岩机台班耗油约0.5kg，上向式凿岩机约0.5～1.0kg，导轨式凿岩机则为1.0kg。专门研制的凿岩机润滑油，可以有更好的润滑效果。

7.3.2 液压凿岩机

液压凿岩机以高压油为动力。有下列优点：

（1）由于采用细长活塞，改善了钎杆传递能量的能力，其凿岩速度达到同级气动凿岩机的2倍左右；钻具寿命延长80%左右；

（2）能分别调节冲击功、回转速度和轴推力，在不同条件下可保证三者的最佳匹配；

表 7-19 导轨式气动凿岩机

型　号	YGP35	YGP28	YG40	YG80	YGZ40	YGZ50	YGZ40	YGZ70	YGZ90	YGZ100	YGZ170
质量（kg）	38	31	36	69	40	50	40	70	95	100	170
机长（mm）	665	630	680	900	475	595	635	800	876	890	890
缸径（mm）	100	95	85	120	110	100	95	110	125	125	125
活塞行程（mm）	48	50	80	70	42	50	52	45	62	102	102
冲击能（J）	98	89			98	103	90	98	196		
扭矩（Nm）	49	29			98	88	50	64	118	264	343
冲击频率（Hz）	43	43	29	29	50	40	42	38	33	29	29
转钎速度（r/min）					0~300	0~300	0~300	0~300	0~250	0~300	0~300
耗气量（L/s）	108	75	83	142	70	147	104	125	183	192	192
气管/水管内径（mm）	25/13	25/13	25/13	38/19	25/15	32/13	25/13	32/13	38/19	38/19	38/19
回转马达胶管内径（mm）					液压胶管	19	19	19	25	25	19
凿孔直径（mm）	38~52	38~48	40~55	50~75	38~55	38~55	38~55	38~55	50~80	50~80	65~100
最大钻孔深度（m）	6	6	15	20	8	8	8	8	30	25	25
钎尾尺寸（mm）	25×110	22×108	ϕ32×97	ϕ32×97	25×108	25×108	ϕ32×97	25×159	ϕ38×97	ϕ38×97	202/T38 202/T45
制　造　厂　家	沈阳风动工具厂		天水风动工具厂		沈阳风动工具厂		南京工程机械厂			天水风动工具厂	

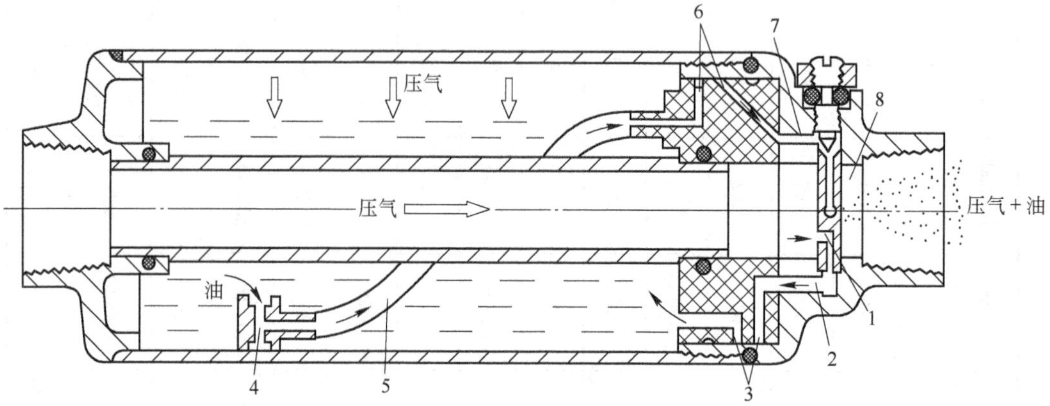

图7－53 注油器工作原理图

1、2、3—油室加压气道；4、5、6、7—出油通道；8—经针阀调节后的出油孔

表7－20 气动凿岩机用注油器

型　　号	FY200A	FY200	FY25	IU5
重量（kg）	1.2	1.2	2.5	
贮油量（mL）	200	250	520	5000
配套凿岩机	轻型	中型	重型	导轨型

表7－21 凿岩机用润滑油

凿岩机型号	环境温度（℃）	润滑油名称	牌　号	运转黏度（50℃）（mm^2/s）	国家标准
气腿式	10～30	40号机械油	HJ－40	37～43	GB443—64
向上式	－10～10	22号汽轮机油 20号机械油	HU－22 HJ－20	20～23 17～23	SYB1210—60 GB443—64
	－30～10	冷冻机油	HD－13	11.5～14.5	SYB1213—59
导轨式	0～30	机缸油30% ＋机械油70%	HG－24 HJ－50	47～53	GB447—64 GB443—64
	－10～0 －30～－10	22号汽轮机油 冷冻机油	HU－22 HD－13	20～23 11.5～14.5	SYB1201—60 SYB1213—64

（3）每米眼孔的能耗费用约为气动凿岩机的1/3。

（4）防卡钎装置、自动控制和遥控操作可以与液压回路方便地结合起来，易于实现操作自动化。

（5）凿岩作业环境大有改善，没有油雾排出，只有金属撞击噪音，没有气体膨胀噪音。

液压凿岩机自70年代问世以来，其及应技术已日趋成熟；一台技术成熟的液压凿岩机

表 7－22 国内研制及引进技术生产的液压凿岩机一览表

制造厂和型号	冲击机构输入功率			冲击机构输出功率			旋转机构		质量	长度	钎杆尺寸	冲洗系统
	油压（MPa）	流量（L/min）	计算的输入功率（kW）	冲击次数（次/min）	冲击能量（J）	公称冲击功率（kW）	转速（r/min）	最大力矩（Nm）	公称值（kg）	（mm）	直径（mm）	水空气
桂林冶金机械厂 YYG90	12.0～16.0	80		2500～3000	200～240		0～260	200	94	870	38（R）	水
广东有色冶金机械厂 YYG90A	13.0	85		2000～3500	150～200		0～300	140	90	825	B25Y	水
哈尔滨伟建机械厂 TYYG－20	12.0	90		2850～3000	200		0～200	200	90	916	38（R）	水
天水风动工具厂 YYGJ－145 YYGC－145	15.0～24.0 23.0～25.0	90		2500～3600	350	10～15	0～350 0～440	230 650	145	985 1000	32/38（R）	水
湘潭风动工具厂 YYT－30① YYG－30	13.0～15.0	60～70 75	18 20	2600～2700	90 100		内回转	60 90	28	648 570	B25	水
株洲矿山工具厂 YYG－80A	10.0～12.0	80～90		2500～2900	140～160		0～300	150	84	790	B25	水
衢州煤矿机械厂 CYY－20												
宣风－赛科玛 沈冶机－赛科玛 水星 200	16.0 （最大 19.0）	40 （最大 46）	11	2800/3700	200	7/12	0～220	100/130	114	760	22/25	水
沈风－阿特拉斯 COP1238	15.0～24.0	75～96	24～33	2400～3600 6000～6300	200～250 140	12～18 14	0～300 0～460	500～1000 430	150～160	1002	28/32/38（R）	气/水

①YYT－30 为气腿式凿岩机。

表7－23 国外液压凿岩机一览表

制造厂及凿岩机型号	冲击机构输入功率			冲击机构输出功率			旋转机构		重量	长度	钎杆尺寸	冲洗系统
	油压（MPa）	流量（L/min）	计算的输入功率（kW）	冲击次数（次/min）	冲击能量（J）	公称冲击功率（kW）	转速（r/min）	最大力矩（N·m）	公称值（kg）	（mm）	直径（mm）	
瑞典阿里马克公司（Alimak AB）												
AD 103	12.5	120	25	3400	195	11	0～230	270	106	6650①	25	水
AD 160D	14	108	25	2760	312	14	0～162	430	184	1120②	28/32（R）	水
AD 160LS	15	138	345	2220	470	17	0～120	940	184	1120②	44/51（R）	水
瑞典阿特拉斯公司（Atlas Copco MCT AB）												
COP 1022	11～14	41	12	3000	105	9.5	0～300	120	50	710	22/25	气/水
COP1032HD	15～24	50	20	2400～3180③	141	7.5	0～300	200	112	374	25/28/32（R）	水
COP1238LE	15～21	75	24	2460～3600③	200	13	0～2/300	500～700	150	1002	32R～38/45T	气/水
COP1238LP	12～24	82～96	22～33	3000～4800③	230～250	12～18	0～460	500～1000	150	1002	32/38/45R/T	气/水
英国勃特公司（Boart UK）												
HD－65	15	65	16	3600～4500	可变	可变	0～250	80	69	660	22/25/28（R）	水
英国霍尔曼风动工具公司（Compair Holman）												
RDP45	14	34	8	6700	12	1.5	0～400	350	109	860	41	水
法国埃姆科（Eimco－Secoma）												
Hydrastr 200	16（最大19）	40（最大46）	11	2800/3700	200	7/12	0～220	100/300	114	760④	22/25	水
Hydrastr 300	16（最大19）	55（最大65）	15	2000/2500 3000	300	10/12/15	0～250	100/300	130	980④	32/25R；38T	水

续表 7－23

制造厂及凿岩机型号	冲击机构输入功率			冲击机构输出功率			旋转机构		重量	长度	钎杆尺寸	冲洗系统
	油压（MPa）	流量（L/min）	计算的输入功率（kW）	冲击次数（次/min）	冲击能量（J）	公称冲击功率（kW）	转速（r/min）	最大力矩（N·m）	公称值（kg）	（mm）	直径（mm）	
日本古川凿岩机械销售有限公司（Furukawa Rock Drill Sales Co. Ltd.）												
HD50	12	80	16	3900～4100	98	7	0～300	250	110	1181	25	水
HD100C	16	90	24	2800～3200	150	8	0～250	250	140	992	32	水
美国加德纳－丹佛采矿建筑公司（Gardner－Denver Mining & Construction）												
HPR	11/16	68/90	20	3000～3500	100/150	6/9	0～200	250	85	760	32	气/水
HPR1H	22	94	32	2500～4000	240/340	17	0～250	540	300	1150	38/44	气/水
联邦德国克虏伯工业技术有限公司（Krupp Industrictechnik GmbH）												
HB30	15	55	13.5	3000	135	7	0～540	65	34	555	22/25	气/水
HB53	15	85	21	3000	270	13.5	0～540	230/370	97	675	32	气/水
HB101	15～17	70～85	21	1800	380	11.5	0～140	950	240	1142	38/45	气/水

续表 7-23

制造厂及凿岩机型号	冲击机构输入功率			冲击机构输出功率			旋转机构		重量	长度	钎杆尺寸	冲洗系统
	油压（MPa）	流量（L/min）	计算的输入功率（kW）	冲击次数（次/min）	冲击能量（J）	公称冲击功率（kW）	转速（r/min）	最大力矩（N·m）	公称值（kg）	（mm）	直径（mm）	
法国蒙塔贝尔公司（Montabert SA）												
HC40F	13	80	17.5	3700	190	11.5	0～120/310	430	80	840	28	水
HC120F/FR	14	130	30.5	3100	400	20.5	0～80/160	1250	158	1250	45	气/水
芬兰塔姆鲁克公司（Tamrock）												
HE55F	10～12	42	8.4				0～300		25	568	19/22	气/水
HL538	7.5～17	110	31	3700	245	15	0～300	240	120	970	32/38	气/水
HL850	9.0～13	145	31.5	2300	470	18	0～150	700～1800	255/295	1060/1205	38/45/51/102	气/水
HL4000	11～14	460	107	2200	2050	75	0～60	3500	1100	1400	150	气

①短机型；②带钎尾；③有三个冲程供选择；④包括螺纹支架和水管接头。

表 7-24　三种配流阀的比较

阀　形	柱　　阀	筒　　阀	套　　阀
结构特点	有单独的阀体，阀芯呈柱状在阀体内运动配油	有单独的阀体，阀芯呈筒状，在阀体内运动配油	只有一个套阀，活套在活塞上，与活塞作同轴运动配油
结构复杂程度	由多个零件组成一个单独的部件，比较复杂，质量较大	由多个零件组成一个单独的部件，比较复杂，质量较大	仅有套阀一个零件，结构简单，质量小、整机尺寸小
耗油量及漏损	柱阀尺寸可设计得比较小，耗油量和漏损也较小	尺寸可设计得较小，耗油量及漏损也较小	受活塞外径制约，尺寸较大，耗油多漏损也较大
加工难度	加工精度，光洁度要求高，油路较复杂，加工难度大	加工精度、光洁度要求高、油路较复杂，加工难度大	套阀本身加工工艺性好，易于加工，但缸体结构较复杂，增加了加工难度
适用性	可制成三通阀或四通阀适用于流量较小的机型	可制成三通阀或四通阀适用于流量较大的机型	只能制成三通阀，适用于单面回油的机型
应用机型	COP 系型　HD 系列 YYG145　YYG80A YYT30　YYG30	RPH 系列　YYG90	HB 系列　AD 系列　HE 和 HL 系列　HC 系列　TYYG20

已可连续工作两个月，大约折合钻进15000m左右，其总使用寿命约是同级气动凿岩机的1.5~2倍，折合总钻进硬岩约十万米。因此矿山应用液压凿岩机是一个发展方向，但由于液压凿岩机设备投资及日常维修费用大；对技术操作与维护管理水平要求高；目前国内试制的液压凿岩机的使用寿命还不理想，连续工作时间较短且不稳定；进口的液压凿岩设备的零件及配件补充困难，因此需根据矿山的技术和经济具体条件合理选用。

7.3.2.1 液压凿岩机型号及技术数据

目前国内外液压凿岩机型号很多，新的机型还不断出现，目标是使凿岩机结构进一步简化，改善其性能和提高使用可靠性，现将国内研制的及引进技术生产的液压凿岩机和部分国外液压凿岩机的型号及技术数据分别列于表7-22和表7-23。

7.3.2.2 液压凿岩机的结构

液压凿岩机冲击机构的原理虽然简单，但要实现结构简单、可靠和效率高并非易事；经过多年的改进与试验，基本上趋向于有阀、后腔或双面回油为主结构形式。后腔回油的机型较多，其优点是没有回程反吸补油。但阀口瞬时流量较大；双面回油有回程反吸补油，但瞬时流量较小。阀的形式有柱阀、筒阀和套阀三种，它们之间的比较见表7-24。液压凿岩的冲击机构基本原理见图7-54。

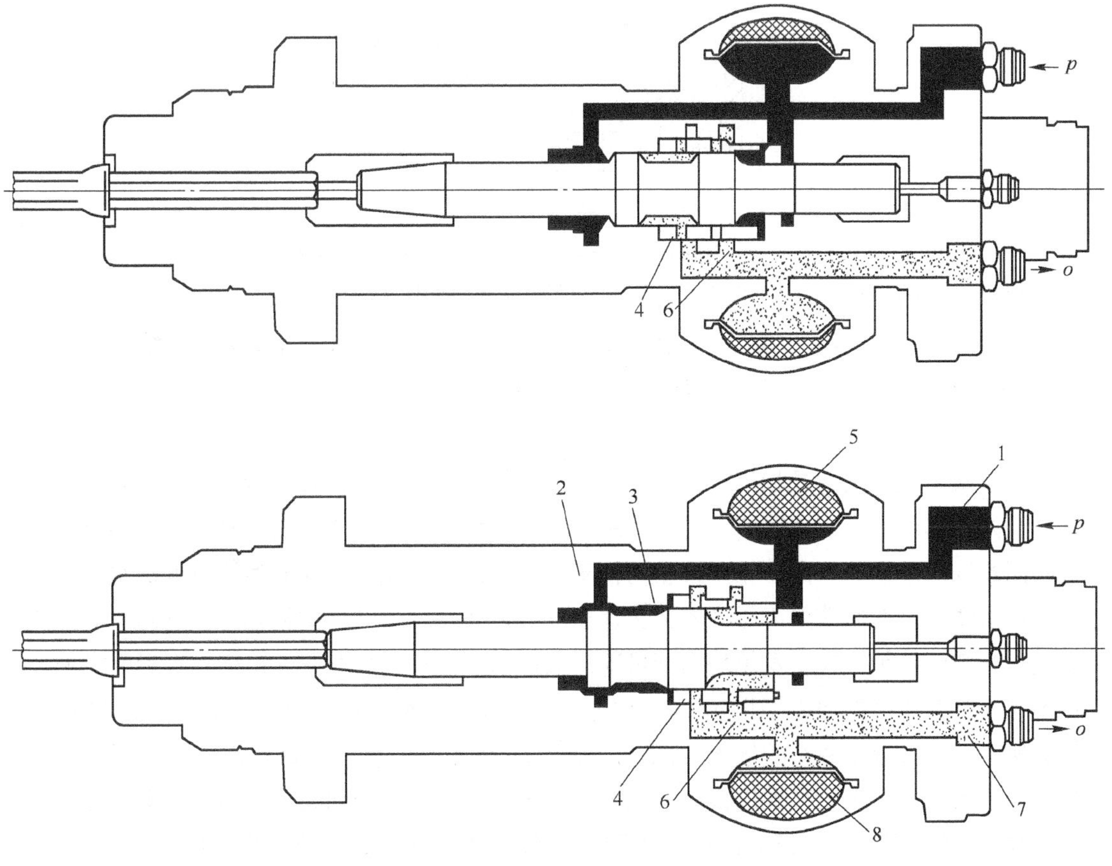

图7-54 液压凿岩机冲击机构基本原理
1—进油口；2—缸体；3—配油腔；4—配流阀；5—高压蓄能器；
6—回油腔；7—回油；8—低压蓄能器

液压凿岩机的工作压力为7.5～22MPa，由于机内漏损随压力增加而增大，流量损失又随油量增加而增大，因此必须对压力和流量进行合理匹配。工作压力低，零件较简单可靠，液压软管和接头的故障也少；工作压力高，相应流量和流速较小，可使凿岩机整体尺寸与重量减小。

除个别轻型液压凿岩机使用来复棒－棘轮转钎机构外，都采用双向摆线或齿轮液压马达驱动减速齿轮转钎。对这些独立回转凿岩机，可根据岩石坚固性和磨蚀性选用不同的凿岩工作方式，在坚硬而磨蚀性强的岩石用冲击凿岩破碎为主，回转速度为200～300r/min，冲击频率33～50Hz，轴推力较小；在中硬岩石用回转－冲击破碎岩石，回转速度450r/min左右，冲击频率33～100Hz，轴推力较大；在软岩中400～1000r/min的单纯钻孔，以切削破碎岩石效果最佳，轴推力6～18kN；一般而言，岩石越软则转速越高，轴推力越小。

液压凿岩机都装有液压蓄能器。蓄能器一侧预充入压缩氮气，另一侧通冲程或回程油路，中间用一特制的橡胶隔膜将氮气与油隔开。装在冲程油路的蓄能器在活塞回程时，因后腔压力升高压缩氮气而储能，可为工作冲程补充额外的能量。在回程油路上的蓄能器用来吸收压力脉动和减少油管的振动。蓄能器的结构见图7－55。

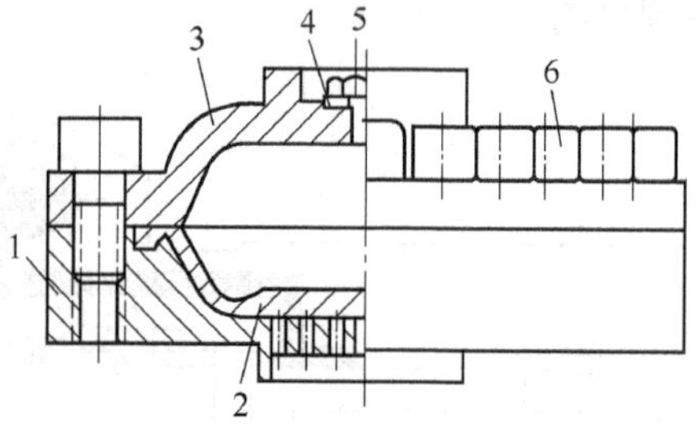

图7－55 液压凿岩机的蓄能器

1—底座；2—隔膜；3—上盖；4—O形圈；5—充气嘴；6—螺钉

根据使用国外液压凿岩机的统计，主要易损件的使用寿命如下：

零件名称	冲击活塞	阀	钎尾（包括钎套）	蓄能器隔膜	活塞密封圈
使用寿命（m）	50000～60000	50000	2000～5000	2000～6000	1200

7.3.2.3 液压回路

液压凿岩机的泵站是随机移动的。一台典型的全液压凿岩设备最少有四个独立的液压回路，即冲击回路、旋转回路、推进回路和钻臂工作回路。每个回路都有一个或多个控制杆和阀系统。液压油可由齿轮泵或轴向柱塞泵输入回路，这些泵用柴油机或电机驱动。齿轮泵价格便宜，使用简单可靠，寿命长，对油的过滤精度没有轴向柱塞泵要求高，但不能变量；其溢流能量损失及发热均高于可变量的柱塞泵。轴向柱塞泵除价格较贵和要求油过滤精细外，其他性能均优于齿轮泵。以宣风－赛科玛（Secoma）技术合作的液压钻车系统为例，可了解液压回路的概况（图7－56）。其动力源包括一台定量齿轮泵，用以驱动推进油缸或在锚杆作业时推进锚杆；也可用来驱动像水泵等辅助设备。驱动冲击机构的一台变量柱塞泵排量由推进压力回路的调压阀控制，可根据岩石条件改变冲击能量和频率。还有另一台变量柱塞泵驱动回转机构，当岩石条件变化引起阻力矩和系统压力变化时，可保持转速不变。当钻车移位时，可通过切换阀将两个柱塞泵的油流共同驱动行走液压马达。

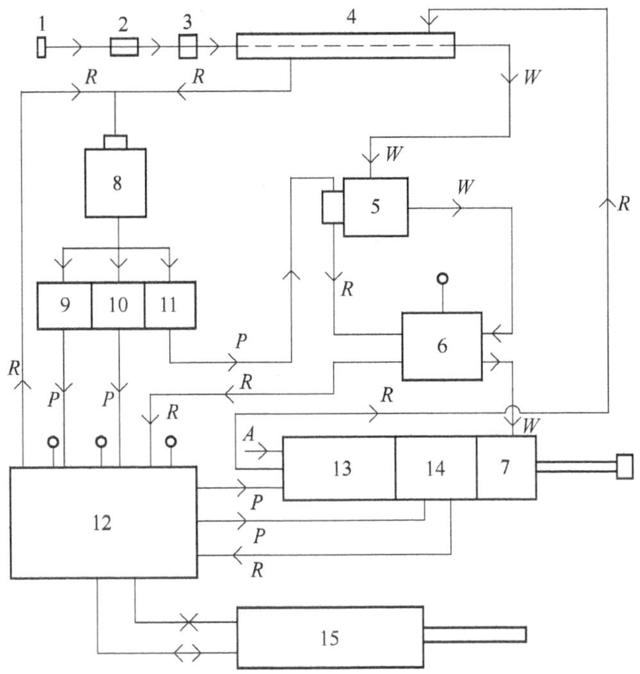

图 7-56　宣风-赛科玛液压钻车系统框图

1、2、3—入水口、过滤器、球阀；4—冷却器；5—水泵；6—水控制开关；7—冲洗头；8—油箱；9、10、11—泵；12—控制台；13—冲击；14—回转；15—推进油缸；W—水管；P—压力油管；R—回油管；A—气管

7.3.3　内燃凿岩机及电动凿岩机

7.3.3.1　内燃凿岩机

内燃凿岩机是汽油机、压气机、凿岩机组合在一起的手持式冲击回转机具，外壳用轻铝合金铸造。质量轻，携带方便，可用于浅孔凿岩、铲掘、捣碎和夯实等作业，受汽油机工作发热温升影响，不适宜长时间连续作业。内燃凿岩机的主要技术规格见表 7-25。

内燃凿岩机主要易损件的使用寿命及废弃极限见表 7-26。

7.3.3.2　电动凿岩机

电动凿岩机的能量利用率最高，设备投资省，但受到结构限制，只有轻型支腿式产品，冲击功率 2.5～3kW，在中等坚固性岩层的凿孔速度还不到气腿式气动凿岩机的一半，故障率较高，主要易损件使用寿命不够长。所以应用范围不广。

电动凿岩机主要结构形式有，曲轴连杆压气活塞式和偏心块冲击活塞式两种，其规格性能见表 7-27。

7.3.4　凿岩钻车和钻架

导轨式凿岩机只能是安装在钻车或钻架上工作，钻车有轮便于转移地点，钻架则要拆迁。但钻架在竖井掘进中却得到广泛应用。

钻车是机械化程度较高的凿岩设备，是实现凿岩自动化的途径。带智能的钻车即是凿岩机器人，现虽已试验成功，但尚未有广泛生产应用。

7.3.4.1　凿岩钻车的结构

表7-25 内燃凿岩机的主要技术规格

型 号	YN30A	YN25
主机重量（kg）	28	26
外形尺寸（mm）	760×330×235	710×260×260
发动机缸径×行程（mm）	58×70	60×65
发动机排量（mL）	185	184
发动机负荷转速（r/min）	2700～3000	2600～2900
发动机转速（r/min）	2200	2000
冲击频率（Hz）	45～50	43～48
冲击能（J）	27	40
扭矩（N·m）	18	18
钎杆转速（r/min）	≥150	≥180
油箱容积（L）	1.65	1.8
燃油消耗量（L/m）	≤0.14	≤0.12
混合油容积比（汽油:机油）	12:1	12:1
火花塞间隙（mm）	0.5～0.6	0.5～0.7
火花塞牌号	4Z4	4Z4
进气阀钢球跳动间隙（mm）	0.4～0.7	0.4～0.8
钎尾规格（mm）	22×108	22×108
凿孔直径（mm）	48～42	48～42
凿孔深度（m）	6	6
凿孔速度（mm/min）（$f=10\sim12$，$\phi=34$mm）	≥200	250～300
噪声、声压级/声功率级(dB)/(A)		106/121
制造厂家：重庆凿岩机厂、宜春风动工具厂、上海风动工具厂、洛阳风动工具厂		

表7-26 内燃凿岩机主要易损件使用寿命

零件名称	冲击活塞	棘 轮	转 动 套
使用寿命（m）	4000	3000	3000
废弃极限（mm）	小头顶端下凹1.5，花键侧面磨损1.5	花键侧面磨损1.5	内六方对边磨损2，花键侧面磨损1.5

凿岩钻车因生产使用的要求不同，其规格品种繁多，但其基本部件已逐渐形成系列，通用性较强。钻车的基本部件包括底盘、钻臂、推进器、操纵台和液压、气路、水路系统等。制造厂生产各种规格的系列部件，根据用户提出的要求，从中选用合适的部件，组成相应的专用凿岩钻车。

A 底盘

底盘主要由行走机构、底架、转向机构和稳车装置等组成。按行走机构不同，底盘分为轨轮，胶轮和履带三类；除轻型轨轮和胶轮式钻车中有个别型号采用外力拖曳外，都装备有动力装置。电、气、液压和内燃机都可以作为动力的来源。有时也兼用几种动力。轨轮式无转向机构；履带式靠驱动-制动转向；胶轮式可采用轮转向或铰接转向和驱动-制动转向。轨轮式钻车少数有用卡轨器稳车；履带式可用刹车稳车，但用得最普遍的稳车方式是液压缸顶撑。底架一般用型钢或钢板焊成刚性较大的箱形构件，为了平衡钻臂对底盘的

表 7－27 电动凿岩机规格

型 号	YDT30	YDT32KB	YD2A	YD3
凿岩机重量（kg）	30	32	30	35
外形尺寸（长×宽×高）（mm）	683×260×170	683×260×195	610×330×220	
结构形状	曲轴连杆压气活塞式		偏心块冲击活塞式	
冲击能量（J）	45	45	30	45
冲击频率（Hz）	35	35	46	34
扭矩（Nm）	18	18	15	18
钎杆转速（r/min）	150	150		
钎尾规格（mm）	22×108	22×108	22×108	
钻孔直径（mm）	35～43		34～45	34～45
钻孔深度（m）	4	4	4	4
水冷电机功率（kW）	3	3（隔爆型）	2.5（隔爆型）	3
电压/调频（V/Hz）	380/50	127/50	127/50	
配套设备	FTS100 型水力支腿重 12kg，水压 0.33～0.5MPa。DSA－380/3，电控箱，重 5.5kg。KSG4/0.7 矿用隔爆式，干式变压器。活塞式水泵组 1.5kW		ST140 型水力支腿，重 1.5kg，水压 0.8MPa	
凿岩速度（mm/min）（$f=8\sim10$，$\phi=35$）	180		≈200	
制 造 厂 家	宜春风动工具厂		无锡煤矿电动凿岩机厂 浙江龙游探矿机械厂	

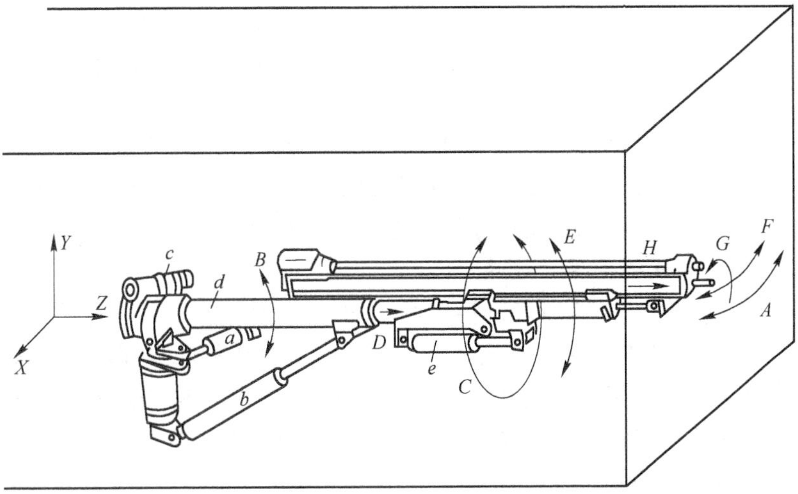

图 7－57 钻臂动作

倾覆力矩，在底盘上往往装有配重块。

B 钻臂

钻臂的作用是支承推进器和凿岩机，使之同底盘连结成一体，并能给定凿岩的位置和方向。钻臂的功能取决于往复或回转液压缸的数量和布置方式。对现有各种形式钻臂的动作组合进行分析，可归纳出十多种不同的钻臂。钻臂的动作分解见图7－57，其动作如下：

（1）摆臂：钻臂体绕垂直轴（*Y*方向，箭头*A*）摆动，由液压缸*a*驱动；

（2）起落：钻臂体绕横向水平轴（*X*方向，箭头*B*）摆动，由液压缸*b*驱动；

（3）转臂：钻臂体绕纵向水平轴（*Z*方向）转动，图中钻臂无此动作；

（4）旋转：钻臂体前端绕纵向水平轴（*Z*方向，箭头*C*）转动，由部件*C*驱动；

（5）伸缩：臂体前沿*Z*轴方向移动（箭头*D*）由臂体内装伸缩液压缸*d*驱动；

（6）仰俯：推进器绕横向水平轴（*X*方向，箭头*E*）上下摆动，由液压缸*e*动作；

（7）摆角：推进器绕垂直轴（*Y*方向，箭头*F*）水平摆动，动作液压缸图见不到；

（8）翻转：推进器绕纵向水平轴（*Z*方向，箭头*G*）旋转，图中液压缸不可见；

（9）补偿：推进器沿*Z*轴方向转动（箭头*H*）由液压缸驱动。

上述九种动作按凿岩作业需要选取其中的几个便可组成某种型式的钻臂，如CTC700钻车的B25JD型钻臂是由转臂、起落、仰俯和补偿等动作组成的。

为了能够准确地钻凿平行炮孔及缩短定位的时间，绝大多数钻臂装有自动平移机构，常见有四连杆平移和液压平移机构。新型钻臂趋向于采用无平移引导缸的空间液压平移机构。

转臂、旋转和翻转动作，倾向于采用往复运动的液压缸，再通过某种机构转换成回转运动。转臂常用齿条齿轮搓动式，旋转和翻转用螺旋花键机构（见图7－58）将直线运动变为回转运动。为保证定位可靠，液压缸装有双向液压锁。

C　推进器

推进器由导轨、推进装置、凿岩机滑架、托钎或夹钎器、顶尖、补偿液压缸及导轨托架等组成。导轨用轻型槽钢或型钢焊接，也有用铝合金型材制作的。导轨在井下作业环境恶劣，要有足够的刚性与强度。结构简单、造价低廉，便于更换。推进装置有液压缸（气缸－钢绳）推进、液压马达（或气马达）－链条推进、液压马达（或气马达）－丝杠推进和液压缸（气缸）直接推进等形式。推进器的主参数是轴推力和推进行程。

D　操纵台

大部分钻车的钻臂、推进器、凿岩机动作的控制阀及指示仪表等都集中安装在操纵台上以便操作。有些采矿钻车将主要动作的控制阀单独装在一个可转动或离开钻机一定距离的操纵台架上，使装卸钻杆和观察作业情况更加安全方便。

7.3.4.2　凿岩钻车的使用和维修

凿岩钻车结构复杂，价格昂贵，特别是全液压凿岩钻车，液压系统工作压力高达10～20MPa，作业环境恶劣，使用稍有不当，就会造成设备故障或损坏。正确的使用与维护是发挥凿岩钻车工作效率及延长其使用寿命的保证。操作与维修人员要经过严格的技术培训与考核，能熟练掌握钻车的结构性能、使用及维护方法、拆装、检查及排除故障的方法等等。使用中最关键的要点是：

（1）润滑。必须按钻车使用维护说明书选用规定的润滑油脂进行定期定量加油。在使用与管理润滑油脂的每个环节都应保证油脂牌号和质量符合规定，油脂不可受到水、灰尘及脏物的污染，容器要洁净、密封。

（2）防松。钻车工作中的振动使所有的螺帽都有松动的可能，特别是工作机构的螺帽松动可能更大，因此必须及时检查，对松脱的螺帽要用扭力扳手旋紧到规定扭矩值。

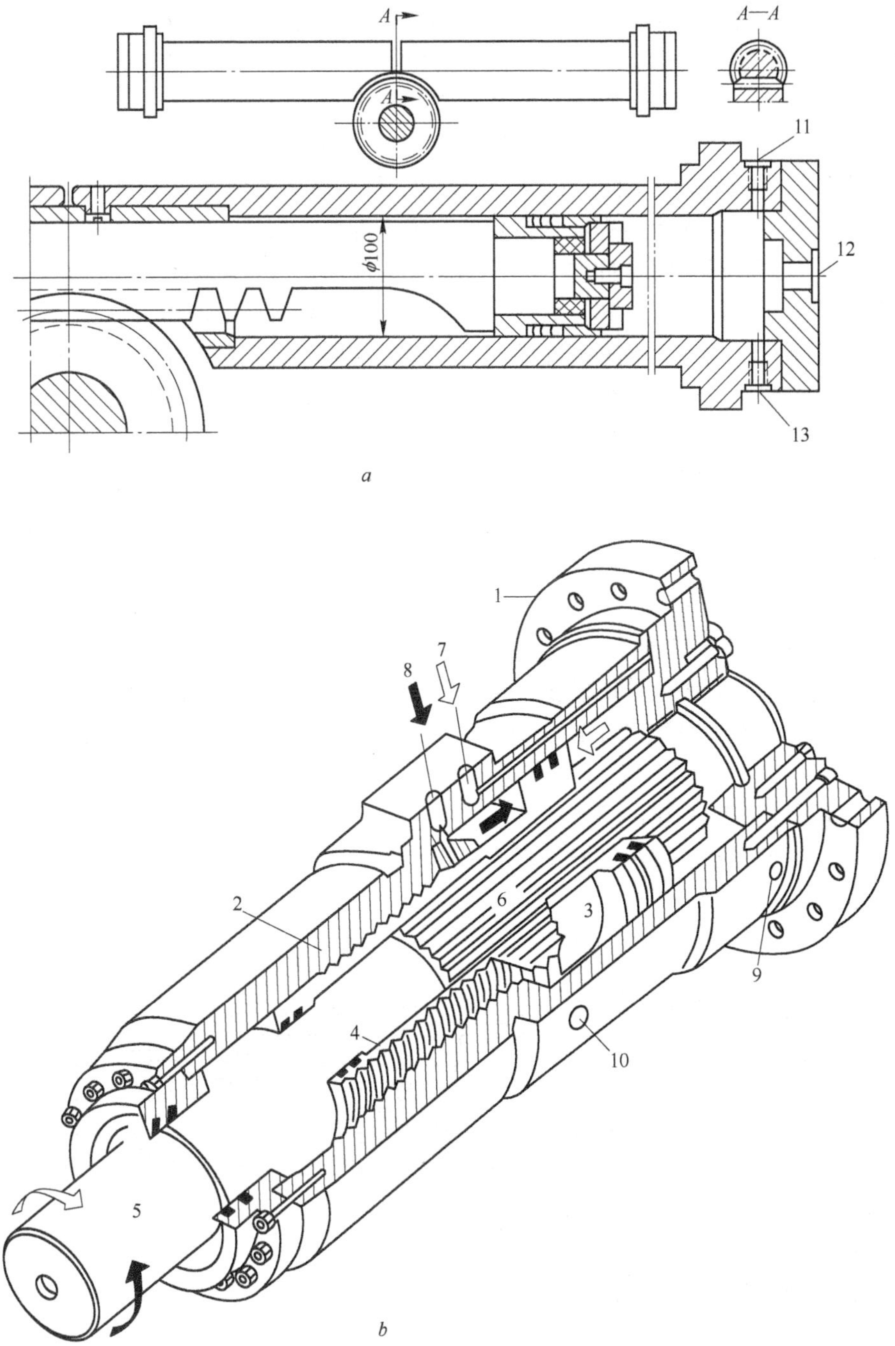

图 7－58　液压油缸旋转机构

a—齿条搓动液压缸；*b*—螺旋花键旋转液压缸

1—缸体；2—螺旋花键套；3—活塞；4—螺旋花键；5—主轴；6—花键；7、8—进、排油孔；9、10—放气孔；11—放气用孔；12—进出油孔；13—放油用孔

有不少零部件非正常损坏的原因就是螺帽松脱造成的。

（3）防漏。凿岩钻车的管路很多，接头松动或软管挤伤就会泄漏油、气和水。因此应把软管捆扎好，防止发生挤伤和摩擦。定期检查接头及密封处有无渗漏，保持管路外部的清洁。对发生泄漏的硬管接头（没有密封圈的）在重新拧紧时要在螺纹处包缠聚四氟乙烯薄膜带或涂厌氧密封胶，涂有厌氧胶的螺纹要加热到120℃以上，保温3～5min，才可卸松。进气软管须用保险绳带扣牢，确保万一接头松脱时不致甩伤人。

（4）防污。钻车在井下潮湿多尘的环境中工作，凿岩时溅落的岩碴及泥水等很快会将钻车沾污。这不仅会妨碍检查和加剧导轨与推进部件的磨损，还会加剧外露零件表面的锈蚀，因此，每班必须将钻车冲洗干净，钻车上的液压、气、水路系统装置的滤清器及气路上的分水器，要定期检查滤芯及放水阀，如发现污物堵塞要及时清洗或更换。

（5）定期维修。钻车的部件都有预定的维修周期，特别是凿岩机、推进器部件和液压油，在操作说明书上定有修换周期，应按规格按时执行，这样才能保证设备正常运转。在井下不作业的钻车不允许停放过久。如钻车需在井下停放，必须采取防锈措施，应放在干燥地点和涂以除锈油脂。还必须定期开动凿岩机和进行必要的检查。如不注意这些保养措施，就会很快锈蚀损坏。启用新钻车或停放时间较久的钻车时，必须全面检查，加足油脂。气动钻车的总进气管在开动前要拧开接头，灌入50mL的润滑油，以保证启动初期的正常润滑。

7.3.4.3 巷道掘进钻车

巷道掘进钻车的规格型号比较多，选用钻车的主要依据是巷道的规格和掘进的速度。近几年国产钻车已逐步在生产中使用推广，还与国外合作，生产了几种型号的全液压钻车。

A 气动掘进钻车（图7－59）

气动掘进钻车型号及技术规格见表7－28。

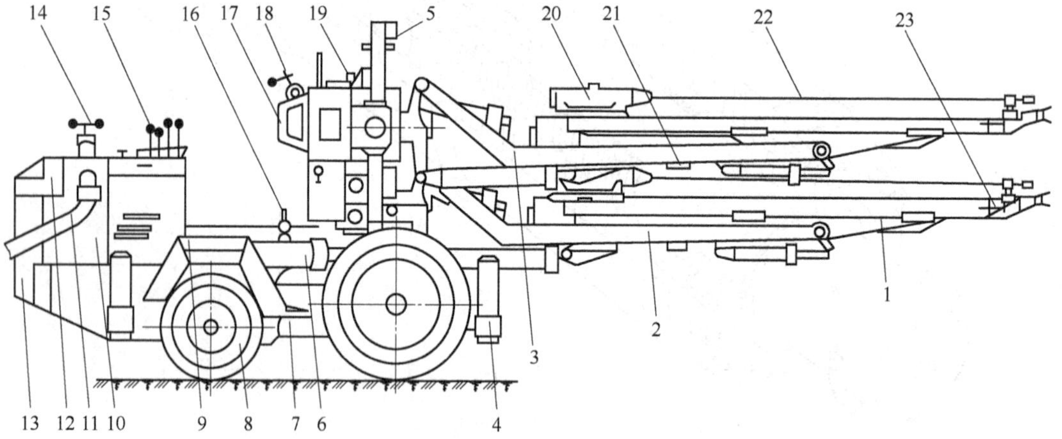

图7－59 CTJ700－3型三机轮胎式掘进钻车总体结构简图

1—推进器；2—中间支臂；3—侧支臂；4—千斤顶；5—照明系统；6—摆动机构；7—行走车体；8—转向车体；9—工作平台；10—机罩；11—总进气管；12—工具箱；13—配重；14—闸阀；15—液压系统；16—脚踏阀；17—操纵台；18—风水系统；19—气压表，油压表；20—凿岩机；21—组合阀；22—钎杆；23—限位阀

表 7-28 气动掘进钻车主要技术规格

型号		PYT-2C	CGJ-2	CGJ500-3	CTJ500-2	CTJ700①	CTJ700-2	CTJ700-3
适用巷道断面宽×高（m）		2×2~2.6×3.2	1.8×2~2.6×3.2	2.2×2.2~4.5×3.5	2.4×2.4~4.5×3.5	1.8×1.8~4×3	2.2×2.2~5×3.6	3×3~6×4.5
外形尺寸	长（mm）	4405	5600	6700	6800	6400	6750	7050
	宽（mm）	950		1250	1600	1150	1500	1720
	高（mm）	1575		1736	1600	1530	1800	2370
钻车总重（t）		1.85	2.2	5.5	6	4.5	6.5	8.5
配用凿岩机		YGP35	YGP28			YGZ70、YGZ70A、YGP35		
钻臂数		2	2	3	2	1	2	3
钻臂型号						B25JD 或 B30JD		
钻臂动作组合		摆臂、起落、仰俯、摆角、补偿	摆臂、起落、仰俯、摆角、翻转补偿	转臂、起落、仰俯、补偿		转臂、起落、仰俯、补偿		
推进器型号及推进方式		气缸钢绳	气马达丝杠	液压缸钢绳		TS715/720/725/730 气马达丝杠		
推进力（N）		0~1680	0~1960	0~4900		0~6870		
推进行程（m）		2.0	2.0	2.5		1.5/2.0/2.5/3.0		
行走方式		轨轮（轨距 600mm）			胶轮	胶轮（轮转向）		
行走功率（kW）		直流电机 3.5	直流电机 3.5	电机 7.5	电机 22	气马达 7.8	气马达 11.2	
行走速度（km/h）		6~8	6~8			0~2.5	0~2.5	0~3
液压系统压力（MPa）		6	6	10	10	8		
最大耗气量（m^3/min）		14	14	20	13	8.5	17	26
生产厂家		湘东钨矿	哈尔滨机械厂	沈阳风动工具厂		宣化风动机械厂		

①CTJ700 系列钻车还有 CTJ700-D、CTJ700-2D、CTJ700-3D（电动、普通或防爆）和 CTJ700-3N（内燃铰接底盘）等型号。

表7-29 巷道掘进全液压钻车主要技术规格

型号		水星14①	CTH10-2F	Boomer NH174	Boomer② NH175	Boomer H127	NTH529	NTH530	CTJ10-2Y	CGJS-2YB
适用巷道断面宽×高（m）		5.4×3.8	4.8×3.5	12.4×8	12.4×7.8	7.4×5.05	4.98×5.4	4.98×6.3	4×4.5	4×3.8
外形尺寸	长（mm）	8800	6400	13460	13000	10020	10000	10000	8750	7820
	宽（mm）	1400	1000	2500	2500	1900	1200~1400	1300~1600	1500	1382
	高（mm）	1760	1570	3035	3050	2250	2100	2100	2100	1500
钻车总重（t）		8.95	7.5	24.2	30	14.2	12	15	8.4	7.5
配用凿岩机		Hydrastar 200		COP 1238		COP 1032			YYG80/70	YYG80A
钻臂数		2	2	2	3	2	1	2	2	22
钻臂型号		BL36F		BUT35		BUT25	BUT30		B25JD	
钻臂动作组合		摆臂+起落+旋转+仰俯+摆角+补偿		摆臂+起落+伸缩+翻转+仰俯+摆角+补偿					转臂+起落+仰俯+补偿	摆臂+起落+仰府+摆角+补偿
推进器型号及推进方式		CL510E CI508E 液压缸钢绳		BMH612/614/616/618 液压缸钢绳		BMH111/112/114 液压缸钢绳			TG1020/1030 液压缸钢绳	液压缸钢绳
推进力（kN）		4625	4545	12.5		7.9（1006ar）			12.1	12.6
推进器总长（mm）		4625	4545	5295/5895/6505/7125		4350/4825/5430			3450/4450	
行走方式		胶轮铰接	履带	胶轮铰接底盘		胶轮铰接	履带		胶轮转向	轨轮
行走功率（kW）		柴油机30	液压马达	柴油机116		柴油机55	液压马达		液压马达	液压马达
行走速度（km/h）		10	3	16		13	2		2.5	4.3
泵站功率（kW）		电机45	防爆电机45	电机2×45	电机3×45	电机2×30	电机30	电机2×30	电机62.5	电机2×30+15
液压系统压力（MPa）		20（凿岩）/16		15~25		15~25			12/8	7~9
合作生产厂家		ELMCO-SECOMA 沈阳有色冶金机械厂	ELMCO-SECOMA 宣化风动机械厂	Atlas Copco 南京工程机械厂					宣化风动机械厂	广东有色冶金机械厂

①还生产水生14 1F/D3-E50单臂全液压钻车，配用HYd300液压凿岩机；

②还生产BoomerNH178三臂钻车，两侧钻臂可以升高，扩大工作断面到12.9×10.26m。

B 全液压掘进钻车

图 7-60 是水星 14（MERCURY14）全液压钻车外貌图，其主要规格见表 7-29。

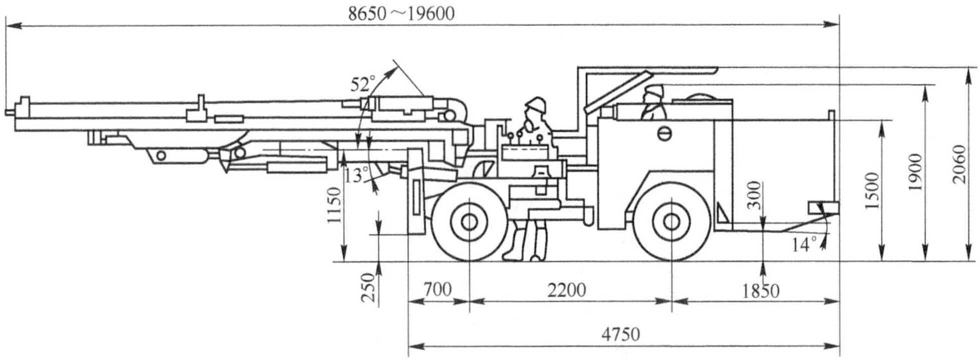

图 7-60 水星 14 1F/D3-E50 型全液压钻车

7.3.4.4 采场凿岩钻架与钻车

采场用凿岩钻架与钻车分别见图 7-61 和图 7-62，其型号、规格见表 7-30。

7.3.4.5 竖井凿岩钻架

竖井凿岩常使用伞形钻架或环形钻架，这两类钻架的比较见表 7-31。

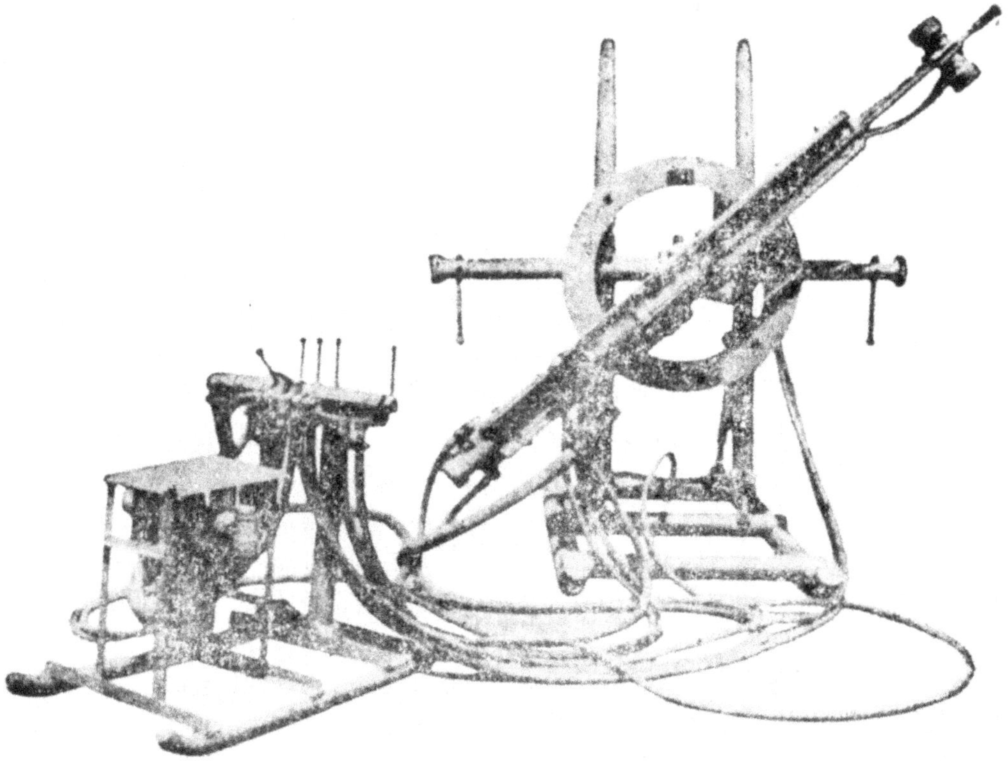

图 7-61 采场圆盘钻架

图7-62　CTC14-2型采矿钻车

A　伞形钻架

伞形钻架以压缩空气为动力，采用液压支撑及移孔位。工作时伞形架由井口吊运到井底工作面，当立柱调定后，由安在立柱顶盘上的三组支撑液压缸撑紧井臂。根据钻孔要求操纵动臂，使推进器对准孔位。凿岩作业完毕后，收拢钻臂及撑臂，吊运到井口停放钻架处。伞形钻架的结构见图7-63，其基本参数见表7-32。

B　环形钻架

环形钻架是将气腿式凿岩机挂在可沿轨道滚动的跑车上，见图7-64。环形轨道及悬臂轨道的尺寸范围，按每台凿岩机的工作面积为1.4~1.8m^2配置凿岩机台数。它可同时使用12~24台凿岩机，能钻凿3~4m深的炮孔；结构简单可靠，故障较少，操纵方便，易于制造。工作时由单独的气动绞车或稳车下放到离工作面一定距离的高处，用撑紧装置将其固定。凿岩完毕，松开撑紧工作装置，将其提到吊盘下部适当距离处停放。环形轨道上还可铺设工作平板，作为混凝土浇灌平台用，达到一台设备两用，节省辅助作业时间的目的。

环形钻架由于外形尺寸较大，成品运输拆装不方便，加上结构比较简单，一般施工单位均可按图在现场制作。其主要技术参数见表7-33。

7.3.5　地下用潜孔、牙轮和金刚石钻机

尽管导轨式凿岩机的功率大，初始凿岩速度高，由于钎杆和连接套对冲击的衰减作用随孔深而增加，在通常的情况下，当钻孔达到10m深度时，导轨式凿岩机的接杆凿岩速度

表 7-30 采矿凿岩钻架及钻车规格

型 号		TJ25 钻架	FJY27B 钻架	CTC14	CTC14.2	CTC700①	CTC10.2	CTC300A
适用巷道断面（m^2）		2.5×2.5~3×3		2.3×2.8~5×4	3×3~5.5×4	2.8×3~5×4	高 2.8~3.6	高 2.6~3.5
最大高度（m）		3.37	3.5	4	4	4	3.6	3.5
外形尺寸	长（mm）	1725	1725	4330	4700	3970	4600	2545
	宽（mm）	1000	1675	1680	2200	1810	1600	1070
	高（mm）	2340	2057	1660	1800	2180	1600	2105
总重（t）		0.6	0.8	3	5	2.7	3.8	0.4
配用凿岩机数		YGZ-90	YGZ100	YGZ90	2XYGZ90	YGZ90	2XYGZ70A	YGZ50
工作范围		360°环形		平行孔距 17m，起落 5°~95°，摆角 90°	平行孔距 0.38 ~ 3.6m，起落 5° ~ 95°，摆角 90°	平移 1.7m，起落 20°~95°，摆角 90°	平行孔距 0.66 ~ 3.5m，起落 0°~101°，仰俯 0°~90°	仰俯 0°~33°，摆角 ±25°
推进方式		齿轮气马达丝杠	气马达丝杠	气马达丝杠	气马达丝杠	气马达丝杠	气马达丝杠	
推力（kN）		90	120	137	137	137	98	30
接杆长度（m）		1.1	1.2	1.2	1.2	1.2	1.2	1.2
行走方式		滑橇		胶轮（轮转向）	胶轮	胶轮（轮转向）	三胶轮	二胶轮
行走功率（kW）				2×4.5	4×4.5	2×3.7	10.4	
行走速度(km/h)				1.5	1.5	1.5	1.7	
泵站功率（kW）				2	2	2	2	
液压系统压力（MPa）				8×10	8~10	8~10	10	
最大耗气量（m^3/min）		13	13.5	12	22	13	19	
进气管内径(mm)		38	38	38	50	50	50	
生产厂家		南京工程机械厂	天水风动工具厂	南京工程机械厂		昆明风动机械厂		沈阳风动工具厂

①需要更换成 BQB 轻型摆式支臂才能使用 YGZ90 凿岩机。

表 7-31 伞形钻架和环形钻架的比较

类型	结构	重量（t）	凿岩机型号及台数	孔径(mm)	孔深(m)	操 作	维 修
伞形钻架	复杂	5~10	YGZ-70，6~9 台	33~35	3~5	人少，省力	较复杂，费事
环形钻架	简单	3.3~5.4	YTP-26，12~24 台	34~36	3~4	人较多，费力	简单，容易

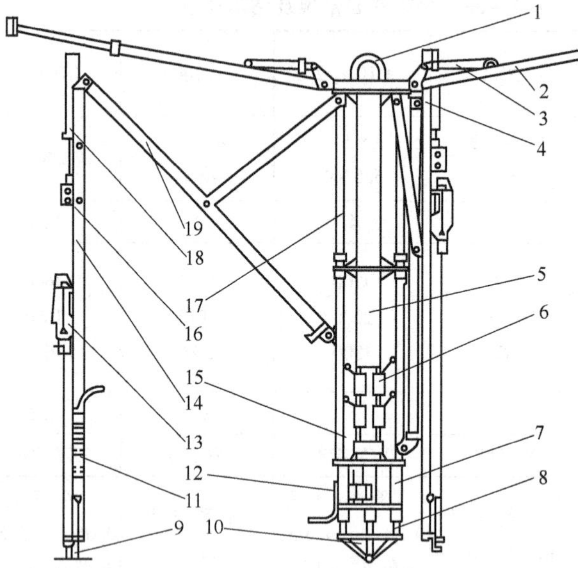

图 7-63 FJD6 型伞形钻架

1—吊环；2—支撑臂（油缸）；3—升降油缸；4—顶盘；5—立柱；6—液压阀；7—调高器；8—调高器油缸；9—活顶尖；10—底座；11—操纵阀组；12—气马达；13—YGZ70 凿岩机；14—滑轨；15—滑道；16—推进气马达；17—动臂（油缸）；18—升隔气缸；19—摇臂

表 7-32 伞形钻架型号及主要技术参数

型号	适用井筒净高直径（m）	收拢后外形尺寸		一次钻凿炮孔深度（m）	重量（t）	支撑臂支撑范围（m）	垂直炮孔圈径范围（m）	YGZ 70 凿岩机台数	钎尾规格（mm）	工作气压（MPa）	工作水压（MPa）	总进气管内径（mm）	总进水管内径（mm）
		高（m）	外切圆径（m）										
FJD6	5 ~ 6	4.5	1.5	3	5	5 ~ 6.8	1.34 ~ 6.8	6	25 × 159	0.4 ~ 0.7	0.3 ~ 0.5	100	38
FJD9A	6 ~ 8	7.6	1.75	4.2	10.1	5.2 ~ 9.8	2 ~ 8.85	9	25 × 159	0.4 ~ 0.7	0.3 ~ 0.5	2 × 100	38

注：制造厂家：济宁矿山机械厂、宣化风动机械厂。

不到起始速度的 50%。对于 100mm 以上的大直径深孔，以使用地下潜孔钻机比较经济合理。对于中等以下坚固性的矿岩，采用牙轮钻进，最为经济。但对于硬岩，由于小直径牙轮钻头（小于 170mm）受结构及加工工艺的限制，使用寿命较短，凿岩成本不会低于潜孔钻进。金刚石钻机是探矿的专用设备，由于每米钻进费用比潜孔高出 2 ~ 3 倍，钻进效率也低，故仅用于岩心钻探。

7.3.5.1 地下潜孔钻机

A 地下用潜孔钻机的结构特点与型号

因受作业空间及井下运输条件的限制，地下潜孔钻机必须结构紧凑、尺寸窄小，拆装

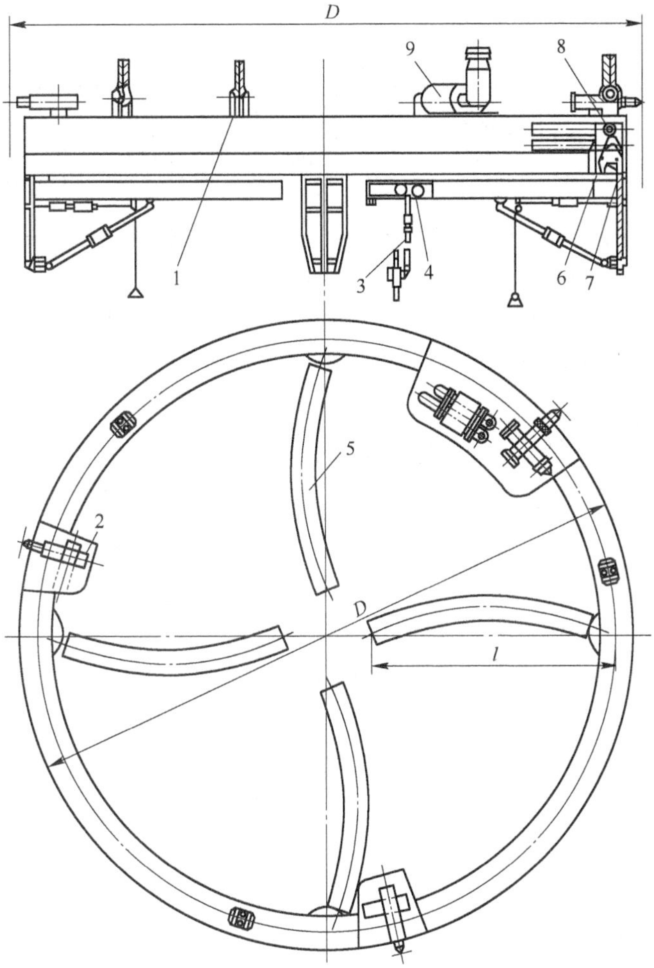

图 7-64 环形钻架

1—悬吊机构；2—撑紧装置；3—凿岩机；4—滑道小车；5—悬臂轨道；
6—环形轨道；7—吹洗管；8—环形分气分水器；9—注油器

表 7-33 FJH 型环形钻架主要技术参数

型　　号	FJH5	FJH5.5	FJH6	FJH6.5	FJH7
适用井筒净直径（m）	5	5.5	6	6.5	7
环形轨道外径（mm）	4600	5100	5600	6100	6600
悬臂轨道数（个）	4	4	5	6	6
悬臂长度（mm）	1350	1600	1850	2100	2350
使用凿岩机台数（台）	12	12~16	16~20	20~24	20~24
重量（t）	3.3	3.6~3.8	4.3~4.5	5~5.2	5.2~5.4

注：FJH 型环形钻架的轨道宽度 180mm；凿岩机型号 YTP26G；钻孔直径 34~46mm，钻孔深度 3~4mm；悬吊方式是用三台 2t 气动绞车悬吊在吊盘上，或用三台 5t 稳车悬吊在地表，悬吊钢丝绳直径 15.5mm。

方便，工作可靠。受这些条件约束，钻机一般没有司机室及装卸钻杆的机械手，目前仍以潜孔凿岩钻架应用最广。近些年我国矿山已在使用自行式潜孔钻机。潜孔钻架及钻机型号规格见表7－34。

表7－34 潜孔钻架与钻机规格

型 号	外形尺寸 长×宽×高 (mm×mm ×mm)	机重 (t)	适用巷道 宽×高 (m)	钻孔 方向	回转马达 功率 (kW)	转速 (r/min)	推进 行程 (m)	推力 (kN)	行走 方式	行走 功率 (kW)	总耗气量 (m^3/min)
QZJ－100A (YQ－100A)	850×550 ×330	0.6	2.5×3	水平及 向下	电机3	89	1.1	6			6
QZJ－100B (YQ－100B)	2380× 400×470	0.55	2.5×3	任意	气马达 3.4	90	1.1	6			12
CTCQ500	3970×181 ×2180	2.63	2.8×3	上向扇 形或平行	气马达 3.4	90	1.1	6	胶轮	2×3.7	14

注：1. 钻孔直径100mm，深40m；工作风压0.5～0.7MPa，水压0.8～1MPa，水量8～12L/min；
2. QZJ－100A和QZJ－100B型钻架由宣化风动机械厂及嘉兴冶金机械厂生产；
3. CTCQ500型钻机由昆明风动机械厂生产。

B 高气压潜孔凿岩钻机及增压机

提高气压是提高潜孔冲击器凿岩效率的有效措施；根据公式（7－6）、（7－8）和（7－10）可得出：

$$W = K_W \frac{P^{3/2} A_1^{3/2} S^{1/2}}{m_1^{3/2}} \tag{7-12}$$

式中 W——冲击功率，W；
K_W——系数0.12～0.15；
P——工作气压，Pa；
A_1——活塞冲程受压面积，m^2；
S——活塞行程，m；
m——活塞质量，kg。

由（7－12）式可知，冲击功率与工作气压的3/2次方成正比例，与活塞受压面积的3/2次方成正比例，与行程的1/2次方成正比例。但是靠后两个因素提高凿岩功率，将导致增加凿岩机的尺寸和重量。因此最有效的方法是提高工作气压。当工作气压提高到原来的2、3和4倍时，冲击功率将提高到2.8、5.2和8倍。而凿岩速度，一般地说是和冲击功率成正比例的。

此外，在高气压工作下，每凿一米孔的钎具消耗减小，并适宜于采用结构简单、效率较高的无阀冲击器，节省压缩空气的消耗，即每米钻孔能耗可以降低。

地下提高气压的有效途径，是将管路输送的0.5～0.6MPa的压气，在钻机附近经过增压压缩机升压，使工作气压达到1.5MPa左右，压缩机的规格见表7－35。如果直接采用高压压缩机，输出高的气压也是可以的，但因井下空气比较污浊，湿度大，直接采用高压压缩机的方式并不多见。

按目前国内的钻机及钎具结构、材质以及加工工艺情况，工作气压超过1.5MPa，经济技术指标变坏，也是不可取的。

目前国内已经研制出两种高气压潜孔钻机，其技术规格见表7－36，外形见图7－65。

表 7-35 增压空气压缩机主要规格

型 号	VY22/5-15	VY5.5/5-18	LG16-20/5-15	LGY23/20
排气量（m^3/min）	12.4	17~40	20	23
进气压力（MPa）	0.5	0.3~0.6	0.5	0.1
排气压力（MPa）	1.5	1.6~1.8	1.5	2.0
电机功率（kW）	45	90	90	250
电机转速（r/min）	1450	1000	1480	1479
结构形式	V型双缸单作用	V型双作用	单级螺杆	两级螺杆
移动方式	轨轮	滑橇	滑橇	胶轮
润滑油耗量（mL/n）	80	20	200	50
外形尺寸 长×宽×高（m）	2.7×1.22×1.32	2.96×1.55×1.34	3.7×1.4×1.73	5.0×2.3×2.9
总重（t）	2.1	2.5	3.7	7.0
生产厂家	柳州空压机厂	常德通用机械厂	无锡空压机厂	江西气压机厂

表 7-36 高气压潜孔钻机技术规格

型 号	外形尺寸			总重（t）	钻孔直径（mm）	钻孔深度（m）	冲击器型号	冲击器工作气压（MPa）
	长（m）	宽（m）	高（m）					
DQ150J	3.5	1.42	2.0	4.2	105/216	下向 100	JC150、JG150	1~1.5
DQG-150	3.71	1.42	2.17	5.76	165	下向 100	QCWZ165	1~1.5

型 号	回转头		推进器		底 盘			泵 站	
	扭矩（N·m）	转速（r/min）	提升力（kN）	行程（m）	行走方式	行走功率（kW）	行走速度（km/h）	工作压力（MPa）	功率（kW）
DQ150J	2000	0~33	34	1.7	履带	气马达 2×3.4	2	10	气马达 2
DQG-150	3500	0~25	81	1.9	履带	油马达 2×5	0.9	14	电机 17

注：1. DQ150J 钻机由加兴冶金机械厂生产；
2. DQG-150 钻机为宣化风动机械厂生产。

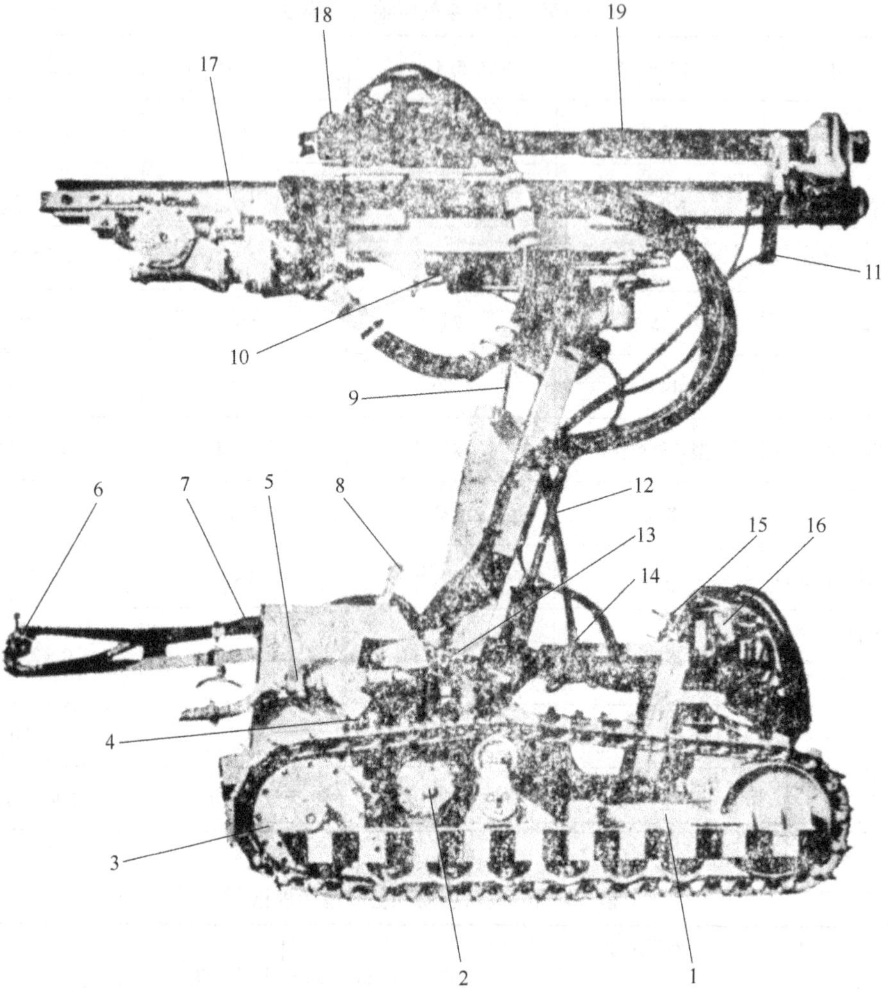

图7-65 履带式高气压潜孔钻

1—履带张紧油缸；2—行走马达；3—履带驱动轮；4—履带平衡缸；5—总气阀；6—行走操纵阀；7—平衡缸截止阀；8—手动刹车杆；9—俯仰缸；10—摆角缸；11—缸杆油缸；12—起落缸；13—外接气管接头；14—润滑油箱；15—多路阀；16—链式推进器；17—回转头；18—潜孔冲击器；19—钻杆

增压空气压缩机技术规格见表7-35。

C 潜孔凿岩的排碴与捕尘

排碴与捕尘方法不仅影响凿岩速度，也影响环境保护。

a 气水混合排碴捕尘

气水混合排碴捕尘是目前应用最普遍的方法，要达到较为理想的效果，关键是控制给水量。检查排碴情况以用手抓紧岩粉成团，松手后即散开时的水量为适宜，一般在4～11L/min以内，个别情况也可达25L/min，主要与岩石性质及地质条件有关。水量过多将会恶化冲击器的润滑条件并降低凿岩速度，水量不足将影响捕尘效果。为减少水雾和残余粉尘对操作者的危害，作业面上要保证通风。风速不低于0.2m/s。

b 干式凿岩和吸尘捕尘

干式凿岩和吸尘捕尘改善了进气量及润滑，比气水混合捕尘时提高凿岩速度 10% ~ 15%；由于消除了水对钻具的侵蚀，也延长了钻具的使用寿命。地下用的干式吸尘器常分粗滤器和袋式捕尘器两级，前者为一箱形容器或旋风分离器，利用扩散减速或离心作用将 90% ~95% 的较粗颗粒岩碴分离掉，余下的少量细微粉碴再通过袋式捕尘器捕集，布袋面积 12 ~ 25m^2。捕尘装置所需要的负压由压缩空气通过引射器产生，也可用电动抽风机产生。由于粗滤器捕集的大量岩粉，主要靠人工消除。加上布袋受潮容易堵塞，捕尘装置体积较大，移位不方便，目前尚未推广。

c 泡沫捕尘

为提高气水混合捕尘的粉尘捕获率，可在水中加入万分之几的起泡剂或润湿剂。以降低水的表面张力，提高水对细粒粉尘的湿润作用。如江西有色冶金研究所研制的 CHJ－1 型湿润剂，加入量为 1/20000，能使水的表面张力从 72dyn/cm^2 降到 35dyn/cm^2，捕尘效果提高 40% ~60%。

D 钻孔偏斜的控制

地下大直径深孔凿岩对钻孔偏斜要求甚严，一般不允许超过 1%。因此除钻机本身要求工作稳定、定位可靠，还要采取下列措施。

（1）钻机要在平整坚实的底板上作业，凿岩作业的底板浮渣和松石必须清除干净。

（2）钻架定位要准确，测斜仪精度要高，测角误差在 0.1°。目前比较实用的一种测斜仪是利用光栅产生摩尔条纹的变化来判别角度。在透明的定盘与动盘上各有数十条平行黑线，动盘靠铅锤定向，定盘与钻架滑轨靠磁性平尺保持一致。当滑轨面与铅锤方向重合，动定盘线条互相平行。如方向稍不一致，由于线条不平行就会出现箭头状条纹，箭头数量多则偏角大（见图 7－66），从钻架滑轨互相垂直的两个平面进行测斜，便可达到准确定位的目的。

（3）在钻杆上加装三翼形稳杆器，对防止钻孔偏斜有显著的效果。根据凡口铅锌矿试验对比，凡装了稳杆器，70% 以上的钻孔偏斜 <1%，而未装稳杆器的，钻孔偏斜 <1% 的仅有 14%。

（4）要根据岩层变化情况合理调节钻杆推力和转速。推力过大不仅会引起钻头飘移造成偏斜，也会加剧钻头的磨损。向下钻孔，随孔深增加，所施加的推力要将钻杆重量包括在内。

（5）根据孔径的大小选用钻杆直径。钻杆外径过小，不仅容易产生孔的偏斜，还会因排碴的环形面积增大，使排气流速降低，而影响排碴效果。常用钻杆外径与钻孔直径的匹配见表 7－37。使排碴风速超过 15 ~25m/s。

7.3.5.2 地下牙轮钻机

地下应用自行式牙轮钻机远没有高气压潜孔钻机那样普遍，原因有如下几点：

（1）井下牙轮钻机要求轴压大，设备比较笨重，运搬及定位费事，时间利用率较低，没有潜孔钻机轻便灵活；

（2）由于受轴承等零件结构尺寸的限制，小于 200mm 直径的牙轮钻头寿命低，钻头费用太大；

（3）直径 200mm 以上深孔爆破安全问题还没有完全解决。

地下牙轮钻进与潜孔凿岩比较具有以下优点：

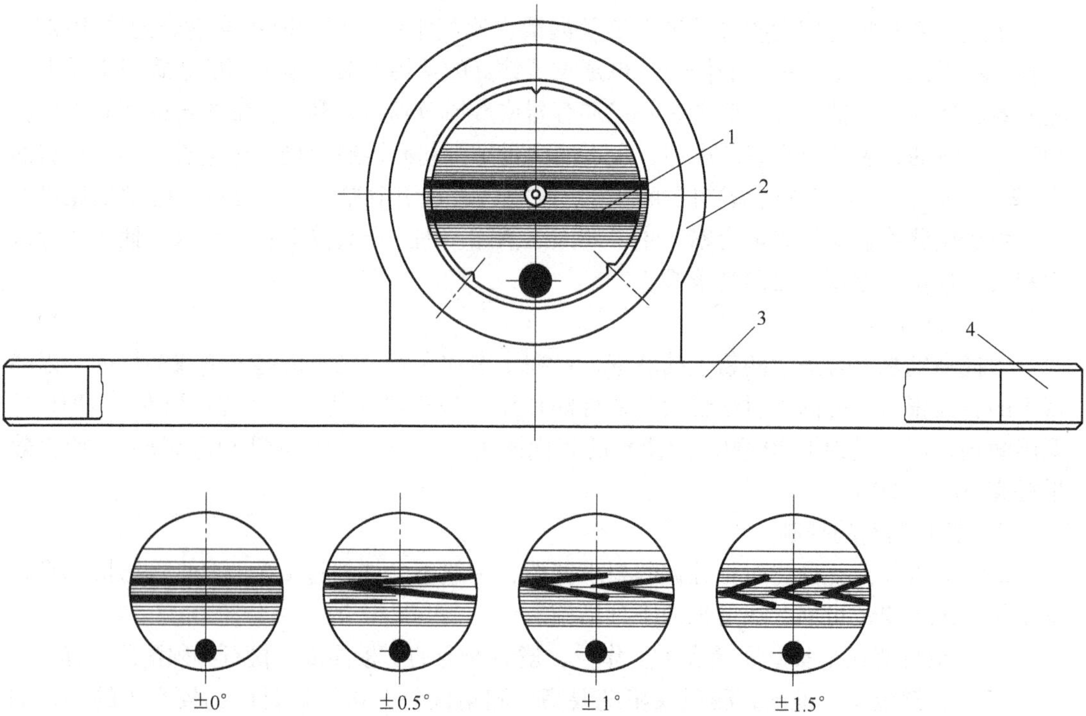

图7－66 测斜仪的图像与角度偏差关系

1—角差显示盘；2—外壳；3—铝轨；4—磁铁

（1）更适于钻凿磨蚀性大的矿岩；

（2）可直接采用电力驱动，无能量转换的损失，节省能耗，噪声也低得多；

（3）便于实现自动控制，可根据岩性自动调节转速和轴压，达到最优钻进效果；

（4）可钻凿直径更大的孔，钻孔直径越大也就越能显示牙轮钻进的优越性，便于在地下工程中实现一机多用。

表7－37 常用钻杆外径与钻孔直径的匹配

钻杆外径 (mm)	孔径 (mm)				
	90～105	105～127	127～152	152～203	203～225
76	▨				
89		▨			
114			▨		
127(133)				▨	
140(133)					▨

国产地下牙轮钻机有KY120和KY170型两种，其技术规格见表7－38，目前因小直径牙轮钻头寿命较低，暂只用于钻凿中等坚固性以下的岩石。

表7－38　地下牙轮钻机技术规格

型　　号	KY120	KY170
外形尺寸：长×宽×高（m×m×m）		
主机	1.2×0.9×1.7	3.0×1.4×1.75
泵站	1.8×1×1.3	
钻杆机	1.4×1×1.2	1.4×1×1.2
总重（主机＋泵站＋钻杆车）（t）	2.2＋2.1＋2＝6.3	7＋2＝9
工作高度（m）	3	3.2
液压回转头扭矩（N·m）	3000	3000
转速（r/min）	0～100	0～100
推力（kN）	0～90	0～130
牙轮钻头直径（mm）	118/170	118/170
扩孔直径（mm）	300	300
钻杆尺寸（直径mm×长mm）	ϕ91×1000	ϕ91/ϕ120×1000
钻孔深度（m）	60	60
泵站电机功率（kW）	35.5	39
最大工作压力（MPa）	25	25
油箱容积（L）	300	400
行走方式	轨轮	履带（胶轮）
行走速度（km/h）		2
制　造　厂　家	湖南津市机床厂	

7.3.5.3　金刚石钻机

地下金刚石钻机主要用于地下探矿，用来代替坑探，可取得很大经济效益。

地下金刚石钻进宜采用有较高转速的和有较大转速与推力调节范围的液压钻机。要求钻机配有较准确的孔底压力表、扭矩表、转速表等，并配有液压拧管机和泥浆泵等。钻机应工作稳定，振动小，体小轻便，易于拆装运搬。目前常用的液压立轴式及液压转盘式钻机，均不能自行。其主要技术规格见表7－39。

7.4　钻　　具

7.4.1　牙轮钻具

7.4.1.1　工作原理

牙轮钻头钻凿炮孔时，是在钻头轴向施加一定推力——钻压，同时作回转运动的。在钻头转动时各牙轮又绕本身轴滚动，滚动的方向与钻头转动方向相反。牙轮在滚动过程中，对岩石的作用包括由于钻压产生的碾压作用和牙轮对岩石产生的冲凿作用。然而，钻头在孔底工作时并非纯滚动。由于牙轮的超顶，退轴（三个牙轮的锥顶与钻头中心不重合）、移轴（三个牙轮的轴线不交于钻头中心线）和牙轮体的复锥形状，使牙轮在孔底工作时还产生一定的滑动，对岩石产生切削作用。因此，三牙轮钻头破碎岩石实际上是碾压和冲击、切削的复合作用。

牙轮上的牙齿在钻压和扭矩作用下侵入岩石，并在岩石面上留下一定深度的破碎坑痕。牙齿的形状、齿距、齿的突出高度对岩石破碎效果有很大的影响。根据不同的岩石物

表7-39 地下金刚石钻机规格

型号	YL-3	YL-6	钻石-300	钻石-100A	ZSK50
钻进能力 （钻杆外径mm/深度m）	56.5/300 42/400	71/450 43/940	43/150~300	33/100	33/50
钻孔倾角（°）	0~360	90~20	0~360	0~360	0~360
外形尺寸：长（mm） 宽（mm） 高（mm）	2000 960 1650	2600 1100 1860			
机重（t）	1.0	1.5	0.91	0.330	0.150
钻机结构形式	立轴液压式	立轴液压式	全液压无塔提升	立轴液压式	立轴液压式
回转器转速（r/min）	正转：1205~46.5，共八挡；反转154、38	正转1240~35，共二十挡；反转150~30四挡	0~1500	正0~1560；反0~129	1460
回转器通孔直径（mm）	76、92	92	61	42	33
给进行程（mm）	600	610	850		
给进力（kN）	向下30 向上61	向下75 向上100		8.0	8.0
最大提升力（kN）	85.6	140	26.0	2	2
卡盘夹紧力（kN）	93.1				
钻机动力（kW）	15（电）18（油）	30（电）30（油）	22（电）	10（电）	5.5（电）
油泵型号	2CB-F32/10C	BY2040/2010	QXBS-E50		
油泵工作压力（MPa）	10（14）	10（16）	20	8.0	8.0
升降机： 卷筒直径×长度（mm） 钢绳直径（mm） 提升速度（m/s） 提升力（kN）	 200×600 12.5 2.46~0.38四挡 4.9~31.6	 280×185 15.5 5~0.45五挡 7.0~54.4		 0.3 8.0	 0.16 2.0
制造厂家	中南冶金机械厂			赤峰钻机厂	

理力学性质，上述的牙轮齿参数不同。因此，产生了各种不同结构形式的牙轮钻头，构成了牙轮钻头的系列。

7.4.1.2 牙轮钻头结构

牙轮钻头按牙轮的数目分，有单牙轮、双牙轮、三牙轮及多牙轮钻头。单牙轮及双牙轮钻头多用于炮孔直径150mm以下的软岩石钻进。多牙轮钻头用于炮孔直径300mm以上岩心钻进。使用最多的是三牙轮钻头。三牙轮钻头又可分为压缩空气排碴风冷式及储油密封式两种。

压气排碴风冷式牙轮钻头（简称压气式钻头）是用压缩空气排除岩碴的。此种钻头使用于露天矿的钻孔作业。通常钻凿炮孔直径为 150 ~ 445mm，孔深在 20m 以下。压气式钻头的结构见图 7 - 67。

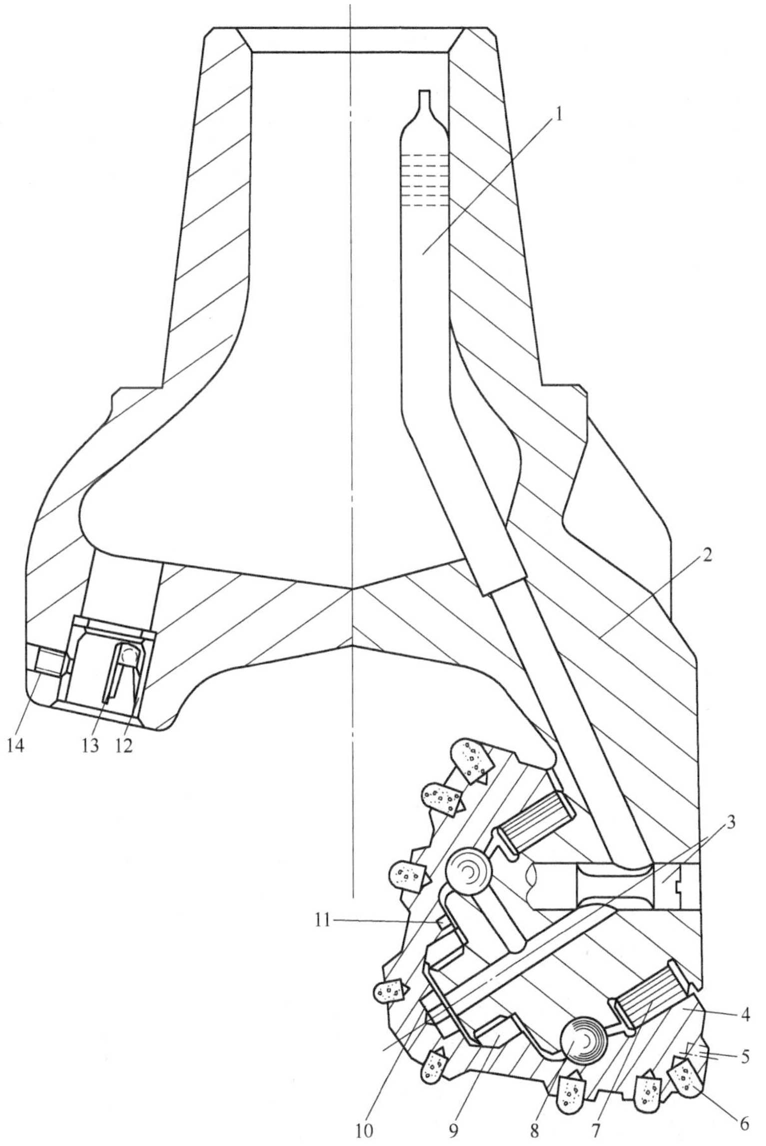

图 7 - 67 压气式牙轮钻头

1—挡碴管；2—牙爪；3—塞销；4—牙轮；5—平头硬质合金柱齿；6—硬质合金柱齿；7—滚柱；8—钢球；9—衬套；10—止推块；11—减磨柱；12—喷嘴；13—逆止阀；14—固定螺钉

压气式钻头由三片牙爪 2 及在其轴颈上通过轴承（滚柱 7、钢球 8、滑动衬套 9）装配三个互相配合的牙轮4所组成。牙爪尾部螺纹体与钻杆相连接。牙轮上镶嵌硬质合金柱齿，起着直接破碎岩石的作用。牙齿借助滚柱、钢球和衬套绕爪轴自转，钻机的钻压通过轴承传递给牙齿并作用于岩石。径向负荷主要由轴颈滚柱轴承和衬套承受。滚珠轴承用以支持牙轮，在某些情况下用以承受轴承径向和轴向负荷。钢球由塞销孔装入，并由塞销3支持，牙轮衬套两端设有止推面，牙轮内端嵌有止推块10，平面止推轴承嵌有减磨柱11用以减少平面止推轴承的磨损。

为了减轻牙爪爪尖的磨损，牙爪尖部镶嵌有平顶硬质合金柱或堆焊碳化钨耐磨合金。

钻头内腔有气流分配系统。压气通过钻杆输入牙轮钻头体内腔，其中大部分压气由牙爪侧边三个可更换的喷嘴12吹至炮孔底，将岩碴由孔壁与钻杆之间的环形空间排至孔外。喷嘴12用紧固螺钉14固定在钻头体上。当压气突然中断供应时，为防止孔底岩碴或水浸入

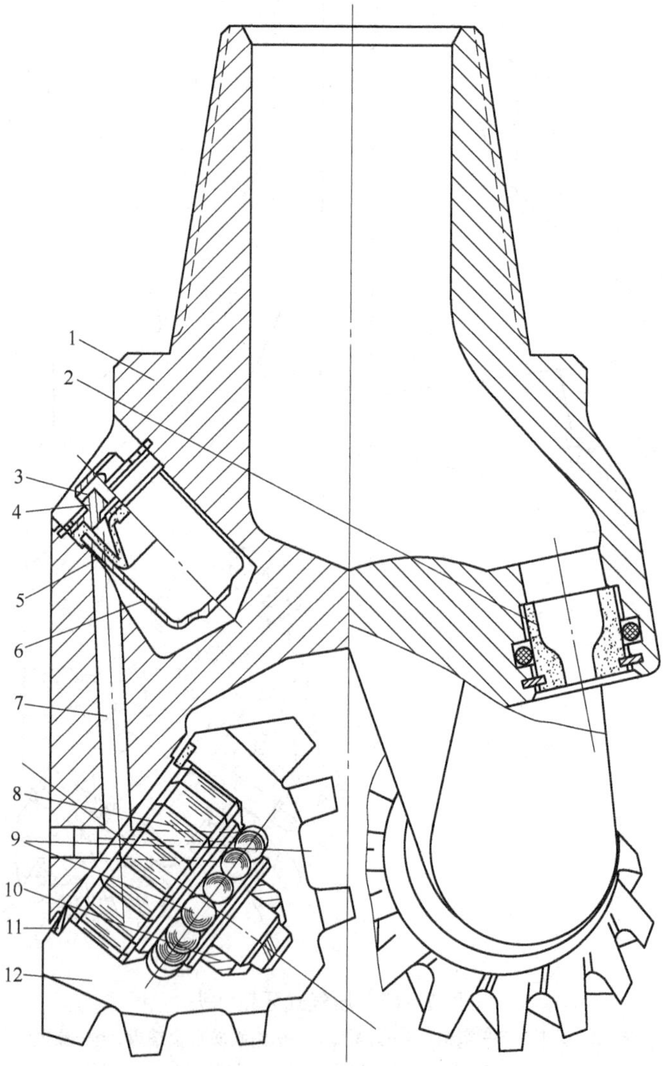

图7-68 储油密封式牙轮钻头

1—牙爪；2—喷嘴；3—传压孔；4—泄压阀；5—储油囊；6—固定油囊筒；7—长油孔；8—滚柱；9—钢球；10—衬套；11—径向密封装置；12—牙轮

轴承，在喷嘴处设有逆止阀。另一部分压气通过挡碴管1、冷却气道进入轴承各部冷却轴承。

储油密封式牙轮钻头是用清水或泥浆排除炮孔内岩碴的。此种钻头使用于石油钻孔、地质勘探钻孔及地下矿山钻孔或配套用于地下天井牙轮钻机，见图7-68。

储油密封钻头与压气式钻头的主要不同之处是：为防止岩碴、泥屑进入钻头轴承内腔，在轴承端部设有径向密封装置11。为储存并向轴承腔补充润滑脂，在牙爪上端设有储油囊5。润滑脂经由长油孔7进入轴承内腔（见图7-68）。牙轮钻头钻进时，钻孔内的水或泥浆压力经由压盖上的传压孔3作用于储油囊上。油囊中的润滑脂不断流入轴承内腔。钻头轴承长时间工作后，其内腔压力增大。为防止因内压过大而破坏密封圈和油囊，在钻头上设有泄压阀4。洗井液通过喷嘴2形成高速射流。冲刷孔底，排出岩屑。

储油闭封轴承有滚动及滑动轴承两种形式。两者不同之处是：密封滑动轴承的大轴承部位用滑动轴承代替了滚柱轴承。增大了轴承工作面，承压面积大，接触疲劳应力小，轴承寿命长。

7.4.1.3 牙轮钻头系列及其适用岩石

压气式牙轮钻头可分为钢齿及镶齿（硬质合金齿）两种。

钢齿牙轮钻头主要用楔形齿。根据岩石硬软不同，楔形齿的高度、齿数、齿圈距等都不同。岩石越硬，楔形齿的高度越低，齿数越多，齿圈越密。反之则反。牙轮外排齿采用“T”形齿或“Π”形齿。

镶齿钻头的齿形有球形齿、楔形齿和锥球齿等，如图7-69所示。在软岩中使用楔形齿，在中硬岩中使用锥形齿及锥球齿。在硬岩中使用球形齿。随岩石硬度的增加，硬质合金齿的高度减少，齿数增多，齿圈数增多。反之则反。

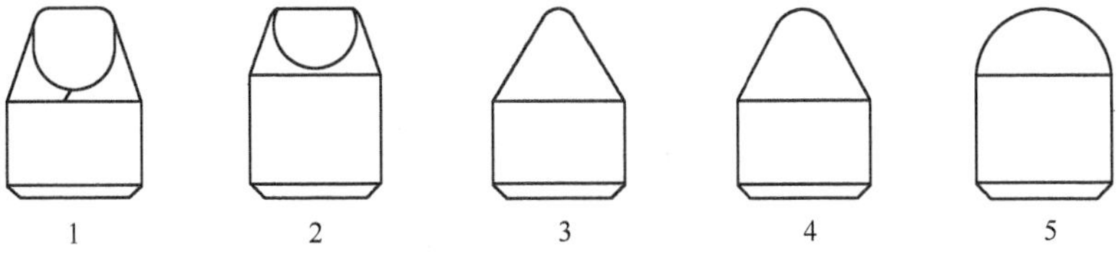

图7-69 硬质合金齿形

1、2—楔形齿；3—锥形齿；4—锥球齿；5—球齿

根据岩石种类及物理力学性质不同，研制出各种结构的牙轮钻头及牙齿形状。压气式牙轮钻头及储油密封式牙轮钻头的规格及系列列于表7-40~表7-44。国外生产的牙轮钻头见表7-45。

7.4.1.4 钻杆和稳杆器

和牙轮钻头配套的钻杆规格见表7-46。

稳杆器是牙轮钻进时防止钻杆及钻头摆动、炮孔歪斜，保护钻机工作构件少出故障和延长钻头寿命的有效工具。国内外穿孔实践表明，牙轮钻进必须配备有稳杆器。

稳杆器有两种型式：幅条式及滚轮式，见图7-70。

幅条式稳杆器由四根用耐磨材料做成的幅条焊在稳杆器上。有时在幅条上镶有硬质合金柱齿。幅条式稳杆器适用于岩石普氏坚固性系数$f<16$的中等磨蚀性的矿岩，不宜用于钻

表7-40 压气式牙轮钻头规格③

<table>
<tr><th colspan="3">钻头直径 D</th><th colspan="5">连 接 螺 纹</th><th rowspan="3">钻头全高（mm）</th></tr>
<tr><th rowspan="2">（mm）</th><th rowspan="2">（≈in）</th><th rowspan="2">公差（mm）</th><th rowspan="2">称呼螺纹规格①（in）</th><th colspan="2">钻头脊部倒角直径②</th><th colspan="2">螺纹高度</th></tr>
<tr><th>（mm）</th><th>（≈in）</th><th>（mm）</th><th>（≈in）</th></tr>
<tr><td>105</td><td>$4\frac{1}{8}$</td><td rowspan="3">+1.50</td><td>$2\frac{3}{8}$</td><td>77.4</td><td>$3\frac{3}{64}$</td><td>76</td><td>3</td><td>180</td></tr>
<tr><td>120</td><td>$4\frac{3}{4}$</td><td>$2\frac{7}{8}$</td><td>91.7</td><td>$3\frac{39}{64}$</td><td>89</td><td>$3\frac{1}{2}$</td><td>200</td></tr>
<tr><td>150</td><td>$5\frac{7}{8}$</td><td>$3\frac{1}{2}$</td><td>104.4</td><td>$4\frac{7}{64}$</td><td>95</td><td>$3\frac{3}{4}$</td><td>250</td></tr>
<tr><td>158</td><td>$6\frac{1}{4}$</td><td rowspan="10">+2.50</td><td rowspan="4">$3\frac{1}{2}$</td><td rowspan="4">104.4</td><td rowspan="4">$4\frac{7}{64}$</td><td rowspan="4">95</td><td rowspan="4">$3\frac{3}{4}$</td><td>260</td></tr>
<tr><td>165</td><td>$6\frac{1}{2}$</td><td>270</td></tr>
<tr><td>170</td><td>$6\frac{3}{4}$</td><td>280</td></tr>
<tr><td>187</td><td>$7\frac{3}{8}$</td><td>290</td></tr>
<tr><td>200</td><td>$7\frac{7}{8}$</td><td rowspan="3">$4\frac{1}{2}$</td><td rowspan="3">135.3</td><td rowspan="3">$5\frac{21}{64}$</td><td rowspan="3">108</td><td rowspan="3">$4\frac{1}{4}$</td><td>315</td></tr>
<tr><td>215</td><td>$8\frac{1}{2}$</td><td>335</td></tr>
<tr><td>225</td><td>$8\frac{3}{4}$</td><td>325</td></tr>
<tr><td>255</td><td>$9\frac{7}{8}$</td><td rowspan="3">$6\frac{5}{8}$</td><td rowspan="3">186.9</td><td rowspan="3">$7\frac{23}{64}$</td><td rowspan="3">127</td><td rowspan="3">5</td><td>360</td></tr>
<tr><td>270</td><td>$10\frac{5}{8}$</td><td>385</td></tr>
<tr><td>280</td><td>11</td><td>395</td></tr>
<tr><td>315</td><td>$12\frac{1}{4}$</td><td rowspan="3">+4.0</td><td rowspan="3">$6\frac{5}{8}$</td><td rowspan="3">186.9</td><td rowspan="3">$7\frac{23}{64}$</td><td rowspan="3">127</td><td rowspan="3">5</td><td>400</td></tr>
<tr><td>350</td><td>$13\frac{3}{4}$</td><td>440</td></tr>
<tr><td>380</td><td>15</td><td>500</td></tr>
</table>

续表 7－40

钻头直径 *D*			连　接　螺　纹					钻头全高 (mm)
(mm)	(≈in)	公差（mm）	称呼螺纹规格① (in)	钻头脊部倒角直径② (mm)	钻头脊部倒角直径② (≈in)	螺纹高度 (mm)	螺纹高度 (≈in)	
445	$17\frac{1}{2}$	+4.0	$7\frac{5}{8}$	215.1	$8\frac{15}{32}$	133	$5\frac{1}{4}$	580
508	20			242.5	$9\frac{35}{64}$			630

① 连接螺纹用美国石油工业（API）标准的正规螺纹；

② 钻头脊部倒角直径公差为 ±0.4mm（1/64in）；

③ 武汉冶金设备制造公司生产这种压气式钻头。

表 7－41　储油密封式牙轮钻头规格

钻头代号	钻头直径与直径公差①		连　接　螺　纹	
	cm	mm	螺纹尺寸	螺纹代号
4A	$6.67\left(3\frac{7}{8}\right)$	97 +1.0	$2\frac{3}{8}$	231A
5	$6.35\left(4\frac{5}{8}\right)$	118 +1.0	$2\frac{3}{8}$	231
6	$7.94\left(5\frac{5}{8}\right)$	142 +1.0	$3\frac{1}{2}$	331
6A	$11.11\left(5\frac{7}{8}\right)$	149 +1.0	$3\frac{1}{2}$	331
6B	15.24（6）	152 +1.0	$3\frac{1}{2}$	331
7A	$5.72\left(6\frac{3}{8}\right)$	161 +1.5	$3\frac{1}{2}$	331
7B	$7.62\left(6\frac{1}{2}\right)$	165 +1.5	$3\frac{1}{2}$	331
8	$8.89\left(7\frac{1}{2}\right)$	190 +1.5	$4\frac{1}{2}$	421
9	$10.16\left(8\frac{1}{2}\right)$	215 +1.5	$4\frac{1}{2}$	421
10	$14.29\left(9\frac{5}{8}\right)$	244 +1.5	$4\frac{1}{2}$	421
11	$15.88\left(10\frac{5}{8}\right)$	269 +1.5	$5\frac{9}{16}$	521
12	$17.46\left(11\frac{5}{8}\right)$	295 +1.5	$6\frac{5}{8}$	621
13	$7.62\left(12\frac{1}{4}\right)$	311 +2.0	$6\frac{5}{8}$	621 或 620
14	$20.64\left(13\frac{5}{8}\right)$	346 +2.0	$6\frac{5}{8}$	621 或 620
18	$21.59\left(17\frac{1}{2}\right)$	445 +2.0	$6\frac{5}{8}$	621 或 620

注：储油密封式牙轮钻头主要生产厂家为上海第一石油机械厂。

①钻头直径与直径公差一栏括号内的数字单位为英寸。

表7-42 矿用压气式牙轮钻头系列

类　别	系　列	钻头颜色	适　用　矿　岩
钢齿钻头	1	黄	低抗压强度、可钻性好的软岩，如页岩、疏松砂岩、软石灰岩等
	2	绿	较高抗压强度的中硬岩石，如硬页岩、砂岩、石灰岩、白云岩等
	3	蓝	半磨蚀性硬岩，如石灰岩、石英砂岩、硬白云岩等
	4		待发展系列
镶硬质合金齿钻头	5	黄	低抗压强度的软至中硬矿岩，如砂岩、石灰岩、白云岩、褐铁矿等
	6	绿	较高抗压强度的中硬矿岩，如硬石页岩、硬白云岩、花岗岩等
	7	蓝	磨蚀性硬岩，如花岗岩、玄武岩、磁铁矿、赤铁矿等
	8	红	极硬磨蚀性矿岩，如石英花岗岩、致密磁铁矿、铁隧石等

表7-43 储油密封式牙轮钻头系列

系 列 代 号		JR	R	ZR	Z	ZY	Y
系列代号（旧）			L	M	C	T	TK
钻头体颜色		乳白	黄	淡蓝	灰	墨绿	红
适用地层		极软	软	中软	中	中硬	硬
岩石力学性质	史氏硬度（kN/mm^2）	<1.5	1~2	<2	2~2.5	2.5~3	3~3.5
	塑性质数	3.5	2.5~3.5	1.5~2.5	1.5~2.5	1.0~2.0	0~1.5
适 用 岩 石		泥　岩		中软页岩	中硬页岩	硬质页岩	
		石　膏		中硬石膏	硬石膏	硬石灰岩	
		盐		中软石灰岩	中硬石灰岩	硬白云岩	
		软页岩		中软砂岩	中硬白云岩	砂　岩	
		软石灰岩				石英岩	
		白　垩					

表 7-44 牙轮齿形和岩石种类的匹配

齿 形	楔形齿	锥球齿	球 齿
适用岩石	砂质页岩、砂岩、石灰岩、白云岩	硬砂质页岩、石英砂岩、砂质石灰岩、硬白云岩	花岗岩、磨蚀性石英砂岩、黄铁矿、玄武岩

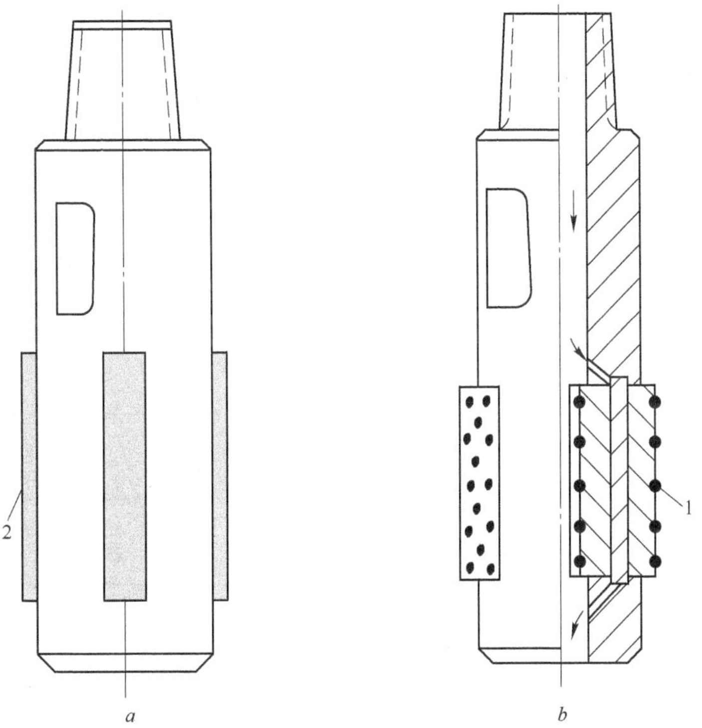

图 7-70 稳杆器

a—幅条式稳杆器；*b*—滚动式稳杆器

凿倾斜炮孔。

滚轮式稳杆器上装有三个滚轮。滚轮表面镶有硬质合金柱齿。由于滚轮摩擦阻力小，故滚轮式稳杆器使用寿命长。适用于岩石硬度高和磨蚀性强的矿岩。特别适用于斜炮孔钻进。稳杆器的技术规格见表 7-47。

7.4.1.5 牙轮钻头喷嘴的选择

钻头的喷嘴用来控制或分配通过轴承的排碴风量。小直径喷嘴之后的气压较高。促使更多的气量通过轴承。如果直径太小，将导致空压机频繁跳闸。并降低排碴效果；若喷嘴的直径过大，钻头中的空气压力将下降，通过喷嘴的气量将增加，进入轴承的冷却气量降低，这将导致轴承的工作温升很高，降低钻头轴承寿命。经验表明：进入轴承的冷却气量应保证不少于 25% ~30%，钻头中的气压应高于 0.014MPa，否则将危及钻头轴承寿命。所以正确的选用喷嘴直径对穿孔作业和钻头使用寿命都是极为重要的。喷嘴直径可按（7-13）式计算：

表7-45 国外生产的牙轮钻头

类别	系列	适用岩层	美国钻具公司							澳大利亚矿用钻具公司	法国SMF公司	前苏联古比雪夫钻头厂	瑞典	
			休斯	里德	德雷赛	史密斯	瓦雷尔	威廉斯	格鲁纳				桑多维克柯乐满厂	法格斯塔厂
钢齿钻头	1	低抗压强度软岩	S	M11	S4M	QS	V3S	K3	GR5C	M4	MRS3			
				M13					GR4					
	2	抗压强度高的中硬岩	M	M23	M4M	QM	V1	K2	GR2	M2	MRM2	C		
				M24			V2	K1	GR1			CT		
							VH2	K7T	GR1T					
	3	硬的半磨蚀和磨蚀性岩石	H	M32	H7M	QH	VH1	K7H	GR1H	H1H	MRH3	T		
			HR	M33		QH7			GR1C			TK		
				M34										
硬质合金齿钻头	4	供将来发展使用系列												
	5	抗压强度低的软岩和中硬岩	HH33	M51	S8M	Q4JL	QMC9		GR44					
				M52			QMC7							
							QM77							
	6	抗压强度高的中硬岩	HH44	M62	M8M		QMC8	B3	GR55	M5	MRM6	T3		
				SM64				B2		M6	MEM6	TK3		
				M70		Q5JL								
	7	坚硬半磨蚀性和磨蚀性岩石	HH55	M73				B1	GR66	M7	MRH6		CM	MH
			HH77	M74	H8M	Q7JL	QMCS		RG77		MEH6	K	CH	VH
				M80										
	8	极坚硬和强磨蚀性岩石	HH88	M83	H10M3									
			HH99	M84	H10M	Q9JL	QMCH	B9			MRH9	OK		
					H10M4						MEH9	OKП		

表7-46　钻杆技术规格表

炮孔直径（mm）	钻杆直径（mm）	钻杆壁厚（mm）	钻杆每米重量（kg/m）
118	97	9.5	20.4
118	102	12.7	28.3
150	114	12.7	32.7
150	121	19.7	34.2
170	146	19.1	59.5
190	159	19.1	65.5
215	159	19.1	65.5
215	168	19.1	71.4
225	194	19.1	83.3
250	219	25.4	122.0
310	273	25.4	154.8
350	273	38.1	220.2
380	324	25.4	187.5
380	330	25.4	190.5
380	330	38.1	273.8
380	349	38.1	290.3

表7-47　稳杆器技术规格

炮孔直径（mm）	稳杆器长度（mm）	稳杆器本体直径（mm）	重量（kg）
152	673	150	59
171	673	169	75
200	673	198	100
229	724	226	132
250	780	246	181
270	780	266	209
280	780	276	230
310	780	307	295
350	1040	347	454
380	1040	376	590

$$\phi^2 = \frac{Q_b}{n(p + 0.47)} \qquad (7-13)$$

式中　ϕ——喷嘴直径，mm；

Q_b——进入钻头的气量，m^3/min；

p——空压机的计算压力，MPa；

n——喷嘴数目，个。

经验表明，钻进时钻头中的气压能在司机室仪表上观测到。如果喷嘴后的气压比空压机的计算压力约低0.07MPa，则通过轴承和喷嘴的气量能达到最好的平衡。在这种条件下矿山可根据空压机的计算压力和输出气量（如图7-71，图7-72和图7-73）选择合适的喷嘴。

选择方法举例如下：设钻头直径为311mm，空气机的额定气量为45.3m^3/min，钻头中的气压为0.232MPa。图中风量及风压坐标线的交点就是所要选择的合适喷嘴直径

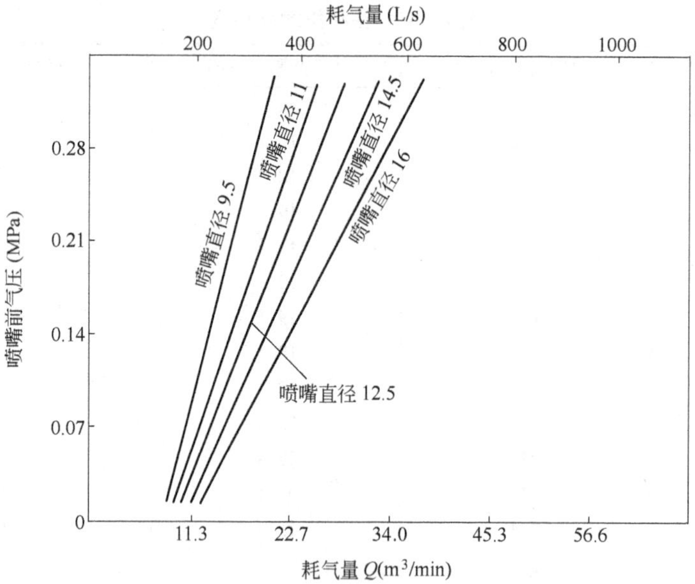

图7-71 直径200mm钻头气压和输出气量与喷嘴直径的关系

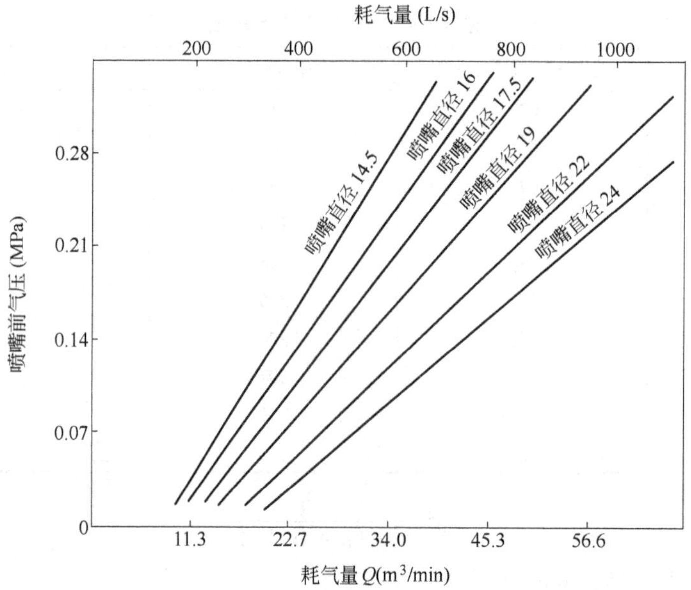

图7-72 直径251mm钻头气压和输出气量与喷嘴直径的关系

19mm。

在钻进过程中若利用喷射水来除尘，除尘水量应控制在一定程度。经验表明，每分钟用水量接近2~3kg即能有效地控制粉尘，过多的水量会降低钻头轴承寿命，降低钻速，增加钻孔成本。

7.4.2 潜孔钻具

潜孔钻具包括冲击器、钻头、钻杆等用于破碎岩石的工具。

7.4.2.1 潜孔冲击器

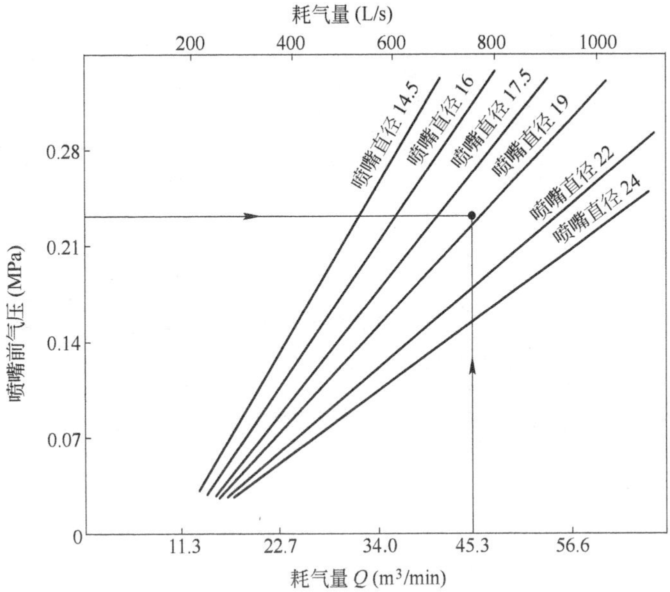

图 7－73　直径 311mm 钻头气压和输出气量与喷嘴直径的关系

冲击器直接施冲击于钻头尾部，并将其排出乏气用作排碴。钻头的回转动作是由钻杆带动的，所以一般冲击器并没有回转动作，冲击器的气缸直径受炮孔直径限制。所以提高它的冲击功率是一个重要问题。

A　潜孔冲击器的种类和规格

按配气方式分，冲击器分有阀和无阀配气两类，有阀类又可分为自由阀和控制阀两种。自由阀一般采用板阀和蝶阀，其优点是结构简单，启动灵活；缺点是在换阀时高压气有瞬时短路现象，耗气量较大。这对于低工作气压时问题不大，因为冲击器工作时排出的乏气不能满足排碴需要，一般还要增加 20% ~40% 的压气直吹孔底以提高穿孔速度。控制阀是由压气通过气缸壁中专门的孔道来推动阀片促使换向。高压气没有（或少有）短路现象，耗气量较小，但结构复杂，加工精度高，故很少采用。无阀冲击器结构更加简单，工作更加可靠，耗气量仅为自由阀的 2/3 ~1/2，但由于进气时间受限制，气缸内平均压力较低，冲击能较小，最适宜在工作气压 0.7MPa 以上时使用。

潜孔冲击器按乏气排出的途径又可分为：中心排气——乏气经由活塞和钻头中心孔从钻头端部排出；侧排气——乏气从冲击器侧边排出，侧排气冲击器工作时孔底岩碴不易吹扫干净（特别是下向孔），岩石重复破碎，降低钻孔速度。

我国现用冲击器主要有三种型号：

（1）C 型。特点是自由阀配气，侧排气。单次冲击功小，冲击频率较高，适用工作气压 0.4 ~0.7MPa，它为 60 年代产品，已逐渐被新型冲击器所代替。

（2）J 型和 CZ 型。自由板阀配气，中心排气，见图 7－74*a*。单次冲击功大，冲击频率较低，使用寿命长，特别是第二代产品“B”型具有较高的穿孔速度，适用工作气压 0.4 ~0.7MPa。

（3）W 型。无阀配气，中心排气，见图 7－74*b*，单次冲击功较大，具有结构简单、工作可靠等优点。

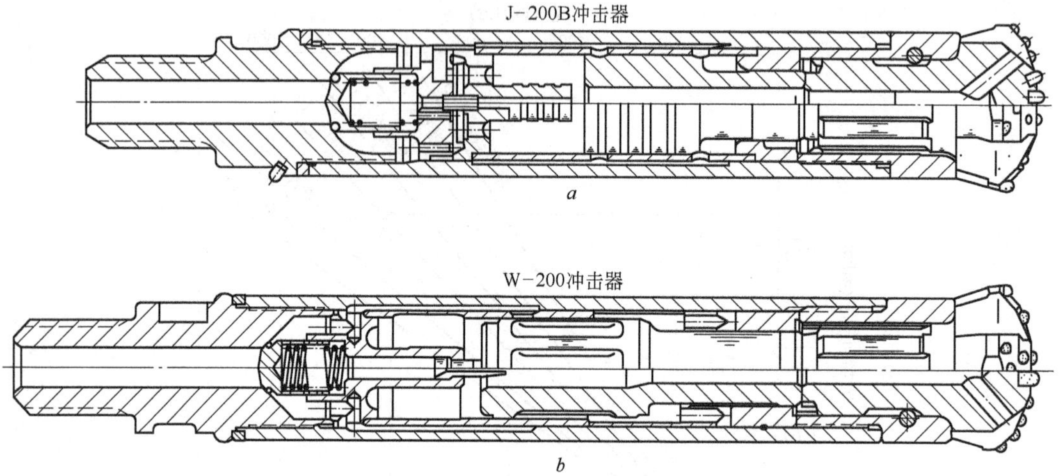

图7-74 潜孔冲击器

a—J型冲击器；*b*—W型冲击器

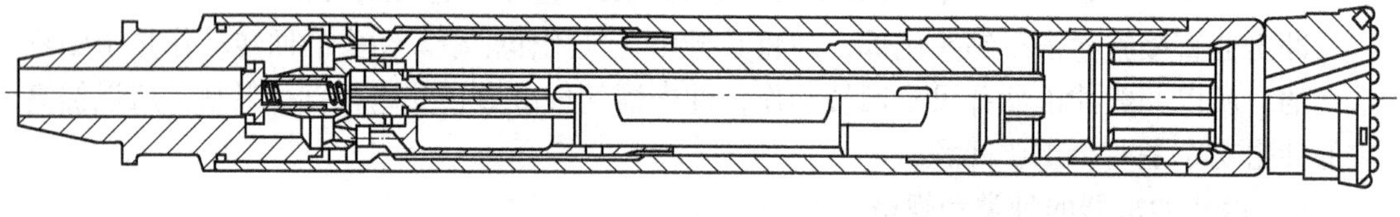

图7-75 高气压潜孔冲击器

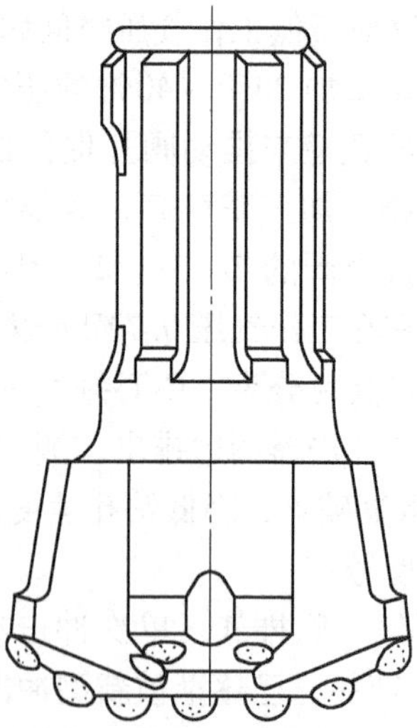

图7-76 柱齿潜孔钻头

我国矿山（工地）使用的主要潜孔冲击器规格和性能列于表7-48。

B 高工作气压潜孔冲击器

表 7-48　国产主要潜孔冲击器型号与规格性能

类　型	板　阀									无　阀		
冲击器型号	J-80B	J-100B	J-150B	J-170B	J-200B	QCZ-80	QCZ-150	QCZ-170	CZ-250	W-150	W-170	W-200
钻头直径（mm）	90	110	155	175	210	90	150	170	250	155	175	210
冲击器外径（mm）	76	95	136	156	185	78	136	146	215	142	159	185
活塞直径（mm）	53	68	104	118	130	53	90	100	155	98	110	130
活塞结构行程（mm）	140	140	140	140	120	140	125	125	125	120	130	130
活塞质量（kg）	3.4	5.5	13.8	17.5	20	2.75	8.0	8.8	29.7	12	15	22
单次冲击功（J）	90	150	330	420	520	9	260	280	700	280	340	400
冲击频率（Hz）	14.2	13.7	13.3	13.3	13.3	15	15	17	10.8	15.0	15	13.3
耗气量（m^3/min）	5.6	9	16	18	22	5	12	15	30	7.5	12	20
适用工作气压（MPa）	0.4～0.7	0.4～0.7	0.4～0.7	0.4～0.7	0.4～0.7	0.4～0.7	0.4～0.7	0.4～0.5	0.4～0.7	0.4～0.7	0.4～0.7	0.4～0.7
计算工作气压（MPa）	0.5	0.5	0.5	0.5	0.5	0.5	0.5	0.5	0.5	0.5	0.5	0.5
冲击器长（mm）	770	860	990	1153	1200	812	1035	1200	1417	983	1139	1275
冲击器重（kg）	16.5	35	82	115	160	21	72	90	260	90	121	184
钻头长（mm）	200	210	260	270	300				360	260	260	300
钻头重（kg）	4	6	16	22	32					16	21	32
适用钻机	CLQ-80 YQ-100		YQ-150 KQ-150		KQ-200	CLQ-80 YQ-100	KQ-150		KQ-250	YQ-150 KQ-150	KQ-150	KQ-200
生　产　厂　家	嘉兴冶金机械厂、长沙矿山研究院					宣化风动机械厂			通化风动机械厂、嘉兴冶金机械厂			

提高潜孔钻机的工作效率的主要途径是提高工作气压。这还有利于降低能耗和提高冲击器和钻头寿命。目前冲击器的工作气压已达到 1.7～2.5MPa，我国矿山（工地）采用的几种高气压冲击器见图 7-75。主要规格见表 7-49。

7.4.2.2　潜孔钻头

潜孔钻头有刃片和柱齿两类，刃片钻头由于钎焊质量不易保证，钻头常因硬质合金片早期破碎或脱落而报废，使用寿命较低，穿孔速度也较低，因此目前已普遍采用柱齿型潜孔钻头。不同结构的冲击器，其钻头结构也有所不同，我国矿山采用的潜孔钻头结构如图 7-76 所示。其型号和规格见表 7-50。

表7-49 我国矿山使用的高气压冲击器

生 产 厂 家		嘉兴冶金机械厂			瑞典阿特拉斯		嘉兴冶金机械厂	长沙矿冶研究院
型 号		JG-100	JG-150	JC-150	COP-42	COP-62	JWA-150	JZ-150
钻头直径（mm）		105~114	152~165	155~165	105~114	152~162	155~165	155~165
冲击器外径（mm）		92	137	136	96	138	140	736
冲击器长度（mm）		1160	1570	1243	760	1280	1185	
活塞直径（mm）		75	108	97	76	112	114	104
活塞结构行程（mm）			148	140	100	125	147	120
冲击器重量（kg）		36	105		35	93	95	100
工作气压（MPa）		1.1~1.8	1.1~7.5	0.6~1.5	0.6~1.8	0.6~1.8	0.7~1.5	0.7~1.5
在右列工作气压时的耗气量（m^3/min）	0.6MPa			6.7	5.4	6.9	8	6.7
	1.1MPa	4.25	9.3	12.7	6.5	12.8	12	12.7
	1.8MPa	8.5	16.1	21	11.8	11.6	24	
	2.5MPa		26.6					

表7-50 我国常用潜孔钻头型号和规格

钻 头 型 号	钻头直径（mm）	总长（mm）	净重（kg）	适用冲击器
J-80 B-85	85	200	4	J-80B
J-80 B-90	90	200	4.2	
J-80 B-95	95	200	4.4	
J-100 B-110	110	210	6	J-100B
J-100 B-115	115	210	6.3	
J-100 B-120	120	210	6.3	
J-150 B-155	155	255	15.6	J-150B W-150
J-150 B-160	160	255	16	
J-150 B-165	165	255	16.5	
J-170 B-175	175	270	22	J-170B
J-170 B-180	180	270	22.5	
J-200 B-210	210	300	32	J-20B W-200
J-200 B-215	215	300	33	
JC-150-156	156	400	26	JC-150 COP-6
JC-150-165	165	400	26.8	
JC-150-178	178	400	27.5	
JD-100-105	105	260	6.6	COP-42
JD-100-115	115	260	7.2	
JD-150-156	156	388	25.1	COP-62
JG-150-165	165	388	25.0	
JG-150-178	178	388	27.3	
JG-100-105	105	305	8.3	JG-100 DHD-340
JG-100-115	115	305	8.7	
JG-150-156	156	434	27.9	JG-150 DHD-360
JG-150-165	165	434	28.6	
JG-150-178	178	434	30.1	

续表 7-50

钻头型号	钻头直径（mm）	总长（mm）	净重（kg）	适用冲击器
JWA-150-155	155	348	20	JWA-150
JWA-150-165	165	348	20.7	
JWA-150-175	175	348	22.2	

表 7-51 潜孔钻具的寿命

矿岩性质	普氏坚固性系数 f	冲击器寿命（m）	钻头寿命（m）
坚 硬	16~18	1500~2500	50~100
较坚硬	12~16	3000~4000	150~200
中 等	10~12	4000~6000	250~500
石灰岩	8~10	5000~8000	500~800
软岩及铝土矿	5~7	10000~15000	1000~1500

柱齿钻头的布齿原则是：

（1）合金齿沿径向在同一直线上的投影分布均匀，无空白区，以达到在凿岩时不致残留“岩墙”。

（2）合金齿在整个钻头端面上均匀分布，每个齿负担凿岩面积大致相等。因边齿工作条件恶劣，运动速度大，磨损快，应适当增加数目。

（3）边齿间的中心距要大于齿径的两倍，以防止齿孔之间裂开。

7.4.2.3 冲击器和钻头的寿命

在表 7-51 中给出了潜孔冲击器钻头的寿命。表中以直径 150mm、工作气压 0.5MPa 为准。在应用此表时应注意到冲击器和钻头的寿命取决于岩石的坚固性和磨蚀性外，还和工作气压、钻压、转速等工作参数有关。此外，随钻头直径加大，寿命增高。

7.4.3 旋转钻具

旋转钻机的钻具由旋转切削钻头和钻杆两部分组成。

如图 7-77 所示，旋转切削钻头一般是由钻刃、钻头和钻尾三部分构成的。钻刃，一般是用硬质合金片镶焊在钻头体上而构成，它是直接切削岩石的部分；钻头体是钻头的基体，其中间有排粉吹碴气孔，它是由优质钢锻造或模锻而成；钻尾是钻头与钻杆的连接部分，在它的上面制有连接螺纹或连接销钉孔。

旋转切削钻头平常只用于中等硬度以下的岩石，近年来由于超耐磨材料——聚晶金刚复合片的出现，扩大了其使用范围。这种钻头比牙轮钻头要简单得多，在中等硬质岩石里，有广阔的使用前景。

二翼型钻头用于松软的地层，如黏土、疏松沙岩及页岩。由于其刃数少，接触面上的单位压力大，破岩效果好。刃数少的弊端是刃部磨损快。在磨蚀性较高的岩层中使用寿命低。

三翼型钻头适用于软及中硬的岩层。由于刃数增多，刃的磨损较小。但在塑性系数大、黏滞性较高的岩层中比二翼型钻头容易产生泥包。三翼型钻头应用较为普遍。

塔型钻头是在平刃型钻头上发展起来的。它的钻刃在空间上呈分段排列。最上边的钻刃可为双翼型或三翼型，它们在钻孔时起着导向定心的作用。这种钻头工作平稳，分段破

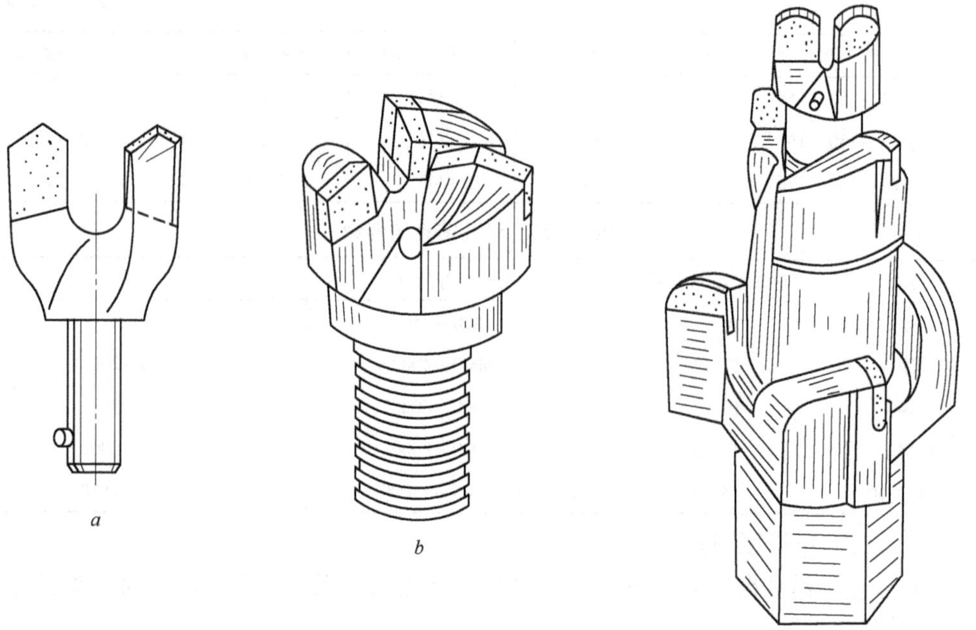

图7-77 旋转切削钻头

a—二翼型钻头；b—三翼型钻头；c—塔型钻头

碎岩石而有较高的钻速，一般用于中硬岩石。

此外，还有四翼型钻头，它有更多的破岩工作面。由于轴压力分布均匀使之工作平稳，且钻头磨损较慢。但由于单位接触压力低。使破岩侵深减小。钻进效率降低。此外，制造也困难。

旋转钻机钻杆有两种类型。其中中空型钻杆与牙轮钻机、潜孔钻机用钻杆结构基本相同，钻杆中空处为排粉吹碴气道；另一种是螺旋钻杆，钻杆结构如图7-78所示。

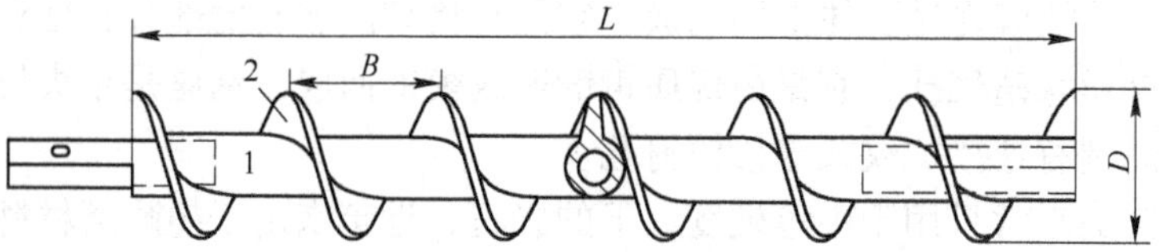

图7-78 螺旋钻杆

1—杆体；2—螺旋叶片

螺旋钻杆体是用一定长度的无缝钢管制作的；螺旋叶片用钢板冲压成型后焊在钻杆体上；带有凸块和凹槽（或阳、阴螺纹）的连接尾座和连接套筒焊接在钻杆体的两端。钻孔时，钻杆须逐节接长。

钻孔时，螺旋钻杆与孔壁构成了一个螺旋输送器，适用于较松软的岩石。螺旋钻杆的排碴能力有限，应用受限制。

7.4.4 金刚石钻进用钻具

7.4.4.1 金刚石钻头的结构及使用条件

A 金刚石钻头的结构特点

金刚石钻头见图7－79，由含金刚石的胎体1、底部水口和内外侧水槽2、钢体3和连接螺纹4等四个部分组成。图中所示为取心钻头，当钻头不留内径时，便构成不取心的全面钻头。

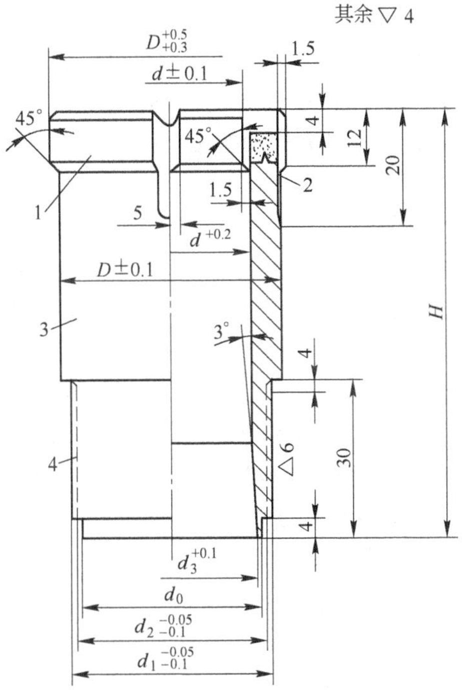

图7－79 金刚石钻头的结构

1—胎体；2—水槽；3—钢体；4—连接螺纹

按金刚石的镶嵌方式，金刚石钻头可分为表镶（单层）和孕镶（多层）两种，见图7－80和图7－81。目前还出现了聚晶复合片的镶块钻头。

金刚石钻头的胎体，金刚石和钢体间的焊接工艺，是用粉末冶金方法制作的，后者通常有冷压浸渍、热压或无压浸渍几种途径；此外还有用电镀和电火花的方法。

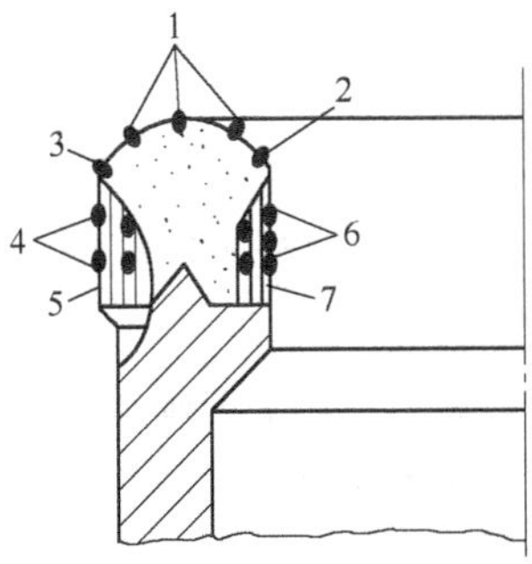

图7－80 表镶钻头胎体部分

1—底刃金刚石；2—内边刃金刚石；3—外边刃金刚石；4—外保径金刚石；5—外棱；6—内保径金刚石；7—内棱

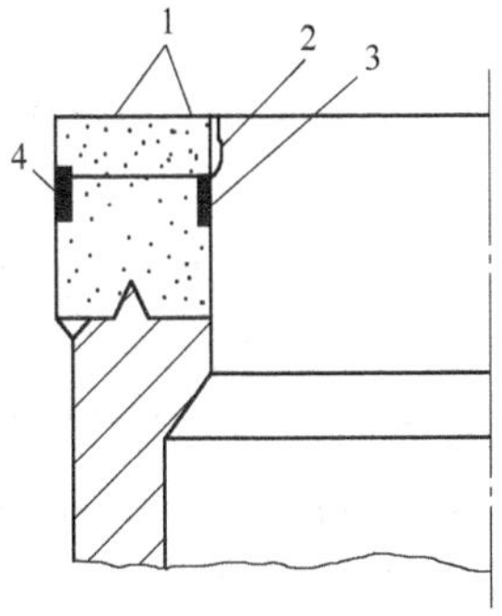

图7－81 孕镶钻头胎体部分

1—工作层金刚石；2—金刚石层；3—内保径金刚石；4—外保径金刚石

B　金刚石钻头的使用条件

（1）适用于岩芯钻可钻性分级七级以上中等硬度及坚硬岩石。

（2）孔深可达数千米，钻孔方向 0°～360°，除油井钻头外，孔径一般较小（<150mm），可采取有代表性的优质岩芯样品，也可进行全面钻进。

（3）要求具备高转速回转式钻机，较大泵压的水泵、加工精度高的低合金钢管材（钻杆、岩芯管、套管及相应的连接件等），优质化学处理剂和膨润土。

金刚石钻进已广泛采用不提升钻杆用绳索打捞器提取岩芯的绳钻钻具，成功地用于高频低冲击功液动冲钻具，适用于高转速井底动力钻具，其应用范围还在扩大。它是工效高，钻探质量好，劳动强度小，孔内事故少的钻架钻探方法。

7.4.4.2　金刚石钻头类型及适用条件

常用金刚石钻头有下列类型：

（1）单管孕镶人造金刚石钻头。钻头上端有外螺纹（d_1/d_2），内壁有 3°锥度（由 d_3 起），与内壁带相同锥度的扩孔器连接。再与单层岩芯管连接（参看图 7－81）。在锥面上滑动有带纵向切口的岩芯卡环。钻头金刚石浓度 15%～25%，可制成各种耐磨性胎体，保径层用聚晶。适用于取样钻和坑道钻。

（2）双管人造金刚石钻头。这是我国使用最广泛的一种标准钻头，其上端有内螺纹，与内壁平滑的扩孔器连接。主要配合单动双层岩芯管钻进。主要性能同于单管钻头。多用热压法和电镀法制造。适用于中硬到坚硬岩石。

（3）绳索取心钻头。该类型钻头有两种：

1）多阶梯钻头。采用优质天然或人造金刚石，胎体采用铸造碳化钨，可提高钻头进尺。

2）锯齿形钻头。胎体端部为同心圆尖齿，胎体耐磨性中等。采用 46～30 目的金刚石，浓度 15%～20%。

（4）全面钻头。胎体端面形状为双锥形（凹面形）。钻头中心部分有水孔，并有放射状水槽。用于已查明的无矿岩层钻进及技术孔。

（5）裂隙岩层用钻头。随裂隙性增大，胎体壁厚由 6～7mm 增至 10～15mm，胎体耐磨性增强，金刚石含量降低。

（6）易溶解冲蚀岩层用钻头。采用水孔留在底端的底喷式钻头。可用于绳索取心，空气钻进和泥浆钻进。

7.4.4.3　金刚石钻头的使用

A　钻头选型

按我国金刚石岩芯钻探管材系列（GB3423—82），钻头外径为 28、36、46、46S、59、59S、75、75S、91mm（S 表示绳索取心用钻头）。

岩石硬度增高，对金刚石质量要求提高。金刚石尺寸减小，其出刃降低到只能通水的程度，孕镶钻头更适应于坚硬岩石。岩石磨蚀性增高，胎体硬度应增大。

钻孔目的和钻孔结构决定着钻头的直径、结构和用途。

B　钻进参数选择。

（1）转数。孕镶钻头周速 2～4m/s，表镶钻头 1～3m/s，转数范围为 500～2000r/min，小直径钻头取大值。

遇到下述情况转数应降低：岩石硬度过高、裂隙性增强（降低20%～50%）；塑性增强，孔深增大，钻压降低，采心和孔斜要求严格。

（2）钻压。孕镶钻头单位面积压力0.3～1.3kN/cm^2，表镶钻头每颗金刚石压力40～140牛/粒，钻压大小视钻头尺寸和岩石硬度而定。

遇到下述情况钻压应降低：金刚石品级差；岩石硬度低，裂隙性增强（降低40%～50%）；遇到软硬互层和钻具强振而金刚石消耗量过大；岩石塑性增强；钻具与孔壁间隙大，采心和孔斜要求严格。

确定钻压时还应考虑水射流的反作用力和摩擦力造成的钻压损失。

（3）水量。为防止烧毁钻头的水量不大（5～7L/min），但为了排出岩屑，在环状空间应保持2.7～30L/（cm^2·min），即流速0.45～0.5m/s的水量范围为2.0～150L/min。但水量过大，孔底无残留岩屑，磨耗胎体，金刚石不易出刃（打滑）。岩石硬度增加，岩屑量少，应降低水量。确定水量时应考虑钻杆柱接头漏损量。使用泥浆时钻速比用清水时低10%～15%。

7.4.5 钎具

冲击式凿岩时，钎尾承受冲击，冲击能以应力波的形式通过钎杆到达钎头，钎头是直接破碎岩石的部分。钎尾、钎杆和钎头三者可以是整体的——整体钎子；也可以是分体的——分体钎头或尾杆；钎子也可以由几根连接起来以增加长度——接杆钎子。

7.4.5.1 钎钢

中空钎钢是专门用于制造钎杆的型钢，有圆形断面和六方断面两种。

国际标准规定，六角形钎杆用中空钎钢尺寸为19、22和25mm；圆形接杆用中空钎钢尺寸为22、25、32、33、45和48mm。我国主要使用22、25mm六角中空钎钢和32mm圆形钎钢，少量19mm六角中空钎钢和38mm圆形钎钢。

国外广泛采用30CrNi3Mo等中碳合金钢如日本的SKC24，SKC31，C253和瑞典的SNCM2等，也有采用95CrMo等高碳合金钢。我国常用中空钎钢以55SiMnMo和35SiMnMoV为主，后者主要用于制作直径等于或大于32mm的钎钢。主要钢种的热处理工艺见表7－52。

钎钢在运输和贮存时应避免锈蚀，以免降低使用寿命。

表7－52　钎钢钢种及热处理工艺

钢　种	色　标	正火温度（℃）	冷却方法	硬度（HRC）
ZKT8	黄	800～820	风　冷	25～30
ZK8Cr	蓝	860～880	风　冷	32～37
ZK55SiMnMo	红	880～900	空冷或风冷	35～40
ZK35SiMnMoV	绿	900～920	风　冷	35～40
95CrMo		880～900	空冷或风冷	35～40
30CrNi3Mo		900～920	空　冷	35～40

7.4.5.2 整体钎子

整体钎子一般用于轻型凿岩机，如手持式、气腿式以及轻型导轨式。主要用于回采和开拓工作中钻凿直径较小的炮孔，在竖井掘进中尤宜采用整体钎子。

整体钎子常用对边尺寸为19mm、22mm和25mm的六角中空钢制造，一端锻出钎尾，另一端锻出钎头。其顶镶有硬合金片（柱）。

整体钎子凿岩速度稍高，拔钎阻力较小没有连接钎头的麻烦；但钎杆寿命必须和钎头寿命相适应，才能做到同步报废。

整体钎子的钎头型式，有一字形，丫字形，十字形和柱齿等多种，见图7-82。

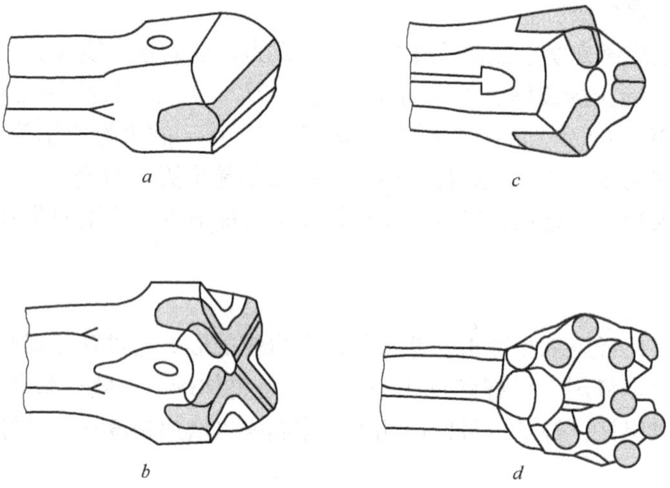

图7-82　整体钎子的钎头型式

a——一字形；*b*—十字形；*c*—丫字形；*d*—柱齿

一字形钎头整体钎子的制造和修磨最简便，在整体致密岩石中凿岩的经济性最好，所以常被优先使用。

十字形和丫字形钎头整体钎子在节理发育的岩石中凿岩平稳，卡钎故障少。

7.4.5.3　分体钎子

分体钎子的钎头、钎尾和钎杆均可拆卸。

钎头与钎杆的主要连接方式有二：锥体连接和螺纹连接。锥体连接适用于轻型、中型凿岩机，浅孔凿岩，钎头直径一般小于51mm，钎梢锥角一般为7°。国外也有用11°或12°的。螺纹连接适用于重型凿岩机，中、深孔凿岩，钎头直径一般大于51mm。

7.4.5.4　钎头

可拆式钎头按照硬合金形状可分刃片式和球齿式，见图7-83。

刃片钎头按照合金片数目及其排列可分为单刃和多刃（三刃，十字形，X形），柱齿钎头一般按照柱齿数来区分。

用于小直径浅孔凿岩的钎头直径为32mm、35mm、38mm和41mm。配合直径为22mm、25mm的六方钎杆。岩常用的柱齿钎头直径为45mm和48mm，配合直径为32mm的波纹接杆，钎头直径最大可达127mm。

X形可拆式钎头的硬合金片之间的夹角为80°和100°（或75°和105°），一般用来钻凿直径≥64mm的孔，最大直径可达102mm。这种钎头凿出的孔比十字形的孔为圆。

各制造厂都有自己的产品系列，国产钎头的类型和规格可归纳如表7-53。

7.4.5.5　钎杆、接杆及接杆套

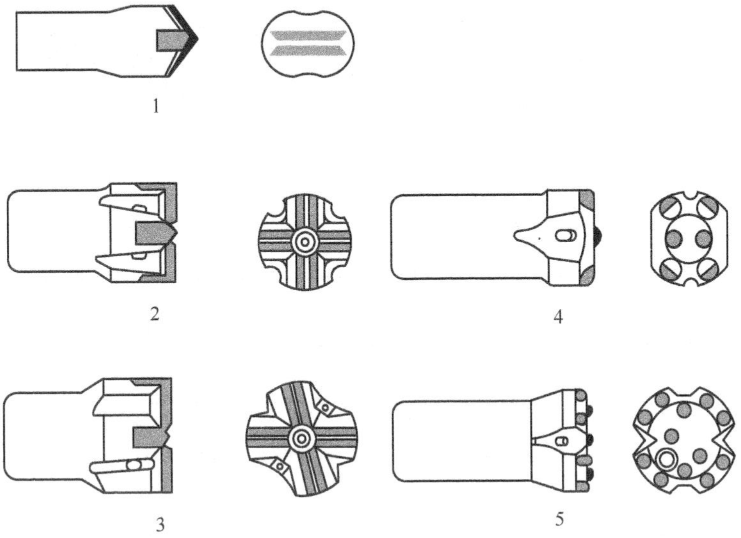

图 7－83　可拆式钎头

1——一字形；2—十字形；3—X 形；4—柱齿；5—柱齿大直径

A　钎杆

图 7－84 给出了几种钎杆的样式，其规格尺寸见表 7－54。

钎头钎杆用锥形连接的构造见图 7－85，其参数列于表 7－55。

B　接杆钎子

中深孔凿岩是用连接套筒把钎尾、接长杆和钎头用螺纹连接起来。对所用螺纹的要求是连接紧密耐磨性强和拆卸方便。

为了提高接杆钎子使用寿命，国外有把螺纹做成双倍长度，即螺纹长度加工成必要长度的两倍。当第一节螺纹磨损后，可用车床将磨损段截去，然后将残留螺纹端部倒角，便可以继续使用。

C　连接套筒

表 7－53　国产钎头类型和规格

钎头形式	直径（mm）																
	28	32	36	38	40	42	44	46	50	55	60	65	70	76	80	89	102
整体钎头	*	*	*														
一字形			*	*	*	*	*										
三刃形			*	*	*	*	*	*									
十字形						*	*	*	*	*	*	*	*	*			
X 形											*	*	*	*	*	*	*
柱齿形			*	*	*	*	*	*	*	*	*	*	*	*	*	*	*
钎尾直径	22，24						29，32				32，38						
尾孔锥度	7°																
尾孔螺纹							波形　29×12 32×12				波形　32×12 38×12（16）						

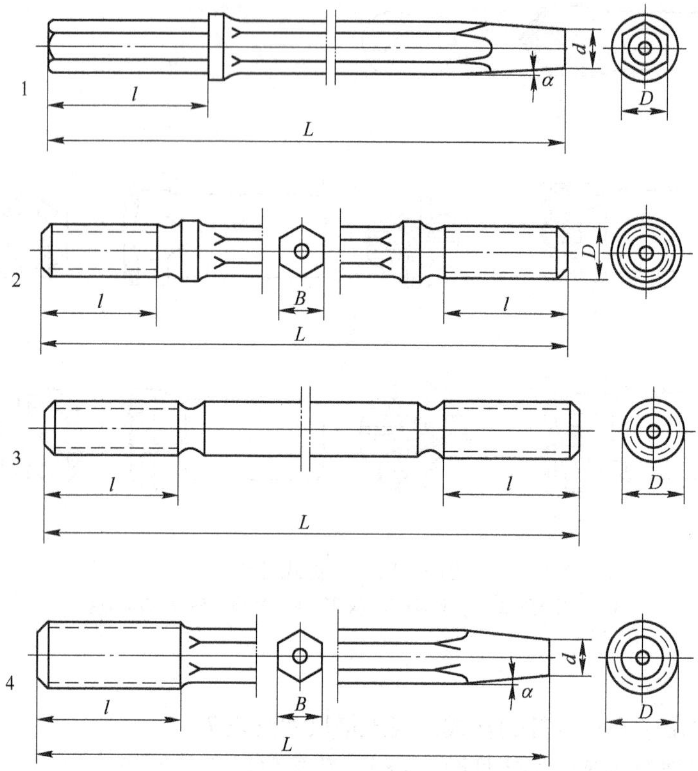

图7-84 钎杆种类

1—手持、气腿凿岩机用钎杆；2—六方接长杆；3—圆接长杆；4—螺纹和锥形交接杆

表7-54 国产钎杆主要规格 （单位：mm）

名 称	型号	B	d	L	l	连接形式
六角活钎头钎杆	Q652	22	21	1600、1800、2000、2200、2400、2600、2800、3000、3200、4000	108	锥形 $\phi22\times7°$（锥孔大径及锥度）
	Q655	25	21	1600、1800、2000、2200、2400、2600、2800、3000、3200、4000	108 150	锥形 $\phi22\times7°$（锥孔大径及锥度）
六角形接杆钎杆	B25QJ	25		1000、1200、1400、2000、2500、3200、3800、4000	80	左旋波形螺纹 $\phi32\times12$（螺纹直径×螺距）
	JB32	32		1000、1200、1400、2000、2500、3200、3800、4000	80	左旋波形螺纹 $\phi32\times12$（螺纹直径×螺距）
圆形接杆钎杆	JO32	$D=32$		1000、1200、1400、2800、3200、3800、4000	80	左旋波形螺纹 $\phi32\times12$（螺纹直径×螺距）
液压凿岩机专用钎杆	B25Y	25	21	1800、2200、2600、3000、3400、4000	100	$\phi22\times7°$

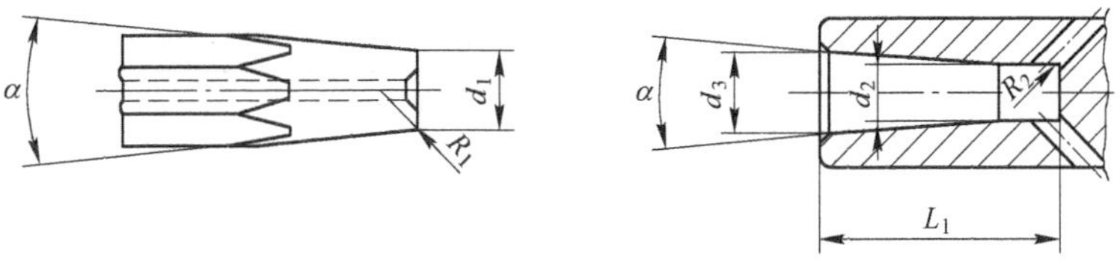

图 7-85　钎头钎杆锥体连接构造

表 7-55　钎头锥体部几何参数　　(mm)

名　称	锥角 α	d_1		d_2		d_3		L_1	R_1	R_2
		尺寸	偏差	尺寸	偏差	尺寸	偏差	最小		
4.3°×12	4°18′	19.1	0 -0.2	19	+0.2 0	22	+0.2 0	51	1.5	6.3
7°×22	7°	16.0	0 -0.1	16.2	+0.1 0	21.8	+0.1 0	54	6	6.3
12°×22	12°	14.9	0 -0.2	15.4	+0.2 0	22	+0.2 0	48	6	6.3

接杆套筒的作用是把钎尾，钎杆与钎头连接成一整体。常用套筒有筒式或直接贯通式、半桥式、桥式三种，见图 7-86。无论哪种型式，必须注意连接螺纹并不承受冲击力，而是通过钎杆向顶端面或套筒端面传递，因此接触端面必须平整，以利于传递应力波。

筒式套筒的螺纹是连通的，它适用于普通波形螺纹连接。半桥式与桥式套筒均可防止钎杆在套筒中窜动。主要用于反锯齿螺纹和双倍长螺纹的连接。

连接套筒一般采用低碳合金钢制造，表面渗碳及淬火处理，其规格见表 7-56。

为连接方便，套筒的一端可固定在一根钎杆上，或将钎杆一端头段粗，做上半个套筒亦可，但必须注意不能形成加工的内应力。

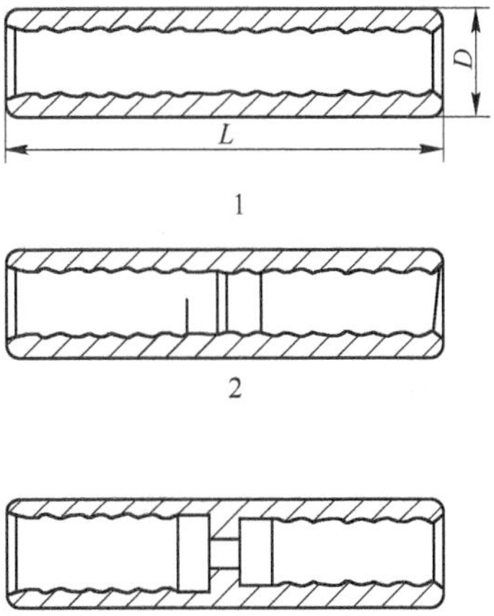

图 7-86　连接套筒型式

1—筒式；2—半桥式；3—桥式

表7-56 连接套筒规格

型 号	D	L	螺 纹 尺 寸
$JO32T_1$	45	160	左旋波形螺纹 32×12
$JO29T_2$	38	140，130	左旋波形螺纹 29×12

D 螺纹规格

接杆钎常用螺纹型式有：波形螺纹、反锯齿形螺纹和梯形螺纹等几种。波形螺纹适用于直径≤32mm 的钎钢。反锯齿螺纹比波形螺纹容易拆卸。适用于直径>38mm 的钎钢。梯形螺纹是一种拆卸更容易，使用寿命更长的新型螺纹，适用于直径较大的钎钢。

波形螺纹的构造见图7-87，其规格见表7-57。反锯齿形螺纹构造见图7-88和表7-58。

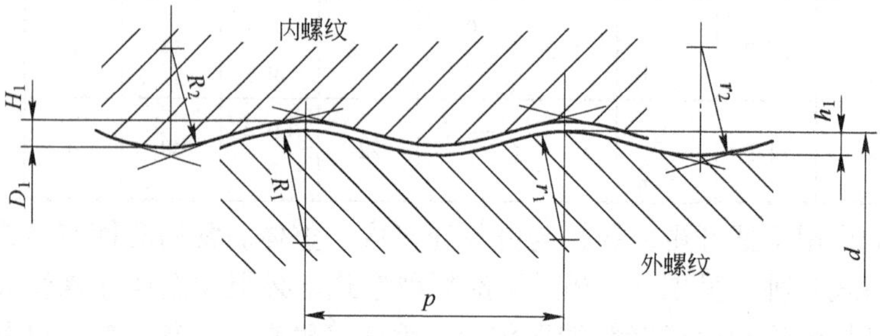

a

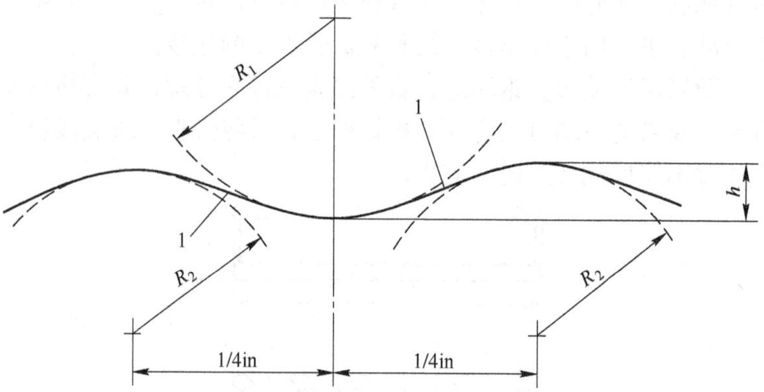

b

图7-87 波形螺纹构造

a—构造；*b*—曲线形状

1—R_1 和 R_2 的公切线

7.4.5.6 钎尾

钎尾有钎肩式、钎耳式和花键式三种类型。钎肩式钎尾用于轻型凿岩机，而其他两种用于重型凿岩机。

钎肩式钎尾的断面形状为六角形，内切圆直径为22mm 或25mm，钎尾尾部长度有两

表7-57　左旋波形螺纹规格　　(mm)

公称①螺纹直径(cm)	内螺纹				外螺纹				螺距 p
	直径 D_1 +0.250	H_1 +0.20	R_1 ±0.4	R_2 ±0.4	直径 d 0，-0.15①	h_1 +0.20	r_1 ±0.4	r_2 ±0.4	
2.22 $\left(\frac{7}{8}\right)$	18.86	1.5	5.5	6	21.84	1.5	5.5	6	12.7
2.54 (1)	21.76	1.5	5.5	6	24.74	1.5	5.5	6	12.7
3.18 $\left(1\frac{1}{4}\right)$	28.36	1.5	5.5	6	31.34	1.5	5.5	6	12.7
3.81 $\left(1\frac{1}{2}\right)$	35.01	1.5	5.5	6	37.99	1.5	5.5	6	12.7
4.45 $\left(1\frac{3}{4}\right)$	40.71	1.9	4.3	5.2	44.49	1.9	4.3	5.2	12.7
5.08 (2)	47.01	1.5	1.5	6	49.99	1.5	5.5	6	12.7

注：括号内数字单位为cm。

①公称螺纹直径一栏括号内数字为英寸。当螺纹直径大于3.18cm时，公差为0，-0.20。

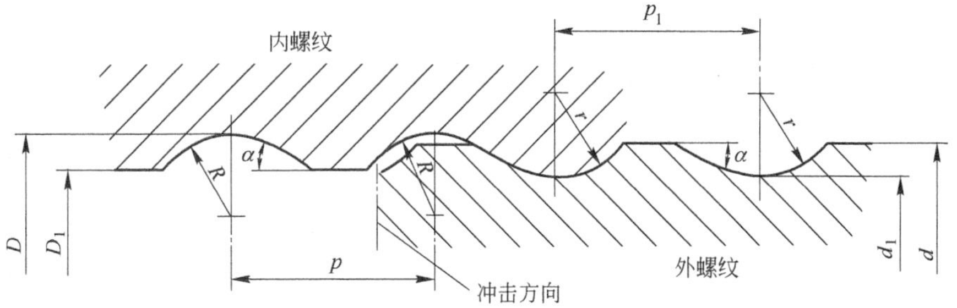

图7-88　反锯齿形螺纹构造

种：108mm和159mm。钎尾长度有两种，一种为长接杆钎尾，另一种为短接杆钎尾，见表7-59。

钎耳式和花键式钎尾全部是机加工的。钎耳式钎尾有两种：雷诺钎耳型与切线钎耳型。钎尾上螺纹多为阳螺纹，也有带阴螺纹的。后者主要用于钻凿下向深孔（图7-89）。

7.4.5.7　钎头的镶焊及固齿工艺

A　刃片钎头的钎焊

由于硬质合金与钢的热胀系数相差一倍以上，在钎焊加热和冷却过程中如果工艺不当，会产生巨大的焊接应力，它引起合金片的脱落或破裂。中小直径焊接钎头一般采用中高频感应加热。大直径钻头（潜孔钻头）采用盐浴炉和真空或气体保护加热。对加热装置的要求是：温度易于控制；工件氧化、脱碳少；便于钎焊操作；加热时间短，生产效率高。国外广泛采用低熔点的银基焊料，因其焊接温度低，残余应力小。

焊剂的作用是消除焊接面的氧化物，改善焊料对工件表面的润湿性。

为了降低焊接应力，经常采用较宽的焊缝，或在焊缝中加塑性较好的金属片（网）——补偿片。焊接后应缓慢冷却，使焊接应力松弛和释放。

表 7-58　反锯齿形螺纹规格　　　　(mm)

公称①螺纹直径（cm）	内螺纹				外螺纹				螺距 p
	D $+0.100$	D $+0.130$	d $\pm\frac{1}{2}°$	R $+0.40$	d $^{0}_{-0.08}$	d_1 0	d $\pm\frac{1}{2}°$	r $+0.40$	
$2.70\left(1\frac{1}{16}\right)$	27.13	23.95	22°	1.98	26.85	23.72	22°	1.98	7.2
$3.18\left(1\frac{1}{4}\right)$	32.69	28.22	25°	3.28	31.65	27.89	25°	2.21	10.1
$3.81\left(1\frac{1}{2}\right)$	38.79	33.50	25°	4.39	37.74	33.15	25°	3.58	12.7
$4.45\left(1\frac{3}{4}\right)$	44.93	39.65	25°	4.39	43.89	39.29	25°	3.58	12.7
$5.72\left(2\frac{1}{4}\right)$	58.60	53.47	25°	5.16	57.02	52.37	25°	4.76	14.5
$6.35\left(2\frac{1}{2}\right)$	64.75	56.62	25°	4.37	63.22	55.65	25°	3.78	16.9

①公称螺纹直径一栏括号内的数字为英寸。

表 7-59　钎尾规格

种　类	规格（mm）	尾部长度 L_1（mm）	杆部长度 L_2（mm）	连接形式与尺寸（mm）
长接杆钎尾	六角 22	108	1000	波形螺纹 22
	六角 22	108	1800	波形螺纹 22
	六角 22	108	2600	波形螺纹 22
	六角 22	108	3400	波形螺纹 22
短接杆钎尾	六角 22	108	255	波形螺纹 22mm 反锯齿形螺纹 27mm
	六角 25	108	255	波形螺纹 22mm
	六角 25	159	255	反锯齿形螺纹 27mm

钎焊硬质合金片常用的焊料和焊剂列于表 7-60。

可以采用的焊料型号有西北铜加工厂生产的 DY-811 型和山东冶金研究所生产的 S-1，S-2 型焊料。这两种类型焊料的主要成分为 Cu-Zn-Mn-Co。

B　柱齿钎头的固齿工艺

硬质合金柱齿的固定一般采用过盈冷压工艺，小直径钎头也有采用热嵌或钎焊固齿。冷压固齿的盈量大小取决于齿和齿孔的光洁度，钎体硬度和柱齿直径，固齿过盈量见表 7-61。

小直径柱齿采用推荐过盈量的下限。为保证固齿质量，柱齿和齿孔直径都要逐个测量，然后根据选定的过盈量单配，在加工精良选配准确的情况下，过盈量可减小到 0、0.05 ~ 0.01mm。

7.4.5.8　钎具受力和疲劳

凿岩机活塞的动能是以应力波的形式传递给钻头和岩石的。应力的大小和作用时间（波形）不仅影响破碎岩石效果，而且也影响钎具的使用寿命。在相同的冲击能条件下，

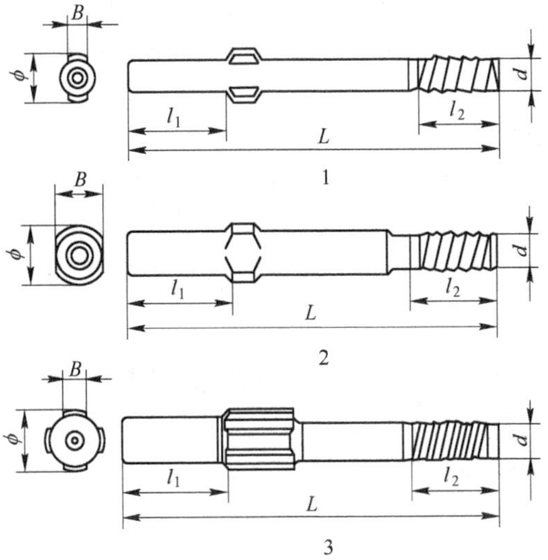

图 7－89 钎耳式与花键式钎尾

1—雷诺钎耳型；2—切线钎耳型；3—花键式

表 7－60 几种常用焊料和焊剂

种类	焊料名称	组分（%）	焊熔点（℃）	焊接温度（℃）	焊 剂
铜基	H－62	Cu62 Zn38	905	930～950	硼砂 100%
	H－68	Cu68 Zn32	905	930～950	硼砂 50%，硼酸 50%
	105	Cu58 Zn38 Mn4	909	930～950	硼酸 80%，硼砂 14.5%，氟化钙 5.5%
	紫铜	Cu＞99.7	1083	1100～1150	硼酸 80%，硼砂 14.5%，氟化钙 5.5%
银基	银铜	Ag72，Cu28	780	820～850	硼酸 60%，氟化钾 40%
		Ag50，Cu15			氟化钾 42%，硼
		Zn16、Cd16、Ni3	690	720～750	酐 35%，氟硼酸甲 23% 氟化钾 30%，硼酸 70%

表 7－61 推荐固齿过盈量

工艺条件	光 洁 度		过盈量（mm）	
	柱齿	齿孔	钎头体 HRC28～32	钎头体 HRC40～45
柱磨 孔钻	▽7	▽4	0.2～0.25	0.15～0.20
柱磨 孔铰	▽7	▽7	0.15～0.20	0.10～0.15

改变活塞的形状和质量可以改变应力波（第一个入射波）的形状，也就是说可以通过控制入射波的形状提高凿入效率和避免钎具过早疲劳破坏，从而延长钎具的使用寿命。

理论研究和电子计算机已可以把应力波精确地计算并绘制出来，为凿岩机具的设计和结构改进提供了依据[9]。

活塞冲击钎杆后，由于应力波的传播和反射，钎杆中将受到多次交变应力的作用，钎杆中纵波和弯曲波的叠加构成全应力波的传播过程。图7－90是在石灰岩钻进过程中钎杆中的一组实测应力波形。

这种高频应力作用是钎杆疲劳损坏的原因。

a 纵波

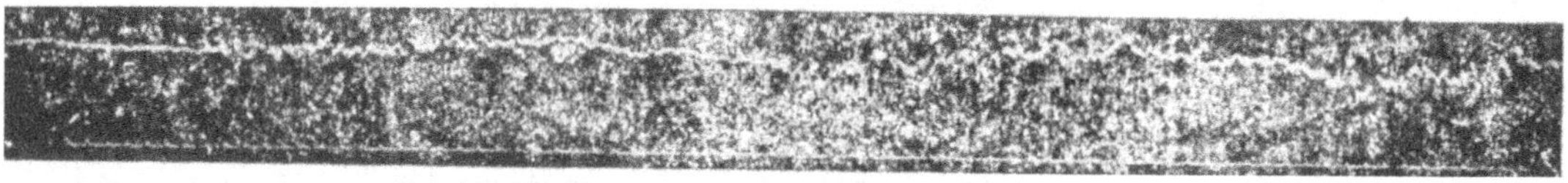

b 弯曲波

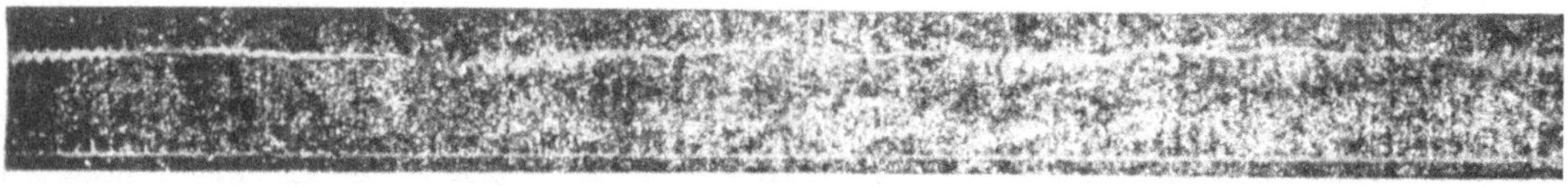

c 全波

图7－90　石灰岩钻进过程中钎杆中部的应力波形

根据钎具受力大小以及所选用钢材的疲劳曲线（S－N曲线），应用迈纳（Miner）累计损伤理论，可以估算出钎杆的疲劳寿命[11,12]。

7.4.5.9　钎具寿命

钎头的寿命主要取决于硬质合金的材质、岩石的坚固性和磨蚀性、钎头构造、制造工艺以及这些参数的互相配合状况，往往在不同的情况下有很大差别。近年来由于硬质合金的材质有所改进，钎头的设计更加合理，钎头体采用了优质钢材，镶焊和制造工艺进一步完善，使钎头寿命有很大提高。柱齿钎头在适当的条件下应用能达到较长的寿命。一般来说，钎头寿命大直径的比小直径的长，正常工作气压下凿岩比低气压凿岩长。

钎杆的寿命，除了和岩石的坚固性和凿岩机类型有关外，主要取决于钎钢的磨蚀疲劳性能。改进钎钢的腐蚀疲劳性能，是提高其寿命的重要途径。

表7－62列出了一般情况下钎头钎杆的寿命。

7.4.6　矿用硬质合金

在采矿工程中，广泛应用镶嵌有硬质合金的钻头和钎头，它是钻凿坚硬岩石的利器。

矿用硬质合金，是由结晶粒度2～5μm的碳化钨和钴烧结而成。有极高的弹性模量和抗压强度，洛氏硬度HRA高达86～91。抗弯强度和断裂韧性稍小。各为1600～3000MPa和540～640N/cm$^{3/2}$，冲击韧性3～10Nm。硬质合金还有极高的耐磨性。随它的碳化钨含量增多，硬度和耐磨性提高但韧性降低。

硬质合金中钴相中的线膨胀系数约为碳化钨的三倍，在快速加热或冷却时，将产生内应力而导致相同界面破裂。因此，无论在制造、嵌焊、修磨或使用过程中，切忌将硬质合

表 7－62 中小钎头和钎杆的寿命（m）

岩 石	软 岩	中等岩石	较硬岩	坚硬岩
小钎头 $\phi<46$mm	250～450	150～300	60～130	20～40
中钎头 $\phi>56$mm	400～700	300～500	200～300	50～100
钎 杆	400～500	200～300	150～200	100～150

表 7－63 凿岩硬质合金的性能和使用范围

硬质合金牌号	成分（%）			性 能							使用范围
	碳化钨（WC）	钴（Co）	碳化钽（TaC）	硬度 HRA 不低于	密度（g/cm^3）	强度（MPa）抗弯（不小于）	强度（MPa）抗压	20℃时的冲击韧性（$J/cm^{3/2}$）	导热率（W/cm^2K）	线胀系数（$10^{-6}K^{-1}$）	
YG4C	96	4		89.5	14.9～15.2	1450					镶焊钻探钻头和旋转式钻头
YG6	94	6		89.5	14.6～15	1450					镶焊旋转式钻头
YG8	92	8		89	14.5～14.9	1600	5400	24.5	0.76	4.5	$f=8$ 以下多裂隙磨蚀性岩层
YG8C	92	8		88	14.5～14.9	1750		29.4	0.76	4.8	中硬、磨蚀性强的岩层
YK25	90	10	0.5	87.5	14.4～14.8	2400		59.0			坚硬和极坚硬岩层
YG11	89	11		87	14.0～14.4	1900	4800	37.3	0.67		中等岩石
TG11C	89	11		86.5	14.0～14.4	2000		37.3	0.67		硬和坚硬岩层
YG15	85	15		87	13.9～14.2	2000	4200	39.2	0.56	5.3	坚硬和极坚硬岩层
YJ2	92	8		88	14.6～14.9	2000					高磨蚀性的中硬及坚硬岩石
YJ1	90	10		87	14.4～14.7	2200					$f=10～16$ 的坚硬矿岩
YJ0	88	12		86.5	14.2～14.5	2350					坚硬和极坚硬的岩层

注：1. YG 表钨钴硬质合金，C 为粗晶粒碳化钨，YJ 表凿岩用钨钴硬质合金；
2. 含 Co 量≥8% 的硬质合金可以制作凿岩用钎头和牙轮钻头。

金骤热骤冷，否则在受到冲击时便会断裂。

在表 7－63 中列出了矿用合金的成分及性能。在选用硬质合金牌号时，要兼顾岩石的硬度、磨蚀性和钻头受冲击力的大小。凡冲击力大、岩石耐磨性弱时可采用含钴较高的合金（价格也较高）；在相反的情况下可用含钴量较低的合金，以提高耐磨性降低费用。此外，对于柱齿型钎头可采用含钴量稍低（6%～8% Co）的合金。对于旋转式钻头，更可采用含钴 3%～6% 的合金。

为了提高硬质合金的耐磨性、抗热冲击和抗热塑变的能力，我国矿用硬质合金中的一

表 7-64 硬质合金刀片形状及规格 单位（mm）

型 式	型号	L	H	C	r	R	适用钎头直径
一字型硬质合金片 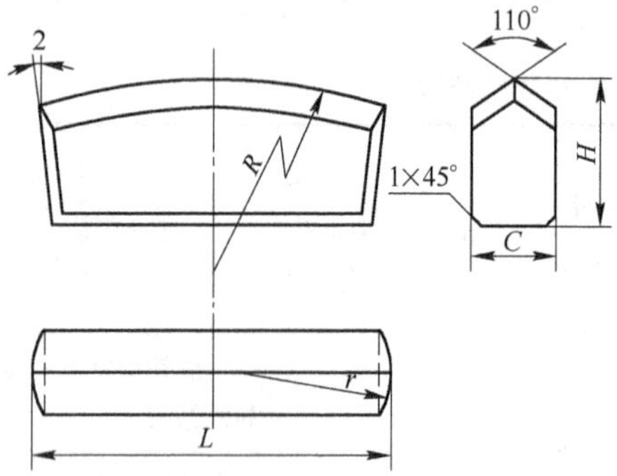	K026	26	12	8	13	80	26
	K028	28	12	8	14	80	28
	K030	30	14	8	15	80	32
	K032	32	14	8	16	110	32
	K034	34	14	8	17	110	34
	K036	36	15	10	18	110	36
	K038	38	15	10	19	110	38
	K040	40	15	10	20	110	40
	K042	42	15	10	21	110	42
	K044	44	16	10	22	110	44
	K046	46	17	10	23	110	46
短型硬质合金片 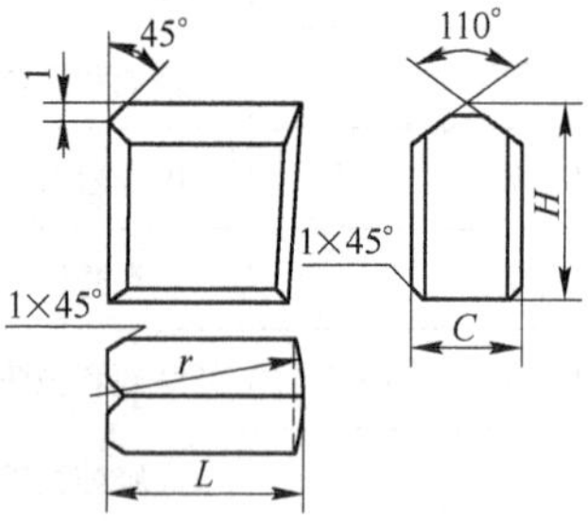	K113	13	13	8	18		36
	K114	14	13	8	19		38
	K115	15	14	8	20		40
	K116	16	14	8	21		42
	K117	17	15	10	22		46
	K117	17	15	10	23		46
	K118	18	16	10	24		48
	K119	19	16	10	25		50
	K121	21	16	10	27.5		55
	K123	23	18	12	30		60
	K125	25	18	12	32.5		65
	K127	27	20	12	35		70
	K129	29	22	12	37.5		75
	K136	36	22	12	44.5		89
	K149	42	22	13	51		102

些新牌号，添加了碳化钽。近年来，国外（美国、联邦德国等）采用热等静压法制造低孔隙的凿岩用硬质合金，从而大大改善了它的断裂韧性。

表7-64和表7-65中列出了各种硬质合金的形状及规格，可用于嵌制各种形式的钎头和潜孔钻头、牙轮钻头。

表 7－65 硬质合金柱齿形状及规格

齿形		尺寸（mm）						角度（°）	
		D	H	h	R	e	r	α	β
球形齿	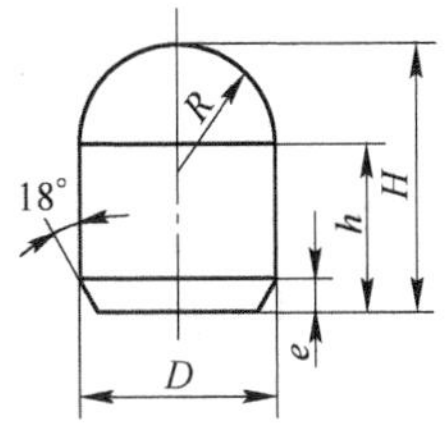	8	10	7.1	4.2	1.0			
		8	15	11	4.2	1.0			
		9	15	10.5	4.6	1.0			
		10	12	8.3	5.2	1.5			
		10	15	10	5.2	1.5			
		11	15	9.5	5.5	1.5			
		12	14	9.4	6.2	1.5			
		14	16	10.5	7.2	1.5			
锥球齿	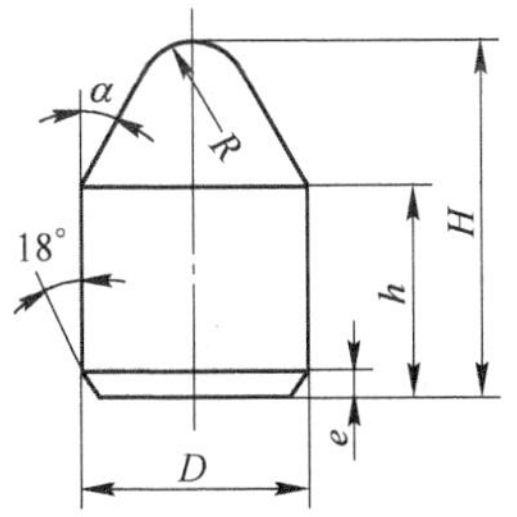	16	25	18.6	8.2	1.5			
		18	27	19.8	9.2	1.5			
		8	10	6.6	3	1.0		35	
		8	15	11	4	1.0		30	
		9	15	10.5	4	1.0		30	
		10	11	7.2	4.4	1.5		35	
		11	15	9.5	4	1.5		30	
		12	15	9	4	1.5		30	
		12	18	10	4	1.5		34	
		13	20	14	4	1.5		30	
		14	22	14	4	1.5		35	
		16	25	17.3	5	1.5		35	
扁楔齿	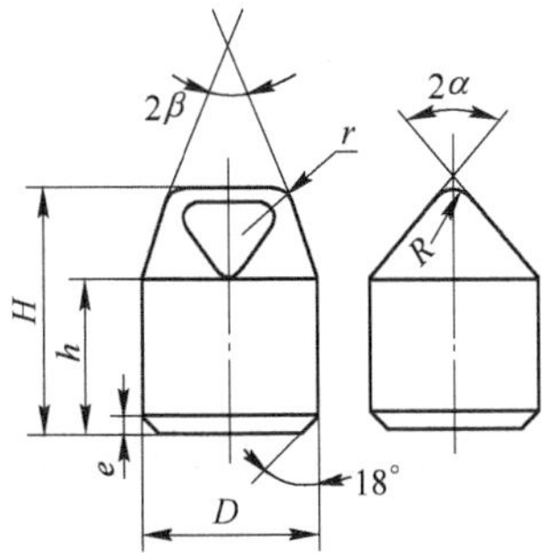	8	10	6.5	2	1.0	1.8	45	22.5
		10	11	7	2.5	1.0	2.0	45	22.5
		10	13	9	2.5	1.0	2.0	45	22.5
		12	15	9	3.0	1.5	2.5	45	22.5
		12	17	10.5	3.5	1.5	3.0	35	22.5
		14	18	10	3.5	1.5	3.0	45	22.5
		14	20	11	2.7	1.5	3.0	35	22.5
		16	21	11	2.6	1.5	3.0	35	22.5

7.4.7 钎头修磨

当硬质合金片刃口磨损到一定宽度，或柱齿磨损平面达到某一尺寸时，钻头就应进行修磨。及时和正确的修磨，不仅可以提高穿孔速度，而且能延长钎头使用寿命。钎头磨损极限可参考表 7－66。

表 7－66 钎头磨损极限（钎头直径≤45mm）

岩 石 性 质	刃角磨损宽度（mm）	柱齿磨损平面直径（mm）
软岩	3.5	5～6
中等岩石	3.0	4～5
硬岩石	2.5	3～4

刃片钻头一般可以修磨8~10次，每次修磨后刃角仍应保持110°，侧边隙角3°，刃口应保留0.5~1mm的钝面（老痕），修磨过尖会降低使用寿命。小直径柱齿钎头一般不修磨，大直径柱齿潜孔钻头价格贵，及时修磨可以延长其使用寿命40%，穿孔速度提高20%。柱齿钻头的修磨周期为刃片钻头的2~3倍。

修磨硬质合金的砂轮应采用绿色碳化硅砂轮，粒度为40~60目，硬度在中软以下。应避免使用过硬过粗的砂轮，否则将在刃面留下刻痕，或局部产生热微裂纹，成为硬质合金断裂的根源。

天津磨床厂生产的M691型钻头刃磨床，可修磨一字和十字型钎头，砂轮转速985r/min，电机功率3kW，外形尺寸1200×1500×1500mm，重1200kg。

修磨柱齿钻头，可采用微型风砂轮机，一般使用金刚石砂轮，有片形和碗形两种形状。碗形砂轮用以修磨柱齿的球面。天水风动工具厂生产的S40Z192型风砂轮机，配备专用金刚石砂轮可修磨柱齿。砂轮机主要规格是：最大砂轮直径40mm，空载转速19000r/min，耗气量0.35m^3/min，机长181mm，机重0.6kg。

7.5 影响钻孔与凿岩速度的主要因素

7.5.1 牙轮钻钻孔

7.5.1.1 影响牙轮钻钻孔的主要因素

影响牙轮钻钻孔的主要因素有四，即钻压、钻杆钻速、钻头直径和岩石的坚固性。后者可用岩石的各种可钻性指标来描述。

诸影响牙轮钻穿孔速度因素间的关系，可用（7－14）式表示[13]。

$$c = K_c D^{-2} n^x F^y \tag{7-14}$$

式中 c——钻孔速度；

D——钻头直径；

n——转速；

F——钻压；

K_c——和岩石坚固性有关的系数；

x、y——指数，见下文所述。

牙轮钻头常用的钻头直径为200~380mm，因钻孔速度和钻孔的截面积成反比，故（7－14）式中钻头直径D的指数为－2。

牙轮钻常用的钻杆转速因岩石的软硬而异，硬岩采用较低的转速，下面为转速的一般采用范围。

岩石硬度	软岩	中等岩	硬岩
钻杆转速（r/min）	70~120	60~100	40~70

（7－14）式中指数x常是一个稍小于1的数值，一般$x=0.7\sim0.95$，排粉越彻底，x越近于1。

钻压F取决于直径D和岩石普氏坚固性系数f，可近似由下式算出或从表7－67查得。

$$F = (0.6 \sim 0.7) fD \tag{7-15}$$

式中 F——钻压，kN；

D——钻头直径，cm。

（7-14）式中指数 y 一般在 1~1.8 之间，它和牙齿形状，磨钝程度及岩石的性质有关。

牙轮钻的回转功率可由（7-16）式给出：

$$P = K_p nDF^{1.5} \tag{7-16}$$

式中 P——回转功率，kW；

n——钻杆转速，r/min；

D——钻头直径，mm；

F——钻压，kN；

K_p——和岩石坚固有关的系数，见表 7-68[14]。

表 7-67 牙轮钻钻压参考数据

岩石特征	典型岩石	每厘米钻头上的钻压（kN/cm）	钻压（kN）					
			钻头直径（mm）					
			150	170	200	250	310	380
抗压强度小的软岩	页岩、砂岩、弱石灰岩	3~5	45~75	51~85	60~100	75~125	93~155	114~190
抗压强度小到较大的中硬岩石	硬质页岩、砂岩、石灰岩、白云岩	6~8	90~120	102~136	120~160	150~200	185~248	228~304
抗压强度大、有磨蚀性的岩石	硅化灰岩、石英砂岩、花岗岩	10~12	150~180	170~204	200~204	250~300	310~372	380~456
高抗压强度、极硬并有强磨蚀性的岩石	石英砂岩、花岗岩、玄武岩、铁矿石、磁铁石英岩	14~15	210~225	238~255	280~300	350~375	434~465	532~570

表 7-68 牙轮钻功率系数 K_p

岩 石	抗压强度（MPa）	K_p
极 软		43.7×10^{-8}
软		37.5×10^{-8}
中 软	17.2	31.3×10^{-8}
中 硬	55.2	25.0×10^{-8}
硬	207	18.8×10^{-8}
极 硬	469	12.5×10^{-8}

7.5.1.2 牙轮钻钻孔速度的预估

近年来国内外研究了许多种岩石的坚固性指标，利用这些指标可以在不同程度上预估出牙轮钻在不同岩石中的钻孔速度。但这些预估都是和具体钻孔条件相联系着的，出入颇大，下列方法可供参考。

A 利用单位载荷作用下的压头侵入深度预估钻孔速度

此法为 R. I. 莫里斯（Morris）所提出（见 7.1.2.3 原式用英制，现改为公制），如下：

$$c = 0.06 \times 1.8n\left(\frac{h}{P}\right)\left(\frac{F}{0.08m}\right)$$

$$= 1.35n\left(\frac{h}{P}\right)\left(\frac{F}{m}\right) \tag{7-17}$$

式中 c——穿孔速度，m/h；

n——钻杆转速，r/min；

h——发生跃进式侵入后，压头的侵入深度，mm；

P——发生跃进式侵入时，压头所承受的载荷，kN；

F——钻压，kN；

m——牙轮钻头上的总齿数，认为有效工作齿数为总齿数的0.08倍，故乘以齿数。

鞍山式铁矿及围岩的（h/P）值如下：

岩石	磁铁矿	赤铁矿1	赤铁矿2	粉红色花岗岩	云英片麻岩	硅质磁铁矿
h/P值（10^{-2}mm/kN）	5.23	9.41	5.19	8.82	9.19	5.90

据德雷塞钻具公司称，用上式预估钻速的相对偏差小于25%，一般在10%左右。

B 用侵入硬度预估钻孔速度

此法由长沙矿山研究院所提出，它和上法相似，唯岩石的坚固性指标改用侵入硬度。作侵入硬度时，利用端头曲率半径为2.3mm的压头进行，在发生跃进式破碎时的载荷为P、压头和岩石接触面积为S，则侵入硬度为P/S。所给出的钻速预估式如下：

$$c = 0.16n\left(\frac{P}{S}\right)^{-1}\left(\frac{F}{0.08m}\right)\frac{K_1}{R}$$

$$= 2n\left(\frac{P}{S}\right)^{-1}\left(\frac{F}{S}\right)\frac{K_1}{R} \tag{7-18}$$

式中 c——钻孔速度，m/h；

（P/S）——侵入硬度，kN/mm^2；

R——钻头齿尖的曲率半径，mm；

K_1——和岩石的侵入硬度有关的系数，选取如下：

侵入硬度(P/S)（kN/mm^2）	<1.8	1.9~3.1	3.2~5
K_1值	1.26	1.38	1.49

F、n、m的意义同（7-17）式。

C 用微型钻预估钻孔速度

微型钻的试验方法见7.1.2.5。休斯钻具公司采用这种估算方法。

图7-91是牙轮钻穿孔速度的预估算图。其横坐标是每厘米钻头直径上的钻压，纵坐标是钻孔速度。只要给出每厘米钻头直径上的钻压，在相应的横坐标上画垂直线，和微型钻钻速线相交，再画水平线到纵坐标，便可得到预估的钻孔速度。此图适合每分钟60转的钻机，否则要作相应的修正。

华东石油学院曾对图7-91作了分析。认为可以用下式来预估钻速[15]。

$$c = 458.5(W/55.1)^{\alpha} \tag{7-19}$$

式中 c——钻孔速度，m/h；

W——单位钻头直径上的钻压，kN/cm；

α——和微型钻钻速有关的指数，设微型钻钻速为 V，m/h，则

$$\alpha = 1.1563 - 0.28761nV \tag{7-20}$$

当转速不是每分 60 转时，（7-19）式要用转速校正。

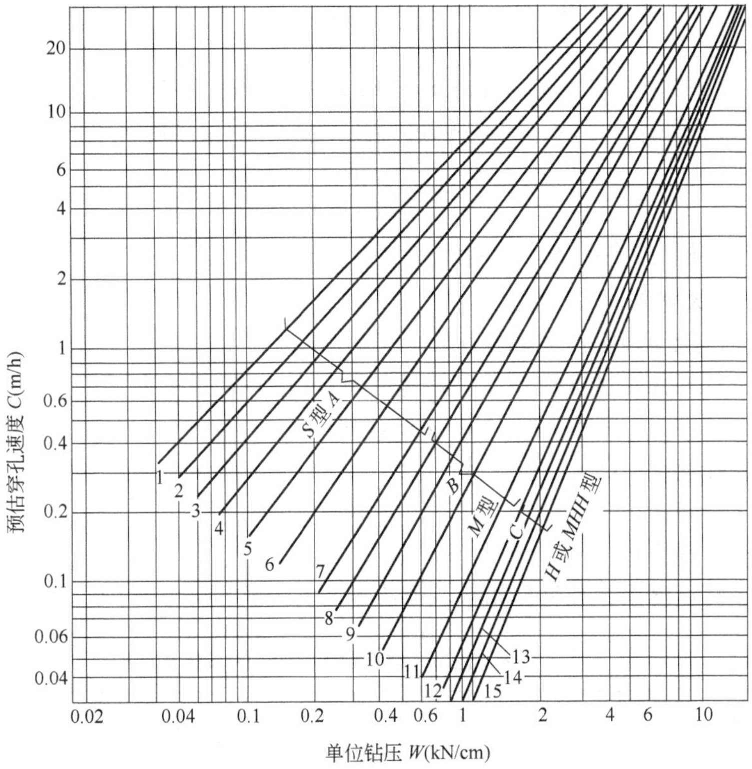

图 7-91 用微型钻钻速来预估钻孔速度

A—大理石、砂岩、石灰岩、石膏；B—白云质灰岩、白云岩、硬页岩；C—花岗岩、燧石、石英岩

曲线号	1	2	3	4	5	6	7	8	9	10
微钻速（m/h）	1.22	1.06	0.91	0.76	0.61	0.46	0.30	0.24	0.18	0.12
曲线号	11	12	13	14	15					
微钻速（m/h）	0.06	0.03	0.018	0.012	0.015					

D 用凿碎比能预估钻孔速度

据东北工学院岩石破碎研究室的研究，凿碎比能（见 7.1.2.4）和牙轮钻钻孔破碎岩石的比能之间有以下关系：

$$\alpha_y = K_a \alpha \tag{7-21}$$

式中 α_y——牙轮钻穿孔破碎岩石的比能，J/cm^3；

α——凿碎试验的比能，J/cm^3；

K_a——系数，对于 45R 型钻机 $K_a = 0.5$ 对于 60R 型钻机，$K_a = 0.4$。

由此，钻孔速度可由（7-22）式预估。

$$c = 45.8 \frac{U(I - I_0)}{D^2 K_a \alpha} \tag{7-22}$$

式中　U——回转直流电机的电压，V；

I——回转直流电机的电流，A；

I_0——回转直流电机的空载电流，A；

D——钻头的直径，cm；

c——穿孔速度，m/h；

其他符号同前。

45R 和 60R 型钻机的 $U=470$V，45R 的 $I_0=10$A，60R 的 $I=20$A。

据巴隆等人的研究，牙轮钻穿孔的破碎岩石比功和史氏硬度有以下关系：

$$\alpha_y = 9.8\left(\frac{P_s}{250}-1\right) \tag{7-23}$$

式中　α_y——牙轮钻穿孔破碎岩石的比能，J/cm³；

P_s——史氏硬度，N/mm²。

E　用岩石的抗压强度预估钻孔速度。

据 R. A. Cunningham 的研究结果，钻速可用（7-24）式给出[16]。

$$c = K_2 n W^{\beta} \tag{7-24}$$

式中　c——钻孔速度，m/h；

n——钻杆转速，r/min；

W——单位钻头直径上的钻压，kN/cm；

K_2、β——钻孔速度系数和钻压指数，取决于岩石的抗压强度，列于表7-69。

表7-69　钻孔速度系数 K_2 和钻压指数 β

岩石名称	砂岩	无水石膏	大理岩1	大理岩2	白云岩	砂岩	玄武岩	花岗岩	石英岩
抗压强度（MPa）	17.2	36.5	52.4	52.4	214	145	268	214	469
β	1.254	1.306	1.343	1.429	1.530	1.595	1.676	1.700	1.840
$10^3\times K_2$	29.7	17.9	12.4	5.10	1.83	1.03	0.45	0.10	0.085

7.5.2　冲击式凿岩

7.5.2.1　冲击功对凿岩速度的影响

凿岩时，冲击功有一个门槛值，当冲击功超过此值时，每次冲击破碎岩石的比能基本稳定，因此凿岩速度便和冲击能成正比例，可用（7-25）式表达凿岩速度

$$c = \frac{NE\eta}{\alpha \frac{\pi}{4}D^2}\times 60 \tag{7-25}$$

式中　c——凿岩速度，cm/min；

N——冲击频率，Hz；

E——冲击能，J；

η——凿入能量利用率；

α——凿碎比能，J/cm³；

D——眼孔直径，cm。

当冲击能小于门槛值时，凿岩速度急剧降低，工作是不合理的。岩石凿碎能的门槛值，主要取决于岩石的坚固性和钎头的刃长（或柱齿数目）。对于各种岩石，当每厘米刃长上的冲击能大于10J时，就可以认为超过了门槛值。不坚固的岩石，此值较小。

7.5.2.2 冲击频率对凿岩速度的影响

现代凿岩机，每分钟冲击次数不超过几千，在此范围内，凿岩速度和冲击频率成正比，如（7-24）式所示。也就是凿岩速度正比例于冲击功率，而后者是每次冲击能和冲击频率的乘积。

7.5.2.3 工作气压对凿岩速度的影响

压缩空气是气动凿岩机动力的源泉，它的压力对凿岩速度有显著的影响。对于一般凿岩机，有以下经验关系[17]：

$$E \propto (P - 0.1)^{0.9} \tag{7-26}$$

$$N \propto (P - 0.1)^{0.3} \tag{7-27}$$

$$c \propto NE(P - 0.1)^{1.2} \tag{7-28}$$

式中 P——工作气压（表压），MPa；

其他符号同上。

现时国际上以0.63MPa为凿岩机优先设计压力。以0.63MPa时的凿岩速度为1，其他各种气压时的凿岩速度的影响系数如下：

工作气压（MPa）	0.3	0.4	0.5	0.6	0.63	0.7	1.0	1.6
影响系数	0.310	0.0505	0.713	0.932	1.000	1.161	1.888	3.485

提高工作气压就能提高凿岩速度，其主要措施是：

（1）压气机工作状态良好，保证额定的压气流量；

（2）整顿管道系统，堵塞漏气。拆除迂回的管路和不必要的弯头和阀门，不要用过细的管径；

（3）均衡用气时间。

7.5.2.4 钎头直径对凿岩速度的影响

钎头直径改变时，一方面改变了钻孔的截面积，同时也改变了冲击凿入系统的匹配条件，从而也改变了凿入能量利用率，由式（7-29）可知：

$$\frac{c_1}{c_2} = \frac{D_2^2\eta_1}{D_1^2\eta_2} = \left(\frac{D_2}{D_1}\right)^2\left(\frac{\eta_1}{\eta_2}\right) \tag{7-29}$$

平常用凿岩速度和钎头直径的 n 次方成反比的关系来计算，即：

$$\frac{c_1}{c_2} = \left(\frac{D_2}{D_1}\right)^n \tag{7-30}$$

n 值在1~2.5之间。当钎头直径增大时，若凿入系统的匹配有所改善，则 $n<2$；反之，当钎头直径增大时，匹配劣化，则 $n>2$。

由于 n 值难以准确选取，故式（7-30）只能在钎头直径变化不大时，用来估算凿岩速度的改变。

7.5.2.5 钻孔深度对凿岩速度的影响

对于内回转凿岩机，孔深每增加一米，凿岩速度递降4%~8%。

对于外回转凿岩机，孔深对凿岩速度的影响要小得多，在25~30m范围内，每米递降

1% ~3%。

每个接头视其构造和质量不同，将导致凿岩速度下降10% ~15%。

7.5.2.6 推力对凿岩速度的影响

冲击式凿岩的推力，以达到抵消钎子从孔底弹起为度。过大的推力，将增加回转阻力，加速钎头磨损；推力过小，则钎刃脱离眼底，降低了凿入破碎的效率。图7－92为“7655”型凿岩机的推力和凿岩速度的关系。

利用推力和钎子从眼底弹起的动量平衡，可推出最优推力如下：

$$F = 2\beta Nmv = 2\beta N\sqrt{2mE} \tag{7-31}$$

式中 F——最优推力，N；

N——冲击频率，Hz；

m——活塞的质量，kg；

v——冲击末速度，m/s；

E——每次冲击功，J；

β——考虑到岩石破碎所耗散之动量，取$\beta=0.85\sim1.0$。

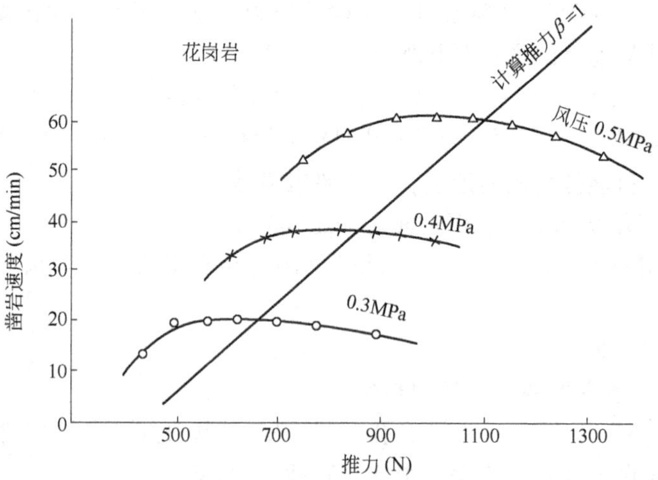

图7－92 “7655”型凿岩机的推力和凿岩速度的关系

7.5.2.7 凿岩系统的匹配

冲击式凿岩时，活塞质量、钎杆截面积、钎头对岩石的凿入系数之间，要有一个恰当的组合，才能有较高的凿入效率。按波动力学分析，冲击凿入指数γ在1~2之间，有较好的匹配效果，冲击凿入指数可由（7－32）式求出：

$$\gamma = \frac{(\rho a\omega)^2}{mK} \tag{7-32}$$

式中 ρ——钎杆的密度，kg/m^3；

a——纵波在钎杆中的速度，m/s；

ω——钎杆的截面积，m^2；

m——活塞的质量，kg；

K——钎头对岩石的凿入系数，N/m。

钎钢的密度为7800kg/m^3，纵波在钎杆中的速度为5100m/s。凿入系数视岩石的坚固性和钎头刃长（或柱齿数目）而定，在没有准确的测定时，对于刃长40mm的钎头，可采用下列数据：

坚固的岩石	$K=100\sim500$	MN/m
中等的岩石	$K=20\sim100$	MN/m
不坚固的岩石	$K=4\sim20$	MN/m

7.5.3 旋转式钻孔

7.5.3.1 钻压对钻孔速度的影响

在图7-93中给出了钻压和钻孔速度间的关系，从图中看出随着钻压的增大，钻孔破碎岩石的方式可分为四个区段。

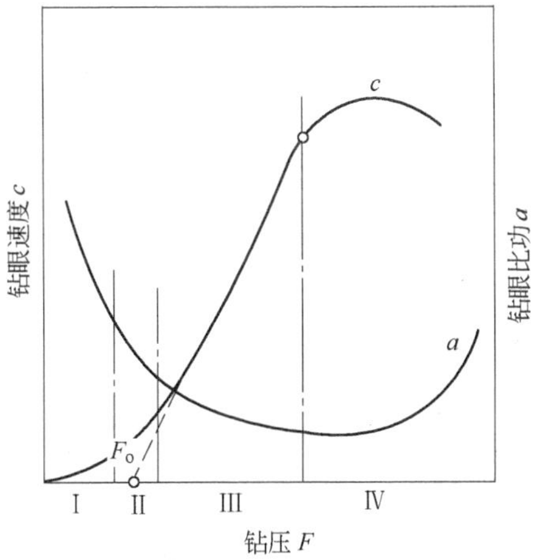

图7-93 钻压对旋转钻眼的影响

当钻压$F<F_o$时，钻刃未能有效地侵入岩石，钻速很低，破碎岩石的比功很大，这是第Ⅰ区段。在第Ⅱ区段，钻压超过F_o，钻刃侵入岩石的深度发生跃进性的变化，钻速开始提高，比能下降，属于过渡的区段。第Ⅲ区段是正常钻孔工作的范围，钻速随钻压增加而直线地上升，比能则处于一个稳定的数值。当岩石的普氏坚固性系数$f<10\sim12$，钻头直径在40~45mm范围，钻压1000~4000。便能工作在第Ⅲ区段。在既定条件下，如果钻压过大，摩擦阻力增加，排粉困难，钻速随钻压的增长率减缓，比能再度增大，产生阻塞现象，这是第Ⅳ区段。

О.Д. 阿里莫夫（Алимов）研究了钻头直径40~45mm的旋转式钻眼，给出了在第Ⅲ区段工作的如下关系：

$$c = k_3(F - F_o)/9.8 \qquad (7-33)$$

式中 c——钻孔速度，cm/min；

k_3——随岩石坚固性而定的系数，见图7-94；

$f=2\sim6$ 时，$k_3=1\sim0.135f$，

$f=6\sim16$ 时，$k_3=0.31\sim0.019f$；

f——普氏岩石坚固性系数；

F——钻压，N；

F_o——钻压的起算值，N；

$F_o = 350f$。

7.5.3.2 最优转速

在钻速不高时，钻速随转速增加而升高，但转速超过其最优范围后，钻速并不随转速增加而升高，有时反而下降。最优转速随岩石坚固性提高而减小，见图7－95。它可由式（7－34）给出：

$$n_y = \frac{2200}{f} \tag{7-34}$$

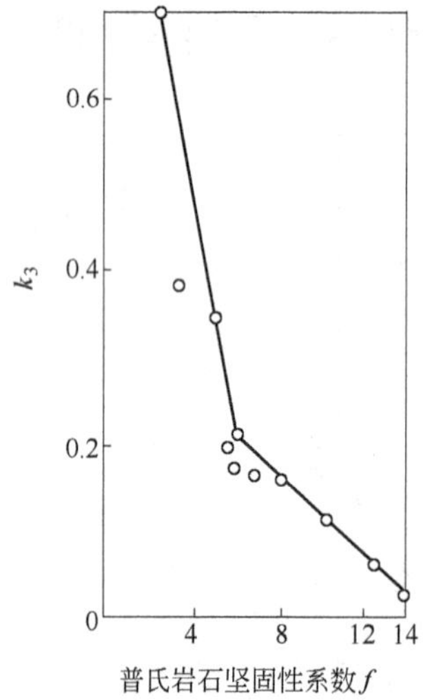

图7－94 岩石坚固性系数f和k_3值关系

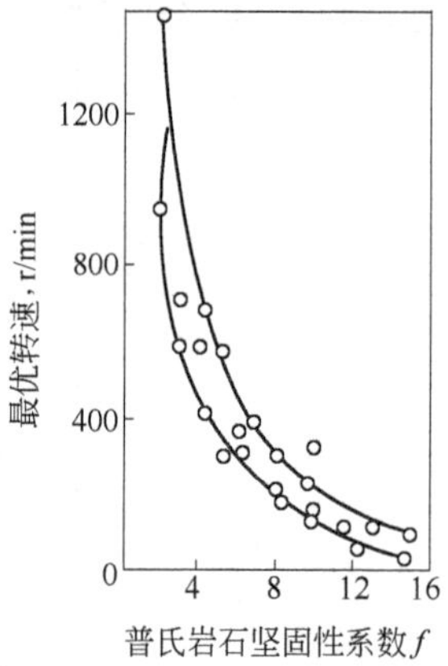

图7－95 最优转速和岩石坚固性关系

式中 n_y——最优转速，r/min；

f——普氏岩石坚固性系数。

7.5.3.3 钻进功率

旋转钻孔时破碎岩石的比功如下：

$$\alpha_z = \delta f$$

$$\delta = 27.4 \pm 3$$

式中 α_z——钻孔破碎岩石的比功，J/cm³；

f——岩石普氏坚固性系数。

回转钻孔时的功率如下：

$$P = 0.46k_3(F - F_o)f \tag{7-35}$$

式中 P——钻眼功率，W；

其他符号同前。

（7－32）式～（7－34）式是以钻头直径40～45mm给出的，如果钻头直径偏离所给定的范围，则结果要作相应的修正。

露天旋转钻孔的直径一般在100～150mm左右，深不超过30m。转速的范围见表7－70。

表 7－70 旋转钻机数选取（r/min）

岩石性质	大型钻机	中型钻机
软岩	70～120	90～150
中等	60～100	70～120
硬岩	40～70	50～90

当钻头直径较大或刃数增多时，施加于钻头的压力，应和钻头刃的总长度成正比例增加。

7.5.4 排碴对钻孔速度的影响

钻凿钻孔所产生的岩碴，如不能及时排出，将明显影响钻孔速度，除了少数旋转式钻机利用带螺纹的钻杆来排出岩碴外，通常利用水或压气来排碴，它同时还起着冷却钻头，延长寿命的作用。

凿岩机常利用水来冲洗眼底，捕灭粉尘，为此目的，每分钟的供水量应在 3～5L 以上。

牙轮钻和露天潜孔钻，常利用压气排碴。在排除向下钻孔的岩碴时，眼孔内气流速度必须超过岩碴颗粒的浮悬速度，它由（7－36）式给出：

$$v_s = 4.7\sqrt{d_m \rho} \tag{7-36}$$

式中 v_s——悬浮岩碴的气流速度，m/s；

d_m——吹出岩碴的最大尺寸，mm；

ρ——岩石的密度，t/m^3；

平常孔内气流速度大于 25～30m/s，耗气量由式（7－37）给出：

$$Q = 15\pi(D^2 - d^2)v_s \tag{7-37}$$

式中 Q——排渣耗气量，m^3/min；

D——孔径，m；

d——钻杆直径，m。

7.6 钻孔与凿岩的技术经济指标

7.6.1 露天牙轮钻的技术经济指标

牙轮钻机的实际台年钻孔米数和作业率见表 7－71。从表中可见，不仅各矿差别颇大，就是同一矿山不同年份，也不一样。一般每年可钻孔 2 万～3 万米，作业率 50%～70%。

表 7－72 是眼前山铁矿 45R 型牙轮钻停歇时间的写实分析。机电故障修理和等待场地占有很大比重。

按三个铁矿分析，进口牙轮比国产牙轮钻的作业率略高，分别为 66% 和 55%。按眼前山矿 1982～1985 年的统计，钻孔的废孔率在 2.6%～5.2% 之间。

表 7－73 给出了 KY－310 型、60R 型和 45R 型三种牙轮钻的钻孔成本构成。其中钻头费用约占钻眼总费用的 32%～42%。

表 7－74 给出牙轮钻头实际寿命的数据。牙轮钻头的寿命在很大程度上取决于钻头的质量及岩石的坚固性和磨蚀性。表 7－75 是每台牙轮钻每年的钻头钻杆消耗。

表7－71 45R牙轮钻机台年钻孔米数和作业率

矿山名称	1983年		1984年		1985年		1986年	
	千米/(台·年)	作业率(%)	千米/(台·年)	作业率(%)	千米/(台·年)	作业率(%)	千米/(台·年)	作业率(%)
水　厂	30.0	66.1	36.9	68.4	39.4	72.3		
大石河	17.5	42.2	26.2	62.6	25.7	65.8		
大孤山	23.0	60.3	22.6	59.2	24.3	64.9	23.4	64.4
大孤山①	18.8	60.3	25.0	64.9	19.9	62.7		
东鞍山	33.4	66.9	29.9	69.3	31.2	67.8	34.3	69.9
眼前山	25.0	64.9	24.7	62.7	38.8	60.6	37.5	68.9
齐大山	28.0	57.6	25.7	57.7	25.1	52.9	27.5	60.4
弓长岭	17.6		21.5		18.3	61.2	17.9	70.3
德　兴	34.8		40.0		19.6		17.7	

①60R型钻机。

表7－72 45R牙轮钻停歇时间分析

钻机号和年度	机械故障修理(h)	电气故障修理(h)	停电(h)	待场地(h)	待水(h)	维修(h)	其他(h)	合计(h)	折合(d)	工作(d)	台日作业率(%)
4号1983	1170.5	581.5	78.5	1341	60	759	90.5	4081	170	195	53.4
3号1984	955	469	122	471	74	284	1244	3619	150	215	59
4号1985	761	892	154	968	27	478		3279	136	229	62.7
5号1985	710	592	150	914	29	556	249	3200	133	232	63.5

表7－73 牙轮钻机钻孔的成本构成（元/（台·日））

钻　机　型　号	KY－310	KY－310	60RⅢ	45R
炮孔直径（mm）	310	250	310	250
岩石坚固性系数f	8～14	8～14	14～18	8～14
钻机折旧费	177（12.4）	177（13.5）	226（17.4）	179（16.8）
维修费：机械备件	287（20.1）	287（21.9）	235.3（18.2）	197（18.4）
电气备件			94.7（7.3）	90（8.4）
动力费	237.6（16.6）	285.1（27.7）	168.3（13.0）	147（13.7）
工资及附加工资	17.5（1.3）	17.5（1.3）	18.1（1.4）	18.1（1.4）
润滑油及油脂	39.4（2.8）	43.3（3.3）	17.9（1.4）	16.3（1.5）
牙轮钻头费	596.7（41.8）	440（33.5）	449.6（34.7）	345（32.3）
钻杆、稳杆器等			24.6（1.9）	24.6（2.3）
车间经费	67.8（4.7）	62.5（4.8）	61.7（4.8）	50.9（4.8）
总计	1423.0（100）	1312.5（100）	1296.2（100）	1067.8（100）
每日钻孔量（m）	118.2	150.3	83	92
每米孔成本（元）	12.04	8.73	15.62	11.61

注：括号中为成本构成的百分率。

7.6.2 露天潜孔钻工效和成本

露天潜孔钻的生产能力可参考表7－76，设计时可采用表7－77的数据。KQ－200型潜孔钻台年最高记录是22957m（南芬露天铁矿）。

潜孔钻机钻孔成本随着矿山的条件不同，其变化范围较大，在表7－78中仅给出钻孔成

表7-74 牙轮钻头的实际寿命

矿山名称	年份	钻头生产厂家	钻机型号	钻头直径（mm）	消耗个数（个）	总进尺（m）	钻头寿命（米/个）
眼前山铁矿	1983	鞍山	45R	250	277	77067	278
	1984				276	80248	290
	1985				216	78235	362
齐大山铁矿（南采）	1982	武汉	45R	250	429	94120	219
	1983	鞍山			285	51576	181
	1985	鞍山			104	20518	197
南芬露天铁矿	1983	本溪	45R	250	274	151084	551
	1984				270	141804	525
	1985				440	183172	416
东鞍山铁矿	1983	鞍山	45R	250	121	25909	214
大孤山铁矿	1984	鞍山	60R	310	105	31259	298
			45R	250	73	27775	380
			60R	310	76	19912	262
	1985		45R	250	83	25335	305
德兴铜矿	1984	武汉	45R	250	7	12006	1715
	1985				23	39253	1706
	1986				43	70952	1650

表7-75 牙轮钻机的钻头、钻杆消耗量

矿山名称	眼前山铁矿	大孤山铁矿	大孤山铁矿	齐大山铁矿	南芬露天铁矿	南芬露天铁矿	歪头山铁矿
年　份	1983~1985	1984~1985	1984~1985	1984~1985	1982	1983	1982~1984
钻机型号	45R	45R	60R	45R	45R	60R	45R
钻头(个/(台·年))	97.4	78	90.5	113.5	123	84	98
(个/万吨)	0.37				0.36	0.18	0.33
钻杆(根/(台·年))	2.33				5.5	3.5	

本构成的比例。

7.6.3 露天旋转钻机的技术经济指标

表7-79给出了几种旋转钻机的实际生产能力。表7-80是H60型旋转钻机在鼓山石灰石矿的钻孔速度，表7-81是其工时构成。

7.6.4 露天二次爆破的凿岩费用

目前，露天开采时破大块和处理根底，仍以凿岩爆破最为常用。破大块时孔深约0.4~0.5m，处理根底时孔深1.5~3m。凿岩机以Y26或01-30型手持式较为适用。有的矿山曾采用内燃式凿岩机，但未得到成功。

二次爆破的凿岩生产率，每台班约为20~30m，按眼前山铁矿1984~1985年两年统

表7-76　潜孔钻机生产能力

钻机型号	冲击器型	钻头直径（mm）	岩石坚固性系数f	钻孔速度（m/h）	台班效率（m）
CIQ-80	J100	110	6~8	8~12	40~50
			10~12	5~7	30~40
	QC-100	110	12~14	3~4	20~30
			16~18	2~3	12~16
SQ100J	JG100	105	12~16	9~15.4	约52
YQ-150A①	J-150	155	6~8	10~15	60~70
	QC-150B	165	10~12	6~8	35~45
	J-170	175	12~14	4~5	25~35
	J-170B	175	10~16	约6.5	
	W-170		16~18	2.5~3.5	18~22
	QCW-150	150	8~16	6.7~20	
KQC165	CGWZ165	165	14~16	10.7	
KQ-200	J-200	210	6~8	12~18	70~80
			10~12	7~9	40~50
	W-200	210	12~14	4.5~6	30~40
	J-200B	210		6.5~7.5	
KQ-250	QC-250	250	16~18	3~4	20~25

①YQ-150A为KQ-150型钻机的原型。

表7-77　冶金部门潜孔钻效率（设计推荐）

岩石坚固性系数f	钻头直径（mm）			
	80	150	170	200
	潜孔钻效率（米/（台·班））			
4~8	25~30	30~35	30~40	30~40
8~12	20~25	25~30	25~30	25~30
12~16				20~25

表7-78　潜孔钻机钻孔成本构成比例（%）

费用项目	YQ-150型①		KQ-200型	
	硬　岩	软　岩	硬　岩	软　岩
设备费	14.0	18.0	31.1	37.3
动力费	29.3	37.7	21.8	26.2
钻具费	41.1	25.6	31.5	18.9
工资	7.0	9.0	3.4	4.0
其他	8.6	9.7	12.2	13.6
总计	100	100	100	100

①YQ-150为KQ-150型钻机的原型。

表 7-79 各种旋转钻机生产能力

指标名称		钻机型号						
		GZ-1	KS-95	WS-75	BC110/25	KX-150	BC-110	CD-25C
使用矿山		抚顺西露天煤矿	邯郸石灰石矿	华新水泥厂	抚顺西露天煤矿	义马露天煤矿	小龙潭煤矿	霍林河煤矿
岩石坚固性系数 f		4~6	8~12	2~7	2~3、4~6	3~6	2~3	3~6
孔径（mm）		160~176	95~115	120	115~120	140~160	110	130~171
台阶高（m）		14~16	10~20	10~30	6~8	10		
孔向（°）		90	90	90	90	70~90		60~90
效率	（米/（台·年））	105000	39864					53809~184376
	（米/（台·月））	10000	3489		1300	6200		15000~23000
	（米/（台·班））		40~51	35	36	125	70~100	
作业率（%）		50	73	72	34			
钻头寿命（米/个）			400	1680			7000	
穿孔成本（元/米）		1.656	2.077	3.6				

表 7-80 鼓山石灰石矿 H60 钻机纯钻进速度

钻头批号	修磨次数	总进尺（m）	每次平均进尺（m）	计入油缸回程的钻进速度（h/m）	纯钻进速度（m/h）
01	12	303.5	23.5	8.86	11.8
02	14	370.46	26.4	12.40	18.9
03	32	457.5	14.3	12.80	19.8
04	32	486	15.2	11.90	17.8
平均值	22.5	404.4	19.85	11.50	17

表 7-81 H60 型旋转钻机的工时消耗构成

作业项目	平均耗用时间（min）	每班平均进行次数（次）	每班占用时间（min）	相对比例（%）
准备工作	30	1	30	6.25
移机、找平、稳钻	30	2	60	12.5
接钻杆	2.5	20	50	10.4
卸钻杆	1.5	20	30	6.25
更换钻头（孔中更换）	20	1	20	4.16
（中孔更换）	4	1	4	0.83
收尾工作	10	1	10	2.08
其他	20		20	4.16
钻孔			256	53.4

计，采场开动 $4m^3$ 电铲 6 台，每年二次爆破的凿岩工作量约为 1500m，共耗钎头 750~800 个，钎钢约为 500kg，约占二次爆破总费用的 12%~13%。表 7-82 列出了该矿二次爆破各项费用分配。

7.6.5 地下凿岩的技术经济指标

凿岩机的生产能力主要取决于岩石的坚固性和工作气压，在气压为 0.5MPa 时各种凿

表7-82 二次爆破的费用（元）

项目	1984年	1985年
材料费	10289（18.4）	22835（34.2）
备件费	2919（5.2）	1146（1.7）
钎头费	6720（12.0）	6350（9.5）
炸药费	20548（36.7）	17247（25.9）
钎杆费	921（1.6）	1972（3.0）
人工费	14640（26.1）	17160（25.7）
总计费用	56038（100）	66710（100）
凿岩总进尺（m）	15250	15629
每米费用（元）	3.67	4.27

注：括号内为费用构成的百分率。

表7-83 凿岩设备的生产能力（米/（台·班））

凿岩设备型号	岩石普氏坚固性系数 f			
	8~10	10~12	12~14	14~16
YT25	25	20	18	15
7655	30	25	23	22
YSP45	25	23	22	21
YG80	20	17	15	12
YG90	45	44	42	40
YQ100A	10	9	8	6

表7-84 凿岩设备的寿命及零备件消耗

设备型号	YT25	7655	YSP45	YG80	YG90	YQ100A
单价：（元/台）	350	560	1030	1120	1600	15000
寿命：（小时）	4000	5000	4500	5000	5000	15000
折旧费：（元/小时）	0.09	0.11	0.23	0.22	0.34	1.00
（件/（台·年））		123	54	136	136	234
备件消耗：（元/（台·年））		646	664	712	850	9987

表7-85 凿岩设备台班成本（元）

项目	设备型号					
	YT25	7655	YGP45	YG80	YG90	YQ100A
折旧费	0.36	0.44	0.92	1.32	1.8	6.0
备件费	2.00	2.15	2.21	2.37	2.83	33.29
油质费	1.5	1.5	1.5	1.5	1.5	1.5
胶管费	3.3	3.3	3.3	4.1	4.1	4.1
钎钢费	0.99	0.99	1.0	10.32	10.32	8.5
钎头费	1.74	1.74	2.61	3.48	3.48	3.48
压气费	4.60	4.91	7.68	15.36	15.36	23.04
水　费	0.3	0.3	0.3	0.4	0.4	0.6
工　资	8	8	8	16	16	16
总　计	22.79	23.33	27.52	54.85	55.79	96.51

注：此表根据弓长岭地下铁矿1986年统计。

岩设备的台班效率可参考表7-83。

表7-84给出了各种型号凿岩设备的寿命、零备件消耗。表7-85是凿岩设备的台班成本。表中YG80、YG90，YG100A按每班工作六小时计，其他凿岩机，按每班工作四小时计。

7.7 破碎岩石的非凿岩爆破方法

7.7.1 犁松法及其设备

7.7.1.1 犁松法概念

在露天采矿工程中，破碎岩石的传统方法是钻孔爆破。近年来，对于硬土层，软岩和节理裂隙发育的中硬岩石已开始采用一种新型的犁松法破碎岩石。该法先通过安装在犁松机上的犁钩将岩石破碎，然后用铲运机进行装载、运输和卸载。犁松机和铲运机是犁松法的主要设备。

犁松法的突出优点是简化了露天开采工艺过程，大幅度地提高露天矿的采剥强度和降低采剥矿岩的成本，便于剔除矿层中的废石夹层，并有利于覆土造田。据统计，美国用犁松法代替穿爆法破碎石灰岩和砂岩等，其成本仅占穿爆法的33.1%。苏联莫斯科近郊水泥厂在页岩和石灰岩中破碎岩石，犁松法的成本只有原用凿爆法的1/5~1/10。目前，犁松法已开始在美、苏、日、法和圭亚那等国家应用。我国自80年代开始，在云南昆阳磷矿、晋宁磷矿和山西铝厂孝义铝矿也试用犁松法，在氟磷灰石、白云岩、页岩和石灰岩中破碎岩石，都取得了良好的技术经济效果。它是一种具有广阔发展前景的破碎岩石方法。

7.7.1.2 犁松法主要设备

犁松法的主要破碎岩石设备为犁松机，其装载与运输设备为铲运机，或装载机和汽车犁松机，实质就是带有犁松器的履带式推土机（图7-96），近一、二十年来，随着大型推土机的出现，犁松器的研制成功，诞生了犁松机，它将推土机的使用范围由推土扩大到破岩。

矿山使用的犁松机功率一般在239kW（320马力）以上，如日本小松制作所的D355型306kW（410马力）及D456型463kW（620马力）的犁松机和美国卡特彼勒公司DSL型343kW（460马力）及D10型522kW（700马力）的犁松机等，在一些国家成功地用于松碎页岩、石灰岩等岩石。

犁松器安装在犁松机的后面，由调节装置和犁钩组成。在矿山常用的犁钩数为1~3个。犁钩挖掘角度的可调范围为35°~61°，挖掘深度随岩石性质之不同而异，一般为0.6~1.8m，在表7-86中列出犁松器的技术性能，以供参考。

犁松机工作时，首先将犁钩插入一定深度，然后随着犁松机的前进，犁钩附近的岩体，除表层被犁松外，绝大部分岩体是在犁钩破碎力作用下产生裂纹，并迅速扩展和导致岩块破裂。

典型的犁松法开采是铲运机配合犁松机在已松碎的岩石工作面作业，利用铲刀切入松碎岩层，在铲运机牵引力或助推机推力的作用下，将已松碎的岩堆切割成300~500mm的薄层，挤压并装进铲斗，直至装满为止。铲运机可在缓倾斜和水平条带工作面作业，装卸时间较短，装载的重心低，运行速度较快，平均每小时可达25~38km，运距达1000m左右，铲运机操作循环时间见表7-87。

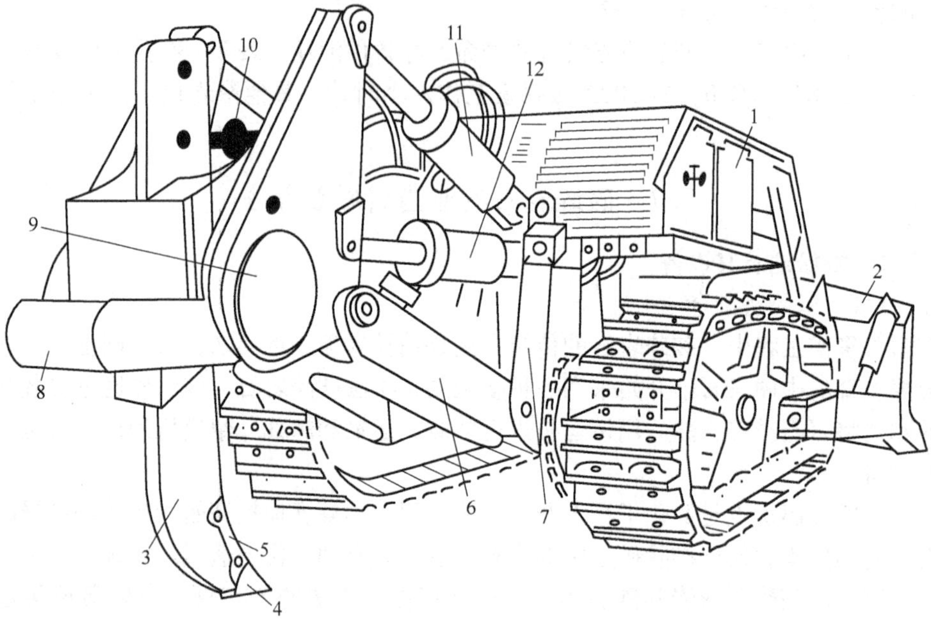

图7－96 犁松机

1—机体；2—铲；3—犁钩；4—齿套；5—保护板；6—臂；7—托架；8—推块；9—横梁；10—销栓；11—倾斜缸；12—提升缸

表7－86 犁松器技术性能

项 目	单位	单 钩			多 钩		
犁松机功率	kW	235	302	456	235	302	456
犁松器重量	kg	5170	5740	8340	5390	6880	10190
犁钩数量	个	1	1	1	3	3	3
犁钩挖掘角度	(°)	35～60	37～61		35～60	37～61	31～58
犁钩最大挖深	m	1.24	1.40	1.79	0.84	1.02	1.20
犁钩最大升程	m	0.97	1.13	1.20	0.89	0.95	0.98

表7－87 铲运机循环时间①

铲运机型	装载方式	助推机	运距（m）	最大坡度（%）	循环时间（s）			
					装	运	卸	合计
637型	推－拉式		300～400	3～4	50	100	30	180
637型	助推加推－拉式	D9L	700～800	8	50	160	30	240
657型	助拉式	D9L	400～600	10～12	60	190	50①	300
WS23S	助拉式	D9L	900～1000	27	42	224	16	282

①石灰岩在格筛上卸载。

目前，我国开始生产最大松土机为235kW，最大铲运机斗容为10m^3。与此同时，有关单位正进行302kW松土机和斗容16m^3自行式铲运机的研制工作。

7.7.1.3 犁松法基本参数

A 岩石可松碎性分级

岩石的可松碎主要取决于岩体内的弹性波速度。当弹性波速度小于2100m/s时，岩石容易松碎；当弹波速度为2100~2800m/s时，岩石松碎困难；弹性波速度超过2800m/s时，岩石不能松碎。在松土机功率介于220~522kW条件下，可参照表7-88，依据弹性波速度对岩石进行可松碎性分级。

在图7-97中给出了功率302kW犁松机的松碎岩石的范围，以供选用犁松法时参考。

表7-88 按弹性波速度的岩石可松碎性分级

指 标	岩石可松碎性等级		
	容易松碎	松碎困难	不能松碎
弹性波速度（m/s）	<2100	2100~2800	>2800
岩土名称	泥灰岩、白垩、黏土、亚黏土、砂岩、页岩、石灰岩等	坚硬砂岩、石灰岩和片麻岩石英等	花岗岩、玄武岩等
结构特征	节理、裂隙发育，风化严重，粗粒	有节理和裂隙，有风化现象	均质致密，细粒构造，无弱面
岩石容重（t/m^3）	2.6	2.7~2.8	>2.8
岩石坚固系数f	<6	6~8	>8

B 犁松机生产率

犁松机生产率主要取决于犁松机型号和岩石物理力学性质等因素。当犁松机型号已定的条件下，其小时生产率与岩体中弹性波速度的实测曲线如图7-98所示。

C 犁松机钩深

犁松机的钩深是根据犁松机体后部不升高和履带不打滑的原则来确定的，一般为0.5~1.5m。

表7-89列出我国孝义铝矿和美国部分矿山应用犁松机所得出的最大钩深资料。

7.7.1.4 犁松法的技术经济指标

犁松法破碎岩石是一种效率高、成本低的新方法。在中硬以下的岩层，特别是节理、裂隙发育的中硬岩和软岩中，有推广的价值。国内外犁松法的技术指标可参阅表7-90和表7-91。

7.7.2 碎石器

7.7.2.1 气动碎石冲击器

气冲碎石冲击器与液压碎石冲击器一样，都是岩石二次破碎的机械方法。它是一种多用途的通用设备，在矿山可用于开挖与破碎大块岩石，在土木工程也可用于开凿基岩、拆毁钢筋混凝土结构以及破碎冻土、整治路基、路面等。

气动碎石冲击器常与通用的移动式设备（履带式或轮胎式反铲液压挖掘机、电铲、装载机、改装的推土机与拖拉机等）或固定式设备（龙门起重机等）配备使用；有时也与专门设计的设备配套使用。

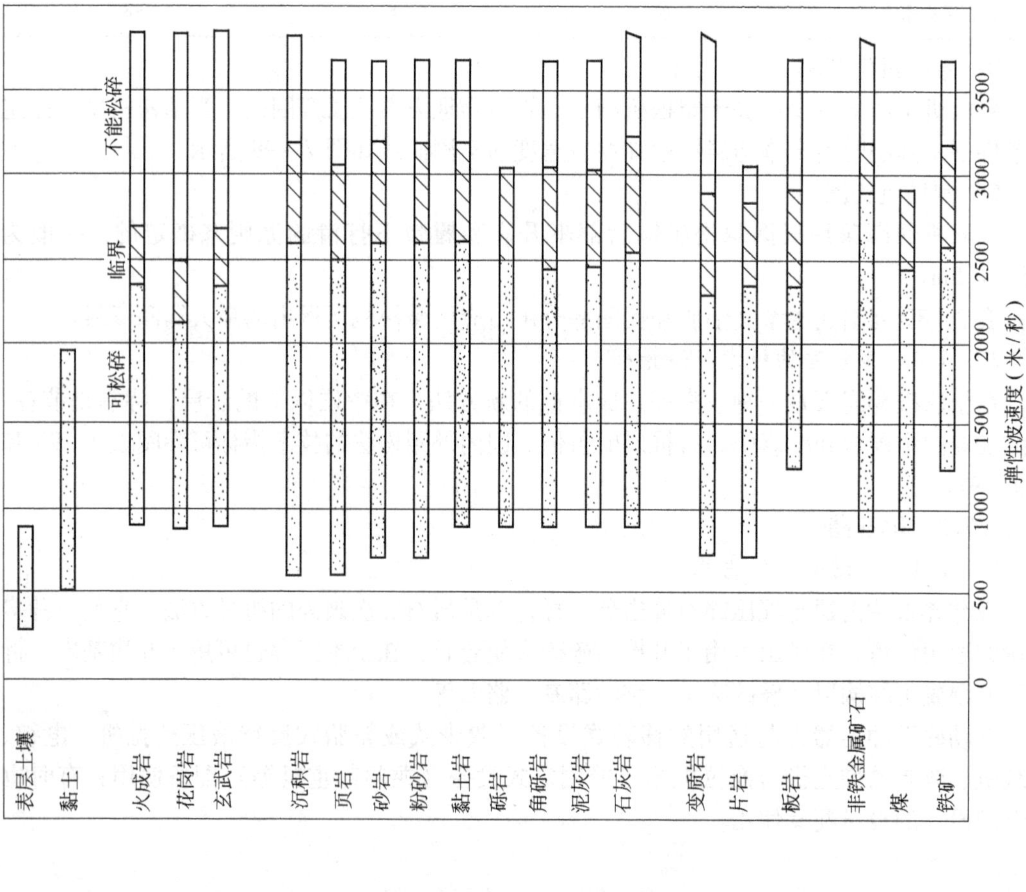

图 7－97 302kW 犁松机松碎岩石的范围

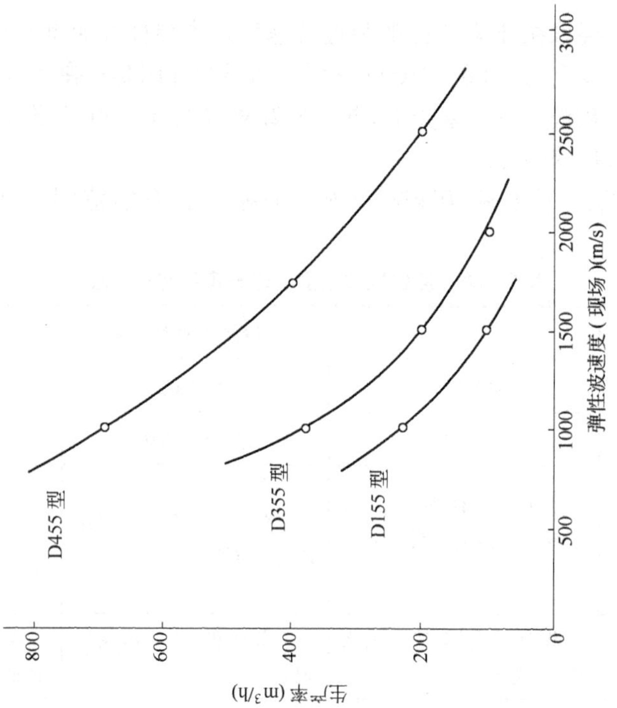

图 7－98 犁松机生产率与弹性波速度的关系曲线

表7-89 犁松机最大钩深实际资料

矿山名称	岩石或土壤	弹性波波速（m/s）	犁松机			最大钩深（m）
			型号	功率（kW）	钩数	
山西孝义铝矿	页岩、砂岩	480~900	D355A	302	1	1.0~1.3
山西孝义铝矿	薄层石灰岩		D355A	302	1	0.5~0.8
山西孝义铝矿	黄土		D355A	302	1	1.3~1.5
美国印第安纳州南部煤矿	表土页岩	1070~3500	D9L	338	1	1.4
美国阿肯色州石灰石矿	表土、石灰岩	2820	D10	515	3	1.8

表7-90 孝义铝矿的犁松法技术指标

岩土类别	钩深（m）	间距（m）	生产率（m^3/h）
黏土及砂岩、页岩	1.0	1.91	2578
硬质黏土	1.0	2.12	1826
砂页岩及少量灰岩	1.0	1.40	1615
铝土矿（软）	0.9	1.56	1395
石灰岩	0.6	1.50	465

表7-91 国外应用犁松法的技术指标

工地（国名）	岩石	弹性波波速（m/s）	生产率（m^3/h）	
			单纯松碎	松碎加推土
新荣（日本）	花岗岩①	600~2000		410
葛生（日本）	硅石②	1000~1300	507	209
（澳大利亚）	泥岩	2400	499	327
垂卡蒂（英）	泥岩、砂岩	2000~2800		413
小野田（日本）	石灰岩	900~2700		180
太涅立夫（西班牙）	火山岩	2400~2500	600	
南瓦勒斯（英）	凝灰岩	1500		490
入川（日本）	硬质砂岩	2300~2700	308	172

①预裂爆破后；
②交叉碎裂。

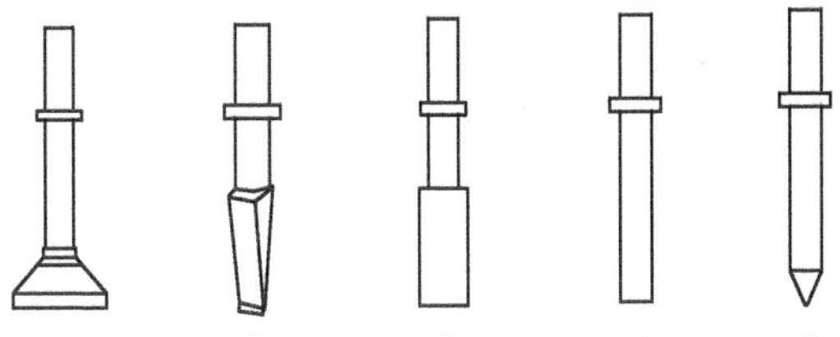

图7-99 锤具形式
1—平板形；2—楔形；3—锤头形；4—平头形；5—尖形

气动碎石器的动作原理和冲击器、凿岩机差不多；但不回转不排碴，且直径不受限制，因而有较大的空间选择性，能合理地选择其结构及性能参数，故有较高的作业效率与使用寿命。

为了适应不同用途，碎石冲击器的锤具可制成多种形式。图7-99选了五种主要的锤具形式。其冲击能从数百牛·米到数千牛·米。

国内外主要气动碎石冲击器的类型及性能列于表7-92。

表7-92　国内外气动碎石器型号与性能

厂　家	型　号	活塞质量(kg)	总量(kg)	工作气压(MPa)	耗气量（m^3/min）	冲击能（J）	冲击频率(Hz)
嘉兴冶金机械厂 通化风动工具厂	FC-300	84	950	0.6	17.4	3000	4
沈阳冶金机械总厂	FC-420	110	1200	0.55	22.1	4200	3.88
通化风动工具厂	FP120L			0.6	12	1200	6.6
美国肯特风动工具公司	Ram200 Ram999 Ram555		744 376 229	0.5	22	2770 1387 41460 (J/min)	
美国英格索尔-兰德公司	ABm500 ABm1000	51 90				580000 (J/min) 995000 (J/min)	
法国马考穆顿风动工具公司	BR450		450		9.5	1800	5.0
联邦德国法马克公司	VR15A VR20A	208 703	2132 3946	蒸气压力0.83 蒸气压力0.83	8.4 10	3660 9340	3.8 2.2
苏联矿山机械设计院	BH-2			0.6		500	2.7
日本大成凿岩机械公司	TB-1 TB-2 TB-3 TB-4		150 330 440 700	0.5 0.5 0.5 0.5	6 8 10 11		8.7 7.5 6.0 6.3
日本风动机械公司	IPH-200 IPH-400 IPH-500 IPH-600 IPH-1000	12.5 25.2 26.9 30.5 52	208 405 500 624 830	0.5 0.5 0.5 0.5 0.5	5.5 6.5 8 9 10	600 1100 1200 1300 2200	6.3 5.3 5.5 5.2 3.7
日本帝国凿岩机械厂	BB55 BB66	32 46	450 650	0.5 0.5	7.2 10.1		9.7 10.0
日本古河公司	BB6 BB11		670 1800		10.5 17	1700 2400	6.5 7.7

7.7.2.2　液压碎石冲击器

液压碎石冲击器与气动碎石冲击器相比，有下列优点：（1）节省能量，只有后者的四分之一；（2）工作面干净，无尘土飞扬；（3）活塞在油中运动，寿命较长；（4）噪音低，不必安装消音器；（5）操作方便，只要改变油压和油量，就能改变其冲击功和冲击次数。因此，国外倾向于生产液压碎石冲击器。国内也已经有产品。

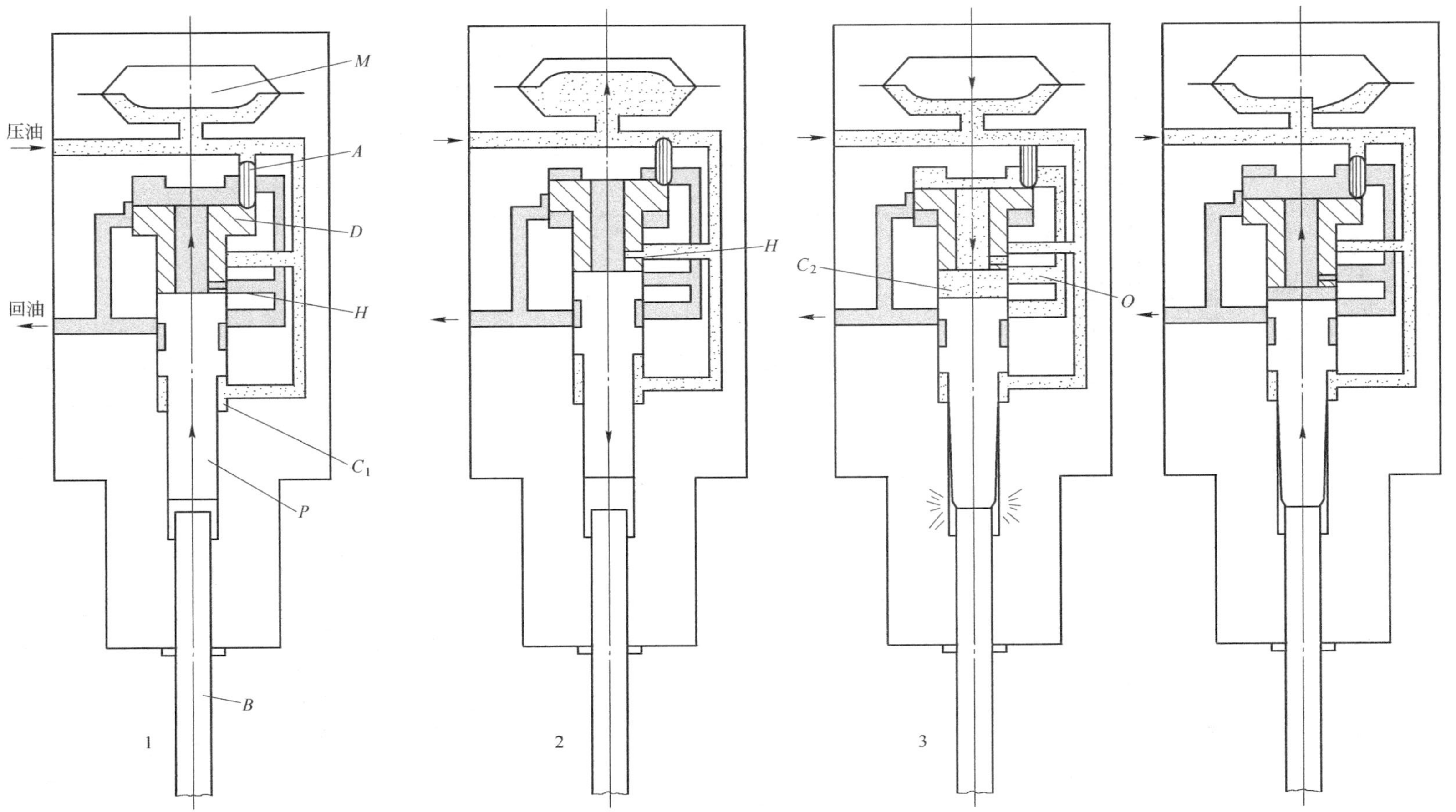

图 7-100 套筒阀液压碎石冲击器工作原理

M—蓄能器；*A*—小柱塞；*D*—阀；*H*—阀上径向通油孔；C_1—前油腔；C_2—后油腔；*P*—活塞；*B*—钎子；*O*—缸壁油孔

A　液压碎石冲击器的结构及工作原理

液压碎石冲击器的结构分有阀与无阀两类。有阀的又分套筒式与柱塞式两种。

液压碎石冲击器是利用活塞冲击钎杆，活塞的往复运动是通过各种形式的配流阀来实现的。

图7－100是套筒阀配油碎石器的工作原理，套筒阀 D 在油缸内位于活塞 P 的后部，处在同一轴线上。阀上有径向通油孔 H，其工作原理如下：

第1阶段：高压油进入活塞 P 下部的前腔塞室 C_1，活塞向上移动。

第2阶段：活塞向上移动时，同时推动套筒阀 D 直至上部止动位置。这时，高压油通过套筒阀 D 的径向小孔 H 进入后腔室 C_2，于是活塞上面的压力升高。这时，蓄能器 M 的

表7－93　国内外几种液压碎石器型号与性能

厂　家	型　号	冲击频率（Hz）	单次冲击能（J）	重量（不包括锤头）（kg）	供　油		氮气的充气压力（MPa）
					油压（MPa）	油量（kg/min）	
嘉兴冶金机械厂	PCYD－20	0.17～0.33	18000～20000	930	16～18	170～200	
	PCYD－40	0.13～0.22	36000～40000		16～18	170～200	
嘉兴冶金机械厂	PCYG－1	8.3～11.7	900～1000	380	13～16	90～110	
	PCYG－3	5～8.3	2700～3000	1083	13～16	130～160	
	PCYG－8	3.3～6.7	7500～8000		14～16	200～240	
美国乔依机械制造公司	H_1Ff_1－514	2.5	27600	1100	12.2～15.2	183～228	9.8
美国英格索尔兰德公司	G－500	2.3/2.7	690	220	14	945	7.0
	G－1100	1.0/10.0	1980	339	14	1641	9.8
联邦德国克虏伯公司	HM－200	8.0/10.8		255	12～15	40/55	
	HM－401	9.2	550	400	12.2～15.2	60/70	
	HM－600	7.5	1860	550	13～16	70～90	
	HM－800	7.5/15	7300/1650	710		90/120	
	HM－1000	3.3	7350	1430		120	冲程和回程都装有外密封蓄能器
联邦德国费恩塔尔·米勒机械设备公司	HH420	8.3～10		420		60～70	
	HH580	8.3～10		580		60～70	
	HH960	4.2～5		960		60～70	
	HH961	5.8～6.7		960		80～90	
法国蒙塔贝公司	BRH500	5.3～7.5	2020	415	65.7～13.2	60～70	
苏联全苏筑路机械科学研究所		2.5	3500	670	10	94	
苏联卡拉甘达工业学院	BHT－301	0.167	30000	112000	10	140	
英国桑德公司	FIU100n	2.7～3.0	2390	522	11.2～14	60	7.0
英国克利克·多布森公司	GB3000	10.0	4150	703	14	185	4.2～5.6
芬兰劳依机械公司	B200	5.0～9.3	920～1300	600	10～14	45～46	

隔膜升起，压缩蓄能器中的氮气，进行蓄能。

第3阶段：当活塞上面的压力超过活塞下面的压力时，使活塞向下移动。这时，蓄能器释放出积蓄的能量，使活塞加速下移。活塞下移过程中打开油孔 O，使套筒阀上部边处于高压油的作用下，便向下移动，活塞继续下移直至冲击钎尾。

第4阶段：活塞冲击钎尾时，套筒阀向下移动堵住后腔塞 C_2 的高压油孔，而使后腔室与回油管相通，于是形成回油。随后即重复上述过程。

小柱塞 A 的上部常通压力油，当套筒网 D 在下部回油位置时，它压追阀使其固定在最下面位置。

B 国内外主要液压碎石器的类型及性能

其性能和类型见表7－93。国产有PCYG和PCYD系列液压碎石器由长沙矿山研究院研制，后者是在活塞和钎尾之间有液垫式的。PCYG系列的冲击能由0.2～8kJ；PCYD系列冲击能10～40kJ。

7.7.3 开采大理岩的锯石设备

目前国内外开采大理岩的锯石设备主要有普通钢绳锯、金刚石钢绳锯、链式锯石机、盘式锯石机等。

7.7.3.1 普通钢绳锯

普通钢绳锯又称钢丝绳锯石机，它是目前开采大理石比较理想的锯石设备，其工作原理是借助于无极钢丝绳的螺旋状绳槽，带动磨料及水，使之与大理石原岩发生摩擦作用而形成锯口，从而达到分离原岩的目的。然后再用其他方法进而获得符合规格的大理石荒料。

普通钢绳锯适宜锯割中等硬度的大理岩，不宜锯割高硬度的花岗岩，宜开采厚而大，天然裂隙少或带规则裂隙的均质大理岩矿床；要求有充足的电源、水源、磨料的供应。

国产老式普通钢绳锯是由苏州非金属矿山设计院仿形设计、由扬州农业机械厂制造的。其特点是长度为800～1250m的钢丝绳利用20多个支撑立柱及导向滑轮（绳轮）将动力输送到开采工作面。钢绳的张紧力是用斜道及荷重小车实现的，缺点是占地面积大；钢绳断后难于寻找及搭接；荷重小车容易飞出伤人；钢绳的线速度只有7.2m/s；割锯效率亦不高（低于1m²/h）。

意大利生产的普通钢绳锯是利用一组导向滑轮代替众多的支撑立柱及导向滑轮；张紧装置利用垂直配重及小车代替斜道及荷重小车；改用大功率电机，因而克服了老式锯机的

表7－94 普通钢绳锯石机型号及主要技术性能

型　号		TELECOMP	094	ИПР－528
电动机功率（kW）	10	14.7～18.4	15	7.35～33
钢绳正常速度（m/s）	6～8	6.5～8	7.26	8～12
钢绳最高速度（m/s）		12～14	15.2	
钢绳张紧力（kN）	1.4	2.5～3.0	2.5	
绳轮直径（mm）	800	800	600	
切割将率（m²/h）	1（垂直）	2～3（垂直）	0.8～2.2（垂直）	0.9～1.04（水平） 1.2～1.5（垂直）
机器重量（kg）	450		1600	
钢绳走线方式	经20多个支撑立柱引到工作面	先在一对滑轮组上绕行，再引到工作面	同左，两滑轮组间距80～100m	
产地	江苏扬州砖瓦厂	（意）贝尔格里公司	（意）贝奈蒂公司	（苏）古比雪夫机械厂

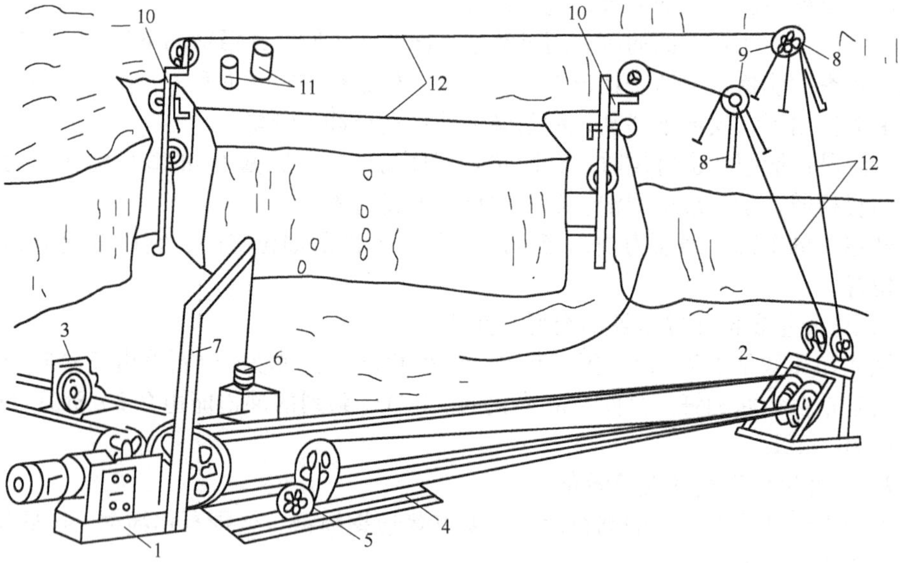

图7－101 钢绳锯石机工作情况

1—机头；2—机尾；3—换线机；4—水平滑道；5—张紧轮车；6—张紧重锤；7—重锤立柱；8—支撑立柱；9—导向滑轮；10—工作立柱；11—供砂装置；12—钢丝绳

缺点，使绳速提高到8m/s，最高达15m/s，锯割效率可达2～3m²/h。该锯机由武汉工业大学仿形设计，由湖南省建材机械厂试生产，其具体结构组成及采场布置如图7－101。表7－94中给出了一些普通钢绳锯石机的型号和性能。

7.7.3.2 金刚石钢绳锯

意大利生产的金刚石串珠式钢绳锯，是利用套在钢丝绳上的一串金刚石薄壁圆筒作为刀具切削大理石的，相互间以弹簧隔开，它省去了普通钢绳锯所必须的磨料，但在锯割过程中却离不开水，水可冷却金刚石串珠，又可带走切屑（石粉），使切削作用继续进行。钢丝绳的长度一般只有20～60m，占地面积小，安装方便，主动滑轮与张紧装置都由液压马达驱动，因而既平稳又安全，其钢绳的线速度高达32m/s，锯割效率高达4～6m²/h，钢绳寿命约两千小时，成本只有普通钢绳锯的一半。该锯可直接从岩体上取得大规格块石，也可将大块石分割成荒料或用于荒料的整形。该锯机尺由武汉工业大学仿形设计；湖南省建材机械厂试生产，目前在使用上虽还有些困难，但金刚石工具用于石材开采与加工是个方向。金刚石串珠式钢丝锯的结构组成及工作情况如图7－102所示，表7－95中给出了意大利的三种金刚石钢绳锯型号和性能。

7.7.3.3 链式锯石机及盘式锯石机

链式锯石机由切割传动、链盘、牵引、行走机构四部分组成。它是利用链盘驱动带有硬质合金切齿的截链来切削岩石的，而进刀则由牵引及行走机构来完成。切削线速度在0.32～1.8mm/s之间。

该机适于开采大理岩、石灰岩、石膏等中软岩石，抗压强度为60～80MPa时，生产率可达3m²/h。

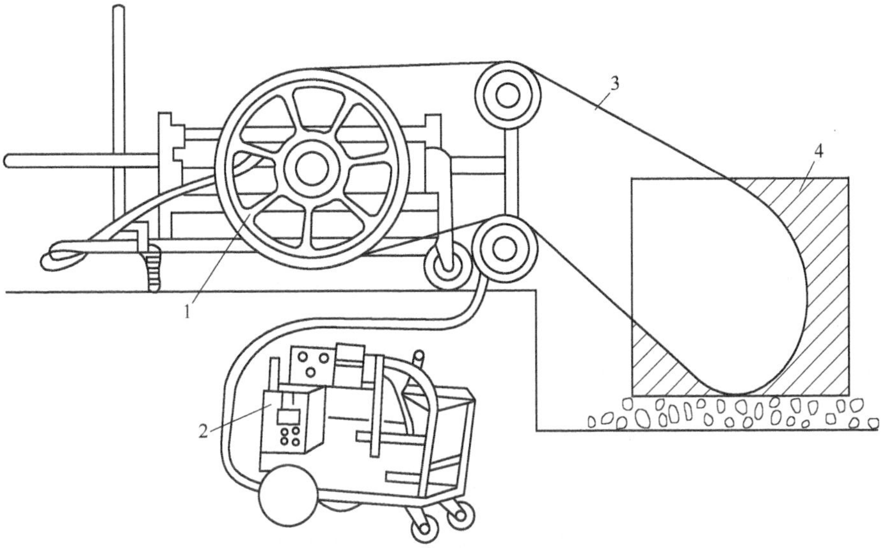

图 7-102 金刚石串珠式钢绳锯的结构及工作情况
1—工作机架；2—动力装置；3—钢丝绳；4—荒料

苏联、意大利、法国、比利时等国都广泛地使用链式锯，我国尚未推广使用，有待进一步研究。

7.7.4 静态破碎剂

静态破碎剂是利用炮孔中物料在化学反应时硬化并膨胀体积，把周围岩石撑裂而破碎。它没有炸药爆破时所产生的飞石、振动、噪音、毒气等危害（见表 7-96）。它不属于易燃易爆的危险品，在运输储存和施工上都十分方便。特别适用于拆除厂房或都市里的混凝土基础或其他构筑物（包括带钢筋的）。又因为它不损伤炮孔邻近的岩石，成为开采大理岩，花岗岩等石材的一种新手段。但静态破碎剂在诸炮孔中的反应难以准确同步，推动周围介质的位移量也很小，在必要的场合下，也可以与爆破联合使用。

7.7.4.1 静态破碎剂的胀裂机理[18]

目前，国内外静态破碎剂的主要成分为氧化钙（见表 7-97），它是静态破碎剂的膨胀源，此外，含有无机添加剂和有机添加剂。

有机添加剂的作用是控制氧化钙与水的水化反应速度，使破碎剂以静态的缓慢方式进行，对周围介质施以膨胀力，并使之产生破裂和位移。无机添加剂的作用是使静态破碎剂加水后的流态混合物在规定时间内硬化，并达到一定的强度。保证静态破碎剂的胀裂力学效果发生作用。

静态破碎剂的胀裂效应基于氧化钙与水之间的水化反应，即：

$$CaO + H_2O \longrightarrow Ca(OH)_2 + 66.6kJ/mol$$

据测定，反应前氧化钙的密度为 $3.35g/cm^3$ 从而使单位重量物质的体积增加 50.2%。与此同时，氧化钙变为氢氧化钙时，晶体由立方晶系转变为六方晶系，单个晶格体积由 $0.0278nm^3$ 增至 $0.0545nm^3$。不仅如此，在晶格体积增大的同时，体积间的空隙也相应增大。由图 7-103 可见，小圆代表 CaO，大圆代表 $Ca(OH)_2$，图中阴影部分即为体积间的孔隙增大值。实测得知，在自由膨胀条件下，静态破碎剂经充分水化反应后，体积可增加

表7-95 金刚石钢绳锯型号及主要性能

型 号	DWP800	DB25	ALPHA840
可移动的绳轮直径（mm）	1200		700
金刚石钢绳线速度（m/s）	32	0~30	36
电动机功率（kW）	18	18~22	40
金刚石串珠直径（mm）	10		9.2
金刚石钢绳长度（m）	20~60	20~60	
切割效率（m^2/h）	3~5	3~6	8~10
绳轮水平行程（m）	1	2~3	
耗水量（L/min）	15		
设备重（kg）	1170	500	953
生产厂	（意）贝奈蒂公司	（意）贝尔格里尼公司	（意）贝奈蒂公司

表7-96 不同破碎方法的优缺点对比

破 碎 方 法	破碎力	七害的消除程度							施工条件	破碎成本
		地震波	冲击波	飞石	噪音	毒气	粉尘	盲炮		
工业炸药爆破		最坏	最坏	最坏	最坏	最坏	最坏	最坏	很坏	较好
燃烧剂爆破		中等	中等	很坏	很坏	较好	中等	最坏	中等	很坏
机械式破碎	中等	中等	最好	较好	很坏	最好	很坏	最好	较好	中等
火焰切割机	中等	最好	最好	较好	最坏	较好	很坏	最好	中等	中等
高压水射流破碎	较好	最好	最好	较好	最坏	最好	最好	最好	中等	很坏
静态破碎剂破碎	较好	最好	最好	最好	最好	最好	最好	最好	较好	中等

表7-97 静态破碎剂成分（%）

成 分	CaO	SiO_2	Al_2O_3	Fe_2O_3	MgO	烧失及其他	合计
一号	81.0	1.0	0.3	4.0	1.5	12.2	100.0
二号	81.3	8.5	2.4	1.1	0.8	5.9	100.0

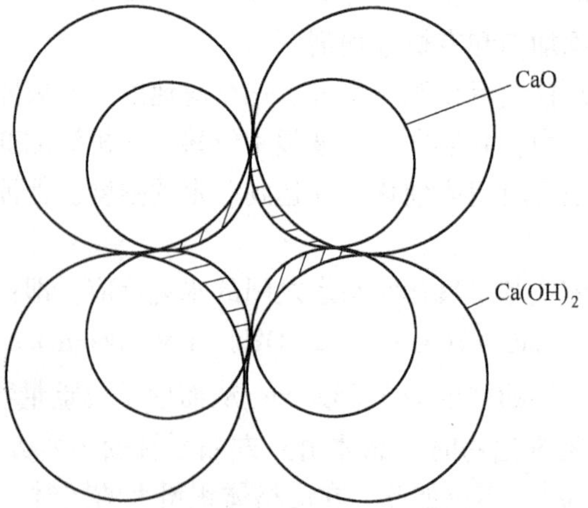

图7-103 CaO晶格变为$Ca(OH)_2$时体积变化示意图

3～4倍。

据测定，反应前氧化钙的密度为3.35g/cm³，反应后生成的氢氧化钙的密度为2.23g/cm³，其相应的比容由0.2985增至0.4484cm³/g，从而使单位重量物质的体积增加50.2%，同时，每摩尔CaO，水化反应后，释放出66.6kJ的热量。因此。静态破碎剂在炮孔中的体积膨胀导致孔内压力升高。温度上升，使介质破碎。

静态破碎剂的膨胀压力在炮孔中沿径向产生压应力，在切向产生拉应力，当膨胀压力增加到某一程度时，介质就会由于拉应力作用产生径向裂缝而破碎，根据屈斯卡屈服理论，切向拉应力可按式（7-38）计算：

$$\sigma_\theta = T\ln\frac{r}{d/2} - p + T \tag{7-38}$$

式中 σ_θ——介质中某一点 r 处的切向拉应力，Pa；

T——介质极限抗拉强度，Pa；

r——介质中某点到孔中心距离，cm；

d——炮孔直径，cm；

p——膨胀压力，Pa。

当孔径为4cm和孔距为30～60cm时，按（7-38）式计算得出的产生破裂所需的膨胀压力 p 值为：

软岩和混凝土 $p \leqslant 10 \sim 15$MPa；

中硬岩和硬岩 $p \leqslant 15 \sim 30$MPa。

静态破碎剂的膨胀压力可达30～40MPa，故能满足石材开采以及岩石破碎工程的要求。

7.7.4.2 影响膨胀压力的因素分析

影响静态破碎剂膨胀压力的主要因素是作用时间、环境温度、水比、孔径、粒度组成等。

（1）膨胀压力与作用时间的关系。在图7-104中给出常见的静态破碎剂膨胀压力随时间变化曲线。总的趋势是随时间增长，水化反应完全，膨胀压力愈大。由图可看出，该型静态破碎剂在施工环境温度为25℃时，经12h，膨胀压力已达22MPa；经24h，已接近最大膨胀压力35MPa。该静态破碎剂如在环境温度15℃时使用，经过12h，其膨胀压力仅达8MPa，经过48h才基本上接近最大膨胀压力，根据这一特征，为了充分发挥静态破碎剂的膨胀作用，应在不同季节和环境温度选用不同型号的静态破碎剂。并应延长其作用时间，以提高破碎效果。

（2）膨胀压力与水比和孔径的关系。当环境温度为20℃，孔径为40mm条件下，静态破碎剂膨胀压力随水比的增大而降低（图7-105）。国产静态破碎剂的最优水比范围介于30%至40%之间。在保证一定流动性的前提下，施工过程中，应尽量减小水比。

膨胀压力随孔径的增加，由图7-105实测曲线得知，以孔径40mm时的膨胀压力作为100%，则当孔径为50mm和30mm时，膨胀压力分别为106%和87%。因此，在施工条件允许情况下，应适当加大孔径。

（3）膨胀压力与孔深的关系 静态破碎剂沿孔深的膨胀压力分布情况如表7-98所示。如以最大稳定压力32MPa作为100%，则从孔口开始10cm处，膨胀压力已达最大值的

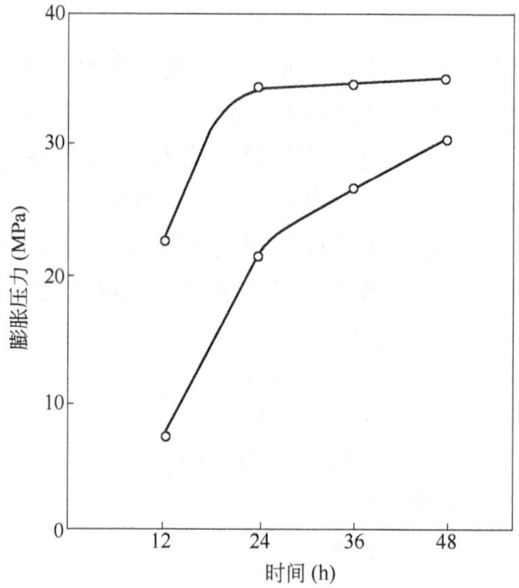

图7-104 膨胀压力与时间的关系曲线
（孔径40mm，水比30%；上曲线温度为25℃，下曲线温度为15℃）

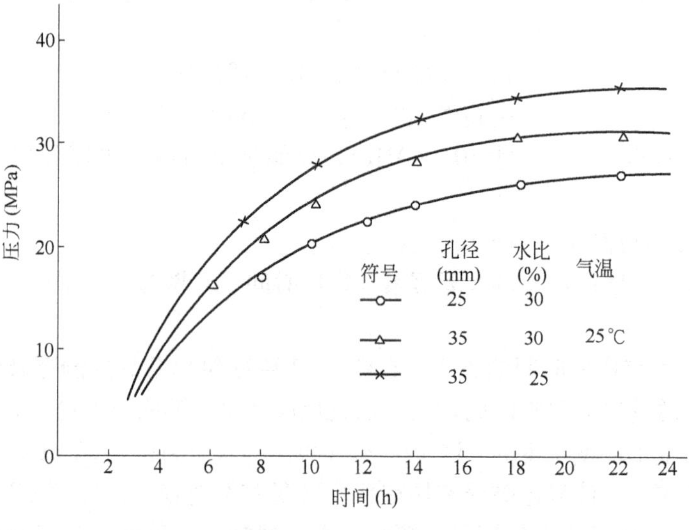

图7-105 膨胀压力与水比和孔径的关系曲线

90%。在实际工程中，静态破碎剂炮孔深度一般不应小于25～30cm。

此外，调整静态破碎剂各组分的粒度及其级配，或选用不同类型和比例的有机复合添加剂等，都会在一定程度上影响膨胀压力值。

7.7.4.3 静态破碎剂的施工方法

商品静态破碎剂的牌号，使用环境及生产厂家见表7-99。

根据被破碎岩石或混凝土等的强度、形状和自由面等条件，结合施工具体要求来设计布孔参数及静态破碎剂用量可参考表7-100。

施工时，首先将静态破碎剂倒入容器中，掺入30%～35%的清水，拌匀后注入炮孔中，注满为止，不必填塞炮泥。

表 7－98 孔口附近膨胀压力变化值

距孔口距离（cm）	2.5	5.0	7.5	10.0	15.0	20.0
膨胀压力（MPa）	9.9	18.6	22.7	28.8	31.4	32.0
%	31	58	71	90	98	100

表 7－99 静态破碎剂型号和使用温度

型　号	SCA Ⅰ	SCA Ⅱ	SCA Ⅲ	SCA Ⅳ	由建材科学院中间试验厂生产
适宜环境温度（℃）	20～35	10～25	5～15	－5～3	
型　号	JC1－1	JC1－2	JC1－3	JC1－4	由河南息县静态爆破科研生产服务公司生产
适宜环境温度（℃）	>25	10～15	0～10	<0	

表 7－100 静态破碎剂孔网参数表

布孔参数	孔径（mm）	孔距（cm）		孔深①（m）		破碎剂单耗②（kg/m^3）
		软岩、混凝土	硬岩	软岩、混凝土	硬岩	
块体、立方体	30～40	30～60	20～40	0.7～0.75	0.8～0.85	6～10
圆柱体	30～40	30～50	25～35	0.6～0.7	0.7～0.8	8～12
单自由面	35～50	25～45	20～35	0.7～0.9	0.75～1.0	12～18
双自由面	30～50	30～60	25～45	0.95～1.0	1.0～1.05	10～15

①指孔深与切割层厚度之比；②硬岩取大值。

在施工过程中，应注意劳动保护。静态破碎剂最初装入炮孔一小时内，人员不要在被破碎体炮孔附近停留，以防喷孔伤眼。操作人员必须佩戴防护眼镜。

7.7.5 水射流破碎

水射流破碎方法，早在明朝以前我国就用来冲采砂锡、冲淘砂金等。广西平桂砂锡矿至今一直沿用水力露天开采锡矿。

水射流破岩技术有高、低压之分：压力小于 20MPa、流量大于 6000L/min 称为低压水射流，用来采煤或大规模破碎土质和裂隙发育的软岩；压力大于 60MPa 称为高压水射流。压力在 70～350MPa、流量在 46～455L/min 的高压水射流，可配合机械破岩，进行钻孔、掘进巷道和采煤。压力大于 200MPa、流量为 50～100L/min 的高压水细射流（喷嘴直径由零点几到几毫米），用于破碎岩石和高速精密切割板材等。压力超过 700MPa 的高压脉冲水射流，可用来破碎坚硬岩石。

水射流破碎岩石的特点是：破碎速度高，能量集中，能切割出很狭的自由面没有环境污染、无粉尘和不损坏围岩等，因而近来国内外皆普遍重视研究这一破岩技术。1975 年美国研制出压力为 400MPa 的高压水连续细射流，配合隧道掘进机进行硬岩掘进，使原掘进机的掘进速度显著提高。苏联研制出脉冲水射流破岩装置（水炮），脉冲射流压力可达 800～1000MPa，可用于硬岩巷道掘进，每小时可破碎 18～21m^3 岩石。

我国不少单位正在研究水射流破岩技术，如长沙矿山研究院制成增压比为 17∶1 的高压水射流，喷嘴材料为碳化钨或人造宝石，直径 0.2～0.35mm，水射流压力为 310MPa，在砂岩中切割槽深达 28～30mm。切割间距为 3～4cm，切割形成后，各槽间岩脊已破裂成层状岩片，甚易脱落。图 7－106 给出水射流切槽深度与射流压力的关系曲线。

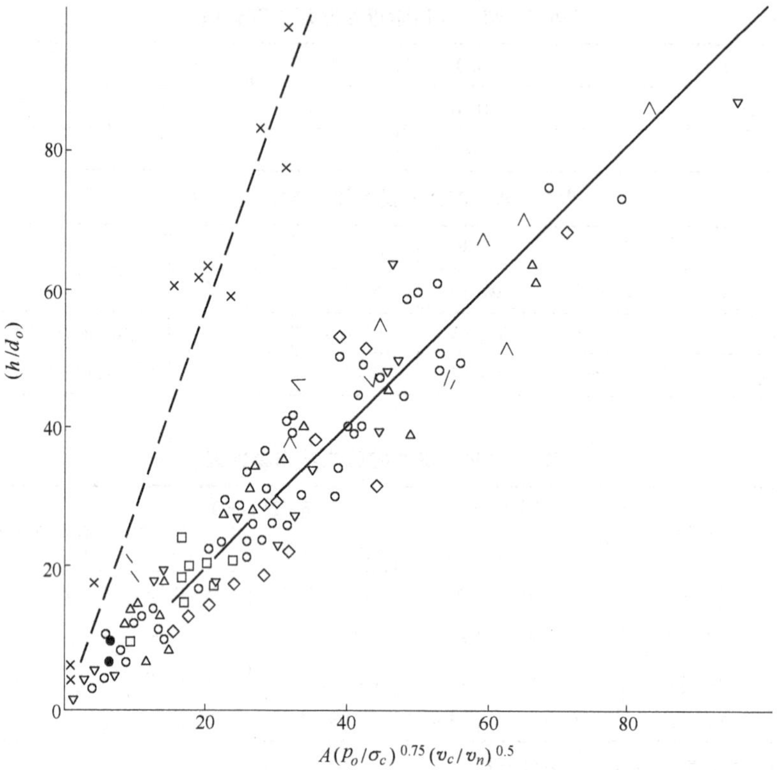

图7-106 切割槽深与射流压力关系曲线

此图系收集世界各国水射流的破岩的研究者所得结果绘成[19]，图中纵横坐标都是无量纲的，各符号的意义是：

h——切割槽深；

d_o——喷嘴孔径；

p_o——水压；

σ_c——岩石抗压强度；

v_c——水射流速度；

v_n——切割扫描速度。

可用式（7-39）来表示切割槽深度和射流压力的关系，所用单位应保持括号中是无量纲的。

$$\left(\frac{h}{d_o}\right)=0.11\left(\frac{p_o}{\sigma_c}\right)^{0.75}\left(\frac{v_c}{v_n}\right)^{0.5} \tag{7-39}$$

目前，低压水射流用于破碎煤土等软岩层已在生产上应用，高压水射流的破岩技术目前已突破了高压发生装置的制造关，开始进入工业试验和生产实验阶段，只要能克服耗电量高这一严重缺点，无论是连续高压水射流或脉冲高压水射流，都是很有发展前途的一种破岩技术。

7.7.6 岩石的热破碎

岩石的热破碎是在岩石表面加热，造成很高的温度梯度而产生热应力，岩石在热应力作用下产生剥落。此外，由于组成岩石的诸矿物热胀系数不同，受热之后便酥化。石英在

573℃因相变而膨胀，有利于热破碎，故含石英多的岩石不利于机械破碎而有利于热破碎。

热破碎所用的热源，有火焰喷射，等离子焰、电子束、红外线照射，以及激光等方法。但除了火焰喷射法外，其他方法都未得到生产性应用。

60年代用火焰喷射法制成的火钻，曾在含铁石英中得到大量应用，但目前除少数矿山外都被牙轮钻所取代。火焰喷射法在切割建筑石材方面仍然得到应用。宜于应用在花岗岩、石英岩、安山岩、砂岩等的开采上，但在大理岩、蛇纹岩等却没有取得好的效果。

火焰喷射器是利用煤油和压缩空气在燃烧室中燃烧，高温高压的燃气从喷管中喷出，得到超音速的射流，再冲向岩石，使岩石表面受热而剥落。

图7-107给出了火焰喷射切岩机的主要构成。在图7-108中给出了火焰喷射器的构造。表7-101提供了它的型号和性能。

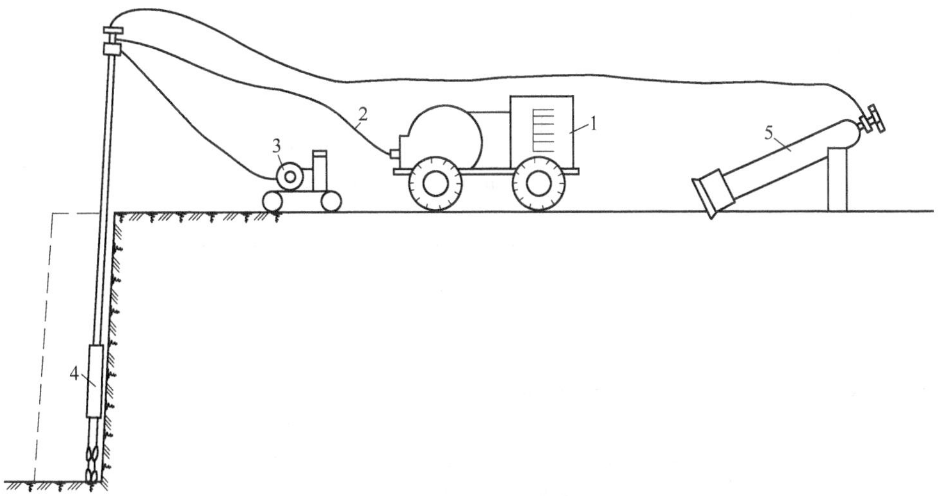

图7-107 火焰喷射切岩机示意图

1—空压机；2—压气管；3—供油系统；4—燃烧器；5—点火用氧气瓶

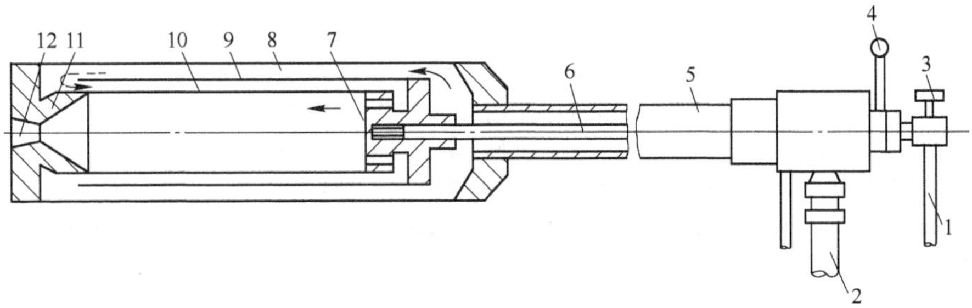

图7-108 火焰喷射器的构造

1—进油管；2—进气管；3—节流阀；4—进气阀；5—握杆（兼通气）；
6—油管；7—喷油嘴；8—燃烧室外壁；9—中间套筒（作预热压气用）；
10—燃烧室内壁；11—喷火头前端；12—喷管

表7-101 火焰切割器型号及性能

型 号	HQ-55	FA-300A	FA-300	FA-200A	FA-150	GB650
喷射器长度（mm）	420	635	600			
喷射器外径（mm）	90	73	67	73		64
操作杆长度（mm）	2000	2420	1850	1210		$\phi 30$
喷油压力（MPa）	0.8~1.0	0.92				
空压机排气量（m^3/min）	9~10	8.5	10~14		4.2	5.0
工作气压（MPa）	0.65	0.56~0.84	0.7	0.7	0.7	0.7
耗油量（L/h）		55	20~30	33	30~35	30~35
切割槽宽度（mm）	120	90~120	120	90~120	70	70
切割生产率（m^2/h）	1.8	1~1.5	1.4~2.5	0.5~0.8	1.5~2.0	1.25
切割深度（m）	3~6	2.42~5	5~6	2.42~3.6	4.5	1.5~4.5
燃烧室寿命（h）			1500			
操作人员（人）	2	2		1		
自重（kg）			20			
生 产 厂 家	武汉工业大学	勃郎宁公司（美）	三木精工（日）	勃郎宁公司	贝尔格里尼公司（意）	贝奈蒂公司（意）

参 考 文 献

1 徐小荷，余静，岩石破碎学，煤炭工业出版社，pp. 244~269，1984

2 Шрейнер，Д. А. *и др.* Механические и Абразивние，свойства горных пород，Гостоптехиздат，1958

3 Барон，Л. И，Глатман，Л. Б. Контактная прочность Горных Пород. Изд НЕДРА，1966

4 Morris，R. I.，Rock Drillability Related to Roller Cone Bit，Society of Petroleum Engineer AIMPE Inc. 1969

5 Rollow，A. G.，Estimating，Drillability in the Laboratory Fifth Symposium on Rock Mechalics，Rock Mechanics 1963

6 东北工学院岩石破碎研究室，凿碎法岩石可钻性测定和钻孔效果预估，有色金属，33（1981），No3

7 安东年科，Л. К. 苏共二十七前夕的苏联铁矿工业，国外金属矿采矿，1985，№4，127

8 《露天潜孔钻机》编写组，露天潜孔钻机，冶金工业出版社，1974

9 徐小荷等，冲击凿岩的理论基础与电算方法，东北工学院出版社，1986

10 本刊编辑部，风动凿岩机设计基础，凿岩机械与风动工具，1980，№3. pp. 66~75

11 赵统武等，钎钢工作载荷谱的研究，金属学报，18（1982），№5. pp. 631~634

12 宋守志，徐小荷，钎杆寿命的理论分析，金属学报，22（1986）№5，B234~B236

13 Лопатин，Ю. С.，Бурение，взрывных скважин на карьерах НЕД А，1979

14 A. B. 卡明斯等，采矿工程手册，第二分册，冶金工业出版社，1981，pp. 218

15 尹宏锦，岩芯微钻头试验放大用于钻速预测，华东石油学院学报，1983，№2

16 Cunninghan，R. A. An Empirical Approach for Relating Drilling Parameters，JPT，July，1978. pp. 987~991

17 徐小荷，冲击式凿岩及其工具，冶金工业出版社，1959

18 刘清荣，控制爆破，华中工学院出版社，1986

19 Г. П. Никонов *и др.* Разрушение горных Пород Струямн Воды Высокого Давления，Изд. НЕДРА，1986

第8章 爆 破 工 程

8.1 概 述

8.1.1 爆炸现象与炸药

8.1.1.1 爆炸的基本概念

爆炸是某一系统内非常迅速的物理、化学变化过程。在这个过程中，系统的内能转变为机械能及其他形式的能，从而对周围介质做功。爆炸的重要特点是大量能量在有限体积内迅速释放并急骤转化，形成高温高压状态，使周围介质形成急剧的压力突跃和随后的复杂运动，显示出机械破坏效应，并发出一定的音响。按照爆炸变化过程的性质，可以将爆炸现象归纳为物理爆炸、化学爆炸和核爆炸三类。

炸药的爆炸属于化学爆炸，它在矿山爆破工程中应用最广泛。炸药爆炸必须具备三要素[1,2]，即反应的放热性、反应的高速性及生成大量的气态产物。放热性为爆炸过程提供了能源，高速性是产生大功率的条件，生成的气态产物则是膨胀作功的工质。这三个因素相互配合，缺一不可。

8.1.1.2 炸药的特点与分类

炸药是在适当外界能量作用下，能够发生快速的化学反应并生成大量热能和气态产物的物质。炸药分类常采用以下几种方法。

（1）按使用领域分类，一般分为军用炸药和民用炸药两大类，矿用炸药是民用炸药的主要构成。

（2）按炸药产品的物理状态分类，有固体炸药、液体炸药、气体炸药及多相炸药。

（3）按作用特点及其用途分类，可分为起爆药（初级炸药）、猛炸药（高级炸药或次级炸药）、发射药及烟火剂。

（4）按化学组成分类，可分为单质炸药（爆炸化合物）、混合炸药（爆炸混合物）。矿用炸药主要是以氧化剂（如硝酸铵）与可燃剂按照近零氧平衡原则构成的混合炸药。

8.1.2 工程爆破的类别[3]

工程爆破系指以各种工程的兴建、改建、扩建以及为获取岩矿或其他产品为目的的各类爆破作业。工程爆破在矿山、铁道、交通、化工建筑、水电及地下工程等部门获得广泛应用，根据爆破的性质和用途，主要有：

（1）基建工程爆破。基本建设往往需要完成大量的土石方开挖任务，如矿山的开拓剥离及井巷掘进堆筑坝体，厂房基础开挖，公路、铁路路堑开挖，地下工程的掘进以及平整场地等均可采用工程爆破方法来完成。

（2）矿山及采石场生产爆破，包括各类矿石和石材开采等，其特点是崩落的岩矿必须满足一定的尺寸规格或级配要求，以符合装运，使用及选冶方面的需要。一般分为一次爆破和二次爆破，一次爆破是矿山生产的主要爆破工作，常用的爆破方法有浅孔爆破、深孔爆破及硐室爆破等，二次爆破是矿山生产的辅助爆破，常用浅孔及裸露爆破等方法。

（3）拆除爆破，多用于工程改建，扩建及拆除。它的基本方法是用小量炸药布置在建筑物基础及梁柱连接处，在爆破作用下，造成结构失稳并控制其倒塌的方位和范围。以确保邻近建筑物免遭破坏，与其他拆除方法相比较它具有成本低、工期短、效率高等优点。

（4）水下爆破，主要用于航道疏浚，港口建设，桥梁建设中炸礁石，软地基夯实等工作。多采用水下钻孔爆破、水下裸露药包爆破以及聚能爆破等方法。此外，在天然湖泊和人工水库开发过程中，常采用水下岩塞爆破的方法来贯通泄水隧道。还有海底采矿爆破等。

（5）爆炸加工。爆炸加工是以炸药为能源代替传统机械加工的一种加工方法。我国从1958年开始研究和应用爆炸加工技术，目前已有很大的发展，如爆炸成型，爆炸切割、爆炸冲孔、爆炸复合、爆炸焊接、爆炸铆接、爆炸硬化、爆炸雕刻等爆炸加工方法广泛用于各种工业部门。

（6）特殊工程爆破，如石油钻井的压裂爆破，地震勘探中的人工激振爆破和原地浸溶采矿用到的核爆破等。

随着现代工业的迅速发展。炸药这一廉价的能源与各种爆破技术将日益广泛地用于各个工业领域，工程爆破的类别与用途将不断扩大。

8.1.3 评价矿山爆破的技术经济指标

评价工程爆破作业的技术经济效果，常用以下指标：

（1）炸药单耗，是指爆破1m^3或1t岩矿所消耗的炸药重量，单位为kg/m^3或kg/t。

（2）延米爆破量，指1m炮孔所能崩落的岩石（或矿石）的平均体积或重量，单位为m^3/m或t/m。

（3）炮孔利用率，一般用于井巷掘进爆破，指一次爆破循环的进尺与炮孔平均深度之比，单位为%。

（4）大块率、根底率，分别指矿山一次爆破后所产生的不合格大块和根底在总爆破岩矿量中所占的比率，单位为%。

（5）爆破成本，是指爆破1m^3（或1t）岩矿所消耗的与爆破作业有关的材料、人工、设备及管理等方面的费用，许多矿山常采用包括穿孔作业在内的穿爆成本。

除了上述指标外，还广泛用爆堆松散度，爆堆几何形状及采矿总成本等来评价爆破效果。随着系统工程科学及计算机应用在采矿工业中的发展，国内外均在研究爆破优化问题，实现包括穿孔、爆破、装载、运输及破碎在内的采矿综合成本最低的爆破称之为最优爆破。

8.2 岩石的爆破性及其分级

岩石爆破性（或称可爆性）表示岩石在炸药爆炸作用下发生破碎的难易程度。它是动载作用下岩石物理力学性质的综合体现。

岩石爆破性分级要有一个合理的判据，其重要意义在于预估炸药消耗量和制定定额，并为爆破优化提供基本参数。

8.2.1 岩石的动态力学性质

炸药爆破破碎岩石是冲击载荷对岩石的破坏作用，是爆炸应力波的动载与爆炸生成气体的准静载共同作用的结果。

8.2.1.1 爆炸应力波

研究爆炸动载下岩石的物理力学性质，必须用到波动力学的概念。介质中某一局部状态参数（如速度、密度、应力状态等）的变化称为扰动，扰动在介质中的传播称为波或波动，扰动区与非扰动区的分界面叫波阵面，波速是指波阵面的传播速度。

炸药爆炸是一种强扰动源，它在周围介质中产生由近及远向外传播的爆炸波。根据其波形和状态参数的量值可以将岩体中传播的爆炸波分为几种不同的形式，如图 8－1 所示。

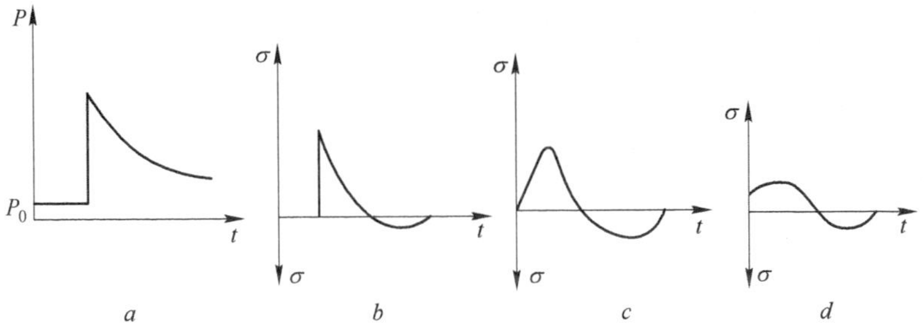

图 8－1 爆炸应力波与其他波形比较示意图
a—炸药中的爆轰波；*b*—硬岩中的冲击波；*c*—应力波；*d*—地震波

在爆炸近区，由于炸药爆炸产生的高温高压气体的冲击，岩石受到强烈压缩，压缩波中高幅值部分在已压缩介质中传播，具有较高的传播速度，因而可以赶上压缩波前沿，相互叠加，使岩石的状态参数产生突跃，形成强间断，并以超声速传播。这种具有陡峭波阵面并以超过介质中声速的速度传播的波称之为冲击波。在爆炸冲击波的作用下，药包周围岩石呈塑性并遭到粉碎。在炸药中传播的爆轰波是一种特殊形式的冲击波，它有一个不断释放能量以保证其稳定传播的自持化学反应区。

随着离爆源距离的增大，岩石中爆炸冲击波能量迅速衰减而转化为波形较平缓的应力波，此外，当使用低威力炸药或采用不耦合装药结构时，也可能不形成冲击波而直接形成应力波。应力波是动载作用下产生的应力和质点运动在介质中传播的结果，它使岩石发生变形和破坏，应力波的波速近似等于介质中的声速，在岩石中其作用范围比冲击波要大得多。因此，应力波作用是研究岩石爆破破碎机理的重要问题。

应力波在岩石介质中继续传播、衰减，逐渐转化为准弹性地震波，地震波携带的能量约为炸药爆炸总能量的 2% ~6%，但由于其频率低，作用时间较长，故常是导致构筑物以及边坡等震动破坏的主要原因。

岩石的动态破碎性质与爆轰波、冲击波、应力波、地震波，特别是应力波的作用有着密切的关系。

8.2.1.2 岩石的爆破动载力学性质

岩石的物理力学性质在爆炸动载作用下与静载下有所不同。表 8－1 是在雷管爆炸的冲击载荷下与在材料试验机的静载下试验所得的几种岩石动、静态强度的比较，从表中可见，对同一岩石动载强度比静载强度高。

冲击波与应力波动态作用的特点是加载时间短，应力速率高。从表 8－2 可见，在炸药

表8-1　几种岩石的爆破动载强度和静载强度试验比较

岩　石	容重 (t/m^3)	应力波平均速度 (m/s)	抗压强度（MPa）		抗拉强度（MPa）		动载速率 (MPa/s)	载荷持续时间（ms）
			静载	动载	静载	动载		
大理岩	2.7	4500~6000	90~110	120~200	5~9	20~40	$10^7 \sim 10^8$	10~30
和泉砂岩	2.6	3700~4300	100~140	120~200	8~9	50~70	$10^7 \sim 10^8$	20~30
多湖砂岩	2.0	1800~3500	15~25	20~50	2~3	10~20	$10^6 \sim 10^7$	50~100
群马砂岩	2.7	4100~5700	200~240	350~500	10~23	20~30	$10^7 \sim 10^8$	10~20
辉绿岩	2.8	5300~6000	320~350	700~800	22~32	50~60	$10^7 \sim 10^8$	20~50
石英-闪长岩	2.6	3700~5900	240~330	300~400	11~19	20~30	$10^7 \sim 10^8$	30~60

表8-2　岩石的动、静态特征比较

岩石特性		大理岩	砂岩A	砂岩B	花岗岩
爆破动态试验	应力率（$\times 10^6$MPa）	0.17	0.14	0.15	0.15
	破坏应力（MPa）	21.5	22	19	17
	破坏应变（$\times 10^{-6}$）	490	610	460	630
	弹性模量（$\times 10^4$MPa）	5.1	6.4	4.0	3.0
静态试验	应力率（MPa/s）	0.11	0.18	0.15	0.22
	破坏应力（MPa）	5.3	8	2.9	5.3
	破坏应变（$\times 10^{-6}$）	145	410	370	510
	弹性模量（$\times 10^4$MPa）	4.7	1.9	1.0	1.2

爆破的动载作用下，应力率比静载荷的大 10^6 倍，而破坏强度大3~4倍。

通常，可用变形过程中的平均加载率或平均应变率来评价载荷的动态特性，根据试验研究结果，不同载荷的应变率如表8-3所示。

表8-3　载荷种类比较

应变率 ε/s	$<10^{-6}$	$10^{-6} \sim 10^{-4}$	$10^{-4} \sim 10$	$10 \sim 10^3$	$>10^4$
载荷状态	流变	静态	准静态	准动态	动态
加载方式	稳定载荷	液压机	压气机	冲击杆	爆炸冲击

现场岩体在爆炸作用下的应变率随爆源强度及离爆源的距离变化范围很大，例如，爆破应力波的应变率为 5×10^4/s，而爆破冲击波的应变率为 10^{11}/s。

8.2.2　岩石爆破性分级

为了满足采矿工程的需要，矿山工作者曾发展了各种专门的不同层次的岩石分级方法。

（1）17世纪霍夫曼（F. Hoffmann）提出按开挖方法（爆破或不爆破）和开挖工具不同，将岩石分为六类，这是最早的分级方法。

（2）1889年齐哈（F，Rziha）提出按开挖工具，开挖消耗的炸药量和人工将岩石分为四类九级。

（3）1926年苏联普罗托季雅科诺夫（M. M. Протодьяконов）提出以岩石坚固性系数 f 为主要判据，将岩石分为十级（见本手册岩石力学部分）。此后，各国提出了各种不同的岩石分级方法，但属于笼统的分级或稳定性的分级较多，而对岩石爆破性分级则较少，50、60年代我国矿山一般参照苏联的普氏分级和苏氏分级作为岩石爆破性分级的依据[10]。

（4）50年代开始，日本采用弹性波探测法研究岩石分级，1969年后池田和彦、仲野、日野雄熊等人及日本岩石力学委员会提出以弹性波速度为主，并考虑岩体裂隙间距、龟裂系数、岩石抗剪强度等因素，按岩石抗爆强度进行分级，并编制出巷道及隧道围岩分类[4]。

（5）1960年美国狄尔（Deere）等人提出并已为美国伊利诺斯大学发展的岩石质量指标（RQD）和岩体裂隙性的岩体分类，70年代挪威巴尔通（Barton）、美国劳布舍（P. H. Laubsher），比恩尼阿夫斯基（Bieniawski）等人以岩石质量指标，完整岩石强度，节理间距、节理面性质、地下水、风化情况、原始和次生应力等因素按百分计分法进行岩石分级。

（6）直接按爆破性分级以苏联研究较多，主要有：1936年苏哈诺夫（Суханов）以炸药单耗为指标（表8-4），1960年巴隆（Барон）以岩石表面能为指标，1969年哈努卡耶夫（Ханукаев）以岩石波阻率为指标（表8-5）[5]，1974年里热夫斯基（B. B. Ржевский）

表8-4　普氏分级与苏氏分级（爆破性）比较表

普氏分级				苏氏分级		
等级	f	坚固程度	代表性岩石	等级	爆破性	炸药单耗（kg/m^3）
Ⅰ	20	最坚固	致密微晶石英岩 极致密而无铵化物的石英 最致密石英岩和玄武岩	1 2 3	最难	8.3 6.7 5.3
Ⅱ	18 15 12	很坚固	极致密安山岩和辉绿岩 石英斑岩 极致密矽质砂岩	4 5 6	很难	4.2 3.8 3.0
Ⅲ	10	坚固	致密花岗岩，铁矿石	7	难	2.4
$Ⅲ_a$	8		致密砂岩和石灰岩	8		2.0
Ⅳ	6	较坚固	砂　岩	9	中上等	1.5
$Ⅳ_a$	5		砂质页岩	10		1.25
Ⅴ	4	中等	石灰岩	11	中等	1.0
$Ⅴ_a$	3		页　岩	12		0.8
Ⅵ	2	较软弱	软页岩	13	中下等	0.6
$Ⅵ_a$	1.5		无烟煤	14		0.5
Ⅶ	1.0	较弱	致密黏土	15	易	0.4
$Ⅶ_a$	0.8		浮石及凝灰岩	16		0.3
Ⅷ	0.6	土质	腐植土，泥煤	（不用爆破）		
Ⅸ	0.5	松散	松土，砂			
Ⅹ	0.3	流沙	流沙，含水土壤			

注：炸药单耗是用6号阿莫尼特（Аммонит）炸药在苏氏分级标准条件下所测得（1936年苏联）。

以岩石抗压、抗拉、抗剪强度三者的平均值等为岩石爆破性指标，1976 年唐加耶夫（П. А. Тангасв）以牙轮钻孔比功与炸药爆破比能的相关关系代表岩石的爆破性[7]，1980 年拉基舍夫（П. Р. Ракишев）以岩石表面移动临界速度为岩石爆破指标[8]，1978 年库图佐夫（В. Н. Кутузов）等人以露天金属矿特定条件下的炸药单耗、岩石容重、抗压强度、岩体裂隙和结构情况等因素综合编制出露天矿岩石爆破性分级表（表 8－6）[9]。

（7）1959 年美国邦德（F. C. Bond）[6] 以破碎功指数，1956 年美国利文斯顿（C. W. Livingston）[25] 以岩石弹性变形能系数为岩石爆破性指标。

表 8－5　哈努卡耶夫爆破性分级

裂隙等级	裂隙程度	天然裂隙平均间距（m）	岩体成块性程度	每立方米岩体的天然裂隙面积（m^2）	岩石普氏坚固性系数（f）	容重（t/m^3）	声阻率 $\times 10^6$（Pa·s/m）	岩体内诸结构体块度的含量（%）			炸药单位消耗量（kg/m^3）	岩石爆破性级别
								+300（mm）	+700（mm）	+1000（mm）		
Ⅰ	极度裂隙（碎粒岩石）	<0.1	碎块	33	<8	<2.5	<5	<10	~0	0	<0.35	易爆岩石
Ⅱ	强烈裂隙	0.1 ~ 0.5	中块	33 ~ 9	8 ~ 12	2.5 ~ 2.6	5 ~ 8	10 ~ 70	0 ~ 30	0 ~ 5	0.35 ~ 0.45	中等可爆岩石
Ⅲ	中等裂隙	0.5 ~ 1.0	大块	9 ~ 6	12 ~ 16	2.6 ~ 2.7	8 ~ 12	70 ~ 90	30 ~ 70	5 ~ 40	0.45 ~ 0.65	难爆岩石
Ⅳ	轻微裂隙	1.0 ~ 1.5	很大块	6 ~ 2	16 ~ 18	2.7 ~ 3.0	12 ~ 15	100	70 ~ 90	40 ~ 70	0.65 ~ 0.9	很难爆岩石
Ⅴ	极少裂隙（整体岩石）	>1.5	特别大块（整体）	2	>18	>3.0	>15			70 ~ 100	>0.9	特别难爆岩石

表 8－6　B. H. 库图佐夫等人的露天矿岩石爆破性分级表

爆破性分级	爆破炸药单位消耗量（kg/m^3）		岩体自然裂隙平均间距（m）	岩体中大块构体含量（%）		抗压强度（MPa）	岩石容量（t/m^3）	岩石坚固性系数 f
	范围	平均		+500mm	+1000mm			
Ⅰ	0.12 ~ 0.18	0.15	<0.10	0 ~ 2	0	10 ~ 30	1.4 ~ 1.8	Ⅶ ~ Ⅳ（1 ~ 2）
Ⅱ	0.18 ~ 0.27	0.225	0.10 ~ 0.25	2 ~ 16	0	20 ~ 45	1.75 ~ 2.35	Ⅳ ~ Ⅴ（2 ~ 4）
Ⅲ	0.27 ~ 0.38	0.320	0.20 ~ 0.50	10 ~ 52	0 ~ 1	30 ~ 65	2.25 ~ 2.55	Ⅴ ~ Ⅳ（4 ~ 6）
Ⅳ	0.38 ~ 0.52	0.450	0.45 ~ 0.75	45 ~ 80	0 ~ 4	50 ~ 90	2.50 ~ 2.80	Ⅳ ~ Ⅲ（6 ~ 8）
Ⅴ	0.52 ~ 0.68	0.600	0.70 ~ 1.00	75 ~ 98	2 ~ 15	70 ~ 120	2.75 ~ 2.90	$Ⅲ_a$ ~ Ⅲ（8 ~ 10）
Ⅵ	0.68 ~ 0.88	0.780	0.95 ~ 1.25	96 ~ 100	10 ~ 30	110 ~ 160	2.85 ~ 3.00	Ⅲ ~ Ⅱ（10 ~ 15）
Ⅶ	0.88 ~ 1.10	0.990	1.20 ~ 1.50	100	25 ~ 47	145 ~ 205	2.95 ~ 3.20	Ⅱ ~ Ⅰ（15 ~ 20）
Ⅷ	1.10 ~ 1.37	1.235	1.45 ~ 1.70	100	43 ~ 63	195 ~ 250	3.15 ~ 3.40	Ⅰ（20）
Ⅸ	1.37 ~ 1.68	1.525	1.65 ~ 1.90	100	58 ~ 78	235 ~ 300	3.35 ~ 3.60	Ⅰ（20）
Ⅹ	1.68 ~ 2.03	1.855	≥1.85	100	75 ~ 100	≥285	≥3.55	Ⅰ（20）

8.2.2.1　弹性波阻率分级法

炸药在岩体内爆破所引起的扰动在靠近药包的近区以大于该岩石的声波速度传播（冲击波），而在其外的广大区域内则以相对稳定的声波速度传播（应力波），通常以该岩石中的纵波速度为代表，它是岩石弹性模量、泊松比和岩石密度的函数，和岩石的强度特征、节理、裂隙、含水性等都有密切的关系，因此，能多方面地表现岩石的物理力学特征，见式（8－1）及

图 8-2。

在无限均匀弹性体中

$$C_p = [E(1-v)/\rho(1+v)(1-2v)]^{1/2} \qquad (8-1)$$

式中 C_p——岩石的弹性纵波速度，m/s；

E——弹性模量，MPa；

ρ——岩石密度，t/m^3；

v——泊松比。

日本池田和彦、美国布洛德本特（C. D. Broadbent），加拿大朗格（H. C. Lang）、苏联唐加耶夫等人都先后提出以岩石弹性纵波速度作为岩石爆破性的主要指标。

然而，由于天然岩体结构构造及其产状变化复杂，致使弹性波速测试结果的离散性较大，分辨率较差。例如，有开口裂隙、大块结构的岩体，可能和裂隙不张开、细碎结构的岩体有同等的纵波速度；岩体裂隙含水的波速比不含水的高 500～1000m/s。

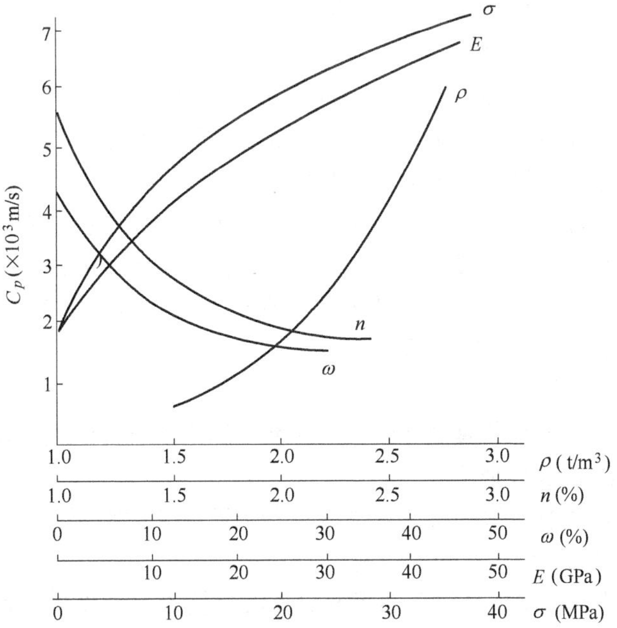

图 8-2 岩石纵波速度与其物理力学参数关系曲线

σ—岩石单轴抗压强度；ω—吸水率；n—孔隙率；E—岩石弹性模量；ρ—岩石密度

苏联哈努卡耶夫采用波阻率（岩石弹性纵波速度与岩石密度的乘积）作为岩石爆破性的指标。20 世纪 50 年代他根据波阻率大小划分岩石为三个等级：

（1）低阻抗岩石，其波阻率小于 5×10^6 Pa · s/m

（2）中阻抗岩石，其波阻率为 $(5\sim10)\times10^6$ Pa · s/m

（3）高阻抗岩石，其波阻率为 $(10\sim25)\times10^6$ Pa · s/m

70 年代，哈努卡耶夫在波阻率的基础上又考虑岩体的裂隙间距及大块结构的含量等影响因素，将原来三个等级扩充为五个等级见表 8-5。

8.2.2.2 “岩石爆破性指数”分级法

A 岩石爆破性分级判据的建立

爆破和其他物理现象一样也应遵守能量守恒原理。炸药爆炸释放的能量传递给岩石，岩石吸收能量导致岩石的变形和破坏，由于岩石不同，破坏所消耗能量不同。当炸药能量及其他条件一定时，爆破漏斗体积的大小和爆破块度的粒度组成，均直接反映能量的消耗状态和爆破效果，从而表征岩石的爆破特性。所以采用爆破漏斗试验的体积及其爆破块度分布率作为岩石爆破性的主要判据[11]。

岩石的结构特征，如节理、裂隙等也是影响岩石爆破性的主要因素。由于岩体结构影响着岩石吸收爆破能量的程度与形式，它不但决定着岩石爆破的难易，而且影响着爆破块度的大小。岩体弹性波阻率足以反映岩体的节理、裂隙情况及岩石的弹性模量、泊松比、密度等物理力学特性，所以，采用岩体弹性波阻率作为岩石爆破性的辅助判据。

B 测试标准与方法

a 爆破漏斗体积与块度的测定

（1）在爆破现场选择有代表性的岩石地段，只有一个自由面，岩体暴露，周围可布置3～5个炮孔爆破，以测定爆破漏斗试验的平均值。而且炮孔间距在1.5～2m以上，以保证爆破漏斗之间不互相干扰。

（2）用凿岩机垂直自由面打孔，钎头直径45mm，孔深1m。

（3）吹洗炮孔干净后，连续装入直径32mm的二号岩石铵锑炸药450g。

（4）炮泥填满炮孔，用一只8号雷管起爆。

（5）爆破后量取爆破漏斗体积，清理岩块，按不同块度粒径分别称重。

（6）块度粒径标准：大于300mm的定为大块，小于50mm的定为小块，300～200，200～100，100～50mm的三组为合格块度。分别称重，求出占爆破总岩块重量的大块百分率、小块百分率及平均合格块度的百分率。

b 岩体波阻率的测定与计算

（1）在上述炮孔尚未装药爆破之前，用声波仪测定该岩种的纵波速度。

（2）采取岩样测定岩石密度。

（3）计算岩体弹性波阻率（弹性纵波速度与岩石密度的乘积）。

C 岩石爆破性指数 N 与爆破性分级

根据爆破漏斗体积，爆破块度分布率和岩体波阻抗的大量数据，运用数理统计的多元回归分析，通过电算求得岩石爆破性指数 N 值。

$$N = \ln\left[\frac{e^{67.22} \times K_1^{7.42}(\rho C_p)^{2.03}}{e^{38.44V}K_3^{1.89}K_2^{4.75}}\right] \tag{8-2}$$

式中 N——岩石爆破性指数；

V——爆破漏斗体积，m^3；

K_1——大块率（大于300mm），%；

K_2——小块率（小于50mm），%；

K_3——平均合格率，%；

ρ——岩石密度，kg/m^3；

e——自然对数的底；

C_p——岩石弹性纵波速度，m/s。

按照岩石爆破性指数 N 的级差，将岩石分为极易爆、易爆、中等、难爆、极难爆的五级十等，见表 8-7。

表 8-7 岩石爆破性分级

爆破等级		爆破性指数 N	爆破性程度	代表性岩石
Ⅰ	$Ⅰ_1$ $Ⅰ_2$	<29 29~38	极易爆	千枚岩、破碎性砂岩、泥质板岩、破碎性白云岩
Ⅱ	$Ⅱ_1$ $Ⅱ_2$	38~46 46~53	易　爆	角砾岩、绿泥岩、米黄色白云岩
Ⅲ	$Ⅲ_1$ $Ⅲ_2$	53~60 60~68	中　等	阳起石石英岩、煌斑岩、大理岩、灰白色白云岩
Ⅳ	$Ⅳ_1$ $Ⅳ_2$	68~74 74~81	难　爆	磁铁石英岩、角闪斜长片麻岩
Ⅴ	$Ⅴ_1$ $Ⅴ_2$	81~86 >86	极难爆	矽卡岩、花岗岩、矿体浅色砂岩

D　几种岩石分级比较

几种岩石按岩石爆破性指数 N 的岩石爆破性分级与按"凿碎比功"的岩石凿岩性分级，普氏岩石分级和苏氏岩石分级的比较，如表 8-8。

表 8-8 几种岩石的普氏、苏氏、凿岩性、爆破性分级比较表

矿　山	岩　石	普氏分级 f	苏氏分级 q（kg/m³）	凿岩性分级	爆破性分级
易门铜矿	紫色含矿白云岩	9~12	2.2~3	$Ⅵ_2$ 中硬	$Ⅱ_2$ 易爆
	灰白色白云岩	9~12	2.2~3	$Ⅱ_2$ 软	$Ⅲ_1$ 中等
大姚铜矿	浅色含矿砂岩	12~14	3~3.6	$Ⅴ_2$ 硬	$Ⅲ_2$ 中等
牟定铜矿	浅色细粒长石石英砂岩	10~14	2.4~3.6	$Ⅶ_2$ 极硬	$Ⅳ_1$ 难爆
	矿体浅色砂岩	10~14	2.4~3.6	$Ⅶ_2$ 极硬	$Ⅳ_1$ 难爆
马拉格矿	花岗岩	10~12	2.4~3	$Ⅲ_1$ 中等	$Ⅴ_1$ 极难
	矽卡岩	10~12	2.4~3	$Ⅶ_1$ 极硬	$Ⅴ_2$ 极难

从表中可见，虽然普氏分级或苏氏分级相同，但凿岩性或爆破性分级并不相同。

表 8-9 列出我国金属矿山岩石爆破性分级的实例，是东北工学院按"岩石爆破性指数 N"确定的我国 12 个金属矿山 63 种矿岩的爆破性分级表。

表 8-9　我国 12 个金属矿山按岩石爆破性指数的分级

矿　山	矿岩名称	爆破漏斗体积(m^3)	矿岩块度分布率（%）			声波参数		爆破性指数 N	爆破性分级
			大块率	小块率	平均合格率	岩体声波速度(m/s)	波阻率（$\times10^6$ Pa·s/m）		
歪头山铁矿	磁铁石英岩	0.424	56.60	5.20	12.70	4357	14.90	73.63	IV_1
	三层铁	0.663	25.6	7.80	22.20	3487	11.50	55.07	III_1
	四层铁	0.652	43.30	7.40	16.40	3566	11.80	60.33	III_2
	阳起石石英岩	0.697	38.70	8.30	17.70	4055	10.50	56.85	III_1
	煌斑岩	0.819	49.20	10.40	13.50	3103	8.10	52.78	II_2
眼前山铁矿	磁铁矿	0.188	47.80	30.00	7.40	4450	14.70	74.13	IV_2
	混合岩	0.483	42.20	28.00	9.90	3140	8.50	60.53	III_2
	绿泥片岩	0.508	10.00	68.00	7.30	2050	5.30	44.31	II_1
	千枚岩	0.918	11.60	75.00	4.50	1984	5.20	30.08	I_2
弓长岭铁矿	-100m 六层铁	0.073	37.70	14.70	15.70	5490	21.90	79.55	IV_2
	-100m 四层铁	0.088	36.00	16.00	16.00	4283	14.60	77.39	IV_2
	-100m 石英片岩	0.105	26.00	28.00	15.30	2545	6.60	70.14	IV_1
	-160m 西角闪岩	0.064	35.90	6.70	19.10	2751	7.40	80.78	IV_2
	-160m 西四层铁	0.171	51.40	7.50	13.70	3593	11.50	80.32	IV_2
	-160m 西六层铁	0.057	20.50	7.80	23.90	4597	18.80	77.63	IV_1
	-100m 东六层铁	0.101	53.50	7.70	17.60	3982	16.30	83.44	V_1
	+140m 混合岩	0.596	21.20	17.60	20.40	1307	3.40	50.13	II_2
红透山铜矿	角闪斜长片麻岩	0.170	60.60	8.20	10.4	5373	14.90	82.12	V_1
	黄铜闪锌黄铁矿	0.120	45.80	20.20	11.40	4074	13.40	77.35	IV_2
狮子山铜矿	致密石榴石矽卡岩	0.023	43.50	8.60	15.90	5215	17.40	84.00	V_1
	闪长岩	0.122	35.00	10.70	18.10	4854	12.60	77.25	VI_1
	大理岩	0.204	16.20	14.20	23.20	4776	13.00	66.48	III_2
杨家杖子钼矿	矽卡岩化大理岩	0.012	21.00	3.00	24.70	5222	14.20	83.40	V_1
	石榴石矽卡岩	0.052	21.40	3.50	25.00	4720	16.00	81.48	V_1
	石灰岩	0.058	21.70	20.00	19.40	5008	13.50	73.19	IV_1
	正长斑岩	0.082	26.00	21.00	17.70	4295	11.30	73.19	III_2
	变质页岩	0.084	5.10	54.80	13.40	4285	11.50	57.31	II_2
易门铜矿	薄层灰岩	0.387	33.90	31.50	11.50	3128	8.40	61.71	III_2
	灰白色白云岩	0.246	11.40	67.10	7.20	3680	9.90	56.71	III_1
	角砾岩	0.414	16.70	49.30	11.40	2927	7.70	53.17	III_1
	米黄色白云岩	0.293	2.70	81.20	5.40	3830	10.00	44.00	II_1
	紫色含矿白云岩	0.395	99.90	56.70	11.10	2821	7.30	49.28	II_1
	紫色不含矿白云岩	0.765	12.80	52.70	11.50	3219	8.40	37.54	I_2
	青灰色白云岩	0.359	11.20	55.00	11.30	3310	88.50	52.05	II_2
牟定铜矿	1600 底板紫色砂岩	0.142	32.10	16.80	17.00	2683	7.00	72.63	IV_1
	1620 矿体浅色砂岩	0.053	30.80	28.30	13.70	3003	7.80	73.95	IV_1
	1610 底板浅色砂岩	0.206	46.10	8.70	15.00	2991	7.80	76.40	IV_2
	1620 底板紫色砂岩	0.168	19.50	27.40	17.70	4367	11.50	66.54	III_2
	1610 矿体底板接触带	0.117	38.00	9.40	17.50	2781	7.30	77.64	IV_2
	1620 顶板长石石英砂岩	0.043	14.00	23.30	20.90	2790	7.30	68.40	IV_1

续表 8-9

矿 山	矿岩名称	爆破漏斗体积(m^3)	矿岩块度分布率（%）			声波参数		爆破性指数 N	爆破性分级
			大块率	小块率	平均合格率	岩体声波速度(m/s)	波阻率（$\times 10^6$ Pa·s/m)		
牟定铜矿	602 采矿体浅色砂岩	0.444	15.20	28.00	18.90	2023	5.30	52.37	II_2
	1820 矿体浅色砂岩	0.269	52.80	9.70	12.50	2120	5.50	74.11	IV_2
	1175 底板浅色砂岩	0.097	39.20	12.40	16.20	2925	7.70	77.57	IV_2
	1185 切槽矿体浅色砂岩	0.041	19.30	18.40	20.80	3473	9.60	72.56	IV_1
	1185 上山矿体浅色砂岩	0.036	16.80	18.00	21.80	1709	4.50	70.15	IV_1
	1845 矿体浅色砂岩	0.085	63.50	8.20	9.40	3353	9.20	84.95	V_1
	1860 底板紫红色砂岩	0.085	48.20	11.80	13.30	3131	8.40	80.35	V_1
	1830 底板紫红色砂岩	0.149	66.50	5.30	9.40	2549	6.70	84.25	V_1
大姚铜矿	1825 底板浅色砂岩	0.157	30.30	22.30	15.80	3532	9.30	70.98	IV_2
	331 浅色含矿砂岩	0.151	20.60	31.00	16.10	1874	4.90	65.52	III_2
	1845 紫色砂岩	0.225	15.00	9.80	13.10	1984	5.20	81.48	V_1
	紫色泥质砂岩	1.080	11.00	63.90	8.40	3394	8.80	24.10	I_1
	1825 含矿浅色砂岩	0.021	65.30	34.50	0.10	4004	10.50	90.84	V_2
马拉格锡矿	1870 细粒大理岩	0.075	29.40	26.20	14.80	5533	14.50	74.19	IV_2
	矽卡岩	0.093	77.90	6.50	5.20	4963	12.90	89.07	V_2
	花岗岩	0.007	42.90	41.20	5.30	4896	13.10	79.15	V_1
王家滩铁矿	赤铁矿	0.072	40.30	15.70	14.70	3436	17.90	55.30	III_1
	板岩	0.645	55.60	13.80	10.20	2045	7.20	60.26	III_2
	菱铁矿	0.172	32.40	21.30	15.40	3822	17.20	73.42	IV_1
	褐铁矿	0.120	12.50	44.20	14.40	2648	11.90	66.55	III_2
罗茨铁矿	赤铁矿	0.113	51.00	12.30	12.30	970	5.40	78.81	IV_2
	砂板岩	0.027	32.90	12.30	18.30	2611	7.00	77.50	IV_2
	白云岩	0.239	43.20	15.60	13.80	2836	10.80	73.15	Ⅳ

8.3 矿 用 炸 药

8.3.1 矿用炸药的发展及特点

8.3.1.1 矿用炸药的发展概况

矿用炸药的发展按其主要使用药种可分为三个时期：

（1）黑火药时期（17 世纪初至 19 世纪中叶），这一时期的矿用炸药主要是黑火药。黑火药是我国古代四大发明之一。

（2）硝化甘油炸药和硝铵炸药时期（19 世纪中叶至 20 世纪中叶）。

这一阶段在矿业上应用的炸药以硝化甘油炸药与硝铵炸药为主。1845 年 ~1846 年发现硝化棉与硝化甘油，1862 年发现强棉能起爆硝化甘油，1867 年发现雷汞并制成雷管，1875 年诺贝尔用硝化棉和硝化甘油制成胶质炸药，由于它具有优良的爆炸性能，因而迅速地取代了黑火药。但胶制炸药价格昂贵，处理欠安全，人们积极从事新炸药品种的开发研究。1887 年硝酸铵和燃料型的硝铵混合炸药研制成功，奠定了硝铵类炸药与硝化甘油炸药，相互并存并竞争发展阶段的基础，一直延续到 20 世纪 50 年代。

（3）硝铵炸药时期，20世纪50年代，矿用炸药进入了一个新的发展阶段。其主要标志是铵油炸药、铵梯炸药和浆状炸药的发展与推广应用，硝化甘油炸药的生产及使用量日趋减少。继浆状炸药后，在70年代，水胶炸药和乳化炸药相继出现，形成含水炸药体系。目前，矿用炸药品种繁多，主要是粉状及粒状铵油炸药、粉状及粒状铵梯炸药和含水炸药。

国外广泛应用铵油炸药及水胶炸药（包括浆状炸药）。1983年美国金属矿、非金属矿（不包括煤矿）及采石场共耗用炸药43.04万吨，其中铵油炸药占80.4%，水胶及浆状炸药占15.2%，其他炸药仅占4.4%[12]。

我国铵油炸药和铵梯炸药具有雄厚的生产基础，每年产量与用量达70万吨以上，居各类炸药之冠。

含水炸药，其中特别是乳化炸药和水胶炸药是很有发展前途的抗水炸药。

8.3.1.2 对矿用炸药的基本要求

矿用炸药按其组成属混合炸药，理想的矿用炸药应满足下述要求[13,14]。

（1）爆炸性能好，具有足够的爆炸威力，最好能简单改变配方能调整其威力。

（2）安全性能好，其火焰感度、热感度、静电感度、特别是机械感度（撞击感度与摩擦感度）要低，在钻具直接钻凿炸药时不引起爆轰。

（3）具有较高的热安定性和物理化学相容性。

（4）具有合适的爆轰感度，用雷管或起爆药柱可以起爆。药卷间的殉爆距离大于药卷直径为宜。

（5）具有零氧或近零氧平衡，爆后所产生的有毒气体量必须在规定的许可量以内，且以少为佳。

（6）无不良气味，不刺激皮肤，不损伤衣物，使用方便，易于装药。

（7）在有水的条件下使用时，应具有抗水性。

（8）性能稳定，在规定的贮存期内不失效。

（9）原料来源广，加工简单，成本低廉。

要制造出同时满足上述要求的理想矿用炸药是比较困难的，但可根据上述要求对矿用炸药品种进行综合评价。对于在含沼气、煤尘或其他爆炸性粉尘的矿井中所使用的安全炸药，除上述基本要求外，还须满足以下安全条件[15]：

（1）在保证作功能力的条件下，安全炸药的爆炸能应受到限制，以保证爆破时不引起矿井大气中沼气和煤尘发火；

（2）爆炸反应完全，爆轰不转变为爆燃；

（3）安全炸药中应加入“消焰剂”，利用其阻化作用抑制沼气发火；

（4）不允许含有易于在空气中燃烧的物质或外来夹杂物（如铝粉、镁粉等），以免明火引燃沼气。

8.3.2 铵油类炸药

根据我国炸药原材料供应的条件，在60年代，采用结晶硝酸铵作为主要原料配制粉状铵油炸药、铵松蜡炸药和铵沥蜡炸药解决了当时矿用炸药供不应求的困难，使炸药费用明显降低，在露天和地下矿山获得了广泛应用。

70年代末期研制成功多孔粒状硝酸铵，为多孔粒状铵油炸药的推广应用创造了先决条件。可以预见，粒状铵油炸药的发展前景十分广阔。

8.3.2.1 粉状铵油炸药

该类炸药成本低廉，有较多的品种已列为国家标准。其配方、工艺及性能列于表8－10。

粉状铵油炸药中的结晶型硝酸铵、柴油和木粉（或不加木粉）的含量是按爆炸反应零氧平衡的原则计算确定的。考虑到制造设备条件和各种爆破作业的具体要求，各组分的含量可在一定幅度内调整。

粉状铵油炸药的制造工艺，实质上就是硝酸铵、柴油和木粉的混合。加工时要求硝酸铵和木粉细碎并干燥，与柴油混拌应均匀。

粉状铵油炸药的性能指标与测定方法已列为部颁标准，殉爆、爆力以及猛度值分别按（WJ－300－65），（WJ－301－65）以及（WJ－302－65）测定。

8.3.2.2 铵松蜡、铵沥蜡炸药

铵松蜡、铵沥蜡炸药均为粉状铵油类炸药，其加工方法基本相同。铵松蜡炸药是以结晶硝酸铵为主，加有木粉、松香（3、4、5级普通松香）、石蜡和柴油的混合炸药，铵沥蜡炸药中以软化点不低于60℃的30号沥青代替松香，在成分比例上进行了适当调剂。这两种炸药均有一定的防潮性能。其配比、工艺和性能可参见表8－11。

表8－10 粉状铵油炸药配方和性能

炸药名称	配方（%）			炸药中水分含量不大于（%）	炸药密度（g/cm^3）	爆轰性能				炸药加工方法
	硝酸铵	柴油	木粉			殉爆（cm）	猛度（mm）	爆力（cm^3）	爆速（m/s）	
1号铵油	92±1.5	4±1.0	4±0.5	0.25	0.9～1.0	5	12	300	3300	热碾加工法
2号铵油	92±1.5	1.8±0.5	6.2±1.0	0.80	0.8～0.9		钢管中18	250	钢管3800	冷碾加工法
3号铵油	94.5±1.5	5.5±1.5		0.80	0.9～1.0		钢管中18	250	钢管3800	机碎冷加工

表8－11 铵松蜡、铵沥蜡炸药的配方和性能

炸药名称	配方（%）						炸药中水分含量不大于(%)	炸药密度（g/cm^3）	爆轰性能				炸药加工方法
	硝酸铵	柴油	木粉	松香	石蜡	沥青石蜡			殉爆（cm）	猛度（mm）	爆力（cm^3）	爆速（m/s）	
铵松蜡	91±1.5	1±0.1	5±0.5	1.8±0.2	1.2±0.1		0.25	0.95±1.05	5～7	13～14	300	3200	热碾法
铵沥蜡	90±1.5		8±0.5			2±0.2	0.25	0.90±1.00	3～4	11～12	280	3100	热碾法

注：浸水30min后，铵松蜡殉爆下降为4～5cm，铵沥蜡下降为2～3cm。

8.3.2.3 多孔粒状铵油炸药

A 原料

（1）多孔粒状硝酸铵，系掺有0.05%烷铵醋酸盐浓度为91%～92%的硝酸铵为原料，采用流化造粒方法生产的。我国石家庄化肥厂、柳州化肥厂、乌拉山化肥厂以及南京化学公司等单位均有该种产品出售，多孔粒状硝酸铵的性能指标列于表8－12。

（2）柴油，在一般条件下，采用6号、10号及20号轻柴油。北方严寒季节可用－10号柴油。

表 8-12 国产多孔粒状硝酸铵性能指标

项 目	指 标
外观	白色或微黄色颗粒
硝酸铵含量（干基,%）	≥99.5
其中粒度为0.5~2.5mm之含量（%）	95.0
水分	≤0.3
酸度（以 HNO_3 计%）	≤0.2
吸油率（%）	8
堆积密度（g/cm^3）	0.8~0.85

B 配方

多孔粒状铵油炸药是由94.5%的多孔粒状硝酸铵与5.5%的柴油混合而成。考虑到炸药加工和使用时柴油有部分挥发和损失，通常加6%的柴油。

C 加工方法

（1）渗油法：按比例将柴油注入装有多孔粒状硝酸铵的袋子中，放置2天后供使用。此方法简单。但混合不匀。

（2）人工混拌法：将一定数量的多孔粒状硝酸铵放在平板上（可在爆破现场旁。也可在固定工房），按比例喷洒柴油，用铝锹或木锹翻混2~3次，直接装入炮孔或装袋备用，此法混拌较匀，但劳动强度大，效率低。

（3）机混法：采用圆盘给料机以及特制的混合机械按比例将多孔粒状硝酸铵与柴油混拌。此法混合较均匀、效率较高。

（4）混装车：采用粒状铵油炸药混装车在爆破现场直接混制炸药并装孔。此法对大中型露天矿山甚为适宜，经济效益好。

D 性能

炸 药	最大爆热（kJ/kg）	爆容（L/kg）	QV的梯恩梯当量值（%）	钢管猛度①（mm）	钢管爆速（m/s）	炮孔爆速②（m/s）
多孔粒状铵油炸药	3699.7	942	107.9	20	3200	4600

① 钢管内径38.5mm；② 炮孔直径270mm。

E 生产应用

多孔粒状铵油炸药由于加工简单，成本低廉，特别适宜于较大孔径的爆破作业中。目前已应用于各种无水爆破工程。

（1）露天深孔爆破。

（2）巷道掘进浅孔爆破，多孔粒状铵油炸药是用手枪式装药器进行装药的。表8-13列出的是其应用中的有关参数。

（3）中深孔爆破。多孔粒状铵油炸药可在扇形向上中深孔采用压入式气动机械装药进行爆破。应用情况列于表8-14。

8.3.2.4 乳化铵油炸药

乳化铵油炸药即高能铵油炸药，它是乳化炸药（见8.3.3.3）基质和多孔粒状铵油炸药的物理掺和产品。在掺和过程中，高密度的乳化炸药基质填充多孔粒状硝酸铵颗粒间的空

表 8－13 多孔粒状铵油炸药在浅孔爆破中的应用

岩石种类	巷道规格（m）	炮眼个数（个）	炮眼深度（m）	装药量（kg）	炮眼利用率（%）	炸药单耗（kg/m³）
闪长岩 $f=12\sim14$	3×4	22	1.2	25	90	1.9
		22	1.4	25	85	1.7
石灰岩 $f=10\sim12$	2.2×2.5	23	1.2	20	95	3.1
		23	1.35	20	85	3.1

表 8－14 多孔粒状铵油炸药在中深孔爆破中的应用

爆破总量（t）	装药总量（kg）	返药总量（kg）	炸药单耗（kg/t）	
			不包括返药量	包括返药量
3280	1164	13	0.354	0.395

隙并涂覆于硝酸铵颗粒的表面。这样，既提高了粒状铵油炸药的相对体积威力，又改善了铵油炸药的抗水性能。它兼备着乳化炸药抗水、密度高和铵油炸药成本低的特点。在这种物理掺和物中，乳化炸药基质的重量比例可由 0% 变化到 100% 铵油炸药的比例则相应由 100% 变化为 0%，配方的组合灵活多样。这类炸药的性能和特点随着两种成分的不同比例和乳化液体本身的特性相应变化。

图 8－3 曲线表明，乳化铵油炸药的相对体积威力和密度随着乳状液掺入比例的增加而有规律地变大，而图 8－4 曲线表明，乳化铵油炸药的爆轰感度则随着乳状液掺入比例的增加而降低。乳化铵油炸药的抗水性能与乳状液的质量和掺入量有关。此外抗水性因乳状液掺入量的增加相应有所提高。当其中乳化液达 70% 时，抗水性较好。

乳化铵油炸药的混制生产工艺比较简单。其基本过程是：先分别制备乳状液基质和铵油炸药，然后将乳状液与铵油炸药掺和。所制备的乳状液可以泵送到固定的贮罐存放，也可以用罐车送到现场，还可以在混制车上直接制备。多孔粒状硝酸铵和柴油以 94∶6 的比例在工厂固定地点混拌，也可在铵油炸药混装车上进行现场混制。

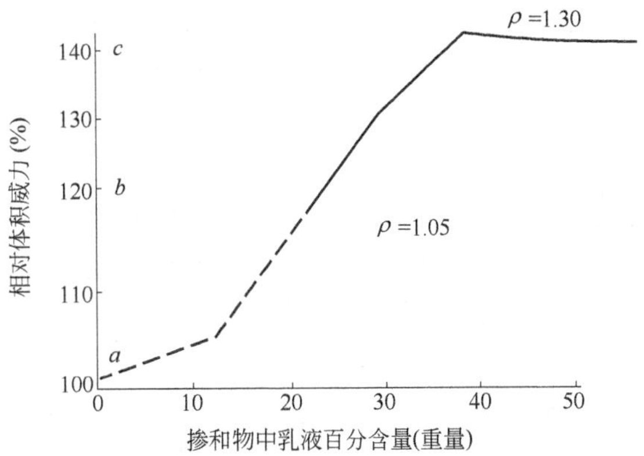

图 8－3 乳化铵油炸药相对体积威力和乳状液百分含量之间的关系

a—100% 铵油炸药的相对威力；*b*—含铝 5% 的铵油炸药的相对威力；

c—含铝 10% 的铵油炸药的相对威力

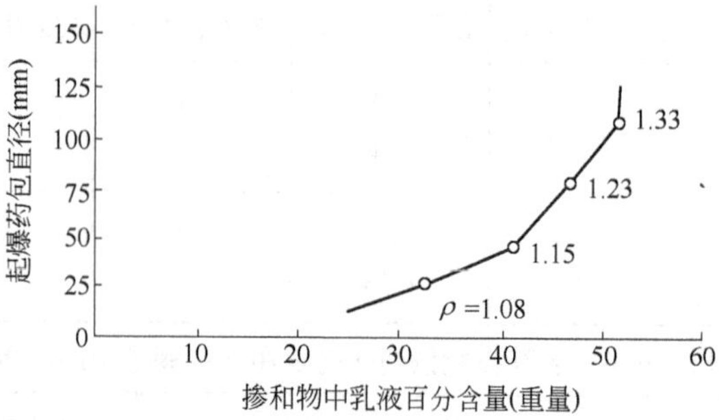

图8－4　乳化铵油炸药爆轰感度和乳状液百分含量之间的关系

8.3.3　含水炸药

8.3.3.1　浆状炸药[16]

浆状炸药是由过饱和的硝酸盐水溶液与适量的敏化剂、可燃剂等组成的，它采用胶凝剂和适宜的交联剂使液相增稠形成凝胶的矿用抗水炸药。

浆状炸药的分类方法甚多。本手册按敏化手段之不同进行分类。

A　以猛炸药敏化的浆状炸药。

该类炸药主要以梯恩梯、黑索金、B炸药和无烟火药等为敏化剂，但最常见的是梯恩梯。用量一般为10%～20%，国外含量可高达40%，炸药密度可达1.25～1.55g/cm^3，因此相对体积威力大，爆速高，适宜于积水深的炮孔和硬岩中使用，需中继起爆药包加强起爆。4号、白银聚1号是代表产品。

B　以金属粉敏化的浆状炸药。

该类炸药主要以铝或铝合金为敏化剂。我国由于铝粉价格高。虽曾有几个试验品种，都未能在实际生产中大量应用。

C　以气泡敏化的浆状炸药

该类炸药主要以药体中的微小气泡为热点，这些小气泡在起爆冲能作用下绝热压缩激起炸药反应进而爆轰。气泡敏化技术的应用，促进了既不含猛炸药又无需铝粉等昂贵敏化剂的品种出现。6号、槐1号等无梯浆状炸药是这类炸药的代表。它们的特点是成本低、密度可调、毒性小，但威力相对较低。为了扩大应用范围，将气泡敏化方法与猛炸药敏化剂联合采用，如5号、N10号、槐2号、白云聚1号等。

浆状炸药的生产过程包括：过饱和硝酸盐胶态溶液的制备、冷却、敏化剂和添加剂的掺混、交联和装袋等工序。浆状炸药在我国主要以中包形式使用。另外，采用混装车时按组分将原料分别运送到现场进行混制以散装的形式使用。

8.3.3.2　水胶炸药

水胶炸药是含有水溶性硝酸甲胺盐为敏化剂，以硝酸盐（硝酸铵和硝酸钠等）为氧化剂，与其他添加剂（胶凝剂、交联剂、膨胀珍珠岩等）制成的多组分凝胶混合炸药。

水胶炸药的敏化、密度控制以及交联技术是制备性能良好产品的关键。

硝酸甲胺盐是水胶炸药的主要敏化剂，它决定了水胶炸药的爆炸性能，由硝酸和甲胺中和反应获得。分子式$CH_3NH_3 \cdot HNO_3$，分子量94.07，含氮量29.78%，氧平衡－34.0%，

表 8-15 水胶炸药主要品种和性能

炸药型号		CS-30	SHJ-K	101 型	201 型	铝 100 型	Tovex-100	Tovex-200	Tovex-300
炸药成分（%）	硝酸铵	40~60	43~47	40~50	71~76	48~53	38	34	30.9
	硝酸钠	10~15	10~14	8~13	氯酸钾 3~4	8~13	15.3	15.3	14
	硝酸甲胺	20~30	30	25~30	10~15		28.8	28.8	36.2
	猛炸药			黑索金 5~8		梯恩梯 0~20			
	可燃剂				柴油 3~4.5	活性炭 0~6			
	铝 粉		3			1~5		4	
	胶凝剂	田菁 1~2	田菁 0.8~1.0	田菁 0.8~1.2	聚丙烯酰胺 0.6~0.7	田菁 0.5~1.5	田菁 1.0	田菁 1.0	田菁 1.0
	水	8~14	9~11	8~12	5~6.5	9~15	12.6	12.6	13.3
	表面活性剂			0.1~0.4	0.2~0.5				
	密度调节剂	3~6	0.1	0.1~0.2					
	添加剂			0.02~0.06	0~0.08		4.3	4.3	4.6
	交联剂	0.01~0.015	0.05	0.05~0.1	0.03~0.09	0.1~0.3			
性能参数（kJ/kg）	密度（g/cm³）	1.05~1.25	1.05~1.30	1.20	1.00~1.20	1.24	1.05~1.13	1.05~1.13	0.96~1.06
	爆速（m/s）	3500~4000（φ32）	3500~3900（φ32）	4400（φ40）	4100~4600（φ32）	4150（φ35）	3670	3756	4020
	猛度（mm）	14.1~15.2	小于 15	20.1	16~18	16.96			
	殉爆距离（cm）	8（φ32）	大于 8（φ25）	25（φ35）	6~9（φ32）	20（φ35）			
	爆力（cm³）		>340	330	350	355			
	爆热（kJ/kg）	4670	4735~5090		4980				
	机械感度（%）	0	0	0	冲击感度 6 摩擦感度 0	0			
	枪击感度	不爆	不爆						
	爆炸能（kJ/kg）						3663	3663	2943
	火焰感度	不爆	不爆						
	临界直径（mm）	12~16			12~16	16			
	有毒气体（L/kg）	14	29.4	41.51	18.4	42.4	41.24	33.04	22.36
	抗水性	良好	良好	良好	良好	良好	良好	良好	良好
	贮存期（月）	>6	6			>6	12	12	12
生产厂名		祁东化工厂	兴安化工厂	阜新化工厂	应山化工厂	北京矿务局化工厂	淮北 901 厂	淮北 901 厂	淮北 901 厂

无色无嗅具有棱柱形结晶，熔点 111℃，爆发点 256℃，密度 1.422g/cm³，爆热 3714kJ/kg，爆容 1027L/kg。硝酸甲胺盐易溶于水，在硝酸盐水溶液中的溶解度亦较高，它又是一种晶形改性剂，能抑制无机硝酸盐晶体的成长，有利于氧化剂和敏化剂的结合，从而在水胶炸药爆炸时使其能量充分释放。86% 以下的硝酸甲胺水溶液在 95℃ 以下雷管不能引爆，通常视为可燃性液体。

膨胀珍珠岩粉在水胶炸药中作为密度控制剂使用，它由珍珠岩加工制得，具有蜂窝状多孔颗粒结构，通常为白色和灰白色，主要成分是 SiO_2、Al_2O_3 和 Fe_2O_3 等，用于水胶炸药的膨胀珍珠岩颗粒的大小一般为 20～80 目，最好是在 40～60 目范围内。

水胶炸药按其用途可分为岩石型的和煤矿许用型。前者适用于无沼气或矿尘危险的矿岩爆破中，其代表产品有 SHJ－K 型、CS－30 型 SYG－1 型、Tovex－200 型等，后者适用于瓦斯矿井的爆破作业，其代表产品有 SMI－1 型、Tovex－300 型等。

水胶炸药的加工工艺流程包括：硝酸甲胺的制备：硝酸甲胺、无机氧化盐、水和胶凝剂在溶药罐中加温混合成为均一的胶态溶液；胶态溶液流入成药罐，在搅拌过程中降温，先后投入密度控制剂与交联剂并形成水胶炸药；成品通过装药机械包装成不同规格的产品。

水胶炸药具有优良的爆轰性能、抗水性能和安全性能。其主要特点是：

(1) 威力和密度可调。改变硝酸甲胺盐和膨胀珍珠岩粉的用量，即可调整炸药的爆速、能量和感度，以适应不同爆破作业的要求。

(2) 机械感度和热感度低，贮存、运输和使用过程中的安全性高。爆轰感度比浆状炸药高，一般能用 8 号雷管起爆。

(3) 爆炸后产生的有毒气体量较少。

(4) 较易实现生产过程的机械化、连续化。由于采用交联速度可变的技术，对于炸药的包装或现场装填工作十分有利。

(5) 炸药不吸潮、不结块、抗水性强。

(6) 贮存稳定性较好，使用保证期不低于 6 个月。

表 8－15 是我国有代表性的几个水胶炸药型号的配比和性能。

8.3.3.3 乳化炸药

乳化炸药是指用乳化技术制备的油包水（W/O）型矿用抗水炸药。它是以氧化剂过饱和水溶液的微滴为分散相，悬浮在含有小气泡或空心微球或多孔性材料的油类物质构成的连续介质中，形成一种油包水型乳化体系。乳化炸药的四种主要成分是：(1) 形成分散相的无机氧化剂盐过饱和溶液，占炸药总重量的 90% 左右，主要是由硝酸铵加热溶解于水中制成的。为达到降低析晶点或敏化的目的，还添加某些辅助的氧化剂盐；(2) 形成连续相的碳氢燃料，使在温度变化时能提供不同的黏稠特性。例如，石蜡、地蜡、复合蜡、蜂蜡、凡士林、机油、柴油等或它们的混合物均可采用。有时还添加某些其他有机化合物；(3) 形成分散相的敏化气体组分，作为乳化炸药的密度调整剂。常见的有三种形式，即呈包覆体的空气，添加亚硝酸钠等发泡剂，采用封闭性的携带气体的固体空心微粒或多孔物质；(4) 油包水型乳化剂。它是乳化炸药的关键组分，含量约占炸药总重量 0.5%～2.0%。最广泛采用的是非离子型乳化剂，例如失水山梨糖醇酐单油酸酯（司本－80）、木糖醇单油酸酯。为改善炸药性能，非离子型乳化剂与其他乳化剂形成的复合乳化剂的应用逐渐增多。

A 乳化炸药的分类与品种

目前对乳化炸药尚无统一的分类方法。按使用目的可分为岩石型，露天型和煤矿许用型。

a 岩石型乳化炸药

该类炸药具有较好的爆轰性能，适用于无沼气或矿尘爆炸危险、有水的坚硬或中硬矿岩的爆破作业。一般具有雷管感度，有较好的贮存性能，以小药卷的包装形式为主。国内已定型的型号甚多，例如 EL 系列，RJ 系列等。

b 露天型乳化炸药

该类炸药以加工简便和成本较低为显著特点，适用于露天爆破工程，一般不具有雷管感度，抗水性能好，主要以中包或散装的形式使用，因而不要求长期的贮存稳定性。已定型的品种有 LK－2 型、露天－111 和 112 型等。另外，随着装药机械化的发展，通过混装车或泵送车可直接在爆破现场混制装入炮孔。

c 煤矿许用型乳炸药

该类产品适用于有沼气或煤尘爆炸危险的矿井爆炸工程。由于要求炸药的爆热、爆温降低，不产生二次火焰，爆炸后生成的灼热固体残渣尽可能少。在乳化炸药组分中添加了一定的消焰剂（如氧化钠），已定型的品种有 RMJ－1 型、RMJ－2 型和 LR 型。

表 8－16 是我国各类乳化炸药暂行的技术标准。

乳化炸药的品种不同，其组分和含量有较大差别，表 8－17 为乳化炸药有代表性的配方与组成。

B 生产与制备

乳化炸药的生产工艺可概括为间断式和连续式两种基本形式。由图 8－5 和图 8－6 可见，不管是采用哪种生产工艺，乳化炸药的生产流程都包括四大步骤，即油相和水相两种溶液

表 8－16 我国乳化炸药暂行技术标准

炸药类型		技术标准					
		药卷密度（g/cm^3）	爆速，不小于（m/s）	猛度，不小于（mm）	爆力，不小于（cm^3）	殉爆距离，不小于（cm）	使用保证期（月）
岩石型	一级	1.00～1.30	3000	12	280	3	6
	二级	1.00～1.30	4500	16	320	4	6
各种煤矿型		1.00～1.30	2500	10	220	2	4
露天型		1.00～1.30	3000	12	260	3	4

注：矿山自产自用产品使用保证期不得少于 1 个月。

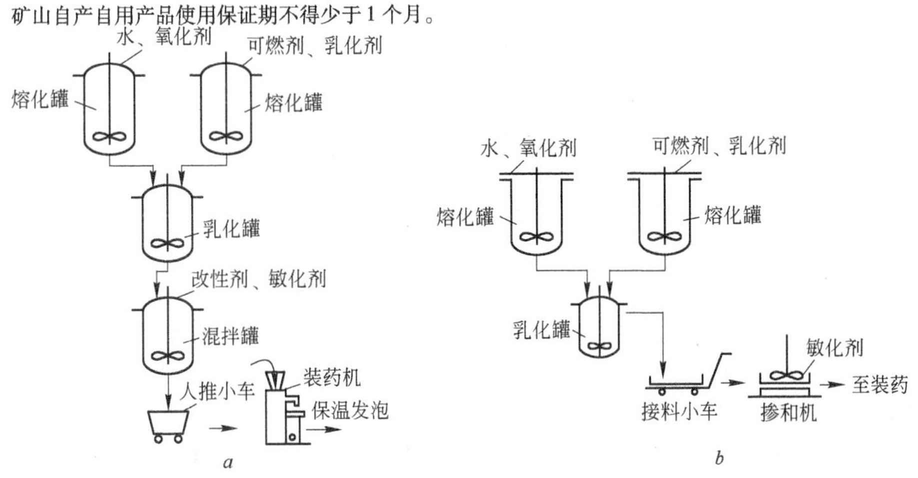

图 8－5 乳化炸药间断生产工艺

a—采用发泡敏化的方法；*b*—采用掺加珍珠岩粉的方法

表8-17 各类乳化炸药的配比与组成举例

组分（%）	岩石型			煤矿许用型		露天型
	EL-101	RJ-1	CRH-23	RMI-2型	RMI-1型	LK-2
硝酸铵	56~68	58~69	68~73	40~52	56~65	32.7~47.7
硝酸钠	8~14	10~12	10~15	9~11	10~15	4.8~9.5
硝酸甲胺		5~20		（敏化剂）4~11		
尿素	2~3	2~3		1~2		0.5~1.5
水	8~13	10~12	10~12	5~8	8~13	4.8~7.2
乳化剂	0.5~1.5	0.85~1.3	1~2	1.5~2.5	0.8~1.2	0.3~0.9
促进剂或稳定剂			0.1~0.5	（添加剂）0.4~1.0		0.1~0.2
油类	1~2	0.85~2.0	2~3	0.5~1.0	（矿物油B）3~5	1.5~2.3
蜡类	1.5~3.5	2.5~3.5	2~3	2~3		2.2~2.8
硫黄	2~5					
铝粉						1.0~3.0
干硝酸铵（-40目~+100目）						37
消焰剂				18~25	5	
密度调整剂	0.1~0.3	0.2~0.7	0.1~0.2	（膨胀珍珠岩）3~6	（膨胀珍珠岩）2~5	0.1~0.2

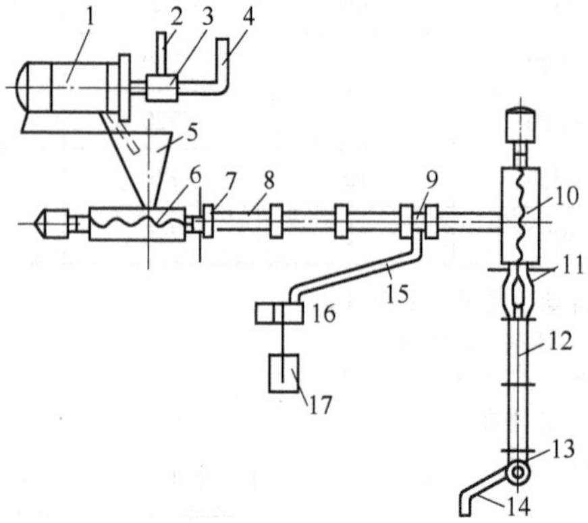

图8-6 乳化炸药连续混制工艺

1—胶体磨；2—油相管；3—顶混器；4—水相管；5—接料斗；6—螺杆泵；7—测温测压装置；8—冷却管；9—发泡剂入口装置；10—螺杆泵；11—静态均化器；12—冷却管；13—动态均化器；14—炸药出料装袋品；15—发泡剂输入管；16—柱塞泵；17—发泡剂储罐

的制备，乳化混拌、敏化及包装。

8.3.4 铵梯炸药

铵梯炸药是我国产量最大和应用最广泛的工业炸药品种。它是以硝酸铵、梯恩梯和木粉为主要原料的粉状混合炸药，根据用途，可分为岩石炸药、露天炸药和煤矿许用炸药。

8.3.4.1 岩石型铵梯炸药

岩石型铵梯炸药按其组成不同，主要有1号、2号和新2号岩石炸药（采用普通结晶硝酸铵配制）以及抗水2号、3号和4号岩石炸药（采用抗水硝酸铵配制）等6个品种。其中，2号岩石炸药和抗水4号岩石炸药，在我国的消耗量最大。

岩石铵梯炸药中除抗水4号外，均属中等威力的炸药，广泛地应用于露天和无沼气无煤尘爆炸危险的地下矿山中硬矿岩爆破作业中，在潮湿或有渗水的工作面，使用抗水岩石铵梯炸药，抗水4号岩石炸药，适用于矿岩坚硬的含水量不大的水孔爆破作业中，抗水岩石炸药，其抗水性能是有限的，远不及乳化炸药和浆状炸药。在贮存中有吸湿、结块现象、吸湿、结块后的抗水岩石炸药其抗水性能及感度都有明显的下降。当炸药中水分含量超过0.5%时，炸药失去雷管感度。

新2号岩石炸药的主要组分与2号岩石炸药相同，但另加入由表面活性剂、分散剂及烷烃类燃料组成的复合油相和复合添加剂。该炸药梯恩梯含量为3%～10%，有相应的防潮及抗水品种。新2号岩石炸药具有以下特点：在生产过程中粉尘很小，有很强的防潮、防结块能力、爆炸性能稳定，是岩石炸药更新换代的新产品。

岩石铵梯炸药6个品种的组成和有关爆轰性能列于表8－18。

8.3.4.2 露天铵梯炸药

露天铵梯炸药是指用于露天爆破作业用的铵梯炸药，其威力比岩石炸药低，价格也便宜些。根据炸药中梯恩梯含量和硝酸铵种类的不同，露天炸药包括1号、2号、3号和抗水1号、抗水2号等5个品种。尽管有抗水型的品种，实际上他们的抗水能力也是有限的，特别是在深水炮孔中必须加防水套。由于其比重小。使用时药包需加配重方能沉入水中。近年来由于有浆状炸药和乳化炸药在露天矿推广应用，实际上露天型铵梯炸药已渐被取代，露天型炸药的组成和性能列于表8－19。

表8－18 岩石铵梯炸药的组成与性能

炸药品种		1号岩石炸药	2号岩石炸药	2号抗水岩石炸药	3号抗水岩石炸药	4号抗水岩石炸药	新2号岩石炸药
组成（%）	硝酸铵	82±1.5	85±1.5	84±1.5	86±1.5	81.2±1.5	85～90
	梯恩梯	14±1.0	11±1.0	11±1.0	7±1.0	18±1.0	3～10
	木粉	4±0.5	4±0.5	4.2±0.5	6±0.5		4
	沥青			0.4±0.1	0.5±0.1	0.4±0.1	
	石蜡			0.4±0.1	0.5±0.1	0.4±0.1	
	复合油相						1～2.5
	复合添加剂						0.1
性能	水分不大于（%）	0.3	0.3	0.3	0.3	0.3	0.3
	密度（g/cm^3）	0.95～1.10	0.95～1.10	0.9～1.0	0.95～1.10	0.95～1.10	0.95～1.10
	猛度（mm）不小于	13	12	12	10	14	12～14
	爆力（cm^3）不小于	350	320	320	280	360	320～340
	殉爆(cm)浸水前不小于	6	5	5	4	8	3～5
	浸水后不小于			3	2	4	抗水型2
	爆速（m/s）不小于	3500	3200	3200		3500	3200
	氧平衡（%）	+0.52	+3.38	+0.37	+0.71	+0.43	+0.5～2.0

8.3.4.3 煤矿许用铵梯炸药

煤矿许用炸药是指允许在有沼气和煤尘爆炸危险的矿井中使用的矿用炸药。煤矿许用

表8-19　露天铵梯炸药的组成和性能

炸药品种		1号露天炸药	2号露天炸药	3号露天炸药	1号抗水露天炸药	2号抗水露天炸药
组成(%)	硝酸铵	82±2.0	86±2.0	88±2.0	84±2.0	86±2.0
	梯恩梯	10±1.0	5±1.0	3±0.5	10±1.0	5±1.0
	木　粉	8±1.0	9±1.0	9±1.0	5±1.0	8.1±1.0
	沥　青				0.5±0.1	0.4±0.1
	石　蜡				0.5±0.1	0.4±0.1
性能	水分（%）不大于	0.5	0.5	0.5	0.5	0.5
	密度（g/cm^3）	0.85~1.10	0.85~1.10	0.85~1.10	0.85~1.10	0.85~1.10
	猛度（mm）不小于	11	8	5	11	8
	爆力（cm^3）不小于	300	250	230	300	250
	殉爆（cm）浸水前不小于	4	3	2	4	3
	浸水后不小于				2	2
	氧平衡（%）	-2.04	+1.08	+2.96	-0.61	-0.30

铵梯炸药的有毒气体组成与数量要求，与井下使用的其他炸药的要求相同，但附加一些规定：

（1）炸药的爆热不宜太高，以防爆炸后局部温度达到沼气的着火点。

（2）炸药爆炸后，不应形成高温固体颗粒和可燃的气体，以防止点燃沼气。

（3）爆炸气体产物中不应含有氧化氮，因为它不仅是有毒气体，而且是沼气氧化反应的催化剂。

为满足上述要求，通常在铵梯炸药中添加食盐，以降低爆温，抑制沼气-空气的氧化反应的速度，并有利于炸药反应趋于完全。

煤矿许用炸药按其安全性，由低到高的次序分为：1级、2级、3级、4级和5级。煤矿铵梯炸药中直接混入食盐的，称为煤矿许用炸药，药卷外面涂以消焰剂的，或药卷夹层中间填有消焰剂的，这些复合结构的药卷，称之为被筒炸药。

安全规程明确规定：1号煤矿炸药只允许用于1级沼气矿井，2号煤矿炸药只允许用于1级和2级沼气矿井，以此类推。煤矿许用铵梯炸药的品种、组成和性能列于表8-20。

8.3.5　其他炸药品种

8.3.5.1　硝化甘油炸药

含有硝化甘油的炸药称为硝化甘油炸药。胶质硝化甘油炸药是由硝化甘油或它与二硝化乙二醇的混合物、硝化棉、铵、钾或钠的硝酸盐粉末混合而成。硝化甘油炸药因硝化甘油含量的多少而性质不同，按硝化甘油含量由多至少的顺序，其性能变化是：老化性逐渐降低，渗油性减少，安全性增高。在硝酸盐含量增大时，吸湿性增大，密度降低，敏感度降低，爆力和猛度相应下降，塑性变小。

胶质硝化甘油炸药的特点是：可塑性好，抗水性强，密度大，爆轰性能优良，贮存期较长，因而特别适宜于无沼气和矿尘爆炸危险的涌水量较大的坚硬矿岩的爆破作业。其缺点是机械感度高，易冻结、渗油、干结和挥发、有毒性，是工业炸药中安全性最差的一种炸药，且硝化甘油含量愈大，缺点愈明显，价格亦愈高。

普通胶质硝化石油炸药在+10℃冻结，耐冻品种在-20~-25℃冻结。冻结的或渗油的，尤其是半冻结或半溶化的胶质硝化甘油炸药，其敏感度很高，稍加挤压或摩擦即可发

表 8-20 煤矿许用铵梯炸药的组成和性能

炸药品种		1号煤矿炸药①	2号煤矿炸药①	3号煤矿炸药①	1号抗水煤矿炸药①	2号抗水煤矿炸药	3号抗水煤矿炸药	1号抗水煤矿铵沥蜡炸药
组成(%)	硝酸铵	68±1.5	71±1.5	67±1.5	68±1.5	72±1.5	67±1.5	81±1.5
	梯恩梯	15±0.5	10±0.5	10±0.5	15±0.5	10±0.5	10±0.5	
	木 粉	2±0.5	4±0.5	3±0.5	1±0.5	2.2±0.5	2.6±0.5	7.2±0.5
	食 盐	15±1.0	15±1.0	20±1.0	1.5±1.0	15±1.0	20±1.0	10±0.5
	沥 青				0.2±0.05	0.4±0.1	0.2±0.05	0.9±0.1
	石 蜡				0.2±0.05	0.4±0.1	0.2±0.05	0.9±0.1
性能	水分(%)不大于	0.3	0.3	0.3	0.3	0.3	0.3	0.3
	密度(g/cm^3)	0.95~1.10	0.95~1.10	0.95~1.10	0.95~1.10	0.95~1.10	0.95~1.10	0.85~0.95
	猛度(mm)不小于	12	10	10	12	10	10	8
	爆力(cm^3)不小于	290	250	240	290	250	240	240
	殉爆(cm)浸水前不小于	6	5	4	6	4	4	3
	浸水后②不小于				4	3	2	2
	4个月有效期内 殉爆不小于	3	3	2		2		
	4个月有效期内 水分%不大于	0.5	0.5	0.5		0.5		
	氧平衡	-2.6	+1.28	+1.86	-0.004	+1.48	+1.12	+0.67

①列入部标的炸药；②浸水深1m，时间1h。

生爆炸。因此，严禁使用冻结的或半冻结的、渗油的或半溶化的胶质硝化甘油炸药，对冻结的或渗油的胶质硝化甘油炸药，必须按安全规程进行解冻或处理后才能使用。

表 8-21 国产硝化甘油炸药的性能和规格

炸药品种	1号胶质硝化甘油炸药	5号胶质硝化甘油炸药	1号粉状硝化甘油炸药	2号粉状硝化甘油炸药	五级离子交换型煤矿许用粉状硝化甘油炸药	四级当量型煤矿许用粉状硝化甘油炸药
外 观	淡黄色至棕黄色	淡黄色至棕黄色	浅灰棕色	浅灰棕色	浅灰棕色	浅灰棕色
密度(g/cm^3)	1.4~1.6	1.4~1.6	0.75~0.83	0.75~0.83	0.95~1.10	0.95~1.10
水分不大于(%)	1.0	1.0	0.5	1.0	0.3	0.3
渗油性(mm)	两层药卷纸交接处油迹带宽度不超过5					
安定度(min/7500)	大于10	大于10				
安全度(悬吊法)(g)					450	250
猛度不小于(mm)	15	15	14	9~14	6	8
爆力不小于(cm^3)	360	360	350	300	150	180
爆速(m/s)	6000~6500	5500~6000				
殉爆距离不小于(cm)	5	5	5	9	5	5
有效期(月)	12	12	6	6	8	4
药卷规格(mm)	$\phi25\times200$ $\phi35\times200$ $\phi65\times400$		$\phi35\times200$	$\phi22\times500$	$\phi35\times200$	$\phi35\times200$

本世纪50年代和60年代，胶质硝化甘油炸药曾是我国主要的高威力防水炸药品种。70年代后，由于含水炸药特别是乳化炸药的出现，硝化甘油炸药的产量逐年减少，目前仅375厂独家生产，该厂生产的胶质硝化甘油炸药有两个品种，而粉状硝化甘油炸药有4个品种，它们的规格与性能列于表8－21。

8.3.5.2　液体炸药

在常温下呈液态的炸药称为液体炸药。矿山爆破工程中得到应用的主要是硝酸型液体炸药。

硝酸型液体炸药由浓度为90%～98%的硝酸与一种或多种液体燃料混制而成。已定型的XJ－1型和XJ－2型两个品种，其强度列于表8－22。

硝酸型液体炸药具有很好的流动性，因而其生产过程可实现全密闭的自流工艺。生产流程示于图8－7。

表8－22　硝酸型液体炸药的组成

品　种	混　合　液	混合液反应后生成的成分与组成（%）					外　观
		硝酸	二硝基甲苯	三硝基甲苯	水	其他	
XJ－1	硝酸与甲苯（83/17）	55～57	30～32		8～12	少量	淡黄色
XJ－2	硝酸与除焦液（73/27）	58～59	27～28	3～4	8～9	少量	棕黑色

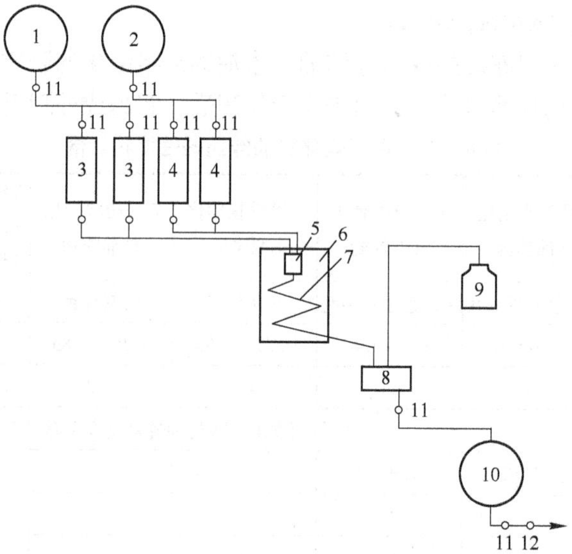

图8－7　硝酸型液体炸药生产流程示意图

1—硝酸贮罐；2—甲苯贮罐；3—硝酸计量桶；4—甲苯计量桶；5—冷却水桶；6—混合反应器；7—冷却盘管；8—炸药临时贮罐；9—废气吸收瓶；10—炸药永久贮罐；11、12—阀门

XJ－1型和XJ－2型液体炸药主要性能列于表8－23。

硝酸型液体炸药的突出优点是：比重大，威力高，爆炸性能好；原料来源较广，工艺及设备比较简单；炸药成本较低。其缺点是：机械感度较常见的矿用炸药明显地高，具有

表 8-23 硝酸型液体炸药主要性能

型 号	比重 (g/cm^3)	沸点 (℃)	爆发点 (℃)	猛度① (mm)	爆速 (m/s)	爆力 (cm^3)	殉爆② (cm)
XJ-1	1.42 1.45	120±0.5	~340	22~24	6500 7000	380 400	5~6
XJ-2	1.42 1.45	110±0.5	~320	23~25	6800 7200	380 400	15

①药量 25g，蜡纸筒；②ϕ32 塑料药卷。

强腐蚀性并易与其他炸药、起爆器材发生反应，易被水稀释直至失效，因此，在生产、运输、贮存和使用时均需采取特殊的措施。

硝酸型液体炸药宜于使用在坚硬矿岩和涌水量大的爆破作业中，在露天深孔爆破时，先将直径比孔径大 30~40mm、长度比孔的长度长 1m 的塑料袋置入孔内，然后用自动计量的装药车向塑料袋装药。

马钢姑山铁矿露天采场 f 值为 16~18 的矿岩水炮孔中使用液体炸药，炸药单耗明显下降，孔网参数扩大，大块率低，穿爆总成本降低约 20%，在平巷掘进爆破应用中，也取得类似的效果。由于液体炸药在爆炸反应时产生高温，不宜于在有沼气和矿尘爆炸危险的矿山使用。因它是酸基炸药，不允许在碱性和高硫矿岩中采用。

8.3.5.3 震源药柱

震源药柱主要应用于物探工程中，作为地震能源。

震源药柱是在高密度聚乙烯制造的圆柱形壳体中装填主爆炸药而制成。国内常用的主爆炸药有梯恩梯、2 号岩石铵梯炸药、阿玛托炸药、水胶炸药、乳化炸药等。震源药柱规格主要为 1kg、3kg 和 5kg，相应的药柱直径为 ϕ85mm、ϕ90mm 和 ϕ95mm。

8.3.6 矿用炸药主要示性指标及测试方法[17,18,19]

矿用炸药的示性指标主要有：炸药的氧平衡、爆热、爆容、有毒气体组成及生成量、感度、殉爆距离、爆速、爆炸威力、猛度以及煤矿炸药的安全性指标等。这些指标概括为三类，即热化学指标。爆轰及爆炸性能指标，安全指标。

8.3.6.1 炸药的氧平衡

（1）炸药的氧平衡是指炸药所含可燃元素完全氧化后炸药中多余的或不足的氧量。它是设计混合炸药配方及确定炸药使用范围及使用条件的重要依据。

对一般由碳、氢、氧、氮四种元素组成的单质炸药或混合炸药，其实验式或等价分子式可用通式 $C_aH_bO_cN_d$ 表示，其氧平衡可按式（8-3）计算。

$$\text{氧平衡值} = \frac{\left[c - \left(2a + \frac{1}{2}b\right)\right] \times 16}{M} \ \text{g/g} \qquad (8-3)$$

式中 M——炸药的分子量，g。

氧平衡值也可用百分数表示，计算结果为正，表示氧量富余，称正氧平衡，为负，表示氧量不足，称负氧平衡，为零，则称零氧平衡。

对于工业混合炸药除了按整体算出 100g 炸药中各种元素的摩尔数，写出等价分子式，再代入式（8－3）计算氧平衡外，还可以分别查出或算出各成分的氧平衡，然后乘以该成分在炸药中的重量百分数，求其代数和。两种计算方法算出的结果相同。表8－24是一些矿用混合炸药组分的氧平衡。

（2）举例计算2号岩石铵梯炸药的氧平衡值

方法1：按炸药各组分的氧平衡值计算；

由表8－18查得其组分为硝酸铵85%，梯恩梯11%，木粉4%，再由表8－24查出各组分的氧平衡值。

得2号岩石铵梯炸药

$$氧平衡值 = (+0.2)\times 0.85 + (-0.74)\times 0.11 + (-1.38\times 0.04)$$
$$= +0.0334\text{g/g}$$

方法2：按整体计算，见表8－25。

表8－24　某些物质的氧平衡

名　称	分子式	分子量	氧平衡（g/g）
硝酸铵	NH_4NO_3	80	+0.200
硝酸钾	KNO_3	101	+0.396
硝酸钠	$NaNO_3$	85	+0.470
梯恩梯	$C_7H_5O_6N_3$	227	−0.740
黑索金	$C_3H_6O_6N_6$	222	−0.216
泰　安	$C_5H_8O_{12}N_4$	316	−0.101
硝化甘油	$C_3H_5O_9N_3$	227	+0.035
木　粉	$C_{39.7}H_{70.8}O_{28.6}$		−1.38
轻柴油	$C_{16}H_{32}$	224	−3.42
石蜡（凡士林）	$C_{18}H_{38}$	254	−3.46
沥　青	$C_{30}H_{18}O$	394	−2.76
铝　粉	Al	27	−0.89
硬脂酸	$C_{18}H_{36}O_2$	284	−2.93
司本－80	$C_{24}H_{44}O_6$	428	−2.39
十八烷胺	$C_{18}H_{39}N$	269	−3.038
尿　素	$CO(NH_2)_2$	60	−0.80
硝酸甲胺	$CH_6O_3N_2$	94	−0.34
松　香			−2.81

表8－25　2号岩石铵梯炸药元素组成

炸药成分	分子式	组成（%）	100克炸药内各种元素的mol数			
			C	H	O	N
硝酸铵	NH_4NO_3	85	0	4.25	3.188	2.125
梯恩梯	$C_7H_5O_6N_3$	11	0.339	0.242	0.291	0.145
木　粉	$C_{39.7}H_{70.8}O_{28.6}$	4	0.158	0.281	0.114	0
等价分子式			0.497	4.775	3.593	2.27

由等价分子式 $C_{0.497}H_{4.775}O_{3.593}N_{2.27}$ 按式（8－3）计算：

$$氧平衡 = \frac{[3.593 - (2\times 0.497 + 0.5\times 4.775)]\times 16}{100}$$

$= +0.0334(g/g) = +3.34\%$

8.3.6.2 爆热

（1）爆热是指在定容条件下，单位质量或1mol炸药爆炸时，放出的热量。通常用Q_V表示，单位是kJ/kg或kJ/mol，它是炸药极重要的能量参数。

（2）测试方法。主体装置为一个优质合金钢的量热弹，置于不锈钢制成的量热桶中，桶外是保温箱。可采用绝热式爆热测试系统或恒温式爆热测试系统测定。

试验时，用100g炸药，用雷管引爆，量测爆炸前量热桶中蒸馏水的温度T_0与爆后水的最高温度T，爆热实测值按式（8－4）计算：

$$Q_V = \frac{(C_W + C_L)(T - T_0) - q}{m} \tag{8-4}$$

式中 C_W——所用蒸馏水的总热容，kJ/℃；

C_L——试验装置热容，以当量的水的热容表示，可用苯甲酸进行标定；

Q_V——爆热实测值，kJ/kg；

q——雷管爆炸放热量，kJ，由试验确定；

m——受试的炸药量，kg。

爆热的测量，可与炸药爆容，爆炸气体组成或有毒气体测量结合进行。

8.3.6.3 爆容

（1）爆容是指单位质量炸药爆炸时，生成的气体产物在标准状态下所占的体积。通常用V_o表示，单位是L/kg。是衡量炸药做功能力的重要参数之一。

（2）测试方法。受试炸药（一般是100g）在20L比海尔弹中爆炸，爆炸气体冷却至室温后，通过压力计测量大气压力与产物压力差来求得炸药比容。

$$V_o = \frac{V(p_1 + p_2 - p_3 - p_4 - p_5) \times 273 \times 1000}{101325(273 + t)M} \tag{8-5}$$

式中 V_o——炸药比容，L/kg；

V——比海尔弹实际容积，L；

p_1——爆炸产物与大气压力之差，Pa；

p_2——大气压力，Pa；

p_3——爆前抽真空后，弹内剩余气体的压力，Pa；

p_4——每发雷管爆后在比海尔弹内形成的平均气体压力，Pa，由试验确定；

p_5——试验室温t℃下，空气的饱和水蒸气压力，Pa；

M——受试炸药的重量，g。

8.3.6.4 爆温

爆温是指炸药爆炸所放出的热量将爆炸产物加热到的最高温度。现尚无可靠的实验测定方法。多是根据一些假定从理论上进行估算。

8.3.6.5 有毒气体组成及生成量

炸药爆炸产物中的有毒气体主要是一氧化碳、氮的氧化物及硫化物等。目前主要采用实验室爆压弹和有关仪器与化学分析法测定。

8.3.6.6 炸药感度

指在外界能量的作用下，炸药发生爆炸反应的难易程度。库克提出把感度分为危险感度和实用感度。前者表示在制造、运输、贮存及使用中的危险程度。主要包括撞击感度、摩擦感度、爆发点、热感度、火焰感度、枪击感度及静电火花感度等，后者表示使用时爆轰的难易，主要包括起爆感度及殉爆距离等。从矿山爆破作业出发，一方面应降低其危险感度，从而保证炸药处理、使用时的安全性，另一方面要求保持一定的实用感度，以便可靠地起爆、传爆。下面仅介绍几种具有普遍意义的感度测试方法：

（1）撞击感度：在机械撞击作用下，炸药发生爆炸的难易程度。按 WJ1053－81 撞击感度测定法测定。

（2）摩擦感度：在机械摩擦作用下，炸药发生爆炸的难易程度。按 WJ1054－81“摩擦感度测定法”测定。

（3）爆发点：在一定的实验条件下，经过一定的延滞期后，炸药发生爆炸时的介质温度。通常采用的延滞期有五秒钟或五分钟。

五秒钟延滞期爆发点的测定按 WJ/Z109－82“炸药爆发点测定法”规定。

（4）起爆感度：指炸药在其他炸药（猛炸药或起爆药）的爆炸作用下发生爆炸的难易程度。通常用极限药量，即可使炸药爆轰的最小起爆药量来表示。矿用炸药一般按用工业雷管是否能可靠起爆来区分其起爆感度，如能用 8 号工业雷管可靠起爆则称该炸药具有 8 号雷管感度。对一些起爆感度较低的炸药，如粒状铵油炸药，浆状炸药等，必须采用起爆药柱起爆。

（5）火焰感度：在火焰作用下，炸药发生爆炸的难易程度。

（6）静电火花感度：在静电放电作用下，炸药发生爆炸的难易程度。采用“TGY－50 静电火花感度仪”测定。

（7）枪击感度：炸药被枪弹射击时，发生爆炸的难易程度。按 WJ/Z107－81“炸药枪击感度测定法”测定。

（8）热感度：在热的作用下，炸药发生爆炸的难易程度。按兵工计字第 1263 号文“乳化炸药技术条件”4－10“热感度试验方法”测定。

8.3.6.7 殉爆距离

殉爆时，主发药与被发药之间的距离。按 WJ300－65“硝铵炸药试验方法”6、7 部分规定的方法测定。单位为 cm。

8.3.6.8 爆速

炸药爆轰时爆轰波阵面沿炸药轴线或径向的传播速度，是爆轰波的重要参数之一。目前已有多种测试方法，应用较多的有测时仪测定法及导爆索测定法。单位为 m/s。

（1）导爆索法：按（84）兵工计字第 1263 号《乳化炸药技术条件（试行）通知》中炸药爆速的测定方法（二）。

（2）测时仪测定法：测试按 WJ1052－79“固体炸药爆速测定法”进行。

8.3.6.9 爆压

爆轰波 C－J 面上的压力。是爆轰波的重要参数之一。测定爆压的方法很多，这些方法在理论上及测定方法上都有不完善的地方，因而测定结果的分散性也较大。现在较常用的测试方法有：自由表面速度法，水箱法，空气激波法，电磁法等。单位为 Pa（或 MPa）。

8.3.6.10 威力

是指炸药爆炸时对周围介质所做的总功，又称炸药的爆力或炸药的做功能力，由于炸

表 8-26 我国矿用炸药分类及使用范围表

矿用炸药分类	炸药品种	使 用 范 围	炸药外观	包 装
铵油类炸药	粒状铵油炸药	干燥的中硬或中硬以下矿岩的露天爆破或大爆破工程	颗粒状	散装（中包或大包）
	1 号铵油炸药	干燥、无沼气、无矿尘爆炸危险的中硬以下矿岩的爆破工程	粉状	散装（中包或大包）
	2 号、3 号铵油炸药	干燥的中硬或中硬以下矿岩的露天大爆破工程	粉状	散装（中包或大包）
	铵松蜡炸药	潮湿的无沼气、无矿尘爆炸危险的中硬以上矿岩的爆破工程	粉状	散装（中包或大包）
	铵沥蜡炸药	潮湿的无沼气、无矿尘爆炸危险的中硬以上矿岩的爆破工程	粉状	散装（中包或大包）
	煤矿铵油炸药	露天煤矿和二级沼气危险的矿井中硬以下矿岩的爆破工程	粉状	散装（中包或大包）
	煤矿铵沥蜡炸药	潮湿的中硬以上矿岩爆破，适用于一、二级瓦斯矿井	粉状	药 卷
含水炸药	乳化铵油炸药	有水的或干燥的中硬和中硬以上露天爆破工程	乳胶体	散装（中包、大包）
	浆状炸药	有水的中硬以上矿岩的露天爆破工程	胶凝体	散装（中包、大包）
	煤矿浆状炸药	有水的中硬以上矿岩爆破，适用于煤矿井下使用	胶凝体	药 卷
	水胶炸药	有水的无沼气、无矿尘爆炸危险的中硬以上矿岩的爆破工程	胶凝体	药 卷
	煤矿水胶炸药	有水的中硬以上矿岩爆破，适用于一、二、三级瓦斯井	胶凝体	药卷或中包
	岩石乳化炸药	有水的无沼气、无矿尘爆炸危险的爆破工程	乳胶体	药卷、中包（或大包）
	露天乳化炸药	有水的露天爆破工程	乳胶体	散装（中包或大包）
	煤矿乳化炸药	有水的有沼气或煤尘爆炸危险的煤矿爆破工程	乳胶体	药卷、中包或大包
铵梯炸药	1 号岩石铵梯炸药	干燥的无沼气、无矿尘爆炸危险中硬、坚硬岩矿的爆破工程	粉状	药卷或散装
	2 号岩石铵梯炸药	干燥的无沼气、无矿尘爆炸危险的中硬及中硬以下岩矿的爆破工程	粉状	药卷或散装
	新 2 号岩石铵梯炸药	干燥或积水不多的无沼气、无矿尘爆炸危险的爆破工程	粉状	药卷或散装
	3 号岩石铵锑炸药	干燥的无沼气、无矿尘爆炸危险的爆破工程	粉状	药卷或散装
	4 号抗水岩石铵梯炸药	积水不多的无沼气、无矿尘爆炸危险的岩矿爆破工程	粉状	药卷或散装
	1 号露天铵梯炸药	干燥的中硬以上的矿岩露天爆破工程	粉状	散装（中包、大包）药卷
	1 号抗水露天铵梯炸药	潮湿的中硬以上矿岩露天爆破工程	粉状	药卷或散装
	1 号煤矿铵梯炸药	干燥的中硬以上矿岩的爆破工程，适用于一级瓦斯矿井	粉状	药卷或散装
	2 号煤矿铵梯炸药	干燥的中硬以上矿岩的爆破工程，适用于二级瓦斯矿井	粉状	药卷或散装
	3 号煤矿铵梯炸药	干燥的中硬以上矿岩的爆破工程，适用于三级瓦斯矿井	粉状	药卷或散装
	1 号抗水煤矿铵梯炸药	积水不多的中硬以上矿岩的爆破工程，适用于一级瓦斯矿井	粉状	药卷或散装
	2 号抗水煤矿铵梯炸药	积水不多的中硬以上矿岩的爆破工程，适用于二级瓦斯矿井	粉状	药卷或散装

续表 8-26

矿用炸药分类	炸药品种	使用范围	炸药外观	包装
铵梯炸药	3号抗水煤矿铵梯炸药	积水不多的中硬以上矿岩的爆破工程，适用于三级瓦斯矿井	粉状	药卷或散装
硝化甘油炸药	胶质炸药	有水的坚硬矿岩爆破不适于瓦斯矿井使用	塑胶体	药卷
	粉状硝化甘油炸药	坚硬小直径矿岩爆破，不适于瓦斯矿井使用	粉状	药卷
其他炸药	液体炸药	无沼气、无矿尘爆炸危险的中硬以上矿岩爆破工程	液态	塑袋、散装或药卷
	震源药柱	石油勘探	粉状、胶凝体、乳胶体	高密度聚乙烯圆柱筒装

药爆炸做功的绝对数值难以测量，现常用对比测试方法来评价炸药的威力。

（1）铅铸扩张值试验法：按 WJ-301-65“炸药爆力测试法”测定，单位为 mL。

（2）威力摆法（又称威力臼炮试验）：测出爆炸后炮体的最大摆角 α，按式（8-6）计算炸药的做功能力。

$$A = 9.81WL\left(1 + \frac{W}{\omega}\right)(1 - \cos\alpha) \tag{8-6}$$

式中 A——炸药爆炸功，J；

W——炮体重量，kg；

ω——炮弹重量，kg；

L——摆杆长度，m。

一般以梯恩梯为参比炸药，计算待测炸药的相对威力指数。

（3）水下爆炸测定能量：在水池中作大药量爆炸试验。测定测点外的压力—时间曲线及气泡膨胀周期，进而计算出炸药在水中爆炸的冲击能，气泡能及总能量。欧洲标准化国际组织（EXTEST）建议采用 1kg 和 8kg 两种药量进行水下爆炸试验。

8.3.6.11 猛度

炸药爆炸时，粉碎与其接触的介质的能力。其测试按 WJ302-65“炸药猛度测定法”进行铅柱压缩试验。单位为 mm。

8.3.6.12 煤矿炸药的安全性

炸药在矿井中爆炸后不易引爆沼气及可燃性矿尘的性质。目前世界各主要产煤国都是通过标准巷道试验，模拟井下条件来检验。我国对炸药安全性的检验采用发射臼炮，对安全性要求较高的四级煤矿炸药如被筒炸药，一般采用悬吊试验的方法。

8.3.7 矿用炸药分类及使用范围

我国矿用炸药在品种方面，基本上沿着硝铵炸药的方向发展，铵油炸药广泛采用，铵梯炸药保持优势，含水炸药崛起并迅速推广，硝化甘油炸药日趋减少，表 8-26 列出了我国矿用炸药的主要种类和应用范围。在产量方面，我国矿用炸药中铵梯类炸药和铵油类炸药占统治地位。我国民用炸药 1982~1986 年产量的比例统计如下：其中铵油炸药主要由矿山自行加工，其用量占金属矿山炸药总用量的 70% 左右，是采矿工程中用量最大的品种。

炸药品种	产量所占比例（%）
铵梯炸药	63.0
铵油炸药	29.0
含水炸药	7.5
其中：浆状炸药	3.0
水胶炸药	1.5
乳化炸药	3.0
胶质炸药	约0.1
其他炸药	约0.4

8.4 起爆器材与起爆方法[20,21]

8.4.1 导火索

导火索的作用是传递火焰。用于引爆火雷管和黑火药，也用来做秒差电雷管的延期体。导火索由索心和索壳构成、索心为黑火药，索壳由棉、麻或合成纤维线、纸条和防潮剂或塑料等被覆材料构成，工业导火索按燃速分，有普通导火索和缓燃导火索。

按部颁标准（WJ641－83），普通导火索应符合以下要求：药芯直径不小于2.2mm，外径5.2～5.8mm，燃速100～125s/m，喷火强度不小于50mm，燃烧时不得有断火、透火、外壳燃烧、爆声及速燃等现象，耐水时间不低于4h，塑料导火索不低于5h。在干燥、通风、温度不高于40℃的库房内贮存时，有效期为2年。

缓燃导火索的质量要求与普通导火索不同的是：药芯直径不小于2.5mm，外径5.9～6.1mm，每100mm长度索段的燃速偏差高秒量为1.5s，其余为1s。

导火索某些质量指标的检验方法：

燃速和燃烧情况：在一盘导火索两端距索头5cm以远剪取1m长索段10根。点燃索段的一端并按秒表开始计时，同时开始观察燃烧情况，至另一端喷火时再按秒表，10次测试和观察，应符合出厂要求。喷火强度及耐火试验按部颁标准（WJ641－83）进行。

8.4.2 导爆索

导爆索的结构与导火索大致相同，但药芯为猛炸药。外皮一般为红色或红白、红绿白线间绕。非煤矿用的品种有普通、抗水、高能和低能导爆索四种，抗水导爆索通常用塑料做外皮，此外还有供油、气井用的耐热导爆索，煤矿用的安全导爆索，其索壳含消焰剂。还有特制切割用导爆索，药芯装填细粒黑索金，用铅皮包覆。

国产导爆索有粉状和胶状药芯两种。粉状药芯以黑索金为主，普通导爆索装药12～14g/m，高能导爆索35～40g/m，低能导爆索6g/m，每米装药量的多少直接影响导爆索的爆速和起爆能力。胶状药芯由猛炸药与橡胶、树脂等捏合而成，装药量1～2g/m的导爆索药芯以泰安为主。药量较大的仍以黑索金为主，胶状药芯导爆索的装药密度较大，在每米装药量相同时，其爆速和起爆能力高于粉状药芯导爆索。

国产普通导爆索的技术标准（WJ759－73）是：药量12～14g/m，药芯水分不大于0.1%；爆速不小于6500m/s；外径5.8～6.2mm；2m长的导爆索能完全起爆200g梯恩梯药块；在0.5m深的水中浸24h，爆轰感度和传爆性能仍应合格；在50±3℃环境中经6h，－40±3℃经2h，用8号雷管起爆，爆轰感度和传爆性能应正常，受490N拉力后，应保持爆轰性能。贮存有效期2年。

普通导爆索某些质量指标的检验方法：

爆速：用电子测时仪或导爆索对比法（道特利什法）测定。

起爆能力：梯恩梯块尺寸 100mm × 50mm × 25mm，密度 1.5 ~ 1.59g/cm^3，重 200g，取 2m 长导爆索段，一端插入药块中心孔并沿药块长边绕三圈，然后用线绳捆扎，使导爆索与药块表面紧密接触。用 8 号雷管从另一端起爆，梯恩梯应爆轰完全。

爆轰感度和传爆性能：取 3m 长索段 1 根，1m 长索段 5 根，按图 8－8 联结，用 8 号雷管起爆，应完全爆轰。

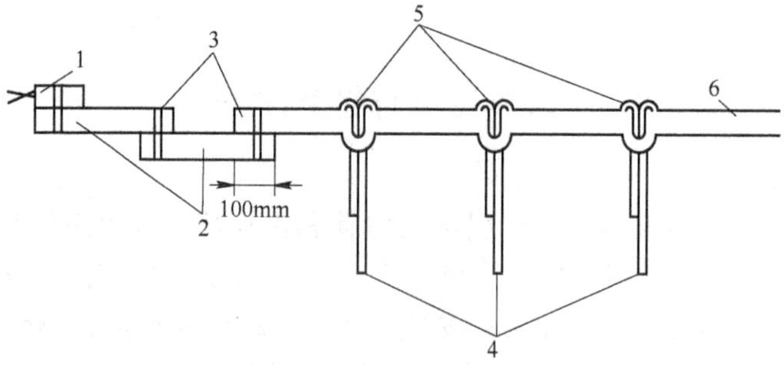

图 8－8 爆轰感度和传爆性能试验

1—8 号雷管；2—1m 长导爆索；3—线或细绳搭接；4—1m 长导爆索；5—束结；6—3m 长导爆索

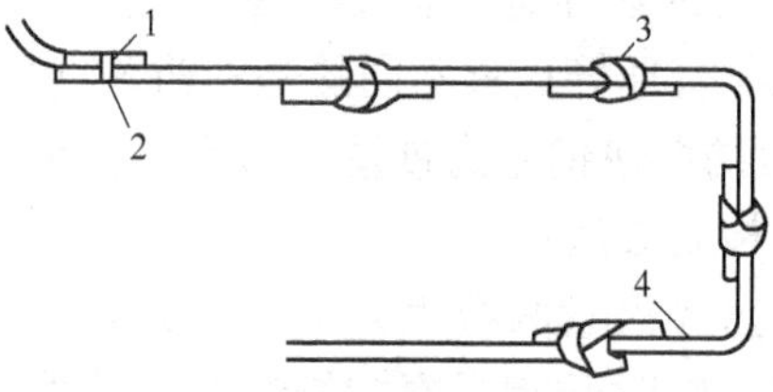

图 8－9 防水性能试验的连接方法

1—8 号雷管；2—线或细绳；3—水手结；4—1m 长的导爆索

耐水性：取 5m 长索段一根，卷成直径不小于 250mm 的索卷，两端头用防潮剂密封，放入深 0.5m、1.0 ~ 25℃的静水中，两端出水面，经 24h 后，切 1m 长索段 5 根，按图 8－9用水手结联结，用 8 号雷管起爆，应完全爆轰。

耐热性：取 5m 导爆索卷成直径不小于 250mm 的索卷，在（50 ± 3）℃保温 6h 后，取出检查外观，不应有防潮剂渗入药芯的现象。然后切成 1m 长的五段，按图 8－10 试验，应完全爆轰。

耐冻性：取 4m 长索段一根，3m 长的七根，在（－40 ± 3）℃冻 2h 后取出，立即按图 8－10 连接，此时索段不应有折断情况，起爆后应完全爆轰。

8.4.3 导爆管

导爆管起爆系统是瑞典诺贝尔公司最先发展的新技术，导爆管是该系统的主要元件，管体为外径 3 ± 0.1mm，内径 1.4 ± 0.1mm 的塑料管，管内壁涂以薄层炸药，炸药是奥克托金或黑索金外加铝粉和少量添加剂混匀而成。装药量 15 ~ 21mg/m，爆速 1600 ~ 2000m/s，由于药量很少，不能直接起爆炸药，不会损坏管体，仅用于起爆传爆雷管和点燃非电毫秒雷管。

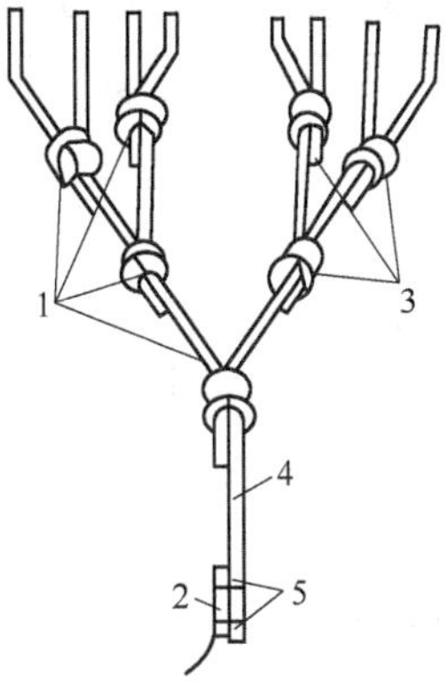

图 8-10 耐冻试验联结方法

1—3m 长的导爆索 4 段；2—8 号雷管；3—3m 长的导爆索 3 段；
4—4m 长的导爆索 1 段；5—线或细绳

导爆管传爆的基础是管道效应。在断药 5～10cm 的情况下能维持爆轰，能在较低速的起爆脉冲引爆后，自加速到稳定爆速。如果将导爆管的爆轰，简化为等效的均匀的理想气体爆轰，则可以计算出冲击波阵面参数，如表 8-27 所示。

表 8-27 导爆管的空气冲击波参数

爆速（m/s）	比容（cm^3/g）	波面压力①（MPa）	波面温度（K）	质点速度（m/s）
1500	166	2.4	1418	1195
1600	162	2.7	1576	1275
1700	159	3.1	1745	1373
1800	156	3.4	1924	1443
1900	154	3.8	2113	1530
2000	152	4.2	2316	1614

①简化的等效气体爆轰模型计算结果较实测压力稍低。

导爆管产品有两种装药量：16 ± 1mg/m 和 20 ± 1mg/m，爆速 1650 ± 30m/s 和 1950 ±50m/s。管体承受 70N 拉力仅伸长而不断裂（常温）。管端密封，20m 水深浸 16h，性能不变。用卡斯特落锤冲击，锤重 10kg，落高 1.5m 导爆管不起爆。长 700m 盘卷导爆管置于烈火上焚烧，只燃烧，不爆炸。导爆管在 +50～-20℃环境温度下性能稳定，但低温易脆裂，高温易软化，由于导爆管传爆中会迫使管体变形，膨胀变形会引起爆速降低，温度对爆速的影响如表 8-28 所示。

导爆管耐高压电能力：取 15cm 长的导爆管，装药量 16 ± 1mg/m。两端插入电极，极距 5～10cm，发火电压如表 8-29 所示。

8.4.4 火雷管

火雷管的结构如图 8-11 所示，管壳材料有铜、铝、铁、纸、塑料等几种，装药的爆炸力有 10 个等级（号码），常用有 6 号和 8 号两种。

按照火雷管的技术标准（参见 WJ1042-78），管壳的规格如表 8-30 所示，装药量标准如表 8-31 所示，装药后加强帽至管口的距离，金属壳不小于 10mm，纸、塑料壳不小于 15mm，火

表 8-28 不同温度下导爆管的实测爆速（m/s）

温度（℃）	装药量（mg/m）	
	16±1	20±1
70	1400±8.1	1689±24.2
50	1494±20.8	1863±4.7
34	1587±10.2	1936±17.1
22.5	1638±1.0	1958±6.6
14	1672±6.3	1991±9.0
0	1672±1.0	2008±20.5
-20	1674±5.1	2003±12.3
-42	1674±4.0	2009±7.3

表 8-29 导爆管耐高压试验

极距（cm）	电压（kV）	电容（pF）	耐压时间（min）	发火情况
5	53	300	瞬间	发火
	30	21600	5	不发火
	50	21600	5	不发火
10	62	21600	瞬间	发火
	50	21600	5	不发火
	30	300	5	不发火
	30	21600	5	不发火

雷管铅板穿孔试验按 WJ1044-78 进行，对 8 号雷管铅板厚 5mm，穿孔直径不小于雷管外径。振动试验（参见 WJ231-77，落高（150±2）mm，频率（60±1）次/分）时，不允许出现爆炸，洒药和加强帽松动。贮存有效期 2 年。

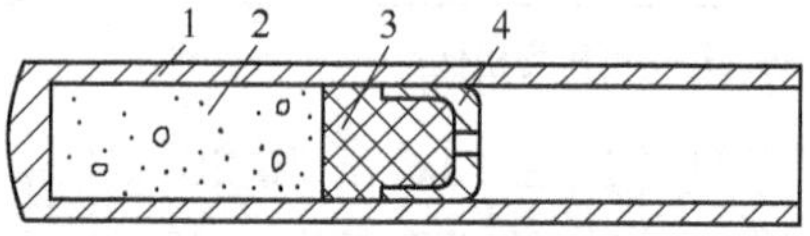

图 8-11 火雷管的结构

1—雷管壳；2—猛炸药；3—起爆药；4—加强帽

8.4.5 电雷管

8.4.5.1 瞬发电雷管

由电引火与火雷管装配而成，见图 8-12 和图 8-13，电引火由脚线，引火头和塑料塞构成。脚线为塑料绝缘外皮的铜线或铁线，铜线直径 0.45mm，每米电阻为 0.1～0.12Ω，铁线直径为 0.5mm。每米电阻 0.55～0.60Ω，引火头的电桥丝为镍铬丝（直径为 0.035～0.04mm）或康铜丝（铜镍合金，直径 0.045～0.05mm）两种，桥距 2.8～3.5mm。引火药头有硫氰酸铅-硫酸钾或木炭-氯酸钾（或外加 15% 二硝基重氮酚）两种，前者多用硝棉胶作黏结剂，后者多用骨胶或桃胶作黏结剂。

表 8-30 火雷管的管壳规格

品种		内径（mm）	长度（mm）
6号	金属壳	6.18~6.22	36±0.5
8号	金属壳	6.18~6.22	40±0.5
	纸壳	6.18~6.30	45±0.5
	塑料壳	6.18~6.30	49±0.5

表 8-31 火雷管的装药量规格（g）

品种	起爆药			猛炸药			
	二硝基重氮酚	雷汞	斯蒂芬酸铅/氮化铅	黑索金	特屈儿	黑索金/梯恩梯	特屈儿/梯恩梯
6号	0.3±0.02	0.4±0.02	0.1±0.02 0.21±0.02	0.42±0.02	0.42±0.02	0.5±0.02	
8号	(0.3~0.36) ±0.02	0.4±0.02	0.1±0.02 0.21±0.02	(0.7~0.72) ±0.02	(0.7~0.72) ±0.02	(0.7~0.72) ±0.02	(0.7~0.72) ±0.02

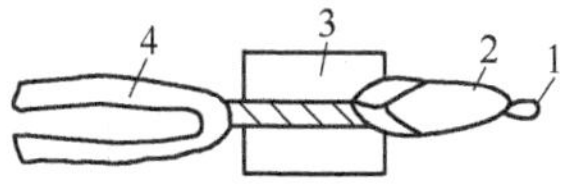

图 8-12 电引火

1—药头（引火药）；2—桥丝；3—塑料柱；4—脚线

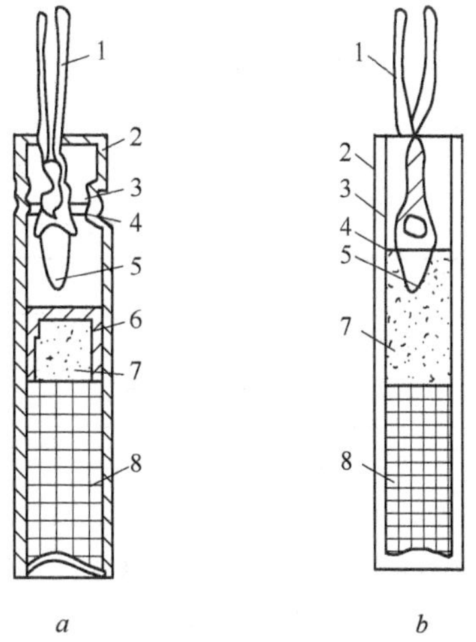

图 8-13 瞬发电雷管结构图

a—金属壳瞬发电雷管；*b*—纸壳直插式瞬发电雷管

1—脚线；2—管体；3—硫黄柱；4—纸垫；5—引火药；6—加强帽；7—起爆药；8—松装 DDNP

国产电雷管技术标准（参见 WJ1043-78）：2m 铁脚线雷管的全电阻：康铜桥丝者不大于4Ω，镍铬桥丝者不大于6.3Ω，封口牢固性应承受20N 荷重 1min，塑料塞无肉眼可见的移动，通以0.7A 直流电流必须发火，通以0.05A 直流电流 5min 不准许出现发火；串联性能：20 发雷管串联，康铜桥丝雷管通以 2A 直流电流，镍铬桥丝雷管通以 1.5A 直流电流，应全部发火。在符合 WJ231-77 震动机上进行振动试验（频率 60±1 次/分、落高 150±2mm），振动 5min 不允许爆炸，断桥，电阻不稳定、短路和结构损坏，铅板穿孔与火雷管的要求相同，贮存有效期2年。

国产康铜桥丝电雷管（桥丝直径0.05mm，硫氰酸铅－氯酸钾引火药）的电发火参数如表8－32。两种桥丝电发火参数的比较见表8－33。

8.4.5.2 毫秒延期电雷管

毫秒延期电雷管简称毫秒电雷管，又称微差电雷管，是一种电力起爆器材，延期时间以毫秒计。

A 结构

毫秒电雷管的结构如图8－14所示。

延期元件是毫秒电雷管的重要部分，在很大程度上决定延期时间和延期精度。一般有大直径装药（图8－14*a*、*b*、*c*）及小直径装药（图8－14*d*、*e*、*f*）两种类型。

B 延期时间系列

从雷管脚线通入足够大电流到雷管爆炸之间的时间称为微差电雷管的延期时间，它实际上由引火头的激发时间、传导时间、引火头火焰喷出时间、延期药燃烧时间和炸药反应时间组成。其中最主要的由延期药的配方和延期元件的长度（或延期药量）所决定。国产毫秒电雷管的延期时间系列如表8－34（见MT63－82及有关技术条件），段别标志如下：

段号	1	2	3	4	5	6	7	8	9	10	11
脚线颜色	灰红	灰黄	灰蓝	灰白	绿红	绿黄	绿白	黑红	黑黄	黑白	挂汉字牌

表8－32 康铜桥丝雷管的电发火参数

电发火特性	电流（A）									
	1.0		1.5		2.5		3.5		4.0	
	最大	最小	最大	最小	最大	最小	最大	最小	最大	最小
发火冲能（$A^2\cdot ms$）	50	41	43	29.3	19.4	18.1			14.4	13.6
发火时间（ms）	50	41	18.1	13	3.1	2.9			0.9	0.85
熔断冲能（$A^2\cdot ms$）	175	65	110.2	85.5	74.8	62.5	85.6	61.2	64	24
熔断时间（ms）	175	65	50	38	12	10	7	5	4	1.5

表8－33 不同桥丝电雷管的一些参数比较

桥丝材料	桥丝直径（mm）	桥丝电阻（Ω）	最大安全电流（A）	最小准爆电流（A）	额定发火冲能（$A^2\cdot ms$）
康 铜	0.047	1.2～1.33	0.30	0.425	14.9
镍铬合金	0.042	2.5～3.3	0.125	0.20	3.4

C 微差延期间隔时间

毫秒电雷管相邻两段延期时间之差称为微差延期间隔时间。根据微差爆破技术的要求，微差电雷管的延期系列和延期间隔，应该尽量满足矿山爆破中合理微差延期间隔时间选择的要求。为了使微差电雷管适用范围广，便于选择，所以国产毫秒电雷管的延期时间有几个系列，能提供几种不同延期间隔时间。

D 国产毫秒电雷管技术条件

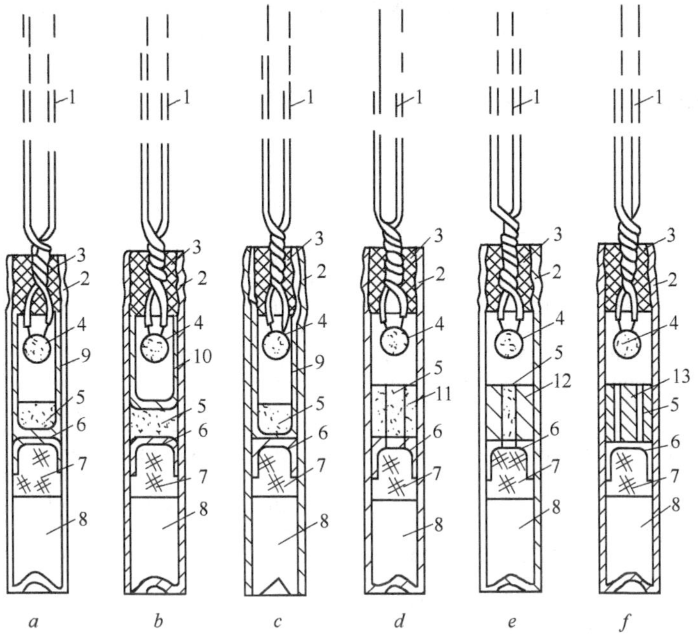

图 8－14 毫秒电雷管的结构

a—金属管壳大内管装配式；*b*—金属管壳直填式；*c*—纸管壳大内管装配式；

d—厚壁延期管装配式；*e*—单芯铅延期索装配式；*f*—多芯铅延期索装配式

1—脚线；2—雷管壳；3—塑料塞；4—引火头；5—延期药；6—加强帽；7—起爆药；8—猛炸药；9—大内管；

10—长内管；11—厚壁延期管；12—单芯铅延期索；13—多芯铅延期索

参见 MT63—82，WJ1043—78。

（1）外观：管壳外表无裂缝、砂眼、变形、污垢，底部残缺、封口塞松动、锈蚀等，内外壁无浮药。脚线无折断，绝缘外层完好，芯线不锈蚀。从每批中任意取 200 发雷管作外观检验。

（2）尺寸：纸壳雷管长度 45（或 50）mm，外径 8.5mm，内径 6.18～6.30mm。

金属壳雷管长度 60～90mm，外径 6.8mm，内径 6.18～6.22mm。脚线通常为 2m。根据用户要求，其长度可另行决定。

（3）装药：同火雷管装药量，见表 8－31。

（4）铅板穿孔试验：同火雷管。

（5）震动试验：同电雷管震动试验。

（6）封口牢固性试验：荷重 1kg，新标准 2kg 持续 1min，封口塞不松动、不脱落，电阻正常。取经震动试验合格的 10 发雷管作静拉力试验。

（7）浸水试验：不作正常验收项目，无统一标准，可视具体要求而动。

（8）分段标志如上介绍，其延期时间见表 8－34。

（9）电参数：

电阻：取经外检验合格的 40 发雷管进行电阻检验。不允许有断路、短路、电阻不稳或超出表 8－35 范围的情况。

表8-34 我国毫秒电雷管延期时间（ms）

段别	第一系列		第二系列		第四系列 LYG30D900		G-1 系列		MG803-A 系列	
	延时	间隔	延时	间隔	延时	间隔	延时	间隔	延时	间隔
1	<13		<5		5^{+10}_{-5}		<13		<10	
2	25±10	12	25±5	25	25±10	20	25±10	25	25±7.5	15
3	50±10	25	50±5	25	45±10	20	50±10	25	40±7.5	15
4	75^{+15}_{-10}	25	75±5	25	65±10	20	75±10	25	55±7.5	15
5	110±15	35	100±5	25	85±10	20	100±10	25	$70^{+10}_{-7.5}$	15
6	150±15	40	125±7	25	105±10	20	125±10	25	90±10	20
7	200^{+20}_{-25}	50	150±7	25	125±10	20	150±10	25	110±10	20
8	250±25	50	175±7	25	145±10	20	175±10	25	130±10	20
9	310±30	60	200±7	25	165±10	20	200±10	25	150±10	20
10	380±35	70	225±7	25	185±10	20	225±10	25	$170^{+12.5}_{-10}$	20
11	460±40	80			205±10	20	250±10	25	195±12.5	25
12	550±45	90			$225^{+12.5}_{-10}$	20	275±10	25	220±12.5	25
13	650±50	100			250±12.5	25	300±10	25	245±12.5	25
14	760±55	110			275±12.5	25	325±10	25	270±12.5	25
15	880±60	120			$300^{+12}_{-12.5}$	25	350^{+20}_{-10}	25	$295^{+17.5}_{-12.5}$	25
16	1020±70	140			330±15	30	400±20	50	330±17.5	35
17	1200±90	180			$360^{+17.5}_{-15}$	30	450±20	50	365±17.5	35
18	1400±100	200			395±17.5	35	500±20	50	400±17.5	35
19	1700±130	300			$430^{+20}_{-17.5}$	35	550±20	50	435±17.5	35
20	2000±150	300			470±20	40	600±20	50	470±17.5	35
21					510±20	40			520±25	50
22					550±20	40			570±25	50
23					590±20	40			620±25	50
24					630±20	40			670±25	50
25					670±20	40			720±25	50
26					710±20	40			770±25	50
27					750^{+25}_{-20}	40			820^{+30}_{-25}	50
28					800±25	50			880±30	60
29					850±25	50			940±30	60
30					900^{+20}_{-25}	50			1000±30	60

表 8－35 我国工业电雷管常用电阻值

脚线材质	桥 丝 材 质	电阻（Ω）		备 注
		桥丝电阻	全电阻	
铜线	镍铬 ϕ（35～40）μm	1.5～3.3	不大于4	脚线长度2m
铁线	镍铬 ϕ（35～40）μm	1.5～3.3	不大于6.3	脚线长度2m

最大安全电流（单发）：通以恒定直流电流时，在 30s 内不应爆炸的最大电流。最大安全电流不应低于0.1A。

最小发火电流（单发）：指通以恒定直流电流时，在 30s 内爆炸的最小电流。最小发火电流不应高于0.6A。

串联准爆电流：取经震动试验合格的 20 发电雷管串联连接，通以恒定直流电时，应全部爆炸。其电流值不应大于1.2A（该项试验可与铅板穿孔试验一并进行）。

延期时间：是毫秒电雷管最主要的指标之一，测量延期时间常用仪表有 PT－1 型时间间隔测量仪，DT－1 型电雷管特性测量仪。BQ－Ⅱ型综合参数测试仪，BSW－2 五段爆速仪，SBD－1 单段爆速仪，LGS－1 型毫秒雷管计时仪等。

E 延期时间验收方法

过去一直按原燃化部 RH－73 的规定，每批抽样 10 发测定延期时间，按规定的各段延期时间范围（极差）来验收，在煤炭工业部 1982 年重新颁布的《短延期电雷管》（MT63－82）中采用了数理统计方法（用双侧有限计量值的抽样方案，以上下两段名义秒量的中间值作为标准限）来验收。

F 国外毫秒电雷管概况

国外一些国家毫秒电雷管的品种很多，延期时间各异。如瑞典诺贝尔公司的 VA 型高精度毫秒电雷管有 1～35 段，根据用户要求，还可在 1～10 段之间，插入 13ms 的间隔的所谓“半段”产品，这样总共可达 45 段。在 VA 型雷管的基础上，又改进为 NAF 型、VA－OD 型、VA－G 型等新的品种。NAB 型 1～30 段，总延期时间9～500ms。VA－OD 型具有较好的防水能力，在常温常压的 20m 水下，浸泡 7 天，其起爆性能不变。VA－G 型提高了脚线的耐磨性，适用于地下铁矿深孔爆破工业，英国 ICI 诺贝尔炸药公司生产的 L 系列 1～30 段，总延期时间 30～845ms，基本上视为等间隔。美国阿特拉斯公司生产 1～38段，总延期时间 8～3250ms。苏联生产高精度毫秒电雷管 1～30 段，总延期时间 15～1000ms。各国生产毫秒电雷管的情况表明，都在向增加段数、提高延期精度、缩短总延期时间的方向发展。另一个发展趋势是，许多国家都研制和生产具有各种不同程度的抗杂、抗静、抗射频的微差电雷管。尤其引人注目的是英国 ICI 公司研制和生产一种 Magnadet 高频电磁电雷管，具有防杂、防静电、防射频和防雷电的性能。

8.4.5.3 秒延期电雷管

如图 8－15，在电引火头和起爆药之间装配秒延期元件，就构成秒延期电雷管，延期元件由导火索段或由无气体产物的延期药制成，延期时间主要决定于索段长度和延期药的药量、配方、装药直径和压药压力。

国产秒延期电雷管的规格见表 8－36。

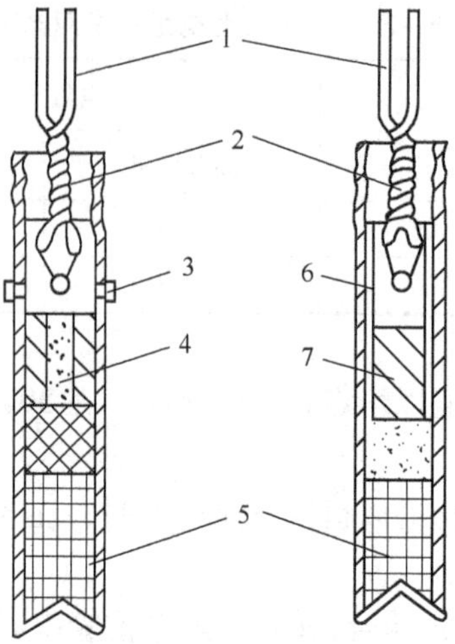

a　　*b*

图8-15　秒延期电雷管的结构

a—索式结构半秒延期电雷管；*b*—装配式结构半秒延期电雷管

1—脚线；2—电引火件；3—排气孔；4—精制导火索；5—火雷管；

6—延期体壳；7—延期药

表8-36　国产秒延期电雷管的延期时间

段　别		1	2	3	4	5	6	7	8	9	10
延期时间(s)	规格1	<0.1	1.5±0.6	3+0.7	4.5+0.8	6+0.9					
	规格2	<0.1	2±0.4	4±0.6	6±0.8	8±0.9	10±1.0	12±1.1			
	规格3	<0.1	1.0+0.5	2.0+0.6	3.1+0.7	4.3+0.8	5.6+0.9	7.0+1.0			
	规格4	<0.1	0.5±0.2	1.0+0.2	1.5±0.2	2.0+0.2	2.5±0.2	3.0±0.2	3.5±0.2	4.0±0.2	4.5±0.2

8.4.5.4　抗杂电，抗静电毫秒电雷管

随着矿山机械化和电气化程度的提高，杂散电和静电威胁着电雷管爆破作业的安全，抗杂电，抗静电雷管是为了克服这种威胁而发展起来的。

国产抗杂电雷管分为无桥丝间隙式和低电阻桥丝式两种。无桥丝间隙式雷管用一种既能导电又能发火的导电药代替桥丝。导电药具有非线性电阻，在低电压（如杂散电压）下电阻很大，可以抗杂电，在高电压下（起爆电压）电阻迅速减小，保证成群准爆。其主要技术指标：电阻50~400Ω；5V直流电压作用5min不发火；15V直流电压作用必须发火；导电引火药头作用时间小于13ms的电压：单支27伏/发。串联20伏/发；20发串联通以380V交流电应全部准爆；-20℃恒温5h，+55℃恒温2h发火特性符合要求。串并联网络的额定成群起爆发数：QLDF-1000型起爆器120发；GM-2000型起爆器400发；380伏交流电400发。低电阻桥丝式抗杂电雷管用紫铜丝作为桥丝，在杂散电流作用下桥丝不致发热到引燃引火药头，它的发火冲能很大，须用特制的BCJX-5040起爆器引爆。该雷管的紫铜桥丝直径有0.04mm和0.06mm两种规格，最小发火电流1.8A和2.8A6ms发火电流7.5A和11.8A，用BCJX-5040起爆器的额定起爆器发数：单串联：190发和100发，两串并联：300发和140发。

国产的两种抗杂电雷管的结构，除引火药头外，与普通电雷管相同，故它们的爆炸性能与工业 8 号雷管相同。如果装配延期元件，则构成毫秒或秒延期抗杂电雷管，并符合相应的延期时间技术标准。

抗静电雷管有三种类型：阻泄式、漏泄式和抗静电引火药。前两种可防止脚线与管壳间放电。第三种对桥丝放电和脚线—管壳放电兼有防护作用。我国已在矿山试用过的品种属于漏泄式，见图 8－16。

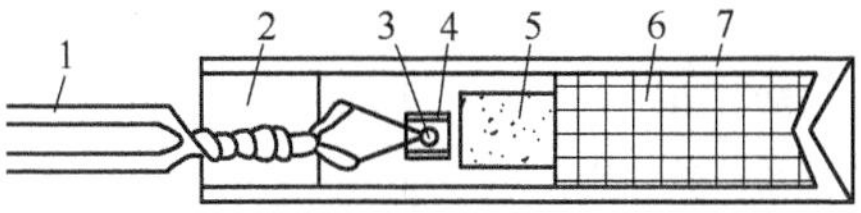

图 8－16 抗静电雷管结构图

1—裸脚线；2—塑料塞；3—药头；4—加强帽；5—起爆药；6—副装药；7—管壳

8.4.5.5 电子延期电雷管（IED）[22]。

如图 8－17，电子延期电雷管由火雷管、电容和集成电路延期元件构成，后者控制贮能电容放电引爆雷管。其起爆由特制的起爆器—微机点火讯号发生器自动执行，这种雷管的优点：（1）可以根据指令实现任意延时作用；（2）延期元件的精度为 ±10ms，雷管的作用时间达到瞬发雷管的最高精度；（3）抗电干扰能力强；（4）采用双二进制保安程序码，两个编码分别由制造厂和用户设定，使他人无法开动起爆器。这种雷管的缺点是成本较高。

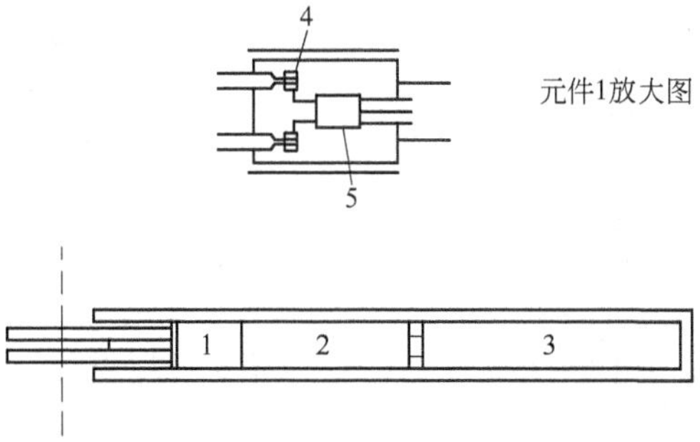

图 8－17 电子延期电雷管

1—集成电路盒；2—电容放电元件；3—瞬发雷管；4—焊接头；5—集成片（2.4mm×2.4mm）

8.4.5.6 无起爆药雷管

无起爆药雷管是我国发明的新技术，它的核心是一个小型的起爆元件，取消了常用的起爆药，因而使用安全，又能确保猛炸药在其中由燃烧转变为稳定爆轰。无起爆药的电或非电毫秒雷管的结构如图 8－18，它们的电或非电引火机构与普通雷管完全相同，故不需特制的起爆器而实现成群起爆。延期时间的规格如表 8－37 所示。威力、发火参数、抗水和耐高低温能力，贮存保证期等均达到或优于普通雷管的技术标准。

8.4.6 非电瞬发雷管和非电延期雷管

非电瞬发雷管由导爆管或低能导爆索、塑料柱塞和火雷管构成，非电延期雷管则加延

表 8-37 无起爆药的非电和电毫秒延期雷管秒量规格

段 别	延时（ms）	段别	延时（ms）
1	<13	11	490 ±45
2	25 ±10	12	600 ±50
3	50 ±10	13	720 ±50
4	75 ±10	14	840 ±50
5	100 ±10	15	990 ±75
6	150 ±20	16	1200 ±110
7	200 ±20	17	1450 ±110
8	250 ±20	18	1700 ±110
9	310 ±20	19	1950 ±110
10	390 ±45	20	2200 ±110

期元件和消爆机构（通常含于塑料柱塞中），如图 8-19 所示。产品延时规格见表 8-38。参见技术条件（81）五机字第 1649 号。其他性能指标与电雷管相同。

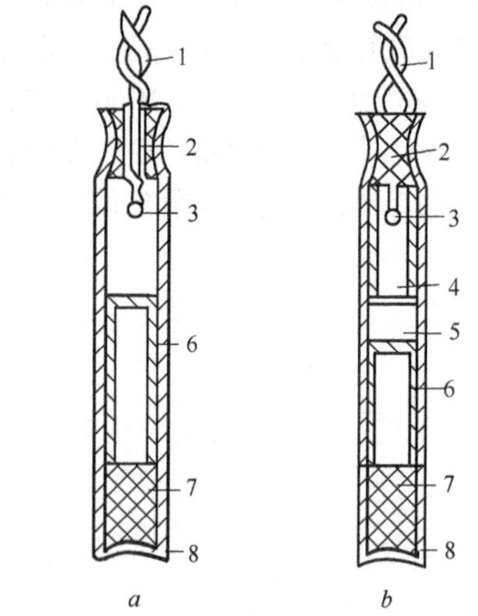

图 8-18 无起爆药毫秒电雷管结构
a—瞬发雷管；*b*—延期雷管；
1—脚线；2—塑料塞；3—点火头；4—延期管；
5—延期药；6—起爆元件；7—黑索金；8—管壳

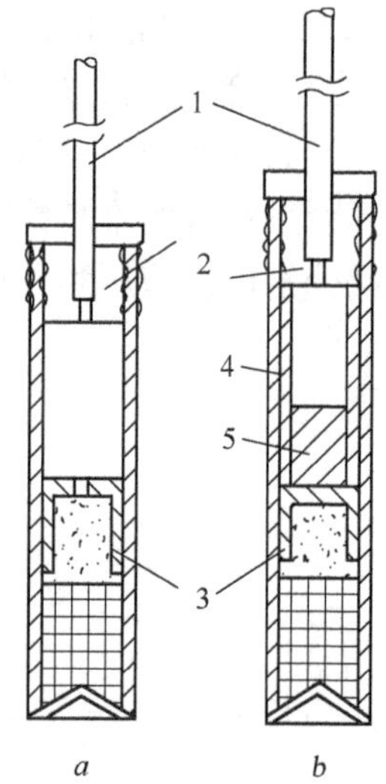

图 8-19 导爆管或低能导爆索与雷管相接
a—非电瞬发雷管；*b*—非电延期雷管；
1—导爆管或低能导爆索；2—塑料连接塞；3—瞬发雷管加强帽；4—延期体壳；5—延期药

8.4.7 其他起爆器材

8.4.7.1 毫秒继爆管

毫秒继爆管是与导爆索配合使用实现微差爆破的一种起爆器材，有双向继爆管和单向继爆管两个品种。

单向继爆管是不对称的结构，如图 8-20*a*，只能从主动端（如与连接管 11 连接的导爆索）起爆时，才能起到预期的延期和起爆作用，因此使用时切不可接反方向。

双向继爆管是一个对称的结构，如图 8-20*b*，从任一端起爆导爆索时，均可起到预定的延期和起爆作用。

国产继爆管的延时规格：单向：10 ±7、30 ±10 和 50 ±10、75 ±10ms。双向：10、

表 8-38 非电延期雷管的延期时间（ms）

段别	导爆管—非电雷管					国产低能导爆索非电雷管
	中国 DH-1	中国 DE-1	中国 MG803-B	瑞典 NONEL	中国 半秒延期	
1		50±15	<10		<0.01	<13
2	25±100	100±20	25		0.5±0.2	25±10
3	50±10	150±20	50	75	1.0±0.2	50±10
4	75±10	250±30	75	100	1.5±0.2	75±10
5	100^{+20}_{-10}	370±40	100	125	2.0±0.2	100^{+20}_{-10}
6	150±20	390±50	125	150	2.5+0.2	150±20
7	200±20	610±60	150	175	3.0+0.2	200±20
8	250±20	780±70	175	200	3.5±0.2	250±20
9	310±25	980±100	200	225	4.0±0.2	310±25
10	390±40	1250±150	225	250	4.5+0.2	390±40
11	490±45		250	275		490±45
12	600±50		275	300		500±50
13	720±50		300	325		720±50
14	840±50		325	350		840±50
15	990±75		350	375		990±75
16			400	400		
17			450	500		
18			500	600		
19			550	700		
20			600	800		
21			650	900		
22			700	1000		
23			750	1150		
24			800	1300		
25			850	1450		
26			950	1600		
27			1050	1750		
28			1150	1900		
29			1250	2050		
30			1350			

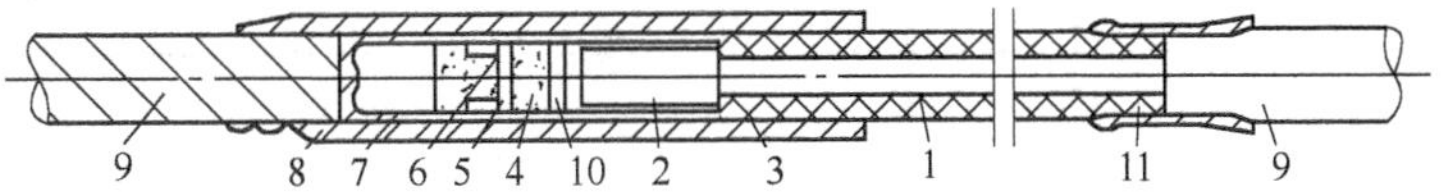

a

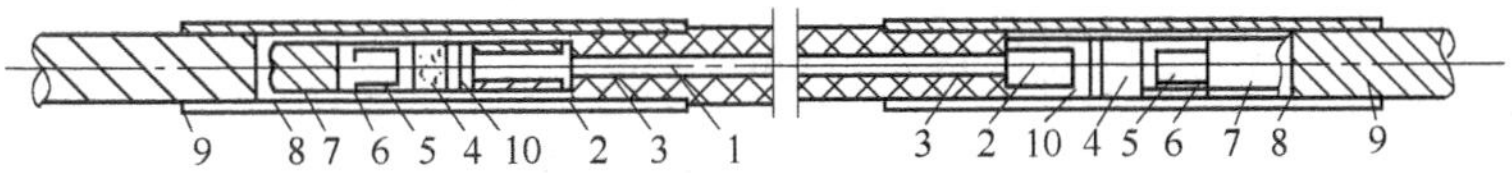

b

图 8-20 继爆管的结构

a—单向继爆管；*b*—双向继爆管；

1—消爆管；2—长内管；3—外套管；4—延期药；5—加强帽；6—二硝基重氮酚；7—黑索金；8—雷管壳；9—导爆索；10—纸垫；11—连接管

20、30、40、50ms，爆炸可靠性大于99.7%，使用温度-40~55℃，耐拉力150N，3min。

8.4.7.2 煤矿许用电雷管

用于有沼气和煤尘爆炸危险的煤矿的煤矿许用电雷管，根据煤炭部标准MT64-82有瞬发和毫秒延期两种。其特点：（1）平底管壳，以避免聚能穴形成高温金属流；不允许采用铝管壳和铝脚线；（2）延期药和猛炸药中加消焰剂；（3）减小延期药直径，采用多芯延期元件；（4）爆破总延期时间不大于130ms。

8.4.7.3 油井电雷管

油井电雷管是射孔弹的部件，用以引爆射孔弹中的导爆索，分为枪身油井雷管和无枪身油井雷管两种。管壳厚而坚实，密封性强，在125℃和35~38MPa压力下能可靠作用，起爆药为0.3g氮化铅，猛炸药量2.3g，为普通雷管的3~4倍，以保证在油井（深度300m以内）的恶劣环境内正常起爆。

8.4.7.4 气体传爆管的起爆系统

由美国大力神公司（Hercules）于70年代发明，目前已生产毫秒和长延期两个延期系列，并于1981年开始在地下和露天矿山推广。该系统的核心元件是气体传爆管，由塑料管构成，用做干线的传爆管外径6.35mm、内径3.18mm，一端与起爆器的爆炸室相连。另一端与支线传爆管联结，支线管的外径3.3mm，内径1.52mm。直接与雷管相连。当可燃气与氧气（或压缩空气）按一定配比（由流量计控制）在爆炸室中混合后送入传爆网路（经先检查确认无漏气和堵塞情况），随后由爆炸室点火，气体爆轰波以3000m/s的速度经干线和支线传入雷管，经消爆后点燃延期药实现延期分段爆破。某些可燃气—氧气混合物的传爆速度如表8-39所示。

表8-39 某些可燃气—氧气在气体传爆管中的爆速

可燃气流量（L/min）	氧气流量（L/min）	爆速（m/s）
4.87（氢）	2.0	3050
1.4（乙炔）	1.4	3500
0.25（丙烷）	1.4	2746
2.0（甲烷）	6.0	967

8.4.8 起爆方法与网路

8.4.8.1 导火索—火雷管起爆法

逐个点火：导火索长度应保证爆破员逐个点燃导火索的时间和撤至安全地点的时间，可由式（8-7）计算，但长度不得小于1.2m。

$$L = \frac{1}{v}(t_1 + t_2 + 60) \tag{8-7}$$

式中 L——导火索的长度，m；

v——导火索的燃速，s/m；

t_1——总点火时间，s；

t_2——爆破员撤离至安全地点的时间，s。

成群一次点火：为减少事故和提高效率，可用导火索－铁皮三通，电阻丝等方法一次点燃成群导火索－火雷管装药。

8.4.8.2 导爆索起爆法

可以有串联、并联、簇联、串并联网路。通常用继爆管实现分段微差爆破。单项并联网路实例如图8－21所示，双向并联网路实例如图8－22所示。

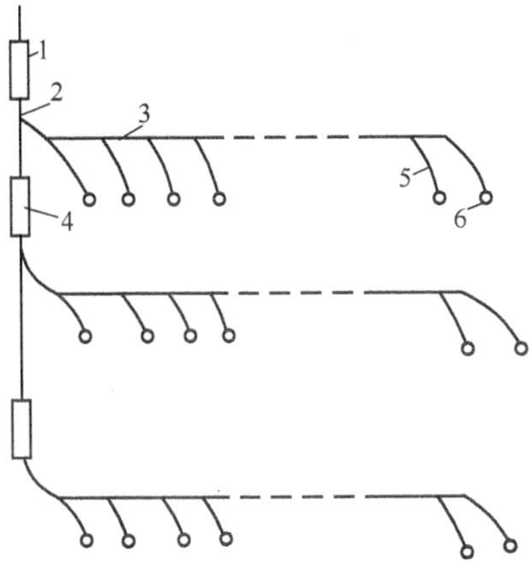

图8－21 单向分段并联网路

1—雷管；2—主干索；3—分支干索；4—继爆管；5—炮孔引索；6—炮孔

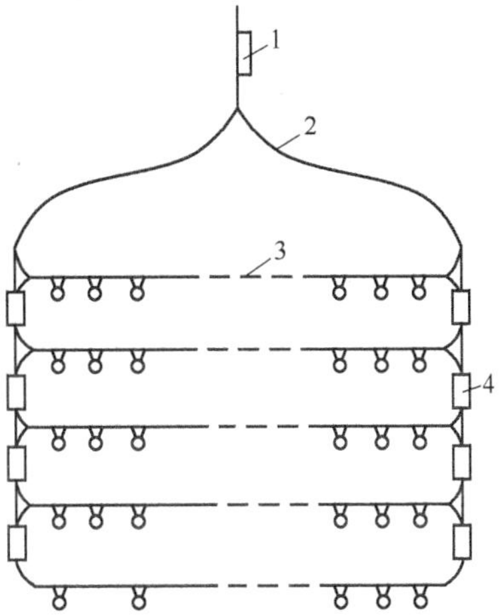

图8－22 双向分段并联网路

1—雷管；2—主干索；3—分支干索；4—继爆管

8.4.8.3 导爆管－非电雷管起爆方法

导爆管可由雷管、导爆索引爆，还可用火帽（起爆枪）或起爆电笔引爆。由于它们不能搭接传爆，故必须通过联结元件组成串联、并联、簇联、串并联及加强复式起爆网路，连接方法有胶布捆扎，橡皮筋捆扎，联结块连接，延期四通及多通联结管连接等，常用联结传爆元件见图8－23。

导爆管－非电毫秒雷管起爆的一个显著优点，是既可以实现孔内延期爆破（联结传爆元件为瞬发型，如非电瞬发雷管、导爆管、多通联结管等），也可以实现孔外延期爆破（传爆元件为非电毫秒雷管，延期四通管等）。在露天台阶开挖时，如果采取沿台阶走向后退式逐次延时，利用孔外延期技术，可用2～3个段别的非电毫秒雷管实现多段延期爆破。在地下井巷或采场爆破中，采用孔外延期爆破应注意防止先爆炮孔的冲击波打断孔外延时网路，通常宜用孔内延期爆破。

8.4.8.4 电力起爆方法和起爆网路计算

A 起爆方法

电雷管起爆网路可采取串联、并联、簇联以及三种联结的组合网路，它们经输电线与起爆电源相连，就形成电力起爆网路。

输电线可采用单股或多股的铜线或铝线，其规格见表8－40和表8－41。

起爆电源有直流（干电池或蓄电池）、脉冲（电容式或发电机式起爆器）和交流（交流动力电）等三种。

正确的电力起爆网路设计应保证雷管准爆连接简易，且输电线成本较低。为此必须：（1）确保雷管电发火参数的一致性，应使用同厂、同批号的产品，（2）使通过各并联

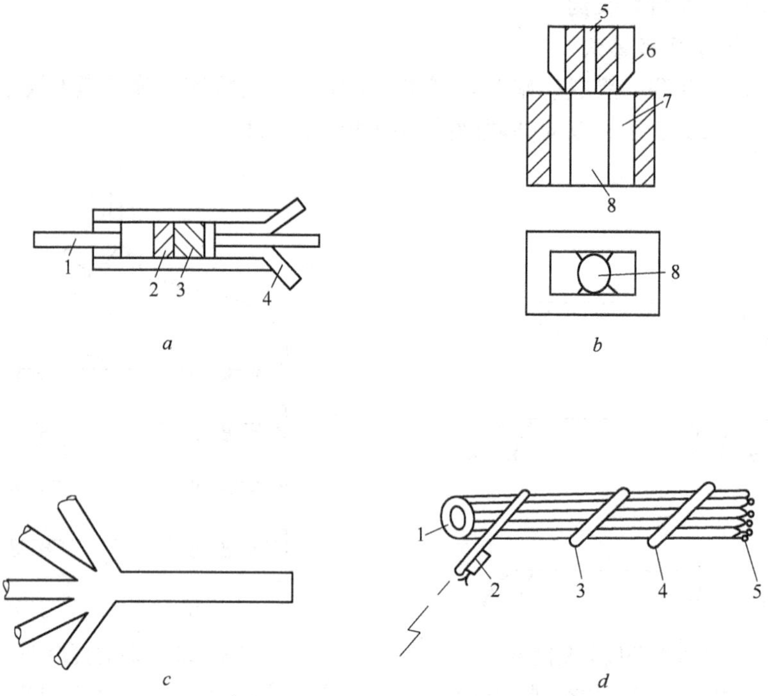

图8－23　导爆管连接传爆元件

a—延期四通管；*b*—联结块；*c*—多用连接管；*d*—导爆索斜绕导爆管木芯棒联结

1—主导爆管；2—延期药；3—起爆药；4—被动导爆管；5—引爆雷管；6—导爆索；7—导爆管；8—木芯棒

支路的电流尽可能相等，且流经每个雷管的电流：一般爆破时，交流电不小于2.5 A，直流电不小于2A，大爆破时，交流电不小于4A，直流电不小于2.5A。

B　电力起爆网路的计算

a　计算电力起爆网路的目的

（1）求出网路的总电流及电压，以便正确选取起爆电源。

（2）计算各雷管的电流，保证每个雷管都准爆。

（3）调节网路参数，使各支路的电流基本相等，保证同时点燃雷管，不出拒爆事故。

（4）事先算出网路和各支路的电阻，以便联结完了之后，能够用专门仪表检查其联结是否准确可靠，在起爆之前排除隐患。

b　简单串并联网路的计算

设每支雷管的电阻为 r（包括桥线和脚线电阻）n 个雷管串联成一支路；m 条支路再并联在一起，那么网路的总电阻是

$$R = \frac{n}{m}r,\Omega \tag{8-8}$$

式中　R——串并联后的网路总电阻，Ω；

r——每个雷管的电阻，Ω；

表 8-40 常用胶皮铜线规格

截面积 (mm^2)	股数/单股直径 (mm)	橡皮厚度 (mm)	安全电流 (A)	电 阻 (Ω/km)	容许电压 (V)
0.75	1/0.97	1.0	13	23.3	110~220
1.0	1/1.13	0.6	15	17.5	110~220
1.5	1/1.37	0.6	20	11.7	110~220
2.5	1/1.76	0.6	27	7.0	110~220
4.0	1/2.24	0.6	36	4.4	110~220
6.0	1/2.73	1.0	46	3.9	110~220
0.636	1/0.9	0.9	10	27.3	220~380
0.785	1/1.0	0.95	12	22.5	220~380
1.131	1/1.12	0.95	17	15.5	220~380
1.539	1/1.4	1.0	20	11.35	220~380
2.011	1/1.6	1.0	23	8.8	220~380
2.545	1/1.8	1.0	27	7.0	220~380
3.142	1/2.0	1.16	31	5.6	220~380
4.155	1/2.3	1.16	36	4.1	220~380
5.029	1/2.6	1.16	42	3.5	220~380
16.00	7/1.68	0.8	92	1.1	110~380
25.00	7/2.11	0.8	123	0.7	110~380
16.00	7/1.33	1.2	68	1.75	110~220
25.00	7/2.11	1.4	123	0.7	110~220
4.50	7/0.9	1.16	40	3.9	220~380
5.50	7/1.0	1.22	43	3.18	220~380
8.00	7/1.2	1.27	60	2.17	220~380
11.20	7/1.4	1.32	70	1.56	220~380

表 8-41 常用塑料导线技术特性表

导线型号	标准截面 (mm)	根数/单股直径 (mm)	绝缘厚度 (mm)	安全电流 (A)	电 阻 (Ω/km)	参考重量 (kg/km)
BV 型 铜芯聚氯乙烯绝缘电线	0.75	1/0.97	0.8	15	23.5	12.51
	1.00	1/1.13	0.8	18	18.4	15.27
	1.50	1/1.37	0.8	22	12.5	20.25
	2.50	1/1.76	1.0	30	7.49	33.03
	4.00	1/2.24	1.0	40	4.64	48.43
	6.00	1/2.73	1.0	50	3.11	67.50
	10.00	7/1.33	1.2	75	1.83	113.38
	16.00	7/1.68	1.2	100	1.12	171.34
	25.00	7/2.11	1.4	130	0.722	264.83
	35.00	7/2.49	1.4	160	0.519	358.16
BLV 型 铝芯聚氯乙烯绝缘电线	2.5	1/1.76	1.0	23	11.9	18.0
	4.0	1/2.24	1.0	30	7.37	24.4
	6.0	1/2.73	1.0	39	4.49	31.3
	10.0	7/1.33	1.2	55	2.97	52.4
	16.0	7/1.68	1.2	75	1.86	74.0
	25.0	7/2.11	1.4	100	1.17	111.35
	35.0	7/2.49	1.4	125	0.84	144.43

n——每支路中串联的雷管数目；

m——并联的支路数目。

当电爆网路用放炮输电线（母线）接到起爆电源，则网路的总电流及通过每个雷管的电流由（8-9）、（8-10）式给出

$$I = \frac{E}{r_o + R_o + R} \tag{8-9}$$

$$i = \frac{I}{m} \tag{8-10}$$

式中 I——网路总电流，A；

E——电源的电动势，V；

r_o——电源内阻，Ω；

R_o——放炮输电线（母线）电阻，Ω；

i——每支路也即通过每个雷管的电流，A。

在设计电爆网路时，每条并联支路的电阻值应该是相等的，以保证各雷管所得电流相同，在必要时应配置假雷管（负载电阻）达到这个目的。

c　用电容起爆器作起爆电源

这时电源电压随放电时间而下降，并非是稳定直流，采用开始放电到点燃雷管所需时刻的电压作为计算电压，即用（8-11）式中的 U_t 代替式（8-9）E 来计算

$$U_t = U\exp\left[\frac{-t}{(R + R_o)C}\right] \tag{8-11}$$

式中 U_t——电容起爆器的相当起爆电压，V；

U——电容起爆器的充电电压，V；

C——电容起爆器的充电电容，F；

t——点燃雷管的放电时间，$t \approx 2.5 \times 10^{-3}$ s。

应当注意上式中 C 为起爆器对外的放电电容量，用 F 作单位。如果内部用 S 个电容量为 C_1 的电容串联，则

$$C = C_1/S \tag{8-12}$$

d　梯格并联网路计算

在大量炮孔的电爆网路里，各支路并非都直接连到放炮输电线（母线）的一个点上。而是用连接线将各支路依次相并联，最终用一段连接线再联到输电线（母线上）形成梯格并联网路的形式。由于连接线的电阻不可忽略，就不能用上述的简单串并联网路的办法来计算。这种网路离母线远的支路所得电流必然小于离母线近的支线。用常规计算方法，要由远端支路逐个向近端用连分数先求出总电阻，再由近端向远端逐个计算各支路的电流和连接线的电压降，最后才能得到通过末端雷管的电流。鉴于常规计算异常麻烦，文献[23]利用 Z 变换导出了简捷的算法如下：

网路总电阻：

$$R = \frac{R_1}{\left(1 - A_1 a - \frac{1 - A_1}{a}\right)} \tag{8-13}$$

网路总电流：

$$I = \frac{U}{R_1}\left(1 - A_1 a - \frac{1 - A_1}{a}\right) \tag{8-14}$$

第 k 支路的电流：

$$i_k = \left(A_1 a^k + \frac{1 - A_1}{a^k}\right)\frac{U}{r} \tag{8-15}$$

式中 $$a = 1 + \frac{q}{2} - \sqrt{q + \left(\frac{q}{2}\right)^2} \tag{8-16}$$

$$q = \frac{R_1}{r} \tag{8-17}$$

$$A_1 = \frac{1}{1 + a^{2m-1}\left[\frac{1 - a\ (1+q)}{1+q-a}\right]} \tag{8-18}$$

r——各并联支路的电阻，如果支路中只有一个雷管，也就是雷管的电阻，Ω；

R_1——每段连接线往返的电阻，Ω。第一并联支路到输电母线也有一段连接线，且各段连接线的电阻相同；

i_k——流经各并联支路雷管的电流，自近电源端到远电源端依次是 $k=1, 2, \cdots, m$，A；

m——并联支路的数目；

U——跨接于梯格并联网路的电压，V。当输电母线的电阻为 R_o，电源的电动势为 E 时 $U = E - I\ (R_o + r_o)$

梯格并联电爆网路的计算原理也可以用于计算竖井掘进时的架线式并联网路爆破，（见 11.3.1.4 表 11－46，图 11－43）这时雷管脚线间的架线电阻便形成连接线电阻，使末端雷管所得电流比始端少得多。

8.4.8.5 电力起爆网路的检查仪表

爆破专用检查仪表有电桥式和欧姆计式，其工作电流如表 8－42 所示。其最大误操作电流与普通非专用仪表的比较如表 8－43 所示。规程规定：检查电力起爆网路时的电流不得大于 30mA，故不允许使用非爆破专用仪表。

表 8－42 专用检查仪表的工作电流

仪器型号名称	测量挡	不同电阻的工作电流（mA）				
		1	2.5	5	20	50
205 型线路电桥	雷管挡	18	11	8	4	1
	网路挡			20	16	8
爆破欧姆计	雷管挡	7	4	3	1	1
	网路挡	16	15.5	14.5	12	9
B－1 型爆破电表	0～5	18	18	17	13	9
	0～100	2	2	2	2	2
	100～200	4	4	4	3	3

表8-43　各种仪表的最大误操作工作电流

仪表名称	凯尔文电桥	500型万用电表	850型惠斯登电桥	100型万用电表	QJ4线路电桥	205型爆破电桥	爆破欧姆计	B-1爆破电表
最大误操作工作电流（mA）	1600	365	350	96	29	29	18.5	20
是否可用于检查电力起爆网路	不许应用				可用	可用	可用	可用

8.4.8.6　起爆器

国产非防爆型电容式起爆器和微差起爆器的主要技术特征参数列于表8-44，表8-45。

8.4.8.7　各种起爆法的优缺点

（1）火雷管起爆法优点：操作简单，使用方便，成本低廉，不受电的干扰，应用范围广。缺点：安全性差，爆破事故多；不能精确控制起爆时间；爆破规模小；增加有毒气体量。这种起爆法已经和正在被其他起爆法所取代。

（2）电力起爆法优点：可以远距离控制起爆，比用火雷管导火索点火起爆安全；可预先用仪表检查起爆网路，排除故障，保证可靠起爆；可以精确控制起爆时间，实现多段顺序延期或微差延期大爆破；爆破规模大，效率高。缺点：易受各种电的干扰而发生早爆，因此在杂散电流达50mA的地点禁止使用，雷雨天不能用；另外电爆网路敷设要求技术高，操作比较复杂。

（3）导爆索起爆法优点：安全、不受各种电的干扰，起爆可靠，操作简单，使用方便；同时可增大对炸药的起爆力。缺点：价格高，网路不能用仪器检查，多用导爆索作辅助起爆网路。

（4）导爆管非电起爆法优点：不受外界电源的干扰，较安全，操作简单，使用方便；成本较低，导爆管爆音小，可用于多段微差爆破。缺点：爆破网路不能用仪器检查，导爆管本身强度有限，在高寒地区导爆管起爆，传爆感度较差。目前导爆管起爆法正在扩大推广使用。

8.4.9　中继起爆药柱

起爆药柱或药包中装在纯感炸药主药包中的炸药包，含有引爆装置（如雷管或导爆索）。

中继药包是相隔一定距离装在炮孔药柱中间以加强传爆作用的药包，一般不含有引爆装置。

低感度的矿用炸药（如浆状炸药，铵油炸药，露天用乳化炸药以及乳化铵油炸药等）在我国采矿工程中得到广泛应用。为了充分释放炸药的能量，提高其能量的利用率，使炸药处于稳定爆轰条件下是十分必要的。由图8-24可看到，要达到稳定需要足够的起爆能。中继起爆药柱必须具备的性能是：高爆轰压力；爆速上升速度快；安全可靠，抗水，使用方便，凡是雷管或工业导爆索能直接引爆的炸药皆可制成中继起爆药柱，但起爆力是不同的。由表8-46可见，以铸装黑梯起爆药柱的效果最佳。

在我国常用下面几种起爆药柱

（1）黑梯铸装起爆药柱。系将黑索金和梯恩梯按60:40或50:50的比例加热到80～90℃熔化后混匀铸制而成。其结构如图8-25所示。其具体规格可按要求就地加工，一般尺

表 8-44 国产非防爆型电容式起爆器主要技术性能

型号	引爆能力（发）	峰值电压（V）	主电容容量及个数（μF）	引爆冲量（$A^2 \cdot ms$）	充电时间（s）	允许外阻（Ω）	电源电压（V）	外壳	外形尺寸 长×宽×高（mm）	重量（kg）
YJXZ-50	50	480	20	23.9	10	95	3节5号电池	塑料	130×62×40	0.3
QZDF-200	100	940			<20	300		铁壳	148×82×115	1.25
YJXZ-150	150	950	30×2	23	7~20	245	4节1号电池	塑料	150×80×11	1.0
YJGN-400	串并联400	900	15×2	1344	15~30	22/298	5节1号电池	塑料	180×95×170	1.9
QLDF-1000C	串并联1000	500/300	500×2		15/40	410/33	4节1号电池	铁壳	240×120×190	5
YJGN-1200	并串联1200	1800	200×4	2389	30~50	33/600	9节1号电池	塑料	230×130×225	3.7
GNDF-1200B		1800	50	446	50		干电池	铁壳	220×120×190	4.8
GM-2000	普通管4000，抗杂管480	2000	170	714	<80	1000	XQ-1型蓄电池8V	铁壳	360×165×184	8
YJQL-2000	串并联2000	2500	50	864	50		干电池	塑料	310×160×230	6.5
YJQL-400	串并联4000	3600	62.5	1910	10	104/600	蓄电池12V	塑料	330×175×258	10
BCJX-5040	串并联2000，抗杂管140~340	5000	40	1600	35	2100	蓄电池12V	铁壳	285×230×230	15.5
BCJ-5000A	串并联4000~5000	5000	29	2760	60		10节LR20型电池15V	塑料/铝壳	350×200×130	8.5

表 8-45 微差起爆器的主要性能

性能指标	65-301型	65-303型	DJ-2型	DJ-3型	DJ-10型	JSX-2型毫秒即发两用起爆器	3DR-8A型	BJC-A-6晶体管微差起爆器	BS-10型
起爆电源	电容式 3×300μF /450V	电容式 5×300μF /450V	动力线 220/380V	动力线 220/380V	动力线 220/380V	电容式	电容式	电容式	电容式 10×240μF /500V
每段起爆能力（发）	串联80 并串联200	串联80 并串联200						串联90	串联2<R<90Ω 并串联 2<R<45Ω
延时方法	机械式	机械式	电桥式	电桥式	电桥式	电阻电容	电阻电容	可控硅	单结晶体管与可控硅
微差段数	3	5	2	3	10	3	3	6	10
每段可调范围（ms）	0~125	0~160	15~125	15~125	15~125	10~150	10~50 20~100	5~80	0.1~999
微差精度（ms）	±0.5~1.2	±1~1.8	±5~±3	±5~±10	±5~±10	±1			<0.2%
重量（kg）	22	25				4		13	20.5

寸见表8-47。这种中继起爆药包的起爆性能较好，比较可靠，效果最佳，但成本较高，加工时污染较大。

（2）带黑梯芯的铸装梯恩梯中继起爆药包。系由重量为500~600g的黑梯芯与铸装梯恩梯主体两部分所组成，其结构示于图8-26。药包的一般规格可参见表8-48。这种药包与上述黑梯铸装药包相比，加工操作稍复杂些，但成本低，起爆效果相同。

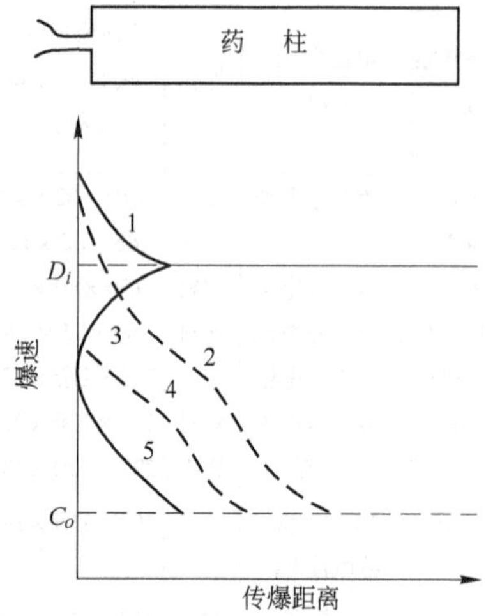

图8－24　起爆能对传爆的影响

D_i—稳定爆轰速度；C_o—炸药中的声速

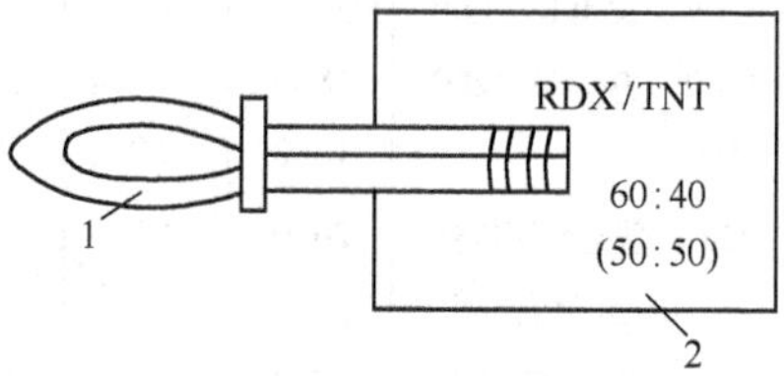

图8－25　铸装黑梯起爆药包结构

1—导爆索；2—药包

表8－46　不同起爆药包的起爆能力比较

起爆药包类型	爆压（MPa）	最小起爆药量（g）
铸装黑梯（60：40）	23500～24500	50～60
铸装梯恩梯（$\rho=1.6g/cm^3$）	15000～16000	110～120
压制梯恩梯（$\rho=1.4g/cm^3$）	12000～13000	130～140
粉状梯恩梯（$\rho=0.8g/cm^3$）	4000～5000	295～305
精加工铵油（$\rho=0.75g/cm^3$）	3000～4000	540～550

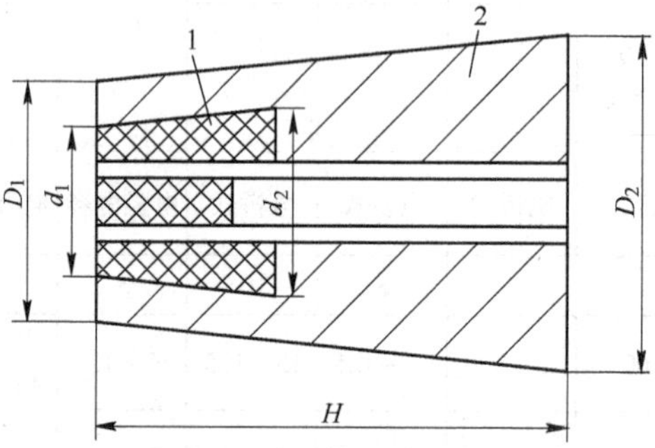

图8－26　带黑梯芯的铸装TNT起爆药包

1—黑梯芯；2—梯恩梯

（3）RW型起爆药柱[4]，系乳化炸药中混入较高比例的黑索金后装在高压聚乙烯塑料筒内的中继起爆药包。

鞍钢矿山公司每年消耗钝感炸药约17000t，其中露天型乳化炸药占53%，多孔粒状铵油炸药约占47%。目前该公司采用ZJ－1型、TR－500型、BCR－1A型起爆药柱起爆LK－2

表 8-47 黑梯铸装起爆药包规格

重量（kg）			直径，D（mm）	高度，H（mm）
RDX	TNT	合计		
1.8	1.2	3	120	165
3.0	2.0	5	140	200
4.2	2.8	7	160	220

表 8-48 黑梯药芯铸装 TNT 起爆药包规格

黑梯药芯			黑梯 + TNT		
重量（g）			重量（g）		
RDX	TNT	总重	黑梯芯	TNT	总重
360	240	600	600	4400	5000
300	200	500	500	2500	3000

型露天乳化炸药，而多孔粒状铵油炸药采用 PS-300 型起爆药柱作为中继起爆药包，这四种起爆药柱的主要性能指标列于表 8-49。实践表明，用于起爆 LK-2 型乳化炸药时，比原来使用黑梯粉的起爆药包每孔可节约 60～100 元，而在使用多孔粒状铵油炸药条件下将 PS-300 型起爆药柱代替 2 号岩石铵梯起爆药包，既能降低成本，又提高了爆破质量，杜绝了爆燃现象，改善了操作条件，减少了污染。

表 8-49 几种起爆药柱的性能指标

项　目	三七五厂 ZJ-1 型	五一厂 TR-500 型	五五二三厂 BCR-1A 型	东风化工厂 PS-300 型
炸药组成	梯恩梯/泰安（90：10）	黑索金/梯恩梯（50：50）	8701 炸药	黑索金/梯恩梯
炸药密度（g/cm^3）	1.50～1.52	1.68～1.695	1.68～1.71	1.656
爆速（m/s）	7200～7500	7636～7752	8400～8500	7552
猛度（mm）	20	115%（TNT）	153%（TNT）	19.2
浸入试验	抗水性极好	72 天（良好）	优良	48 小时爆炸性能良好
枪击试验	不燃不爆	不燃不爆	不燃不爆	不燃不爆
装药量（g）	1000	500	280	300
成本（元/个）	10	3.55	7.56	1.7

8.5 爆 破 技 术

8.5.1 爆破技术的理论和实践概况

爆破是采矿工程中破碎岩矿的主要手段，炸药在岩体中爆炸，释放出能量并传递给岩石，使岩石破碎和运动。由于这一过程的复杂性、瞬时性以及大量的影响因素，人们至今对于岩石爆破机理仍然了解得很不够。关于岩石爆破破坏的原因归纳起来有三种假说：爆轰气体的准静作用破坏理论，应力波动态作用破坏理论以及应力波和爆轰气体共同作用破坏理论。目前比较公认的看法是后者，即应力波（包括冲击波）通过径向压缩，自由面反射以及与岩体的相互作用，在岩体中形成并发展裂隙，爆轰气体在应力波产生的先期裂隙的基础上通过其楔入及膨胀作用，进一步扩张延伸裂隙，最后已破碎的岩石在膨胀气体的推力作用下向阻力较小的方向移动，终于抛掷出去。

通过爆破实践和理论研究，总结发展了许多爆破方法。按爆破地点可分为露天爆破和地下爆破；按装药结构可分为浅孔爆破、深孔（包括中深孔）爆破、药壶爆破和硐室爆破。为了改善爆破效果，控制爆破作用方向或为了减少爆破的有害效应等，各种控制爆破技术（如微差、预裂、光面、缓冲、留碴挤压及定向抛掷等）已广泛应用于各种爆破方法中，此外，在某些特殊的情况下，需应用特殊的爆破技术和爆破方法，如高温矿床的地下爆破需应用高温爆破技术；在石棉矿采矿中为避免过破碎而降低产品质量，需在爆破作业采取相应的措施。

8.5.2 岩石爆破机理

8.5.2.1 在无限介质中单个药包的爆破

药包在无限深的均质岩体中爆破时，随距药包中心距离的不同，药包周围的岩体将呈受不同的爆破作用和呈现不同的破碎特征，形成压碎圈、破碎圈和震动圈。见图8－27。

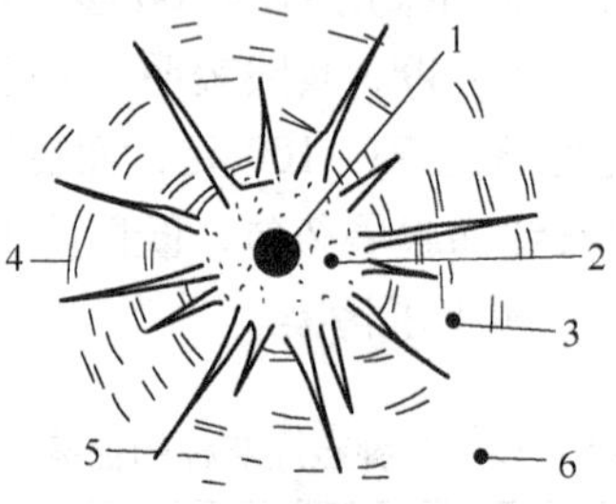

图8－27 无限介质中的破坏分区

1—药包；2—压碎圈；3—破碎圈；4—环向裂隙；5—径向裂隙；6—震动圈

A 压碎圈

药包爆炸时，在周围岩体中产生的冲击波向外传播，紧靠药包的岩壁受到爆轰产物的冲击压力可达几万大气压以上，超过岩石动态抗压强度，使药包周围岩石呈塑性并遭到粉碎形成压碎圈，其半径一般为药包半径的2～3倍。如果炸药威力很低和岩石强度很高或采用不耦合装药，也可以不产生压碎圈。压碎圈消耗很大一部分能量，致使冲击波在此区衰减很快。

B 破碎圈

当冲击波进入压碎圈以外的岩体时，岩体受到衰减后的应力波的压缩作用而产生径向位移引起切向拉伸。如果拉应力超过岩体的动态抗拉强度，便在岩体内产生放射状的径向裂隙，裂隙的发展速度约为岩石中纵波传播速度的0.15～0.4倍。随着爆炸产生的高压气体挤入裂隙，可促使原有裂隙进一步扩大或延伸。应力波通过后，受压缩的岩体因弹性释放。又发生反向的径向运动，产生径向拉应力形成环向裂隙。此外还会发生剪切应力超过岩石抗剪强度而引起的剪切破坏。剪切裂隙与径向裂隙成45°角。上述破坏裂隙相互交叉贯通，将岩体破碎，形成破碎圈，其半径在硬岩中约为装药半径的8～10倍。

C 震动圈

破碎圈以外，应力波的瞬间应力状态和爆炸产物的准静态应力场都不足以引起岩体的破坏，岩体变形属于弹性变形。所以破碎圈之外统称震动圈。该圈的应力波通常称为地震波，可传至很远的距离。

8.5.2.2 在单个自由面介质中的爆破

A 爆破漏斗

实际爆破工程中，药包均置于岩石自由面下的一定深度内，由于埋置深度不同，自由面对岩石的爆破作用将产生不同的影响。当一定重量的药包由岩体深部向自由面逐渐靠近时，将由内部作用药包逐渐转变为松动药包。当药包的埋深为某一值时，在爆炸应力波和爆轰气体压力的综合作用下，岩体将被破碎，并使部分岩块被抛掷，形成一个漏斗状的凹坑，称为爆破漏斗，见图8－28。爆破漏斗的构成要素有最小抵抗线（W）、爆破漏斗半径（r）、爆破漏斗深度（h）。爆破漏斗半径与最小抵抗线之比，称为爆破作用指数（n）。$n<0.75$ 时，称松动爆破；$0.75<n<1.0$ 时，称减弱抛掷爆破或加强松动爆破；$n=1$ 时，称标准抛掷爆破；$n=1\sim3$ 时，称加强抛掷爆破。n 值的增大意味着炸药量增加或埋置深度减小，因而产生工程爆破中所要求的各种爆破漏斗。

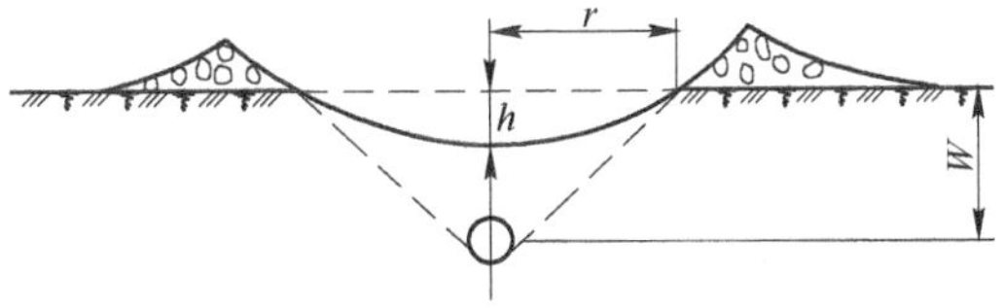

图8－28 单自由面爆破漏斗

B 利文斯顿爆破漏斗理论[24,25]

美国的利文斯顿（C. W. Livingston）于1956年提出爆破漏斗理论。他认为炸药爆炸给岩石的能量大小与速度，取决于岩石性质，炸药性质和装药量。在一定埋深范围内，随药包埋深的增加，爆破漏斗体积也随着增大。当埋深达到某一定值时，再增加深度，爆破漏斗体积又随着减小，最终将不出现爆破漏斗。利氏将出现爆破漏斗体积最大的药包埋深称为最佳深度，不出现爆破漏斗仅引起地面岩石产生破裂的最小埋深称为临界深度。最佳深度与临界深度的比值称为最佳深度比。

$$L=EQ^{1/3} \tag{8-19}$$

$$L_i=\frac{L_i}{L}EQ^{1/3}=\Delta_i EQ^{1/3} \tag{8-20}$$

式中 L——临界深度，m；

E——岩石应变能系数；

Q——药包重量，kg；

L_i——最佳深度，m；

Δ_i——最佳深度比。

对于一定的炸药与岩石性质，岩石弹性应变能系数和最佳深度比均为常数，可以通过一系列爆破漏斗试验加以确定并得出爆破漏斗体积随药包埋深的变化曲线，一般采用单位炸药爆破体积 V/Q 与深度比 Δ 的变化曲线，称为利文斯顿曲线，见图8－29。

通过在同一岩石中进行某种不同药量的一系列爆破漏斗试验可以发现临界深度与最佳

深度都与炸药量的三分之一次方成正比，其比例系数为常数。同样，在不同岩石中用同种炸药或同种岩石中用不同炸药的系列漏斗试验，上述比例系数随炸药品种或岩性的变化而变化。这说明炸药与岩石之间存在着匹配关系。利文斯顿曲线、比例关系和匹配关系为利文斯顿爆破漏斗理论的主要内容。

岩石弹性应变能系数 E，也反映了岩石的爆破性和炸药威力。E 值小，说明岩石难爆；威力大的炸药 E 值也比较大。

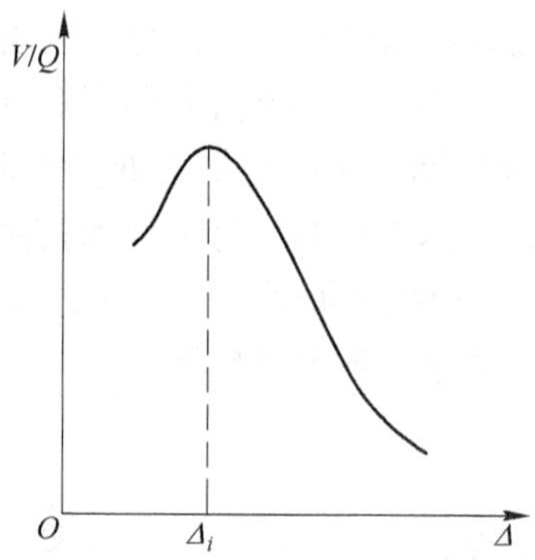

图 8－29 利文斯顿曲线

利文斯顿曲线也可以通过爆破漏斗试验，测出不同深度比的爆破漏斗半径，漏斗深度、块度分布，岩石鼓起度和空气冲击波等参数的变化曲线。因此，可以按爆破工程目的选择最佳的深度比，而 Δ_i 值仅是从爆破漏斗体积最大和炸药单耗最低的观点确定的最佳值。利氏爆破漏斗理论还在不断完善。

8.5.2.3 自由面在爆破破岩中的作用

自由面在爆破破岩及形成爆破漏斗过程中的作用是研究岩石爆破机理的重要内容之一，其主要作用可归纳为以下几点[26,28]：

（1）反射应力波。自由面附近任一点的应力状态是入射 P 波，反射 p 波，反射波 s 在该点形成的动应力的叠加。入射的压缩应力波达到自由面时反射成性质相反的拉伸波。反射拉伸波可引起岩石的片落以及径向裂隙的延伸。

（2）改变岩体的应力状态及强度极限。在无限介质中，岩体处于三向受载状态，而自由面附近的岩体则接近于单向或双向受载。故自由面附近岩体的强度接近于单轴抗拉或抗压强度，比在无限介质中承受爆破作用时相应的强度减小几倍甚至 10 倍，因而自由面有利于岩石破碎。

（3）自由面方向是最小抵抗线方向。应力波到达自由面后，介质运动失去球对称性，在自由面附近质点运动加速，爆破空腔中的气体进一步向自由面方向运动，形成鼓包运动，最后破碎、抛掷、形成爆破漏斗。

总之，自由面的存在有利于爆破破碎，自由面越多，岩石越容易破碎，炸药单耗越低。在矿山爆破作业中，常利用这一原理提高爆破效果，如井巷掘进中的掏槽爆破，露天深孔爆破中采用的大孔距小抵抗线爆破技术以及微差爆破技术等。

8.5.3 爆破参数及其选择

8.5.3.1 影响爆破作用的因素[26,28,29]

为了选择合理的爆破参数以达到预期的爆破效果，必须了解影响爆破作用的各种因素。影响爆破作用的因素很多，有些则是不可控的，归纳起来主要有三方面的因素。

A 岩石特性

岩石特性包括岩石的物理力学性质以及构造特性。岩石特性对爆破作用的影响可参见8.2岩石的爆破性及其分级。许多研究结果表明：岩体的纵波速度可以反映岩体的一般特性，岩体的波阻率与炸药爆炸后传递给岩石的能量传递效率有密切关系。另外，岩体构造特性（包括层理、节理、弱面和断层等）常常影响到漏斗形状、破碎质量、抛掷方向以及炸药能量的分布，从而导致不同的爆破效果。明显的裂隙能阻止应力波的传播而使破坏区范围受到限制，通过药包的裂隙能使爆轰气体过早外泄，使气体压力过早下降从而影响岩石的破碎和移动，还导致局部产生飞石的危险。

B 炸药性能

炸药性能包括炸药的威力、猛度、爆热、爆容、爆速、爆压以及密度等，其中对爆破作用影响较大的是爆速、密度、爆热和爆容。爆压与炸药密度和爆速平方之乘积成正比关系，而炸药威力则取决于其爆热与爆容的特征乘积。

C 爆破参数

爆破参数包括孔网几何参数、装填参数、起爆参数等，它涉及到炸药能量的时空分布和合理利用的问题。

a 孔网几何参数

孔网几何参数取决于爆破工程的类型及所采用的爆破方法。如露天矿山台阶爆破中，孔网几何参数包括炮孔深度、孔径、炮孔倾斜度、最小抵抗线、孔距、排距、超深、填塞长度及孔网布置形式等。

(1) 炮孔直径、孔径的选择取决于岩性，所要求的破碎度以及钻孔成本。在炸药单耗相同的情况下，小直径炮孔使岩体中炸药能量分布较均匀，可达到稍好的破碎度，但其钻孔成本较高。对于特别难爆的硬岩，或节理、裂隙特别发育以致将抵抗线范围内的岩体分割为大块的情况下、宜使用小直径炮孔，但一般情况下，为了降低穿爆成本，提高采矿效率，适应大型机械作业，多采用较大直径的炮孔。

(2) 炮孔倾角。倾斜炮孔使沿炮孔的抵抗线比较均匀，有利于克服根底，减少后冲，并可增加抛掷及爆堆松散度，获得较均匀的破碎度，但钻孔效率较低，同时装药较困难。垂直孔钻孔及装药较容易，但其顶部及底盘抵抗线不均，特别是高台阶或缓倾斜岩层爆破中，常造成前排孔底盘抵抗线过大而留下根底。

(3) 炮孔深度，取决于台阶高度、炮孔倾角及超深。

(4) 最小抵抗线与孔距是最重要的孔网几何参数，一般取决于孔径、台阶高度、岩性和需要的破碎度和位移。在一定的爆破条件下应首先确定符合工程要求的最佳抵抗线，然后按照合理的能量消耗确定孔距。孔距 S 与抵抗线 B 之比 $a=S/B$ 称为炮孔邻近系数，当 $a<1$ 时常导致孔间先开裂使爆轰气体过早泄出，而抵抗线部分的岩体破碎不良，一般仅用于预裂和光面爆破的情况。随着 a 值增加，破碎度也增加，在实际爆破中，可以通过采用不同的起爆顺序使实际的 a 值达到 $2\sim4$，以改善爆破效果，但 a 值也不能太大，当 $a>4\sim6$ 时，炮孔之间相互作用减小，几乎相当于独立药包爆破，孔间会留下未破碎的三角区。

（5）填塞长度。炮孔爆破时，炮孔口填塞可以阻止爆轰气体过早泄出，增加气体压力作用时间，提高炸药的有效破碎能，还可以保证炸药反应完全，释放最大热能，减少有毒气体生成量。填塞不佳常是发生冲天炮及孔口飞石和空气冲击波的重要原因，因此必须保证有足够的填塞长度和良好的填塞质量。

（6）孔网布置形式，有三角形及矩形（包括方形）等。

b 装药参数

装药参数包括装药结构及装药量。装药结构按不同的分类方法可分为球形装药、条形装药、平面装药和聚能穴装药；耦合装药和不耦合装药；连续装药和分段装药等。不同的装药结构具有不同的能量分布特征，采用合理的装药结构可以改善爆破效果。

（1）球状装药结构。球状装药是指长径比小于6接近球状或立方体的药包，通常称为集中药包。如硐室爆破，药壶爆破，VCR法爆破均属此类。球状装药能量集中，爆炸冲击波以球面波在岩体中向四周扩散，球面波强度或能量密度则与其传播距离的平方成反比，衰减较快。由于药包能量集中可以克服较大岩石阻力，其最小抵抗线可达几十米，甚至百米，但对岩体的破碎很不均匀，药包近区产生过粉碎，稍远处由于应力衰减或结构影响而产生大块。在一定爆破条件下，其漏斗特征尺寸与装药量的关系符合立方根相似律。

（2）条形装药结构。条形装药是指长径比大于6的药包，通常称为柱状或条状药包。如浅孔爆破，深孔爆破，条形硐室爆破均属此类。条形装药能量分布均匀，一定长度的条形药包爆破后冲击波以柱面波在岩体中向外传播，柱面波强度或能量密度随传播距离的一次方成反比，衰减较慢，其爆破作用较集中药包均匀，因而破碎度良好，在一定爆破条件下，其漏斗特征尺寸与装药量的关系符合平方根相似律。

一般长径比大于20，才具有条形装药的漏斗特征，其漏斗形状与爆堆分布具有轴对称的特点。根据实验观测，药包长径比在6～20倍范围内。增大长径比时，沿药包周围岩石内爆炸产生的应变量逐渐增大，在药包长径比大于20倍以后，其应变量保持不变。

条形装药结构，一般采用单一炸药品种连续装药。如浅孔及深孔爆破。在台阶深孔爆破中为克服底部阻力，常采用组合装药结构。孔底部装入高威力炸药，孔上部装入低威力炸药。在高台阶爆破中有时采用分段装药；如炮孔穿过软硬岩石互层或有弱的构造面时采用这种方法，药包要装入硬岩部位，构造面和软岩部位则进行填塞。

（3）不耦合装药结构。一般耦合装药引起的冲击压力过高，大量能量浪费在粉碎区，并在一定条件下影响工程质量。在许多情况下。为了维护围岩稳定，保持轮廓完整，控制爆破需采用不耦合装药结构。

不耦合装药是指炮孔或药室留有空气隙的装药方法，不耦合程度以不耦合系数表示，即炮孔直径与药包直径之比或药室体积与药包体积之比。使用不耦合装药可以降低孔壁上的冲击压力，增加膨胀气体的作用时间。如图8－30所示，曲线1为完全耦合装药的压力－时间曲线，曲线2为不耦合装药的压力－时间曲线，在炮孔爆破法中不耦合装药多应用于预裂爆破，光面爆破，采石切割爆破等控制爆破中。

不耦合装药结构有几种型式：

沿炮孔轴向留空气间隙，在阶段深孔爆破中常被采用，它可以改善破碎质量和降低炸药单耗以及控制后冲。

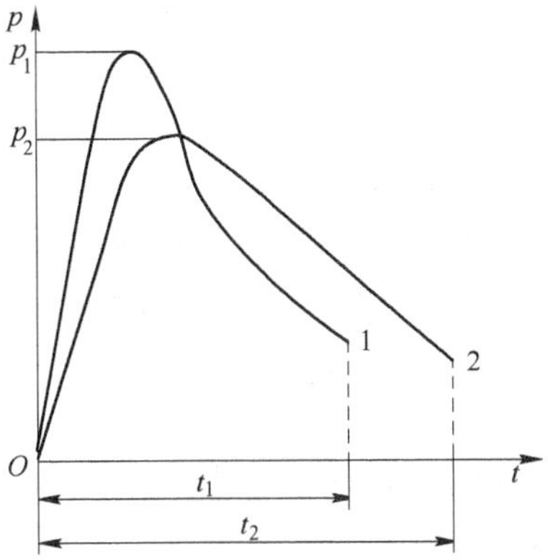

图 8－30 不耦合装药对压力－时间曲线的影响

环状径向间隙装药，可以较均匀地降低孔壁所受的峰值压力，保护孔壁不受粉碎性破坏，是光面，预裂爆破常用的型式。

轴心间隙装药，是将药包做成空心结构。爆轰时可以产生次生冲击波，延长爆破作用时间，适用于大孔径和坚硬岩石的爆破。

在不耦合装药中，也可以采用水耦合，以改善破碎效果。

（4）聚能装药结构。是沿药包轴向形成单向或双向聚能槽，以增强某一方向的应变值，可用于切割爆破，井巷掘进掏槽，二次爆破等。

c 起爆参数

起爆参数包括起爆方法的选择，起爆位置的确定，起爆顺序的安排和最佳延迟时间的确定。起爆方法的选择可参见 8.4.8 起爆顺序及延迟时间可参见 8.5.5 及 8.5.9。起爆药包的位置是决定爆破效果的重要因素，集中药包应采用中心起爆，延长药包有正向起爆和反向起爆，还可交替使用正反向起爆。国内露天台阶爆破一般采用反向起爆（即起爆药包置于临近孔底，起爆后爆轰波向孔口方向传播）。实践证明：反向起爆可加强岩石破碎，降低大块率，但在通过不同岩层时，应将起爆药包布置在最难爆的岩层中，有时为了保证炸药完全爆轰，还可以采用多点起爆或采用中继药包以加强传爆作用。

8.5.3.2 矿用炸药的选用原则

在影响爆破作用的三类因素中，待爆岩石的特性相对来说是不可控的因素。爆破工程师必须根据岩石特性以及爆破工程的综合要求选择最合适的炸药品种。目前，国内可供选择的炸药品种很多（参见 8.3.7），各种炸药在性能、价格、使用条件等方面有所不同，在选用时应遵循几个基本原则：

（1）炸药性能必须与被爆岩矿的特性相匹配，并能满足爆破工艺的要求。

1）炸药的波阻率应与岩石的波阻率相匹配。炸药与岩石的波阻率与炸药爆炸能量传递给岩石的效率有直接关系，实验证明：炸药的波阻率愈接近于岩石的波阻率，则爆炸能量的传输效率越高。一般对于难爆的坚韧密实岩石，宜选用高密度、高爆速的高威力炸药，而对于易爆岩矿，则选用低密度，低爆速但爆容较大的炸药。以便保持较长的气体作用时间，减少过粉碎，提高爆破效果。

2）所选炸药在给定的爆破条件下，应能完全爆轰，充分释放出潜能。如炮孔有水时，所选炸药应具抗水性；炸药的临界直径应大于炮孔直径等。

3）所选炸药应满足安全性的要求。如能可靠地起爆传播；产生的有毒气体量必须在允许的范围之内；较低的机械感度；在含沼气、煤尘或其他爆炸性粉尘的矿井中使用的炸药还须满足安全条件。

4）所选炸药必须便于使用，易于装药。

（2）最低的综合成本，应尽可能选用价廉质优的炸药品种。对于矿山爆破，在能满足爆破工艺要求的情况下，应尽可能多用最便宜的铵油炸药。

（3）所选用的炸药应与合理的起爆系统相匹配，使之能充分释放炸药的潜能。

8.5.3.3　爆破参数的选择

在选定炸药品种后，应根据爆破工程的类型及综合要求选择及确定合理的爆破参数。以达到最佳爆破效果，选择爆破参数的方法有：

（1）借鉴类似工程的先进经验数据；

（2）采用经验公式或半理论半经验公式计算；

（3）根据模拟试验或半工业试验资料；

（4）建立数学模型进行优化计算取得各项爆破参数。

对重复性爆破也可以采取统计分析的方法逐步调整参数。对于一次性重大爆破工程，应进行专门的试验和必要的观测，来研究各项参数的合理性。

综上所述，岩石性质，炸药性能与爆破参数对爆破作用的影响是互相关联的，必须予以综合考虑，才能取得良好的爆破效果。

8.5.3.4　爆破参数优化设计

60年代后期以来，人们开始从系统工程的观点，研究工程爆破问题。即将岩石爆破破碎理论，大量生产实践的统计规律和采矿生产各工艺环节的经济技术指标联系起来，运用数字和电子计算机技术，对矿山爆破进行优化。

破碎度是描述爆后矿岩块度大小和分布情况，也是衡量爆破破碎效果的特征指标。它与采矿作业中各工序的生产成本有关，即和生产总成本有关。通常，穿孔和爆破作业成本随着破碎度的增加而增加。而装载、运输和初碎作业生产成本随着破碎度的增加而减少。

爆破参数优化是指在任何给定的矿山爆破作业中，当使穿孔、爆破、二次爆破、装载、运输和粗破碎的总成本最低时的爆破就是最优爆破。此时所采用的爆破参数即是最优参数。对应的破碎度为最佳破碎度。图8－31表明了这一原理。

A　描述破碎度的方法

a　分布函数法

用于描述破碎度的分布函数有：

（1）罗辛－莱墨勒（$R-R$）函数

$$y = \left\{1 - \exp\left[-\left(\frac{x}{x_0}\right)^n\right]\right\}100 \qquad (8-21)$$

式中　y——筛下累积百分率,%；

x——岩块尺寸，mm；

x_0——分布参数，筛下累积量为63.21%的块度尺寸，m；

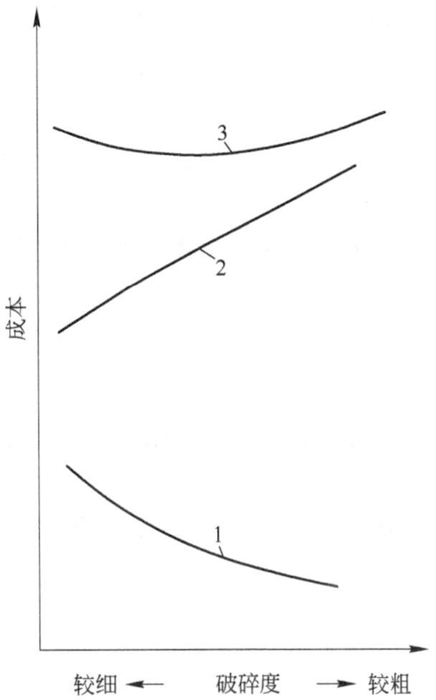

图 8－31 爆破优化原理

1—穿孔和爆破成本；2—装载、运输和破碎成本；3—总成本

n——分布参数

$$n = \frac{\ln\ln 2}{\ln\left(\frac{\bar{x}}{x_0}\right)} \tag{8-22}$$

$\bar{x}$——块度分布均值，mm。

（2）杰茨－高丁－舒曼（Gates－Gaudin－Scuhmann）（简称 G－G－S）函数，

$$y = 100\left(\frac{x}{x_m}\right)^{\gamma} \tag{8-23}$$

式中 y——筛下累积百分率,%；

x——岩块尺寸，mm；

γ——分布参数；

x_m——岩块最大尺寸，mm。

b 单一指标法

用单一指标描述破碎度时，最常用的指标有：

（1）不合格大块率,%。

（2）平均块度，cm 或 mm。

（3）K_{50}，指筛下累积百分率为 50% 时的岩块尺寸，mm 或 cm 等。

（4）K_{80}，指筛下累计百分率为 80% 时的岩块尺寸，mm 或 cm 等。

K_{50}与 K_{80}指标均可从上述的分布函数中求算。

B 实现爆破优化的途径

a 试验比较法

在矿山生产中进行生产规模的试验和测定，研究者凭借自身经验或运用类比法，不断地调整爆破炸药和穿爆参数等可控变量，并测取相应的爆破效果特征指标进行计算分析与综合，从比较中择优。

b 数学模拟法

应用已有的理论或通过试验测得统计数据，建立各有关参量之间的数学关系——数学模型。然后，以电子计算机为工具进行计算。

数学模拟法成败的关键在于所建立的数学模型是否真实地反映了事物发展的客观规律或参量之间的客观规律。

C 爆破数学模型

a 建立爆破数学模型的一般方法

（1）理论方法。它以一定的破岩机理为依据，并从数量上确定破坏准则（强度准则或能量准则等），建立机理型爆破数学模型。

（2）统计分析方法。以矿山的现场试验数据为依据，运用数理统计方法。得到各爆破参量与爆破破碎度以及爆破破碎度与各工艺环节的成本之间的统计规律，建立统计型爆破数学模型。

（3）综合法

它通过理论分析确定爆破数学模型中函数的形式，再以矿山生产实验数据的统计分析来确定函数式中各系数值的大小，或通过试验来确定系数值。这种方法所建立的爆破数学模型，兼有以上两种模型的特点。

b 国内外爆破数学模型简介

国外从60年代开始研究爆破数学模型与爆破参数优化，迄今已提出过许多与爆破参数优化有关的数学模型。如澳大利亚的哈里斯模型[30]，加拿大法夫罗的BLASPA模型，加拿大的钟汉荣统计模型，南非康林汉的KUZ－PAM模型[31]，巴西的伽玛模型[32]，苏联的别兹马特雷赫模型等。

国内在这方面的研究起步较晚，从80年代起一些研究院所在国外研究成果的基础上进行爆破参数优化研究，先后也提出了机理型或统计型的数学模型。

目前，国内外提出的爆破数学模型虽然不少，但真正较为广泛地应用于矿山爆破工程，进行爆破参数优化设计，指导爆破实践的数学模型却不多。下面仅介绍影响较大应用较广的两个数学模型。

（1）BLASPA模拟爆破系统（加拿大，法夫罗）[33,34]。

BLASPA是法夫罗教授为主编制的整套计算机模拟爆破程序的总称。它以爆破过程的数学模型为基础。主要用来实现炸药和露天矿爆破优化。从1963年开始，经过二十多年的研究和完善，这套程序已在加拿大、美国、澳大利亚等国家的许多矿山做过成千次模拟。

BLASPA程序要求输入的原始数据为：炸药参数（通过另一套复杂的计算机程序进行炸药热化学及热动力学计算），岩石特性（通过岩性库或现场监测得到原岩特性数据），爆破孔网参数及装药、起爆参数。输入上述原始数据后，计算机便可进行模拟爆破计算，产生有关爆破质量的大量估计数据，如有效爆破能量百分比、块度分布，根底情况、爆堆分布、平均位移量、飞石范围、后冲因素以及估计成本。此外还可根据需要，增加特定的输出数据。

一般是先提供一种标准形式的输入，可以取矿山现采用的炸药及爆破设计为标准形式，通过 BLASPA 模拟，并将其输出定为100，然后按一定的规律逐个改变输入量，并将模拟结果与标准输出比较，一般模拟 30 ~ 50 次便可提供明确的指示，趋势及预测，得出优化方案。

（2）SABREX 模拟爆破系统。SABREX 是帝国化学公司（ICI）工作在加拿大、澳大利亚、英国及南非等国的科学家和工程师们将有关炸药及爆破的计算机程序综合并整理配套而编制出的计算机模拟爆破程序的总称。包含多个程序模块以完成不同的计算和输入、输出。

程序要求的输入为：炸药参数、岩性参数及爆破参数。输出为：块度分布、爆堆形状及移动速度、底板破裂、上部破碎、下部及后部裂缝穿透情况及破裂范围、总成本分析等。并且输出量可以动态彩色图形、图表的形式显示及绘制出来。

8.5.4 浅孔爆破

浅孔爆破的炮孔直径小于50mm，深度不超过 3 ~5m。常用于井巷掘进。井下采场落矿及各种露天作业。

浅孔爆破适用条件广，使用方便，容易调整参数使爆破块度达到要求，但穿孔量大，工人劳动强度大，一次爆破量小，起爆器材的相对消耗较大。

井巷掘进浅孔爆破包括水平巷道、隧道、竖井，斜井等各种地下通道的爆破，详见本手册第 11 章井巷工程。

井下采场浅孔爆破主要使用于留矿法、分层充填法、分层崩落法以及某些房柱法等采场的回采作业中。

浅孔爆破参数根据矿岩特性、使用条件确定。通常采用 2 号岩石炸药，水孔中可用抗水炸药，药卷直径多为 32mm，炮孔直径一般为 38 ~42mm，在矿体较薄的情况下采用 25 ~28mm 的小直径药卷；炮孔深度 1.5 ~4m，当矿体较薄、矿岩不稳固时应选小值，反之取大值；最小抵抗线及孔距为

$$W = (25 \sim 30)d \tag{8-24}$$

$$a = (1 \sim 1.5)W \tag{8-25}$$

式中 W——最小抵抗线，m；

d——炮孔直径，m；

a——炮孔间距，m。

炸药单耗可参照下列数据选取[35]，也可按类似崩矿的实际资料选取。

普氏坚固性系数 f	<8	8 ~ 10	10 ~ 15
炸药单耗（kg/m^3）	0.26 ~ 1.0	1.0 ~ 1.6	1.6 ~ 2.6

露天浅孔爆破常用于露天小台阶开采、石料开采、二次破碎、地基平整、基础挖掘、边坡清理及孤石、危石处理等作业中。

浅孔爆破装填施工前，应清理好工作面，查清炮孔数目，清除炮孔内积水和泥渣，才能进行装药。每个炮孔的装药量按设计要求装填，一般装药长度不宜超过孔深的 2/3，剩余部分用砂子、岩粉、尾矿砂和黏土混合物填塞，常用砂子和黏土的比例为 3∶1，加入 20% 的水制成炮泥。机械装药时应注意装药前设备的安装和接地，防止静电集聚。起爆药

包放置于孔底第二个药包位置，雷管聚能穴朝向孔口反向起爆，或将起爆药包置于孔口第二个药包位置，雷管聚能穴朝孔底正向起爆。

浅孔爆破可采用电力起爆或非电起爆，近几年非电导爆管起爆得到迅速推广和应用。用导火索起爆时，应尽可能采用一次点火。

8.5.5 深孔爆破

8.5.5.1 地下深孔爆破

深孔爆破在井下主要用于崩落采场矿石和回采矿柱，少数用于天井掘进。它可分为水平深孔，垂直深孔，或倾斜深孔，炮孔布置成平行，扇形、或束状，根据矿体条件、采矿方法及使用要求而定。

地下深孔爆破的孔径从50~65mm到100~165mm，孔深从5~50m或更大，主要决定于矿床条件、使用的采矿方法和凿岩设备。

落矿的单位炸药消耗量，一般为0.3~0.6kg/t。

视炮孔的深浅，起爆药包可装1~2个以上，起爆网路多用电力起爆串并复式联结，导爆索网路成本较高，非电起爆网路正在推广使用。

设计内容包括：爆破方案选择、参数计算、起爆方法和网路计算与设计、装填方法及施工组织等，如果爆破规模较大，宜成立大爆破指挥部统一组织和指挥爆破施工，确保爆破效果和安全。

药包的最小抵抗线常按孔径的25~40倍计算，炮孔间距系数多数为最小抵抗线的0.8~1.0倍，宽孔距爆破时可扩大到1.2~2.0倍，扇形孔的孔底距应为最小抵抗线的1.0~1.2倍，孔口部分装药不宜过分集中，宜隔孔装药，以防孔口部分矿岩过于粉碎。

表8-50列出了部分矿山地下深孔爆破的技术经济指标。

8.5.5.2 露天深孔爆破

露天深孔爆破广泛用于采矿、采石、平整工业场地及路基开挖工程。随着凿岩设备的发展，爆破规模愈来愈大，一次爆破量已超过五十万吨。要求块度均匀，爆堆适于铲装要求，不留根底，大块率低，在改善爆破质量的前提下，提高每米孔的爆破量，降低材料消耗，尽量减少爆破地震，飞石危害，充分发挥铲装运设备效率，使矿山综合成本最低。为了达到这些要求，在露天深孔爆破中已广泛地采用微差爆破技术，根据需要还结合采用预裂、留碴挤压、缓冲等控制爆破技术，此外还必须正确地选择和确定爆破参数。

露天深孔爆破通常采用垂直钻孔和倾斜钻孔，炮孔布置或矩形（包括方形）或三角形，孔径常为80、100、150、170、200，250、310和380mm。合理炮孔直径的选取，除了和岩石可爆性、炸药性能有关外，还应考虑到装载运输设备的要求和钻孔机械的性能。一般而言，大的孔径有利于提高钻孔和爆破作业的生产率，但也增大了爆下岩石的块度，因此，必须有相应的装载设备、运输设备和二次破碎手段，才能发挥其综合效益。

底盘抵抗线是露天爆破孔网的最重要参数，它可以由（8-26）式求得：

按可容纳之装药量有

$$W_p = \frac{\sqrt{0.56q_1^2 + 4mqq_1Hl} - 0.75q_1}{2mqH} \tag{8-26}$$

式中 W_p——底盘抵抗线，m；

H——台阶高度，m；

表 8-50 部分矿山地下深孔爆破的技术经济指标

矿山名称	最小抵抗线 W（m）	炮孔直径 d（mm）	$\frac{W}{d}$	孔底距 a（m）	一次炸药消耗量（kg/t）	炮孔邻近系数	每米孔崩矿量（t/m）	大块产生率（%）	二次炸药消耗量（kg/t）	雷管消耗量（个/t）	导火索消耗量（m/t）
桃林铅锌矿	1.3	65	20	1.5~1.8	0.42	1.15~1.36	4	14.2	0.199	0.035	0.32
大厂锡矿	1.5	38~40	37~40	1.4~1.7	0.5~0.6	0.9~1.14	5~6	20~30	0.387	0.0319	0.348
大厂铜坑矿	1.5~1.8	60	25~30	1.7~2.3		1.13~1.30				0.02	0.348
狮子山铜矿	3.0~3.8	110	27~35	3.5~4.0	0.24	1.1~1.3	18~20	15~20	0.06~0.08	0.022	0.0515
易门凤山铜矿	3~3.2	100~110	29~30	3.5~4.2	0.4~0.5	1.1~1.35	9~15	8~10	0.06	0.02~0.03	0.05~0.1
寿王坟铜矿	2.5	110	23	2.5~3.0	0.4~0.5	1.0~1.2	12	20~30	0.6~0.8	0.048	0.71
中条山胡家峪矿	1.8	68~72	25~26	2.0~2.1	0.485	1.1~1.2	5~6	18~25	0.167	0.0295	0.246
程潮铁矿	2~2.2	85~90	23~25	2~2.2	0.3	1.0	7~11	2.92	0.02	0.0086	0.13
梅山铁矿	1.6	60	27	1.2~1.5	0.25	0.75~0.90		15		0.025	0.21
向山硫铁矿	2.8	100	28	2.2~2.5	0.17	0.78~0.9	12~14	7~10	0.02	0.095	0.26
大庙硫铁矿	1.5	57	26	1.8~2.5	0.32	1.0~1.2	5~5.5	5	0.254	0.015	0.1~0.2
镜铁山铁矿	1.4~1.5	51	27~30	1.8~2.0	0.31~0.34	1.2~1.34	5.1	20~75	0.08~0.12	0.035	0.26
符山铁矿	1.5	60	25	1.5~1.8	0.42	1.0~1.2	8~9	5	0.06~0.1	0.053	0.3

q_1——每米炮孔装药量，kg/m；

m——炮孔邻近系数；

q——单位炸药消耗量，kg/m³；

l——炮孔全长，m。

平常底盘抵抗线和炮孔直径成正比例，有（8－26）式的经验关系，式中难爆岩石的系数取较小值，

$$W_p = (25 \sim 45)d \tag{8-27}$$

式中 d——炮孔直径，m。

所求得的底盘抵抗线，必须用钻凿炮孔时钻机位置是否过于靠近崖边的安全条件来校正，这时必须符合（8－28）式

$$W_p \geqslant H\text{ctg}\alpha + 3 \tag{8-28}$$

式中 α——台阶坡面角，(°)。

炮孔的孔间距 a 和排间距 b 随岩石的结构和爆破方法不同而异，可由式（8－29，8－30）给出

$$a = mW_p \tag{8-29}$$

$$b = (0.9 \sim 0.95)W_p \tag{8-30}$$

式中，系数 m 一般取 1.0～1.4。但近年来提倡增大孔间距，缩短排间距，使 m 达到 3～8 也得到好的爆破效果。故应按照岩石的节理发育状况灵活调节孔网的形状。

为了克服底盘抵抗线的较大阻力，炮孔常有超深，超深量如下：

$$l' = (0.05 \sim 0.30)W_p \tag{8-31}$$

式中 l'——钻孔超深，m。

每个炮孔的装药量是

$$Q_1 = qW_p aH \tag{8-32}$$

式中 Q_1——每个炮孔的装药量，kg。后排炮孔的装药量，应照（8－31）式增大 10%～20%。

炮孔的填塞长度 l_z，不应小于下列数值：

对于垂直炮孔 $l_z = (0.7 \sim 0.8)\ W_p$ （8－33）

对于倾斜炮孔 $l_z = (0.9 \sim 1.0)\ W_p$ （8－34）

延迟时间的选择可参见 8.5.9。一般采用连续耦合装药结构，孔内装一种炸药。当底盘抵抗线较大或孔底有水时也可以在孔底及其余部分分装两种炸药。根据需要还可以采取分段装药或不耦合装药。机械装药正在逐步推广。

起爆方案有多种型式，通常有分排顺序起爆，斜线顺序起爆。采用 V 形，楔形和波浪形起爆的爆破效果较好。几种典型起爆方案见图 8－32。

起爆网路以电力起爆为主，导爆管起爆网迅速得到推广，导爆索网路成本较高，使用较少。

国内外露天矿深孔爆破的实际爆破参数及有关指标列于表 8－51，表 8－52[28]。

8.5.6 药壶爆破

在炮孔底部用少量炸药经几次爆破逐次扩大成葫芦形空腔，再进行装药爆破的方法称为药壶爆破。如图 8－33，它属于集中装药包，与普通浅孔爆破比较药壶爆破法钻孔工作量

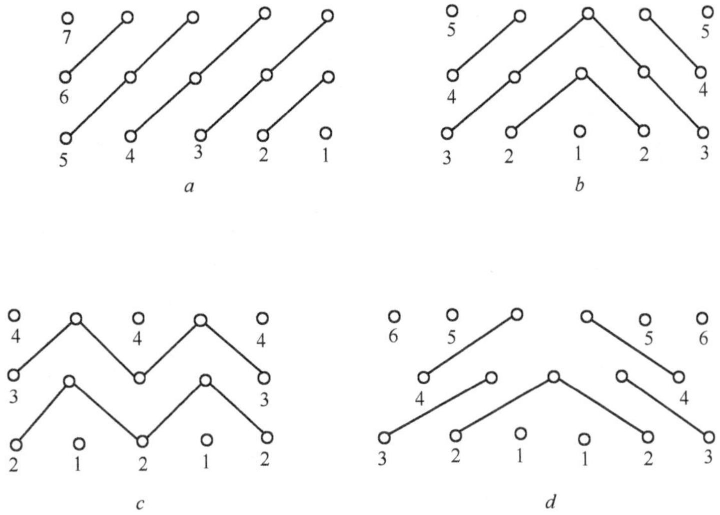

图 8－32 起爆顺序方案示意图

a—斜线顺序起爆；*b*—V 形起爆；*c*—波浪形起爆；*d*—楔形起爆

小，每孔装药较多，爆破方量较大。但在节理发育的软岩中扩壶易损坏炮孔，不宜采用。由于需要进行多次扩壶，工艺落后，工作不安全，不为正规矿山所采用，主要用于钻孔困难（如手工凿岩）的小型采石场中。

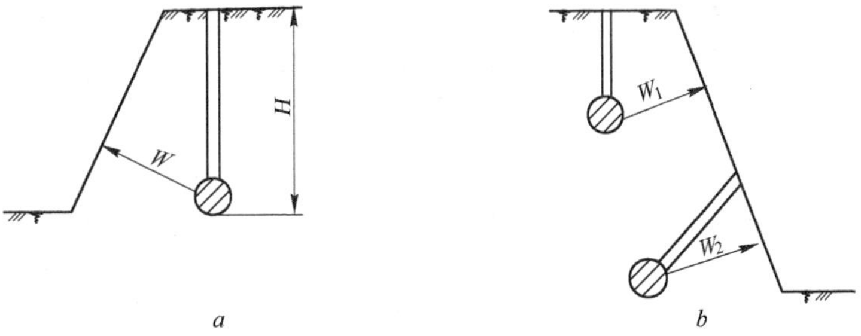

图 8－33 药壶爆破

a—单药壶布置；*b*—上下层药壶布置

8.5.7 硐室爆破

将大量炸药以集中形式装入硐室内的爆破称之为硐室爆破或大爆破。硐室爆破按药包形式可分为集中药包、分集药包、条形药包、准平面药包和空腔药包爆破。按工程目的可分为扬弃爆破，定向抛掷爆破，松动或加强松动爆破，抛松双向爆破，崩塌爆破和垫层爆破等。

硐室爆破在我国国民经济各部门得到了广泛的应用与发展。在采掘工业中，主要用于山坡露天矿基建初期的剥岩、开挖路堑、处理孤立山头、山地平整工业场地、定向堆筑路堤、露天转地下形成垫层、处理采空区和滑坡体等方面。实践表明，在适宜的条件下采用硐室爆破是一种效率高、速度快、成本低的开挖石方的施工方法。但硐室爆破也存在着施工作业劳动强度高和爆破有害效应影响范围较大的缺点，特别是对于露天边坡及地下围岩的稳

表8-51　国内一些露天矿穿爆参数及有关指标

矿山名称	矿岩种类	岩石硬度系数 f	孔径(mm)	段高(m)	底盘抵抗线(m)	排距(m)	孔距(m)	炮孔邻近系数 前排/后排	孔深(m)	填塞高度(m)	后排孔药量增加系数	单位炸药消耗量(kg/m^3)	延米爆破量(t/m)	布孔方式	微差起爆方案	延迟时间(ms)
大孤山铁矿	磁铁矿 混合花岗岩	12~16 8~10	250	12	8~9 8~9	5.5~6.5 7~7.5	6~7 7.5~8	0.8/1.0 0.9/1.1	14.5~15.5 14~14.5	6.5~7 6.5~7	1.1 1.1	0.76 0.56	150.8 126.0	矩形及三角形垂直孔	排间或斜线	25~50 50~75
眼前山铁矿	磁铁矿角闪岩 闪长岩	15~17 8~12	250	12	7~9 7~9	5.5~6 5.5~6	6.5~6.8 7.3~8	0.8/1.2 1.0/1.4	15.5 14.5	6.5~7 6.5~7	1.3~1.4 1.3~1.4	0.7~0.8 0.45~0.55	108~118 125	三角形垂直孔	安排顺序	50~75
齐大山铁矿	难爆矿石 千枚岩	14~16 1~6	250	12	8 8~10	5.7 7~8	6.7 8~9	0.8/1.2 0.94/1.13	14~14.5 14~14.5	>6 6~7	1.2 1.2	0.7 0.5	110~115 115~120	三角形垂直孔	安排或斜线	50~75
歪头山铁矿	二层铁 角闪片岩，石英岩	12~16 8~12	250	12	10 11	4 5	7~10 7.5~11	0.7/2.5 0.7/2.2	14.5~15 13.5~14	6~8 7~8	不增加 不增加	0.68 0.4	110~120 100	等边三角形及垂直孔	斜线	25
马钢南山矿凹山车间	赤铁矿 黄铁矿化辉长 闪长岩 风化闪长岩	4~7 8~12 2~6	250	14~15	10~12 9~11 10~12	5.5~6.5 4.5~5.5 6~7	6~7 5~6 7~8	0.5/1.08 0.6/1.1 0.7/1.2	15.5~17 15.5~17 15.5~17	8 8 8	不增加 不增加 不增加	0.32~0.35 0.35~0.37 0.28	110 80 120~140	三角形垂直孔	安排顺序	25~50
大冶铁矿	矽卡岩、大理岩 花岗闪长岩 磁铁矿	8~12 10~12 10~14	170~200	12	6 6 6	3.5~4 4~4.5 3~3.5	3.5~4 3~3.5 3~3.5	0.6/1.0 0.5/0.8 0.5/1.0	14.5~15.5 14.5~15.5 14.5~15.5	7~8 7~8 7~8	1.3~1.5 1.3~1.5 1.3~1.5	0.5~0.6 0.5~0.6 0.8	37~40 37~40 37~40	方形或三角形倾斜孔	安排或斜线	25~50

续表 8-51

矿山名称	矿岩种类	岩石硬度系数 f	孔径 (mm)	段高 (m)	底盘抵抗线 (m)	排距 (m)	孔距 (m)	炮孔邻近系数 前排/后排	孔深 (m)	填塞高度 (m)	后排孔药量增加系数	单位炸药消耗量 (kg/m³)	延米爆破量 (t/m)	布孔方式	微差起爆方案	延迟时间 (ms)
首钢水厂铁矿	块状磁铁矿	>14	250	12	7~8	5~6	7.5~8.5	1.1/1.5	14~15	4.5~5.5	1.2	0.5~0.6	130~140	三角形垂直孔	安排顺序	25~75
	层状磁铁矿	12~14			7~8	5.5~6	8~9	1.1/1.4	13.5~14.5	5.5~6.5	1.2	0.4~0.5	140~150			
	混合花岗岩	8~10			8~9	6~7	9~10	1.1/1.4	13.5~14.5	6~6.5	1.2	0.3~0.35	150			
南芬铁矿	Fe_3 石棉矿	16~20	200	12	7	4.5	3~5	0.43/1.1	14.5~15.5	4~5	1.15~1.2	0.9	117	三角形或矩形除200毫米孔径的为斜孔其余均是直孔	安排顺序、斜线及楔形的均用	25~75
	Fe_3 富矿		250		10	5.5	4~5.5	0.4/1	14.5~15.5	5~6	1.15~1.2	1.0				
	矽酸铁		310		12	6.5	5~6.5	0.42/1	14.5~15.5	6~7	1.15~1.2	1.2				
	底盘块状	8~10	200	12	8	5.5	4~5.5	0.5/1	13.5~14.5	4~5	1.15~1.2	0.72				
	角闪岩		250		10	6.5	4.5~7	0.45/1.08	13.5~14.5	5~6	1.15~1.2	0.64				
	绿泥角闪岩		310		12	7.5	5.5~7.5	0.46/1.0	13.5~14.5	6~7	1.15~1.2	0.88				
南京吉山铁矿	磁铁闪长岩	12~14	200	12	7	5	8	1.1/1.6	14	5.5~6.5	1.2	0.4	90	三角形斜孔	斜线	50~70
海州露天煤矿	页岩、砂页岩	4~6	180	9	7.0		7.0	1.0	11	6.0		0.2	96	三角形直孔	间隔孔	70
	砂岩	7~8	180	8~9	6.5	5.5	6.0	0.9/1.1	10.5~11.5	5.5	1.2	0.30	70	三角形直孔	安排	50
	砂砾岩	9~10	180	8	6.0	5.0	5.5	0.8/1.1	11	5.0	1.3	0.35	54	三角形直孔	安排	50
大连石灰石矿	石灰岩	6~8	250	12~13	9~10	6~6.5	10~11	1.1/1.7	14.5~15.5	6~6.5	不增加	0.3~0.4	160~165	三角形直孔	安排	25~75
南京白云石矿	白云岩	6~8	150	12	6~7	4.0	6~7	1/1.6	14.0~14.5	4~5	1.2	0.4~0.5	50~60	三角形直孔	安排	25~50

表 8-52 国外一些露天矿穿爆参数及有关指标

国家或地区	矿山名称	矿岩种类	孔径 (mm)	段高 (m)	超深 (m)	孔网规格〔抵抗线(排距)×孔距〕(m)	延米爆破量 (t/m)	单位炸药消耗量 (kg/t)	炸药类型	大块率 (%)	二次破碎方式
美国	明塔克铁矿	极硬的磁铁石 英岩，火成岩	310 250	12 12	1.2 1.5	8.5×8.5 6×6		0.5（矿） 0.294（岩）	浆状铵油	<1.5	落锤 （重 7t）
	鹰山铁矿	坚硬的磁铁石英岩 软及中硬岩矿 坚硬的石英岩	170 250 350	13.5 13.5 13.5	 4.5	4.2×4.2~5.4×5.4 5.4×5.4~8.4×8.4 10.2×10.2		1.2kg/m^3 0.7kg/m^3 0.72kg/m^3	浆状 80% 铵油 20%		凿岩台车 浅眼爆破
	雷乌铁矿	磁铁矿	240	10.5	1.1	7.8×7.8		0.23	浆状铵油		
	西雅里塔铜钼矿	含矿石英闪长岩	250	15	2.2	7.5×7.8			浆状铵油		
加拿大	斯卡利铁矿	矿　岩	310 250	12 12	1.2 1.2	8.4×7.5 7.8×7.5	235	0.227	浆状（15%） 铵油 85%		落锤（重 6t）
	杰西铜矿	矿　岩	250	10	1.5	7.5×7.5	172	0.14	浆状铵油		
	铜山铜矿	矿　石 岩　石	250 250	12 12		7.5×7.5 8×8	207 241	0.13	浆状铵油		凿岩台车 浅眼爆破
	布伦达铜矿	矿　岩	310	15		7.8×9	180~190	0.22	浆状铵油		
	基德湾铜锌铅矿	矿　石 岩　石	250 250	12 12		6.7×8.5 6×7.6	165 135	0.18~0.27	浆状及铵油		落锤及 浅眼爆破
澳大利亚	汤姆普赖斯铁矿	赤铁矿	310	15	3.8	7.6×7.6		0.38	铵油		
	纽曼山铁矿	矿　岩	200	15	1.5	4.5×4.5~6×6			铵油为主		
	布干维尔铜矿	淡色石英闪长岩 安山岩	250 250	15 15	2 2	6.4×7.4 7.5×8.7	41.7m^3/m 57.8m^3/m	0.33 0.19	776 型浆状 616 型浆状		
苏联	南部采选公司露天铁矿	碳化磁铁角岩 磁铁角岩	200 200	15 14.9	3.0 3.0	7.7×7.5 7.1×7.8	57m^3/m 52m^3/m	0.67kg/m^3 0.80kg/m^3		0.7	
	中部采选公司露天矿	磁铁、赤铁角岩	250	15	3.0	6×6~10×10			铵梯炸药		
	科尔舒诺夫斯克采选公司	磁铁矿	250				48.5m^3/m	0.51~0.62kg/m^3			
	别洛夫斯克铜矿	矿石（f=5~20）	250	15	3.0	(6~8)×(6~8.5)		0.4~0.975kg/m^3			
	依林矿务局露天铁矿	矿岩（f=6~18）	250	15		5×5~5×6~6×7	34.5m^3/m	0.7~0.9kg/m^3		4~5	

定性，露天台阶及地下采场回采带来较严重的破坏，故在确定采用硐室大爆破及设计其规模时应十分慎重。还应注意提高机械化施工水平和采取一系列控制爆破技术措施。

硐室爆破施工必须根据批准的设计进行。而爆破设计应根据上级机关批准的爆破设计任务书，和完整的地形地质勘测资料与必要的工程图纸为依据，硐室爆破既要符合工程要求，达到预期效果（如爆破方量、堆积分布、破碎块度、爆破范围等），又要采取可靠的安全技术措施，控制有害效应（地震、空气冲击波、飞石和噪声），保证施工安全，使爆区周围建（构）筑物及设备不受损害并取得明显的经济效益。对大型或特殊性爆破工程，必须进行一定规模的试验爆破，以便取得一些重要的科学数据。

8.5.7.1 药包布置与爆破参数的确定[36]

A 药包布置

硐室爆破的药包布置反映炸药能量在爆区岩体内的分布特征。在不同的工程目的和地形地质条件下，采取不同的布药方案，它涉及炸药性质、药包形式、药包排列方式和起爆方式等因素，必须综合加以考虑，以便选取最优药包布置方案。表 8－53 列出了硐室爆破药包布置方式及其适用条件。

表 8－53 硐室爆破药包布置分类表

爆破作用方向	药包布置形式	适用条件
单侧作用	单层单排布置 单层双排布置 双层单排	缓坡地形、高差小 同上，要求爆后形成宽平台 陡坡地形，高差大
双侧作用	单排布置 多排布置，主药包双侧作用、辅助药包单侧作用 并列单侧作用 单排布置，一侧松动作用另一侧抛掷 并列不等量药包，单侧作用	山脊地形 坡度平缓的山包 顶部较宽的山包或山脊 两侧地形坡度不同的山脊或山包 两侧地形坡度不同的山脊或山包
多向作用	单一药包 单一主药包多向作用，辅助药包群单向作用	孤立山头，多面临空，地形坡度较陡 孤立山头，多面临空，地形较缓爆破山头高差较大
多重作用	复合布置	一切复杂的地质、地形条件

B 爆破参数的确定

主要爆破参数包括：最小抵抗线 W；炸药单位消耗量（K，K'）；爆破作用指数（n）；药包间距（a）；压碎圈半径（r）；上坡裂线（R'）；下坡裂线（R）；漏斗可见深度（P）等，据此计算药包装药量（Q），爆破岩石体积（V），以及爆堆堆积尺寸（L、h）。见图 8－34。

布药方案确定后，上述参数均可按经验公式计算。

最小抵抗线，决定药包的合理分布，通过地形垂直剖面法确定。

爆破作用指数 n，它决定药包爆破性质，影响爆破漏斗的几何尺寸。

平地抛掷爆破

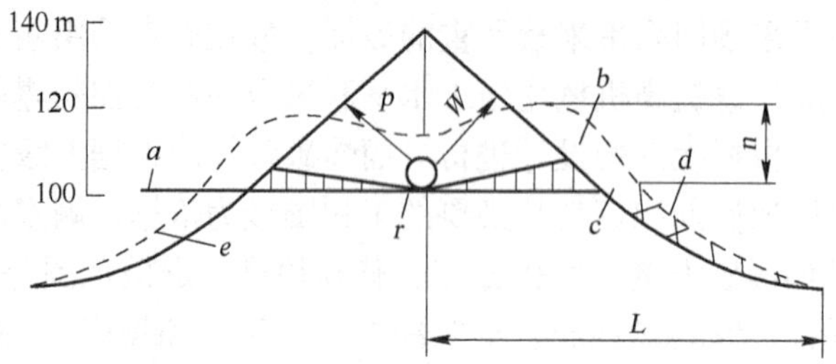

图8-34 抛掷堆积尺寸剖面图

a—爆破标高；*b*—岩坝；*c*—露天边坡；*d*—有效抛掷方量；*e*—抛掷方量

$$n = \frac{E}{55} + 0.5 \tag{8-35}$$

式中 E——抛掷率,%。

斜坡抛掷爆破可按抛距或抛掷率选择 n 值。如要求达60%的抛掷率，可按地面坡角 α 选取 n 值，如下：

α (°)	15~30	30~45	45~60	60~70
n	2~1.75	1.75~1.5	1.5~1.25	1.25~1.0

加强松动爆破，为降低爆堆高度，可根据 W 值的大小，选取 n 值。一般 $n=0.7\sim1.0$。

药包间距计算：

$$a = m\frac{W_1 + W_2}{2} \tag{8-36}$$

式中 W_1、W_2——相邻药包最小抵抗线，m；

m——药包邻近系数，按爆破性质及地形条件选取，

松动式加强松动爆破 $m=0.8\sim1.2$

平地抛掷爆破 $m=0.5(1+n)$

斜坡抛掷爆破同层药包 $m=n$

斜坡抛掷爆破层间药包 $m=n\sim\sqrt{1+n^2}$；

a——药包间距，m。

装药量 Q 的计算：

松动爆破

集中药包 $Q=K'W^3$ (8-37)

条形药包 $Q=K'W^2L$ (8-38)

抛掷爆破和加强松动爆破

集中药包 $Q=KW^3(0.4+0.6n^3)$ (8-39)

条形药包

$$Q = KW^2\frac{(0.4+0.6n^3)L}{m} \tag{8-40}$$

式中 L——条形药包长度；

其他符号意义同前。

K及K'值可参照表8－54选取。也可以参照岩性类似的工程实际资料选取，见表8－60。大型或特殊性工程按试验爆破确定。

表8－54 爆破各种岩石的单位炸药消耗量

岩石名称	岩体特征	f值	炸药单耗（kg/m^3）	
			松动（K'）	抛掷（K）
各种土	松软	<1.0	0.3～0.4	1.0～1.1
	坚实	1～2	0.4～0.5	1.1～1.2
土夹石	密实	1～4	0.4～0.6	1.2～1.4
页岩、千枚岩	风化破碎	2～4	0.4～0.5	1.0～1.2
	完整、风化轻微	4～6	0.5～0.6	1.2～1.3
板岩、泥灰岩	泥质，薄层，层面张开，较破碎	3～5	0.4～0.6	1.1～1.3
	较完整，层面闭合	5～8	0.5～0.7	1.2～1.4
砂岩	泥质胶结，中薄层或风化破碎	4～6	0.4～0.5	1.0～1.2
	钙质胶结，中厚层，中细粒结构，裂隙不甚发育	7～8	0.5～0.6	1.3～1.4
	硅质胶结，石英质砂岩，厚层，裂隙不发育，未风化	9～14	0.6～0.7	1.4～1.7
砾岩	胶结较差，砾石及砂岩或较不坚硬的岩石为主	5～8	0.5～0.6	1.2～1.4
	胶结好，以较坚硬的砾石组成，未风化	9～12	0.6～0.7	1.4～1.6
白云岩、大理岩	节理发育，较疏松破碎，裂隙频率大于4条/米	5～8	0.5～0.6	1.2～1.4
	完整、坚实	9～12	0.6～0.7	1.5～1.6
石灰岩	中薄层，或含泥质的，或鲕状，竹叶状结构的及裂隙较发育	6～8	0.5～0.6	1.3～1.4
	厚层、完整或含硅质、致密	9～15	0.6～0.7	1.4～1.7
花岗岩	风化严重，节理裂隙很发育，多组节理交割，裂隙频率大于5条/米	4～6	0.4～0.6	1.1～1.3
	风化较轻，节理不甚发育或未风化的伟晶粗晶结构	7～12	0.6～0.7	1.3～1.6
	细晶均质结构，未风化，完整致密岩体	12～20	0.7～0.8	1.6～1.8
流纹岩、粗面岩、蛇纹岩	较破碎	6～8	0.5～0.7	1.2～1.4
	完整	9～12	0.7～0.8	1.5～1.7
片麻岩	片理或节理裂隙发育	5～8	0.5～0.7	1.2～1.4
	完整坚硬	9～14	0.7～0.8	1.5～1.7
正长岩、闪长岩	较风化，整体性较差	8～12	0.5～0.7	1.3～1.5
	未风化，完整致密	12～18	0.7～0.8	1.6～1.8
石英岩	风化破碎，裂隙频率>5条/米	5～7	0.5～0.6	1.1～1.3
	中等坚硬，较完整	8～14	0.6～0.7	1.4～1.6
	很坚硬，完整致密	14～20	0.7～0.9	1.7～2.0
安山岩、玄武岩	受节理裂隙切割	7～12	0.6～0.7	1.3～1.5
	完整坚硬致密	12～20	0.7～0.9	1.6～2.0
辉长岩，辉绿岩、橄榄岩	受节理裂隙切割	8～14	0.6～0.7	1.4～1.7
	很完整，很坚硬致密	14～25	0.8～0.9	1.8～2.1

8.5.7.2 我国露天硐室大爆破工程实例

硐室大爆破在我国露天矿山剥离开拓工程得到了较广泛的应用，积累了丰富的经验。

表 8－55 国内部分硐室爆破工程实例

工程地点	地形地质条件	岩石类别	普氏系数 f	爆破类型	爆破参数				爆破量（×10^4 m^3）	炸药总量（t）	单位耗药量（kg/m^3）	抛掷率（%）	爆破效果	大块率（%）	年份
					K	K'	n	m							
白银厂	地形坡度 30°～45°，节理发育	凝灰岩	6～8	加强松动与抛掷	1.75	0.7	松 0.7～1.0 抛 1.25～2.0	1～1.2	906.7	15573	1.46	25.1	爆堆平整，过粉碎 K、n 值偏高		
狮子山	平顶地形，坡度 17°～30°，地表风化，节理发育	辉长岩	6～16	分层加强松动	上层 1.2	下层 0.9		上层 1.2 下层 0.9	1140	10162	0.817		上层效果良好，下层松散不够	上层无大块	
金川	山脊地形坡度 15°～50°，层节理均发育	大理石花岗片岩等	3～8	加强松动	1.5	0.5～0.6	0.6～1.0	1.1～1.3	218.4	1655	0.724		爆破效果良好，对附近建筑物无影响	<5	
顺昌	山脊地形，坡度 40°～45°，节理发育	砂岩石灰岩		准平面药包抛掷爆破			1.25～1.4		123	1708	1.62	84.2	揭顶效果良好		
永平	地形坡度 20°～45°，节理发育，有工程体	混合岩	3～8	加强松动	1.0～1.2	0.5～0.55	0.75～1.0	1～1.2	144.2	1001	0.69		效果良好	约 5	
云浮	为孤立山头，坡度 40°～45°，层理发育	千枚岩 碳质砂岩	6～8	一侧抛掷 一侧松动	1.4	0.67～0.97	1.5～1.7	1.17～1.25	75.4	675.6	0.90	63.3	效果良好		
伊犁	山脊端部坡度 35°～45°，片理、节理发育	片岩、千枚岩、板岩	4～6	抛掷爆破	1.4		1.1～1.5	1.1～1.3	49.3	671.8	1.36	76.8	效果良好	无大块	
齐大山	平台地形，山坡 30°～35°，坚硬，致密	含铁石英岩	14～16	加强松动	2.0		0.8～1.0	0.7～1.4	53.75	571.3	1.04		达到降段要求		
家门前	地形坡度 35°～45°，长条山脊，爆破性好	千枚岩，花岗闪长斑岩	5～7	加强松动	1.2	0.8	1.0	0.95～1.15	80.4	502.7	0.572	61.7	爆堆平整，效果良好	约 5	
北京铁矿	地形坡度 30°～40°，节理发育	角闪片麻岩	8～10	一侧抛掷 一侧松动	1.65	0.8	1.25～1.5	1～1.3	30.3	336.1	1.11	46.0	效果良好，局部大块率较高		

续表 8－55

工程地点	地形地质条件	岩石类别	普氏系数 f	爆破类型	爆破参数				爆破量（×10^4 m^3）	炸药总量（t）	单位耗药量（kg/m^3）	抛掷率（%）	爆破效果	大块率（%）	年份
					K	K'	n	m							
广西杲矿	两个孤立山头，裂隙发育，溶洞较多	灰岩	4～10	抛掷及加强松动	1.2～2.0		0.75～1.25	1～1.2	37.8	304	0.71		效果良好		
新桥	地形坡度 24°～35°，层、节理发育、有正滑坡体	石英砂岩	6～8	抛掷爆破	1.4		1.4～1.5	1～1.1	78.4	235.2	1.17	50.6	爆破后正滑坡体由岩层弱面下滑		
阜新	阶梯状地形，坡度27°～60°，节理裂隙发育	页岩	3～5	松动爆破		0.4～0.43	0.75	0.9～1.0	144.8	230	0.16		效果良好	>111～5	
铜山口	坡度 10°～50°	大理岩，花岗闪长斑岩	8～12	双侧加强松动爆破	1.0～1.45		1.0	1.1～1.2	39.8	227	0.52	58.6	效果良好，边部有岩坎	约 10	
黎扩	山脊地形，坡度 20°～40°层理明显，节理发育	石灰岩	8～10	抛掷与加强松动	1.2			1.25～1.3	21.37	162.5	0.76	43.47	采用条形及分集药包，效果良好	6.4	
铁山龙	地形坡度 45°～47°，节理发育	石英砂岩	8～10	一侧抛掷一侧松动	1.0		0.7～1.25	0.95～1.0	22.8	118.3	0.66	58.5	效果良好	约 5	
西沟	地形坡度 30°～90°，层、节理发育	石灰岩	3～12	加强松动	1.7	0.85	0.6～0.77	0.7～1.1	17.8	131.7	0.75		达到预期效果	5～10	
水牯山	阶段工作面，65°～70°	石灰岩	11～12	加强松动	1.5		0.7～0.83	0.74～0.96	19.85	130	0.66			<10	
黄山	地形坡度 40°～60°	石灰岩	5～7	双层松动爆破		0.5～0.6		0.5～0.8	20.8	110	0.53			<10	
冶山	阶梯状地形，坡度 45°～75°	白云岩	8～12	垫层爆破	1.1～1.2		1.0	0.93～1.24	17.72	92.7	0.49		平均垫层厚度为 14.9m，效果良好		

如甘肃白银厂铜矿大爆破，药量达15579t，爆破方量达$966 \times 10^4 m^3$，是加强松动与抛掷大爆破的实例。又如四川朱家包包铁矿狮子山大爆破，药量为10162t，爆破方量为$1140 \times 10^4 m^3$，是分层加强松动爆破的实例。这两次大爆破是我国规模最大的大爆破。表8-55是我国部分矿山硐室爆破的实际资料。

8.5.7.3 地下矿山硐室爆破

对于地下开采，由于硐室爆破巷道工程量较大，大块率较高，且对围岩的稳定性及井下构筑物的影响较严重，一般只在特殊条件下采用硐室爆破。如采空区处理，矿体裂隙十分发育或极坚硬而凿岩十分困难的采场回采。弓长岭铁矿、镜铁山铁矿、杨家杖子松树卯矿曾经采用过硐室爆破法落矿。

井下硐室爆破的设计及参数选择与露天硐室大爆破基本相同。药室邻近系数m一般取0.8~1.2；在处理采空区时则取1~2。最小抵抗线W一般不大于矿房宽度。

实例：杨家杖子松树卯矿，采用硐室挤压爆破方法，崩落露天底部矿体。

药室最小抵抗线7~8m；药室水平距离4~6m；药室层数为7层；药室个数为92个；挤后松散系数为1.162；炸药单耗：$f=10 \sim 12$时为0.6kg/t，$f=8$时为0.4kg/t；总装药量103.4t；起爆方法：采用9段毫秒爆破。

8.5.8 二次爆破

在露天开采或井下开采中，不论采用浅孔爆破、深孔爆破或硐室爆破都会产生不合格大块，其数量以不合格大块率表示。不合格大块率由炸药性能、爆破参数，矿岩的物理力学性质以及岩体中的节理、层理、裂隙等因素决定。在一般情况下，岩体的节理、层理、裂隙等对矿岩爆破块度影响较大。

不合格大块尺寸取决于装载方式、装载设备的规格以及粗破碎设备的规格。见表8-56，表8-57。人工装载的矿岩最大块度为0.3~0.35m。

不合格大块需二次爆破或二次破碎。二次爆破有外覆爆破法和浅孔爆破法两种。

表8-56 装载机的允许矿岩最大块度

铲斗容积（m^3）	允许最大块度尺寸（m）
7.6	1.8
6	1.4
3~4	1.2
1	0.8
0.5	0.6
0.2	0.45

8.5.8.1 外覆爆破法

A 裸露爆破法

裸露爆破法又称糊炮，即将药包放置在大块上方进行爆破的一种方法。裸露爆破的实质是利用爆轰波的冲击作用对被爆矿岩体的局部（炸包所接触的表面附近）产生粉碎和击穿。

裸露爆破法具有以下特点：

（1）不要钻孔机械及其辅助设施，工作具有很大的灵活性；

表 8-57 各类破碎机允许的最大给矿块度的尺寸（mm）

破碎机型式	破碎机型号	给矿口宽度	排矿口宽度	最大给矿块度
旋回式	500/75	500	75	400
	900/150	900	150	750
液压旋回式	500/60	500	60	420
	700/100	700	100	580
	900/100	900	100	750
	900/130	900	130	750
	900/170	900	170	750
	1200/160	1200	160	1000
	1200/210	1200	210	1000
	1400/170	1400	170	1200
	1400/220	1400	220	1200
	1600/180	1600	180	1350
	1600/230	1600	230	1350
液压型旋回式	700/100	700	100	580
	900/150	900	130	750
	1200/150	1200	150	1000
颚 式	400×600（复摆）	400×600	40~100	320
	600×900（复摆）	600×900	75~200	480
	900×1200（井下简摆）	900×1200	150~180	650
	900×1200（复摆）	900×1200	100~200	750
	900×1200（液压简摆）	900×1200	100~180	750
	1200×1500（简摆）	1200×1500	130~180	850
	1500×2100（简摆）	1500×2100	170~220	1250

（2）不需要钻孔及其他准备工作，速度快，耗劳动力少；

（3）操作简单，工人易于掌握和运用；

（4）炸药单耗大，产生的空气冲击波及噪声均较大。

裸露爆破用药量可以（8-41）式估算：

$$Q = qV \tag{8-41}$$

式中 Q——裸露爆破用药量，kg；

V——大块体积，m^3；

q——单位耗药量，kg/m^3。q 值取决于矿岩爆破性以及岩块形状，炸药爆轰性能，一般为 1.5~3.0。

爆破时药包上方一定要放置覆盖材料，覆盖材料由泥沙混合制成，其厚度应大于药包厚度。

药包的起爆可用导火索、导爆索、导燃管或电力起爆。当炸药包非齐发爆破时，各裸露药包之间应保持一定距离，防止邻近药包先爆时产生的空气冲击波将药包冲散。

B 聚能药包爆破大块

裸露药包的能量不集中，能量损失较大，使用药量大，产生的空气冲击波和噪音也较大。为解决此问题可采用聚能药包爆破大块。

聚能药包是将普通药包改制成一端带有圆锥形空穴的圆柱形药包，药包一端的空穴称为聚能穴。

在实际应用中，往往在聚能穴表面覆盖一层金属罩（药形罩），以进一步提高装药的聚能效应，其爆炸后产生的金属射流具有很大的穿孔能力。

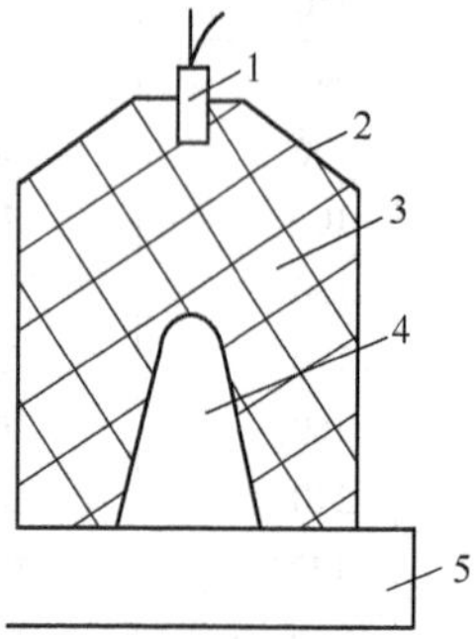

图8-35 聚能药包示意图
1—雷管；2—外罩；3—炸药；4—聚能穴药形罩；5—炸高（药包端面与大块的距离）

用于破碎大块的聚能药包如图8-35所示。

药形罩形状一般采用圆锥形，药柱高度不宜超过药柱直径的三倍，药形罩的材质原则上要求密度大，延性好，在形成射流过程不汽化。以紫铜为好，但在工程上为降低成本，一般采用铝或塑料。

炸药最好采用爆速、爆压比较高的梯恩梯、黑索金炸药或使用加大密度的铵梯炸药。

炸高是指聚能药包端面至大块间的距离，药包爆炸形成射流后，需要有一定距离使射流伸长，以提高破碎效果。但距离过大，射流发生分散，反使破碎效果降低，一般来说，最佳炸高为罩底直径的1~3倍。但有时为简便施工起见，也有将药包直接放在岩块上的。

聚能爆破破碎大块的优点：

（1）药量较裸露爆破大为减少，可减少空气冲击波和噪声。

（2）飞石距离减小，一般不超过100m，比较安全。

C 水封压缩聚能药包爆破大块

水封压缩聚能药包爆破就是用铵梯类炸药经压缩制成带聚能穴的药包，将其置于大块的表面，以聚氯乙烯塑料袋装水封壶，用雷管起爆。它综合地应用了压缩、水封、聚能三种效应，其特点是：

（1）大大地减少了粉尘危害、水封爆破不需钻孔，水袋爆碎后工作面形成水雾，起到了捕尘降尘的作用。

（2）飞石距离减小，炮孔法安全距离为300m，而水封爆破为100m。

（3）工人劳动强度低，操作简便。

（4）费用略高于炮孔法。

施工方法

炸药可选用铵梯炸药，压缩密度为1.2~1.25g/cm^3。塑料水袋采用塑料薄膜，热合牢固，不漏水。

爆破时，将盛水塑料袋封盖于药包之上，排出袋内空气，使水袋较好地封盖药包，药包顶上的水面高度不低于2~3cm，药包周围尽量做到全封闭。

8.5.8.2 大块浅孔爆破法

浅孔爆破法是在大块的中心穿凿一个炮孔，然后在炮孔内装一定量的炸药进行爆破的一种方法。在大块尺寸较大时可钻凿两个炮孔。这种方法在露天矿用得较多。

采用浅孔法爆破大块，炮孔直径一般为25~40mm，炮孔深度和单位炸药耗量则需根据岩性、大块厚度和采用的炸药性能来确定，见表8-58。所需炮孔数目可根据总药量和每个炮孔的装药量来计算。

全埋置或半埋置大块的炮孔深度应为大块厚度的0.6倍，其单位耗药量分别为裸置大

表8-58 大块浅孔爆破法炸药单耗（2号岩石炸药）

大块厚度（m）	炮孔深度（m）	单位耗药量（kg/m^3）
0.5～0.6	大块厚度的0.55倍	0.23～0.35
0.7～0.8		0.17～0.29
0.9～1.0		0.14～0.23
1.0～1.5		0.12～0.17
>1.5		0.14

块的2倍和3倍。

炮孔的堵塞材料用泥沙混合物制成，药包的起爆可用导火索、导爆索、导爆管或电力起爆。

炮孔如不用泥沙充填而采用水为耦合介质则称水介质不耦合浅孔爆破法，用这种方法爆破大块效果较好。山东莱芜铁矿试验表明，不耦合系数为2.3～2.7时，爆破效果良好，基本无巨石，极个别巨石的抛掷距离也大为减小。由于使用水为耦合介质，能量传递效率高，能量利用率高，炸药单耗降至每立方米数十克，同时，爆破噪声也很小。

8.5.9 控制爆破技术

8.5.9.1 微差爆破技术

微差爆破是相邻或分组炮孔以毫秒级时间间隔起爆的一种控制爆破技术。它可以显著地降低爆破地震效应，改善岩石破碎质量，它在露天深孔爆破中还能控制爆堆形状。减少爆破后冲，在井巷（硐室）掘进及露天掘沟工程中能够提高工效，确保工程质量。

应用微差爆破技术的关键在于如何正确地选取合理的延迟时间及起爆顺序。

选取合理延迟时间的原则与方法如下：

(1) 在先爆炮孔明显脱离原岩的瞬间，后爆孔再行起爆，为后爆炮孔创造新的自由面，并使岩块相互碰撞，起到再破碎的作用。

从起爆到岩石开始移动的时间一般是冲击波自炮孔到达自由面的传播时间的5～10倍，它随抵抗线（W）的增加而增大，因此合理延迟时间（τ）一般可按（8-42）式计算：

$$\tau = KW, \text{ms} \tag{8-42}$$

式中 K——与岩体结构、岩石性质及爆破条件等有关的系数。

孔间微差起爆时，K=3～6ms/m；多排孔爆破时，排间延迟时间应适当增加，一般K=5～12ms/m；如采用小抵抗线，大孔距爆破时，还可适当增加到10～25ms/m，留渣挤压爆破时延迟时间要适当增加。坚硬岩石的K值取小值，软岩取大值。

(2) 相邻各段起爆药包产生的地震波主震相不发生重叠，两个地震波互相干扰，从而有效地降低地震波效应。

许多测试结果表明，在合理延迟时间条件下，爆破地震波效应主要取决于一次起爆的药量大小。

在多排微差挤压爆破中，后排孔除适当增加药量外，还应增加延迟时间。

正确的起爆顺序可以改善破碎质量，控制爆堆及产生较小后冲和较低的地震波效应。常采用斜线起爆方案及V型起爆方案。为了更有效地降低地震波效应，可同时采用孔内、孔间及排间微差顺序起爆方案。

8.5.9.2 预裂爆破

预裂爆破是沿开挖线钻一排较密集的预裂孔，一般孔内采用不耦合装药形式，装入少量炸药，并且预先起爆或先于主炮孔起爆的爆破方法。预裂孔爆炸后沿孔间形成预裂面。当主爆孔爆破时，由于爆炸应力波传至这一预裂面时产生反射，地震强度一般可衰减50%～80%，因而阻止了对保留岩体的破坏，开挖后能沿开挖线形成平整光滑的壁面。

预裂爆破广泛地应用于露天矿最终边坡、水利、铁路、公路工程的固定边坡、地下硐室和巷道开挖工程的周边等，此外，还应用于非金属材料的爆破切割。

A 预裂爆破施工要点

(1) 严格按设计孔位施工，在露天开挖工程中，炮孔前后移位偏差不应大于20～30cm。

(2) 采用不耦合装药结构时，药包应尽可能放置在炮孔中心，炮孔底部药量应增加1～3倍。

(3) 炮孔一般不超深，孔口未装药部分是孔深的15%～30%。

(4) 预裂孔应预先起爆或超前邻近主炮孔50～100ms起爆。

(5) 预裂孔一般应同时起爆，但为了降低预裂孔爆破的地震波效应，亦可分段起爆。

B 预裂爆破参数选取

预裂爆破主要的参数是炸药品种、孔径、孔距、不耦合系数和线装药密度，可根据岩体结构、岩石性质及对工程质量的要求通过实验或按照实例数据选取。爆破工作者通过大量的爆破实践和理论研究，提出了一些计算预裂爆破参数的经验和半经验公式。

(1) 经验公式：

$$k = 1 + 18.32[\sigma]^{-0.26} \tag{8-43}$$

$$a = 19.4D(k-1)^{-0.523} \tag{8-44}$$

$$q_1 = 78.5D^2k^{-2}\rho \tag{8-45}$$

式中 k——不耦合系数；

a——孔距，cm；

D——炮孔直径，mm；

q_1——线装药密度，g/m；

$[\sigma]$——岩石极限抗压强度，MPa；

ρ——药包密度，g/cm^3。

(2) 半经验公式[27]

当炮孔含水深2m以上时

$$q_2 = (0.0281D^2 - 0.9825D) + 8.76 + (-0.0021 + 0.00271D)f \tag{8-46}$$

当孔内无水时

$$q_1 = -0.042D^2 + 1.48D - 12.27 + 0.0044D^{1.67}f \tag{8-47}$$

式中 q_2——除堵塞长度外，炮孔平均线装药密度，kg/m；

f——岩石普氏坚固性系数。

当炮孔含水及不耦合系数 $k=3.202-0.1116f$ 时，合理预裂孔距 A（单位为m）为：

$$A = (8.601 + 0.3836f)D \qquad (8-48)$$

当孔内无水 $k = 3.3113 - 0.1566f$ 时，

$$A = (8.2427 + 0.4559f)D \qquad (8-49)$$

C 预裂爆破效果评价

一般常采用不平整度及保留孔痕百分率作为效果评价指标。

（1）不平整度表示预裂面的超欠挖程度，即相对于预裂孔轴线平面的差值。露天开挖工程宜小于30~50cm，井巷工程宜小于5~10cm。

（2）保留孔痕百分率，预裂爆破后在岩壁上留有清晰的半面孔痕迹，它可直接反映出炮孔周围的破坏程度。坚硬岩石保留孔痕百分数应大于70%，软岩应大于50%。在井巷工程中当采用小孔径预裂爆破时，可达90%以上。

D 应用实例（见表8-59，表8-60）

（1）掘沟应用预裂爆破形成最终边坡（图8-36）。

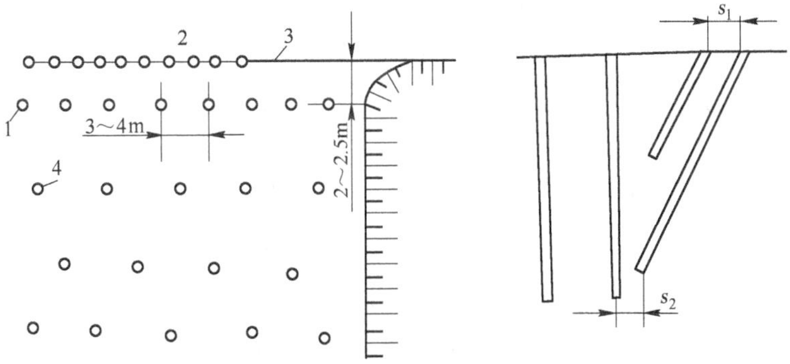

图8-36 南山铁矿实例

1—辅助孔：孔深7~8m，孔距3~4m，s_1=2.5~3m，s_2=1~2m；
2—预裂孔；3—预裂线；4—缓冲孔

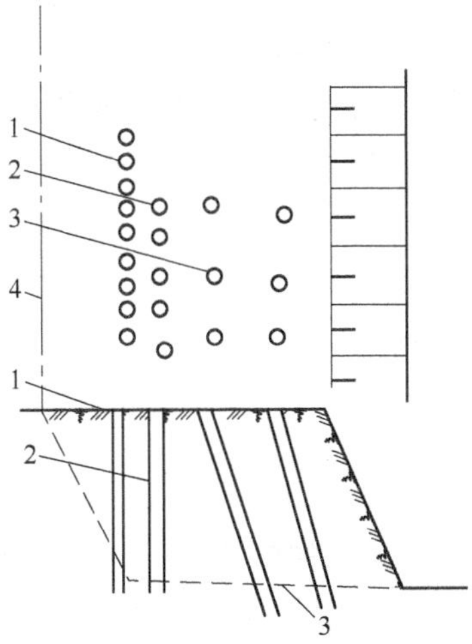

图8-37 大冶铁矿实例

1—预裂孔；2—缓冲孔、预裂孔与缓冲孔距离3~4m，缓冲孔孔距3m；
3—主爆孔；4—境界线

表8-59 露天工程预裂爆破实例表

矿山	岩石类别	普氏系数 f	炮孔直径 (mm)	炸药类型	线装药密度 (g/m)	炮孔间距 (cm)
南山铁矿	辉长闪长岩	8~12	150	铵油	1000~1200	160~190
	粗面岩	4~8	150	铵油	700~1000	140~160
	风化闪长岩	2~4	150	铵油	600~800	120~150
德兴铜矿	千枚岩、风化花岗岩	6~8	150	铵油		150~180
大冶铁矿	大理岩、闪长岩、原生矿	6~14	170	2号岩石	1500~3650	180~240
南芬铁矿	绿泥片岩	12~14	200	2号岩石	2320	250
	混合岩	10~12	200	2号岩石	2250	250
兰尖铁矿	粗粒状辉长岩 流层状辉长岩	16~21	200	2号岩石	2600	200~250
朱家包包铁矿		8~12 14~16	200	2号岩石	1700	200~250
大孤山铁矿	千山花岗岩	12~16	250	铵油	3.5	250
	磁铁矿	14~16	250	铵油	3.5	250
	绿泥石、千枚岩	6~8	250	铵油	2.4	250
眼前山铁矿	闪长岩	10~12	250	铵油	3.2	250~300
	混合岩	8~10	250	铵油	2.8	250
甘牛子石灰石矿	石灰石	6~8	240~250	铵油	3.0	250~300

(2) 扩帮时，临近边坡应用预裂爆破（图8-37）。

E 非金属材料爆破切割

爆破切割是利用炸药的爆炸能量沿设计线切割成缝，而其余部分不受破坏的一种控制爆破技术。其原理和方法基本上与预裂爆破相同，它主要用于石材开采，基础及建筑物拆除等方面。下面介绍爆破切割方法及参数选取方法。

(1) 采用普通炸药的爆炸切割法，该法可用于基础及建筑物拆除工程中，当切割厚度为 H 时，底部有临空面时，孔深 $L=(0.55\sim0.65)H$；底部无临空面时，$L=(0.75\sim0.80)H$。

炮孔装药量 Q：

$$Q=K\cdot a\cdot H \qquad (8-50)$$

式中 a——孔距，m；$a\geqslant1.5W$；

K——装药系数，g/m^2；

W——抵抗线，m；

Q——炮孔装药量，kg。

石材开采中亦有采用低爆速炸药（如黑色火药等）的情况。

(2) 导爆索及线性聚能药包切割法在石材及混凝土结构物上可采用导爆索切割法切割成所要求的规格。一般采用单或双根导爆索用雷管起爆，孔距为20~30cm。

8.5.9.3 光面爆破

光面爆破是在开挖线上钻较密的炮孔，多用不耦合装药，在主炮孔爆破后起爆光面炮

表 8-60 地下工程预裂爆破实例表

工程单位	工程名称	普氏系数 f	断面 (m)	孔径 (mm)	周边孔间距 (mm)	线装药密度 (kg/m)
琅琊山铜矿	井道拱	6~8	2.15×2.3	42	400~500	0.15~0.20
冶山铁矿	硐室拱	5~6	4×3.8	42	500~550	0.15~0.20
	硐室墙	5~6	4×3.8	42	550~600	0.15~0.20
	水平管道	5~6	3.22×2.92	42	400~500	0.07~0.10
张家洼工整	硐室顶	6	12×4	42	550~600	0.15~0.20
马万水工程队	硐室墙	7~15	10.3×12.7	42	500~600	0.1~0.15
普济隧道		3	50	50	480	0.26
雷公尖隧道		6~8	12×9	48	450	0.34~0.35

孔，使裂隙沿孔联线发展，形成光面，减少爆破对保留围岩的破坏。

光面爆破孔距较预裂孔距可稍大些，因此光面爆破较为经济些。露天矿可以在削坡中采用光面爆破，也可将光面爆破与缓冲爆破配合使用。在岩石整体性差，节理裂隙多且岩石风化程度不一致难以形成预裂面的地段，只有一两排炮孔的情况下，可以使用光面爆破获得较为平整的坡面。

A 爆破参数的选择与确定

(1) 露天矿光面爆破参数的确定。光面爆破，既要使孔距较预裂孔距大些的炮孔能沿孔联线裂开，又要使光面炮孔前面的岩石破裂并有较大的位移，孔距与抵抗线比值的选择应满足这个要求。故光面爆破时，孔距 a 与抵抗线 W 的比值应小于1，通常 $a/W \leqslant 0.8$。

孔距
$$a = (14 \sim 17)\ d \tag{8-51}$$

式中 d——孔径。

不耦合系数与线装药密度。不耦合系数 2~4，线装药密度为预裂爆破的 1~1.2 倍。

(2) 井巷光面爆破参数确定。根据光面层厚度确定光面爆破炮孔间距，即

$$a \geqslant (0.6 \sim 0.8) W_n \tag{8-52}$$

式中 W_n——光面层厚度，m；

a——光面爆破炮孔间距，m。

炮孔线装药量

$$Q = qaW_n \tag{8-53}$$

式中 Q——装药量，kg/m；

q——单位炸药消耗量，kg/m^3。

井巷光面爆破参数见表 8-61。

B 光面爆破的实例 (见表 8-62，表 8-63)

光面爆破的典型方案见图 8-38、图 8-39。

8.5.9.4 缓冲爆破

缓冲爆破是与光面爆破相似的一种控制爆破技术，其不同之处在于，缓冲爆破和主生产孔爆破同次起爆，而光面爆破则是在主生产孔爆破之后进行起爆。缓冲爆破系计划开挖边境线布置孔距较小的炮孔，并且抵抗线、孔距及装药量也减小。

大冶铁矿的缓冲爆破方案中，不仅在开挖境界上，而且在临近最终边坡 10~30m 的最后几排炮孔中都采用了减小抵抗线、孔距及装药量的措施。

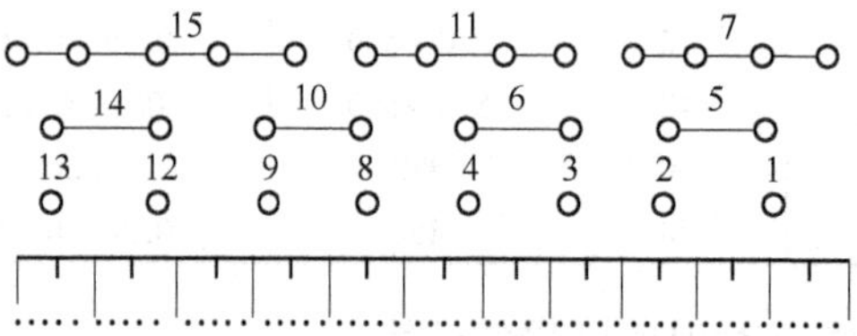

图 8－38 露天矿光面爆破的典型方案

（注：1、2、3 排每个炮孔的装药量分别为 108kg、90kg 及 72kg）

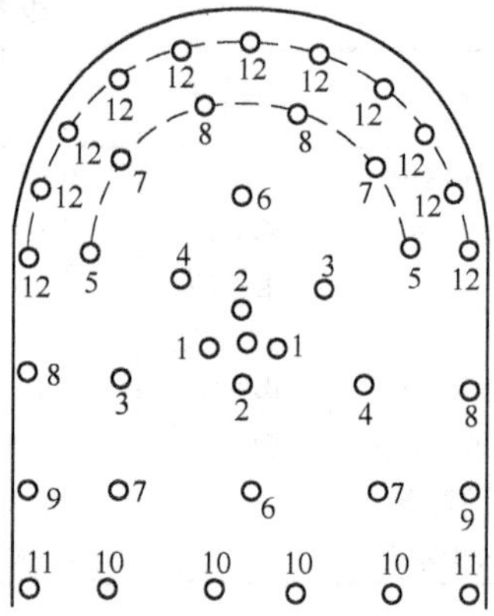

图 8－39 巷道光面爆破炮孔排列及起爆顺序

表 8－61 地下井巷工程光面爆破参数

围岩条件	巷道、硐室开挖跨度（m）		周边孔爆破参数				
			炮孔直径（mm）	炮孔间距（mm）	光面层厚度（mm）	炮孔密集系数	线装药密度（kg/m）
整体稳定性好，中硬到坚硬	拱部	<5	35～45	600～700	500～700	1.0～1.1	0.20～0.30
		>5	35～45	700～800	700～900	0.9～1.0	0.20～0.25
	边 墙		35～45	600～700	600～700	0.9～1.0	0.20～0.25
整体稳定，一般或欠佳，中硬到坚硬	拱部	<5	35～45	600～700	600～800	0.9～1.0	0.20～0.25
		>5	35～45	700～800	800～1000	0.8～0.9	0.15～0.20
	边 墙		35～45	600～700	700～800	0.8～0.9	0.20～0.25
节理、裂隙很发育，破碎带岩石极软	拱部	<5	35～45	400～600	700～900	0.6～0.8	0.12～0.18
		>5	35～45	500～700	800～1000	0.5～0.7	0.12～0.18
	边 墙		35～45	500～700	700～900	0.7～0.8	0.15～0.20

表 8－62 露天矿光面爆破实例

岩 石		f	波阻抗（$\times 10^6$ kg/$m^2 \cdot s$）	孔径（mm）	炸药及药径（mm）	不耦合系数	线装药密度（kg/m）	药量（kg/孔）	孔距（m）	抵抗线（m）	半边孔率（%）	不平整度（相邻两孔）
大冶铁矿	闪长岩	8～12	1.02	170	水胶，80	2.125	8.27	90	2.5	2.5～3	78	≤0.5
	闪长岩	8～12	1.02	170	水胶，80	2.125	6	65	2.14	2.5～3	84	0.5
	大理岩	6～8	1.42	170	水胶，80	2.125	5.01	56	2.25	3～4.2	50	0.7
	大理岩	6～8	1.42	170	水胶，80	2.125	7.98	91	2.5	2.5～3.5	82	0.7
	大理岩	6～8	1.42	170	水胶，80	2.125	8.76	99	1.8～2.2	2.5～3.5	82	0.5
	大理岩	6～8	1.42	170	水胶，80	2.125	5.78	66	2.5	3～3.5	66	0.5
可可托海矿务局		8～12，14～20		170	2号岩石，100	3.600	2～6	30～90	3.0	4.0	60～80	0.5

表 8-63 地下井巷工程光面爆破实例

施工地点	工程名称	地质条件	断面高×宽（m）	周边孔爆破参数						爆破效果
				炮孔直径/药包直径	炮孔间距（mm）	光面层厚度（mm）	炮孔邻近系数	线装药密度（kg/m）	孔深（m）	
梅山铁矿	粗破碎硐室	硅化安山岩与高岭土化安山岩 $f=5\sim6$	10.5×13.29	$\frac{42}{25}=1.7$	500～700	700～900	0.7～0.9	0.20～0.25	1.8～2.0	岩面平整，孔痕清晰完整
金山店铁矿	粗破碎硐室	石英二长岩 $f=8\sim10$	11.8×14.5	$\frac{42}{32}=1.7$	500～600	600～700	0.8～1.0	0.20～0.25	约2.2	岩面平整，孔痕清晰完整
金山店铁矿	-60运输巷道	石英二长岩，节理极发育，岩石破碎 $f=8\sim10$	3.7×3.4	$\frac{42}{25}=1.7$	600～700	700～900	0.8～1.0	0.25～0.30	1.8	岩面平整，留孔痕
攀钢二滩黏土矿	平巷掘进	石灰岩，局部有赤铁矿侵入 $f=10\sim12$	6.2m²	$\frac{40}{32}=1.2$	500～600	500～700	0.8～1.0	0.20～0.35	0.7	岩面平整，浮石少，超欠挖量少
引滦工程八一林隧洞	全断面掘进	向斜构造翼部白云质石灰岩，节理发育 $f=5\sim7$	7.9×9.3	$\frac{43}{22}=2$	600	600～700	0.86～1.0	0.30～0.35	2.5～3.1	岩面平整，成型规则，欠挖量少
邯邢煤炭陶二矿	竖井掘进	砂岩	28.26	$\frac{40}{25}=1.6$	540	700	0.77	0.25	2～3	留孔痕达60%～80%，井壁凹凸度为250mm左右

排距可按公式（8-54）关系递减：

$$B_{n-i}=B_n-T_iB_n \tag{8-54}$$

式中 B_n——除缓冲孔外任意一排孔抵抗线；

T_i——递减系数，0.12～0.05。

以孔径170mm为例，主炮孔呈矩形布置，第一排抵抗线为4.5～5m、其后排距 b_1、b_2、b_3 依次为4.2m、4m、3.7m，主炮孔孔距为4.4m，缓冲孔距为2～2.4m。从第一排到第四排，每孔装药量分别为156、131、109、87kg，第三排主炮孔每排各分三段起爆，第四排缓冲孔用六段起爆，各排的最大一段药量 Q_m 分别为496、394、327、261kg，至测点距离分别为62、58.5、55、51m，则折合药量 $Q_m^{1/2}/R$ 皆为0.1253。

实测降震率为18%～23%，和间隔式起爆对比，降震31%。

适合大冶铁矿前排到末排的每孔装药量比例为1.79∶1.51∶1.25∶1，缓冲爆破方案见图8-40。

8.5.9.5 留碴挤压爆破

留碴挤压爆破可增加破碎岩块的相互碰撞和挤压所造成的补充破碎，并减少岩石的抛

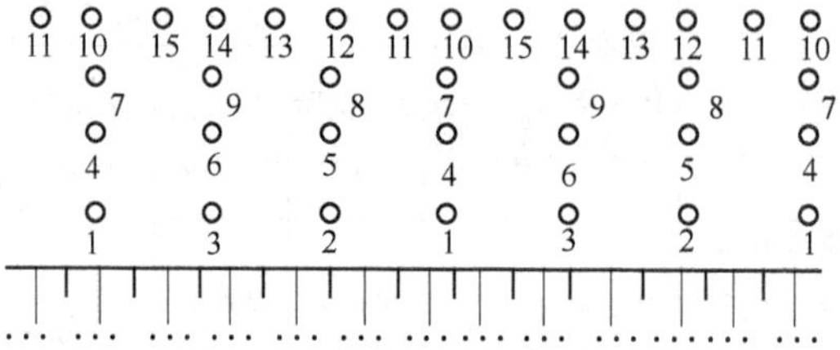

图8－40　缓冲爆破方案

散和空气冲击波的危害。

A　露天矿留碴爆破

露天矿留碴爆破是在工作面前堆有一定数量的岩碴，并且选用合理的参数与微差间隔时间及起爆顺序进行爆破，如图8－41所示。

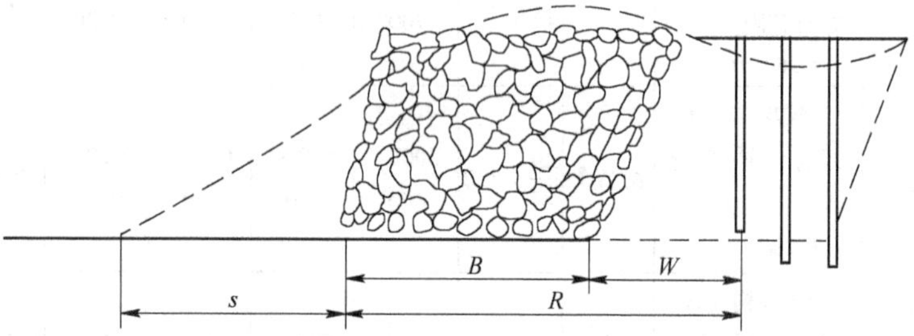

图8－41　露天留碴爆破参数图

留碴爆破往往和大区多排微差爆破结合使用，适当增加单位炸药消耗量，可提高爆炸能的利用率，使破碎块度均匀，减少大块率，并可减少爆堆宽度，可不拆道。爆区岩体是发育的大块节理或层面，节理呈急倾斜状态的情况下，留碴挤压爆破较清碴爆破效果更好些。但是难爆矿岩留碴挤压爆破比较难以获得满意的结果。

(1) 留碴厚度及爆堆堆移距离

留碴厚度可按（8－55）式确定

$$B = K_p W\left(\frac{\sqrt{2KqQ_0E}}{R} - 1\right) \tag{8-55}$$

式中　K_p——碴堆中岩块松散系数；

W——抵抗线，m；

q——炸药单耗，kg/m³；

Q_0——炸药比能，kJ/kg；

E——岩石弹性模量，MPa；

R——岩石抗压强度，MPa；

K——用于破碎的爆炸能量利用率，$K=0.04\sim0.2$；

B——留碴厚度，m。

爆堆推移距离与留碴厚度关系

$$s = s_m - K_1 B \tag{8-56}$$

式中　s——留碴爆破的爆堆推移距离，m；

s_m——清碴爆破时岩石抛掷距离，m；

K_1——碴堆对岩石抛掷的阻力系数；

B——留碴厚度。

阻力系数 K_1 和清碴爆破时岩石抛掷距离 s_m 随矿山穿爆参数和岩石性质不同而异，几个矿山使用的 K_1 和 s_m 值见表 8－64。

表 8－64 K_1 和 s_m 值表

s_m	K_1
(1.6～1.8) h	1.1～1.3
(2～2.5) h	1.25～1.8
(2.5～2.8) h	2～2.1
(2.5～3) h	1.5～2

(2) 抵抗线 W 与装药量 Q。留碴爆破时抵抗线为清碴爆破时抵抗线的 0.78～0.95 倍，清碴爆破抵抗线为孔径的 28～35 倍，留碴爆破抵抗线为孔径的 26～28 倍，留碴爆破炸药单耗为清碴爆破单耗的 1.25～1.35 倍。

几个露天矿留碴挤压爆破参数见表 8－65。

表 8－65 露天矿留碴挤压爆破实例

矿 山	岩 石	台阶高度 h (m)	留碴厚度 B (m)	爆堆推移距离 s (m)
大连石灰石矿	石灰岩 $f=6～8$，三排孔	11～15	7～9 11～13 >15	13～9 7～5 <3
大孤山铁矿	花岗岩 $f=10～12$，孔径 250mm	12	8 6	14 18
大冶铁矿	闪长岩 $f=8～12$，孔径 250、310	12	14～16	11～15
苏联杜库长也夫斯克公司白云石矿	白云岩和白云石化石灰岩，$f=8～10$ 三排孔 六排孔	 12～14 12～14	 10～12 14～16	 6～8 4～6

B 地下矿留碴挤压爆破

地下深孔落矿时，采场自由面处补偿空间不足或没补偿空间时，则采用挤压爆破。采场挤压爆破如图 8－42 所示。表 8－66 为我国几个地下矿山挤压爆破参数。

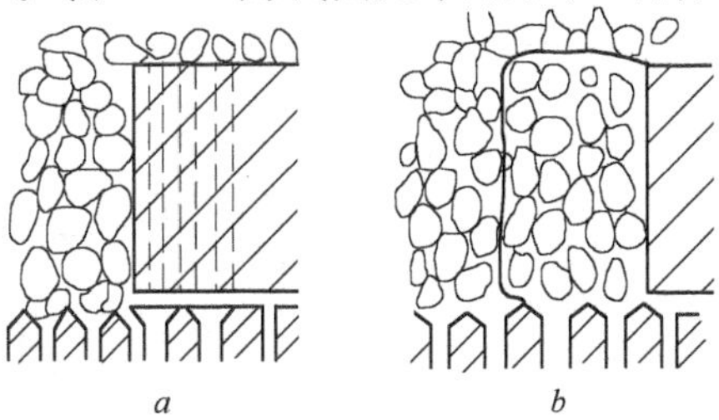

图 8－42 地下采场挤压爆破

a—爆破前；b—爆破后

表8-66 地下挤压爆破参数

矿山名称	矿体厚度(m)	矿石坚固性系数f	落矿参数					挤压条件	一次落矿厚度(m)
			深孔排列方式	单位炸药消耗量(kg/t)	孔径(mm)	孔深(m)	最小抵抗线(m)		
篦子沟铜矿	30~50	8~12	垂直扇形深孔	0.446	65~74	10~15	1.8	相邻松散矿石挤压	15~18
易门铜矿狮山坑口	20~30	4~6	垂直、水平扇形深孔		105~110	15		向相邻松散矿石挤压	20
								两侧有松散矿石向两侧挤压	30
胡家峪铜矿	15	8~10	垂直扇形深孔	0.479	65~72	12~15	1.8	向相邻松散矿石挤压	6~13

8.5.10 高温爆破技术

由于硫化矿氧化自燃、地下热水、深部地热等而引起发热的矿体和岩层，其温度高于50℃者称为高温矿岩。在这种矿岩中进行的爆破称为高温爆破。高温爆破作业应采取严格的安全措施，防止炸药在炮孔中产生热分解，自燃，自爆和拒爆。导致炸药自燃、自爆的因素有两类：一是热稳定性差的炸药在高温炮孔中产生剧烈的热分解而放热，再转变成燃烧和爆炸；二是硝酸铵类炸药在炮孔中与某些硫化矿石接触，在一定的条件下发生化学放热反应。产生气体和增加孔压，并转变为爆炸。FeS_2 在氧化中生成了 $Fe^{2+}+Fe^{3+}$ 和 H_2SO_4，矿石 pH 值下降，经氧化的 FeS_2 与硝铵类炸药接触容易引起反应。使含有 FeS_2 的矿石与硝铵类炸药产生反应的最低温度称为临界温度。临界温度随矿石 pH 值的下降，$Fe^{2+}+Fe^{3+}$ 的增加而降低，见图8-43和图8-44。各矿石的临界温度可由该矿石的 pH 值和 $Fe^{2+}+Fe^{3+}$ 含量在图8-43、图8-44中查得。当炮孔温度高于临界温度时，硝铵类炸药与炮孔中硫化矿石接触就会反应，有自爆危险。

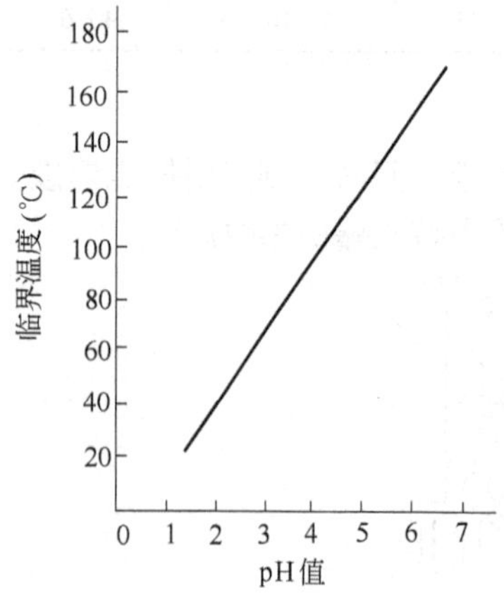

图8-43 临界温度与pH值的关系

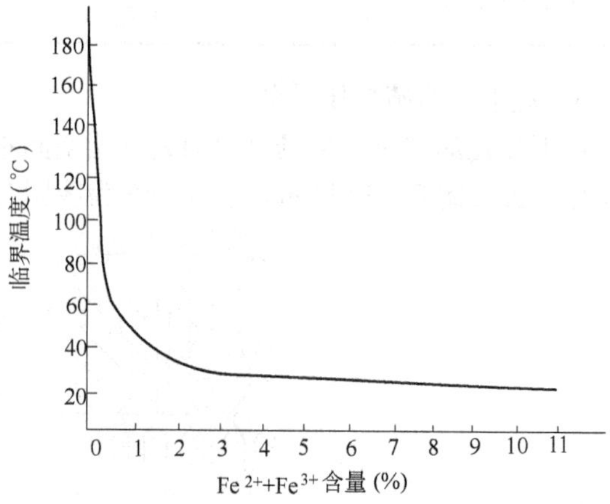

图8-44 临界温度与 $Fe^{2+}+Fe^{3+}$ 含量的关系

高温爆破作业必须采取下列技术措施。

8.5.10.1 改善作业条件

井下爆破作业面空气温度高于28℃时，应采取降温措施。降温方法可选用：

（1）加强通风，从低温区引入新鲜风流，降低作业面气温。

（2）用喷雾器喷射冷水和通风联合降温。

（3）往工作面喷射冰水降温。

（4）将通过制冷系统的冷空气送入工作面降温。

8.5.10.2 测定炮孔温度

爆破前必须多次测定高温区各个炮孔的温度，掌握爆区温度分布及孔温随孔深和时间的变化规律，测温方法可选用：

（1）普通水银温度计测温。

（2）留点温度计测温。

（3）半导体点温计测温。

（4）热电偶和电位差计测温。

（5）数字温度仪测温，测温器材应经常标定。测温时送入炮孔内的温度计或测温探头需用金属套管保护，必须测得孔温的稳定值和最高值，以保证测温结果的可靠性。

8.5.10.3 加强安全监测

通常炸药装入炮孔后，药温上升至孔温为止，若超过孔温，意味着炸药产生了明显的热分解，或者包装破裂，炸药与硫化矿石产生了化学反应，有自燃、自爆危险，为及时掌握装药中炸药的温升情况，必须进行安全监测，其方法是将热电偶置于炮孔的炸药内，通过补偿导线连接在安全地点的测温仪器观察，记录装药过程中的炸药温度变化情况，监测自燃硫化矿炮孔中装药时，热电偶放置在有隔离包装的炸药内，并保证包装的密封性。

8.5.10.4 采取防止自爆措施

（1）采用耐热爆破器材。高温爆破应采用热安定性好的炸药，其安全使用温度必须高于炮孔最高温度。硫化矿火区爆破应选用抗硫耐热炸药。如果使用普通硝酸铵类炸药，可按实际情况选取如下隔离包装措施：加厚沥青牛皮纸包装；塑料包装；高温沥青牛皮纸外加玻璃纤维布包装；外涂耐热胶的纸筒内衬。双层包装等。使用普通电管时的温度不得高于65℃，高于65℃时应改用耐热雷管，65～120℃的深孔和中深孔爆破，宜使用耐高温导爆索起爆。

（2）缩短装药时间，须做好下列工作：清理好全部炮孔；装药前将药包和起爆药包按孔号、药量和各孔位置堆放好；做好组织工作，各组明确各孔装药品种、数量，并严格按照由低温到高温孔和易装孔到难装孔的顺序装药，规定装药时间，使用2号岩石硝铵炸药在孔温为80℃时，装药时间不得超过3小时，30～100℃时不得超过2小时。全部炮孔完成装药后才准许填塞炮泥。

（3）孔温高于选用炸药的允许使用温度时，需改用其他合适的炸药或采取降温措施，其方法是往孔内压送冷水或冰水。

（4）装药地点有专人监视，发现炮孔冒黄烟和其他异常现象应组织撤离。

（5）硫化矿火区爆破严禁用硫化矿粉作炮孔填塞物。

（6）填塞、联线并检查无误后，应立即起爆。

8.6 装 药 设 备

装药工作机械化以提高装药密度，改善爆破质量，减少穿孔量，降低穿爆成本；节省炸药的储存、保管、运输和包装费用；装药效率比手工提高好几倍，大大减轻繁重的装药劳动强度。

装药机械按其作用原则，可分为：

（1）喷射式，利用文丘里原理，在喷射室内形成负压，将药箱内炸药吸入输药管而吹入炮孔。

（2）压入式，利用空气压力或机械作用产生压力将药室内的炸药直接压入输药管送入炮孔。

（3）喷射和压入联合式，将喷射和压入两种作用联合起来，发挥各自长处，提高装药效率和改善装药质量。

（4）利用高差借助炸药自重流入管道送进炮孔。

按装药的加工方法和加工地点可将装药机械分为只有装填作用的装药车和既有装填又有制药作用的混装车两大类。

装药车或装药器的设计应保证：

（1）机械结构紧密，运转中不得产生火花。

（2）机械装置应接地良好，外壳不得漏电或带电，输药管应是半导电防静电管。

（3）设备必须具有防爆、卸压装置，停车制动等安全设施。

装药车在使用和维护上要保证：

（1）严格遵守安全规程。

（2）用后一定要进行清洗涂油。

（3）现场使用前，先检查设备接地是否良好，防止静电积聚。

8.6.1 露天装药设备

露天装药机械多采用现场混装车，混装车一般具有混制设备、装药设备、总体设备三大部分。

混制设备可分预混和最终混制设备，将原材料预混成半成品混合物，或制成各种溶液。

装药设备包括输送系统、计量系统、空压设备、装药控制阀门、装药软管和自动拔管机等。

总体设备包括柴油汽车底盘、动力系统、操纵系统和车头等。

8.6.1.1 粒状铵油炸药混装车及地面设施

由于多孔粒状硝酸铵不易吸湿结块，流动性和吸油性好，为机械化混制和炮孔装填铵油炸药创造了良好的条件。粒状铵油炸药混装车可将车上分别储存在各自容器里的多孔粒状硝酸铵及柴油运到露天矿爆破现场，临装药前在车上将两者按要求比例混合，配制成铵油炸药并随即装入炮孔。

美国、加拿大等已普遍采用粒状铵油炸药混装车（AN－FO 散装混合卡车），主要有气力输送式、侧螺旋输送式及高架螺旋输送式三种类型。国内研制的 HYC－8 型粒状铵油炸药混装车属气力输送式的，其工作机械主要由料箱、输送螺旋星形给料机构、喷油装置、计量、操纵装置、传动装置、压气机等组成，全部工作机构都安装在汽车底盘上，其主要结构见图8－45。

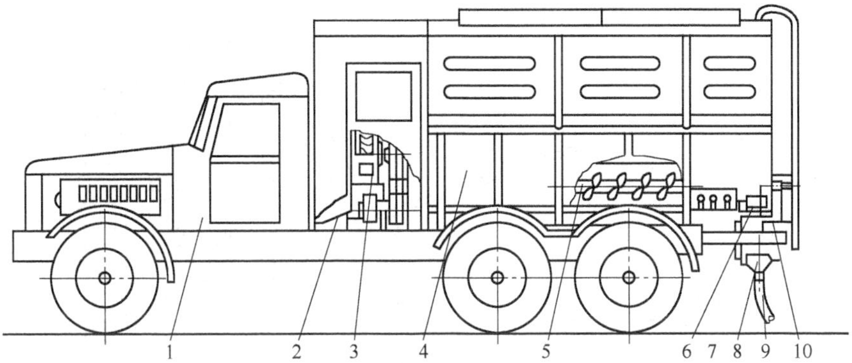

图8－45 气力输送式粒状铵油炸药混装车

1—汽车底盘；2—传动装置；3—压气机；4—料箱；5—螺旋输送装置；6—星形给料装置；7—混合室；8—喷油装置；9—装药管；10—计量、操纵装置

装在料箱里的硝酸铵由底输料螺旋输出车箱，落入星形给料装置，由给料装置排出后进入混合室，与按要求比例喷入的柴油混合，制成炸药，并不断被压气沿防静电输药胶管送入炮孔。利用计数器装置计出星形给料器转子的转数，即可进行装药的计量。混装车工作机构的动力来源于汽车发动机，由发动机经传动装置带动各运动部件，该混装车具有两套各自独立的系统，可同时向两个炮孔装药。

该混装车的主要技术性能参数为：混药量8t，装药速度（每个系统）240kg/min，硝酸铵与柴油混合比94: 6；计量误差≤±5%。

与混装车配套的地面设施主要有：硝酸铵库房、上料装置及加油装置等，上料装置由刮板输送机、贮料罐、支架、电气装置等组成。支架支承着料罐、刮板机机头及操作平台等。刮板机进料口伸入库房，出料口顶部伸入料罐内，硝酸铵在库房内搬运至进料口经固定筛倒入刮板机并运至贮料罐中，混装车开至贮料罐下，打开放料闸门，硝酸铵靠自重落入料箱。

混装车在上料装置处装满硝酸铵，并到加油站装满柴油后，即可驶入爆破现场进行粒状铵油炸药的混装作业，地面设施系统见图8－46。一般情况下，现场装药总作业时间包括辅助作业时间，每车（混药量8t）约需50～70min，该车混药均匀，计量准确，操作简便。

8.6.1.2 浆状（水胶）炸药装药车、运输车及地面设施

A 装药车

泵送车仅将已混制的成品浆状炸药（有时可在装药时加入胶凝剂或交联剂），利用泵和压气输送设备，按爆破工艺要求将炸药送入炮孔中。

我国研制的浆状炸药装药车是在东风140型汽车底盘上改制成的，底盘上装有动力传动系统、制药输送系统、计量系统、卷管机、气路和清洗装置。这种装药车载重5t，装药效率可达8t/h以上，连续双缸交替装药，自重4.08t，外形尺寸为8150mm×2500mm×3150mm。

装药车的原理和传动系统见图8－47所示。

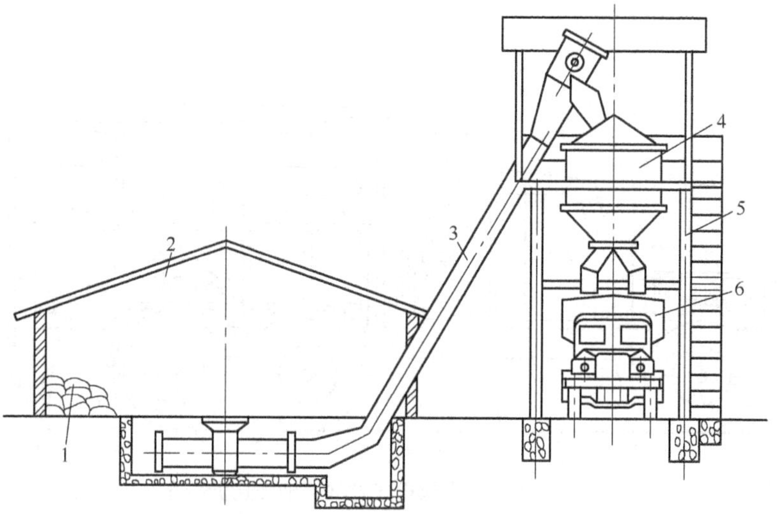

图8－46　粒状铵油炸药混装车地面设施

1—多孔粒状硝酸铵；2—库房；3—输送机；4—贮料罐；5—上料架；6—混装车

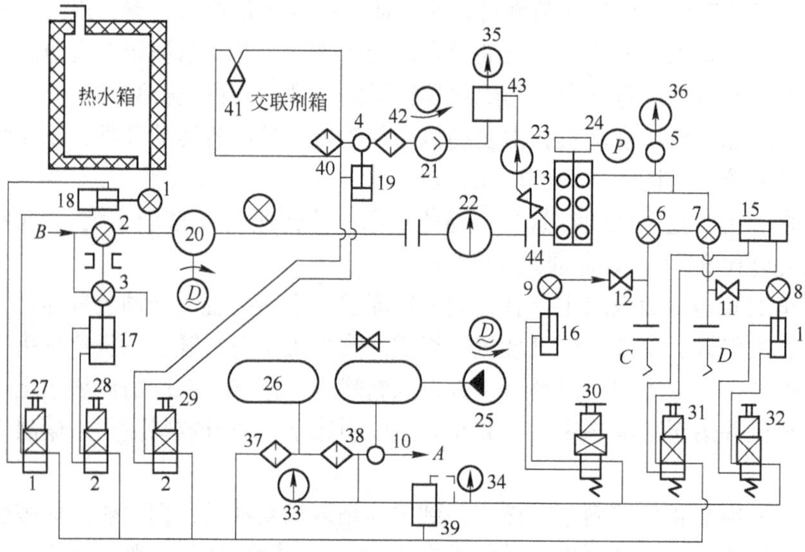

图8－47　装药车工作原理和传动系统图

1～10—球阀；11～13—逆止阀；14～19—气缸；20—大泵；21—小泵；22—流量计；23—玻璃转子流量计；24—混药器；25—压风机；26—贮气包；27～32—电磁气控阀；33～36—压力表；37—分水滤气器；38—油雾器；39—调压阀；40～42—过滤器；43—空气室；44—喷嘴　C、D与卷管机相接；A、B与运药车相连

B　运药车

将混制好的炸药半成品溶液（65～70℃）通过地面装置分别装入YYC－6型运药车的两个贮罐内，贮罐内可通过0.3MPa以下的压气，以保持输药的连续性和提高装药速度，贮罐上部装有液压驱动搅拌装置，此外装有供冲洗管内部残留药液的热水罐，药液贮罐容

量6t，自重9.3t，外形尺寸7600×2400×2550mm，底盘型号为黄河JN151。

C 地面设施

地面设施主要有半成品炸药的制备、保温贮存和药液输送三部分，生产工艺流程见图8-48所示。

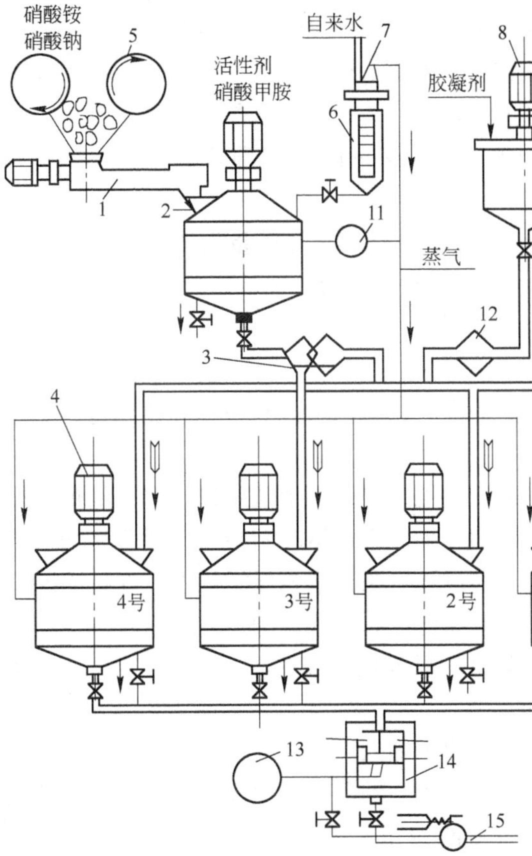

图8-48 地面生产工艺设备流程图

1—螺旋输送机；2—溶化罐；3—双层过滤器；4—贮存罐；5—破碎机；6—流量计；7—水箱；8—混合罐；9、11、15—计量计；10—油泵；12—单层过滤器；13—空压机；14—气动隔膜泵

半成品炸药制备是将粉碎的氧化剂硝酸铵（钠）及硝酸钾等原料按配比依次投入溶化罐内，采用蒸气加热溶液化并进行搅拌，待达到工艺要求温度后，加入表面活性剂，借助高位差放入贮罐保存。

药液贮存期间，在贮罐内设蛇形管加热器，通蒸汽加热升温或通入冷水进行降温，以确保药液不析晶，贮存期可达五天以上质量不变。

爆破需要时，将柴油和胶凝剂混合后，放入保温贮罐内与贮存的药液搅拌均匀形成黏稠状混合液，通过输送泵输入运药车保温容器内，同时把预先按一定比例混制的交联发泡剂水溶液，也泵入装药车容器内，将装药车和运药车同时开赴现场待用。

8.6.1.3 乳化炸药混装车、运输车及地面设施

A 混装车

乳化炸药的推广应用，使矿山开始出现了乳化炸药混装车。美国、加拿大等20世纪70年代末在浆状炸药混装车的基础上于1982年先后研制成乳化炸药混装车。我国研制的RHC型乳化炸药混装车是在长15t汽车底盘上配置一套制药、装药和计量、输送控制设备，由马力系统、制药系统、混药系统、电器控制计量检测系统和气路系统等部分组成。该车的工艺流程见图8－49。

在地表加工完成的半成品水相、油相乳化剂和发泡剂溶液分别输入贮罐送到混装车上，根据炸药配比将水相、油相、发泡剂等溶液输入连续乳化器中，同时将乳胶基质和发泡剂溶液输入连续混合器混制成炸药，经莫诺泵输入软管送到炮孔中。

该车载重6～8t，装药量100～130kg/min，计量误差±5%。

B 运输车

它是改装T148·SM翻斗车而成的，原料溶液贮量为7.5t，车上配有7.5m^3的水相保温贮罐0.5m^3油相保温贮罐，0.3m^3泡剂贮罐，0.2m^3乳化剂贮罐，CM－D57油马达，CM－F65耐磨离心泵和螺杆泵及软管。

C 地面设施

地面设施主要是完成半成品的准备，包括水相制备、油相制备、乳化剂制备和混合发泡剂制备。

水相制备工艺：硝酸铵去袋后人工初碎，再由破碎机破碎，经螺旋输送器与硝酸钠一起计量输入水相溶液罐中，罐内预先加入水和甲胺硝酸盐，通蒸气加热并搅拌，水相溶液加热至溶液中各组分完全溶化。经过滤后泵入水相保温贮罐，保持溶液温度为75～80℃。

油相制备：按配比将一定量矿物油、石蜡和添加剂相继投入油相溶化罐中，通蒸汽加热，搅拌溶化，直至石蜡完全溶化，温度控制在90～95℃左右，过滤后送入油相保温贮罐。

乳化剂制备：按炸药配比将乳化剂加入乳化剂贮罐里，微热至50℃。

混合发泡剂制备：将水、固体亚硝酸钠和分散剂按比例加入发泡剂贮罐中，边加热边搅拌，待温度升至65～70℃，亚硝酸钠完全溶化。

8.6.1.4 液体炸药装药车

YZZC－1液体炸药装药车专供露天矿运装硝酸型液体炸药，由改装的解放牌CA10B型载重汽车底盘、药罐、左右两侧箱体和定量自控输药系统等部分组成，其结构见图8－50。

该装药车的优点：

（1）液体炸药借助高差、自流排出，定量自控系统所需动力直接利用汽车上的电源和气源，结构简单，制造容易。

（2）装药车设有两种控制方式，管路备有双重阀门，使用时机头灵活，安全可靠。

（3）采用了较先进的定量自控方式装药，数字显示，计量准确，操作简单。

YZZC－1型装药车的主要技术参数如下：

药罐容积	3600L
装药速度	125kg/min或88L/min
装药计量误差	1.4%
载重	4000kg
自重	4450kg

外形尺寸 长×宽×高=6.56×2.4×2.4m

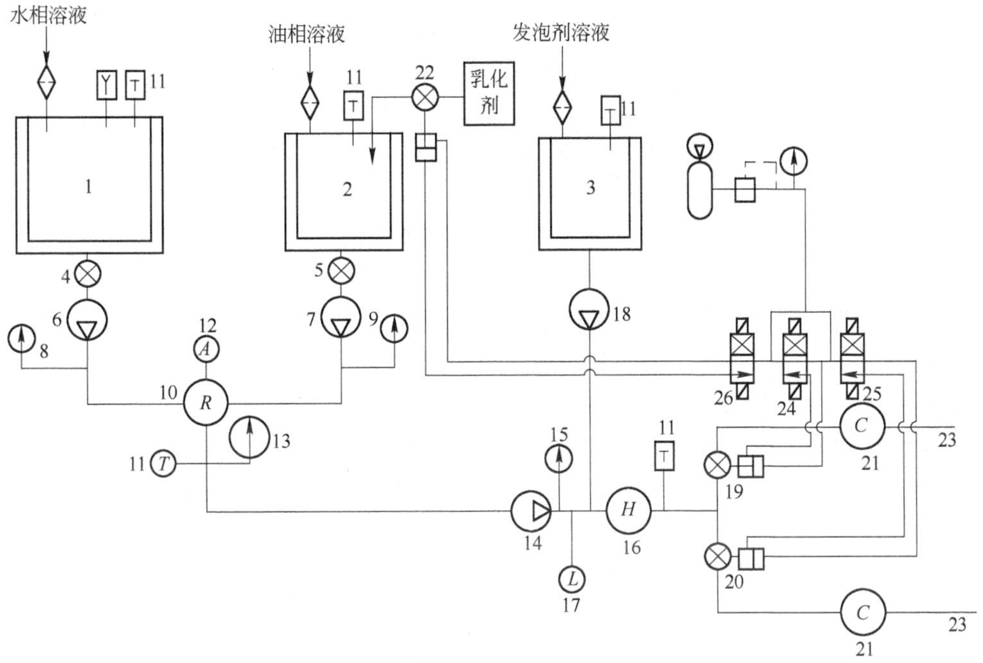

图8-49 乳化炸药混装车工艺流程图

1—水相贮罐；2—油相贮罐；3—发泡剂贮罐；4、5—球阀；6—水相泵；7—油相泵；8、9、15—电接点压力表；10—乳化器；11—温度计；12—电流表；13—电接点压力表；14—输送泵；16—混合器；17—发泡剂泵；18、19—气动球阀；20—卷管绞车；21—气动锥阀；22~26—输药软管

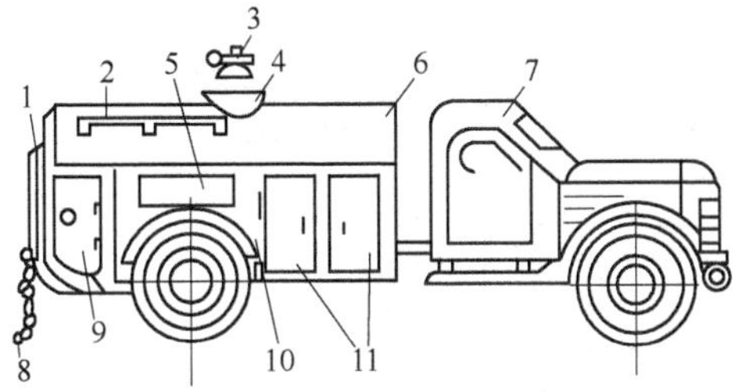

图8-50 液体炸药装药车结构示意图

1—钢梯；2—扶手；3—装药口；4—呼吸阀；5—仪器箱；6—药罐；7—解放牌CA10B；8—接地链条；9—排管箱；10—右侧箱体；11—阀门箱

8.6.1.5 多用混合装药车

多用混合装药车既适用作单一的装药车，也适用作制药和装药的混装车，既能装散状铵油类炸药，又可装浆状或乳化炸药，充分发挥了一机多能的作用。苏联生产的CY3H-5型多用混合装药车，其上装有药箱、螺旋输送机和两个溜槽、装药软管、叶片给料器、操纵盘、空压机、液压系统，还有水箱及供加热用的热气管道。

CY3H-5型多用混装车可见图8-51。

在该车的基础上改进形成了新型的CY3H-5A型混装车，性能更好。

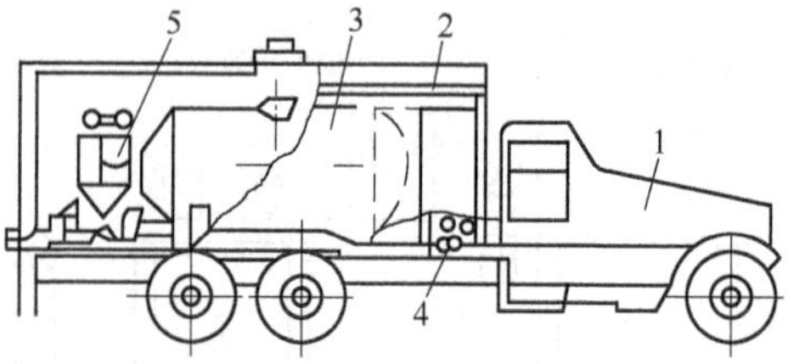

图 8－51　CY3H－5 型混装车示意图

1—KAP3 型汽车；2—保温棚；3—槽车；4—空压机；5—压气给料器

加拿大工业有限公司推出了一种格尔玛斯特系统，用于制造和输送散装浆状炸药。以及新型散装乳化炸药，还有能混制和输送散装铵油炸药的用途，它是由一个安装在双桥上的旋转搅拌罐、福特 3000 系列驾驶室和底盘组成，驾驶室和搅拌罐之间的卸料斗能向一台 65mm 的蠕动泵供料，而后由该泵把炸药产品传递给安装在可伸缩的机械化液压臂和卷盘上的装药软管，所有的操纵装置都安装在驾驶室的控制盘上，炸药的输送完全是自动化和遥控的。司机不用离开驾驶室就能使装药软管插入炮孔，插入炮孔的深度由控制盘上的计数器记录。该车有效容量 12t，格尔玛斯特混装车可见图 8－52。

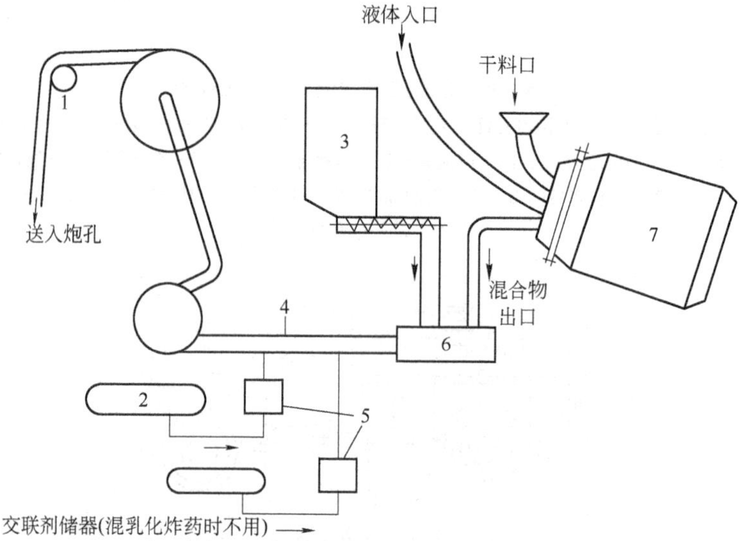

图 8－52　加拿大工业有限公司格尔玛斯特混装车示意图

1—软管卷盘；2—产气剂储器；3—铝粉；4—管线搅拌机；5—计量器；6—搅拌器；7—12.5t 搅拌罐

8.6.2　井下装药设备

井下装药机械应适合装药操作空间小、炮孔直径小、炮孔方向多变及劳动卫生条件差等特点，目前用于井下的装药机械有单一装药的装药器和能制药与装药混合的装药车两类，装药器中按其炸药形态又可分为药卷型装药器和散装型装药器。

8.6.2.1　散装炸药装药器

BA－F－100 型装药器，用于粒状铵油及粉状铵油炸药的装填。装粉状铵油炸药时返药率达 15%～20%。

该装药器系一密闭高压容器，输入0.2～0.4MPa的压缩空气经调压阀降压后进入药桶，炸药在压气作用下将药桶底锥口内的药柱压入输药管，上部药粉借助风压的自重作用不断地补充到锥口，被压气连续输入炮孔并使之压实，装药密度可达0.9～1.0。

实际装药效率达300～500kg/h，装药器的主要性能参数如下：

装药桶容积	150L
装药量	100kg
承受风压	0.7MPa
工作风压	0.25～0.45MPa
输药管内径	ϕ25及ϕ32mm
外形尺寸	980×760×1700mm
装药器自重	85kg

瑞典有一种EG－33散状装药器置于PF－60自行车上形成一种适用于井下分段崩落采矿法中装填深炮孔用的设备，车上装有伸缩支架和柔性的易于操作的机械手臂，全部只需一人进行遥控操作，可自动地将起爆药包装入炮孔，孔深和装药位置由深度指示器控制，最大装药深度可达50m，软管直径26/33mm，软管的给药速度为0.5m/s。

8.6.2.2 药卷装药器

ZYK－1型装药器、FT－28型装药器，D29型装药器，均属风动压力型。药卷进入药腔室，关闭进药阀门，在压气作用下送入输药管（金属管或抗静电塑料软管）高速运行（30m/s左右）至端部喷头处射出，喷头处装有三片锋利刀片割破药卷蜡纸，将药压入炮孔中，达到增大炮孔装药密度。ZYK－1型装药器的结构见图8－53。

上述几种型号装药器的主要技术参数见表8－67。

表8－67 药卷装药器技术参数表

技术参数与适用范围	ZYK－1	FT－28－1	D29
孔深（m）	30	10	<20
孔径（mm）	100～105	45～50	110
孔方向（°）	45	0～90	
工作气压（MPa）	0.4～0.6	0.3～0.4	0.4～0.5
装药密度（g/cm^3）	0.88～1.05		0.9
装药效率（kg/h）	120	68～78	172
自重（kg）	3.6	3.5	3.0

类似上述气动式药卷式装药器，瑞典诺贝尔麦克公司生产有TA－4、TA－32及TA－42三种型号，适用于直径35～100mm、孔深50m、水深在15m内的爆破作业，工班装药效率可达500～1000kg。

在TA型装药器基础上改进后形成了一种HF－51型遥控装药器，全部设备装在PF－60型卡车底盘上，增设了输送皮带、药箱开启与翻转机构、喂料机构、操作机械手等部件，全部实现了操作的自动化。

8.6.2.3 混装车

地下混装是将炸药原材料或半成品置于混装车上，在爆破工作面混制成炸药成品后装入炮孔。苏联的C3Y－1型混装车，可用来装扇形布置的全部炮孔（炮孔直径为60～105mm，

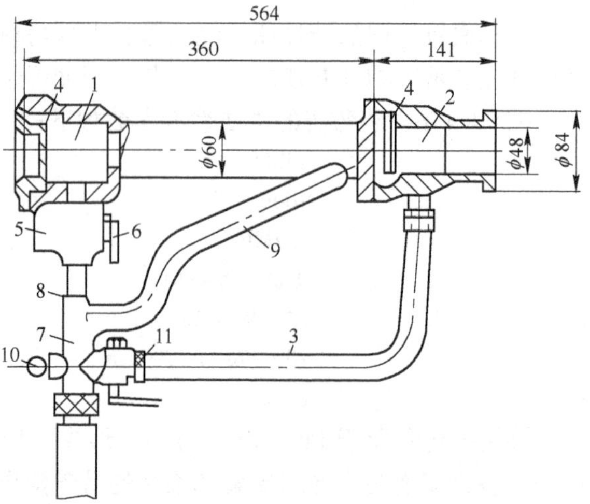

图 8－53 ZYK－1 型装药器

1—前药室；2—后药室；3—支气管；4—活门；5—控制开关；6—把手；7—三通阀；
8—主进气管；9—固定把手；10—气压表；11—支气管开关

深度为50m），以及倾角小于45°，直径150mm 的炮孔。炸药运输距离可达250m（垂直方向可达80m），装药效率在输送距离50m时，可达10t/h，250m运距时可达6t/h。

瑞典使用的混装车，最初是采用机械混合装置，混合器同时也是药箱，将柴油喷入硝酸铵，充分地进行混合，经4～5min后，制成十分均匀的铵油炸药，混制好的炸药利用压气压入炮孔。最近利用压气混合装置代替了机械混合装置，从而使整个设备的重量减轻，结构简化，操作方便。该车用 S－753 型装药器，适用于装直径50～55mm、深15～20m炮孔装填铵油炸药，装药效率可达50～70kg/min。

8.7 爆破产生的有害效应及爆破安全

8.7.1 爆破地震效应

爆破地震波对土、岩、建筑物及构筑物等的影响一般称为爆破地震效应。为了获得最佳爆破效果，保证工程质量及建筑结构的安全，爆破地震效应的测定及其安全评定方法是很重要的。

8.7.1.1 爆破地震波及其传播特性

爆破地震波是指在震动圈内传播的准弹性波。地震波中，包含各种波，其中体波分为纵波（P 波）及横波（S 波），面波分为勒夫波（L 波）和瑞利波（R 波）等。纵波传播速度最快，故爆破地震波波谱图上首先到达的应该是纵波，随后才是横波和瑞利波。但实际上，由于量测距离相对较短，振动频率较高，而且由于岩石的非均质性及地质构造的影响，地震波在传播中发生衰减、反射、透射及干扰叠加等现象，纵、横波到达的时间相差很小，在时间及空间上难以分开（大型硐室爆破时在远区可以分开），一般观测到的爆破地震波图是各种波的复杂组合，典型波形见图 8－54。

据统计，爆破地震波所消耗的能量约占爆破总能量的2%～6%。

8.7.1.2 爆破地震波的特征参量

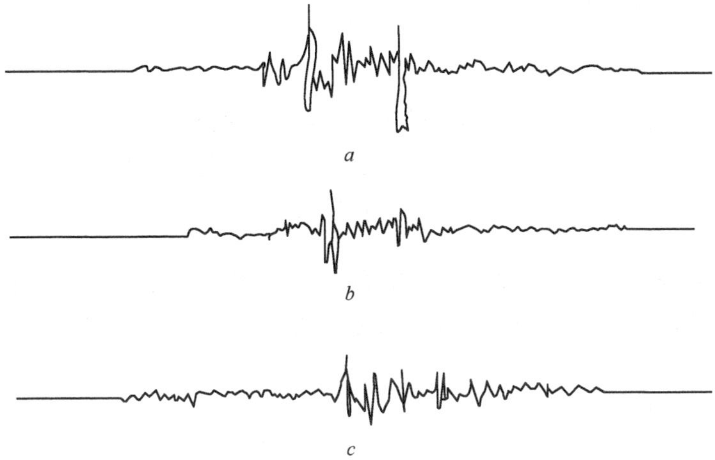

图 8－54　爆破远区典型地震波波形

a—水平径向；b—水平切向；c—垂直方向

爆破地震波波形与各种因素有关，特别是与药量、距离、介质特性、爆破条件和方法及地形有关。在研究爆破振动时，一般考虑振动强度、频率及持续时间三个重要参数，并以此作为分析和评价爆破地震效应的根据。

A　振动强度参数

包括质点运动的最大振幅 A，质点位移 u，质点振动速度 v，加速度 a。

假定地震波在均匀弹性介质中传播质点作简谐运动，则可得：

$$u = A\sin\omega t \tag{8-57}$$

$$v = \frac{\partial u}{\partial t} = \omega A\sin\left(\omega t + \frac{\pi}{2}\right) \tag{8-58}$$

$$a = \frac{\partial v}{\partial t} = \omega^2 A\sin(\omega t + \pi) \tag{8-59}$$

式中　$\omega = 2\pi f$；

f——振动频率；

t——振动时间。

实际的地震波都是复杂的综合波形，目前还没有完整精确的理论公式来描述，只是考虑一些主要因素，用经验公式来进行分析计算。

爆破相似原理分析表明：在介质和爆源条件相同的情况下，忽略重力影响，振动强度取决于离爆源的距离，而在距离一定，介质条件相同的情况下，振动强度参数主要取决于齐发爆破的药量。爆破应力场和速度均可用通式（8－60）表示。

$$\Phi = \sum_{i=1}^{n} K_i\left(\frac{Q^{1/3}}{R}\right)^a \tag{8-60}$$

在工程实践中一般取第一项作近似计算，即得通用的爆破振动经验关系式（8－61）：

$$\Phi = K\left(\frac{Q^{1/3}}{R}\right)^a \tag{8-61}$$

式中　Φ——振动强度参数（位移、速度或加速度）；

Q——炸药量；

R——测点至爆源中心距离；

$\dfrac{Q^{1/3}}{R}$——比例药量；

K、a——与介质、场区条件等有关的待定常数，由试验确定。

将公式（8－56）用到质点最大振速上得到振速经验公式（8－62）：

$$v = K\left(\frac{Q^{1/3}}{R}\right)^{a} \tag{8-62}$$

对不同的爆破条件及土岩介质，可以对爆破试验数据进行统计处理求得相应条件下的K、a值，表8－68中列出了我国某些露天矿山深孔台阶爆破的K、a值，以供岩矿性质相似的矿山参考。

B　频率与持续时间

爆破地震波具有与天然地震波不同的频率特性，振动强度及频率特性是决定破坏效应的主要因素。在同样强度的地震波作用下，天然地震可使结构物遭到严重破坏，而爆破地震波破坏性较小，这主要是由于前者的频率低，持续时间长。

各谐波分量中振幅最大的谐波频率称为主频率和卓越频率。求算卓越频率较精确的方法是对振动波形进行频谱分析。

持续时间一般随药量增加而增长，现尚无成熟的计算方法。

8.7.1.3　测试方法与测试仪器

A　测试方法

观测爆破地震波效应有宏观调查和仪器测试两种方法。宏观调查就是在爆破影响范围内选择有代表性的建筑物、构筑物、岩体以及专门设置的某些器物进行爆破前后的观测、描述与记录，以对比与统计的方法了解爆破地震的破坏情况。

仪器测试法是采用爆破振动测定仪测量质点运动参数，如振动位移、速度或加速度，并记录波形。一般测定三个相互垂直方向上（垂直方向，水平径向，水平切向）的运动参量，而采用测点空间运动合成的方法求出合矢量，实际上三个正交分量并非同时达到峰值，故常常测取各运动分量中最大分量来进行分析，这样既简单，又能满足工程需要。

B　测试仪器

测量爆破震动的传感器一般简称拾震器或测震仪，它的作用是将被测对象的振动讯号，正确地检测与传输出去，甚至直接显示。一般测试系统由拾震部分、讯号放大部分和记录装置三大部分组成。按所测物理量分有位移计、速度计及加速度计，按测量方法分有机械式和电测式。我国自20世纪60年代开始，广泛采用非电量电测法，其原理大多是利用带线圈的复摆在磁场中作相对运动产生电讯号制成拾震器。

电测式测振仪按振动讯号检测和转换的方式可分为电动式、压电式和应变式三种，目前国内常用国产拾震器和测震仪的型号及性能如表8－69所示。

爆破地震测量仪器的发展主要是与记录仪器及频谱分析仪联机配套，现在已广泛采用磁带记录仪记录讯号，可以保存及多次重现振动讯号，并可输入到计算机及频谱分析仪作进一步处理。

表 8-68 我国某些露天矿山深孔台阶爆破的 K、a 值

矿山名称	矿石类型	爆破方式	观测方向	*K*	*a*	备 注
大连石灰石矿	石灰岩	齐发	垂直 垂直 垂直 垂直	130.0 140.0 200.0 340.0	1.80 1.80 1.80 1.80	抛掷方向前方 抛掷方向侧前方 抛掷方向侧后方 抛掷方向后方
白银露天矿	含铜黄铁矿、黄铁矿、石英角斑岩、石英凝岩	微差	垂直 水平径向	142.0 44.0	1.61 1.14	
吉山铁矿	磁铁矿、磁铁矿化鞍山岩、石英闪长岩	齐发 微差	垂直 水平径向 垂直 水平径向	136.0 206.0 153.0 204.0	1.60 1.60 1.60 1.60	
大石河铁矿水厂铁矿	假象赤铁矿、磁铁矿、混合片麻岩	微差	垂直 水平径向	120.0 680.0	1.43 1.81	
大冶铜山口铜矿	透辉石矽卡岩	齐发	垂直 水平径向	279.0 60.0	1.60 1.00	
南京白云石矿	白云石	微差	垂直	154.6	1.78	
金川龙首矿	大理岩、片麻岩、混合岩		垂直 垂直	169.0 70.8	1.75 1.64	露天观测 井下观测
大冶铁矿	闪长岩、大理岩、原生矿	微差	垂直 垂直 垂直 垂直	144.0 161.0 388.0 379.0	2.00 1.37 1.84 1.73	孔径 170~200 斜孔 孔径 230 直孔 孔径 250 直孔 孔径 310 直孔
北台露天矿	磁铁石英岩 伟晶花岗岩、角闪片岩		垂直 垂直	280.0 96.2	1.94 2.37	
磐石镍矿	黑云母片麻岩		垂直 垂直	586.0 256.0	2.00 1.76	孔径 250 直孔 掘沟
小关铝矿	砂岩、石灰岩、普铝	齐发 微差	垂直 水平径向 垂直 水平径向	275.0 295.0 70.0 383.0	1.40 1.26 1.20 1.46	
眼前山铁矿	混合岩、石英绿泥片岩、磁铁矿		垂直 垂直	125.7 277.1	1.67 1.63	台阶爆破 掘沟
503 厂露天矿	砂岩		垂直	204.8	1.77	
石人沟铁矿	片麻岩		垂直	50.0	1.14	
金堆城钼矿	花岗斑岩、鞍山玢岩	微差	垂直 水平径向 垂直 水平径向	128.0 163.0 207.0 38.0	1.65 1.73 1.81 1.20	爆破前方 爆破后方

续表 8-68

矿山名称	矿石类型	爆破方式	观测方向	K	a	备 注
宜春钽铌矿	花岗岩		垂直 水平径向	105.0 23.0	1.10 0.90	
大孤山铁矿	千山花岗岩		垂直 水平径向	233.0 270.5	1.68 1.55	
	假象赤铁矿		垂直 水平径向	102.0 184.0	1.51 1.65	
抚顺西露天矿	绿色页岩、油田页岩	齐发 微差	垂直 垂直	46.3 42.5	1.27 1.60	

表 8-69 工程爆破常用拾震器

型 号	测量的物理量	频率范围 (Hz)	量程范围
ZYO 强震仪	位移速度	1~100	<100mm <150cm/s
702 拾震器	位移速度	2~30	<100mm <100cm/s
65 型拾震器	位移速度	<40	±20mm <10cm/s
CD-1 拾震器	位移速度	10~500	≤1mm <10cm/s
YD 系列压电晶体加速度计	加速度	0~10000	0~2000m/s^2

注：测量的振动方向为垂直和水平。

在进行爆破震动测量时，选择合适量程的拾震器，正确地布置测点，正确仔细地安装拾震器是获得良好的测量结果的前提，应特别加以注意。

8.7.1.4 爆破地震效应的破坏判据

爆破震动是引起周围地面及地下建筑物、结构物产生破坏的主要原因之一，几十年来，大都采用单个地震物理参量与宏观效应调查统计相结合定出相应的安全界限。一些研究人员先后提出过不同的破坏判据，见表 8-70。

表中临界值的差异说明了，建筑物和结构物对爆破震动的反应取决于其本身的性能及振动的特点，常采用质点最大振动速度作为建筑物和结构物产生不同程度破坏的主要判据，并认为用振动速度比采用位移，加速度和能量更有规律，更方便和更接近于实际。

对于露天边坡，也可根据边坡岩体状况及实际资料统计得出相应的安全判据。

采用单一振动强度参数作为破坏判据的安全评定方法不能反映爆源的性质及场区地质地形条件的影响，也无法考虑建筑结构及介质的动力特性和材料性能，因而这种方法给出的指标往往带有片面性，而应至少考虑两个基本参数即振强参数和频率特性（如卓越频率）。随着计算机的普遍应用，爆破工程中也开始用地震工程学中反应谱理论和动力分析法，对爆破地震进行频谱及反应谱分析，计算结构对爆破震动的动力响应，采用动力分析法进行安全评定，这种方法还处于研究阶段，但有逐步取代单一振速参数判据的经验估计

表 8－70 国外提出的部分破坏判据

提 出 者	判断破坏的参量	产生轻微破坏的临界值
美国矿业局（1935～1940）	加速度	$1m/s^2$
兰格福斯（1958）	速 度	75mm/s
德沃拉克（1962）	速 度	10～30mm/s
爱德华斯（1960）	速 度	51mm/s
美国土建工程学会	速 度 速 度 速 度	175mm/s—垂直方向 135mm/s—水平径向 45mm/s—水平切向
美国矿业局（1971）	速 度	50mm/s
萨道夫斯基	速 度	71mm/s

法的趋势。

8.7.1.5 爆破地震安全距离

目前爆破地震安全距离的确定主要根据各类建筑物、构筑物规定的极限振速来确定，中华人民共和国爆破安全规程规定了某些主要类型建（构）筑物的安全振动速度[37]：

（1）土窑洞，土坯房，毛石房屋 1.0cm/s。

（2）一般砖房，非抗震的大型砌块建筑 2～3cm/s。

（3）钢筋混凝土框架房屋 5cm/s。

（4）隧道：水工隧道 10cm/s；

交通隧道 15cm/s。

（5）矿山巷道：

围岩不稳定有良好的支护时为 10cm/s；

围岩中等稳定有良好的支护时为 20cm/s；

围岩稳定无支护时为 30cm/s。

由公式（8－60），将上述相应的极限振速代入可得出安全半径 R。

$$R \geqslant \left(\frac{K}{v}\right)^{1/\alpha} Q^{1/3} \tag{8-63}$$

并规定：在特殊建筑物或构筑物附近进行爆破时，必须先进行爆破地震效应的专门试验研究，以确保被保护物的安全性。在某些情况下，被保护物与爆破地点的距离已知，且不能改变，就要求根据极限振速，由（8－62）式反求出能保证爆破震动安全的允许最大装药量 Q_{max}。

$$Q_{max} = R^3\left(\frac{v}{K}\right)^{3/\alpha} \tag{8-64}$$

8.7.1.6 减震措施

为了有效地控制爆破地震的危害，必须在爆破之前对爆破地震效应予以估计，并采取有效措施来减少危害、降低爆破震动的方法有很多，目前国内外应用较成熟的方法主要有以下几种：

A 微差爆破

多段微差爆破是控制爆破地震危害的最有效手段，其降震是基于各段爆破独立作用原理，地震效应主要取决于最大一段药量，增多段数，便可以在总装药量不变甚至增加的情况下，降低最大一段装药量，减低爆破震动。通过正确确定段数及最大一段的装药量，选用适宜的炸药及起爆顺序与延迟时间，可以把爆破地震效应控制在安全标准要求的水平以下，而又不影响总的爆破规模。

B 采用预裂爆破、缓冲爆破等控制爆破方法

预裂爆破中，预裂孔在主爆破以前先爆，形成预裂缝，从而有效地吸收和反射爆破波能量，降低主爆破产生的地震效应。大冶铁矿预裂爆破降震率达40% ~50%，葛洲坝水利工程预裂爆破降震率为55% ~84%。

缓冲爆破实质在于逐排递减药量，而爆区后方震动强度主要受最后一排小药量分段装药的密集孔爆破的影响，从而达到降震的目的。

C 选用合理的爆破参数与保证施工质量

减少炮孔超深，采取小抵抗线爆破法，增大邻近系数，选用低爆速炸药，采用分段间隔装药及空气间隔装药等均有一定的减震效果。

D 掘防震沟

在被保护物朝向爆源的一方，运用地形地物采取掘沟方式隔断地震波，特别是表面波的传播，是有效的防震保护措施。

8.7.2 爆炸空气冲击波

爆破作业中，部分炸药能量通过不同形式传播给爆区周围的空气，使其压力密度等急剧上升，形成空气冲击波，特别是在裸露爆破、硐室大爆破及某些深孔爆破的情况下。

8.7.2.1 空气冲击波的传播特征

空气冲击波是一种强间断压缩波，它与声波相比有以下特点：

（1）具有强间断的特点：穿过波阵面空气的压力、密度和温度急剧增加，典型的爆炸空气冲击波在传播过程中压力-距离的特征见图8-55。

（2）在空气冲击波过后，受压缩的空气质点将离开原来位置，跟随空气冲击波的传播向前运动，形成所谓的爆风即气浪。

（3）空气冲击波的传播速度恒大于当地的声速，并随空气冲击波强度而变，压力越大波速越快。

空气冲击波的特性可以用其波阵面上诸参数表示。这些参数有：超压Δp，密度ρ，温度T，冲击波速度D等，这些参数间的关系可根据空气动力学原理推出，空气冲击波阵面上诸参数的对应值见表8-71。

8.7.2.2 空气冲击波的测量方法

由空气冲击波波阵面上各参数间的关系，只要测得其中的一个参数就可计算出其他所有参数，目前以测量空气冲击波的超压和速度较为常用。

A 空气冲击波超压的测量

即测定某点空气冲击波压力随时间的变化曲线，典型的超压曲线如图8-56所示。测量系统的固有周期应远远小于冲击波的正压时间，否则会引起严重的削峰现象。常用的测量仪器有：

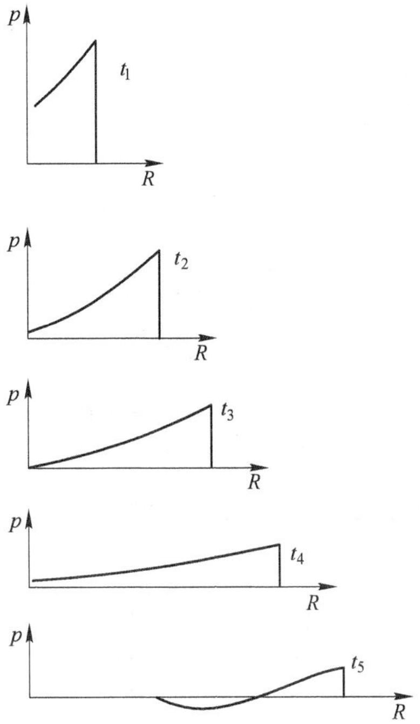

图 8－55 空气冲击波压力－距离特征

表 8－71 各种超压下波阵面诸参数的计算值

Δp （×98kPa）	D（m/s）	u（m/s）	T（K）	ρ（kg/m^3）	c（m/s）
0	340	0	288	1.25	340
0.01	341	2.34	289	1.253	342
0.1	354	22.6	296	1.34	345
0.2	367	43.6	303	1.42	350
0.4	392	82.0	316	1.58	357
0.6	416	115	329	1.73	365
1.0	460	174	353	2.01	377
2.0	555	287	405	2.61	404
3.0	635	378	455	3.09	423
4.0	707	453	503	3.49	450
5.0	772	518	552	3.81	471
10.0	1040	772	787	4.89	562
20.0	1430	1120	1250	5.85	710
30.0	1730	1380	1720	6.29	832

（1）膜片式压力自记仪。它由阻尼孔、波纹膜片和转动机构及记录玻璃片组成，如图 8－57 所示。它具有结构简单，使用方便，得数率高等优点，但由于固有频率（400～600Hz）低，在小药量爆破中测量误差大。

（2）应变式测压系统，它由应变式压力传感器（如 BPR－2）、动态应变仪（Y6D－3）、光线示波器（SC－16，振子用2500Hz）或磁带机，其方框图如图 8－58 所示，这一系统的特

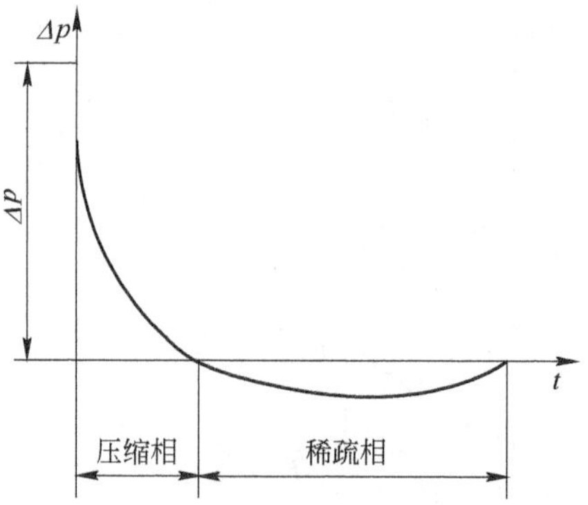

图 8－56 某点超压衰减曲线

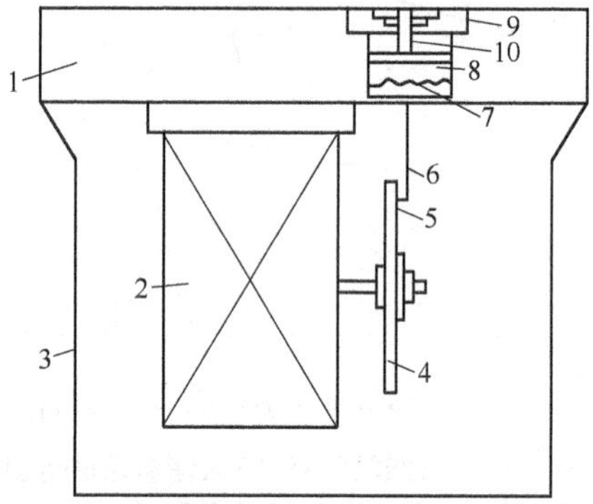

图 8－57 压力自记仪结构示意图

1—面板；2—传动机构；3—壳体；4—记录玻璃片；5—小针；6—簧片；
7—波纹膜片；8—阻尼板；9—压盖；10—阻尼孔

点：操作简单，工作可靠，但由于 Y6D－3 及光线示波器的工作频率为 1500Hz，在测量中也存在较大的测量误差。

（3）压电式测量系统，该系统由压电晶体传感器、前置放大器和电子示波器（或瞬态记录仪）所组成，方框图如图 8－59 所示。这一系统的频率高，在测量中操作麻烦。

B 空气冲击波速度的测量

它与超压测量相比，具有不需标定的优点，在冲击波传播方向已知的平面冲击波中（如巷道中），测量精度较高。其方法有：

（1）测量空气冲击波通过两已知点的时间，由这两点间的距离和时间计算该两点间空气冲击波的平均速度，测量原理见图 8－60。为达到足够的测量精度，两测点的距离应控制在 200～150mm；测时仪的精度应在 10^{-7}s。

（2）测量空气冲击波的到达时间，这种方法简单，在测量精度要求不很高的情况下可以应用，间接计算冲击波速度。

8.7.2.3 空气冲击波的破坏作用及安全距离

空气冲击波的破坏作用包括对人体的伤害和建筑物的破坏。对人体的损伤程度列于表 8－72 中；对建筑物的破坏比较复杂，它不仅与冲击波的强弱有关，而且还与建筑物的形状、结构强度有关。在爆破近区，当建筑物的自振周期大于四倍冲击波的正压作用时间，

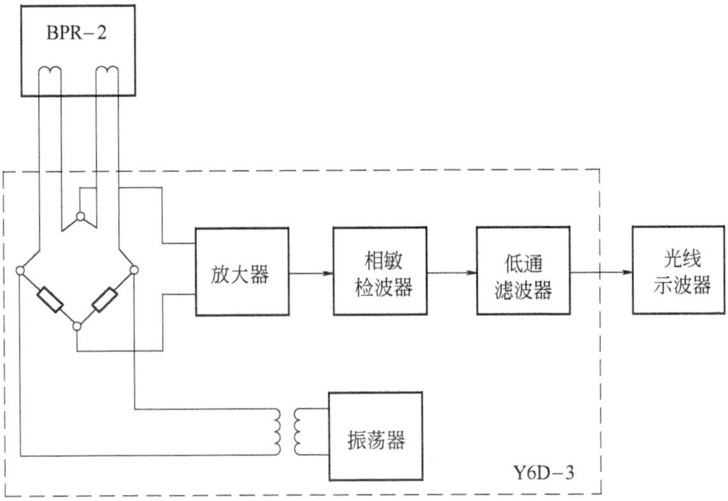

图 8-58　BPR-2 应变测压系统

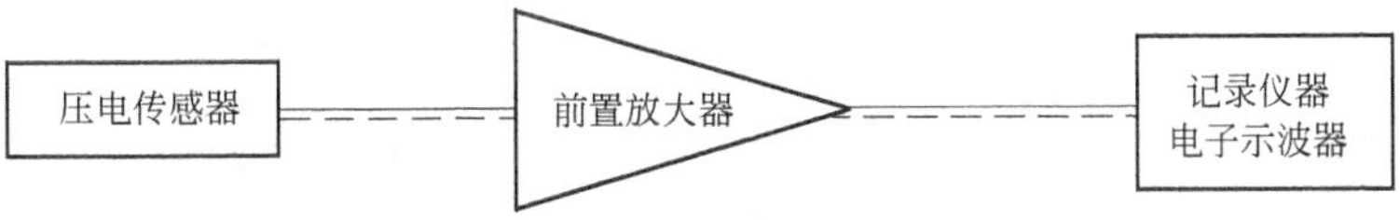

图 8-59　压电测速系统

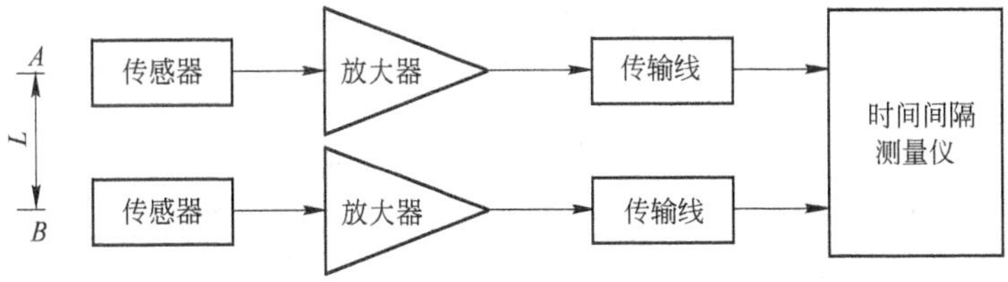

图 8-60　测速系统原理图

以冲量作为破坏判据；反之则以超压作为破坏判据，表 8-73 和表 8-74 是地面建筑物和井下构筑物的破坏情况与超压对照。根据保护对象的允许超压及空气冲击波传播规律确定安全距离。

（1）硐室爆破，空气冲击波安全距离按（8-65）式计算：

$$R = K\sqrt{Q} \tag{8-65}$$

式中　R——安全距离，m；

Q——同时起爆的药量，kg；

K——系数，按爆破作用指数和被保护对象允许的超压选取，当允许超压取20～51Pa 时，K 如下选取：

n	0	1	2	3	7	∞
K	0	1～2	2～5	5～10	10～50	50～150

表8-72 空气冲击波对人体损害程度

损伤等级	损伤程度	冲击波超压 (kPa)
轻 微	轻微的挫伤	20~29
中 等	听觉器官损伤、中等挫伤及骨折	29~49
严 重	内脏严重挫伤、可能引起死亡	49~98
极严重	大部分死亡	98

表8-73 地面建筑物破坏程度与超压的对照

破坏等级	建筑物破坏程度	超压（kPa）
1	砖结构完全破坏	196
2	砖墙部分倒塌或破裂，土房倒塌	98~196
3	木结构梁柱倾斜，部分折断，砖结构屋顶掀掉墙部分移动或产生裂缝，土墙裂开或局部倒塌	49~98
4	木板隔墙破坏，木屋架折断，顶棚部分破坏	29~49
5	门窗破坏，屋面瓦大部分掀掉，顶棚少部分破坏	15~29
6	门窗部分破坏，玻璃破碎，屋面瓦部分破坏，顶棚抹灰脱离	7~15
7	砖墙部分破坏，屋面瓦部分翻动，顶棚抹灰部分脱落	2~7

表8-74 巷道内空气冲击波超压和破坏情况对照

结构类型	超压（kPa）	破坏特征
厚25cm的钢筋混凝土墙	280~350	强烈变形，形成大裂缝，混凝土脱落
24~36cm厚砖墙	49~56	强烈变形，形成大裂缝，混凝土脱落
24~36cm素混凝土和炉渣混凝土	14~21	严重破坏
直径16~14cm的木梁	10~16	因弯曲已破坏
重1t的设备（绞车，通风机械）	40~60	离开基础产生位移，翻倒
尾部朝爆破中心的车厢	140~170	抛离轨道，车厢支架变形
侧面朝爆破中心的车厢	45~75	抛离轨道，车厢支架变形
提升机械	140~250	翻倒，部分变形，零件损坏
风管	35~42	由于支架折断而变形

对于其他任意的允许超压 Δp_k（Pa），K 由（8-66）式及（8-67）式计算

$$K = \frac{40(1+n^2)}{\sqrt{\Delta p_k}} \quad (n \geq 1) \tag{8-66}$$

$$K = \frac{20n^2}{\sqrt{\Delta p_k}} \quad (n < 1) \tag{8-67}$$

（2）露天台阶深孔爆破，空气冲击波安全距离按（8-68）式计算：

$$R = K\frac{\sqrt[3]{Q}}{\sqrt[a]{\Delta p}} \tag{8-68}$$

式中 a——即发爆破取1.31；微差爆破取1.55；

K——即发爆破取0.08；微差爆破取0.03；

Δp——超压。

其他符号同前。

（3）井下大爆破空气冲击波超压的计算：

$$\Delta p = 146\left(\frac{\eta Q}{V}\right)^{\frac{1}{3}} + 920\left(\frac{\eta Q}{V}\right)^{\frac{2}{3}} + 4400\left(\frac{\eta Q}{V}\right) \tag{8-69}$$

式中　Q——最大段起爆炸药量，kg；

V——由爆区到观察点的巷道总体积（包括分岔巷道），

$$V = \Sigma S_i L_i = S_1 L_1 + S_2 L_2 + S_3 L_3 + \cdots\cdots$$

S——巷道断面积，m^2；

L——巷道长度，m；

η——炸药爆炸转化为空气冲击波的系数，见表8-75。

表8-75　炸药转化为空气冲击波系数

爆破条件	η	
	正向起爆	反向起爆
夹制条件下的深孔爆破	0.3～0.35	
采场深孔爆破		
全部装填炸药的深孔	0.03～0.025	0.027～0.023
1m不装药深孔	0.025～0.023	
3m不装药深孔	0.023～0.015	0.02～0.013
5m不装药深孔	0.015～0.012	
填塞长度1m	0.027～0.023	
填塞长度2m	0.018～0.014	
填塞长度3m	0.010～0.050	
巷道掘进时炮孔爆破	0.1～0.05	

8.7.2.4　空气冲击波的防护措施

为了防止空气冲击波的破坏，应在爆破方案中给予考虑，如减少同时起爆的炸药量，提高炸药能量的利用率、提高堵塞质量等，除此之外，可以在空气冲击波传播过程中加快其衰减，对于地下矿山通常的方法有：

（1）通过巷道分岔，转弯或扩大断面积加速空气冲击波的衰减；

（2）设主障碍，如阻波墙、木垛、柔性帘等使空气冲击波衰减。

8.7.3　飞石

8.7.3.1　飞石的危害及产生原因

飞石是指爆破时从爆破区抛掷出较远距离的岩块。

飞石的产生主要是由于爆炸气体生成物的作用，爆破时炸药能量以气体膨胀能量形式通过较弱的环节——阻力小的地方急剧地冲入大气，并将能量传递给前面的岩块，个别的岩块以较大的初速运动而形成飞石。影响个别飞石飞落较远的因素很多，分为三个方面：

（1）岩石特性的影响。由于岩体的不均质性，爆破时较弱岩石处的阻力最小，易冲出形成飞石；

（2）地质因素及地形因素的影响。如受断层、软弱夹层和溶洞等地质因素影响易造成气体冲出通路或造成装药过量，另外，冲沟、凹面及多面临空地形会造成前排孔抵抗线变小而形成飞石；

（3）爆破设计与施工不当：

1）药量过大；

2）填塞长度不够或填塞质量不佳；

3）最小抵抗线过小；

4）多段微差爆破中，起爆顺序不当或延迟时间太短；

5）二次爆破易产生飞石。

8.7.3.2 飞石的测量

对于飞石的测量，尚无简单易行的办法，一般采用现场量测统计法及高速摄影观测，现场量测统计法是在爆破后对爆区的前面、后面及侧面分区进行飞石的数量、重量及距离的量测统计，大量的统计资料是规定飞石安全距离的基础；高速摄影观测是对爆破时易发生飞石的部位如孔口填塞部分，前排最小抵抗线处进行局部高速摄影观测，测量出个别飞石的抛掷初速度，然后根据抛射体的运动规律求出个别飞石的最大抛掷距离。

8.7.3.3 安全距离

为了避免爆破飞石对人员、设备、结构物和建筑物的伤害和损坏，《中华人民共和国爆破安全规程》规定：在进行各种爆破时，人员与爆破地点的安全距离不得小于表8－76的规定。对设备或建筑物的飞石安全距离，由设计确定，并规定抛掷爆破时对人员、设备和建筑物的飞石安全距离，由设计确定，并报企业或矿山总工程师批准。

表8－76 各类露天爆破（抛掷爆破除外）个别飞石对人员的安全距离[37]

爆破类型与方法	个别飞石最小安全距离（m）
二次爆破	
裸露爆破法	400
浅孔爆破法	300
浅孔爆破	300
浅孔药壶爆破	300
蛇穴爆破	300
深孔爆破	按设计，但不小于200
深孔药壶爆破	按设计，但不小于300
浅孔孔底扩壶爆破	50
深孔孔底扩壶爆破	100
硐室爆破	按设计，但不小于300

沿山坡爆破时，下坡方向的飞石安全距离应比表中规定的数值增大50%。

飞石距离有一定的方向性，岩移方向飞石距离较远，侧面次之，背面则较安全。设计中，个别飞石对人员的安全距离也可以参照（8－70）式估算：

$$R = 20Kn^2W \tag{8-70}$$

式中 n——药包的爆破作用指数；

W——药包的最小抵抗线，m；

R——安全距离，m；

K——与地形、风向、岩石特性及地质条件有关的系数，一般取1～1.5。沿抵抗线方向、顺风、下坡方向，硬脆岩石取较大值，反之取较小值。

式（8－70）中 R 是飞石对人员的安全距离，对设备的安全范围可按上式计算值减半考虑，但应采取有效的防护措施。

8.7.3.4 飞石防护措施

爆破作业人员应具体分析飞石与飞石事故发生的原因，根据实际情况采取各种防护措施：

（1）严格执行爆破安全规程，爆破前应将人员及可动设备撤离到相应的飞石安全距离之外，对不可移动的建筑物及设施应加防护器具。在安全距离以外设置封锁线及标志，防止人员及运输设备进入危险区。

（2）避免过量装药，如炮孔穿过岩硐，应采取回填措施严格控制过量装药。

（3）选择合理的孔网参数，按设计要求保证穿孔质量。

（4）对于抵抗线不均、特别是具有凹面及软岩夹层的前排孔台阶面，要选择合适的装药量及装药结构。

（5）保证填塞长度及填塞质量。

露天深孔爆破填塞长度应大于最小抵抗线的70%，过短的填塞长度，使爆炸气体易于先从孔内冲出引起表面飞石、同时充填料要选用粗粒、有棱角、具有一定强度的岩料。

（6）采用合理的起爆顺序和延迟时间，延迟时间的选择应保证前段起爆后已开始岩石移动，形成新的自由面后再起爆后段炮孔。延迟时间过短甚至跳段都会造成后段炮孔抵抗线过大，形成向上的漏斗爆破而产生飞石。

（7）二次爆破中尽量少用裸露爆破法，采用浅孔爆破法进行二次爆破时应保证，孔深不能超过大块厚度的2/3，以免装药过于接近大块表面而产生飞石。

（8）采用防护器材控制和减少飞石，防护器材可用钢丝绳，纤维带与废轮胎编结成网，再加尼龙，帆布垫构成，可以有效地控制飞石。

（9）设置避爆棚。

8.7.4 爆破噪声

8.7.4.1 爆破噪声的产生与危害

噪声是指声强和频率的变化都无规律的声音。

爆破噪声是指炸药爆炸所产生的爆炸声。炸药爆炸时在爆源附近的空气中形成冲击波，随着传播距离增加，空气冲击波逐渐衰减为声波，这是爆破噪声的主要来源。此外岩土中的应力波、地震波的高频部分通过地面传入空气中，其20Hz至20000Hz可闻部分也形成噪声。还有爆破时岩石破裂、运动、碰撞及落到地面等其他一切干扰运动均形成噪声。但爆破噪声主要是指空气冲击波谱中的可闻部分。

冲击波压力在180dB以下就认为是声压。

爆炸噪声的一个显著特点是持续时间短，属于脉冲型的高噪声，它造成的危害是：

（1）损害听力；

（2）影响睡眠与休息，危害人体健康；

（3）伴有冲击波，形成爆风，对建筑物有一定的危害；

（4）噪声消耗了部分爆炸能量，减少了用于破碎岩石的有用功。

8.7.4.2 噪声的物理参数

（1）声压（p）。指声波波阵面上的压强对大气压强的差压，单位为帕（Pa）。

（2）声强（I）。单位时间内垂直于指定传播方向的单位面积的声能。

$$I = \frac{p^2}{p_o c_o} \tag{8-71}$$

式中　I——垂直传播方向的单位面积的声能，W/m^2；

p_o——空气密度；g/m^3；

c_o——静止空气中的声速，m/s。

（3）声强级（L_I）。

$$L_I = 10\lg\frac{I}{I_o} \tag{8-72}$$

式中　I_o——基准声强值取 $10^{-12}W/m^2$；

L_I——声强级，dB。

（4）声压级（L_p 或 SPL）。

$$L_p = 20\lg\frac{p}{p_o} \tag{8-73}$$

式中　p_o——基准声压，取 2 ± 10^{-5}Pa；

L_p——声压级，dB。

（5）声功率级（L_w）。

$$L_w = 10\lg\frac{W}{W_o} \tag{8-74}$$

式中　W_o——基准声功率，取 10^{-12}W；

L_w——声功率级，dB。

（6）响度级。

人耳所感觉到的响度不仅与声压有关，还与频率有关，故综合声音的物理效应与人耳的生理效应，引入响度级的概念，用1000Hz的参考声音进行主观印象的响应比较，并给出等响应曲线，如60dB1000Hz的声音与68dB100Hz的声音具有相等响度的主观印象。

响度级的单位为dB。

8.7.4.3　爆破噪声的测试方法与仪器

爆破噪声的测定通常是测声压，频率和持续时间，一般用声级计测定声压，用频率分析仪测量噪音频率，再配合使用各种记录仪器。

（1）声级计。是测量现场噪声的一种仪器，分普通声级计和精密声级计，测量爆破噪声要使用测量脉冲声的精密声级计，其测试方框如图8-61所示。

装入计权网络后，可按等响曲线三种不同分贝的频率反应特性回路称为A、B、C特性计权，以便从声级计上直接显示出响度读数。国内外多采用A特性计权。

声级计是国际上重要的标准配套设备，提供了一个按类似特性将噪音分级的简单方法。在记录声级计读数时，重要的在于要注明使用什么样的计权网络。

目前，国产的声级计有PS-1型，SJ-1型普通声级计和ND_1型精密声级计。

（2）频率分析仪。主要由测量放大器和滤波器组成，还可与自动记录仪联用记录噪音的频谱。

（3）磁带记录仪。对瞬时性的噪声讯号，先记录下来，再进行室内频谱分析，磁带记录仪是较好的记录仪器。

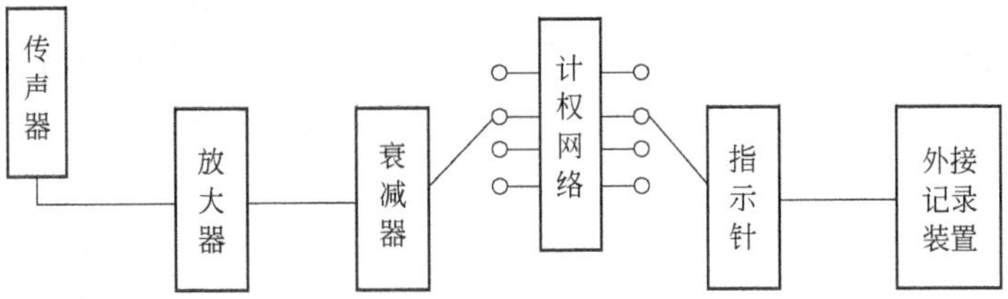

图 8－61 噪声测试系统示意图

8.7.4.4 噪声允许标准

考虑到噪声对人体健康首先是对听力的损害，许多国家都制定了标准，如英国劳动部的规定中把特定的噪声级与最大暴露时间联系起来，并建议耳朵未加保护的人不许在声压级高于 135dB 或高于 150dB 的冲击性噪音环境下工作。

1980 年，我国国家劳动总局和卫生部公布了听力保护标准，如表 8－77 所示。

表 8－77 听力保护标准[38]

噪声接触时间（h）		8	4	2	1
允许噪声（dB）	新企业	85	88	91	94
	老企业	90	93	96	99
	最高不得超过 115				

爆破噪声为间歇性脉冲噪声，要求每一个脉冲声都小于 140dB。

另外我国 1982 年又颁布了城市区域环境噪声标准（参见 GBH2. 2—82）。其中规定工业集中区的噪声要求白天及夜间其等效声级 *Leg* 分别小于 65dB 及 55dB（A）。等效声级的计算方法请参见国家标准 GBH1. 2—82《城市环境噪声测量方法》[39,40]。

8.7.4.5 爆破噪声的防护措施

（1）保证炮孔填塞长度及填塞质量，可以大大减小空气冲击波，进而降低爆破噪声。

（2）采用多排微差爆破，减少最大一段装药量，可以减低爆破噪声。

（3）采用导爆索起爆系统时，应对地面导爆索网络用细砂土加以覆盖，以减弱爆破噪声。

（4）在二次爆破中，用钻孔水封爆破法代替裸露爆破，可降低爆破噪声。

（5）设置障碍及遮蔽物是降低爆破噪声的有效措施。

从目前的情况来看，除了在夜间爆破造成较大的影响外，一般的爆破声构成的危害不大，这是由于爆破噪声的声压级虽比较高，但是作用时间很短，对于必须留在离爆区较近的工作人员，可使用防声耳塞、防声耳罩及防声帽盔等听力保护器以减小爆破噪音对听力的影响。

8.7.5 爆炸产生的有毒气体

8.7.5.1 爆炸产生的有毒气体种类

炸药爆炸产物中的有毒气体主要是一氧化碳（CO）和氮的氧化物（NO、NO_2），有时还可能有少量的硫化氢（H_2S），甲烷（CH_4）、二氧化硫（SO_2）和氨气（NH_3）。常用的碳氢氧型炸药，主要的有毒气体是CO和NO_2，它不仅污染环境，严重危害采矿工人的人身安全，而且对井下瓦斯、煤尘爆炸反应起催化作用，故有毒气体的含量是矿用炸药的一项重要的安全指标。表8－78列出了一些有毒气体的危害程度。

表8－78　某些有毒气体的毒性

种　类	吸入5～10分钟的致死浓度（%）	吸入0.5～1小时的致死浓度（ppm）
一氧化碳	0.5	1800～2600
二氧化氮	0.05	320～530
二氧化硫	0.05	530～650
硫化氢	0.08～0.1	420～600
氨　气	0.5	2150～3900

根据1973～1981年100例矿山事故资料分析，炮烟中毒造成的事故占26%以上。

8.7.5.2　有毒气体的允许含量

苏联1938年制定的标准矿用炸药有毒气体的总含量不能超过1COL/kg炸药（按CO计），我国也一直采用这一标准，按毒性程度、每升NO_2相当于6.5升CO，按下式折算成CO计算的有毒气体总含量。

$$V = V_{CO} + 6.5V_{NO_2} \tag{8-75}$$

煤矿保安规程还规定了地下空气中有毒气体的最高允许浓度CO为16ppm，NO_2为2.5ppm，H_2S为6.6ppm，SO_2为7ppm。

很明显，对严格要求的单项有毒气体指标不能用公式（8－75）的近似方法来计算，而必须实际测定炸药的有毒气体。

8.7.5.3　测试方法

实践证明，有毒气体含量的测定结果与测定方法有关，现在国内外尚无统一的标准测试方法，但常用的方法有：井下巷道法和实验室测定法。由于影响爆炸产物的因素很多，现场试验条件难以控制，往往测试结果差异大，不准确，因此较多地采用实验室模拟现场条件的爆压弹测试法。

A　实验室测定炸药爆炸有毒气体的原理

受试炸药在爆压弹压弹内爆炸，爆炸气体冷却后，通过压力计等数据，计算出气体产物的总体积（见8.3.7节），然后将定量气体引入气体分析器，采用气相色谱仪、比色法等方法来分析确定有毒气体的含量。

测试中关键的问题是要模拟现场的爆炸条件，以使测定结果与矿山现场爆破中所获的结果有较好的一致性。

B　实验室模拟方法

a　石英砂—钢炮法

以低碳钢管套来模拟现场炸药爆破的约束条件、接触条件以及接触介质对有毒气体生成过程中的作用，由于低碳钢与矿岩在物理力学性质上相差较大，此法很难全面准确地再现现场条件。

石英砂—钢炮法的测试仪器及测试方法详见煤炭工业部标准MT60—82；煤矿用炸药

爆炸后有毒气体含量的规定及其测试方法。

b 石英砂—玻璃套试验药包模拟法

采用玻璃套较好地模拟了现场岩矿的约束条件及破碎特性，因此能较准确地模拟和测定井下复杂条件下工业炸药爆破有毒气体生成量，获得与现场实际测定结果基本相符的情况。

C 部分矿用炸药有毒气体生成量的测试结果。

表 8 – 79 是几种矿用炸药的有毒气体测定值。

表 8 – 79 几种矿用炸药的有毒气体测定值

炸药名称	有毒气体含量（L/kg）		
	CO	NO_2	总量 $V_{CO}+6.5V_{NO_2}$
1 号岩石炸药	42.7	8.27	96.50
	45.1	5.46	80.45
2 号岩石炸药	38.6	7.88	89.90
	47.4	5.08	80.71
3 号岩石炸药	35.7	11.4	109.8

8.7.5.4 影响有毒气体生成量的因素及保护措施

A 影响有毒气体生成量的因素

（1）炸药的氧平衡。随着正氧平衡的增高，产物中 NO_2 的含量增多，负氧平衡炸药 NO_2 有所减少。

（2）炸药的加工质量。混合炸药的颗粒越细，分散越均匀则爆炸时反应越完全，生成的有毒气体减少，反之则反应不完全而生成较多的 CO 或 NO_2。

（3）炸药的可燃性包装如蜡纸、塑料袋。

（4）药卷附近的介质情况。在煤层中爆炸生成较多的 CO，在硫化矿层中爆炸，有少量硫化物生成。

（5）装药及填塞情况。装药密度较大时 NO_2 较少，装药直径大时爆炸反应较完全，因而 CO、NO_2 含量均有所下降，耦合装药比空气间隔的不耦合装药有毒气体量减少，炮孔填塞质量好，也可抑制有毒气体的生成。

B 保护措施

针对影响有毒气体生成量的因素，可采取相应的措施，减少有毒气体生成量及其危害。

（1）生产及使用接近零氧平衡的炸药，由于 NO_2 毒性大，并且易于泄留在工作面碎矿中，被破碎矿岩吸收量 CO < 0.007mg/g，NO_2 为 0.2265mg/g，故应采用稍偏负氧平衡的炸药（包括包装可燃物在内）。

（2）控制炸药卷的可燃性包装在规定范围之内，如每百克炸药限定包装纸重量在 2g 以下，防潮剂重量不超过 2.5g。

（3）严格控制炸药加工工艺，保证炸药的干、细、匀。

（4）采用合理的装药结构和爆破方法保证炸药反应的完全性，如改善约束条件，增大起爆能，保证填塞质量，均有助于反应完全，降低有毒气体生成量。

（5）加强人体保护，爆破后，井下要加速通风，现场人员应在炮烟消散后方可进入现场，必要时要配戴防毒面具，此外放炮人员不要站在下风侧。

8.7.6 爆破安全

遵循《中华人民共和国爆破安全规程》的规定，掌握爆破事故的发生规律及预防措施，是爆破作业顺利进行的重要技术保证。

8.7.6.1 爆破事故的分类

爆破事故的发生大概有两个方面的情况，一是从事爆破器材加工、运输、储存及现场操作中发生的事故；二是伴随炸药爆炸时所产生的有害效应（地震波、空气冲击波、飞石、噪声和有毒气体等）引起周围建（构）筑物的破坏及对周围人员的危害。

按照事故原因分类，有下面几种：

（1）过早进入工作面或意外的炸药燃烧或爆炸造成的炮烟中毒。

（2）导火索火雷管起爆引起的事故。

（3）爆破以后处理不当的事故。

（4）警戒不严、信号不明、安全距离不够造成的爆炸伤人事故。

（5）飞石伤人。

（6）炸药雷管处理不恰当引起的事故。

（7）电气爆破事故。

（8）甲烷、一氧化碳等气体爆燃爆炸事故。

（9）硫化矿药包自爆事故。

（10）其他爆破事故。

根据这种分类方法，对1973～1981年，100例爆破事故统计分析。结果见表8－80。

表8－80 1973～1981年100例爆破事故

爆破事故原因分类	发生次数	所占百分比（%）
炮烟中毒	26	26
导火索、火雷管起爆时发生	34	34
爆破以后处理不当	13	13
警戒不严、信号不明、安全距离不够	10	10
飞石伤人	4	4
炸药雷管处理不当	4	4
电气爆破事故	1	1
气体爆燃、爆炸事故	3	3
硫化矿药包自爆	2	2
其他爆破事故	3	3

8.7.6.2 爆破安全措施

（1）爆破器材的加工、运输和储存安全。参考《中华人民共和国爆破安全规程》第九章、第十章、第十二章。

（2）导火索火雷管起爆安全。准许使用导火索起爆的地方，除了严格检验导火索质量、控制点火时间及导火索长度外，应采用一次点火方法（三通、点火筒、电阻丝等一次点火方法)。

(3) 电力起爆的安全措施。检测雷管和爆破网路的仪器，其工作电流和最大误操作工作电流不应大于30mA，使用前可用杂流仪测量。

连接电雷管前和期间应用杂散电流测量仪（ZC－1 型杂电测量仪）测量杂电，如果杂电大于30mA（交流直流之和)，应采用降低杂电来源，抗杂电来源，抗杂电雷管、防杂电爆破网路或非电起爆等预防措施。

压气装药时，测定现场静电能量大于电雷管最小静电能量0.1～0.2倍时，应采取措施才能使用电雷管起爆。如果是含水炸药的混装车，药温高于70℃时，应采用耐温雷管或其他防护措施。

有雷电活动期间或地区进行电爆破，应采用雷电警报器（LJ－1 型雷电预警仪）监测雷电活动，雷电有危险时，应及时撤离或采取预防措施。

在高压电网和射频电源附近进行电爆破时，其安全距离应遵守《中华人民共和国爆破安全规程》第八章第六节。

(4) 导爆管和导爆索起爆安全。导爆管和导爆索起爆，在冲击、摩擦、防火等方面，与其他起爆方法处同等重要位置，其安全措施应一样。

(5) 防止炮烟中毒的措施：

1) 加强炸药库房及爆破作业场所的固定和移动式照明管理，防止由此而引起的炸药燃烧事故。

2) 防止不相容物质相互接触而产生化学反应引起炸药燃烧。

3) 加强通风，在炸药集中的地方，应有独立的通风系统，并应有灾变措施，防止意外爆炸的炮烟熏人。

4) 严格控制爆后进入爆区的时间，未经检查不得进入。

(6) 爆破之后的安全措施：

1) 加强爆破器材的管理和检验，严禁使用不合格的爆破器材，是防止拒爆和误爆的重要措施。

2) 谨慎操作，严防失误，并严格网络连接后的检查，减少瞎炮。

3) 爆破之后经检查确认无瞎炮、残药后才准作业，严禁打残孔。

(7) 爆破时的安全。爆破时有害效应带来的危害，除严禁误入爆区外，参见8.8.1节至8.8.5节的有关内容。

参　考　文　献

1　北京工业学院，爆炸及其作用（上)，国防工业出版社，1979

2　Ф. А. 鲍姆等，爆炸物理学，科学出版社，1965

3　霍永基，爆破与冲击，3（1983)，No. 3，89～96

4　隧道译丛，1972，No. 2

5　А. Н. Ханукаев，Физические процессы при отбойке горных пород Взрывом，НЕДРА 1974

6　F. C. Bond，B. B. Whiferney，*Quarterly Colorado School of Mining*，54（1959)

7　И. А. Тангаев，Буримость и взрываеллость горных пород，НЕДРА，1978

8　Б. Р. Ракищев，Физико－Технические Прсблемы Разработок Полезных Ископоемых，1981

9　Б. Н. Кутузов *и др.*，*Горных Журнал*，1979，2，41～43

10　东北工学院，论我国岩石分级，煤炭工业出版社，1959

11　中国力学学会工程爆破专业委员会，土岩爆破文集，第二辑，冶金工业出版社，1985，54～59

12 *Mineral Year Book*, *Bureau of Mines*, *US*, 1984
13 A. Rustan, World Mining, 1977, 2
14 洪有秋，矿冶工程，4（1984），No. 2，1～5
15 火工技术编写组，矿用炸药，煤炭工业出版社，1978
16 汪旭光等，浆状炸药的理论与实践，冶金工业出版社，1985
17 炸药理论编写组，炸药理论，国防工业出版社，1982，7～90
18 混合炸药编写组，猛炸药的化学与工艺学（下），国防工业出版社，1983，7～20
19 M. A. Cook, The Science of Industrial explosives, 1974
20 傅顺，工程雷管，国防工业出版社，1977
21 火工技术丛书编写组，矿用起爆材料，煤炭工业出版社，1978
22 P. N. Worsey, L. J. Tyler, 1st International Symposium on Rock Fragmentation by Blasting, Lvlea, Swedan, 1983
23 徐小荷，爆破器材，1982，No. 4，20～21
24 隧道译丛，1978，No. 5，1～12
25 C. W. Livingston, *Quarterly Colorado School of Mining*, 51（1956），No. 3
26 陶颂霖等，爆破工程，冶金工业出版社，1982，164～170，178～186
27 冶金部长沙矿冶研究院，大冶铁矿，矿冶工程，5（1985），No. 3
28 中国矿业学院主编，露天采矿手册，煤炭工业出版社，1956，93～95，144～146
29 T. N. Hagan, *Australian Mining*, 1981, No. 8, 33～40
30 G. Harries, 15*th APCOM Symposium*, *Brisbane*, *Australia*, 1977, 325～334, 317～324
31 C. Cunninghan, 1st International Symposium on Rock Fragmentation by Blasting, Lulea, Swepden, 1983
32 C. D. Da Gama, 15th APCOM Symposium, Brisbane, australia, 1977, 305～315
33 R. F. Favreau, J. Geophysical Research 74（1969），No. 17, 4267～4280
34 C. J. Preston, N. J. Tienkamp, CIM *Bulletin*, 77（1984），No. 867, 43～48
35 《采矿设计手册》编委会，采矿设计手册，矿床开采卷（下），中国建筑工业出版社，1987
36 露天大爆破编写组．露天大爆破，冶金工业出版社，1979
37 GB6722—86，爆破安全规程，1986
38 工业企业噪声卫生标准（试行草案），1980
39 GBH 2. 2—82，1982
40 GBH 1. 2—82，1982

第 9 章　采场运搬及溜井放矿

9.1　概　　述

本章内容包括采场运搬、溜井放矿和对采场运搬有重要影响的采场底部结构。

将矿石自崩落地点搬运至采场溜矿井的作业过程，称为采场运搬。

矿块（或采场）中自运输水平底板起，至拉底水平层底板止的范围及其中布置的各种巷道和硐室，称为采场底部结构。

采场溜矿井是连接二次破碎水平层和主要运输水平层的垂直的或倾斜的巷道，其高度为 5 ~ 10m 左右。采场溜矿井的容量应能存放一列车的矿石，保证电耙运搬不影响列车的装运时间。

溜井有阶段溜井和主溜井，其生产的正常与否，影响采场和矿井的生产能力，而且阶段溜井的位置和数量，在某些采矿方法中，与采场运搬方法有关，因此溜井放矿编在本章。

9.1.1　采场运搬和采场底部结构在地下采矿方法中的地位

在实际工作中，由于矿体赋存条件、崩矿方法和所用的运搬设备的不同，可以采用各种形式的采场底部结构和采场运搬方法。

采场运搬和底部结构对回采技术经济指标有着重大的影响，它表现在下列几方面：

（1）形成底部结构的劳动消耗量占每吨矿石总的劳动消耗量的 20% ~40%[3]。

（2）底柱中的矿量占矿块矿量的 15% ~20%，甚至更大[3]，而底柱回采的矿石损失率比较大，一般为 30% ~60% 左右，所以采场底部结构的设计正确与否，对采矿方法的损失和贫化指标的好坏有重大影响。

（3）采场直接成本中，采场运搬的成本占 10% ~25%，甚至更大，个别矿山达到 50%，它仅次于落矿成本。而采场运搬成本的多少与运搬方法有关，如凡口铅锌矿的 VCR 法的每吨矿石的运搬成本，用柴油铲运机出矿的为 3.53 元，用振动出矿机配电机车为 0.60 元。大吉山钨矿在阶段矿房法中使用 ZCZ - 26 型装岩机出矿，重力自溜水漏斗放矿和振动出矿机放矿，每吨矿石的运搬成本相应为 1.69 元、0.44 元和 0.37 元；云南易门铜矿凤山分矿，将电耙出矿的有底柱分段崩落法，改为振动放矿的阶段强制崩落法，每吨矿石的采矿成本节省了 2 元[31]。

9.1.2　采矿底部结构分类

采矿底部结构包括受矿巷道、出矿巷道、转运巷道、二次破碎巷道和辅助巷道（行人、通风和搬运材料设备用的巷道），这些巷道布置在不同的水平层上。

采场底部结构形式主要取决于受矿巷道的类型（或形状）、所用的出矿设备、矿体厚度和倾角以及有无二次破碎水平层等，一般分为下列三类：

（1）漏斗式底部结构；（2）堑沟式底部结构；（3）平底式底部结构。

由于铲运机运用于采场运搬，应用深孔爆破进行拉底，底部结构的发展趋势是简化结构（由多水平层变为一个水平层，多种巷道变为一种巷道），扩大出矿巷道的断面，用混凝土构筑人工底柱。

采场底部结构中的各种巷道和硐室的断面形状、尺寸，及其间距的参数选择，与采场运搬方法有关，主要是受采场运搬设备，外形尺寸的影响，其次是底部结构的稳固性，因此有关底部结构参数的内容结合采场运搬方法一起介绍。

9.1.3　采场运搬方法分类

根据矿石搬运过程中，矿石所受到的主要作用力和所用的运搬设备的不同，采场运搬方法可分为下列几类：

（1）重力自溜运搬；（2）振动放矿；（3）电耙运搬；（4）爆力运搬；（5）无轨设备运搬；（6）连续运搬；（7）其他运搬。

重力自溜运搬，只要矿体厚度和倾角能保证被放矿石的自溜，而底板不残积矿石的情况下，采用重力自溜运搬是有效的，重力自溜运搬所需的矿体倾角，用留矿法开采急倾斜薄矿脉时一般为60°~65°，空场法为50°以上，崩落法为70°~75°以上，开采倾斜不够陡急的矿体时，为了消除底板残积矿石的损失，可以采用削底或在底板围岩中开设出矿巷道。

电耙运搬在我国有色金属地下开采矿山中使用很广泛，它的优点是设备供应条件好，运转可靠，操作和维修简单，矿石运搬成本较低。其缺点是：有效耙运距离短，一般只有30~60m，生产能力低，台班效率一般只有100t左右。

无轨设备运搬与电耙运搬相比，它的有效运距较长，机动灵活性较好，运搬效果较高，但是，它有设备折旧费和维修费较大的缺点，因此，个别矿山得出了无轨设备运搬的成本高于电耙运搬的。使用无轨设备运搬的斜坡道和铲运机道，其断面比较大，坡度和曲率半径都有限制，路面质量要求较高。无轨运搬设备中气动装运机的能耗大，机动灵活性较差，有被淘汰的趋势，柴油铲运机有废气污染地下空气的缺陷，电动铲运机的输电电缆的长度有限，灵活性比柴油铲运机差。遥控的电动铲运机是近年来出现的一种新设备，可以免除工人的冒险作业，但效率较低。三种铲运机都有待研究改进。

爆力运搬利用落矿时的爆破力，使矿石抛掷一段距离，对开采倾角为30°~50°、厚度为2~10m的矿体，是一种比较实用的运搬方法，其缺点是落矿工艺较复杂，炸药单耗较大，矿石损失也较大，使用条件有局限性。

只要有重力势能可以利用，用振动出矿机取代重力自溜运搬中的各种闸门是有效的。振动放矿的主要优点是，振动波能改善矿石的流动性，矿流平稳，可控性好，计量准确，有利于实行计划放矿，降低矿石损失与贫化。其缺点是，振动出矿机是一种固定设备，灵活机动性差，运搬距离短。

研制与振动出矿机相匹配的连续运输机是实现地下开采连续运搬的关键之一，苏联用振动出矿机、振动运输机和振动格筛组成ПДК机组，在无底柱分段崩落法中进行了工业试验。我国在四川石棉矿用车带运输机与振动出矿机相匹配，在崩落法中进行了初次尝试。连续运搬是大幅度提高采场生产能力的有效途径。

水力冲运和电耙耙运与重力自溜相结合的运搬，是解决倾角不够陡急矿体中使用重力自溜运搬时，矿石不能自溜的辅助措施，国内外都有应用。

9.2 采场底部结构

9.2.1 采场底部结构的重要性及其发展趋势

采场底部结构对采矿方法的技术经济效果（如采切比、采切成本、采场生产能力、劳动生产率、矿石的损失与贫化、回采成本、采矿强度等）和回采工作的安全程度都有重大的影响。底部结构在实际工作中使用的种类很多，采矿地质条件又复杂多变，因此针对矿山的具体条件，选择合理的底部结构，是采矿方法设计的关键内容之一。

合理的采场底部结构，应满足下列基本要求[3]：

（1）在采场放矿过程中，应保证底部结构中的巷道有足够的稳固性，能经受崩矿、放矿和二次破碎所引起的地压与动负荷作用，使采下的矿石能按计划放出，充分回收资源。

（2）在保证底柱稳固的前提下，尽量减少底柱矿量，以提高采场矿石的总回采率。

（3）底部结构中所需的巷道数及其布置，既要满足放矿、二次破碎及通风的要求，有较好的安全条件和良好的劳动条件，保证出矿质量，又要形成底部结构的巷道工程量较少，巷道结构简单，有利于形成底部结构的机械化作业，施工方便。

（4）适应采场出矿能力的要求。

由于采矿技术的进步，特别岩体力学和新型高效采装设备的成就，使采场底部结构发生了很大的变化，采场底部结构及施工的发展趋势是[3]：

（1）简化采场底部结构，由多水平层变为一个水平层，由使用多种巷道变为一种水平巷道，巷道重复使用，用混凝土构筑人工假底取代底柱。

（2）增加合格矿石块度，扩大出矿巷道的断面。

（3）采用大型的铲运设备。

（4）使用光面爆破法掘进巷道和喷射混凝土、锚杆、金属网支护。

根据受矿巷道的形状（漏斗、堑沟和平底）和二次破碎水平层的有无，而有不同的采场底部结构，分别说明如下。

9.2.2 漏斗式底部结构

漏斗式受矿巷道的底部结构出现最早，使用最广，急倾斜薄矿脉和厚矿体中用漏斗式底部结构有不同的形式。前者用浅孔落矿，矿石块度较小而且均匀，一般不设二次破碎水平层。矿石品位较低时，使用留底柱的底部结构（图 9－1*a*）。矿石品位高（或价值高）时，用坑木或钢筋混凝土等构筑人工假底的底部结构（图 9－1*b*、*c*）。用混凝土形成假底，虽然成本较用坑木的高，形成的工期较长，但是维修工作量少，承受地压能力较强，可以较好地解决空区处理问题。

近年来，个别矿山试用轻型振动出矿机出矿取代木漏斗、钢漏斗和混凝土漏斗，由重力自溜放矿变为振动强制出矿（图 9－2），因而改善了矿石的流动性，取得了良好的技术经济效果（参看 9.4 节）[1]。

开采厚矿体用的漏斗式底部结构，由于普遍采用中深孔落矿，矿石块度大，往往设有二次破碎水平层。在二次破碎水平层使用电耙运搬的底部结构如图 9－3 所示。在矿体厚度大于 7m 时，要用多排漏斗，漏斗的布置有对称式和交错式，后者漏斗脊部残积矿石较少。每个漏斗担负的放矿面积以 $50m^2$ 左右为宜。当矿体倾角不够陡急时，为了减少底板残积矿石损失，应在底板围岩中布置漏斗或削底，保证漏斗边坡角能达到自溜的要求，用空场法时重力自溜的边坡角不能小于50°~55°崩落法不小于65°~80°。

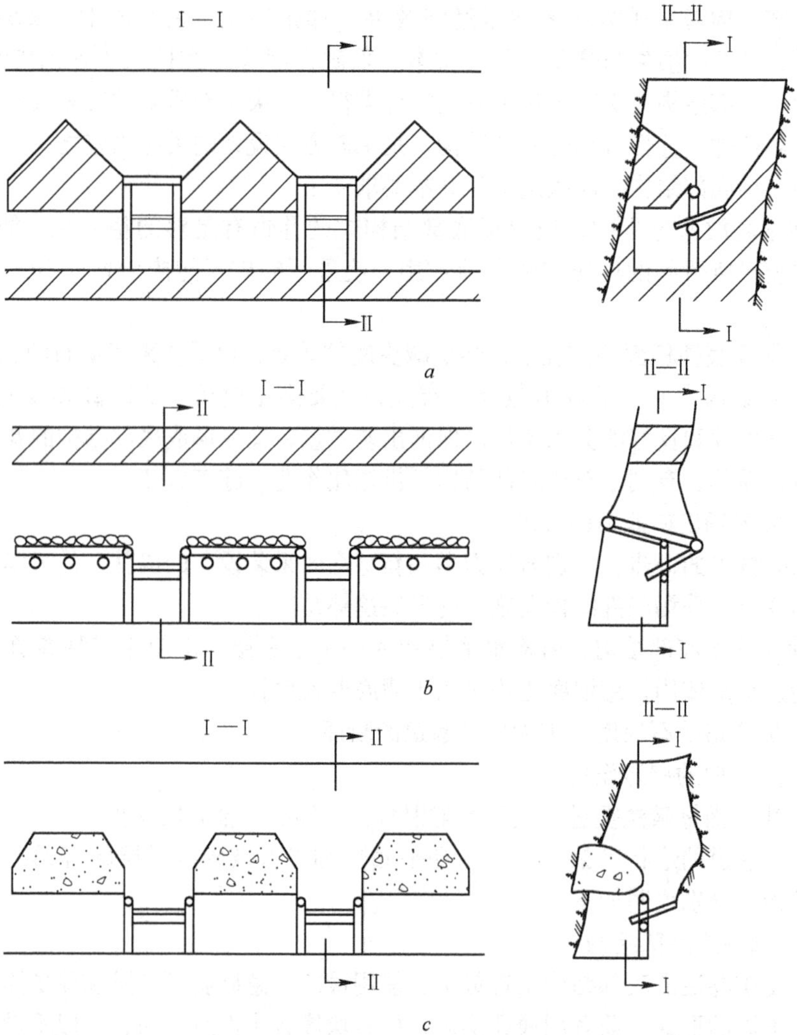

图9-1　急倾斜薄矿脉的底部结构

a—留底柱的；*b*—坑木的假底的；*c*—混凝土假底的

电耙平巷高出运输平巷的长度的确定，除了考虑岩石稳固性之外，还应考虑利用溜矿井2（图9-3）的容积，调节电耙道耙运与下部运输的矛盾。

二次破碎水平层中设置格筛的底部结构，过去在阶段崩落法中使用较多，其受矿巷道表面有漏斗状的（图9-4）和堑沟状的，后者的采矿巷道和拉底的劳动消耗降低12%左右，提高了工作的安全性，消除了拉底中清理矿石的手工劳动，格筛工的劳动生产率提高20%左右[3]。

安装的格筛向破碎硐室应有2°~3°的斜度，从漏斗中流出的矿石堆，不应超过格筛总面积的1/3。底柱高度为12~18m，底柱矿量占采场矿量的20%~30%。

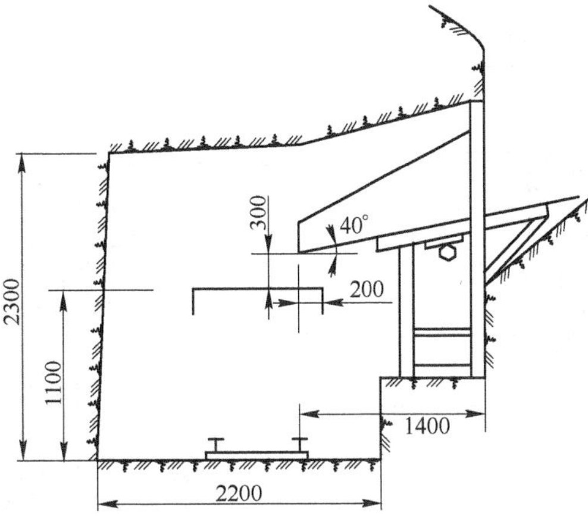

图 9－2 急倾斜薄矿脉振动出矿漏斗底部结构

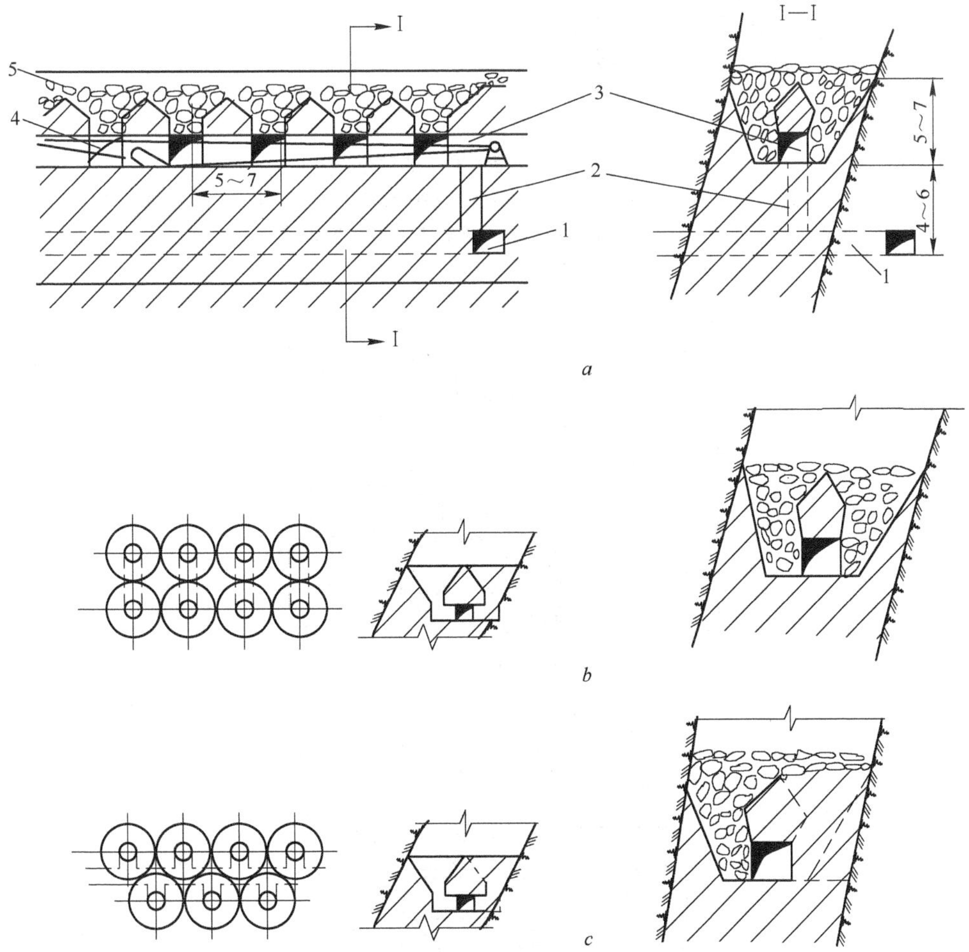

图 9－3 电耙出矿漏斗式底部结构

a、*b*—对称式布置；*c*—交错式布置

1—运输横巷；2—溜矿井；3—电耙巷道；4—斗穿；5—漏斗

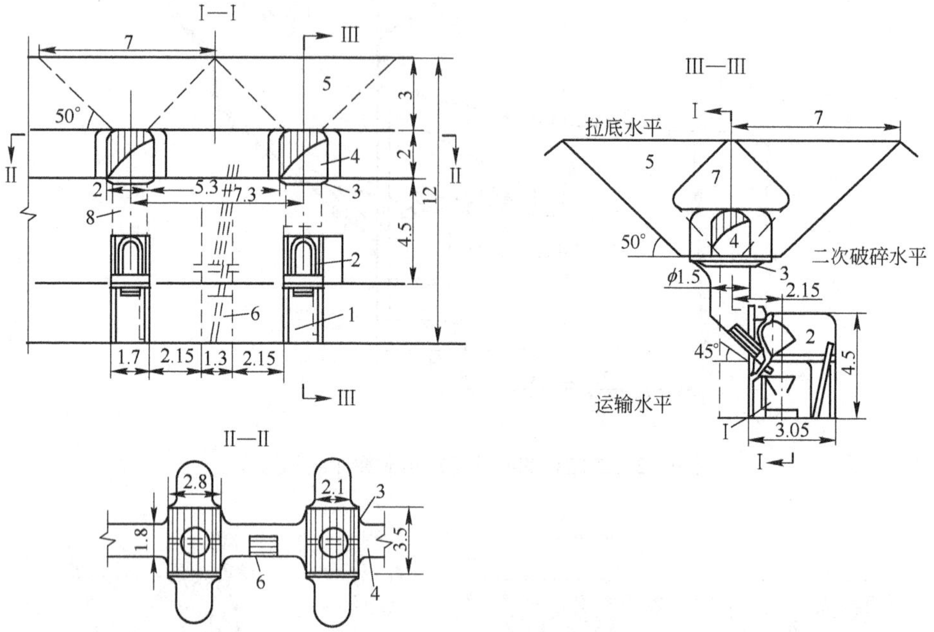

图9-4　有格筛水平层的底部结构

1—运输巷道；2—漏斗闸门；3—格筛；4—二次破碎水平的格筛巷道；5—受矿喇叭口；6—人行联络小井；7—桃形矿柱；8—漏斗颈

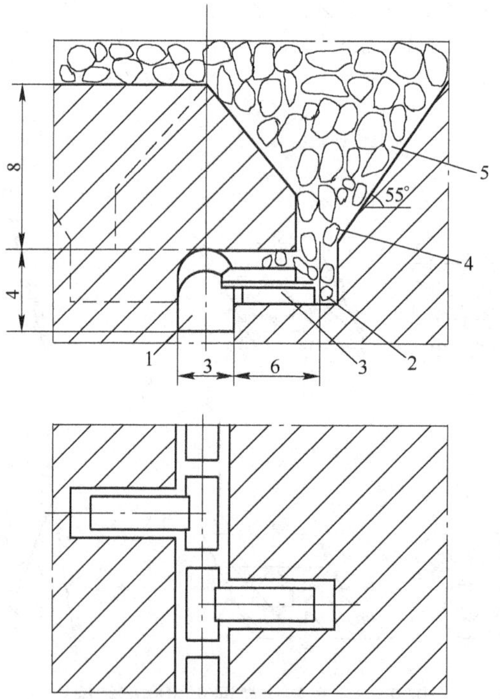

图9-5　振动放矿的漏斗式底部结构

1—运输巷道；2—安设振动出矿机的硐室；3—振动出矿机；4—漏斗颈；5—漏斗

有格筛漏斗破碎水平层的底部结构的优点是：（1）放矿过程容易管理，可以严格地按计划放矿，而且可以迅速的停止放矿。因此有助于改善崩落法的损失与贫化指标；（2）有宽广的放矿工作线；（3）在放矿和运搬中，可以利用矿石的重力，放矿成本低，能源消耗小。缺点是：（1）采准切割的巷道长度大，有格筛破碎水平层的底柱中的全部巷道的长度比有电耙水平层的底柱增加20%～50%；（2）底柱的采准劳动消耗大，在三个彼此相隔很大高度的水平层上掘进各种短而断面小的巷道难于机械化。由于巷道多而劳动生产率低，所以，有格筛破碎水平层底柱的采准劳动消耗量比电耙水平层底柱的增加25%～30%，采准成本也相应提高；（3）构筑和装备漏口与格筛硐室的工作量大，其资金一般比电耙增加2～4倍；（4）格筛和格筛硐室的修理费用大；（5）底柱中的矿石贮量大，比电耙底柱高1倍。由于底柱遭到切割破坏，回采部分矿石时，矿石损失率高达50%；（6）放矿工作的劳动消耗量很高，格筛比电耙水平层底柱要增加30%～80%；（7）放矿的事故率比电耙提高50%～80%[3]；（8）卫生条件恶劣。

由于有格筛的漏斗式底部结构的上述缺点，在高效率的铲运机出现之后，已很少使用。

振动放矿与矿车运输相结合的漏斗式底部结构如图9－5所示，在运输横巷1的两侧交错布置安设振动出矿机3的硐室2，在硐室2之上开掘漏斗5和漏斗颈4。与用电耙出矿的底部结构（图9－3）相比，有下列特点：（1）无电耙水平层，底部结构较简单；（2）安设振动出矿机的硐室2的长度比电耙出矿的斗穿长，有利于桃形矿柱的维护；（3）漏斗边角要小5°～10°，每个漏斗担负的放矿面积较大；（4）漏斗颈中的矿石可以全断面流动，大块卡堵机会较少；（5）二次破碎在振动出矿机上进行，有炸坏振动出矿机的可能。

9.2.3 堑沟式底部结构

堑沟式受矿巷道的底部结构是对漏斗受矿巷道底部结构本质上的改进。它将各漏斗沿纵向连通，形成一个V型槽（图9－6），把拉底和扩漏两项作业结合起来，用上向中深孔同

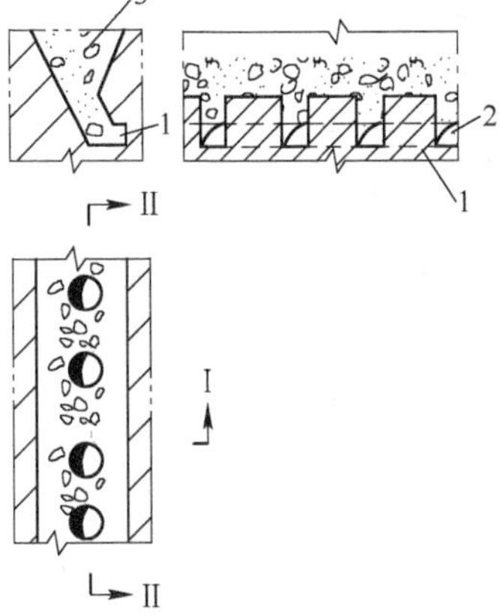

图9－6 堑沟式底部结构

1—运输巷道；2—斗穿；3—堑沟

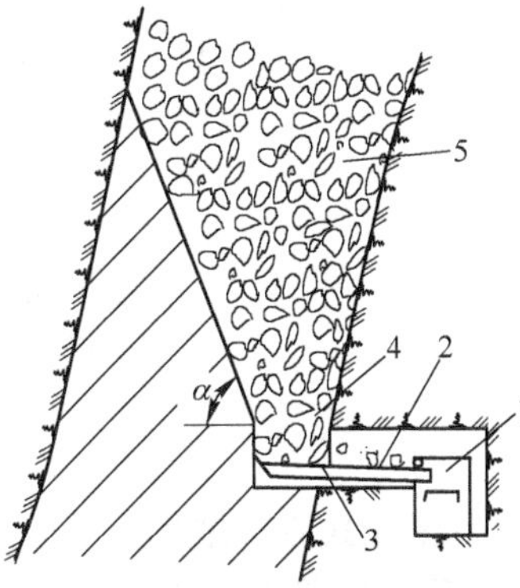

图9－7 开采中厚矿体的斜底柱堑沟底部结构

1—运输巷道；2—硐室；3—振动出矿机；4—拉底平巷；5—堑沟

时开凿，故能提高工作效率。槽底与二次破碎水平巷道之间（或运输水平）每隔5～7m用断面较宽的放矿口（2～2.5m）连接。堑沟一般单侧布置。

堑沟切割有工艺简单，工作安全，效率高，且容易保证质量等优点。但堑沟对底柱切割较多，降低了底柱的稳固性，因此它只适用于矿石中等稳固以上的矿体。

与漏斗比较，堑沟受矿巷道的优点：（1）拉底的机械化作业条件较好；（2）采准劳动生产率比漏斗高15%～25%；（3）虽然包括拉底在内的体积比漏斗体积增加50%～100%，但采准成本和劳动量的消耗量比漏斗底部结构低10%～20%；（4）堵塞比漏斗底部结构少，而且容易消除，其放矿生产率增加10%～20%[3]。

堵塞位置往往产生在漏斗颈断面变化处，无漏斗颈的放矿比较顺利。

图9－7为开采急倾斜中厚矿体留斜底柱的堑沟式底部结构。运输平巷位于下盘围岩中，每隔5～7m掘进安设振动出矿机3的硐室2，用拉底平巷4将各硐室联通，自拉底平巷4钻凿扇形中深孔形成堑沟5。此种底部结构简单，切割效率高，底柱的完整性好，可以不留顶柱，对通风管理有利，如用混凝土形成人工的斜底柱，可使矿石损失最小，空区处理也方便。

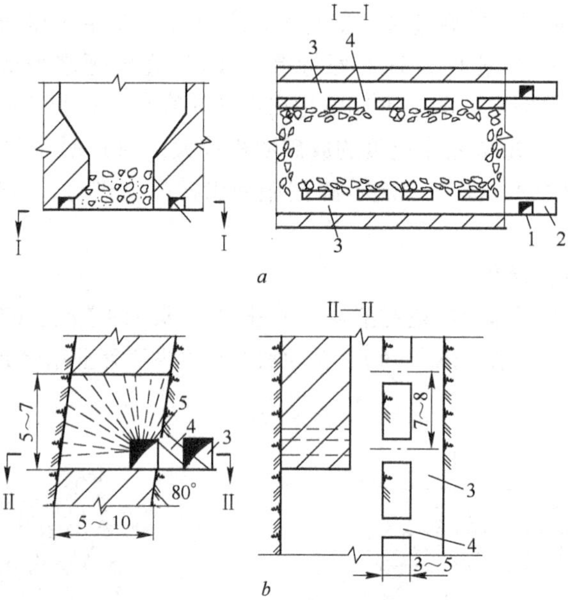

图9－8　电耙出矿的平底式底部结构

a—双侧布置电耙道；*b*—单侧布置电耙道

1—溜矿井；2—电耙绞车硐室；3—电耙道；4—出矿口；5—拉底巷道

9.2.4　平底式底部结构

平底式受矿巷道的底部结构，其特点是把拉底水平，二次破碎水平合并在同一高度上，甚至与运输水平合并在同一高度上。从底部结构中取消掘进困难的采切巷道（如漏斗天井、漏斗、溜矿井等），使回采矿房的底部呈平面的形状，采下的矿石在拉底水平形成三角矿堆，这样的底部结构称为“平底式底柱”。

平底式底部结构根据所用的出矿设备的不同，在开采厚度不同的矿体中，有不同的底部结构形式，分别说明如下。

9.2.4.1 开采厚矿体的平底式底部结构

图9－8是用电耙出矿的平底式底部结构，在电耙道3的一端设置溜矿井1和电耙绞车

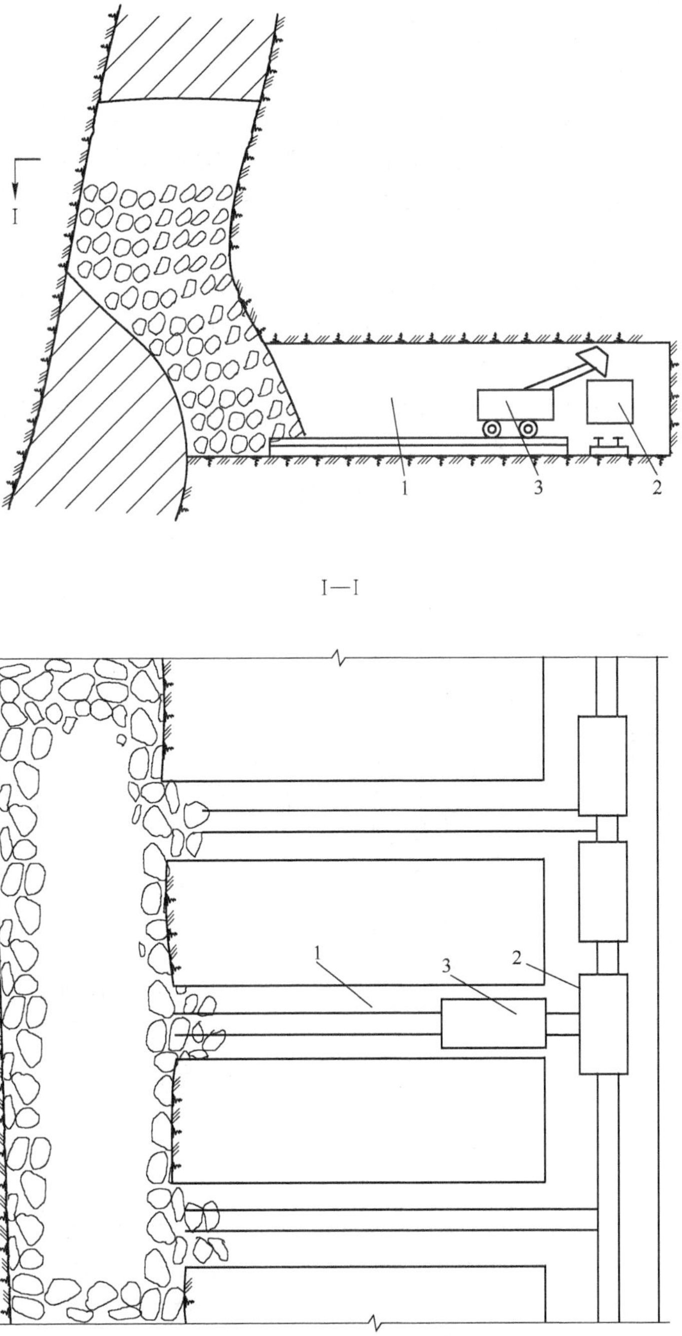

图9－9 装载机装矿的平底式底部结构

1—装载机道；2—矿车；3—装载机

硐室2，自电耙道3的一侧或两侧布置出矿口4，其断面为2.5m×3m。出矿口的间距为7～8m。与电耙道同一水平掘进拉底巷道5，然后用扇形深孔形成5～7m高的拉底空间。

这种受矿巷道，结构简单，采切工作量小，切割工作效率高，放矿条件好，底柱矿量少。但放矿结束后，残留于采场的三角矿堆，要待下阶段回采时才能回收，而且回收此部分矿石的损失与贫化均大。

在平底式底柱中，受矿表面呈水平的或倾斜的平面。拉底与形成平面同时形成。崩落的矿石通过运搬（装载）巷道中的放矿口放出。

与漏斗比较，平底式底部结构的优点：（1）放矿强度大，放矿条件好；（2）结构简单，底柱矿量小；（3）放矿条件大大改善，矿石堵塞次数减少2/3～3/4，且堵塞部位是在放矿口的水平上，因此减轻了消除矿石堵塞的工作；（4）切割拉底工作合一，切割工作效率高。

平底与堑沟比较的优点：（1）运搬的生产率提高32%左右；（2）耙运的纯工作时间增加20%；（3）二次破碎的时间减少37%；（4）二次破碎炸药消耗减少28%；（5）拉底水平层上的切割工作量减少25%[3]。

图9－9是大吉山钨矿用装载机装矿的平底式底部结构，用位于装载机道1中的装载机3向位于运输巷道中的矿车2装矿。装矿机道垂直于运输巷道，其间距为8～10m，长度为10m左右。装矿机道的宽度为2.2m，高度为2～2.6m。

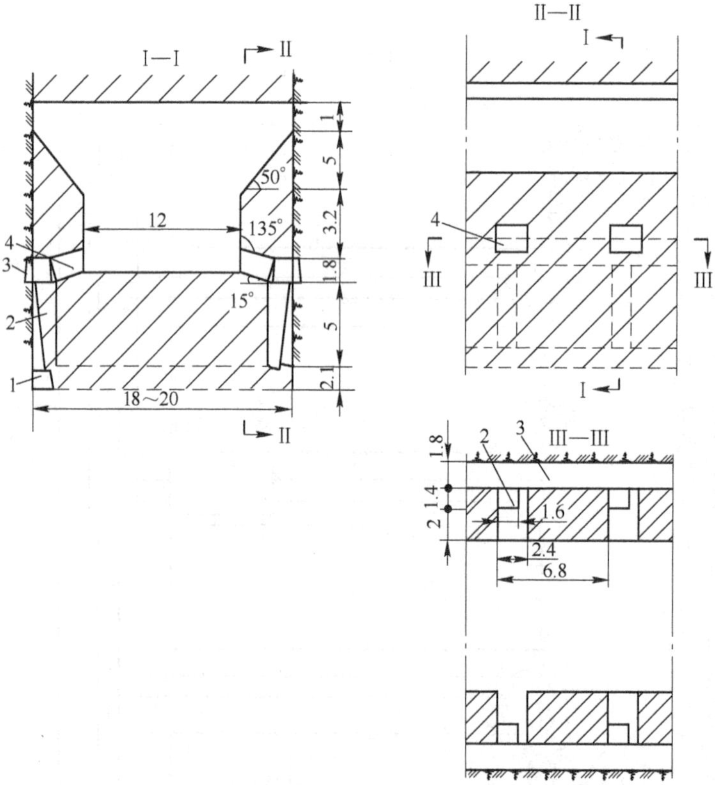

图9－10　无格筛有二次破碎水平层的重力自溜放矿的平底式底部结构

1—运输巷道；2—溜矿井；3—二次破碎平巷；4—出矿口

这种底部结构的优点：掘进工程量少；作业安全，出矿效率高；切割工作有利于实行机械化作业，改善了劳动条件，提高了施工效率。其缺点是：二次破碎通风条件差，装载机的设备利用率不高，炸大块时容易损坏设备。

大吉山钨矿用深孔崩矿的阶段矿房法中使用了图9－10所示的无格筛有二次破碎水平层的重力自溜放矿的平底式底部结构。

大吉山钨矿原先是用电耙出矿，由于大块多，效果差，钢绳磨损快，才改用图9－10所示的平底式底部结构。

无格筛有二次破碎自溜出矿的底部结构的优点：（1）没有格筛，可以使合格矿石块度的尺寸从300～400mm增加到600mm；（2）取消了格筛破碎硐室的安装费和修理费；（3）排除了因格筛损坏而引起的停工。

无格筛有二次破碎自溜出矿的底部结构的缺点：（1）矿石的块度控制复杂，因此，不合格大块进入溜矿井中，并在其下部进行二次破碎，导致了漏斗口装置的破坏；（2）采切工程量较大；（3）放矿时使用的劳动力多。

9.2.4.2　开采薄矿脉用的平底式底部结构

A　电耙出矿的平底式底部结构

当开采极薄矿脉时，使用电耙出矿的无底柱结构如图9－11所示。将沿脉运输巷道上盘扩帮加宽，然后由沿脉巷道一侧直接向上回采，在沿脉巷道出矿一侧架设栅栏，以控制矿流。在沿脉巷道内安设电耙，将溜放到巷道中的矿石耙入转运天井（即下阶段的采准天井），溜放到下一阶段装车运出。此时矿房底部沿脉运输巷道用作耙矿巷道，不再通行电机车，故在阶段上只能采用后退式回采。

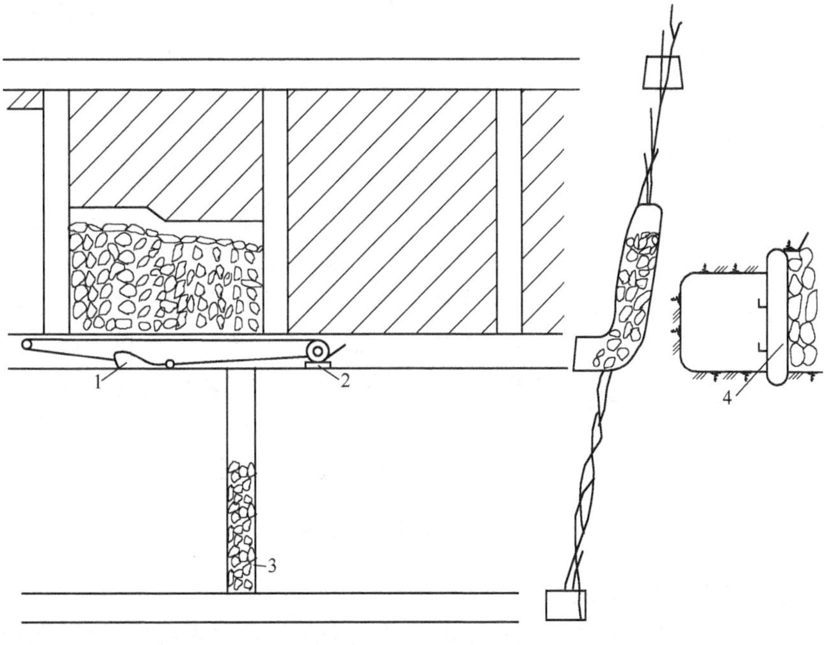

图9－11　电耙出矿耙入转运天井的底部结构

1—耙斗；2—绞车；3—转运天井；4—阻矿栅栏

电耙道的位置根据矿脉厚度而定，一般是沿上盘接触带进行切割，切割空间高2m，宽度不小于1.5~2m。与掘进平巷相似，切割时可用装载机装矿，切割空间与电耙道之间留1~1.5m宽的矿柱或岩柱，每隔5m开一高2m宽1.8~2m的横硐，使电耙道与切割空间贯通。因此，矿脉或矿体的厚度小于3m时，电耙道应布置在下盘岩石中，大于5m时，可布置在靠下盘的矿石中，3~5m的矿脉则沿下盘接触线掘进，挖掘一部分矿石和一部分岩石。

电耙道和切割层的标高和运输巷道的标高一致，接矿溜矿井一般是利用下一阶段的采准天井，矿石在下部阶段的运输平巷中装车运出。

电耙道的两端与运输水平其他巷道相通，以解决通风和行人等问题。

这种底部结构的优点：(1) 没有底柱或底柱矿量很小；(2) 采准切割工程量很小，而且切割时可用装载机装矿，不需要人工捣运矿石，工效较高；(3) 不需要装设漏斗口，坑木消耗量很小。缺点是：(1) 使用范围有限，只能用于矿脉沿走向较直，并且在采区下部或紧靠采区下部有通向下部的天井；(2) 放矿后总要残留一部分矿石在矿房底板上不能出尽。

B 装载机装矿的平底式底部结构

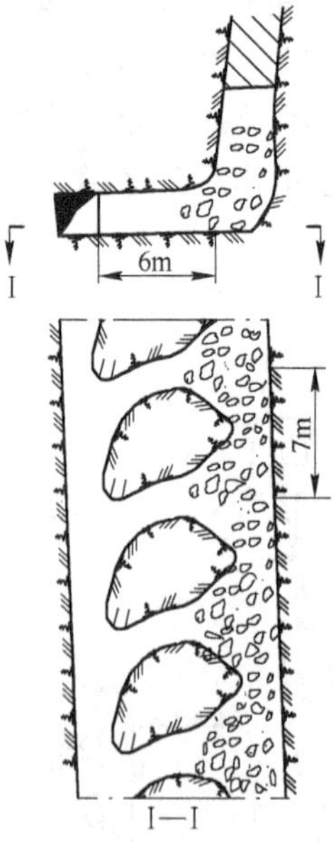

图9-12 装载机装矿的平底式底部结构

图9-12为装载机装矿的平底式底部结构。运输巷道布置在围岩中，距矿体5~6m。装载机道的间距为5~7m。

装载机道与运输巷道既可以呈直角布置，也可以呈钝角布置。使用前种布置时，用回转盘将装载机推入装载机道中，可以不用弯道和转辙器。

这种底部结构的优点是：(1) 没有底柱，矿石回采率较高；(2) 不设漏斗口，坑木消耗量比较小；(3) 放矿口断面大，没有漏斗颈，矿石不易堵塞；(4) 底部结构尤为简化；(5) 破碎大块方便；(6) 适应性强，对矿体与围岩接触线的曲直没有严格要求。缺点是：(1) 装矿不如电耙道方便，一方面装载机和矿车在短横巷内运行常受到限制，操作不太方便，另一方面装矿常受调车的影响，工时利用率不高，效率较低；(2) 破碎大块在运输水平上进行，不利于通风防尘，同时妨碍运输；(3) 当矿脉比较密集时，往往难于安排脉外运输平巷，平巷和穿脉巷道掘在岩石中，无副产矿石，因此，在脉状矿床中没有得到推广。

9.3 重力自溜运搬

9.3.1 重力自溜运搬的概述

重力自溜运搬是利用矿石势能溜放矿石，适用于急倾斜矿体和厚度大的缓倾斜与倾斜矿体，使用很广泛，它有生产效率高和成本低的优点，因此选择采矿方法及其构成要素时，只要条件适宜，应优先采用。

重力自溜运搬受矿体倾角、围岩稳固性、底板构造和矿石性质等因素的限制、矿体倾角一般要大于50°~55°才能采用，当矿石中含粉矿量多，湿度大和黏性强时，还要大于此数。近年来很多矿山推广振动出矿机取代重力放矿的各类漏口闸门，效果十分显著。

重力自溜运搬用的木漏斗，用轻型振动出矿机（重量为500kg，功率为1.5kW）取代，在节省坑木方面有很大的意义。根据各钨矿统计，一个木漏斗所用坑木，包括维修在内，约为2.0m^3，一个木漏斗放矿量为1kt，以此推算，江西钨矿系统，按目前的年产量计，若在采场运搬中全面推广振动放矿，年节约坑木约为7800m^3，而且使放矿工人摆脱了笨重危险的放矿作业，有利于安全生产。用振动出矿机取代木漏斗的缺点是：（1）初期投资较大，购买一台轻型振动出矿机为1500元，是木漏斗的3~4倍，如振动出矿机能重复使用4次以上，其成本会低于木漏斗放矿；（2）要增加电工和钳工的维修工作量和拆迁安装的工作；（3）用炸药爆破法在漏斗中炸大块和处理堵塞时，使用振动出矿机放矿的，对裸露药包的安放和用药量（不能超过0.5kg）有严格限制。

9.3.2 漏口（溜口）闸门种类和适用条件

9.3.2.1 漏口闸门的结构和要求

漏口闸门（图9-13）由闸门、底板和侧板组成。底板倾角要根据被放矿石性质而选取，一般为30°~50°。块度大、无粉矿为30°~40°，粉矿多时为40°~50°。

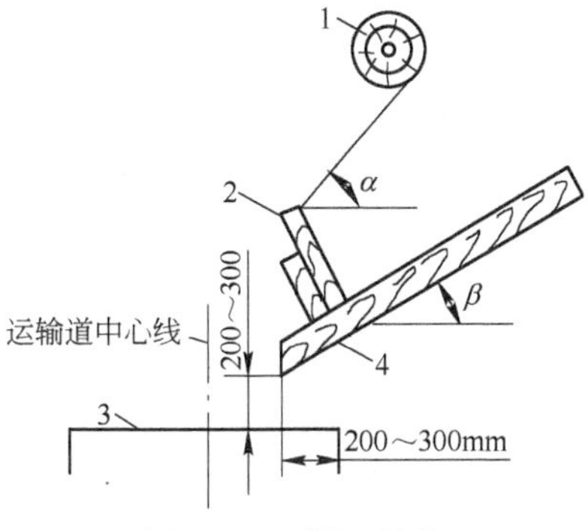

图9-13 漏口结构

1—额梁；2—挡板；3—矿车；4—底板

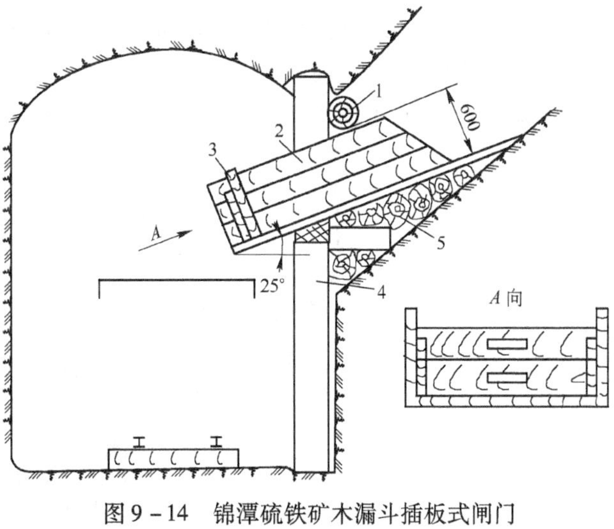

图9-14 锦潭硫铁矿木漏斗插板式闸门

1—额梁；2—侧板；3—横板；4—立柱；5—垫木

漏口闸门应满足下列要求：

（1）闸门动作可靠、关启迅速、关闸后不漏矿。

（2）闸门的主要构件简单可靠，维修方便。

（3）漏口规格与矿车相适应。

（4）工作安全，操作方便省力。

9.3.2.2 闸门的种类及其适用条件

漏口放矿在我国各矿使用很广泛，常用漏口闸门按其结构形式和所用材料可分为：

A　木漏口闸门

此类闸门结构简单，制造容易，安装方便，初期投资少。对小型矿山很适用。常用的结构形式如图9－14～图9－16所示。

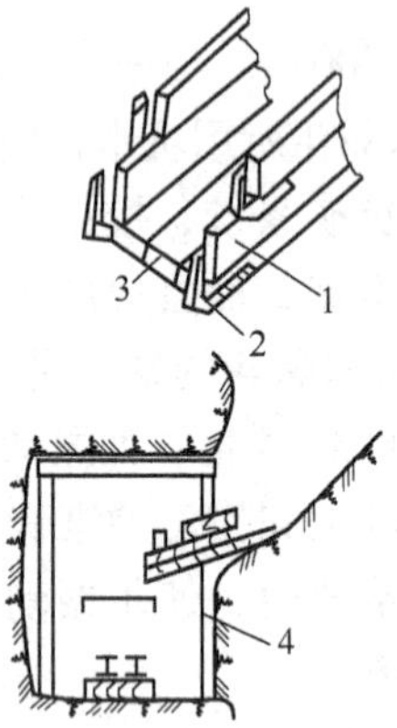

图9－15　横板式漏口闸门

1—侧板；2—挡钩；3—底板；4—立柱

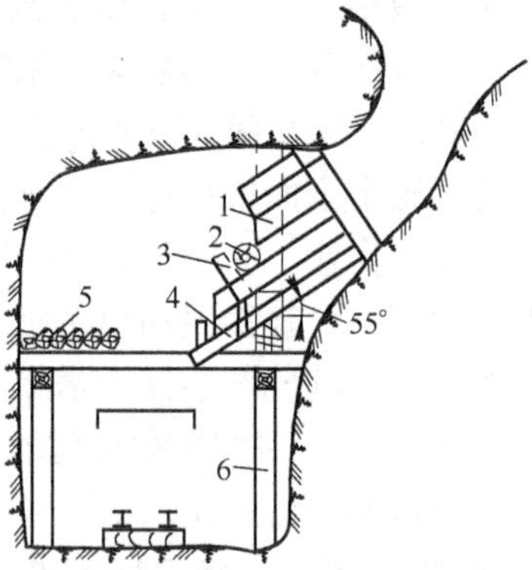

图9－16　带装车平台横板式漏口闸门

1—侧板；2—横梁；3—挡钩；4—底板；5—平台；6—立柱

B　金属漏口闸门

它与前者不同之处是用钢材取代木材。当矿石大块较多，在漏口中用炸药进行第二次破碎的工作量较大时，使用金属漏口闸门较好，它可以解决木漏斗容易损坏和维修工作量大等问题。几个矿山使用的金属漏口闸门的结构如图9－17和图9－18所示。

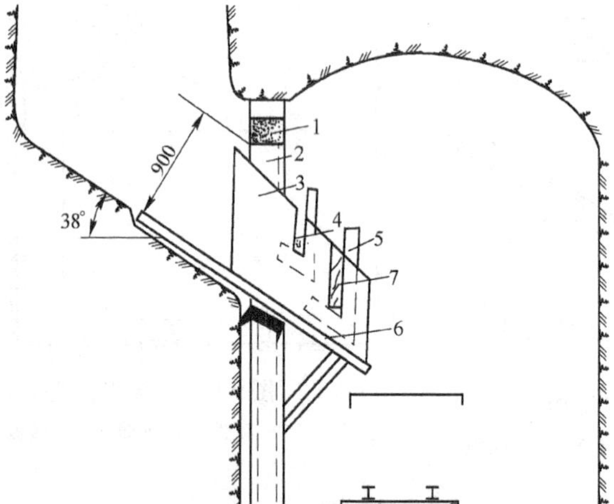

图9－17　凡口铅锌矿金属漏斗横板（或钢钎）漏口闸门

1—额梁；2—立柱；3—侧板；4—钢钎；5—挡板；6—底板；7—横板

C　链锤式漏口闸门

此种闸门分手动和气动的，一般以后者应用较多。控制矿石的链条由5～7根组成。链条上端固定在漏口的钢梁上，下端有重锤、气缸的升降控制闸门。其结构如图9－19所示。

优点是工作可靠，坚固耐用。但在泥浆和水含量大的条件下，易跑矿。

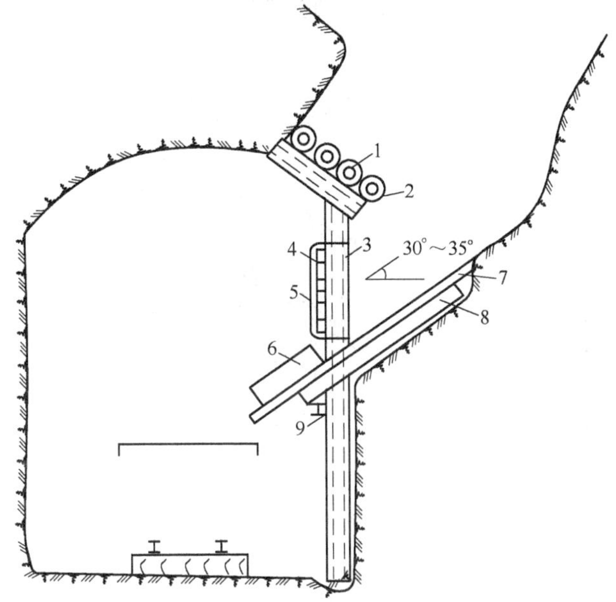

图9－18 大吉山钨矿金属漏斗插板式漏口闸门

1—横撑；2—额梁；3—立柱；4—横板；5—门圈；6—侧板；7—底板；8—底梁；9—托梁

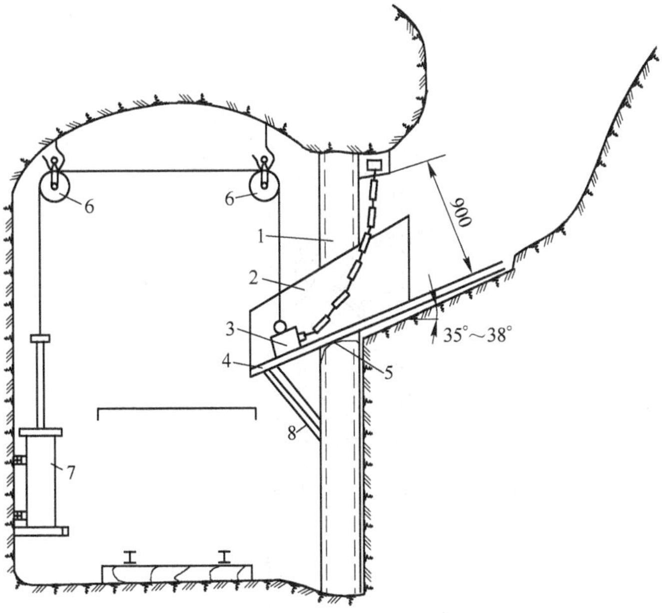

图9－19 链锤式闸门

1—立柱；2—侧板；3—重锤；4—底板；5—托梁；6—滑轮；7—气缸；8—斜撑

D　扇形漏口闸门

有正扇形的（图9－20、图9－21）和反扇形的（图9－22），关启方式有手动的（图9－20）和气动的（图9－21、图9－22）。此类闸门的构件已标准化，效率高，不易撒矿和漏

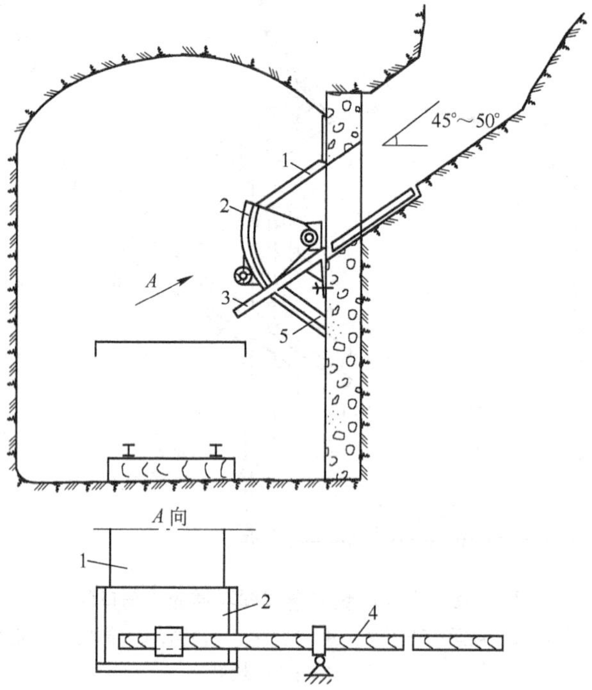

图9－20　手动扇形漏口闸门（湘潭锰矿）

1—金属漏斗槽；2—扇形闸门；3—底板；4—杠杆；5—斜撑

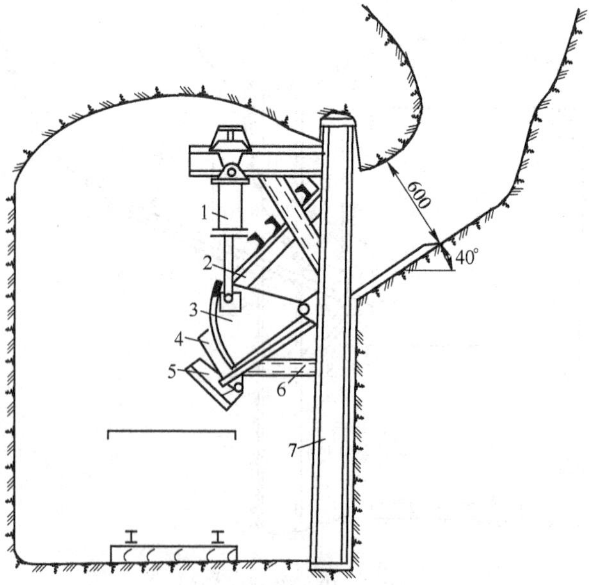

图9－21　气动正扇形闸门

1—气缸；2—上盖；3—扇形闸板；4—侧板；5—活动漏嘴；6—斜撑；7—立柱

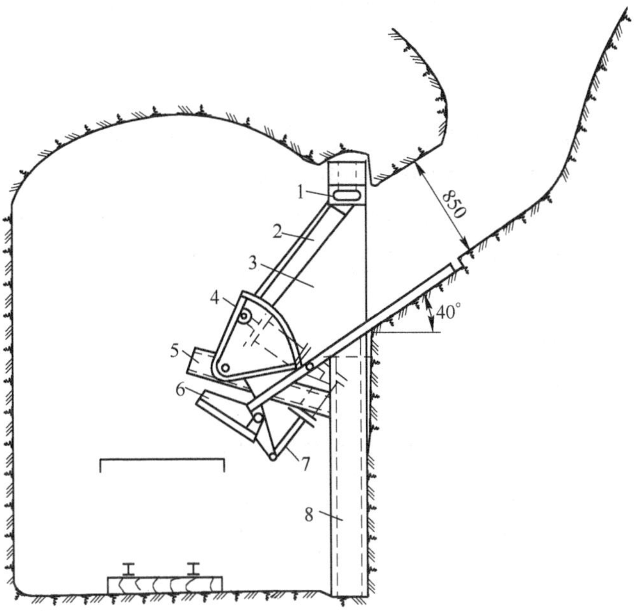

图9－22 气动反扇形闸门

1—额梁；2—上盖板；3—侧板；4—扇形闸门；5—斜撑；6—活动漏嘴；7—气缸；8—立柱

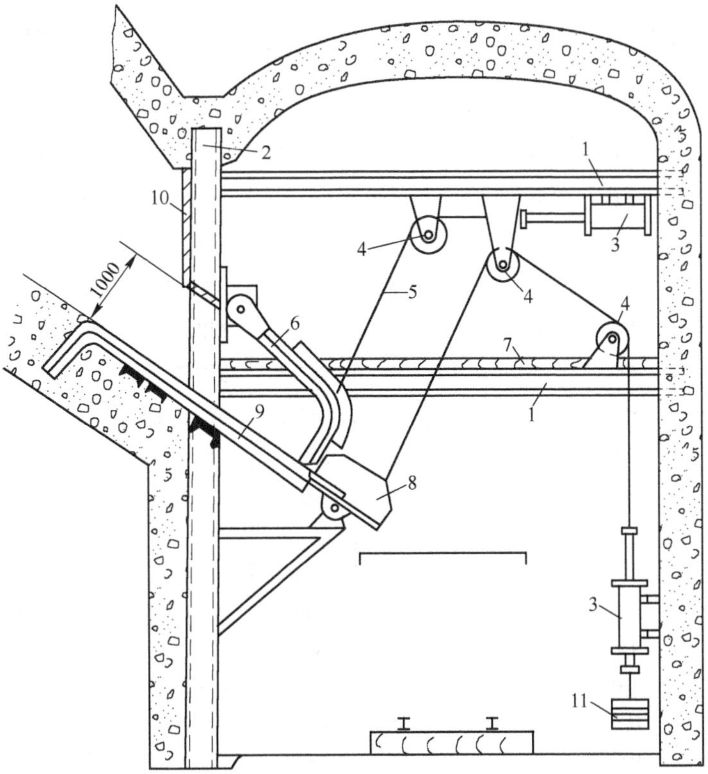

图9－23 指状漏口闸门

1—工字梁；2—立柱；3—气缸；4—滑轮；5—钢绳；6—指状闸门；7—平台；8—活动漏嘴；9—底板；10—挡板；11—重锤

矿，用压气操作时，动力消耗大，而且影响井下风压。一般用于服务年限较长，生产能力要求较大的地点。

E 指状漏斗闸门

当矿石块度大、产量大和用大型矿车时，采用指状漏口闸门（图9－23）。闸门由钢轨变成指状。开启用气缸提起，关闭时借闸门自重下落而关闭。

此种闸门放矿能力大，能放出大块矿石。它的缺点是：粉矿和碎块矿石常从指缝中漏出，特别是当溜井中有流水时，更为突出。为了防止漏矿，采用活动漏嘴（图9－23）。指状闸门的使用逐渐减少。

9.3.3 闸门型号规格

各种闸门规格列入表9－1中。

表9－1 各种闸门规格表

类别	放矿口规格（高×宽）mm	放出最大块度（mm）	溜槽倾角（°）	正反扇门	有无活动斗舌	全套闸门重量（kg）	闸门图号	资料来源
扇形闸门	600×800	250	40	正		1165	通用CJ－97	长沙有色冶金设计研究院
	600×1000	350	45	正	有	1518	OB－012478	北京有色冶金设计研究总院
	600×1000		45	正	有	989	OB－011280	北京有色冶金设计研究总院
	800×1000	300×350	45	正		2482	通用CJ－26	长沙有色冶金设计研究院
扇形闸门	700×800	350	35	反	有	992	7备224	鞍山黑色金属矿山设计研究院
	800×1200	500	35	反	有	1717	7备225	鞍山黑色金属矿山设计研究院
	900×1600	600	35	反	有	3871	7备220	鞍山黑色金属矿山设计研究院
	1100×2000	700	35	反	有	4783	7备227	鞍山黑色金属矿山设计研究院
指状闸门	500×800	300	42			735	7备66	鞍山黑色金属矿山设计研究院
	600×1000	350	35		有	1314	7备204	鞍山黑色金属矿山设计研究院
	900×1200	350	45		有	4925	通用CJ－367	长沙有色冶金设计研究院
	1000×1450	400	45		有	16765	通用CJ－428	长沙有色冶金设计研究院
	1000×1630	500	45		有	26735	OB－014321	北京有色冶金设计研究总院
	1000×1700	500	45		有	37920	通用CJ－332	长沙有色冶金设计研究院
	1600×2000	600	40			5600	131391	北京有色冶金设计研究总院
	2150×3200	1200	38		无	40236	7备233	鞍山黑色金属矿山设计研究院
链锤闸门	500×1000		40			270	121K03	昆明有色冶金设计研究院
	1000×1500	500	40			6473	13445	北京有色冶金设计研究总院
	1200×1350	500	40			6639	TK0443	昆明有色冶金设计研究院
	1300×1500	500	40			2291	通用CJ－577	长沙有色冶金设计研究院
	1300×1728	600	41		有	18485	德铜CJ－26	长沙有色冶金设计研究院
	1300×1600	650	38		有	9830	7备199	鞍山黑色金属矿山设计研究院
	1900×2000	800	38		有	12605	7备194	鞍山黑色金属矿山设计研究院

9.3.4 漏口放矿实例

部分矿山使用漏口放矿的生产能力列入表9－2中。

表 9-2 部分矿山漏口放矿实例和放矿生产能力表

矿山名称	采矿方法	放矿口规格宽×高（mm）	漏口闸门种类	放矿方式	漏口底板倾角（°）	矿石最大块度（mm）	矿车容积（m^3）	放矿生产能力（吨/（台·班））
大吉山钨矿	浅孔留矿法	900×800	木质漏口横板式	手动	30~35	400	1.0	36~51
大吉山钨矿	阶段矿房法	900×800	金属漏口横板式	手动	30~35	400	2.0	71~88
银山铅锌矿	浅孔留矿法	1000×800	木质漏口横板式	手动	45	500	0.75	50~65
铁山垄钨矿	浅孔留矿法	1000×900	木质漏口横板式	手动	45	400	0.75	70
东风萤石矿	浅孔留矿法	800×800	木质漏口横板式	手动	25	350	0.55	80~100
瑶岭钨矿	浅孔留矿法	800×800	木质漏口插板式	手动	30	600	0.70	28~50
凤凰山铜矿	水平分层尾砂充填采矿法	2000×1200	反扇形闸门	气动	33	700	7.00	140~180
七七一矿	干式水平分层充填法	900×700	链式闸门	气动	40~45	500	0.7	60~80
湘潭锰矿	水砂分层充填法	800×800	正扇形闸门	气动	45~50	300	1.7	30~60
七四一矿	干式水平分层充填法	900×800	链式闸门	气动	45	300	0.55	100
梅山铁矿	无底柱分段崩落法	2200×1100	反扇形闸门	气动	35~38	700	6	400
梅山铁矿	无底柱分段崩落法	2200×1100	链式闸门	气动	35~38	700	6	400
莲花山钨矿①	垂直扇形深孔阶段崩落法	1000×700	木质漏口插板式	手动	39	600	1.6	100
锦潭硫铁矿②	分段采矿法	900×500	木质漏口插板式	手动	25	300	0.75	50~150
凡口铅锌矿③	水平分层充填法	1000×900	金属漏口横板式	手动	36	500	1.6	60~100
狮子山铜矿	有底柱阶段崩落法	2000×1000	扇形闸门	气动	33	500	1.7	100

①莲花山钨矿现改为振动出矿；②锦潭硫铁矿采矿水多；③凡口铅锌矿现改为振动出矿。

9.4 振 动 放 矿

9.4.1 振动放矿的概述

在重力自溜运搬中，用振动出矿机取代闸门的试验研究工作，在苏联始于20世纪50年代，我国始于70年代。

振动放矿时，被放矿石在重力场和振动场的共同作用下，成平稳的连续的矿流放出。振动波可以改善矿石的流动性，矿石的黏结力变小，放矿静止角比重力放矿的小5°~10°，一条出矿巷道的有效作用范围扩大60%左右，相同规格的出矿巷道的通过矿石的有效工作高度扩大1~2倍，保证顺畅放矿的通过系数，由重力放矿的3~5，变为2以下。因此，由于大块矿石卡堵、块矿组拱和粉矿黏结、堆积而结拱等中断矿石放出的现象减少，放矿纯作业时间增加，放矿效率高。

在崩落法中使用振动放矿，可使矿岩接触面保持近似水平状态下降，废石灌入漏斗出现较晚，纯矿石的放出量所占比重增加，因而可以降低矿石损失和贫化。

振动出矿机的制造加工容易，造价低；操作和维修简便，易为工人掌握，正常放矿时，放矿作业只是按电钮，减轻了工人的劳动强度，劳动条件改善，提高了放矿作业的安全性。根据武汉钢铁公司金山店铁矿和程潮铁矿的资料，振动放矿与气动闸门放矿相比，可以节约设备投资、硐室开挖工程量和能源，使用一台振动出矿机节约的投资为2.28万元和6.88万元，每吨矿石节省经营费0.83元[1,31]。

振动放矿可以调节各项振动出矿机的动力参数，以合理的工况工作，适应被放矿岩的物理力学性质和采矿方法的特点，获得最优的工作效果，矿流的放出平稳，可按性好，计量准确，不撒矿，清理工作量少，出现跑矿的可能性小。

振动放矿的缺点是：振动出矿机是固定设备，灵活机动性差；输送距离很小，与木漏斗相比，投资较大；振动出矿机在无底柱分段崩落法中应用，回收较困难；用爆破法处理堵塞时，振动出矿机可能被炸坏。

由于振动放矿比重力放矿优越，不但广泛应用于溜井和矿仓，而且在各类采矿方法中，只要有重力势能可利用者，都可以使用。

9.4.2　振动放矿的采场底部结构

在设计用振动出矿机放矿的采场底部结构时应重视以下问题：

（1）充分利用振动出矿机产生的振动波改善矿石的流动性。

为此必须做到：

1）必须取消振动台板之上，妨碍振动波传播的断面小的出矿巷道（如漏斗颈等）；

2）受矿巷道和出矿巷道的边坡角要小于45°。

（2）合理确定振动出矿机的间距 D。从相邻振动出矿机所影响的流动带在振动波的有效作用范围内相交出发，振动出矿机的间距 D 按（9－1）式计算

$$D = B + \frac{2H}{\text{tg}\varphi} \qquad (9-1)$$

式中 D——振动出矿机的间距，m；

B——振动出矿机台板宽度，m；

φ——振动放矿的放矿静止角，其值与采矿方法和矿岩的物理力学性质有关，空场法：45°～50°，留矿法：50°～55°，崩落法：65°～75°，个别黏结力强的粉矿达到80°～85°；

H——振动波的有效作用高度，m。用（9－2）式计算：

$$H = \frac{1}{\varepsilon}\ln\frac{a_o}{a_m} \qquad (9-2)$$

式中 ε——振动波在矿岩中的衰减系数，$\varepsilon = 0.82 \sim 1.23$，放出坚硬的块状矿岩时取下限，软弱粉状细粒的矿岩取上限；

a_m——对被放矿岩发生作用的振动加速度，对被放矿岩能降低内摩擦系数的振动加速度，a_m =（0.04～0.3）g，g 为重力加速度；

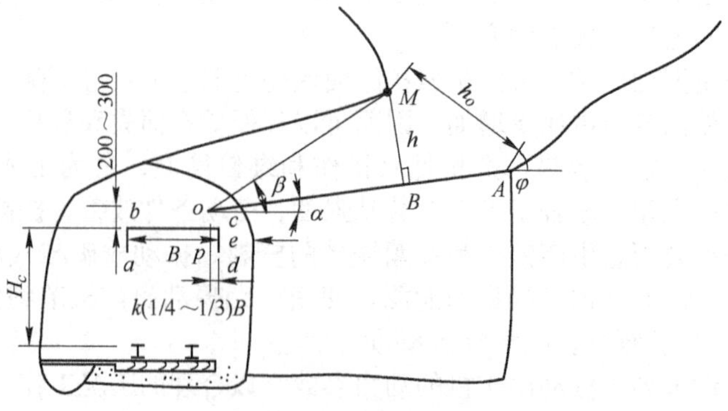

图9－24　振动出矿机的硐室

a_o——振动出矿机产生的振动加速度，由振动出矿机的参数求得。

a_m 的具体数值，主要取决于被放矿岩的块度组成、粉矿含量、湿度和黏结性，变化范围很大，一般常用值为（0.05～0.3）g，最好通过试验测定。

（3）振动出矿机的硐室。设计振动出矿机的硐室，首先必须知道与振动出矿机配套的运矿设备的外形尺寸和安全间隙。现以向矿车装载为例，说明安装振动出矿机的硐室的设计步骤和方法（图9－24）。

在运输巷道的断面图上，掘进硐室的一侧，按安全间隙 e 定出矿车车厢外形边线，按车厢上缘高度 H_c 和车厢宽度绘出 $abcd$ 的图形，表示车厢在巷道中的位置。自 cd 线起，以（1/4～1/3）B 的长度（B 为车厢宽度）在 bc 上截取线段 cp，通过 p 点绘出一垂线 opk，在该垂线上自 p 点起按0.2～0.3m 长度截取一点 o，o 点为振动出矿机的卸载端的端点。自 o 点起按振动出矿机的安装角 α 绘一斜线 oA，以眉线角 β 绘一斜线 oM，β 比矿石自然安息角小2°～5°。令眉线高度 $h=2D_k$（D_k 为合格矿石块度），按 $h\mathrm{tg}(\beta-\alpha)$ 在 oA 斜线上截取一点 B，过 B 点作 oA 的垂线，该垂线与 oM 相交于 M，M 为眉线所在位置。取 $BA=h$，BA 为振动出矿机的埋设深度，oA 为振动出矿机的台板长度。这样就决定了振动出矿机台板在硐室中的位置。然后，根据振动出矿机的宽度和机架的外形尺寸，就可以确定硐室的长宽高了。

（4）二次破碎地点的选择。关于进行二次破碎的地点和方法，可以根据具体情况，选取下列几种之一：

1）在振动出矿机台板之上用裸露药包进行破碎。其优点是简便易行。缺点是，用药过量或裸露药包掉落到台板上，可能会炸坏振动出矿机；放矿为二次破碎所中断，爆破产生炮烟污染环境，放矿的纯作业时间低。此法适用于不合格大块产出率低的场合。

2）在溜井格筛上用机械破碎。此法没有前者的缺点，但是采用的振动出矿机和运输设备的规格要大一些，才能保证矿石的顺利放出。破碎效率高，工作条件好，是此法的优点，但是在溜井的卸矿处要有较大的硐室和专用的破大块的设备。

3）在二次破碎水平上破碎。采用此法，底部结构较复杂，采准工作量也较大，振动波难于传递到采场，振动放矿的优越性难以充分发挥。因此，只有在崩矿难于保证矿石质量，不合格大块产出率高时，采用才较合适。

9.4.3 振动出矿机[1,34,35,36]

在设计和选用振动出矿机时，首先考虑的是振动出矿机所需的激振力、通过块矿的能力，其次是振动出矿机的安装、拆迁和回收方便。

振动出矿机所需的激振力 p 与振动台面上受到的负荷有关，用（9－3）式计算：

$$p = K_o G \tag{9-3}$$

式中 p——振动出矿机所需激振力，N；

K_o——机械指数，一般以采用 $K_o=2\sim3.5$ 为宜；

G——振动出矿机的参振重量，它由参加振动的振动出矿机的台板和激振器重量 M，以及台板上的负荷 M_k 两部分组成，由下式计算：

$$G = 9.8M_j + \lambda M_k;$$

M_j——台板和激振器的重量，kg，其值根据所用振动出矿机计算；

λ——结合系数，可用 $\lambda=0.2\sim0.3$，或用下式计算：

$$\lambda = \frac{0.46}{K_o} + 0.05$$

M_k——台板上的负荷，它由振动出矿机台板输送段 L_O 上的矿岩重量和埋设段 L_D 上受到的压力 q 组成，用（9－4）式计算

$$M_k = 4.9\gamma BhL_O + qBL_D \tag{9-4}$$

式中 M_k——台板上的负荷，N；

γ——被放矿岩容重，kg/m³，根据矿山实际情况测定；

B——振动出矿机台板宽度，m；

h——眉线高度，m，可按 $h=2D_k$ 计算；

D_k——合格矿石块度尺寸，m；

L_O、L_D——台板输送段和埋设段的长度，m；

q——作用于台板埋设段上的单位负荷，N/m²，用（9－5）式计算

$$q = \frac{9.8\gamma F - cs}{K_c s \mathrm{tg}\varphi} \tag{9-5}$$

式中 F、s——出矿巷道的断面和周长，单位为 m² 和 m，如振动出矿机系用于平底（或堑沟）式采场，则 F、s 的取值应按振动波有效作用高度处（一般为 5～10m）的流动带的断面和周长取值；

φ——被放矿岩的内摩擦角，(°)，其值见表 6－11；

c——被放矿石的黏结力，N/m²，见表 6－11，一般说，坚硬块状矿石，不含粉矿和泥土时，$c=0$；

K_c——侧压系数，用（9－6）式计算

$$K_c = \frac{1 - \sin\varphi}{1 + \sin\varphi} \tag{9-6}$$

按上述方法计算出激振力后，可以从表 9－3 中查找所需的振动出矿机。

我国广泛使用的振动出矿机为湖北横店冶金机修厂生产的 FZC 系列（表 9－3）。该系列的振动出矿机用振动电机为振源，橡胶条为弹性元件兼密封件，具有结构简单紧凑，重量轻和功耗小等优点。

振动出矿机的动力参数中，振幅常用 1～5mm，振频在 13.3～25Hz 的范围内选用。

振动出矿机通过块矿的能力与眉线高度 h 和台板宽度 B 有关，台板宽度 B 按 $2D_k$ 选取，D_k 为合格块度尺寸，当 B 超过 1.2～1.5m 时，为了解决制造、安装、运输和回收的困难，以采用双机并列振动出矿机（图 9－25）为宜，此种振动出矿机即使有一台出现故障，单台也可以使用，而且生产能力只降低 20%～30%。

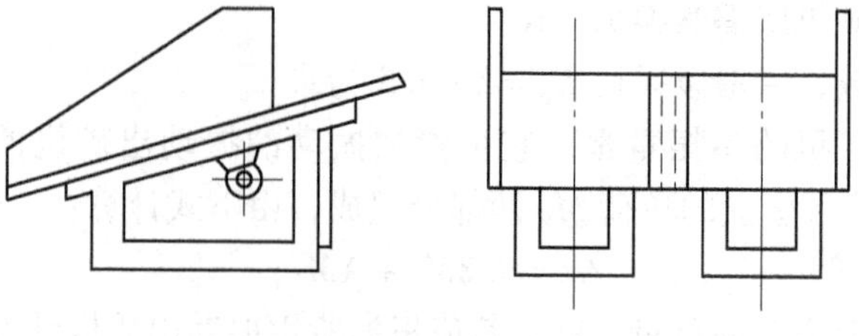

图 9－25 双机并列振动出矿机[41]

表 9-3 FZC 型振动出矿机特性

振动出矿机型号	台板长度 (m)	台板宽度 (m)	振频 (Hz)	额定功率 (kW)	振幅 (mm)	最大激振力 (kN)	技术生产能力 (t/h)	机重 (kg)
FZC-1.8/0.9-1.5	1.8	0.9	23.33	1.5	0.9	9.8	350~400	430
FZC-2/1-3	2.0	1.0	15.33	3.0	3.0	19.6	850~1000	690
FZC-2.3/1.2-3	2.3	1.2	15.33	3.0	1.8	19.6	630~760	660
FZC-2.5/1.2-4	2.5	1.2	23.33	4.0	0.9	29.4	660~770	1030
FZC-2.5/1.4-5.5	2.5	1.4	16	5.5	2.0	39.2	990~1180	1360
FZC-3.1/1.2-5.5	3.1	1.2	16	5.5	1.8	39.2	910~1090	1515
FZC-3.1/1.4-5.5	3.1	1.4	16	5.5	1.7	39.2	920~1120	1600
FZC-3.5/1.4-7.5	3.5	1.4	16	7.5	1.8	49.0	1160~1380	2000
FZC-5/1.4-10	5	1.4	16	10	1.7	73.5	1330~1550	2800
FZC-3.5/1×2-5.5×2	3.5	1×2	16	5.5×2	2.0	39.2×2	1960~2300	3050
FZC-4/1.2×2-7.5×2	4.0	1.2×2	16	7.5×2	1.6	49.0×2	1740~2080	3870

表 9-4 苏联振动出矿机技术特征

使用地点	振动出矿机型号	技术生产能力 (t/h)	振动台板 (m)		振幅 (mm)	振频 (Hz)	激振器类型	激振力 (N)	机重 (kg)
			长	宽					
自块矿中直接放矿	КВГС-1	600	1.2	1.2	0.8~2.5	16.1	惯性自动平衡	53900~107600	9750
	ПВС-1.4/7.0	600~1000	7.3	1.4	1.5~3.5	16.2	惯性自动平衡	93100~107600	4750
	ВПР-3М	900~1500	6.9	1.2	1.7~2.5	16.1	惯性自动平衡	127400~176400	7100
	ПВГ-1.2/5.7	600	5.7	1.2	1.5~2.0	18.33	惯性自动平衡	102900~142100	4950
经中间水平从矿块中或主溜井放矿	ПВГ-1.4/4.0	1500~2000	4.0	1.4	2.5~4.0	16.2	惯性自动平衡	93100~107600	5610
	ПВГ-1.4/3.4	900~1500	3.4	1.4	1.5~3.5	16.2	惯性自动平衡	8820~107600	2540
	ПВГ-1.2/3.1	900	3.1	1.2	1.8~2.5	16.1	惯性自动平衡	53900~135240	2120
溜井中放矿	ПВГ-1.0/2.2	600	2.24	1.0	1.7~2.5	16.1	惯性自动平衡	27440~81340	1000
	ПВМ-1.0/2.3	250~300	2.4	1.0	0.7~1.5	46.66	ЙВ-24 型气动	15680~78400	425
	ПВМ-1.0/1.5	150~250	1.5	1.0	0.7~1.5	44.66	ЙВ-24 型气动	15680~78400	320

振动出矿机台板长度 L 由埋设在矿石中的埋设深度 L_D 和输送长度 L_O 两段组成。L_D 可按 $2D_k$ 取值。L_O 的设计既要考虑底柱（或巷道）稳固性的要求，又要满足运输上的要求。如与矿车运输相配合时，L_O 按（9-7）式计算（图 9-24）：

$$L_O = \frac{h}{\mathrm{tg}(\beta - \alpha)} \tag{9-7}$$

式中 L_O——运送长度，m；

h——眉线高度，m；

β——眉线角，(°)；

α——台板倾斜角，(°)。

振动出矿机的长度愈大，其功率消耗也大。当振动出矿机过长时，应采用双机串联（图 9-26）。此时，受矿部分的振动台板可以采用较大的安装角（例如 40°~45°），充分利用重力势能。而以输送为主的振动出矿机，则应采用较小的安装角（α=0°~5°），以便缩短振动出矿机的长度和不撒矿。

苏联是研究振动出矿机比较多和比较早的国家，其比较有特色的振动出矿机列入表9－4中。

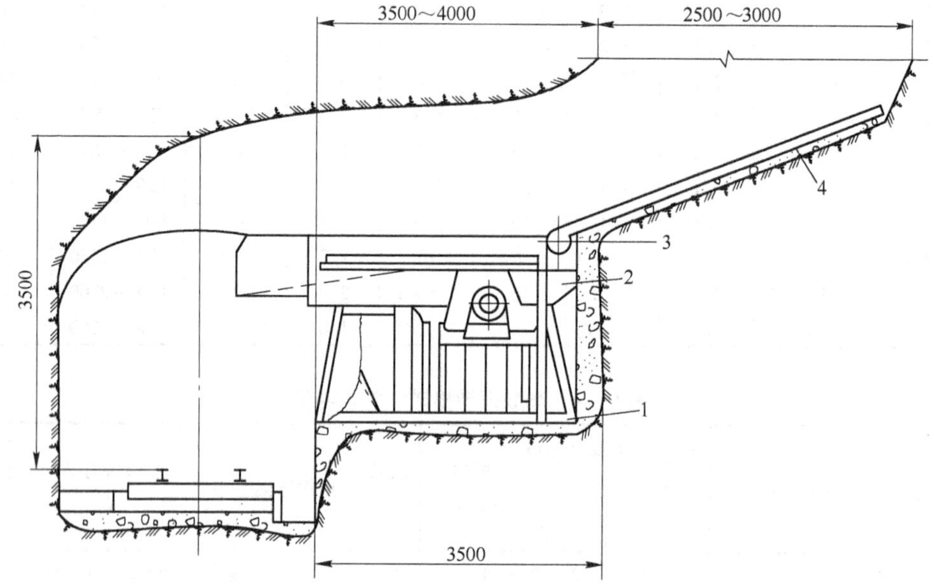

图9－26 串联的振动机组

1—机架；2—振动出矿机；3—过渡件；4—振动板

9.4.4 振动放矿实例

实例1 凡口铅锌矿

凡口铅锌矿在试验成功了VCR法之后，又试验了“双阶段振动出矿VCR法”（图9－27）和YQ－100型钻孔凿岩（孔径110mm）振动出矿VCR法。前者的特点是有两个凿岩水平，阶段高度由40m增加到80m，用振动放矿取代铲运机出矿。试验矿块为狮岭－200m阶段15号采场，矿体倾角为70°～85°，矿石为高品位致密块状黄铁铅锌矿，上盘为花斑状灰岩，下盘为条带瘤状灰岩；矿岩均较稳固，矿石与围岩界线清晰。15号采场原设计为重力放矿的留矿法，由于该矿试用振动出矿机出矿，获得了令人满意的效果后[30]，改为双阶段振动出矿的VCR法，由于当时大部分采切工程已完成，因此底部结构不能完全满足振动出矿要求，并且其中的4号，7号和8号为金属漏斗，即使在此种不够理想的条件下，每吨矿石的出矿成本较柴油铲运机出矿低2.93元，如果考虑采切工程量的节省，采场生产能力的提高和通风条件的改善，其经济效果更大[30,31]。

实例2 广东石人嶂钨矿

石人嶂钨矿留矿法使用振动放矿（图9－28）的矿块构成要素为阶段高度40m，矿块长度66m，矿脉平均厚度为0.77m，倾角75°～85°，振动出矿机间距为6～6.75m，顶底柱高度为3m。获得的指标列入表9－5中。

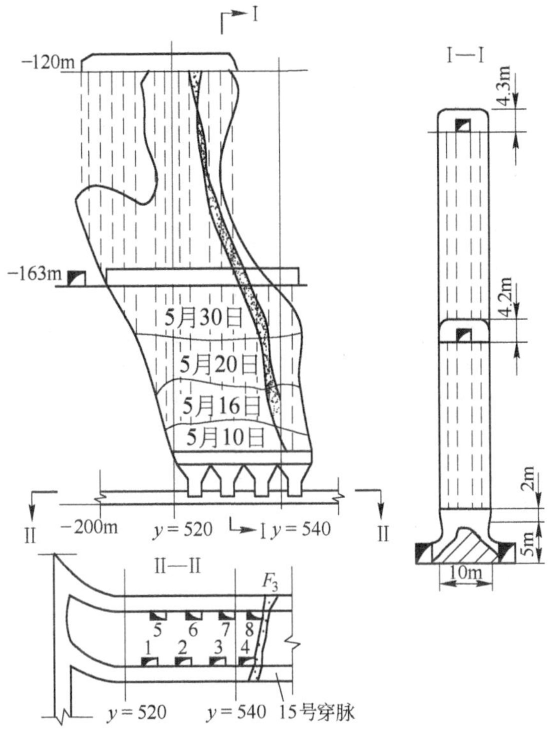

图9-27 双阶段振动出矿VCR法

1、2、3、4、5、6、7、8—漏斗编号

表9-5 留矿法中振动放矿与重力放矿的比较

比较项目	计量单位	振动放矿	重力放矿
按矿块计的放矿的工伤事故	次	0	2
井下空气含尘量	mg/m^3	1.33	1.53
切割硐室	个	9	13
构筑和修理漏斗的坑木消耗	m^3	0	11.2~11.8
按矿块计的二次破碎炸药消耗	kg	26.1	65
矿车装满系数		0.95~1.0	0.7~0.8
放矿效率：最高	车/人班	178	38
平均	车/人班	93	23
最终放矿时间	d	54	89
大块卡斗次数	次	85	351
放矿所需工人数	人	2	3
放矿成本的节省	元/吨	0.53	0.53

实例3 大冶铜录山铜矿

大冶铜录山铜矿用上向水平分层水砂充填法开采Ⅲ、Ⅳ号矿体，为了解决用气动闸门放矿存在问题，采用了图9-29所示的振动放矿。在设计时考虑了水力充填法采场溜井的特点：

（1）充填时溜井内水大，要防止跑矿；

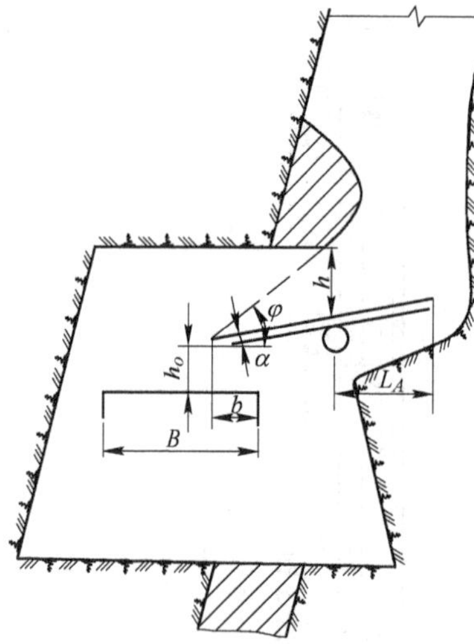

图9-28　留矿法中振动放矿底部结构
L_A—埋设深度；h—眉线高度；α—台板倾斜角；B—矿车宽度；b—台板末端伸入矿车的长度；h_o—台板末端高出矿车上缘值；φ—眉线角

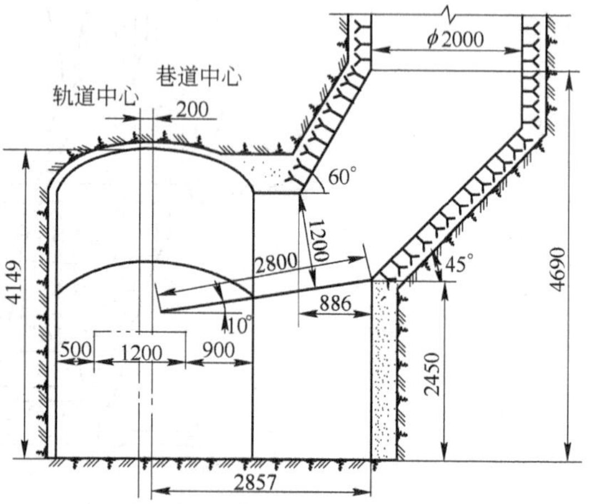

图9-29　充填法中溜井振动放矿

（2）胶结时溜井内矿石必须放空；

（3）溜井底部必须具有足够的耐冲击的能力。

铜录山铜矿的实践表明，充填法中的溜井，由气动闸门放矿改为振动放矿，具有下列优点：

（1）放矿可靠，减少了卡斗及结拱现象，增加了纯放矿时间，提高工效1.5~2倍。

（2）操作安全，避免了工伤事故，1982年3月至8月使用气动闸门放矿时，发生放矿工伤事故12人次，而使用振动放矿三年没有发生任何大小的工伤事故。放矿地点的空气含尘量由气动闸门的1.31mg/m^3，降低到0.75mg/m^3，放矿作业条件大大地改善，劳动强度显著降低；

（3）矿车装满系数由80%左右，提高到95%~100%；

（4）振动放矿硐室掘砌量和设备费都比气动闸门的少；

（5）放矿作业成本降低，节省电力消耗。

实例4　云南易门铜矿凤山分矿[31]

云南易门铜矿自1960年投产以来，一直使用电耙出矿的有底柱分段崩落法，强掘、强采和强出的“三强”作业也很有经验。经长期的生产实践证明，深感原用采矿法的采切比高，生产周期长，贫化率大，劳动生产率低，原矿成本难以进一步降低，特别是要控制空区的垫层厚度，保证生产安全，难于实现。为了解决这些困难，试验了图9-30所示的振动放矿的底部结构。

试验矿块位于凤山分矿21号矿体八阶段东端盲矿段部分。矿体水平厚度最大为35m，最小20m，一般为23m，倾角为52°~80°。顶板较稳固，底板不稳固，矿体中有废石夹层。阶段高度为50m，底柱高8m，矿块长30m，宽23m，振动出矿机间距为10m。

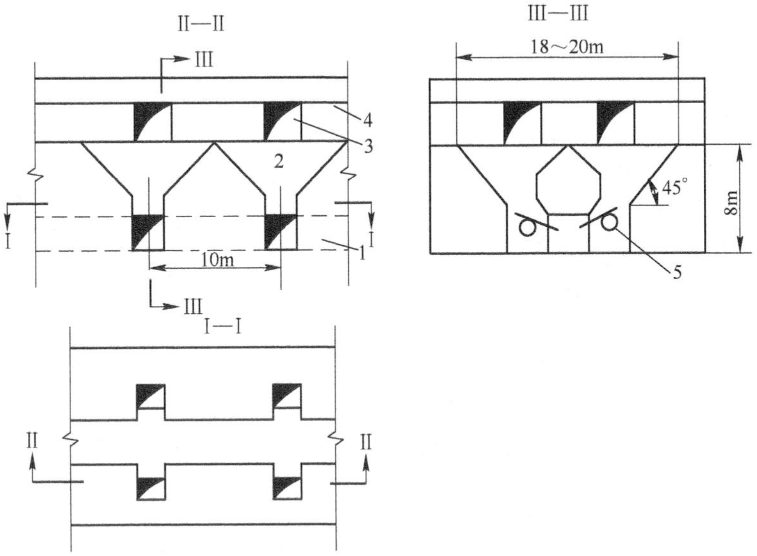

图 9-30 阶段强制崩落法振动放矿的底部结构

1—运输巷道；2—漏斗；3—切割平巷；4—切割横巷；5—振动出矿机

试验振动放矿的采场已按该矿传统的电耙出矿有底柱分段崩落法进行了大部分的采准切割工作，因此崩矿高度只有40m，振动出矿机间距为10m，不是合理的，即使试验条件不够理想，与原用的电耙出矿的有底柱分段崩落法相比，振动放矿也有下列优点：

（1）采场纯出矿的能力提高，平均达到322.2t/d，万吨纯采矿量的生产周期减少了3.28个月。采掘工人的工班劳动生产率由9.25t提高到15.6t。二次破碎炸药消耗由0.6kg/t降到0.22kg/t。千吨采切比减少了11.99m，电力节省98.34%，坑木节省73.82%，原矿成本由15.35元降到13.356元；

（2）可以准确控制垫层厚度；

（3）放矿作业劳动条件有很大改善。

实例5 苏联萨拉依尔铅锌矿[6]

该矿原用重力放矿的阶段强制崩落法，为了提高采矿强度，降低矿石损失和贫化，在无底柱分段崩落法采场中试验了振动机组出矿（图9-31）。

振动出矿机组由BΓ-2型振动出矿机，BP-80型振动运输机和BΓ-400型振动筛组成（图9-31中4、5、6）。

在运输横巷上留6~7m高的临时护顶柱，护顶柱用60mm扇形中深孔崩落，落后于崩矿工作面的距离不超过6m。崩矿用100mm扇形深孔，用压气装药，提高装药密度。

振动出矿机的埋设深度为1.3~1.8m。振动放矿时，不合格大块超过1.2m时，在振动出矿机上进行破碎；小于1.2m的运到振动格筛旁的空间进行破碎。

由于设有联络道2，通风横巷3，回风巷道8，可以利用全矿总负压进行通风，因此图9-31的方案没有一般无底柱分段崩落法中通风困难的缺点。

振动出矿机组出矿方案（图9-31）的指标较重力放矿阶段强制崩落法的要优越（表9-6）。

值得指出的是，振动出矿机的埋设深度达到1.3~1.8m，比铲运机出矿的铲取深度要

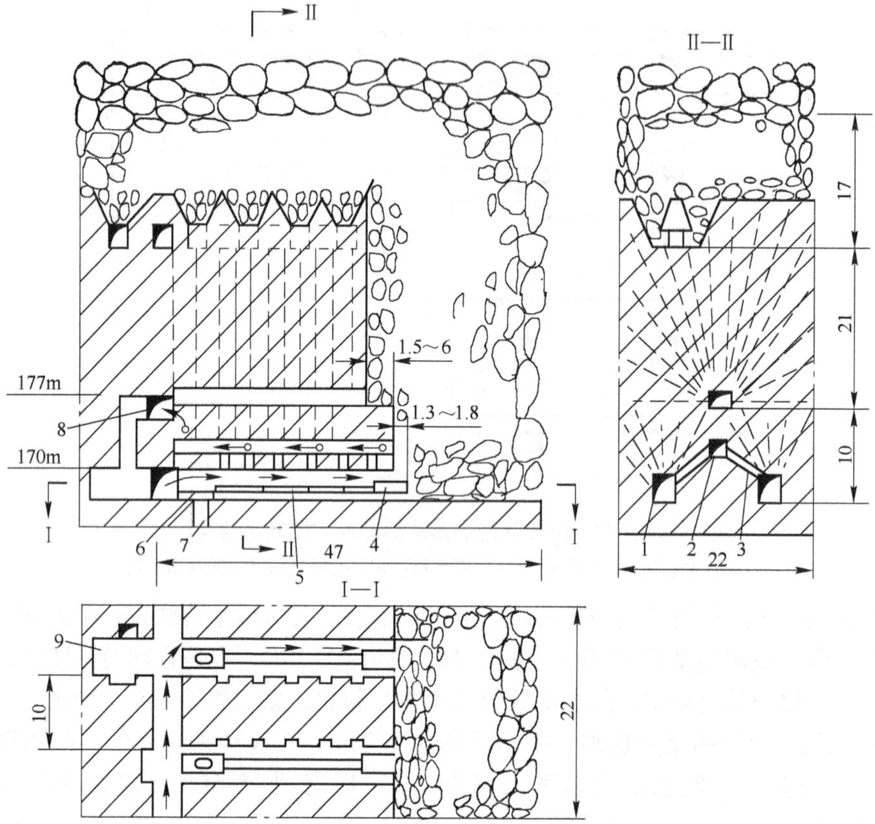

图9－31 振动机组出矿的无底柱分段崩落法采场

1—运输横巷；2—联络道；3—通风横巷；4—振动出矿机；5—振动输送机；6—振动格筛；7—溜矿井；8—回风巷道；9—设备硐室

大得多，因而无底柱分段崩落法中，放出体的形状有可能与崩矿体的形状相接近，为降低无底柱分段崩落法的损失、贫化提供了可能性。但是表9－6中的损失和贫化两项指标相差不大，表明采矿法的参数或崩落矿石的块度与振动放矿不相适应。应通过室内模拟试验加以解决。

实例6 苏联斯捷布柯夫斯基矿

斯捷布柯夫斯基钾矿，原采用垂直扇形深孔崩矿，堑沟底部结构，电耙出矿的阶段矿房法。由于不合格大块多，使单位炸药消耗量增加，出矿效率降低。为了改善回采工艺，采用了图9－32的采矿方法。该法的特点是：在14°倾斜硐室中安设ПВС－300型振动输送机；用上向和下向扇形深孔分段崩矿；15°的倾斜巷道4既是切割巷道，又是钻凿上向深孔的凿岩巷道，底部结构不但简化，而且用深孔形成，效率高。

ПВС－300型振动输送机由3～5节组成，每节长度为1660mm，重1710kg，驱动功率为5.5kW。最末一节位于出矿口下方，埋设深度为1.5m。

为了提高矿石的破碎质量，用装药器装填粒状炸药，装药密度达到1～1.1g/cm³，不合格大块产出率由15%～25%，降到10%～12%。

表 9-6 苏联萨拉依尔铅锌矿两种采矿方法的指标[6]

指 标 名 称	计量单位	振动机组出矿的无底柱分段崩落法	重力放矿阶段崩落法
采切比	m^3/kt	36.0	62.0
崩矿的炸药消耗量	kg/t	0.565	0.509
二次破碎的炸药消耗量	kg/t	0.185	0.270
出矿工人劳动生产率	米^3/（工·班）	70.0	24.0
采区工人的劳动生产率	米^3/（工·班）	12.0	5.5
每吨矿石成本	卢布	1.3	2.0
矿石损失率	%	12.1	15.4
矿石贫化率	%	11.1	11.8

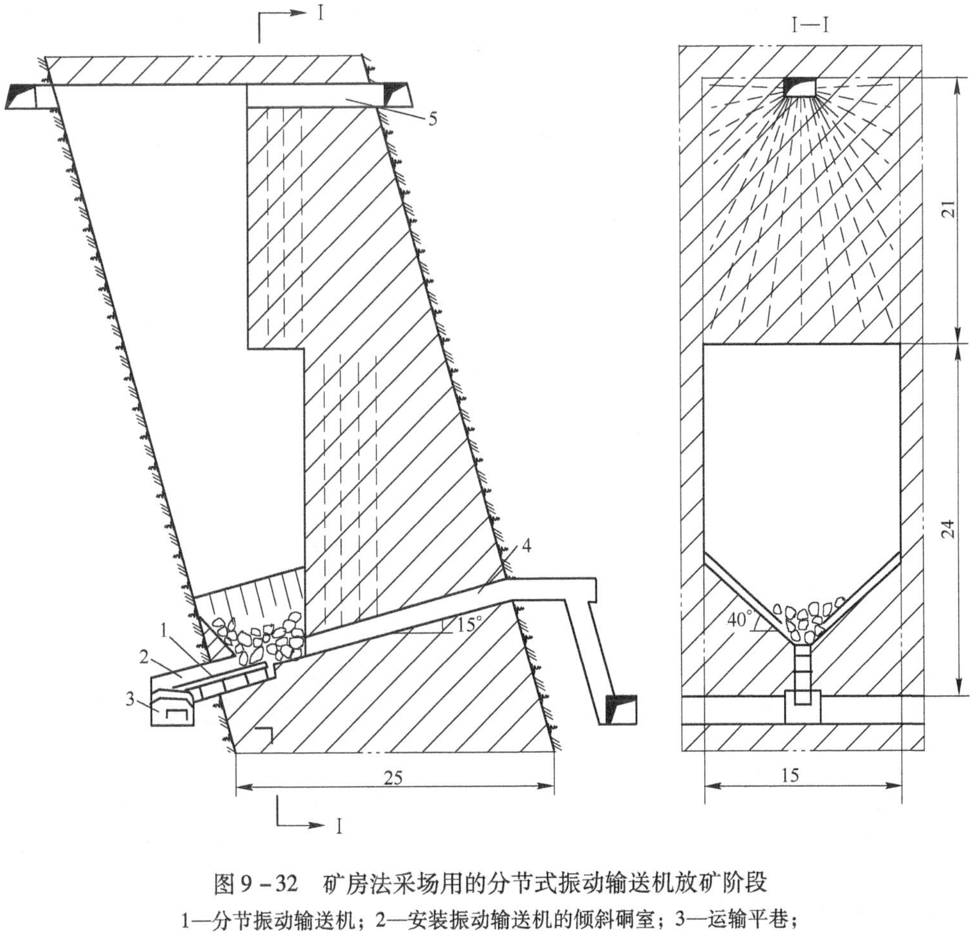

图 9-32 矿房法采场用的分节式振动输送机放矿阶段

1—分节振动输送机；2—安装振动输送机的倾斜硐室；3—运输平巷；
4—切割与凿岩用斜巷；5—凿岩横巷

振动输送机可以运送放出的各种块度组成的矿石。不合格大块直接在运输槽上进行破碎，每次二次破碎用药量在 2kg 以下。当运输工作不协调时，放矿和运矿的生产能力为 310 吨/班，容积为 $3.4m^3$ 的矿车供应正常时，生产能力增加到 820 吨/班。该采矿法的效果较好，回采工作比较集中，因此被推广。

9.5 电 耙 运 搬[24]

9.5.1 电耙运搬的应用条件和应用方式

电耙运搬是采场机械出矿的一种重要方式。1982年统计，我国有色金属地下矿山48.8%的矿石是用电耙运出的。

适用条件：

（1）运搬距离，水平运搬以30m以下为宜，最大不超过50m，下坡运搬不大于60m；

（2）运搬坡度一般不大于25°~30°；

（3）矿石块度一般不大于400~600mm。

电耙运搬在采场的应用方式一般分宽工作面耙矿和窄工作面耙矿两种。前者常常是直接在回采工作面耙矿，后者是矿石借自重经受矿巷道流到电耙巷道，然后用电耙耙矿。窄工作面耙矿的耙运路线是固定的（沿电耙巷道），使用双卷筒绞车即可，见图9-33。宽工作面的耙运路线不固定，使用双卷筒绞车时要经常移运滑轮，以改变耙运路线，或者使用三卷筒绞车，通过调整尾绳（或首绳）的速度来改变耙斗的运行方向。由于操作比较复杂，三卷筒绞车很少使用，使用三卷筒绞车的宽工作面耙矿见图9-34。

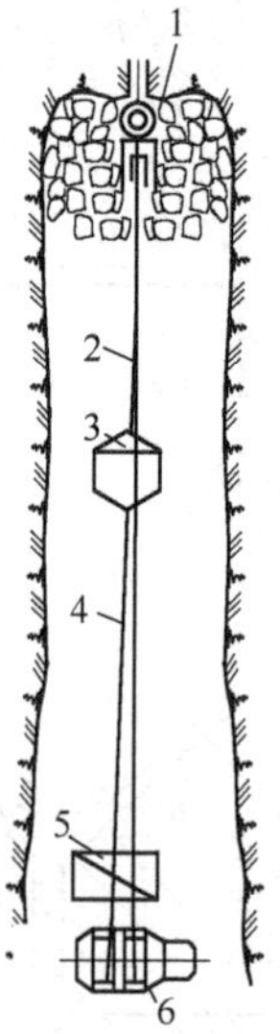

图9-33 窄工作面耙矿
1—滑轮；2—尾绳；3—耙斗；4—首绳；5—溜井；6—双卷筒绞车

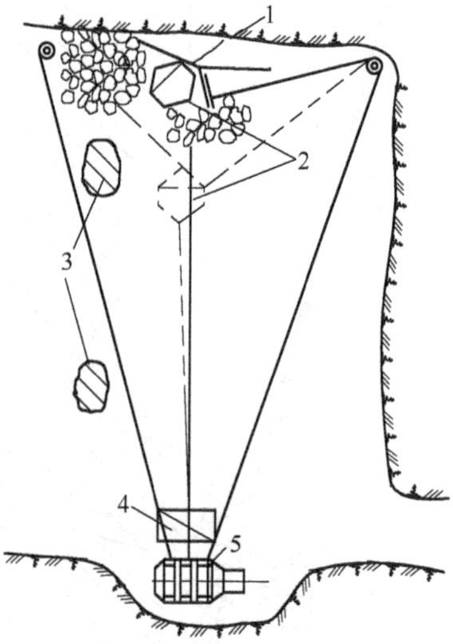

图9-34 宽工作面耙矿
1—爆下矿石；2—耙斗；3—矿柱；4—溜井；5—三卷筒绞车

9.5.2 电耙运搬主要装置

电耙运搬的主要装置包括：绞车、耙斗、钢绳（分首绳和尾绳）和滑轮。

绞车。电耙绞车按卷筒数量可分为双卷筒绞车和三卷筒绞车，目前广泛使用的为双卷筒绞车；按使用动力可分为气动和电动绞车两种，常用的为电动绞车。采场运搬用绞车的电机功率一般为14~55kW，常用的为15kW和30kW。国产电耙绞车的型号及技术参数列于表9-7中。

表9-7 电耙绞车型号及技术参数

型号	平均拉力(kg)		平均速度(m/s)		钢绳直径(mm)		电机功率(kW)	耙斗容积(m^3)	重载卷筒容绳量(m)	外形尺寸(长×宽×高)(mm)	总重量(kg)	制造厂
	空载	重载	空载	重载	空载	重载						
2DPJ-4		400		0.75		7.7	4.0	0.1	45	890×390×415	312	锦州矿山机械厂
2DPJ-7.5	800	800	1.0	1.0	9.3	9.3	7.5	0.1	45	1210×565×490	390	锦州矿山机械厂
3DPJ-7.5	800	800	1.0	1.0	9.3	9.3	7.5	0.1	45	1445×565×490	505	锦州矿山机械厂
2DPJ-13	1400	1400	1.5	1.1	11	12.5	13.0	0.25	80	1420×640×620	660	锦州矿山机械厂
2PK-14	740	1084	1.66	1.27	11	14	14		140	1408×914×750	950	重庆矿山机器厂
2DPJ-15	1000	1400	1.5	1.1	11	12.5	15	0.3	80	1525×660×620	650	锦州矿山机械厂
3DPJ-15	1000	1400	1.5	1.1	11	12.5	15	0.3	80	1900×660×620	860	锦州矿山机械厂
2DPJ-22	1400	2000	1.6	1.2	12.5	14	22	0.3	80	1520×730×640	900	锦州矿山机械厂
2DPJ-30	2000	2800	1.6	1.2	14	15.5	30	0.4	90	1685×830×735	1155	锦州矿山机械厂
3DPJ-30	2000	2800	1.6	1.2	14	15.5	30	0.4	90	2040×830×735	1506	锦州矿山机械厂
2DPJ-55	3350	5000	1.8	1.2	16	18.5	55	0.6	10	2070×1010×890	3125	锦州矿山机械厂
3DPJ-55	3350	5000	1.8	1.2	16	18.5	55	0.6	100	2510×1010×890	2745	锦州矿山机械厂
2DPJ-75	4500	6000	1.8	1.32	18	20	75	1.0	190	2392×1515×1200	4600	锦州矿山机械厂
2DPJ-100	6000	8000	1.8	1.32	20	23.5	100	1.4	125	2392×1515×1200	5050	锦州矿山机械厂

耙斗。耙斗分为箱式和箅式两种，前者适用于松软的细碎矿石，后者用于坚硬的块状矿石。箱式耙斗有刀板式和刀齿式，而箅式耙斗一般为刀齿式。耙斗的刀齿又有固定式和拆卸两种，后者便于磨损后更换。耙斗的构造、形状和重量，应根据矿石性质来选择，以保证耙斗能充分耙满矿石，且在运行时不撒落。

耙斗尾帮的下部直线段与耙运面形成的夹角称耙角，一般在50°~60°的范围内选取。耙斗自重与耙运的矿石重量比应在0.3~0.6的范围，矿石块度大时取大值，块度小时取小值。

耙斗容积一般为0.1~1.4m^3，斗容与绞车功率相匹配，参见表9-7，常用的耙斗容积为0.15~0.3m^3。

钢绳。电耙用钢绳要求弹性好，耐磨，抗断强度大。钢绳由于在运动中与矿石和耙运面接触，因而容易磨损，使用寿命一般为240~300h。为减少尾绳磨损，可用滑轮将钢绳吊起，使之减少与矿石和耙运面的摩擦。

钢绳直径应与绞车功率相匹配，常用的为6~16mm。

滑轮。滑轮主要用以改变钢绳运动的方向。耙矿用滑轮要求重量轻而坚固，不卡钢绳，接头能通过。滑轮直径一般应为钢绳直径的15~20倍。常用的滑轮直径为150~200mm。

抛绳枪。在空场高度大的水平到倾斜矿体的空场法采场耙矿时，为保证出矿作业人员的安全，使之不在顶板高度大的空场下面进行牵引钢绳的工作，可采用抛绳枪。它利用火药爆炸或压气爆发的力量，将装在发射管头上带尼龙绳的引绳弹，发射到预定的目标，再用尼龙绳牵引钢绳，从而达到人不进入采空区来完成换接钢绳的目的，使用抛绳枪，提高了工人操作的安全性。牵引钢绳的麻绳可设置成无极绳，供往复使用。

湖北荆襄磷矿矿务局王集矿，在缓倾斜中深孔房柱法电耙出矿中，使用了湖南国营湘中机械厂制造的电工多用工具湘SD-6型射绳枪作换接电耙钢绳之用。用0.6g火药的子弹，实际射距达55.2～58.8m。江苏连云港市新浦磷矿在阶段矿房法中，空场情况下回收电耙巷道底板以上矿柱时，使用上述射绳枪进行换接钢绳，射程为30m左右。

长沙矿山研究院为克服火工用品使用要求严格的缺点，研制成F－620型气动抛绳器，用压气作动力，经过在采场使用的工业试验，已通过国家技术鉴定，抛绳器的主要技术参数见表9－8。

表9－8　抛绳器的主要技术参数

指标名称	单　位	F－620型气动抛绳器	湘SD－6型射绳枪
发射管长度	mm	700～800	
发射管直径	mm	60	
最大工作气压	MPa	0.5	
引绳弹直径	mm	59.5	
尼龙绳直径	mm	2，4	2～3
最大有效水平射程	m	≥60	≥50
最大有效抛掷高度	m	18	≥50
抛绳器总重	kg	40	0.4
外形尺寸	mm	1650×450×800	25×72×144

9.5.3　提高电耙运搬效果的途径

电耙运搬的生产能力，受多种因素的影响。其变化幅度较大，常有数倍之差。例如使用30kW、0.3m^3耙斗的电耙，目前一般的台日生产能力为150～200t，但中条山有色金属公司胡家峪铜矿，1966年平均的台日生产能力为482t。

提高电耙运搬效率的主要措施是：

（1）增大耙斗容积。耙斗容积的增加，不仅提高了每次耙运的矿石量，而且提高了允许耙运的块度，有利于提高耙运效率。但是，增大耙斗容积，相应要加大绞车功率，使设备尺寸和重量加大，要求的巷道的规格也要加大，给电耙的安装及搬迁等带来困难。只有在矿岩比较稳固电耙道担负的出矿量较多的矿山，要求电耙的生产能力较大时，才能考虑使用。

在矿石破碎质量良好的情况下，也可考虑双耙斗串联耙矿，易门铜矿的三家厂分矿普遍采用双耙斗耙矿，一般可使电耙运搬生产能力提高50%左右。

（2）提高耙斗装满系数。耙斗的装满程度取决于耙斗的结构、矿石的破碎质量、矿堆的分布情况和耙矿巷道的平直程度。合理选择与设计采场底部结构，保证施工质量，改善矿石的破碎质量，提高电耙工的技术操作水平等，是提高耙斗装满系数的主要方面。

（3）提高纯耙矿时间。目前，电耙运搬的纯耙矿时间，仅占班工作时间的10%～40%，大部分时间用在崩大块、处理漏斗卡塞、设备故障、等候矿车及其他的人为停歇方面。提高电耙运搬效率的主要潜力在于提高纯作业时间。

改善矿石破碎质量，减少崩大块和处理卡斗的次数是提高电耙纯作业时间的主要方面。据统计，大块率每增加5%，电耙效率几乎降低一半。加强设备的维护保养，安排好采场出矿与阶段运输的协调，调动电耙工的积极性，也是提高纯作业时间的重要方面。

（4）合理选用耙运距离。耙运距离与电耙生产能力成反比例关系，实际上，由于耙运距离的增加，照明光线不足，耙斗长距离运行造成装满系数下降，加之电耙工不能清楚地看到电耙运行而使事故增多，使电耙效率易明显地下降。

为缩短耙距，可在经济合理的条件下，增加出矿溜井。有的矿山在两个矿石溜井之间，靠近电耙绞车一端的2/3 耙距内，向靠近绞车的溜井顺耙，剩下的1/3 耙距上，向另一溜井反耙，绞车并不移位，这样亦可取得良好结果。

（5）在矿岩稳固性许可的条件下，加大出矿巷道和放矿口的尺寸，可改善矿石流动性，减少卡斗、悬拱。

（6）加强电耙道的维护，改善电耙道的通风、防尘和照明条件。

（7）加强设备的维护、检修，提高设备的完好率和利用率。电耙道出矿一经投产，就应尽可能保持生产的连续性，直至出矿结束，这也是提高采场生产能力的重要条件。

9.5.4 电耙运搬采场底部结构尺寸设计

9.5.4.1 电耙运搬采场底部结构的形式

漏斗式、堑沟式和平底式三种底部结构均能适于电耙运搬，其适用条件及布置形式参见9.2.2，9.2.3 和9.2.4 所述。

9.5.4.2 电耙巷道的布置

矿体厚度在15m 以下时，电耙巷道一般沿走向布置，矿体厚度大于15m 时，电耙巷道垂直走向布置。在不设集矿电耙巷道的情况下，每条电耙巷道至少设一个矿石溜井，电耙不直接装车时，溜井的长度要能容纳一列车以上的矿量。

电耙巷道的长度，根据合理耙运距离及有关要求而定。其长度组成如图9－35 所示。

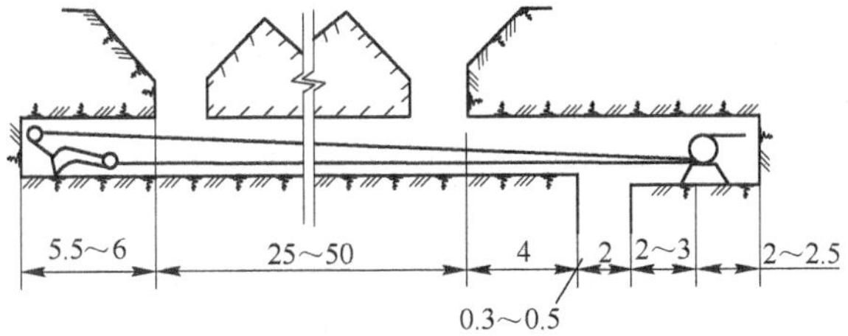

图9－35 电耙巷道长度组成示意图

设计电耙巷道时，应满足以下要求：

（1）为耙出最后一个出矿口的矿石，电耙巷道超过最后一个出矿口的长度不得小于5.5～6m。

（2）为使电耙绞车不受二次破碎的影响，绞车硐室长度一般为4～5.5m，放矿溜井侧边至绞车的安全距离为2～3m。

（3）电耙巷道与矿石溜井交接处，应适当加宽，以保行人的安全。

（4）放矿溜井距最近的出矿口边缘的距离应不小于4m，以免大块矿石直接滚入溜井。

9.5.4.3 底部结构巷道规格

底部结构巷道包括电耙巷道、斗穿和斗颈。漏斗式底部结构的细部情况如图9－36 所示。

电耙巷道的规格一般为2m×2m，支护后的净断面不小于2m×1.8m。斗穿和斗颈的规格

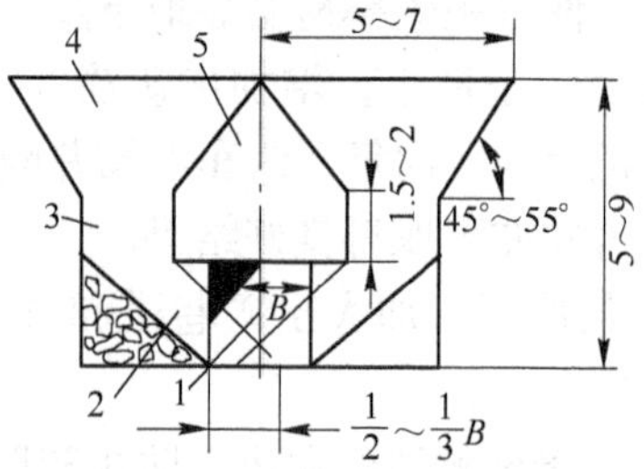

图9-36　漏斗细部图

1—电耙巷道；2—斗穿；3—斗颈；4—漏斗；5—桃形矿柱

表9-9　电耙运搬在各种采矿方法中的应用

矿山名称	矿体情况		采矿方法	采场生产能力（t/d）	电耙规格		电耙生产能力（t/d）	最大运距（m）
	厚度（m）	倾角（°）			绞车功率（kW）	耙斗（m^3）		
车江铜矿	1.2~4	12	全面法	60~80	30		32~40	50
务川汞矿	3.8	10~45	房柱法	50	14		50	45
王集磷矿	10~11	35~39	房柱法	245	55	0.6	105	50
刘冲磷矿	1.5~5	43~55	浅孔留矿法	128~136	30		52	40
香花岭锡矿	1~3	35~45	电耙留矿法	60~80			50~80	50
青城子铅矿	4~8	40	爆力运搬分段法	150	14		55~60	32
刘冲磷矿	4	45	分段法	122~229	30		55	35
金河磷矿	8	20	底盘漏斗房柱法	200~240	30、55		70~80	45
华铜铜矿	2~50	30~80	阶段矿房法	250			120	50
因民铜矿	2~8	55~75	阶段矿房法	265~275	28		88~92	40
黄沙坪铅锌矿	3~10	40~50	水平分层充填法	50~60			80	30
锡矿山锑矿	10	10~25	胶结、尾砂充填法	50~70	28、30		50~70	50
湘潭锰矿	1.8~2.5	30	分条尾砂充填法	39~47			20	50
黄沙坪铅锌矿	4~12	30~75	下向充填法	50~80			30~40	
金川龙首矿	57	75~80	下向胶结充填法	94				25
山东铝厂铝土矿	2.8	35	壁式采矿法	100~150	28	0.25	50~70	30
易门铜矿	18~22	70~80	有底柱分段崩落法	200~240	28	0.15、0.3	75	50
马庄铁矿	10~20	45~60	有底柱分段崩落法	200~265	30		70~90	20
胡家峪铜矿			有底柱分段崩落法		28		160	30
岳家山磷矿	15~40	70	有底柱分段崩落法	250~350	30		80~120	40
桃林铅锌矿	10	30~50	阶段强制崩落法	400	30	0.3	80~100	50
狮子山铜矿	30~50	20~80	阶段强制崩落法	200~300	28		80	50
金山店铁矿	45	80	阶段自然崩落法	146			49	50
加拿大埃林铁矿			阶段强制崩落法		37		250~350	
美国克莱马克斯钼矿			阶段自然崩落法	12.1万吨/月	110			30

一般为1.8m×1.8m或2m×2m。为了减少漏斗卡塞和提高矿石的流动性，在矿岩稳固性较好的条件下，有的矿山将电耙巷道、斗穿和斗颈的规格，加大到2.5m×2m或2.5m×2.5m，但掘进费用稍有增加，出矿过程中封斗较为困难。从国内矿山使用情况来看，在较稳固的矿岩中，

以采用较大的规格为好，而在矿石破碎性好、大块少或不稳固的矿岩条件下，则以采用较小规格为宜。

在底部结构巷道的施工过程中，应开凿斗穿和保持斗颈，以提高底柱的稳定性和改善放矿条件。漏斗颈与电耙道的关系，应使溜下的矿石自然堆积的斜面，占据电耙巷道宽度的1/2～1/3，此时电耙出矿最为有利（图9－36）。

9.5.5 电耙运搬的应用及评价

电耙运搬作为采场出矿的一种主要方法，可在各类采矿方法的大多数采场中应用，有的从回采工作面直接耙矿，有的从电耙巷道中耙矿，表9－9列出了电耙运搬在各种采矿方法中的应用情况。

电耙运搬的主要优点是：

（1）设备构造简单，加工制造容易，设备费用低，矿山基建投资少；

（2）要求巷道断面小，掘进费用低。特别在矿岩不稳固，使用大断面巷道受限制的情况下，采用电耙运搬尤为适合；

（3）设备坚固耐用，维修简单，现场就可进行，维修费用少；

（4）设备完好率高，只要简单地预防性维修，设备完好率可达95%以上；

（5）操作简单、容易，对工人和管理人员的技术要求低，经过简单培训即可操作使用；

（6）矿石运搬成本低。

电耙运搬的主要缺点是：设备机动性差，钢绳磨损大，电能消耗较大，矿石容易粉碎，耙运距离增加时生产能力显著下降等。

电耙运搬目前正向大型（斗容1m^3以上，绞车功率100kW以上）和遥控发展，以进一步提高其生产能力和安全性。

9.6 爆 力 运 搬[21,22,23]

9.6.1 爆力运搬的应用条件

爆力运搬就是利用崩矿时爆破产生的爆力，将崩落的矿石自崩矿地点抛掷到采场底部受矿巷道。

爆力运搬应用于空场法，因此，其应用条件是：

（1）矿体倾角为30°～50°。因为矿体倾角在此范围时使用电耙运搬和重力自溜放矿都有困难；

（2）矿石和围岩都稳固。采用锚杆加固顶板和留一层矿石保护顶板（矿石价值低者可用）时，顶板岩石不够稳固也可以采用爆力运搬；

（3）矿体厚度以2～10m左右为宜，矿体厚度小，夹制性大，爆力能抛掷矿石的距离很小。矿体厚度很大，只有部分矿石（靠近底板的）要利用爆力运搬。

矿体的厚度和倾角是影响爆力运搬矿石距离的主要因素。爆力运搬可能达到的距离L（m）由爆力抛掷距离L_1和矿石受动能和势能沿底板滚动距离L_2组成，用（9－8）式计算（图9－37）[21,31]：

$$L = L_1 + L_2$$

$$=\frac{b}{2}\mathrm{tg}\alpha+\frac{5nW}{\cos\alpha}+\frac{\sin^2\alpha\left(5nW\mathrm{tg}\alpha+\frac{b}{2\cos\alpha}\right)}{f\cos\alpha-\sin\alpha} \tag{9-8}$$

式中 b——矿体厚度，m；

α——矿体倾角，(°)；

n——爆破作用指数；

W——最小抵抗线，m；

$5nW$——借用地面抛掷经验的爆破抛掷水平距离，m；

f——运动阻力系数，主要与矿石块度和底板的状态有关。对坚硬矿岩，$f=0.8\sim0.9$。

我国龙烟铁矿、青城子矿、杨家杖子钼矿和胡家峪铜矿用爆力运搬测得的运搬距离，分别为10~15m，18~22m，14~20m和17~32m，其变化范围都较大，因此，在实际工作中，用（9-8）式求得的爆力运搬距离，必须通过实践，进行修正。

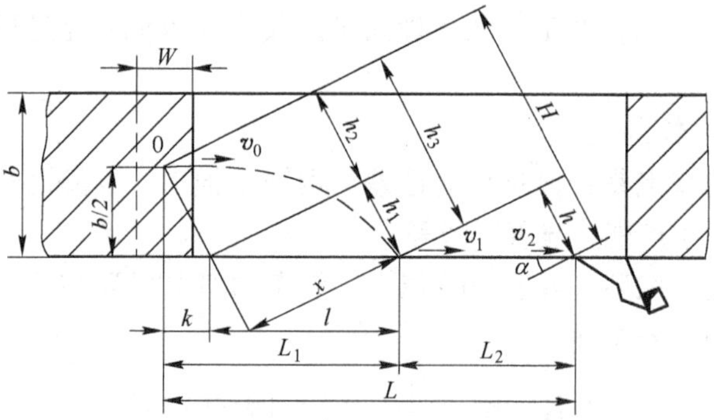

图9-37 爆力运搬距离计算原理图

b—矿体厚度，m；α—矿体倾角，(°)；W—最小抵抗线，m；v_0—崩落矿石的初始速度，m/s；v_1—矿石刚与底板接触时的速度，m/s；v_2—矿石到达受矿巷道时的速度，m/s；h_2—崩落矿石自由落体的垂距，m；h_1—爆力作用下增加的垂距，m；h—重力运搬的垂距，m；H—爆力运搬的总垂距，m；x—爆破抛掷水平距离，$x=5nW$，m；k—矿石自由落体的斜距，m；l—矿石受爆力影响，而增加的斜运距，m

9.6.2 爆力运搬的底部结构

爆力运搬的底部结构的设计应重视下列特点：

（1）受矿巷道的容积应能容纳一次崩落的矿石量；

（2）每次都是在放空后崩矿，底部结构应有足够的强度，承受崩矿时矿石崩落于其上的冲击负荷。

（3）受矿巷道和出矿巷道的边坡角不能小于50°，保证矿石可以放空。

底部结构形式与所用的出矿设备和形成拉底层的方法有关，在实际工作有电耙出矿的（图9－38）和铲运机出矿的（图9－39）两种。

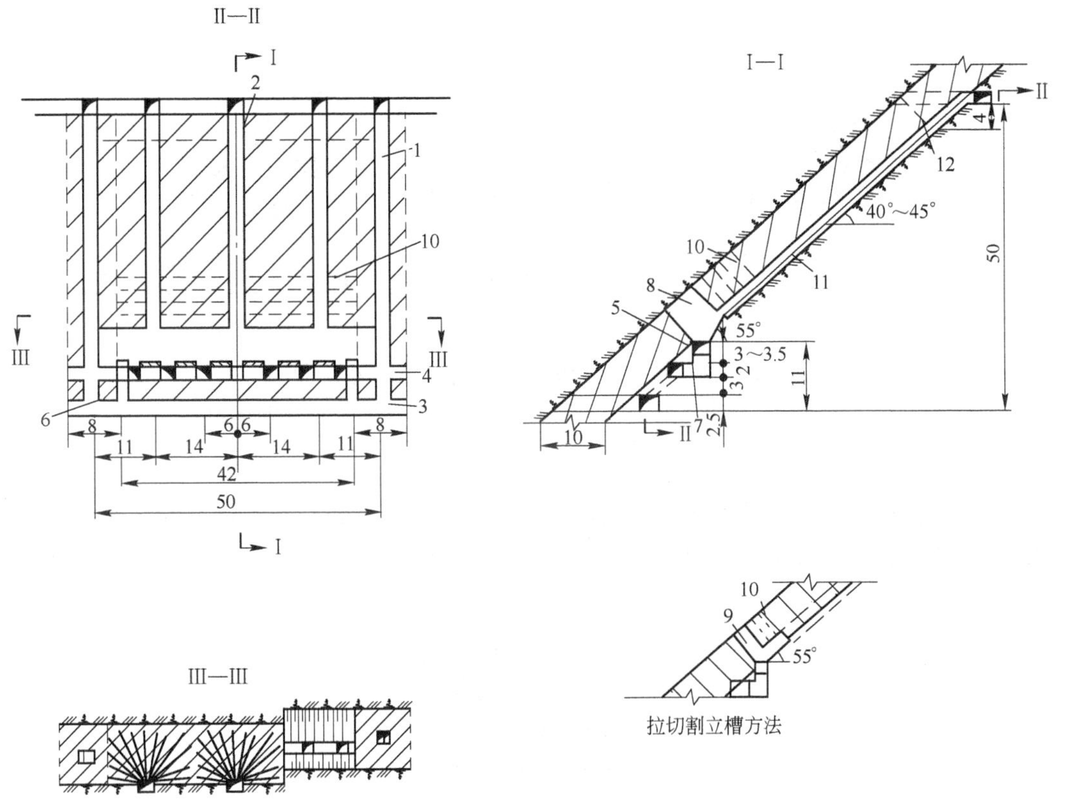

图9－38 中条山胡家峪矿的爆力运搬阶段矿房法（电耙底部结构）
1—天井；2—凿岩天井；3—阶段运输巷道；4—电耙道；5—堑沟巷道；6 一溜矿井；
7—斗穿及斗颈；8—堑沟；9—切割小井；10—崩矿深孔；
11—矿体底板线；12—顶柱界线

拉底的方法有浅孔的和深孔（包括中深孔）的，前者对控制受矿和出矿巷道的外形规整有利，但工人位于空场中工作，安全性较差。

图9－39所示的铲运机出矿的爆力运搬的矿块底部结构是瑞典马尔姆贝里耶特铁矿的实例。矿体倾角为40°，厚度为14m。其围岩为不够稳固的片麻岩，阶段高度48m，斜长为80m。顶板用钢绳砂浆锚杆加固，钢绳直径为20mm，用100根锚杆加固了2100m^{2}顶板。用Cat980型铲运机出矿。矿石贫化率为4.8%。

值得注意的是：加固顶板的锚杆炮孔与崩矿炮孔一次打好，安设钢绳砂浆锚杆之后位于矿体中部分炮孔，仍然作为崩矿炮孔使用。

9.6.3 爆力运搬的凿岩爆破参数

爆力运搬的几项主要凿岩爆破参数分别说明如下：

（1）凿岩天井的位置。凿岩天井的布置原则是：凿岩放射点应在矿体与下盘围岩的

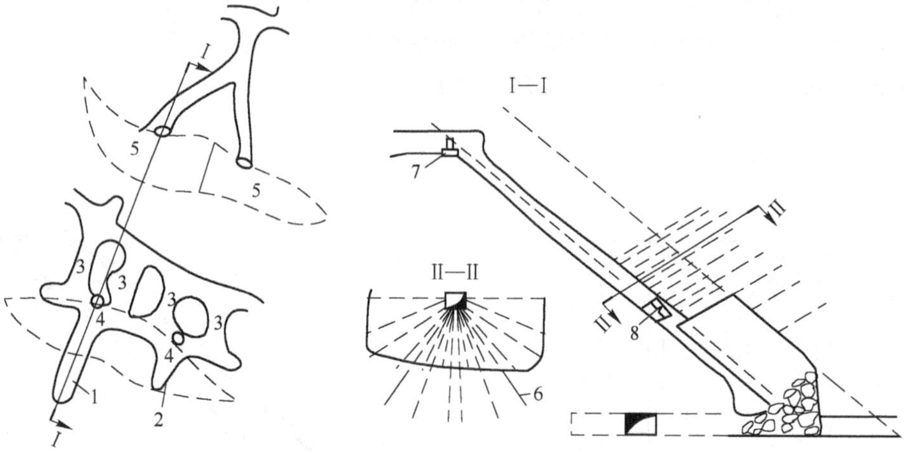

图9－39　瑞典马尔姆贝里耶特铁矿的采矿法[26]

1、2—穿脉；3—铲运机道；4—凿岩天井；5—矿房1和2；6—ϕ20mm钢绳砂浆锚杆；7—绞车；8—台车

接触线上，使炮孔爆破后既不在下盘残留矿石，又不崩落下盘岩石，而且底板光滑平整，为此，布置炮孔时，紧靠下盘围岩的炮孔应与下盘接触线平行，位于矿体中（图9－40）。

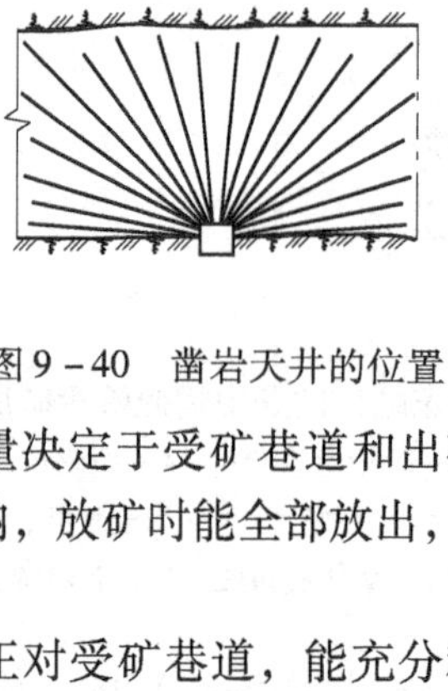

图9－40　凿岩天井的位置

（2）一次崩矿量。一次崩矿量决定于受矿巷道和出矿巷道的体积，以一次崩落的矿石能全部为受矿和出矿巷道所容纳，放矿时能全部放出，不会在下盘堆积矿石，阻碍下次崩矿时矿石落入受矿巷道中。

（3）最小抵抗线的方向。要正对受矿巷道，能充分利用崩矿爆破时产生的爆力，使矿石抛至受矿巷道中。

（4）多排起爆时，排与排之间的延缓时间。排与排之间的延缓时间，以保证后排爆破的矿石不会在抛掷的中途碰上前排爆破的矿石受阻而降落在下盘底板上，滚落不到受矿巷道中为准，根据使用爆力运搬采矿法的矿山的实践证明，排与排之间的延缓时间以50～100ms为宜。

（5）炸药的单耗。影响爆力运搬的崩矿炸药单耗量的因素为：矿体倾角和厚度，抛掷距离，矿石的爆破性和炸药的种类，一般说来爆力运搬的炸药单耗量比非爆力运搬的要多30%左右，可以参考图9－41所示的炸药单耗量决定。

9.6.4　爆力运搬实例

应用爆力运搬采矿法比较成功的有：中条山胡家峪铜矿、杨家杖子岭前矿、青城子铅矿、龙烟铁矿。其地质条件、采矿方法名称、构成要素、凿岩爆破参数及技术经济指标详见图9－38、图9－42、图9－43、图9－44和表9－10。

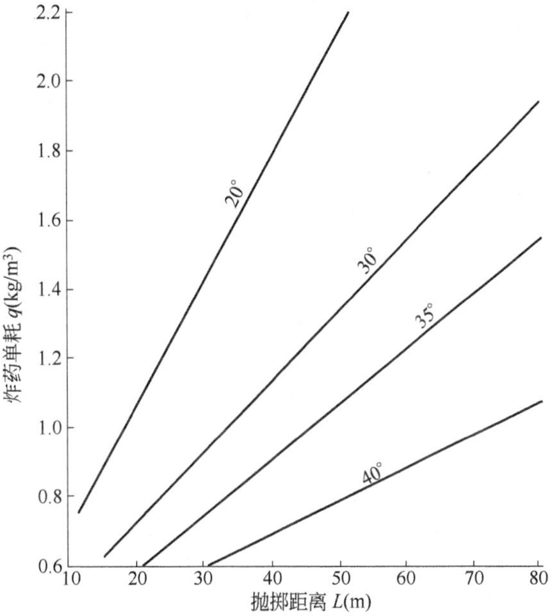

图9－41 崩矿的炸药消耗量

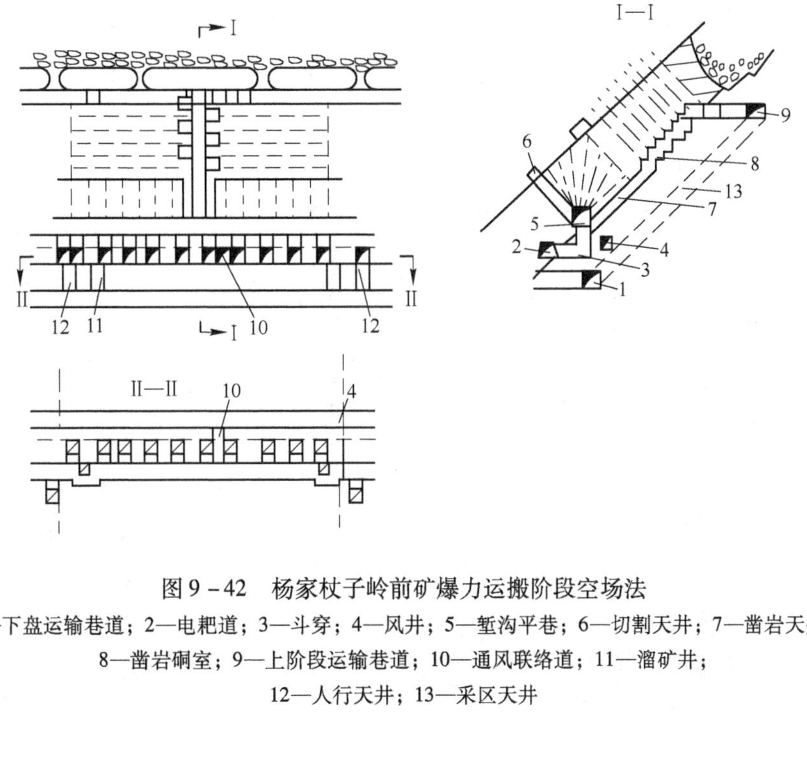

图9－42 杨家杖子岭前矿爆力运搬阶段空场法

1—下盘运输巷道；2—电耙道；3—斗穿；4—风井；5—堑沟平巷；6—切割天井；7—凿岩天井；8—凿岩硐室；9—上阶段运输巷道；10—通风联络道；11—溜矿井；12—人行天井；13—采区天井

表9-10 爆力运搬采矿实例

矿山名称	开采技术条件					采矿方法名称	构成要素					
	厚度（m）	倾角（°）	稳固性及硬度 f				阶段高度（m）	分段高度（m）	矿房宽度（m）	顶柱厚度（m）	间柱厚度（m）	盘区长度（m）
			上盘（或顶板）	矿石	下盘（或底板）							
中条山胡家峪矿南和沟坑	水平厚10	45	矽化大理岩，稳固 $f=8\sim10$	同上盘	直接底板矽化黑色片岩，较稳固	爆力运搬阶段空场法（中深孔落矿）	50~60		40~50	4	10	底柱高12
杨家杖子矿务局岭前矿	水平厚8~12	40~42	灰黑色石灰岩较稳固	同上盘	同上盘	爆力运搬阶段空场法（深孔落矿）	35		50	4		底柱高8~10
青城子铅矿榛子沟坑	4~8	25~55 平均40	石墨化白云石大理岩，中稳 $f=6\sim8$	稳固 $f=8\sim10$	矽线石云母片岩，中稳，$f=6\sim8$	爆力运搬分段空场法（高分段）	30	12~15	32	不留	不留	底柱待下段回采
龙烟铁矿庞家堡矿区	平均厚6.17	35~41	直接顶为黑色灰岩中稳	稳固 $f=8\sim15$	直接底为石英岩，$f=18\sim22$	爆力运搬分段空场法（低分段）	27.2 斜长40	5.9 斜长10	18~24	不留	不留	耙运距离76

矿山名称	凿岩爆破参数				技术经济指标					采用设备	
	崩矿炸药消耗量 q_1（kg/t）	二次破碎炸药消耗量 q_2（kg/t）	最小抵抗线 W（m）	炮孔直径 d（mm）	采准比（m/kt）	采场生产能力（m/kt）	采矿效率（吨/（工·班））	回采率（%）	贫化率（%）	凿岩	出矿
中条山胡家峪矿南和沟坑	0.34	0.17	2.2	75	8.3	220~250		矿房 90.5	矿房 10.4	01-38 凿岩机	28kW 电耙
杨家杖子矿务局岭前矿	0.38~0.39		2.5~3	100~110	8.4	240~350	18~20	矿房 94.7	矿房 6	БА-100 潜孔钻机	28~30kW 电耙
青城子铅矿榛子沟坑	0.26~0.23	0.3~0.45	1.0~1.5	65	22.1	180		96.53	10.73	YG-90	14kW 电耙
龙烟铁矿庞家堡矿区	0.4	0.002	1.2~1.5	60	25.46	355吨/（队·日）	10.5	83.96	12.9	YG-80	55kW 电耙

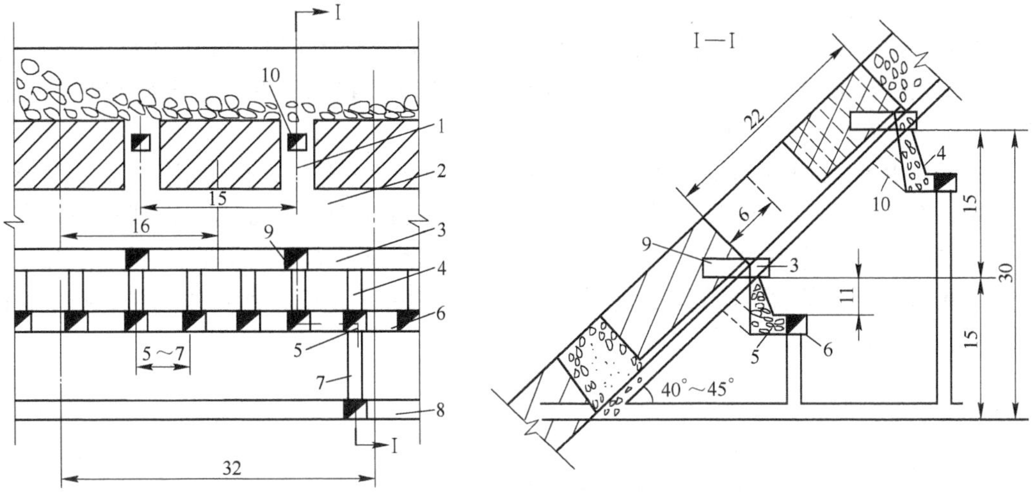

图 9－43 青城子铅矿爆力运搬（高）分段空场法

1—凿岩天井；2—堑沟；3—切割平巷；4—溜矿井；5—斗穿；6 —电耙平巷；
7—溜井；8—运输平巷；9—电耙硐室；10—人行道

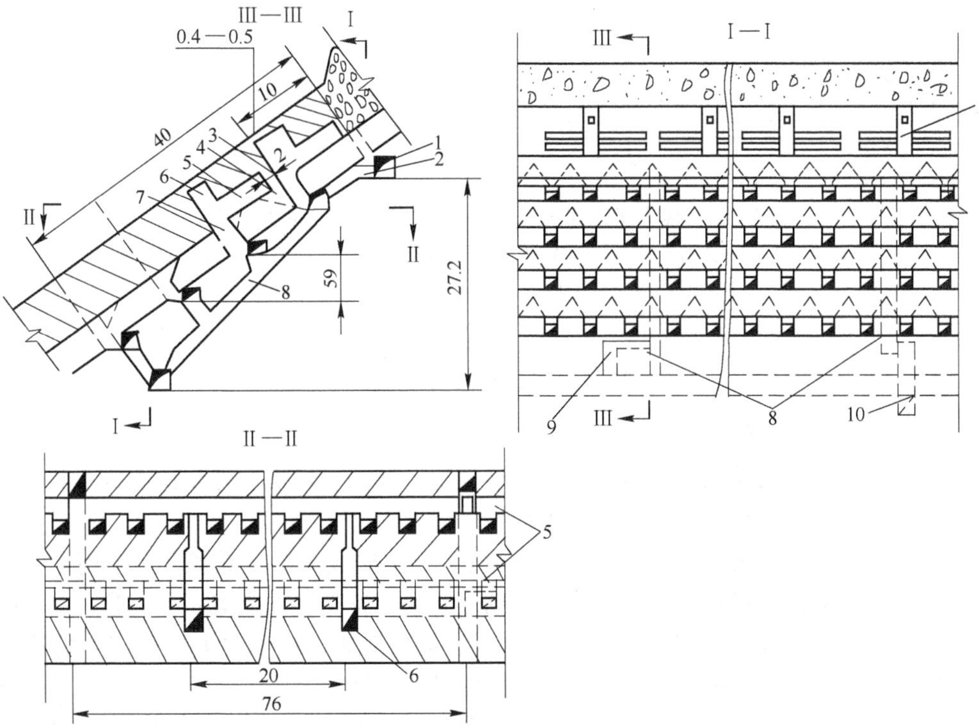

图 9－44 龙烟铁矿爆力运搬（低）分段空场法（斜溜井普通漏斗
布置）

1—运输平巷；2—溜井联络道；3—电耙平巷；4—凿岩天井联络道；5—凿岩天井；
6—切割天井；7—放矿漏斗；8—溜矿井；9—人行道；10—电耙硐室

9.6.5　爆力运搬的评价

爆力运搬采矿解决了倾角为30°～50°的矿体的采场运搬问题，但是用爆力运搬采场所留下的间柱和顶柱不易回收，崩矿的炸药消耗量较大，倾斜天井的凿岩很困难。因此，爆力运搬只有在特定的条件下才使用。

关于减少因留间柱而引起的矿石损失问题，中条山胡家峪铜矿使用爆力运搬的经验值得重视（图9－45），该矿曾将采场高度从40～50m减小到20～25m（即划分分段来回采），采准比由8m左右增加到13m左右，单位成本增加0.6元。但矿柱损失由50%～67%降低到35%。其次不留间柱，连续回采，因而消除了留间柱所造成的矿石损失，同时采切比也降低。

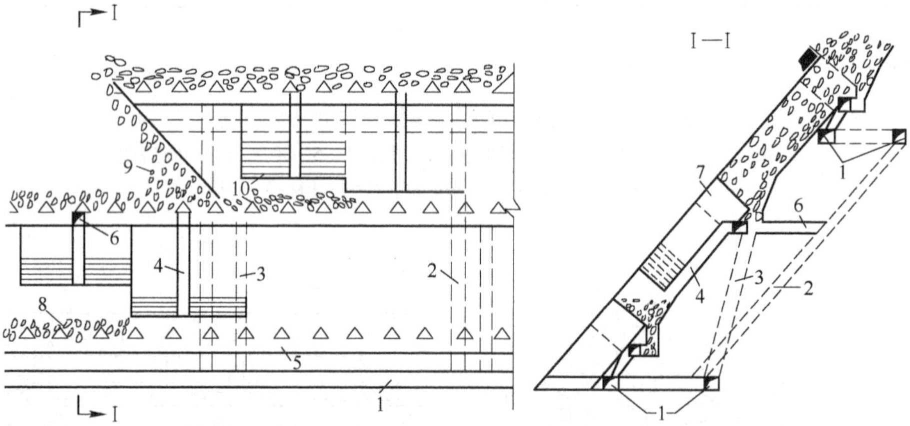

图9－45　爆力运搬连续分段空场法方案（电耙底部结构）

1—运输平巷；2—人行天井；3—放矿溜井；4—凿岩天井；5—电耙平巷；6—联络道；7—顶柱；8—崩落矿石；9—崩落废石；10—崩矿炮孔

9.7　无轨设备运搬

9.7.1　无轨设备[39]

我国无轨设备运搬使用的设备有：气动装运机、柴油铲运机和电动铲运机，其主要技术参数列入表9－11，表9－12和表9－13中。

气动装运机的运距短（不超过60m），耗气大，出矿成本高，噪音大，使用量已逐渐减少。但是，在柴油铲运机的尾气净化尚未彻底解决，备品备件质量尚有困难，矿山机修水平不够的条件下，气动装运机对中小型矿山的采场运搬，仍不失为一种有效的运搬设备，有时，其出矿成本比铲运机还要低，如梅山铁矿的情况。

国内外生产的柴油铲运机，结构大体上是相同的，有工作机构、发动机和净化装置、传动系统、转向系统和制动系统，大部分传动机构均安在后机架上，前后机构用销轴铰接。图9－46为ST系列柴油铲运机外形结构。

电动铲运机是在柴油铲运机基础上发展起来的，在结构上，大部分零部件可与柴油铲运机通用。其供电方式多数是拖曳电缆供电，少数为蓄电池和架线式供电。

我国自行研制的WJ－1.5D型电动铲运机的外形结构如图9－47所示。

表 9-11 气动装运机主要技术参数

型号	铲斗容积 (m^3)	贮矿车厢容积 (m^3)	装载能力（运距为 20~40m）(m^3/h)	内侧转弯半径 (m)	最小巷道断面尺寸（宽×高）(mm)	外形尺寸（铲斗下放时）（长×宽×高）(mm)	机器总功率 (kW)	机重 (kg)
ZYQ-14	0.3	1.8	60	5	2365×2990	3460×1890×2145	26	5000
ZYQ-12	0.12	0.75	30	2.36	1980×2220	2850×1540×1445	13.35	2282

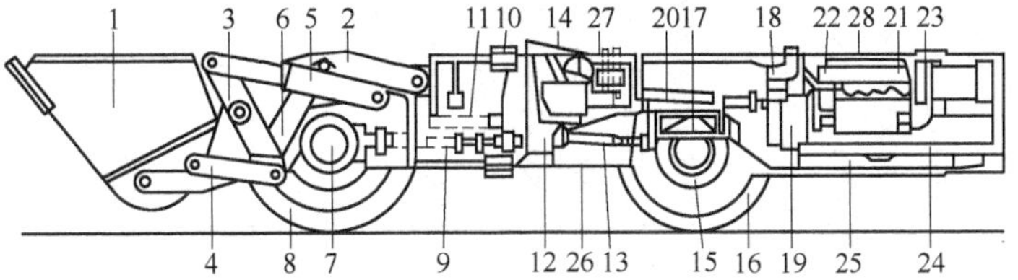

图 9-46 ST 系列铲运机外形结构图

1—铲斗；2—动臂；3—摇臂；4—连杆；5—转斗油缸；6—动臂升举油缸；7—前桥；8—前轮；9—第二传动箱；10—铰接插销；11—转向油缸；12—变速箱；13—第三传动轴；14—操纵机构及驾驶室；15—后桥；16—后轮；17—后轮摆动架；18—空气滤清器；19—液压变矩器和油泵；20—第一传动轴；21—柴油发动机；22—液压变矩器、油冷却器；23—发动机冷却器；24—蓄电池；25—燃油箱；26—液压油箱；27—活动保护盖板；28—发动机罩

遥控铲运机是在柴油铲运机上，加设无线电发射机、接收机、信号转换系统和机械执行机构等组成。其工作原理是司机操作距铲运机几十米到一百米的遥控发射台，由发射机产生电磁波的遥控指令，达到铲运机上的接收机，接收机收到电信号，转化为机械指令，操纵铲运机进行作业。

我国研制的遥控铲运机采用频率时分制无线电遥控技术，并设计了遥控液压系统及装置，可以同时操作五种动作，共有十几条遥控指令，可进行发动机预热，启动、喇叭、手制动、脚制动、换挡、换向、动臂举升、铲斗翻转等的遥控。YK-1 型遥控铲运机的基本参数为：

额定斗容		$2m^3$
额定载重量		3.8t
运行速度：	一挡	0~3.4km/h
	二挡	0~6.9km/h
功　率：		65.621kW
机　重：		12t

遥控铲运机可使司机免受危险和恶劣的工作环境，保证人身安全。

在国外无轨设备运搬中，值得我们借鉴的有前端装载机配卡车的使用。由于前端装载机机动灵活，装载效率高和外形低，所以它无论作为装载机和装运卸机，都获得广泛采用。当用作装载机时，必须备有足够数量的卡车，以保证铲装的连续作业。所需卡车数量取决于卡车规格和运距，现已应用载重量达 40t 的外形低的卡车[9]。

斗容为 $3.82m^3$ 配两辆 20t 载重量的卡车，斗容为 $1.91m^3$ 前端装载机配四辆 10t 载重

表9-12　柴油铲运机主要技术参数

型　号	额定斗容 (m^3)	额定载重 (t)	机　重 (t)	柴油发动机		最大行走速度 (km/h)	外形尺寸 (长×宽×高)(mm)	矿山名称 (使用矿山)
				型　号	功率（W）			
LK-1	2	4	11	SW400/L-2	85755	38.3	8750×2200×1800	尖林山铁矿、符山铁矿
LF-4.1	2	3.8	11.5	F6L-912W	85755	19.3	6772×1684×1659	凡口铅锌矿、红透山铜矿
Toro1100DH	1.3	3	9	F4L-912W	65621	9	5550×1800×1425	寿王坟铜矿
CT1500	0.83	1.5	6.5	F4L-912W	42505	16.1	5550×1240×1730	金川镍矿
CT6000	3.8	6.8	19.9	F8L-413W	137954	31	8810×2500×2000	大厂矿务局
TLF-4	1.75	3.5	9.7	F6L-912W	65621	17	7100×1600×1900①	程潮铁矿
HST-1A	0.7	1.36	6	F4L-912W	42505	12	5280×1216×1854①	焦家金矿
ZLD-50	3	6	16.7	6135Q-1	149140	34	8800×2500×1900	小寺沟铜矿
ZLD-40	2	4	12	6105K	89484	21.7	7800×2100×1700	尖林山铁矿、梅山铁矿
WJ-1.5	1.5	3.5	11	L26105K	64130	10	7570×1700×1920	程潮铁矿
CY-1	1.3	3	10.7	X4105J	44742	8.6	5800×1800×2000	凡口铅锌矿
WJ-4	4	8	19	6135Q-1	149140	20	8800×2500×1800	镜铁山铁矿
WJ-2	2	4	12	2W6105K	89484	38	3700×2300×1850	丰山铜矿

① 带顶棚。

表9-13　电动铲运机主要技术参数

型　号	额定斗容 (m^3)	额定载重量 (t)	机　重 (t)	型　号	功　率 (kW)	最大行走速度 (km/h)	外形尺寸 (长×宽×高)(mm)	矿山名称
EHST-1A	0.76	1.36	5.8	三相交流电动机	30	9.7	5510×1220×1550	金厂峪金矿
CT-500HE	0.38		2.76	三相交流电动机	22		3550×850×1110	赤峰红花沟矿
LF-7.1E	3.8	7.3	24.5	三相交流电动机	132	12.1	10495×2200×1900	弓长岭铁矿
922E	1.72			三相交流电动机	55	9.2	6800×1500×1700	张家洼铁矿
925E	3.82			三相交流电动机	110	11	8360×2180×1800	弓长岭铁矿
DLK-1	2	4	12.6	JO_2-93-4	101.5	36	8750×2200×1800	小寺沟钼矿
WJ-1.5D	1.5	3	10	JO_2-92-4	76	10	7150×1850×1600	钼录山铜矿
WJ-76	0.76	1.5	6.5	JO_3-200M-4	41	3	5920×1215×1880	铜录山铜矿

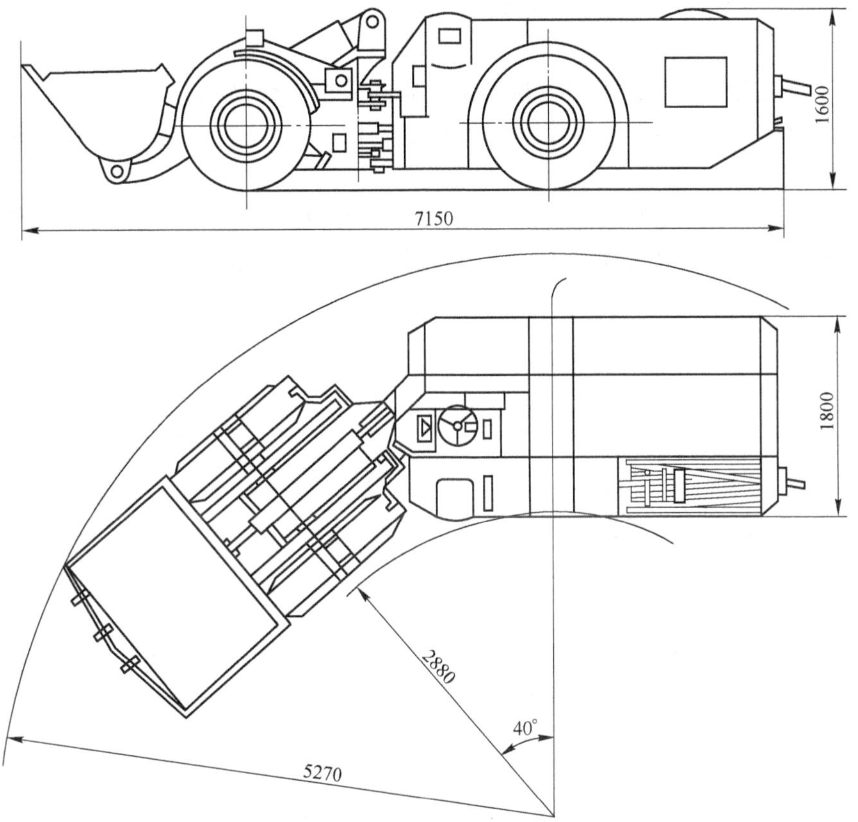

图 9-47 WJ-1.5D 型电动铲运机外形结构

量的卡车，在房柱法中使用，运距为 1000m 时，其生产能力分别为 1100 吨/班和 950 吨/班。

9.7.2 无轨设备运搬的发展趋势[17]

国内外的生产实践表明，无轨设备运搬的发展趋势是：

(1) 适当增加铲斗容积，提高设备生产能力，降低出矿成本；

(2) 研制开采薄矿脉的微型铲运机；

(3) 研究解决柴油铲运机废气污染问题的同时，从事电动铲运机的研制，包括拖曳电缆的、架线式的和高能蓄电池式的三种电动铲运机；

(4) 完善遥控铲运机[15]；

(5) 提高轮胎承载能力和寿命，要研制耐切割光面轮胎；使用轮胎保护链网或保护履带板。加强路面维护，保持路面质量，降低轮胎消耗[19]；

(6) 加强铲运机备品配件供应和关键零部件引进消化移植与研究工作，提高国产设备的可靠性和完好率，以减少设备折旧费，大幅度降低铲运机的作业成本；

(7) 研究发挥铲运机效率的采准系统、采矿方法和采矿工艺，以及辅助作业机械化，提高铲运机的纯工作时间和生产能力。

9.7.3 无轨设备运搬的底部结构

采场运搬使用无轨设备后，采场底部结构为了适应无轨设备运搬的特点，发生了下列变化：

（1）采场底部结构形式。用无轨设备运搬的采场底部结构，受矿巷道一般采用平底式和堑沟式的；拉底、出矿和运输三个水平层合并为一。底部结构简化，不留底柱，或底柱中矿量很小。

无轨设备运搬的常见的底部结构形式之一，如图9－48所示。它是单侧布置出矿巷道的平底式底部结构。凡口铅锌矿在VCR法中采用了此种底部结构（图9－48）。

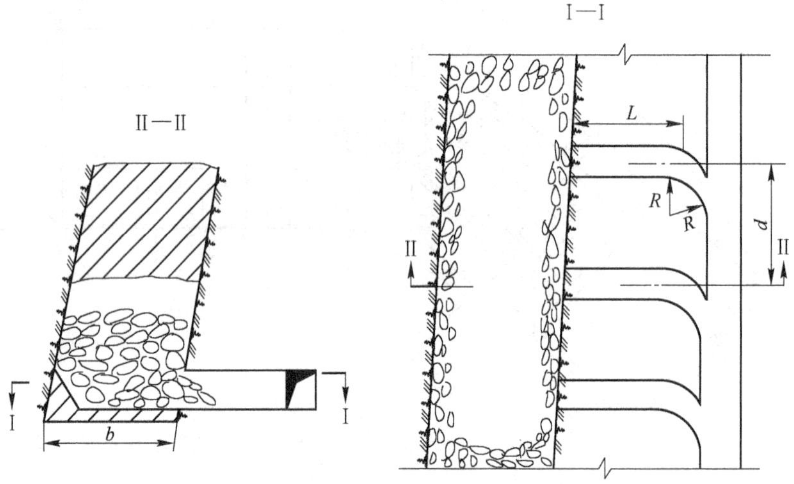

图9－48 无轨设备运搬的底部结构

（2）出矿巷道规格受无轨设备外形尺寸的影响很大，出矿巷道断面的宽和高，要根据铲运机的尺寸决定（表9－14）。

表9－14 铲运机出矿巷道断面规格

铲斗容积（m^3）	铲运机外形尺寸（m）		出矿巷道断面尺寸（m）	
	宽 度	高 度	宽 度	高 度
0.76	1.2～1.88	1.14～1.90	2.8～3.5	2.5～2.8
1.50	1.35～1.88	1.52～1.58	3.5±	2.8±
1.65	1.50～1.88	1.40～1.60	3.5±	2.8±
2.30	1.53～2.20	1.60～1.80	3.5～3.8	2.8±
3.06	2.13～2.50	1.52～2.10	3.8～4.2	2.8～3.2
3.80	2.13～2.60	1.65～2.20	3.8～4.2	2.8～3.2
5.66	2.43～2.80	1.83～2.25	4.2～4.5	3.2±
8.50	3.05～3.28	1.91～2.29	5.0±	3.2～3.5

出矿巷道的直线段 L（图9－48）的长度必须大于铲运机长度和矿石堆在出矿巷道中所占长度之和，否则，铲运机不能进行正面铲装，影响铲装效率，而且铲运机的机械磨损加剧。

出矿巷道转弯时，其曲率半径 R 与铲运机的特性有关，R 值一般不能小于8～10m。

出矿巷道的间距 d 的选用，既要考虑矿岩的稳固性，使出矿巷道易于维护，又要考虑两出矿巷道之间采场中残留的矿石堆最小。在崩落覆岩下放矿时，还要考虑矿石的损失和贫化问题，d 值要与被放矿岩的流动特性相适应。

（3）出矿巷道和溜井的布置。出矿巷道的布置取决于采场宽度 b 和矿体厚度，当采场宽度 b 小于 10～12m 时，采场一侧布置出矿巷道（图9－48、图9－49），采场宽度 b 超过 20m 时，在采场两侧布置出矿巷道，连接各出矿巷道的运输巷道布置在采场侧边。我国梅山铁矿在无底柱分段崩落法中采用了后者，运输巷道布置在矿体中央，在其两边布置出矿巷道。

为采场服务的溜井，一般按铲运机的经济有效的运距进行布置，一般溜井间距为 200～300m，装载机与卡车配套使用时，溜井间距可以扩大。

（4）合格矿石块度增加。用无轨设备运搬时，合格矿石块度值首先取决于铲斗容积，使用斗容为 3～4m^3 的铲运机时，合格矿石块度可以增加到 1200mm。合格矿石块度值与斗容的关系见本卷 8.7。

合格矿石块度增加到 1200mm，不合格大块产出率可以降低，二次破碎工作量减少，对提高运搬设备的生产效率有利，采场生产能力也相应提高，可以实现高强度集中作业，有利于生产管理。

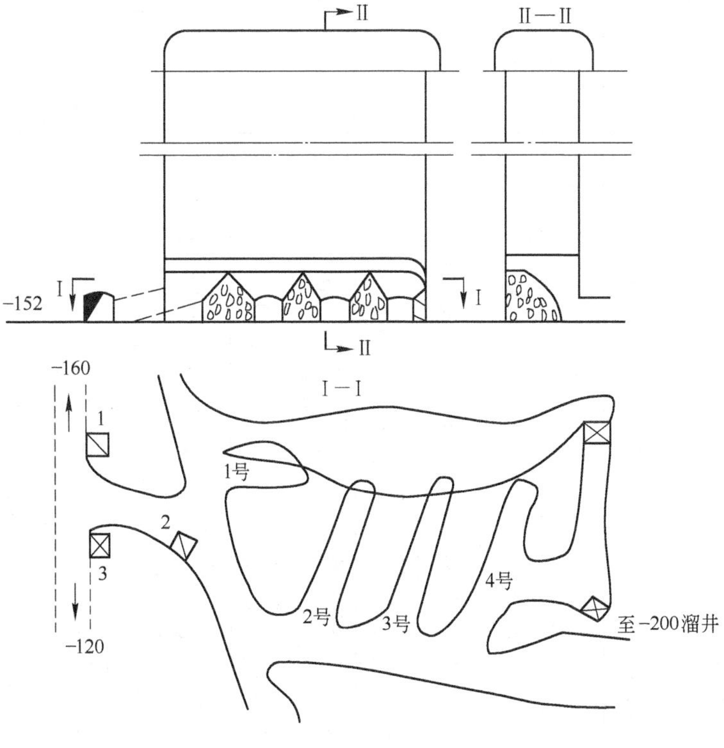

图9－49　－152m 水平采准布置示意图

1—1 号溜井；2—2 号溜井；3—1 号措施井

9.7.4　无轨设备运搬实例

部分矿山使用铲运机的主要技术经济指标列入表9－15 中，下面介绍凡口铅锌矿使用铲运机的实例。

表 9－15 部分矿山铲运机主要技术经济指标

矿山名称及采矿方法	巷道规格（m）	作业地点	单程运距（m）	铲运机型号	出矿能力		工时利用率（%）	轮胎				铲运机作业成本（元/吨）	备注
					吨/（台·班）	万吨/（台·年）		规格	寿命（h）	平均出矿量（吨/条）	费用（元/吨）		
符山铁矿无底柱分段崩落法	4.2×3.2	二采区760水平	80～120	LK-1	170	12～13	50～60	1400-24	120～500	5500～10000	0.38	1.4～1.69	1980～1983年
大厂矿务局无底柱分段崩落法	2.8×2.6			LF-4.1	371			1200-24	50～250	12572		0.603	1983年1～6月
丰山铜矿无底柱分段崩落法	4.2～3.5	南缘十二分层残采	65	LK－4	210	11.34	50	1400－24	400～500	8224	0.23	0.92～1.56	1981～1983年
尖林山铁矿无底柱分段崩落法	4×3	17号进路	75	ZLD-40	154	11.47	31～32	1600－24	370～465	18600～22900	0.344	1.29～1.61	1982～1983年
程潮铁矿无底柱分段崩落法	3.2×3.2	150采场	110	WJ－1.5	180～240		37～50	1400－24	544	8519	0.22	1.163	1983年
凡口铅锌矿VCR法	2.8×2.8	VCR法采场		CT1500	100～120			1000－20	50～100	1060	0.49	1.58	
凡口铅锌矿盘区机械化水平分层充填法	2.8×2.6	盘区机械化充填采场		TORO－100DH	167		17.8	1100－20	50～200	1900～2200	0.42	1.43～1.51	
凡口铅锌矿盘区机械化水平分层充填法	3.4×3.2	盘区机械化充填采场		LF－4.1	250～280		20～25	1200－24	20～88	766～1200	0.92～1.44	3.39	备件费占29%
寿王坟铜矿高端壁无底柱分段崩落法	4.5×3	下一中段采场	32～62	LK－1	200～250	14.69	42	1400－24	300～350		0.16	0.763	
寿王坟铜矿进路出矿有底柱空场法	4.5×3	2号矿体试验采场	32～62	TORO－100DH			42	1100－20	38～300	5800	0.34		
红透山铜矿水平分层尾砂充填法	3.6×2.8	采场	40	TORO－100DH			37～50	1100－20		1270	0.58	1.79	1980～1981年
红透山铜矿水平分层尾砂充填法	3.6×2.8		40	LK－1	150～200	12	37～50	1400－24	250～600	1400	0.16	1.13	1980～1981年
小寺沟铜钼矿分段崩落留矿法	4.2×3.2			LK－1	150～200			1400－24		1183～2199	0.35	0.854～1.87	1980～1983年
衢州铀矿水平分层充填法	3×3	207、208采场	60	LF－4.1	167.1		43.6						

表9-16 部分铲运机结构特点分析

特点	型号					
	TORO-100DH	LK-1	LF-4.1	CT-1500	WJ-1.5D	EHST-1A
优点	1. 结构紧凑，外形尺寸小，转弯半径小 2. 静液压机械传动无级变速操作简便，运转平稳 3. 液压制动结构简单，制动可靠 4. 低污染风冷柴油机空气有害成分含量低 5. 机器坚固，耐用，故障少	1. 整机性能好，坚固耐用，故障少 2. 液压机械传动，机动灵活，操作方便 3. 结构简单，布置合理易于维修保养 4. 气顶油，双回路盘式四轮制动，制动性能好，安全可靠 5. 铲斗结构形状合理，装满系数大	1. 结构布置紧凑，外形尺寸小 2. 液压机械传动并设有防滑自锁差速器，防止轮胎打滑，减少轮胎磨损 3. 工作机构和行车方向的液压系统简单，结构合理 4. 低污染风冷柴油机采用催化箱和水洗箱净化效果好，蜂窝状催化剂寿命长 5. 操作灵活方便	1. 结构布置合理，外形尺寸小 2. 液力—机械传动操作方便，机动灵活运转平稳 3. 气顶油双回路内涨蹄式制动器故障少 4. 前桥传动轴有支承不易断裂，铰接是关节轴承设计合理	1. 铰接车体，液压转向，转弯半径小 2. 动力换挡变速箱操作方便 3. 液力—机械传动充分利用电机功率，可防止过载 4. 调速离合器可无级控制行走速度运转平稳 5. 液压控制自动卷放电缆与机器运行同步	1. 液压传动，无级调速性能和牵引性能好 2. 有防滑自锁差速减压器，减少轮胎打滑，减轻磨损 3. 自动卷放电缆与机器行走同步，安全可靠 4. 结构简单，使用元件少 5. 全液压转向系统灵活轻便
缺点	1. 主传动油冷却器散热条件不好，油温高，有内漏，铲取力不足 2. 对油质，过滤精度维修水平和维修条件，要求高	1. 水冷直喷式柴油机尾气中有害成分含量大，污染环境严重，影响工人健康 2. 离合器在变速箱的两侧，受力情况不好	1. 结构部件空间间隙小，维修保养不便 2. 制动系统故障多脚踏制动器寿命低，盘式制动器漏油	1. 气路系统复杂，检查、维修、保养不便 2. 净化水洗箱易开裂漏水	1. 调速离合器摩擦发热量大，需加强冷却 2. 液压管路，布置不规整，维修不方便	1. 机器宽度小，侧向稳定性较差 2. 对油质，过滤精度要求高，维修质量不易保证

凡口铅锌矿在VCR法和盘区机械化胶结充填法中使用了柴油铲运机出矿。图9－49是用铲运机出矿的VCR法的采场之一，采用平底底部结构，布置四条铲运巷道，其间距为8m，断面为2.8m×2.8m，曲率半径为6m。为保证铲运机在直道状态下铲装，铲运巷道长度不能小于8m。采场出矿，回采矿房用LF－4.1型铲运机，平均台班生产能力为246t，回采矿柱用CT1500型铲运机，平均台班生产能力为120t。

为回收占矿块总矿量的10%～20%的残矿，曾试用过遥控铲运机，平均出矿能力为54吨/（台·时）。

9.7.5　无轨设备运搬的评价

柴油铲运机虽有废气污染井下空气的缺点，但是，它有效率高、机动灵活、使用范围广和动力来源广泛等优点，因此，在国外不少地下矿山的采场运搬主要采用铲运机。在我国应用柴油铲运机出矿的矿山，由于管理不善，工人技术水平低，备品备件供应满足不了要求，因而，与装运机相比，其出矿生产能力并不高，出矿成本高。当然，也有应用铲运机出矿比较好的矿山，如符山铁矿，使用铲运机取代气动装运机后，封存了20多台气动装运机，空压机的开动量减少了80%，每吨矿石的电耗减少了2.82度。直接生产人员减少一半。

我国使用的几种柴油铲运机和电动铲运机的结构特点列入表9－16中。

根据我国各矿使用铲运机的经验，目前柴油铲运机尚存在下列问题：

（1）铲运机生产能力未能充分发挥，经济效益不佳，甚至不如电耙出矿；

（2）柴油铲运机的废气污染严重，井下通风不良，有害工人健康；

（3）备品配件不足，维修技术不高，铲运机的完好率低；

（4）开采技术和设备配套，尚不适应铲运机作业需要，限制了铲运机效率的发挥。

为了解决上述问题应采取如下措施：

（1）改革现行的地下矿开采技术和劳动组织形式，以适应铲运机作业的要求，发挥其效能；

（2）加强对司机维修人员的技术培训，提高其技术水平，发挥铲运机的效率；

（3）研制降低废气污染危害的措施，改善劳动条件；

（4）研制提高备品配件质量的加工工艺，延长其使用年限，降低铲运机出矿的成本；

（5）研制耐切割、耐磨损的矿用轮胎，提高斜坡道和路面的质量，延长轮胎的寿命；

（6）应用科学的管理，提高铲运机的生产能力和降低出矿成本。

9.8　连　续　运　搬

9.8.1　连续运搬与连续开采[38,39,5,4]

连续运搬必须有大量的崩落的矿石，连续运搬的出矿和运搬设备。

目前的采矿技术能为连续运搬提供大量矿石的方式有：

（1）用连续采矿机开采。煤层和钾盐等软弱矿体，不用钻孔爆破，采用能完成切割、落矿和运搬的采矿机械，将被开采的矿物自矿体中分离下来，实现落矿、运搬乃至盘区大巷运输和采空区处理等一系列回采作业的连续生产。煤矿综合开采工作面采用综合采煤机组采煤，就是软弱矿体连续开采的典型实例。钾盐矿床地下开采也有此种实例。

金属矿床的矿石一般比较坚硬，矿体产状和形态复杂多变，目前尚无一种耐磨、效率高、成本低的切削工具和适应矿体形态产状多变的采矿机可供生产应用。70～80年代，国外个别金属矿山，试用了采矿机切割坚硬的含金石英脉（如南非个别金矿）和锤击式采矿机采坚硬的铜矿，但都未走出试验阶段。而实际已用的采矿机，只有法国洛林铁矿，在房柱法中用连续采矿机采矿，蟹爪式装载机转运，无轨设备运搬。

（2）用阶段自然崩落法开采厚大矿体。用阶段自然崩落法开采厚大矿体时，在拉底切割之后，矿石自然崩落，可放出的矿石量很大，而连续出矿和连续运搬成为控制矿石崩落的手段。准确控制出矿量，实行计划放矿，是阶段自然崩落法中控制矿体连续有计划崩落的关键。因此，研制有效的可控的连续运搬的工艺和设备，是采矿界瞩目的课题。

（3）用一步骤连续回采。深孔大量崩矿一步骤回采坚硬矿石的厚大矿体时，凿岩、爆破和出矿在不同空间同时平行连续进行。一次爆破崩落矿量在万吨以上，使出矿和运搬可以连续进行，效率也很高。例如苏联的磷矿，用束状深孔大量崩矿，用振动出矿机和振动运输机连续出矿，一个采场的生产能力达到9600吨/班[1]。此种回采工艺与目前露天矿的半连续开采工艺相当。

瑞典和加拿大等国都在研究带移动式破碎设备的连续装载与连续运搬的设备与工艺。瑞典耗资1250万美元，以五年时间，在其试验矿山已进行了初步的工业试验。

连续运搬应具备的条件是：

（1）有可供运搬的、块度适宜的、大量的矿石；

（2）安装、拆迁方便，运转可靠的连续运搬设备；

（3）能实现连续运搬的采矿方法方案。在这方面阶段自然崩落法的研究值得重视。特别是能控制崩落矿石块度的矿石自然崩落机理的研究应给予重视。

9.8.2 连续开采运搬实例

加拿大萨斯客彻温钾盐公司（PCS）所属的兰尼根矿，地质构造系中泥盆系的大草原蒸发岩，下部为岩盐和硬石膏，上部为钾盐矿层，矿体埋深1000～1050m，矿层近似水平，基本稳固。钾盐矿层有两个主要分层，每个分层被不同厚度的黏土夹层分隔，黏土厚约2～5m。准备开采上层矿和下层矿，其相应的厚度为9.76m和3.36～4.88m，中间夹有约3m厚的盐层。目前正开采下层。钾盐矿石含K_2O平均品位21%，矿石比重为2.112，实际回采率最高达44%。

兰尼根矿用竖井开拓，用平巷进行采准。在盘区采场内平行掘进三条主平巷，全长1220m，中间为主运输平巷，其余两条为人行和通风，平巷间距为91.5m，主运输平巷断面为11.29m×4.58m，沿平巷两侧布置采区，每个盘区分四个采区。每个盘区也有三条平行的盘区平巷与主运输平巷相联，平巷大部分设在钾盐矿层中。采区尺寸为1200m×1200m（图9－50）。带式运输机运输，竖井提升。

盘区用长壁式连续工作面连续开采，使用大型联合采矿机回采工艺技术，整个矿层分两层回采，第一次回采高度为2.44m，第二次采完全层。有时整层回采，采幅为4.88m。效果良好。

采场用大型联合采矿机采矿，配一台可伸缩的带式运输机跟随联合采矿机推进。矿石通过伸缩式带式运输机转运到采区带式运输机上，然后到盘区带式运输机和主带式运输机上。采区带式运输机有延伸装置，每次延伸长度21.05m。当联合采矿机向前推进时，带式运输机的延伸装置通过油压系统拉紧并逐步将21.05m长的胶带释放出来。用完后再接上21.05m，使延伸装置恢复原状。联合采矿机每推进60～120m时，则加长一次采区皮带，采完1200m时，再调头进行下一个1200m的回采，而液压支柱伴随联合采矿机沿采场走向推进，后面采空区任其自然崩落。在长壁法回采中，工作面一次回采全矿层，并允许工作面后方的顶板冒落。应用此种方法，地表应允许陷落，回采时应控制顶板，不使其发生过早的破坏，应与长壁推进速度相适应，不能采用大面积一次冒落的方法。回采时可根据矿层厚度的变化，随时通过计算机自动改变联合采矿机对矿层切割的高度，可进行分层回采，也可进行全矿层一次回采。在切割头的两个刀盘上装有三个互成120°夹角的电探测器，用PLC－3型计算机处理信息，为防止废石混入原矿中，机器上装有电脑控制的探头，能识别钾盐、黏土和岩盐之间的界限，防止联合采矿机采切顶板和底板的岩石，保证矿石质量。

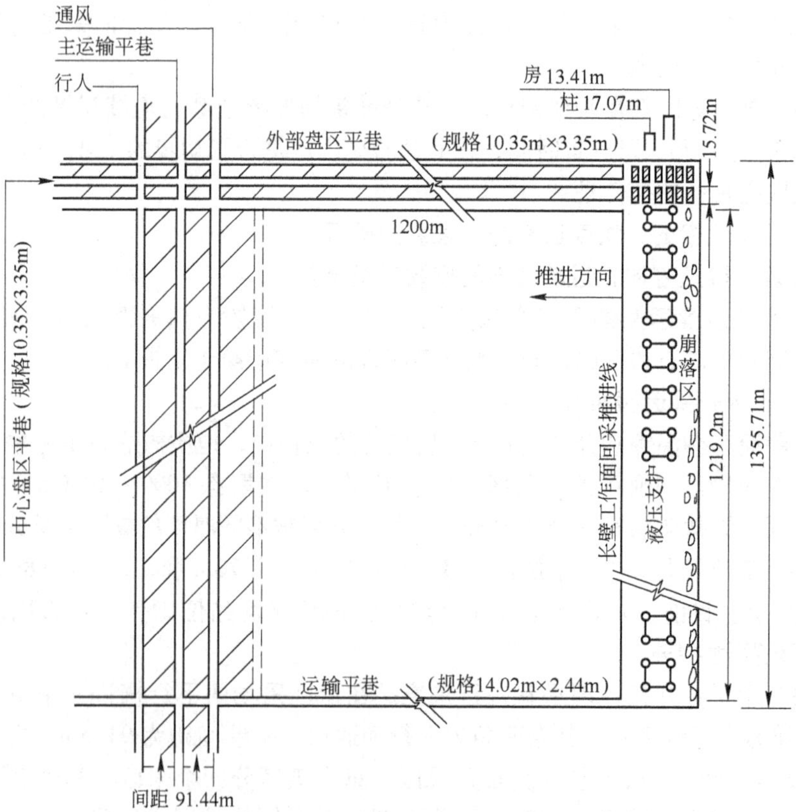

图9－50 长壁式连续开采运搬工作图

兰尼根矿主要技术经济指标列入表9－17中。兰尼根矿普遍采用大断面巷道，高效率的大型的采矿机械，自动遥控，以及较为先进的科学管理，因此，连续开采的经济效益较好。

9.8.3 连续开采的运搬

在连续开采中，连续出矿是重要的一环。在目前使用的出矿设备中能使出矿过程连

表 9-17 兰尼根矿主要技术经济指标

项目名称	计量单位	技术指导
全矿总人数 其中：采矿人员	人 人	445 88
生产能力	万吨/年	314.7
劳动生产率	吨/（人·年）	35761.4①
全员劳动生产率	吨/（人·年）	7071.9

①指采矿人员。

续，放出矿流可控而平稳，可以改善被放矿岩流动性，出矿量能准确统计，作业过程能遥控和自控的，以使用振动出矿机的振动放矿为好。

能与振动出矿机相匹配的、连续的运矿设备，目前而论，比较适宜的为带式运输机和振动运输机[33]。

在井下使用与振动出矿机配套使用的带式运输机，与一般固定式的（例如选厂用的）带式运输机有下列特点：

（1）运输的矿岩不但块度大，而且粒度组成和含水量的变化都较大，要求皮带不仅宽度要大，而且耐磨耐冲击；

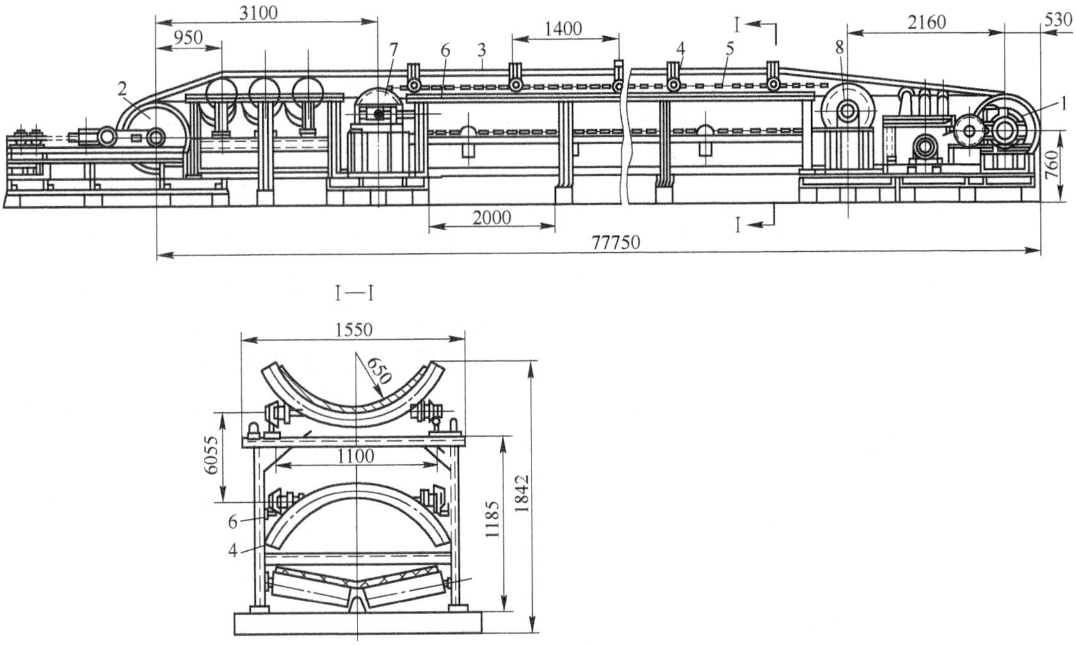

图 9-51 КЛТ-120 型皮带运输机

1—传动滚筒；2—拉紧滚筒；3—胶带；4—带行走滚轮的弧形横梁；5—链条；6—向导轮；7—链的拉紧轮；8—首轮

（2）多点受矿，能承受冲击负荷；

（3）不是固定设备，安装拆迁要简便，外形尺寸要小，结构紧凑；

（4）矿石的输送距离可以调节，加长和缩短都很方便。

目前国内外研制和试用的带式运输机中，有下列两种形式比较能适应上述特点：

（1）四川石棉矿的车带式运输机，其特点是：托滚不固定，随皮带一起移动，这样皮带与托滚之间的摩擦阻力较小。此种皮带运输机的结构原理与苏联的 КЛТ－120 型的带式运输机（图9－51）相类似。

КЛТ－120 型带式运输机与一般的普通常见的带式运输机的主要不同之处为：胶带不是置于固定的托滚上，而是放在弧形横梁上，由皮带与弧形横梁之间的摩擦力，两者一起移动。弧形横梁上方有厚的橡胶衬垫，可以降低受矿时，矿石落在胶带上产生的冲击负荷，因而延长胶带的寿命，并且使胶带与弧形横梁之间的摩擦系数增加。此种类型的带式运输机有两种型号，其技术特性列入表9－18中。

表9－18　带式输送机的技术特性

型　　号	КЛТ－160	КЛТ－120
技术生产能力（t/h）	2500	1800以下
胶带宽度（mm）	1600	1200
运行速度（m/s）	1.0	1.25
胶带型号	TK－300	TK－300（五层）
胶带上的支承机构	行走小车	行走小车
运输矿石最大尺寸（mm）	1500	1500
横巷运输机的长度（m）	150	50
电力驱动装置的功率（kW）	160	20
运输机重量（t）	121	

КЛТ－160 型带式运输机配 ПВРА－4.5/1.4 型振动出矿机（图9－52），用于阶段高度为70m的阶段强制崩落法中，试验了22个工作班，共运出8.266万吨矿石，平均台班生产能力为3757t，最高达到5700t。放矿和运输工人的劳动生产率为750吨/工班[1]。

（2）无支架的带式运输机。它用两根钢绳代替运输机的刚性框架，作为承载构件。此种结构不但能减轻作用在托滚上的动力载荷，而且更能适应磨蚀性大的坚硬矿石的装矿，制造运输机的金属消耗量可降低30%～40%。钢绳绕过皮带的驱动部件和拉紧装置，用拉紧套管张紧。拉紧套管的一端固定在钢绳上，另一端用锚杆螺栓固定在巷道的底板上。用固定在巷道顶板上的链条钢绳悬起，使其不下垂。链条用锚杆固定在巷道顶板上。无支架的带式运输机的主要技术特征如下：

技术生产能力（t/h）	400～600
皮带宽度（mm）	900～1000
皮带运动速度（m/s）	1.0
功　率（kW）	10
运输的水平长度（m）	50～70

用振动运输机、振动出矿机和 ВГ－400 型振动格筛相匹配，进行了端部放矿的连续作业试验（图9－53）[1]。

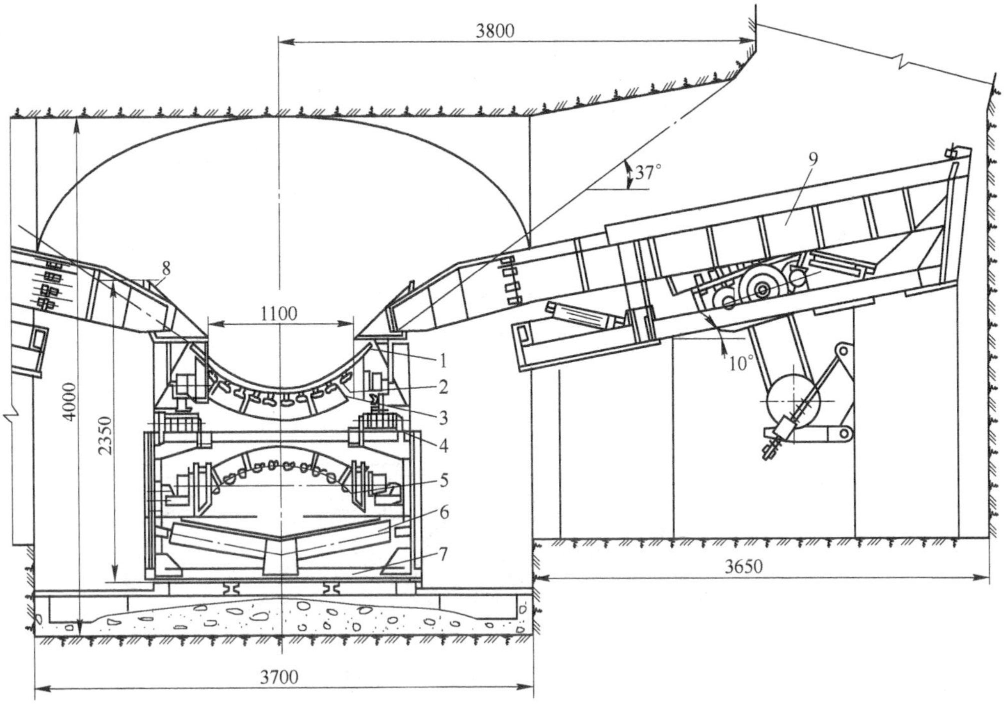

图 9-52 КЛТ-160 型带式运输机配 ПВРА-4.5/1.4 型振动出矿机的使用

1—КЛТ-160 型运输机的皮带；2—弧形横梁；3—链条；4—装载点的导轨下面的缓冲元件；5—横梁上的缓冲元件；6—下胶带的托滚；7—机架；8—护板和拦板；9—ПВРА-4.5/1.4 型振动出矿机

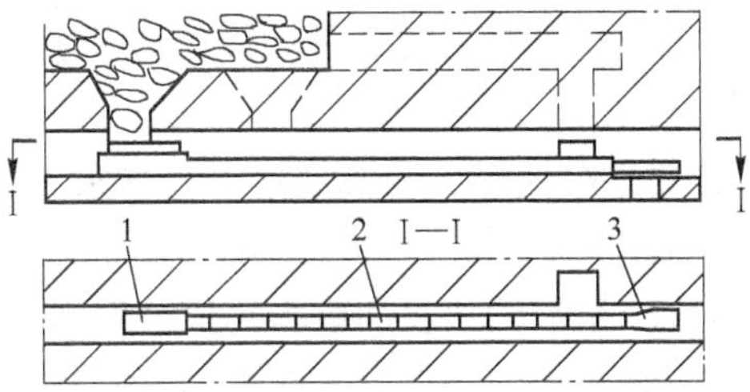

图 9-53 端部放矿的连续作业

1—振动出矿机；2—振动运输机；3—ВГ-400 型振动格筛

ВГ-400 型振动格筛（图 9-54）由下列部件组成：双轴激振器 1、条筛槽 2、橡胶减振器 3、电动机 4、底架 5 和三角皮带 6。

图 9-55 中所用的振动运输机为 ВР-80 型，由框架 1、运输槽 2、偏心连杆机构 3、电动机 4、三角皮带 5 和板弹簧 6 等所组成（图 9-55）。ВР-80 型振动运输机对黏性大的粉矿是不适应的。

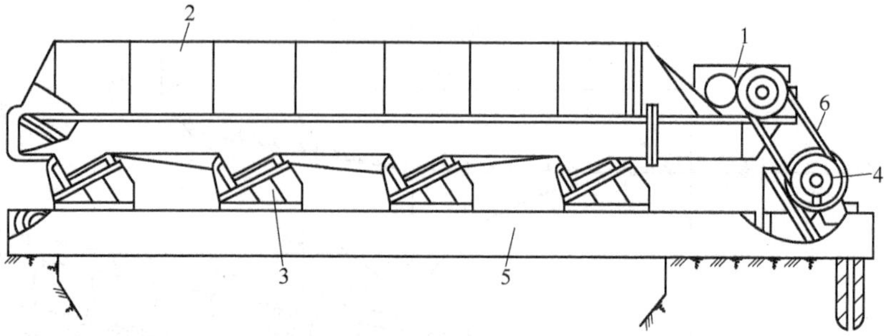

图9-54　ВГ-400型振动格筛

1—双轴激振器；2—条筛槽；3—橡胶减振器；4—电动机；5—底架；6—三角皮带

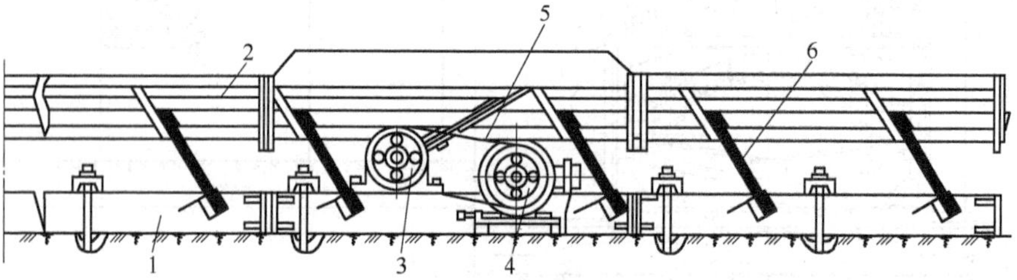

图9-55　ВР-80型振动运输机

1—框架；2—运输槽；3—偏心连杆机构；4—电动机；5—三角皮带；6—板弹簧

图9-53所示的连续作业系统在苏联萨拉依尔铅锌矿的阶段崩落法中使用过，在大块产出率为20%的条件下，放矿与运搬的平均工班劳动生产率为210t，最高达480t。与原用漏斗重力放矿相比，放矿的劳动生产率提高1.9倍，采矿成本降低了35%，采区的开采时间由过去的2~2.5年减少到1年，回采的矿块数减少一半以上[1]。

9.8.4　连续运搬的发展趋势

地下矿的连续运搬，由于地下工作空间有限，工作条件恶劣，其成熟程度还不如露天开采的半连续开采工艺。根据国外已报道的个别连续运搬的实例，以及近期的研究动向，地下矿连续运搬中，值得研究的问题是：

（1）用移动式破碎机进行二次破碎。要使崩落矿石块度完全满足连续运输机的要求是较难的，因此有些研究单位正在研制适合连续运搬设备系统中使用的移动式破碎机。要求此种破碎机的外形尺寸矮小，给矿的块度和破碎比大，处理矿石的能力大，能安设在装载机和连续机之间进行工作。将大块的二次破碎在采场出矿巷道中解决。不用炸药爆破进行二次破碎，可以改善出矿的劳动条件，提高纯作业时间。其缺点是底部结构中安装连续运搬设备的硐室大，连续运搬系统中设备增多，采场中多点出矿时不好使用。因此，有一种观点是不用移动式破碎机，增大连续运搬设备的规格，将大块矿石运至溜井卸矿口的格筛上进行二次破碎，不赞成使用移动式破碎机。

（2）连续出矿设备的研制。正在研究的连续出矿设备有震动铲取的装载机，铲斗的震动作用，能降低铲装时插入矿堆中的阻力，增加铲取深度，矿石经转载机至移动式破碎机，然后至连续运搬设备上。此种出矿设备优点是采场底部结构简单，设备是自行的。缺点是，不能改善被放矿岩的流动性，一条出矿巷道所担负的放矿面积较小。

另一种连续出矿设备为振动出矿机，其优缺点与前者恰好相反。目前正在研究采场用的振动出矿机系列，使之标准化、规范化。

（3）连续运搬设备。采场用的连续运搬设备都是临时性的，要求安装拆迁方便，多点受矿，能适应矿石块度多变的要求。目前正在研制试用的有：振动输送机、带式输送机和链板式输送机。振动输送机的优点是：安装拆迁方便。可以调节参数，适应矿石块度的变化，运送距离的加长和缩短都很容易解决。缺点是，一台驱动设备可能运送的距离有限，据报道，最长为90m。带式运输机的优缺点与此相反。

链板式输送机不能适应坚硬，磨损大和块度不均匀的矿石，只能用于软弱的矿石，如煤等。

因此在国外都重视带式输送机和振动输送机的研制，只有配装载机作为短距离转载用（例如10～15m左右），才采用链板式输送机。

（4）矿石块度控制。控制崩落矿石块度，使不合格大块产出率降至最低，是连续运搬所希望的。目前的机械化地下开采中，矿石崩落有自然崩落和深孔大爆破崩落，才能达到大量崩矿，满足连续运搬的要求。

自然崩落中控制矿石块度，有赖于拉底速度、拉底面积、割帮程度和方式以及适宜的放矿速度与放矿制度。适应矿石崩落性的要求，方能获得比较理想的矿石块度和块度组成。因此，应用岩石力学和电子计算机技术的成就，研究自然崩落控制矿石块度，是目前采矿界研究的课题。

深孔大量爆破中控制矿石块度，目前是以凿岩、爆破、出矿、运搬和初碎（井下集中破碎和选厂的粗碎）等全过程的费用最小为目的，优化凿岩爆破参数，决定崩落矿石块度的合理值，这方面的内容在本卷8.5.4中已有论述。

（5）采矿法方案和设备。不管是自然崩落，还是深孔大爆破崩落，合理的采矿法方案及其构成要素，采准切割系统，进行顺序，以及相应的高效的、自动化程度高的采掘设备，是保证连续运搬获得优异效果的重要因素，有关内容在本卷第7章和第4卷中论述。

9.9 其他运搬方法

在地下矿开采中还使用了水力冲运、板式给矿机运搬和单轨运搬等方法，各有其使用条件和特色，简述如下。

9.9.1 水力冲运

利用水枪喷出的压力水流冲动崩落的矿石，使其沿底板下流，称为水力冲运。

图9－56为苏联斯米尔洛夫矿使用的水力冲运全面法。该矿的矿体厚度为0.7～1.2m，倾角为25°～30°，采用全面法水力冲运回采，其主要工艺是：在采区的上部构筑一个容积为100m^3的贮水池，用26kW的水泵向长度为0.9m的水枪供水，水枪喷嘴直径为20mm，供给的水压为0.3MPa。冲运距离为20m。

水力冲运的生产能力P（t/h）与矿体倾角α（°），冲运距离L（m），矿石容重γ（t/m^3）和水枪的耗水量Q（m^3/h）有关，其值可用（9－9）式计算：

$$P=\frac{Q\gamma\sin\alpha}{0.05L} \tag{9-9}$$

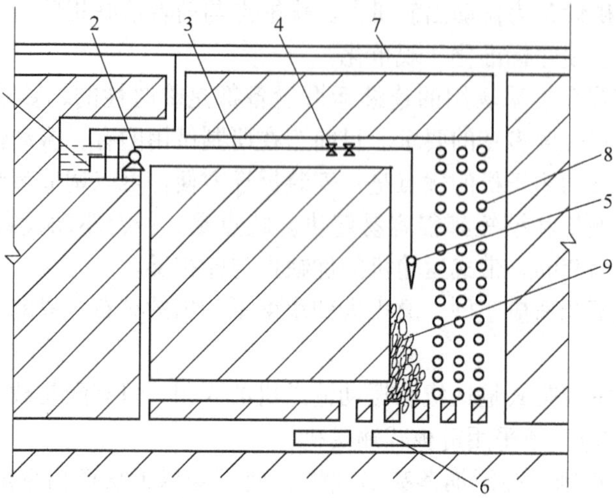

图9-56　水力冲运全面法

1—贮水池；2—水泵；3—供水水管；4—调水阀；5—水枪；6—矿车；7—主水管；8—立柱；9—矿石

一般说，当倾角20°~30°时，冲运生产能力为26t/h，此时耗水量为0.8m^3/t；矿体倾角从25°增大到45°时，冲运生产能力可由22t/h，增加到30t/h。

水力冲运的使用条件为：

（1）底板光滑平整，无裂隙，不会造成粉矿损失；

（2）矿石不溶于水，遇水不会泥化；

（3）粉矿和含泥量少，不会形成巷道泥泞与污染；

（4）矿石渗水性好。

用留矿法开采倾角局部变陡的急倾斜薄矿脉时，在最终大量放矿阶段，为了解决矿石不能自溜放出的困难，江西盘古山钨矿和丹东五龙金矿，也曾采用水力冲运作为辅助的措施，使底板不残积矿石。

9.9.2　板式给矿机运搬[26]

美国的Bellefonte矿开采含钙很高的石灰石矿，矿体平均厚度为21.3m，主要运输水平在地表之下210.3m。用下向扇形深孔崩矿，扇形炮孔组垂直走向。分段高度为42.6~51.8m。崩落的矿石用1.5m的板式给矿机向主要运输巷道的矿车装载（图9-57）。

使用板式给矿机运搬有很好的效果，与铲运机出矿相比，放矿的经营费有明显的降低，其中放矿工人工资的费用降低22%，维护费降低55%，二次破碎炸药消耗降低30%，动力费降低83%，润滑费降低86%，总的放矿作业成本降低40%。

使用板式给矿机运搬矿石，与振动出矿机相比，有下列缺点：

（1）板式给矿机不能改善矿石流动性，没有破拱作用；

（2）含水多的粉矿漏到板式给矿机之下，清扫工作量大；

（3）硐室和设备的投资要大得多；

（4）维修费用大，拆迁和安装不方便。

其优点是输送矿石的距离比较长。

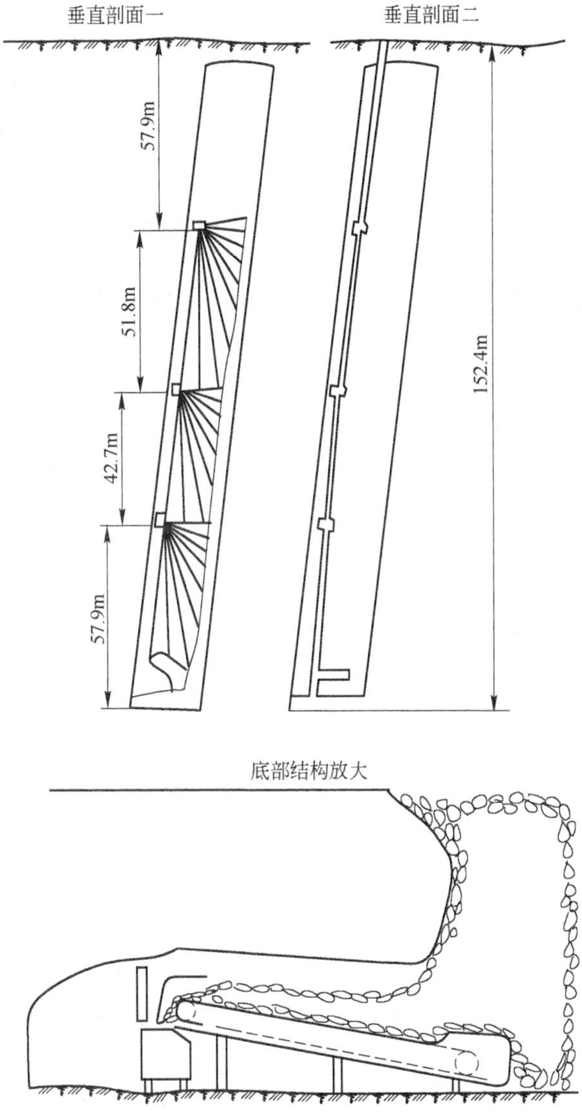

图9－57　美国 Bellefonte 矿板式给矿机出矿的分段法[26]

9.9.3　单轨运搬

20世纪50年代，湖南省香花岭锡矿在开采很不规则的缓倾斜矿体中，采用了单轨吊斗运搬，用于往上搬运矿石，用绞车牵引，代替用人力挑运，成本降低13.6%。此法缺点是：钢轨要经常移设，往吊斗中装矿费力，生产能力很小，因此只能用于中小型机械化程度不高的地方国营矿山。最近农牧渔业部研制成功的在单轨上运行的驱动车，可以取代绞车，可以借鉴这一经验。

联邦德国某矿山使用过单轨矿车运搬，单轨敷设在底板上，因此大大地简化了轨道敷设，吊斗为容积0.42m³ 矿车所取代；轨道是一工字梁，运行速度为0.75m/s。

9.10 溜 井 放 矿

溜井放矿的生产能力大，成本低，在我国地下开采和露天开采的矿山获得了广泛使用。

一个矿需要溜井的数量和溜井的位置选择，与年产量、采矿方法、开拓方法和井田的大小等有关，其原则是使溜井放矿和地下与地面的运输费用小，投资省，维护工作量小，关于此方面的详细论述，见本书第4卷17.9.1.2。

选择溜井位置时，应掌握溜井穿过岩层的详细而可靠的水文工程地质资料。

如有必要，应在溜井施工前打钻孔，提取岩芯，掌握溜井穿过岩层的地质构造（断层、破碎带、溶洞和流沙层的部位与范围）、岩层的物理力学性质（抗压强度，稳固性和耐磨性等）和水文地质资料（涌水量、水压和酸度等），以免造成施工困难和维护量大。

事先了解被放矿石的物理力学性质、粉矿含量、块度组成、湿度、堆积角、自然安息和容重等，对建成的溜井能否顺畅而有效地放矿也是重要的。

露天矿用的溜井，对矿山所在地的气象资料的了解（最大降雨量，洪水位，常年主导方向和冻土深度等）是必须的。

9.10.1 溜井的结构形式

我国各矿使用的溜井形式较多，其结构特征，使用条件和优缺点列入表9－19中。

9.10.2 溜井的结构参数

关于溜井结构参数中的深度、断面形状和尺寸等方面的内容见第4卷的17.9.1.4和17.9.1.5。

9.10.2.1 溜井倾角

溜井倾角主要取决于矿藏条件、围岩的性质、矿石块度、湿度、黏结性、自然安息角、粉矿堆积角等。

垂直溜井可以形成中心落矿，矿石对溜井冲击磨损较均匀，断面利用率高，井筒稳固性好，比斜溜井堵塞的可能性小，一般矿山的主溜井都采用垂直溜井。

斜溜井的倾角一般应大于溜放矿石的粉矿堆积角，通常取65°～75°。带有分枝斜溜道的溜井，其斜溜道长度一般不大于10～15m，其底板坡度应大于矿石的自然安息角，通常取50°～55°。

矿石、岩石及土壤的自然安息角，见附录2，采矿工程用表34。

矿石的粉矿堆积角，见表9－20。

9.10.2.2 溜井上口结构

卸矿口结构形状分喇叭口式和无喇叭口式两种。

卸矿口应设置格筛，格筛的规格由溜放矿石的块度而定，通常采用钢轨和锰钢条制作而成，倾角一般在15°～20°，也有的矿山采用水平格筛。为便于操作人员通行和处理大块，应在格筛两侧及卸矿方向对面留出宽度不小于0.8m的操作平台。

为了保护卸矿喇叭口不被矿石冲击破坏，最好用钢轨或其他耐磨材料加固。卸矿口应设有防尘（喷雾洒水、溜井口密闭井盖）、通风及排水设施。

卸矿口结构尺寸应根据卸矿方式、设备布置方式和卸矿要求而定，使其尽量形成中心落矿，减轻矿石对井壁的磨损。

表 9－19 各种溜井适用条件及优缺点

溜井结构形式	示意简图	适 用 条 件		优 缺 点				
		地形地质条件	生产能力、开拓方式	磨损情况	堵塞情况	跑矿	施工	管理
明溜槽直溜井	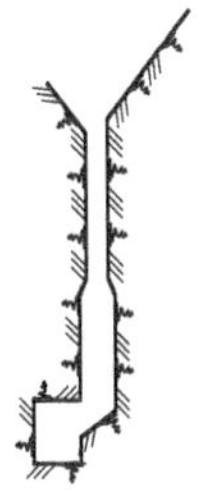	山坡较陡在50°左右，围岩坚硬稳固，整体性好	露天开采大中小型矿山均可采用，生产能力大，要做好溜槽溜井口防洪排水设施	溜槽两帮及底板磨损较严重，溜井口受矿石冲击磨损严重	若粉矿较多，不连续放矿时，易在井筒及溜口堵塞	防洪排水不当，易跑矿	方便	方便
明溜槽斜溜井		山坡较陡在50°左右，斜溜井沿岩层开掘，此岩层坚硬稳固，整体性好	露天开采大中小型矿山均可采用，当粉矿多黏性大时，不可采用。作好溜槽溜井防洪排水设施	溜井两帮、底板及溜井顶板磨损严重，溜井口受冲击严重	当粉矿量大，黏性大时，易在溜井贮矿段发生堵塞	防洪排水不当，易跑矿	方便	方便
单段斜溜井		当围岩不大好，只有一层坚硬稳固整体性好的岩层，岩层倾角大于60°的坑内开采矿山	坑内开采中小型矿山使用较多。当矿石中含粉矿较多，且黏结性较大时，不宜采用溜井放矿	溜矿段底板及贮矿段顶板磨损较严重	贮矿段及放矿口处易发生堵塞	较少	方便	一般
多阶段卸矿斜溜井		主溜井穿过的岩层坚硬稳固，整体性好，且倾角大于60°	坑内开采大中小型矿山均可采用，特别是多阶段同时出矿的矿山，当矿石中含粉矿多，黏性大时，不宜采用	溜井底板磨损较重，分支溜井对面的井壁受冲击严重	贮矿段及放矿漏口处易发生堵塞	较少	较复杂	较方便
单段式直溜井	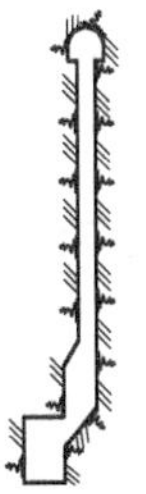	地形陡峭急倾斜岩层，围岩坚硬稳固，整体性好	露天及坑下开采的矿山均适用，生产能力较大	由于单水平卸矿，且在溜井口中心落矿，故对溜井冲击磨损较轻	在放矿溜口处，有时发生堵塞，次数不多	较少	方便	方便

续表9－19

溜井结构形式	示意简图	适用条件		优缺点				
		地形地质条件	生产能力、开拓方式	磨损情况	堵塞情况	跑矿	施工	管理
多水平卸矿带分枝斜溜井的直溜井		急倾斜厚岩层，围岩坚硬，稳固，整体性好	坑内开采的大中小型矿山均可采用，适用于多阶段同时生产的矿山。防止各阶段的水进入溜井	溜井上口及分支斜溜道对面的井壁受冲击磨损严重	漏口处易发生大块矿石卡矿和堵塞	较少	复杂	较方便
分段控制式直溜井	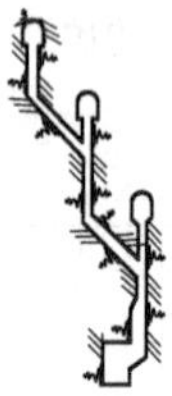	坚硬稳固，整体性好的急倾斜厚岩层	坑内开采的大、中型矿山，无论是单水平还是多水平同时生产均可采用	溜井转角处受冲击磨损严重	转角处和控制闸门处易发生堵塞	一般	复杂	复杂
阶段式直溜井	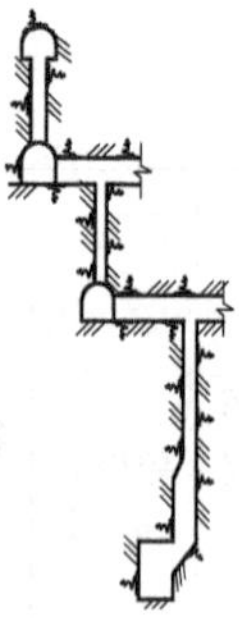	缓倾斜岩层，构造复杂时，可在局部地带布置短溜井（其围岩较好）	坑下开采的大中小型矿山，无论是单阶段或多阶段同时生产均可采用	这种型式可造成矿石中心落矿，减少对溜井的冲击磨损，只有溜井上口10m左右受冲击磨损	很少发生堵塞	很少	较方便	较复杂
瀑布式直溜井	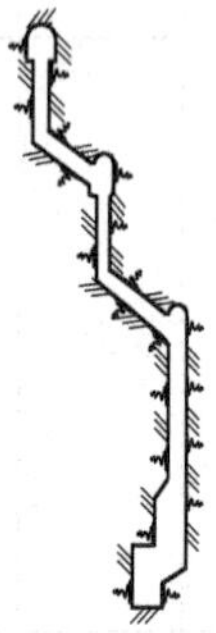	坚硬稳固，整体性好的急倾斜厚岩层	坑内开采的大中型矿山，多水平同时生产时可采用此种型式	转角处及斜溜道对面溜井壁受冲击较重	转角处放矿口处易发生堵塞现象	较少	复杂	一般

表9-20 粉矿堆积角（α）实测值

溜放物名称	岩石坚固系数	矿石的黏结性	粉矿堆积角（°）
白云岩（含铜）	4~6	不黏	65~70
钨矿石（石英脉）	12~19	不黏	65~70
鲕状赤铁矿	10~12	不黏	55~60
赤铁矿	10~15	黏性较大	65~85
钒钛铁矿石	6~13	不黏	60
磁铁石英岩	12~15	不黏	60~71
赤铁矿	12	粉矿较多，较黏	60~75
矽卡岩型磁铁矿		粉矿多而黏	>80
铜　矿	4~8	黏性不大	65~75
磁铁矿	18	不黏	55~60
石灰石矿	8~12		
赤铁矿	8~12	不黏	55~60
铅锌矿	8~12	不黏	65~70
赤铁矿	10~15	不黏	50~65
石灰岩	8~10	不黏	60~70

为了解决向溜井中卸矿时，矿流冲击对溜井壁的损坏，锡矿山矿务局北矿使用了图9-58所示的振动放矿机转载矿石的溜井。使用的振动出矿机的技术特征如下：电动机功率13kW，振动台面尺寸为1.2×2.8m，台面倾角20°，出矿口高度为1m。

经长期使用证明，由于振动出矿机使矿石沿溜井中心降落，因而矿流冲击溜井井壁的磨损已基本上消除。这是一项对维护溜井井壁的好措施。

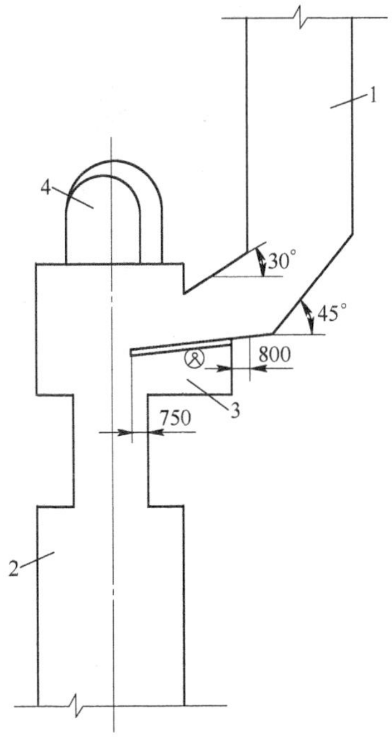

图9-58 主溜井用振动放矿转载矿石
1、2—上、下段溜井；3—振动出矿机；4—卸矿硐室

9.10.2.3 溜井中部斜溜道结构参数

溜井中间各阶段的卸矿口通常用斜溜道与溜井连接。

卸矿硐室与溜井之间的安全岩柱，根据溜井断面、硐室断面及岩柱的稳固性确定，一般取4~8m。

斜溜道的倾角应大于矿石的自然安息角，一般50°~55°。斜溜道的长度一般在15m以内。斜溜道的宽度一般应小于或等于溜井的直径，且应等于或大于矿石最大块度的4~5倍，并不小于2.0~2.5m。斜溜道的高度应等于或大于矿石最大块度尺寸的3~4倍，且不小于2m。

9.10.2.4 溜口结构参数

溜口是放矿咽喉，而且往往易堵塞，因此研究设计合理的结构形式参数，很有意义。

重力放矿溜口的常用形式如图9-59所示。

溜口的多少根据溜井的放矿量而定。

近年来，我国应用振动放矿技术，在溜口底板安设振动放矿机，改造原有溜口，解决堵塞和跑矿问题，很有成效。图9-60是我国宜春钽铌矿主溜井使用的示意图[29]。

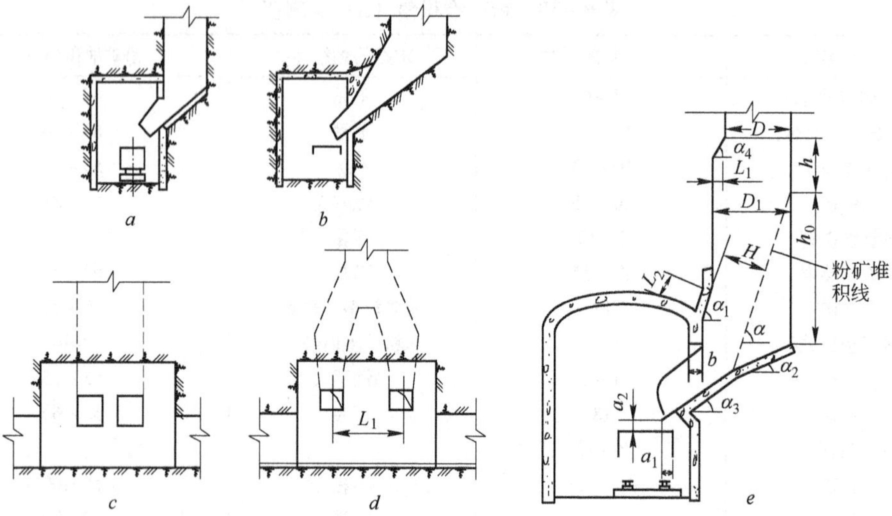

图9-59　溜口的结构形式

a—单向筒形单溜口；b—单向楔形单溜口；c—单向筒形双溜口；d—单向楔形分岔式双溜口；e—有贮矿仓的单向筒形单溜口

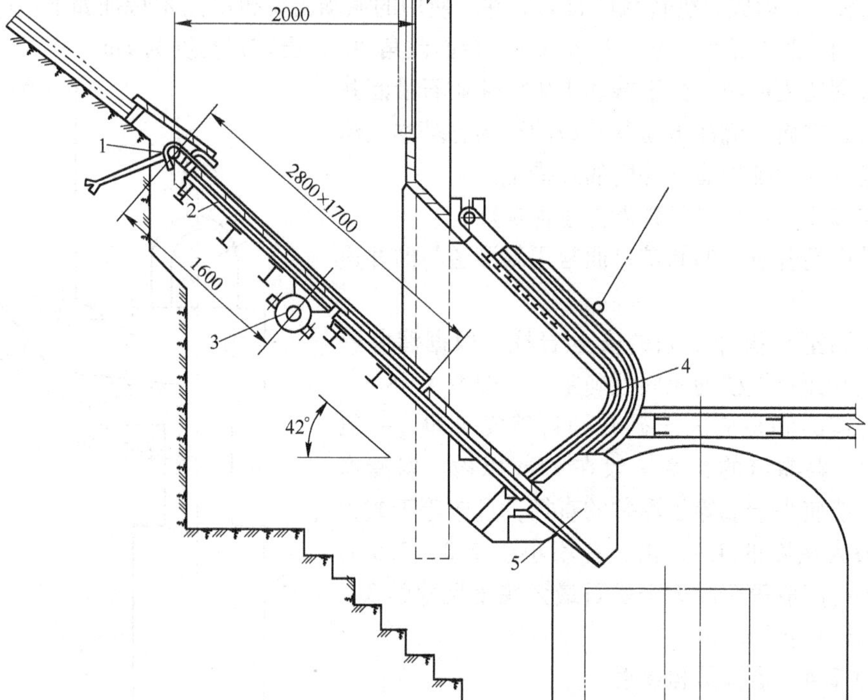

图9-60　溜井振动放矿

1—挂轴；2—振动台面；3—振动电动机；4—指状闸门；5—活动斗舌

宜春钽铌矿的矿石粉矿含量高，大块多，未使用振动放矿前，溜井经常堵塞。在底板安设5.5kW振动电动机装备的振动出矿机后，生产已正常。

A 溜口宽度

溜口宽度是溜口两侧板之间的水平距离，溜口最小宽度取决于所溜放矿石的性质、块度及装载运输设备规格尺寸，一般等于或大于矿石最大块度尺寸的3倍（振动放矿时可用2倍）。

B 溜口高度 H

以下正文中所用符号见图9－59*e*。

溜口高度为溜口顶板到粉矿堆积线之间垂直距离。通常溜口高度为溜口宽度的0.6～0.8倍。

C 粉矿堆积角 α

粉矿堆积角亦称粉矿砸实角，各类矿石粉矿堆积角可按表9－20选取。

D 溜井顶板倾角 α_1

当溜口底板堆积粉矿后，应保证溜口仍有一定高度，使矿石放出顺利流通。因此，溜口顶板角应等于或大于粉矿堆积角。

E 溜口内坡角 α_2

溜口内坡角是指贮矿仓底板的倾角。为使矿仓底板堆积一定厚度的粉矿，以保护矿仓底板并使溜口顺利放矿，其角度应小于堆放矿石的自然安息角，并应小于溜口底板倾角，通常取 $\alpha_2 \leqslant 35°$。

F 溜口底板倾角 α_3

为保证顺利放矿，又不致发生跑矿，溜口底板倾角一般比矿石自然安息角大2°～4°，振动放矿时可取 $\alpha_3 = 5° \sim 20°$。

G 溜口斜脖长度 h_2

为控制放矿速度，保证闸门安全，斜脖不宜太长或过短，一般取 $h_2 = 0.8 \sim 2.0\text{m}$。

H 溜口额墙厚度 b

溜口额墙受矿石的冲击磨损严重，为保证放矿闸门硐室的安全，溜口额墙应有足够的厚度，通常取 $b = 500 \sim 800\text{mm}$，此外一般用钢轨、锰钢板或其他抗冲耐磨材料加固，大中型矿山要用锰钢板加固。

I 双溜口中心距 h_1

当使用单向双溜口放矿，应使两溜口与溜井中心对称，否则在放矿时易造成贮矿仓中矿石自然分级和放矿不均匀，影响放矿效果。两溜口中心距一般为矿车长度的整数倍。

J 溜口与矿车的关系

溜口与矿车的关系尺寸按矿车规格（宽和高）确定：

一般取 $\alpha_1 = 150 \sim 200\text{mm}$

$\alpha_2 = 200\text{mm}$

K 贮矿仓

贮矿仓是用采贮存一定量矿石以调节矿山生产的均衡性，并减少溜口堵塞事故，贮矿仓结构如图9－59*e*所示。

（1）贮矿仓的断面一般为圆形或矩形。当断面为圆形时，贮矿仓的直径为溜井的直径再加宽1.5~2.0m，加宽后的直径不少于4m。当断面为矩形时，将矩形溜井的宽边长度加宽1.5~2.0m。

（2）贮矿仓的高度一般在8~30m之间，通常取10~15m。K为贮矿高度的波动系数，一般为贮矿仓高度的0.1~0.2倍。

L　溜井检查巷道及检查天井

溜井检查巷道和检查天井（见图9-61），是用来处理溜井堵塞、观察溜井贮矿情况和检修矿仓及漏口所设。

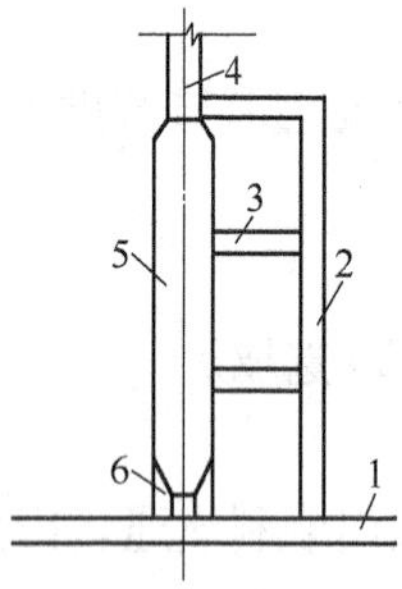

图9-61　溜井检查巷道示意图
1—主要运输巷道；2—检查天井；
3—检查平巷；4—溜井溜矿段；
5—溜井贮矿段；6—溜井放矿口及闸门

检查巷道布置在贮矿段变坡处、斜溜井的转折处、溜井断面变化处、贮矿仓上部和溜口上部。检查巷道间距根据具体情况而定，一般为8~10m。

检查巷道与溜井相交处应在贮矿仓放矿方向的侧面。

检查巷道的断面一般取高1.8m，宽1.2m。

检查天井与溜井之间的安全岩柱一般取8~10m。

检查天井的断面应便于人员上下，一般取1.5×1.5m。

检查天井内应设人行梯子及平台，并有照明设施。

在独头巷道内溜井的检查天井应布置在进风侧。

M　放矿硐室的安全通道

国内不少矿山在溜矿井的生产过程中，由于堵塞、结拱和跑矿在放矿硐室内出现人身伤亡事故，为此，放矿硐室应设有安全通道，确保人员的撤退。

安全通道的断面一般取高2.0m，宽1.8m。

9.10.3　溜井放矿生产能力

溜井生产能力主要取决于上下阶段装卸运输能力、矿石的黏结性和生产技术管理水平。只要溜井中贮存一定量的矿石，运输能力满足要求，矿石的黏结性较小和合理的溜井生产技术管理，溜井的通过能力是很大的，一般每天可达3000t至5000t以上。

溜井放矿能力（W）由（9-10）式计算：

$$W=\frac{3600\lambda F\alpha\gamma vn}{K_p}\tag{9-10}$$

式中　λ——放矿闸门的完善程度系数，气动闸门$\lambda=0.7\sim0.8$；

F——一个放矿溜口的断面积，m^2；

α——矿流收缩系数，$\alpha=0.5\sim0.7$；

n——放矿效率（包括堵塞停歇时间），$n=0.75\sim0.8$；

v——矿石流动速度，m/s，$v=0.2\sim0.4$；

γ——矿石的容量，t/m^3；

K_p——矿石松散系数，$K_p=1.4\sim1.7$；

W——溜井放矿能力，t/h。

9.10.4　溜井的故障及其处理

溜井常见的故障为堵塞和跑矿，其次为溜井井壁的严重磨损，甚至发生井壁垮落，不仅影响生产的正常进行，甚至严重威胁作业人员的安全。个别矿山因溜井堵塞造成溜井报废，出现伤亡事故。

防止溜井磨损和加固的措施见11.5.7。

9.10.4.1 溜井堵塞的部位

（1）放矿漏口底板以上5m范围内。

（2）溜井井身与贮矿仓交接处（即断面变化处）。

（3）多水平卸矿的斜溜道与溜井连接处。

（4）高溜井分段施工的联络道与溜井交岔处。

（5）斜溜井变坡处。

（6）斜溜井折角处。

9.10.4.2 影响和造成溜井堵塞的主要原因

（1）由于矿石含粉矿量多，矿石黏结性大，特别是当矿石含水或湿度在1%～5%之间的情况下，堵塞经常发生。

（2）溜井底部结构尺寸选择不合理。生产中证明，溜井底部带贮矿仓式的比直筒式的堵塞次数少得多。

（3）溜井的断面选择太小。

（4）溜井（溜槽）的倾角太小。

（5）溜井断面尺寸太小，造成闸门放矿时发生堵塞。

（6）溜口底板倾角或溜口顶板倾角及斜脖长度选择不当，使放矿静空太小，造成溜口以上5m内经常发生堵塞。

（7）因停产久未放矿，矿石被压实而造成溜井堵塞。

（8）由于斜井在变坡、折角处粉矿堆积而造成净空太小发生堵塞。

（9）由于向溜井倒入超过允许的大块矿石、长钢钎、钢丝绳、废钢轨和枕木等杂物。

（10）由于溜井井壁片帮而造成溜井堵塞。

（11）放矿方式选择不合适，如粉矿量多而黏结性较大的矿石未采用振动放矿机，而是采用单一的重力放矿。

9.10.4.3 溜井堵塞的防止和处理

溜井堵塞解决的积极办法应当是：

（1）设计应结合矿石性质选择合理的溜井形式和溜井结构参数。

（2）加强溜井的生产管理，严禁地表水、坑内水流入溜井。严禁废钢钎、钢轨、钢丝绳、枕木等杂物卸入溜井内。

（3）严格控制贮矿高度，应根据每个矿山矿石的具体性质来定，当矿石含粉矿多黏性强时，贮矿高度应严格控制在贮矿段以内。

（4）要保证经常放矿，以免溜井内的矿石被压实，当年终停产应将溜井放空，节假日停止生产时，漏口闸门处只贮存垫底矿石。

（5）严格控制矿石中的粉矿量及含水量。

（6）矿石粉矿多黏结性大的矿山，应选用振动放矿与重力放矿相结合的放矿方式。如江西宜春钽铌矿、广东凡口铅锌矿推广上述放矿方式后取得了较为满意效果。

（7）对于黏性大，粉矿多的含水矿石，在设计前宜进行模拟试验研究，解决溜井断面形状和尺寸，溜井溜口的放矿设施选择，以及合理的溜井放矿管理制度问题，保证溜井建成后能正常使用。

9.10.4.4 溜井堵塞的处理方法和注意事项

溜井堵塞处理是一项危险性大、安全难度大的工作，国内不少矿山在处理溜井堵塞时出现重大伤亡事故，应引起高度重视。

（1）溜井堵塞要由对溜井破碎系统情况熟悉和管理溜井系统有经验的人员进行处理。

（2）处理堵塞前应切实弄清溜井堵塞的部位和原因，并有针对性地制定处理方案，当溜井堵塞在漏口以上高度的贮矿仓中时，可采用氢气球在溜井中测出堵塞高度（需反复测量两次），南京梅山铁矿使用此法测得较准确的堵塞高度。

（3）溜井一般在漏口处由于粉矿堆积和矿压的关系，此处堵塞较多，一般用高压气、水联动装置的风管吹洗消除堵塞，当吹洗到一定高度，不能再用风管吹时，可用少量炸药进行爆破处理。

（4）用竹杆捅堵塞处。这是漏口区堵塞最常用的处理方法之一。

（5）当堵塞部位在贮矿仓中间以上部位，在上部阶段选择离堵塞处最近距离用高压水冲，结拱堵塞处的矿石见水后会降低粉矿的内聚力、内摩擦角和抗剪强度而达到破拱的作用。

（6）国内部分矿山使用“矿用火箭弹”处理溜井堵塞也有较好的成效（因现用引信在安放中的安全难度大，要进一步改进）。

（7）国外用飞弹处理溜井堵塞：如芬兰赛卡公司（Sica）制造可供应3.2、9.6和21.5kg的发射装置，能以3000m/s速度带5kg的飞弹发射到卡矿点。

（8）对于堵塞很难处理的溜井用钻孔爆破法。如凡口铅锌矿用此法处理废石溜井，黄沙坪铅锌矿用此法处理矿石溜井堵塞，均获得了较好的效果。

9.10.4.5 溜井的跑矿及预防

A 溜井跑矿的原因

（1）溜井跑矿大多数是由于溜井堵塞而造成的，当溜井结拱处理不当时，矿石突然冲下，乃至把放矿闸门冲坏造成跑矿。

（2）矿石中含粉矿量较多，且溜井中涌水量又较大，溜井中的粉矿被水饱和呈流体状，在放矿的瞬间，矿石成泥石流而造成跑矿。所以，粉矿和水是造成溜井跑矿的主要原因。

（3）地表水和泥土流入露天矿明溜槽，进入溜井，地下坑道水和崩落采矿法通地表的泥随雨水流入下部采场，进入溜矿井，都可以造成溜井跑矿。

（4）溜井停止出矿，溜井中的粉矿由于长时间的不移动而压实，成为不透水层，导致溜井中积水，在恢复生产出矿时，也容易造成跑矿。

B 预防溜井跑矿的措施

（1）严格控制地表水和地下水流入溜井（或溜槽），溜井中有涌水时要进行疏水和堵水，打泄水孔，用水管引渡到溜井之外。

（2）严格溜井的生产管理，防止各阶段坑道水流入溜井，并不准用高压水在卸矿硐室清洗矿车。

表 9－21 国内部分矿山溜井生产实例表

矿山名称	每条溜井生产能力（t/d）	溜井结构类型	溜井深度（m）	溜井角度（°）	溜井穿过的岩石情况	围岩坚固性系数（f）	矿石最大块度（mm）	溜井断面尺寸（mm）	溜井支护情况	备　注
南芬铁矿	2000 吨/班	单段斜溜井	100	60～70	贫铁矿、绿泥片岩	12～16 6～8	300	3000×2000	无支护	
酒钢华树沟铁矿	2000 吨/班	单段直溜井	60～120	90	千枚岩	8～10	500	ϕ300	钢轨加固	
某铁矿	1500 吨/班	单段多水平卸矿	135	90	角闪片岩	8～10	1000	ϕ4000	钢轨加固	
大明山石灰石矿	1500 吨/班	单段直溜井	140	90	石灰岩	8～9 3～5	700	ϕ2500	钢轨加固	
中条山篦子沟铜矿	2400	单段多水平卸矿	240	90	黑色片岩大理石	8～10	400	ϕ2300	15.18kg/m 钢轨加固无支护	加固厚 300～400mm
铜矿峪铜矿	2000	单段直溜井	50	90	厚层大理岩	10	400	ϕ2300		
桃林铅锌矿	3000	分段控制	30	73	花岗岩	10～12	500	2.2×4	38kg/m 钢轨加固无支护	开始用 18mm 钢板加固
凤凰山铜矿	1000～1500	斜溜井	220	68	灰岩和角砾岩互层	8～12	500～800	ϕ2500	38kg/m 钢轨加固无支护	
弓长岭铁矿	3000	单段直溜井	88	90	角闪岩磁铁矿	8～9	600	2000×3000	38kg/m 钢轨加固无支护	
黄石石灰石矿	2000～3000	单段直溜井	180	90	石灰岩	7～8	800	ϕ3000	38kg/m 钢轨加固无支护	贮矿仓高 25m，直径 4.5m
永登石灰石矿	2500	单段直溜井	146	90	石灰岩	8～10	750	ϕ3000	38kg/m 钢轨加固无支护	
口泉石灰石矿	800	单段直溜井	88		石灰岩	10～12 7～9	750	ϕ3000	38kg/m 钢轨加固无支护	溜槽倾角 45°，宽 3m，长 120m
梅山铁矿	4000	单段直溜井	60～120	90	安山岩石英安山岩	10～11	600	ϕ2500	38kg/m 钢轨加固无支护	
西林铅锌矿	500	单段多水平卸矿	210	90	花岗斑岩变质砂岩	8～10	340	1500×1500	38kg/m 钢轨加固无支护	
红透山铜矿	3200	单段多水平卸矿	250	90	角闪片麻岩	10～12	350	3200×2600	38kg/m 钢轨加固无支护	
兰尖铁矿	5000	单段直溜井	200	90	磁铁矿辉长岩	8～17	1200	ϕ5000	38kg/m 钢轨加固无支护	
桓仁铅锌矿	1200	单段直溜井	90	90	矽卡岩灰岩角页岩	8～12	350	2000×2200	38kg/m 钢轨加固无支护	
大庙铁矿	2000（两条）	瀑布式	131	90	斜长岩	9～12	500	ϕ2500	38kg/m 钢轨加固无支护	
凡口铅锌矿	3000	多水平卸矿直溜井	200	90	灰岩	10～12	500	ϕ3000	38kg/m 钢轨加固无支护	
大吉山钨矿	3000	多水平卸矿斜溜井	195	75	变质砂岩	10～12	400	ϕ2300	未	
西华山钨矿	3000	多段斜溜井	289	75	花岗岩	8～12	400	ϕ2300	未	

（3）严格控制倒入溜井中的粉矿量。

（4）当溜井内矿石结拱堵塞，且溜井中积水时，应先排除积水然后再处理堵塞。

（5）合理选择放矿闸门，减少漏口的溜井的堵塞，应采用在溜井中安设振动出矿机与重力放矿的链球闸门或指状闸门联合的放矿方式。

9.10.5 溜井放矿实例

国内部分矿山溜井生产实例见表9－21。

参 考 文 献

1 古德生等，振动出矿技术，中南工业大学出版社，1988

2 有色金属，1985年第3期

3 东北工学院，矿块底部结构与放矿机械化，冶金工业出版社，1988

4 Н. Г. Дубынин，*и др*，Технология Подземнсй разработки руд，Москва，НЕДРА，1983

5 В. В. Гущин，*и др*，Поточная Технологня Подземнсй разработки мощных рудных месторождений，Москва，НЕДРА，1982

6 黄存绍，王惠英，振动放矿留矿法，中南矿冶学院学报，1983.3

7 解世俊等，金属矿床地下开采，冶金工业出版社，1979

8 李朝栋，金属矿床开采，冶金工业出版社，1981

9 美国采矿工程师协会 A. B. 卡明斯，I. A. 吉文，采矿工程手册第二分册，冶金工业出版社，1980

10 井下铲斗式装载机编写组，井下铲斗装载机，机械工业出版社，1974

11 李开文，无轨开采，原子能出版社，1983

12 有色金属，1984年第六期

13 化工矿山技术，1981年，第4期

14 矿山机械，1981年，第11期

15 Australian Mining，11（1984），p. 30～32

16 Mining Magazine，3（1975），p. 14

17 World Mining 11（1982），p. D1～D56

18 Mining Congress Journal，66（1980），№3，p. 37～40

19 Mining Journal，297（1981），№7616，p. 392，p. 424

20 Горный Журнал，1977，№12，p. 33～36

21 王家齐，施永禄，空场采矿法，冶金工业出版社，1988

22 缅尔尼柯，金属矿床开采过程机械化，冶金工业出版社，1976

23 鞍山矿山设计院主编，冶金矿山设计参考资料，冶金工业出版社，1973

24 H. B. 吉洪诺夫，金属电耙运搬，重工业出版社，1955

25 长沙矿山研究院季刊，4（1984），№1

26 Hustralid W. A.，Underground Mining Methods Handbook

27 中南矿冶学院学报，1983，第2期

28 矿山技术，1984，6

29 В. Д. Варсанофьев，вибрационные Бункерные Устройства На горных предприятиях，Москва. НЕДРА，1984

30 江西冶金，1987，3，p. 18～24

31 《采矿设计手册》编委会，采矿设计手册（2），中国建筑工业出版社，1987

32 黄存绍，对VCR法的评价，江西冶金，1988.3

33 И. И. Каварма，А. М. Кальницкий，Вибротранспортные Машины для подземной добычи руды，1972

34 黄存绍，振动出矿技术发展的新阶段，化工矿山技术，1987.3

35 黄存绍，介绍几种有特色的振动放矿机，非金属矿，1987.1

36 黄存绍，余佑林，振动出矿机的经济效果分析，非金属矿，1985.3

37 В. Г. Григорьев *и др*. Транспортные Машины для Подземных разработок，Москва，НЕДРА，1984

38 Ю. С. Пуход，Рудничный Транспорт，Москва，недра，1983

39 Г. К. Рязандев，*и др*，Автоматизация контроля работы нерельсового рудничного транспорта，Изд.，Наука，Каз. ССР，Алма－Ата，1982

第10章　岩层支护与加固

10.1　概　　述

岩体被开挖前，在原始应力场的作用下处于平衡状态，而在开挖以后，开挖部分岩体所承担的载荷转移到周围的岩体而产生应力集中，最后形成新的应力场。同时由于开挖空间的存在，为其周围的岩体提供了垮落的可能。实践证明，大量巷道开挖后能够长期自稳，而另一些巷道必须进行人工支撑才能保持稳定。

岩层支护与加固是维护采掘空间稳定的主要手段，是采掘过程中的重要工艺，它与矿岩的回采方法、挖掘工艺过程、被开挖空间形态和大小以及地质条件紧密相关。

作为传统支护手段的木支护，在实际生产中已日趋减少，而金属支架与混凝土支架，在矿山生产建设中已得到了较多的应用。特别值得指出的是，锚喷支护作为一种新的支护方法，已在我国的矿山支护中得到了迅速的发展和广泛的应用。我国每年约有1500km的各类巷道采用锚杆喷射混凝土支护。

本章在阐述岩体开挖后应力分布规律和巷道破坏模式的基础上，较为系统和全面地介绍了目前广为应用的岩层支护与加固的多种方法，并从中推荐适用范围较广的几种巷道支护方法。一般地说，这些方法原则上也适用于竖井、硐室和采场支护。

鉴于露天开采的岩层支护与加固已在露天边坡工程中有所介绍（见第3卷13.9），本章不再赘述。

10.2　支　护　原　理

10.2.1　巷道周围的应力分布和破坏模式

10.2.1.1　巷道围岩中的应力分布

开挖巷道之前，未经扰动的岩体在原岩应力的作用下处于平衡状态，岩体中的原始应力场是由上覆岩层的重力和地质构造力引起的。巷道中的岩石挖除后，它们原来承担的载荷转移给周围的岩体，从而在周围岩体中引发出次生应力（开挖应力、二次应力或诱发应力）的附加应力。这种附加应力主要分布在邻近巷道表面的围岩之中。由此可知，开挖以后，开挖体周围岩石中的应力场是由原岩应力和次生应力叠加而成的。巷道表面附近因叠加了较大的次生应力而形成应力集中，在距巷道较远的岩体中受开挖扰动较小，那里的受力状态与开挖前的原岩应力状态相差不大。

开挖以后围岩的受力状态可借弹性力学定量计算。为了确切说明各种不同的巷道断面形状和尺寸对围岩产生的影响，采用弹性及破裂的简单计算模型以初步确定巷道的力学设计方案当是简易可行的。

一些简单的弹性问题可借解析法求解。例如，圆断面开挖体周围的应力集中可用开尔希（Kirsh）解导出。若开挖前铅直和水平向的原岩应力分别为 σ_v 及 σ_h，巷道半径为 a，经推导，可得围岩中应力场的极坐标（r，θ）表达式：

$$\left.\begin{aligned}\sigma_r&=\sigma_v\left\{\left(\frac{1+K}{2}\right)\left(1-\frac{a^2}{r^2}\right)-\left(\frac{1-K}{2}\right)\left(1-4\frac{a^2}{r^2}+3\frac{a^4}{r^4}\right)\cos2\theta\right\}\\\sigma_\theta&=\sigma_v\left\{\left(\frac{1+K}{2}\right)\left(1+\frac{a^2}{r^2}\right)+\left(\frac{1-K}{2}\right)\left(1+3\frac{a^4}{r^4}\right)\cos2\theta\right\}\\\tau_{r\theta}&=\sigma_v\frac{1-K}{2}\left(1+2\frac{a^2}{r^2}-3\frac{a^4}{r^4}\right)\sin2\theta\end{aligned}\right\}\quad(10-1)$$

式中，$K=\sigma_h/\sigma_v$ 称为侧压系数，其数值应通过现场实测加以确定。

（10－1）式说明大量应力集中产生在巷道表面附近。在该式中令 $r=a$，得表面处的应力为：

$$\tau_{r\theta}=0$$

$$\sigma_r=\sigma_3=0$$

$$\sigma_\theta=\sigma_v[(1+K)+2(1-K)\cos2\theta]=\sigma_1$$

图10－1表示了 σ_θ 在巷道表面上的分布。由图可见，侧压力系数对应力分布图案有很大影响：$K=1$ 时 $\sigma_\theta\equiv2\sigma_v$；$\frac{1}{3}\leqslant K\leqslant3$ 时巷道周边不出现拉应力；$K<\frac{1}{3}$时巷道顶板出现拉应力；$K>3$ 时巷道腰部出现拉应力。

巷道形状对于应力集中的影响可用椭圆巷道加以说明。设 a 为椭圆水平半轴，b 为垂直半轴，这时，巷道周边点上的应力分布可由弹性力学查得：$\sigma_r=0=\sigma_3$；$\tau_{r\theta}=0$；而

$$\begin{aligned}\sigma_\theta&=\sigma_v\left\{\frac{(1+K)(1-m^2)+2(1-K)(1-m)-4(1-K)\sin^2\theta}{1+m^2-2m+4m\sin^2\theta}\right\}\\&=\sigma_1\end{aligned}\quad(10-2)$$

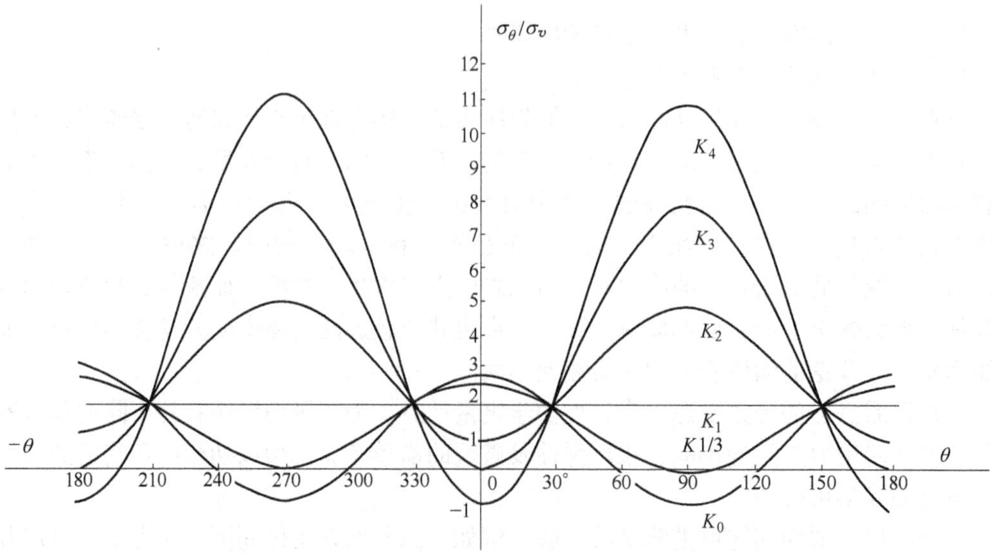

图10－1 圆形巷道表面切向应力 σ_θ 的分布

式中，θ 为以水平轴为母轴的极坐标角距，而

$$m=(a-b)/(a+b)$$

在腰点上 $\theta=0$，以此代入式（10－2），得 σ_θ 的算式为：

$$\sigma_\theta=\sigma_v\left(1-K+2\frac{a}{b}\right)$$

在顶点上 $\theta=90°$，这时 σ_θ 的算式为：

$$\sigma_\theta=\sigma_v\left(K-1+2K\frac{b}{a}\right)$$

式中，σ_θ 在腰点与顶点之间单调地改变。σ_θ 何时出负值（拉伸）乃取决于侧压系数 K 及轴比 a/b。轴比可以人为地调整，如果取

$$a/b=K$$

则 σ_θ 的表达式成为：

$$\sigma_\theta=\sigma_v(1+K)=\sigma_v(1+a/b)$$

此式说明：当取轴比 a/b 等于侧压系数 K 时，巷道周边将出现均匀分布、数值为 $\sigma_v(1+K)$ 的压性切向应力，而且到处均不出现拉伸。由于岩石抗压强度远大于抗拉强度，故巷道周边不出现拉应力一般地意味着比较稳定。应用这一结论，若 $\sigma_h=0.5\sigma_v$，则应使椭圆巷道宽为高的一半（即 $a=0.5b$）；若 $\sigma_h=2\sigma_v$，则应使椭圆巷道宽为高度的两倍；若 $K=1$，则应使 $a=b$，即采用圆形断面设计。

如果巷道断面不是圆形，或者需要考虑几条不同的巷道的相互影响，这时就需要利用有限元或边界元之类的数值法借助于电脑求应力的数值解。这类解法详见本卷 6.5。最好将所得应力数值结果绘成主应力等值线和主应力轨迹线图。图 10－2 是用边界元法算得的一个实例[1]。断面取圆形，是为了使能与式（10－1）相对照。图中 $\sigma_v=1$；$K=0.5$，纵向中心线左半部绘出了主应力轨迹线，右半部绘出了主应力等值线。现利用此图求任意点 A 处的主应力及其方向，在图上，此任意点 A 由对称于垂直中心线的两个 A 点代表。右半图通过 A 点的主应力等值线说明 $\sigma_1(A)=1.5\sigma_v$，而 $\sigma_3(A)=0.35\sigma_v$；左半图 A 点用来定主应力的方向，最大及最小主应力的方向应与通过 A 的两条主应力轨迹线相切，左半图上绘出了这一对正交的方向。稍为仔细地审视一下图形的全局就会发现，上两个方向中，近竖直的指向是 σ_1 的方向，近水平的指向是 σ_3 的方向。

许多讨论巷道开挖的岩石力学专著中列有不同 K 值条件下各种断面的巷道周围应力分布的完整图案如文献［1］，可供读者参考。

10.2.1.2 巷道的破坏模式

巷道的破坏指巷道围岩的片帮、冒顶、底臌、垮塌、大量收缩及错动等。巷道的开挖改变了围岩的应力状态并提供了自由空间使这种破坏得以发生。为数不少的巷道建成后能够长期不发生破坏而保持自稳，另一些巷道则必须予以人工支撑才能保持稳定。

许多巷道能够自稳这一事实说明围岩本身有着很大的自支撑能力，而围岩的失稳则是因为这种能力不足而产生的。所谓支护，指的是一些用来帮助围岩提高自支撑能力的人工结构物，用以避免破坏的发生。如果等到破坏以后再行支护，将支护看成一种抵挡垮塌和阻止岩体变形的系统，则支护费用就会成倍增加，而可靠性则会大大降低。

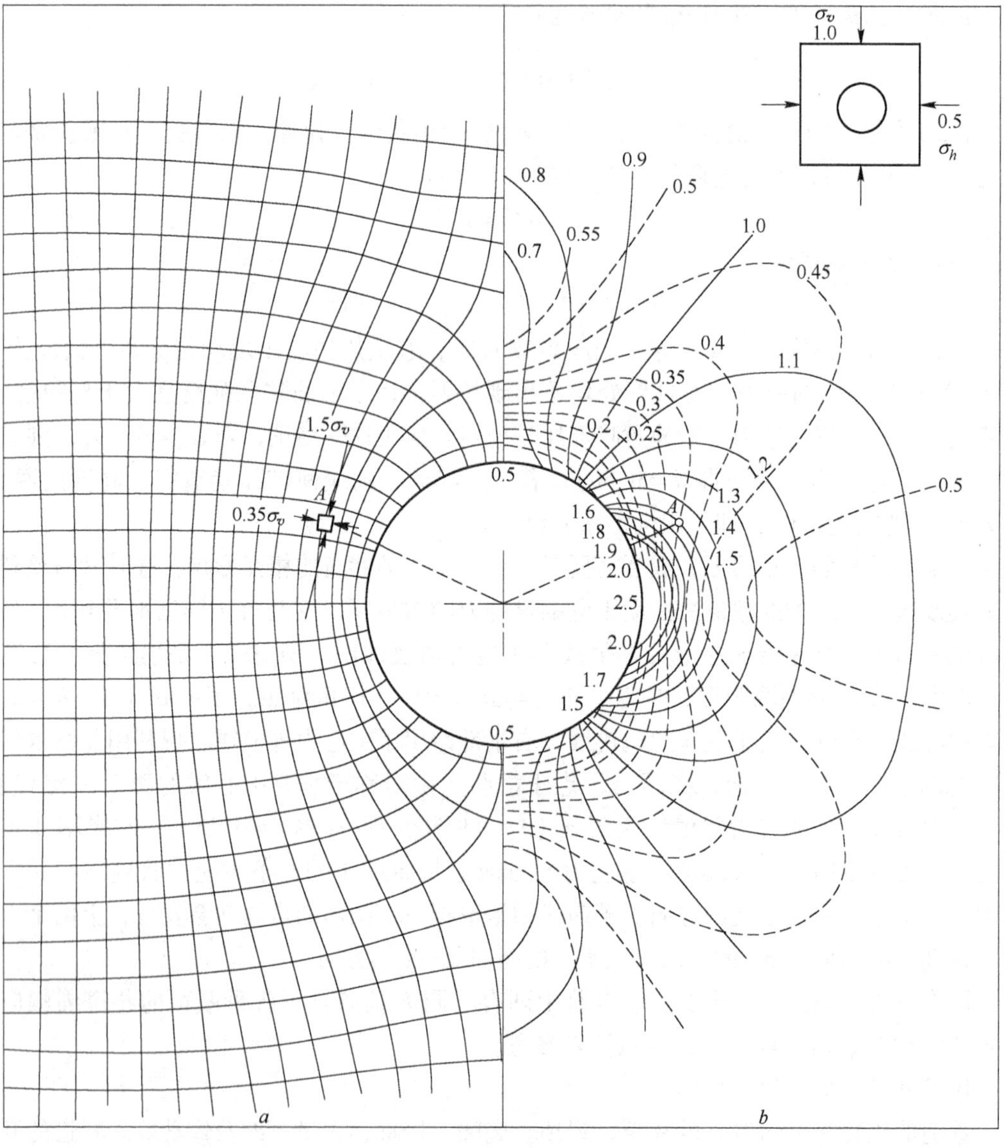

图 10-2　主应力轨迹及等值线

a—主应力轨迹；*b*—主应力等值线

——最大主应力；----最小主应力

既然支护在于防止围岩发生破坏，因此支护的设计和施工必须针对围岩将要发生的破坏对症下药。因此，识别围岩的潜在破坏模式和规模是极为重要的。

经验和理论分析表明，巷道围岩的破坏模式主要取决于巷道的埋藏条件和采动影响，尤其是围岩的岩体结构，而岩体结构则取决于地质不连续面的切割程度和切割方式。根据岩体结构的不同，巷道的破坏模式可归结为几种类型，现分述如下。

A 松散体的拱形塌落

如果顶板岩石松散破碎，则巷道顶板可能冒落成拱，这类破坏在宽度较大的浅埋巷道及穿过断层或破碎带的深埋巷道中是常见的。

成拱作用可用散体不能抗拉的性能加以说明。设垮落拱宽等于巷道宽度 $2b$，拱高为 h，作用于地层中的原始法向压强为 p。置坐标系如图 10－3 所示，记拱方程为 $y=f(x)$。

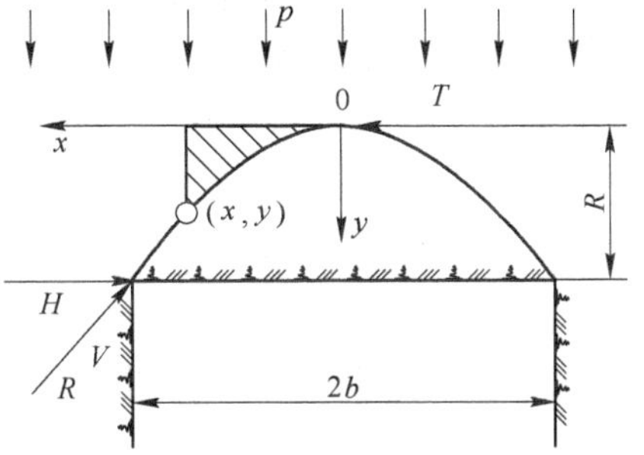

图 10－3 冒落拱的几何图形和受力条件

考虑图中阴影线所示块体的力矩平衡，由于材料不抗拉，在过点 (x, y) 的竖直平面上不应有弯矩作用，因此平衡条件是 $T_y = px\frac{x}{2}$，式中 T 为拱顶处的推力，从而得到

$$y = px^2/2T \tag{10-3}$$

可见拱形为抛物线。现将 (x, y) 点置于左边的拱脚点建立左半部拱的力平衡方程式，其间假定原始水平应力为零，并记拱脚支点处的水平和竖直反力为 H 及 V。而反力 H 由摩擦力提供，即 $H=\nabla f'$，f'表调用摩擦系数。水平向力平衡条件要求

$$H = \nabla f' = pbf' = T = pb^2/2h$$

据此得拱高为

$$h = \frac{b}{2f'} = \frac{b}{f} \tag{10-4}$$

式中，已令 $f'=f/2$，即调用摩擦系数 f'为极限摩擦系数 f 的一半，这就是著名的普氏公式。

f 被称为岩石坚固性系数：对散体 $f=\mathrm{tg}\Phi$，Φ 为材料内摩擦角；对岩石，普氏建议取 $f=\sigma_c/10$，式中 σ_c 为以兆帕表示的材料的单轴抗压强度。

确定了拱高后即可根据巷道宽度算出拱内岩石的重量并以此进行支护设计。普氏理论在历史上曾获得广泛应用，但以此进行支护设计结果往往偏于保守。本节简述公式推导目的在于介绍一种成拱机制。应该指出，拱效应是一种较为普遍的机制，许多矿山压力现象可用拱效应加以说明。

B　成层岩体的弯曲和离层

如果巷道顶板由结合力弱的薄层岩层构成，当开挖体宽度足够大时，顶板可出现显著弯曲甚至折断和塌落。如果弯曲变形向上发展，会导致多层弯曲，离层和多层塌落。这种情况在开采层状矿床时是常见的。

弯曲问题可用梁理论作简单描述。取一单位长度的巷道进行观察，第一层顶板高为 t，跨度 L 等于巷道宽，两端固定，载荷均布并等于自重 rt 的梁（见图10－4），这里 r 为岩石单位体积的重力。由材料力学可知，此梁的最大挠度 $u_{1\max}$ 位于梁长的中点，最大拉应力 $\sigma_{1\max}$ 出现在梁的两端上边缘点上，它们分别等于：

$$u_{1\max}=L^4r_1/32E_1t_1^2;\ \sigma_{1\max}=L^2r_1/2t_1$$

式中　E_1——材料的弹模。

一旦 $\sigma_{1\max}$ 大于材料的抗拉强度，岩层就会发生折断和垮塌。

同理可以单独计算第二分层，求出 $u_{2\max}$。如果 $u_{2\max}>u_{1\max}$，则两个分层将组合为一个梁，层间以摩擦力相结合。如果 $u_{2\max}<u_{1\max}$，则第一分层将与第二分层脱离，产生离层现象。类似的计算还可进一步向更上的分层递推，从而给出梁的弯曲和离层的图案。

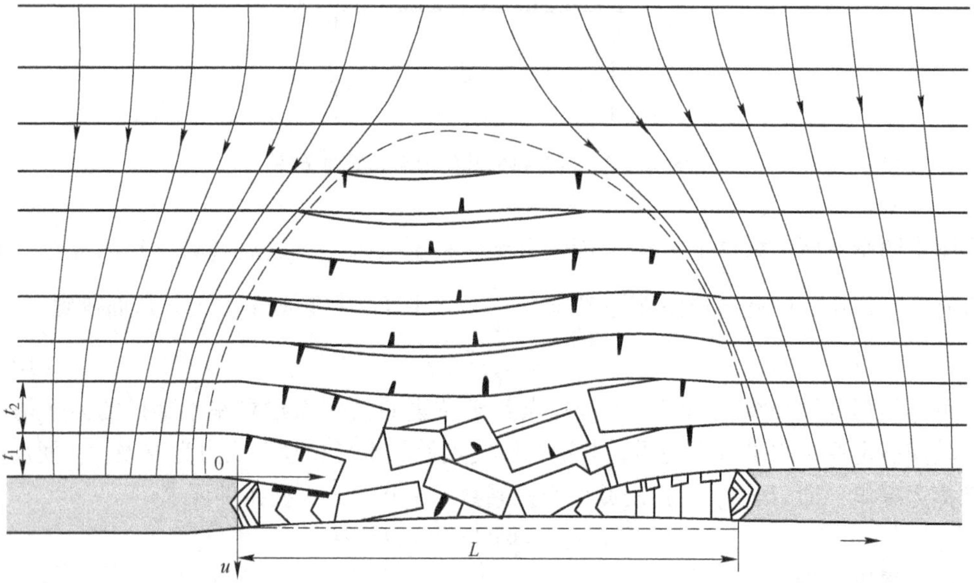

图10－4　梁的弯曲和离层

如果所研究的顶板有发生弯曲离层破坏的危险，则用锚杆进行支撑是有效的。支护量可借梁或板理论计算，设计锚杆的锚固点应设置在挠度较小的坚固岩层上。如果采用预应力锚固则效果更好，这时可通过预应力使几个分层之间保持足够的正压力和层间抗剪力，进而增加组合梁的刚度和强度从而增加稳定性。

如果岩层本身不透水而层间存在有压水或瓦斯，这时弯曲和离层现象可能加剧并潜伏着水和瓦斯突然喷出的危险。预先采用钻孔排水泄压能增加顶（底）板的稳定性。

C　节理岩体中的岩块滑塌

在岩质坚固，节理发育的岩体中，以块体滑塌的方式发生破坏可见于各种开挖深度的条件下。滑塌体由地质不连续面与开挖临空面共同切割岩体而成。本手册6.7节中已介绍如何识别这类滑塌体及其滑塌模式的原理与方法，这里不再重复。本小节只用一个实例展示此法在巷道问题中的应用。

设有一平顶直墙水平巷道穿过一坚硬岩体。巷道走向110°～290°，岩体中发育着三组较大的节理，它们的倾向方位角/倾角是：1#组210/30、2#组330/45、3#组075/60。现在来分析有无潜在滑塌体存在。

分析的第一步是将开挖面及节理绘成大圆赤平投影图，如图10－5*a*所示。进而按6.7节所述方法分别考虑顶板、南帮及北帮有无潜滑体存在。这一分析说明顶板、南帮及北帮均存在滑塌体，它们的顶视图已绘在图10－5*b*中。第三步确定滑塌模式，可知顶板潜滑塌体是重力坠落，北帮滑塌体是沿1#组节理作平面滑动，南帮滑塌体是沿2#及3#节理面的交线滑动。

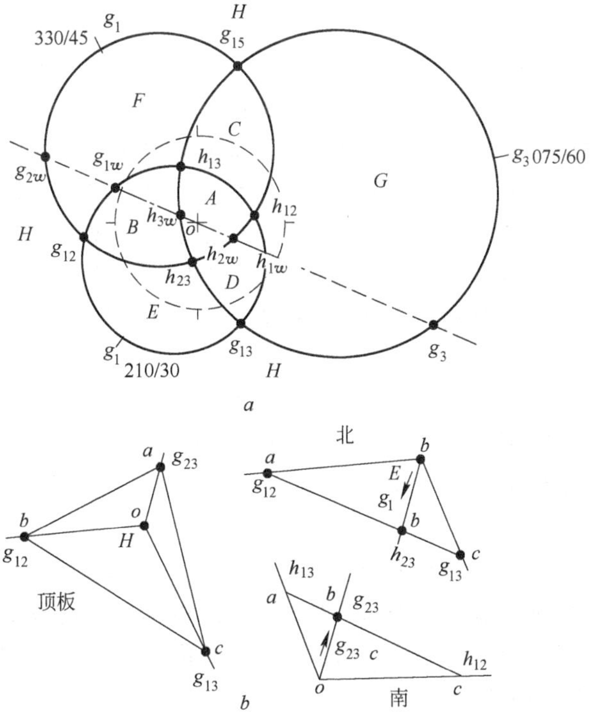

图10－5 不连续面及开挖面的赤平投影及滑塌体

a—不连续面及开挖面的赤平投影；*b*—滑塌体的顶示图

图10－6上绘出了巷道及三个潜滑塌体的立体示意图。由图可见，只要给定巷道的宽度和高度，立即就能确定潜滑塌体的最大极限尺寸：顶板滑塌体的最大尺寸取决于边长*ac*；北墙滑体尺寸取决于边长*ab*；南墙滑体尺寸取决于*cb*。

潜滑体几何形状完全确定后，可用极限平衡法分析各滑塌体的稳定性。稳定与否用安全系数F_s表示，F_s取决于滑面上的摩擦阻力和黏结阻力，有关的指标要通过试验加以确定。

用锚固的方法增加潜滑体的稳定性最为经济可靠且简便易行。对顶板上的直接坠落体，锚固将起悬吊作用；对两帮滑动体，利用锚固提供最优抗滑阻力。

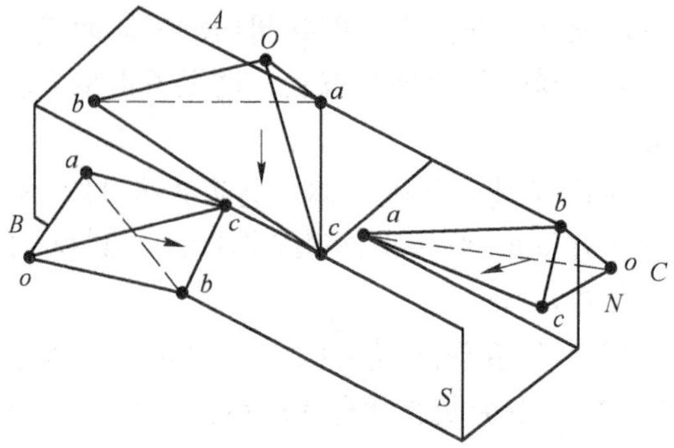

图 10-6 巷道及潜滑体的相互关系

A—顶板中直接坠落的块体；B—南墙中沿 1、2 面交线滑动的块体；C—北墙中沿 1 面滑动的块体

D 软弱岩体的大量变形

大部分的软弱岩体是由低强度的泥质岩构成的。也可以将风化较深、结构破碎但仍保持着完整性，而整体强度及刚度较低的硬质岩石构成的岩体包括在这类岩体之中。

这类岩体因开挖巷道而诱发的变形通常较硬岩大许多倍甚至数十倍，强度及刚度低是力学方面的原因，此外必须重视这类岩石常常富含黏土矿物或含有富黏土矿物的夹层。某些黏土矿物如蒙脱石、伊利石性能很不稳定，当它们失水然后重新受水后，体积膨胀，对围岩产生附加膨胀压力，与此同时，自身迅速崩解。支撑可能遇到很大的困难，值得特别注意。

如果巷道全部为软岩包围，其变形和破坏通常表现为全断面收敛和垮塌，如图 10-7*a* 所示；当底板由软岩构成时，可能发生底臌如图 10-7*c*；如果软岩出露在两帮，则两帮被挤压是常见的，如图 10-7*b* 所示；当两帮由陡倾薄岩层构成时也能够产生严重的帮壁变形，如图 10-7*d* 所示。

软岩中产生的变形大部分为不可逆变形，因此需要用非弹性模型模拟。对图 10-7*a* 所示的最为典型的问题进行过大量研究。对这种模式的简单弹性分析将在下一小节介绍。视软岩为黏弹性或弹黏性介质也是可行的，这类分析可从文献［2］查到。

E 坚硬岩体的脆性破坏

开挖于坚硬致密、节理不大发育岩体中的巷道，即使开挖深度超过千米甚至两千米、三千米也可能不需支撑即能自稳。然而，如果破坏发生，轻则表现为局部的周边破裂，突然的片落掉渣或突然的收敛，如图 10-8*a* 所示；重则表现为大段巷道的岩爆，岩爆后受灾巷道可能因两帮涌入而挤死如图 10-8*b*，也可以表现为顶板的突然下塌或底板的突然底臌等。

从实验室对岩样进行单轴压缩发生的试件爆裂看，岩爆与下列因素有关：

（1）均质、片理不明显、微裂纹少、弹性好，临近破坏前卸载时可恢复的应变远大于不可恢复应变的岩石易于岩爆；

（2）加载系统刚度小但弹性好，以致在岩石发生破坏时外系统仍能对岩石施以超压，造成岩爆；

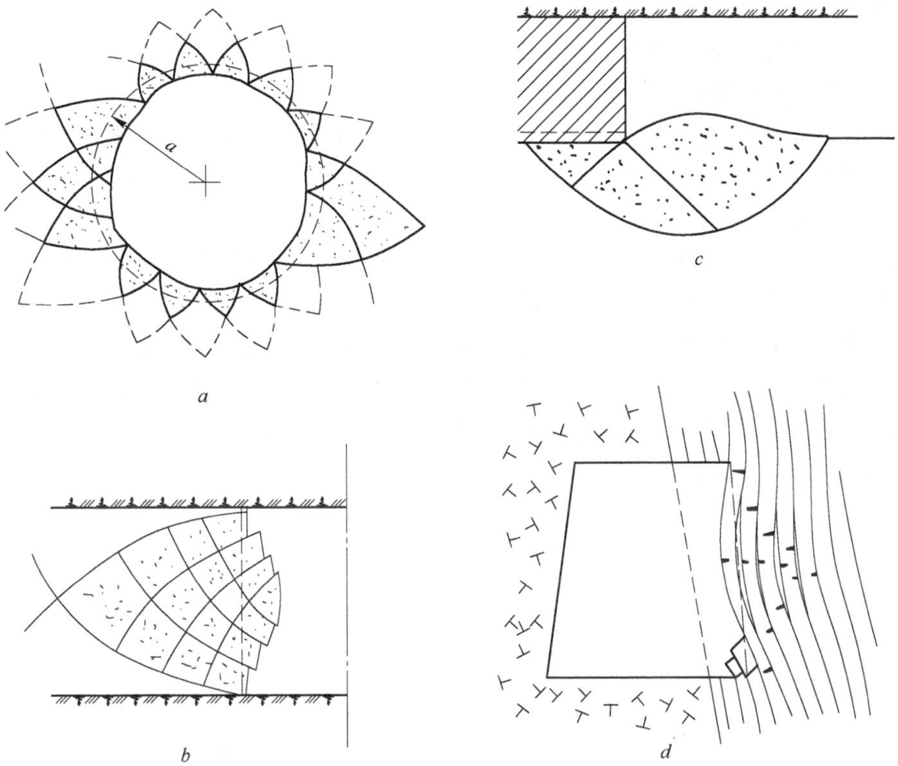

图 10－7 软岩巷道的几种破坏模式

a—全面收敛；*b*—两帮挤出；*c*—底臌；*d*—帮臌出

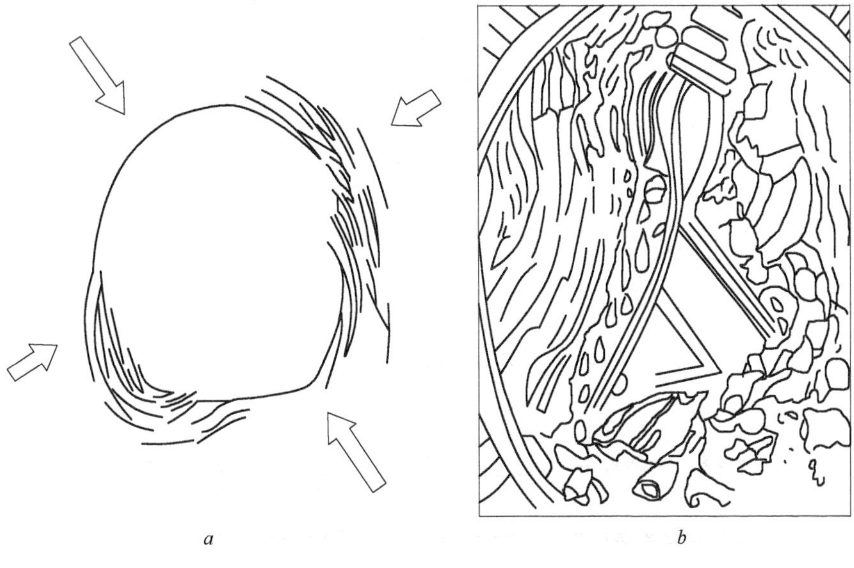

图 10－8 硬岩的应力破坏

a—片帮和掉渣；*b*—岩爆后的巷道

(3) 在三轴受力条件下，围压愈高则延性愈大，一旦突然解除围压，则可能发生岩爆；

（4）高速加载时易引起岩爆。

生产实践中发生的岩爆与下列条件密切有关：

1）一般来说采深愈大岩爆的危险性愈大，也愈猛烈；

2）地质构造应力愈强烈岩爆的危险性愈大。因此在大断层斜交的结合部位，局部褶皱的核心部位，常常频发岩爆；

3）采矿工作面布置不当，造成应力极高的区域性支点压力带，例如孤立的或半岛型的矿柱带大大促进了岩爆的发生。在处于极限尺寸的大型矿柱中开挖巷道是极危险的，而现存矿柱（其内置有巷道）的尺寸随开采而缩小时也是极危险的。

分析岩爆问题不能只限于分析巷道本身，更重要的是区域性应力分析、分析巷道所在岩体的区域性受力条件。这类分析可采用弹性力学方法进行。预测预报岩爆需要借助于经验，利用地震、微震和收敛测量监测岩爆危险区对完善预报是有很大好处的。

F　巷道的牵连破坏

采用崩落法进行采矿时，空区顶板或上盘岩石会发生垮落。随着采空范围的扩大，垮

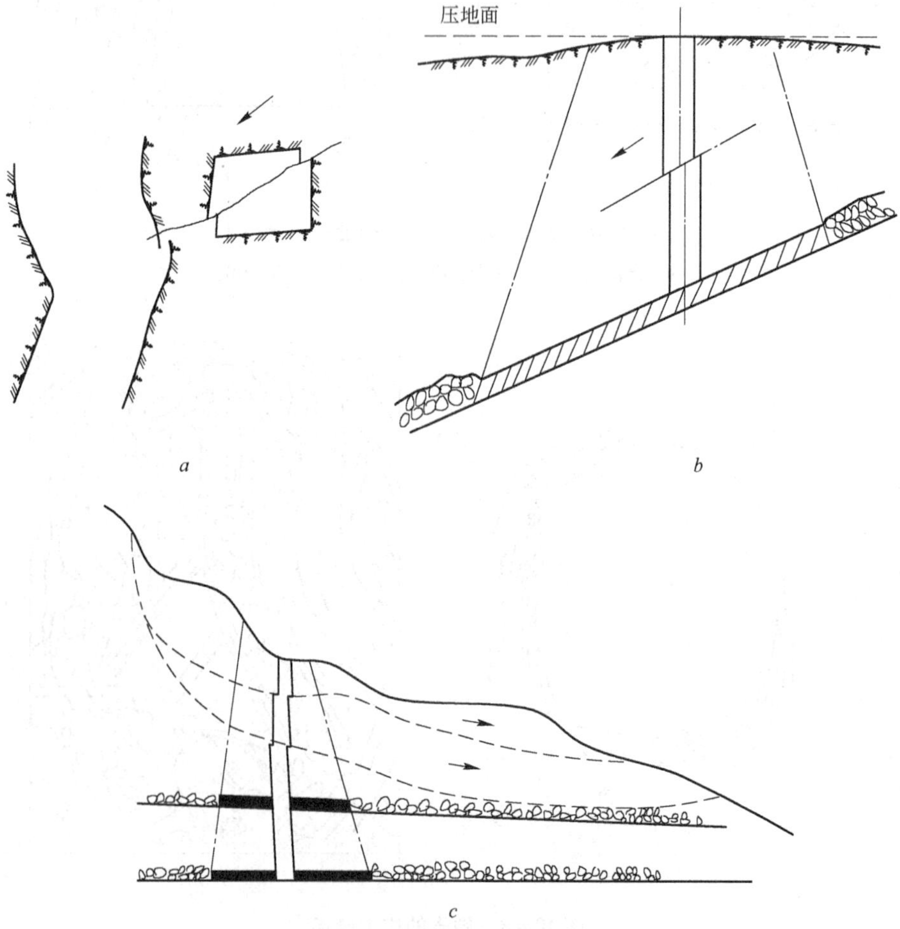

图10-9　牵联破坏

a—因采场错动；b—因保安矿柱滑移；c—因地面滑移

落及不均匀下沉的范围将涉及大片岩体，其中的巷道也被牵联产生变形和破坏（图 10 - 9*a*）。

为了保护井筒通常留有矿柱，然而矿柱尺寸可能不够。如果岩层倾斜，其中又有连续性较好的层间断层或夹泥层通过，则当保安矿柱周围大量采空后，矿柱上的岩层沿这类不连续面发生滑移和错动就有可能，这时井筒就会受到牵联损坏（图 10 - 9*b*）。

当地面倾角较大时，地面斜坡也有滑移的可能。如果滑面穿过井筒，也会使井筒发生破坏（图 10 - 9*c*）。

牵联破坏的根源在于开采引起的岩层滑移和变形，和一般的地压破坏是有区别的。

10.2.2 支护与围岩的相互作用

10.2.2.1 收敛曲线

巷道是开挖岩石后而形成的一种地下空间，由于开挖前原岩总是处在压性应力场作用之下，因此一旦巷道被掘成后，围岩就会发生指向空间内的位移并使断面发生收缩，这种现象称为收敛。收敛值常用顶底板两点间或两帮点间的相对位移值来表示。

掘进工作面通过某个所论断面时，此断面就会立即发生一定量的收敛，称为瞬时收敛。实际上瞬时收敛只是弹性收敛的一部分，整个弹性收敛需在工作面远离所论断面以致端面的约束效应实际不存在后才能全部完成。在软弱岩石中非弹性收敛是常见的，即使停止掘进，这类收敛也需要有一个时间过程才能全部完成。如果累计收敛值超过一定极限，巷道就会发生破坏。因此，人们能够争取到时间尽快架设支架，以期在围岩发生恶性收敛而破坏之前能使支架发挥作用，避免破坏的发生。

支护设计在于以最经济可靠的方式向围岩提供其自稳所不足的支撑力，故采取何种支护形式，多大的支撑力，何时支护才能取得优化的技术经济效果，就成为很有实际意义的问题。这时，正确了解围岩变形和破坏的机理，正确了解支护与围岩之间的相互作用，对于改善支护设计和施工都是非常重要的。

开挖体的破坏可归纳为岩体结构控制的破坏和应力控制的破坏两大类型。这种区分对抓住问题的基本点并据以建立理论模型是有价值的。所谓岩体结构控制的破坏，指潜在破坏体是由地质不连续切割而成的。这时破坏将沿已存在的天然地质不连续面发生，潜滑塌体是一些天然可脱离体，它们的稳定性可采用极限平衡法加以分析，这一课题已在本手册 6.7 节作过讨论。然而，在另一些情况下，岩石的完整性较好而应当视作连续介质或比较破碎但亦需视为连续体，这时围岩的变形表现为断面的收敛，最终的破坏面不是由某个或有限的几个地质不连续面而是由应力场的特征来确定。在这种情况下我们面临的问题就属于应力控制的破坏了。

实际工程中经常遇到的应力控制型破坏大多是在软弱岩体开挖过程中发生的。巷道的失稳过程首先是断面收敛，当收敛值超过某个限度后，垮塌就将发生。

设想在岩体中开挖一半径为 a 的巷道至断面 F 处（见图 10 - 10）。开挖前岩体受着压性原始应力场的作用，故开挖后围岩将发生变形和指向巷道内的位移 - 收敛。由于 F 断面前方为实体岩石，后方直到无限远处巷道内岩石已被挖除，故 F 前后围岩收敛位移沿巷道长轴的分布不是均匀的。在掌子面 F 前方可寻得断面 O，从此往前岩体实际尚未受到开挖影响或影响可略而不计，故 O 处之收敛值为零。在 F 后方可寻到断片 C，从此往后断面收敛已达到最大最终值 u_{max}，u_{max} 相当于采出一个同条件下无限长孔的收敛值。

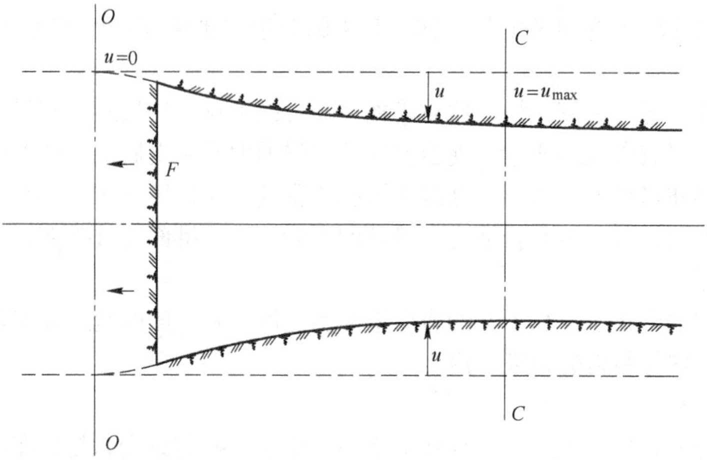

图10－10　坑道剖面的收敛

现在换一种说法：考察某个断面 A，开挖工作面从远处向 A 逼近，经过 A，再向前方离 A 而去。在此过程中，A 处的收敛值 U_A 将从 O 开始，逐渐增大，最后达到 u_{max}。当 $u_A < u_{max}$ 时，若用一无限长巷道的收敛来描述 A 的收敛，则需要在巷道内施加一个模拟工作面约束效应的内压 p_A，这时，无限长巷道在真实场压 σ 及内压 P_A 作用下产生的收敛值应恰为真实值 u_A。在工作面逐渐接近然后远 A 而去的过程中，u_A 将逐渐增加，相当于 p_A 逐渐减小。到工作面推过 A 且远至不再对 A 产生约束效应时，$u_A = u_{max}$，$p_A = 0$。这样，我们就可用变内压的二维巷道的收敛解来模拟三维巷道的收敛。

设二向原岩应力均等于 σ，巷道内的等效内压为 p，由拉梅解（见6.5.1.2），可得巷道周边应力为 $\sigma_\theta = \sigma_1 = 2\sigma - p$，$\sigma_r = \sigma_3 = p$。当工作面采过并远离所论断面后，$p = 0$，$\sigma_\theta = \sigma_1 = 2\sigma$，$\sigma_r = \sigma_3 = 0$。设岩石的屈服服从于库仑－莫尔（Coulomb－mohr）准则，在本例圆对称条件下，此准则当写为：

$$\left.\begin{aligned}&\sigma_\theta = \varphi\sigma_r + \sigma_c\\&\varphi = (1+\sin\Phi)/(1-\sin\Phi)\\&\sigma_c = 2C\cos\Phi/(1-\sin\Phi)\end{aligned}\right\}\qquad(10-5)$$

式中，σ_c 为材料的单轴抗压强度；C 为材料黏结强度；Φ 为材料内摩擦角。

将最终周边应力条件 $\sigma_1 = \sigma_\theta = 2\sigma$ 及 $\sigma_r = \sigma_3 = 0$ 代入上述准则可知：

若
$$\sigma < \sigma_c/2$$

则巷道将只产生弹性变形而不会发生破坏。另一方面，若

$$\sigma > [p(1-\varphi) + \sigma_c]/2\qquad(10-6)$$

这时所论断面在工作面尚未远离而保有约束力 P 时就将屈服而产生塑性变形。

屈服首先在巷道周边发生，向深部由于 σ_θ 减小和 σ_r 增加，到达某个深度 R 后，屈服条件不再满足，这个 R 被称为屈服半径或塑性半径：$a \leqslant r < R$ 为塑性区，$r > R$ 为弹性区。在 R 上，塑性区与弹性区的对应力应该相等，据此连接条件，可得：

$$R = a\left[\frac{2\sigma(\zeta-1) + 2\sigma_c}{p(\zeta^2-1) + \sigma_c(\zeta+1)}\right]^{1/(\zeta-1)}$$

$$= a\left[\frac{(\sigma + C\mathrm{ctg}\Phi)(1-\sin\Phi)}{p + C\mathrm{ctg}\Phi}\right]^{\frac{1-\sin\Phi}{2\sin\Phi}} \tag{10-7}$$

此式被称为卡斯特纳（Kastner）公式。称不产生塑性变形带（即 $R=a$）的内压为极限内压并以 p_{cr} 记之。由公式（10－7）可得：

$$p_{cr} = \frac{2\sigma - \sigma_c}{\zeta + 1} = \sigma(1-\sin\Phi) - C\cos\Phi \tag{10-8}$$

前面一直使用内压 p 来模拟工作面对所论断面的约束作用，这个约束限制了巷道收敛的充分发展。对于不支护巷道，工作面远去以后，p 终将趋零。但是，为了将最终收敛限制在某个可接受范围内，可能要向巷道提供支护，支护对围岩变形产生的约束作用力力学上类似工作面约束产生的内压 p。下面将在这样的两重意义下使用符号 p。

若使支护力等于 p_{cr}，则巷道只产生弹性变形而不发生大量收敛。但这时所需支护力大，既不经济，亦无必要。正确的做法是允许一定量的非弹性收敛，但收敛值不应超过某个限度以避免巷道发生破坏，这时需要研究弹塑性收敛值与 p 的关系。

分析弹塑性收敛最简单的途径是应用汉基弹塑性小变形理论。这时力平衡及几何方程与弹性论所用者一致，弹性本构方程则用下列弹塑性本构方程代替：

$$D = \phi T/2G$$

式中 D、T——应变及应力偏量；

G——材料剪切模量

$$G = \frac{E}{1+\nu}$$

ν——泊松比；

ϕ——塑性指数。它在弹塑性区界面 R 上为 1，在塑性区内可以是坐标和时间的函数。

在与前面推导 R 的条件和符号相同的条件下，再假定塑性区材料不可压缩，可解得巷道周边点 $r=a$ 处的位移即巷道表面收敛值为：

$$u = R_{(p)}^2\left[\frac{\sigma\sin\Phi + C\cos\Phi}{2Ga}\right] \tag{10-9a}$$

亦即

$$u = \frac{a}{2G}(\sigma\sin\Phi + C\cos\Phi)\left[\frac{(\sigma + C\mathrm{ctg}\Phi)(1-\sin\Phi)}{p + C\mathrm{ctg}\Phi}\right]^{\frac{1-\sin\Phi}{\sin\Phi}} \tag{10-9b}$$

式（10－9a）写来简明，它说明了塑性半径 $R_{(p)}$ 与 u 的关系，这里记塑性半径为 $R_{(p)}$，只在于强调塑性半径是支撑力 p 的函数，从而 u 亦随 p 而变，通过 p 控制 R 从而控制 u 值。式（10－9b）是 u 表达式的完整写法。

下面用一算例说明公式的应用并以附图展示所得结果。设场压 $\sigma=12\mathrm{MPa}$，$\Phi=30°$，$\sigma_c=2\mathrm{MPa}$，于是 $C=0.58\mathrm{MPa}$。将它们代入 R 的表达式并令式中 $p=0$，得不支护巷道的最终塑性区半径为 $R=2.55a$，这时巷道周边的弹塑性应力分布如图 10－11 所示。将有关数据代入 p_{cr} 表达式（10－8），将得到 $p_{cr}=5.5\mathrm{MPa}$，可见抑制塑性变形所需支撑力极大。设

所论巷道半径 $a=3\text{m}$，弹模及泊松比分别为 $E=10^3\text{MPa}$，$\nu=0.5$，从而可知 $G=334\text{MPa}$。将上述诸参数 a、G、σ、Φ、C 代入计算 u 的公式（10-9b）即得 u 与支撑压力 p 的关系式。以 u 为横坐标 p 为纵坐标，将此关系式绘成曲线，此即所谓的巷道收敛曲线（见图10-12）。

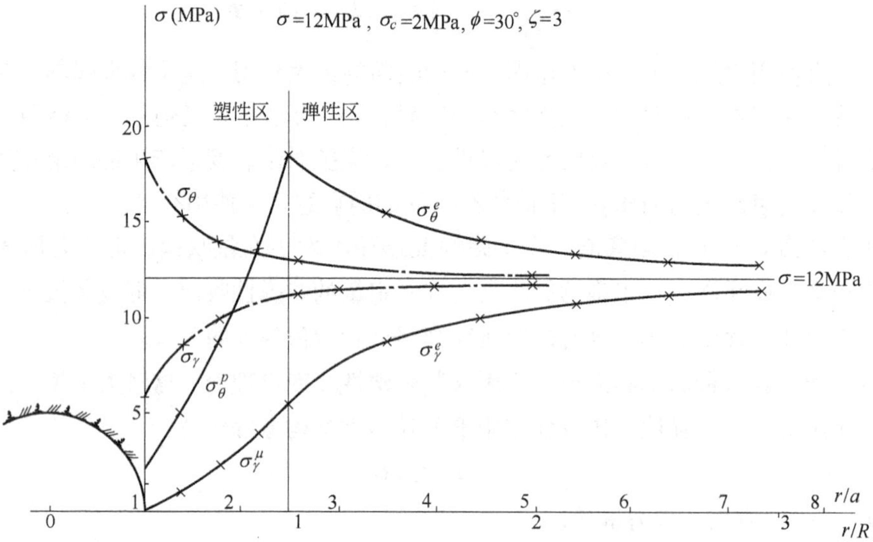

图10-11 弹塑性圆孔周边的应力分布算例

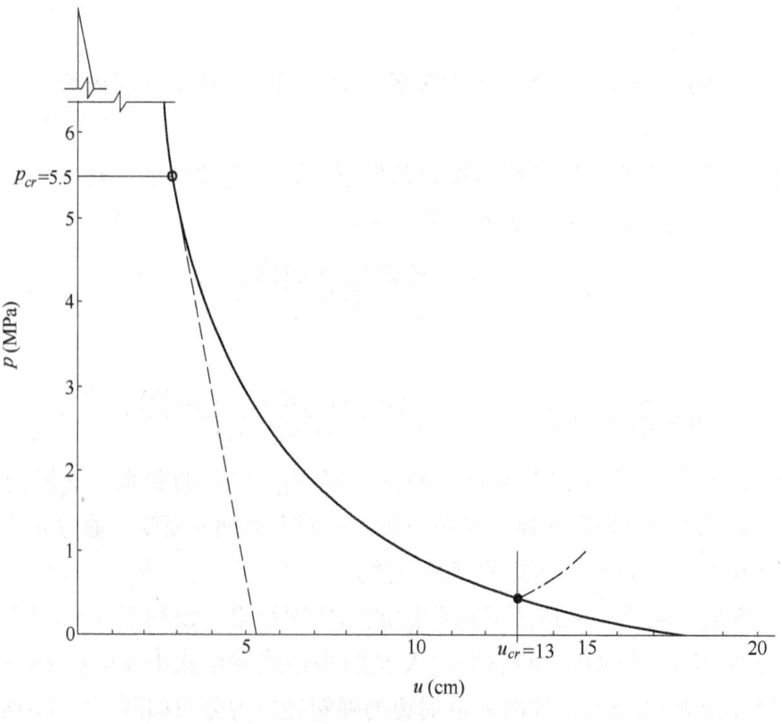

图10-12 收敛曲线的一个算例

本例中，若不施加支撑，则最终收敛值相对巷道中心而言约为19cm。假定岩体能接受的极限收敛值 $u_{cr}=13$cm。所谓极限收敛值，意味着收敛量达到此极值后，岩石将松散解体并发生垮塌。在此以后支撑围岩所需支撑力将大量增加，这在收敛曲线上反应为过 u_{cr}后 $p(u)$曲线重新翘起，如图中点划线所示。由图可见，为了维持收敛值小于13cm，支撑力强不得小于0.42MPa。

最后应该说明的是，按本节所述的算法算得的收敛值通常小于实际发生的收敛，实际上工程中所用的收敛曲线通常是通过实际观测得出的，极限收敛值也需根据实际观测来加以规定。

10.2.2.2 支护及其与围岩的相互作用

前已述及，支护是一些能够承载的人工结构物，被设置在巷道表面或近表面的一圈岩石内，通过限制巷道的收敛，增加巷道的稳定性并防止垮塌。支撑材料和结构类型多种多样：例如金属拱（摩擦）支护、素混凝土支护、锚杆支护、喷浆锚杆支护、预埋锚索支护等等。

支护的力学性能常用它们的 p_s-u_s 特性曲线描述，这里 p_s 表示施加在支护上的载荷，u_s 表示支护因受此载荷而产生的缩短（或伸长）变形。几种支护的特性曲线示意性地表于图10-13中。由图可见，它们的共同特点是工作段大体具有线性，即：

$$p_s=Ku_s \tag{10-10}$$

式中，K 被称为刚度系数。支护能够承受的最大极限载荷以 p_{SCR}表示，要使 p_{SCR}愈高则造价愈高。极限载荷以后的性态可能很不相同，例如，厚度大的浇灌混凝土支护尽管能承受较大载荷，但一旦极限强度被超过就可能被毁而失去承载能力；金属摩擦支护承载能力低，刚度小，但能忍受较大的变形；目前广泛使用的是锚喷支护，关于这类支护将在后面的节中详细介绍。

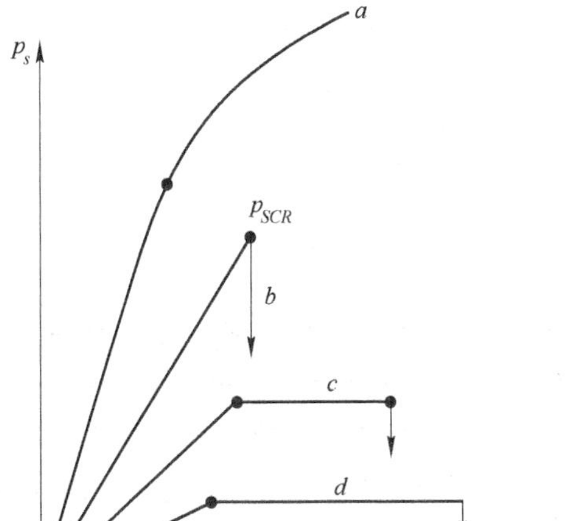

图10-13 支护特性曲线的示意

a—重型锚喷；b—素混凝土浇灌；c—锚支护；d—金属摩擦支护

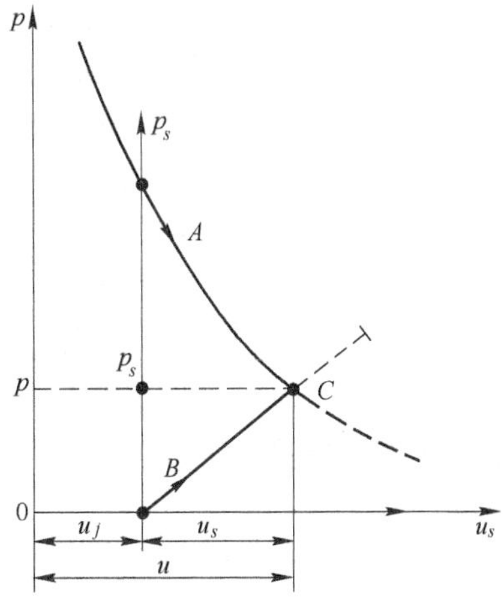

图10-14 支护-围岩共同作用曲线

施工完毕后，起初有些支护是不受力的如浇灌混凝土。另一些支护具有初始支护力，它们被施以一定的初始载荷与岩体联成一体如预应力锚杆。如果巷道不再收敛，支护中的机械载荷就无由增加，这时的支护可能是多余的。反之，如果巷道继续收敛，支护就被迫变形，从而其上的载荷增加，这种载荷反作用于围岩，就为围岩提供了支撑力。支护与围岩间的这种相互作用可通过巷道收敛曲线和支护特性曲线的变形一致来加以说明。

现在，不论支护结构如何，我们都将支护对围岩的作用力 p_s 化为作用在岩面上的力强 P_s，支护力学特性不变，可以写为

$$p_s = Ku_s \tag{10-11}$$

在图 10－14 中我们用 A 表示收敛曲线，B 表示（10－11）式意义下的支护特性曲线。如果当围岩收敛值达到 u_i 的瞬间架成支护，此后，围岩仍沿 A 继续收敛并迫使支护沿其特性曲线 B 作一致的变形，这时支护所受载荷逐渐增加。两曲线相交于 C 并在 C 点结束，这时，支护受到围岩的强迫而产生的变形为 u_s，支护上载荷强度 $p_s = Ku_s$，而围岩的收敛值为 u，这个 u 与巷道内有一个永久性的内压 p 相对应且 $p = p_s$，整个系统达到平衡。

按照上面的共同作用原理，可对支护设计和施工简述一些基本要求。前已述及，巷道的过量变形会造成垮塌。尽管在前面的理论模型中假定体积变形为零，实际上，在围岩发生指向开挖空间的变形过程中，由于岩体的非均质及具有本征不连续面，这种变形可能以沿结构面的不均匀滑移的形式发生，可能伴随着剪胀，于是整体性大大丧失，表面松散化并产生垮塌，于是持力层又会向深部发展，最终反应在超过 u_{cR} 后再要支护围岩则所需支护力 p_s 重新大量增加，如图 10－15 所示。以此为背景，可对图中用支护特性曲线表示的若干案例作出分析如下：

A 例　架设过早，支护费用极高；

B 例　不仅不经济，而且备用强度偏小，难以适应条件的变化；

C 例　架设过晚，既不经济又不能防止垮落；

D 例　从理论上说最优，但因不能适应变化而有失败的潜在可能；

E 例　刚度强度选择合适，架设的时间合宜，是图中最好的方案；

F 例　支护性能选择及架设的时间均合宜，也是好案例；

G 及 H 例　皆因强度不足而失败；

J 例　刚度不够遭致失败，但若将架设时间适当提前则能成功。

10.2.3 地压计算综述

在岩体中开凿巷道，使原处于平衡状态的载荷在岩体中重新分布。这一重新分布的载荷又称做地压。如果重新分布的载荷超过了岩石强度，就会使巷道周边的岩石发生破坏。因此，计算和测定地压值对巷道支护设计是非常重要的。此项工作一直是矿山工作者和岩石力学工作者的最基本任务之一，但到目前为止，在地压计算上，还不能满足矿山实践的要求。

这一问题的焦点集中在岩体的复杂性上，岩体不仅不是各向同性的，而且就其物质结构、岩石物理力学性质、岩体完整性和节理发育程度以及地下水影响也都各不相同，再加上巷道断面及形状以及其所处位置和掘进方式的差异等因素的影响，使地压很难准确计算。因此，在地压理论和计算方法上，不得不做一些简化，特别是对那些不能用量值来表示的影响因素。所以这些计算与分析结果，更多地是定性的说明，而不是给出准确的地压

值。

目前地压的计算方法大体上可以分成以下两大类：一是理论方法（数值方法和物理模型方法）；二是经验公式法。

10.2.3.1 地压计算的理论方法

在这类方法中，首先应该介绍普罗托季雅科诺夫（M. M. Протодьяконов）的松散体理论公式。普氏认为在水平巷道顶部形成一个自然平衡拱（或称坍落拱），拱顶具有抛物线形状。这个拱内的岩石重力即为作用在支架上的压力。这一压力计算见图 10-16，计算公式为：

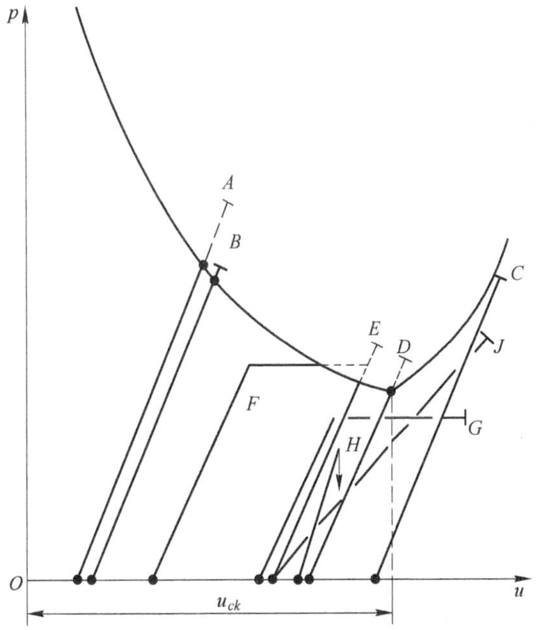

图 10-15 架设支护的一些案例

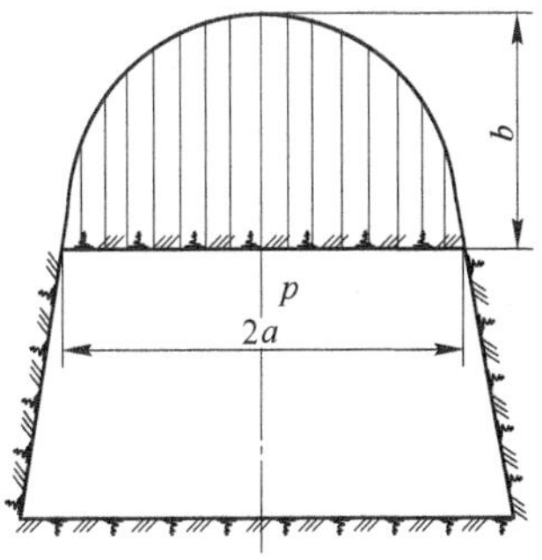

图 10-16 普氏坍落拱压力计算图

作用在 1m 巷道上的岩石顶压

$$p=\frac{4}{3}ab\gamma,\ \mathrm{MN/m} \qquad (10-12)$$

或

$$p=\frac{2}{3}a\gamma,\ \mathrm{MPa}$$

式中 a——巷道宽度的二分之一，m；

b——坍落拱的高度，m；

当巷道服务年限不大于一年时，

$$b=\frac{a}{f}$$

当服务年限大于一年时，

$$b=\frac{2a}{f}$$

f——普氏坚固性系数；

γ——岩石单位体积的重力，MN/m^3。

秦氏认为普氏公式适用于$f \geqslant 5$的岩石，如果岩石不稳固（$f \leqslant 4$）巷道的两侧会滑坍，因此坍落拱跨度加大，其跨度的二分之一为：

巷道断面为矩形时

$$a_1 = a + h\mathrm{ctg}\left(45° + \frac{\varphi}{2}\right)$$

巷道断面为梯形时

$$a_1 = a + h\left[\mathrm{ctg}80° + \mathrm{ctg}\left(45° + \frac{\varphi}{2}\right)\right]$$

式中　a_1——坍落拱跨度的一半，m；

a——巷道宽度的一半，m；

h——巷道高度，m；

φ——岩石的内摩擦角，（°）。

坍落拱的高度为：

巷道断面为矩形时

$$b_1 = \frac{a + h\mathrm{ctg}\left(45° + \frac{\varphi}{2}\right)}{f}$$

式中　b_1——坍落拱的高度，m。

巷道断面为梯形时

$$b_2 = \frac{a + h\left[\mathrm{ctg}80° + \mathrm{ctg}\left(45° + \frac{\varphi}{2}\right)\right]}{f}$$

式中　b_2——坍落拱的高度，m。

因此 1m 巷道上的顶压为：

$$p = 2\gamma\left(ab_1 - \int_0^a \frac{x\mathrm{d}x}{a\mathrm{tg}\varphi}\right) \tag{10-13}$$

式中　p——巷道顶压，MN/m。

下面的简化形式更适用一些，同时与上式的误差也不大。因此，1m 巷道上的岩石顶压为：

$$p = 1.4ab_1\gamma,\ \mathrm{MN/m} \tag{10-14}$$

或

$$p = 0.7b_1\gamma,\ \mathrm{MPa} \tag{10-15}$$

当在不稳定的岩层中掘出巷道，巷道的两帮会发生滑坍。侧压力是由受坍落拱的 n 部分岩石重力作用而下滑的棱锥体产生的（见图 10-17 和图 10-18），其值可由下列公式求出：

巷道两帮和顶板为均一岩层时，上部侧压力

$$z_1 = \gamma b_1 \mathrm{tg}^2\left(45° - \frac{\varphi}{2}\right) \tag{10-16}$$

式中　z_1——上部侧压，MPa。

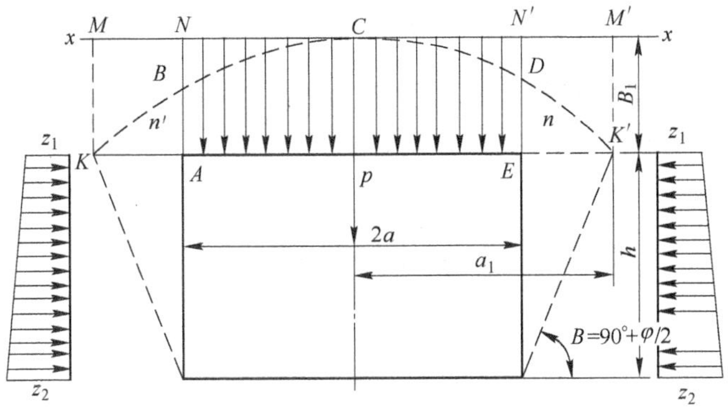

图 10-17 巷道断面为矩形时秦氏压力计算图

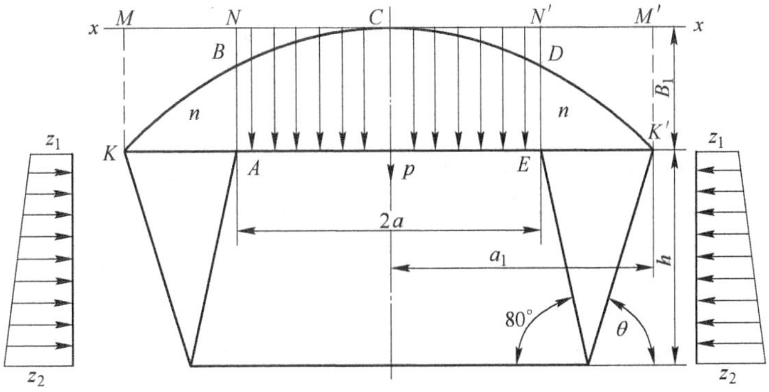

图 10-18 巷道断面为梯形时秦氏压力计算图

下部侧压力

$$z_2 = \gamma(b_1 + h)\mathrm{tg}^2\left(45° - \frac{\varphi}{2}\right) \tag{10-17}$$

式中 z_2——下部侧压，MPa。

巷道两帮和顶板为不同岩层时，上部侧压力

$$z_1 = \gamma h_o \mathrm{tg}^2\left(45° - \frac{\varphi}{2}\right) \tag{10-18}$$

下部侧压力

$$z_2 = \gamma(h_o + h)\mathrm{tg}^2\left(45° - \frac{\varphi}{2}\right) \tag{10-19}$$

式中 γ——侧帮岩石单位体积的重力，MN/m^3；

b_1——坍落拱跨度的一半，m；

φ——岩石的内摩擦角，(°)；

h——巷道的高度，m；

h_o——与容重有关的折算高度，m；

$$h_o = b_1 \frac{\gamma_1}{\gamma}$$

γ_1——顶板岩石单位体积的重力，MN/m^3。

因此巷道壁所受的侧压力（单位 MN/m）：

顶板和两帮的岩石均一时

$$R_\delta = \frac{z_1 + z_2}{2} \times h$$

即

$$R_\delta = \frac{\gamma h}{2}(2b_1 + h)\mathrm{tg}^2\left(45° - \frac{\varphi}{2}\right) \qquad (10-20)$$

顶板和两帮的岩石为不相同时

$$R_\delta = \frac{\gamma h}{2}(2h_0 + h)\mathrm{tg}^2\left(45° - \frac{\varphi}{2}\right) \qquad (10-21)$$

此外，泰沙基于 1946 年提出一种计算巷道压力拱的方法，其基本概念见图 10－19。在巷道开凿中两帮及顶板岩体中可能出现松弛现象，*acdb* 中的松动岩石要向巷道内移动。这种移动将受沿侧边 *ac* 和 *bd* 上的摩擦力的阻抗，摩擦力把覆盖岩层重力 *W* 的一大部分传递到巷道两帮岩石上。因此，顶板和两帮只要支承剩下的折算高度 H_p 的岩石重力。产生移动的区域的宽度 B_1 将取决于岩体特性及巷道尺寸 H_t 和 B。

泰沙基根据模型试验和他对岩石的分类提出了岩体载荷值的范围，即折算高度 H_p 与

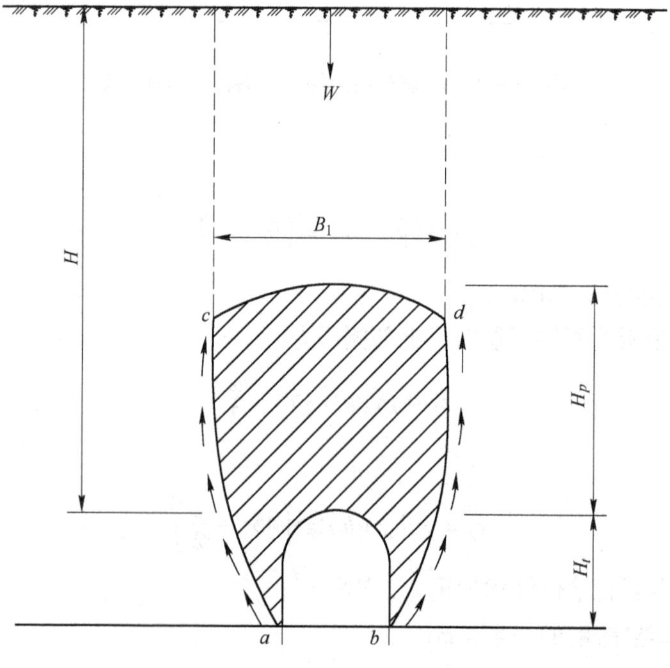

图 10－19　泰沙基压力拱示意图

巷道尺寸 H_t 和 B 的关系，从 H_p 为零（相对于坚硬完整岩石）到 $H_p = 4.5(B + H_t)$（相对于挤压岩石），而对于膨胀性岩石 H_p 与 B 和 H_t 无关，最大值为76.2m[1]。

与泰沙基压力拱相似的是苏联莫斯特科夫提出的破坏圈深度公式[3]，用来计算硐室周围岩石的载荷，其示意图见图10－20。

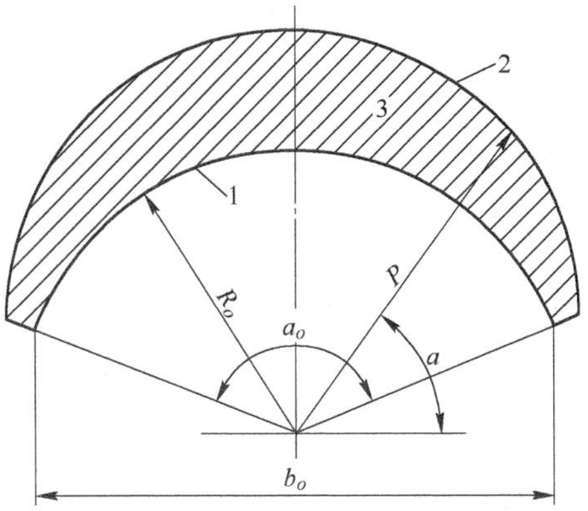

图10－20　硐室上部岩石塌方的计算图

1—支护的设计轮廓线；2—塌落拱的理论边界；3—计算的岩石塌方体（塌落拱）

由于在原岩体中开挖硐室，使得硐室周围岩体的应力重新分布与集中，导致在岩体强度低的地方出现裂隙，这些裂隙和由于爆破作业不适而产生的裂隙以及由于地质构造所形成的裂隙共同形成了硐室周围的破坏圈（松散圈），并力图与岩体分离，向已有自由空间的硐室的方向移动。当岩石内聚力不足以阻碍这一移动时硐室的支护上就承受了破坏圈内的岩石重力（见图10－19）。所以，硐室上部的垂直岩石压力强度为：

$$q = \beta\gamma h_H \tag{10-22}$$

式中 q——压力强度，MPa；

γ——围岩单位体积的重力，MN/m^3；

h_H——破坏圈的深度，m。由试验确定 h_H 值，或由公式求出 h_H 值，即 $h_H = Kb_o$，m；

K——系数，与岩体特性有关，由下列数字给出

坚固性系数 f	≥15	14~10	9~7	6~5	4	3~2	1
K 值	0~0.05	0.05~0.1	0.1~0.15	0.15~0.20	0.2~0.3	0.3~0.4	0.4~0.5

b_o——硐室的跨度，m；

β——取决于破坏圈深度、支护参数和其他因素的系数，由公式求出，即

$$\beta = \frac{n}{n_1}$$

n_1、n——系数，按表10－1和表10－2求出。

10.2.3.2　地压计算的经验公式

A　我国铁路工程推荐的经验公式

$$q = 0.45 \times 2^{6-s}\gamma\omega \tag{10-23}$$

表 10－1 n_1 系数表

α_0 ②	*m* 系数值①			
	0	0.1	0.2	0.3
$\frac{\pi}{2}$	0	0.12	0.26	0.43
$\frac{2}{3}\pi$	0	0.10	0.21	0.35
π	0	0.09	0.19	0.30

① 系数，取决于岩石特性（裂隙度、强度、含水程度等），由表 10－3 中求出；
② 硐室顶拱的中心角，rad。

表 10－2 *n* 系数表

α_0	*m* 系数值			
	0	0.1	0.2	0.3
$\frac{\pi}{2}$	0	0.09	0.22	0.37
$\frac{2}{3}\pi$	0	0.07	0.15	0.26
π	0	0.05	0.10	0.16

表 10－3 *m* 系数表

坚固性系数 *f*	18～16	15～8	7～4
m 值	0～0.05	0.1～0.15	0.2～0.3

式中 q——均布垂直岩石压力强度，MPa；

s——围岩类别，其值按表 10－4 选取，围岩在表中属Ⅰ类，即 $s=1$；

γ——围岩单位体积的重力，MN/m^3；

ω——跨度影响系数，其值为：

$$\omega=1+i(B-5)$$

B——巷道断面宽度，m；

i——围岩压力增减率，当 $B<5$m 时，$i=0.2$；当 $B=(5\sim15)$m 时，$i=0.1$。

侧向水平压力按式（10－24）计算：

$$e=aq \tag{10-24}$$

式中 e——侧向水平压力，MPa；

q——垂直岩石压力强度，MPa；

a——水平岩石压力强度与垂直岩石压力强度的比值，可按下列数字选取：

围岩类别	Ⅵ～Ⅴ	Ⅳ	Ⅲ	Ⅱ	Ⅰ
a	0	$0\sim\frac{1}{6}$	$\frac{1}{6}\sim\frac{1}{3}$	$\frac{1}{3}\sim\frac{1}{2}$	$\frac{1}{2}\sim1$

表 10－4 铁路隧道围岩分类表

类别	围岩主要工程地质条件		围岩开挖后的稳定状态（单线）	衬砌类型及主要结构尺寸（单线）	支撑类别及间距（单线）
	主要工程地质特征	结构完整状态			
Ⅵ	硬岩（$R_b>58.8$MPa）：受地质构造影响轻微，节理不发育，无软弱面（或夹层）；层状岩层为厚层，层间结合良好	被切割呈巨块状整体结构	围岩稳定无坍塌，可能产生岩爆	不衬砌，不防护喷水泥砂浆，防护喷混凝土防护	一般不需支撑
Ⅴ	硬岩（$R_b>29.4$MPa）：受地质构造影响较重，节理较发育，有少量软弱面（或夹层）和贯通微张节理，但其产状及组合关系尚不致产生滑动；层状岩层为中层或厚层，层间结合一般，很少有分离现象；或为硬岩偶夹软岩 软岩（$R_b\approx29.4$MPa）：受地质构造影响较轻，节理不发育；层状岩层为厚层，层间结合良好	被切割呈大块状砌体结构 被切割呈巨块状整体结构	长时间会出现局部小坍塌，侧壁稳定，层间结合差的平缓岩层，顶板易坍落	喷混凝土衬砌或锚杆喷混凝土衬砌，必要时增设金属网 拱顶厚 20～30cm 的半衬砌，直墙衬砌或柱式、连拱式等花边墙衬砌	部分支撑或锚杆支护
Ⅳ	硬岩（$R_b>29.4$MPa）：受地质构造影响严重，节理发育，有层状软弱面（或夹层），但其产状和组合关系尚不致产生滑动；层状岩层为薄层或中层，层间结合差，多有分离现象，或为硬岩软岩互层 软岩（$R_b=4.9\sim29.4$MPa）：受地质构造影响较重，节理较发育，层状岩层为薄层、中层或厚层，层间结合一般	被切割呈块（石）碎（石）状镶嵌结构 被切割呈大块状砌体结构	拱部无支撑时可产生小坍塌，侧壁基本稳定，爆破震动过大易坍	拱顶厚 30～40cm，直墙式衬砌或柱式、连拱式等花边墙衬砌 拱顶厚 30～40cm 的大拱脚薄边墙（20～25cm）衬砌 锚杆喷混凝土衬砌或锚杆金属网喷混凝土衬砌	需支撑，支撑间距 1.0～1.2m，距开挖面不支撑的距离不大于 5～10m
Ⅲ	硬岩（$R_b>29.4$MPa）：受地质构造影响很严重，节理很发育，层状软弱面（或夹层）已基本破坏 软岩（$R_b=4.9\sim29.4$MPa）；受地质构造影响严重，节理发育 土：1. 略具压密或成岩作用的黏性土及砂性土；2. 老黄土；3. 一般泥质胶结的碎、卵石土；4. 大块石土	被切割呈碎石状压碎结构 被切割呈块（石）碎（石）状镶嵌结构 1、2 呈大块状压密结构；3. 呈巨块状整体结构；4. 呈堆石状松散结构	拱部无支撑时可产生较大的坍塌；侧壁有时失去稳定	拱顶厚 40～50cm 的直墙式或曲墙式衬砌（先拱后墙法施工时，拱脚可适当加厚，以防止下沉），必要时设仰拱	需支撑，支撑间距 0.8～1.0m，支撑面紧跟开挖面
Ⅱ	石质围岩位于挤压强烈的断裂带内，裂隙杂乱，呈石夹土或土夹石状 一般第四系的可塑的黏性土及稍湿至潮湿的非黏性土（包括一般碎、卵、砾石土）及新黄土	围岩呈角（砾）碎（石）状松散结构 非黏性土呈松散结构，黏性土及新黄土呈松软结构	围岩易坍塌，处理不当会大坍塌，侧壁常出现小坍塌，浅埋时易出现地表下沉（陷）或坍至地表	拱顶厚 50～60cm 的曲线带仰拱混凝土衬砌	需加强支撑，支撑间距 0.6～0.8m，并用背板支护，必要时随挖随支

续表 10-4

类别	围岩主要工程地质条件		围岩开挖后的稳定状态（单线）	衬砌类型及主要结构尺寸（单线）	支撑类别及间距（单线）
	主要工程地质特征	结构完整状态			
I	石质围岩位于挤压强烈的断裂带内呈角砾、砂、泥松体 软塑状黏性土及潮湿的粉细砂等	围岩呈泥砂角砾状松软结构，黏性土呈易蠕动的松软结构，砂性土呈潮湿的松散结构	围岩极易坍塌变形，有水时土砂常与水一齐涌出，浅埋时易坍至地表	拱顶厚 50～60cm 带仰拱的刚性骨架混凝土衬砌或钢筋混凝土曲墙衬砌 拱顶厚 60～70cm 的曲墙带仰拱的混凝土衬砌	密排木支撑或间距 0.8m 的金属支撑（可用作混凝土衬砌骨架），必要时先护后挖

B　我国《水工隧硐暂行规范》公式

$$q = S_y \gamma B \tag{10-25}$$

$$e = S_x \gamma H \tag{10-26}$$

式中　q——均布垂直岩石压力强度，MPa；

e——均布侧向水平岩石压力强度，MPa；

γ——单位体积岩石重力，MN/m^3；

B——巷道断面高度，m；

S_x——水平岩石压力系数，可由表 10-5 中查出；

S_y——垂直岩石压力系数，可由表 10-5 中查出。

C　乌纳尔（Unal）经验公式

$$p = \frac{100 - \mathrm{RMR}}{100} \gamma B = \gamma h_t \tag{10-27}$$

式中　p——支护载荷，MPa；

γ——岩石单位体积重力，MN/m^3；

B——隧道宽度，m；

h_t——岩石载荷高度，m；

$$h_t = \left[\frac{100 - \mathrm{RMR}}{100}\right] B$$

RMR——宾尼雅夫斯基（Z. T. Bieniawske）岩石分类评分值（详见 10.2.4）。

10.2.4　支护方法的设计

正确的支护设计是对一特定的巷道，选择一个最佳支护系统。鉴于目前还没有一种适用的定量的计算方法，因此实践中常用工程类比法进行支护系统的选择。

宾尼雅夫斯基[4]提出的岩石分类法，考虑了岩石力学性质、原岩完整性、节理和层理的状态和特征，以及地下水等诸多因素，并在大量工程实践中得到完善，可依此作为支护方法选择的依据。选择步骤及方法如下：

（1）按地质构造特征把巷道分成各个区段；

（2）根据表 10-6（RMR）所需之评分内容，按地质构造分段收集有关原始数据；

表 10-5 岩石压力系数与岩石抗力系数

岩石坚硬程度	代表岩石的名称	节理裂隙多少或风化程度	岩石压力系数 垂直的 S_x	岩石压力系数 水平的 S_x	无压隧洞的岩石抗力系数 K (MPa)
坚硬岩石	石英岩、花岗岩、流纹斑岩、安山岩、玄武岩、厚层矽质灰岩等	节理裂隙少，新鲜	0~0.05		19.6~49
		节理裂隙不太发育，微风化	0.05~0.10		11.76~19.6
		节理裂隙发育，弱风化	0.10~0.20		4.9~11.76
中等坚硬岩石	砂岩、石灰岩、白云岩、砾岩等	节理裂隙少，新鲜	0.05~0.10		11.76~19.6
		节理裂隙不太发育，微风化	0.10~0.20		7.84~11.76
		节理裂隙发育，弱风化	0.20~0.30	0~0.05	1.96~7.84
较软岩石	砂页岩互层、黏土质岩石、致密的泥灰岩等	节理裂隙少，新鲜	0.10~0.20		4.9~11.76
		节理裂隙不太发育，微风化	0.20~0.30	0~0.05	1.96~4.9
		节理裂隙发育，弱风化	0.30~0.50	0.05~0.10	小于1.96
松软岩石	严重风化及十分破碎的岩石、断层、破碎带等		0.30~1.00 或更大	0.05~0.50 或更大	小于0.98

表 10-6 RMR 岩石分类法

	分类参数		数值范围				
1	完整岩石的强度 (MPa)	点加载强度指标	>10	4~10	2~4	1~2	对强度较低的岩石宜用单轴抗压强度
		单轴抗压强度	>250	100~250	50~100	25~50	5~25　1~5　<1
	评分值		15	12	7	4	2　1　0
2	岩芯质量指标 RQD		(90~100)%	(75~90)%	(50~75)%	(25~50)%	<25%
	评分值		20	17	13	8	3
3	节理间距 (m)		>2	0.6~2	0.2~0.6	0.06~0.2	0.06
	评分值		20	15	10	8	5
4	节理条件		节理面很粗糙，节理不连续，宽度为零，节理面没有风化	节理面稍粗糙，宽度<1mm，节理面轻微风化	节理面稍粗糙，宽度<1mm，节理面风化严重	节理面光滑含厚度<5mm的软弱夹层，节理口宽度1~5mm，节理连续	含厚度>5mm的软弱夹层或开口宽度>5mm，节理连续
	评分值		30	25	20	10	0
5	地下水	每10m长的隧道涌水量 (L/min)	无	<10	10~25	25~125	>125
		$\frac{节理水压力}{最大主应力}$比值	0	0.0~0.1	0.1~0.2	0.2~0.5	>0.5
		一般条件	完全干燥	湿气	潮湿	滴水	流水
	评分值		15	10	7	4	0

(3) 按表10-6所列标准计算 RMR 分值；

(4) 对所得 RMR 分值，再依图 10-21 所示进行调整修正。图中节理方位影响的调整值，按表 10-7 所列之值选取。至于爆破作业、原岩地应力和断层构造等对 RMR 分值的影响程度，已在图 10-21 中给出相应的影响系数，可直接选定并参加相应的计算即可；

表 10 - 7　按节理方向修正评分

节理走向和倾向		非常有利	有　利	一　般	不　利	非常不利
评分值	隧道	0	-2	-5	-10	-12
	地基	0	-2	-7	-15	-25
	边坡	0	-5	-25	-50	-60

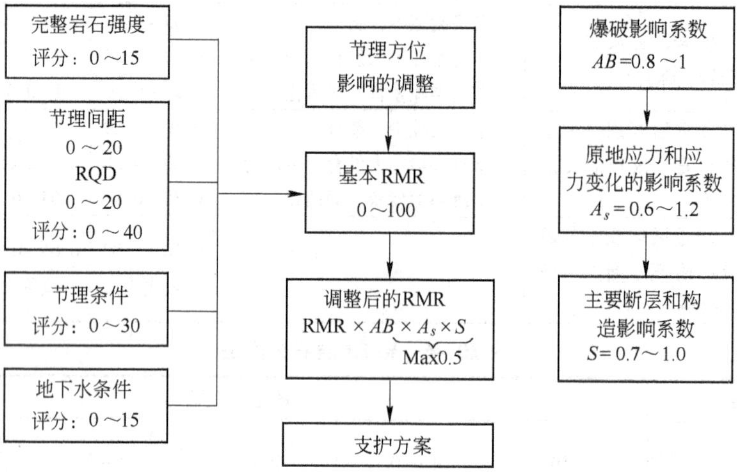

图 10 - 21　RMR 分类法在矿山应用调整示意图

(5) 按修正过的总 RMR 分值，在图 10 - 22 上找出不支护巷道的跨度，如果这一跨度小于设计所需的跨度，掘进时必须考虑分次开挖形成断面的方法；

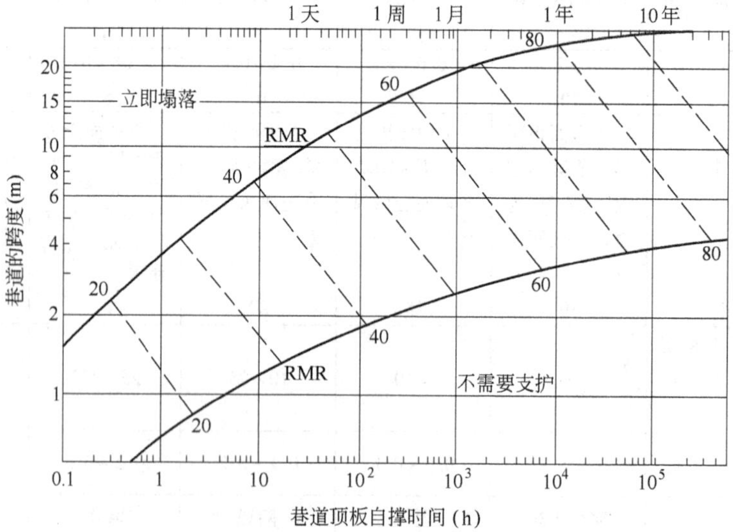

图 10 - 22　巷道跨度与顶板自撑时间的关系

(6) 从图 10 - 22 上查出这一巷道跨度的自撑时间，如果巷道落在下限曲线之下，则巷道不需支护；

(7) 如果自撑时间达不到要求，必须进行巷道支护，支护方法按表 10 - 8 选取。

要特别强调支护方法选定后，支护设计工作尚未结束，还要对巷道掘进中需特别注意的区段提出观测计划，届时对观测结果进行分析并改进支护设计。

表 10-8 RMR 分类法隧道掘进与支护指南

（断面形状：马蹄形；宽度：10m，垂直应力：25MPa 以下，施工方法：凿岩爆破法）

岩体类别	掘进方法	支护类型		
		锚杆（$d=20$mm，全结）	喷射混凝土	金属支架
Ⅰ类 RMR81~100	全断面掘进，进尺 3m	局部锚固，一般不需支护		
Ⅱ类 RMR61~80	全断面掘进，进尺 1.0~1.5m，距工作面 20m 完成支护工作	拱顶局部用 3m 长锚杆，网度 2.5m，偶尔需架设金属网	拱顶需要地方喷射 50mm 混凝土	不 用
Ⅲ类 RMR41~60	上部导坑和下部梯段掘进，导坑进尺 1.5~3m，每次爆破后就支护，距工作面 10m 完成支护	拱顶和帮壁用 4m 长的锚杆进行系统支护。网度 1.5~2m，拱顶架金属网	拱顶喷射 50~100mm，帮壁 30mm 厚的混凝土	不 用
Ⅳ类 RMR21~40	上部导坑和下部梯段掘进，导坑进尺 1~1.5m，随掘进随支护，距工作面 10m 以内	拱顶和帮壁用长 4~5m 的锚杆支护，网宽 1.5m，都架设金属网	拱顶喷厚 100~150mm，帮壁 100mm	需要轻型金属支架支护，间距 1.5m
Ⅴ类 RMR<20	多导坑掘进，进尺 0.5~1.5m，随掘进随支护，爆破后尽快喷射混凝土支护	拱顶和帮壁系统地用长 5~6m 的锚杆支护，网度 1~1.5m，都架设金属网，底板安装锚杆	拱顶喷厚 150~200mm，帮壁 150mm，工作面 50mm	中型至重型金属支架，间距 0.75m，根据需要用钢背板和插板，封闭底板

10.3 巷 道 支 护

10.3.1 锚杆支护

10.3.1.1 锚杆种类

从锚固特点考虑，可将目前的锚杆归纳为四大类 22 种，如下所示：

第一类：点锚式锚杆

1. 楔缝式锚杆。
2. 胀壳式锚杆。
3. 倒楔式锚杆。
4. 树脂点锚锚杆。
5. 水泥卷点锚锚杆。
6. 爆固式点锚锚杆。
7. 可让式锚杆。

第二类：全长黏结式锚杆

8. 水泥砂浆锚杆。
9. 孔管式砂浆锚杆（Perfo 法）。
10. 树脂胶结式锚杆。

表 10－9 矿用锚杆简介

类型	结构特点		安装	适用岩层及锚固力	优缺点
楔缝式	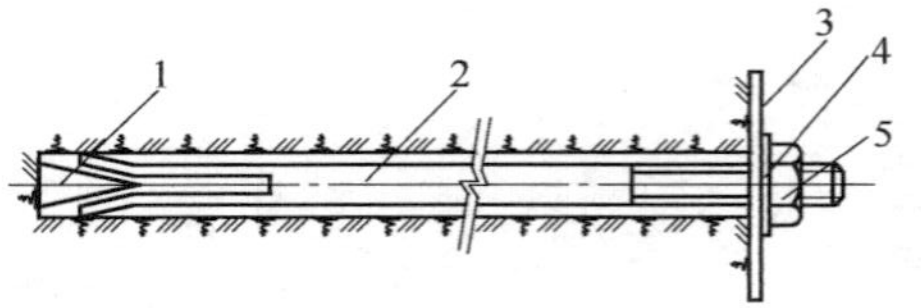 1—楔子；2—杆体；3—托板；4—垫圈；5—螺母	杆径 22～26mm，长度不超过 3m 为宜。楔缝长 140mm 锥度 7°。钻孔孔径与锚杆直径的差值不大于 5～7mm；孔深比杆长浅 100～150mm	将锚杆放入钻孔，用凿岩机套入卡套冲击，或用手锤锤打，使顶楔胀紧，最后套上托板并拧紧螺母	$f=3\sim10$ 岩层，锚固力 70kN，最大 110kN	优点：制作简单，有预拉力，可及时受载 缺点：对孔径和孔深要求严格；人工拧螺母时劳动强度大；抗爆破能力差；价格较贵
胀壳式	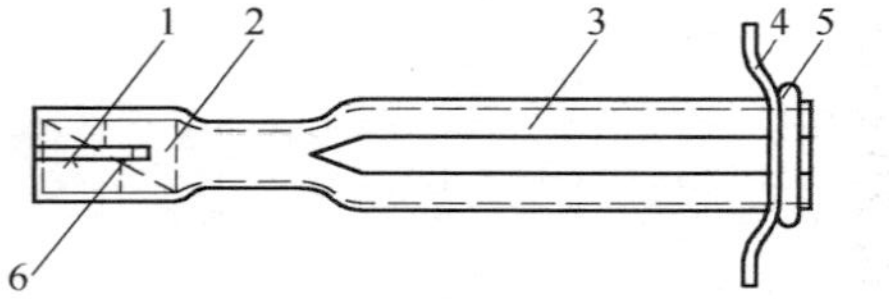 1—顶筋；2—锥形螺母；3—胀壳（2 或 4 片）；4—杆体；5—托板；6—垫圈	杆体顶端螺纹长 100～200mm，下端为方头，杆径 $\phi16\sim20$mm，长度不超过 3m。特殊用途者杆体直径可为 $\phi35\sim40$mm，长度可达 7～10m	轻送至孔底后稍回退使壳片接触岩壁，再用专用机具或力矩扳手旋紧壳体（力矩 150～200N·m）和杆体	国内Ⅰ～Ⅳ类岩层均可用。锚固力一般达 70kN，甚至 130kN，特殊结构者达 300kN	优点：对岩层适用性广，用机具安装相当方便；有时可以回收 缺点：结构复杂，对钻孔孔径要求严格；抗爆破抗剪切能力差；人工拧螺母很费劲
倒楔式	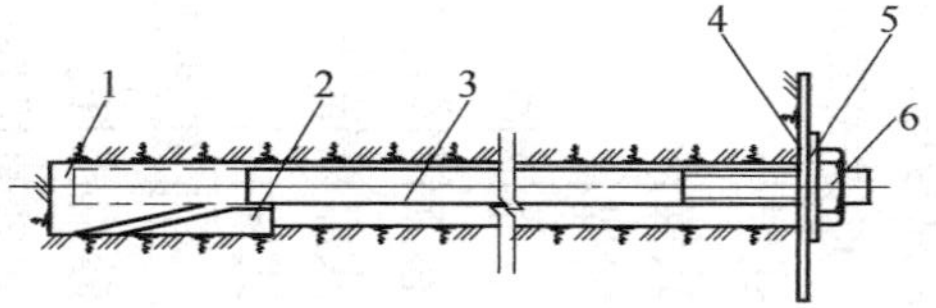 1—上楔；2—下楔；3—杆体；4—托板；5—垫圈；6—螺母	上楔被铸造在杆体上端，坡度小于 5°，适于钻孔 $\phi40\sim46$mm	绑好下楔后将锚杆送入孔底，用铁棍或管子顶住下楔并用大锤或凿岩机冲击下楔，使上下楔相对错开而楔紧，再上托板和拧紧螺母	国内Ⅰ～Ⅲ类岩石，锚固力 50kN 左右，最大 80kN	优点：制作简单，及时受载 缺点：对孔深要求严；安装下楔有时错位；抗爆破抗震能力欠佳；人工安装劳动强度大

续表 10－9

类型	结构特点	安装	适用岩层及锚固力	优缺点
树脂点锚	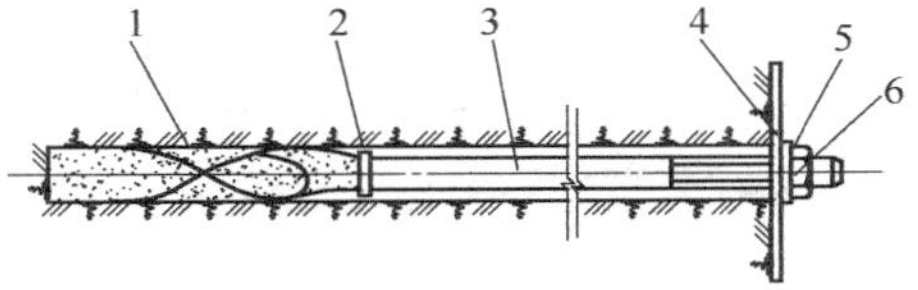 1—黏结树脂；2—挡圈；3—杆体；4—托板；5—垫圈；6—螺母 通过树脂对岩壁和杆体的黏结而起锚固作用。杆体顶端为麻花状并带挡圈（挡住树脂外流），国产树脂药卷尺寸 $\phi35\times370$mm，适用孔径 42 ~ 44mm[5]	用杆体将树脂药卷送入孔底后，套以电钻或专用的风动搅拌器搅拌 30 ± 5s；再等 15min 装托板拧紧螺母（扭矩 100N · m）	国内Ⅰ～Ⅳ类岩层均适用。1 天锚固力 50 ~ 80kN	优点：对岩层适用性很广；锚头不怕爆破和震动，并且受拉时滑移量少 缺点：药包存放期较短，一般仅 3 ~ 6 个月；安装费时费事；对孔径和孔深要求严格
水泥点锚	除了用水泥药卷代替树脂药卷以降低成本外，其余结构同树脂点锚锚杆。要求使用快硬水泥。结构图相似于树脂点锚锚杆	将水泥药卷浸水约 3min，待其中的排气孔停止排气后将水泥卷连同杆体一起放入孔底，搅拌 30 ~ 60s，待 20min 后安装托板并拧紧螺母	适用于Ⅰ～Ⅳ类岩层，一小时锚固力可达 70kN	优点：对岩层适用性很广；锚头不怕爆破和震动，并且受拉时滑移量少 缺点：药包存放期较短，一般仅 3 ~ 6 个月；安装费时费事；对孔径和孔深要求严格
水泥砂浆	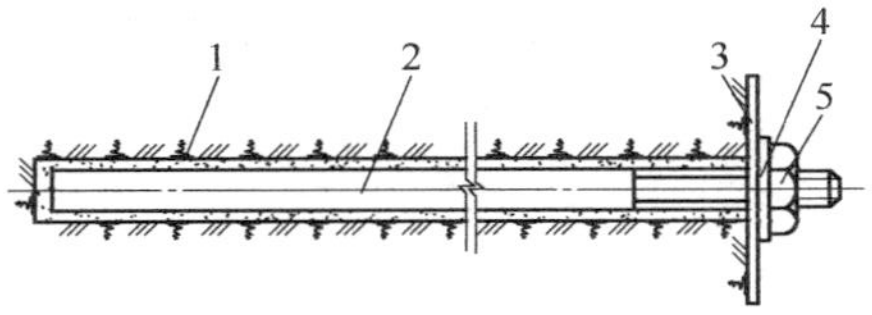 1—水泥砂浆；2—杆体；3—托板；4—垫圈（有时可省去）；5—螺母（有时可省去） 用水泥砂浆将整根杆体胶结在钻孔中，起全长锚固作用。要求钻孔孔径比锚杆直径大 15mm 以上；砂浆标号 200 号以上，配比为水泥: 砂: 水 =1:（1 ~ 2）:（0.38 ~ 0.45）（重量比），稠度约 10cm	可先注浆后插入杆体或反之。无预应力的砂浆锚杆应及时紧跟工作面施工才能起到良好的支护效果	适用各类岩层。锚固力一般可达 80 ~ 100kN（施工数天后）	优点：对岩层的适用性很强；阻止围岩移动和变形的能力强；防锈；价廉；可作永久支护 缺点：施工繁杂；工人劳动条件差；施工后不能立即承载，一般要两天后才能达到足够的锚固力；注浆质量不便检查

续表 10－9

类型	结构特点	安装	适用岩层及锚固力	优缺点
管缝式	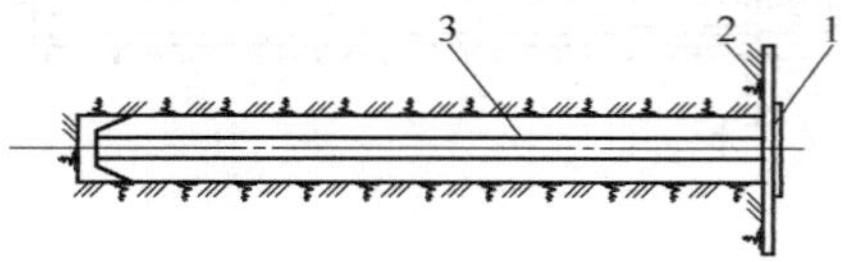1—挡环；2—托板；3—管体（杆体） 管体沿纵向开了一条长缝，挡环焊牢在管体外壁。管体常用 16Mn 或 20MnSi 钢材、壁厚 2～2.5mm（A_3 钢则厚 2.5～3.5mm），要求钻孔孔径比管径小 2mm 左右、孔深大于管长。这种锚杆靠管体全长紧压孔壁而达到锚固目的，长度以 1.5～1.8m 为宜	将托板套在管体上，用凿岩机通过连结器将锚杆推入孔中，直至托板紧压岩面	适用于国内 Ⅰ～Ⅲ类乃至Ⅳ类岩层。全长锚固力约 30～60kN	优点：安装简便，耗时 1～2min；对孔深无严格要求，超深即可；对岩石表层的加固能力强；锚固力不受爆破震动、围岩移动及时间的影响。有让压性 缺点：对钻孔孔径要求很严格；管壁薄，易锈蚀，不宜作永久支护；价格较贵
楔管式	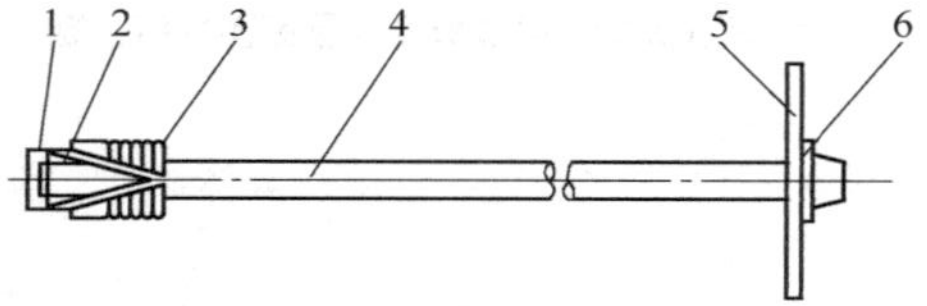1—上楔；2—下楔；3—变径管；4—托板；5—挡环；6—直缝（上楔焊牢在管内壁，挡环焊牢在管外壁） 综合了楔式点锚锚杆和缝管式锚杆的优点，长度可达 3～6m	1. 套上托板后，将上半段自由地放入钻孔中，再用凿岩机（套接头）将下半段推入岩孔中直至托板压紧 2. 用一根长的钢钎通入管中反复冲击下楔，以楔紧顶锚锚头预拉力	$f>2$ 岩层。顶锚力 120kN，缝管段锚固力约 50kN	优点：安装简便，耗时 1～2min，安装质量易检查；对表层加固能力强，抗爆抗震；对岩层适用性广；有让压性 缺点：成本稍高，管壁薄易锈蚀，不宜作永久支护
胀管式	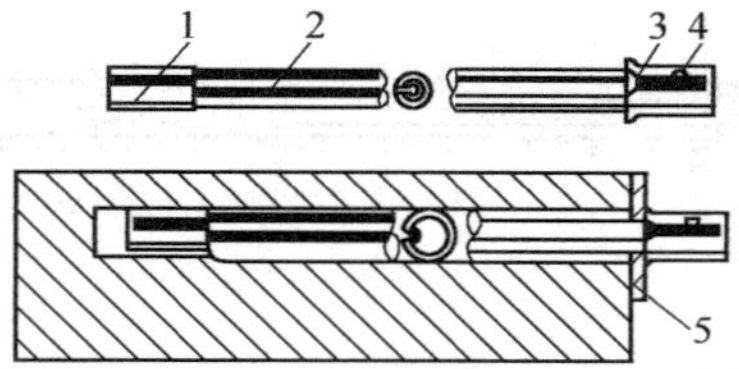1—顶端密封套；2—异形管；3—尾端密封套；4—高压水注入孔；5—托板 为一异形断面的无缝钢管，两端密封，借助于高压水将异形钢管鼓胀并贴紧孔壁而锚固岩石	套上托板后将管体放入岩孔，接上接头和高压水泵并注入高压水（30MPa），使异形管胀大并紧贴孔壁	适用于各类岩层抗断力 100kN（在不超过抗断力前提下，摩擦锚固力可达 100～200kN/m）	优点：安装方便迅速，耗时 1～2min；及时受载；对孔径孔深无特殊要求；抗爆抗震性好 缺点：价格太贵；安装需专用泵及其接头；搬运必须特别小心；管壁薄，易锈蚀，不宜作永久支护

续表 10－9

类型	结构特点	安装	适用岩层及锚固力	优缺点
砂浆楔缝式	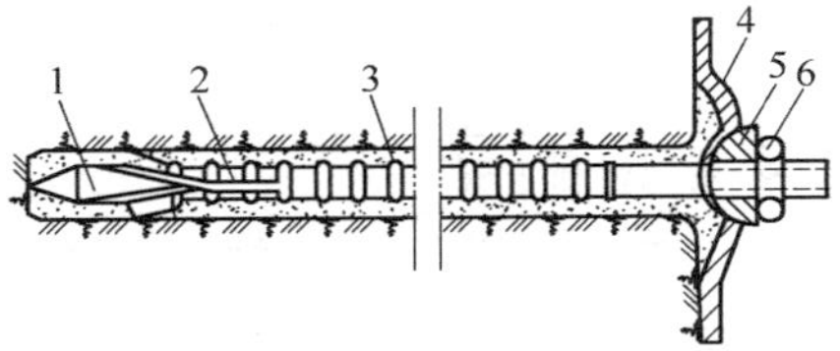 1—十字形楔子；2—螺纹钢筋；3—水泥砂浆；4—托板；5—球形垫；6—螺母 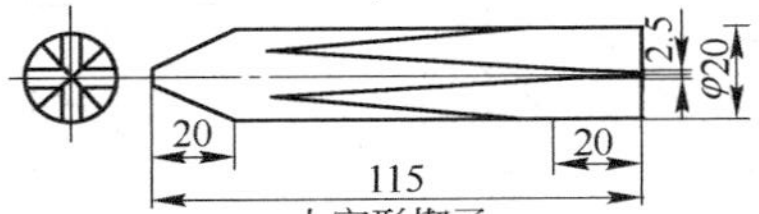 十字形楔子 螺纹钢筋顶端对径地拉开两条缝（即十字缝），尾端有螺纹，锚杆长 1.5 ~4m	用注浆器先灌砂浆于孔内，后将十字形楔子嵌于锚杆十字缝中，再用凿岩机将杆体推入孔中并冲紧楔子，最后套托板、球形垫并拧紧螺母	适用于Ⅰ~Ⅳ类岩层。锚固力高于 80 ~100kN	优点：既有点锚和预拉力效果，又有全长黏结锚固效果，而且防锈，既可作临时支护又可作永久支护 缺点：工序多，成本高
砂浆楔管式	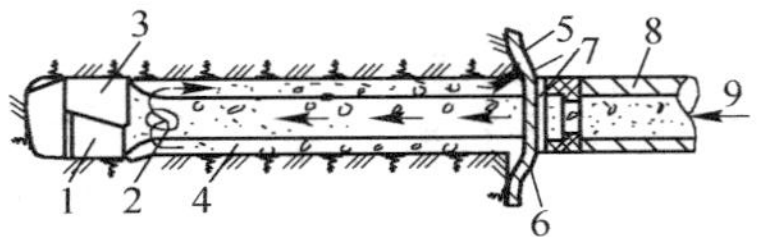 1—上楔；2—管体出浆口；3—下楔；4—管体；5—托板；6—托板出浆孔；7—挡环；8—灌浆接头；9—砂浆入口	套入托板后送入钻孔，插入钢钎并用凿岩机冲紧顶锚（此时杆体产生预加拉力），然后在锚杆尾端接灌浆接头灌浆，至砂浆从托板出浆孔流出	适用于Ⅰ~Ⅳ类岩层，预拉力 30 ~40kN，顶锚力 120kN，全长锚固力 120kN	优点：结构和操作简单，具有点锚和全锚功能；防锈；可用于临时支护和永久支护 缺点：价格高于水泥砂浆等锚杆

第三类：摩擦式全长锚固锚杆

11. 管缝（开缝）式锚杆。
12. 胀管式锚杆（瑞典）。
13. 椭圆管式锚杆（保加利亚）。
14. 爆固摩擦锚杆（苏联）。
15. 机械齿条式摩擦锚杆（美国）。
16. 压缩木锚杆。
17. 螺旋杆锚钉（苏联）。
18. 液压压入锚钉（美国）。

第四类：综合式锚杆

19. 桁架锚杆。
20. 砂浆楔缝式锚杆（瑞典）。
21. 预应力灌浆锚杆。
22. 管楔式锚杆。

国内矿山常用的或对矿山有较大实用价值的锚杆，见表10－9。表中岩层分类是指锚喷支护规范的等级，见表10－12。

表10－10 端头有螺纹的杆体净断面积和承载能力

杆体直径 (mm)	螺纹规格	净断面积 (mm^2)	A3		16Mn		25Mn		A5	
			屈服载荷 (kN)	极限载荷 (kN)	屈服载荷 (kN)	极限载荷 (kN)	屈服载荷 (kN)	极限载荷 (kN)	屈服载荷 (kN)	极限载荷 (kN)
16	M16	144.1	33.9	53.7	48.0	73.4	53.7	81.9	39.5	70.7
18	M18	174.4	41.1	65.0	58.1	88.9	65.0	99.2	47.8	85.5
20	M20	225.2	52.9	83.9	75.1	114.8	83.9	128.0	61.8	110.3
22	M22	281.5	66.4	104.9	93.8	143.5	104.9	160.0	77.2	138.0
24	M24	324.3	76.2	120.7	108.1	165.2	120.7	184.3	89.0	159.0
27	M27	427.3	100.5	159.1	134.0	214.2	159.1	242.7	117.2	214.2
30	M30	518.9	122.0	193.3	162.7	254.3	193.3	295.0	142.4	254.3

注：欲求无螺纹圆钢的断面积和承载能力，可用表中数值乘以系数1.4；欲求建筑螺纹钢的相应值，可乘以系数1.7。

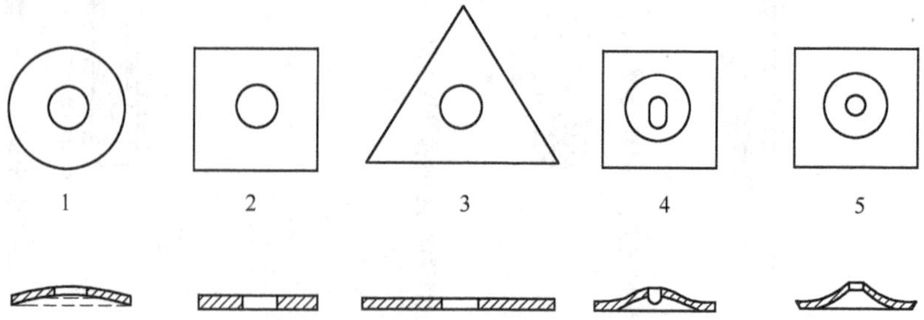

图10－23 各类型托板

10.3.1.2 锚杆的杆体材料及附件

锚杆杆体常用圆钢、建筑螺纹钢和钢管制成，有时也用钢丝绳、玻璃钢或木材。

一般锚杆所用钢材和各种杆体的承载能力如表 10-10 所示。

木材强度低，顺纹抗拉强度约 78MPa，抗压强度约 39MPa；一根直径 35mm 的木杆；其抗断力约 70~80kN。

由于玻璃钢价格高，生产中尚未采用玻璃钢锚杆。

托板是锚杆的重要组成部件，即使是砂浆锚杆也应重视采用托板，常用托板形状如图 10-23 所示，其中，第 4 类型托板效果最好，典型尺寸如图 10-24 所示。

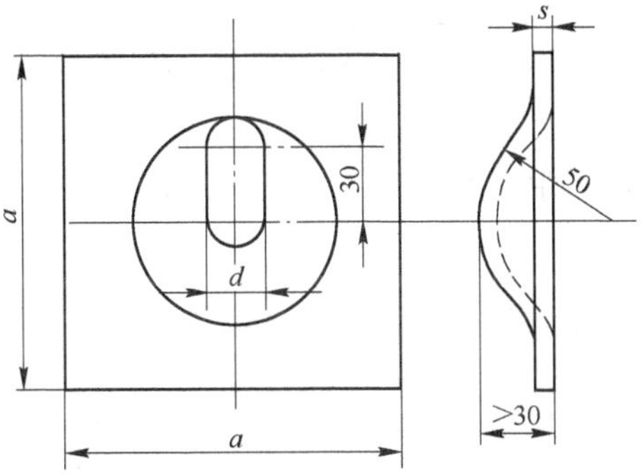

图 10-24 球面槽孔托板

对于杆体为 ϕ18 以下的锚杆，a 取 100~150，d 取 20，s 取 6；对于杆体为 ϕ20~24 的锚杆，a 取 150~200，d 取 26，s 取 8（均以毫米计）。

在岩石条件差的地段，有时还使用托梁、串联带或金属网，并用锚杆把托梁、串联带或金属网锚紧在岩石表面上，托梁可用木柱、槽钢、U 型钢或带钢（宽 100mm 左右）制作，甚至加工成拱形，并在其长轴上相隔一定距离钻有一系列槽形孔供锚杆穿过。串联带可用两根 ϕ10mm 左右的圆盘条或钢丝绳绕锚杆平行敷设而成，每隔一定距离用卡子卡紧。金属网常用 ϕ4~10mm 钢丝编成，网格尺寸为 150×150~250×250mm。

10.3.1.3 锚杆支护参数的设计

锚喷支护参数的设计，主要根据所需锚固力的大小来确定锚杆直径、长度、间距和锚杆安装时间以及布置方式等。

锚杆支护参数设计，主要借助于经验公式。在条件适宜的情况下，也可按理论公式进行计算。

A 经验公式

依据国内外锚喷支护的经验和实例，对跨度小于 10m 的矿山井巷工程，可按下述经验公式确定锚杆参数：

a 锚杆长度

$$L = n\left(1.1 + \frac{B}{10}\right) \tag{10-28}$$

$$L > 2s \tag{10-29}$$

式中 B——巷道跨度，m；

n——围岩稳定性参数。对于稳定性较好的围岩，n 取1.0；对于稳定性较差的围岩，n 取1.1；对于不稳定围岩，n 取1.2；

s——围岩岩体的节理间距，m；

L——锚杆长度，m。

锚杆长度，取上两式计算值较大的一个。国内井巷工程中，锚杆长度一般为1.5～2.0m，采场中一般为2.0～3.0m；大硐室工程2～5m。

b 锚杆间距 D

$$D \leqslant 0.5L \tag{10-30}$$

$$D < 3s' \tag{10-31}$$

式中 s'——围岩的裂隙间距，m。是规定锚杆间距的极重要因素；

D——锚杆间距，m。

国内井巷工程中，锚杆间距一般为0.8～1.0m，最大不超过1.5m。

c 锚杆直径 d

主要依锚杆的类型和锚固力而定，一般为 $d \approx \frac{L}{110}$。

必须指出，上述经验公式和数据中忽视了一个重要的锚杆参数——锚固力。因此用经验公式所选定的参数，尤其是锚固力，必须经下述理论计算检验。

B 锚杆参数的理论计算

a 悬吊和侧锚加固的计算

（1）悬吊加固的计算。用锚杆把“危岩”悬吊在深部稳定岩层中，这就是锚杆的悬吊作用原理（图10－25）。悬吊作用适用于块状或层状围岩。悬吊计算的基本原则是锚杆所能提供的悬吊力（锚固力）应大于危岩重量，且安全系数取1.5～2（黏结式锚杆取1.5，非黏结式取2）。此外，是使用多根低锚固力锚杆为好，还是使用少根高锚固力锚杆，主要取决于危岩的节理发育程度以及危岩周围的岩石特点。

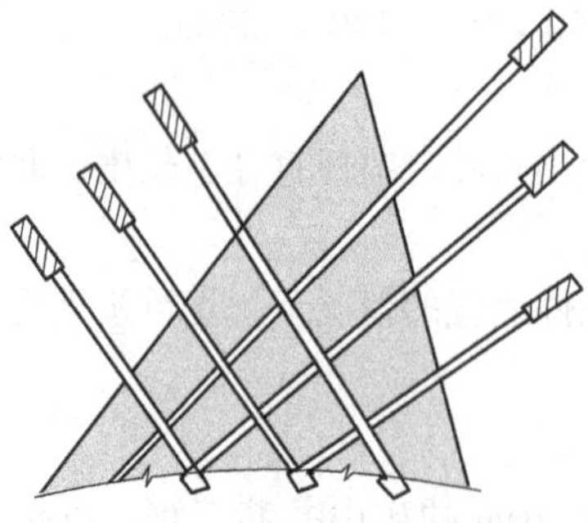

图10－25 用锚杆悬吊危岩

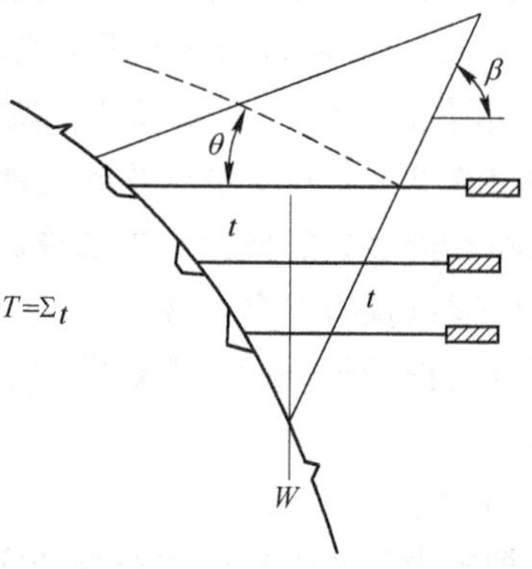

图10－26 用锚杆侧锚危岩

锚杆选型时必须注意：无点锚的管缝式锚杆的全长锚固力，不能视为悬吊力。因为该锚杆每米长度的锚固力仅40kN，按一般锚杆的锚头长度0.3～0.4m计，其悬吊力仅为12～16kN，远比一般点锚的锚固力60～80kN为小。

（2）侧锚加固的计算。如图 10－26 所示，则每米巷道所需锚杆的总载荷为：

$$T=\frac{W(n\sin\psi-\cos\psi\mathrm{tg}\Phi)-CA}{\cos\theta\mathrm{tg}\Phi+n\sin\theta} \qquad (10-32)$$

式中 W——单位体积岩块或岩楔重力，MN/m^3；

n——安全系数，取 1.5～2（同前）；

ψ——滑移面倾角，（°）；

Φ——滑移面摩擦角，（°）；

C——滑移面黏结强度，MPa；

A——滑落岩楔的截面积，m^2；

θ——滑移面法线与锚杆方向夹角，（°）；

T——每米巷道诸锚杆的总载荷，MN/m。

b 按组合梁原理计算

对于层状围岩，锚杆的组合梁作用是明显的。若不支护，顶板会逐渐冒落，最终冒落成梯形。梯形底角一般为 60°～80°，高度超过工程跨度之半。若用锚杆支护，则平顶式顶板得以维持。

组合梁的有效组合厚度 t（图 10－27），可按公式（10－33）计算

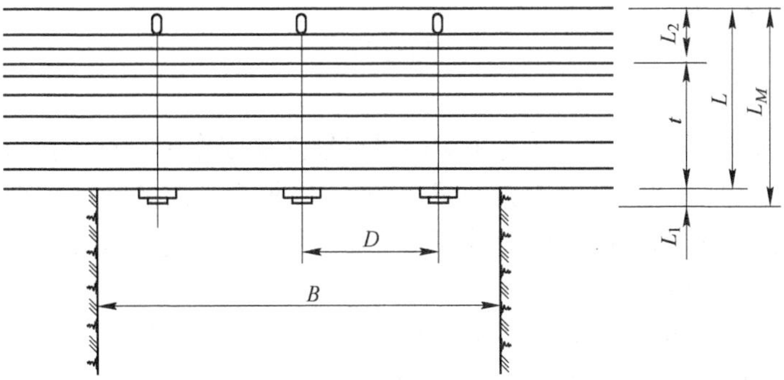

图 10－27 组合梁的有效组合厚度

$$t=0.612B\sqrt{\frac{n_1 p}{\psi\eta\sigma}} \qquad (10-33)$$

式中 B——巷道跨度，m；

n_1——安全系数，掘进机掘进取 2～3；爆破法掘进取 3～5，受采动影响时取 5～6；

p——组合梁所受垂直载荷（侧压忽略）。可取锚固深度 L 内单位岩体重力 MN/m^3；

η——抗拉强度折减系数，取 0.6～0.8；

σ——顶板表层岩体抗拉强度，MPa；

ψ——与组合岩层层数有关的系数，其值按下值确定；

t——组合梁的有效组合厚度，m。

组合岩层数	1	2	3	4以上
ψ值	1	0.75	0.7	0.65

锚杆长度

$$L_M \geqslant L_1 + t + L_2 \tag{10-34}$$

式中 L_1——锚杆外露长度，m；

t——有效组合梁厚度，m；

L_2——顶锚端长度，一般取0.3~0.4m；

L_M——锚杆长度，m。

锚杆间距

$$D \leqslant 1.63m_1\sqrt{\frac{\eta_1\sigma_1}{n_2\gamma_1 m_1}} \tag{10-35}$$

式中 σ_1——顶板表层抗拉强度，MPa；

η_1——表层抗拉强度折减系数，取0.3~0.4；

γ_1——表层岩层单位体积的重力，MN/m^3；

m_1——表层厚度，m；

n_2——安全系数，取8~10；

D——锚杆间距，m。

锚杆锚固力Q（兆牛/根）

$$Q \geqslant PLD^2 \tag{10-36}$$

式中的符号意义同上。

组合梁锚杆的选型中，应尽量选用对表层有较强加固作用、有预拉力并兼有坚固顶锚的锚杆（例如，管楔式锚杆，预拉力灌浆锚杆），以提高表层的强度和承载能力。组合梁锚杆施工中，应使帮壁附近的锚杆稍带倾角地插向帮壁，尽量“生根”于帮壁深处。

c　锚杆的挤压作用加固

预应力锚杆以一定的布置方式系统的安设在松软岩层中，对围岩产生挤压作用，而形成一个承载拱起到拱形支架的作用，如图10-28所示。

锚杆的挤压作用一方面体现在对碎裂或松软岩石施加预应力，而使岩石的黏结力C值增加，提高围岩的稳定性。理论分析证明，锚杆的有效作用范围是与锚杆轴线成45°角的截锥体（见图10-28）。

锚杆挤压作用另一方面体现在围岩应力的重新分布上。在锚杆的径向压力作用下，围岩中靠近表面的是拉应力区，向内为压应力区，此区域内的岩石处于三向压应力状态、因而稳定，这就是承载拱的力学特征。承载拱除能维持其自身稳定外，尚具有足够的承载能力，承载拱的厚度与锚固深度及锚杆安设网度有关。

非预应力的黏结式锚杆，虽然载荷作用方式不同，但也有类似的挤压作用。这是由于围岩位移，锚杆被张拉，与此同时锚杆向围岩提供一个相应的支护抗力，使围岩处于似拱形的稳定状态。

10.3.1.4　锚杆支护质量检验

根据《锚杆喷射混凝土支护技术规范（GBJ86—85）》[6]第8.1.5条，锚杆质量的检查应遵守下列规定：

（1）检查锚杆质量必须做抗拔力试验。试验数量，每300根锚杆必须抽样一组，设计变更或材料变更时，应另作一组，每组锚杆不得少于三根（拱顶、拱肩和边墙各一根）。

（2）锚杆质量的合格条件为：

1）$\overline{P}_{An} \geqslant P_A$；

2）$P_{A\min} \geqslant 0.9P_A$。

式中 n——每批锚杆抽样试验的试件组数；

$\overline{P}_{An}$——同批 n 组试件抗拔力的平均值；

P_A——锚杆设计锚固力；

$P_{A\min}$——同批 n 组试件抗拔力的最低值。

（3）锚杆抗拔力不符合要求时，可用加密锚杆予以补强。

（4）当设计对锚杆有特殊要求时，可增做相应的试验。

检查锚杆抗拔力（即锚固力）时应注意：

（1）所有检测设备（千斤顶、油泵、测力计和位移计）均应定期标定。

（2）安装千斤顶时，其拉力线应与锚杆轴线同心。

（3）加载速度5kN/min，加载至设计吨位为止。

（4）待拉力和位移稳定后，读取读数，最后绘制锚杆拉力－位移曲线（图10－29）。

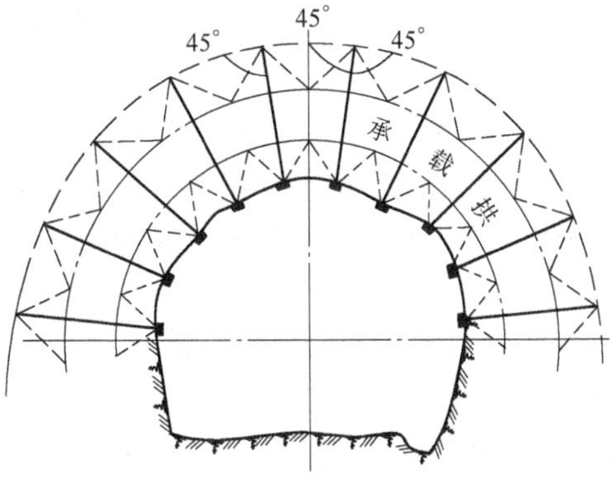

图10－28 锚杆的挤压作用

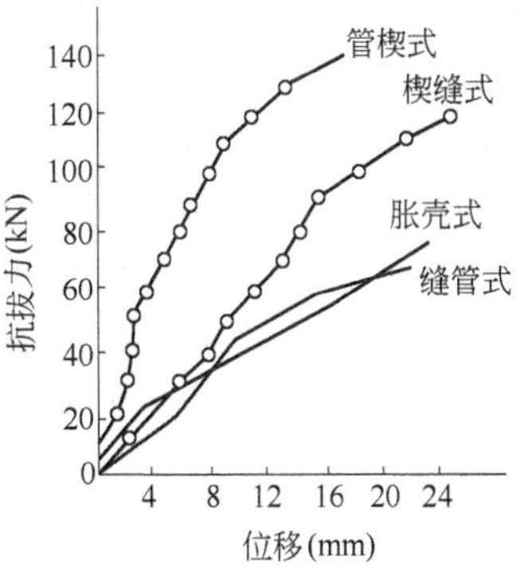

图10－29 几种锚杆抗拔力－位移曲线

锚杆质量检查，除了上述的抗拔力外，还包括长度、间距和方向等，均应达到设计要求。

10.3.2 喷射混凝土支护

10.3.2.1 喷射混凝土的特点与主要性能

喷射混凝土是借助喷射机械，利用压缩空气将按一定比例配合的拌和料，通过管道输送并以高速喷射到岩石表面或其他受喷面上凝结硬化而成的一种混凝土。

喷射混凝土可将混凝土的运输、浇注和捣固结合为一道工序，并能免除模板，还可通过输料软管越过障碍物向远距离的作业面进行任意方位的喷射，工序简单，机动灵活，具有广泛的适应性。

喷射混凝土是在高速喷射时，由水泥与集料的反复连续撞击而使混凝土压密，可采用较小的水灰比（常为0.4~0.45），并具有较高的力学强度（表10-11）。喷射混凝土与岩石、混凝土等固体材料之间有很高的黏结强度，可以在结合面上传递拉应力和剪应力。在喷射混凝土施工中还可在拌和料中加入速凝剂，使水泥在10分钟内终凝，使混凝土喷射后能立即获得强度。

喷射混凝土施工有干喷和湿喷法两种，目前国内多采用干喷法。

表10-11 喷射混凝土的主要性能

性能	指标
抗压强度	20~40MPa
抗拉强度	1.5~3.5MPa
黏结强度	
与岩石黏结	1.0~2.0MPa
与旧混凝土黏结	1.0~2.0MPa
弹性模量	(2.0~3.0) $\times 10^4$MPa
收缩	(800~1400) $\times 10^{-6}$cm/cm
抗冻性	200次冻融循环后，试件的强度和重量变化不大
抗渗强度	0.8MPa

10.3.2.2 喷射混凝土支护的作用

作为巷道支护的喷射混凝土，其主要作用是保护与加固围岩，改善围岩的应力状态，充分发挥围岩的支承作用，从而达到维护巷道稳定的目的。具体来说，喷射混凝土支护有以下作用：

1. 喷射混凝土与围岩紧密黏结，在喷射混凝土—围岩界面上能传递拉应力和剪应力，可使易失稳岩块的荷载转移到附近的稳定岩石上，同时由于喷射混凝土充填于巷道表面的张开裂隙中，从而加强了围岩的镶嵌和联锁效应，这样在巷道周壁附近能形成岩石拱。在多裂隙的硬岩中，这种作用尤为明显。

2. 在巷道开掘后，喷射混凝土能迅速施工，给围岩以支护抗力，使巷道周边围岩由双向应力状态转化为三向应力状态，以阻止围岩强度的降低。

采用传统支护，由于不能及时对围岩提供连续的径向抗力（$\sigma_r=0$），导致围岩松散，C、Φ值下降，造成岩石破坏，形成松散压力。而开挖后随即施作喷射混凝土，由于提供了支护抗力P、C值提高，围岩的稳定性提高。

3. 喷射混凝土能以薄层用于巷道支护，并能在开始硬化时即产生支护作用，因而具有良好的柔性。这种柔性不仅可以减少或避免喷层的弯曲应力，更主要的是能调节和控制围岩变形，在不使围岩进入有害松弛的条件下，容许围岩塑性变形有一定程度的发展，以便最大限度地发挥围岩的自承作用。

4. 喷射混凝土能填补巷道表面的凹穴，缓和应力集中。

5. 喷射混凝土能及时封闭岩面，防止裂隙间充填物流失，有利于岩石力学性质的保持。

10.3.2.3 喷射混凝土支护的适用条件与使用要求

喷射混凝土或它与锚杆相结合的支护可用于不同围岩类别，不同工作条件和不同工程

表 10－12　锚喷支护围岩分类

围岩类别	主要工程地质特征							毛硐稳定情况
	岩体结构	构造影响程度，结构面发育情况和组合状态	岩石强度指标		岩体声波指标		岩体强度应力比	
			单轴饱和抗压强度（MPa）	点荷载强度（MPa）	岩体纵波速度（km/s）	岩体完整性指标		
Ⅰ	整体状及层间结合良好的厚层状结构	构造影响轻微，偶有小断层。结构面不发育，仅有两到三组，平均间距大于0.8m，以原生和构造节理为主，多数闭合，无泥质充填，不贯通，层间结合良好，一般不出现不稳定块体	>60	>2.5	>5	>0.75		毛硐跨度5～10m时，长期稳定，一般无碎块掉落
Ⅱ	同Ⅰ类围岩结构	同Ⅰ类围岩特征	30～60	1.25～2.5	3.7～5.2	>0.75		
	块状结构和层间结合较好的中厚层或厚层状结构	构造影响较重，有少量断层。结构面较发育，一般为三组，平均间距为0.4～0.8m，以原生和构造节理为主，多数闭合，偶有泥质充填，贯通性较差，有少量软弱结构面。层间结合较好，偶有层间错动和层面张开现象	>60	>2.5	3.7～5.2	>0.5		毛硐跨度5～10m时，围岩能较长时间（数月至数年）维持稳定，仅出现局部小块掉落
Ⅲ	同Ⅰ类围岩结构	同Ⅰ类围岩特征	20～30	0.85～1.25	3.0～4.5	>0.75	>2	
	同Ⅱ类围岩块状结构和层间结合较好的中厚层或厚层状结构	同Ⅱ类围岩块状结构和层间结合较好的中厚层或厚层状结构特征	30～60	1.25～2.5	3.0～4.5	0.5～0.75	>2	
	层间结合良好的薄层和软硬岩互层结构	构造影响较重。结构面发育，一般为三组，平均间距0.2～0.4m，以构造节理为主，节理面多数闭合，少有泥质充填。岩层为薄层或以硬岩为主的软硬岩互层，层间结合良好，少见软弱夹层。层间错动和层面张开现象	>60（软岩，>20）	>2.5	3.0～4.5	0.3～0.5	>2	毛硐跨度5～10m时，围岩能维持一个月以上的稳定，主要出现局部掉块、塌落
	碎裂镶嵌结构	构造影响较重。结构面发育，一般为三组以上，平均间距0.2～0.4m，以构造节理为主，节理面多数闭合，少数有泥质充填，块体间牢固咬合	>60	>2.5	3.0～4.5	0.3～0.5	>2	

续表 10-12

围岩类别	主要工程地质特征							毛硐稳定情况
	岩体结构	构造影响程度，结构面发育情况和组合状态	岩石强度指标		岩体声波指标		岩体强度应力比	
			单轴饱和抗压强度（MPa）	点荷载强度（MPa）	岩体纵波速度（km/s）	岩体完整性指标		
Ⅳ	同Ⅱ类围岩块状结构和层间结合较好的中厚层或厚层状结构	同Ⅱ类围岩块状结构和层间结合较好的中厚层或厚层状结构特征	10~30	0.42~1.25	2.0~3.5	0.5~0.75	>1	毛硐跨度5m时，围岩能维持数日到一个月的稳定，主要失稳形式为冒落或片帮
	散块状结构	构造影响严重，一般为风化卸荷带。结构面发育，一般为三组，平均间距0.4~0.8m，以构造节理、卸荷、风化裂隙为主，贯通性好，多数张开，夹泥，夹泥厚度一般大于结构面的起伏高度，咬合力弱，构成较多的不稳定块体	>30	>1.25	>2.0	>0.15	>1	
	层间结合不良的薄层、中厚层和软硬岩互层结构	构造影响严重，结构面发育，一般为三组以上，平均间距0.2~0.4m，以构造、风化节理为主，大部分微张（0.5~1.0mm），部分张开（>1.0mm），有泥质充填，层间结合不良，多数夹泥，层间错动明显	>30（软岩，>10）	>1.25	2.0~3.5	0.2~0.4	>1	
	碎裂状结构	构造影响严重，多数为断层影响带或强风化带。结构面发育，一般为三组以上，平均间距0.2~0.4m，大部分微张（0.5~1.0mm），部分张开（>1.0mm），有泥质充填，形成许多碎块体	>30	>1.25	2.0~3.5	0.2~0.4	>1	
Ⅴ	散体状结构	构造影响很严重，多数为破碎带、全强风化带、破碎带交汇部位。构造及风化节理密集，节理面及其组合杂乱，形成大量碎块体，块体间多数为泥质充填，甚至呈石夹土状或土夹石状			<2.0			毛硐跨度5m时，围岩稳定时间很短，约数小时至数日

注：1. 围岩按定性分类与定量指标分类有差别时，一般应以低者为准；
2. 本表声波指标以孔测法测试值为准。如果用其他方法测试时，可通过对比试验，进行换算；
3. 层状岩体按单层厚度可划分为：
厚层：大于0.5m；
中厚层：0.1~0.5m；
薄层：小于0.1m；

4. 一般条件下，确定围岩类别时，应以岩石单轴湿饱和抗压强度为准；当硐跨小于5m，服务年限小于10年的工程，确定围岩类别时，可采用点荷载强度指标代替岩块单轴饱和抗压强度指标，可不做岩体声波指标测试；
5. 测定岩石强度，做单轴抗压强度后，可不作点荷载强度；
6. 岩体完整性指标可按下式求得

$$K_V = \left(\frac{v_{mp}}{v_{rp}}\right)^2$$

v_{mp}——隧硐岩体纵波速度，km/s；
v_{rp}——隧硐岩石纵波速度，km/s。

7. 强度应力比按下式计算

$$S_m = \frac{K_v R_b}{\sigma_1}$$

R_b——岩石单轴饱和抗压强度，kN/m^2；
σ_1——垂直硐轴线平面的最大主应力，kN/m^2。无地应力实测数据时，

$$\sigma_1 = \gamma H$$

γ——岩石单位体积的重力，kN/m^3；
H——覆盖层厚度，m。

表10-13　巷道（隧硐）、硐室和斜井的锚喷支护类型和设计参数

围岩类别	毛硐跨度 B（m）				
	$B \leqslant 5$	$5 < B \leqslant 10$	$10 < B \leqslant 15$	$15 < B \leqslant 20$	$20 < B \leqslant 25$
Ⅰ	不支护	50mm厚喷射混凝土	1. 80~100mm厚喷射混凝土； 2. 50mm厚喷射混凝土，设置2.0~2.5m长的锚杆	100~150mm厚喷射混凝土，设置2.5~3.0m长的锚杆	120~150mm厚钢筋网喷射混凝土，设置3.0~4.0m长的锚杆
Ⅱ	50mm厚喷射混凝土	1. 80~100mm厚喷射混凝土； 2. 50mm厚喷射混凝土，设置1.5~2.0m长的锚杆	1. 120~150mm厚喷射混凝土，必要时，配置钢筋网； 2. 80~120mm厚喷射混凝土，设置2.0~3.0m长的锚杆，必要时，配置钢筋网	120~150mm厚钢筋网喷射混凝土，设置2.5~3.5m长的锚杆	
Ⅲ	1. 80~100mm厚喷射混凝土； 2. 50mm厚喷射混凝土，设置1.5~2.0m长的锚杆	1. 120~150mm厚喷射混凝土，必要时，配置钢筋网； 2. 80~100mm厚喷射混凝土，设置2.0~2.5m长的锚杆，必要时，配置钢筋网	100~150mm厚钢筋网喷射混凝土，设置2.0~3.0m长的锚杆	150~200mm厚钢筋网喷射混凝土，设置3.0~4.0m长的锚杆	
Ⅳ	80~100mm厚喷射混凝土，设置1.5~2.0m长的锚杆	100~150mm厚钢筋网喷射混凝土，设置2.0~2.5m长的锚杆，必要时，采用仰拱	150~200mm厚钢筋网喷射混凝土，设置2.5~3.0m长的锚杆，必要时，采用仰拱		

续表 10-13

围岩类别	毛硐跨度 B（m）				
	$B\leq5$	$5<B\leq10$	$10<B\leq15$	$15<B\leq20$	$20<B\leq25$
V	120~150mm 厚钢筋网喷射混凝土，设置 1.5~2.0m 长的锚杆，必要时，采用仰拱	150~200mm 厚钢筋网喷射混凝土，设置 2.0~3.0m 长的锚杆，采用仰拱，必要时，加设钢架			

注：1. 表中的支护类型和参数，是指隧硐和倾角小于30度的斜井的长久支护。包括初期支护与后期支护的类型和参数；

2. 服务年限小于10年及硐跨小于3.5m的隧硐和斜井，表中的支护参数，可根据工程具体情况，适当减小；

3. 复合衬砌的隧硐和斜井，初期支护采用表中的参数时，应根据工程的具体情况，予以减小；

4. 急倾斜岩层中的隧硐或斜井易失稳的一侧边墙和缓倾斜岩层中的隧硐或斜井顶部，应采用表中第（2）种支护类型和参数，其他情况下，两种支护类型和参数均可采用；

5. Ⅰ、Ⅱ类围岩中的隧硐和斜井，当边墙高度小于10m时，边墙的锚杆和钢筋网可不予设置，边墙喷射混凝土厚度可取表中数据的下限值；Ⅲ类围岩中的隧硐和斜井，当边墙高度小于10m时，边墙的锚喷支护参数可适当减小。

表 10-14 竖井锚喷支护类型和设计参数

围岩类别	竖 井 毛 径 D （m）	
	$D<5$	$5<D<7$
Ⅰ	100mm 厚喷射混凝土，必要时，局部设置长 1.5~2.0m 的锚杆	100mm 厚喷射混凝土，设置长 2.0~2.5m 的锚杆；或 150mm 厚喷射混凝土
Ⅱ	100~150mm 厚喷射混凝土，设置长 1.5~2.0m 的锚杆	100~150mm 厚钢筋网喷射混凝土，设置长 2.0~2.5m 的锚杆，必要时，加设混凝土圈梁
Ⅲ	150~200mm 厚钢筋网喷射混凝土，设置长 1.5~2.0m 的锚杆，必要时，加设混凝土圈梁	150~200mm 厚钢筋网喷射混凝土，设置长 2.0~3.0m 的锚杆，必要时，加设混凝土圈梁

注：1. 井壁采用锚喷作初期支护时，支护设计参数可适当减小；

2. Ⅲ类围岩中井筒深度超过500m时，支护设计参数应予以增大。

跨度下的矿山井巷、硐室、采场工程。但下列地质条件，不宜采用喷射混凝土作最终支护。

（1）膨胀性岩体；（2）未胶结的松散岩体；（3）有严重湿陷性的黄土层；（4）大面积淋水地段；（5）能引起严重腐蚀的地段；（6）严寒地区的冻胀岩体。

喷射混凝土支护的厚度，最小不应低于50mm，最大不宜超过200mm。

在围岩稳定性差或大跨度地下工程中，常采用配筋喷射混凝土支护。钢筋网的主要作用是提高喷射混凝土的整体性，防止收缩，使混凝土中的应力均匀分布，并提供一定的抗剪强度。使用钢筋网时，钢筋间距宜为150~300mm；钢筋保护层厚不应小于20mm。

通过塑性流变岩体的巷道或承受采动影响或高速水流冲刷的巷道，宜采用钢纤维喷射混凝土支护。

10.3.2.4 喷射混凝土支护的设计

目前，喷射混凝土支护的设计有三种方法，即以围岩分类为基础的工程类比法；以计算为基础的理论分析法和以量测为基础的现场监控法。为了做出经济有效并符合客观实际的设计，往往需要两种甚至三种设计方法结合使用。

A 工程类比法

这是当前应用最广的设计方法，它是根据已经建成的类似工程经验直接提出支护设计参数。工程经验主要涉及围岩分类和工程跨度。根据我国《锚杆喷射混凝土支护技术规范》（GBJ86—85）的规定，围岩分类及锚杆喷射混凝土支护的工程类比法设计可按表10－12，表10－13，表10－14使用。

B 理论分析法

喷射混凝土用于坚硬裂隙岩体与软弱破碎岩体的作用是不同的，前者着重于防止局部危石的滑移坠落，后者则着重于防止围岩整体失稳。

a 坚硬裂隙岩体中喷射混凝土支护的设计

在坚硬裂隙岩体中，围岩的坍落常常从某一局部不稳定危石的坠落开始，因此一旦能阻止不稳定岩块的滑移和坠落，就可以维持围岩的稳定。这就要求喷层不致由于抗剪强度不足出现冲切破坏，也不致由于喷层与围岩的黏结力不足而出现沿岩面的撕裂现象。因此喷层厚度除按工程类比法确定外，还应按下式进行验算。

按冲切破坏计算喷层厚度：

$$h \geqslant \frac{KG}{0.75uR_L} \tag{10-37}$$

按黏结破坏计算喷层厚度：

$$h \geqslant 3.65K\left(\frac{G}{uR_{Lu}}\right)^{4/3}\left(\frac{K_o}{E}\right)^{1/3} \tag{10-38}$$

式中 h——喷射混凝土层厚度，m；

G——可能坠落的危石单位体积的重力，MN/m^3；

u——危石与喷射混凝土的接触周长，m；

R_L——喷射混凝土设计抗拉强度，MPa；

R_{Lu}——喷射混凝土与岩石的设计黏结强度，可取0.3MPa；

K_o——岩石弹性抗力系数，MPa；

E——喷射混凝土的弹性模量，MPa；

K——强度的安全系数，可取$K=2$。

b 软弱破碎岩体中喷射混凝土支护的设计

把软弱破碎岩体中的隧硐假定为均质圆形隧硐，当$\lambda \approx 1$及$\lambda < 0.8$两种不同情况，喷层的破坏特征是不同的，前者主要验算压切破坏，后者则按楔形破裂体的剪切破坏验算。

（1）$\lambda \approx 1$的圆形隧硐喷层计算。

围岩压力计算

弹性围岩压力p_i应满足$p_{i\max} \geqslant p_i \geqslant p_{i\min}$。先求得最大围岩压力$p_{i\max}$和最小围岩压力$p_{i\min}$。

$$p_{i\max} = P(1-\sin\phi) - C\cos\phi \tag{10-39}$$

$$p_{i\min}=\frac{\gamma r_o\left(\dfrac{R_{\min}}{\gamma_o}-1\right)}{2} \qquad (10-40)$$

$$R_{\min}=r_o\left(\frac{P+C\mathrm{ctg}\phi}{P_{i\min}+C\mathrm{ctg}\phi}\times\frac{1-\sin\phi}{1+\sin\phi}\right)^{\frac{1-\sin\phi}{2\sin\phi}} \qquad (10-41)$$

式中 P——原岩应力；

C、ϕ——岩石的黏结力与内摩擦角，求 $R_{\min}$时，塑性区中的黏结力取残余强度时的 C 值；

r_o——隧硐开挖半径，m；

γ——围岩单位体积的重力，MN/m^3；

$R_{\min}$——与 $p_{i\min}$相应的松动半径，p_i 应大于 $p_{i\min}$，以保持一定的安全度，但又不宜过大，以取得较好的经济效果。

$p_i=KP_{i\min}$，K 一般可取 3～5。

喷层厚度的计算

作为强度校核，喷层内壁的切向应力 σ_t 应小于喷层材料的单轴抗压强度：

$$\sigma_t=\frac{2p_ib^2}{b^2-a_o^2}\leqslant R_a \qquad (10-42)$$

由于喷层厚度 $h=b-a_o$，故喷层厚度

$$h=K_1a_o\left(\frac{1}{\sqrt{1-\dfrac{2p_i}{R_a}}}-1\right) \qquad (10-43)$$

式中 σ_t——切向应力，MPa；

h——喷层厚度，m；

R_a——喷射混凝土轴心抗压强度，MPa；

a_o——喷射混凝土支护的内半径，m；

b——喷射混凝土支护的外半径，m；

K_1——喷层安全系数，可取 1.2～1.5。

（2）$\lambda<0.8$ 的圆形隧硐喷层计算。

围岩压力计算

先求剪切滑移长度（图 10－30）

$$r=r_oe^{(\theta-\rho)\cdot\mathrm{tg}\alpha}$$

式中 r_o——隧硐半径，m；

ρ——破裂起始角，当 $\lambda<0.8$ 时，其值一般可取 30°～45°；

α——$45°-\dfrac{\varphi}{2}$。

以 $R=r$，代入下式，即可求得满足喷层不出现剪切破坏时所需的支护抗力 p_i

$$R_i=Cp+(\mathrm{ctg}\phi)(1-\sin\phi)\left(\frac{r_o}{R}\right)^{\frac{2\sin\phi}{1-\sin\phi}}-C\mathrm{ctg}\phi \qquad (10-44)$$

式中 p——围岩初始应力，MPa；

C——围岩黏结力，MPa；

ϕ——围岩内摩擦角，(°)；

R——围岩塑性区半径，m。

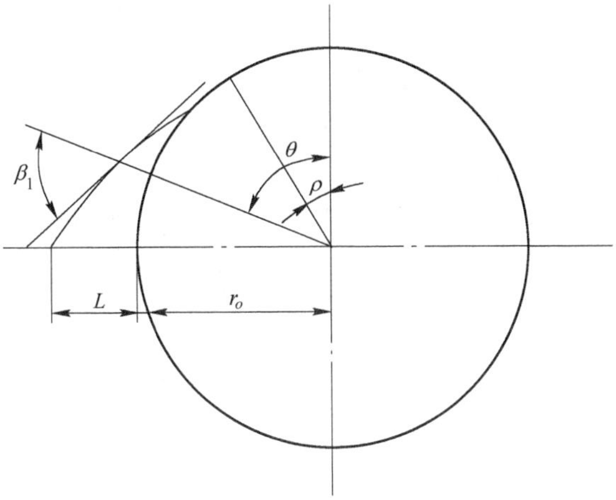

图 10－30 剪切滑移图

喷层厚度的计算

按奥地利学者腊布希维茨的剪切破坏理论，当原岩应力场中垂直应力大于水平应力时，巷道两帮出现锥形剪切体破坏（图 10－31）。设喷层厚度为 h，则在喷层中剪切面长度为 $L\approx h/\sin\alpha$，按莫尔强度理论，破坏面与最大主应力（喷层中切向应力 σ_t）的夹角 $\alpha=45°-\varphi/2$，则$L\approx h/\sin(45°-\varphi/2)$，按外荷与剪切面上剪切强度相等的条件得：

$$K_z p_i \frac{b}{2}=\frac{hR_z}{\sin(45°-\varphi/2)}$$

或

$$h=\frac{K_z p_i b\sin\left(45°-\frac{\varphi}{2}\right)}{2R_z} \tag{10-45}$$

式中 h——喷层厚度，m；

K_z——剪切破坏安全系数，可取得 1.5～2.0；$b=2r_o\cos\alpha$（r_o 为隧硐半径）；

R_z——喷射混凝土的抗剪强度，MPa，约为抗压强度的 20%。

C 现场监控法

现场监控法是指把锚喷支护的设计同现场量测紧密结合起来，通过现场量测，及时掌握围岩变形发展动向及支护受力情况，为修改支护设计和指导施工提供信息。这种设计方法特别适用于软弱围岩（塑性流变围岩）中的巷道锚喷支护设计。

支护设计一般分为预先设计与最终设计，预先设计是施工前根据经验或辅以理论计算，对初期支护的类型参数、施作程序、工程量测方法进行设计，对后期支护类型进行预估计。最终设计是根据监测得到的信息，调整初期支护，设计后期支护（包括确定后期支护的类型、参数、施作时间及仰拱闭合时机）。因此现场监控被称为信息化设计。其设计流程示于图10－32。

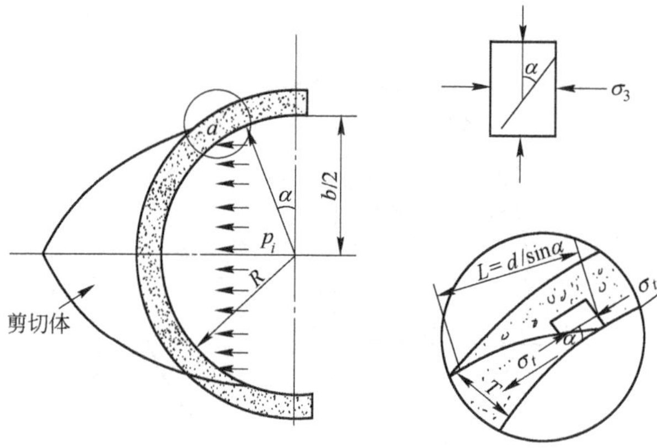

图10－31　喷层剪切破坏示意图

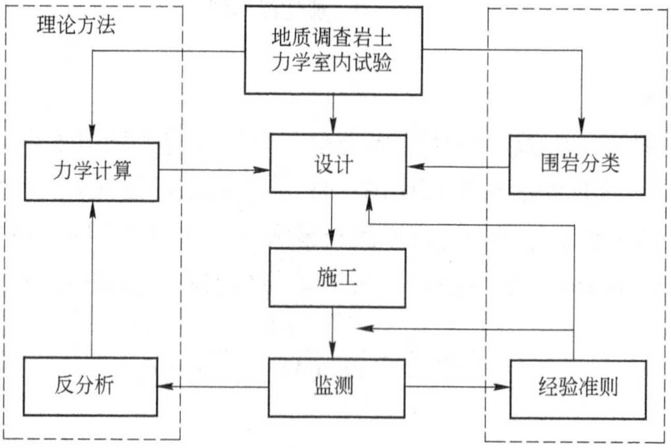

图10－32　施工监测和信息化设计流程

a　监控量测的主要内容和元件

（1）巷道收敛量测。收敛量测系测量巷道周边相对应的两点间距离的变化。为了及时掌握开挖后巷道收敛变化趋势，应紧跟工作面迅速安设收敛测点。

收敛量测常用机械式收敛计，伸缩测杆和带钢尺进行。机械式周边收敛计如图10－33所示。

（2）巷道围岩位移量测。巷道围岩位移量测一般分表面位移量测及内部位移量测。目前，国内外对围岩位移量测常用机械式、电阻式或电感式钻孔位移计。

位移计的基本原理是将围岩内部某一点的位移状态通过一定的传递元件（杆、弦）引至围岩表面，以便进行量测。最为简单的位移计是单点式位移计（图10－34）。当单点位移计的外锚头或内锚头中任一点的绝对位移已知，则可通过用百分表所测得的读数差值求得另一点的位移。

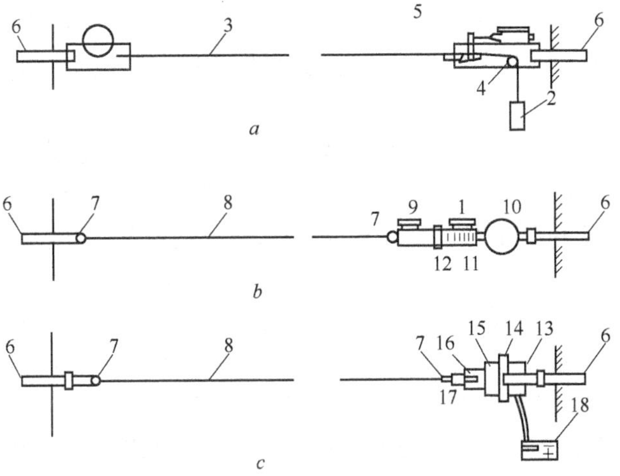

图 10-33 收敛计示意图

a—钢尺重锤型；*b*—弹簧张力型；*c*—钢丝扭矩平衡型

1—读数百分表；2—重锤；3—钢尺；4—滑轮；5—活塞；6—固定测点；7—万向接头；8—铟钢丝；9—测力百分表；10—转角盘；11—拉力弹簧；12—调节螺栓；13—水平环；14—垂直环；15—微型马达；16—读数窗口；17—伸缩杆；18—控制器

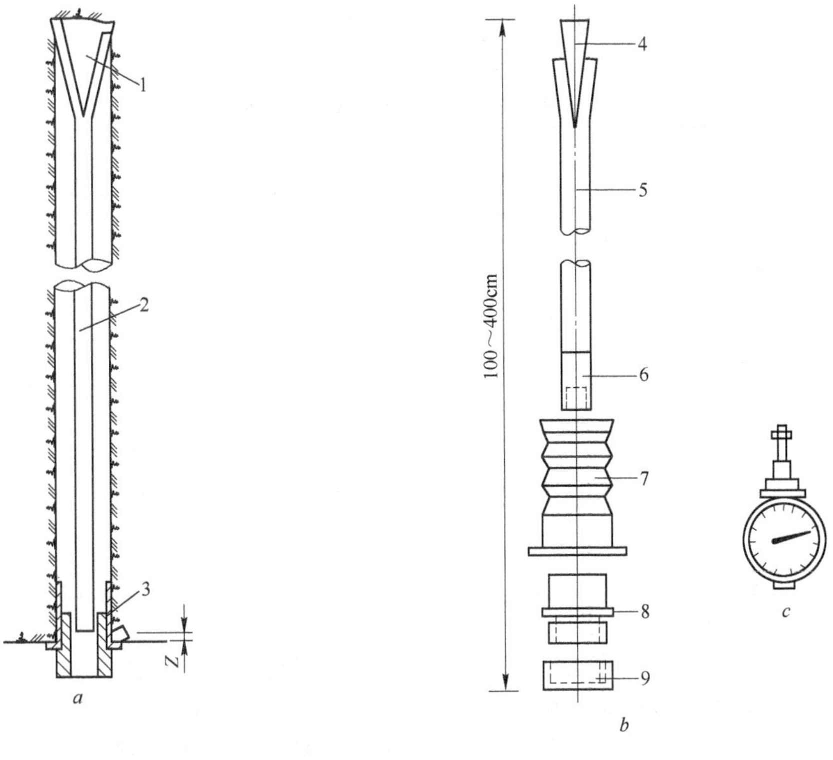

图 10-34 单点杆式位移计

a—原理图；*b*—构造图；*c*—量测百分表

1—内锚头；2—位移传递杆；3—外锚头；4—楔头；5—圆钢；6—不锈钢测头；7—孔口套管；8—量测端头；9—保护盖

在大型硐室工程中，为了远距离遥测硐顶位移的变化，电感式钻孔位移计是可取的，襄樊电机厂生产出 YJ－1 型位移测定仪，就是以电感差的原理制作的位移计其测量精度达 0.01mm。

为了解围岩中沿某一方向若干点的位移，以判断围岩松动范围，则可采用多点钻孔位移计。BM－Ⅰ型多点位移计的锚头直径有 110mm、58mm 和 38mm 三种，锚头用压缩木固定，用钢尺传递各点位移信息。这种多点位移计已在金川有色金属公司二矿区的巷道工程施工监测中采用。

（3）喷射混凝土层应力量测。喷射混凝土层切向应力和围岩与喷层间的径向压力量测，国外一般采用格鲁兹尔（Glotzl）压力盒，它实质上就是一种压力枕。

国内测定喷射混凝土层的切向应力，常用南京水电仪表厂生产的 DI－10 型小应变计或应变砖。DI－10 型小应变计为差动电阻式测试元件，性能可靠，但价格较高。应变砖的应变元件系用两片厚 0.05mm 的银箔将具有温度自补偿性能的电阻丝片包裹起来，构成长条状薄片，并在其一端用直径 10mm 的双芯胶皮电缆作内部引出线。然后将此特制的应变薄片埋入混凝土砖内，再将此砖安放在待测定应变部位的喷层内。

（4）锚杆轴力量测。为了解锚杆轴力的大小及分布状况，通常采用在锚杆体上贴电阻片的方法测得，关键要做好测点处的防潮处理。

b　监测元件的布置及测试频率

监测元件的布置密度与地质条件和工程性质有关。凡地质条件差的地段或重要工程，应从密布置。监测元件的布置及测试频率见表 10－15 和图 10－35。

表 10－15　监控量测项目及量测元件的布置

项目名称		手　段	布　　置	测　试　时　间			
				1～15d	16天～1个月	1～3个月	3个月以后
应测项目	周边收敛	收敛计，测杆、钢尺	每30～100m，1个断面，每断面2～4对测点	1～2次/天	1次/2天	1～2次/周	1～3次/月
	拱顶下沉	水平仪、测杆	每30～100m，1～3个测点	1～2次/天	1次/2天	1～2次/周	1～3次/月
选测项目	围岩位移	多点位移计	选择有代表性的地段测试	参照上述测试间隔时间进行			
	锚杆内力	应变片、测力计					
	接触压力	压力传感器					

c　量测数据的反馈与应用

量测数据反馈于设计、施工是巷道喷射混凝土锚杆支护信息化设计的重要一环，目前主要根据一些经验判据或经验准则将量测数据用于修正设计和指导施工。

量测数据的反馈可用来评价围岩稳定性；确定后期支护时间；调整施工方法和支护时机；调整锚杆支护参数和喷层厚度等。

（1）巷道收敛量测数据的分析和利用。分析和利用巷道收敛量测数据时，均应整理出收敛－时间曲线。由此曲线可看出各时间阶段的收敛量、收敛速度及其变化的趋势。

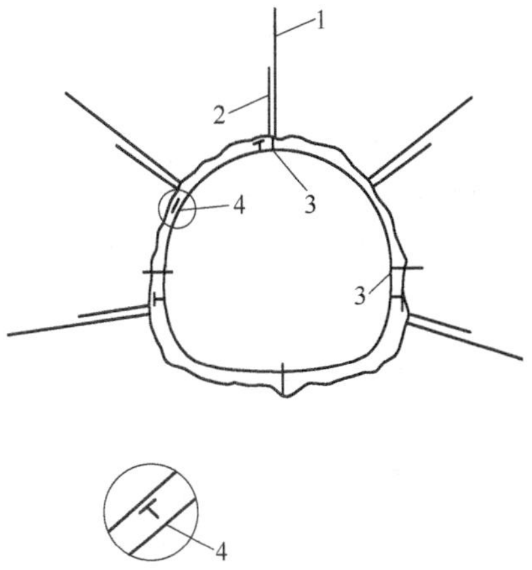

图 10－35 巷道横断面上量测元件布置

1—多点位移计；2—量测锚杆；3—收敛量测测点；4—测量喷层切向应力和接触压力的元件

我国《锚杆喷射混凝土支护技术规范》（GBJ86—85）[6]提出了不同巷道埋深及围岩条件下，允许的巷道周边相对收敛量（见表 10－16）。

表 10－16 硐周允许相对收敛量（%）

围岩类别	<50	50～300	300～500
Ⅲ	0.1～0.3	0.2～0.5	0.4～1.2
Ⅳ	0.15～0.5	0.4～1.2	0.8～2.0
Ⅴ	0.2～0.8	0.6～1.6	1.0～3.0

注：1. 硐周相对收敛量系指实测收敛量与两测点间距离之比；

2. 脆性岩体中巷道允许相对收敛量取表中较小值，塑性岩体中的巷道则取表中较大值；

3. 本表适用于高跨比为 0.8～1.2 和下列跨度的巷道：

Ⅲ类围岩　　不大于 20m

Ⅳ类围岩　　不大于 15m

Ⅴ类围岩　　不大于 10m

当出现下列情况之一且收敛速度仍无明显下降时，必须立即采取措施，加强初期支护，并修改原支护参数。

1）喷射混凝土出现大量的明显裂缝。

2）巷道支护表面任何部位的实测相对收敛量已达到最大容许值的 70%。

3）用回归分析法算出的总相对收敛量已接近最大容许值。

后期支护施工前，实测收敛速度与收敛值必须同时满足以下条件：

1）巷道周边收敛速度明显下降。

2）收敛量已达总收敛量的 80%～90%。

3）收敛速度小于 0.15mm/d，或拱顶位移速度小于 0.1mm/d。

（2）巷道围岩位移量测数据的分析和利用。围岩位移量可了解围岩表面和围岩内部的位移情况，从而获得以下信息并采取相应措施。

1）掌握巷道周边的位移量及其随时间的变化，对位移量大的局部部位，采取局部加强支护。

2）了解围岩松动带的范围与深度，调整系统锚杆长度，使之大于围岩松动带深度。

（3）喷射混凝土层应力量测数据的分析和利用。喷层应力量测可掌握沿巷道周边喷层应力分布状态及其随时间的变化，从而监视喷射混凝土支护的安全程度，为是否需要调整支护参数提供信息。当初始支护喷层厚度较小，测得的喷层应力较大，并出现明显裂损时，则应适当增加锚杆数量或加大喷层厚度。若喷层应力很小，围岩位移也很小，则说明尚可减小喷层厚度。

（4）锚杆轴力量测数据的分析和利用。当实测的锚杆轴力较高，接近或超过锚杆设计强度，同时围岩变形又很大，则可适当增加锚杆数量或加长锚杆，当实测的锚杆轴力较低，同时围岩变形又很小，则可适当减少锚杆数量。

d 监控量测实例

金川有色金属公司二矿区1150阶段巷道，所通过的岩层为石墨片岩、黑云母片麻岩，$f<8$，属不良岩层。断面形状为直墙半圆拱形，采用双层喷锚网支护。该矿在监控量测中，采用BM－1型机械式多点位移计测量不同深度围岩的位移，采用收敛计测量巷道断面收敛，用静态电阻应变仪量测锚杆应力，用锚杆拉力计测量锚杆的锚固力，用钢弦应变计和压磁应变计测量喷层应力。测量围岩随时间的变化曲线如图10－36和图10－37所示。

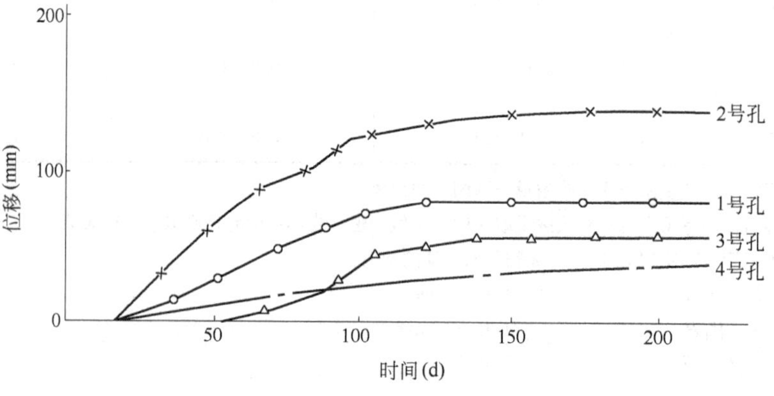

图10－36 巷道表面位移－时间曲线

从监控量测分析可得如下结论：

（1）围岩位移、断面收敛具有明显的时间效应。从图10－36和图10－37可以看出，围岩变形大致经历三个阶段：急剧增加阶段，持续时间为70～100d，该阶段变形量占总变形量的70%～80%；缓慢增长阶段，持续时间为20～40d；以后趋向稳定阶段。变形速率递减，情况如表10－17所示。

（2）围岩移动范围大约为8～9m，围岩松动圈尺寸一般大于1.5m，小于2.5m。监控量测表明，围岩表面至2.5m处位移值一般较大，位移量参差不齐，而大于2.5m以后，围岩位移量显著减小，声波测试和现场调查也证实了这一点，故该矿具体条件下的松动圈一般为1.5～2.5m。

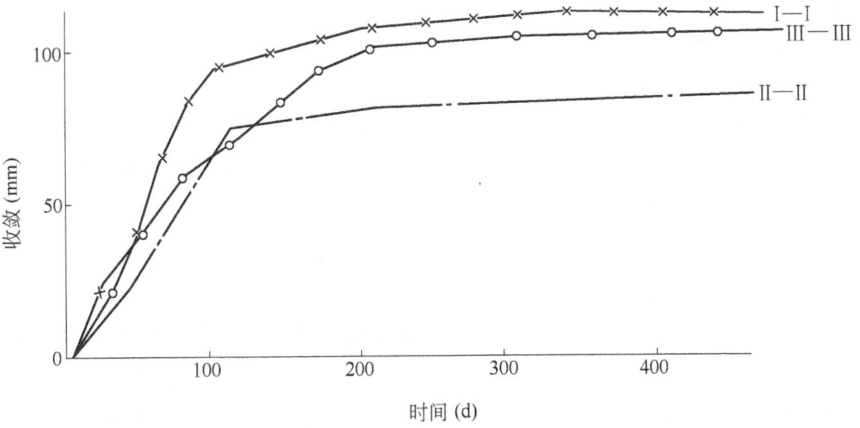

图 10-37 巷道断面收敛-时间曲线

表 10-17 1150 阶段 A_1 观测断面表面位移平均速率表

测孔号	各月平均位移速率 (mm/d)				
	第一个月	第二个月	第三个月	第四个月	第五个月
1	0.7		0.55	0.2	0.03
2	2.1	1.42	0.77	0.4	0.07
3	0.8	0.33	0.27		0.038
4	0.33	0.23	0.26	0.1	0.03

(3) 围岩允许最大位移值为 100~110mm，两次支护合理间隔时间为 50~120d。当位移值大于 100mm 时喷层开始剥落。从图 10-36 和图 10-37 中曲线的拐点，可找到两次支护合理间隔时间为 50~120d。

(4) 围岩径向应变在时间和空间上分布规律是，松弛区和压密区随时间而交错产生，并向深部逐渐衰减，直到消失。在围岩纵深 12m 范围内，出现两个压密区（9~12m 和 2.5~6m 两个区）和一个膨胀区（5~9m），一个松动区（10~2.5m 范围），压密区实际上是承载环，对围岩稳定起关键作用。松动区为锚喷网支护作用所抑制。

通过上述不良岩层中现场监控量测，使人们具有如下认识：

(1) 通过监控测量要掌握地压活动规律，分清地压类型，采用综合措施，使支护特性和施工工艺过程适应围岩变形活动状态，这是保证巷道稳定的根本原则。如上述监测的巷道是由流变引起的变形地压，同时还有膨胀地压，因此应采用流变理论和处理变形地压的办法，按支护与围岩共同作用原理，采用了全封闭支护结构，在施工中合理调整支护的刚柔度，并严格控制施工顺序防止围岩膨胀等措施，来保证巷道稳定。

(2) 必须采用现场监控设计施工法，在此基础上，调整支护参数并指导施工。根据松动圈范围确定锚杆长度（锚固长度应大于松动深度），以围岩位移趋于稳定的时间来决定二次支护的施作时间。

(3) 不良岩层中的巷道支护应分两次进行，支护原则应先柔后刚。一次支护应有较大的可缩性、二次支护则应有足够的刚性。这样，既可减少支架上的压力，又能避免围岩发生脱落，使巷道支护既安全又经济。

10.3.2.5 钢纤维喷射混凝土支护的应用

在普通喷射混凝土的混合料中，掺入少量钢纤维可使其性能得到极大改善。图10－38是普通喷射混凝土与钢纤维喷射混凝土的应力－应变曲线。素喷混凝土突然断裂呈脆性破坏。钢纤维喷射混凝土由于纤维能够承受拉力，即使出现裂缝（*AB*阶段）不致立刻断裂，裂缝从细小发展到破坏（*BC*阶段）仍有残余承载力。应力－应变曲线和水平坐标之间所包括的面积代表材料的变形能。试验证明，钢纤维喷射混凝土的变形能比素喷混凝土大20倍以上。在一般条件下，钢纤维喷射混凝土的抗压强度比素喷混凝土高30%，抗弯强度高50%，抗拉强度高一倍左右，抗冲击提高5倍以上，收缩量减少10%～20%，耐磨损和抗爆破性能也有显著增加。因此，受到工程界的重视。在工程应用方面，它适用于软岩大变形巷道支护、溜井和贮矿仓加固、边坡加固等。

A 材料组成和配比

（1）钢纤维。适合喷射工艺应用的钢纤维其直径为0.25～0.5mm，长度为20～30mm，长径比为60～100。钢纤维的形状有多种，常见的阶梯形、波浪形、扭曲形和直线形。见图10－39。

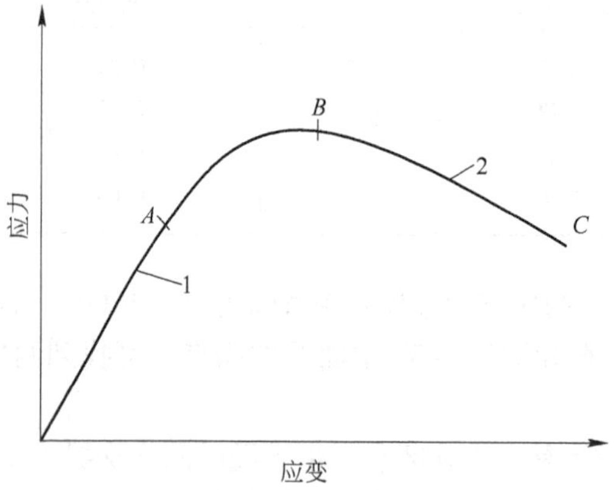

图10－38 喷射混凝土应力－应变曲线

1—素喷混凝土；2—钢纤维喷射混凝土

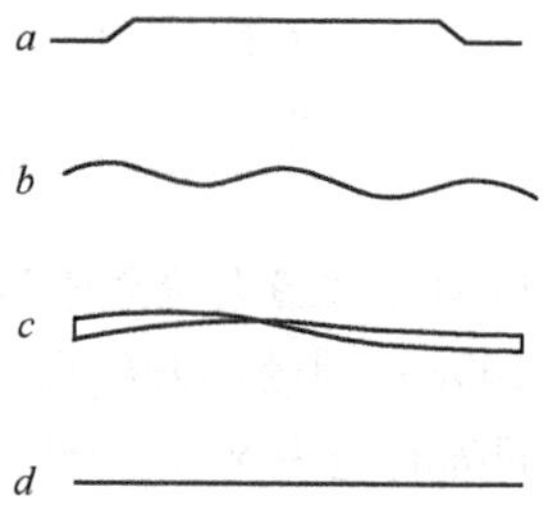

图10－39 常见钢纤维形状

a—阶梯形；*b*—波浪形；*c*—扭曲形；*d*—直线形

从增强效果来说，阶梯形较好，但从施工工艺上来说操作困难、容易结团堵塞管路。而直线形和扭曲形比较适合喷射工艺的要求。

目前制取钢纤维的方法有三种：1）熔抽法：由钢液直接抽取，该法生产不锈钢纤维较理想；2）切割法：由切割薄钢板制取。SFA－1型钢纤维切割机可制取扭曲形钢纤维，增强效果良好，已大量供应国内市场；3）截断法：由冷拔钢丝切断制成。在工程中多数使用切割法制取钢纤维。

（2）水泥。一般使用425号以上普通硅酸盐水泥。每立方米混凝土中水泥用量为400～450kg

（3）骨料。细骨料含量比普通喷射混凝土高，其含砂率为70%。粗骨料最大粒径应比钢纤维的长度小5～10mm。一般取粗骨料最大粒径为10～15mm。

(4) 配合比。钢纤维喷射混凝土的水泥用量和含砂率比普通喷射混凝土都大，其水泥: 砂: 石子可取 1:2:1.6。钢纤维的掺量一般可在 1.0% ~1.5% 范围内选用，每立方米混凝土大约掺入钢纤维 80 ~ 100kg。

B 施工工艺

钢纤维喷射混凝土施工在国外有干喷法和湿喷法两种。目前国内湿喷法正在研制，主要应用干喷法。国产双罐式、转子式、转盘式混凝土喷射机构均可用来喷射钢纤维混凝土。

在钢纤维喷射混凝土施工中，要特别强调将钢纤维均匀掺入混合料中，以防其结团堵塞管路。为此：

(1) 采用钢纤维给料器使纤维直接送入喷嘴处与混合料均匀混合。目前瑞典已研制成功单独输送钢纤维的专门设备。见图 10 - 40、图 10 - 41 和图 10 - 42。

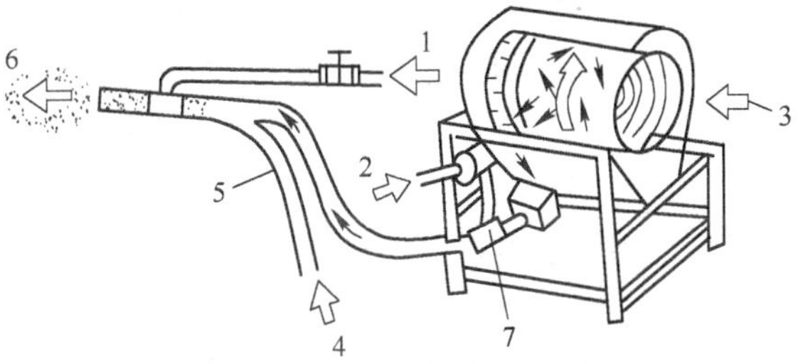

图 10 - 40 钢纤维给料器

1—水；2—压风；3—钢纤维；4—混凝土干料；5—余气；6—喷出的钢纤维混凝土；7—纤维喷射口

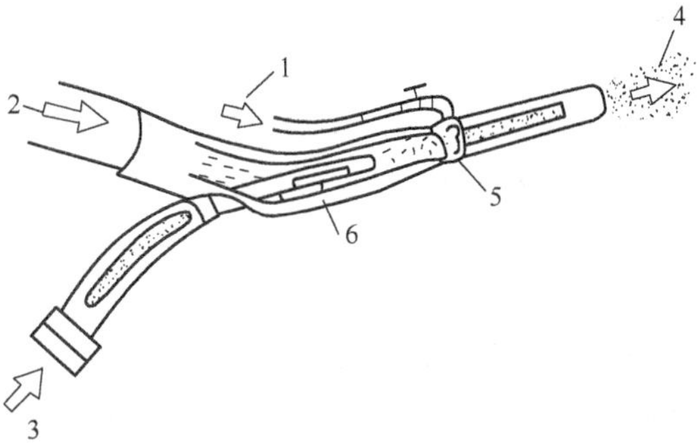

图 10 - 41 钢纤维喷射混凝土干式作业喷头

1—水；2—钢纤维；3—水泥 + 砂；4—喷出的钢纤维混凝土；5—水环；6—余气

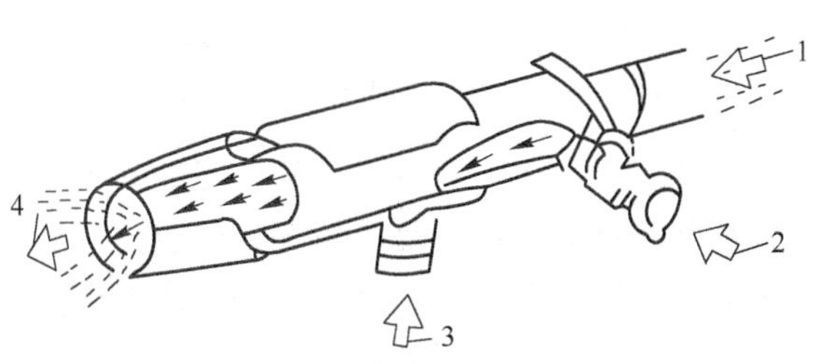

图 10 - 42 钢纤维喷射混凝土湿式作业用喷头

1—钢纤维；2—压气；3—湿混凝土料；4—喷出的钢纤维混凝土

（2）应用纤维分散机将纤维分散后加到皮带机或搅拌机内与混合料掺和。国外分散机的种类较多，以机械震动式为主。国产 DB－81 型电磁震动式钢纤维分散机，已投入生产。

（3）将国产 SFA－1 型移动式钢纤维切割机与皮带上料机配套使用，这样可使切割机切出的钢纤维直接撒落到皮带机的振动筛内，在筛中与混凝土料自动掺和，既能保证均匀掺和又能减轻人工拌和的笨重劳动。钢纤维喷射混凝土井下作业线（图 10－43）。

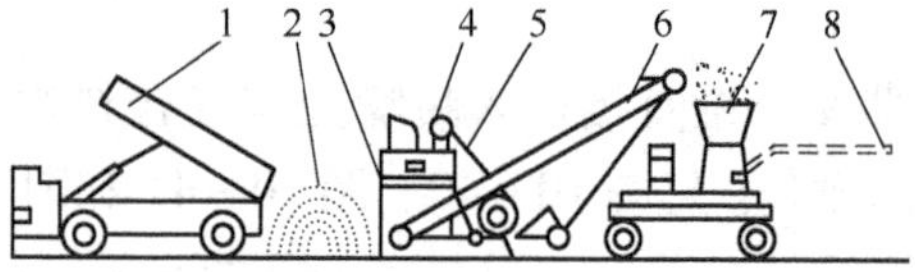

图 10－43　钢纤维喷射混凝土井下作业线

1—电瓶运料车；2—混凝土料堆；3—振动筛；4—SFA－1 型切割机；5—薄带钢；6—皮带运输机；7—混凝土喷射机；8—喷头

与一般素喷混凝土相比，钢纤维喷射混凝土易发生堵管，故应对喷料配比压送距离，以及压缩空气供给量和压力等予以严格控制。

钢纤维费用高，回弹大，应选择施工性能较好的钢纤维、缩小粗骨料最大粒径，提高单位水泥用量和含砂率。在大量连续喷敷时要设法处理回弹物。

作业人员应配戴密封型防尘眼镜。

工程应用实例见表 10－18。

10.3.3　装配式支架

10.3.3.1　木支架

木支架是由一根顶梁和两根立柱组成，在木支架外侧的顶部及两帮通常要安设背板。在一般情况下，顶梁和立柱采用相同直径的木料制作。木支架的接合方式如图 10－44 所示。

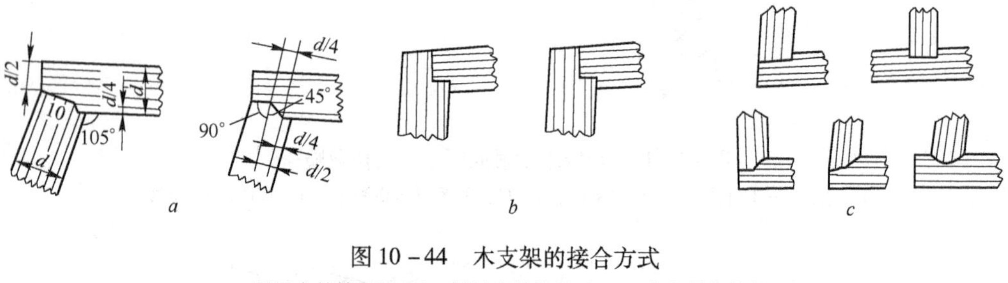

图 10－44　木支架的接合方式

a—顶压大的情况下；*b*—侧压大的情况下；*c*—有底鼓的情况下

木支架具有重量轻、容易加工、施工及拆除，有一定的强度和可塑性，以及成本低等优点。鉴于木支架易腐蚀和我国林业资源不足的情况，故应尽量少用和不用木支架。

现木支架常用来处理大冒顶或临时支护，其支护的巷道或硐室的跨度应不大于 4m。

在作为临时支护时，很少对木支架进行计算。

实际工作中，可依据巷道跨度，木材直径和岩石性质按表 10－19 选取每米巷道应架设的支架数。

表 10-18 锚喷工程实例

工程类别	应 用 实 例
一般巷道	我国每年约有 1500km 巷道使用锚杆支护，其中，煤矿有 100km。南京梅山铁矿、湖北金山店铁矿等矿山的巷道支护几乎全部锚喷化。梅山铁矿有相当一部分巷道岩石条件不好，为叶蜡石化，绿泥石化、高岭土化的安山岩，$f=1\sim2$，但使用锚喷支护效果良好。天津引滦入津分水岭隧硐，全长 11.38km，岩石条件很差（糜棱岩和角砾岩并有断层泥出露），开挖宽度 7.1m 到 8.3m，使用锚喷支护和超前锚杆获得成功
动压巷道	山东新汶矿务局在动压巷道全面推广锚喷支护，每年约六十余千米。山西中条山有色金属公司地下铜矿，有百余条电耙道采用锚喷支护获得成功，并经受住了上部采场近十吨炸药大爆破等多种考验
底鼓巷道	湖南白沙矿务局永红矿，围岩绝大部分属于遇水膨胀的砂质页岩与灰色页岩，底鼓严重，每年要清底 4~5 次。后向底板安设间距 0.6m、长 1.53m 的锚杆，治理了底鼓。山东新汶矿务局禹村矿，主暗斜井跨度 4.5~5.2m，在易底鼓的巷道安装了间距 0.8m、长 1.2~1.8m 的锚杆，并用 3~5cm 厚的砂浆封底，收到了良好的效果
竖　井	梅山铁矿 1967 年首先在国内将锚喷支护应用到直径 5.5m 的主井，后来又推广应用到围岩软弱破碎的措施井。湖南涟邵矿务局青山立井，井径 5.2m，处于断层破碎带、岩层不稳定、开挖时坍帮较严重的火成岩中，成功地采用了锚喷支护
硐　室	抚顺龙凤矿主暗斜井皮带机头硐室，长 20m、宽 7.8m、高 7.1m，设计服务年限 40a 以上，穿过节理发育、呈蜡状滑面、易风化且破碎的玄武岩，使用锚喷很成功。湖北金山店铁矿粗破碎硐室，长 31.3m、宽 11.8m、高 14.15m，穿过石英二长岩，但有一条宽 10cm、倾角 70°~80°的节理，采用光爆锚喷非常成功
采矿场	湖南锡矿山矿务局自 1963 年试验研究成功锚杆房柱法以来，一直使用锚杆加固采场顶板，解决了顶板不稳固的矿体开采问题，取得了明显的经济效果。其顶板为长龙界页岩，$f=4$ 左右，不支护会跨落，矿房净跨度 8m，原用 2.3m 楔缝式锚杆，1982 年后用管楔锚杆支护，技术经济效果都很满意。湖南湘西金矿，采场顶板为板岩，$f=4\sim8$，由于断层节理、层理较发育，不支护则冒落。该矿在削壁充填法采场，房柱法采场及尾砂胶结充填法采场采用长锚索和短锚杆联合支护获得成功，提高了回收率，减少了贫化率和木材耗量。此外，安徽铜陵凤凰山铜矿、湖北大冶铜录山矿及湖南湘东铁矿等都用锚杆作采场支护（或配合长锚索支护）使采场护顶获得成功 梅山铁矿在 1982 年 6 月用钢纤维喷射混凝土，加固处于构造裂隙错综复杂地质条件地段的采矿巷道，加固后半年内在其附近采矿爆破 20 多次，总药量 1 万多公斤，尽管喷层陆续出现许多裂隙，但仍能起到支护作用，顺利完成了回采任务
岩石边坡	广西平桂珊瑚矿长营岭选厂，用锚杆辅以喷射混凝土加固垂高 80 余米的山地岩石边坡（使用直径 18~22mm，长2m 的锚杆）取得成功，为厂房边坡加固提供了经验 1974 年美国在卡玛草原铁路沿线一段岩石边坡的破坏地段，应用钢纤维喷射混凝土代替加钢丝网的普通喷射混凝土进行了加固，节省工程费近 1/5 瑞典在西海岸一项边坡加固工程中，应用钢纤维喷射混凝土加固了大约 4500m² 的损坏岩石。喷层使用分层结构，内层 1cm 厚普通喷射混凝土，中层 3cm 钢纤维喷射混凝土，表层 1cm 普通喷射混凝土
溜矿井	梅山铁矿于 1983 年 6 月采用锚杆、钢筋网和钢纤维喷射混凝土加固溜矿井，效果良好。至今使用多年，井壁依然完好，未发现开裂、片落等异常现象 瑞典在波立登矿山用钢纤维喷射混凝土加固因受矿石冲击而损坏的矿石溜井，井内充满矿石，随着逐步放出矿石将矿石表面作为工作台进行喷射混凝土作业。用体积比为 1.4% 的扭曲形钢纤维（规格 0.25×25mm），喷层厚 10~15cm

表10－19　每米巷道支架数

巷道顶部净跨度（mm）	坑木直径（cm）	每延米巷道支架数（架）		
		普氏坚固性系数		
		$f=3$	$f=4\sim6$	$f=8\sim10$
1500～1800	16	1.0	1.0	1.0
1900～2000	16	1.0	1.0	1.0
2100～2200	18	1.5	1.0	1.0
2300～2400	18	1.5	1.5	1.0
2500～2600	18	2.0	1.5	1.0
2700～2800	20	2.0	2.0	1.0
2900～3000	20	2.0	2.0	1.0
3100～3200	20	2.5	2.0	1.5
3300～3400	20	2.5	2.0	1.5
3500～3600	22	3.0	2.5	1.5
3700～3800	22	3.0	2.5	2.0
3900～4200	22	3.0	3.0	2.0
4300～4500	22		3.0	2.0

10.3.3.2　金属支架

A　金属支架材料

金属支架强度大、体积小、坚固、耐久、防火，是一种优良的巷道支架，经回收整形后可重复利用，因此尽管其初期投资大，而最终核算还是经济的。但在有酸性水的情况下应避免使用。

金属支架常用18～24kg/m钢轨，16～20号工字钢制作，但因钢轨不是结构钢，就材料本身受力而言，这种用法是不够合理的。制作金属支架比较理想的钢材是矿用工字钢和U型钢，它们的断面几何形状和断面参数见图10－45和图10－46及表10－20、表10－21。

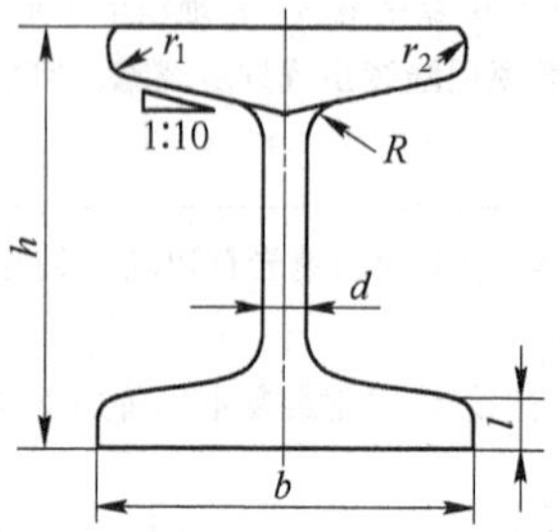

图10－45　矿用工字钢断面形状

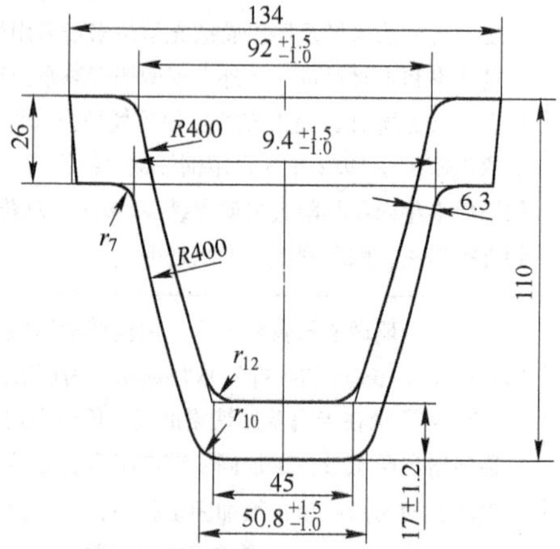

图10－46　25U型钢断面的几何尺寸（单位：mm）

B　金属支架的结构形式

金属支架可分为刚性结构和可缩性结构。图10－47为刚性梯形金属支架。梯形金属支架要求接合坚固、工作可靠、结构简单、装拆方便。常用的接合方式如图10－48所示。

表 10－20 矿用工字钢断面参数

型号	材质	尺寸（mm）							截面面积（cm^2）	理论重量（kg/m）	断 面 参 数						
		h	b	d	t	R	r_1	r_2			I_x（cm^4）	W_x（cm^3）	i_x（cm）	S_x（cm）	I_r（cm^4）	W_r（cm^3）	i_r（cm）
9		90	76	8	10.9	12	4	1.5	22.7	17.8	283	62.9	3.53	37.8	63	16.6	1.67
11	16Mn	110	90	9	14.1	12	5	1.5	33.2	26.1	634	115	4.37	68.5	162	36	2.21
12		120	95	11	15.3	15	5	1.5	39.7	31.2	872.7	145.5	4.68	87.9	181.0	40.2	2.13

表 10－21 U 型钢断面参数

型钢代号	材质	高度（mm）	宽度（mm）		截面积（cm^2）	理论重量（kg/m）	惯性矩（cm^4）		截面模数（cm^3）		截面模数与理论重量之比 W_x/G
			上宽	下宽			J_x	J_y	W_x	W_y	
18U	16Mn	100	122	57	23.34	18.31	279.9	317.4	54.8	52.0	3.35
24U	16Mn	109	134	50.8	30.56	24.00	434.43	487.4	80.69	72.75	3.36
25U	16Mn 20MnK	110	134	50.8	31.54	24.76	451.7	508.7	81.68	75.92	3.29

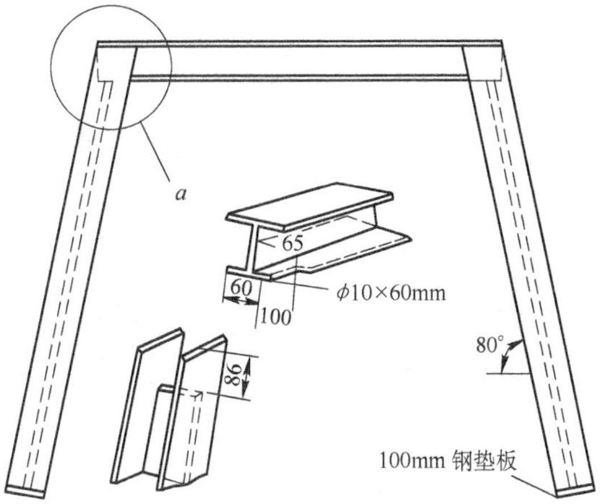

图 10－47 梯形金属支架的构造型式

柱腿底座垫板有圆形、矩形和梯形。

金属支架的可缩性一般是靠接口处的木垫或使柱腿插入底板来获得，实践证明，插入量可达 10～30cm。可塑性还可使用弧形柱脚扣稳在圆木上来获得，其可缩量能达 10～15cm。

可缩性金属拱形支架的一般结构如图 10－49 所示。其由曲率为 R_1 的弧形顶梁和两根上端部曲率为 R_2 的柱腿所组成，弧形顶梁的两端插入和搭接在柱腿的弯曲部分上，组成一个三心拱。搭接长度 l 约为 300～400mm，该处用两个卡箍固定（每个卡箍包括一个 U 型螺杆和一块 U 型垫板、两个螺母）。柱腿下焊有 150×150mm 厚 10mm 的铁板作为底座。为了加强支架沿巷道轴线方向的稳定性，支架之间可用金属拉杆通过螺栓和夹板使其相互锁紧，在金属支架之间用横撑撑紧。

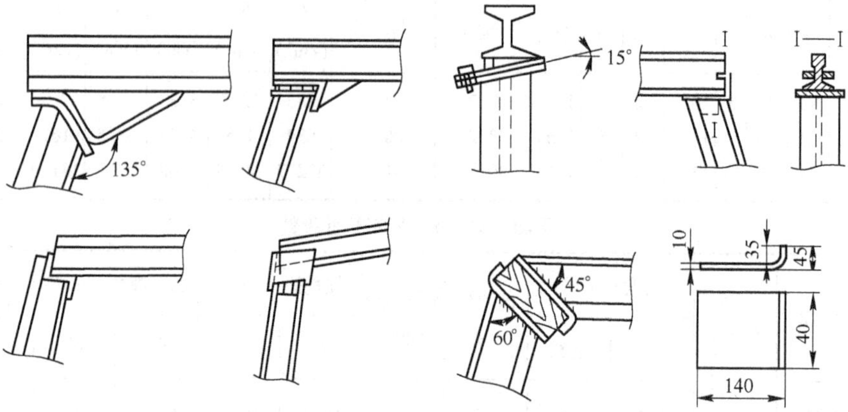

图10－48　梯形金属支架的接合方式

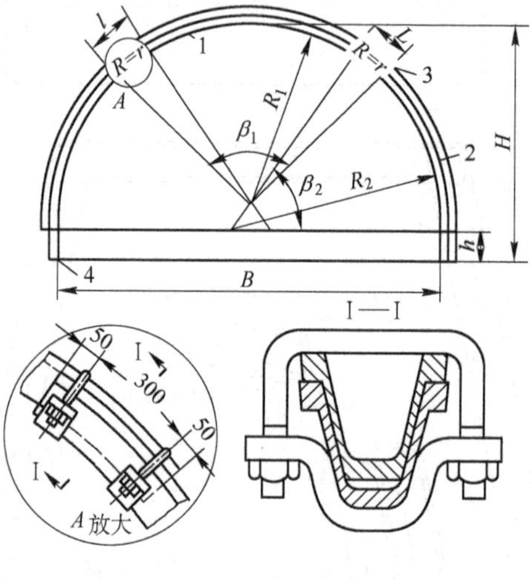

图10－49　可缩性金属拱形支架

1—拱梁；2—柱腿；3—卡箍；4—底座

这种支架的特点在于巷道来压时，支架通过其本身的结构可提供较大的可缩性。可缩性可以用卡箍的松紧程度来调节和控制，通常要求卡箍上的螺帽扭紧力等于147Nm，用以保证支架的初撑力。拱梁的圆弧曲率半径 R_1 与柱腿圆弧段的曲率半径 R_2 之间的关系为 $R_2=(1.0\sim1.5)R_1$，常用 $\frac{R_2}{R_1}=1.25\sim1.37$。

当支架承受围岩压力时，构件开始变形，使 R_1 逐渐变大，R_2 逐渐缩小，当地压达到一定限度以后，弧形顶梁即沿柱腿部分产生相对滑移，支架下缩，从而减缓了围岩对支架的压力。压力如不断增大支架下缩量也将不断增大，以此相互适应，直至支架的可缩量耗尽为止，此时，$R_1\leqslant R\leqslant R_2$，支架已转变成刚性支架承载了。

这种支架的可缩量一般可达30～35cm，如果在柱腿的金属底座下垫放18～22cm的圆木，还可以再获得 12 ~ 14cm 的附加可缩量。

可缩性金属支架的承载能力和可缩性之间的关系，首先取决于支架主要构件的几何形状和搭接处的弹性变形，摩擦表面配合和相对滑移，同时也和作用在支架上的地压分布状况，以及在地压作用下支架的变形状态有关。

值得特别一提的是，在设计和使用这种支架时，应特别注意支架搭接处的滑移方向，要使它和巷道地压主要来压方向或围岩最大移动方向相适应（见图 10 - 50）。否则，支架将很快变形而丧失其稳定性，如图 10 - 50*d* 所示。

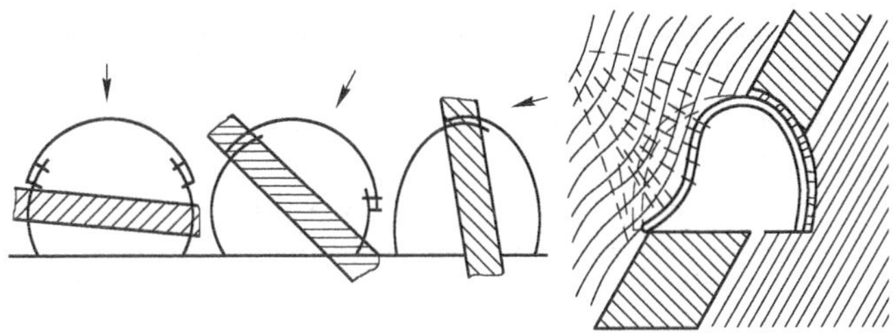

a *b* *c* *d*

图 10 - 50 可缩性拱形支架结构和岩层来压方向关系

a、*b*、*c*—合理；*d*—不合理

10.3.3.3 钢筋混凝土支架

钢筋混凝土支架具有节约木材、寿命长和耐腐蚀等优点，但重量大，架设时体力劳动消耗大。

钢筋混凝土支架适用于跨度在 3m 以内的巷道。松软或有膨胀性的岩层，不宜采用。该种支架通常为梯形架设，顶梁长度 1.8 ~ 3.0m，立柱长度 2.0 ~ 2.4m，立柱倾角 α = 75° ~ 82°构件的断面尺寸为高 × 宽 = (18 ~ 25) × (8 ~ 12) cm。

图 10 - 51 为该种支架的架设图。

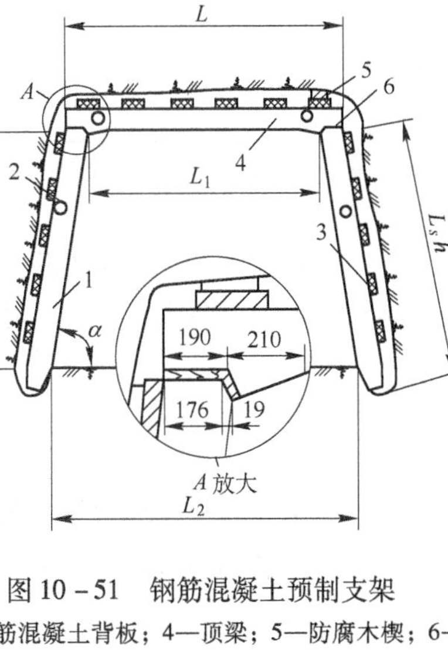

图 10 - 51 钢筋混凝土预制支架

1—立柱；2—撑木；3—钢筋混凝土背板；4—顶梁；5—防腐木楔；6—20mm 厚防腐木垫板；

H_0—巷道净高；L_1—巷道顶部净宽；α—支架柱腿倾角，一般 α = 80°左右根据巷道跨度和岩石坚固性系数 f，可由表 10－22 查取棚子的架设间距。表 10－23 为预制构件的技术特征表，可作为实际工作中的参考。

表 10－22　钢筋混凝土预制支架棚距

梯形巷道顶部净宽（m）	预制构件规格尺寸（mm）		棚间距（m）	
	宽　度	高　度	$f=3\sim4$	$f=5\sim6$
1.4～2.0	100	200	0.7	1.0
2.1～2.4	120	220	0.7	1.0
2.5～2.6	120	220	0.5	0.7

注：1. 此表偏重于理论计算，在使用中应根据岩石压力实际情况和已有经验自行修正；

2. 在岩石坚固性系数 f 小于 3 的松软岩层中采用钢筋混凝土预制支架，使用前应进行试验架设，在取得良好效果后，方可大批架设。

表 10－23　预制架构件技术特征表

构件名称	长度（mm）	断面尺寸 宽×高（mm）	一根构件重量（kg）	一根构件的材料消耗量		承受总荷载（N）		棚距（m）
				混凝土（m^3）	钢筋量（kg）	顶梁的垂直荷载	主柱的水平荷载	
顶梁	1800～2400（1800、1900、2000、2100、2200、2300、2400）	100×200	90～120	0.036～0.048	4.95（7.35）～10.9（15.25）	20.70～30.61		0.7
顶梁	2500～3000（2500、2600、2700、2800、2900、3000）	120×220	165～198	0.066～0.079	13.66（19.06）～16.26（22.43）	34.14～30.31		0.5～0.7
立柱	2000～2400（2000、2200、2400）	120×200	122×144	0.048～0.058	5.00（7.35）～6.09（9.04）		2.73～3.76	0.5～0.7
背板	500～1200（500、700、900、1200）	200×50	12.5～30.0	0.005～0.012	0.17～0.375			

注：在钢筋量一栏括号中数字表示用 3 号钢筋，括号外数字表示用 5 号钢筋。

10.3.4　整体式支护及砌碹支护

整体式支护及砌碹支护是矿山巷道支护的一种主要形式，它主要用于岩石松软破碎和节理裂隙比较发育及渗水的岩体区段内。一些大跨度硐室也较广泛的采用整体式支护及砌碹支护。

10.3.4.1　整体式支护及砌碹支护材料

A　混凝土

混凝土是以水泥为胶凝材料，与水和骨料按适当比例配合拌制成的拌和物，再经硬化后所得到的人造石材。可通过改变其配合比而得到不同的物理、力学性能，以满足各种工程中的不同要求。

a　对混凝土的要求

（1）混凝土的拌和物应具有一定的和易性便于施工时浇注振捣密实，并能保证混凝土的均匀性。

(2) 混凝土经养护至规定龄期，应达到设计所要求的强度。

(3) 硬化后的混凝土应具有适应于所处环境条件下的耐久性，如抗渗性、抗冻性、抗侵蚀性及抗冲击耐磨性能等。

(4) 在保证混凝土质量的前提下，各项材料的组成应经济合理，尽量节约水泥以降低成本。

b 混凝土的材料组成

混凝土由水泥、水及粗细骨料组成，水泥由经销单位按所需品种直接购入合格产品即可，一般不作有关技术参数的检验，如需检测可外委有关专业单位进行。

(1) 细骨料（砂）可采用天然砂，如河砂、海砂及山谷砂，其中以河砂应用较多，也可采用坚硬岩石磨碎的人工砂。通常规定砂的粒径范围为 0.15 ~ 5.0mm，大于 5mm 的列入石子范围。

为了保证混凝土的质量，砂中有害物质的含量应低于技术规范中的有关规定（见表 10－24）[7]。

表 10－24 砂中杂质的极限含量

有害物质名称	重量百分含量（%）	备 注
黏土、淤泥及细屑	≤3 ≤5	水位变化区的混凝土 其他混凝土
硫酸盐及硫化物含量	≤1	以 SO_3 计
云 母	≤1 ≤2 ~ 3	水位变化区的混凝土 其他混凝土
轻物质（比重小于 2）	≤1	如煤、贝壳等

砂中有机物质的含量，须用比色法进行检验。

砂中的活性氧化硅，能与水中的碱分（K_2O 及 Na_2O）起作用，产生碱骨料膨胀反应，使混凝土产生裂缝。因此，当砂中含有活性氧化硅且水泥中含碱量超过 0.6 时，须进行混凝土试验，以鉴定其有无膨胀反应。

海砂中含盐量较大时，对钢筋有锈蚀作用，故当含盐量（氯化钠的总含量）超过 0.1% 时应通过淋洗，也可在混凝土中掺入水泥重量 0.6% ~ 1.0% 的亚硝酸钠，以抑制钢筋锈蚀。

砂的颗粒级配

用于拌制混凝土的砂，工程中常采用细度模数来表示其粗细程度。

细度模数是用筛分分析法来测定的。将通过 5mm 筛的砂样烘干，称取 500g，再用一套孔径为 2.5、1.2、0.6、0.3 和 0.15mm 的标准筛，由大到小顺序过筛，然后称出遗留在各个筛上的砂子重量，并计算各筛上“分析筛余”百分数及累计筛余百分数，从而可以判断砂子的粗细程度及其颗粒级配置是否适宜。细度模数按式（10－46）计算：

$$\text{砂的细度模数} = \frac{\text{各筛累计余百分数总和}}{100} \tag{10-46}$$

例如某砂样的筛分析结果如表10－25所示。

表10－25 砂的筛分举例

筛孔尺寸（mm）	分计筛余		累计筛余（%）
	重量（g）	百分数（%）	
5.0	0	0	0
2.5	70	14	14
1.2	120	24	38
0.6	120	24	62
0.3	100	20	82
0.15	60	12	94
通过0.15mm筛的部分	30	6	

由上表的筛分结果，可算出细度模数如下：

$$\text{细度模数}=\frac{14+38+62+82+94}{100}=2.90$$

一般认为细度模数大于3.2的称为粗砂；在2.5～3.2之间的为中砂；在1.8～2.5之间的称为细砂；小于1.8的为特细砂。普通混凝土用砂的细度模数，一般在2.2～3.2之间较为适宜。

（2）粗骨料（卵石与碎石）。骨料粒径大于5mm的叫粗骨料。粗骨料有卵石和碎石两种。与卵石混凝土比较，碎石混凝土所需水泥浆较多，但碎石与水泥浆的胶结力较强，所以在同样条件下，碎石混凝土强度较高。由于碎石是岩石经加工而成，故成本较卵石为高。

粗骨料的有害杂质主要有：黏土、淤泥及细屑；硫酸盐及硫化物；有机物质；蛋白石及其他含有活性氧化硅的岩石颗粒等。一般规定，黏土、淤泥及细屑的含量应不超过1%；硫酸盐及硫化物的含量（以SO_3重量计），应小于0.5%；有机物质含量，须用比色法进行检验。当粗骨料中含有蛋白石及其他活性氧化硅的岩石颗粒且水泥含碱量大于0.6%时，必须进行混凝土试验，以鉴定其有无碱—骨料膨胀反应。

粗骨料的粒径分为5～20mm；20～40mm；40～80mm；80～150（或120）mm四级。粗骨料经筛分后按如上级别堆放。粗骨料的粒径级配通过试验确定。

（3）混凝土拌制及养护用水。凡可饮用的水，均可用来拌制和养护混凝土。工业废水，污水及沼泽水不能使用。天然矿化水能否使用，须经试验确定。

在缺乏淡水的地区，纯混凝土允许用海水拌制，但应加强对混凝土的强度检验；对于有抗冻要求的混凝土，水灰比应降低0.05。

c 混凝土配合参数的确定

水灰比、砂率及单位用水量是混凝土配合比的三个重要参数，其与混凝土各项性能之间有着密切的关系，正确地确定这三个参数是至关重要的。

（1）水灰比的确定。水灰比的大小，直接决定着混凝土的强度和耐久性。确定水灰比的原则是在满足强度及耐久性的前提下，尽可能选用较大的水灰比以节约水泥并满足大体积混凝土的低热性要求。

确定方法如下：

满足强度要求的水灰比，可根据本工程所建立的混凝土强度与水灰比的关系曲线或关系式求得，也可按（10－47）式初步选定。

$$R_{28}=AR_h\left(\frac{C}{W}-B\right) \tag{10-47}$$

式中 R_{28}——混凝土28天龄期的抗压强度；

R_h——水泥标号（水泥标号以 kgf/cm^2 为单位，当 R_{28} 用MPa作单位时，水泥标号应除以10）；

$\frac{C}{W}$——灰水比，即水灰比 $\frac{W}{C}$ 的倒数；

A、B——经验系数。

A 及 B 的数值按如下方法选用：

当水泥标号采用硬练标号时：

对卵石混凝土，普通硅酸盐水泥：$A=0.371$，$B=0.452$；

矿渣硅酸盐水泥：$A=0.372$，$B=0.664$。

对碎石混凝土，普通硅酸盐水泥：$A=0.422$，$B=0.561$；

矿渣硅酸盐水泥：$A=0.381$，$B=0.581$。

当水泥标号采用软练标号时：

对卵石混凝土：$A=0.471$，$B=0.563$；

对碎石混凝土：$A=0.514$，$B=0.575$。

由于在施工过程中将会出现混凝土质量不均匀的现象，因此在确定水灰比时，应根据本工程施工质量控制的水平及设计所规定的强度保证率，将混凝土的设计标号适当提高10%～20%，再计算水灰比，以求安全。

（2）单位用水量的确定。确定用水量的原则，应以混凝土拌和物达到要求的流动性为准。但影响用水量的因素很多，工程上常按如下方法确定单位用水量：先根据拌和物坍落度的要求参照表10－26进行初步估计[7]。然后按估计的用水量试拌混凝土，测定其坍落度，若坍落度不符合要求，应适当调整用水量（注意保持水灰比不变），再作试验，直至符合要求为止，即可定出单位用水量。

表10－26 混凝土单位用水量参考表（kg/m^3）

粗骨料最大粒径（mm）	坍落度（cm）				
	1～3	3～5	5～7	7～9	9～11
20	170	175	180	185	190
40	150	155	160	165	170
80	130	135	140	145	150
150	115	120	125	130	135

注：1. 本表适用于卵石、中砂所拌制的混凝土；

2. 使用细砂时，用水量需酌加5～10kg；

3. 使用碎石时，用水量需酌加10～15kg；

4. 使用火山灰质硅酸盐水泥时，用水量需酌加10～20kg；

5. 掺用加气剂或塑化剂时，用水量可酌减10～20kg；

6. 使用人工砂时，用水量需增加6～9kg。

（3）砂率的确定。砂率是指砂的用量占砂石总重量的百分数，它表示砂与石子两者的组合关系。

由于砂子的粒径远比石子为小，砂率的变动，会使骨料的总表面积有显著的改变，将对混凝土拌和物的流动性特别是黏聚性有很大的影响。因此，在确定混凝土的配合比时，必须选定最优砂率。最优砂率就是在保证混凝土拌和物具有良好的黏聚性并达到要求的流动性时，水泥用量（或用水量）最小的砂率。

通常确定砂率时先参考经验图表初步估计，然后再通过混凝土拌和物和易性试验确定，具体确定方法如下：预先定出几个砂率，拌制几组混凝土，进行和易性对比试验，从中选出最优砂率；也可预先估计出一个砂率，拌制混凝土，进行和易性试验，经过调整确定，表10－27所列砂率，可供初步估算时参考[7]。

表10－27　砂率参考表（%）

粗骨料最大粒径（mm）	水灰比						
	0.45	0.50	0.55	0.60	0.65	0.70	0.75
20	35	36	37	38	39	40	41
40	29	30	31	32	33	34	35
80	24	25	26	27	28	29	30
150	21	22	23	24	25	26	27

注：1. 本表适用于使用卵石、细度模数为2.70的中砂所拌制的混凝土；
2. 砂的细度模数每增减0.1，砂率相应增减0.5%～1.0%；
3. 使用碎石时，砂率应增加3%～5%；
4. 使用人工砂时，砂率应增加2%～3%；
5. 掺用塑化剂时，砂率可减少0.5%～1.0%；掺用加气剂时，砂率可减小2%～3%。

B　钢筋混凝土

将钢筋按一定方式绑扎后浇注在混凝土中而成为钢筋混凝土。

钢筋一般用3号、16锰和5号钢制作。

主筋直径为12～25mm，间距为150～300mm；

副筋直径为8～12mm，间距为200～500mm；

如混凝土工程处于高寒和有酸侵袭的环境中，应在混凝土中加入相应的添加剂，以达防冻和防酸的目的。

C　混凝土预制块

混凝土预制块是将拌制好的混凝土料在施工之前浇铸成块，以便在施工时砌筑。其对混合料组成的要求以及拌制工艺均相同于混凝土料的制备。

预制块的形状通常有矩形块和异形块两种，异形块的形状取决于巷道断面形状，如平巷的拱顶部位。矩形块多用于巷道两帮直墙部分的砌筑。

预制块的宽度等于支护厚度。每块预制块的尺寸和重量以施工方便为准。

D　砖及料石

砖及料石是常用的建筑材料，来源广且便于就地取材。表10－28和表10－29列入了砖及料石的力学性能参数，可资参用。砖的常用尺寸如下：

砖名	建筑标准砖	隧道拱砖
尺寸（mm）	240×115×53	长、宽、厚的比例参照拱石规定，具体尺寸由设计规定

表 10－28 砖的性质

性 质	砖 名				
	普通砖	沙灰砖	石灰黏土砖	硅藻土砖	矿渣黏土砖
成 分	黏 土	沙掺 5%～10% 石灰	黏土中掺入活性石灰 4.6%	硅藻土	黏土中掺小于 50% 细矿渣
制砖方法	软 泥	干 压	干 压	半干压	软 泥
焙烧温度（℃）	1000～1100	蒸气硬化	蒸气硬化	1000～1100	1000～1100
容重（kg/m^3）	1600～2000	1840		1300～1500	1300～1500
抗压强度（MPa）	9.81～27.47	20.60～27.47	12.27	9.81～14.75	14.75～19.62
抗挠强度（MPa）	3.47～6.87	1.96～3.92	2.30	1.96～2.75	2.75～3.34
抗剪强度（MPa）	6.87～10.30	3.43～6.87			
破裂系数	42	32			
弹性系数 $\times10^4$	1.029～1.715	0.549～0.823			
吸水率（%）	8～16	12～15	11	很 大	很 大
抗 冻 性	±15℃冰融循环 15 次均不破坏			特 强	高于普通砖

表 10－29 料石性质

种 类	比 重	强度（MPa）			弹性模量（GPa）	吸水率（%）
		抗 压	抗 剪	抗 挠		
花岗岩	2.6～2.8	107.91～176.58	12.75～19.62	8.34～14.72	41～68	<1
石灰岩	2.2～2.7	21.58～137.34	6.87～14.72	1.77～18.64	28～98	2～5
大理岩	2.6～2.7	68.67～98.1	6.87～10.79	5.89～15.70	28～87	<1
砂 岩	2.2～2.5	46.11～137.34	8.34～17.66	3.43～13.73	6.9～53	10
板 岩	2.7～2.8	96.14～206.01		48.07～76.52	96～111	<1

表 10－30 砌筑砂浆配合比

砂浆名称	400 号水泥（kg）	生石灰（kg）	灰膏（m^3）	砂（m^3）
100 号水泥石灰砂浆（1:0.3:4）	50	6.8	0.013	0.20
75 号水泥石灰砂浆（1:0.4:5）	50	9	0.017	0.25
50 号水泥石灰砂浆（1:0.7:6.5）	50	16	0.03	0.33
25 号水泥石灰砂浆（1:1:9）	50	22.5	0.04	0.45
10 号水泥石灰砂浆（1:1.9:13.5）	50	43.5	0.08	0.80
1:3 水泥砂浆（100 号）	50			0.15
1:4 水泥砂浆（75 号）	50			0.20
1:6 水泥砂浆（50 号）	50			0.30
1:2 石灰砂浆		50	0.11	0.22
1:2.5 石灰砂浆		50	0.10	0.27
1:3 石灰砂浆		50	0.10	0.30

注：砂系中粗砂。

当用砖及料石进行砌筑支护时，是用砌筑砂浆将其黏结在一起的。砌筑砂浆的质量对于砌筑支护的质量高低，起着很大的作用，应给予足够的重视。表 10 - 30 给出了多种型号的砂浆配合比，供采用。

表 10 - 31　混凝土拱、料石壁及砖砌巷道厚度

巷道净跨度（mm）	混凝土拱						料石壁						砖砌碹	
	$f=3$		$f=4\sim6$		$f=7\sim10$		$f=3$		$f=4\sim6$		$f=7\sim10$		$f=3$	$f=4\sim6$
	拱	壁	拱	壁	拱	壁	拱	壁	拱	壁	拱	壁	拱壁	拱壁
2000 以下	170	250	170	200			170	250	170	200			365	240
2100 ~ 2300	170	250	170	250			200	250	170	250			365	365
2400 ~ 2700	200	300	170	250			200	300	200	250			365	365
2800 ~ 3000	200	300	200	250			200	300	200	300			490	365
3100 ~ 3300	200	300	200	300			230	350	230	300			490	490
3400 ~ 3700	230	350	230	300			230	350	230	300			615	490
3800 ~ 4000	230	350	230	300			250	350	250	350			615	490
4100 ~ 4300	250	350	250	350			270	415	250	350				
4400 ~ 4700	270	415	250	350			300	415	270	350				
4800 ~ 5000	300	415	270	350	230	300	300	465	270	415	230	300		
5100 ~ 5300	300	465	270	415	230	300	330	515	300	415	250	350		
5400 ~ 5700	330	465	300	415	250	300	350	515	300	465	250	350		
5800 ~ 6000	350	515	300	415	250	350	370	565	330	465	270	350		
6100 ~ 6300	370	515	330	465	270	350	400	565	330	515	270	415		
6400 ~ 6700	400	565	330	465	270	350	430	615	350	515	300	415		
6800 ~ 7000	400	565	350	515	270	350	430	615	370	565	300	415		

注：1. 采用混凝土浇注时，混凝土的标号为 100 ~ 150 号（即 10 ~ 15MPa）；
2. 料石标号不小于 200 号，砌体的许可抗压强度为 2.0MPa；
3. 砖的标号不小于 75 号，砌体的许可抗压强度为 1.1MPa；
4. 砌体的砂浆一般采用水泥砂浆 50 ~ 100 号；
5. 料石之间砌缝为 10 ~ 15mm，砖为 10 ~ 15mm；
6. 料石规格一般为 350 × 200 × 150mm；300 × 250 × 150mm；砖的规格为 240 × 115 × 53mm。

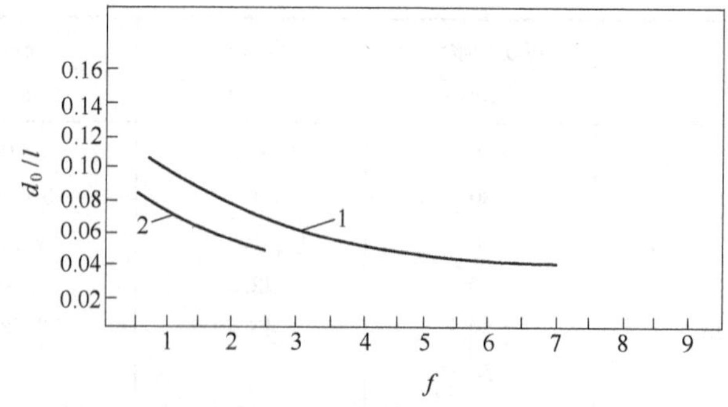

图 10 - 52　支护厚度曲线图

d_0—拱的支护厚度；l—硐室跨度；f—岩层坚固系数；当 $f<2$，且为曲墙钢筋混凝土支护时，查得曲线值可减少 10% ~ 15%

1—适用于混凝土；2—适用于钢筋混凝土

10.3.4.2 支护厚度的确定

支护厚度的确定取决于巷道围岩的性质及跨度以及所采用的支护材料。

A 按表格选取支护厚度

当支护跨度在 7m 以下时，岩石坚固性系数 $f=3\sim10$，不同材料的支护厚度按表 10-31 选取。

B 按曲线图查取支护厚度

本曲线图适用于铁路隧道支护，跨度 $l=4.9\sim5.9$m，岩石坚固性系数 $f\leqslant8$。由于矿山巷道的服务年限，一般地讲均较铁路隧道的服务年限为短，故矿山巷道由本曲线查取支护厚度时，应对查取结果进行修正（图 10-52）。

C 按经验公式计算支护厚度[8]

a 按我国铁道专业设计院建议的公式

当混凝土的标号为 150 号时

单线隧道（净跨 $l_o=4.9$m）

$$d_o=(0.06\sim1.00)f$$

双线隧道（净跨 $l_o=8.9$m）

$$d_o=(0.08\sim1.60)f$$

断面其他部位厚度

$$\left.\begin{aligned}d_n&=(1.0\sim1.5)d_o\\d_{cm}&=(1.0\sim1.6)d_o\\d_s&=(0.6\sim0.8)d_o\\h_x&=(1.0\sim1.8)d_n\end{aligned}\right\}\qquad(10-48)$$

式中 d_o——拱顶厚，cm；

d_n——拱脚厚，cm；

d_{cm}——边墙厚，cm；

d_s——底拱厚，cm；

h_x——基础宽，cm。

b 按国外经验公式

（1）当混凝土标号为 150～200 号时

$$d_o=(0.07\sim0.6)f \quad 单线隧道$$

$$d_o=(0.10\sim1.00)f \quad 双线隧道$$

与中心线呈 60°角的拱圈截面厚

$$d_n=(1.2\sim1.4)d_o$$

最大跨度处墙厚

$$d_{cm}=(1.4\sim2.0)d_o$$

仰拱厚 $$d_s=(0.5\sim0.8)d_o$$

边墙基础宽 $$h_x=(1.2\sim1.6)d_{cm}\qquad(10-49)$$

式中低值用于岩石 坚固性系数 $f>4$ 的岩层；高值用于 $f\leqslant8$ 的岩层中

（2）
$$d_o=8.5\sqrt{\frac{a_o}{h_o}}\left(1+\sqrt{\frac{B_o}{100f}}\right)\qquad(10-50)$$

式中 a_o ——拱净跨之半，cm；

h_o ——拱的净矢高，cm；

B_o ——拱的净跨，cm；

f ——顶板岩石坚固性系数。

10.4 采场支护

10.4.1 采场支护的特点

（1）与矿体的几何形态、埋藏状况有关。

（2）与所选用的采矿方法有关。

（3）具有明显的临时支护的特点。

（4）应充分利用采场顶板自身的强度。

10.4.2 采场支护方法

原则上讲，巷道支护方法在结合采矿场特点的情况下，都适用于采场支护。下列诸方法根据具体情况可以单一采用，也可以组合应用。

10.4.2.1 单柱支撑

当采场顶板局部失稳或个别块体有坠落的可能时，可采用单柱支撑。单柱可为木柱也可为金属支柱。

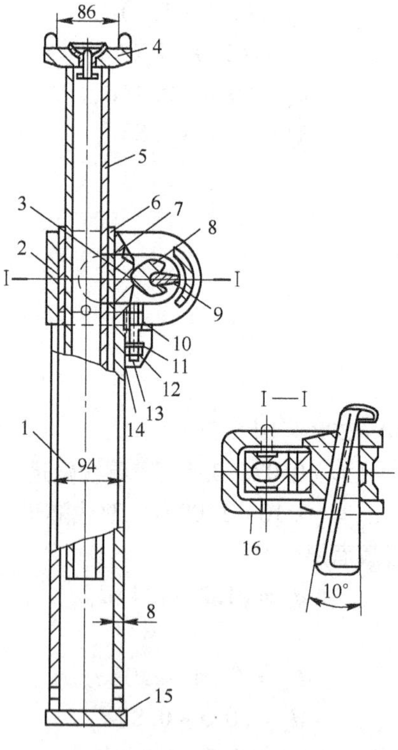

图10-53　HZWA型金属支柱结构图

1—柱筒；2—左摩擦板；3—柱锁；4—顶盖；5—活柱筒；6—右摩擦板；7—滑块；8—楔块；9—水平楔；10—弹簧；11—特制垫圈；12—螺帽；13—双头螺栓；14—托板；15—底座；16—卡箍

木支柱取材方便，并可在工作面根据实际情况即时加工和架设，操作方便。用木支柱支护时，采场的空顶距一般不大于3m，当超过此高度时架设困难。

为了尽可能的节约木材、摩擦式金属支柱（见图10－53）在采场支护中得到了较多的应用。

摩擦式金属支柱与木支柱有许多相似之处，在采场支护中效果相同，凡木支柱可以应用的地方、摩擦式金属支柱大都可以利用，但在有酸性水腐蚀的地方应避免采用。另外金属支柱不具有可缩性，其可缩性的获得可借助于在柱顶安放木帽来实现。摩擦式金属支柱价格较贵，但可多次重复利用，表10－32列举的摩擦式金属支柱，可供各种支护高度时选用。

表10－32 HZWA型金属支柱的基本参数与尺寸

型号及规格	支柱高度（mm）		工作阻力（kN）		破坏载荷[①]（kN）	超载试验载荷（kN）	支柱可缩量（mm）	重量（kg）
	最大	最小	初	终				
HZWA－1400	1400	872	250±30	350^{+40}_{-20}	1180	450	400	42
HZWA－1700	1700	1022	250±30	350^{+40}_{-20}	808	450	400	47
HZWA－2000	2000	1172	250±30	350^{+40}_{-20}	639	450	400	52
HZWA－2300	2300	1322	250±30	350^{+40}_{-20}	476	450	400	57
HZWA－2600	2600	1502	200±30	350^{+40}_{-20}	345	320	400	62

①中心加载条件下的计算值。

在采矿场的压力较大时，安设木支柱（或带有木柱帽的金属支柱）可起到监视采场压力变化的作用，为采矿作业人员提供了最简单的监测信号。

木支柱或金属支柱，大多可以回收复用。

10.4.2.2 木垛支撑

当顶板局部比较松软或已发生冒落，且用单根立柱或排柱无法支撑时，采用木垛支撑是适宜的。木垛支撑视采场压力的大小，可为实心木垛或空心木垛。

在实际工作中应尽量寻求木材代用品，用混凝土预制件架垛在许多矿山得到应用，但在预制架垛的最上部需要用木料楔紧，以便在顶板来压时，使混凝土预制架垛具有可塑性。为了节约支护材料可在空心垛的中心充填废石而成为实心垛，以便承受更大的压力。

10.4.2.3 锚杆支护

在10.3.1中所示各类锚杆，均可用于采场支护。目前，以结构简单施作容易的楔缝式、胀管式和管缝锚杆应用较多。

在上向水平分层充填法的矿石顶板中，用金属锚杆支护时，在落矿以后，这些金属杆件混埋于矿石爆堆中，需逐根拣除，否则影响出矿作业。大冶有色金属公司铜录山铜矿，曾进行过锚爆结合的工艺性试验，试验结果良好。所谓锚爆结合，就是在管缝式锚杆的空腔内装入炸药，在落矿时将管缝式锚杆炸碎，以利于出矿作业的进行。锚孔既可用于安装锚杆，又能在爆破时用于装药，两种作业合二为一。

10.4.2.4　金属网

金属网可采用由各种直径铅丝机编制而成的市售铅丝网，其网眼尺寸视矿岩顶板的破碎程度而定，通常为 20mm × 20mm、50mm × 50mm 及 100mm × 100mm，矿山也可用直径适宜的钢筋自行焊制。

金属网通常用锚杆固定在被加固矿岩的表面上，形成锚杆金属网联合护顶。锚杆以管缝式、胀管式、楔缝式为宜，因其安装迅速且能立即承载。如在金属网上再喷以混凝土，形成喷锚网支护，效果更好，但在采场支护中很少采用，而素喷混凝土却是常常采用的。喷层厚度的选取详见 10.3.2。

10.4.2.5　长锚索及悬架长锚索

长锚索见 10.5.1 所述。

悬架长锚索是长锚索支护的一种演变形式（见图 10－54）。

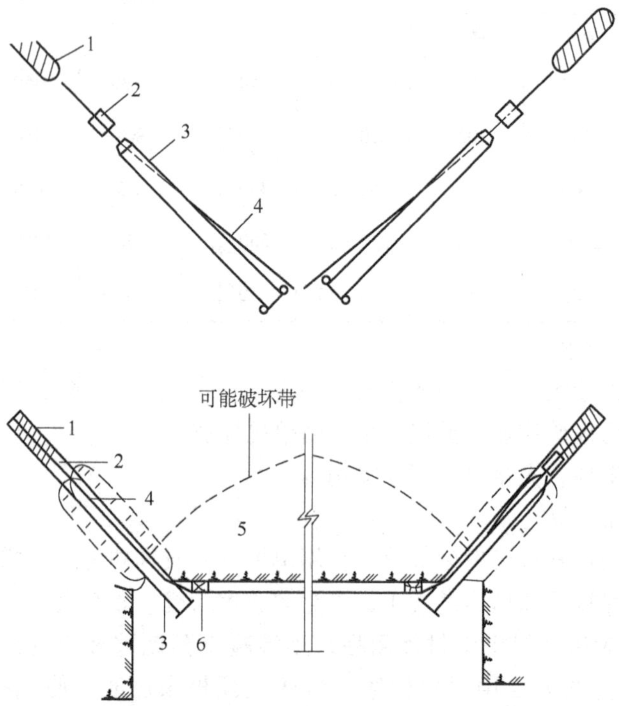

图 10－54　长锚索悬架支护

1—水泥卷；2—锤击块；3—缝管式锚杆；4—钢绳；5—顶板；6—承载块

悬架锚索是把固结于各孔中的钢索，彼此有规律地相连，这种连接可通过钢绳卡子实现，或者悬架本身就是以一根钢索依次有序地固结于各个孔中。这种支护结构要求所使用的钢索的刚度不能太大，否则不能弯曲相连。钢索松弛处用背板楔紧，其目的有二：背板可支护钢索间的岩石和张紧锚索。

10.4.3　采场支护实例

实例 1　武山铜矿分层崩落法

武山铜矿北矿带为一中低热液充填交代型硫化矿床。矿体形态变化大，上盘为风化花岗闪长斑岩并已高岭土化，破碎易塌垮极不稳固。下盘岩石为含砾石英砂岩和石英闪长斑岩，较稳固。矿体走向长1400m，平均厚度10m左右，最大厚度30~40m，最小2~3m，矿体呈极倾斜，倾角60°~70°。矿石含铜品位高，上部中段达4%，平均含硫23.7%。

采矿方法为分层崩落法。采矿进路用ϕ150~200mm的木立柱进行支撑上分层的钢筋混凝土整体式假顶，沿进路走向支设两排，排间距（进路宽）2.5m，立柱间距0.6~0.8m。为节约木材，也采用HZWA型摩擦式金属支柱。

用150号混凝土铺设整体式钢筋混凝土底板，作为下分层回采的人造假顶，钢筋直径ϕ12~14mm和ϕ14~16mm，网度200mm×200mm。混凝土配比，水泥∶砂子∶碎石=1∶2.6∶5.3。混凝土假顶每平方米留一预制炮孔，作为放顶时的爆破孔。

实例2 凡口铅锌矿盘区机械化胶结充填法[9]

凡口铅锌矿金星岭北翼矿体比较稳固，$f\geqslant8$，狮岭矿体为块状结构，稳固性较好，$f=10\sim12$。靠上下盘矿体局部稳固性较差。上下盘为灰岩，较稳固，$f=8\sim10$，局部泥质灰岩稳固性较差。

采矿方法为机械化盘区上向水平分层充填采矿法。在顶板具有三角节理处，采用锚杆加固。在节理裂隙发育地段，采用锚杆与金属网联合支护。锚杆为ϕ25mm楔缝式和ϕ38mm管缝式摩擦锚杆，锚杆安设网度为1.4m×1.5m，金属网用14号铁丝编织，网度25mm×25mm。

实例3 程潮铁矿无底柱分段崩落法

程潮铁矿为一接触交代型的矽卡岩矿床，有三个主矿体，其中Ⅱ号矿体长1080m，平均矿厚53m，最宽处196m，矿体倾角46°。上盘为闪长岩$f=9\sim13$，其次为大理岩$f=9\sim10$，矽卡岩$f=10\sim12$，石膏$f=6\sim8$。闪长岩及大理岩中节理裂隙发育；下盘主要为花岗岩$f=13\sim15$，矽卡岩$f=10\sim12$，其次为石英长石斑岩，$f=15\sim20$。矿岩接触带处一般为矽卡岩、节理发育、破碎、稳定性差。

矿石有粉矿、碎矿、块矿，该矿在投产初期主要开采粉矿和碎矿。矿石结构疏松，孔度较大，粉矿松散如砂极不稳定。碎块矿$f=2\sim6$。矿石平均品位56.38%。

采矿进路易坍塌、炮孔变形错位（指中深孔）。

采矿进路采用光面爆破、砂浆锚杆——喷射混凝土支护，效果良好。锚杆排距0.8~1.0m，每排9~11根，锚杆前倾80°，锚杆孔直径40~45mm，螺纹钢直径20~22mm。灌注砂浆重量配比为水泥∶砂∶水=1∶1∶0.5。混凝土喷射层厚度60~80mm，混凝土集料配比为水泥∶砂∶水=1∶2∶2，水灰比0.4~0.5，水泥为500号矿渣水泥，喷尾强度11.17~19.01MPa，喷射回弹率13.8%。

实例4 金川二矿区VCR采矿法[9]

VCR采场位于2号矿体西部边缘地带，采场垂直走向布置于富矿体中。矿体上盘以混合岩为主，下盘以大理岩为主。矿体内节理裂隙发育，上盘稳定性较差，下盘局部受构造影响也不稳定。

采用长锚索加固采场上盘。在上盘掘进锚索硐室，用ROC306潜孔钻机钻凿ϕ168mm、长16.5~22m的锚索孔6个，每孔内放2~4根直径为21.5mm的钢丝绳，共安设两排，排距1m，孔间距0.8m。锚索为预应力锚索，第一次注浆段长度（用作黏结式锚头）1.5m，第一次注浆后7~10d，向锚索放加预应力，并进行最后注浆。

实例5 龙烟庞家堡铁矿壁式崩落法

矿床为赋存于前震旦纪基底片麻岩上的浅海沉积型矿床，全矿区属层状缓倾斜薄至中厚矿体，走向长8000m，矿体厚度1.2～1.6m；1.4～4.0m，矿体倾角28°～32°，顶板为页岩及砂岩$f=5\sim10$节理裂隙发育，不稳固。底板为小白石英岩，$f=18$，稳固。

回采时用木支柱对顶板进行支撑，并用放顶的办法控制采场地压。木支柱沿倾向架设成排，排间距1.8～2.0m，每排中木支柱间距0.8～1.0m，支柱为二合一型或三合一型，不戴柱帽。在局部破碎带戴柱帽。控顶距2.8m，放顶距6～8m，最大悬顶距8.8～10.8m。壁式崩落法采场支护的关键是严格控制采场顶板的暴露面积，应及时放顶使暴露面积在允许的安全值以内。

实例6　锡矿山锑矿房柱采矿法[9]

矿体为赋存于矽化灰岩中的似层状矿体，共三层，其厚度分别为2m、6～8m及4～6m，矿体顶板依次为页岩（不稳固），矽化灰岩或灰页岩（中等稳固）和页岩（中等稳固）。

用普通房柱法和锚杆房柱法进行矿石的回采。前者用于顶板中等稳固的二、三层矿体，后者用于顶板不稳定的一层矿体。锚杆房柱法房间矿柱尺寸为3m×4m，间距5～6m，排距11m，矿房中矿石顶板用直径25mm、长2.0m的楔缝式锚杆进行支护，锚杆安设网度0.8×1m。也采用了楔管式锚杆。

实例7　铜录山铜矿上向水平分层水砂充填法

该矿为一岩浆期后接触交代矽长岩含铜磁铁矿床，共12个矿体，其中3号矿体走向北东25°，长约375m，倾向南东，倾角50°～75°，最大延深830m，平均厚度40m，最大厚度100m。矿石主要是含铜磁铁矿，$f=8\sim12$致密坚硬，属中等稳固。其次是含铜大理岩$f=7\sim9$，属中等稳固，和含铜矽卡岩$f=3\sim6$，稳固性差。矿石平均含铜1.73%，含金1.15g/t，银11.78g/t，含铁30%～50%。

4号矿体走向北东，长650m，倾向东南，倾角55°～75°，最大延深到－360m，矿石主要是含铜磁铁矿，其次是含铜矽卡岩，中等稳固，上下盘围岩与3号矿体相同。

上盘岩石因高岭土化及蛇纹石化，岩性松软。采场内受构造地质的影响，断层及节理裂隙均较发育，尤其是含铜矽卡岩遇水泥化松软，易呈范围不等的冒落。

采矿方法为点、条柱支撑，上向水平分层水砂充填采矿法。矿石顶板采用砂浆长锚索预支护和管缝式摩擦锚杆联合护顶方案。长锚索长15m，锚索孔直径61mm，钢绳直径25.4mm，胶结料配比为水∶水泥∶砂＝0.45∶1∶(1～1.5)。长锚索安设网度2.5m×2.5m～4m×4m，在局部极度破碎的地段，在长锚索之间用ϕ40mm的管缝式摩擦锚杆进行辅助支撑，锚杆长2m。此外，该矿还采用了金属网和锚爆结合作业，所谓锚爆结合作业，即管缝式锚杆除作支护构件外，还可将其内腔作炮孔用，在爆破时锚杆随同矿石一起被炸碎，以利出矿作业并减少凿岩工作量。

实例8　湘西金矿连续分条尾砂充填采矿法

湘西金矿为一中低温热液充填，金、锑、钨伴生的石英脉矿床。热液沿层间断裂及节理裂隙充填，生成层间脉、网状脉和节理脉三种类型的矿体。有工业价值的层间石英脉有四条，各层相互平行分布，分段富集，形成脉厚0.1～2.5m，走向长50～500m，倾斜长500～1500m的缓倾斜板状矿体。

该矿用连续分条尾砂充填采矿法进行回采，矿块沿矿体走向划分，不留房间矿柱和顶柱，底柱由下中段矿块一并回采。采场顶板用长锚索和短锚杆联合护顶方案，即回采前在每个矿房中央的采准天井中预安长锚索，对顶板岩层进行预加固，回采时随工作面推进，紧跟工作面先安设金属楔管式锚杆，然后按设计网度加密砂浆锚杆，遇断层或节理裂隙发育岩层破碎地段，适当增设长锚索，或留设小矿柱维护顶板。

10.5 岩 层 加 固

10.5.1 长锚索加固

长锚索是抑制开挖后的岩体变形和对失稳岩体进行加固的有利措施。自60年代以来，随着深孔凿岩和注浆技术的发展，随着锚头尺寸的缩小和预应力张拉技术的发展，长锚索支护技术已在美、英、芬兰、苏联、澳大利亚等国得到了普遍应用和发展。到80年代初期，我国有色金属矿山，如凤凰山铜矿、铜录山铜铁矿、湘西金矿、焦家金矿、吴县铜矿以及金川有色金属公司二矿区等矿，先后采用长锚索作为充填法采场顶板的预先支护，收到了显著效果。

10.5.1.1 长锚索结构[10]

长锚索支护构件是在被加固的岩体中钻凿一个具有一定直径的深孔，然后将带有锚头的钢绳或钢绞线一并放入孔中经张拉锁定，达到加固岩体的目的。或用水泥砂浆注满全孔将钢绳或钢绞线固结其中，待其固结后即可对失稳岩体起加固作用。长锚索的典型结构如图10－55所示。

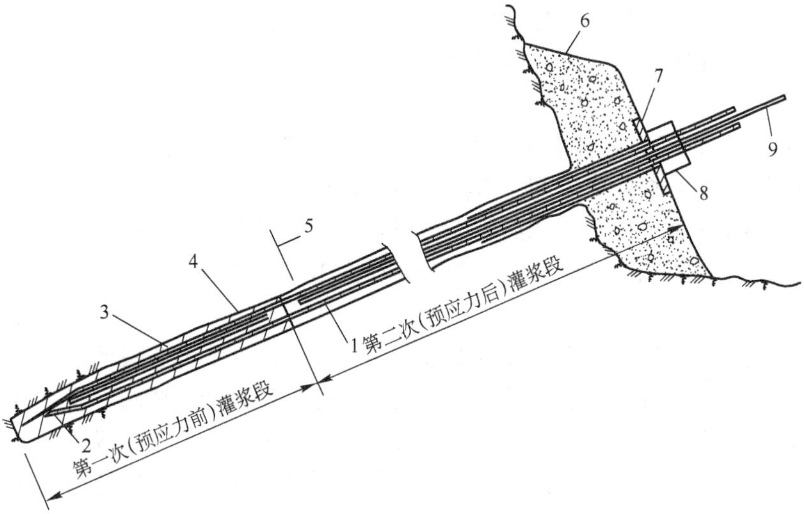

图10－55　典型的岩石锚索装置

1—高抗拉强度的钢丝绳；2—钢丝绳集束在一起，便于锚索放入；3—锚固段（第一次灌浆）；4—钻孔；5—灌浆管端头（为第二次灌浆用）；6—钢筋混凝土承载墩座；7—带有导向管的承载板；8—锚固块；9—灌浆管

长锚索的结构主要包含有：

A　锚头

长锚索的锚头有机械式锚头、黏结式锚头和二者相结合的复合式锚头。图10－56所示的为机械式锚头的一种。

黏结式锚头是在钢绳或钢绞线送入钻孔以后，于孔底一段长度内注满水泥砂浆待其固结后而形成的。

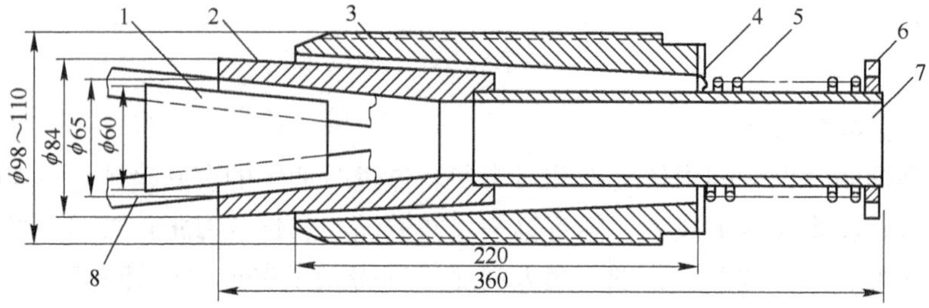

图10－56　机械式锚头

1—锚塞；2—套筒；3—外夹片；4—垫圈；5—顶簧；6—托圈；7—套管；8—钢绞线

B　杆体

杆体部分通常采用钢绳或钢绞线，由于钢绞线的每股钢丝直径较大，因此由其组合捻成的绞线刚度较大易于向孔中安放，又由于其表面不涂油所以省去了清洗工艺并保证了与水泥砂浆之间的握裹强度，应用较广。

在生产实践中也有应用高强度圆钢制作杆体的，在孔深较大时杆体是由若干根定长的杆件通过螺纹（或其他方式）联结而成的。

C　架线环

长锚索是在被加固的岩体较厚的情况下采用的措施，索较长又由于张拉的力很大（几百千牛到几千千牛或更大），故一般在孔中均放入数根柔性绞索共同承担巨大的张拉应力。为使这些绞索在孔中不互相缠绞而各就各位，所以在沿锚索孔的全长每隔一定距离用架线环将绞索架起，以达这一目的。架线环如图10－57所示。

D　止浆阀

止浆阀一般安放在第一次灌浆段的上部，用以保证第一次灌浆段的设计长度，其上有灌浆孔可使灌浆管通过并向孔底灌注砂浆，当砂浆注满按设计所要求的长度时，止浆阀上的单向逆止阀关闭以避免砂浆外流，至此形成第一次灌浆段，也即形成了黏结式锚头。第一次灌浆段的灌注长度取决于张拉力的大小，与水泥砂浆标号，砂浆柱与孔壁的黏结强度以及水泥砂浆与杆体的握裹强度有关。

E　孔口承压板

承压板与导向管联结成一个整体，导向管部分插入锚孔，承压板覆于孔口以承担在张拉杆体时来自张拉千斤顶的压力，以保护孔口部分的岩体不发生坍塌破坏。承压平面应与锚孔轴线相垂直，以确保张拉质量。

F　锚固块与锚塞

当采用预应力长锚索对锚索施加预应力时，于孔口外用锚固块与锚塞对所施加预应力进行锁定，锚固块与锚塞的结构形式如图10－58所示。

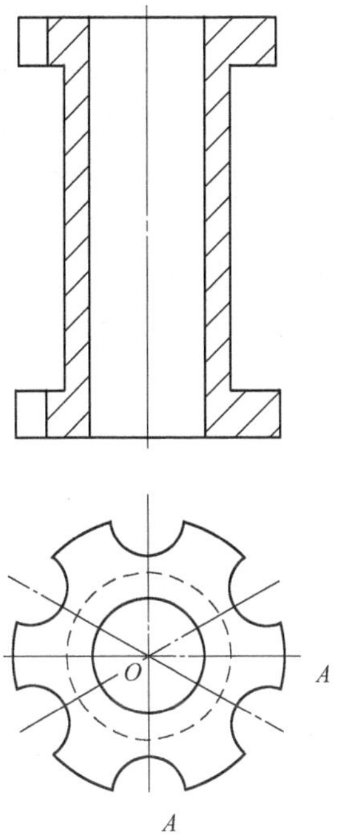

图 10－57 架线环

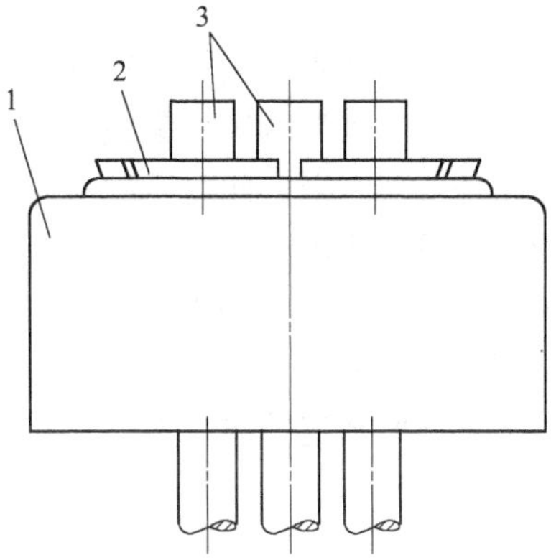

图 10－58 锚具

1—锚固块；2—锚塞；3—钢绞线

10.5.1.2 长锚索的锚固力

锚固力的大小是与锚孔直径、水泥砂浆的配比以及钢绳或钢绞线的粗细有关，这些因素的合理组配可通过正交试验设计获得，或用工程类比法确定。

A 黏结力的测定

固结后的水泥砂浆柱与锚孔壁之间黏结力的大小，与锚孔直径和在锚孔中水泥砂浆的灌注长度有关，直径越大灌注长度越大，黏结力也越大。

黏结强度（单位黏结面积上的黏结力）与被黏结的岩石表面粗糙度有关。黏结强度是在如图 10－59 所示的装置上进行的。首先在自现场采回的具有一定几何尺寸的岩块上钻一定直径孔，并被浇灌在砂浆圆墩 1 中，在孔中放入拉杆 5，拉杆 5 带有与孔直径相等的圆形底托 2，测定时用穿心式千斤顶拧紧螺母 7 张拉拉杆 5，用底托 2 将砂浆柱 3 自孔中剪出，则此时千斤顶所示之力与砂浆柱和岩块相黏结的表面积之比，即该种砂浆与该种岩石相黏结的黏结强度。

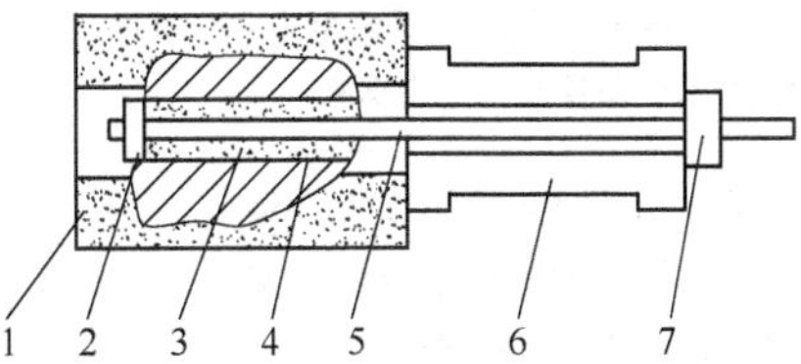

图 10－59 测定砂浆—岩石黏结力装置

1—砂浆圆墩；2—底托；3—砂浆柱；4—岩块；5—拉杆；6—千斤顶；7—螺母

B　握裹力的测定

握裹力是水泥砂浆固结后，对其所包裹的钢绳或钢绞线等芯材的一种约束力。握裹力的大小与钢绳或钢绞线的表面状态、表面积大小以及水泥标号和水泥砂浆的配比有关。

握裹力是锚固力的组成部分，是设计长锚索的重要参量，通常可由室内模拟试验测得。

取与实际锚孔直径相等的钢管一支，长度不小于0.5m或根据试验的方便确定，用与实际配比相同的水泥砂浆将钢绳或钢绞线固结在钢管中，待28天后在材料试验机上由模拟锚孔向外拉拽钢绳，此时所测得的力即为握裹力。

10.5.1.3　长锚索施工

长锚索施工主要包括锚孔钻凿、锚索张拉、砂浆灌注等工艺。

A　锚孔钻凿

根据设计所确定的锚孔直径，孔深及孔的倾角和岩层性质以及施工场所是露天还是井下来选取钻孔设备。

铁路隧道、输水涵洞、大断面地下硐室，水工大坝以及露天边坡等处所的岩体锚固时，大都采用大直径深孔，其孔径多为100～130mm，孔深大多为15～60m或更深者。

表10－33中列举了适用于长锚索锚孔用的钻机，可供选用。

对于具有临时支护特点的长锚索，如井下采场支护，对钻孔质量的要求将不甚苛刻，但对一些永久性的工程将是十分严格的。锚孔最常见的缺陷是孔偏离设计轴线和孔弯曲。认真的准备工作和最优的钻孔工艺以及合适的量测仪器是确保钻孔质量的关键。实践证明，用潜孔钻进法一般均会得到较高质量的钻孔。

对于锚固永久性工程的钻孔，在打好钻孔之后，往往要进行渗透性试验，如果水的损失量很大，应首先用稠的灰浆来封堵渗透的地层，过24小时之后重新钻孔再次进行渗透试验直至合格为止。但应注意，渗透试验所用的压力以不破坏孔壁为原则。

在打好钻孔并经渗透试验确认钻孔质量合格后即可向钻孔安置钢索。如果孔不太深在人力所及的情况下用人工安放钢索将是十分方便的。

当锚孔较深时，应采用专门的送绳设备向锚孔内安放钢索。

表10－33　深孔凿岩机

凿岩机类型	主要型号	基本特点	适用范围			岩性
			方向	孔径(mm)	孔深（m）	
导轨式	YGP35 YG80 YGZ90	重量一般在31～95kg左右，安装在供凿岩机往复运动的滑动轨道上，轨道架设在柱架或钻车上。可钻凿水平和各方向的中深孔	水平或倾斜	40～80	4～20	硬、坚硬
潜孔式	QZJ－80 QZJ－100B DQ－150J	机重250～900kg，用于大直径深孔的钻孔作业，可钻凿任意方向炮孔，以钻凿上向炮孔效率高。国产高气压潜孔钻机只能钻凿下向深孔	任意	80～165	20～100	硬、坚硬

图 10-60 为摩擦轮式送索器的示意图，其由风动机经二级齿轮减速机减速并带动一对摩擦对轮转动而将钢索送入锚孔，钢索的送入速度是借助于风动机输入风量的多少来实现的。

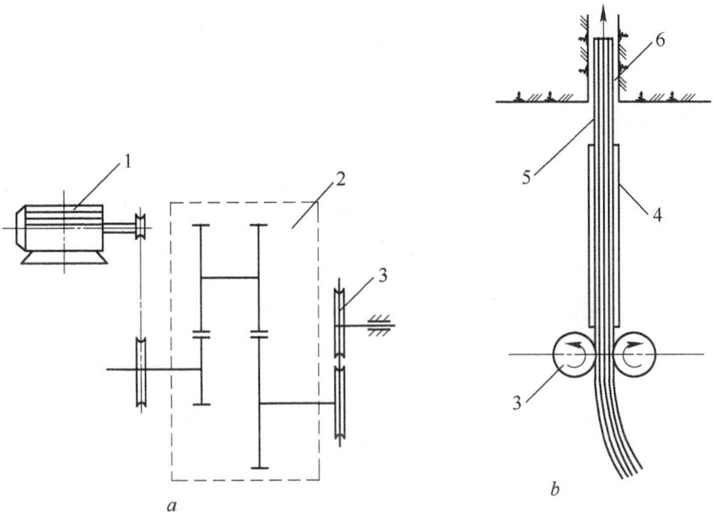

图 10-60 送索器示意图

a—减速系；*b*—锚索送入示意

1—风动机；2—减速机；3—对辊送索轮；4—导向管；5—锚索；6—锚索孔

B 注浆

a 水泥砂浆的成分

水泥砂浆是由水、水泥和黄砂组成。

水应符合要求，硫酸盐含量超过 0.1%，氯盐量超过 0.5% 以及含有糖分或悬浮有机物质都是不适宜的。

水泥应当使用新鲜的未经长期贮存的高标号硅酸盐水泥，施工对水泥类别有特殊要求时。如耐酸碱和抗低温等，可参阅混凝土配制的有关内容。

水泥砂浆中的用砂，要求质地坚硬成分洁净，一般均采用河砂，长锚索用砂以细度模数为 2.5~3.2 的中砂为宜。

b 水泥砂浆的配比

一般地讲是变化不大的，水灰比通常为 0.40~0.45；灰砂比一般地为 1:(1~1.5)。可通过试验或工程类比求得。

为了某种特殊用途的需要，水泥砂浆可加入一定量的外加剂。应当指出外加剂的应用只有通过试验才是比较妥当的。

C 水泥砂浆的配制

在配制水泥砂浆时对水泥和砂子应严格过筛，根据泵送设备和输送管道的要求筛除不合格的颗粒。应力求避免用人工拌和水泥砂浆，在将按重量匹配的水泥和砂子向搅拌机倾倒之前，需将最佳用水量先行倒入搅拌机，搅拌时间依搅拌机型号而异但不得小于 2min，应确保水与水泥的完全混合并应能生产稠度均匀的水泥砂浆。搅拌后水泥浆应立即应用，或置于专门的容器内，此容器应使水泥砂浆在应用之前仍处于缓慢的搅拌状态，否则将发生离析沉淀现象。

D　注浆实施

a　注浆罐注浆

注浆罐注浆是将搅拌好的水泥砂浆，卸入注浆罐内，然后开启气阀借助于压缩空气的压力将水泥砂浆注入锚孔。注浆罐的形式较多，加工比较容易，一般均由施工单位自行焊制。图10－61为常用的形式之一。

图10－61　注浆罐

该种注浆工艺是在锚孔钻成后，将钢绳或钢绞线送至孔底，如为上向深孔应将钢绳或钢绞线中的数支钢丝弯成倒钩形送至孔底，借倒钩使钢绳或钢绞线悬挂于孔中，然后将聚乙烯高压注浆管一直插至孔底，开启气阀将一定量的水泥砂浆自注浆罐压入锚孔。此后将注浆管后撤一段距离并重新向注浆罐倒入一定量的砂浆再次将浆压入锚孔，如此间断地自孔底向孔口后退并将整个锚孔注满，所以这种注浆方式又称为后退式注浆。

后退式注浆工艺及所用设备均较简单，易于掌握。缺点是劳动条件恶劣，劳动强度大，锚孔的注满系数低。

b　泵送注浆

当锚孔钻成后，将钢绳或钢绞线连同排气塑料管一并送至孔底，用专门的木质封孔塞封堵锚孔，注浆管通过封孔塞上的注浆孔插入至孔口，而排气管通过封孔塞上排气孔通至孔外。水泥砂浆搅拌后均匀倒入专门的受浆容器，注浆泵自该容器吸入砂浆，经泵体、排浆口注浆管最后自孔口向孔底连续不断地泵注砂浆，而孔内封存的空气自排气管排至孔外，在孔外端的排气管被通入一盛有水的透明容器，自该容器水中有气泡逸出即证明气体自封堵的锚孔中排出，当发现自排气管有水泥浆液排出或排气终止即说明该孔已被注满。因为水泥砂浆是自孔口向孔底连续注入的，所以此种注浆方式称之为前进式注浆。图10－62为HB－63灰浆泵，可用以泵送水泥砂浆，其最远输送距离200m，垂直输送高度40m。

前进式注浆工艺注浆质量好，注浆密实度高。当采用预应力长锚索时（全长黏结式），应先行张拉再注浆，且只能采用前进式注浆。

预应力长锚索的预应力松弛和锚索本身的防锈是应进一步解决的问题。

图 10-62 HB-63 灰浆泵

10.5.1.4 工程实例

(1) 东北水利电力勘测设计院，用 22×ϕ7 的高强钢丝束代替钢线。用爆炸压接法胀壳式内锚头的预应力锚索，加固了某水电站进水口的上部边坡。在岩塞爆破时，经受了 1t 多炸药爆炸的考验，对锚索及岩体的动静观测表明加固效果良好。

(2) 铜陵有色金属公司凤凰山铜矿及大冶有色金属公司铜录山铜矿，用非预应力砂浆长锚索加固充填法采场顶板，索长 15m，孔径 60mm，钢绳直径 25.4mm，水灰比 0.4，灰砂比 1:(1~1.5)，泵送注浆。加固效果良好。

(3) 1964 年在梅山水库采用了 3178.44kN 级的预应力锚索（注浆式内锚头）加固坝基，效果良好。

10.5.2 注浆加固

10.5.2.1 注浆在加固岩层中的应用

注浆加固岩层的实质是将水泥浆、化学浆等浆液用泵通过钻孔压入岩层裂隙，待其凝固后补堵岩层裂隙，将岩层胶结成整体以提高其稳定性和强度，从而达到加固的目的。

注浆加固分预先（超前）加固和事后（壁后）加固两种。预先加固是在工程施工穿过松软或破碎岩层之前进行注浆加固。如竖井、平巷、采矿场顶板破碎时，在施工和采矿之前对其进行的注浆加固。事后（壁后）注浆加固是在施工过程中或施工完后，发现工程不稳、变形或冒顶等情况后所采取的注浆加固，如井巷支架因地压大遭致破坏后所采取的壁后充填和加固注浆。注浆加固所用的材料，除水泥外还有种类繁多的化学材料及黏土等，大部分注浆材料都能同时达到岩层加固和注浆堵水的目的。大量岩土工程实践证明，注浆后岩层的物理力学性质得到多方面的改善，其原因在于注浆后水泥颗粒将粘附在裂隙壁上（充填注浆时），或与岩土颗粒相混成结石体（旋喷注浆时），对岩层起到充和胶结的作用，从而改善岩层的内聚力和内摩擦角，增加密实度和均一性，减少各向异性，增大弹性模量等。根据苏联试验资料，岩层注浆后的变形模量与未注浆的天然模量相比，在石灰岩中平均增到2.8倍，在沥青质石灰岩中平均增到2.7倍，在片麻岩中增到2.9倍。根据法国、西班牙、意大利及苏联等国资料，岩层注浆后其动弹模量 E_0 较注浆前增加1.5%～175%，静弹模量增加15%～375%。声波、地震波在空气中传播速度最小，在坚硬岩层中传播较快，但在坚硬、密实、经注浆后无空隙的岩层中传播更快。经注浆后由于岩层的密度增加了，其弹性波速也增加了15%～50%。由上述情况可以说明，通过注浆有助于改善岩层的工程物理性质，因此注浆技术在采矿、土建、水工和铁道等岩土加固工程中得到日益广泛的应用。

10.5.2.2 加固工程的设计

加固工程的设计步骤是：

（1）掌握拟加固工程的基本资料，如工程规模、埋深、质量要求；岩层裂隙、溶洞，渗透系数等岩性；地下水的流速、流向、流量、化学成分及侵蚀性等。

（2）确定加固方案，根据拟加固工程的规模、埋深、地质和水文地质条件，结合可能选用的注浆材料及施工机具的性能，考虑工期长短、工程质量、工程难度及费用等因素进行比较后，确定加固方案。

（3）按照选定的注浆方案，进行注浆参数的计算。注浆参数主要包括注浆压力、浆液有效扩散半径、注浆孔间距及浆液消耗量等。

由于地质条件复杂和种类繁多的注浆材料，因而其注浆参数的计算也需采用不同公式。

注浆参数的计算请查阅本手册第34章。

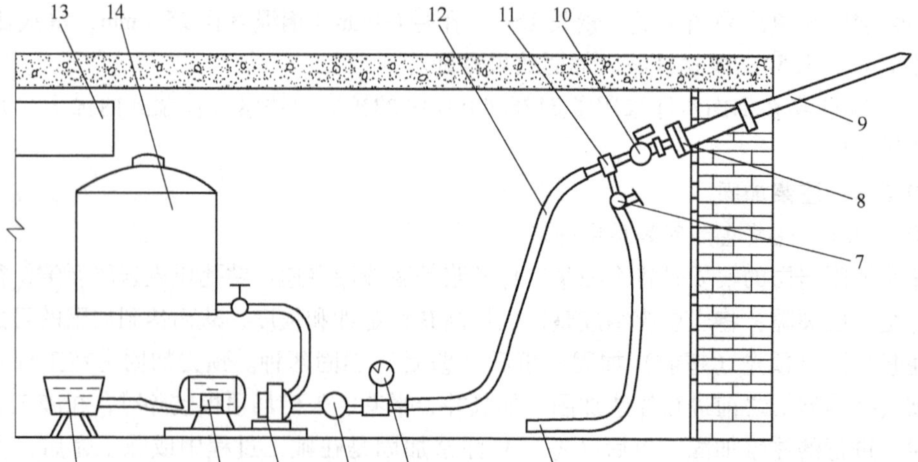

图10－63 注浆系统示意图

1—直流电机调压器；2—直流电机；3—齿轮泵；4—流量计；5—压力表；6—胶管；7、10—球阀；8—法兰盘；9—花管；11—三通；12—铠装胶管；13—排风管；14—储浆桶

10.5.2.3 使用实例

实例1 石人嶂钨矿560主平硐塌陷段化学注浆加固[3]

560主平硐是该矿560m阶段主要运输巷道，长2485m，净宽4m、净高2.9m，净断面9.6m，三心拱高1.33m，用钢筋混凝土支护，其墙厚30～50cm，顶拱厚30cm。该巷穿过岩层全为花岗闪长岩，$f=8\sim12$，从坑口至150m处的整个地段的岩层已全部风化，塌方后经水冲刷可以流动。巷道掘进20m后，有一次放炮形成塌方，顶部空洞高2～3m，但仍成天然拱，巷道支护后，顶部没有很好充填，只以茅草树枝填塞，以致向前挖掘时，空洞继续扩大，形成装岩机装走多少，上面塌下多少，最后垮落至地表，地表形成8×10m的塌陷口。经采用水泥注浆和插板法掘进，均未奏效。后经采用木铵化学注浆法得以通过。

注浆系统及注浆孔布置见图10－63和图10－64。注浆孔总计29个，孔深1.4～4.2m，注浆花管外径34mm，埋设倾角为，向上$\alpha=0°\sim38°$，左右$\beta=2°\sim30°$。注入木铵浆液共计10.122t、浆液的成分及配比如下：

脲素: 甲醛＝1:2（克分子比）

（脲素＋甲醛）: 亚硫酸盐纸浆废液＝2:1（重量浓度比）

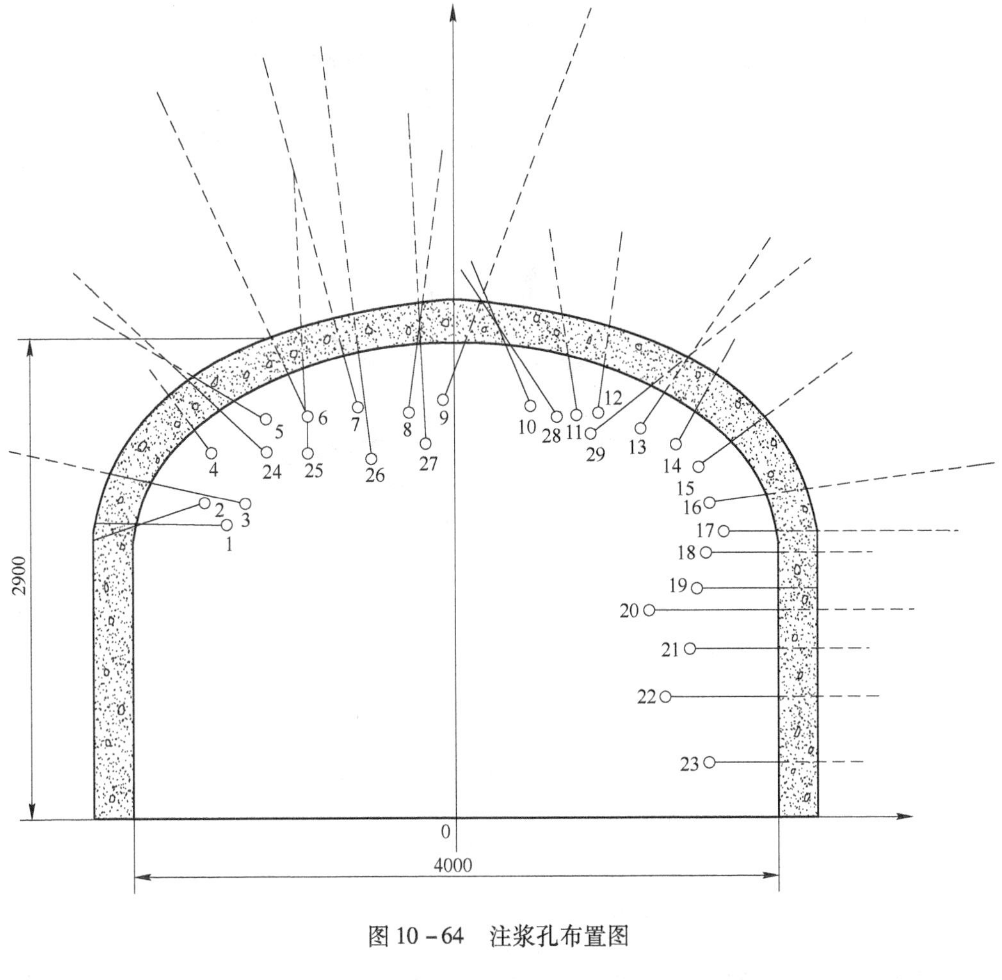

图10－64 注浆孔布置图

硝酸铵占浆液量的8%

实例2　石人嶂钨矿在同一主平硐5（60主平硐）内，当掘至125m处时，遇一条宽1.5m的断层破碎带，非常破碎，有涌水并含有泥砂及角砾，为防止垮落，采用工作预注浆对失稳围岩进行加固。

注浆采用木铵及水泥两种浆液，沿巷道断面的顶及帮布置两圈注浆孔，外圈16孔，里圈15孔，孔深2～2.5m。外圈双号孔及里圈单号孔注木铵浆液，其余孔注水泥浆液。木铵注浆压力0.39～0.49MPa，泵注量50L/min，每孔注入100kg浆液。水泥注浆压力0.7～1.0MPa，共注入水泥量3.5t。注浆后三天开始掘进，断层已固结止水。采用浅孔弱装药，短掘短砌方法，只用6个作业班即安全通过断层破碎带，效果良好。

实例3　金川有色金属公司二矿区不良岩层中平巷注浆加固

该巷道位于二矿区1300阶段，为一沿脉运输平巷，净断面8.6m^2，埋深400m多，其所穿过的岩层有大理岩、混合岩、二辉橄榄岩及破碎结构的肉红色花岗岩。由于多次构造运动，使岩体错动挤压破碎、节理、裂隙极为发育，大小断层纵横交错。在断层带，层理及节理面上，充填有滑石、绿泥石片岩。混合岩及绿泥石片岩呈散体结构，遇水即水化、膨胀，向支架施加压力，加上该地区构造应力大，使巷道两帮向内挤入量达1.5m，底鼓高达0.8～1m。经采取壁后充填注浆、围岩注浆和混凝土预制块支护后效果良好。总计对15m巷道的壁后充填注浆4个孔内，共注入水泥34t，细砂13.8m^3。对围岩用45个孔，总共注入水泥11.64t，用6个孔注入木铵浆液0.55m^3。围岩内注浆孔深2m，孔口纵横间距为1m，注浆孔布置如图10-65所示，处理后经两年观察，效果良好。

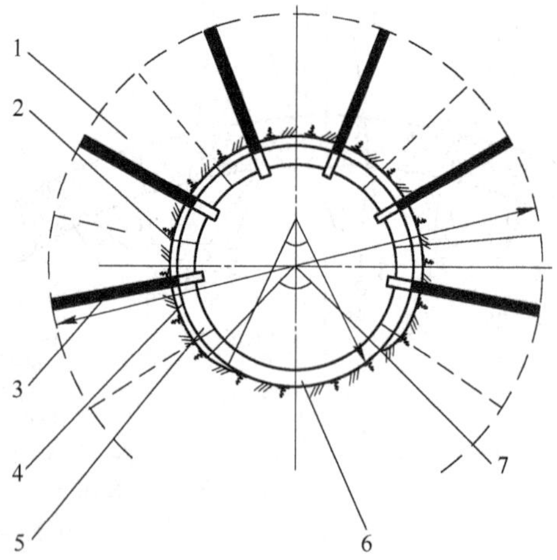

图10-65　注浆孔布置示意图

1—围岩加固层；2—素喷层；3—注浆孔；4—充填层；5—预制块；6—砂浆垫层；7—基础块

参　考　文　献

1　E. Hoek.，E. T. Brown.，岩石地下工程，冶金工业出版社，1986，82

2　刘宝琛，矿山岩体力学概论，湖南科学技术出版社，1982，170

3　B. M. 莫斯特科夫，大断面地下建筑物，中国建筑工业出版社，1980

4 Z. T. Bieniawske, Rock Mechanics Design in Mining & Tunneling, 1984
5 郑重远，黄乃炯，树脂锚杆及锚固剂，煤炭工业出版社，1983
6 中华人民共和国国家标准，锚杆喷射混凝土支护技术规范 GBJ86—85，1985
7 武汉水利水电学院，建筑材料，水利水电出版社，1979
8 冶金工业部南昌有色冶金设计院，冶金矿山井巷设计参考资料下册（支护与计算），冶金工业出版社，1977
9 《采矿设计手册》编委会，采矿设计手册，矿床开采卷下，中国建筑工业出版社，1987
10 加拿大矿物和能源技术中心编，边坡工程手册上册，冶金工业出版社，1984

第11章 井 巷 工 程

11.1 概 述[19,24,25]

在地下开采矿山的建设和生产中，井巷工程是开采矿石的通道。其中，竖井工程在矿山建设中常是主要连锁工程之一，它的完成时间直接影响到矿井建设的总工期；平巷和天（溜）井的工程量也很大。据9个铁矿和27个有色金属矿山统计，年万吨设计生产能力的基建井巷工程量分别为1810m^3 和387.2m；此外，矿山投产后的采准、切割井巷工程量也很大。可见，矿山井巷工程的掘进任务是十分繁重的。因此，提高井巷施工技术，加快施工速度，确保工程质量，对缩短矿山的基建周期和保证矿山三级矿量平衡，实现矿山生产的稳产高产，都具有重要意义。

本章内容包括竖井、平巷、天（溜）井、斜井及硐室等井巷工程的部分断面形状设计、施工工艺技术、设备及有关施工经验等方面的问题。

11.1.1 我国井巷施工技术的发展

解放以来，矿山井巷施工工艺技术和装备水平有了很大的提高，建立了一支具有相当规模和水平的技术队伍，从根本上改变了旧中国矿山井巷施工技术的落后面貌。

竖井施工技术的进步，突出表现在70年代中期起先后研究成功环形和伞形钻架、独立回转式凿岩机和较大斗容的靠壁式、环形轨道式、中心回转式抓岩机等高效率凿、装设备，以及一大批提升、锚喷机具等配套设备，组成了竖井施工机械化作业线，并配合光面爆破、锚喷支护、短段掘砌和多层吊盘掘、砌平行作业等一系列工艺技术措施，取得了最高月成井126.1m和多次突破月成井100m的良好成绩。平巷施工技术的进步发展到采用掘进钻车配置多种气动或液压凿岩机凿岩、多种型式的装岩机装岩、转载机转运、机车牵引运输，形成了多种配套方式的机械化作业线。汝城钨矿等一批采用机械化作业线设备的矿山，连续数年平均月进尺达150m左右；新晃汞矿和马万水工程队组织平巷快速掘进时曾先后创独头平巷月进尺超千米的记录，跨进了世界先进水平的行列。天井掘进技术的进步，主要表现在掘进方法的变革。先后研制成功了多种型号的吊罐和爬罐，推广应用了吊罐掘进法和爬罐掘进法；深孔一次凿岩分段爆破天井掘进法。在10多个矿山推广应用；特别是近期崛起的天井钻进法有着强大的生命力，现已有近40台几种型号的天井钻机在近20个矿山应用，先后钻通了200多条天井，最高的天井达140m，直径为0.5～2m，月进尺已达到近百米的水平。斜井掘进采用了以气腿式凿岩机、耙斗式装载机、箕斗提升运输为主的斜井掘进机械化作业线，取得了较好的技术经济效果。硐室施工中，施工方案的改善、光面爆破和锚喷网联合支护等多种技术的应用与发展，使硐室施工技术大大地提高了一步。

此外，注浆工艺、设备和材料的研究成果，在井巷工程中的预注浆堵水、岩层加固、淹井处理等方面得到了推广应用，提高了松软破碎和大涌水量岩层的井巷施工技术水平。

11.1.2 存在问题和发展趋向

当前，矿山井巷工程中主要存在成井成巷的平均速度和平均工效低，成本高，工程质量差，矿井工程建设周期长等问题。其原因除管理体制急待改革和施工队伍素质不够高以外，主要是设备的质量不高，效率低，机械装备的配套水平亦不高；循环进尺小，松软岩层的掘进支护工艺技术和天、斜井及长巷道的快速通风技术都有待提高。

井巷掘进技术是一门综合性的应用科学。其主要工艺技术和设备的中近期发展趋向，可概括为如下几个方面：

（1）以凿岩爆破为主要手段的井巷普通掘进法在今后相当一段时间仍将是主要的掘进方法。但天井钻进法已有很大的发展，可望在今后10年左右成为天井掘进的主要方法；

（2）在竖井普通法掘进中，深竖井掘进主要朝着大（加大设备生产能力、采用大斗容抓岩机、大吊桶、大卷扬机、大功率的悬吊设备）、深（中深孔爆破）、多（多机凿岩、多层吊盘）、平（掘、砌平行作业）的方向发展；浅井掘进则朝着轻、少、方便的方向发展，即设备要轻、数量要少、搬动要方便。与此同时，实现辅助作业机械化；

（3）天井掘进方法除全断面钻进法将得到发展外，地下小型牙轮钻机钻凿深孔分段爆破掘进法将得到一定的发展；爬罐掘进法将在掘进高、盲天井中得到更多的采用；吊罐掘进法的比重将有所降低，天井普通掘进法在大中型矿山中将逐步被淘汰；

（4）在提高单体设备生产率的同时，完善掘进设备的配套，组成高水平的掘进机械化作业线，已显示出明显的优越性和发展趋向；

（5）在施工工艺技术方面，光面和预裂爆破技术将日益得到重视，而凿岩爆破工艺主要将围绕加大炮孔深度，进行合理选择凿岩机具、凿岩爆破参数和提高炸药威力等方面的工作，以提高循环进尺，炮孔排列和装药量将在岩石爆破性分级的基础上实现标准化，进而用电子计算机进行凿岩爆破参数的优化选择；锚喷支护和注浆堵水技术，将得到迅速发展。

11.2 井巷断面设计[2,19,40,41]

11.2.1 竖井断面设计

竖井井筒断面设计包括：井内提升容器类型（箕斗或罐笼）、井筒装备型式（罐道梁及刚性罐道或柔性罐道）、梯子间尺寸、管缆间数量及大小，井筒永久支护（井壁）的类型及厚度等。设计时必须具有下列原始资料：

（1）井筒所通过岩层的工程地质及水文地质资料；

（2）井筒位置、提升中心线的方位、井口与井下各阶段水平的轨面标高、进出车或装卸载方向；

（3）井筒的用途、使用年限，井筒深度及对井筒延深的要求；

（4）提升方式和提升设备；

（5）井筒内所需布置的梯子间形式、材料、规格、各种管路、电缆等的规格数量；

（6）井口地面建筑物和结构物的布置情况；

（7）井筒通过的最大风量；

（8）当地材料供应情况等。

11.2.1.1 竖井形状及用途

竖井按形状不同可分圆井、方井；按用途不同可分为提升井、风井；按提升矿石或提放人员材料设备的不同可分为主井、副井；按所采用的提升设备不同可分为箕斗井、罐笼

表 11－1　井筒用途及设备配置

井筒类别	用　途	井内装设情况	图　例
主　井 （箕斗井或罐笼井）	提升矿石	箕斗或罐笼，有时设管路间、梯子间	图 11－1*a*
副　井 （罐笼井）	提升废石，上下人员，材料，设备	罐笼、梯子间、管路间	图 11－1*b*、*c*
混合井	提升矿石、废石，上下人员、材料、设备	兼设箕斗、罐笼、梯子间、管路间	图 11－1*d*
风　井	作通风用兼作安全出口	井深小于 300m 时设梯子间 井深大于 300m 时设紧急提升设备	
盲　井	无直接通地表的出口，一般作提升井用	根据生产需要装设	

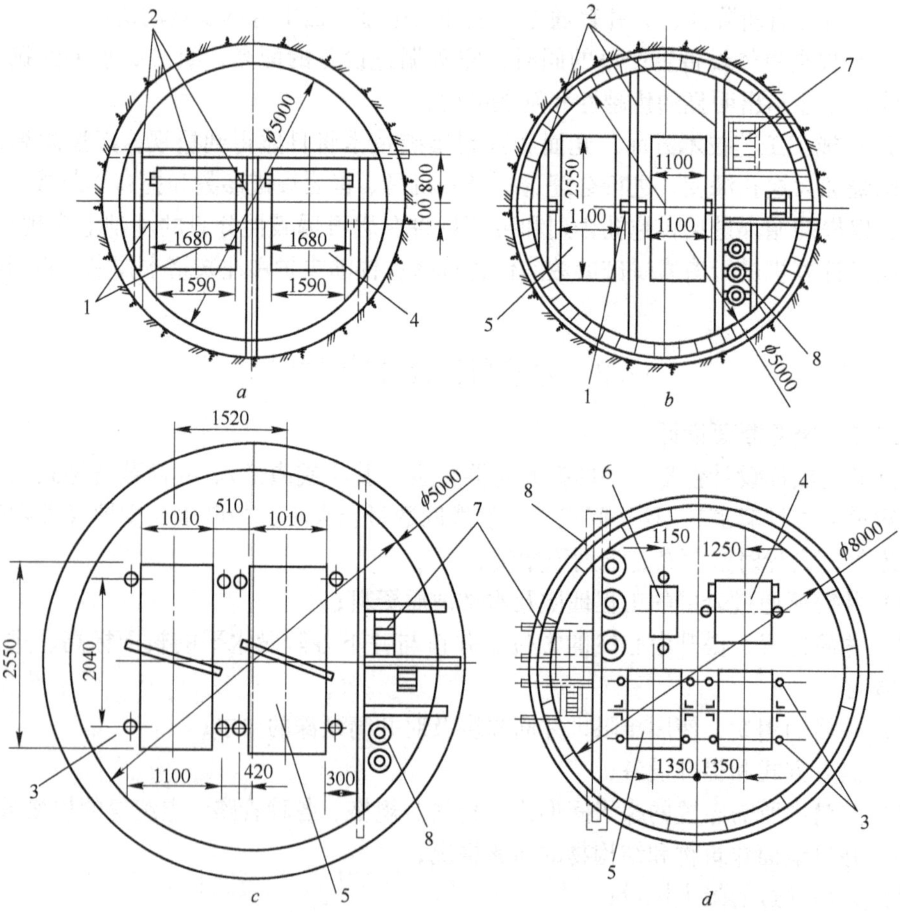

图 11－1　各种井筒内的装设情况

a—箕斗井；*b*、*c*—罐笼井；*d*—混合井

1—刚性罐道；2—罐道梁；3—柔性（钢丝绳）罐道；4—箕斗；5—罐笼；6—平衡锤；7—梯子间；8—管路

井等。

井筒断面形状的选择，主要依据井筒用途、服务年限、通过岩层的性质、支护材料等因素来确定。我国金属矿山的竖井井筒断面形状，大都采用圆形，少数小型矿井采用矩形。服务年限在15年以上的大中型矿井都采用圆形断面，各种井筒的用途及设备配置等情况见表11－1。

11.2.1.2 井筒装备

井筒装备包括罐道、罐道梁、梯子间、井底支承结构、过卷装置、托罐梁等。其中罐道及罐道梁为主要组成部分（图11－1），其作用是消除提升容器运行时的摆动，保证提升容器高速、安全运行，并可阻止提升容器的坠落。井筒装备按罐道形式不同可分为刚性或柔性装备两类。

A 井筒刚性装备

主要是刚性罐道和罐道梁两部分：

a 刚性罐道

刚性罐道分木罐道、钢轨罐道、型钢组合罐道及整体轧制罐道四类，其规格、材料特点及适用条件见表11－2。

表11－2 刚性罐道类型及性能

罐道类别	规 格	材料特点	适用条件	适用罐道梁层距（m）
木罐道	矩形断面，160×180mm左右，每根长6m	易腐朽，使用年限不长，宜先行防腐处理	井筒有侵蚀性水，或中小型金属矿山	2
钢轨罐道	常用规格为38kg/m、33kg/m或43kg/m标准长度4.168m	强度大，使用年限长	箕斗井或罐笼井中多采用	4.168
型钢组合罐道	由槽钢或角钢焊接而成的空心钢罐道	抵抗侧向弯曲和扭转阻力大，罐道刚性增加	配合弹性胶轮滚动罐耳，运行平稳磨损小，用于提升终端荷载和提升速度大的井中	
整体轧制罐道	方形钢管罐道	具有型钢组合罐道优点，并胜过其性能，自重轻，寿命长	用于提升终端荷载和提升速度大的井中	

b 罐道梁

罐道梁（简称罐梁）用来固定井筒内的罐道。各层罐梁的层间距按罐道标准长度确定，常用的材料为金属罐梁，也有用钢筋混凝土罐梁的，因其断面较大，使用上受到限制。中小型金属矿山方井中，个别也用木罐梁。

c 罐梁、罐道的布置

按提升容器与罐道位置的关系，将罐道分为双侧布置、单侧布置、端面布置和对角布置四种。各种布置方式的比较见表11－3。

近几年来采用了悬臂梁和悬臂支撑架（图11－2*e*）的布置方式，提高了断面利用率，简化了层格结构，可节约钢材，平顶山七矿鹤壁三矿等已在使用。但这种结构对井壁质量要求高，安装要求精确，维修较困难。

表 11－3　罐道布置方式的比较

布置方式	布置特点	优缺点比较	适用条件
双侧布置	罐道在提升容器两侧，见图 11－2*a*，*d*	罐道靠近提升容器旋转中心，使提升容器摆动较大，因而运行不够平稳 罐梁数量较多，钢材消耗量较大	平面尺寸长宽比不大的箕斗提升，或采用木罐道的竖井。此方式使用较普遍
单侧布置	罐道在提升容器一侧，见图 11－2*b*	比双侧布置用的钢梁少，可节约钢材 30%～50%，安装也较简单方便 罐道远离提升容器旋转中心，限制了提升容器摆动，因而容器运行平稳，提升速度快，可高达 15～20m/s 井筒通风有效断面大，通风阻力小 可下放大型设备，不受两罐梁间距限制	提升容器罐耳需抱住罐道，以免提升容器掉道，故仅适用于钢轨罐道，平面尺寸长度较大的罐笼使用较为适宜。此方式在开滦、淮北等矿区用的较多
端面布置	罐道在提升容器的端头，见图 11－2*c*	布置简单，节省材料，提升容器运行平稳 井口和井下进出车处，需取消端面罐道，改用四角（或双侧）罐道，使该处钢结构复杂化	通过进出车水平四角罐道时提升速度要降低，因而不适宜于多水平提升的井筒此方法抚顺矿区使用较久
对角布置	罐道在提升容器对角线上，见图 11－2*f*	层格结构最稳定，罐道位置理想 通风阻力小，节省钢材	适用于重荷载，高速度提升的大型深井，苏联矿山已在使用

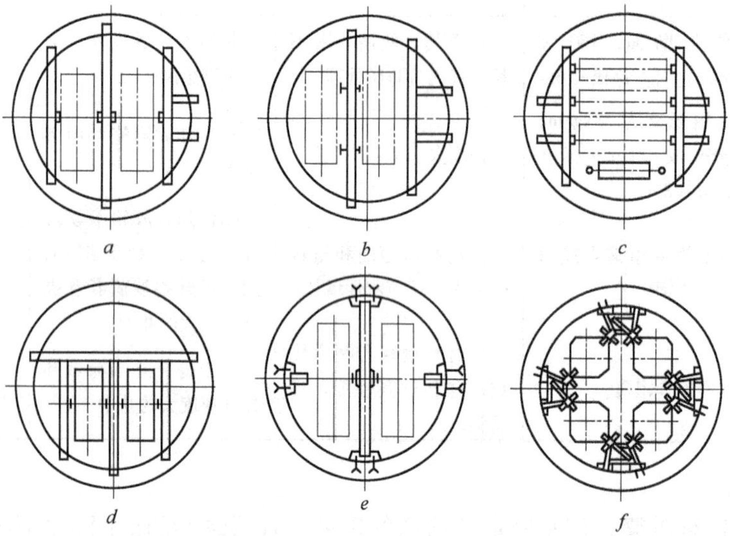

图 11－2　罐梁、罐道布置形式

a、*d*—双侧布置；*b*—单侧布置；*c*—端面布置；*e*—悬臂梁布置；*f*—对角布置

d　罐梁与罐道的计算与选择

罐梁与罐道所承受荷重的计算方法，通常采用静力计算法（有保险器时），即假定采用的外力等于提升容器静荷重的倍数。这种方法计算简便，但内力的决定不够明确。国内常用罐梁实例列于表 11－4。

木罐道的计算，一般均采用静力计算法。为简便计，木罐道断面也可按图 11－3 选取。

表 11-4 国内常用罐梁实例

井筒直径（m）	井内布置形式	罐梁间距（m）	罐 梁 型 号
3.5	1 号双箕斗带梯子间	木多为 2 钢为 4.168	工字钢 20～30 号 槽钢 18～20 号
3.5	3 号单罐带梯子间		
4.0	2 号双箕斗带梯子间		
4.0	2 号单罐带梯子间		
4.0	5 号单罐带梯子间		
4.5	3 号双箕斗带梯子间		
4.5	4 号单罐带梯子间		
4.5	6 号单罐带梯子间		
4.5	3t 箕斗带梯子间		
5.0	5 号箕斗带梯子间	木多为 2 钢为 4.168	多为工字钢 20～24 号
5.0	4 号单罐，1 号双箕斗		
5.0	4 号单罐，2 号双箕斗		
5.0	5 号单罐，2 号双箕斗		
5.0	1t 矿车普通罐笼		
5.5	5 号单罐，3 号双箕斗		
5.5	2t 矿车普通罐笼		
6.0	6、9、10t 箕斗带梯子间	木多为 2 钢为 4.168	多为工字钢 20～36 号
6.0	3t 矿车普通罐笼		
6.0	2t 矿车普通罐笼		
6.5	6 号单罐，4 号双箕斗		
6.5	6 号单罐，带平衡锤		
6.5	3t 矿车普通罐笼		
6.5	3t 矿车，普通罐笼		

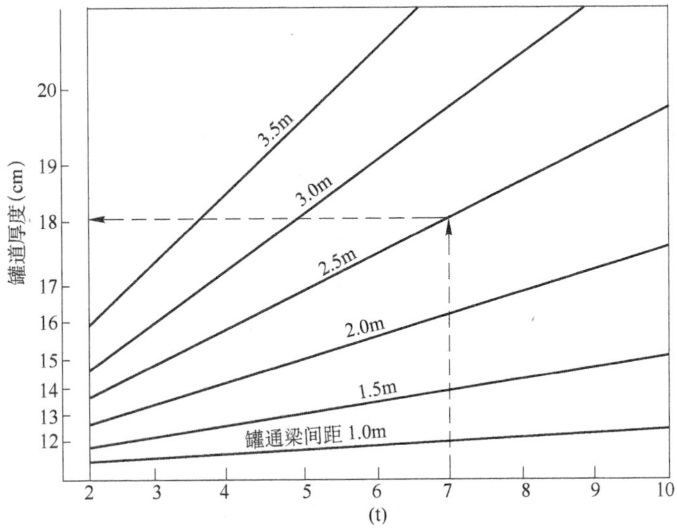

图 11-3 竖井木罐道计算

（该图适于动荷系数 $K=4$ 的情况）

如图 11-3 所示，设绳端荷重为 7t，罐梁间距为 2.5m，求得木罐道厚度为 180mm。

钢罐道断面选择：一般不进行计算，我国矿山常用的钢罐道材料和规格为：

（1）钢轨：38kg/m，33kg/m。

（2）型钢组合：有槽钢组合，角钢组合等。

矿山多用钢轨罐道。型钢组合罐道，多用在滚动罐耳的情况下。

B 井筒柔性装备

柔性装备系统包括绳罐道，它一端有固定装置，另一端有拉紧装置，提升容器上设导向器，以及井上下进出车各水平所设的刚性罐道及摇台等。绳罐道比刚性罐道有如下优点：

（1）绳罐道不设罐梁，可节约钢材降低造价；

（2）结构简单，安装方便，施工期短；

（3）便于维修，使用寿命长，换绳简单，对生产影响小；

（4）绳道有柔性，提升平稳，无碰撞；

（5）井内无罐梁，可减少通风阻力。

绳罐道不足之处是：安全间隙比刚性罐道的大，因而井筒断面相应增大；井架要悬吊罐道绳，因而增加井架负荷；井底还要设拉紧装置，要增加井筒深度，从而加大了井筒工程量。

a 罐道绳的选择与布置

罐道绳可选用普通6×7或6×19钢丝绳，或密封的和半密封的钢丝绳，后者表面平滑，表面积大，经久耐磨，抗弯抗扭性好，是理想的绳罐道，它适用于提升荷重大、井筒深的大中型矿井。

罐道绳直径可根据井深、提升终端荷重和提升速度等因素凭经验参考表11－5初选后，再用计算式（11－1）进行验算。

表11－5 罐道绳直径经验数据

井深（m）	终端荷重（t）	提升速度（m/s）	罐道绳直径(mm)	罐道绳类型
<150	<3	2～3	φ20.5～25	6×7+1普通钢丝绳
150～200	3～5	3～5	φ25～32	6×7+1普通钢丝绳密封或半密封钢丝绳
200～300	5～8	5～6	φ30.5～35.5	密封或半密封钢丝绳
300～400	6～12	6～8	φ35.5～40.5	密封或半密封钢丝绳
>400	8～12或更大	>6～8	φ40.5～50	密封或半密封钢丝绳

$$m=\frac{Q_1}{Q_o+qL}\geqslant 6 \qquad (11-1)$$

式中 m——安全系数；

Q_1——罐道绳全部钢丝拉断力的总和，kg；

Q_o——罐道绳下端的拉紧力，kg；

q——罐道绳的单位长度重量，kg/m；

L——罐道绳的悬垂长度，m。

罐道绳的布置方式见图11－4，其中主要为四角式和单侧式。布置时应尽量使罐道绳远离提升容器的回转中心，以增大罐道绳的抗扭能力。为了防止相邻两提升容器在运行时相互碰撞的可能，有时在两容器之间设防撞钢丝绳。

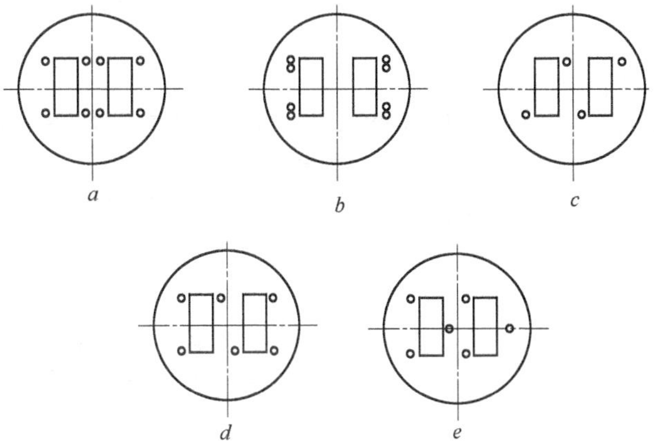

图 11-4 钢丝绳罐道布置方式

a—四绳四角式；*b*—四绳单侧式；*c*—双绳对角式；*d*—三绳直角式；*e*—三绳等腰式

b 罐道绳的拉紧力、拉紧及固定装置

罐道绳必须经常拉紧，以保证提升容器正常运行。作用在每根罐道绳上的拉紧力 Q_o，可按（11-2）式计算：

$$Q_o = \frac{qL}{e^{\frac{4q}{K_{\min}}} - 1} \tag{11-2}$$

式中 Q_o——每根罐道绳上的拉紧力，kg；

L——罐道绳悬垂长度，m：

$$L = 井深(H_o) + (20 \sim 50)\text{m};$$

q——罐道绳单位长度重量，kg/m；

$K_{\min}$——罐道绳最小刚性系数 $K_{\min} = 45 \sim 65$，一般取 $K_{\min} = 50\text{kg/m}$；对终端荷载和提升速度较大的大型井或深井，$K_{\min}$应选取大些，反之，$K_{\min}$可适当选取小些。

表 11-6 罐道绳拉紧方式

拉紧方式	罐道绳上端	罐道绳下端	方式特点及适用条件
螺杆拉紧	在井架上设螺杆拉紧装置，上端用此拉紧螺杆固定	用绳夹板固定在井底钢梁上	拧紧螺杆，罐道绳产生张力。拉紧力有限，一般用于浅井中
重锤拉紧	固定在井架上	在井底用重锤拉紧，拉紧力不变，无须调绳检修	因有重锤及井底固定装置，要求井筒底部较深以及排水清扫设施 拉力大，适用于中、深井中
液压螺杆拉紧	在井架上，此液压螺杆拉紧装置将罐道绳拉紧	用倒置的固定装置固定在井底专设的钢梁上	利用液压油缸调整罐道绳拉紧力，调绳方便省力，但安装和换绳较复杂。此方式使用范围较广

罐道绳拉紧力也可按经验数据确定，即井深每增加100m，拉紧力约加大1t。

罐道绳的拉紧方式有螺杆拉紧、重锤拉紧和液压螺杆拉紧等，见表11－6。

11.2.1.3 井筒断面布置及提升容器选择

A 井筒断面布置

井筒断面主要根据提升间的提升容器类型、数量与井筒装备类型等来决定。同时根据

表11－7 井筒断面布置形式

井筒断面布置形式	提升容器	井筒装备	备 注
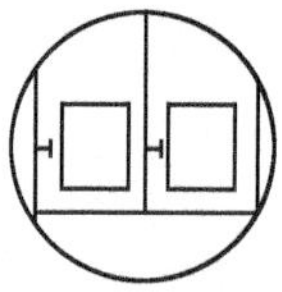	一对箕斗	金属罐道，罐道梁、双侧布置、设梯子间或延深间	箕斗主井最常用的断面布置形式
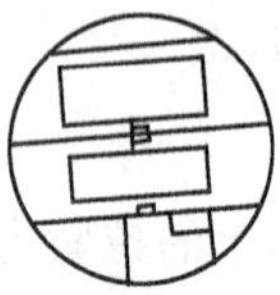	一对罐笼	金属罐道梁、双侧木罐道、设梯子间、管子间	罐笼副井常用的断面布置形式
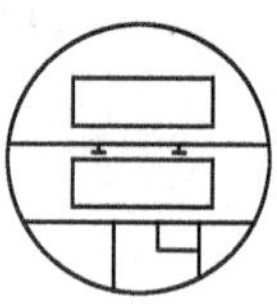	一对罐笼	金属罐道梁、单侧钢轨罐道、设梯子间	罐笼副井常用的断面布置形式
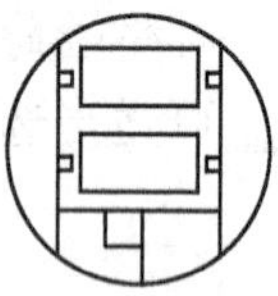	一对罐笼	金属罐道梁、木或金属罐道、端面布置，设梯子间，管子间	
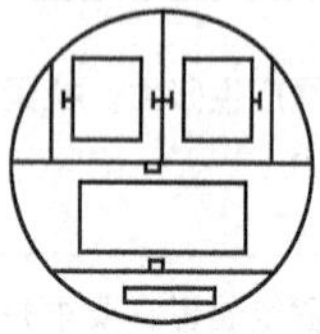	一对箕斗和一个带平衡锤的罐笼	箕斗提升为双侧金属罐道，罐笼提升为双侧钢轨罐道或双侧木罐道，平衡锤可用钢丝绳罐道	
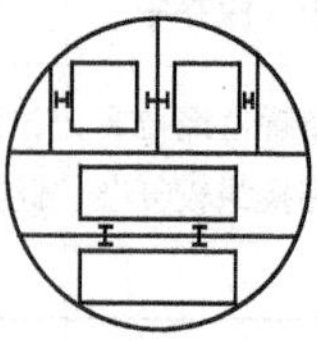	一对箕斗和一对罐笼	箕斗提升为双侧金属罐道，罐笼提升为单侧钢轨罐道	

需要还需布置梯子间和管缆间，有时还设有延深间。在提升人员的罐笼井中，按《冶金矿山安全规程》的要求，必须设梯子间，箕斗井（主井）可不设梯子间。管缆间一般布置在副井中，靠近罐笼并与梯子间相邻，以便于检修。同时还须考虑提升容器与井筒装备、井壁之间的安全间隙。

井筒断面布置形式见表11-7。井筒断面布置实例见图11-5、表11-8。

表11-8 五个井筒断面布置实例

实例	井筒尺寸	布置内容		备注
		提升容器	井筒装备	
见图11-5*a*	4.94×2.7	单层单车双罐笼1080×1800mm	木井框，木罐道，木罐梁	罐梁层间距1.5m
见图11-5*b*	φ4.0	一个5*a*型罐笼配平衡锤3200×1440×2385mm	双侧木罐道，钢罐梁[27*a*，金属梯子间	罐梁层间距2m
见图11-5*c*	φ6.5	一对1t矿车双层四车加宽罐笼	悬臂罐梁树脂锚杆固定，球扁钢罐道，端面布置，金属梯子间，设有管缆间	用于井型1.5Mt/a的副井
见图11-5*d*	φ6.5	二对12t箕斗多绳提升	2[22*b*组合罐梁，树脂锚杆固定，球扁钢罐道，端面布置	用于井型3.0Mt/a的主井
见图11-5*e*	φ6.0	一对16t箕斗多绳提升	钢丝绳罐道，四角布置	用于井型1.8Mt/a的主井

B 提升容器选择

竖井提升容器可分为箕斗和罐笼两类。按提升绳数量可分为单绳提升和多绳提升；按提升容器数量可分为单罐笼提升和双罐笼提升。单绳提升所需钢丝绳直径及提升设备都较大。多绳提升与单绳提升比较，具有提升安全、设备重量轻和钢丝绳直径小等优点，但要建井塔，费用高，施工期长，是其不足之处。对于多水平开采的金属矿，罐笼提升通常用单容器，箕斗提升用双容器。

a 主井提升容器的选择

主井提升容器的数量和规格，主要根据矿井年产量、井筒深度及矿井年工作日数来确定。一般金属矿和非金属矿山，井深300m左右，日产量700t上下，多用罐笼提升矿石；井深大于300m，日产量大于1000t时，多采用箕斗提升。

如主井提升，除提升矿石外，还要提升废石，则在矿井年产量内再加上废石量。其量一般占矿井年产量的15%~20%。

当主井选用箕斗提升时，根据所求得的一次合理提升量及矿石容重，即可选用标准箕斗。

如主井采用罐笼提升时，首先根据矿井运输的矿车规格，决定选用与之相适应的罐笼，然后再根据所求得的一次合理提升量，确定罐笼每层装车数或罐笼层数。

一般选用单层单车普通罐笼，如提升量不能满足要求，可考虑选用箕斗，或者选用多层多车罐笼。单层双车罐笼比双层罐笼上下进出车方便，提升停歇时间较少。但缺点是占井筒断面大。

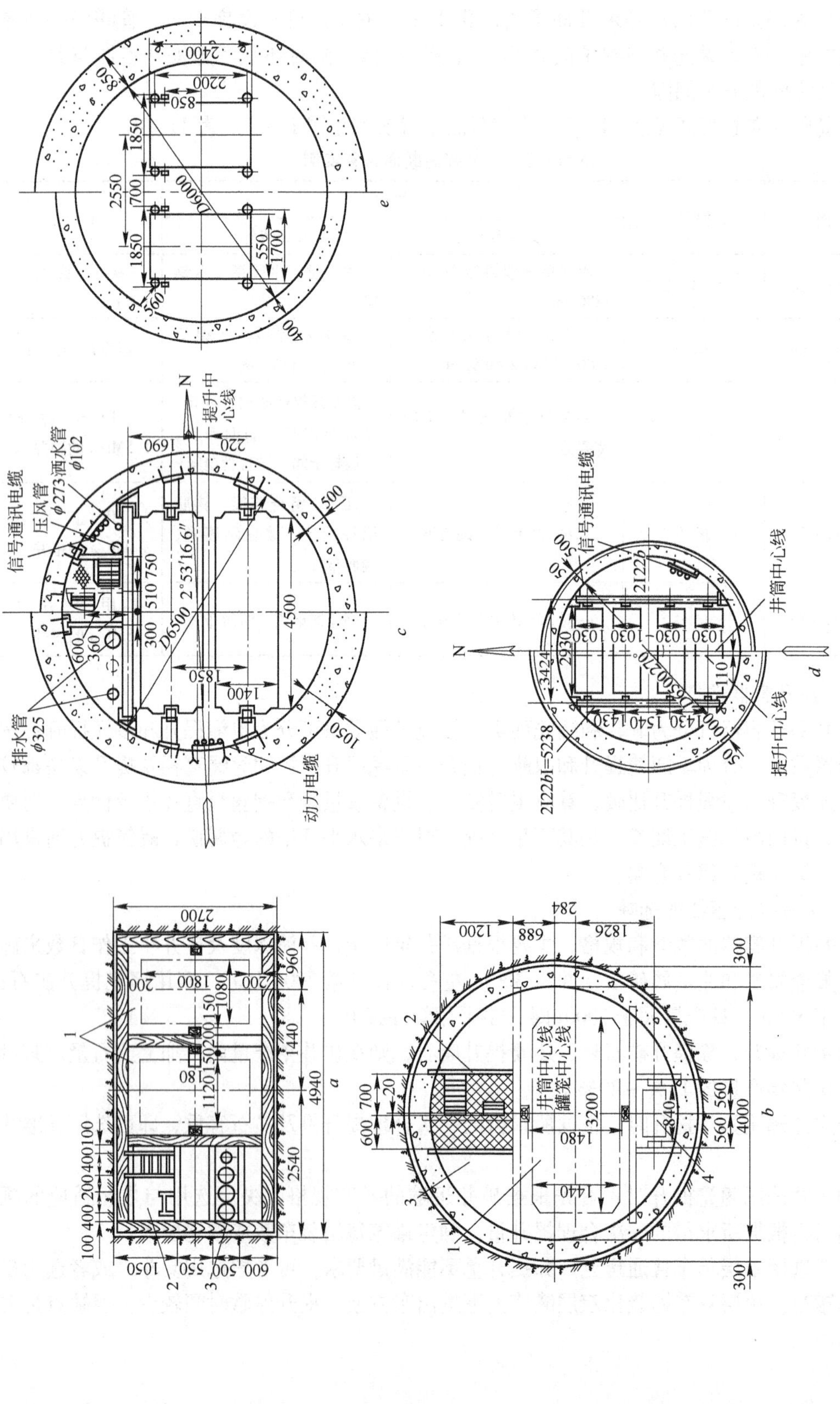

图11－5 井筒断面布置实例

1—提升间；2—梯子间；3—管缆间；4—平衡锤间

b 副井提升容器的选择

副井均为罐笼提升，作为上下人员和提升废石及材料设备之用。罐笼的规格是根据矿井所用矿车的规格来确定。设计时，应尽量采用单层单车罐笼。在初选罐笼后，要按最大班工人下井时间和最大班净作业时间验算。当算得的最大班总提升时间，以不超过6h为合格。其总时间若超过6h，应考虑选用多车或多层罐笼。

C 梯子间结构及布置

根据《冶金矿山安全规程》规定，坡度大于45°的或作为矿井安全出口的竖井，必须设置梯子间，主要作为井下发生突然事故时的安全出口，平时用以检修井筒装备和提升容器发生的故障。

梯子间由梯子、梯子梁、梯子平台构成，通常布置在井筒一侧，并用隔板（或隔网、隔栅）与提升间、管缆间隔开。梯子间的布置，按上下两节梯子安设的相对位置可分为并列、交错及顺列三种形式，如图11－6所示。图11－6*b*属交错布置，较常用。梯子倾角一般不大于80°，相邻两梯子平台间距视罐梁层距而定，木罐道为4m，钢轨罐道为4.168m，平台梯子口尺寸不小于0.6m×0.7m，相邻两梯子平台的孔口应相互错开；梯子上端应伸出平台1m；梯子下端离开井壁不得小于0.6m，梯子宽度不小于0.4m，脚踏板间距不大于0.4m，梯子平台最小面积S_x见图11－6。梯子间的材质有金属的和木材的两种。金属梯子使用年限长，大中型矿井较为适用。

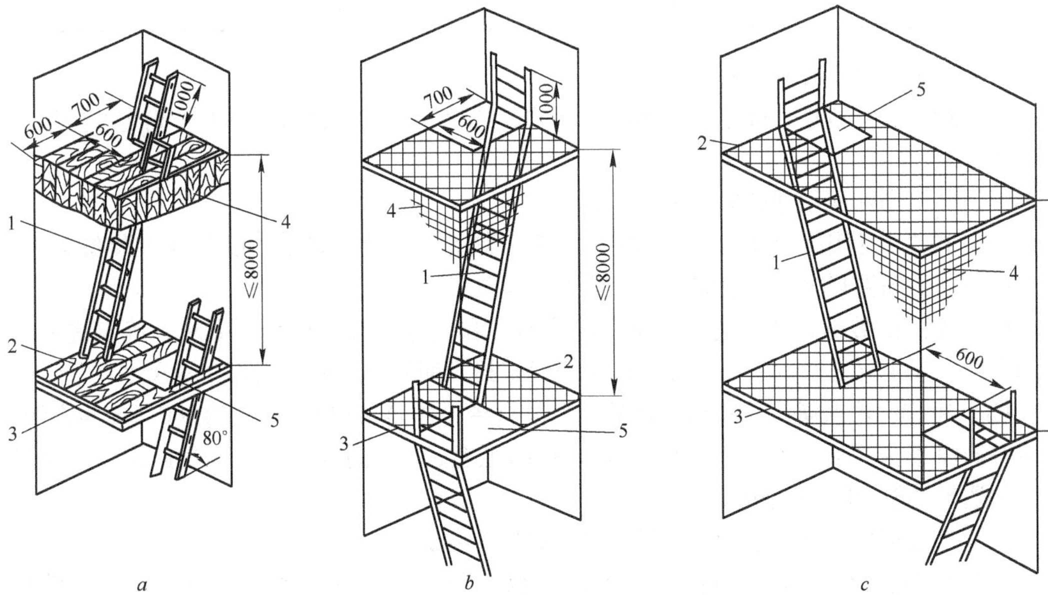

图11－6 梯子间梯子布置形式

a—并列布置，$S_x=1.3\text{m}\times1.2\text{m}$；*b*—交错布置，$S_x=1.3\text{m}\times1.4\text{m}$；*c*—顺列布置；$S_x=1\text{m}\times2\text{m}$

1—梯子；2—梯子平台；3—梯子梁；4—隔板（网）；5—梯子口

D 管缆间布置

主要各种管路（排水管、压风管、供水管、下料管等）和电缆（动力、通讯、信号等），通常布置在副井内，并靠近梯子间。管路用U型螺杆卡固定在梯子梁或罐梁上。各种电缆的支架，固定在靠近梯子的井壁上，动力电缆与信号、通讯电缆最好分别布置在梯子间两侧；如须布置在同侧时，两者间距要大于0.7m。

E 提升容器与罐梁和井壁间的间隙

按《冶金矿山安全规程》的规定，各种间隙数据见表11-9。提升容器的罐耳与罐道之间的间隙，钢轨罐道每侧不得超过5mm；木罐道每侧不得超过10mm；组合钢罐道的附加安全滑动罐耳，每侧间隙为10~15mm；钢丝绳罐道滑套直径比罐道绳直径不大于5mm。

表11-9 提升容器与井内装备、井壁间的最小间隙（mm）

罐道和罐梁布置		容器和井壁之间	容器和容器之间	容器和罐梁之间	容器和井梁之间	备 注
罐道在容器一侧		150	200	40	150	罐耳和罐道卡之间为20
罐道在容器两侧	木罐道	200		50	200	有卸载滑轮的容器，滑轮和罐梁间隙增加25
	钢罐道	150		40	150	
罐道在容器正面	木罐道	200	200	50	200	
	钢罐道	150	200	40	150	
钢丝绳罐道		350	450		350	设防撞绳时，容器之间的最小间隙为250，当提升高度和终端荷重很大时，提升容器之间的间隙可达700mm

11.2.1.4 井筒断面尺寸确定方法

井筒断面设计包括：确定井筒净断面尺寸，选择井筒支护材料和厚度，确定井壁壁座及尺寸等。

设计井筒净断面尺寸的方法和顺序：

（1）根据井筒用途和所选定的提升容器的类型、数量、规格，以及井筒装备类型，确定井筒断面布置形式（包括梯子间，管缆间等）；

（2）按经验数据，初步选定罐道、罐梁型号和尺寸，按《规程》要求，确定提升容器与井壁和罐道梁之间的安全间隙，再进而确定提升间和梯子间的断面布置尺寸；

（3）用作图法或解析法求出井筒的近似净直径。井筒6m以下时，均以0.5m为进级，决定井筒净直径（如4.5、5.0、5.5、6m）；净径超过6m的井筒，可不受此限制。矩形井筒周边尺寸按100mm进级；

（4）按已确定的井筒直径，验算罐道、罐梁型号；

（5）根据已确定的井筒净直径和罐道、罐梁型号，核算和调整断面内的安全间隙和梯子间断面尺寸；

（6）按通风要求核算井筒断面、如果断面不够，则最后按通风要求确定断面，再次绘出井筒净断面布置图。

无论是罐笼井或是箕斗井，是刚性装备或是柔性装备，井筒断面尺寸的确定方法基本相同。现以金属矿山典型的罐笼井筒为例，其断面布置及有关设计尺寸如图11-7所示。由图中可知，两侧为木罐道或金属罐道时，罐道梁中心线的间距可以求得：

$$l_1 = c + E_1 + E_2 \tag{11-3}$$

$$l_2 = c + E_1 + E_3 \tag{11-4}$$

式中 l_1——1、2 号罐道梁中心线距离，mm；

l_2——1、3 号罐道梁中心线距离，mm；

c——两侧罐道间的距离，mm；

E_1、E_2、E_3——1、2、3 号罐道梁与罐道连接部分尺寸（见图 11－7），由初选的罐道、罐梁类型及其连接部分尺寸决定。

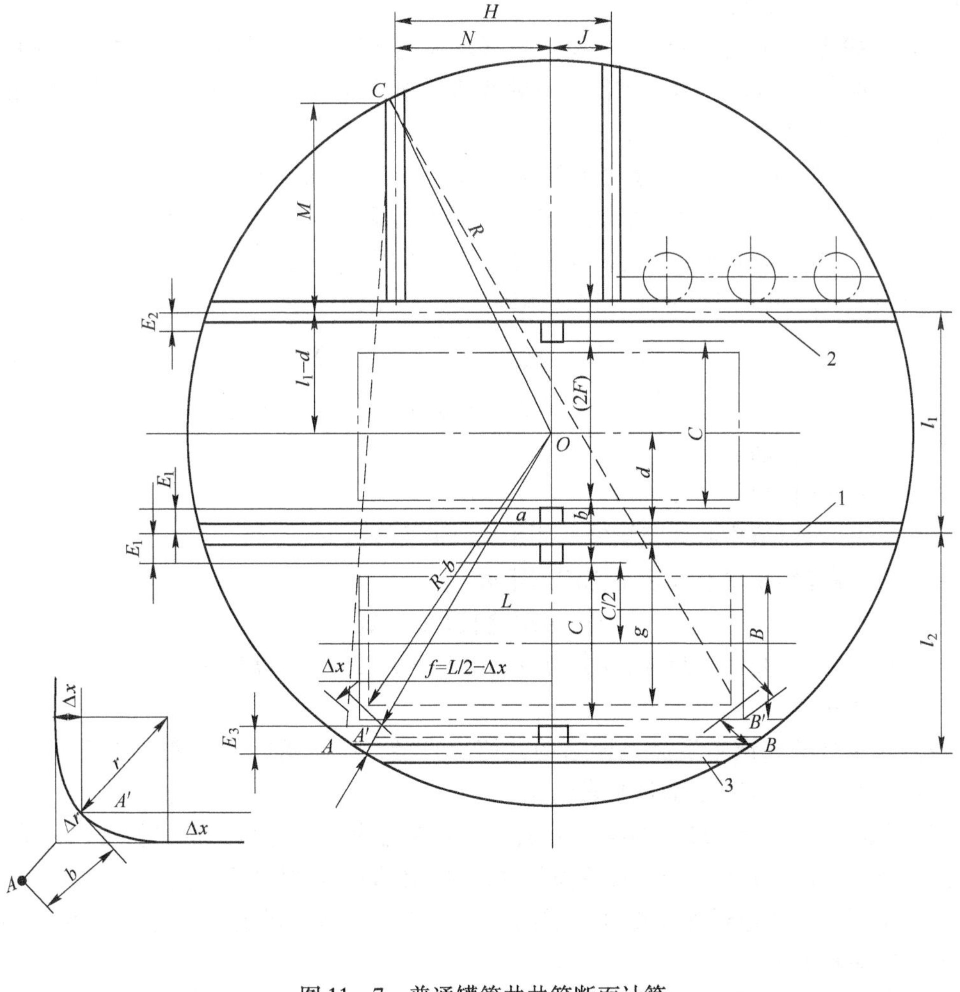

图 11－7 普通罐笼井井筒断面计算

梯子间尺寸 M、N、J 根据梯子间和管缆间的布置及其结构尺寸决定，见式（11－5）

$$M = 600 + 600 + s + a_2 \tag{11-5}$$

式中 600——梯子孔宽度，mm；

s——梯子孔边至 2 号罐梁的板壁厚度，一般木梯子间 $s = 77$mm（按标准设计）；

a_2——2 号罐梁宽度之半。

梯子孔前后长度不得小于 700mm，加上梯子梁宽度（100mm），故一般为

$$H = 2(700 + 100) = 1600\text{mm} \tag{11-6}$$

图11－7中，左侧布置梯子间，右侧布置管缆，一般取 $J = 300 \sim 400\text{mm}$，因此

$$N = H - J = 1200 - 1300\text{mm}$$

上述各种数据确定后，也即确定了提升间（包括罐道、罐梁）和梯子间的断面布置尺寸。根据以上求得的尺寸，即可用图解法或解析法确定井筒的近似直径。解析法计算较繁琐，而图解法简便明了，一般能满足设计要求，故上述井筒断面尺寸可直接用图解法求得。其程序如下：

（1）根据上述计算求得的提升间或梯子间的尺寸，按1∶20或1∶50比例画出罐笼提升间和梯子间断面布置图。

（2）从罐笼的两个拐角点 A' 点和 B' 点（均靠近井壁处），沿角平分线方向即图中 r 方向，向外量距离 b 可得 A、B 两点，b 为罐笼圆弧拐角处与井壁间的距离，罐笼拐角已向内收缩 Δr 成为圆弧状。

（3）作 $\triangle ABC$ 的外接圆，求得井筒中心 O，则 $AO = BO = CO = R$ 即为井筒的近似半径，同时量取井筒中心线距一号罐道梁中心线的间距 d。用图解法求得 R 和 d 后，以0.2m为进级，即可初步确定井筒的净直径。然后再用式（11－7）及式（11－8）核算和修正安全间隙 b 及梯子间尺寸 M，以达到满足设计要求为止。

$$b = R - \sqrt{(g + d)^2 + f^2} \geqslant 150 \tag{11-7}$$

$$M = \sqrt{R^2 - N^2} - (l_1 - d) \geqslant 600 + 600 + s + a_2 \tag{11-8}$$

式中 b——安全间隙，mm；

M——梯子间尺寸，mm；

g——一号罐梁中心线至罐笼外侧距离（见图11－7）；

f——罐笼纵轴中心线至罐笼端部距离

$$f = L(\text{罐笼长})/2 - \Delta x$$

$\Delta x = \Delta y$——罐笼拐角收缩尺寸；$\Delta x = r - r\cos45° = 0.293r$，$r = 130\text{mm}$；

其余符号同前。

（4）经上述校核调整后满足要求的井筒净直径，还需用风速验算，如不满足要求，须加大井筒直径，直至满足通风要求为止。

钢丝绳罐道井筒断面尺寸的确定方法，主要是考虑钢丝绳罐道的布置要求及布置形式，其他断面布置上的要求与刚性罐道的井筒基本相同。布置时要做到：

（1）应尽量使罐道绳远离提升容器的回转中心，以增大罐道绳的抗扭力矩，减少提升容器的摆动和扭转。

（2）尽可能增大提升容器之间及容器与井壁之间的安全间隙，便于设置稳罐的刚性罐道和罐梁，便于安设和固定拉紧装置等。

（3）当提升容器之间的间隙较小、井筒较深时，为了防止两提升容器发生碰撞，应在两容器之间设防撞钢丝绳。防撞绳一般为2根，提升任务繁重时可设4根。防撞绳间距约为提升容器长度的3/5～4/5。

（4）罐道绳最好对称于提升容器布置，使作用在罐道绳上的力能够相近；一般一个提升容器设4根罐道绳；终端荷重小的浅井可设3根或2根；深井时还可设6根。

（5）对于单绳提升，以对角布置形式较好。对于多绳提升，以单侧布置为好。单侧布置时容器运转平稳，且有利于增大两容器间的间隙。

井筒净直径确定后，须按通风要求进行验算，其方法如下：

$$v=\frac{Q}{S_o}\leqslant v_y \tag{11-9}$$

式中 v——通过井筒的风速，m/s；

Q——通过井筒的风量，m^3/s；

S_o——井筒有效通风断面积，m^2，$S_o=0.8S$；

S——井筒净断面积，m^2；

v_y——《冶金矿山安全规程》规定井巷中允许的最大风速，见表11-10。

表11-10　井巷中允许的最大风速

井巷类别	允许通过的最大风速（m/s）	备　注
无提升设备的风井、风硐	15	设梯子间的井筒风速不超过8m/s；修理井筒时，风速不得超过8m/s
专为升降物料的井筒	12	
风桥	10	
升降人员及物料的井筒	8	
主要进、回风巷	8	
运输巷道，采区进风巷	6	
采矿场，采准巷道	4	

11.2.1.5　井壁支护材料及井壁厚度的确定

A　支护材料

目前常用的井壁支护材料有整体式混凝土、喷射混凝土、砌块支护（如料石、砖、混凝土预制块）以及装配式大型弧板等。各种支护材料的性能及适用条件，可参见本卷10.3。

B　井壁支护厚度的确定

影响井壁支护厚度的因素主要有三个方面：

（1）井筒地压、井壁材料、井筒直径等；

（2）井筒施工时的临时荷载，如冻胀力、吊挂负荷、及注浆压力等；

（3）井口构筑物对井壁施加的附加荷载，如井塔、井口房等。

这三类荷载中，地压是主要荷载，是设计井壁的主要依据。

支护厚度的确定有两种方法：

（1）通过已确定的井筒地压值进行理论上的计算而求得井壁厚度，但各种地压的计算方法都有其局限性和不完善之处，其根据地压所算得的井壁厚度与实际有较大的出入，只能起参考作用。

（2）按工程类比法的经验数据，来确定井壁厚度，此法应用较多。

整体混凝土井壁厚度的确定方法如下：

（1）当井筒地压小于0.1MPa时，可采用最小构造厚度 $h=0.2\sim0.3$m。

（2）当井筒地压为0.1~0.15MPa时，厚度 h 可用经验式估算：

$$h=0.07\sqrt{RH}+14 \tag{11-10}$$

表 11-11 混凝土轴心受压设计强度

强度种类	混凝土标号							
	100	150	200	250	300	400	500	600
轴心受压，R_a（MPa）	5.5	8.5	1.10	1.45	1.95	2.30	2.85	3.25

表 11-12 井壁支护厚度参考数据

井筒净直径（m）	井壁支护厚度（mm）		
	混 凝 土	混凝土砖	料 石
3.0~4.0	250	300	300
4.5~5.0	300	350	300
5.5~6.0	350	400	350
6.5~7.0	400	450	400
7.5~8.0	500	550	500

注：1. 本表适用于岩石 $f=4\sim6$；
2. 混凝土砖、料石砌体时，壁后充填为 100mm；
3. 混凝土标号采用 150 号。

式中 h——最小构造厚度，cm；
R——井筒内半径，cm；
H——井筒全深，cm。

（3）当井筒地压大于 0.15MPa 时用厚壁筒理论，即拉麦公式计算：

$$h=R\left(\sqrt{\frac{[\sigma]}{[\sigma]-2P_{max}}}-1\right) \tag{11-11}$$

式中 R——井筒净半径，cm；
P_{max}——作用在井壁上的最大地压值，MPa；
$[\sigma]$——井壁材料抗压允许应力；对现浇混凝土，$[\sigma]=R_a/K$，MPa；
R_a——混凝土轴心受压设计强度，见表 11-11；
K——安全系数，一般可取 1.55~2.25。

在稳定岩层中，井壁厚度可参照表 11—12 的经验数据选取。

喷射混凝土井壁支护厚度，视地层条件而定。岩层稳定时，厚度可取 50~100mm；地质条件稍差，岩层节理裂隙发育，但地压不大、岩层较稳定的地段，可取 100~150mm；地质条件较差，岩层较破碎地段，应采用锚、喷、网联合支护，支护厚度 100~150mm；在马头门处的喷射混凝土应适当加厚或加锚杆。

初选井壁厚度后，还要对井壁圆环的横向稳定性进行验算，如不能满足稳定性要求，就要调整井壁厚度，为了保证井壁的横向稳定性，要求横向长细比不得大于下列数值：

对混凝土井壁 $L_o/h\leqslant24$；

对钢筋混凝土井壁 $L_o/h\leqslant30$。

井壁在均布荷载作用下，其横向稳定性可按下式验算：

$$K=\frac{Ebh^3}{4R_o^3P\ (1-\mu)}\geqslant2.5 \tag{11-12}$$

式中　L_o ——井壁圆环的横向换算长度，$L_o=1.814R$；

h ——井壁厚度，cm；

E ——井壁材料受压时的弹性模量，MPa；

b ——井壁圆环计算高度，通常取100cm来计算；

R_o——井壁截面中心至井筒中心的距离，cm；

P ——井壁单位面积上所受侧压力值，MPa；

μ ——井壁材料的泊桑系数，对混凝土取$\mu=0.15$。

其余符号同前。

11.2.1.6　竖井壁座

在井壁壁后充填良好的情况下，井壁支护和围岩形成一个紧密的整体，支护的抗剪强度，大大超过了井壁的自重，足以可靠地支持此段井壁，而无需另筑壁座。除此之外，由

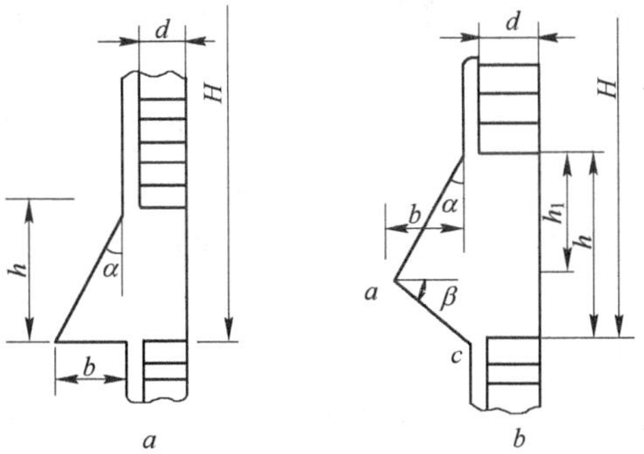

图11-8　壁座形式

a—单锥形；b—双锥形

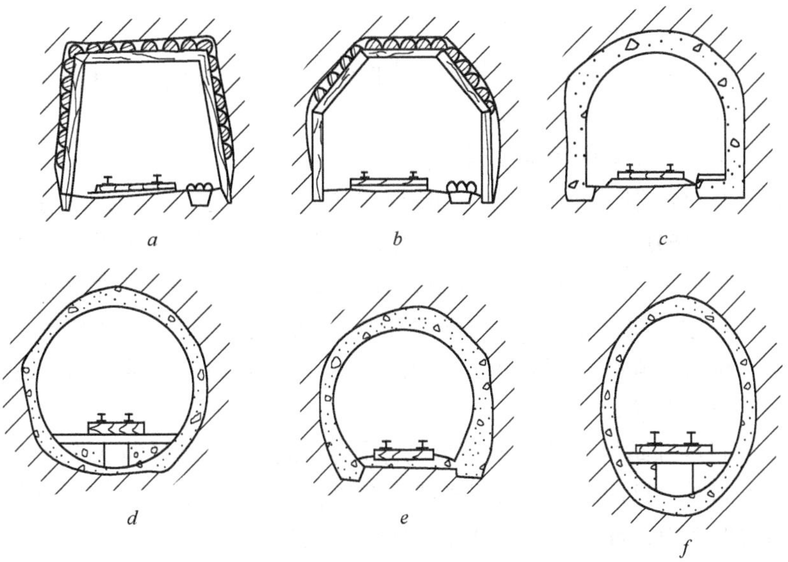

图11-9　巷道断面形状

a—梯形巷道；b—多角形巷道；c—拱形巷道；d—圆形巷道；

e—马蹄形巷道；f—椭圆形巷道

于井口结构物荷载很大，表土段土层的抗剪强度较低，以及马头门的开凿，使其上部井壁呈部分悬空状态，因此，在井颈上部，厚表土层下部基岩处，马头门上方5～10m处，以及预计要延深井筒的井底水窝下部，都须设置壁座，以保证井壁安全。

壁座有单锥形和双锥形两种形式（图11－8），一般用混凝土浇筑。单锥形壁座适用于较坚硬的岩层中；双锥形壁座适用于上部荷载较大，或中等硬度以下的岩层中。壁座的位置，应尽量选择在较坚固、涌水量小的岩层中。壁座尺寸的大小，由围岩的稳定性，壁座上部井壁的重量，以及施工的需要等来确定。

设计壁座具体尺寸时，其原则是假定井壁与围岩完全无黏结力，井壁重量全部由壁座底面传给围岩。由此可根据壁座底面传给围岩单位面积上的荷载，等于岩石的允许承压力而得出壁座宽度 b（见图11－8）。

将壁座锥体视为受均布荷载围岩反力的悬臂梁，从而可得壁座高度 h。

双锥形壁座作用于围岩的压力比单锥形壁座为小，也即承载能力较大。因此，双锥形壁座以用在较软弱围岩中为宜。

壁座的尺寸也可根据实践经验确定。一般壁座高度不小于壁厚的2.5倍，宽度不小于壁厚的1.5倍，通常壁座高度 h 为1～1.5m，宽度 b 为0.4～1.2m，圆锥角 α 约40°左右。双锥形壁座的 β 角必须小于壁座与围岩间的静摩擦角 ϕ（ϕ=20°～30°），以保证壁座不致向井内滑动。

11.2.2 巷道断面设计

巷道断面要按照其用途、服务年限，地质条件等来设计，设计内容包括巷道的断面形状和尺寸，支护形式与结构尺寸，运输轨道基本要求及水沟等。

金属矿山不少巷道因围岩稳定而不需支护，但一些重要的、服务年限长的巷道，仍须进行支护。

11.2.2.1 巷道断面形状的选择

巷道断面的基本形状，是梯形和拱形，有时结合地质条件或其他工程情况、也有多角形、圆形和椭圆形等，如图11－9所示。

巷道断面形状选择应考虑的主要因素：

（1）巷道所穿过的围岩性质，即与作用在巷道上的地压大小、方向有关。当顶压与侧压均小时，可采用梯形或矩形断面；当顶压较大侧压较小时，可选择拱形断面；当顶压侧压均大并有底压时，宜采用封闭的曲线形断面，如圆形、马蹄形、椭圆形断面等。

（2）巷道的用途及服务年限。服务年限长的主要开拓巷道，宜用砖石、混凝土或喷射混凝土的拱形断面；服务年限较短的，或受采动压力影响的采准巷道，宜用梯形木棚子，梯形或弧形金属支架。

（3）支护的材料和结构形式。此因素与地压大小、方向以及断面形状密切相关。木材或钢筋混凝土棚子，只适用于梯形或折线形巷道；砖石、混凝土、喷射混凝土支护，适用于拱形或曲线形断面，锚杆支护可适用于任何形状断面。

（4）巷道施工方法及设备。目前常用的凿岩爆破施工方法，适用于任何形状的断面；如采用全断面掘进机组掘进，则巷道通常为圆形断面。

上述四种因素是相互紧密联系的，选择巷道断面形状时，应进行综合分析后予以确定。

11.2.2.2 巷道断面尺寸设计

巷道用途不同，断面尺寸的确定方法也不同。如为运输巷道，要根据通过该巷道的运输设备类型、数量、人行道宽度和各种安全间隙要求，并考虑管路、电缆、水沟的合理布置，用通过该巷道的允许风速校核后确定。

专为通风或行人用的巷道断面尺寸，只要满足通风或行人的要求即可。

现在一些设计部门，已有巷道标准断面设计可资利用。

A 巷道净宽度（B_o）的确定

巷道的净宽度，系指巷道内运输设备最大轮廓尺寸处的宽度。若无运输设备，梯形的指巷道净高的1/2处，拱形的指拱基线下直墙处的高度。现以拱形巷道为例，（图11－10）其净宽可用式（11－13）计算：

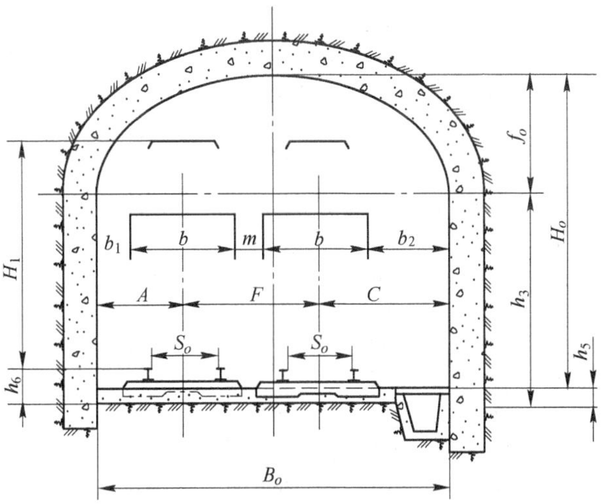

图11－10 巷道净断面尺寸计算

A—非人行侧轨道中心线到支架的距离；*C*—人行道侧轨道中心线到支架的距离

$$\left.\begin{aligned} B_o &= 2b + b_1 + b_2 + m \\ \text{或}\quad B_o &= b + F + b_1 + b_2 = A + F + C \end{aligned}\right\} \qquad (11-13)$$

式中 b——运输设备（矿车）的宽度，mm。按表11－13选取；

b_1——运输设备到支架的间距，mm。按表11－14选取。若为运输机运输，不论何种支护 $b_1 \geqslant 400$mm；

b_2——人行道宽度，mm。按表11－15选取。并要求双线线路之间及溜矿口或卸矿口一侧禁设人行道；若原巷道断面较小，扩建中无法设人行道时，宜设躲避硐室，其间距应小于25m；

m——两列车间最突出部分安全距离，见表11－14；

F——双线运输两线路中心线间距，mm；可按表11－13中的 F 值选取；

A——非人行侧线路中心到支架的距离；

C——人行道侧线路中心线到支架的距离。

设计曲线巷道时，要考虑矿车在弯道运行中，矿车外侧车厢边角外伸和矿车内侧车帮内移现象。所以按式（11－13）计算出的巷道净宽 B_o 后，还要适当加宽；与曲线段相连的直线段也要加宽，其加宽段长度及曲线段加宽值见表 11－16。

表 11－13　金属矿井下运输设备类型及规格尺寸　　(mm)

运输设备类型			设备外形尺寸 长 l	宽 b	高 h	轨距 S_o	架线高度 H_1	线路中心距 F
电机车	架线式	ZK1.5/100	2100	920 1040	1550	600 762	1600～2000	1200 1300
电机车	架线式	ZK3/250	2700	1250	1550	600 762	1700～2100	1500
电机车	架线式	ZK7/250	4500	1060 1360	1550	600 762	1800～2200	1300 1600
电机车	架线式	ZK7/550	4500	1060 1360	1550	600 762	1800～2200	1300 1600
电机车	架线式	ZK10/250	4500	1060 1360	1550	600 762	1800～2200	1300 1600
电机车	架线式	ZK10/550	4500	1060 1360	1550	600 762	1800～2200	1300 1600
电机车	架线式	ZK14/250	4900	1360	1600	762 900	1800～2200	1600
电机车	架线式	ZK14/550	4900	1355	1550	762 900	1800～2200	1600
电机车	架线式	ZK20/550	7390	1700	1800	762 900	2230～3400	2000
电机车	蓄电池式	XK2.5/48	2100	950	1550	600		1200
电机车	蓄电池式	XK2.5/48A	2100	950	1550	762		1200
电机车	蓄电池式			1050				1300
电机车	蓄电池式	XK6/100	4430	1063	1550	900		1300
电机车	蓄电池式	9/132A		1360				1600
固定式车厢		YGC0.5(6)	1200	850	1000	600		1100
固定式车厢		YGC0.7(6)	1500	850	1050	600		1100
固定式车厢		YGC1.2(6)	1900	1050	1200	600		1300
固定式车厢		(7)				762		
固定式车厢		YGC2(7)	3000	1200	1200	600		1500
固定式车厢		(9)				762		
固定式车厢		YGC4(7)	3700	1330	1550	762		1900
固定式车厢		(9)				900		
固定式车厢		YGC10(7)	7200	1500	1550	762		2100
固定式车厢		(9)				900		
翻转式车厢		YFC0.5(6)	1500	850	1050	600		1200
翻转式车厢		YFC0.7(6)	1650	980	1200	600		1300
翻转式车厢		(7)				762		
单侧曲轨侧卸式		YCC0.7(6)	1650	980	1050	600		1300
单侧曲轨侧卸式		YCC1.2(6)	1900	1050	1250	600		1300
单侧曲轨侧卸式		YCC2(6)	3000	1250	1300	600		1500
单侧曲轨侧卸式		(7)				762		
单侧曲轨侧卸式		YCC4(7)	3900	1400	1650	762		1700
单侧曲轨侧卸式		(9)				900		
底卸式		YDC4(7)	3900	1600	1650	762		1900

表 11-14　各种安全间隙表

运输设备	安全间隙（mm）					
	运输设备之间			设备与支护之间		
	冶金部门	建材部门	化工部门	冶金部门	建材部门	化工部门
小于 3.5m^3 矿车	≥300	≥250	≥300	≥300	≥250	≥300
小于 10m^3 矿车	≥300	≥250	≥300	≥300	≥250	≥300
无轨运输				≥600		≥600
皮　带				≥400	≥400	≥400

表 11-15　人行道宽度 b_2　（mm）

部　门	人力运输	电机车		无轨运输	皮　带	人车停车处的巷道两侧	矿车摘挂钩处两侧
		<14t	≥14t				
冶金部门	≥700	≥800	>800	≥1000	≥800	≥1000	≥1000
建材部门	≥700	≥800	≥800	≥1000		≥1000	
化工部门		≥800	≥800	≥1000		≥1000	

表 11-16　曲线巷道加宽值及直线段加宽长度　（mm）

运输方式	内侧加宽	外侧加宽	线路中心距加宽	直线加宽段长度
电机车	100	200	200	300
人推车	50	100	100	200

表 11-17　圆弧拱有关参数系数

几何形状	f_o/B_o	参　数			
		f_o（B_o）	R（B_o）	α	拱弧长 P_x（B_o）
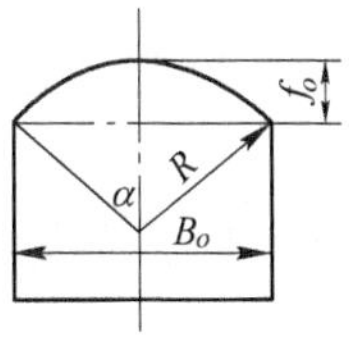	1/3	0.3333	0.5417	67°23′	1.2740
	1/4	0.2500	0.6250	53°8′	1.1591
	1/5	0.2000	0.7250	43°36′	1.1033

表 11-18　三心拱有关参数系数

几何形状	f_o/B_o	参　数						
		f_o（B_o）	R（B_o）	r（B_o）	β	α	拱弧长 P_x（B_o）	拱面积 S_g（B_o^2）
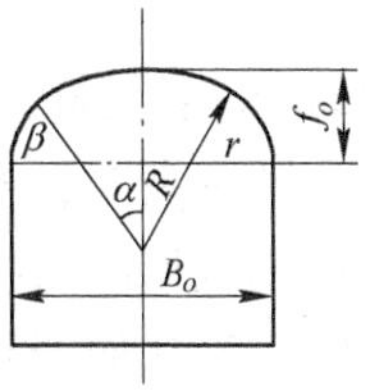	1/3	0.3333	0.6920	0.2620	56°19′	33°41′	1.3287	0.2620
	1/4	0.2500	0.9044	0.1727	63°26′	26°34′	1.2111	0.2000
	1/5	0.2000	1.1290	0.1285	68°12′	21°48′	1.1650	0.1600

计算后的巷道净宽，以50mm为单位，向增值方面进级后确定。

B　巷道净高度 H_o 的确定

巷道净高度指从道碴面至拱顶的垂直距离，见图11-11。

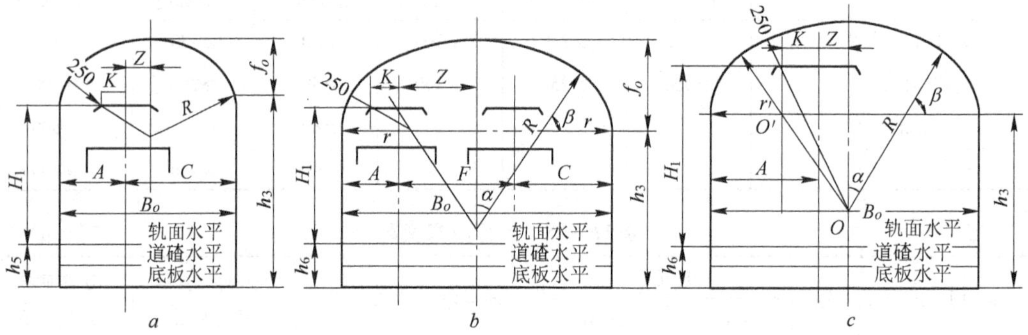

图11-11　架线电机车墙高计算

$$H_o = f_o + h_3 - h_5 \tag{11-14}$$

式中　f_o——拱形巷道拱高，mm；

h_3——拱形巷道墙高，mm；

h_5——巷道内道碴高度，mm；

H_o——巷道净高度，mm。

巷道的最小净高度，应符合《冶金矿山安全规程》的有关规定：

（1）用人力运输或无运输设备的巷道，从轨面（或巷道底板）算起，不得小于1.8m；

（2）当采用架线式电机车运输时，巷道高度由架线高度决定（由轨面算起），须符合下列要求：

1）主要运输巷道中，当电源电压小于500V时，架线高度不低于1.8m；当电源电压为500V以上时，其高度不低于2m；

2）井下调车场中，架线机车道与人行道交岔点，当电源电压小于500V时，不低于2m；大于500V时，不低于2.2m（冶金和化工部门）；建材部门均为2.1m。

3）在井底车场内，从井底到运送人员车场，不低于2.2m；

4）电机车架线到巷道拱顶（支架梁）的安全间隙，要满足表11-14中的规定；

5）采用汽车运输时，汽车顶部至巷道顶板的距离不小于0.6m（冶金部门）；

6）用蓄电池电机车运输或其他运输方式时，轨面至顶板的高度不得小于1.9m（冶金部门）。

（3）当采用木棚子和钢筋混凝土预制棚子时，巷道的高度需另加100mm的下沉量。

拱高 f_o 的确定。拱的高度常用拱高与净宽度之比（高跨比）来表示。拱较高时，有利于围岩稳定和支架受力。但拱高大时，巷道断面利用不好，拱高小时，断面利用率可提高。通常认为 $f_o=(0.35\sim0.4)B_o$ 是合理的拱高范围。矿山常用的拱高及拱形的几何参数如下：

圆弧拱：可取$f_o=\frac{1}{3}B_o$；巷道围岩较好时，取$f_o=1/4B_o$，其他有关参数见表 11－17。

半圆拱：拱高及拱半径均为净宽之半，即$f_o=B_o/2$，$R=B_o/2$；

三心拱：常用拱高$f_o=\frac{1}{3}B_o$，金属矿山围岩较稳定，可取$f_o=$（1/4～1/5）B_o，其他有关参数见表 11－18。

C 拱形巷道墙高 h_3 的确定

墙高指巷道底板至拱基线的距离，见图 11－11。通常墙高是根据电机车架线要求计算后，再按行人及管道架设等要求验算，经比较后选用其最大值。

（1）按架线电机车导电弓子顶端两切线的交点与巷道拱壁间最小安全距离 250mm 计算（图 11－11）。

1）圆弧拱和半圆拱巷道墙高（图 11－11a）

$$h_{3y}=H_1+h_6-\sqrt{(R-250)^2-(K+Z)^2}+\sqrt{R^2-\left(\frac{B}{2}\right)^2} \tag{11-15}$$

$$h_{3b}=H_1+h_6-\sqrt{(R-250)^2-(K-Z)^2} \tag{11-16}$$

2）三心拱巷道墙高。当导电弓子进入小圆弧断面内（图 11－11b），

即$\cos\beta=\frac{r-A+K}{r-250}\geqslant 0.554$时：

$$h_{3s}=H_1+h_6-\sqrt{(r-250)^2-(r-A+K)^2} \tag{11-17}$$

当导电弓子进入大圆弧断面内（图 11－11c），

即$\cos\beta\leqslant 0.554$时：

$$h_{3s}=H_1+h_6-\sqrt{(R-250)^2-(K+Z)^2}+R-f_o \tag{11-18}$$

式中 H_1——巷道轨面至导电弓子高度，规定有人行道的巷道、车场内以及人行道与运输巷道交叉点的地方 $H_1=2000$mm；在井底车场内，从井筒到人车停车地点 $H_1=2200$mm；

h_6——巷道底板至轨面高度，见表 11－20；

K——电机车导电弓子宽度之半，K 取 400mm；

Z——轨道中心线至巷道中心线间距，mm；

250——导电弓子顶端两切线交点与巷道壁间距，mm。

上述 0.554 是拱高$f_o=B_o/3$的三心拱圆的圆心角余弦值，即$\cos 56°19'=0.544$。当$\cos\beta>0.544$或$\cos\beta<0.544$时，相应表明导电弓子在小圆弧断面内或在大圆弧断面内，如此可区分式（11－17）或式（11－18）的使用条件。

（2）按行人要求确定巷道高度。当用蓄电池电机车或矿车运输时，由于车高都低于成人身高，此时墙高应保证行人避车靠壁站立时，距墙壁 100mm 处的巷道有效净高不小于 1900mm（图 11－12）。

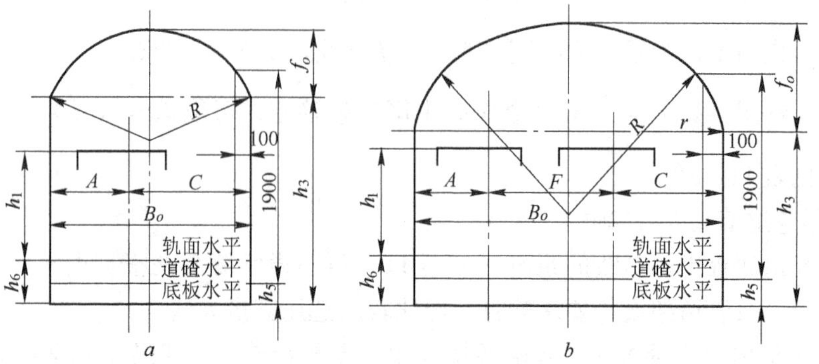

图 11－12　行人要求的墙高计算

圆弧拱和半圆拱巷道墙高（图 11－12a）为：

$$h_3y = 1900 + h_5 + \left[R - \sqrt{R^2 - (B_o/2 - 100)^2}\right] - f_o \qquad (11-19)$$

$$h_3b = 1900 + h_5 - \sqrt{R^2 - (R - 100)^2}$$

$$= 1900 + h_5 - 14.1\sqrt{R - 50} \qquad (11-20)$$

三心拱巷道墙高（图 11－12b）为：

$$h_3s = 1900 + h_5 - \sqrt{r^2 - (r - 100)^2}$$

$$= 1900 + h_5 - 14.1\sqrt{r - 50} \qquad (11-21)$$

（3）按巷道内管路安装要求确定墙高。若架线式电机车运输巷道内的顶部装有管路，要求导电弓子距管路的距离不得小于 300mm，管路下边有 1800mm 高度的人行道。

从上述三方面得出的墙高中，取其最大值定为设计的墙高。

上述设计得出的巷道净断面，需用《规程》所规定的允许风速验算，若风速超过允许的最高风速，应重新调整断面尺寸，以满足风速要求。通常用下式验算：

$$v = Q/S \leqslant v_y \qquad (11-22)$$

式中　Q——通过该巷道的风量，m^3/s；

S——巷道的净断面积，m^2；

v——通过该巷道的风速，m/s；

v_y——允许通过该巷道的最大风速，见表 11－10。

11.2.2.3　轨道道床参数及水沟

A　道床参数

它包括轨道、轨枕和道碴，其结构见图 11－13。

轨道型号按通过该巷道的运输量、电机车类型及矿车容量而定，按表 11－19 选用。轨枕、道碴应与轨道型号相适应，可按表 11－20 确定轨道道床结构尺寸。

B　水沟

巷道一侧应设置水沟，以利排水（见图 11－14）。对水沟的要求是：

（1）除井底车场外，水沟都设在人行道一侧，其坡度与巷道坡度相同。

（2）水沟断面形状常为矩形、半倒梯形或倒梯形。主要巷道水沟多用浇灌混凝土或

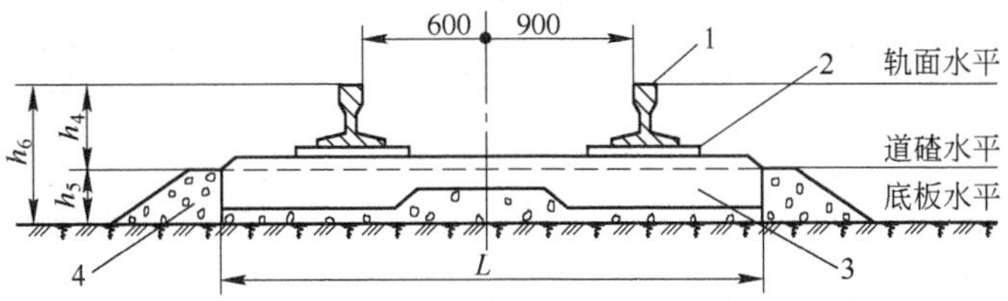

图 11-13 矿用道床结构

1—钢轨；2—垫板；3—轨枕；4—道碴

表 11-19 巷道运输量与机车矿车规格关系

运输量（10^4t）	机车重量（t）	矿车容量（m^3）	轨距（mm）	轨道型号（kg/m）
<8	人推车	0.5~0.6	600	8
8~15	1.5~3	0.6~1.2	600	8~11
15~30	3~7	0.7~1.2	600	11~15
30~60	7~10	1.2~2.0	600	15~18
6~100	10~14	2.0~4.0	600，762	18~24
100~200	14~20	4.0~6.0	762，900	24~33
>200	20	>6.0	900	33

表 11-20 轨道道床结构尺寸

轨道型号（kg/m）	钢筋混凝土轨枕		木轨枕	
	h_6（mm）	h_5（mm）	h_6（mm）	h_5（mm）
8	320（260）	160（100）	300（250）	140（100）
11	320（270）	160（100）	320（260）	140（100）
15	350	200	320	160
18	350	200	320	160
24	400	250	350	200
33	420	250	360	220

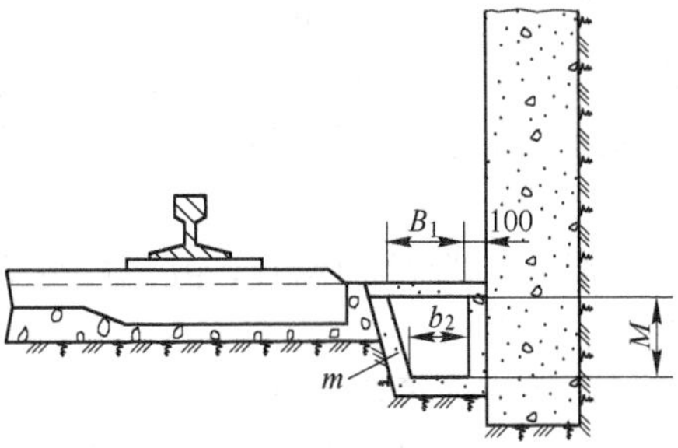

图 11-14 水沟

预制混凝土支护。回采巷道和坚硬岩石巷道中的水沟可不支护。水沟充满度取 0.75。

（3）水沟通常加盖钢筋混凝土预制盖板。砌碹巷道的水沟靠墙一侧应留出 100mm，以便铺设盖板。

（4）水沟中水的最大流速，混凝土支护时为 5~10m/s；不支护时为 3~4.5m/s；最

表11－21　巷道水沟特征

水沟支护材料	涌水量（m^3/h）				水沟净尺寸			水沟断面		每米材料消耗量					
	$i=3‰$		$i=5‰$		上宽	下宽	深度	净	掘	水沟支护			水沟盖板		
	从	到	从	到	（mm）			（m^2）		混凝土（m^3）	钢材（kg）	木材（m^3）	混凝土（m^3）	钢材（kg）	木材（m^3）
混凝土	0	100	0	120	310	280	200	0.059	0.132	0.073			0.029	1.21	
	101	150	121	180	330	280	250	0.078	0.161	0.083			0.029	1.21	
	151	200	181	260	350	310	300	0.099	0.192	0.093			0.029	1.21	
	201	300	261	340	400	360	350	0.133	0.238	0.105			0.029	1.21	
钢筋混凝土	0	100	0	160	360	340	200	0.070	0.101	0.031	1.14		0.029	1.21	
	101	150	161	230	360	340	250	0.088	0.122	0.034	1.41		0.029	1.21	
	151	200	231	270	360	340	300	0.105	0.143	0.038	1.48		0.029	1.21	
	201	300	271	400	400	380	350	0.137	0.181	0.044	1.65		0.029	1.21	
木材	0	100	0	120	310	280	200	0.059	0.082			0.029			0.037
	101	150	121	180	330	290	250	0.078	0.103			0.031			0.037
	151	200	181	260	350	310	300	0.099	0.129			0.036			0.037
	201	300	261	400	400	360	350	0.133	0.167			0.040			0.037
不支护	0	100	0	120	380	230	280	0.085	0.085						

小流速不应小于0.5m/s，使泥沙不致沉淀。

（5）为简化设计，水沟支护材料及尺寸可按表11－21选取。

11.2.2.4　巷道内管缆布置

巷道内须设置各种管路、电缆，如压风管、排水管、供水管等以及动力、照明、通讯电缆。管缆布置要考虑生产上安全、架设和检修工作的方便。通常应满足下列要求：

（1）管道常设于人行道一侧，也可设在对侧。架设方式可用管墩、托架或锚杆吊挂等。设在人行道一侧时，应不影响行人；设在水沟上时，应不妨碍清理水沟。

（2）巷道内若有电机车架线，管道不应沿底板铺设，而应架在管墩上，以防电流腐蚀管路。管路与运输设备安全间距要大于0.2m。

（3）动力电缆最好不敷设在人行道一侧。动力和通讯电缆，不宜设于同侧。如必须在同侧时，通讯电缆应位于动力电缆上方0.3m以上距离处，以减少电磁场对通讯线路的干扰。

（4）高低压电缆布置在同侧时，要分别悬挂，其间距要大于0.1m；高压电缆之间，低压电缆之间，其间距均不小于0.05m。

（5）电缆与管道同侧时，电缆应在管道上方0.3m以上位置。

（6）电缆悬挂高度当矿车掉道时不致受撞击；电缆坠落时，不致掉在轨道上或运输机上，电缆悬挂点间距不大于3m；电缆与运输设备之间距离不小于0.25m。

11.2.2.5　巷道支护选择

根据巷道用途、服务年限、围岩性质、地压大小等来选择支护材料、形式、厚度等。可分别参考表11－22、表11－23、表11－24、表11－25、表11－26。表内所载均为现场经验数据，可依据具体条件选用。

表 11－22 喷射混凝土支护厚度 (mm)

巷道净宽（mm）	岩石坚固性系数（f）			
	3	4～6	6～8	8～10
3000	50	50		
4000	100	100		
5000	150	100		
6000	150	100	100	
8000		150	100	
10000		200	150	100

注：1. 岩石稳定、整体性好，只为防止风化，可喷厚度为 30～50mm 的砂浆；
2. 喷射混凝土厚度在 100mm 以上时，可考虑用锚喷支护，厚度可适当减小。

表 11－23 巷道支护厚度 (mm)

巷道净宽（mm）	岩石坚固性系数							
	$f=4\sim6$				$f=3\sim5$			
	混凝土	混凝块	料石	墙基深	混凝土	混凝块	料石	墙基深
3000	200	250	250	200	250	250	300	200
3500	250	300	300	200	300	300	350	250
4000	250	300	350	200	300	350	350	250
4500	300	350	350	250	350	350	350	250
5000	300	350	350	250	350	350		250
5500	300	350	350	250	350			250
>5500	350	350	350	250	400			300

注：1. 混凝土支护时，其标号不低于 150 号；
2. 采用砖、料石及混凝土块时，壁后充填厚度为 50mm，充填料为 50～100 号混凝土；
3. 两料石间砌缝为 15mm，砖缝为 10mm，砖的标号不小于 75 号。

表 11－24 混凝土拱、料石墙及砖砌支护厚度 (mm)

巷道净宽（mm）	混凝土拱		料石墙		砖拱	砖墙	砖拱	砖墙
	$f=3$	$f=4\sim6$	$f=3$	$f=4\sim6$	$f=3$		$f=4\sim6$	
3000	200	200	300	300	490	490	365	365
3500	230	230	350	350	615	615	490	490
4000	250	230	350	350	615	615	490	490
4500	270	250	415	350				
5000	300	270	465	415				
5500	330	300	515	465				
6000	350	300	565	465				
6500	400	330	615	515				
7000	400	330	615	565				

注：1. 砖支护的厚度为 1.5B、2.0B、3.0B（B 为砖长），砖的标号不低于 75 号，砖的规格为 240mm×115mm×53mm；
2. 砖支护的壁后充填厚度为 50mm，其标号为 50～100 号混凝土。

表 11－25 钢筋混凝土预制支架棚距

梯形巷道顶部净宽（mm）	构件截面规格尺寸（mm）		棚距（mm）	
	宽 度	高 度	$f=3\sim4$	$f=5\sim6$
1400～2000	100	200	700	1000
2100～2400	120	220	700	1000
2500～2600	120	220	500	700

表 11－26 木棚子顶梁直径选择

巷道净宽（mm）	顶梁直径（mm）	每米巷道棚子架数		
		$f=3$	$f=4\sim6$	$f=8\sim10$
1500～1800	160	1.0	1.0	1.0
1800～2000	160	1.5	1.0	1.0
2000～2200	180	1.5	1.0	1.0
2200～2400	180	2.0	1.5	1.0
2400～2600	180	2.0	2.0	1.0
2600～2800	200	2.0	2.0	1.0
2800～3000	200	2.5	2.0	1.0
3000～3200	200	3.0	2.5	1.5
3200～3400	220	3.5	3.0	1.5
3400～3600	220	4.0	3.0	1.5
3600～3800	220	4.0	3.0	2.0
3800～4100	220	4.0	3.5	2.0
4100～4500	220		4.0	2.5
>4500	220			2.5

单轨和双轨拱形巷道的标准断面设计图（图 11－15）及其工程量计算式见表 11－27。

表 11－27 三心拱标准巷道断面及工程量计算式

计 算 项 目	计 算 式	计 算 项 目	计 算 式
从轨面起电机车（矿车）高度	h	人行道宽度	b_2
从轨面算起的墙高	h_1	巷道净宽、单线	$B_o=b_1+b+b_2$
道碴厚度	h_5	双线	$B_o=b_1+2b+m+b_2$
道碴到轨面的高度	h_4	墙厚	T
巷道底板到轨面的高度	$h_6=h_5+h_4$	巷道掘进宽度	$B=B_o+2T$
从道碴面算起的墙高	$h_2=h_1+h_4$	巷道净断面积	$S_j=B_o\ (h_2+0.26B_o)$
从底板算起的墙高	$h_3=h_2+h_5$	巷道净周长	$P_j=2h_2+2.33B_o$
架线高度	H_1	巷道拱部面积	$S_g=1.33\ (B_o+T)\ d_o$
三心拱高	$f_o=B_o/3$	巷道墙断面积	$S_q=2h_3T$
巷道掘进高度	$H=h_3+f_o+d_o$	巷道基础断面积	$S_{ji}=\ (0.5+0.25)\ T$
运输设备宽度	b	巷道道碴面积	$S_z=h_5B_o$
运输设备到支架的间距	b_1	巷道掘进断面积	$S_{ju}=S_j+S_g+S_{ji}+S_q+S_z$
两运输设备间的距离	m	拱厚	d_o

注：表内计算式参阅图 11－15。

11.2.3 斜井断面设计

斜井采用各种提升容器（提升方式）时所能适应的斜井倾角按以下原则选取。

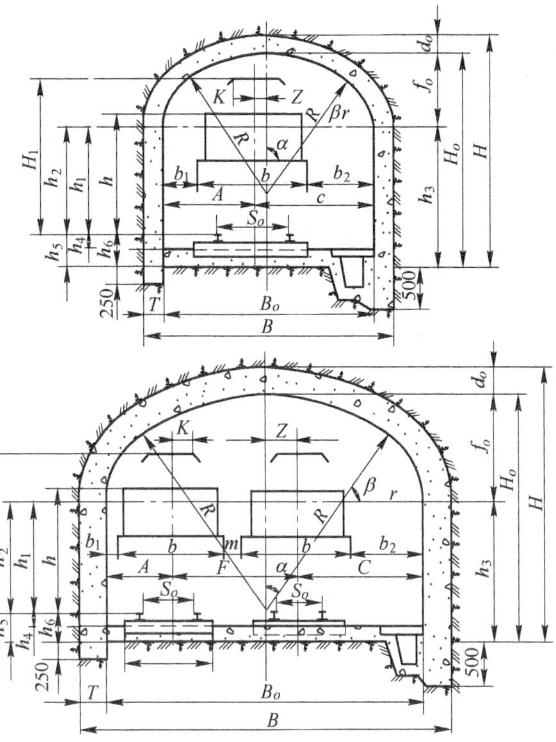

图 11－15　三心拱巷道断面尺寸

串车提升，井筒倾角最好为 15°～20°，最大不超过 25°。箕斗提升，一般取 20°～30°，个别情况大于 35°。胶带运输机提升，一般不大于 17°，个别情况可达 18°。

倾角在斜井全长内应保持不变，或变化很小，特别不允许上大下小，否则对提升、运输带来不利影响。

11.2.3.1　井筒断面形状与设备布置

斜井井筒断面布置形式按提升类型分三种情况：

（1）胶带机斜井断面布置。断面内设有胶带机、检修道和人行道。有的矿山将检修道兼作提人的人车道。按照胶带机、检修道和人行道的相对位置，其断面布置分为三种方

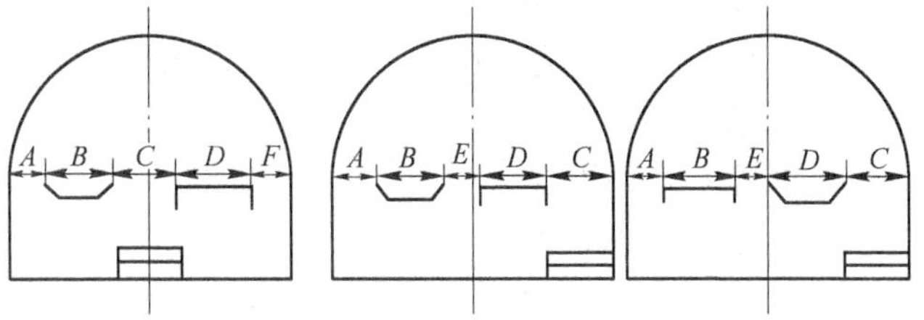

图 11－16　胶带机斜井井筒断面布置形式

a—人行道在中部；*b*—检修道在中部；*c*—胶带机在中部；

A、*F*—提升设备至井帮的距离；*B*—胶带宽度；*C*—人行道宽度；*D*—矿车宽度；

E—人行道在边侧时两提升设备的间距

式（图11－16）。

图11－16*a*布置方式的优点是：检修胶带机和轨道、装卸设备以及清扫撒矿都较方便，故国内采用的较多。

（2）箕斗斜井井筒断面布置。《规程》规定，箕斗斜井禁止进风。一般也不铺设管缆（洒水管除外），故断面布置较简单，断面尺寸也以箕斗的尺寸为主要依据，而人行道与水沟以设于同侧为多。斜井用箕斗规格见表11－28。

表11－28 金属矿斜井箕斗主要尺寸

箕斗容积（m^3）	最大载重（kg）	外形尺寸（mm）			适用角度（°）	最大牵引力（kg）	轨距（mm）	卸载方式	自重（kg）
		长	宽	高					
1.5	3190	4525	1714	1280	20		900	前卸	1840
2.5		3968	1406	1280	30～35	6700	1100	后卸	2900
3.5	6000	3870	1040	1400	20～40	7500	1200	后卸	4050
3.74	7050	6130	1550	1740			1200	前卸	3200

（3）串车斜井井筒断面布置。斜井中无论是单轨或双轨，其断面布置均按轨道、人行道、管路和水沟的相对位置，分为以下四种，如图11－17所示。

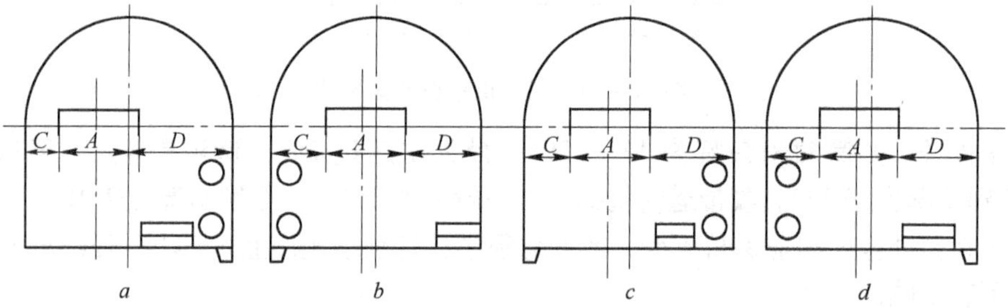

图11－17 串车斜井井筒断面布置方式

A—矿车宽度；*C*—非人行道侧宽度；*D*—人行道侧宽度

1）管路和水沟布置在人行道一侧如图11－17*a*所示。此种布置使管路距轨道稍远，万一发生跑车或掉道事故，不易砸破管路，且水管架在水沟上，斜井断面利用较好。缺点是行人出入躲避硐时，因管路妨碍不够方便和安全。

2）管路和水沟布置在非人行道一侧（图11－17*b*）管路靠近轨道，易被跑车或掉道车所砸坏，但出入躲避硐安全方便。

3）管路和水沟分开布置，管路设在人行道一侧（图11－17*c*）。它与图11－17*a*相似，需加大非人行道宽度以布置水沟。

4）管路与水沟分开布置（图11－17*d*），它与图11－17*b*相似，但人行道一侧应适当加宽。

考虑到以后可能需要扩大生产和运送大型设备，矿山采用后两种布置较多。其缺点是断面稍大，工程量有所增加。

11.2.3.2 井筒断面尺寸的确定

斜井断面尺寸的确定方法，与巷道断面的确定方法基本相同，即根据斜井的用途和通过该斜井的运输设备类型、数量、人行道宽度和各种安全间隙要求，并考虑水沟、管路、电缆等的合理布置，并用通过该巷道的允许风速校核后确定。

胶带机斜井、箕斗斜井、串车斜井的断面设计及设备布置实例分别见图 11－18、图 11－19、图 11－20。

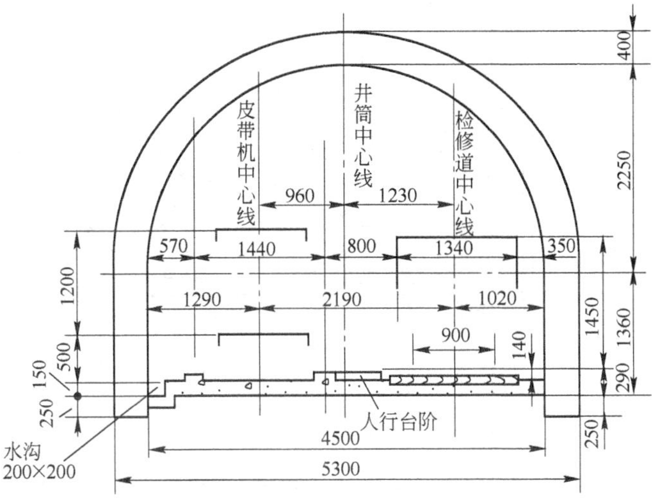

图 11－18　胶带机斜井断面实例

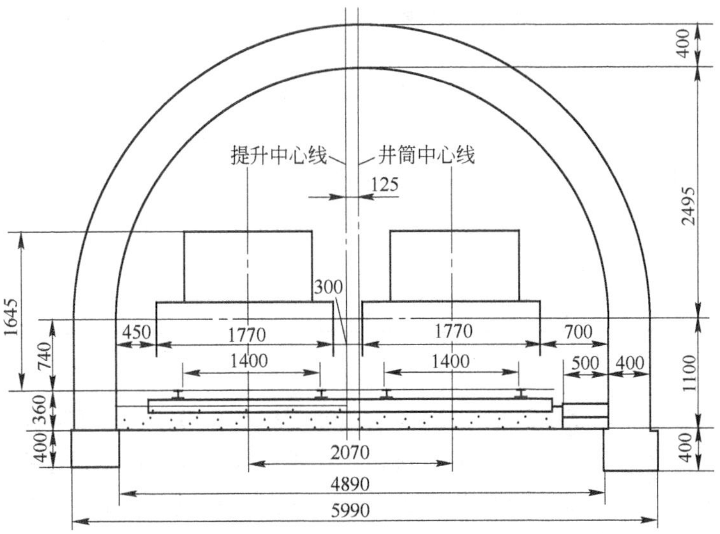

图 11－19　箕斗斜井井筒断面实例

11.2.3.3　斜井井内设施

A　轨道防滑设施

斜井中当矿车或箕斗运行时，迫使轨道沿倾斜方向产生很大的下滑力，轨道下滑会引起上部轨缝增大，下部轨缝缩小，甚至使上部轨道接头处螺栓被拉断，从而影响行车安全。为此，当倾角超过 25°时，轨道必须采取防滑措施，方法是将钢轨固定在斜井底板上。通常是每隔 30～50m，在斜井底板上设一混凝土防滑底梁，或用其他的固定装置将轨

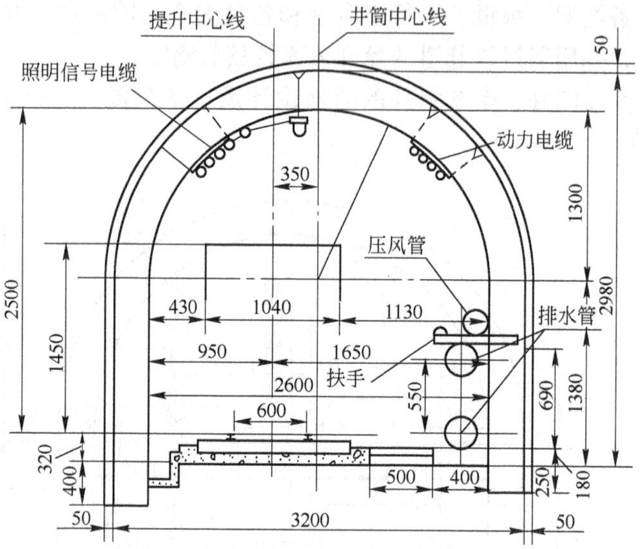

图 11－20　串车斜井井筒断面实例

道固定，以达到防滑目的。有的先固定轨枕，再固定钢轨；有的直接固定钢轨。

B　人行台阶与扶手

根据斜井倾角大小的不同，设置人行台阶与扶手。台阶踏步尺寸可按表 11－29 选用。倾角 30°左右时，须设扶手，扶手常为钢管或塑料管作成，置于距斜井井帮 80～100mm 处。

表 11－29　斜井台阶尺寸

台阶尺寸（mm）	斜井坡度（°）			
	16	20	25	30
台阶高度	120	140	160	180
台阶宽度	420	385	340	310
台阶横向长度	600	600	600	600

C　水沟

水沟坡度与斜井坡度相同。因水沟内水流速度较大，故水沟多用混凝土浇筑。若井筒围岩稳定，又基本无水，可不设水沟。斜井除有纵向水沟外，还须设横向水沟逐段截水排至纵水沟，以避免斜井底板作为矿井排水通道。横向水沟设在含水层下方，胶带机斜井的接头硐室上方以及井底车场与斜井连接处附近。

D　管路与电缆

通常敷设在副斜井内，一是检修方便，二是副井提升频率比主井小，对管缆的安全因素要大。管缆铺设要求与巷道相同。

E　躲避硐

按规定在串车斜井或箕斗斜井中，提升时一律不准行人。但生产实践中，又必须有检修人员在提升间隙内进行检修作业，为检修人员安全计，在斜井内须设躲避硐，通常躲避硐间的距离为 30～50m，硐室的宽 1.0m、高 1.6～1.8m、深 1.0～1.2m。

11.2.4 斜坡道断面设计

斜坡道按线路形式可分为：直线式斜坡道、折返式斜坡道、螺旋式斜坡道等，按使用性质可分为：生产干线、生产支线、联络线和辅助线等。

斜坡道的用途不同，其路面构造及巷道的规格尺寸亦不同，见表 11－30。

表 11－30 斜坡道用途分类

巷道类型	巷道用途	设备参数：型号	装载设备重量（t）	小时通过车辆数	行车速度（km/h）	路面构造	车道宽度（mm）	规定巷道尺寸（mm）：道边至巷道壁最小距离	人行道：宽度	人行道：高度
生产干线	运输矿石（或废石）	自卸汽车	20～46	30～50	20～30	碎石路基，沥青砂浆	d+1000	200	800～1000	1800
				20～30	15～20		d+800	200	800～1000	1800
生产支线	装矿或运矿	自卸汽车	20～40	10～20	10～20	碎石路面平整的自然路面	d+800	200	700	
		自行矿车	20～40	5～10	5～10		d+600	200		
		装运机	10～30	15～20	8～15		d+600	200		
联络线路	运输土岩和辅助设备	凿岩台车装运机和辅助设备	10～20	周期性	8～12 <8	平整的自然路面	d+600	200		
辅助线	行人，运送材料、设备	辅助设备	10～20	周期性	10～18	碎石路面平整的自然路面	d+800	200		
				周期性	6～10		d+600	200		

注：1. 表中 d 为设备外形宽度；

2. 转弯处，根据半径不同，巷道加宽 300～500mm；

3. 有排水沟时，按其结构，巷道加宽 100～150mm；

4. 当路面极窄时，必需有 800mm 的人行道。

11.2.4.1 斜坡道断面尺寸确定方法

无轨斜坡道断面的确定，主要依据下列条件：无轨设备外形尺寸及其运行速度，斜坡道用途，支护形式，管缆布置方式及安全规程要求等。通常是按经验法及计算法来决定的。

A 经验法

无轨斜坡道的断面可根据设备尺寸及《规程》的有关规定来确定；采用铲运机的斜坡道，可根据铲运机斗容与工作巷道最优配合统计数据确定。铲运机斗容与巷道断面关系见表 11－31。

表 11－31 铲运机斗容与出矿巷道断面关系

铲斗容量（m^3）	设备宽度（m）	设备高度（m）	巷道宽度（m）	巷道高度（m）
0.76	1.20～1.88	1.14～1.90	2.8～3.5	2.5 ～2.8
1.50	1.85～1.38	1.52～1.58	3.5±	2.8±
1.65	1.50～1.88	1.40～1.68	3.5±	2.8±
2.30	1.53～2.20	1.60～1.80	3.5～3.8	2.8±
3.06	2.13～2.50	1.52～2.10	3.8～4.2	2.8～3.2
3.80	2.13～2.60	1.65～2.20	3.8～4.2	2.8～3.2
5.66	2.43～2.80	1.83～2.25	4.2～4.5	3.2±
8.50	3.05～3.28	1.91～2.29	5.0±	3.2～3.5

B　计算法

斜坡道通常按运输设备规格计算断面尺寸

（1）设有人行道的斜坡道宽度 B：

$$B = A + a + 2b \quad (11-23)$$

式中　A——行车部分路面宽度，m；

$$A = d + 0.8 \sim 1.0\text{m};$$

d——运输设备最大外形宽度，m；

a——人行道宽度，0.8～1.2m；

b——路边至巷道壁的最小距离，0.2m。

设计中 A 值可用下式计算：

$$A = d + 1.5e + 12v$$

式中　e——轮胎宽度，mm；

v——设备运行速度，km/h。

（2）无人行道时宽度　　$B = A + 2b$

式中符号同上。

巷道的高度应为设备的总高度加0.6～0.75m，人行道的巷道高度不得低于1.8m。

（3）瑞典矿山斜坡道宽度的计算方法

瑞典矿山无轨设备在斜坡道及巷道中运行时，单车道自由间隙的一般规定（表11-32）见图11-21、图11-22；双车道的自由间隙见图11-23、图11-24及表11-33。

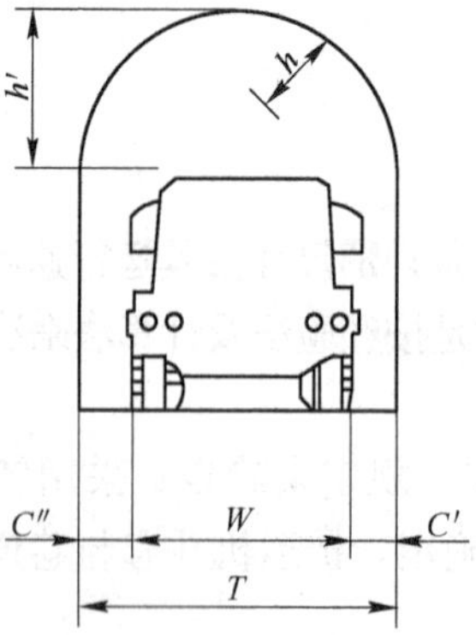

图11-21　单车道无人行道断面自由间隙

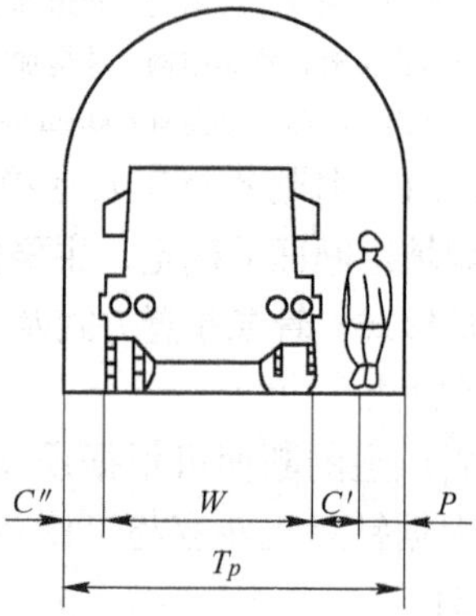

图11-22　单车道设人行道断面自由间隙

表11-32　单车道自由间隙

行车速度（km/h）	不行人 $C' = C''$（m）	临时行人 P（m）	经常行人 P（m）	设备空高 h（m）
0～5	0.4	0.1	0.3	0.3
5～10	0.6	0.2	0.4	0.3
10～20	0.8	0.3	0.5	0.4
20～40	1.0	0.4	0.6	0.5
40～60	1.2	0.5	0.7	0.6

注：摘自中瑞布利登公司技术合作资料（1986年4月）。

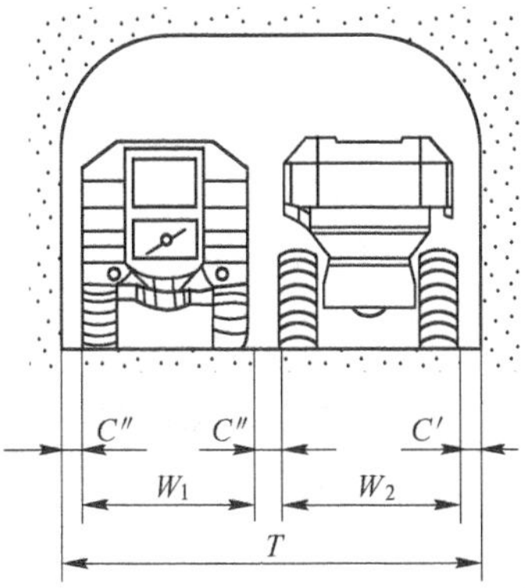

图 11－23　双车道不行人断面

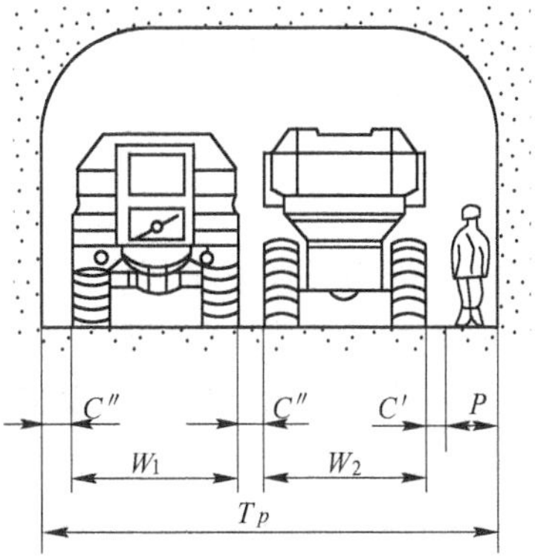

图 11－24　双车道允许行人断面

表 11－33　双车道间隙

行车速度（km/h）	不行人 C（m）	临时行人 P（m）	经常行人 P（m）
0～5	0.9	0.1	0.3
5～10	1.2	0.2	0.4
10～20	1.5	0.3	0.5
20～40	1.8	0.4	0.6
40～60	2.1	0.5	0.7

11.2.4.2　道路参数及路面设计

斜坡道道路参数：包括坡度、弯道半径、曲线段超高、曲线段加宽、竖曲线弧长等。

（1）坡度。无轨斜坡道坡度的大小，主要取决于下列条件：运输设备类型、运输量大小、服务年限、使用场所等。斜坡道坡度大，则长度短、工程量小，可节省基建投资。但由于坡度大，车速减小，运输效率降低，运行时的设备功率、油耗、轮胎费、设备维修、通风等费用却相应增加，故国外矿山对斜坡道坡度的规定，也不尽相同，如表11－34所示。

表 11－34　国外几个无轨矿山斜坡道坡度概况

国 别	长时期运输矿岩最大坡道（%）	短时期运输矿岩最大坡道（%）	长时期作设备出入通道的最大坡道（%）	短时期作设备转移用最大坡道（%）
苏 联	10	20	15～17	30
瑞 典	10	12～15	15	17.6～21
芬 兰	10	20	15	30

我国《冶金矿山安全规程》第 104 条规定：“螺旋（或折返）道和斜坡道用于运输矿石的，其坡度应不大于 10%，用于运输材料设备的，其坡道应不大于 15%，服务年限短的，在确保安全的条件下，可适当加大”。

目前，我国有色矿山设计的斜坡道坡度为 10%～15%，联络道坡度为 20%～25%。

（2）弯道半径。与无轨设备类型及技术规格、行车速度、道路条件及路面结构质量有关。弯道平曲线半径 R 可计算得出：

$$R=\frac{v^2}{127\ (\mu+i)} \tag{11-24}$$

式中 R ——弯道平曲线半径，m；

v ——行车速度，km/h；

μ ——横向推力系数，为保证弯道上行车平稳舒适，并考虑井下潮湿行车条件，取 $\mu\leqslant0.15$；

i ——道路横向坡道，一般取2% ~6% 。

国内外实践表明：大型无轨设备通行的斜坡道弯道半径 >20m，若通行的是阶段间联络道或盘区斜坡道的弯曲半径不小于15m；采用中小型无轨设备通行的斜坡道弯曲半径应大于10m。

对于大中型无轨设备通行的平巷，弯道半径不小于8 ~10m。

（3）曲线超高。曲线超高横向坡度须考虑行车速度，弯道半径大小，路面潮湿状况等因素，一般曲线超高为2% ~6% 。行车速度大、弯道半径小、路面较潮湿时取大值。

表11-35 各种类型无轨铲运机所需斜坡道巷道加宽值

铲运机型号	设备转弯外半径（mm）	设备转弯内半径（mm）	设备宽度（mm）	巷道加宽值（mm）
CT6000型	6170	3020	2500	650
LF-4.1型	4880	2650	1685	545
LK-1型	6140	3210	2200	730
Toro100DH	4500	2250	1800	450

（4）曲线段加宽。加宽值一般为0.4 ~0.7m（参见表11-35）；或用（11-25）式计算。

$$\Delta B=\ (R_o+R_i)\ -B_i \tag{11-25}$$

当车速高时

$$\Delta B'=\Delta B+0.3$$

式中 ΔB ——弯道加宽值，m；

R_o ——设备转弯外半径，m；

R_i——设备转弯内半径，m；

B_i——设备宽度，m。

弯道超高及加宽线段与直道行车线路之间应设超高缓和段，此段长度可取4 ~6m。

（5）斜坡道竖曲线。当斜坡道较短、变坡点多而行车速度较快时，因离心力作用，车辆在转坡点会产生颠簸。但在凸形转坡点时，司机视距会受到影响，为此，采用一段平滑竖曲线作为变坡点的连接曲线。竖曲线长度与行车速度关系如下：

无轨设备行车速度（km/h）	60	40	30	20	20以下
竖曲线弧长（m）	50	35	25	20	15

当确定巷道高度时，须考虑设备行走时的垂直波动，根据行车速度和路面质量，其最

小安全间距取300～600mm。

（6）斜坡道路面结构。路面结构的好坏，对无轨设备运行速度和对车辆、设备的损坏程度有直接影响。路面结构类型选择与巷道、斜坡道服务年限有关：

1）服务年限短的斜坡道，可采用钢筋混凝土预制板路面，预制板可多次利用；

2）服务年限短的或中等的斜坡道，可采用冷沥青碎石路面；

3）对服务年限长短都适用的是冷沥青混凝土路面，它尤其适用于有腐蚀性水涌出的斜坡道；

4）对于使用时间长的斜坡道，可采用混凝土路面，但须一次浇注完成，以保证质量。

当前，国外矿山常用的路面材料和路面结构型式，与行车速度，行车密度和运输设备载重量有关。如表11－36所示，为苏联对某些矿山条件研究后推荐的三种道路结构。

对于辅助巷道，若无轨设备载重量为10～15t，车速为12～15km/h，则路面用碎石为16mm，路面厚度为130～150mm。

表11－36 路基、路面结构

路面种类	行车密度（辆/小时）	道路结构		沥青水泥黏结路面厚度
		路基，20～70mm碎石	路面，10～20mm碎石	
Ⅰ	10	厚200mm	厚100mm	30mm
Ⅱ	10～40	厚200mm	厚100mm	60mm
Ⅲ	80	厚200mm	厚100mm	100mm

注：使用条件：车速30～40km/h，车重40t。

11.2.4.3 斜坡道设计

常用斜坡道断面尺寸图：

（1）5立方码铲运机运行的斜坡道正常段断面图（图11－25）。

（2）同上设备的斜坡道弯道断面尺寸图（图11－26）。

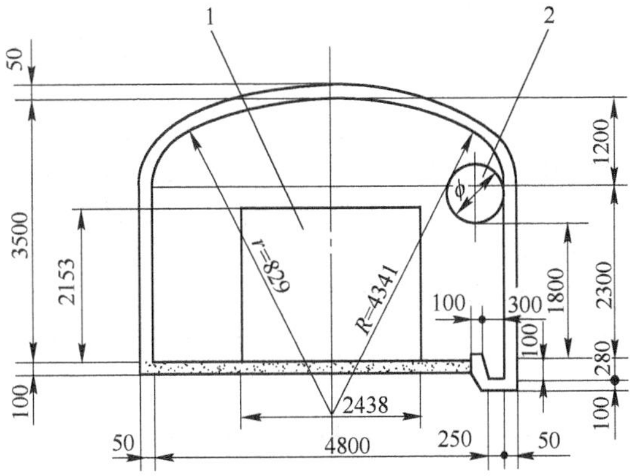

图11－25 斜坡道断面

1—铲运机；2—风筒

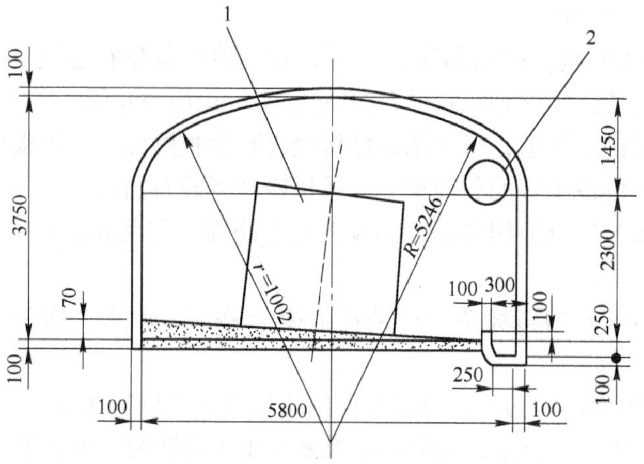

图11－26　斜坡道弯道断面
1—铲运机；2—风筒

11.3　竖　井　施　工

11.3.1　竖井普通法施工

普通凿井法一般是采用以凿岩爆破为主的施工方法[1]。

11.3.1.1　施工准备

为保证矿井建设正常施工，避免停、窝工现象，并为职工生活创造必要的条件，必须做好建井前的施工准备工作。施工准备期和井筒开工后算起的建井工期（称施工期）共同构成矿井建设总工期。施工准备期通常为0.5～1年，施工准备的主要内容见表11－37。

表11－37　施工准备期的主要工作内容

项　目	内　　容	备　　注
技术准备	调查研究、收集资料并学习技术文件 编制施工组织设计	在施工队伍进入工地前进行
工程准备	圈定场地范围及井筒和建筑实测定位； 供水、供电、通讯、交通与工业场地平整； 完成施工用工业设施及厂房建筑物 完成井筒的开口工程（即井颈锁口施工）； 安装凿井结构物（凿井井架，吊盘、固定盘、井口盘等）及设备、管缆等	应先平整场地和铺设地下管沟、修公路，后施工建筑物，或分批平整，边施工边平整 应尽量利用永久建筑物、构筑物和设备；研究采用活动房屋和移动装配式设备 应加大施工提升能力，缩短其工期 应实现凿井专用设备标准化
物资和劳动力准备	各种施工设备和物资材料、组织培训工作	一般应有三个月需用量的储备

准备期工作繁多，矿建、土建、安装三大工程平行，各工种和工序间交叉频繁，为加快施工准备并合理使用资金、劳动力等，应用统筹方法合理编制准备期的各项工程进行计划。

11.3.1.2 表土掘进

竖井表土层的厚度从几米至几十米，甚至达数百米。由于表土层的地质和水文地质条件较复杂、稳定性较差，又直接承受井口结构物的荷载，因此表土施工比较困难，往往成为井筒施工中的一个关键，甚至影响到整个井筒工程的成败。

A 施工方法

方法的选择首先取决于表土性质。按其性质可分为：

(1) 稳定表土层。包括黏性土层、无水的多孔性土层、含水不大的卵石和砾石层等；

(2) 不稳定表土层。包括含水较多的卵、砾石层及砂土层、淤泥层，含饱和水的黏性土层，浸水的多孔性土以及膨胀土等。

后者宜用特殊法施工。稳定表土层用普通施工法，其施工方法选择见表 11－38。

表 11－38 表土普通施工方法种类[4]

种类	井圈背板施工法	吊挂井壁法	吊挂井壁与斜板桩综合法
图示	见图 11－27	见图 11－28	见图 11－29
施工特点	每掘 0.5～1.0m 后，用井圈背板作临时支护，空帮距不大于 0.8～1.5m 大段高（20～40m）掘砌交替作业在同一段高内，先自上而下掘进，后自下而上砌永久井壁。土层稳定性稍差可缩小段高至 0.5～6m 为避免井帮受水浸泡丧失稳定性，在工作面中央挖超前小井进行排水 可一次竖立凿井井架	自上而下短掘短砌，不用临时支护； 段高小，一般为 1m 左右 各段井壁内，均设有吊挂钢筋，用以承担下段井壁的重量；可按轴心受拉构件计算 常与工作面降低水位法配合施工 通过表土层后，为提高井壁整体性，常需自下而上复壁。但也有吊挂井壁作为永久井壁的	吊挂井壁是施工的基本方法 局部遇到流砂或淤泥层时，采用斜板桩法强行通过 必须采用工作面超前小井降低水位法配合施工
主要优缺点	提升能力大，可用凿井设备施工 掘进速度快，工期短 施工准备时间长 井口荷重大	工作的条件好，施工较安全可靠 工序简单、便于操作；速度较快 井口布置简单 井壁接茬多，整体性差；钢材消耗量大，掘砌工序交换频繁	较其他特殊凿井法工作简单、准备期短且施工成本低 但板桩接茬不易严密，易产生漏砂、漏泥 板桩回收率低，钢材木材消耗量大
适用条件	主要为黏土和砂质黏土层，土质结构均匀，压缩性低，抗压强度＞0.25MPa，孔隙率小，塑性大，且涌水量小于 $10m^3/h$ 的稳定表土层	稳定性稍差的松软表土层，渗透系数≥5m/d，流动性小，水压 0.2MPa 厚度不大的砂层及涌水量不大于 $30m^3/h$ 的卵石层，以及风化基岩带	在稳定表土层中，在表土层的浅部（＜20m）有局部厚度不大，水压较小的流砂或淤泥夹层时

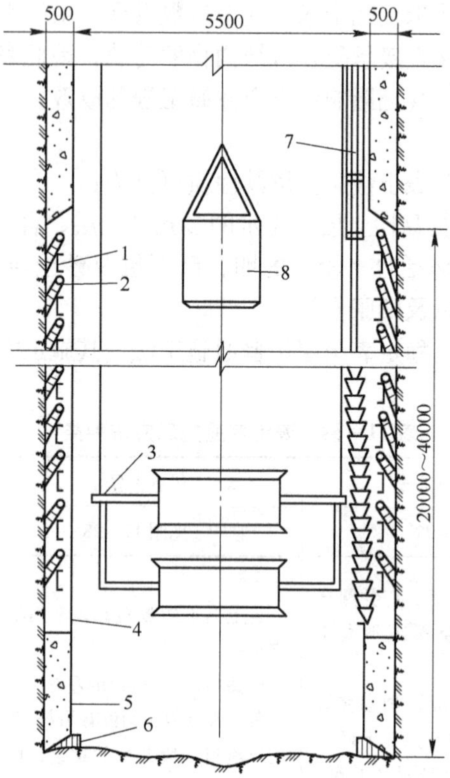

图 11－27 井圈背板施工示意

1—井圈；2—反鱼鳞背板；3—吊盘；4—砌壁井圈；5—模板；6—垫木；7—溜灰管；8—吊桶

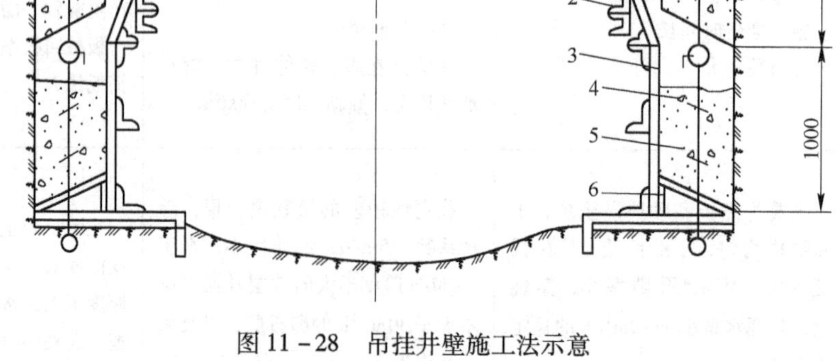

图 11－28 吊挂井壁施工法示意

1—接茬板；2—井圈；3—金属模板；4—钢筋棒；5—吊挂钢筋；6—托盘

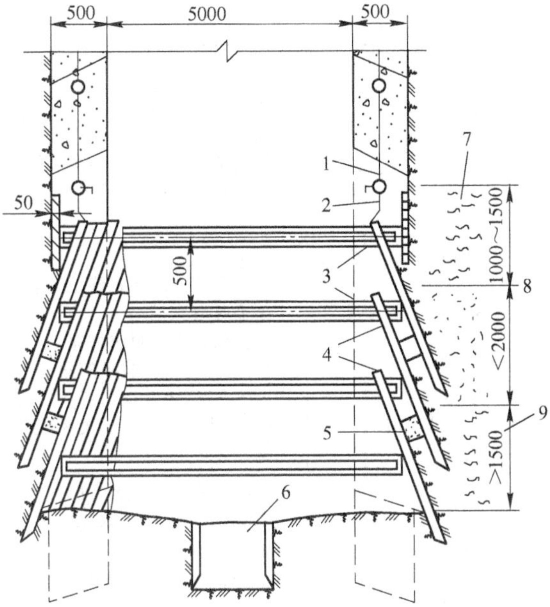

图 11－29 吊挂井壁与斜板桩综合施工法示意

1—预留钢筋钩子；2—挂钩；3—导向圈；4—斜板桩；5—垫木；6—超前小井；
7、9—稳定表土；8—流砂

B 井颈锁口

表土施工前，需筑砌锁口，锁口的作用是固定井筒位置，吊挂临时井圈或钢筋，封闭井口，安装井盖，防止地面水流入井筒。

锁口分锁口圈和锁口框两部分。锁口圈即井颈上部的井壁，深度达当地冻结线以下，一般为 2～4m。它起维护井帮、固定井位作用。锁口圈有永久和临时两种。

表 11－39 表土掘进的提升方式

提升方式和机具	主要优缺点	适 用 条 件
直接利用凿井井架和提升设备	提升能力大，应尽量采用	表土稳定、抗压强度大于 0.25MPa
汽车起重机和 0.5～1.0m^3 小吊桶	不立井架、井口布置简单，使用灵活，提升能力小，钢绳摆动大	不超过 25m 深的浅表土，井筒掘进直径 4～6m，涌水量小于 6m^3/h
三角架和 1m^3 吊桶、慢速绞车	三角架结构简单，操作容易，使用方便；但稳定性差、提升能力小	同上，但双三角架可适用表土深≤100m，涌水量≤30m^3/h
龙门架和 1.5～2.0m^2 吊桶、凿井绞车（有单龙门架和双龙门架）	结构较简单，可复用；提升能力较大，并可安设稳绳和吊泵天轮；稳定性较差，过卷高度不足	井筒掘进直径 4～7m，表土深度≤100m，涌水量≤30m^3/h
双梁直轨式简易井架，大抓斗提升	提升能力较大；上下人员需另设提升系统，安全性差	井筒掘进直径 4～7m；表土层≤60m；涌水量≤6m^3/h

表11-40 竖井施工作业方式

作业方式		主要特点	优缺点	使用条件
单行作业	长段单行	掘砌同段交替反向作业 段高30~60m，可达100m 用井圈背板或锚喷支护作临时支护 在吊盘上砌筑永久井壁	工作组织简单 需用设备少，布置简单 使用条件不受井深，井径限制 掘砌互相干扰少，但砌壁占施工工期	在净径≤5m、井深≤400m条件下效果好
	短段单行或混合作业	掘砌同段在同一循环内顺序作业或混合作业 段高2~6m，可达10m，应与模板高度一致 不用临时支护 一般在岩堆上砌筑永久井壁 可一掘一砌（喷）或二掘一砌（喷），或三掘一砌（喷）	同上 围岩暴露时间短，施工安全 无需临时支护 井壁接茬多，封水性差 节省了掘砌转换时的集中排水和清底时间以及吊盘、管路的反复起落时间，但掘砌交替频繁	井深和井径不限；中等及不稳定的软岩层 广东凡口铅锌矿新副井采用短段掘喷单行作业月成井120.1m
平行作业	长段平行	掘砌异段同时反向或同向作业 段高50~60m，掘砌工作面间最大距离100~120m 下段在稳绳盘保护下掘进用井圈背板或锚喷支护作临时支护 上段在吊盘上自下而上砌壁，也可自上而下砌壁	砌壁不单独占用施工期，掘砌成井速度比单行作业提高15%~35% 井壁接茬少，整体性和封水性好 掘进施工组织和设备布置较复杂 吊桶通过吊盘，稳绳盘要两次减速，不利于绞车司机操作	基岩段井深400m以上，井筒净径>5.5m 岩层稳定，井筒涌水量小
	短段平行	掘砌异段同时同向作业 砌壁在多层吊盘上自上而下进行 砌壁段高与掘进循环进尺相适应；一般为3~6m 用柔性掩护网或刚性掩护筒或锚喷支护作临时支护	掘砌机械化程度高；砌壁不占工期，速度快 掘砌工作易协调，临时支护简化 井壁接茬多，整体性和封水性差 设备布置较复杂，爆破时，易将掩护网或掩护筒卡住	基岩段井深400m以上 井筒净径>5.5m；岩层稳定，无断层破碎带 井筒涌水量小在深井中很有发展前途
掘砌安	掘砌安顺序作业	在同一段高内，掘砌按顺序作业段高30~40m，可达60m 先自上而下掘进，自下而上砌壁，再自上而下安装罐梁，最后在罐梁上自上而下安装罐道和管路	可利用罐梁卡固凿井用的管路和设备，将地面悬吊方式改为井内悬吊，从而简化凿井设备，减少井架荷载 安装不单独占用施工期，有利于及早转入井底车场和巷道施工 井筒内管线卡挂后，有效断面增加，有利于提升安全	井筒深度较大；岩层稳定，涌水量小 凿井设备不足
一次成井	掘砌、掘安平行作业	在两个段高内，下段掘进和上段砌壁，安装平行作业，而砌安则为顺序作业 段高30~60m 安装自上而下进行	工序转换频繁，施工组织复杂	
	掘砌安三平行作业	在深井施工中，掘砌短段平行作业，安装则在吊盘上同时进行		捷克斯洛伐克台里克3号主井用掘砌安三平行作业一次成井321.9m的成绩
	掘砌安混合作业	在采用短段掘砌混合作业的同时，利用吊盘的上盘进行井筒安装段高2~6m		

续表 11－40

作业方式	主要特点	优缺点	使用条件
反井刷大分段多头作业	先将巷道掘到未来井筒的下部。自下而上打小反井，而后自上而下刷大井筒 井筒分成若干段，进行多头平行作业，但各段工序可错开，掘进方式也可不同	可充分利用矿山工人打反井的经验，井筒刷大时，不需抓岩和排水设备，爆破和通风容易，因此所需凿井设备少、速度快，成本低 多头平行，可缩短建井工期	在深井中在几个阶段水平上有巷道可提前通至井筒位置的情况下

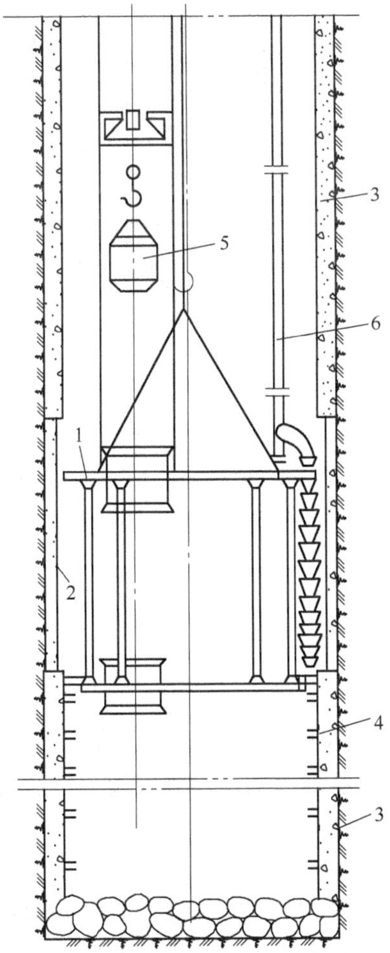

图 11－30　长段单行作业示意

1—吊盘；2—喷射混凝土临时支护；3—混凝土永久支护；4—模板；5—吊桶；6—混凝土输送管

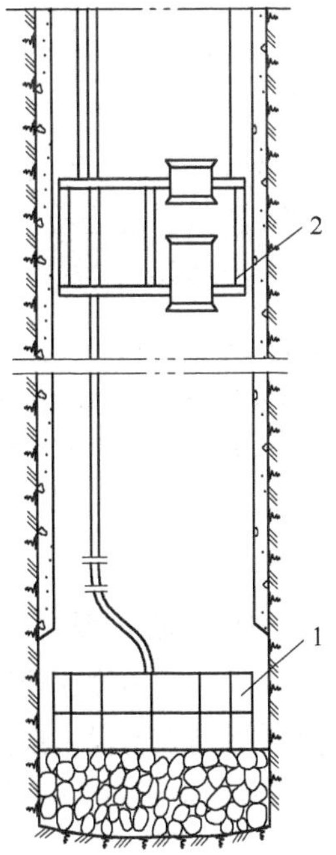

图 11－31　短段单行掘砌单行作业示意

1—普通金属模板；2—双层吊盘

锁口框作吊挂临时井圈、封闭井筒之用，目前多用钢梁和井圈构成的钢结构锁口框。

C　提升方式

提升方式见表 11－39。

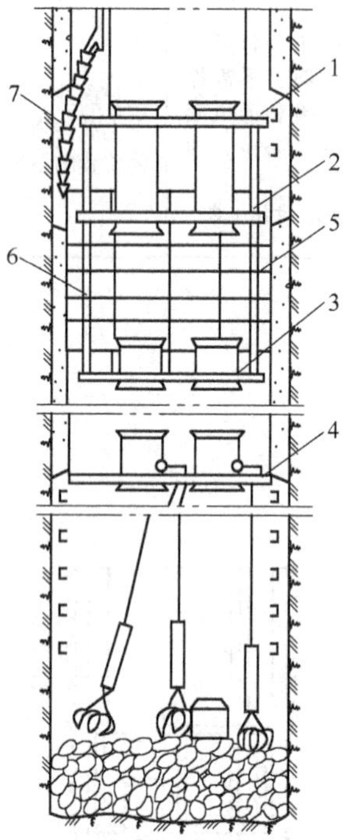

图11－32 长段平行作业

1—第一层盘；2—第二层盘；3—第三层盘；4—稳绳盘；5—普通模板；6—悬吊第三层盘的钢丝绳；7—活节溜子

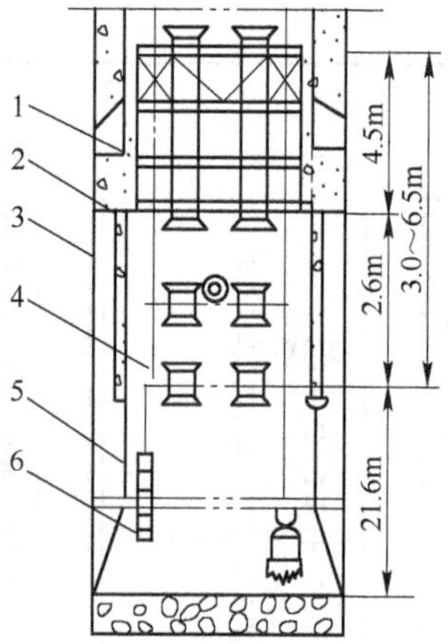

图11－33 短段平行作业

1—模板；2—砌壁托盘；3—折叠掩护网；4—掩护支架盘；5—柔性掩护筒；6—安全梯

D 施工程序

（1）测定井筒中心、埋设“十字标桩”；

（2）下挖2～4m，砌锁口圈，架锁口框，安设井盖；

（3）掘砌井颈与表土段，按图纸留出通道孔口，厚表土则分段掘砌，直至基岩内3～4m；

（4）下掘30～40m后，可安设吊盘、进行提升、悬吊等辅助设施安装，然后转入井筒掘砌施工。

11.3.1.3 竖井施工作业方式

竖井施工时，通常将井筒全深划为若干个井段，自上而下逐段施工。段高主要取决于井筒的围岩稳定程度、涌水量、施工设备等条件，一般分为2～6m（短段）或30～60m（长段）。常用的施工作业方式见表11－40[2,3,4]和图11－30～图11－35。

11.3.1.4 基岩掘进工艺

基岩掘进的主要工序包括：凿岩、装药爆破、通风、清扫吊盘和临时井圈、排水、装岩清底、提升、支护等。

A 凿岩

炮孔深度小于1.5～2m时，采用手持式凿岩机凿岩；孔深在2m以上时，可采用FJH

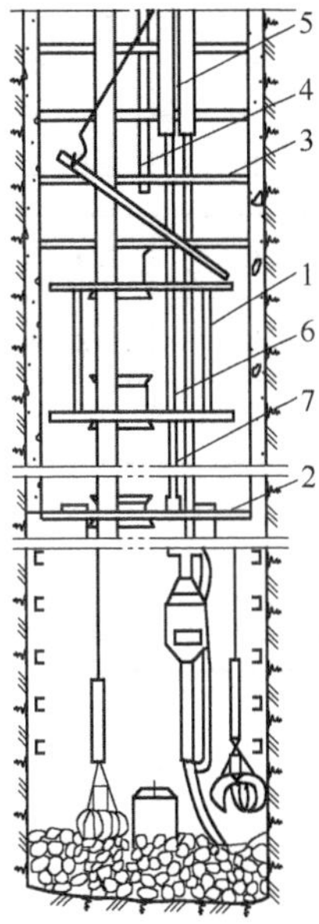

图 11 - 34　掘砌、掘安平行作业一次成井示意
1—吊盘；2—稳绳盘；3—罐梁；4—罐道；5—永久排水管；6—临时压气管；7—临时排水管

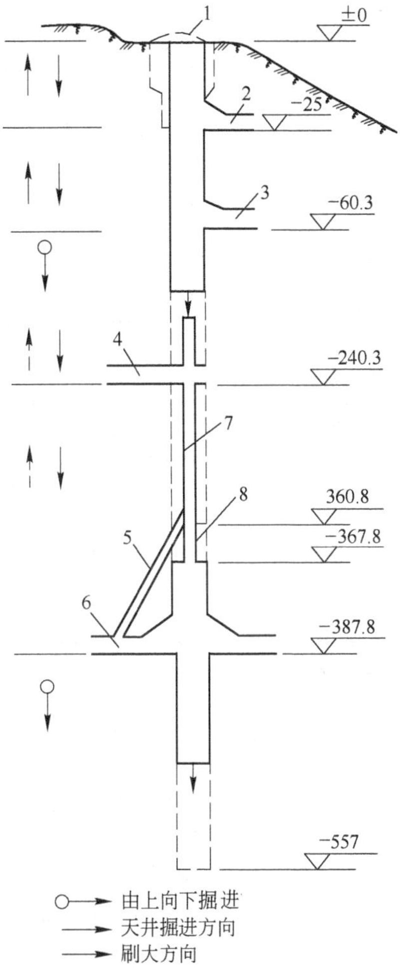

图 11 - 35　井筒分段多头掘进示意
1—提升机室；2—25m 平硐；3—60.3m 平硐；4—水平巷道，通风总排风井；5—斜溜井；6—井底车场；7—天井；8—中间岩柱

型环形钻架或 FJD 型伞形钻架凿岩。

常用的手持式凿岩机有：改进型 01 - 30，YT - 24，YT - 23，YTP - 26 等。钎杆可使用 55 硅锰钼合金成品钎杆。钎头可使用一字形或柱齿形硬质合金活钎头。更应推广整体钎子。钎头直径一般为 36 ~ 42mm。如用大直径药包，则应使炮孔直径比药包直径大 5 ~ 8mm。

工作面使用凿岩机的台数，主要根据计划的掘进速度所要求的炮孔深度和凿岩时间来决定。在掘进速度要求不高的小井内，常用 6 ~ 8 台。部分井筒使用凿岩机台数的实例见表 11 - 41。

B　爆破

a　爆破器材的选择

表11－41　部分竖井掘进工作面使用凿岩机台数实例

井筒名称	掘进断面（m^2）	凿岩方式	使用凿岩机型号	同时工作的凿岩机台数（台）	每台凿岩机所占面积（m^2）	炮孔深度（m）	月成井记录（m）
铜山新大井	29.22	环形钻架	YT－30	20	1.46	3.0～3.8	88.4
凤凰山新副井	26.1	同上	YT－30	20	1.30	4.3～4.5	115.25
凡口新副井	27.34	同上	YT－30	20	1.36	2.8	120.1
安庆铜矿副井	29.22	伞形钻架	重75kg	4	7.31	2.0～2.3	（掘砌安一次成井）36.4
757矿竖井	21.27	环形钻架	YT－30	12	1.77	2.5～2.7	85.3
万年二号风井	29.22	伞形钻架	YGZ－70	6	4.8	4.2～4.4	92
桥头河二号井	27.3	手持式	红旗100	12～14	1.76～2.28	1. 83	174.82

爆破器材的选择见表11－42。

表11－42　竖井掘进爆破器材的选择

爆破器材名称	品种或规格
炸　药	硝化甘油炸药（高寒地区选用难冻硝化甘油炸药） 抗水岩石铵梯炸药 普通岩石铵梯炸药① 乳化炸药 水胶炸药
雷　管	国产8号秒延期或毫秒延期电雷管 秒延期、半秒延期或毫秒延期非电雷管
起爆源	电雷管用220V或380V交流电源 非电雷管用220V交流电源或用起爆器起爆电雷管、电雷管引爆导爆管
爆破电缆	放炮母线。10～18号铁丝 吊盘以下的爆破干线。断面4～6mm^2的电缆 爆破电缆。断面10～16mm^2

①要用防水套。

b　爆破参数

（1）炸药消耗量的确定：

1）按规定的炸药消耗量定额（见表11－43）或实际统计数值（见表11－44）确定；最好是多参照表列数值结合掘进井筒的实际岩石条件进行试验确定。

2）光面爆破炮孔的装药量，一般以单位长度装药量计。如陶二矿主井用二号岩石硝铵炸药时，在中硬以下岩石中，孔深2.5～3.5m，每米炮孔装药量为150～200g；铜山新大井掘进时，孔深3～4m，每米炮孔装药量为300～400g。

（2）炮孔深度。影响炮孔深度的因素及其确定方法如下：

1）井筒炮孔深度的影响因素

掘进断面尺寸，岩层性质，涌水量大小和掏槽方式。

凿岩方式。使用手持式凿岩机时，孔深一般为1.5~2m；使用钻架时，孔深2.5~5m为宜。

表11-43 竖井掘进（原岩）炸药消耗量定额表（kg/m^3）

岩石坚固性系数	井筒直径（m）								
f	4	4.5	5	5.5	6	6.5	7	7.5	8
<3	0.75	0.71	0.68	0.64	0.62	0.61	0.60	0.58	0.57
4~6	1.25	1.17	1.11	1.07	1.05	0.99	0.95	0.92	0.91
6~8	1.63	1.53	1.46	1.41	1.39	1.32	1.28	1.24	1.23
8~10	2.01	1.89	1.8	1.74	1.72	1.65	1.61	1.56	1.55
10~12	2.31	2.2	2.13	2.04	2.0	1.92	1.88	1.81	1.78
12~14	2.6	2.5	2.46	2.34	2.27	2.18	2.14	2.05	2.0
15~20	2.8	2.76	2.78	2.67	2.61	2.53	2.5	2.38	2.3

注：1. 表中数据系指62%硝化甘油炸药消耗量。若用4号岩石抗水硝铵炸药需乘以1.03；3号岩石抗水硝铵炸药，则乘以1.13；2号岩石抗水硝铵炸药，则乘以1.29；

2. 涌水量调整系数：涌水量$5m^3/h$为1；$<10m^3/h$为1.05；$<20m^3/h$为1.12；$<30m^3/h$为1.15；$<50m^3/h$为1.18；$<70m^3/h$为1.21。

表11-44 部分井筒的爆破参数

井筒名称	掘进断面（m^2）	岩石性质	炮孔深度（m）	炮孔数目（个）	掏槽方式	炸药种类	药包直径（mm）	雷管种类	爆破进尺（m）	炮孔利用率（%）	炸药消耗量（kg/m^2）
凡口新副井	27.34	石灰岩*f*=8~10	2.8	80	锥形	甘油与铵梯	32	毫秒	2.18	81	1.96
铜山新大井	29.22	花岗闪长岩、大理岩*f*=4~6、8~10	3~3.8	62	直眼	含20%~30% TNT和2% TNT的铵梯	32	毫秒	平均2.51	75.3	1.67
安庆铜矿副井	29.22	页岩，角页岩，细砂岩	2~2.3	70~95	锥形	铵梯黑	32	毫秒、秒差	2.7~3.31	77	3.14
凤凰山新副井	26.4	大理岩*f*=8~10	4.3~4.5	104	复锥	2号岩石铵梯	32	秒差	1.5~1.7	75	2.15
桥头河二号井	26.4	石灰岩*f*=6~8	1.83	65	锥形	40%硝化甘油	35	毫秒	1.6	87.5	1.97
万年二号风井	29.22	细砂岩，砂质泥岩*f*=4~6	4.2~4.4	56	直眼	铵锑黑	45	毫秒	3.86	89	2.28
金山店主井	24.6	*f*=10~14	1.3	60	锥形	2号岩石铵梯	32	毫秒	0.85	70	1.79
金山店西风井	24.6	*f*=10~14	1.5	64	锥形	2号岩石铵梯	32	毫秒	1.11	85	1.75
凡口矿主井	26.4	石灰岩*f*=8~10	1.3	63	锥形	2号岩石铵梯	32	秒差	1.1	85	1.70
程潮铁矿西副井	15.48	*f*=12	2.0	36	锥形	硝化甘油	35	秒差	1.74	93	1.22

使用大抓岩机时，一次爆破岩石量应为抓岩机小时生产能力的3~5倍，以缩短清底时间。

使用炸药的性能和可能达到的爆破效率。

2）炮孔深度的确定

按计划的月掘进速度确定：

$$l = \frac{L}{Nnm\eta} \tag{11-26}$$

式中 l——炮孔平均深度，m；

L——计划月掘进速度，m；

N——月掘进天数。锚喷永久支护单行作业取25～27d，浇灌混凝土永久支护单行作业取18～20d；

n——每日完成的循环数；

m——正规循环率，可取0.85～0.9；

η——爆破效率，取0.8～0.85。

按金属模板高度确定。最好使循环爆破进尺等于金属活动模板的高度，否则可为其$\frac{1}{2}$或$\frac{1}{3}$。

部分井筒使用的炮孔深度见表11-44。

（3）炮孔数目。炮孔数目的确定方法如下：

1）经验类比法。根据岩层性质，井筒断面大小，炸药威力和药包直径分别计算辅助孔和周边孔数目。一般辅助孔的抵抗线取0.7～0.9m、孔距0.8～1.0m，装药系数0.5～0.7；周边孔的抵抗线（光面层厚度）0.5～0.75m、孔距0.4～0.6m，掏槽孔的数目由掏槽方式决定。其装药系数取0.6～0.8；

部分井筒的炮孔数目见表11-44。

2）估计法。采用光面爆破时，炮孔数目按式（11-27）计算

$$N = \frac{S_1 q}{r} + \frac{\pi(D-2a)}{b} \tag{11-27}$$

式中 S_1——掏槽孔和辅助孔负担的井筒断面积，m^2；

r——每米炮孔的装药量，kg；

q——单位体积原岩的炸药消耗量，kg/m^3；

D——井筒掘进直径，m；

a——周边孔到井壁距离，m取$a=0.2$；

b——周边孔间距，m。

c　炮孔布置[3]

炮孔布置见表11-45。

d　爆破网路

爆破网路的选择见表11-46。

C　装岩

在大直径井筒掘进中，应采用机械化程度高的抓岩机；在浅井和延深井掘进中，可采

表 11－45 炮孔布置及其适用条件

掏槽方式	浅孔掏槽		深孔掏槽			
	浅孔锥形掏槽	浅孔直线掏槽	深孔直线分段掏槽	深孔直线龟裂掏槽	深孔锥形分段掏槽	深孔锥形角柱掏槽
炮孔布置图	见图 11－36	见图 11－37	见图 11－38	见图 11－39	见图 11－40	见图 11－41
特点和适用条件	掏槽孔与水平面夹角一般为 70°～80°。特点是岩石抛掷距离高，易崩坏设备，多用于坚硬且韧性大的岩层中，炮孔规格较难掌握	掏槽孔圈径与井筒直径（*D*）之比：*D*＝3～4.5m 时，为 0.35～0.45；*D*＝4.5～6m 时，为 0.3～0.4；*D*＝6～8m 时，为 0.2～0.3。特点是岩石抛掷高度小，炮孔规格易掌握，并可减轻工人抱钻的笨重体力劳动	直孔两段掏槽。深度分别为 1.5m 和 3.2m，圈径为 1.2m 和 1.4m。两圈炮孔数目相同（6 个），交错布置。岩石抛掷高度小，炮孔规格容易掌握	直孔三段掏槽。掏槽孔深度分别为 1.8m、3.2m 和 4.4m，圈径分别为 1.2m、1.7m 和 2.2m，炮孔数目分别为 3、6、9 个。炮孔直径 ϕ55mm，药包直径 45mm 的防水铵梯黑炸药	深孔锥形两段掏槽。掏槽孔深 5.14m 和 2.9m。倾角 76°和 75°，圈径 3m 和 2m 药包直径 32mm，10% 黑索金高威力铵梯炸药。岩石抛掷高度大	掏槽孔深 3m，圈径 1.8m，孔数 16 个，间隔分两段起爆，倾角分别为 75° 和 85°。岩石抛掷高度大

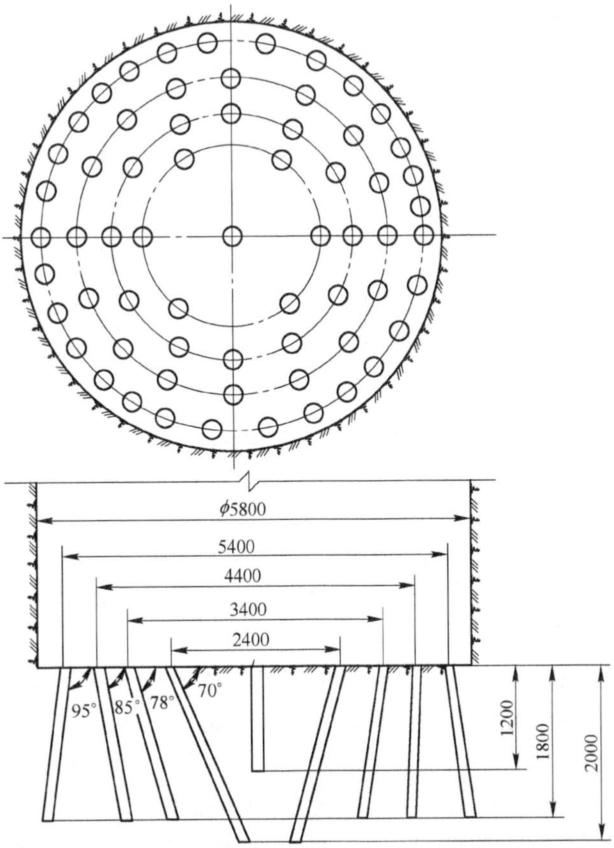

图 11－36 浅孔锥形掏槽炮孔布置

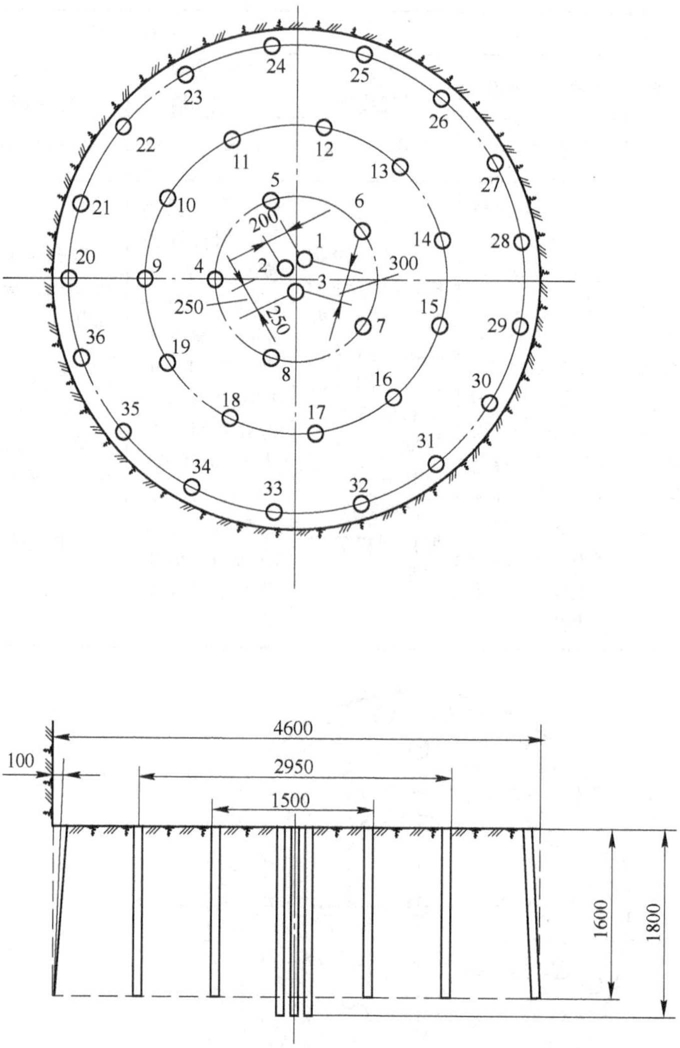

图 11－37　浅孔直线掏槽炮孔布置

用人力操纵的 NZQ_2－0.11 型抓岩机。

a　抓岩机型号的选择及配置原则如下[5]：

（1）抓岩机的选型主要根据井筒深度和直径，要求的抓岩能力，悬吊设备的吨位，和其他配套设备的要求等。

（2）靠壁式（HK 型）、中心回转式（HZ 型）、环行轨道式（HH 或 2HH 型）、长绳悬吊式（HS 型）抓岩机均可与伞形钻架或环形钻架配套使用。

（3）HK 型抓岩机宜在岩层较坚固的井筒中使用，最好用在短段掘砌的井筒中，以便将其悬挂锚杆预埋于混凝土井壁内。与环形钻架配套使用时，其悬吊点应离开井壁 1m 以上，以便抓岩机经由环形钻架的内面升降，然后再靠壁固定。钻孔时抓岩机位于环形钻架的上面。

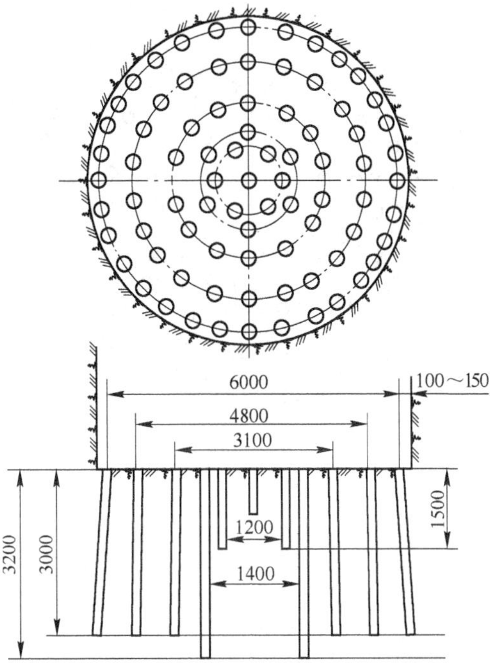

图 11－38 深孔直线分段掏槽炮孔布置

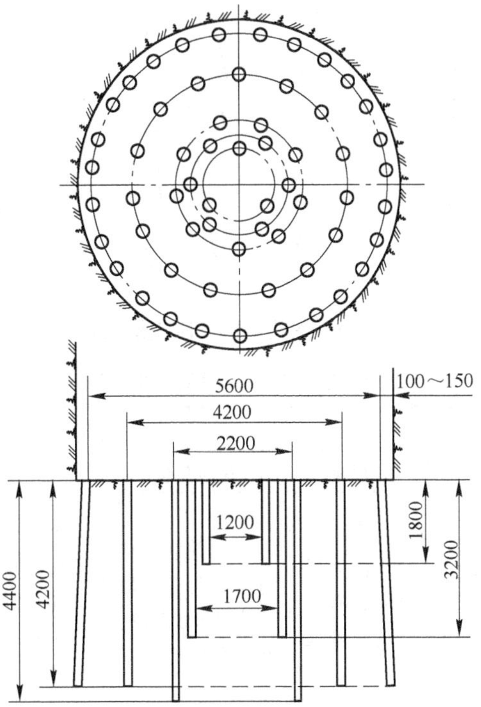

图 11－39 深孔直线龟裂掏槽炮孔布置

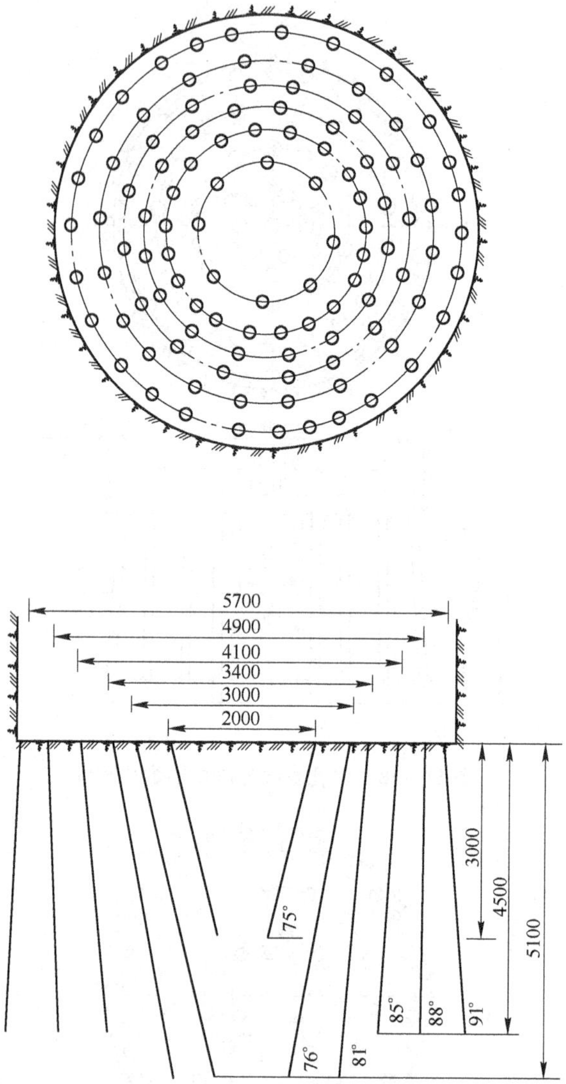

图 11-40 深孔锥形分段掏槽炮孔布置

表 11-46 爆破网路的选择

类 型	并联网路			串并联网路	串联网路
	闭合反向并联	闭合正向并联	反向并联		
技术特点	由于闭合反向并联网路电流分布最均匀，起爆可靠，竖井爆破多采用	闭合正向并联网路电流分布较均匀，竖井爆破常采用	反向并联网路电流均匀分布较差，但布线简单，竖井爆破也有采用	串并联网路现场采用较少。采用时应注意选择合理的分组数，使串联组的线路电阻尽量相近	串联网路在竖井中使用极少。主要是由于竖井炮孔数目多，易发生拒爆事故
图示	见图 11-42	见图 11-43	见图 11-44	见图 11-45	见图 11-46

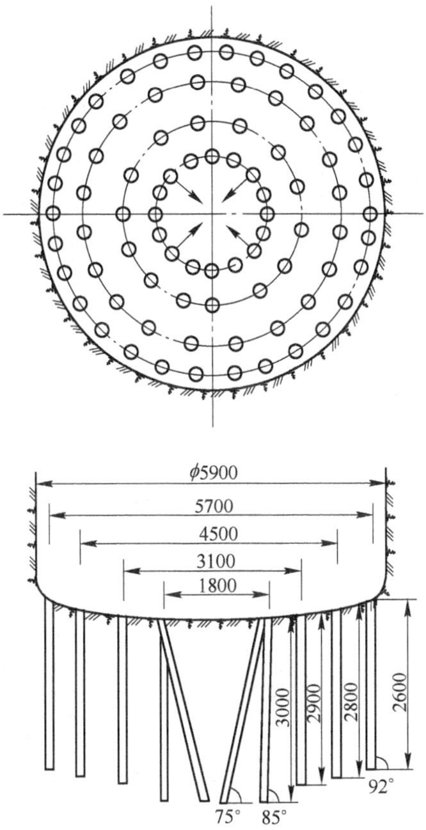

图 11－41　深孔锥形角柱掏槽炮孔布置

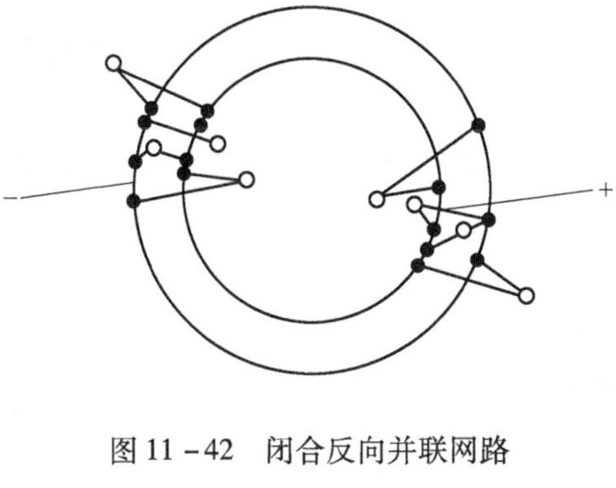

图 11－42　闭合反向并联网路

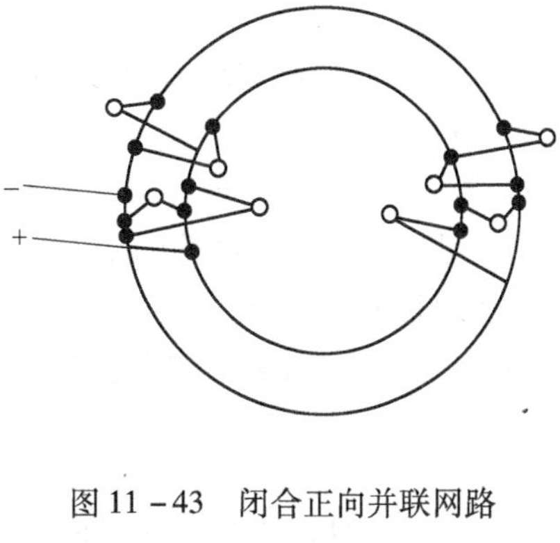

图 11－43　闭合正向并联网路

（4）HZ 和 HH（或 2HH）型抓岩机，由于其在吊盘下面伸出的长度较大。使用金属装配式模板砌壁时，靠井底的四圈模板不能使用吊盘作支模工作盘。

（5）使用 HZ 型和 HH 型抓岩机时，只允许有一台吊泵。使用 2HH 型抓岩机时，允许有两台吊泵。

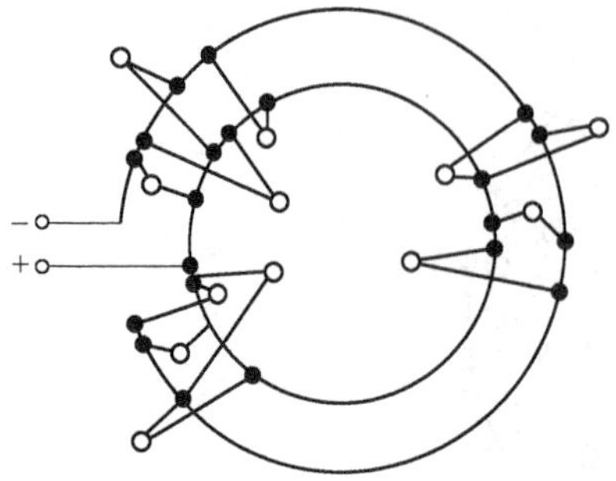

图 11－44　反向并联网路

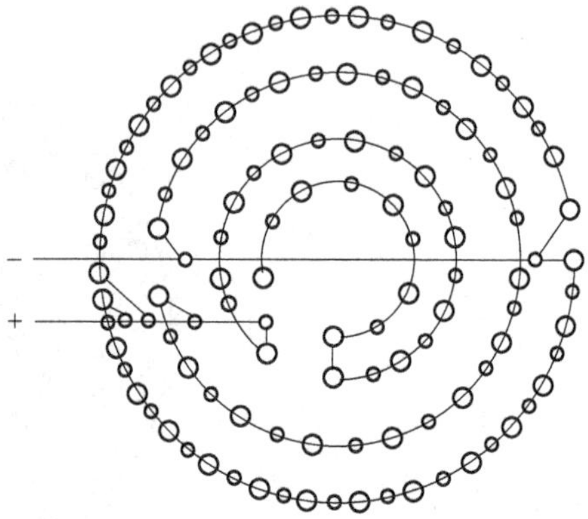

图 11－45　串并联网路

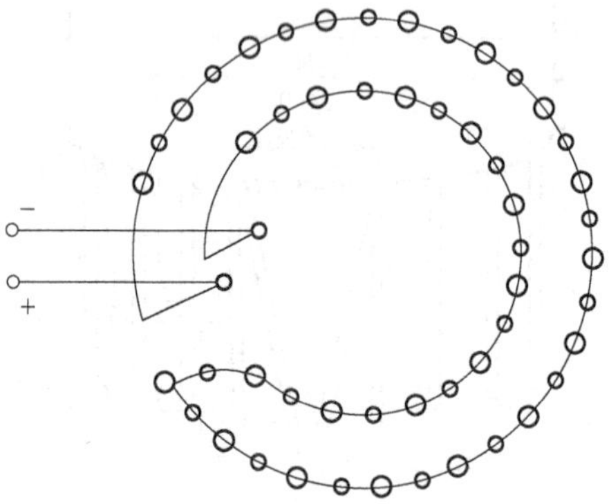

图 11－46　串联网路

（6）HK 型抓岩机应靠近吊泵布置，其悬吊位置应避开马头门方向，以便开掘马头门。

（7）HZ 型抓岩机的悬吊中心应离开井筒中心 650～700mm，其司机室距工作面距离以 13～18m 为宜。

（8）HS 型抓岩机应靠近吊桶及井筒中心位置，其悬吊高度以 80～100m 为宜，超过 100m 时，可在井壁上安设导向架。

b　抓岩机的生产能力

（1）单台抓岩机的生产率可按（11－28）式进行估算

$$P = K_1 K_2 K_3 \frac{3600}{t} V \tag{11-28}$$

式中　P——抓岩机生产率，m^3/h；

K_1——抓岩机的工时利用率，取 0.6～0.9；

K_2——抓斗装满系数，与岩石块度及坚硬程度有关，可取 0.9～1.2；

K_3——压气影响系数，压力由 0.5MPa 起，每增加 0.1MPa，生产率可提高 7%～8%；

V——抓斗容积，m^3；

t ——抓取一个循环的时间，s。

（2）部分抓岩机的实际生产能力见表11－47。

表11－47 抓岩机的额定生产率和实际生产率

抓岩机型号	额定生产率（m^3/h）	实际生产率（m^3/h）			
		最 大	平 均	测定井筒	备 注
HK－4	30	46（双机）	36	铜山新大井	2台HK－4
HK－4	30	37.8	25.5	凡口新副井	1台HK－4
HK－6	50	80（双机）	27（双机）	凤凰山新副井	1台HK－6 1台HK－4
HZ－4	30	40	16～20	平顶山二处	工业试验指标
HH－6	50	30～33	17.8	大屯孔庄副井	1.5m^3吊桶，一次爆破矸石量92m^3
HH－6	60	80	48	大厂铜坑矿副井	1台HH－6
HS	50	48	35	杏花主井	清底包括回弹物清理
HS	50	38.03	21.57	万年二号风井（双机）	

D 清底

目前尚未解决清底机械化，应提高爆破效率，减少或消除震松的岩层；使用风枪或高压水吹扫、冲洗工作面、或用NZQ_2－0.11型抓岩机将岩碴集中在一起再由大抓岩机装入吊桶。

E 提升

a 提升方式的选择[2]

提升方式有：一套单钩提升、一套双钩提升、一套双钩提升和两套单钩提升。

一套单钩提升与一套双钩提升：

单钩提升灵活性大，不必调绳，地面卸碴和井下装碴互不干扰。井深200～600m，提升速度3m/s时，一套单钩比一套双钩的提升能力低21%～47%，电动机功率大50%～80%，电能消耗多40%～75%。

一套双钩提升与两套单钩提升：

井深200～600m，提升速度3m/s时，两套单钩比一套双钩的提升能力大40%～65%。随着井深的增加，这个差距逐步减小，电能消耗增大80%～150%。单钩提升不调绳，有两套独立信号系统，互不干扰。但多一套设备的安装、拆卸、机房设施和运转、维护人员。

提升方式选择应考虑以下几点：

（1）深度小于250m，净直径小于5m的井筒，可考虑一套单钩提升。

（2）净直径大于5m并作为临时罐笼提升的浅井，可考虑选用一套双钩提升。

（3）井深超过400m，只要井筒断面许可，可选用两套单钩提升。

（4）超过600m的深井，如井筒断面许可，应考虑采用一套单钩及一套双钩提升。

（5）超过800m的深井，只要井筒布置许可，可选用两套单钩及一套双钩。

（6）掘砌平行作业的井筒，宜采用两套以上的提升设备，且最好采用一套双钩及一套单钩的提升方式。

（7）提升能力应和抓岩能力及升降设备的重量相适应。

b　提升容器

提升容器包括吊桶、吊桶附属装置（钩头和连接装置、滑架、缓冲器）、临时罐笼等。

废石吊桶的选择，其容积可按下列计算或根据实际经验采用与抓斗相匹配的规格：

（1）按抓岩机能力计算：

吊桶升降一次的循环时间 T_1 应小于或等于一个吊桶的装岩时间 A_{zh}，吊桶容积为

$$V_T = \frac{KA_{zh}T_1}{0.9 \times 3600} \tag{11-29}$$

式中　V_T——吊桶容积，m^3；

K——提升不均匀系数，取1.15～1.25；

A_{zh}——抓岩机最大生产能力，多台抓岩机时为总生产能力（松散体积），m^3/h；

0.9——吊桶装满系数；

T_1——提升一次的循环时间，s。

还要根据提升钢绳允许的最大静张力或最大静张力差进行检验，并审核井筒断面能否布置得下。

（2）按抓斗容积匹配：

为了提高装岩和提升能力，吊桶容积为抓斗容积的4～5倍为最佳。表11－48所列数值为国外吊桶直径与抓斗直径、容积的一般配合尺寸。我国抓岩机的斗容和吊桶的容积建议按下边给出的数值配套选用：

吊桶容积（m^3）	1.0	1.5	2.0	3.0	4.0～5.0
抓斗容积（m^3）	0.11	0.11或0.4	0.4或0.6	0.6	0.6～1.0

表11－48　吊桶直径与抓斗直径的配合尺寸

吊桶容积（m^3）	1.0	1.5	3.0	3.0	5.5	6.5
吊桶直径（m）	1.15	1.29	1.43	1.6	2.05	2.05
抓斗容积（m^3）	0.22	0.22	0.4	0.65	1.0	1.0
抓斗张开直径（m）	1.124	1.124	1.42	1.6	2.02	2.02

F　排水和治水

井筒掘进时的排水和治水方法有：

a　吊桶排水

当井筒涌水量小于8～10m^3/h时，采用气动潜水泵或气动隔膜泵将水排入吊桶，提到地面倾倒。

吊桶小时排水能力按（11－30）式计算

$$Q = nVK_1K_2 \tag{11-30}$$

式中　Q——吊桶小时排水能力，m^3；

V——吊桶容积，m^3；

n——吊桶小时提升次数；

K_1——吊桶装满系数，$K_1=0.9$；

K_2——松散废石中的孔隙率，$K_2=0.4\sim0.5$。

b 吊泵排水

当井筒涌水量超过吊桶的排水能力时，须设吊泵排水。常用吊泵为 NBD 型和 80DGL 型多级离心泵。

当井筒排水深度超过吊泵的扬程时，须采用接力排水方式（图 11－47）。

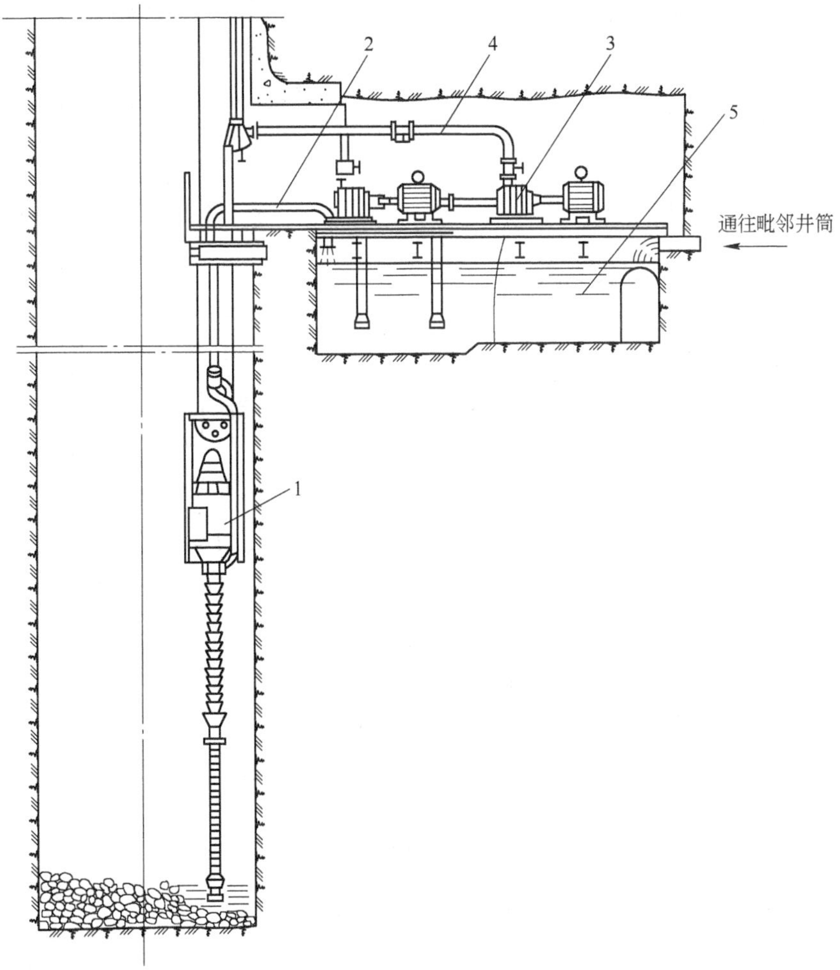

图 11－47 转水站接力排水

1—吊泵；2—吊泵排水管；3—卧泵；4—卧泵排水管；5—水仓

c 预注浆

当井筒涌水量超过 $40m^3/h$ 时，须采用预注浆堵水措施。注浆工艺技术见 10.4.2。

d 截水

井筒掘进时，沿岩帮流下的淋水，可采用图 11－48 和图 11－49 所示的方法截住，导至井底排出。沿永久井壁的淋水，可将截住的水集中在水箱或桶中，然后排出地表，如图 11－50

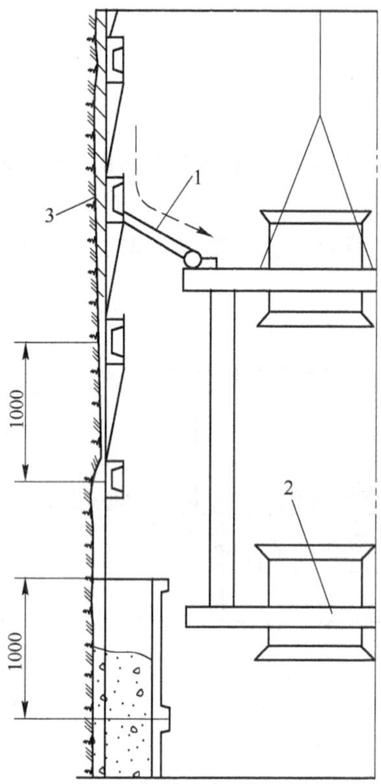

图11-48 吊盘折页挡水

1—折页；2—吊盘；3—架圈背板临时支护

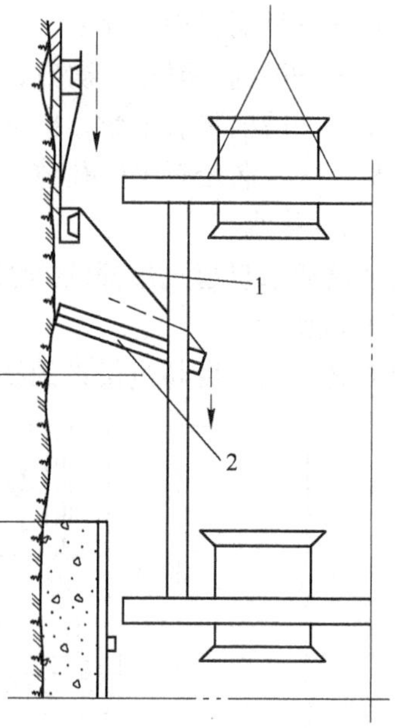

图11-49 挡水板截水

1—铁丝；2—挡水板；3—木板；4—导水木条

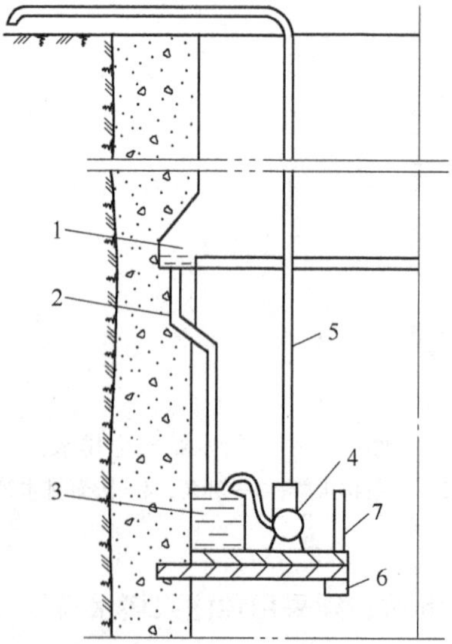

图11-50 固定截水槽截水

1—混凝土截水槽；2—导水管；3—盛水小桶；4—卧泵；5—排水管；6—钢梁；7—月牙形固定盘

所示。

G 通风

放炮后必须及时通风，一般要在10～25min内排除炮烟。通风方式的优缺点及其选择如下：

a 压入式通风

出风速度大，射程远，冲洗及排出工作面炮烟的能力与降温效率较好；井筒经常处于污风状态中，放炮后炮烟弥漫井筒时间较长，影响工人及时下到工作面；一般条件下，使用较多。

b 抽出式通风

井筒经常处于新风状态，当井壁有淋水时水雾较小。需采用硬质风筒，悬挂重量大；将出现炮烟停滞区，延长炮烟排出时间；不适用于有瓦斯的掘进工作面。

c 混合式通风

通风效果好，兼有压入式和抽出式通风的优点；要增加一套通风设备和悬吊设备；适用于大直径的深井掘进。

通风量的计算以同时爆破的炸药量为基础，还可考虑同时工作的人数。通风机多为BKJ系列轴流式。风筒直径为0.48～1.0m。有金属、胶皮和塑料三种，后两种重量较轻，通风阻力也较小。风筒末端距工作面垂距不宜大于$3\sim4\sqrt{S}$（S为井筒掘进断面积，m^2）。

11.3.1.5 机械化作业

根据不同的井筒条件选择不同的机械化作业线，是竖井施工中需要考虑的一个重要问题。兹将国内部分井筒施工机械化配套情况列于表11－49。

A 机械化作业线的主要形式

当前我国主要有五种：[1,6,7]

（1）以环形钻架、靠壁式抓岩机、锚喷支护为中心的机械化作业线。其主要优点是凿岩设备简单，成本低；抓岩设备由地面的凿井绞车单独悬吊，靠井壁布置，不依附掘进吊盘，机器吊运、下放、维修较方便；工作时抓岩机离工作面较近，司机视野清晰，抓岩机容易对准吊桶。其缺点是围岩松软破碎时，不易固定。凿岩机械化程度低，环形钻架上下不方便。宜于在短段掘砌中使用（见图11－51）。

该作业线的主要设备是：环形钻架，12～20台气腿式凿岩机，1～2台靠壁式抓岩机，2～3m^3吊桶，自动翻碴装置，大容积碴仓，锚喷支护设备，激光指向仪，凿井绞车联动同步系统。

在涌水量小于10m^3的情况下，月成井速度可达40～60m。

该作业线在有色冶金系统应用较多。如原第十冶金建筑公司所属井巷公司在凡口铅锌矿新副施工，采用这种作业线，曾连续89d完成成井300.4m，最高月成井达120.1m。

（2）以环形钻架、环形轨道式抓岩机、金属模板（装配式或整体活动模板）整体浇灌混凝土支护的机械化作业线。它与第一种的不同在于抓岩及支护设备。对于井筒要求质量较高的主、副井，岩石松软、破碎、涌水量较大的井筒更为合适。其优点是抓岩机安装在吊盘下层盘上，不需另外的绞车悬吊，可简化悬吊设备。支护采用金属模板整体浇灌，井壁光滑，质量较好。其缺点凿岩机械化程度低，吊盘起落频繁，这种作业线在涌水量不

表 11-49 国内部分井筒机械化配套情况

矿井名称	作业方式，段高（m）	井筒净直径（m）	支护材料厚度（mm）	井深（m）	成井速度	炮孔深度（m）	循环时间（h）	凿岩设备类型数量	装岩设备类型数量	提升方式吊桶容积（m^3）	模板类型高度（m）	吊盘层次	下料方法	翻碴方法	排碴方法
铜山新大井	短喷，一掘一喷	5.5	喷锚 150	313	88.4 米/月	4	19.09	环架，YT-24（YT-30）20 台	HK-4 型 2 台	两单钩 2		双	φ76×4 两趟管路	链球式	CA-40 自翻车 2 台
凤凰山新副井	短喷	5.5		612	115.25 米/月	4.3~4.5		环架 YT-24、YT-30，20 台	HK-4、HK-6 型各 1 台	两单钩 2		双	同上	链球	3.5m^3 侧卸矿车、机车牵引
凡口新副井	短喷，一掘一喷	5.5	喷射混凝土 150	509.7	120.1 米/月 237.7 米（两个月）330.4 米（89 天）	2.8	12.3	环架 YT-30 20 台	HK-4 型 2 台；0.11m^3 1 台	双（实际）单钩 1.86		双	1 趟管	链球	0.75m^3 V 型车机车
南洺河副井	短喷	6.0	喷射混凝土	481.22				环架 YT-24 15 台	HK-4 型 2 台	单钩 3.0 单钩 1.5		双	φ150×6 两趟管	座钩	0.75m^3 翻斗车，1.5t 架线机车
大厂东副井	单行 18~21m	6.5	混凝土 350	592	50.5 米/月	2.4~3.0		环架 YT-30 18~24 台	HH-6 型；0.11m^3 清底	双钩 单钩 1.5		吊盘、双稳绳 1	溜灰管	链球	0.75m^3 V 型车
万年矿东部风井	短喷 3.6m	5.5	喷射混凝土 150	231.2	92 米/月	4.2~4.4	26.05	FJD-6 伞架 YGZ-70 钻机	长绳悬吊 0.565 抓斗 2 台	单钩 3.0 单钩 2.0		双	φ159 3 趟管	座钩	贝利特 8t 自翻汽车
九龙口主井	短砌 6m	5.5	混凝土 500	782	70 米/月			FJD-6 伞架	HZ-6 型	双 3.0 单 3.2（376m 以后）	液压滑模 1.2m	三	吊桶	座钩	8t 自翻汽车
九龙口副井	平行	7.5	混凝土 500	747				TYSJ-6 钻架（日）	HZ-6 型	双钩 3（4）单钩	金属活动模板	四	吊桶	座钩	8t 自翻汽车
东滩主井	顺序			798		4		日本古河伞架	HZ-6 型	双钩 3 单钩	液压滑模		吊桶		8t 自翻汽车
东滩副井	平行	8.0		798		3.5		9 机伞架	2HH-6 型	双 4、单 2	液压滑模	五	吊桶		8t 自翻汽车
757 矿	短喷一掘或二掘一喷	5.0	喷射混凝土	321	85.3 米/月			环架 YT-30 12 台	HK-4 型	2.3				链球	WH-340 翻斗汽车

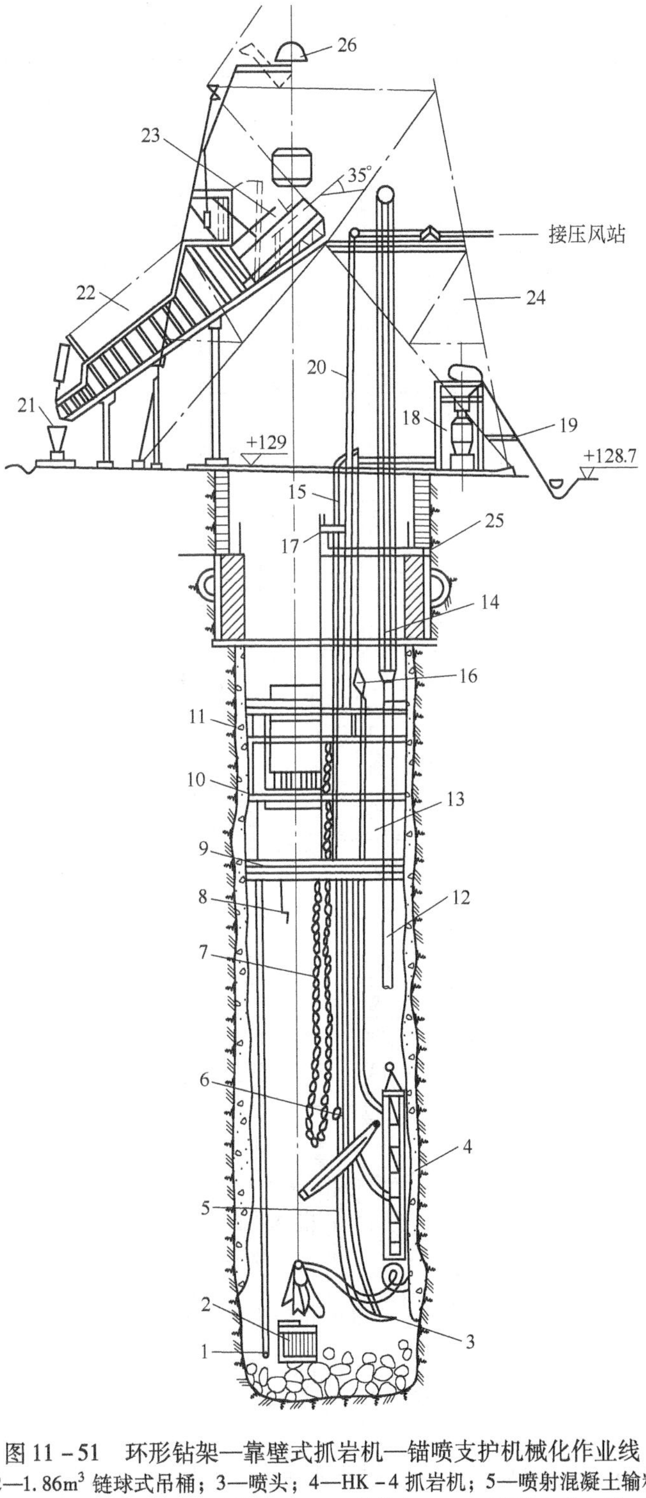

图 11－51　环形钻架—靠壁式抓岩机—锚喷支护机械化作业线

1—风动潜水泵；2—1.86m³ 链球式吊桶；3—喷头；4—HK－4 抓岩机；5—喷射混凝土输料管；6—缓冲器；7—50mm 胶管；8—YT－30 型凿岩机；9—环形钻架；10—双层吊盘；11—环形供气供水管；12—穿过吊盘的风筒；13—接大抓岩机压气管；14—ϕ600mm 风筒；15—喷射混凝土下料管；16—吊盘供气伸缩管；17—激光指向器；18—喷射机；19—上料装置；20—供气供水管；21—0.75m³ 矿车；22—废石仓；23—链球式自动翻碴装置；24—Ⅲ型井架；25—测量平台；26—过卷开关装置

大的情况下，月成井速度也能达30～50m。

有色第十建井巷公司在广西大厂铜坑矿副井施工中用这种作业线，其井筒净径为6.5m时，最高月成井达50.5m。

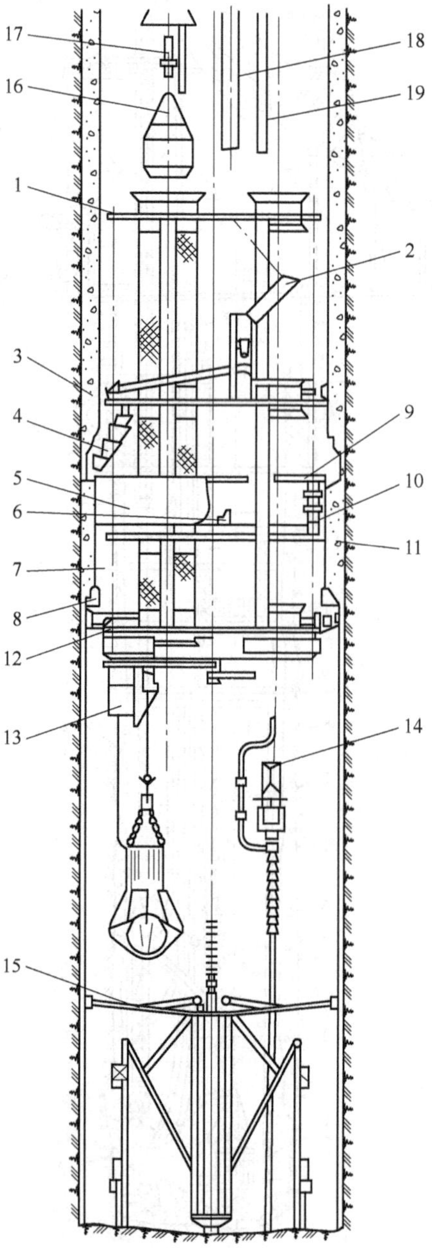

图11－52　伞形钻架—环形轨道抓岩机—浇灌混凝土机械化作业线

1—保护盘；2—分灰系统；3—上层盘；4—活节溜管；5—直模板；6—控制柜；7—抓杆；8—刃脚模板；9—操作盘；10—千斤顶；11—辅助盘；12—下层盘；13—2HH－6抓岩机；14—吊泵；15—伞形钻架；16—座钩式自翻吊桶；17—喷浆管；18—铁风筒；19—压气管

（3）以伞形钻架、中心回转式抓岩机、锚喷支护或金属活动模板整体浇灌混凝土为中心的机械化作业线。它的优点是凿岩机械化程度高，钻凿深孔不需换钎杆，效率高，操作工人少。抓岩设备固定在吊盘中心，用臂杆的伸缩实现径向移动，以适应不同井筒直径，适用范围较广；缺点是吊盘起落频繁，费工费时。这种配套方式的主要设备是：一台FJD6或FJD9、FJD9A型伞形钻架，6~9台YGZ70型独立回转凿岩机，1台HZ型中心回转式抓岩机，高扬程吊泵，自动翻碴装置，激光测量仪以及其他相应设备在涌水量不大的情况下，月成井速度40~60m。

这种作业线，煤炭系统应用较多，如淮南潘集3号井，采用该作业线施工，最高月成井达53m。

（4）以伞形钻架，环形轨道式抓岩机、整体浇灌混凝土（也可用锚喷支护）相配套的机械化作业线。这种作业线与第三种的不同在于抓岩机，其优点是抓岩机的受力状况较好，动力单一，安全可靠。缺点是横梁和环形轨道按井筒直径制成，一套设备不能在不同直径的井筒中使用（见图11－52）。

该方案首先在东滩副井应用，井深798m，井筒净径8m，采用FJD9型伞架，配9台YGZ70型凿岩机；抓岩机2HH－6环形轨道式抓岩机，斗容0.6m^3。主提升用JKZ2－3/15.5凿井专用提升机，双钩，提4m^3吊桶，副提升是单钩，提2m^3吊桶，用喷射混凝土作临时支护。

（5）以伞形钻架、长绳悬吊大抓斗，锚喷支护或整体浇灌混凝土相配套的机械化作业线。

这种方式主要是抓岩设备简单，容易配套，操作维修简便，价格便宜。其缺点是抓岩机的移动靠人工推拉，劳动强度大，装岩效率低。一般不宜与机械化较高的凿井设备配套。

B 机械化作业线的主要设备

包括凿岩钻架、大斗容抓岩机、锚喷支护或混凝土支护设备，以及其他辅助作业的配套设备等。

a 凿岩钻架

目前，我国研制和使用的有伞形钻架（参见图7－63）和环形钻架（参见图7－64）两种[8]。其主要技术特征参见表7－32和表7－33。

环形钻架主要配用YT型和YTP型凿岩机，FT－140型气腿；伞形钻架配用YGZ－70型和YGZ－70A型导轨式独立回转凿岩机。

环形钻架结构简单，容易制造，允许多台凿岩机同时作业；而伞形钻架机械化程度高，钻深孔时可不换钎，作业人员少，工效高，宜与机械程度高的抓岩机配套使用。

b 装岩设备

目前，我国使用的抓岩机主要有靠壁式、中心回转式、环形轨道和长绳悬吊式四种类型。

（1）靠壁式抓岩机（见图11－53）。一般由地面的凿井绞车单独悬吊，靠壁布置。工作时，用张紧螺栓及预埋锚杆将机器固定在井壁上。随着工作面的下移，抓岩机通过悬吊凿井绞车沿井壁下放到井筒的任何位置。该机结构紧凑，操作简便。它不依附掘进吊盘，也不受吊泵等的干扰，机器的吊运、下放、维修均比较方便。工作时距工作面较近（一般4～6m），司机视野清晰，抓岩时容易对准吊桶。但在围岩松软或破碎时，机架难固定。

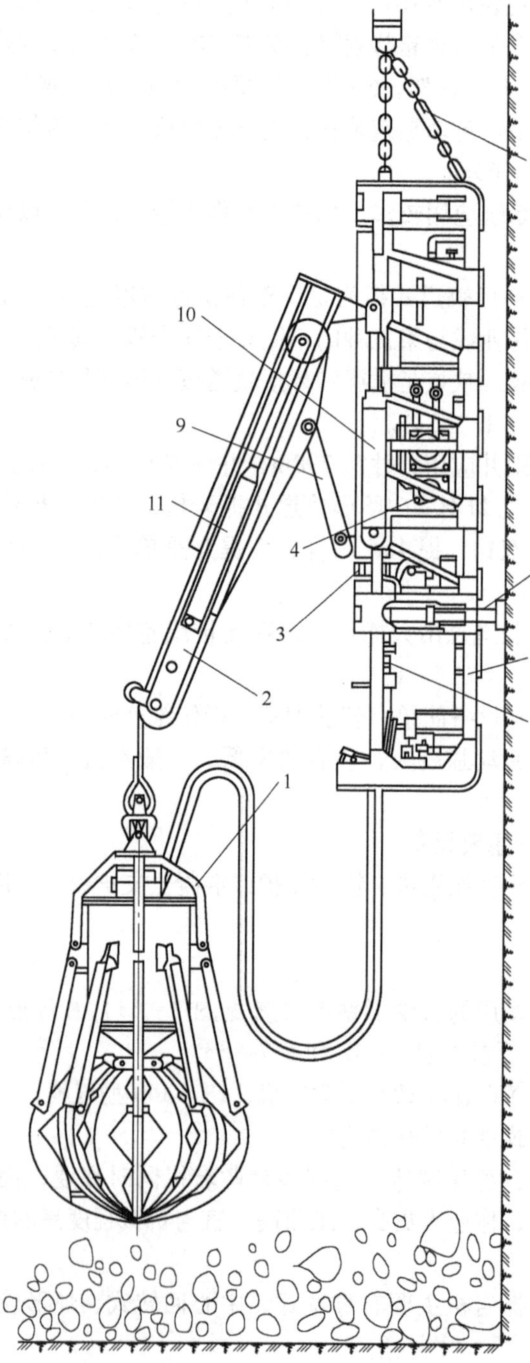

图11-53　HK-6型靠壁式抓岩机

1—气动抓斗；2—提升机构；3—回转变幅机构；4—液压系统；5—气动系统；6—机架；7—支撑固定装置；8—悬吊装置；9—支杆；10—变幅油缸；11—提升油缸

目前，我国已定型生产的主要型号有 HK－4 型（包括 HDK－4）和 HK－6 型（包括 HDK－6）。其主要技术性能见表 11－50。

表 11－50 靠壁式（HK）抓岩机的技术特征

名 称		单 位	HK－4	HK－6
抓斗容积		m^3	0.4	0.6
技术生产率		m^3/h	25～30	50
抓 斗	重 量	kg	1485	2305
	叶片数	片	6	8
	闭合直径	mm	1580	1600
	张开直径	mm	1970	2300
	工作气压	MPa	0.5～0.7	0.5～0.7
	耗气量	m^3/min	5	5～6
回转变幅机构	回转速度	r/min	1.2～2	1.5～2
	回转角度	(°)	120	120
	最大工作压力	MPa	65	108
	变幅平均速度	m/s	0.4	0.4
	变幅位移量	m	3.43	4.5
提升机构	提升速度	m/s	0.2～0.3	0.35～0.4
	提升能力	kg	2900	4000
	提升高度	m	6.2	6.8
	最大工作压力	MPa	10.0	120
	钢丝绳直径	mm	15.5	20
油 泵	型号 供回转用		CB－10	CB－F10C－FL
	型号 供提升幅用		CB－46	CB－H80C－FL
	调整压力	MPa	10.5	
气动机	额定功率	kW	20	2×20
	工作气压	MPa	0.5～0.7	0.5～0.7
	压气消耗量	m^3/min	20	20
	型 式		叶片式	DI－200 式
	机械外形尺寸（长×宽×高）	mm	1190×770×5950	1306×1100×6325
	机械重量	kg	5450	7640
	适用井筒净直径（单机）	m	4～5.5	5～6.5

（2）中心回转式抓岩机（见图 11－54）。其动作原理与靠壁式抓岩机相似，但其回转座安装在吊盘下盘的偏心位置上。工作时，用吊盘上的千斤顶撑在井壁上将吊盘固定。随着工作面的下掘，机器跟着吊盘而升降。

该机固定在吊盘上，接近中心位置。以臂杆伸缩来实现径向运动，可以满足不同井筒直径的需要，使用范围广；它不需单独悬吊，且以压气为动力，具有安全可靠，维护简单等优点。但吊盘荷重较大，需大型凿井绞车悬吊；吊盘升降频繁，费工费时；操作距离远，司机视野不清，对桶不准，影响装岩效率。

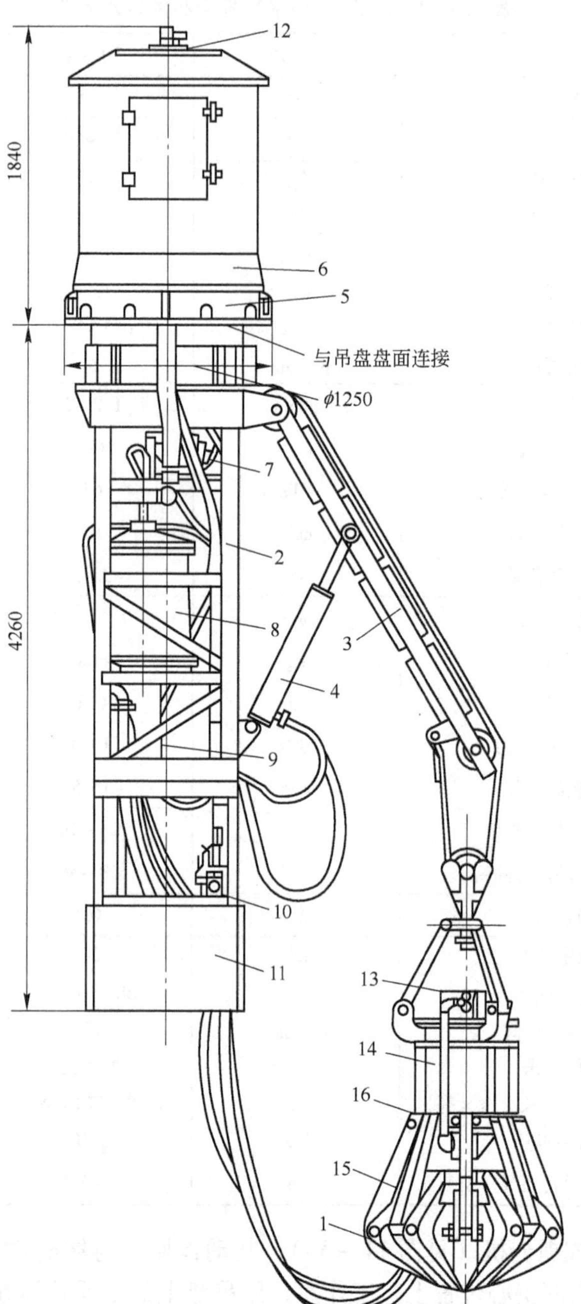

图11－54 HZ型中心回转抓岩机

1—抓斗；2—机架；3—臂杆；4—变幅油缸；5—回转机构；6—提升绞车；
7—回转动力机；8—变幅气缸；9—增压油缸；10—操纵阀；11—司机室；12—回转接头；
13—配气阀；14—抓斗气缸；15—拉杆；16—耳盘

目前，我国已定型生产的有两种：HZ－4 及 HZ－6 型。其主要技术性能见表 11－51。

表 11－51 中心回转式抓岩机技术特征

名 称			单 位	HZ－4	HZ－6
抓斗容积			m^3	0.4	0.6
技术生产率			m^3/h	25～30	50
抓 斗	重 量		kg	1446	2333
	抓片数		片	8	8
	闭合直径		mm	1296	1600
	张开直径		mm	1965	2130
提升机构	提升气动机功率		kW	25	25
	提升能力		kg	3000	3500
	提升速度		m/s	0.3～0.5	
回转机构	回转气动机功率		kW	8.5	8.5
	回转速度		r/min	3～4	3～4
变幅机构	变幅油缸直径		mm	540	600
	增压油缸直径		mm	150	150
	推力油缸直径（2 个）		mm	100	100
	增压油缸油压		MPa	6.4	8.0～11.0
	变幅平均速度		m/s	约 0.4	约 0.4
工作气压			MPa	0.5～0.7	0.5～0.7
压气消耗量			m^3/min	17	17
机器外形尺寸工作状态	长		mm	1170	1170
	宽		mm	1400	1400
	高	吊盘上方	mm	1675	1675
		吊盘下方	mm	4860	4860
机器总重量			kg	6173.7	8087
适用井筒直径			m	4～6	4～6

（3）环形轨道式抓岩机。它以吊盘下层盘为工作盘，环形轨道安装在工作盘下方，工作盘中间安装有一个中心轴。抓斗由绞车提升，绞车挂在支承于中心轴和环形轨道之间的横梁上。抓岩机工作时，吊盘上的千斤顶撑在井壁上以固定。司机在操纵室内通过两个操纵阀控制提升、回转、径向移动和抓斗张开闭合等动作。抓斗在工作面任意位置抓取岩石并将其投入吊桶。

该机不需绞车单独悬吊，可简化悬吊设备，机器动力单一，运转可靠，维护修理方便。但横梁和环形轨道需按井筒直接制作，一套设备不能在不同直径的井筒使用。

目前，我国定型生产的环形轨道式抓岩机有三种：HH－6（包括 HH－6A）型和 2HH－6 型。其主要技术性能见表 11－52。

（4）长绳悬吊抓岩机绞车安装在地面，用不旋转钢丝绳通过井架天轮下放至井筒中悬吊抓斗，也可安装在吊盘上。工作时，工人在工作面遥控电磁阀，控制地面绞车（或吊盘上绞车）正反转，实现抓斗的提升和下放运动。由人工拉链通过操纵阀使抓斗张开

表 11－52　环形轨道式抓岩机技术特征

名　称		单　位	HH－6	2HH－6
抓斗容积		m^3	0.6	2×0.6
技术生产率		m^3/h	50	80～100
抓　斗	重　量	kg	2333	2333
	片　数	片	8	8
	张开直径	mm	2130	2130
	闭合直径	mm	1600	1600
提升机构	气动机功率	kW	18.65	18.65
	提升能力	kg	3500	3500
	提升速度	m/s	0.5	0.5
	卷筒容绳量	m	69	68
	钢丝绳直径	mm	15.5	15.5
行走机构	气动机功率	kW	2.238	2.238
	牵引力	kg	500	500
	牵引速度	m/s	0.2	0.2
	钢丝绳直径	mm	9.3	9.3
环行小车	气动机功率	kW	0.476	0.476
	最大环行速度	m/s	1.23	1.23
环形轨道	最大外径	mm	4700～7700	6200～7700
	轨面内径（最大）	mm	7330	7330
中心轴：中心通过直径		mm	160	160
固定装置	油压千斤顶工作压力	MPa	10.5～12.0	10.5～12.0
	千斤顶在荒径中最大行程	mm	960	960
	千斤顶在净径中最大行程	mm	460	460
	油压千斤顶的推力	kN	约180	约200
气动机总功率		kW	25.364	50.728
压气消耗量		m^3/min	约15	约30
工作气压		MPa	0.5～0.7	0.5～0.7
机器重量		kg	7710～8580	14126～15636
适用井筒直径		m	5～8	6.5～8

和闭合，又用人工推拉使抓斗移动，从而达到抓取工作面任意点的岩石并投入吊桶。

这种抓岩机虽然劳动强度较大，但结构简单，配套容易，操作维护简便等，故目前仍有一些矿山使用。其抓斗容积有：$0.4m^3$、$0.565m^3$ 和 $0.6m^3$ 三种。

c　辅助作业配套设备

主要包括：锚喷支护机具（见11.4.1.5）、凿井专用提升机、凿井绞车、高扬程吊泵、潜水泵、自动翻碴装置、激光测量仪等。这些配套设备的应用，使竖井施工基本实现了机械化作业。

（1）凿井专用提升机，其主要技术特征如表11－53[3]。

（2）凿井绞车（稳车）悬吊各种凿井设备用。

（3）高扬程吊泵，其主要特征如表11－54。

表 11－53　凿井提升机主要技术特征[3]

型号	卷筒			负荷		钢丝绳		最大提升高度（m）			减速器传动比	钢丝绳的速度（m/s）	电动机		外形尺寸（长×宽×高）（mm）	重量①（kg）
	数量（个）	直径（mm）	宽度（mm）	钢丝绳的最大静张力（kN）	钢丝绳的最大静张力差（kN）	最大直径（mm）	钢丝绳破断拉力总和（kN）	一层	二层	三层			额定转数（r/min）	最大功率（kW）		
JKZ－2.8/15.5	1	2800	2200	150	150	40	1135	373	780	1230	15.5	4.54 5.48	480 580	786 950	11100× 10200× 5680	54754
JKZ2－3/15.5	2	3000	1800	170	140	40	1300	336	720	1100	15.5	4.86 5.88	480 580	785 950	12900× 10700× 5080	72161

①不包括电机，电控系统重量。

表 11－54　国产几种吊泵的主要技术特征

型　号	排水量（m^3/h）	扬程（m）	电机功率（kW）	转数（r/min）	工作轮级数	外形尺寸（mm） 长	宽	高	重量（kg）	吸程（m）
NBD30/250	30	250	45	1450	15	990	950	7250	3100	5
NBD50/250	50	250	75	1450	11	1020	950	6940	3000	5
NBD50/500	50	500	150	2950		1010	868	6695	2500	4
80DGL50×10	50	500	150	2950	10	840	925	5503	2400	
80DGL50×15	50	750	250	2950	15	890	985	6421	4000	

注：吊泵符号的意义：如 80DGL50×10（15）。
80——出水管直径 80mm；DGL——多级立式离心泵；
50——单级扬程高度（m）；10 或 15——叶轮数量（级）。

表 11－55　气动潜水泵技术特征

型　号	单　位	Ⅰ－17－70 型	NB－50 型
扬　程	m	70	25
流　量	m^3/h	17	27
转　速	r/min	4500～5000	
工作气压	MPa	0.4～0.5	0.2～0.7
耗气量	m^3/mm	4～5	0.56～1.98
进气管直径	m^3/mm	1¼～1	1/2
出气管直径	mm	2	2
出水管直径	mm	1½	2
外形尺寸（长×宽×高）	mm	302×275×370	305×408×740
重　量	kg	25（铝壳） 35（铁壳）	32
生产厂家		武进风动水泵厂	铜陵有色机械总厂

（4）气动潜水泵，其技术性能如表 11－55。

（5）激光指向仪，为了保证并检查井筒掘进的规格，每茬炮后进行测量用的。该仪器安设在井口固定盘的中心上。

（6）自动翻碴装置，可分为三类：翻笼式、链球式、座钩式。其中以座钩式使用效果较好。

C　机械化作业线配套方案的选择

选择不同的机械化作业线，所获得的施工速度，工程成本和劳动效率各不相同。根据

表11-56　竖井机械化施工方案

井筒净径(m)	5.0~6				6.5~7.5			>7.5	
井筒深度(m)	300~500				500~700			≥700	
机械化施工方案									
方案编号	1	2	3	4	5	6	7	8	9
凿岩钻架型号	FJD-6	HD1	FJD6或HD1	FJD6	FJD9A	FJD9A	FJD9A	FJD9A	FJD9A
抓岩机型号	HZ-4或HK-4	HK-4或HZ-4	HH-6	HS-4或HS-6	HH-6、HZ-6或HK-6	HH6或HH6A	2HH6或HH-6A	2HH-6	2HH-6
吊桶容积(m^3)	2~3	2~3	2~3	2~3	3（双钩）2（单钩）	3（双钩）2（单钩）	3（双钩）2（单钩）	3（双钩）2（单钩）	3（双钩）2（单钩）
提升 提升方式	两套单钩	两套单钩	两套单钩	两套单钩	一套双钩和一套单钩	一套双钩和一套单钩	一套双钩和一套单钩	一套双钩和一套单钩	一套双钩和一套单钩
提升 提升能力(m^3/h)	34~38	34~38	34~38	34~38	41~45	41~45	41~45	约41	约41
翻碴方式	自动翻碴	自动翻碴	自动翻碴	自动翻碴	自动翻碴	自动翻碴	自动翻碴	自动翻碴	自动翻碴
适用条件	井筒涌水量<30m^3/h无较大破碎带	井筒涌水量<30m^3/h无较大破碎带	井筒涌水量<30m^3/h	井筒涌水量<30m^3/h	井筒涌水量<30m^3/h无较大破碎带	井筒涌水量<30m^3/h	岩层稳定，无破碎带，涌水量小	井筒涌水量<30m^3/h	岩层稳定，无破碎带，涌水量小
防、排水	地面预注浆或80DGL50型(6~8级)吊泵	地面预注浆或80DGL50型(6~8级)吊泵	地面预注浆80DGL50型吊泵	地面预注浆80DGL50型吊泵	地面预注浆或500m(700m)吊泵	地面预注浆或500m(700m)吊泵	地面预注浆或吊桶排水	地面预注浆；750m吊泵或两段排水	地面预注浆，吊桶排水
作业方式	短掘、短喷单行作业		短段掘砌单行作业	锚喷临时支护长段单行作业	短掘短喷单行作业	短掘砌单行作业	锚喷临时支护或掩护筒短段平行作业	短掘短砌或短掘短喷单行作业	锚喷临时支护或掩护筒短段平行作业
方案评述	机械化水平高 设备能力及工艺配套好 设备间干扰较少 各工序劳动力均衡，劳动组织简单	设备能力和施工配套较好 钻孔设备简单，维护容易，成本低 环钻与靠壁抓岩机在工作时易产生干扰	机械化程度高，设备能力配套好 环钻成本低，加工维修容易 采用环钻时钻孔与装岩两工序劳动力不够平衡 伞钻打周边孔困难	设备能力配套好 抓岩设备简单，维修容易 成本低	机械化程度高，设备能力及工艺配套好 净径大于6.5m时一台靠壁抓岩有死角不能利用伞钻凿靠壁抓岩机的固定孔 净径7.5m时中心回转抓岩机抓岩可能出现死角	机械化程度高，施工能力配套好 打周边孔困难 凿岩时，由于中心回转转轴座影响，伞钻不易靠井筒中心作业	机械化程度高，施工速度快 设备能力及施工工艺配套好 施工管理技术要求高 掩护筒易被岩块卡住	机械化程度高，工艺配套好 吊桶容积偏小，提升能力不够 短段掘砌时，打周边孔困难	机械化程度高，施工速度快 施工工艺配套好 提升能力不够 施工管理技术要求高

目前我国已研制成功并生产的凿井设备，表 11－56 列举了凿井机械化作业线的几种配套方案，供编制竖井机械化施工方案时选择。

（1）当井筒净直径 5～6m，井深 300～500m 时（见表 11－56 中第 1～4 方案），如井筒岩层稳定，无较大破碎带时，宜采用靠壁式抓岩机；如井筒岩层破碎，则采用中心回转式或环形轨道式抓岩机比较合适，抓岩机的斗容应根据井筒直径大小决定。凿岩设备的选择，在井筒任务较多，要求机械化程度较高时，采用伞形钻架；反之则以环形钻架为宜。为使配套能力均衡，提升需要两套单钩（$2m^3$ 吊桶），方能满足装岩能力的要求；当用伞形钻架时，主提升机提吊伞钻，副提升机仍可正常运行。

（2）当井筒净直径为 6.5～7.5m，井筒深度在 500～700m 时（见表 11－56 中第 5～7 方案），装岩宜用斗容 $0.6m^3$ 的大型抓岩机。也可同时布置 2 台 $0.4m^3$ 靠壁式抓岩机，或采用一台双斗环形轨道抓岩机。必须提高炮孔的深度，并选用 FJD9A 型伞钻。提升采用 $3m^3$ 吊桶双钩一套，$2m^3$ 吊桶单钩一套。井深超过 500m 时，可用 750m 扬程吊泵排水。

（3）井筒净直径大于 7.5m，井筒深度大于 700m 时（见表 11－56 中第 8、9 方案），现有配套设备能力尚显不足。因此，掘进工作分两步进行。第一步，在井筒深度 700m 以内，采用两台 $0.6m^3$ 抓岩机，提升仍用 $3m^3$ 吊桶双钩一套，$2m^3$ 吊桶单钩一套。凿岩设备仍用 FJD9A 型伞钻，井架用 V 型井架。在井筒深度大于 700m 时，由于钢丝绳增长，提升能力不足，因此，可适当减小吊桶容积，以满足提升的要求，维持正常生产。

11.3.1.6 井筒支护

A 临时支护

几种临时支护形式见表 11－57。

表 11－57 几种临时支护形式

临时支护形式	优 点	缺 点	适用条件
锚喷支护（锚、喷可单独也可与金属网联合采用）	工序简单，工效高，速度快，节约木材 及时封闭围岩，可加大段高可成为永久支护的一部分	粉尘大，灰浆回弹量较大 井帮淋水大时施工困难，质量不易保证	适合于各种永久支护形式，一般地质条件下均可采用
柔性掩护网和刚性掩护筒	省去临时支护时间 节约木材 成井速度快	吊挂复杂，需用大型悬吊设备 易卡帮且处理困难	岩层较稳定，采用短段平行作业

柔性掩护网和刚性掩护筒是随井筒掘进工作面的推进而下移的结构物。仅起掩护作用而并非支护井帮。柔性掩护网系由 8 节角钢弧形构件组成骨架，骨架外敷设三层柔性网。刚性掩护筒系由钢板组成的内、外层及悬吊装置所构成。外层高 5m 用链条悬挂在活动模板的底膜下。内层高 10.6m 用四台稳车悬吊。内外层上下之间距离可伸缩[1,3]。

B 永久支护

a 喷射混凝土井壁

我国自 60 年代中期开始在竖井中采用喷射混凝土作永久支护，由于其施工机械化程度高、速度快、质量好、成本低、应用日广。但是涌水量大时质量不易保证，故一般在淋水小的条件下应用。喷射混凝土机械化作业线的设备布置有两种方式，喷射机设在井口附近和喷射机设在吊盘上。

b　浇灌混凝土井壁

它强度高、整体性好、封水性好、便于实现机械化，是应用最广的竖井支护形式。使用的金属模板和搅拌、输送系统布置如下：

(1) 金属模板。各种金属模板（表11－58）的出现是竖井施工技术和机械化程度提高的重要标志[9]。

1) 装配式金属模板。由若干块钢板和型钢焊接成的弧形板、相互间用螺栓连接而成。为便于装拆，每圈模板中有带斜口的小模板和大模板各一块。模板圈外径大于井筒净径25mm，以便模板变形后或安装不对中时仍能保证井壁的厚度。模板高度是循环进尺所决定。每圈模板块数以每块模板重不超过60kg而定。除上述主体模板圈外，每井段底部有带斜面的三角活动式底模板，顶部有合页式接茬模板。

表11－58　金属模板的型式

模板型式		优　点	缺　点	适应条件
装配式金属模板		构造简单，成本低	整体性差，影响井壁规格质量	单行作业，长段平行作业
伸缩式活动模板	按伸缩机构分： 螺栓调节式 双楔螺杆式 同步增力式 按伸缩缝封闭方式分： 搭接式 楔形脱模门式 插板式	不需临时支护立模，脱模方便，复用率高	接茬多，需吊挂设备，伸缩机构易坏	短段掘砌单行作业或混合作业
门扉式活动模板		不需临时支护立模，脱模方便，复用率高。无伸缩机构	结构复杂，重量大，需吊挂设备，占井筒断面大	平行作业
液压滑升模板	内爬杆式	机械化程度高，速度快，质量好，安全可靠	设备较复杂，操作亦较复杂，易出现滑板盘倾斜平移，扭转等	长段单行作业，或长段平行作业特别适用于全井套内壁
	外爬杆式	同前。且爬杆受力状况好，不易弯曲，爬杆可回收	设备较复杂，操作亦较复杂，易出现滑板盘倾斜平移，扭转等	长段单行作业或平行作业

2) 伸缩式活动模板。它是一种自上而下整体移动的金属模板[3]。搭接伸缩式活动模板是其一种，它由9～20个弧块组成，每块弧长1.2m左右，每块弧形模板由16～23号槽钢骨架和厚为4～6mm的围板焊接而成，各弧块间用螺栓连接。整体模板中有2～4块搭接伸缩装置，其伸缩机构是螺栓调节式。弧形模板分Ⅰ、Ⅱ、Ⅲ种，规格均相同。模板Ⅰ两边都是螺栓与其他模板连接，模板Ⅱ、Ⅲ是对称的，两者间为伸缩缝，伸缩缝的伸缩使模板撑开和收拢。模板有吊耳6～8个，均匀布置。每两个吊耳通过人字绳连接到一根吊挂绳上，钢绳直径为18.5～25mm。钢绳可直接悬吊在地面稳车上或用手拉葫芦吊在吊盘下。

3) 门扉式活动模板（图11－55）是一种自上而下整体移动的金属模板[1]。全套模板由托盘（底模）、模板和框架结构加强圈组成。模板由在井周上布置的、成对可开闭的门扉模板块所组成。各门扉铰接在型钢立柱上。立柱被上下槽钢圈固定，形成刚性笼式框架。框架用3根钢绳悬吊在地面稳车上，关闭门扉即形成圆筒形整体模板，稍为开启门扉，松开悬吊钢绳，即可脱模。在平行作业高空筑壁时，模板坐落在专门托盘上。托盘用四根钢绳悬吊在地面稳车上，钢绳通过门扉空心轴，并可作下放模板的导向绳。

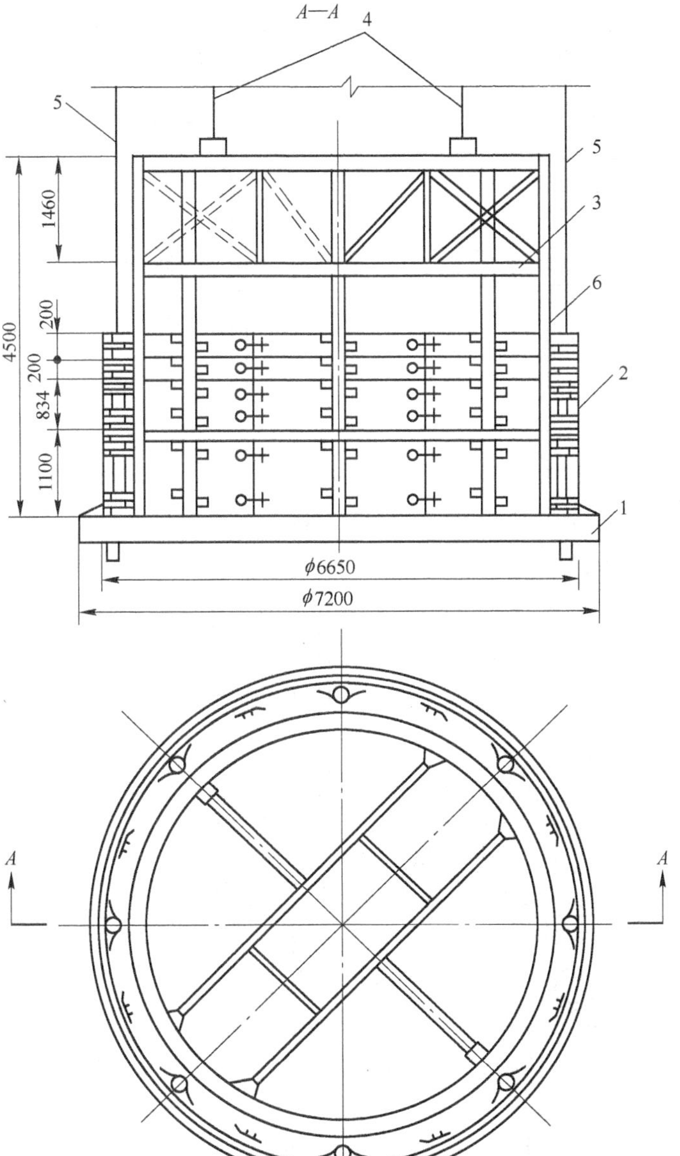

图 11-55 门扉式活动板

1—托盘；2—模板（门扉式，厚4mm钢板）；3—桁架结构加强圈；4—ϕ25mm的悬吊模板钢丝绳；5—ϕ28mm的悬吊托盘钢丝绳；6—空心轴

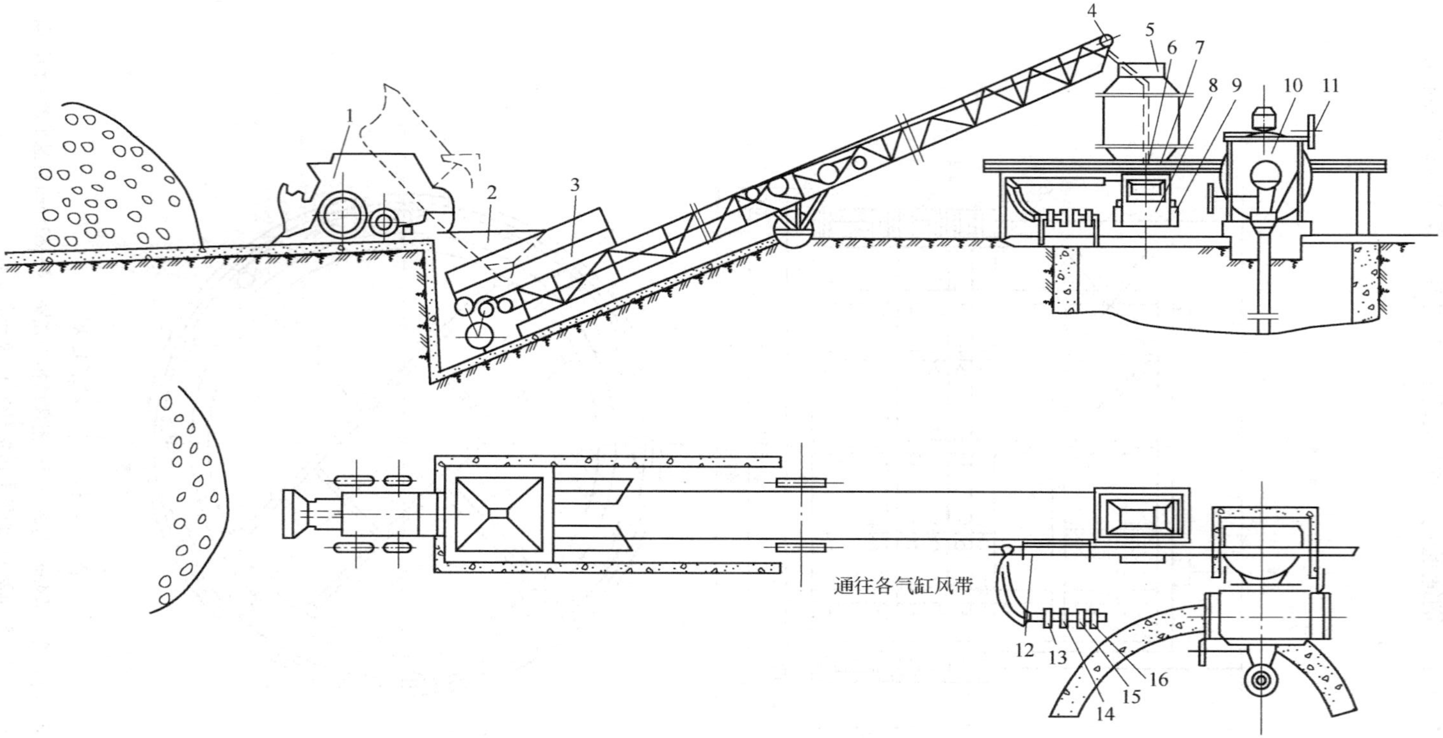

图11－56　皮带组成的自动上料系统

1—气动装运机（ZYQ－12G）；2—0.9m^2 漏斗；3—皮带机；4—储料仓间隔挡板；5—储料仓；6—12号工字钢滑轨；7—砂石漏斗闸门；8—底卸式计量器；9—计量器底卸气缸；10—胶轮移动式搅拌机（C145－3型）；11—溜灰管漏斗；12—计量器行程气缸；13—行程气缸四通阀；14—计量器小气缸四通阀；15—储料仓碎石闸门四通阀；16—储料仓砂闸门四通阀

4）液压滑升模板，自下而上实现连续浇注的一种整体慢速滑升的金属模板[3]。内爬杆式液压滑升模板是由模板、围圈、滑模盘和提升架组成的。提升架上安有中空千斤顶，在混凝土井壁内埋有支承杆（爬杆），它穿过中空千斤顶，千斤顶用卡套支承在杆上并沿之向上滑动，从而带动提升架和整套模板装置滑升。

（2）混凝土上料、搅拌和输送系统。

1）搅拌站布置，形式很多，主要有低于井口式、高于井口式和台阶式等三种。低于井口式适用于平坦地形，上料方便，卸料容易，但操作环境不好，冲洗搅拌机的水易流入

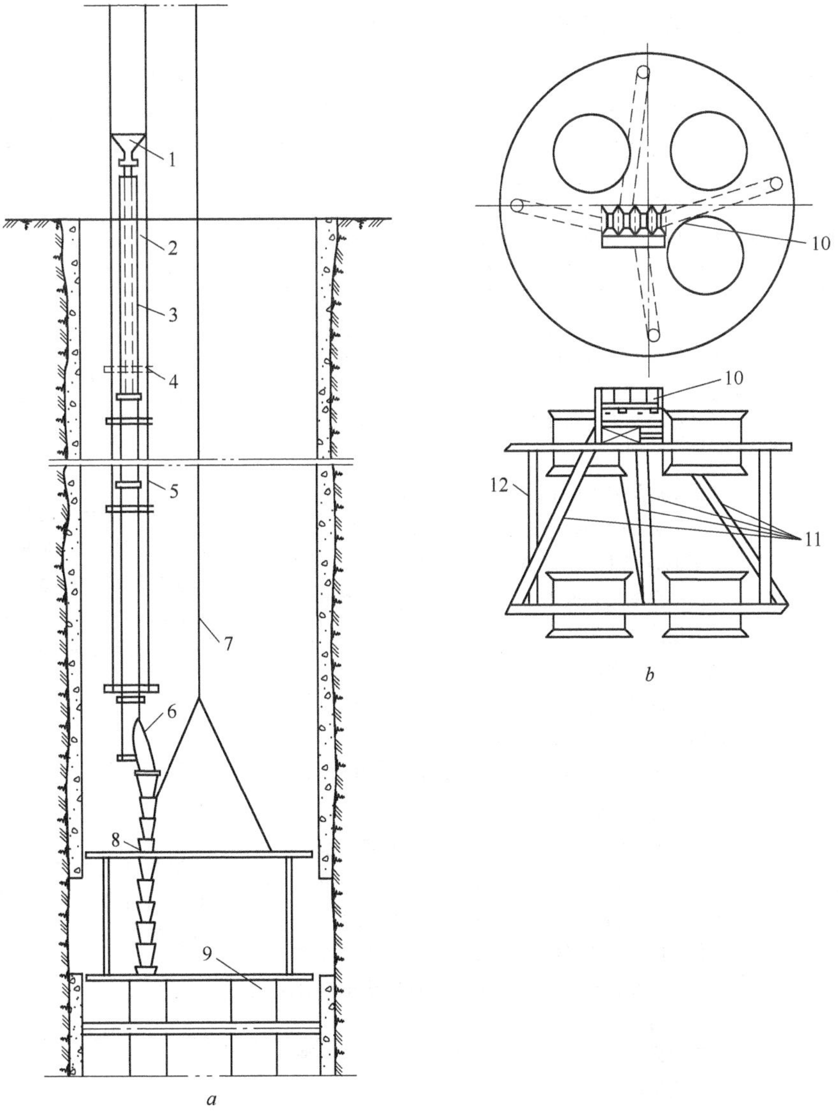

图 11－57 混凝土输送（下料）系统及分料器（槽形固定式）

a—管子下料系统；*b*—分料器

1—漏斗；2—伸缩管；3—溜灰管；4—管卡；5—悬吊钢丝绳；6—缓冲器；7—吊盘钢丝绳；8—活节管；9—金属模板；10—分料器；11—溜槽；12—吊盘

井内，井口附近的空气也不好；高于井口式适用于平坦地形，操作方便，冲洗搅拌机的水不会流到井下，但上料需要用提料设备。此种布置形式应用广泛；台阶式适用于山坡地

表11－59 混凝土输送方式

输送方式		结构说明	优缺点
输送管下料		输送管系统见图11－30，可直接经活节管入模，也可溜放到分料管入模	混凝土可连续浇灌；施工速度快，效率高；工序简单，安全可靠；可减轻体力劳动 管子易磨损；易产生混凝土离析，降低混凝土强度
吊桶下料	底卸式	吊盘上设卸料溜槽、分灰器、活节管等。吊桶底卸闸门采用人工或利用自重碰撞打开	混凝土无离析现象，井内悬吊布置简单 占用提升位置和时间，在井口、吊盘上装、卸料费力，不能连续供料，翻桶时较困难且安全条件不好
	翻转式	用人工在吊盘上翻转吊桶卸料，吊盘上受料、分灰装置与底卸式相同	
	废石吊桶	在稳绳上卡挂钩绳，用钩头挂住吊桶底部铁环，然后下放吊桶使之翻转卸料，经溜槽、分灰器和活节管入模	

表11－60 凿井井架的类型

井架类型	主要特点	适用范围
新Ⅳ型和Ⅴ型亭式井架	其结构与Ⅰ～Ⅲ型基本相同，但作了改进，其特点是： 井架底层有宽敞的空间，便于长设备进出井口棚 为使大型伞形钻架进出和临时修理，使翻碴台高度提至10m以上，故主体架垂高分别达25.2m和25m 由于吊桶提升速度加快，井架过卷高度增到6m 为使冻结法施工时，井架基础不压在冻结槽上，主底架底脚间宽度为16×16m 为使悬吊设备的天轮都能布置在平台上，其尺寸取7.25×7.25m和7.5×7.5m	Ⅰ～Ⅳ型分别适用于井筒净径3～8m、深200～800m的竖井；新Ⅳ型和Ⅴ型分别适用于井筒净径6.5～8m，深800和1100m的竖井，并能满足机械化施工要求
小型钢管亭式井架SJ－1型	天轮平台四面出绳，天轮布置灵活，凿井设备用的天轮，均可布置其上 制作井架的钢管型号小，货源广，耗钢量少 翻碴平台和仓斗为落地式，与井架不在一体，减轻了井架荷载和重量，提高了翻碴系统复用率 井架内立体空间较大，适用机械化凿井的需要 每个井架斜脚均由三个小钢管及连接小钢管组成，制作较为复杂	适用于井筒净径≤5.5m，深度≤400m条件下，能满足机械化施工要求
三腿式井架	三个腿均用钢管组成的构件制作，材料品种单一，钢材消耗量小 井架无天轮平台，翻碴台设在井架外侧的独立碴石仓架上，井架头部只设一个提升天轮 除吊桶稳绳吊挂在碴石仓架上外，其余设备均为井内吊挂或地轮吊挂 结构简单、拆装容易，复用率高	适用于悬吊设备少的竖井；不适用大型竖井快速施工

形，不用提料设备，上车卸料方便，工作环境好。

2）搅拌站自动加料系统：图 11 - 56 是一种皮带组成的自动上料系统。

(3) 混凝土输送（下料）系统：见图 11 - 57。其输送方式见表 11 - 59[3]。

11.3.1.7 凿井结构物和设备布置

A 凿井结构物

凿井结构物包括井架、吊盘、稳绳盘、封口盘、井口固定盘等。

a 凿井井架

凿井井架一般为钢结构，按井深、井径和承载能力可选择表 11 - 60 所列井架[1]，其外结构见图 11 - 58、图 11 - 59 和图 11 - 60。为节省拆装凿井井架工作，在条件许可下应尽量利用生产井架或井塔凿井，但须验算其承载能力，并可增加或补强其部构件。

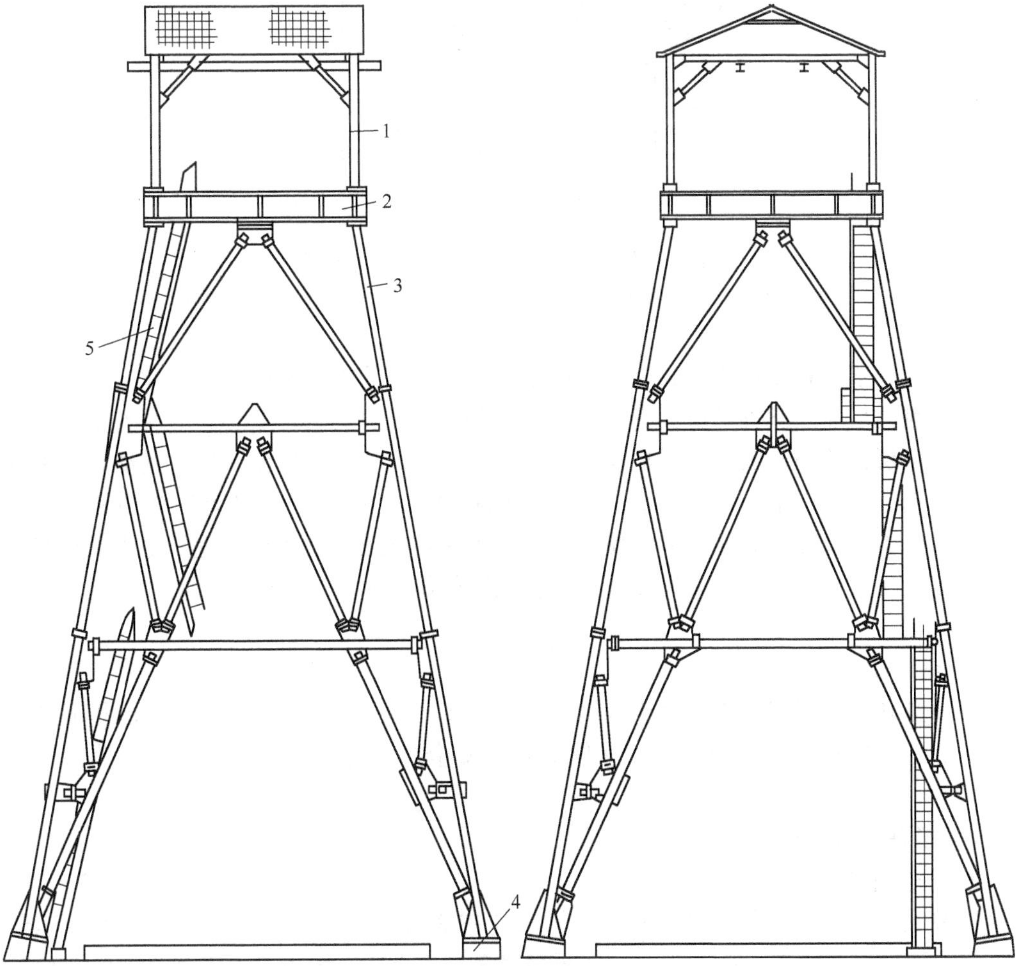

图 11 - 58 新Ⅳ型和Ⅴ型亭式井架

1—天轮房；2—天轮平台；3—主体架；4—基础；5—扶梯

b 吊盘

多采用钢结构吊盘（图 11 - 61）[2]。一般用双绳悬吊在地面慢速绞车上，盘面呈圆形，铺设防滑网纹板，盘面的布置，孔洞的位置与大小，均依凿井设备布置而定。吊盘的

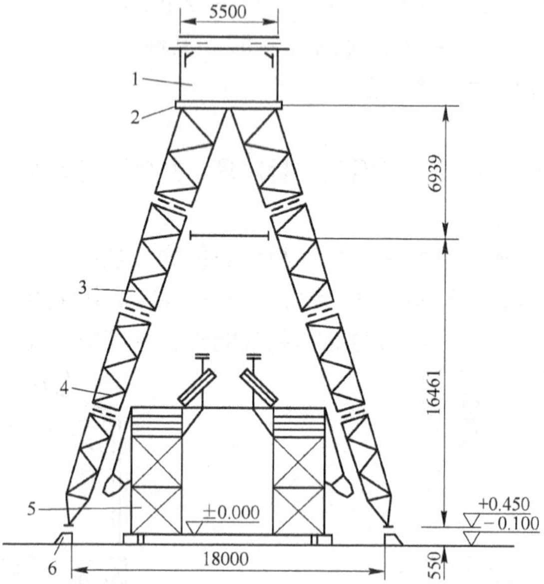

图11-59 小型钢管亭式井架（SJ-1型）
1—天轮房；2—天轮平台；3—主体架；4—卸碴台；5—矿仓；6—基础

种类有单层，双层和多层等，其层数取决于凿井施工作业方式和施工机械化方案，一般多用双层吊盘。吊盘圈梁直径应比井筒直径小300mm，层间距要满足掘砌工艺要求，并为永久罐道梁层距的整倍数，双层盘盘距一般为4~6m。为避免吊盘工作时晃动，应采用机械的、气动的或液压千斤顶固定装置将其稳固在井帮（壁）上。吊盘的结构和使用方法亦随凿井施工作业方式而异。单行作业时，吊盘作砌壁工作盘兼稳绳盘，用于设置和吊挂掘进设备，拉紧稳绳并保护工作面安全。长段平行作业时，吊盘随砌壁而不断上提，其下另设稳绳盘。

c 封口盘和井口固定盘

封口盘和井口固定盘通常为钢木结构。前者高出地面200~300mm，保护井下施工安全用；后者设在前者下4~8m处，除保护井下安全外，还在其上设置测量仪器，进行管路装拆。

B 凿井设备吊挂

a 井上吊挂方式

凿井设备及管、缆通常用钢绳经天轮吊挂在地面稳车上。除电缆用单绳单稳车悬吊外，其余用双绳双稳车悬吊。为简化布置可将2根以上管、缆卡固在一起用双绳双稳车悬吊；在井深小于200m时，供水和供气管还可用单绳单稳车悬吊，但拆卸不便、易偏斜；在深井且无大能力稳车时，可将管路分段接力悬吊[3]。

b 井内吊挂方式

为简化设备、节省大量稳车、天轮和钢绳，并减少井架荷载和简化井架结构，宜推广

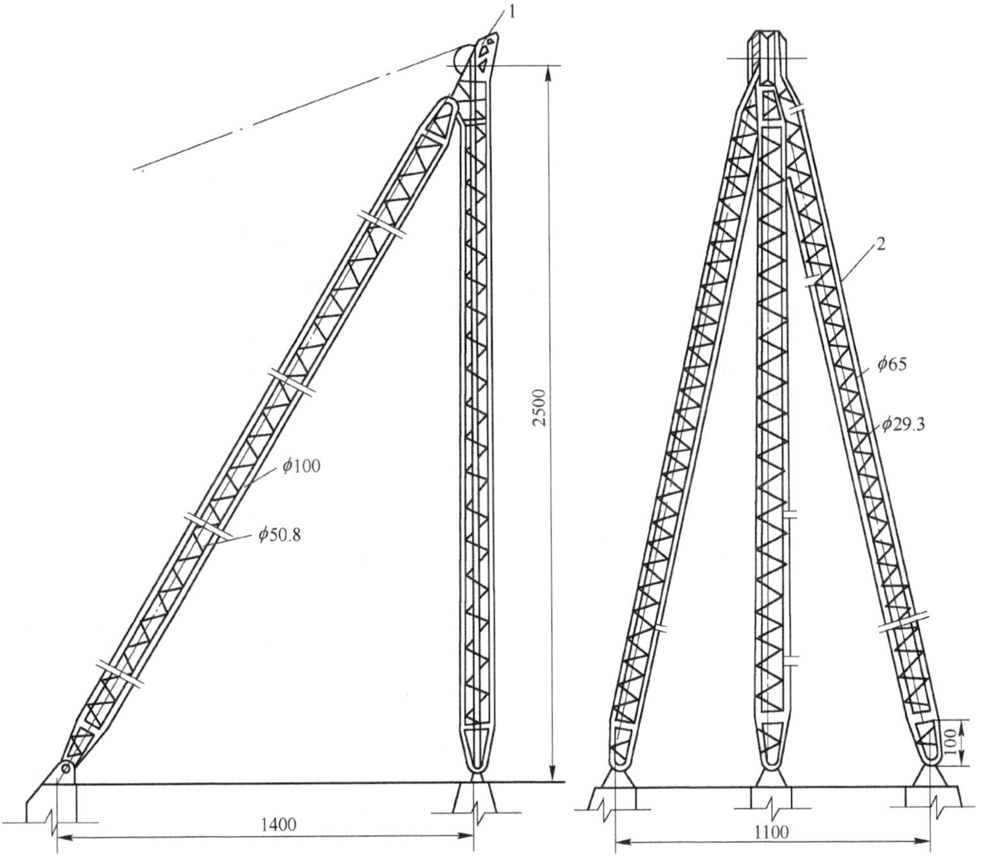

图 11－60 三腿式井架
1—天轮；2—井架接头

井内吊挂方式，凤凰山铜矿混合井净径 5.5m，深 360m，采用单行作业、锚喷支护，每隔 6～10m 砌一高为 0.5m、厚 0.15m 的钢筋混凝土环，其上设永久梯子平台。凿井用管、缆固定在平台钢梁上（图 11－62）[1]。悬吊稳绳的稳车设在翻碴上，吊盘用地轮悬吊，井架只承受吊桶提升荷载，因此采用了简单的三腿式井架。

C 凿井设备布置

设备布置通常包括井内设备布置（以工作面设备布置和吊盘盘面布置为代表）、天轮平台布置和地面提绞设备布置三方面。由于井内空间少设备多，设备大多起落移动频繁，设备和设施间又必须严格保持一定的安全间隙，因而井内设备布置最复杂、难度大。在作设备布置时，必须以井内布置为主，兼顾其他两方面。通常先作井内布置，然后自下而上布置吊盘、天轮平台和地面提绞设备。

a 设备布置的方法和步骤

凿井设备布置通常采用硬纸片模型摆布法[2,3]。即把井内各设备、设施的外形轮廓按

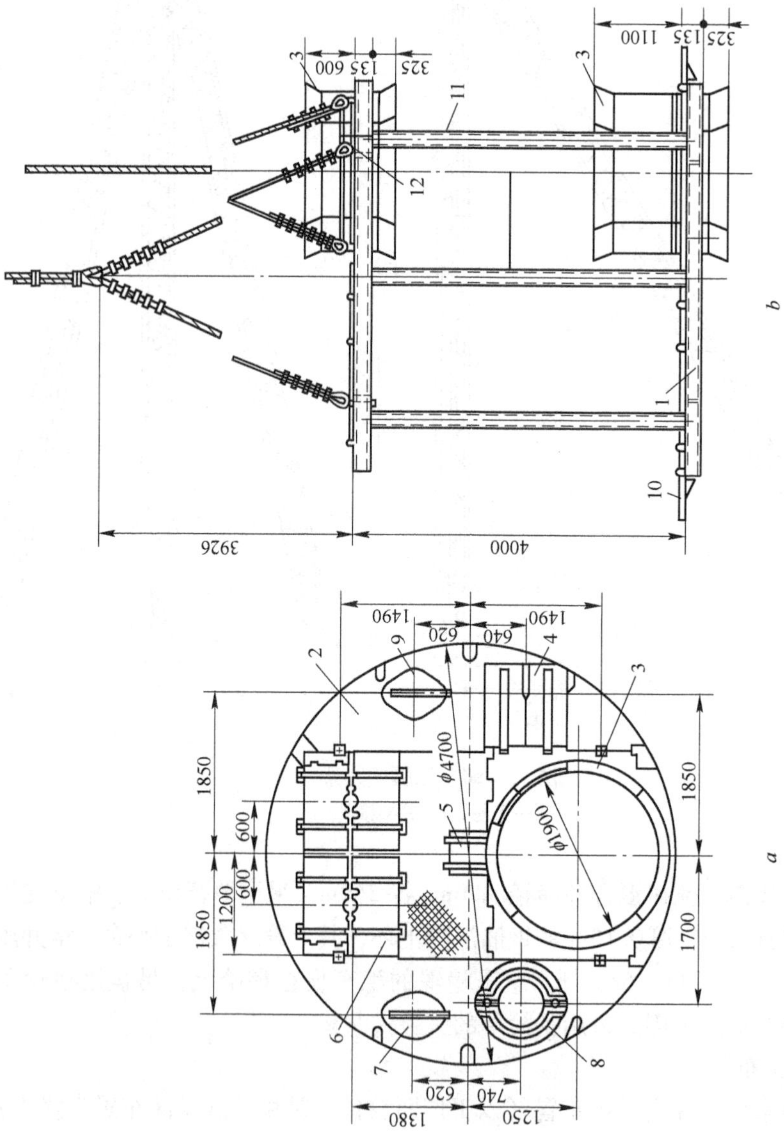

图 11-61 双层吊盘

1—盘架钢结构；2—盘面；3—吊桶喇叭口；4—安全梯盖门；5—中心测锤孔盖门；6—吊泵门；7—压风管盖板；8—风筒盖板；9—混凝土输送管盖板；10—活遮板；11—立柱；12—悬吊装置

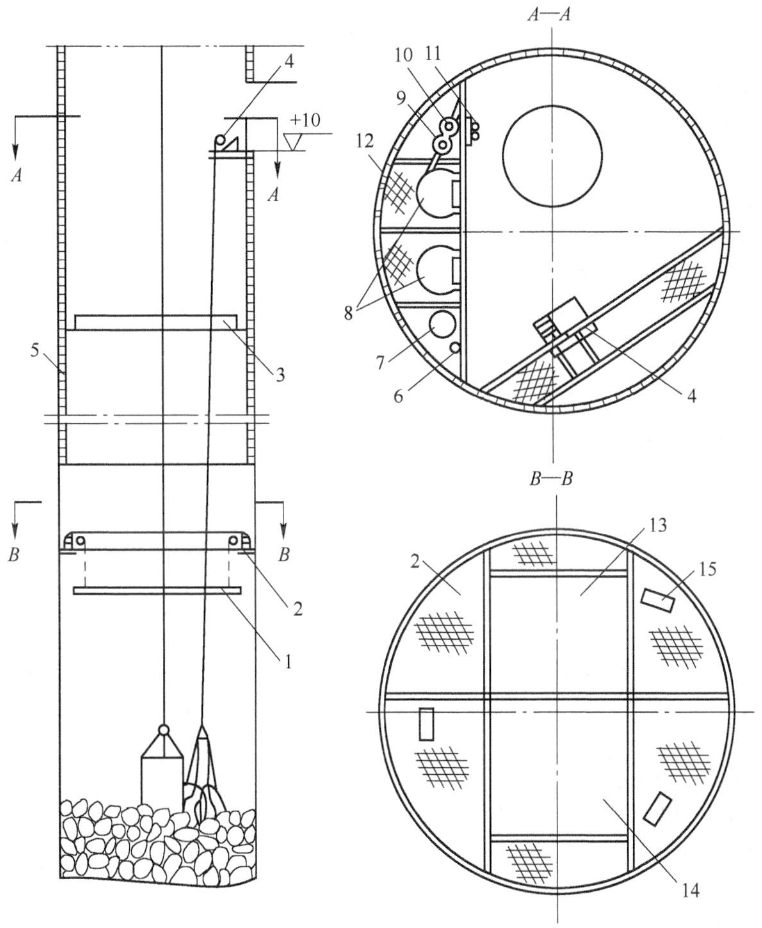

图 11－62　凤凰山铜矿混合井凿井设备布置和井内吊挂方式

1—凿岩环；2—吊盘（带有固定模板）；3—带截水槽的混凝土环；4—MHK－82 型悬吊抓岩机气动绞车；5—喷射混凝土井壁；6—排水管；7—风筒；8—永久梯子；9—压气管；10—供水管；11—照明电缆；12—钢筋网铺板；13—吊桶通过口；14—抓岩机钢绳摆动口；15—悬吊凿岩环的风动绞车

同一比例制成硬片模型，然后将它们进行井内设备布置，待调整合适即可绘制施工图。这种布置通常由井底工作面开始逐层向上布置，以便上下协调一致，再逐步向地面四周布置。具体步骤是：

（1）根据工业广场总平面布置和井底车场出车方向确定凿井提升机的方位，初步定出井内主要提升容器的位置。

（2）布置井内掘、砌工作面施工设备，如抓岩机、吊桶、吊泵、钻架、安全梯等，并确定其吊挂方式和管、线位置。

（3）确定吊盘及其他施工盘上的各设备、管缆通过口的位置、大小、决定各盘的梁格布置及各盘面上设备的布置。

（4）确定井架与井筒的相对位置。确定翻碴上设备通过口位置、大小及梁的布置。选择并计算天轮和天轮梁，确定其平、立面的位置；

表11-61 安全间隙和操作距离

项 目		间距（mm）
吊桶	吊桶外缘与井筒中心的距离	
	用锤球挂线测量井心时	≥100
	用激光指向仪测量井心时	≥500
	用环形轨道中心回转抓岩机时	≥800
	吊桶外缘与永久井壁间距离	≥450
	吊桶外缘与环轨、环形钻架内缘间距	≥300
	提升容器相邻两稳绳的距离	
	井深400m以内时	≥300
	井深H大于400m时	$\geqslant 200+\frac{H}{3}$
	吊桶最突出部分与孔口的安全间隙	≥200
	吊桶上滑架与孔口的安全间隙	>100
临时罐笼	提升容器和井壁间	≥350
	两套相邻提升容器之间	
	无防撞绳	≥450
	设防撞绳	≥200
	容器和井梁之间	≥350
吊泵	吊泵最突出外缘与井壁的间隙	≥300
	两台吊泵外缘之间距	≥500
	吊泵外缘与吊盘孔口的间距	≥50
抓岩机	抓岩机外缘距井筒中心	≥100
	抓斗悬吊时最突出部与运行吊桶的间隙	≥200
	靠壁式抓岩机钢绳悬吊点与井壁距离	≥400
凿岩钻架	环形钻架与井壁的间隙	≥200
	吊盘直径与钻架的环轨直径之差	≥200
	钻架环轨与吊泵外缘间隙	≥100
	伞形钻架最小收拢直径与吊桶孔口直径之差	≥400
安全梯	安全梯与井壁之间距	≤500
	安全梯与孔口边缘的间隙	≥150
管路和电缆	管、缆最突出部分与井筒中心的距离	≥100
	悬吊管、缆与永久井壁的间距	≥300
	管、缆与提升容器突出部分的间距	
	在井深400m以内时	≥500
	在井深400～500m时	≥600
	当井深大于500m时	≥800
	管、缆及其卡子最突出部分与各盘台孔口间距	≥100
	照明、动力电缆与通讯、放炮电缆的间距	≥300
	放炮、信号电缆与压风管的间距	≥1000
施工盘	吊盘突出部分与永久井壁的间隙	≤100
	固定盘钢梁外缘距井心的间距	≥100
天轮平台	悬吊钢绳与天轮平台各构件的间隙	≥50
	天轮与天轮平台各构件的间隙	>60
	井架中心线和井筒中心线错开距离	≤450

续表 11-61

	项　目	间距（mm）
提升机和稳车	钢绳最大弦长	
	提升机	≤60
	稳车	≤55
	钢绳最大偏角	
	提升机	≤1°30′
	稳车	2°
	钢绳最小仰角（下绳）	
	提升机	≥30°；JK 系列≥15°
	55 型稳车	≥19°（5t）；
	钢绳最大仰角；55 型稳车	≥27°（8t）
		≤52°（5t）；
		≤50°（8t）
	稳车钢绳与其前一台绞车最高部分的间距	≥300
	悬吊设备的钢绳与侧面通过车辆最突出部分间距	≥100
	悬吊设备的钢绳与下面通过车辆最突出部分间距	≥500
	一台电机带动两台 55 型稳车时卷筒中心距	1819（8t）
	有手动装置的 JZ 型稳车两卷筒中心线之间距	1938（5t）
	并列布置时：两台均有手把	≥5000
	一台有手把	≥3500
	前后布置时：	
	前 5t 后 8t	2700
	前后均为 5t	2300
	前 8t 后 5t	2390
	前后均为 8t	2610

（5）布置地面提升机和稳车。

（6）进行总校核和调整，绘制各层平、立面布置图，编写计算书。

b　设备布置安全间隙和操作距离[1,2,3]

其安全间隙和距离见表 11-61。

11.3.1.8　井筒装备[3,10]

井筒装备的主要内容有：安装永久井架（或者井塔）、永久提升机、罐道梁、罐道、梯子间、管路、电缆、井底支承结构、钢丝绳终端设施以及托管梁、电缆支架、防过卷装置等。这些工程一般都在主、副井达到设计深度，两条井已贯通并形成通风、运输系统后方能进行。两条井交替进行永久装备的施工顺序如图 11-63 所示。

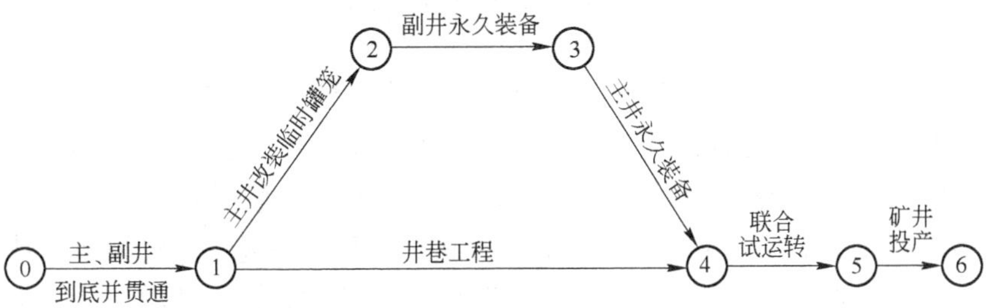

图 11-63　主、副井井筒装备与井巷工程施工关系

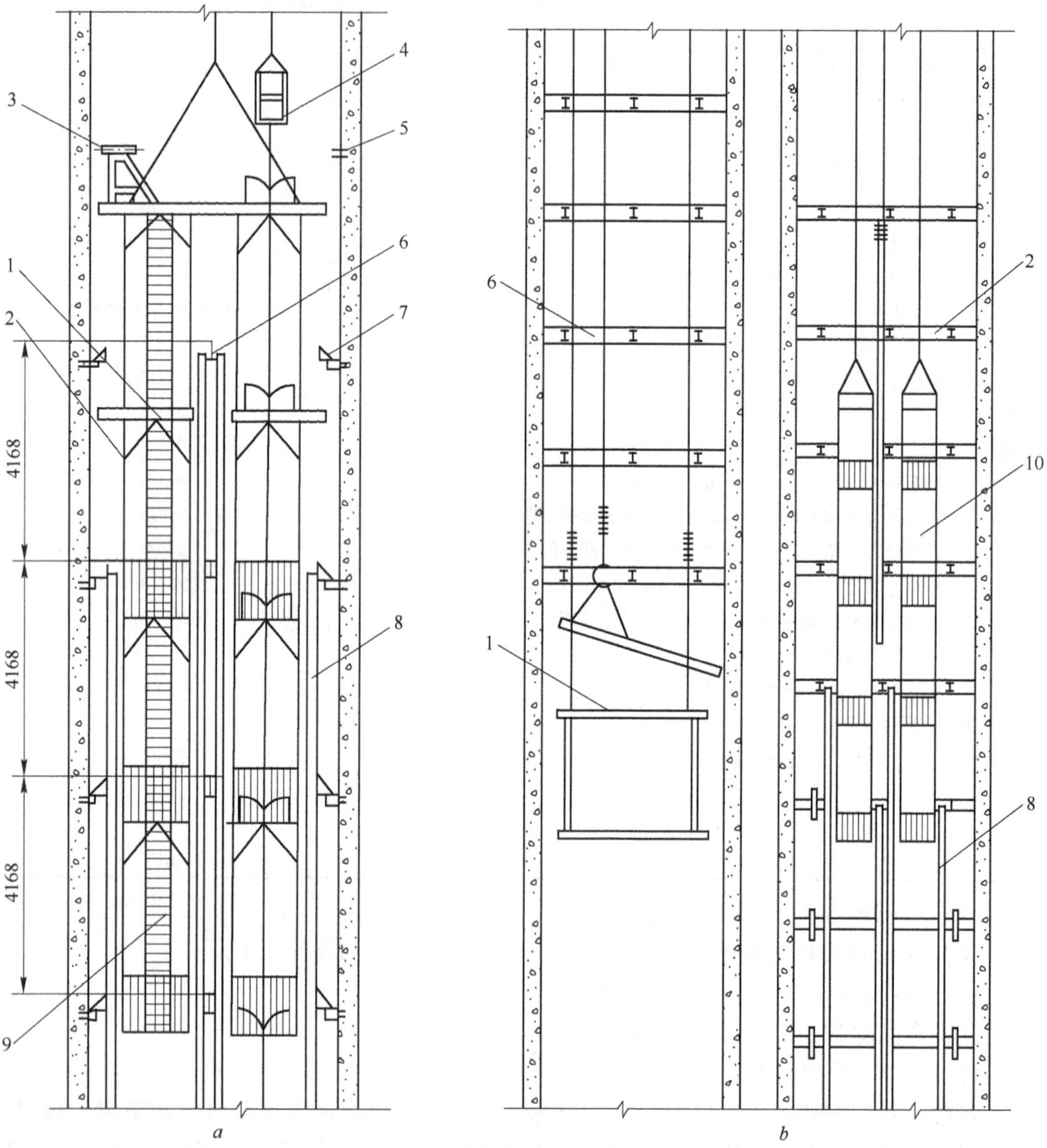

图11-64 井筒安装方式

a——一次安装作业方式；*b*—分次安装作业方式

1—双层吊盘；2—双层吊盘下悬挂三层吊笼；3—凿岩用凿岩机；4—升降物料及人员吊笼；5—树脂锚杆；6—罐道；7—支承座；8—钢轨罐道；9—梯子；10—四层吊笼

当主、副井永久提升使用滚筒式提升机和钢井架时，永久提升机房的建筑和提升机安装不占井口作业时间；钢井架可采用地面组合，整体起立的施工方法，一般只占井口作业时间5~7天。目前大、中型矿井主、副井提升机大都采用多绳摩擦轮和钢筋混凝土井塔。提升机安装在井塔顶部，建筑结构复杂，难度大，施工时间长，一般都需要10个月左右，提升机安装也需8~10个月。主、副井交替装备工期约为36~40个月。

A　井筒装备的作业方式

a　一次安装

即从井底向上利用多层吊盘（或吊盘带吊笼）一次将井筒内罐道梁、罐道及管路等全部装备完，如图 11－64*a*。一次安装法又可分为：分段循环一次安装法和逐层连续一次安装法。第一种方法是由下向上连续安装罐道梁 10～20 层，同时安装管路，再从下向上安装罐道。第二种方法是在采用树脂锚杆固定井筒装备的井筒中，用多层吊盘一次完成全部装备。

b　分次安装

是从井口向下在吊盘上安装井内全部罐道梁、其他钢梁及电缆卡等，然后由井底向上在吊笼上安装罐道，最后由井底向上安装管路，如图 11－64*b* 所示。

一次安装的主要优点是工时利用率高，施工速度较快，有利于提高工程质量。主要缺点是工作组织复杂，需用设备设施较多，吊盘结构复杂。

分次安装简单、安全；适应任何复杂的罐梁层格布置。缺点是施工工序重复，施工时间长。金属矿山多使用分次安装作业方式。

c　掘砌安一次成井方式

即在掘砌同时用吊盘自上而下安装罐道梁、罐道、梯子间等。

B　罐道梁安装

在吊盘上进行。吊盘结构根据施工需要有单层、双层、三层甚至四层和五层的，分次安装时常用双层吊盘；一次安装时用四、五层吊盘，如图 11－65。吊盘层间距要与罐道梁层距一致，其立柱躲开梁窝位置，悬吊钢绳不得妨碍罐道梁的安装。罐道梁的安装顺序一般是先安梯子间附近的主梁，以便安装辅助梁和安装梯子间，能与其他主梁安装同时进行。辅助罐道梁及长度小于 2.5m 以下的构件、零件均用吊桶运入井下。2.5m 以上的构件如主罐道梁等则用专门悬吊装置送入井下。

C　罐道安装

a　刚性罐道安装

一般都是在吊笼中进行。由于施工方式不同，吊笼有三层、四层或五层的。吊笼的层距等于罐梁的间距，通常安装木罐道用三层吊笼，安装金属罐道用四层吊笼。安装时罐道用绞车悬吊下送到井筒。木罐道单根下，金属罐道可用吊挂装置多根下放。罐道安入罐梁槽口后，吊笼上各层工人即可同时用钢卡子将罐道卡紧。

b　钢丝绳罐道的安装

根据钢丝绳罐道的固定和拉紧位置不同，可分为井底重锤拉紧和井架螺杆拉紧两种方式[11]：

（1）井底重锤拉紧方式。即罐道上端用楔形固定装置固定在井架上，而井底用一个重锤装置使罐道拉紧。

（2）井架螺杆拉紧方式。即将罐道下端用绳夹固定于井底，上端用螺杆拉紧装置与井架相连接。由于其拉紧力有限，在深井不宜采用。

D　梯子间和管线安装

梯子间一般随罐梁同时安装。管路采用自下而上的顺序安装，即在井筒与管子道连接处先架设一层支承梁，在上面安设带弯管的支座，而后向上安装管道。管道安装在吊罐或

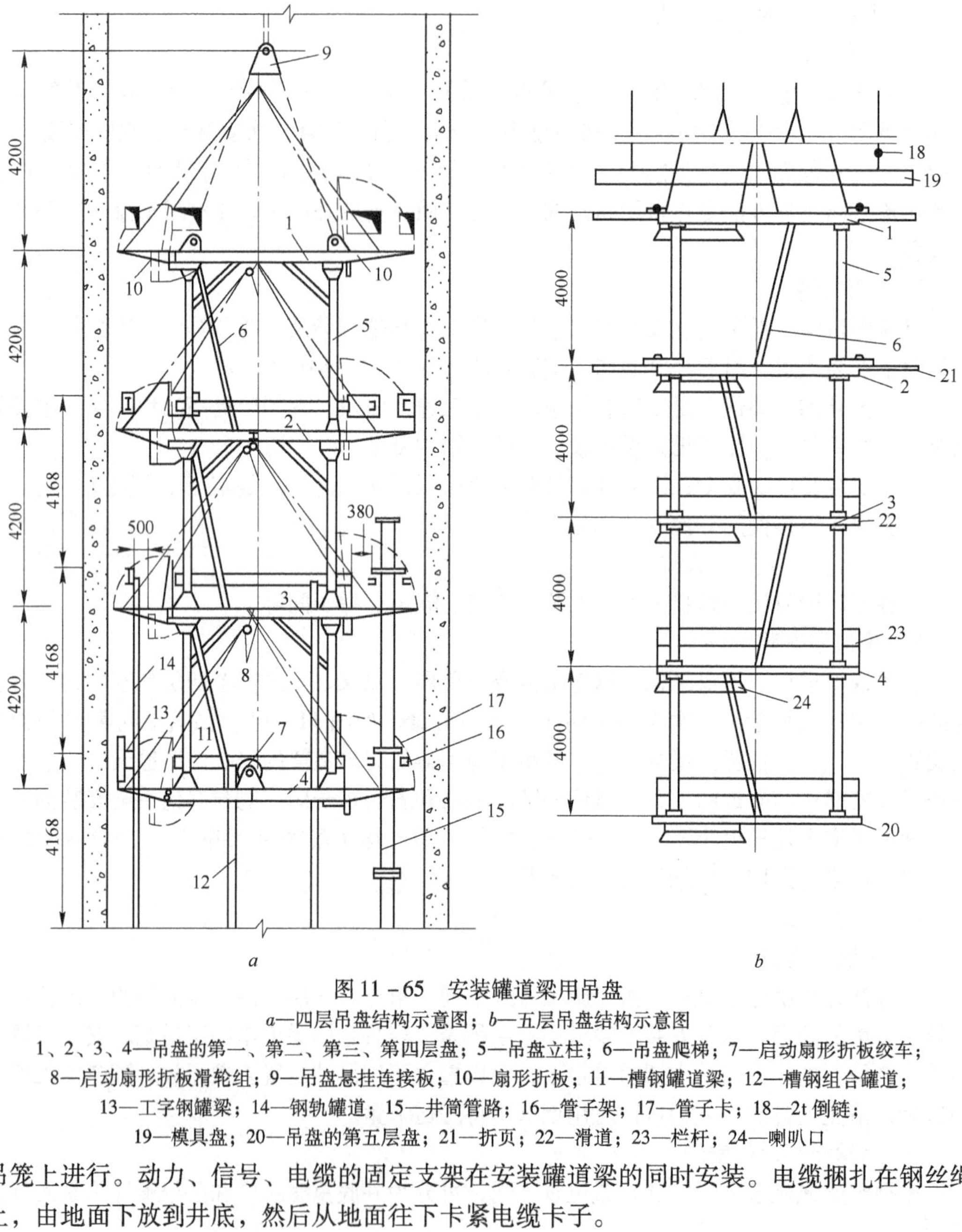

图11－65 安装罐道梁用吊盘

a—四层吊盘结构示意图；*b*—五层吊盘结构示意图

1、2、3、4—吊盘的第一、第二、第三、第四层盘；5—吊盘立柱；6—吊盘爬梯；7—启动扇形折板绞车；8—启动扇形折板滑轮组；9—吊盘悬挂连接板；10—扇形折板；11—槽钢罐道梁；12—槽钢组合罐道；13—工字钢罐梁；14—钢轨罐道；15—井筒管路；16—管子架；17—管子卡；18—2t倒链；19—模具盘；20—吊盘的第五层盘；21—折页；22—滑道；23—栏杆；24—喇叭口

吊笼上进行。动力、信号、电缆的固定支架在安装罐道梁的同时安装。电缆捆扎在钢丝绳上，由地面下放到井底，然后从地面往下卡紧电缆卡子。

11.3.1.9 施工组织

竖井施工实践表明：正规循环作业、多工序平行交叉作业和工种岗位责任制是施工组织方面行之有效的科学组织形式[1]。

A 正规循环作业

正规循环作业是一种科学的作业方式。它要求在规定的循环时间内，完成各工序规定的工作量，取得预期的进度。它必须把各工种在一个循环中所担负的工作量和时间，先后顺序以及相互衔接关系，周密地用图表形式固定下来，并在实践中调整、改进施工方法和劳动组织，从而能有效地利用工时，充分发挥设备潜力，井然有序地进行作业，实现持续快速施工并保证工程质量和施工安全，降低工程造价。

为了实现正规循环作业，必须因地制宜地确定每昼夜合理的循环次数和循环进尺。一般应在保证循环进尺的前提下增加循环次数。深炮孔和多循环是快速掘进的基本因素。通常在开始阶段孔深不要定得过高，首先要按照预定图表进行正规循环，待它逐步稳定后，再逐步加深炮孔，提高循环进尺或增加循环次数。

在编制循环图表时，要留有余地，防止某种原因的影响而打乱正规循环，并应使每昼夜的时间是循环的整倍数。目前炮孔深度宜在 3m 以内，以圆班或小班（8h 或 6h）一循环为宜。

铜山新大井采用短掘短喷施工方案，孔深 3 ~ 3.8m，计算循环时间为 18h，实际平均循环时间为 20h40min（包括故障时间），循环完成率为 87%；平均循环进尺为 2.51m，最高达 4m，月成井为 88.4m。所用设备及井筒有关情况见表 11 - 65。其计划循环时间的安排见表 11 - 62。

凡口新副井亦采用短掘短喷施工方案，孔深 2.8 ~ 3m，计划循环时间为 12h，实际平均循环时间为 12h18min（未计算故障时间），循环完成率为 97.5%，如计入故障时间，其循环完成率为 88.7%；平均循环进尺为 2.18m，最高达 3m，最高月成井为 120.1m。所用设备及井筒有关情况见表 11 - 65。其计划循环时间的安排见表 11 - 63。

表 11 - 62 铜山新大井短掘短喷作业循环图表

工 序	工时		时 间 顺 序																	
	h	min	1	2	3	4	5	6	7	8	9	10	11	12	13	14	15	16	17	18
通 风		20																		
抓岩准备		50																		
抓 岩	5	10																		
喷混凝土准备		20																		
打锚杆孔挂金属网	2																			
喷混凝土	2	40																		
清 底	2																			
凿岩准备		30																		
凿 岩	1	30																		
凿岩收尾		20																		
装药爆破	1	30																		
落吊盘、接管		20																		
其 他		30																		

B 多工序、平行交叉作业

竖井施工工序多、工种复杂、工具、材料、设备各种类繁多，且工作面狭小、人员集

表 11－63 凡口新副井短掘短喷作业循环图表

工 序	工时		循环内时间分配											
	h	min	1	2	3	4	5	6	7	8	9	10	11	12
凿岩准备交接班		30												
凿 岩	2	30												
凿岩收尾		20												
装药爆破	1	0												
通 风		10												
喷混凝土准备		30												
安全处理		30												
喷混凝土	1	30												
抓岩准备交接班		45												
抓 岩	5	0												
清 底		45												

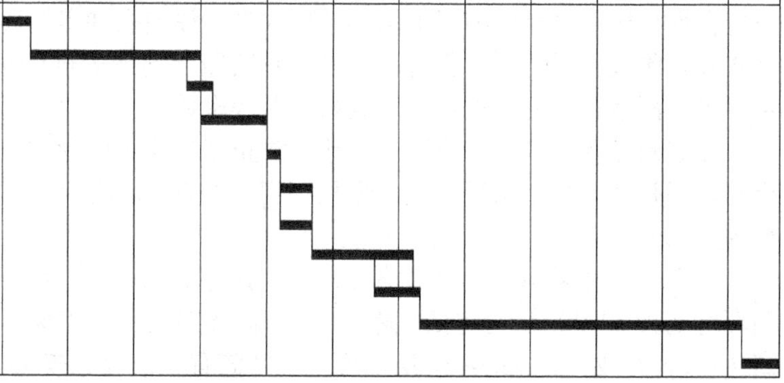

中，因此在组织施工时，必须抓紧各工序的衔接，尽可能平行安排各工序的作业，充分利用空间和时间，以达到快速、高效、安全施工。在组织多工序平行交叉作业时，应注意：

（1）必须以凿岩和装岩两主要工序为中心组织平行交叉作业。其他辅助工序围绕这两项主要工序相互配合进行，才能较大幅度缩短循环时间。

（2）许多工序要立体交叉进行，所以要加强安全工作，制定好安全措施。

（3）必须采取相应的技术措施，给平行交叉作业创造必要的条件。

（4）各工种工序间应团结协作，紧密配合，互相创造条件。

C 劳动组织

目前劳动组织有两种形式：综合工作队和专业工作队。综合工作队是一种较好的组织形式，它便于发挥一专多能；实行统一指挥、统一行动；又可以灵活调配劳动力，互相配合，彼此支持，更好地实行多工序平行交叉作业；使工时得到充分利用，工作效率不断提高。

在采用综合工作队时，强调协作是必要的，但也不能忽视明确分工，并确定每个工人以某一工种为主的要求。因此在组织管理制度要实现工种岗位责任制。它把每项具体任务落实到每个工种和某个人身上，使分工明确，任务具体，有利于提高工人的操作技术水平和劳动生产率。

劳动组织中各工种工人数量，取决于井筒断面大小、工作量多少、施工机械化程度、施工方法和工人技术水平等因素。各井具体条件不一，所配备人员数量也不一致。表11－64为几个井筒劳动力配备情况。

表 11－64 几个井筒施工所需劳动力配备情况

井筒名称	净径（m）	井深（m）	施工方法	最高月成井（m）	凿岩（人）	装岩（人）	清底（人）	喷射混凝土（人）	直接工人数合计
铜山新大井	5.5	313	一掘一喷	88.4	36	22	22	24	104
凤凰山新副井	5.5	610	一掘一喷	115.25	40	18	24	30	112
凡口新副井	5.5	591	一掘一喷	120.1	39	23		24	86

表 11 - 65 竖井井筒施工实例

井筒名称	凡口新副井	凤凰山新副井	铜山新大井	大厂铜坑矿副井	安庆铜矿副井
净直径（m）	5.5	5.5	5.5	6.5	5.5
掘进直径（m）	5.9	5.8	6.1	7.2	6.1
掘进深度（m）	590.7	612	400	592	461
岩石性质	石灰岩 $f=8\sim10$	大理岩、角砾状大理岩 $f=8\sim10$	大理石岩、花岗闪长岩 $f=8\sim10$，$f=4\sim6$	碳质灰岩、泥灰岩、页岩、扁豆状灰岩 $f=6\sim18$	页岩、角页岩、细砂岩
凿井设备及布置	采用Ⅲ型井架；$\phi2.5$m 的提升机一台，5～16t 的凿井绞车 22 台；空压机 20m³/min 的 3 台，40m³/min 的一台；混凝土搅拌机 3 台（其中 2 台用于整体浇灌混凝土），混凝土喷射机 2 台；用 2～2.5t 的电机车牵引 0.75m³U 形矿车排碴；井内设双层吊盘一座；环形钻架用地面的 3 台 5t 凿井绞车悬吊	井口（+170m 水平）设 4.7m 高的小井架一座；两台 $\phi2.5$m 的提升机安在井口周围；16 台凿井绞车分别安在井口（10 台）、+140m 平硐内井筒一侧（2 台）、+90m 平硐内井筒两侧（4 台）、2 台气动绞车也安在 +90m 平硐内；在该平硐口外有三台 40m³/min、一台 60m³/min 的空压机；一台混凝土搅拌机，三台喷射机安在硐口；翻碴台设在 +140m 平硐的马头门处，碴石由 +127m 平硐用 3t 电机车牵引 3.5m³ 侧卸式矿车运到硐口外面；激光测量平台上；井内悬吊一个双层吊盘，其下层盘上安放三台悬吊环形钻架的 2t 气动绞车	采用Ⅳ型钢管井架，并接长 1.72m；井架上有两座容积各为 30m³ 的废石仓，用汽车排碴；$\phi2.0$m 的提升机 2 台、5～10t 的凿井绞车 17 台布置在井架四周；井口地面有三台 40m³/min 的空压机；三台混凝土喷射机安在井口；搅拌机距井口 35m，T_4G 装运机将砂石运到搅拌机的上料仓，拌好的料则用前翻式矿车运到喷射机的上料斗	采用 1V 型凿井井架；$\phi3.0$m 和 $\phi2.5$m 提升机各一台；5～16t 凿井绞车 21 台；空压机有 20m³/min 的 4 台，40m³/min 的一台；搅拌机 4 台；排碴用 0.75m³U 型矿车；用蓄电池机车牵引；井内设双层吊盘一个，在吊盘下面悬吊一个稳绳盘，用来悬吊环形轨道式抓岩机和环形钻架；由井口下去的供气供水钢管和铁皮风筒，只下到吊盘上，吊盘与稳绳盘间用软管连接，以方便抓岩前后稳绳盘的下放和提升	采用斜撑式井架；一台 $\phi2.38$m 的主提升机提升吊桶；一台 $\phi1.0$m 的绞车悬吊吊盘，吊盘悬吊钢绳兼作稳绳用，管缆吊挂在已安装好的梯子格内；吊盘以上用 $\phi800$mm 的硬塑料风筒，吊盘以下用帆布风筒均吊挂在罐梁上；废石吊桶容积 3.2m³，混凝土吊桶 2.0m³；人员材料上下用乘人吊笼；用挂钩翻碴，碴石经溜槽倒在地上用 2.3m³ 的铲运机运走；井口广场设一个半自动化的混凝土搅拌站，生产能力为 20m³/h，混凝土用铲运机运到井口经溜槽装入混凝土吊桶再运到井内，井口设有电磁式闭塞装置；上行吊桶距井盖门 40m 时，提升机自动减速；距井口 25m 井盖门未开时，提升机自动停车，如吊桶在井盖门上方，井盖门未开吊桶要降落时，需由井架上控制室里的信号工按紧“强制降落”按钮，才能下到井盖门上；2 台 285m³/min 的螺杆式空压机；工作面涌水用电动潜水泵接力排到地面

续表 11-65

井筒名称	凡口新副井	凤凰山新副井	铜山新大井	大厂铜坑矿副井	安庆铜矿副井
施工方法	短段掘喷单行作业	短段掘喷单行作业	短段掘喷单行作业	长段掘砌单行作业	掘砌安一次成井
凿岩爆破	用环形钻架配20台YT-30凿岩机；孔深2.8～3.0m，孔径38.40mm，孔数80个，凿岩时间150min；用含TNT16%的高威力炸药按每米井筒掘进量另配5～6kg硝化甘油炸药，药包直径32mm，用1，3，5，7，9，(11)毫秒雷管起爆；爆破效率平均81%，装药放炮时间为60min	用环形钻架配20台YT-30（或YT-24）凿岩机，孔深4.3m和4.5m两种孔径38～42mm，孔数104个，凿岩时间210min。用含20%黑索金的铵锑炸药，1，11，15段毫秒雷管，2，3，4段秒差雷管起爆，爆破效率平均66%，装药放炮时间90min	用环形钻架配20台YT-30（或YT-24）凿岩机，孔深3.0～3.8m，孔径38～42mm，孔数40～60个，凿岩时间平均233min。用含TNT20%～30%的铵锑炸药装掏槽眼和辅助眼，含TNT20%的铵锑炸药装周边孔，毫秒雷管起爆，平均爆破效率75.3%，装药放炮时间平均为71min	用环形钻架配20～24台YF30，YF-24或YT-26凿岩机，孔深2.4～2.8m，孔数80～90个；用铵锑和硝化甘油炸药，毫秒雷管起爆，爆破效率75%～88%	用4机伞形钻架配75kg重的凿岩机凿岩（用25mm的六角形钎杆，长2.4m）；孔深2.0～2.3m，孔径42mm，孔数70～95个，凿岩时间平均为396min；用2号岩石铵锑炸药，药包直径35mm，2，4，6，8，10段毫秒雷管，起爆器起爆。爆破效率75%，装药放炮时间为449min
装岩提升	用一台0.4m³靠壁式抓岩机装岩，2个1.86m³吊桶，换桶单钩提升，链球自动翻碴装置翻碴，NZQ_2-0.11m³抓岩机辅助清底；井深300m以内每小时提升15桶；总出碴约100m³，耗时345min	用一台0.6m³和一台0.4m³靠壁式抓岩机装岩；两台2.5m直径的提升机提两只2m³的吊桶，不摘挂钩提升；链球自动翻碴装置翻碴，用ϕ50mm胶管以压气吹扫工作面帮助清底；平均每循环装岩时间为304min，清扫时间为166min	用两台0.4m³靠壁式抓岩机装岩，两台2.0m直径的提升机提两只三点链条式吊桶；不摘挂钩提升；用链球自动翻碴装置翻碴；人工协助抓岩机清底；平均每循环装岩清底时间495min	用HH-6型环行轨道式抓岩机装岩；一台ϕ3.0m提升机配3.0m³吊桶两只，一台ϕ2.5m提升机配1.5m³吊桶一只提升；链球自动翻碴装置翻碴，NZQ_2-0.11m³抓岩机协助清底	用两台0.3m³的气动抓岩机装岩；悬吊抓斗的气动绞车在吊盘下面的半圈环形轨道上跑动；抓斗的升降和沿环轨的跑动由工作面手拉长绳操纵，抓斗的径向移动用人推，其开闭用手拉绳操纵；提升机用单钩提升，用两只吊桶在工作面摘挂钩；每循环有29～33桶碴；平均装岩时间为705min，清底时间375min
支护	素喷混凝土支护，喷层厚度150mm，占用循环时间90min	素喷混凝土支护，喷层厚100mm占用循环时间75min	用锚网喷支护，螺纹钢筋（ϕ20mm）砂浆锚杆，锚杆间距1.1～1.2m，层距1.0m，锚杆长1.6m，孔深1.5m，孔径40mm；砂浆配比1:1，水灰比0.45。金属网用ϕ8～10mm钢筋制成网块，每块2.1×1.3m，网孔300×300mm；喷混凝土干料配比为1:2:2，水灰比0.45，711型速凝剂添加量3%～4.5%，喷层厚150mm。每循环锚喷时间平均为328min	用金属装配式模板整体浇灌混凝土支护；壁厚350mm；段高18～21m，不用临时支护；浇灌混凝土前，在环行钻架上架设两根钢梁，在钢梁上搭木梁，木梁上面铺钢筋网作工作盘	用金属门扉式模板整体浇灌混凝土支护，壁厚300mm；模板浇灌高度2.5m，重8t，用4个气动葫芦悬吊在吊盘上，混凝土配比（水泥:砂:骨料）为1:1.88:3.16，水灰比为0.5，添加速凝剂，6h（拆梁窝盒）强度3MPa，28d强度为15MPa；浇灌前下一大吊桶到工作面，四周用铁臂撑紧，其上搭木板作操作平台；混凝土分配器用抓岩机的两根悬吊绳吊挂在操作台的上方，四周用螺旋千斤顶撑紧在井壁上，其下的分灰管为伸缩式。平均每次浇灌时间730min

续表 11－65

井筒名称	凡口新副井	凤凰山新副井	铜山新大井	大厂铜坑矿副井	安庆铜矿副井
平均循环时间	12h18min（不计故障时间）	18h48min（包括故障时间）	20h40min（包括故障时间）	掘进循环约 12h	按浇灌循环计算，平均每循环 6.1 个班（＝2.0d）
平均循环进尺（m）	2.18	2.88	2.51	2.0～2.5	掘进循环 1.5～1.7
最高循环进尺（m）	3.0	3.90	4.0		
一个月完成的循环数	55	40	36		
掘进速度，（米/月）及创纪录时间	1976 年 10 月 5 日起，连续 89 天完成成井 300.4m，其中 11 月份成井 120.1m，12 月份 117.6m	最高 115.25m（1977 年 6 月 21 日～7 月 21 日）	全井从破土动工开始，一年打到底。1975 年 10 月完成成井 88.4m	最高 50.5m	月平均 30.4m，最高 36.4m
掘进工人数	144（全员 280）	104（全员 200）	104（全员 200）		
掘进工效（米^3/（工·班））	1.66	2.45	掘进 2.86 锚喷 0.61		

11.3.1.10 施工技术经验及实例

A 施工技术经验

井筒掘进经常会遇到复杂多变的工程地质和水文地质条件，而且工作场地狭窄，悬吊设备多，多工序频繁交替，还有高空作业，有时还要进行立体平行交叉作业，因此施工难度大，作业条件差，不安全因素多。下面所列是搞好安全生产，改善劳动条件，提高掘进速度，降低掘进成本和保证工程质量的主要施工技术经验：

（1）施工组织设计之前，必须在井筒范围内打工程地质钻孔，查明井筒穿过岩层的

表11-66　竖井延深施工方案比较

延深方案		特　点	施工顺序	优缺点	适用条件	使用矿山
自上向下延深法	利用辅助阶段延深[12,13]	预先开凿一些井巷硐室，形成一个与生产阶段相通的延深辅助阶段，解决延深时的设备布置和压、通、排、提、运系统 延深工艺与掘进井筒基本相同 延深时需多段提升	1. 从生产阶段向下开掘盲斜（竖）井，下掘垂深：罐笼井为25～40m，箕斗井或多绳轮提升为55～75m 2. 开凿延深辅助阶段的巷道，通达延深井筒位置后向上反掘一段井筒（称井帽），预留保护岩柱或构筑人工保护盘 3. 开凿延深绞车硐室和绳道并向下掘一段井筒 4. 安设天轮台、卸碴台、固定盘、安装提升设备及各种管缆、设备、形成延深井筒用的通风、排水、压气、提升、运输系统 5. 向下延深井筒 6. 井筒掘砌安装完成后，拆除保护岩柱或人工保护盘，做好井筒的砌壁和安装	优点： 1. 延深工作形成独立系统对生产影响小 2. 适应性强，在任何条件下均可采用 3. 井筒全断面掘进，并可使用大吊桶和能力较大的提升设备，因而掘砌速度较快； 4. 比较安全 缺点： 1. 辅助工程量大，占井筒延深工程量的25%～50% 2. 准备期长因而延深总工期较长 3. 施工设备较多 4. 成本较高	1. 各种地质和水文地质条件，不受岩石性质和涌水条件限制 2. 各种井深和延深深度（大于250m更合理） 3. 如有可能主副井共用一个辅助阶段，可减少辅助工程量、降低工程造价，采用本法更合理	杨家杖子岭前矿混合井，净径6m 岩石：石灰岩和石英岩$f=8\sim10$ 预留岩柱，延深前井深497m，延深深度233m。1979～1980年 金州石棉矿主井，-214～-350m，净径5m，荒径5.8m 岩石：白云岩$f=7\sim8$预留岩柱高8m，延深前井深243m，辅助工程量372.8m^3，拆除岩柱时停产20d，平均月成井84m
	利用延深间或梯子间延深[14]	利用原有井筒的延深间或拆除梯子间来安设延深用的提升设备；井口有条件时最好将提升绞车和卸碴台布置在地面，并在井口增设一小凿井井架 如布置在井下，需开凿绞车房、绳道等辅助工程	1. 地面安设小凿井井架，拆除梯子间，布置吊桶及稳绞车 2. 排除井底积水和杂物，构筑隔墙，向下开掘延深孔并预留保护岩柱，进行以上工作时需停止生产 3. 延深孔掘到预定位置后，将井筒扩大到全断面，在岩柱下安设钢梁 4. 在井筒一侧开凿少量硐室，布置稳车，井内设封口盘、工作盘等再吊挂好管缆 5. 向下全断面延深井筒 6. 同上法中6	优点： 1. 辅助工程量小、投资少 2. 管理比较集中，独立性较好，对生产提升干扰小 3. 可全断面掘进 缺点： 1. 提升能力小，延深速度不高 2. 准备工作期间需较长的停产时间	1. 井内需有专用的延深间或有其他富裕空间可改装为延深间 2. 井筒较浅 3. 延深深度在150～250m之间为宜 4. 岩质和涌水条件不限	广东瑶坑钨矿一号井，方井：净尺寸409×1.77m。掘进尺寸4.69×2.37m 岩石：岩质矽化砂岩$f=6\sim10$节理发育 人工保护盘，改装梯子间，延深前井深205m，延深深度50m，成井速度10米/月，1978年

续表 11－66

延深方案		特 点	施工顺序	优缺点	适用条件	使用矿山
自下向上延深法	先掘小反井而后上行刷大井筒[1]	1. 必须另有井筒或盲井（称先行井）已通过新阶段（延深阶段） 2. 反井施工方法与天井相同，有吊罐法、深孔爆破法、钻井法、爬罐法和普通法 3. 刷大工作与留矿法相似	1. 从先行井开凿辅助阶段和延深阶段的联络道，通往延深井筒 2. 在延深井筒中央打钻孔贯通上下联络巷道以改善通风条件，吊挂吊罐 3. 掘进反井至辅助阶段，上部留保护岩柱 4. 自下向上刷大井筒，下部构筑溜口放出多余岩碴 5. 刷大到辅助阶段后，分段放出岩碴，同时在吊盘上砌壁 6. 同前	优点： 1. 反井掘进和自下向上刷大的工作均为采矿工人熟练的作业，易于掌握且有利于提高效率 2. 具有反井掘进的优点，如岩碴均自重下溜装车，无需繁重的装岩、提升工作，无需排水等 3. 无需临时支护、节省材料 4. 辅助工程量少 5. 无需大型凿岩设备 缺点： 1. 准备时间较长 2. 反井掘进通风较困难 3. 先行井断面小时，提升能力受限制，掘进速度往往不高	1. 岩质比较坚固 2. 涌水不大 3. 反井高度视各施工方法而定 普通法、深孔爆破法：一般在60m以内； 吊罐法一般在100m以内； 钻井法和爬罐法一般适宜于100m以上的高天井	杨家杖子松树卯矿主井净径4.2m； 岩石：砂岩、花岗岩、闪长岩，$f=12$ 留保护岩柱15m，延深前井深288m，延深深度120m。吊罐法掘反井，1979～1980年
	先掘小反井而后下行刷大井筒	1、2同上法1、2 3. 下行刷大与井筒掘进类似，但岩碴由反井下溜后装车	1、2、3 同上法1、2、3 4. 保护岩柱下安设钢梁护顶，再架设天轮梁、井口盘及提绞稳车等施工设备后，下行刷大井筒 5. 边刷大井筒边进行临时支护和永久砌壁，一般由辅助阶段下料 6. 同前	优点： 1. 反井掘进工人熟练 2. 同前法 3. 辅助工程量少 4. 比较安全，适用性较广 缺点： 1. 需配备反井掘进和井筒掘砌二套施工设备掌握二种施工方法 2. 其余缺点同前法	1. 适用于各种地质和水文地质条件 2. 反井施工方法同前法3	金州石棉矿主井－350～－460.49m，平均月成井34m 凤凰山铜矿混合井净径5.7m，毛净6.1m 岩石：大理岩夹矽卡岩，$f=8～12$。预留岩柱4m，延深前井深364m，延深深度128m，（1979～1980） 此外尚有杨家杖子松树卯主井、赫章铅锌矿罐笼井、广东瑶坑钨矿二号箕斗井、桃林铅锌矿主井等均采用过

续表 11-66

延深方案		特 点	施工顺序	优缺点	适用条件	使用矿山
自下向上延深法	多中段施工平行作业[1]	必须先掘先行井并到达各阶段； 先行井提升要解决好几个工作面同时出车问题 一般采用反井掘进而后上行刷大法，反井用吊罐法施工 各阶段依次进行打中心孔，吊罐法打反井、上行刷大、放碴支护等工序，各段之间互相配合、平行作业	1. 由生产阶段向下掘进先行井（可利用溜矿井）到达各阶段后，即掘进联络巷 2. 到达延深井筒位置后，开凿钻机吊罐等设备硐室 3. 钻中心孔，用吊罐法掘反井，在上部预留保护岩柱 4. 上行刷大井筒，而后放碴并砌筑永久井壁 5. 拆除上部井筒和延深段间的保护岩柱 6. 进行延深段的井筒安装	优点： 1. 缩短延深工期，及时满足生产需要 2. 具有自下向上延深法的优点 缺点： 1. 施工组织管理很复杂 2. 安全性较差，需加强安全措施	1. 多阶段开采的矿山 2. 有溜矿井或其他井可利用作先行井时 3. 延深任务紧迫时 4. 岩质比较坚固，涌水不大时	红透山铜矿主井，净径5.8m 岩石：角闪片麻岩，$f=12\sim14$ 预留保护岩柱4m高，延深前井深230m，延深深度共三次，分别为220、180、180m 平均月成井23m（1967～1979年）河北铜矿主井，净径6.0m（改鼓形） 岩石：灰岩、花岗石，$f=10\sim14$ 预留岩柱14m高，延深前井深320m，延深深度180m（1979～1981年）

工程地质和水文地质情况。

（2）认真做好施工组织设计，选择好施工作业方式。

（3）做好施工前的准备工作。

（4）尽量提高施工的机械化配套水平，减少施工人数，才能取得较好的技术经济效果。

（5）采用抗水性好的高威力炸药，提高爆破效率。在此基础上增加炮孔深度，以减少辅助作业时间。

（6）仔细编制劳动组织和循环图表，使正规循环率达到85%～90%。当采用三八作业制时，日循环数可为1、1.5和3个；而四六作业制时，可为1、2和4个。

（7）处理好井筒漏水是提高成井速度，降低掘进成本的关键。要根据水文地质条件，选择合适的排水、治水方法，当个别较大的出水点能用吊泵排水强行通过时就不要预注浆，可在井筒掘进支护完后进行壁后注浆封水。

（8）马头门最好随井筒下掘及时开掘出来，要解决马头门掘进的出碴机械化问题。

（9）加强施工管理，确保施工安全的工程质量，不留隐患，避免返工。

B 施工实例

施工实例见表11-65。

11.3.2 竖井延深

竖井延深工作面的掘砌工艺和竖井掘进相似，只是延深工程是在原井筒正常提升的情况下进行的，因而具有以下特点[12]：

（1）同一井筒内上部照常提升，下部进行延深作业，必须尽量减少互相干扰。

（2）延深设备布置时，由于场地狭小又受原井筒设备布置的限制，因而布置很困难。在布置时，应尽量利用井筒周围的永久巷道和硐室，以减少临时工程的开凿量。

（3）要采取安全技术措施（如预留保护岩柱或构筑人工保护盘），以确保工作面人员安全。

（4）井筒延深段一般都在最后和生产段贯通，因此必须加强延深井筒的测量工作。

11.3.2.1 竖井延深施工方案

我国竖井延深采用的施工方案及其比较见表 11－66 及图 11－66～图 11－70，竖井延深施工方案选择时应考虑以下因素：矿山原设计的要求和井筒条件；延深段的地质和水文地质情况；延深施工技术力量和施工设备；延深深度等。根据各井筒条件，综合上述因素和各延深方案的优缺点和适用条件，进行施工方案选择，必要时进行两个较好方案的技术经济比较。

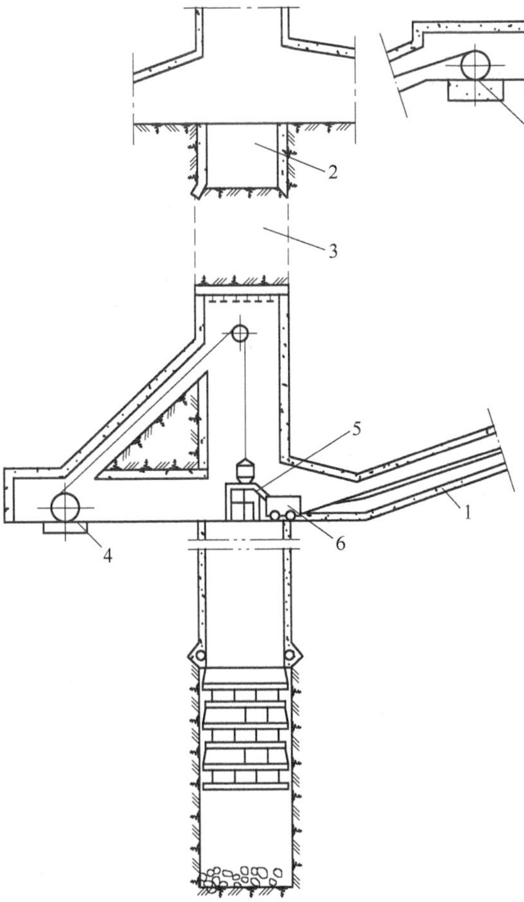

图 11－66 利用辅助阶段延深示意图

1—盲斜井（辅助井）；2—井底水窝；3—保护岩柱；4—延深辅助阶段的提升绞车；5—卸碴台；6—矿车；7—生产阶段的提升绞车

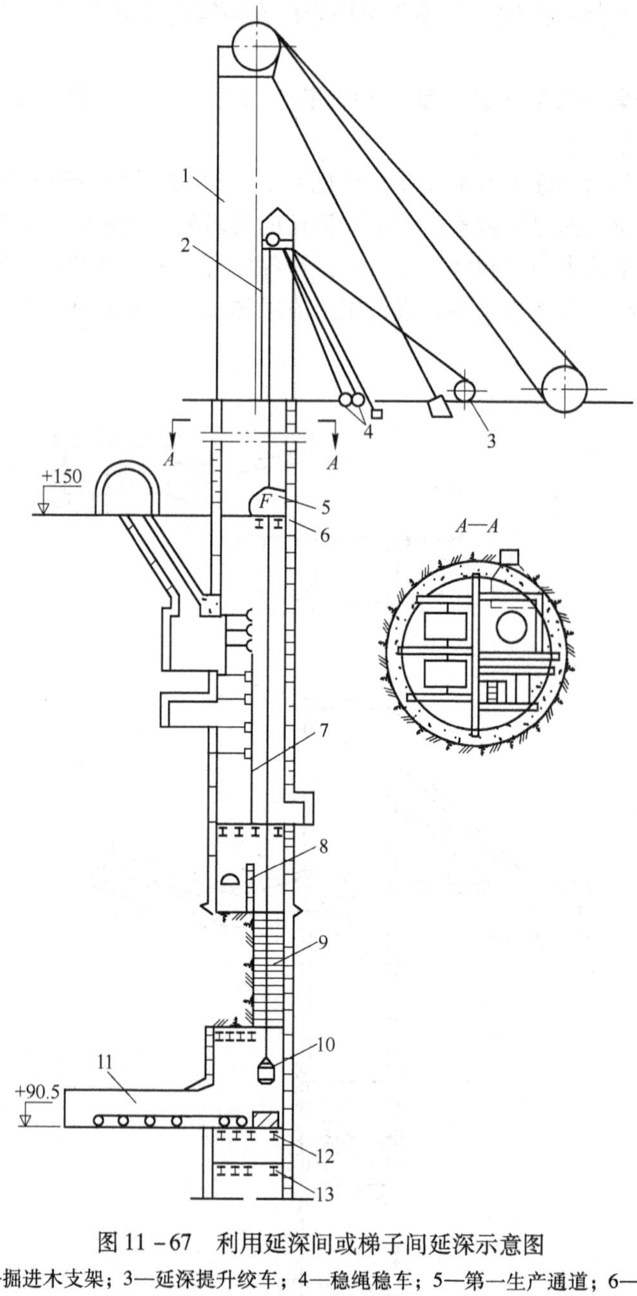

图11－67　利用延深间或梯子间延深示意图

1—永久支架；2—掘进木支架；3—延深提升绞车；4—稳绳稳车；5—第一生产通道；6—安全门；7—隔板；8—隔墙；9—延深孔；10—吊桶；11—稳车硐室；12—封口盘；13—工作盘

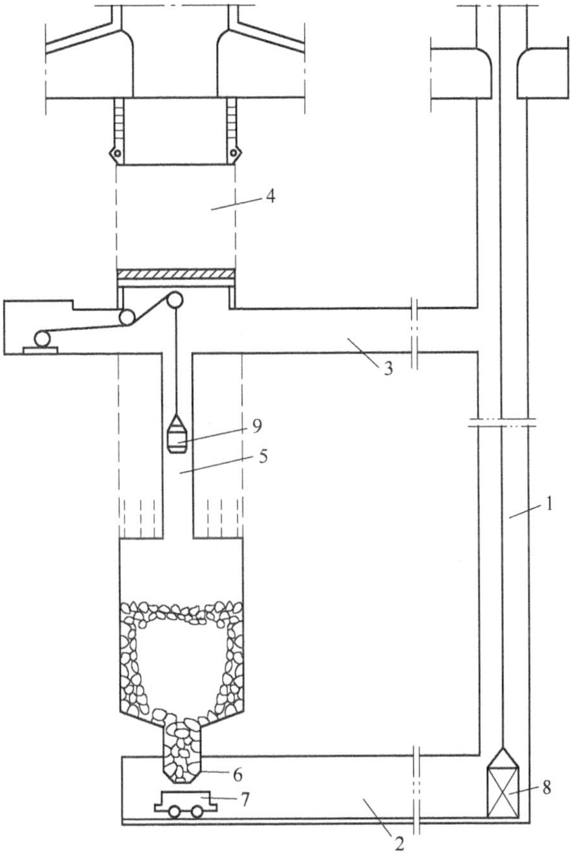

图 11－68 先掘小反井而后上行刷大井筒示意图

1—盲井（辅助井）；2—延深阶段联络道；3—辅助阶段联络巷道；4—保护岩柱；5—天井；6—漏斗；7—矿车；8—罐笼；9—吊桶

11.3.2.2 延深辅助阶段的布置

在延深辅助阶段上要根据需要开凿一些巷道和硐室，布置延深施工设备和管线，用以提升人员、岩碴和材料，并可作通风、排水的通道。

延深辅助阶段的标高是根据生产阶段到辅助阶段的高度 H 来确定的。H 值可参见图 11－71 作如下计算：

$$H = h_1 + h_2 + h_3 + h_4 + h_5 + h_6 + h_7$$

式中 H——从生产阶段到辅助阶段的高度，m；

h_1——辅助阶段封口盘到吊桶卸碴前停止位置的高度，m；

h_2——吊桶和连接装置的总高度，$h_2 = a + b + c + d$，m；

h_3——过卷高度，由滑架至吊桶卸碴前正常停止位置，到吊桶继续上提滑架碰到钢梁或天轮时的高度，按保安规程规定不小于 4m；

h_4——安装天轮时起吊所需的高度，m；

h_5——护顶盘高度，取 $h_5 = 0.6$m；

h_6——岩柱高度，8～10m；人工保护盘高度 4～8m；

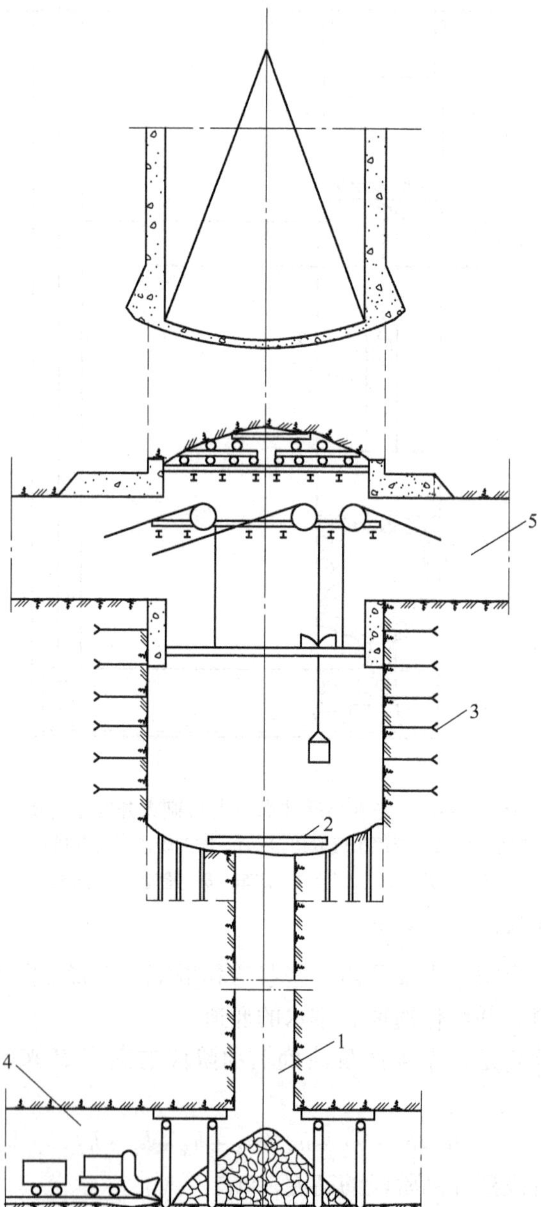

图11-69 先掘小反井而后下行刷大井筒示意图
1—反井；2—安全格筛；3—钢丝绳砂浆锚杆；4—新水平；5—延深水平

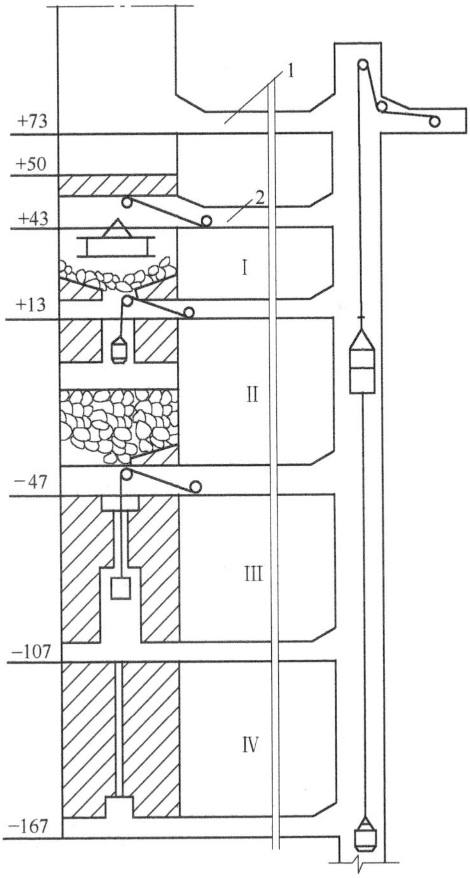

图 11-70 多阶段施工平行作业图

1—生产阶段；2—延深辅助阶段；Ⅰ、Ⅱ、Ⅲ、Ⅳ—延深的各阶段

h_7——岩柱上面或人工保护盘上面至生产阶段的高度，多数情况下这段距离相当于井底水窝的深度，m；

a——吊桶底至吊桶提梁的高度，m；

b——吊桶提梁至下绳卡高度，m；

c——绳卡高度，m；

d——上绳卡至保护伞顶部高度，m。

当主、副井均延深且井底标高相差不多时，两井应共用一条辅助盲井和一个辅助阶段（图 11-72a）；当两井底标高相差较大时，为克服副井保护岩柱过长，两井仍共用一条辅助盲井而各设一个辅助阶段（图 11-72b）。

11.3.2.3 保护岩柱和人工保护盘

无论哪种延深施工方案，在生产段和延深段之间都必须设保护装置，或预留保护岩柱（8～10m 高），或构筑人工保护盘（4～8m 高），以防止万一提升容器或其他物件坠落时，仍能保证下段延深工作人员的安全。

当采用利用延深间或梯子间自上向下延深方案时，岩柱或保护盘仅占同生产提升设备相对应的那一部分井筒断面；当采用其他延深方案时，则占有井筒全断面。

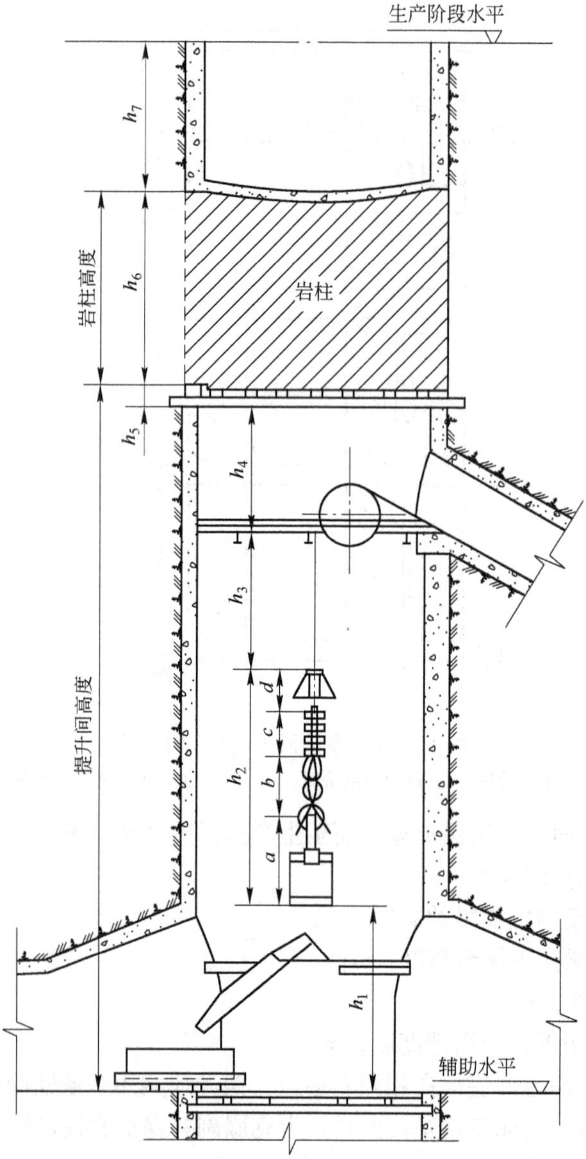

图 11-71 生产阶段至辅助阶段间井筒各部分高度图

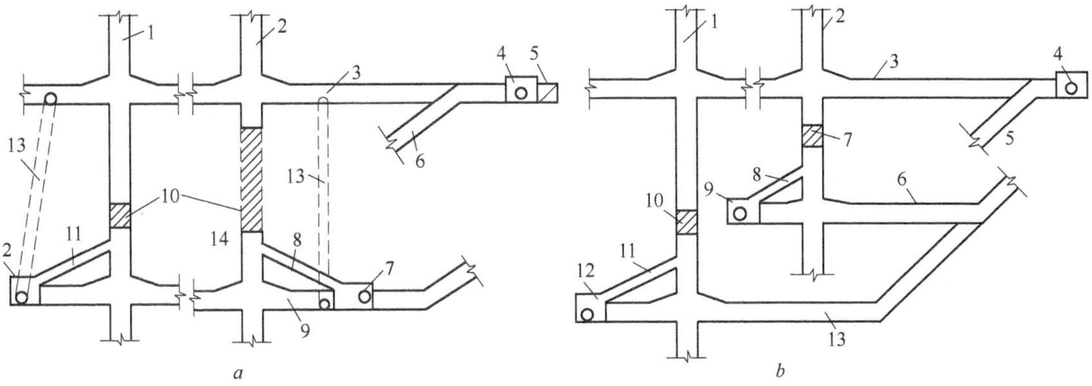

图 11 - 72 辅助阶段的布置图

a：1—主井；2—副井；3—生产阶段；4—辅助盲斜井绞车房；5—生产阶段井底车场；6—辅助盲斜井；7—副井绞车房；8—副井井底水窝；9—主副井共用的辅助阶段；10—岩柱；11—主井绞车绳道；12—主井绞车房；13—风道；14—副井延深提升间

b：1、2、3、4—同 *a* 的相应号；5—辅助盲斜井；6—副井辅助阶段；7—副井保护岩柱；8—副井绳道；9—副井绞车房；10—主井保护岩柱；11—主井绞车绳道；12—主井绞车房；13—主井辅助阶段

预留保护岩柱方法简单，可节省材料，但必须在岩石坚固、致密、不透水、遇水不膨胀的条件下才能采用。在岩柱下方应设护顶盘，以防止岩石松动冒落。

拆除保护岩柱是一项费事又不太安全的工作，这时应停止生产提升。若是全断面岩柱，应首先自下向上。在岩柱中央钻孔或打反井，泄除井底积水；若是非全断面岩柱，要清理水窝积水并拆除隔墙，然后在岩柱上方生产阶段下 1 ~ 1.5m 处搭设临时保护盘，在辅助阶段上设封口盘，便可用普通法自上而下拆除岩柱（图 11 - 73*a*），也可用深孔爆破法拆除岩柱（图 11 - 73*b*）。爆下的岩碴，由辅助阶段装车运出。拆除岩柱一般需 3 ~ 7 天，连同清理水窝及岩柱段井筒安装，共需 15 ~ 20 天。

人工保护盘的结构型式有水平式、楔形、单斜式、偏滑式、带钢丝绳缓冲网式和装配式等[3]。

水平保护盘（图 11 - 74）构造简单，安拆方便，所占高度小，但抗冲击力较小，适用于提升容器较小和浅井条件下。常用的缓冲层材料有柴束、木垛、竹捆、锯屑袋、炉渣、砂子等。

偏滑式保护盘（图 11 - 75）是在单斜式保护盘基础上发展而成的。它是在井筒一侧开凿一倾斜小壁硐，提升容器落在斜盘面上后滑入壁硐内，使坠落产生的动能大部分为壁硐所吸收。其结构简单，抗冲击力强，适用于深井，大容量提升容器的情况。

带钢丝绳缓冲网式保护盘（图 11 - 76），是在水平保护盘上方增设一层钢丝绳缓冲网，用以减缓坠落物的冲击力。钢丝绳用均匀布置的 12 根锚杆固定并拉紧成网状，各交叉点用绳卡卡紧。这种保护盘结构简单，具有良好的缓冲性能，并可节省大量钢材，一般条件下均可使用，但需进一步研究防止钢丝绳网被冲穿的措施。

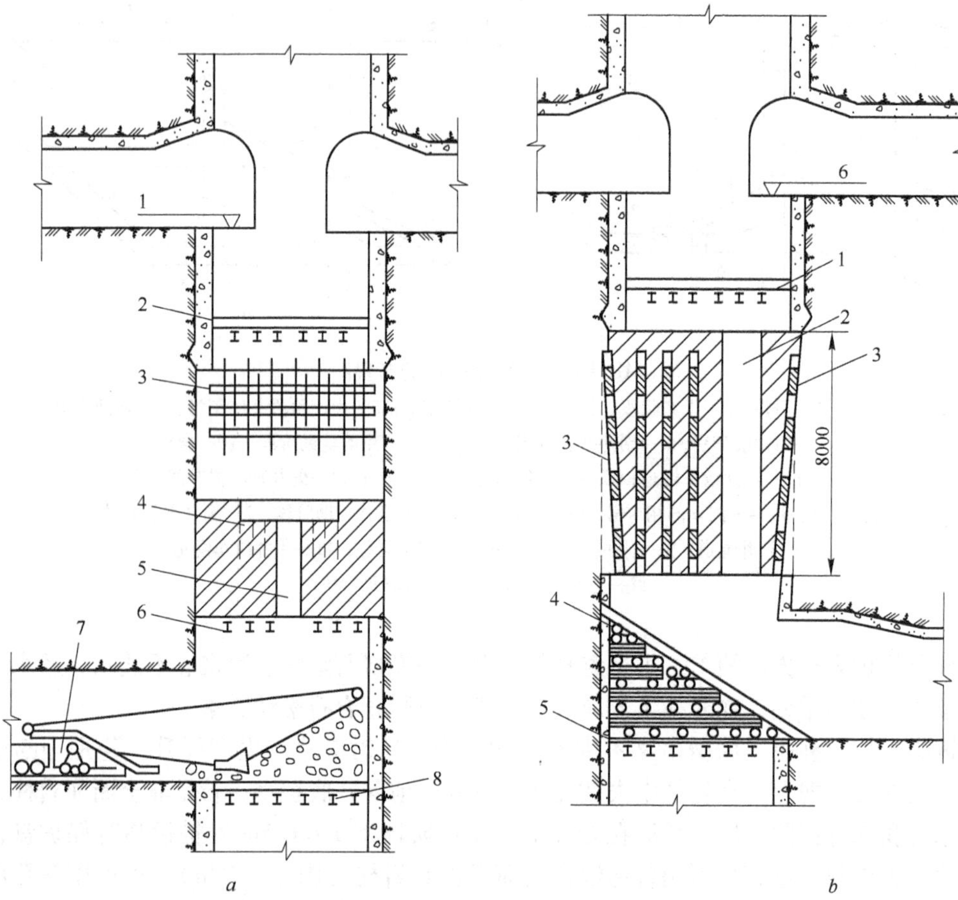

图 11－73 拆除保护岩柱示意图

a—普通法拆除全断面岩柱：1—生产阶段水平；2—临时保护盘；3—临时井圈；4—掘岩柱的台阶工作面；5—小断面反井；6—护顶盘；7—耙斗装岩机；8—封口盘

b—深孔爆破法拆除全断面岩柱：1—临时保护盘；2—小断面反井；3—深孔；4—倾斜木垛溜碴台；5—辅助阶段封口盘；6—生产阶段水平

水平保护盘设计时，可先预选保护盘各部分的规格尺寸，然后根据坠落容器的冲击动能验算盘梁的规格和层数。其计算原理是：坠落容器撞击缓冲层的瞬间，彼此都发生变形并失去部分动能。容器碰撞后剩余的动能，以有用功的形式破坏保护盘钢梁，它应小于盘梁所能吸收的势能，以保证盘梁不受破坏，安全系数不小于3。

11.3.3 盲竖井施工

盲竖井施工的工艺技术与装备，大体与竖井施工（部分与竖井延深）相同。下面只介绍它的一些施工特点。

盲竖井施工方案有自上而下和自下而上施工两种。

11.3.3.1 自上而下施工盲竖井

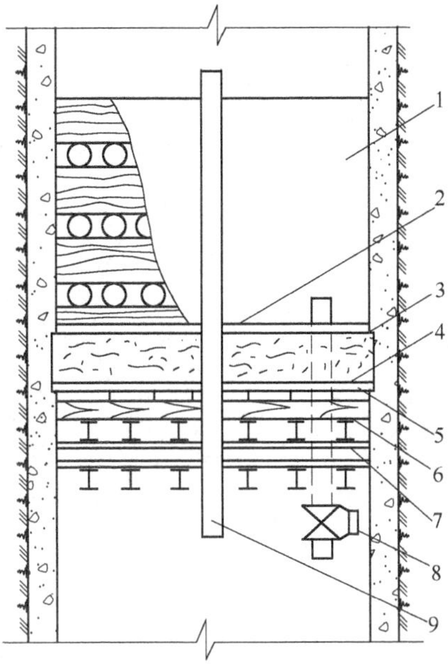

图 11－74　水平保护盘

1—缓冲层；2—混凝土隔水层；3—黄泥隔水层；4—钢板；5—木板；6—方木；7—工字钢盘梁；8—泄水管；9—测量放线管

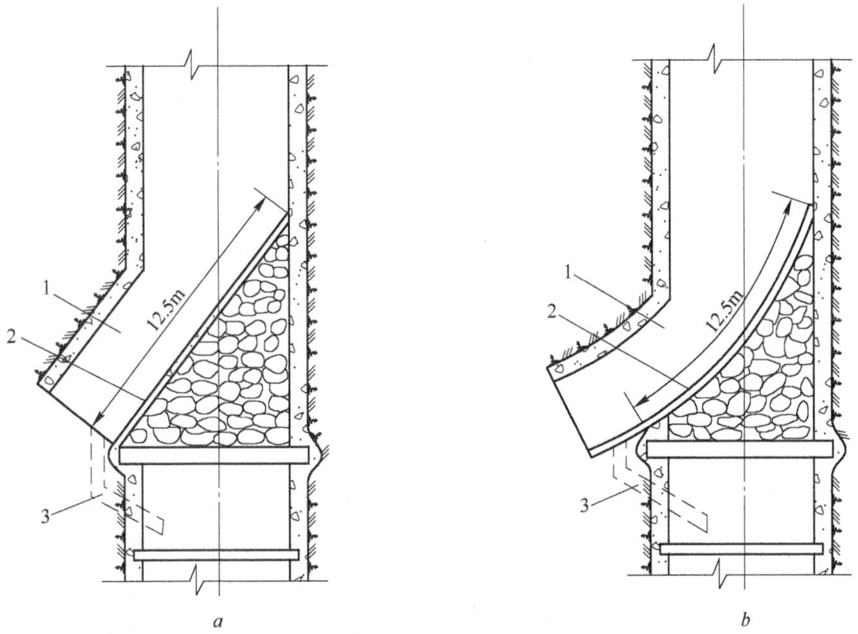

图 11－75　偏滑式保护盘

a—直线形盘面的偏滑式保护盘（罐笼井用）；*b*—曲线形盘面的偏滑式保护盘（箕斗井用）

1—壁硐；2—盘面；3—溜道（清理壁硐内杂物用）

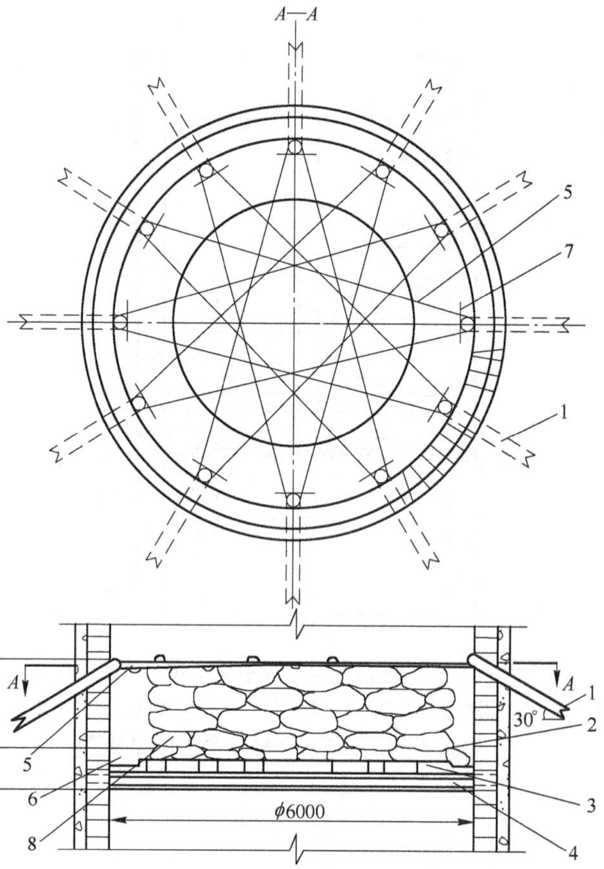

图 11－76　带钢丝绳缓冲网的保护盘

1—ϕ25mm 金属锚杆，深 1.6m；2—50mm 厚木板；3—方木，150mm×150mm；4—30 号工字钢；5—缓冲钢丝绳网，绳径 18.5mm；6—截水槽；7—绳卡；8—锯屑袋

自上而下施工盲竖井和竖井施工很相似，不同点是：

（1）在向下开凿盲竖井前，必须先在盲竖井的预定位置上，自该阶段的巷道或平硐的顶板向上开凿一段反井（见图 11－77）。

在反井内安设天轮台用以安装提升天轮和稳绳天轮；在反井的下部安设卸碴台和溜槽，作盲竖井掘进时的废石由此翻入矿车之用。

反井的高度必须满足安全规程对过卷高度的要求，一般需 15～20m（自巷道的底板标高算起）。

（2）凿井设备的布置和吊挂较困难。凿井设备和管路的吊挂最好采用井内吊挂方式，即将管路卡固在盲竖井内；当采用钢绳悬吊时也应尽量采用地轮悬吊，地轮设在井盖盘上，从而简化天轮台布置和减少压轮的设置。提升机及稳绞车尽可能布置在盲竖井和巷道（或平硐）的连接处，采取一侧布置或两侧布置。必要时（如盲竖井为单侧马头门时）需在其对侧开凿临时硐室；有时还要开凿提升钢绳的绳道。

（3）在盲竖井的预定位置上，还要自巷道或平硐的底板向下开凿一段井颈，深 10m 以上，在井颈内安装井盖盘、固定盘和吊盘。井颈的施工机械化程度低，施工速度慢。

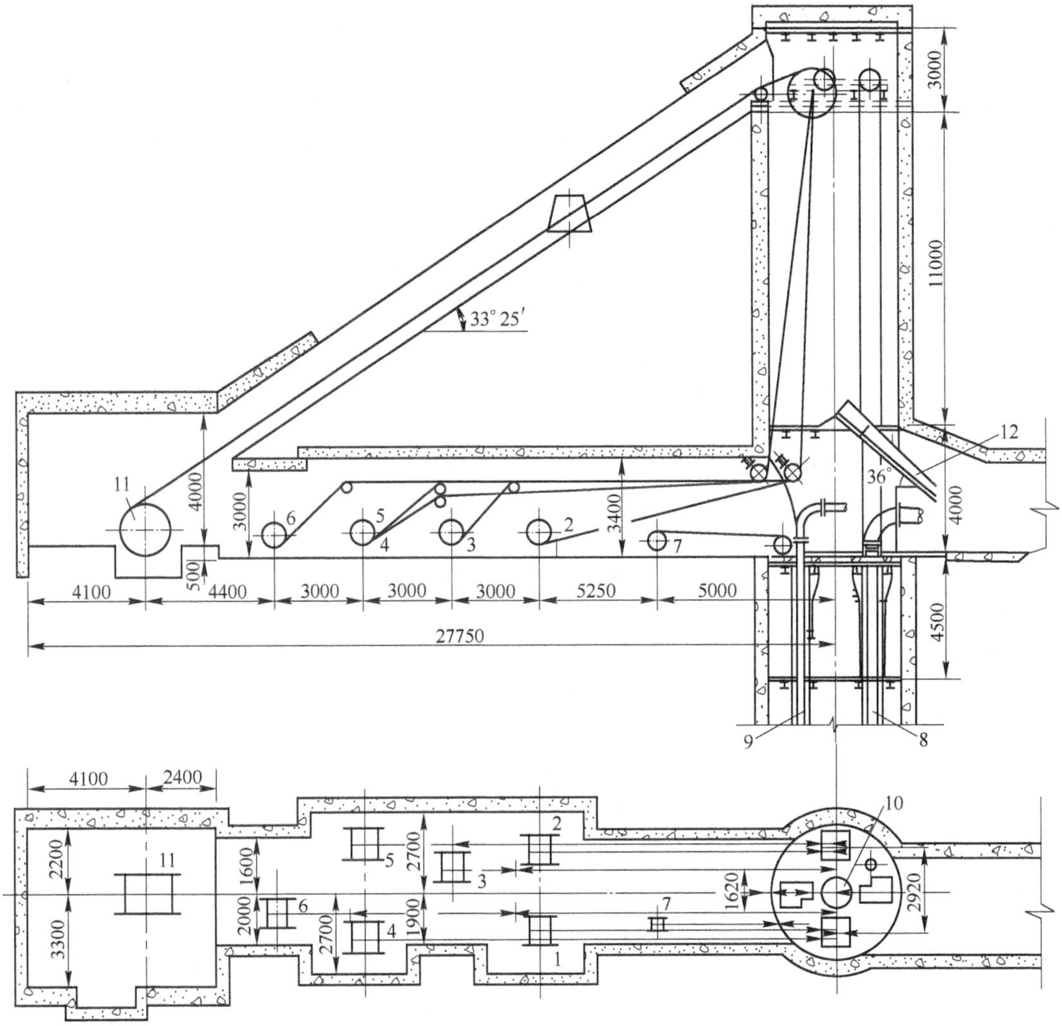

图 11－77 自上而下施工盲竖井布置

1、2、4、5—吊泵绞车；3、6—稳车（悬吊吊盘兼稳绳）；7—压气管绞车；

8—风筒；9—压气管；10—吊桶；11—提升机；12—溜碴槽

（4）在上述反井、临时工程和井颈施工完成后，安装好各种施工平台、施工设备和设施，吊挂好各种管路及凿井机械（如抓岩机、吊泵、钻架）。之后，便可向下开凿盲竖井。其施工工艺和竖井施工相同，不同点仅在于提升排碴、通风、排水、下料等均需在开采阶段的巷道（或平硐）进行并受其影响，因而一般比竖井掘进的施工速度低，所以盲竖井施工的机械化装备程度不宜过高。

自上而下施工盲竖井的方案具有准备期较长、准备工作较复杂等缺点，但它相对于自下而上的施工方案，其施工机械化程度较高，所以适用于盲竖井较深而反井施工很困难的条件下，尤其适用于采用平硐－盲竖井联合开拓的矿山。

11.3.3.2　自下而上施工盲竖井

自下而上施工盲竖井与自下而上延深竖井很相似，它也可分为先掘小反井而后上行刷大井筒、先掘小反井而后下行刷大井筒及多阶段施工平行作业三个施工方案。其先决条件也是必须有巷道已经到达盲竖井的底部标高上。它在下述两个方面较自下而上延深竖井更为简单：一是盲竖井上部没有生产井筒及其水窝，反井及刷大井均可直达上部巷道，因而在上部无需预留岩柱，也没有拆除岩柱的复杂工序。二是盲竖井上部是已经开拓的阶段水平，可以预先将巷道掘到盲竖井的预定位置上，利用这些巷道和盲竖井的马头门便可布置必要的设备，如反井掘进时的吊罐绞车、刷大时的绞稳车及混凝土喷射机等，也可经上部巷道运送人员、材料等。因而盲竖井较延深竖井施工更为方便，临时工程量小。

（1）先掘小反井而后上行刷大盲竖井。其施工简图见图11－78。

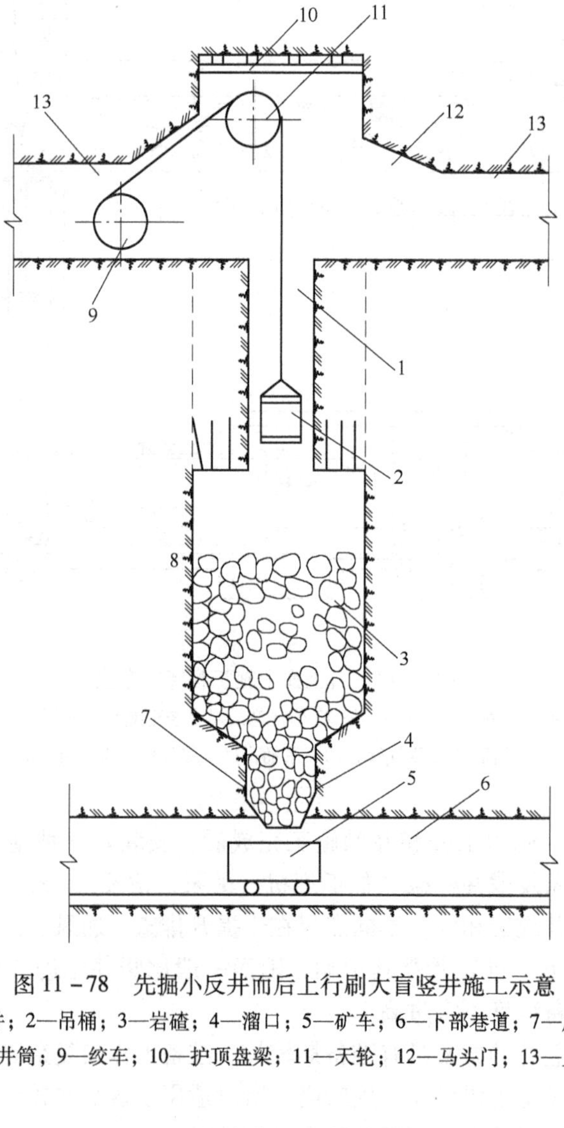

图11－78　先掘小反井而后上行刷大盲竖井施工示意

1—小反井；2—吊桶；3—岩碴；4—溜口；5—矿车；6—下部巷道；7—底部岩柱；8—刷大井筒；9—绞车；10—护顶盘梁；11—天轮；12—马头门；13—上部巷道

在盲竖井施工前，首先把上、下巷道6、13和马头门12开凿好，然后从下部巷道往上开凿小反井1并与上部巷道连通。小反井施工方法与天井同。之后，在反井下部构筑溜口4，向上刷大时先预留底部岩柱7，然后才全断面往上刷大盲井。刷大时工人在岩碴堆上操作，多余的岩碴从反井下溜，在底部溜口装入矿车5运出，人员和材料等均经吊筒2下放至工作面。当盲竖井刷大到上部巷道后，分段放出岩碴，同时用吊盘砌壁。最后拆除底部岩柱并砌筑该段井壁。

这种施工方案具有反井掘进的全部优点又易于为采矿工人所掌握；它无需临时支护和大型施工设备。但同样具有反井掘进的全部缺点，如通风较困难、安全性较差等；施工机械化程度也较低。通常适用于岩质坚硬稳定、涌水不大的条件下。

（2）先掘小反井而后下行刷大盲竖井。其施工简图见图11－79。

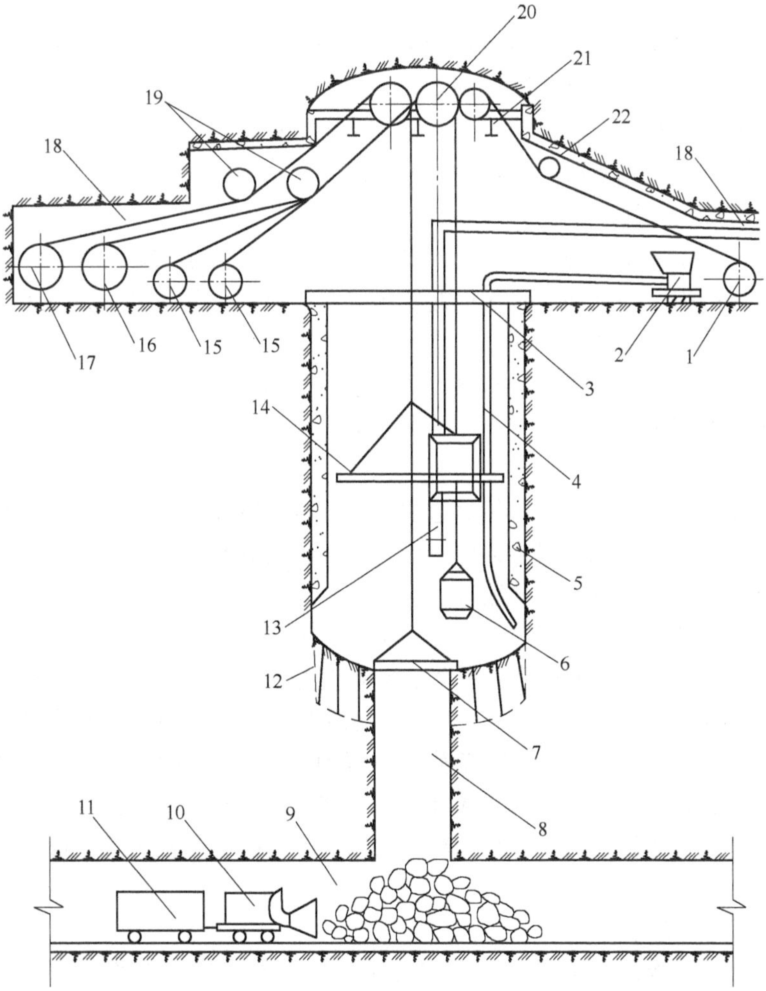

图11－79 先掘小反井而后下行刷大盲竖井的施工示意图

1—绞车（悬吊风水管等）；2—混凝土喷射机；3—井盖盘；4—下料管；5—永久井壁；6—吊桶；7—安全格筛；8—小反井；9—下部巷道；10—装岩机；11—矿车；12—刷大井筒；13—风、水管；14—吊盘；15—稳车；16—提升绞车；17—吊盘绞车；18—上部巷道；19—压绳轮；20—天轮；21—天轮台；22—马头门

它和前一方案的不同点在于刷大的方式方法。自上而下刷大盲竖井时，岩碴均由小反井8溜下，堆存在巷道9内，用装岩机装车，而不储存在反井内；反井下部不留岩柱；反井上部设安全格筛7保护工人安全，安全格筛由专用小绞车提升；永久支护随盲井刷大而分段（长段或短段）砌筑，通常采用喷射混凝土作永久支护，喷射机2设在上部巷道18内。长段砌壁时，段高20m左右，在双层吊盘上进行；短段砌壁时，段高2m左右，在工作面上操作，井内仅设单层吊盘14即可，它可兼作保护盘。

本方案较前方案安全，适用性也较广；并具有无须繁重的装岩、提升及排水工序等反井掘进的优点；通风比较容易。缺点是需配备反井施工和井筒掘砌两套设备并掌握两种施工方法，小反井施工时，也有前方案的同样缺点。它适用于各种地质条件下。

在盲竖井深度很大且为多阶段开拓的情况下，有条件时应尽量采用多阶段施工平行作业的施工方案，具体步骤可参考11.3.2。

自下而上施工盲竖井的两个方案均大大地减轻了繁重的装岩工作、取消了提升岩碴和排水工序，并改善了通风条件，所以施工设备少、施工工艺简单、施工速度并不慢而施工成本较低，在有条件时应尽量采用，尤其适用于中等稳定以上的岩层、涌水量小、盲井深100m以内（最后一个方案深度不限）的条件下。

11.3.4 特殊凿井法

在不稳定的含水表土层或含水量大（如大于30m³/h）的裂隙岩层和岩溶地层中开凿井筒，为了加固围岩、隔绝地下水源以改善施工条件而采用的某种特殊技术措施或其他科学方法，统称为特殊凿井法。

特殊凿井法常用的有混凝土帷幕法、沉井法、冻结法和注浆法等。其特点、工艺过程及适用条件等情况列于表11－67[1,3,15]。其示意图见图11－80～图11－84。

11.3.4.1 沉井法

沉井法是先预制好一段井壁，然后边掘进边下沉井壁，在地面相应的接长井壁的一种特殊凿井方法。为了减少沉井阻力，以避免井壁偏斜与开裂，除普通沉井法外，还有壁后泥浆淹水沉井与壁后压气淹水沉井法等。

沉井由套井、井壁和刃脚组成。套井即锁口，其净径大于沉井外径约1.5m，其作用是保护井口、安设导向装置并贮存泥浆等，它在沉井前预先施工。井壁一般作为将来的永久支护，为钢筋混凝土结构，厚1.0m左右，它根据下沉能力和强度计算确定。强度设计时除按永久荷载计算外，还应考虑施工荷载。刃脚的作用是切入土层克服沉井正面阻力；封闭和阻止壁后流砂、泥浆或压气涌入井内。其结构应具有足够的强度、能承受住土层反力、侧压力、遇到大卵石时的剪力和局部压力以及突沉时的冲击力等，通常用钢刃脚或钢靴刃脚（图11－85）。

11.3.4.2 冻结法

冻结法是利用制冷剂（常用液氨）汽化时吸热的原理来完成的。制冷过程包括三大循环（图11－86）。

A 氨循环系统

液氨在蒸发器内蒸发变为饱和蒸汽，同时吸收周围盐水的热量，饱和蒸汽氨又被氨压机压缩为过热蒸汽，经冷凝器冷却为高压饱和液氨，再通过节流阀减压为低压液氨重新流入蒸发器汽化。

表 11-67 几种常用的特殊凿井法情况

名称和类型			实质及主要特点	主要工艺过程	优缺点	使用条件
混凝土帷幕法			在未来井筒外围依次钻挖2~4个相互连接的圆弧形槽段，深度应进入稳定基岩内3~5m，在其内灌注混凝土，形成一定厚度（0.65~1.1m）和强度的不透水帷幕，在其保护下掘砌井筒	用钻机或抓斗等造孔机械钻挖槽孔，并用泥浆护壁 用垂直导管法在泥浆下灌注混凝土，并置换泥浆 在帷幕保护下掘砌井筒	工艺和设备较简单 准备期短 钢、木消耗少 适应性强，封底可靠	含水的不稳定表土层深度在100m以内（已施工最大深度为57m） 不适用于承压水头较高的砂砾层、严重漏浆地层和岩溶地层
沉井法	不淹水自重沉井（普通沉井法）		在沉井内工作面上排水，工人在沉井保护下在井底破土掘进，同时沉井借自重或加载下沉，在地面接长沉井井壁，直到进入不透水地层内3~5m	刃脚制作及组装 砌筑套井临时锁口井施工套井（通常也用沉井法）稳固套井 吊放沉井刃脚并砌筑一段井壁	工艺和设备极简单 准备期短，易于实施，成本低 安全性差、井筒施工质量较差	流砂层小于1m的不稳定表土层 沉井小于30m 涌水量小于$30m^3/h$
	淹水沉井	壁后泥浆减阻[16]	井筒内罐满水，以保持井内外压力平衡，一般用水枪掘进、压气排碴、自重下沉，利用预先做好的套井来防止和纠正沉井偏斜；沉井壁后环形空间灌注触变泥浆减少侧面阻力，工人均在地面操作	安设导向设施，灌水及泥浆等 沉井井壁下沉及掘进 下沉进入不透水地层或基岩内3~5m后固井（封闭刃脚或封底、必要时进行壁后及工作面注浆） 破底及下掘井筒	工艺和设备极简单 准备期短，易于实施，成本低 工人不下井，作业较安全 水枪水下作业，深沉井不易掌握掘进部位，沉井偏斜仍有待于解决 钻井破土效率较好 壁后压气系统机动灵活、易于控制、可靠性较高，且井壁与土层的固着力容易恢复；但井壁结构较复杂，日本用本法最大沉深200.3m，偏斜仅0.1%	含水的不稳定表土层 沉井深度在200m以内（我国最大沉深192.7m） 井筒通水量和流砂层厚度不限 沉井难以穿过厚的砂砾层、钙结核、密实黏土层等，且在穿过砾、卵石层时要提高水枪压力或辅以抓斗取石
		壁后压气减阻[16]	与上相似，不同处是：一般用抓斗或简易磨盘钻机掘进；通过预埋在井壁内的竖、环形管道与壁后气龛连接，施放压气，在沉井外围形成气幕，从而减少侧面阻力			
冻结法			用人工制冷技术暂时加固不稳定地层，并隔绝地下水的施工方法。首先在拟开凿井筒周围打一定数量的钻孔，孔内装有带底锥的冻结器，以便输送低温盐水进行热交换，吸收管子周围地层的热量，地层降温并冻结，在钻孔周围形成冻土圆柱，并不断扩展而连成一定厚度的不透水的圆筒形冻结壁，它承受地压并封闭水源，在其保护下安全可靠地掘砌井筒	打夯灰土盘，铺设环形轨道、安装钻机等进行钻孔 与之同时修建冷冻站、安装冷冻设备和管路，进行井筒积极冻结 冻结壁达到设计厚度后，进行井筒掘砌，同时需维护冻结 冻结段开凿结束后，回收冻结管并充填冻结孔	适用范围广 施工技术比较成熟 比较安全可靠 需用设备较多、耗电量大 成本较高、工期较长 工人劳动强度较大，作业条件较差	含水的不稳定表土层 含水量和水压均特大的条件下 可通过深厚表土层（已施工的最大冻结深度为415m）

续表 11－67

<table>
<tr><th colspan="3">名称和类型</th><th>实质及主要特点</th><th>主要工艺过程</th><th>优缺点</th><th>使用条件</th></tr>
<tr><td rowspan="2">钻进法</td><td>转盘钻进法</td><td>全断面一次钻进、多次扩孔钻进、取岩芯钻进三种方法</td><td rowspan="2">用钻头破碎岩石，用洗井液进行洗井、排碴并护壁，当井筒钻至设计直径和深度以后，在洗井液中进行支护的全面机械化的凿井方法</td><td rowspan="2">钻井：常用多次扩孔法钻井
洗井：常用泥浆作洗井液并护壁，用压气排碴器及循环洗井系统进行排碴洗井
沉井：通常在地面预制好钢筋混凝土井壁（称管柱）及底座，然后在洗井液面上漂浮沉井，地面接长，直至设计深度
最后壁后充填固井</td><td rowspan="2">机械化程度高，在含水表土层中可取得较好的技术经济效果
安全可靠
设备投资高、耗电量大
基岩内钻进时，刀具消耗多、成本高
钻凿大直径井筒时，因扩孔次数多，钻井成井速度不快</td><td rowspan="2">含水的不稳定表土层及中硬以下岩层，并应以前者为主
含水量大的地层
深厚的表土层，井筒的直径不宜过大。但我国煤炭矿山已研制成功一台 ϕ9m 的竖井钻机，并掘通了一条深达 508.2m 的竖井</td></tr>
<tr><td>井下动力钻进法</td><td>潜入式钻井、涡轮钻钻井</td></tr>
<tr><td colspan="3">注浆法</td><td>用泵的压力把配制好的具有充填胶结性能的浆液，通过注浆孔注入含水地层中，以达到封堵裂隙、隔绝水源和加固地层的作用</td><td>分为地面和工作面预注浆，井壁内和壁后注浆几类，详见注浆治水部分（第6卷34.7）</td><td>设备少，工艺简单
能形成永久性封水帷幕，并可加固围岩
细微裂隙不易堵死</td><td>裂隙宽大于 0.15～0.2mm 的含水岩层
含水砂砾层和砂层</td></tr>
</table>

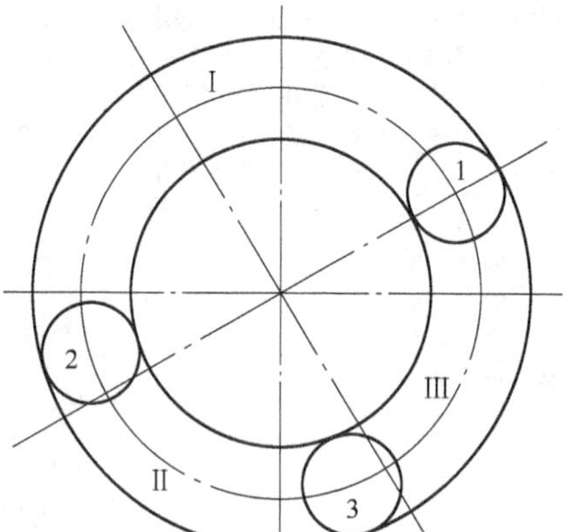

图 11－80 混凝土帷幕法示意图

Ⅰ、Ⅱ、Ⅲ—槽孔编号；1～3—接头孔孔位

B 盐水循环系统

盐水作冷媒剂。它从蒸发器外部的盐水箱内取得冷量后，用盐水泵排经盐水干管、配液圈和供液管进入各冻结管的底部，再沿冻结管和供液管间的环形空间自下而上流动，并吸收管周岩层的热量而使岩层降温冻结，上升的盐水又经回液管、集液圈、盐水干管返回冷冻站的盐水箱。

C 冷却水循环系统

冷凝器中的冷却水需不停地流动、构成循环，把过热氨蒸汽的热量带走。

冻结壁厚度及冻结孔布置圈直径，是根据在冻结段开挖时期保证施工与人身安全计算得到的，冻结孔间距取 1.2～1.4m。

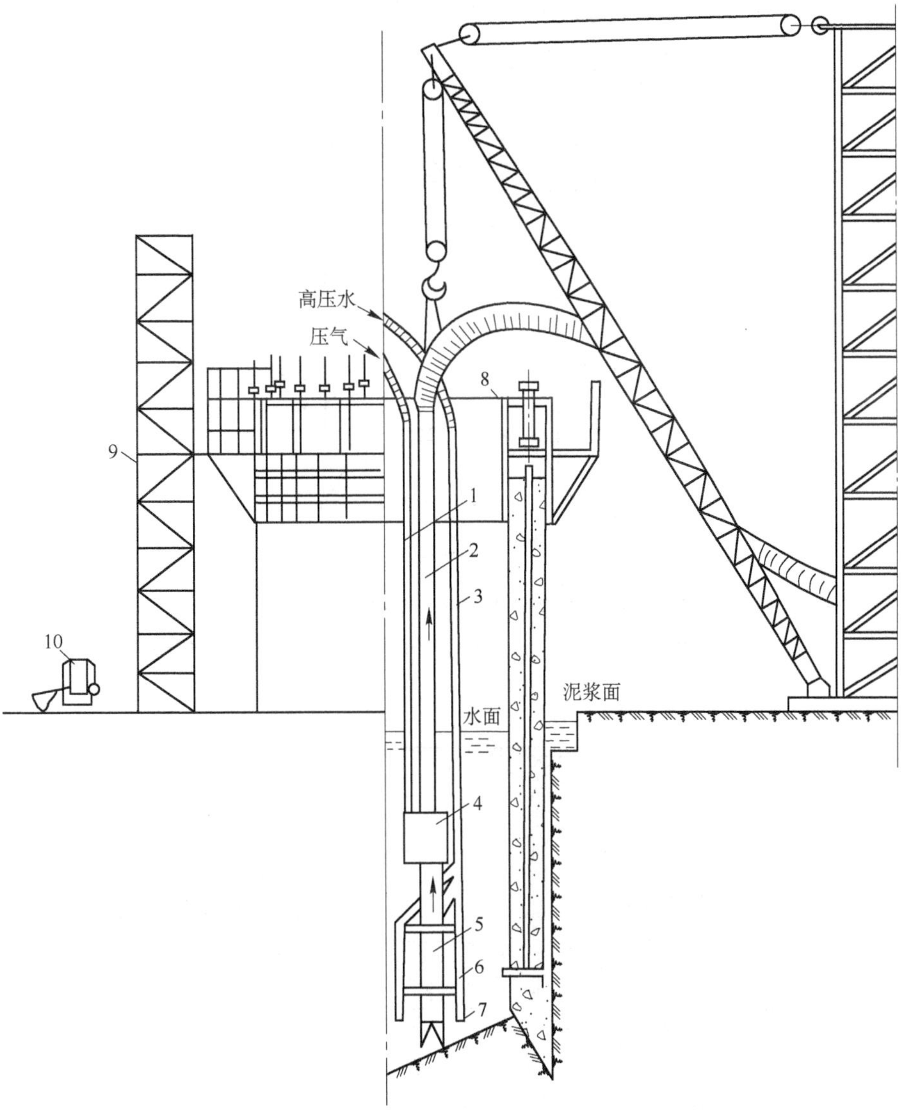

图 11－81 淹水沉井（壁后泥浆减阻）法示意图

1—压气管；2—排泥管；3—高压水管；4—混合室；5—吸泥管；6—干管；7—喷嘴；8—金属活动模板；9—混凝土提升塔；10—搅拌机

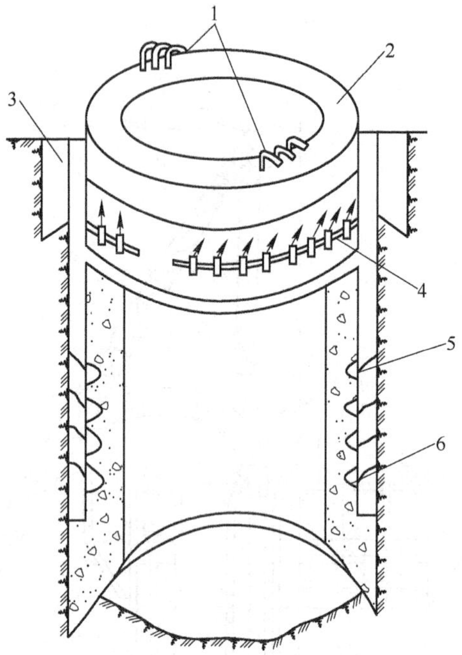

图11-82 淹水沉井（壁后压气减阻）法示意图

1—井壁预埋竖管；2—井壁；3—套井；4—预埋环形管；5—气龛；6—喷气孔

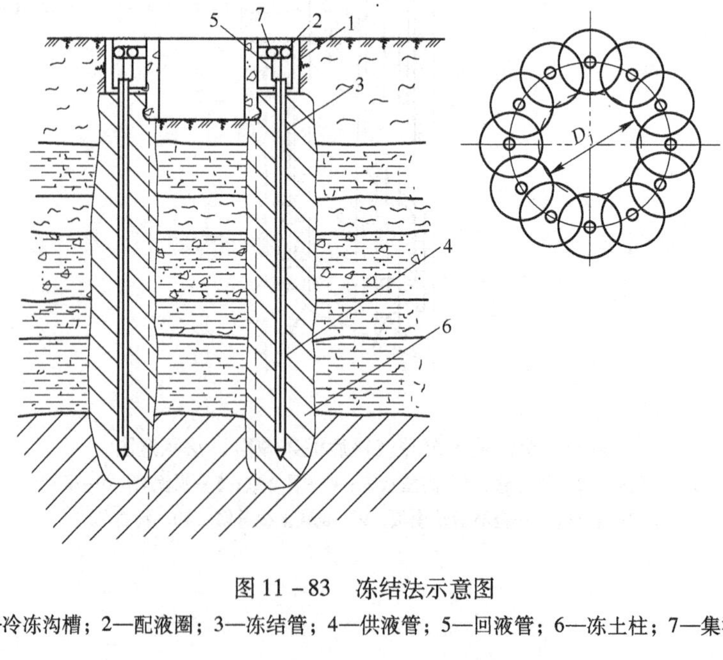

图11-83 冻结法示意图

1—冷冻沟槽；2—配液圈；3—冻结管；4—供液管；5—回液管；6—冻土柱；7—集液圈

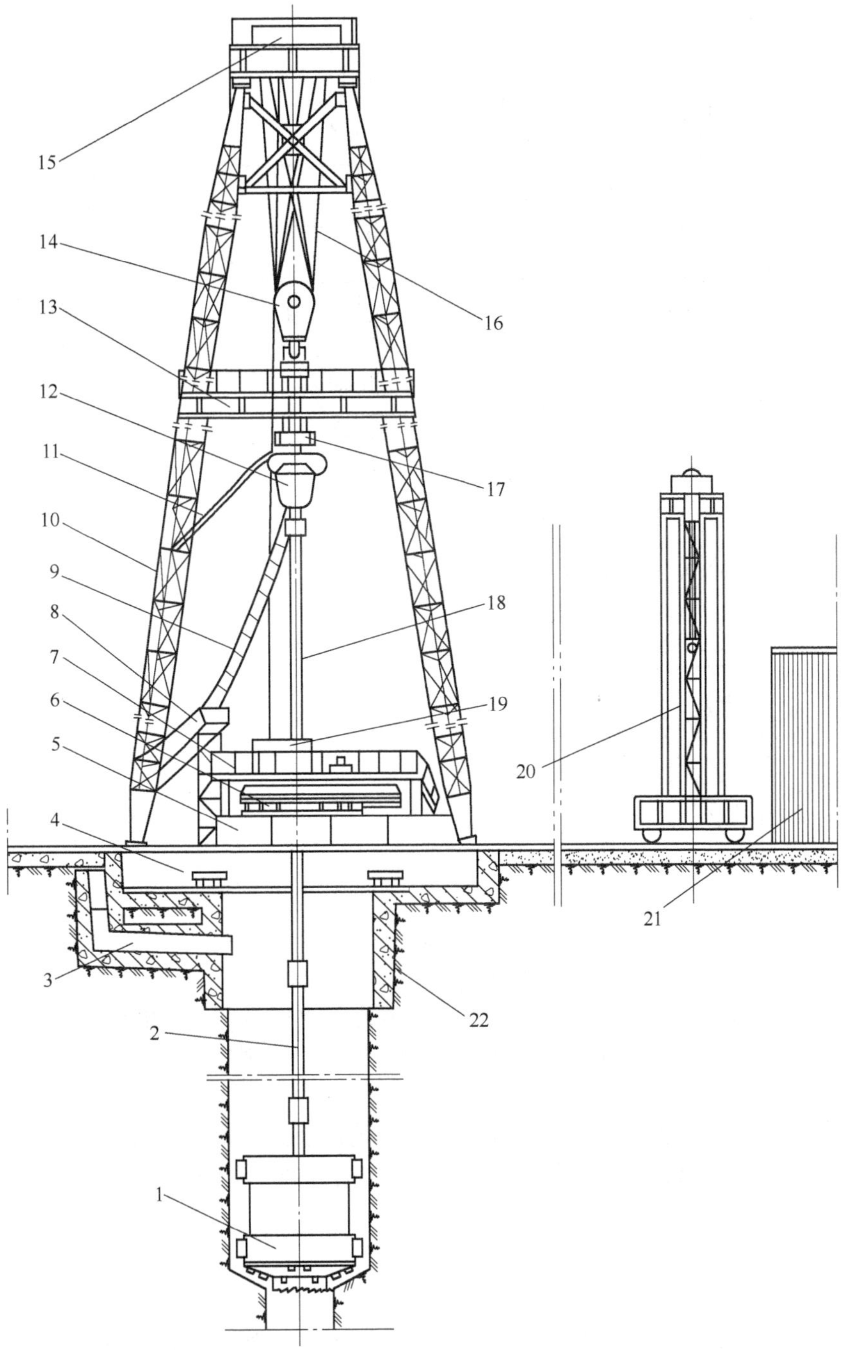

图 11－84　钻井法示意图

1—钻头；2—钻杆；3—进浆槽；4—封口平车；5—转台车；6—转盘；7—工作台；8—排浆槽；9—排浆管；10—钻塔；11—压气管；12—水龙头；13—钻塔二层台；14—游车；15—天车；16—钢丝绳；17—大钩；18—方钻杆；19—绞车；20—门式吊车；21—预制井壁；22—锁口

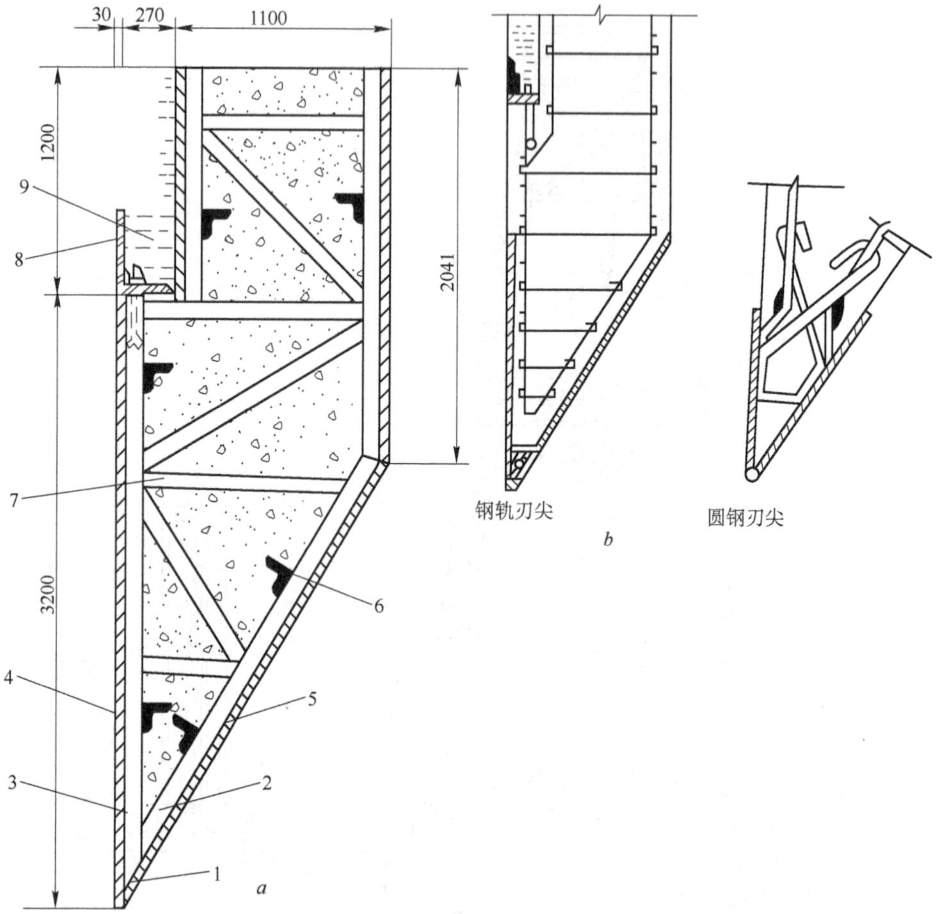

图11-85 刃脚

a—钢结构刃脚；*b*—钢靴刃脚

1—刃尖；2、3—刃脚内、外竖钢轨（或槽钢）；4、5—钢靴内、外钢板；6、7—刃脚内、外环筋与拉筋、角钢80×80×10；8—皮带围裙；9—触变泥浆

用冻结法施工井筒的永久井壁，由于承受的地压及水压较大，施工条件恶劣，接茬多，因而井壁结构已由浅井时的单层井壁发展为双层井壁、夹层井壁和各种材料组成的复合井壁等。

11.3.4.3 钻井法

A 钻机

目前应用最广的仍是地面动力转盘型钻机。它由下列部分组成：钻具系统（钻头和钻杆），旋转系统（方钻杆和转盘、转台车），提吊系统（钻塔、绞车、复滑轮组和大钩），洗井系统（水龙头、压气排液器、排浆管等）以及辅助设备、工具等。

B 钻进

根据岩石性质选用合适的破岩刀具，是提高钻进速度、降低成本的关键。表土层应采用刮刀和长齿滚刀钻头；软岩用楔齿滚刀钻头；硬岩用盘形滚刀或球齿滚刀钻头。影响钻

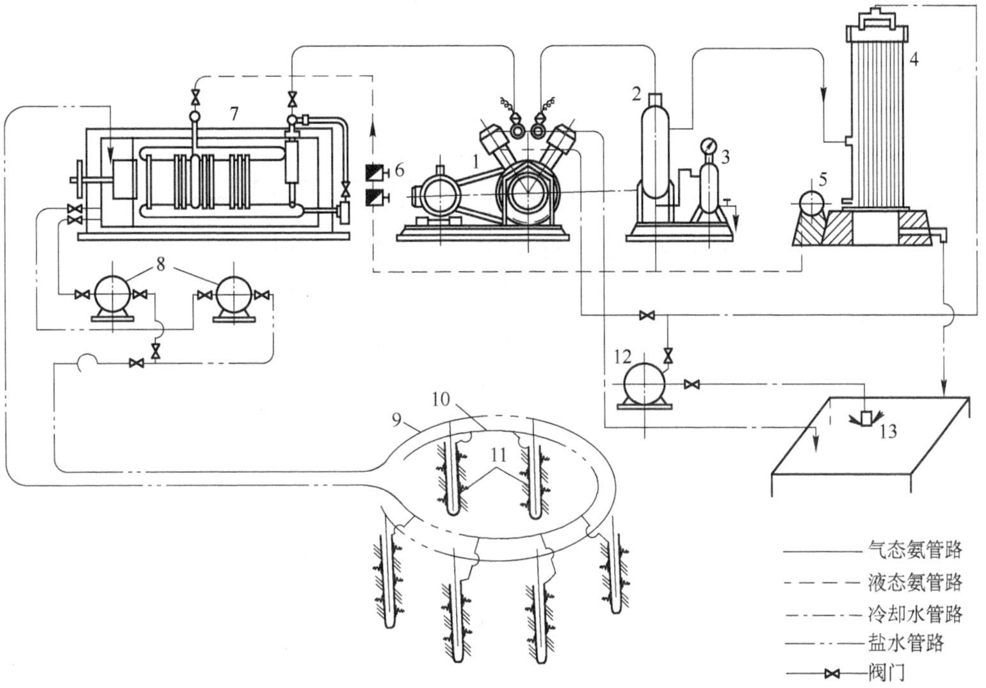

图 11－86 冻结法凿井的三大循环系统

1—氨压缩机；2—氨油分离器；3—集油器；4—冷凝器；5—贮氨器；6—节流阀；7—蒸发器；8—盐水泵；9—配液管；10—集液管；11—冻结管；12—冷却水泵；13—水池

进速度的因素除岩性、钻头构造和刀具类型外，还与钻压、转速、洗井程度有关。

C 洗井

洗井介质主要有：(1) 泥浆：任何地质条件下均可采用，它还起临时护壁作用；(2) 清水：适用于基岩；(3) 空气泡沫洗井：即将膨润土、洗涤剂和化学药剂的混合液送入压气管内形成泡沫流送往工作面，以增强其携带和冲洗能力。钻井通常采用反循环洗井方式，它由压气排液器驱动洗井液循环流动，从而把岩碴带出工作面（图 11－87）。

D 支护

通常井筒钻进到设计深度和最终直径后进行永久支护，它是在井内充满洗井液的条件下在地面上进行的，常用预制管状钢筋混凝土井壁漂浮下沉法施工（图 11－88）。管状井壁下设封闭的底座，漂浮于洗井液面上，下沉时井壁内适量灌水以控制下沉速度，壁外用压气排浆器不断排浆。随着井壁的下沉，在井口接长井壁。各节井壁间用特制法兰盘和螺栓联结。法兰盘外侧焊接并涂防水材料。沉到井底后，进行壁后充填、注浆，以置换泥浆、充填空隙、固定井壁、封闭和隔绝含水层。

11.3.5 井底车场施工及建井总组织

11.3.5.1 井底车场施工

井底车场的掘砌工程量很大、交岔点很多、规格变化大，因而施工时其组织和管理较

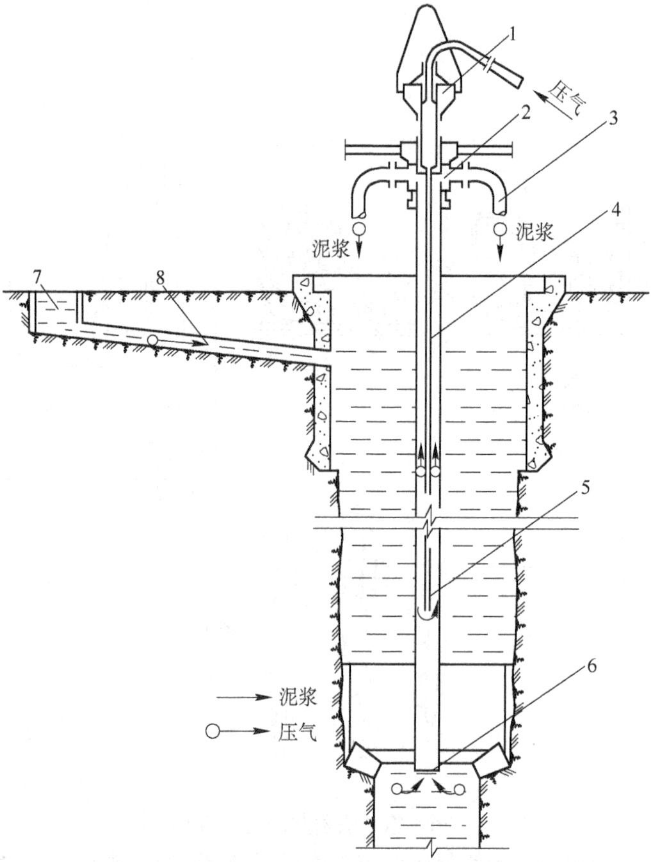

图11－87 反循环洗井方式示意图

1—水龙头；2—三通；3—排浆管；4—压气管；5—混合器；6—吸收口；
7—沉淀池；8—回浆槽

复杂。为加快矿山建设，应合理安排井底车场内各项工程的施工顺序，以便有计划、有节奏地开展车场施工。其安排原则如下：

（1）井筒到底后应立即全力组织主、副井短路贯通，为提升、通风、排水等设施的改装创造条件。

（2）合理确定主要连锁工程线，并组织快速掘进队，不间断地施工。一般情况下，它包括：主井或副井重车道、主要运输石门和大巷、采准巷道、总回风道以及与风井相连的贯通巷道等。近些年来，为缩短主要连锁工程线的长度，采用过以下措施：

1）在条件适合的矿井（如高地表较浅或在山区）专门开凿施工井（竖井或斜井，称措施井）或巷道，如把采区斜坡道或回风道延至地表。这样虽然增加了施工井的投资，但可使建井总工期缩短而带来经济效益。

2）在主要连锁工程线贯通的同时，布置采准巷道。即由风井方向提前布置采准、开拓巷道，而由主井、副井开拓井底车场、硐室并加快主副井装备，以使整个矿井提前投产。其优点是节约投资和提前出矿。缺点是多头作业、施工管理分散，特别是风井方面施工组织复杂并须增大其提升、通风、排碴、运输、压气和供电系统的能力。

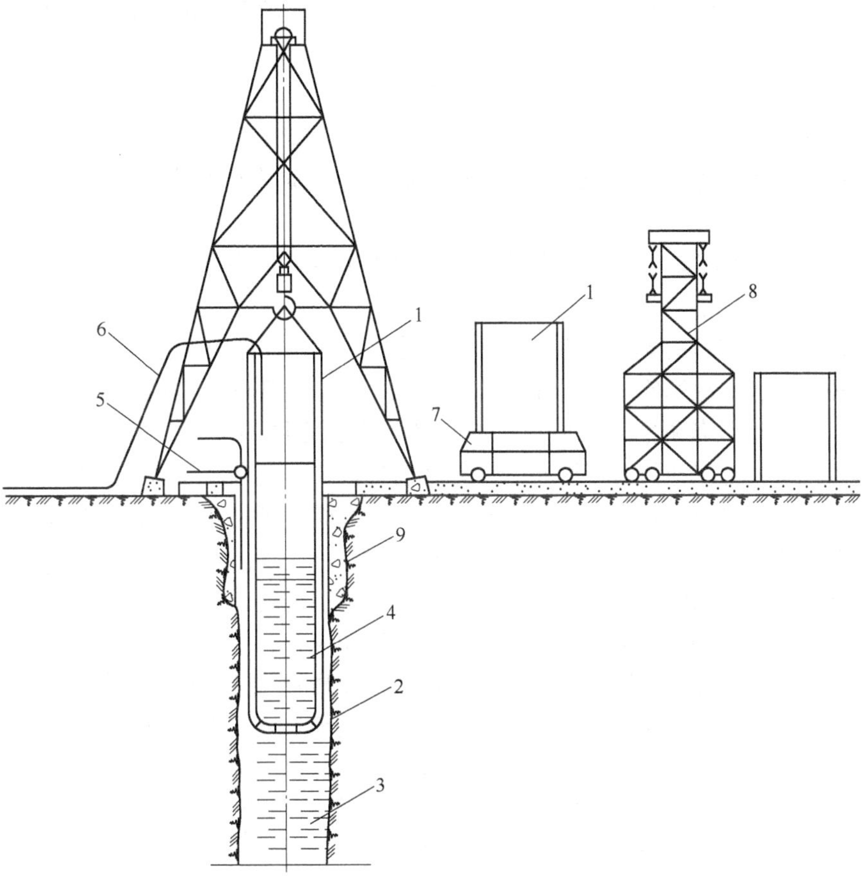

图 11－88 永久井壁漂浮下沉法施工示意图

1—钢筋混凝土管柱；2—底座；3—泥浆；4—水；5—压气排浆器；6—水管；
7—钻台；8—龙门吊车；9—临时锁口

3）利用邻近矿井提前开拓巷道工程，以缩短主要连锁工程线长度，甚至可利用生产矿井的开采阶段创造打反井的条件，加快第二期工程的进度。

（3）尽快贯通井底车场环形绕道，以形成环形运输系统。还要尽快贯通主副井空重车线，以改善多头作业的通风条件，为副井永久罐笼提升运转时增大运输能力创造条件。

（4）尽量组织中央变电所、水泵房、永久水仓的施工和设备安装，为提前利用永久排水和供电系统创造条件。

（5）尽量交岔点按全断面掘砌需时较长，也应尽可能一次做完。

（6）安排好主井与装载硐室的施工顺序，通常有两种方式：1）井筒到第一水平后，先开大巷，把第一水平以下的一段井筒和装载硐室留下，到井筒安装时再施工；2）将井筒一直掘到底，同时将硐室施工再掘进车场水平的巷道。根据我国建井经验，大都采用后者。其具体施工方式有以下三种：

1）主井掘到装载硐室位置时，预留硐口并用锚喷或其他支护临时封口，待井筒掘到设计深度后立即开凿装载硐室。

2）主井施工时也将硐口预留出来，待井塔施工时再开凿装载硐室，这种方式须增加一次临时改装。

3）与主井施工同时，自上而下施工装载硐室。

（7）安排好井筒与马头门、各种管道口的施工顺序。它也有下列两种方式：

1）井筒通过巷道口时，预留道口并用锚喷或砖砌等临时支护，待井筒到底后再施工。

2）井筒通过巷道口时，利用凿井设备掘砌10～20m巷道，以便下步施工时互不干扰。

目前，我国多推荐用第2）种方式。尤其是马头门，在地质条件允许时，用锚喷做一次支护随井筒掘进一次完成。它简化了施工工艺，安全条件好，占用井筒工期也不长。

（8）各种机电设备硐室施工应与机电安装工程相互协调配合，根据交付使用的时间顺序、施工难易和施工期长短等因素有计划地安排。工程复杂、设备安装较费时的宜早日施工，如变电所、水泵房和水仓、破碎机硐室和翻笼硐室等；其他对建井期影响不大的硐室可作为平衡工程量与主要连锁工程线及采准工程平行施工。

井底车场同时施工的工作面数量较多，在安排施工进度计划和工作面数目时，还要考虑劳动力和设备器材供应的均衡。各工作面施工顺序应有利于通风系统的合理改变；并尽可能避免下坡掘进，为了加快某项工程进度也可增开临时巷道，为多头掘进创造条件。井底车场施工顺序和掘进路线实例见图11－89。由图可知，主副井贯通后，由副井开拓主要

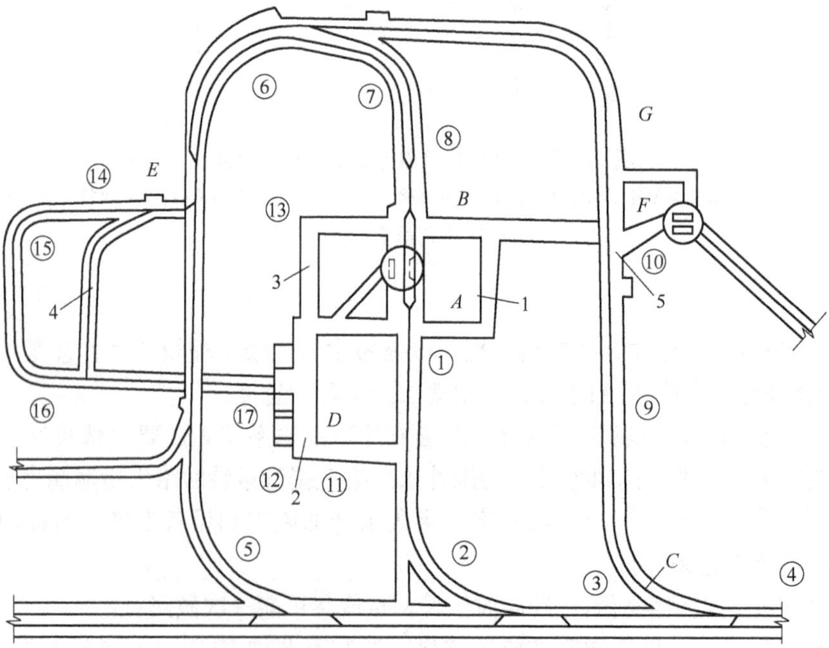

图11－89　井底车场施工顺序及掘进路线

A、*B*…*G*—掘进工作面；①～⑰—工作面掘进路线

1—等候室；2—水泵房；3—变电所；4—水仓；5—翻笼硐室

连锁线工程，其工作面 A 沿①－②－③－④直奔采区；其他工作面如 B 沿⑧－⑦－⑥－⑤－③掘进；C 沿④－⑨－⑩掘进；D 沿⑪－⑫－⑬掘进；E 沿⑭－⑮－⑯－⑰掘进；为改善主井调车及通风条件，沿主井重车线方向前进的工作面 F，应尽快与工作面 C 贯通；工作面 G 掘进主井空车线与工作面 B 在交岔点⑦处贯通。车场共布置 7 个工作面，其施工时间可根据各工程量大小、施工难易程度和设备情况进行工程排队，一般在 6～10 个月内可完成车场全部工程。

11.3.5.2 井巷过渡期的施工组织

当井筒到底后，在转入井底车场及平巷施工以前，必须组织好由竖井转入巷道的各项衔接工程，其中主要是对原来为井筒施工服务的各种设备进行改装，使之适应巷道施工的需要，为完成这些改装工作所需的时间称井巷过渡期。其间完成的主要工作内容是：

A 主、副井短路贯通

不论哪个井筒先掘进到设计水平后，都要立即进行主、副井贯通，以便为主、副井交替改装创造条件，形成第二个安全出口和尽快改变通风系统，组织车场多头掘进。贯通原则是：贯通路线要最短、弯道要最少，以便运输调车；尽量利用永久性巷道或硐室贯通，如无此条件，可开凿临时巷道，但要考虑到投产后利用该巷道的可能性。贯通方法可两井对掘或单向掘进。贯通工期约为 0.5～1 个月。

B 提升设备和凿井井架的改装

井底车场巷道和硐室施工全面开展后，碴石提升量逐渐增加，人员、材料、设备的上下也相应增多。井筒掘进时使用的吊桶已不能满足要求，为了保证提升能力，通常采用下述改装方案：

（1）主、副井短路贯通并形成新的通风、运输系统后，首先将主井吊桶提升改为临时罐笼提升。临时提升系统运转后，抓紧副井永久装备的安装，井塔或井架的构筑，使副井永久提升系统尽快投入运输，担负起建井第二期工程的全部提升任务。这时再根据工程排队，在适当时间拆除临时罐笼并安装主井永久装备和提升系统。这种改装方案的优点是建井第二期工程的提升主要由提升能力大的临时或永久罐笼来承担，吊桶提升时间很短，上下人员和材料设备较方便而且安全可靠。所以我国都采用本方案。其缺点是增加了改装及拆卸临时罐笼的劳力与资源消耗；

（2）主、副井贯通后，立即进行永久罐笼提升系统的安装，井底车场和巷道掘进初期的岩碴，暂时用原来吊桶提升至地面。待副井永久提升系统正式运转后，即改装主井提升系统。这一方案虽然节省了安拆临时罐笼的时间和投资，但吊桶提升能力小，上下人员和材料设备不便。当副井采用永久钢井架和钢绳罐道且利用永久提升设备凿井，准备工作又充分时，副井永久提升系统的安装可望在 3～4 个月内完成。如此，本方案的优越性就更为明显。

无论采用哪种改装方案，都要验算提升能力能否满足车场多工作面施工的要求。

$$N = \frac{Q}{SlK_o} \tag{11-31}$$

式中 N——同时施工的工作面数目，个；

S——工作面平均掘进断面，m^2；

l——工作面平均掘进进度，米/班；

K_o——岩石松散系数，取1.6~1.8；

Q——每班提升松散岩碴的能力，米^3/班；

$$Q=\frac{T-t_1-t_2}{t_3}\times 60VK_1 \tag{11-32}$$

T——每班提升工作时间，min；

t_1——每班下放器材所占时间，吊桶提升为120min；临时罐笼提升为40min；

t_2——每班上下人员及检修设备时间，吊桶提升为100min；临时罐笼提升为60min；

V——吊桶或矿车容积m^3；

K_1——装满系数，吊桶为0.9；矿车为1.0；

t_3——每提升一次的时间，s。

$$t_3=\frac{H}{v_{max}}a+t_4 \tag{11-33}$$

H——提升高度，m；

v_{max}——最大提升速度，m/s；

a——提升速度系数，取1.2~1.5；

t_4——装卸时间、吊桶为60~80s；临时罐笼单向出车时为30~50s，双向出车时为20~30s。

C 通风设施的改装方式

通风设施在主、副井贯通前后的改装方式及其相应措施、优缺点等情况，列于表11-68。

表11-68 通风设施的改装措施

时期	方式	图示	措施	优缺点
主副井贯通前	主副井各用凿井通风设备		将风筒接长到各掘进工作面必要时可加设局扇	
主副井贯通后	临时主扇设在地面	见图11-90a	将主井内风筒全部拆除；在副井井口设一台或两台扇风机作主扇；在主副井联络道内设风门，使新鲜风流由主井进入，废风由副井风筒抽出 在硐室和巷道内另设局扇	风机安装、使用、检修方便，不占用巷道，有利于运输 但风筒抽风时阻力大，风量小 寒冷地区主井入井需加热，以免井筒结冰
		见图11-90b	同上，不同的是将副井大部分风筒也拆除，仅在井口20~60m内设一段ϕ0.8~1.0m的风筒，废风先沿副井后经该段风筒抽出；在井口和风筒下端设密封盘	风机安装、使用、检修方便，不占用巷道，有利于运输 寒冷地区主井入井需加热，以免井筒结冰 通风阻力小 增加了密封盘的安拆工程量
	临时主扇设在井下	见图11-91	将主、副井内风筒全部拆除 在副井（或主井）邻近巷道中设临时风门，并设一台或并联两台风机作临时主扇抽风。新鲜风流由主井进入，废风由副井排出	井内不必吊挂风筒、井筒布置简化 通风阻力小、负压小，通风设备容量小 主扇占用巷道空间 在有瓦斯和矿尘含量大的矿井安全性差

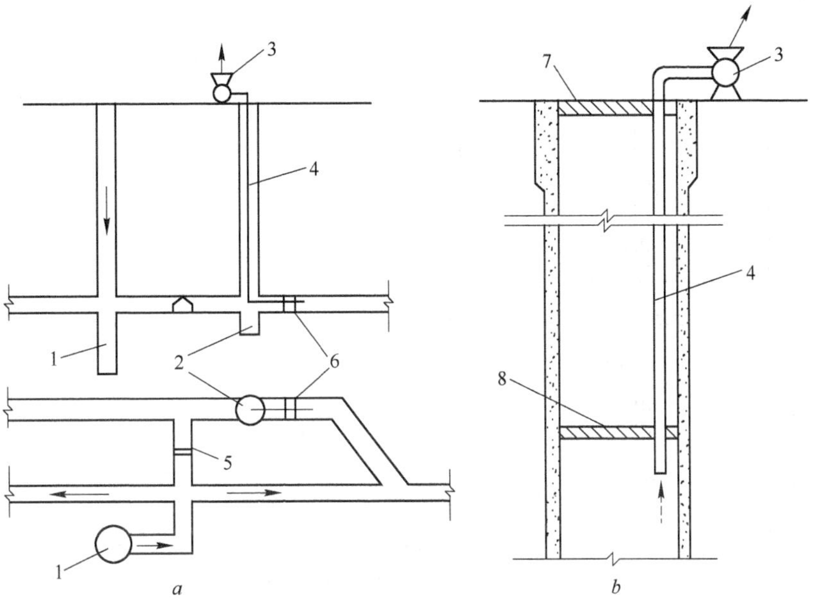

图 11－90 临时主扇设在地面布置图

1—主井；2—副井；3—主风机；4—风筒；5、6—风门；7—井口密闭盘；8—井下密闭盘

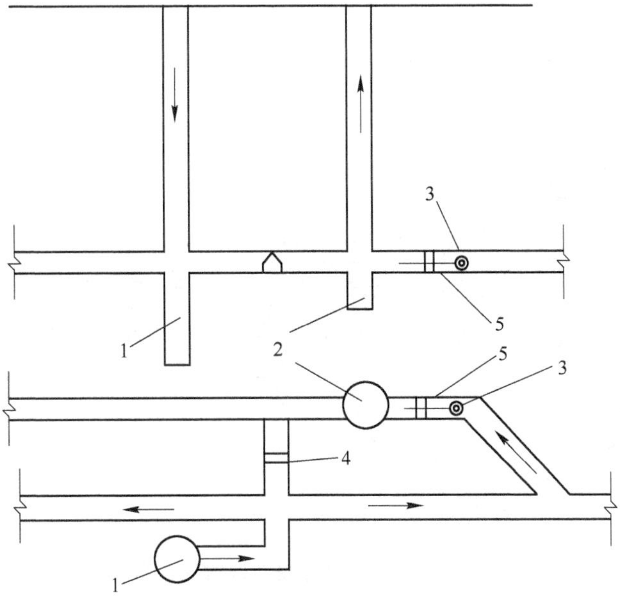

图 11－91 临时主扇设在井下布置图

1—主井；2—副井；3—临时主风机；4、5—风门

D 排水设施的改装

(1) 主、副井贯通前：各用其吊泵排水。

(2) 贯通后先由主井水窝集水，用卧泵将水排至副井水窝，经副井管路排至地面(图11－92)。

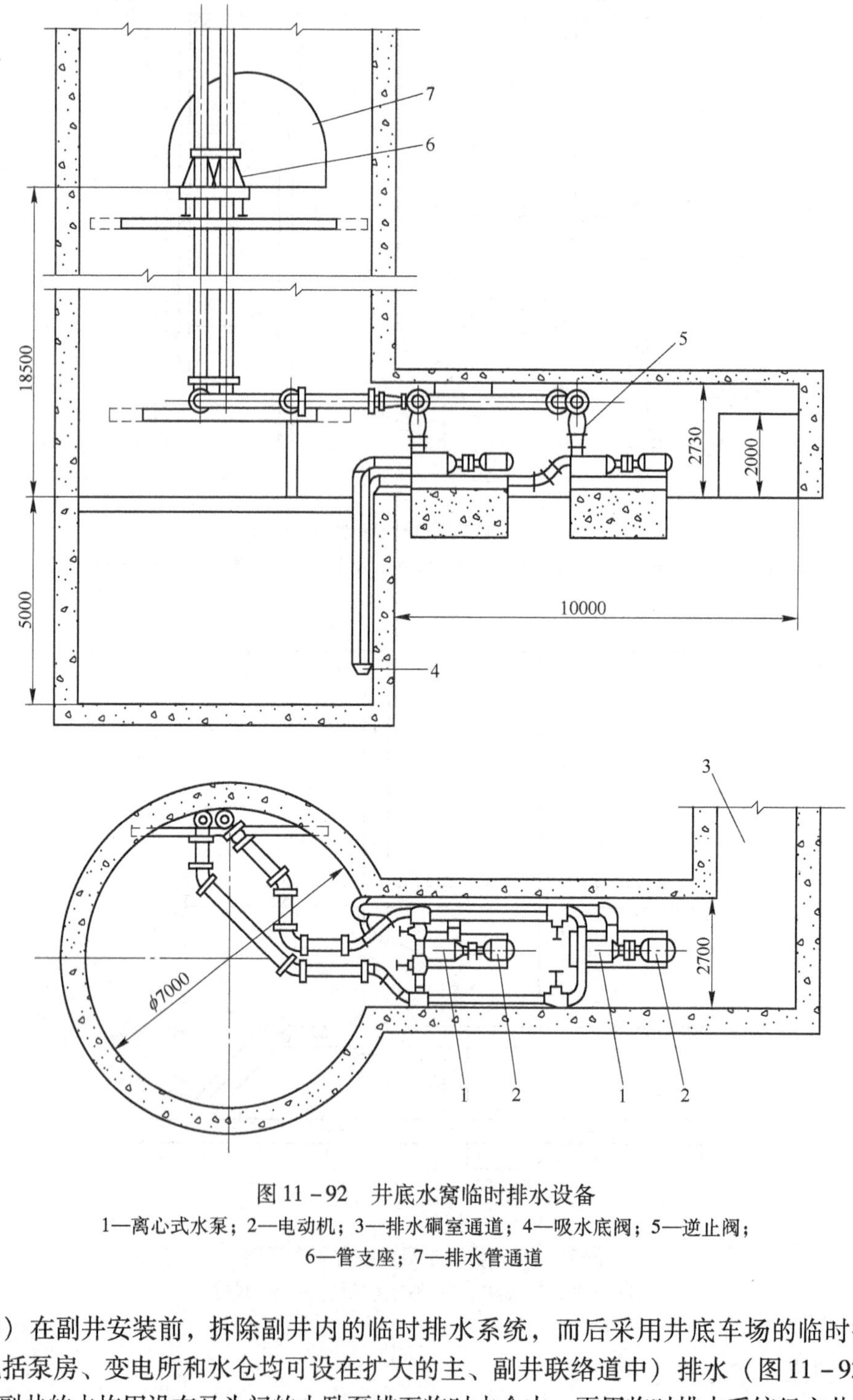

图11－92 井底水窝临时排水设备
1—离心式水泵；2—电动机；3—排水硐室通道；4—吸水底阀；5—逆止阀；6—管支座；7—排水管通道

(3) 在副井安装前，拆除副井内的临时排水系统，而后采用井底车场的临时排水设施（包括泵房、变电所和水仓均可设在扩大的主、副井联络道中）排水（图11－93）。这时主、副井的水均用设在马头门的小卧泵排至临时水仓中，再用临时排水系统经主井管路排

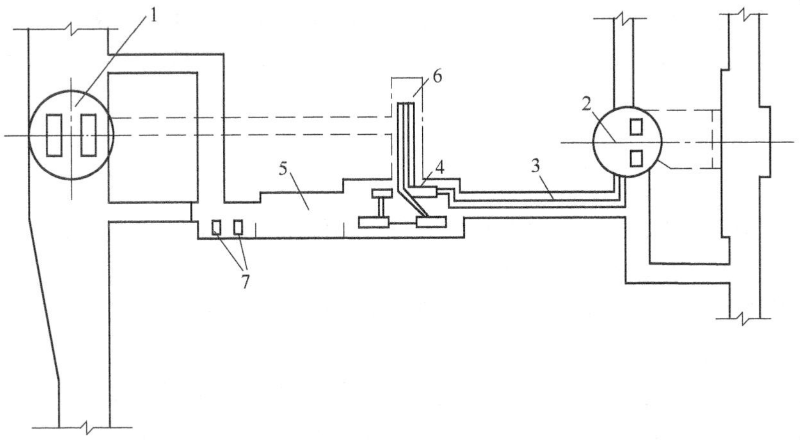

图 11－93 井底车场临时泵房及水仓布置

1—罐笼井；2—箕斗井；3—主、副井联络道；4—泵房；5—变电所；6—水仓；7—变压器室

至地面；

（4）副井安装完毕后，应采用永久排水系统排水。

11.3.5.3 建井工期

从第一个井筒正式开工到矿山移交生产的时间称建井工期。建井工期长短取决于施工技术力量、施工机械化水平、先进的施工工艺、科学的施工组织管理、合理的施工设计和施工顺序（单向或对头掘进）。主副井开工顺序的确定通常按井巷主要连锁工程施工期进行计算：

$$T = t_1 + t_2 + t_3 + t_4 + t_5 + t_6 + t_7 \tag{11-34}$$

式中 T——建井总工期，月；

t_1——井筒掘砌工期，月；

t_2——主、副井短路贯通工期，月；

t_3——主连工程内的井底车场重车线、主要石门、运输大巷掘进工期，月；

t_4——主连工程内的采区巷道掘进工期，月；

t_5——采区工程完工后采掘设备安装期、收尾期，月；

t_6——矿井试运转、试生产期，月；

t_7——机动时间，月。

当采取主井和风井对头掘进方案时，t_3、t_4 应减去与风井平行施工的工期。

此外，建井工期还可以用统筹法进行计算[17]。运用统筹法计算建井工期是一种科学的方法。其实质是首先提出若干施工方案和施工顺序，然后利用统筹法计算出各方案和顺序所需的工期，并找出其主要矛盾线，以供选定其中技术先进、经济合理、工期最短的方案。统筹法有两种表示法：

A 条形图或称横道图法

其横坐标表示时间，纵坐标表示项目，用横道表示各工程或工作的顺序、工程量、工期及其衔接关系等。

B 网络图或称工序流程图法

即以工程所需工期为时间因素，以工期间的逻辑关系绘制成网络图，通过计算反映出整个工程的全貌，指出对全局有影响的关键工程和关键路线，从而对工程作出合理的统筹安排。

11.4 平 巷 施 工

平巷施工包括普通法施工、复杂地质条件下的施工和联合掘进机掘进法。

11.4.1 平巷普通法施工[18]

普通法是用于掘进一般工程和水文地质岩层条件下的巷道施工方法。

11.4.1.1 凿岩工作

在巷道施工特别是组织平巷快速掘进时，认真选取凿岩技术参数、改进凿岩工具设备、正确选定同时工作的凿岩机台数及其工作区域和顺序，不断提高操作技术水平等，对缩短凿岩工序时间，提高掘进速度有很大的作用。

A 凿岩设备

凿岩设备主要指凿岩机和掘进钻车。

(1) 凿岩机和钻车。凿岩机一般按其动力、工作时的支撑与推进方式、重量、频率，以及工作和配气机构形式进行分类；钻车一般以动力、行走方式、行走机构的驱动方式及车体结构加以分类。

目前，我国矿山平巷掘进所用凿岩设备的特点及适用条件见表11－69。

表11－69 平巷掘进凿岩设备特点及适用条件

凿岩设备	孔径(mm)	孔深(mm)	特点和适用条件
气腿式凿岩机	36～43	<2.5	应用普遍。设备轻、灵活、移动方便。作业条件较差，劳动强度较大
掘进钻车与导轨式钻岩配套	36～50	<3.0	适用大中型矿山。机械化程度高，施工巷道的断面要满足钻车的技术要求
掘进钻车与液压凿岩机配套	40～50	<5.0	机械化程度高，作业条件好，效率高，作业面噪声低。施工巷道要满足钻车的技术要求

凿岩机和钻车的技术性能参阅本卷7.3的有关附表。

(2) 凿装联合机组。为进一步提高掘进机械化水平，一机多用，减少或消除凿、装设备在工作面的调换时间，国外研究了多种凿装联合机组，主要有如下几种：

1) 耙斗式凿装联合机组。在耙斗链板装载机上加设液压凿岩支臂；

2) 蟹爪式凿装联合机组。在蟹爪式装载机上加设液压凿岩支臂；

3) 带凿岩支臂的凿岩机组与装载机配合使用。即将凿岩机组沿悬挂式轨道送入工作面，并装在装载机上进行凿岩作业。凿岩完毕后，再将凿岩机组拆离装载机，仍沿悬挂式轨道推出工作面。

B 凿岩工具

凿岩工具主要指钎头和钎钢。其材质和规格品种见本卷7.4.5和7.4.6。关于钎头形状及其适用条件，以及钎头的硬质合金牌号的选用，参见表11－70。

表 11-70 钎头形状、特点及适用条件[19]

钎头形状	特点	适用条件
一字刃马蹄形钎头	对老式一字形钎头结构进行改进，使其耐磨程度、凿岩速度、固定质量及排粉性等均有较大提高	一般钻凿小直径炮孔。适用在坚硬以下、裂隙不发育的岩石中钻孔
十字形钎头	与一字形钎头比较，钻头耐磨性较好，钻孔较圆。钎头径向磨蚀较小，可承受较大冲击荷载。消耗硬质合金量多及钎头价格较高，钎刃不易修磨	用于中深孔凿岩较多，国外则大量用于浅孔凿岩 用于破碎、裂隙发育或软硬不均岩石中钻孔，可减少卡钎
X形钎头	合金片不易松动，钻孔比十字形钎头的钻孔还要圆些	用于中深孔凿岩较多，国外则大量用于浅孔凿岩 用于破碎、裂隙发育或软硬不均岩石中钻孔，可减少卡钎
柱齿钎头	在硬岩中钻孔速度快，耐磨，硬质合金损耗少，钻孔质量好，钻孔时可承受很大冲击载荷	钻孔直径范围大，由小孔径到大孔径均可。钻孔中卡钎少，适用于中硬以上岩石钻孔，可取代十字形及X形钎头
超前刃三翼状钎头	钻孔速度较快，炮孔定向质量较好	主要用于低压潜孔钻机上，将为柱齿形钎头代替

表 11-71 同时工作的凿岩机数、孔深等有关情况的实例

指标		新晃汞矿	马万水工程队	权台煤矿	汶水钨矿
岩石条件	名称	白云岩、矽化白云岩	砂岩、砂页岩	页岩、砂页岩	矽化变质砂岩
	f	8~10	8~10、12~15	4~6	8~10
巷道断面（m^2）		6	6.1~7.2	5.67	4.4
凿岩设备		7655型气腿式凿岩机5~6台	01-30型凿岩机（气腿式）7~8台	01-30型凿岩机（气腿式）4台	YT-25型气腿式凿岩机3台
装岩设备		华-1型装岩机；两段皮带转载机	H-600型装岩机；浮放道岔调车	H-600型装岩机	华-1型装岩机
凿装作业方式		顺序作业	平行作业	平行作业	平行作业
孔深及循环进尺（m）	孔深 平均进尺	2.0 1.84	1.3 1.10	1.8 1.45	1.8 1.70
掘进速度（米/月）及工作天数	月进尺 工作天数	707.3 31	628.2 31	535.5 31	513.7 31
每循环实际平均时间（min）		116	78	134	144
每米巷道所需的时间（min）		63	71	83	84

C 提高凿岩效率的措施

（1）采用高效率的凿岩机。当用钻车时，应配置中型、高频、外回转式凿岩机。

（2）实现多机同时作业。应用钻车时要配置2台以上凿岩机；当用气腿式凿岩机时，务必采取多机同时作业，一般以1～1.5m^2安排1台凿岩机为宜。

国内矿山平巷掘进中几个中等掘进速度实例的凿岩机同时工作台数及孔深等因素情况，列于表11－71[18]。

（3）保证压气供应，工作面压力不低于0.55～0.60MPa。

（4）合理选择炮孔的直径、个数和深度。

（5）培养一支技术熟练的凿岩技术队伍。

D 凿岩实例

实例1 CGJ－Ⅱ型双机液压钻车试验结果

由四个厂家生产的同型号钻车，分别在四个矿山的试验条件及结果列于表11－72。

表11－72 钻车试验条件及指标

项 目	龙烟铁矿	天宝山矿	莱芜铁矿	老厂锡矿
实际试验工作日（d）	51	61	59	35
岩石条件	石英岩和粘板岩 $f=8\sim15$	闪长斑岩和矽卡岩 $f=12\sim15$	闪长岩$f=8\sim10$	破碎大理岩氧化矿 $f=4\sim6$，矽卡岩$f=10\sim12$
巷道断面	2.7m×2.7m	2m×2.2m 2.2m×2.3m	$S=13.07m^2$ $S=7.34m^2$	2.5m×2.5m
使用配套设备	H－600装岩机，龙－1型电动梭车，3t电机车，其中八天用矿车	华－1型装岩机，0.35m^3斗车，3t电机车，侧卸式矿车	H－600装岩机，7t电机车，矿车	H－600装岩机，1.2m^3矿车，7t电机车
作业方式	专业工作队三班作业	综合工作队三班作业	综合工作队三班作业	综合工作队一班、三班、四班作业
总循环数（个）	172	192	170	73
一个循环凿岩时间（min）	最短：50 一般：90～120	最短：80 一般：130左右	最短：90 一般：120～130	最短：64 一般120左右
工作面炮孔（个）	13～19	23～29	单轨：16～19 双轨：25～30	16～25
积累炮孔数（个）	3029	4694	3248	1540
平均深孔（m）	1.7	1.64	1.3	1.32
积累孔深（m）	5149.3	7692	4212.2	2029
巷道累计进尺（m）	259.7	267.8	187 其中双轨30.6	83.9

实例2 马万水工程队独头巷道掘进

巷道断面6.7m^2，穿过$f=4\sim8$的石灰岩和页岩。采用7台7655型气腿式凿岩机同时作业，严格执行定人、定位、定任务制度。工作面敷设双线压气管及供水管，并用压气分配器、水分配器和快速管接头。一字形硬质合金钎头，直径$\phi40\sim42$mm。用国产B_{22} 55SiMnMo成品钎杆，钎长2.2~2.4m。工作面炮孔平均深2.26m，孔数30个左右。每循环凿岩时间：软岩15~17min；中硬岩20~30min。使用胶质和二号岩石炸药，平均循环进尺为2m，33天的进尺为1403m。

实例3 符山铁矿用三机钻车掘进铲运机道

巷道断面13m^2，穿过$f=8\sim14$的磁铁矿和闪长岩。凿岩先后采用过YT－25型气腿式凿岩机和CTJ700－3型掘进钻车配YG－70型外回转凿岩机。两者凿岩效果比较见表11－73。

表11－73 气腿式凿岩机和钻车凿岩设备使用比较

项 目	单 位	气腿凿岩机	掘进钻车
炮孔深度	m	1.65	2.10
炮孔数	个	59	59
炮孔总长度	m	97.35	123.9
凿岩时间	min	390	210
循环时间	min	785	600
实际进尺	m	1.44	1.98
炮孔利用率	%	87.3	94.2
每平方米所需炮孔长度	m	5.2	4.8
总装药量	kg	38.1	49.5
炸药单耗	kg/m^3	2.04	1.92
施工人数	人	11	8
工 效	米/（工·班）	0.081	0.198
	米^3/（工·班）	1.053	2.574

11.4.1.2 爆破工作

A 平巷掘进爆破的特点及工作面炮孔

平巷爆破的特点是在单自由面条件下，炮孔深度受断面限制，一般只为1.5~3.0m。为形成平巷的一定断面形状，在工作面布置掏槽孔、辅助孔和边界孔。

B 爆破效果的标志及措施

爆破效果的优劣对掘进速度、巷道质量、支护效果和掘进工效、成本等都有很大影响。其效果标志及措施见表11－74。

表11－74 良好爆破效果的标志及措施

良好爆破效果的标志	应采取的主要措施
炮孔利用率高，一般要求90%以上	了解岩石的物理力学性质和岩层条件
巷道规格和方向符合设计要求，超欠挖量均小于5%	正确选定炮孔排列方法和凿岩爆破参数
周帮平整，对围岩破坏性小	选用适于岩石要求的高威力炸药和高质量的爆破器材
材料消耗少	
岩块大小和岩堆高度适中	根据岩石岩层条件，不断改进和提高爆破技术

C 炮孔排列方法

a 爆破掏槽形式及其选择

炮孔排列的核心是选择掏槽孔的形式，它是决定爆破效果的关键。一般是根据巷道断面、岩石性质和岩层地质构造等因素选择掏槽形式，其分类及适用条件列于表11－75。

表11－75 掏槽形式及适用条件[19]

掏槽形式		适用条件
倾斜掏槽	单向掏槽	用于工作面有软夹层或弱面部位，按巷道断面大小和夹层厚度不同，布置1~2排孔，倾角取50°~70°
	锥形掏槽	炮孔深度受到限制，仅限于浅孔爆破，一般在2m以内。在工作面中部形成锥形。不宜在多机作业条件下应用。锥形掏槽孔的参数，可按表11－76选取
	楔形掏槽	有垂直楔形和水平楔形两种形式。水平楔形形式只有在极为有利的岩层地层条件可供利用的情况下才采用。垂直楔形适用面广 它由两排相对的炮孔组成，爆破后形成楔形，用于中硬以上的均质岩石，一般断面在$4m^2$以上时采用槽孔参数可按表11－77选取
垂直掏槽	桶形掏槽	用于中硬岩石，大、中、小断面均可使用。掏槽孔深度受巷道断面的限制小。掏槽孔由4~9个炮孔组成，其中有1~4个空孔。采用较深炮孔爆破时，多用这种形式。此外在硬岩中用深炮孔（8mm以上）爆破时，也可采用带有大深孔超前的桶形掏槽方法（见图11－94）
	龟裂掏槽	用于中硬以上岩石，孔数为3~7个，孔距取8~15cm，空孔直径可与装药孔相同，也可以取50~100mm直径。它最适于工作面有较软的夹层或接触带相交的情况，将掏槽孔布置在较软或接触带附近的部位
	螺旋形掏槽	掏槽孔呈螺旋状，各装药炮孔至空孔的距离依次递增呈螺旋线布置，并按由近及远的起爆顺序起爆，形成非对称桶形。空孔可以是小直径（图11－95），也可以是大直径（图11－96），适于较均质的岩层
混合掏槽	桶形与锥形混合掏槽	先用桶形掏槽形成自由面，再用锥形扩大自由面。用于岩石极坚硬的大断面巷道掘进（见图11－97）
	双楔形（复式楔形掏槽）	先用4个炮孔作第一组楔形掏槽孔形成自由面，再用第二组4~6个掏槽孔扩大自由面。用于岩石极坚硬的大、中断面巷道掘进（见图11－98）
	多重掏槽	用多组锥形掏槽孔，依次起爆不断扩大自由面（见图11－99）

表11－76 锥形掏槽参数

岩石坚固性系数f	炮孔倾角（°）	相邻炮孔之间距（m）	
		孔口距离	孔底距离
2~6	75~70	1.00~0.90	0.4
6~8	70~68	0.90~0.85	0.3
8~10	68~65	0.85~0.80	0.2
10~13	65~63	0.80~0.70	0.2
13~16	63~60	0.70~0.60	0.15
16~18	60~58	0.60~0.50	0.10
18~20	58~55	0.50~0.40	0.10

表 11－77 楔形掏槽参数

岩石坚固性系数f	炮孔与工作面夹角（°）	两排炮孔距离（m）	炮孔数目（个）
2～6	75～70	0.60～0.50	4
6～8	70～65	0.50～0.40	4～6
8～10	65～63	0.40～0.35	6
10～12	65～60	0.35～0.30	6
12～16	60～58	0.30～0.20	6
16～20	60～55	0.20	6～8

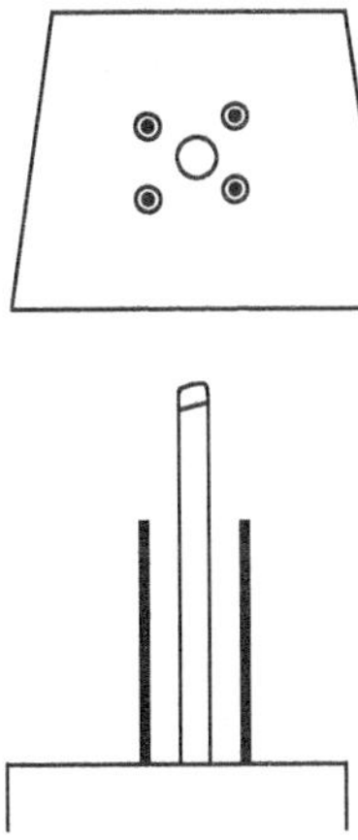

图 11－94 带有大深孔桶形掏槽

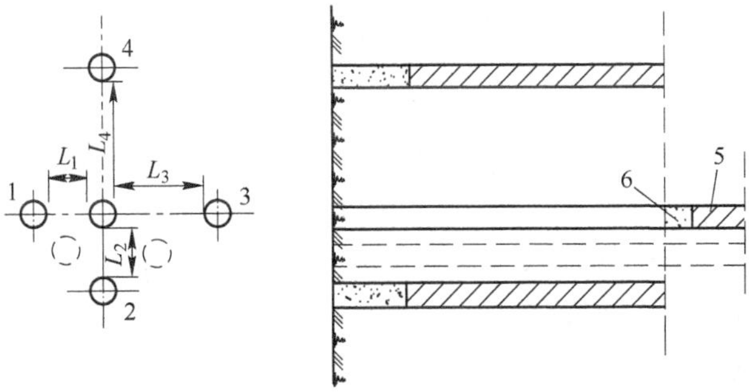

图 11－95 小直径空孔螺旋掏槽

1、2、3、4—炮孔起爆顺序；5—药包；6—堵塞；

L_1、L_2、L_3、L_4—各装药孔到空孔的净距（mm）；其值按下式确定：

$L_1=(1\sim1.8)d$；$L_2=(2.0\sim3.5)d$；

$L_3=(3.0\sim4.5)d$；$L_4=(4.0\sim5.5)d$

式中 d——空孔和装药孔直径（mm）

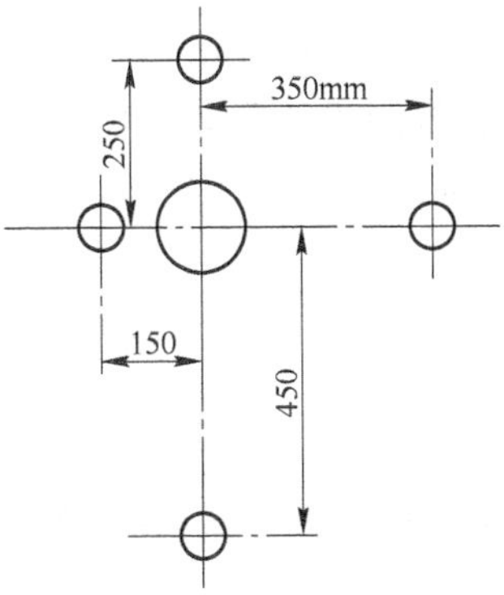

图 11－96 大直径空孔螺旋掏槽

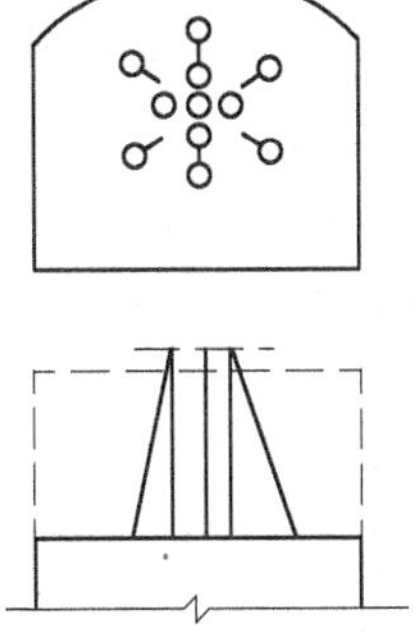

图 11－97 桶形与锥形混合掏槽

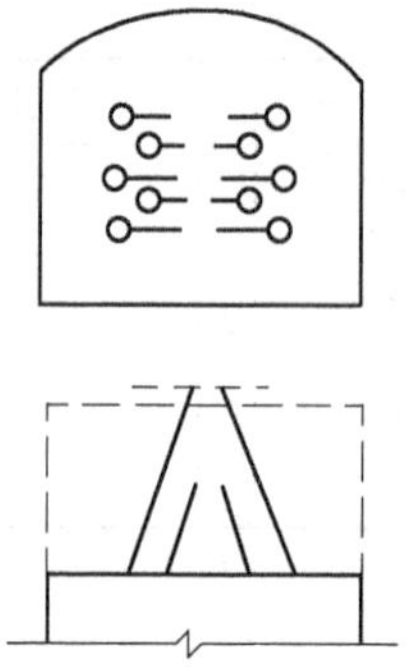

图 11－98　双楔形混合掏槽

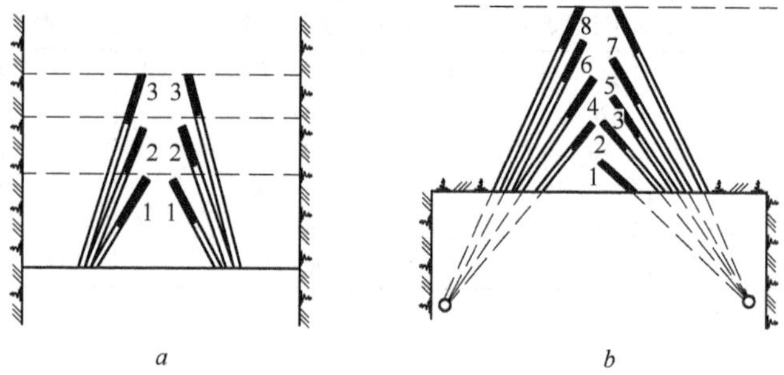

图 11－99　多重掏槽

a—三重掏槽；*b*—四重掏槽；1～8—炮孔起爆顺序

b　辅助孔和周边孔的布置原则

这两类炮孔应能满足以下要求：

（1）岩石按设计的轮廓线崩落；

（2）崩落的岩石不崩坏支架、设备；

（3）一个炮孔药包的起爆，不会引起相邻炮孔药包的殉爆或带出；

（4）岩石块度适中，有利装岩工作。

为此，要求这两类炮孔的布置一般要均匀，一方面充分利用炸药的能量，同时，也保证达到上述要求。其间距是根据岩石的爆破性能而定。辅助孔一般取 0.4～0.8m，周边孔为 0.5～1.0m，周边孔孔距巷道轮廓线取 0.1～0.2m。

采用光面爆破时，对周边界有特殊要求，有关光面爆破技术及其参数选取参见 11.7.3.1 及 8.5.3。

c　炮孔排列实例[18,22]

新晃矿独头巷道月进 707.3m 时，掘进巷道断面为 $6m^2$，岩石 $f=8\sim12$ 的白云岩和矽化白云岩。孔深 2m 左右，采用由 8 个炮孔组成的双空孔桶形掏槽（见图 11－100）和 5 个孔组成的单空孔桶形掏槽。

该矿选择掏槽孔位置的原则是：在单一均质的岩层中，布置在中部：在岩石有硬脆与坚韧之分时，布置在硬脆部位；当岩石有松软与坚硬之别时，布置在松软部位；在岩石出现扭曲时，布置在拱形的拱顶部位；而当岩层呈层状排列时，则布置在一个层内。由于根据岩层实际情况正确选择掏槽孔群的位置，从而取得了较好的爆破效果。炮孔利用率月平均达 91.6%，循环进尺达 1.84m。

D　爆破参数的确定

炮孔直径、深度、装药量、数目等爆破参数的正确选取，是获得良好爆破效果的基本保证。

a　炮孔的直径

合理的炮孔直径应是在其他条件不变的条件下，掘进 1m 巷道的凿岩时间最短，并保证良好的爆破效果。

具体选择炮孔直径时，主要考虑凿岩工具与爆破材料的质量，以及凿岩爆破工作总的方案计划要求。

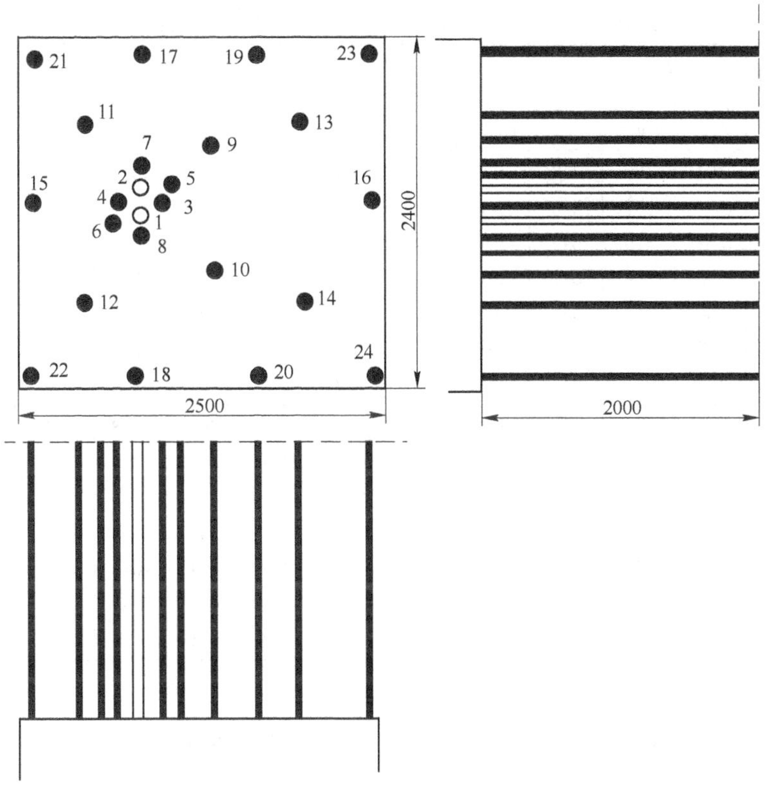

图 11-100 新晃汞矿双空桶形掏槽炮孔排列

1、2—中空孔；3~8—掏槽孔；9~24—辅助、周边孔孔距（单位：mm）：1~2=150；3~4=300；4~6=200；3~5=200；2~7=320~400；辅助孔至掏槽孔500~600

一般情况下，采用气腿式凿岩机时，炮孔直径以38~43mm为宜；采用钻车配置液压凿岩机或导轨式外回转凿岩时，炮孔直径可为45~50mm。炮孔直径一般比药卷直径大5mm左右。

b 炮孔深度

指工作面至炮孔底的垂直距离。合理的炮孔深度应根据掘进工艺设备及巷道断面大小来确定。孔深对凿岩速度的影响参见本卷7.5.2.5。在条件允许并能保证爆破效率的情况下，应尽可能地增大孔深，以提高循环进尺。一般小断面巷道采用气腿式凿岩机时孔深为1.5~2.5m，而断面在$8m^2$以上的巷道采用钻车掘进时，可增至3~4m。当要求严格按照循环图表作业时，孔深可以根据总循环图表和凿岩工序时间等条件，采用公式计算或试验确定。

c 炸药消耗量的确定

它与巷道断面、岩石性质、炮孔直径和深度等因素有关。

炸药消耗量的确定可用经验公式计算或按国家颁发的《矿山井巷工程预算定额》选取。该工程预算定额规定的不同爆破方法和掘进断面条件下、炸药、火雷管和导火线的消耗定额见表11-78。但对某一单位而言，合理的爆破材料消耗定额，最好通过实际测定，综合爆破效果和节约材料的经济效果来确定。

表11-78　平巷掘进每100m² 爆破器材消耗定额

爆破方法	掘进断面（m^2）	$f=4\sim6$			$f=8\sim10$			$f=12\sim24$			$f=15\sim20$		
		炸药（kg）	火雷管（发）	导火线（m）	炸药（kg）	火雷管（发）	导火线（m）	炸药（kg）	火雷管（发）	导火线（m）	炸药（kg）	火雷管（发）	导火线（m）
普通爆破法	≤4	274	370	770	294	542	1126	404	712	1480	485	999	2078
	4~6	224	357	740	251	492	1023	323	627	1304	389	805	1715
	6~8	202	310	645	224	419	871	298	578	1201	354	713	1482
	8~10	190	294	611	202	371	772	291	520	1080	333	654	1358
	10~12	168	265	551	186	354	736	263	472	982	313	589	1223
	12~15	148	242	499	163	315	653	231	429	893	271	551	1144
	15~20	135	213	442	145	288	597	209	400	831	246	499	1036
光面爆破法	≤4	274	473	983	294	592	1230	404	769	1598	485	1033	2448
	4~6	224	385	799	251	526	1094	323	667	1386	389	848	1762
	6~8	202	344	714	224	448	929	298	609	1266	354	731	1520
	8~10	190	312	649	202	416	865	291	546	1134	333	669	1391
	10~12	168	295	614	186	391	812	263	494	1026	313	613	1274
	12~15	148	264	548	163	358	744	231	455	846	271	570	1185
	15~20	135	247	512	145	322	670	209	441	916	246	530	1102

E　炸药

目前，我国矿山平巷掘进中多采用铵油类炸药和2号岩石炸药，以及少量乳化炸药，其性能及选用原则见本卷8.3。

11.4.1.3　装载与运转工作

平巷掘进过程中，岩石的装载与转运工作是最繁重、最费工时的工序。一般情况下，这一工序约占掘进循环时间的35%~50%。因此，不断研究和改进装载与转运工作，对提高劳动效率，加快掘进速度，改善劳动条件以及获得更好的经济效益，都有重要意义。

A　装载设备及其选择

平巷掘进使用的装载设备的类型和型号很多，其特点和适用条件等情况列于表11-79。

选用装岩机时，首先考虑巷道规格，以及对掘进速度及机械化程度的要求。一般采用铲斗正装后卸式装岩机和铲插式装岩机；如要求机械化程度高，掘进速度快，且巷道断面允许，则应尽可能应用蟹立爪或蟹爪式装载机。

目前，国内矿山巷道掘进中应用较广的是电动或气动的铲斗正装后卸式装岩机，其规格性能分别列于表11-80[19]和表11-81[19]。此外，蟹爪和蟹立爪式装载机的生产率高，国内两例月进超千米的纪录便是采用这类装载机取得的，其规格性能列于表11-82。

B　调车方法及转运设备

在装运工作中，合理选择调车方法及转载设备以缩短调车时间是加快巷道掘进速度的重要措施。

掘进工作的运输，采用的多是容积为0.5~1.0m^3 的U形和方形侧卸式（少数为底卸式）矿车，人工调车和运输时，车厢容积不宜大于0.75m^3；牵引多采用小吨位（如1.5~3t，最大为7t）架线或直流电机车。

a　调车方法及转载设备

其特点和适用条件列于表11-83。

表 11－79 平巷掘进装载设备分类及适用条件

装岩机类型	主要型号	基本特点	适用条件	备 注
铲斗正装后卸式	ZQ－26 型 ZCQ－1 型 FZH－5 型 ZCQ－4 型 Z－30 型	气动轨道式；铲斗直接向后卸载，容积为 0.13 ~ 0.5m^3；生产能力为 15 ~ 90m^3/h；行走速度为 0.75 ~ 1.57m/s	适用巷道断面为 1.8m × 1.8m ~ 3.5m × 3.2m；气压最低为 0.35 ~ 0.45MPa；装岩块度为 300 ~ 700mm 所有有轨的中、小断面巷道均可使用	目前国内矿山中、小断面巷道中应用最广
	Z－17 型 Z－20C 型 Z－25 型 Z－30 型 YJ－30 型	电动轨道式，铲斗直接向后卸载，容积为 0.17 ~ 0.30m^3；生产能力为 20 ~ 60m^3/h；行走速度为 0.8 ~ 1.16m/s	适用巷道断面为 1.8m × 2m ~ 2.5m × 2.3m；装岩块度为 500mm；所有有轨的中、小断面巷道均可使用	
铲斗正装侧卸式	ZC－1 型 ME632H 型（日本） HL180K 型（联邦德国）	铲斗正面铲装，在设备前方侧转卸载，铲斗仅有一侧挡板，或双侧均无挡板；铲斗插入力大，斗容大（0.6m^3），生产能力高；铲取面宽，不移动机器可铲 4m 宽	适用于断面为 12m^2 以上的巷道，铲装大块硬岩最为有利	目前国内只有 ZC－1型在使用
耙斗式	P－30B 型 P－60B 型 PY－90B 型	它是由耙斗、装车台、卸料槽和绞车、车架，以及主、尾绳和滑轮等部件组成的组合机械，具有结构简单，操作容易，安全可靠，生产率高，适用面广特点	除适用于一般巷道外，还可用于弯道和斜巷	主要在煤矿巷道、斜井及金属矿的斜井掘进中应用
铲插式	CCZ－150 型	以行走前进铲斗插入和铲取相配合进行装岩。具有结构简单，工作平稳，运行可靠，事故点少，生产率高等特点	适用于宽 2.4 ~ 3.2m，高 2m 以上的巷道，在岩石块度大的硬岩中工作很有利	目前 CCZ－150 型在矿山应用效果好
立爪式	LZ－100 型、LZ－200 型 9HR 型、8HR 型（瑞典）	具有耙碴机构简单可靠，动作灵活，对巷道断面和岩石块度适应性强，能挖水沟和清理底板，生产率较高等特点，但爪齿易磨损，操作亦较复杂。 动力有气动和电力两种，行走有轨道和履带两种	能在 5m^2 以上任何断面中使用，在岩石块度大时，亦能保证高的生产率	该类装岩机只有几个矿山使用
蟹爪式	LB－80 型、ZXZ－60 型、18HR 型、19HR 型（美国）	结构和动作的主要特点是前端有一个可升降的倾斜平台，安设皮带，刮板或链板运输机，并有一对由曲轴带动的两个耙爪，随机体前移，两个耙爪连续交错耙取岩石，形成连续装岩	能用在 6m^2 断面以上的各种断面巷道	国内煤矿使用较多。马万水工程队月进 1403m 时采用这类装载机

续表 11－79

装岩机类型	主要型号	基本特点	适用条件	备 注
蟹、立爪组合式	新－1型 LBZ－1500型蟹立爪式	其突出特点是将立爪与蟹爪两种耙岩机构组合在一起不仅克服了立爪式的间断耙岩和蟹爪式装岩宽度小和耙高而密集的岩堆时铲取力不够等问题，而且集中了两者的优点，因而生产能力高	能用于6m^2以上的任何断面巷道，但块度在500mm以下为宜	LBZ－150型（江西矿山机械厂），已在多处推广，新晃汞矿月进1056.8m时便采用这类装载机

表11－80 铲斗正装后卸式电动装岩机型号及主要技术性能

技术性能	型号						
	Z－17	Z－17A	Z－20C型	Z－25	Z－30	Z－30B	YJ－30B
生产能力（m^3/h）	20～30	20～30	40	25～35	60	45～60	45～55
铲斗容积（m^3）	0.17	0.17	0.2	0.25	0.3	0.3	0.3
装载宽度（mm）	1700	1700	1950	2300	2200～2500	2350	4000
轴距（mm）	856	850	850	850	960	980	1230
轨距（mm）	600	600	600	600 762	600 762	600	600 900 762
电动机台数（台）	2	2	2	2	2	2	2
电动机号	JI_2（JBI756/110）	JBI755/110	JI_2－8	JBI	JI_2－18	JBI_{15}－8	IJBI－14
电动机功率（kW）	10.5×2	10.5×2	10.5×2	18×2	18×2	15×2	14×5.5
电动机电压（V）	380	380	380	380	380	380（660）	380/660
电动机转速(r/min)	670	670	8685	670	685	680	980
行走速度（km/h）	0.85	1.16	0.98	1.16	0.82	1.95	0.3
最低卸料高度(mm)	1010	1216	1250	1300	1300	1300	876～1480
装岩块度（mm）	500	500	500	500	500	500	500
巷道最小断面(m^2)	1.8×2	2×2.2	2×2.2	2.2×2.5	2.5×2.3	2.5×2.2	2.5×2.3
设备重量（kg）	3458	3400	3400（3820）	4000	4000	5000	8650
外形尺寸（长×宽×高）(mm) 工作时	2120×1000×1750	2168×1210×1750	2184×1070×1940	2350×1228×2385	2590×1200×1448	2660×1615×1445	8500×1670×2150
外形尺寸（长×宽×高）(mm) 运输时	2120×1000×1200	2139×1052×1200	2184×1070×1305	2350×1228×1600	1700×1200×2250	2660×1410×1445	7650×1500×1760
最大件重量（kg）	1543	1543	1543		1801	2495	1880
最大件尺寸（mm）	1500×1070×700	1500×1070×700	1362×830×640		1615×970×637	1670×1090×740	3670×1500×1760
制造厂家	①②③⑥	①②③⑥	①②④⑤⑥	①	②③	④	⑤
备 注	华－1型	华－1型加高					

① 太原矿山机器厂；

② 南昌通用机械厂；

③ 南宁冶金矿山机械厂；

④ 上海采矿机械厂；

⑤ 青海矿山机械厂；

⑥ 淄博矿山机械厂。

表 11-81 铲斗正装后卸式气动装岩机型号及主要技术性能

技术性能		型号			
		ZQ-26	ZCQ-1	FZH-5	ZCQ-4
装岩能力 (m^3/h)		50	15~20	20	70~90
铲斗容积 (m^3)		0.26	0.13	0.17	0.5
装载宽度 (m)		2.73	1.7	2	3.5
卸载高度 (mm)		1250	1027	1300	1650
装岩块度 (mm)		500	300	500	700
最小巷道断面 (m^2)		2.5×1.3	1.8×1.8	2.2×2.5	3.5×3.2
工作气压 (MPa)		0.45~0.7	0.35~0.5	0.45~0.5	0.35~0.6
耗气量 (m^3/min)		11.5~19	(4.8~9.5)×2	20	(9.7~28.5)×2
气马达功率 (kW)	行走马达	8.83	6.25	7.74	18.39
	扬斗动力	14.71	6.25	7.74	18.39
行走速度 (m/s)		1	1.02~1.41	0.75	0.9~1.57
轴距 (mm)		1040	677	846	1150
轨距 (mm)		600 762	600	600 762	762 900
外形尺寸 (长×宽×高) (mm)	工作时	2376×1410×2248	2000×975×1600	2270×1320×2200	3385×1893×1780
	运输时	2376×1085×1383	1385×970×1250	1330×1320×1500	2200×1588×2930
最大重量 (kg)		686	930	1276 底盘	3270
最大件尺寸 (mm)		1400×820×350	1233×970×60	135×1050×810	2200×1588×900
总重 (kg)		2900	2000	2760	7540
制造厂家		①②③	①	①	①
备注		ZCZ-26	东风-1	CQ117	装载宽 3.5m

① 太原矿山机器厂；② 南昌通用机械厂；③ 焦作矿山机械厂。

表 11-82 蟹爪、立爪和蟹立爪装载机性能

技术性能	立爪式		蟹爪式		蟹立爪式	
	LZ-100 型	LZ-200 型	ZXZ-60 型	LB-80 型	LBZ-150 型	蟹立爪式
装载能力 (m^3/h)	100	200	60	80	150	100~120
最大装载宽度 (mm)	3300	4150	1600	1800	2850	1940
卸载高度 (mm)	1400	1700		2000		1400~1950
最大装载块度 (mm)	500~600	800		600	600	500~600
适用最小巷道断面 (m^2)	2.2×2.2	3×2.8	6	2.7×2.6	>6.0	>6
适用巷道最小曲率半径 (m)	9	9	>12		>12	12
总功率 (kW)	40	45	64.5	89.5	59.75	79
立爪耙取次数 (次/分)					15	
立爪耙取高度 (mm)					1230	
立爪耙取距离 (mm)					1290	
立爪耙取宽度 (mm)					2850	
立爪超挖深度 (mm)					204	
蟹爪耙取次数 (次/分)			31.8		40	
蟹爪耙取宽度 (mm)			1600		1700	
机头链带运输机宽度 (mm)			405		650	640
机头链带速度 (m/s)			0.81		0.8	
运输机皮带宽度 (mm)			450		650	
运输机皮带速度 (m/s)			1.25		1.17	
履带行走速度 (m/min)			12.8; 20		12	

续表 11－82

技术性能	立爪式		蟹爪式		蟹立爪式	
	LZ－100 型	LZ－200 型	ZXZ－60 型	LB－80 型	LBZ－150 型	蟹立爪式
履带接地比压（kg/cm^2）			1.27		1.5	
油泵流量（L/min）			32		84	
油泵压力（MPa）			0～14		10	
机器重量（t）	7	11.3	≈15		12	16.56
机器最大外形尺寸（长×宽×高） 装岩时（mm）	5470×1600×1900	6190×1900×2360	8100×1600×1980	8700×1800×1700	8957×2850×2120	8370×2110×2460
行走时（mm）	4900×1300×1500	6850×1600×2015	8100×1600 1770		8520×1700×1720	8370×2110×1731
生产厂家	南昌通用机械厂	南昌通用机械厂	淄博矿山机械厂	焦作矿山机械厂	江西矿山机械厂	太原矿山机械厂

表 11－83　调车转载方法及设备情况

调车转载方法		基本特点及评价	适用条件
错车道调车法	固定错车道法	方法简单，可用机车调车，人力辅助；错车道不能紧跟工作面，装岩机的工时利用率只有 20%～30%	适用于工程量不大，掘进速度要求不高的巷道
错车道调车法	活动式调车法	将固定道岔改为简单的平移调车器、气动调车器、浮放道岔等专用调车设备。其工作面布置见图 11－101。这些设备移动灵活，可紧跟工作面前移，装岩机工时利用率可达 30%～40%	适用于单双轨巷道，在没有转载设备的矿山，要求掘进速度快时，都应用这种调车方法及选用相应设备
胶带转载机调车法（转载机结构参见图 11－102）	悬臂式胶带机法	结构简单，长度较短，行走方便；但容纳的矿车数量过少，装岩仍需停机待车，连续装载能力小	适用掘进速度要求不太高的巷道，弯道也能应用
胶带转载机调车法（转载机结构参见图 11－102）	支撑式胶带机法	设有辅助轨道，专供支撑架行走；连续装载能力较大	适用于长直巷道掘进
胶带转载机调车法（转载机结构参见图 11－102）	悬挂式胶带机法	转载机悬挂在巷道顶部单轨架空轨道上；容纳矿车多，移动灵活，可使装岩机基本连续作业；要挂设架空轨道，辅助工作量大	适用于长直巷道掘进
转载运输机械化作业线法	转载斗车作业线法（参见图 11－106）	由转载斗车和一列专用矿车及一台架线或蓄电池机车组成，有的用双斗转载车，转载效率更高，操作较复杂，铺轨质量要高	适用于中、小断面巷道
转载运输机械化作业线法	新－1 型胶带转载车法（参见图 11－107）[22]	由一台新－1 型过桥胶带转载机和一列新－1 型胶带转载车、一列大容积专用矿车及架线机车组成；每辆 $1.8m^2$ 矿车都有一台胶带转载车，可在矿车上移动。装岩机基本上连续工作，效率高，设备繁多	适用要求高速掘进的长巷道。新晃汞矿创月进 1056.8m 时便采用此设备

续表 11－83

调车转载方法		基本特点及评价	适用条件
转载运输机械化作业线法	梭式矿车法（参见图 11－108）[23]	梭车既是转载设备，又是运输设备。其特点是加大矿车容积（4～8m^3）减少调车次数，实现装岩机基本连续作业	因车身较长，井下拐弯困难，一般适用于长的平直巷道掘进，马万水工程队创月进超千米时，便采用此设备

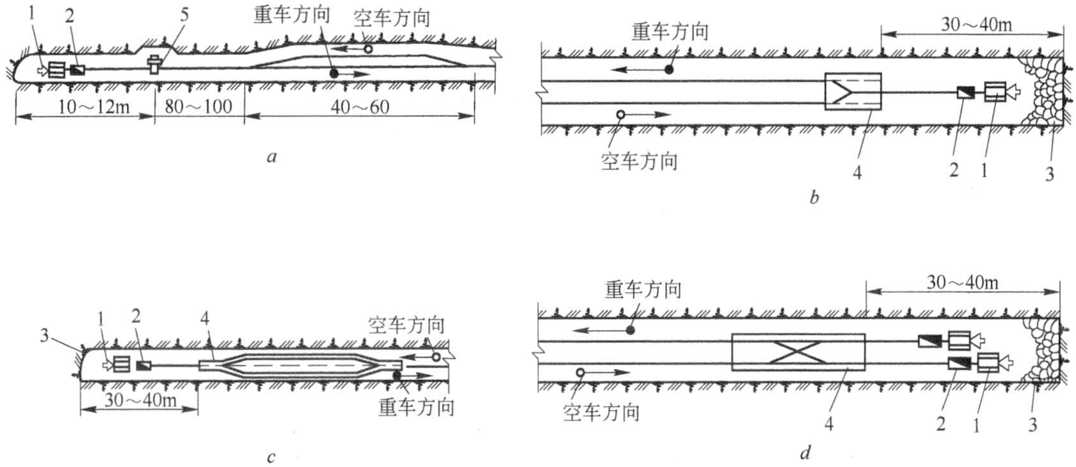

图 11－101 几种浮放式调车错车场示意

1—装岩机；2—矿车；3—碴堆；4—浮放道岔；5—平移调车器

b 梭车应用实例

在长直巷道掘进中，采用梭式矿车转载运输是一种较好的方法。不少矿山应用此法取得较好效果。

实例 1 某矿用 H－600 型装岩机装载、7t 架线电机车牵引，巷道断面为 7.5m^2（2.9×2.6m）钢轨为 15kg/m，岩石为闪长岩，f＝12～14，岩石块度以 300～400mm 的居多，最大达 800～1000mm。先采用 S_8 梭车转运，后又采用与 10 辆 0.75m^3 矿车组成的列车，并分别测得数值进行比较，见表 11－84。从中可见，在基本相同条件下，使用梭车出碴较用一般矿车，装岩效率提高 55%，并使装岩工效提高 6 倍，掘进工效提高 1.3 倍。

表 11－84 S_8 型梭车与 0.75m^3 矿车对比试验结果

转载运输设备	运距（m）	装车时间（min）	去、运返时间（min）	装岩机生产能力（m^3/h）	掘进工效（米^3/工班）	装岩工效（米^3/工班）	作业人数（人/班）
S_8 型梭车 1 辆	500	36.5	18.6	8.7	0.5	4.3	6～7
0.75m^3 矿车 10 辆	600	51.7	40	4.9	0.21	0.62	12～14

实例 2 在独头巷道断面为 6.4m^2（2.9×2.2）月进超千米的作业中，在岩石为石灰岩（f＝7～8）和页岩（f＝4～6），块度多为 200mm 以内的条件下，它与 ZXZ60 型蟹爪式装载机、7t 架线电机车牵引配合使用，每循环进尺达 2m，装载 3～4 辆梭车的装岩时间为 20～30min；装满系数可达 1 以上；它的主要零部件的技术性能达到设计要求，未发生过断链、卡链、脱轨等事故。所用两台梭车的维修时间总计为 24 小时，作业率达 96%。

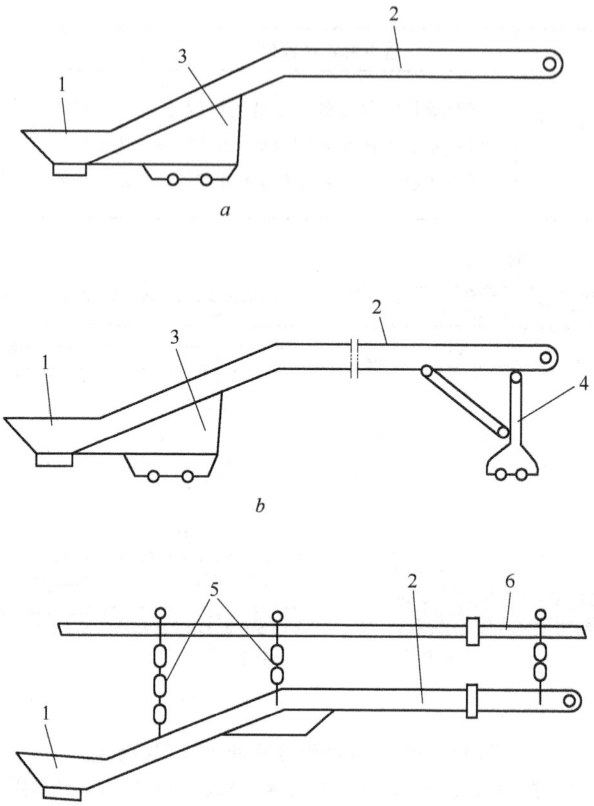

图 11－102　几种胶带转载机结构

a—悬吊式；*b*—支撑式；*c*—悬挂式

1—受料仓；2—机架；3—行走部分；4—门框支撑；5—悬吊链；6—架空单轨

表 11－85　岩石块度对装岩生产率的影响

岩块平均直径 (mm)	装一车（0.65m³）所需的铲数	铲斗相对装满率	装一车用的时间 (s)	相对的装车耗时系数
50～100	5	1	68	1
100～200	6	0.83	76	1.12
200～300	7	0.71	100	1.48
300～400	9	0.55	132	1.94
>400	10	0.50	176	2.56

梭车车型及主要技术参数适合于一般井下巷道掘进出碴使用。设计使用巷道断面为3m×3m，轨道曲率半径 $R \geqslant 15$m，实际在 2.5m×2.5m、$R = 12$m 的巷道中也可使用。该设备用于巷道掘进出碴，能提高装岩机的生产能力，掘进速度和工效成倍增长，并可大大减轻工人的劳动强度。

C　提高铲斗式装岩机生产率问题

目前，我国矿山平巷掘进中装岩仍主要采用铲斗后卸式装岩机。归纳起来，提高其生产率的措施有二，一是提高装岩机效率，缩短装车时间；二是提高调车或转载效率，缩短调车、转载时间。

影响此类装岩机生产效率的因素主要有以下四个方面：

a 调车运输设备和工作组织

主要包括重车与空车的调度、列车的调度、矿车（或转载运输设备）容积、轨道质量与接轨方法、巷道宽度等。

装岩机的生产率主要取决于它的时间利用率，即空重车辆的调换时间。根据一些单轨独头巷道掘进时的测定，调车时间为纯装岩时间的 3 ~ 10 倍。因此，必须因地制宜地采用调车设备，以及采用大容积矿车或转载设备，保证轨道质量，防止车辆掉道事故。

b 岩石质量和性质因素

主要指岩石块度、比重、湿度和硬度等因素对装岩生产率的影响。根据 H－600 型装岩机对不同块度的石灰岩进行的试验，岩块直径保持在 50 ~ 200mm 以内，其装岩生产率较高，具体数值见表 11－85。

影响铲斗插入阻力的因素很多，如铲斗的插入深度、铲斗的形状和宽度、岩石块度、比重和湿度的增大而加大，装岩生产率也相应降低。

上述诸因素及其他一些因素，引起铲斗插入阻力的变化，直接影响着铲斗的装满程度。表 11－86 所列数值说明，岩石的比重、块度和机器重量，对铲斗装满系数影响很大。

表 11－86 岩石比重、块度等因素与铲斗装满系数的关系

岩石比重	最大块度（mm）	机器粘着重量与铲斗宽度之比（kg/cm）				
		30 ~ 50	50 ~ 70	70 ~ 90	90 ~ 110	110 以上
2.2 ~ 2.8	<350	0.55 ~ 0.62	0.62 ~ 0.74	0.74 ~ 0.88	0.88 ~ 1.05	1.05 ~ 1.20
	>350	0.38 ~ 0.46	0.46 ~ 0.58	0.58 ~ 0.72	0.72 ~ 0.92	0.92 ~ 1.08
2.8 ~ 3.6	<350	0.32 ~ 0.38	0.38 ~ 0.50	0.50 ~ 0.65	0.65 ~ 0.86	0.86 ~ 1.00
	>350	0.21 ~ 0.26	0.26 ~ 0.42	0.42 ~ 0.58	0.58 ~ 0.80	0.80 ~ 0.96

c 装岩工作条件和工作组织因素

主要指爆破效率（岩堆高度、抛掷距离、大块率）、气压（或电压）的大小及稳定程度、作业方式（凿、装平行或顺序作业）和司机的熟练程度等因素。如岩堆高度适中（1 ~ 1.5m），抛掷距离在 10m 左右，大块率控制在 5% 以下，装岩机的能力将得到充分发挥。

气压的高低，对装岩生产率的影响也很大。在岩石块度为 40 ~ 100mm，岩堆厚度为 0.5 ~ 1.4m 时，对气动装岩机进行了多次测定（见表 11－87）。表中虽数值波动较大，其中可能有别的因素干扰，不一定能确切反映出气压的作用，但总的趋向还是对的，基本上反映了气压的加大必将导致装岩生产率的提高。

采取装岩和凿岩等工序平行作业，可以缩短装岩工序占掘进总循环时间的比重；装岩司机的熟练程度调度装岩机的快慢，避免不应有的事故，以及处理事故的快慢和效果等，对装岩生产率的提高都有很大的直接影响。

d 装岩机的结构因素

主要指机重、铲斗形状和铲取方式等。由上可见，有针对性地采取相应的措施，才能有效地提高装岩生产率。

表 11-87　压气压力对装岩生产率的影响

测定次数	气压（MPa）	测定车数	装岩机的纯生产率（m^3/h）	相对的纯装岩生产率增减系数
1	0.3~0.4	5	11.8	0.59
2	0.45	5	12.57	0.63
3	0.5	42	19.95	1
4	0.55	34	23.28	1.17
5	0.59~0.62	60	25.2	1.27
6	0.60~0.66	10	27.85	1.40
7	0.68~0.70	12	33.3	1.67

11.4.1.4　通风防尘工作

A　平巷独头巷道通风

巷道掘进中均采用局部机械通风方法。其通风方式有压入式、抽出式和混合式三种，通风效果以混合式为最好。

关于通风方式和风量计算，可参阅第6卷33.4.4节，这里只简单介绍几种通风方式的特征和适用条件，见表11-88。

表 11-88　局部通风方式及适用条件

通风方式	基本特征和要求	适用条件
压入式（见图11-103）	局扇通过风筒将新鲜风流压入工作面，以稀释并排出工作面的有毒有害气体和粉尘，并使之流经整个掘进巷道，直至风道 对工作面通风较抽出式见效快，但对全巷道的炮烟污染时间则较长 要求风筒出风端至工作面的距离 $<4\sim5\sqrt{S}$①	由于巷道越长，通风越困难，有害气体及粉尘弥漫全巷道，故一般多用在巷道不大于150m，炸药用量不大的巷道掘进中
抽出式（见图11-104）	由局扇直接将工作面的有害气体及粉尘，通过风筒吸出送到回风井巷中 风筒吸入口附近的风速，随远离入口而急剧降低，有效作用范围远比压入式通风的有效射程小，故通风时间长 要求风筒口至工作面的距离 <8m；局扇设置在主要巷道风流方向的下方	由于完成通风过程所需时间与巷道长度的关系甚微，故适用于较长巷道通风 含放射性物质的矿山应用较多
混合式通风（见图11-105）	它是压入式和抽出式通风的联合方式 能发挥压入和抽出式的优点，克服两者的不足 设一局扇担负压入风流任务，使压入风筒口到工作面的距离小于通风的有效作用长度，防止出现炮烟停滞区；另一局扇负责抽风	适用于长巷道，特别是要求快速通风的巷道，快速掘进工作面

① S 为巷道断面（m^2）。

B　长巷道独头掘进通风经验及实例

为解决长巷道独头掘进通风问题，马万水工程队、下垄钨矿及淮北跃进八矿等单位的主要经验是提高通风效率，改进通风辅助装置和减少炮烟危害等，现综合介绍如下：

a　提高通风效率

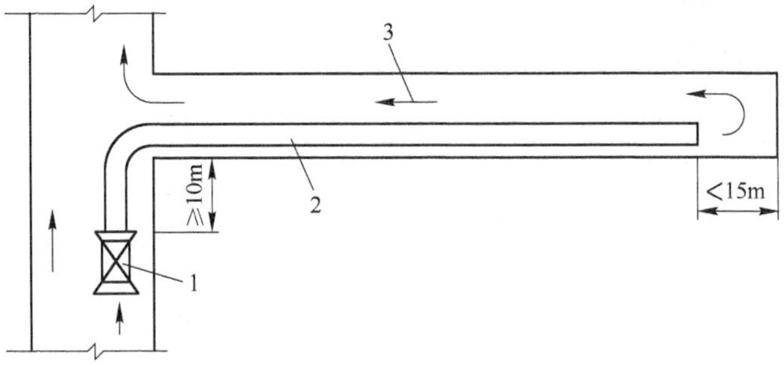

图 11－103 压入式通风布置示意图

1—通风机；2—风筒；3—风流

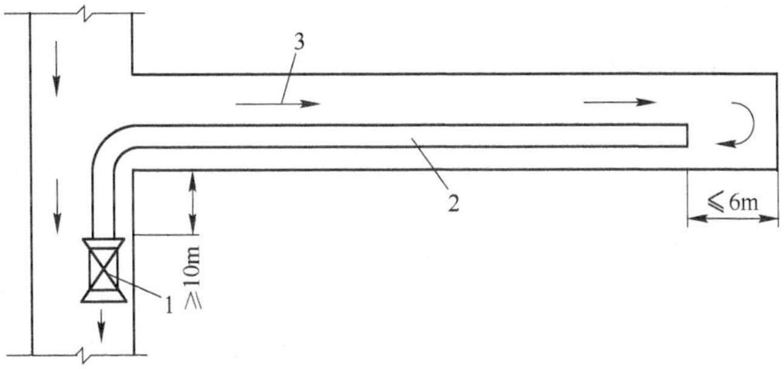

图 11－104 抽出式通风布置示意图

1—通风机；2—风筒；3—风流

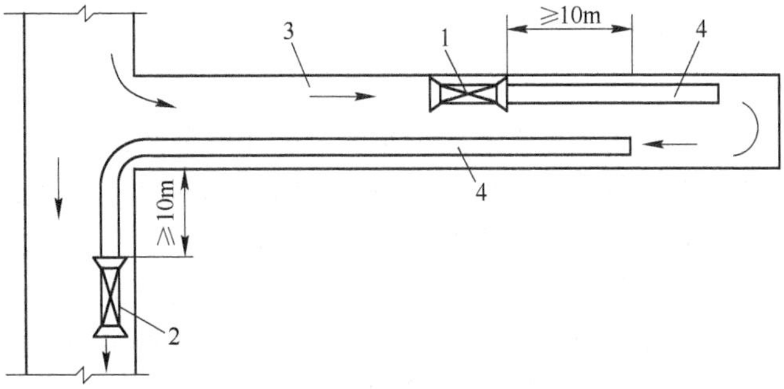

图 11－105 混合式通风布置示意图

1—压入风流的通风机；2—抽出污风的通风机；3—风流方向；4—风筒

提高通风效率的关键是尽可能地降低风筒的漏风系数 K（风筒直径以 1m 为准的每个接头的漏风系数）和通风阻力系数 α，以获得最优的全系统的漏风系数 ρ（风筒始端风量与末端风量之比）值。具体措施是：

（1）增大风筒直径和每节长度。跃进八矿在 3033m 巷道中，只用 1 台 11kW 的风机和 44 节胶质风筒，长 40～110m，平均长 69m，直径 600mm。

（2）提高风筒接头质量。不同接头质量，K 值波动很大，胶质风筒 K 值为 0.003～0.004，而金属风筒 K 值为 0.001～0.01。马万水工程队掘进某矿平硐时，用每节长 5.2m 金属风筒，法兰盘连接，用废石棉绳垫实，螺钉全部严密拧紧，在全长 903m 的风筒中，

K 值平均为0.0013，ρ 值为1.426，达到了优质标准。

金属风筒各种连接情况下的 K 值，见表11-89[18]。

表11-89 金属风筒各种连接情况下的 K 值

风筒连接情况	K 值
法兰盘连接，用胶皮、毛毡或石棉绳作为垫圈材料，有足够的螺钉数，螺钉全部拧紧	0.001~0.0015
法兰盘连接，用胶皮、毛毡或石棉绳作为垫圈材料，螺钉数不足，螺钉拧得很紧	0.002~0.003
法兰盘连接，用胶皮、毛毡或石棉绳作为垫圈材料，螺钉数不足，螺钉拧得不紧或松紧不均	0.004~0.005
法兰盘连接，用草绳垫实，螺钉数足，且全面拧紧	0.006~0.007
法兰盘连接，用草绳垫实，螺钉数不足	0.007~0.008
法兰盘连接，无垫圈，采用螺钉拧紧	0.008~0.01
对口包扎连接，包扎较细致	0.008~0.01
对口包扎连接，包扎粗糙或损坏	0.01~0.015或更大

此外，采用胶质风筒时，为减小 K 值、α 值，采取了风筒连接时不搭边，而采取对口缝接，杜绝针缝漏风；风筒用薄铁片做成的内外压板连接；在吊钩处采取内外加弦和灌胶等措施，其结果与普通方法比，百米漏风率由4.3%降至1.29%。

(3) 减小 α 值：将局扇放在一个焊制的铁架上，使其与风筒保持成一直线，风筒吊挂在顶板上；采用同直径的风筒；采用金属筒时，插接方向为顺风流方向，风筒分支处采用圆弧形；设置风筒放水装置。

b 通风设备方面

下垄钨矿等研制了一些通风辅助设备和装置，对改善通风起了一定作用。

(1) 应用局扇冲击波启动器，保证了爆破后及时启动风机，提高了通风效果。

(2) 局扇消声器。矿山使用的局扇噪声为95~110dB（A），超过《冶金矿山安全规程》中关于井下各作业点的噪声水平不得超过90dB（A）的规定。

我国先后研制成功的消声器有：以棕毛为吸声材料制成的局扇消声器，圆锥-圆柱-圆

表11-90 井下局扇消声器的测定结果

使用矿山	轴流局扇功率（kW）	有无使用消声器	总声压级（dB）		
			A	C	L
梅山铁矿	5.5	未用 用	95 84~86	96 82.5~95	96 93~95
梅山铁矿	5.5	未用 用	108 92~93	108 98	108 98
桃冲铁矿	11	未用 用	101 90	102 97	102 97

注：1. 一般消声器使用一年后要清洗一次；

2. 表列值均只在局扇两端安装消声器，而未接风筒测得的。

筒式阻性消声器和微穿孔板消声器。使用这些消声器后，普遍达到了国家规定的标准。桃冲和梅山铁矿在 JBT 系列轴流局扇上安装微穿孔板消声器后，效果良好。测定结果见表 11 -90。

c 减少炮烟危害的综合措施

实践表明，要较好地消除炮烟危害，只采取通风洒水的措施是不够的，还必须考虑以下综合措施：

（1）选用产生有毒气体少的炸药。如水胶炸药和某些乳化炸药，其有毒气体的产生，量较少，且爆炸威力和防水性能均好。

（2）起爆能大小与炮烟产生量有关。对于感度较低的炸药，如起爆能不足，将增大炮烟浓度。

（3）要正确使用炸药。如炮孔直径对药卷直径的比值，对炮烟浓度有很大的影响。这个比值的最大值是1，即散装药把炮孔装实不留空隙，可大大降低炮烟浓度。此外，雷管在炮孔中的位置与炮泥的种类，以及堵塞质量，都足以影响炮烟的产生。水封爆破认为是一种可以减少炮烟中有毒气体的有效措施。

（4）采用炮烟过滤或吸收装置。这在国外已是一种较成功的方法。

C 掘进中的防尘工作

掘进中的防尘工作主要应做好减尘、除尘、排尘和个体防护四个环节的工作。其具体内容和措施是：

a 减尘措施

尽量减少在凿岩、爆破和装岩等各工序中的粉尘产生量。如：凿岩要保证水量，并采用高气压和小直径钎头等措施，实现快速凿岩，以减少粉尘；控制炮孔的装药量避免岩石过于粉碎而造成粉尘增多；净化风源，使风源的含尘量小于0.05mg/m^3；装岩前在岩堆洒水，黏结细粒粉尘，使其不致在铲装时扬起。

b 降尘措施

除尘的主要措施有：凿岩操作上规定先开水后开风和先关风后关水的操作顺序，或采用风水联动机构，以防止瞬时的干式凿岩产生粉尘飞扬；净化水源，并在水中加湿润剂；采用旁侧式给水凿岩法；在凿岩机上配置除油器，防止从凿岩机排气口排出油雾并引起粉尘飞扬；采用吹孔除尘器，防止压气吹炮孔时使粉尘飞扬；爆后采用爆破冲击波启动水幕；对巷道壁要经常清洗，做到岩壁和设备无积尘。

c 排尘措施

排尘措施主要是通风。对一个矿山来说，首先应根据具体条件分别建立主扇通风系统和分区通风系统，形成主风流。其次，各作业区要实行局部通风，避免循环风流。如前所述，要搞好局部通风，必须正确确定通风方式，合理布置风机，切实采取措施堵塞漏风和降低通风阻力系数，以提高通风效率，保证风量和风速，以达到迅速将粉尘排至主回风道，最后排出坑外。

掌握合理的通风参数，加强通风管理，对降低粉尘浓度至关重要，表 11 -91 列举的是锡矿山矿务局采用混合式通风时测定的粉尘浓度与压入式风筒到工作面的不同距离、巷道风速关系的数据，可供参考。

d 防护措施

通过上述措施的实施，残存在工作面空气中的粉尘虽已为数不多，测定时受后面吹洗装岩机的影响，仍需进行个体保护，如配戴防尘口罩，有的矿山还采取不准在井下吸烟，不戴口罩不准下井的措施，对个体防护起到了良好的作用。

表 11－91 粉尘浓度与压入式风筒到工作面距离、巷道风速的关系

巷道风速 (m/s)	粉尘浓度 (mg/m^3)					
	L=14m		L=10m		L=6m	
	范围	平均	范围	平均	范围	平均
0.07	3.2～3.2	3.2	0.9～1.9	1.3	1.3～1.3	1.3
0.10	1.3～2.1	1.6	0.9～0.9	0.9	1.1～2.4	1.8
0.15	1.2～1.9	1.5	0.9～0.9	0.9	0.8～3.8	2.1
0.20			0.16～1.6	1.0	1.8～4.0	2.6
0.25	0.2～2.0	1.3				

注：1. 前两组凿岩供水量为正常值，后一组为3～4（1/min）；
2. L为风筒至工作面距离。

11.4.1.5 巷道支护作业

对岩层的支护与加固问题，在本卷10.2和10.3中对岩层的支护原理、地压计算方法、支护材料及方法等都已作了详细的论述。因此，下面只从施工的角度就喷射混凝土及锚喷支护的施工机具及工艺技术方面加以介绍。

A 锚喷支护施工机具

a 主要有混凝土喷射机、喷射机械手和喷射联合机组，此外还有混凝土搅拌机、上料机等辅助机具。

近期，国内外混凝土喷射机械发展很快，已由干式喷射发展到半湿式和湿式喷射，干式喷射机主要机型有上下双罐式、转体式、鼓轮式、螺旋式；半湿式喷射机主要有双罐并列式、上下罐桶式和上下桶罐式；湿式喷射机主要有单罐式、双罐式、转盘式和双罐转子式多种。

国内混凝土喷射机、喷射机械手和喷射联合机组的型号及其技术性能分别列于表11－92、表11－93[19]、表11－94。

b 锚杆支护施工机具

施工机具主要是锚杆安装机，此外，还有打锚杆孔用的辅助机具。

国内外锚杆安装机的型号及其技术性能分别列于表11－95和表11－96。

B 喷射混凝土支护施工工艺技术

a 工艺参数的选择

（1）工作压力。是指正常作业时，喷射机工作罐里的气压。正确地控制气压，可以减少回弹和粉尘，保证混凝土质量。其数值在气量一定时与输送距离、高程、输料管的弯曲程度、干混合料的含水率和单位时间内通过的干料量有关。使用冶建－65型喷射机，水泥、砂、石子配合比为1∶2.5∶2，喷嘴距受喷面为1m输料管长20m时，工作气压以0.11～0.13MPa为宜。喷射机的工作气压及空载气压随输料管长度的增长而加大，且基本

表 11-92 混凝土喷射机型号及主要技术特征

技术性能	干式							半湿式			
	上下双罐式		转体式			鼓轮式 CHP-250 型	螺旋式 LHP-701 型	简易式 HPX 型	双罐并列式 HLF-5 型	上下罐桶式 51 型	上下桶罐式冶建-76 型
	冶建-65	WG-25 型	ZHP-2	PH30-74 型	转子式 1 型						
输送量（m^3/h）	4	4	4~5	2~6	5~7	3.5~4	3~5	1~3	5~6	2~3	3~5.5
最大骨料粒径（mm）	25	25	25	30	25	25	30	15	18~20	25	25
输料管内径（mm）	50	50		50/70	50	50	75	75	50	50	50
压气耗量（m^3/min）	7~8	7~8	5~10	10	5~8	5~12	5~8	8~10			8~10
工作压力（×0.1MPa）	1~6	1~6	1~5	1~6	4~15	1~5	1.5~3.0	3.5~5.0	3~6	2~5	2~6
输送距离（m）											
水　平	140	200	200	250	300	200	10~20	10	80~100	20~40	60
垂　直	60	70	60	100	60	40	5~10				
电机功率（kW）	2.8	2.8	4	7.5	5.5	5.5	4.0		4	5.5	5.5
电机转速（r/min）	960	960		960	960	1440	1440		1450		1440
电机型号	J051-6	J051-6		JO_2-51-6	BJO_2-51-6	JO_2-42-4	BJO_2-41-4		BJO_2-41-4		JO_2-42-4
喂料盘或螺旋式滚筒转速（r/min）	10.3	10.3		5.4	11	8	103		100	46	10.7
外形尺寸（长×宽×高）（mm）	1650×850×1630	1650×850×1630	1250×750×1435	1500×1000×1700	1352×774×1160	2030×890×1220	1330×730×750	775×430×800	1500×900×1400	1940×640×1700	1500×820×1750
自重（kg）			650	300	920	700	415	25	600	1000	1200
提供图纸及加工制作单位	冶金部建筑研究总院	焦作矿业学院机械厂	长沙矿山研究院等	扬州机械厂	江西省煤矿机械厂	陕西建筑机具研究所	北京煤炭科学院广东煤机厂	南京钟山煤矿	鹤壁矿务局六矿	十五冶第五井巷公司、长沙矿山研究院	十五冶第四井巷公司、冶金部建筑研究总院

表 11-93 混凝土喷射机械手型号及主要技术性能

技 术 性 能	型 号		
	JP	PHS-3	FS-1
喷头回转速度（r/min）	60~80	0~100	
喷头回转角度（°）	±150　135	左右 112，前后 42	31
大臂仰角（°）	32	45	50
倾角（°）	3°56′	22	20
水平回转角（°）	±120	±40	90
小伸缩缸倾斜喷头角度（°）	+30　-22	40	
行走速度（km/h）	2.5	5.6	3

续表 11-93

技术性能	型号		
	JP	PHS-3	FS-1
轴距（mm）	910		
轨距（mm）	600，762，900	600，762，900	600，900
行走电机(马达)功率(kW)	油马达 CM-F180-FL	ZQ4-3，3.2	YMC-20
前伸最大长度（mm）	3400~4200	4500	5500
喷头最大高度（mm）	3300	2400	3725
水平回转一侧最大宽度(mm)	2400		2510
大臂伸缩行程（mm）	800	1000	1250
液压油泵型号	CB-C180-FL，CB-C250-FL	YB-A16-LF	YBC-12180
液压油泵工作压力（MPa）	<8.0	5.0	7.0
电动机型号	JO_2-52-4	$JO_2-41-6-L_2$	AJO_2-32-4
电动机功率（kW）	10	3	3
电动机电压（V）	380	380/CD250	380/660
料管直径（mm）	50	50	50
总重量（kg）	2500		1030
参考价格（元）	34000	1650	1200
外形尺寸（mm）	4550×1030×1790	4000×1016×1360	3420×1000×1230
制造厂家	扬州机械厂	昆明冶金机械厂	广东煤矿机械厂

表 11-94 混凝土喷射机组型号及主要技术性能

技术性能		型号	
		HG型	JP；HPH_3；SP_3 组合式
生产能力（m^3/h）		3~4	2~6
最大集料粒径（mm）		14	30
集料含水率（砂）（%）		<5	7
（石）（%）		<2	7
机旁粉尘浓度（mg/m^3）		<15	4.7
水平运输距离（m）		100~150	最大240、垂直52
适用断面（m^2）		3~4	
鼓风机电机	型号		$10m^3$ 空压机
	功率（kW）	10	压力0.7~0.8MPa
	转速（r/min）		
	电压（V）	380/660	380
喷射机电机	型号		$JO_2-51-4T_3$
	功率（kW）	5.5	7.5
	转速（r/min）	960	1440
	电压（V）	380/660	380
喷射机型号		转子Ⅱ型	HPH6
机械手型号			JP4
设备重量（kg）		2700	4500
外形尺寸（mm）		3900×950×1640	1000×1030×1800
制造厂家		江南矿山机械厂	扬州机械厂

表 11－95 国产锚杆机（钻车）主要技术性能

技 术 性 能	CGM40 型	CTM40 型	CLM－1 型	MJG－1 型	ZJ－85 型
适用巷道断面（m^2）	8～14	8～14	2.8×3～3.5×3	8～14	2.0×2.0
外形尺寸（mm）	6019×1000×1740	4805×1500×1800	4800×1800×1500	4532×1200×1815	425×340×150
技术生产率（根/小时）	8～10	8～10		安装速度为 4.2（m/min）	13
重量（t）	3.52	3	3.7		15.5kg
钻臂动作范围（°）	摆臂 ±37°，翻转 360°	起落 0°～55°，仰角 94°补偿		水平回转角 ±45°，前后倾角 60°	
凿岩设备	ZYG－10 液压钻 YGZ40	YGZ40	YGZ70	2kW 岩石电钻	气腿式凿岩机如 YT－25 型
转架工作参数 推进长度（mm）	1780	1780		1700	
转架工作参数 钻进速度（m/min）	推进速度	0～1.18		f≤8，1.18	
转架工作参数 推进力（kN）	0～8.8	0～8.8		0.7	
安装锚杆	砂浆锚杆	砂浆锚杆	本机专用于钻凿锚杆孔	砂浆锚杆	开缝式锚杆
注浆罐容积（L）	8	8	10		
液压系统压力（MPa）	10	10		注浆气压 0.4～0.45	气动 0.42～0.59
行走方式	轨 轮	胶轮转向	履 带	轨 轮	手 提
行走速度（km/h）	1.8	1.5	0.5		
行走马达型式	液压马达	气马达	气马达		
总功率（kW）	电机 10	气马达 12			耗气量：4.5m^3/min
生产厂家	南京工程机械厂	南京工程机械厂	宣化风动机械厂	广东煤矿机械厂	宣化风动机械厂

表 11－96 国外一些锚杆机型号及主要技术性能

类 别		型 号	功率（kW）	扭矩（×10 N·cm）	转数（r/min）	推进方式（单体式）钻孔方式（钻车式）	推进力（×10 N）	工作高度（m）	重量（kg）	备 注
单体式锚杆机	风动冲击式	BBD46WR 型（瑞典）				气 腿			38.3	耗气量：4.4m^3/min
	电动式	维克托型（英）		691	475	螺杆或液压缸	453.6		101.5	125V 交流
		伯伍德型（澳）		3310	400	压缩空气气缸	907.2		89.3	250V 直流
		YBA－1 型（苏）				齿条推进			53.6	CPⅡ－2 型电煤站电动机

续表 11－96

类别		型号	功率（kW）	扭矩（×10 N·cm）	转数（r/min）	推进方式（单体式）钻孔方式（钻车式）	推进力（×10 N）	工作高度（m）	重量（kg）	备注
单体式锚杆机	液压式	维克托型（英）		1057	400～700	液压缸或螺杆	907.2		97.5	
		蒂坦、施罗德型（美）		829		油压缸	499		38.1	
		蒂坦、施罗德型（美）		829		水压缸	546		38.1	
		首都型（澳）		1023	770～1440	液压马达链条	1184		58.9	
		旺加威利型（澳）		1244	550	液压马达链条	181.4		81.7	
台车式锚杆机	角架台车式	塞科马－363（法）		3900	550、650	液压旋转	800	1.7～3.99	1000	
		塞科马－082（法）				液压旋转式冲击	800	2.0～6.0		
		弗雷特特射蒂坦 DA 型（美）		3900	550、650	液压旋转式旋转冲击			2500	
		ABK 型（苏）			750	气动旋转冲击	3448	2.6～3.4	2100	轨道式
		加利斯－320（美）				液压旋转式冲击				
		LRB－11（美）		3600		液压旋转	2177	<2.1	4540	同类型有 LRB－12，LRB－15
		乔埃 RBD－15（美）		3340	650	液压旋转	2490		1900	
		ROBOLTH490－24（芬）	63			液压冲击旋转			6000	
		ROBOLTA451－24（芬）	63			气动冲击				

呈线性关系的观测结果，用如下关系式表达：

工作压力＝0.1＋0.0013×输料管长（m），MPa；

空载压力＝0.001×输料管长（m），MPa。

（2）水压。一般比气压高0.1MPa左右，以保证干混合料能在喷出的瞬间得到充分湿润。

（3）喷嘴与受喷面的间距。当输料管长为20m，工作面气压为0.11～0.13MPa时，喷嘴与受喷面的间距为1m左右最为合理。

（4）喷嘴与受喷面的倾角。喷嘴与受喷面垂直时，回弹率最小；倾角愈大，回弹率也随之增大。

（5）一次喷射厚度。应由喷射方向与水平面的夹角来确定。夹角愈大，一次喷射厚度愈小，可考虑：90°时为3～5cm，60°时为4～6cm，30°时为5～8cm，0°时为8～10cm，－30°时可为10～14cm。

（6）喷射层之间的间歇时间。一般情况下，气温在15～20℃，掺加速凝剂后的间歇时间为15～20min，如掺加碳酸钠时，则为40～50min。

（7）水灰比。当合适的水灰比时，可发现刚喷射后的表面有一层水亮光泽，粘塑性好，一次喷射厚度可以最大，此时水灰比一般为0.4～0.45。

b 施工组织与管理

（1）工艺布置。施工平面布置应根据巷道的大小与位置、材料堆放地点及设备情况确定，搅拌机一般应布置在井下。

在布置设备时，既要考虑便于喷射混凝土施工，又不要影响掘进工作。当掘、喷平行作业时，若是单轨巷道，喷射作业应与凿岩工序平行作业；若是双轨巷道，喷射设备可集中在巷道一侧。

（2）喷射工作的准备。包括根据岩石条件及施工要求，检查巷道的断面尺寸是否符合要求；用压力水冲洗岩壁，并撬净松石，一次清洗长度可根据一班可能喷射的进度而确定；拆除暂不用的风水管等；埋设检查喷射厚度的标桩；检查为喷射作业服务的气水管路及照明、防尘措施；以及操作人员防护用具的穿戴等。

（3）喷射作业。包括喷射机和喷头的操作，其中喷头的正确操作尤为重要。

喷射机的操作要严格按操作步骤正确掌握，调整好气压是关键；输料管长度以 20m，最长不超过 30m 为宜。

（4）防尘措施。根据实践经验，主要防尘措施有：增加砂石含水率，一般以 5% ~ 8% 较合适；严格控制工作压力在 0.11 ~ 0.13MPa 之间，据测定，从此压力增至 0.15 ~ 0.16MPa 时，粉尘浓度从 8.25mg/m^3 增至 11.68mg/m^3；增加拢料管长度，梅山铁矿由 25cm 改为 50cm，效果良好；喷嘴由一路进水改为两路进水；正确操作和加强通风。

c 施工中几个问题的处理

（1）回弹率高。要求墙部和拱部的回弹率分别控制在 15% 和 25% 以下。主要措施是：工艺和操作上严格按设计要求进行；材料的选用上，要注意水泥品种、用量、砂石颗粒大小及级配，水灰比、速凝剂的品种和掺量等。

（2）局部剥落。薄喷层局部剥落主要有三种情况：围岩风化潮解膨胀；喷局与岩石黏结不良；酸性介质的腐蚀。

对此要采取综合的有针对性的措施：喷射厚度不小于 50mm；清洗岩石，提高黏结力；对遇水能解体或膨胀的围岩，一般应采用喷锚网联合支护，隔绝水的影响，要及早封闭岩面，工作面要及时挖沟排导积水；有硫酸盐介质侵蚀的地段，宜采用抗硫酸盐水泥。

（3）失脚（即墙根露出岩帮，上部喷层悬空）的主要防止措施是：按设计断面规格，一次挖至底板标高；在膨胀围岩或散体状围岩中掘进并有涌水时，墙根应挖至底板标高以下 200mm 左右，将墙根清理干净并首先喷好，墙部应采用锚喷或喷锚网联合支护；巷道锚喷支护后，应尽快做好水沟及水沟与墙根的连接；围岩有底鼓现象时，还应浇灌混凝土反拱。

（4）裂隙产生的原因有：混凝土配合比欠妥；喷层厚度不均；水泥品种选用不当；养护工作差。此外，外力（如爆破等）作用也能引起裂缝。要查明原因，有针对性地采取综合措施。

（5）渗漏水及其处理方法如下：

当大面积渗漏水时，首先找出水源，然后将掺有速凝剂的混凝土或砂浆高速射向水源点，使之堵塞裂隙迅速凝结；当有压力的漏滴水时，先估测出水线的走向，之后钻孔将水导出；当大裂隙漏水时，先在裂隙一侧完好的整体岩石上，钻凿一个 1.2 ~ 1.3m 深的孔眼，之后在孔口安上导水管，使水畅通引出，同时，在大裂隙处用块石镶砌，表面喷以 300mm 厚的混凝土堵水。

C 锚杆支护施工工艺技术

a 使用锚杆支护时应做的技术工作

（1）要求提供支护地段的较精确的地质资料，如岩层的岩性、产状、坚固性、裂隙组等，以便作出合乎实际的设计；

（2）要进行严格的质量检查，以保证取得最好的支护效果。检查内容除锚杆规格材质、安设的间距、孔深及垫板质量外，还必须测定锚固力试验；

(3) 对砂浆、树脂和水泥锚杆，要做充填料的强度和充填密度试验；

(4) 要进行一系列的观测和监护工作。

b 锚杆的安设工作

锚杆的种类繁多，除都必须钻凿锚杆孔外，安设的方法各不相同。详见10.3.1.1。

11.4.1.6 平巷掘进机械化作业线[18,26]

平巷掘进各工序特别是主要工序的机械设备，按其规格及生产能力以不同的配套方式组成作业线，充分发挥各工序设备的生产效率，使它们在生产能力上相适应，从而提高机械化水平和综合技术经济效果。实践证明，经过多次改进后的平巷掘进机械化作业线，基本上能适用于中、小断面的巷道掘进。

A 作业线的配套原则

在确定机械化配套方案时，应充分考虑下列原则：

(1) 各工序都应采用机械作业，一般应包括凿岩、装岩、转载、运输和支护等。最少要实现凿、装、运工序机械化。

(2) 各工序所用的机械设备，在生产能力上要基本相适应，特别是使用转载设备时，其转载能力要稍大于装岩机的生产能力。

表11－97 国内平巷掘进机械化作业线配套方式

配套方式	使用设备					适用条件
	凿岩机	掘进钻车	装岩设备	转载设备	运输设备	
方式Ⅰ	气腿式： 7655YT24	双机液压式 PYT－2C CGJ－2	铲斗后卸式： 华－1H－600 ZCZ－26 Z－30	斗式列车	架线式电机车	中、小断面有轨巷道
方式Ⅱ	气腿式： 7655YT24	双机液压式： PYT－2C CGJ－2	铲插式： CCZ－150	梭式矿车	架线式电机车 梭式矿车	中、小断面有轨巷道
方式Ⅲ	气腿式： 7655YT24	多台气腿式	连续装载机： 铲插式 CCZ－150 蟹爪式 ZXZ－60 立爪式、蟹立爪式 新－1型和LBZ－150	过桥皮带机： (皮带矿车)	架线式电机车 梭式矿车 皮带矿车	适于快速掘进，适于10m² 以上有轨巷道
方式Ⅳ	外回转： YGZ70	三机轮胎式： CTJ 700.3	铲运机	铲运机	铲运机	无轨巷道、采场进路巷道
方式Ⅴ	外回转： YGZ70	三机轮胎式： CTJ700.3	连续装载机： 蟹爪式 ZXZ－60 立爪式 蟹立爪式 LBZ－150	梭式矿车	架线式电机车 梭式矿车	适于10m² 以上有轨巷道

(3) 主要工序应以顺序作业的方式来考虑各种机械的规格和结构形式。

(4) 配套的机械设备在生产能力和数量上都要有一定的备用量。

(5) 要充分考虑本单位的实际情况（包括提升运输系统及设备、巷道规格、岩石条件、设备维修能力、管理水平等）来确定机械化作业线的推广面和采用作业线的配套设备等。

B 国内矿山平巷掘进机械化作业线配套方式

矿山平巷掘进机械化作业线的配套方式主要有五种，如表 11－97。

方式Ⅰ，配套简单、灵活、成本低、维修方便、适用于中小型有轨巷道的掘进，特别是没有废石溜井的阶段，是目前国内使用较多的一种配套方式（组成情况见图 11－106）。湖南汝城钨矿用这种配套方式，从 1978 年到 1981 年共掘进 8449m，平均月进 176m。但在掘进独头巷道时，掘进速度及工效均受到较大限制。

方式Ⅱ，配套方式结构简单、连续装载、效率高、速度快。在红透山铜矿掘进中，工效多年稳定在 0.6 米/（工·班），最高达 0.97 米/（工·班）。这是一种新的很有发展前途的配套方式。

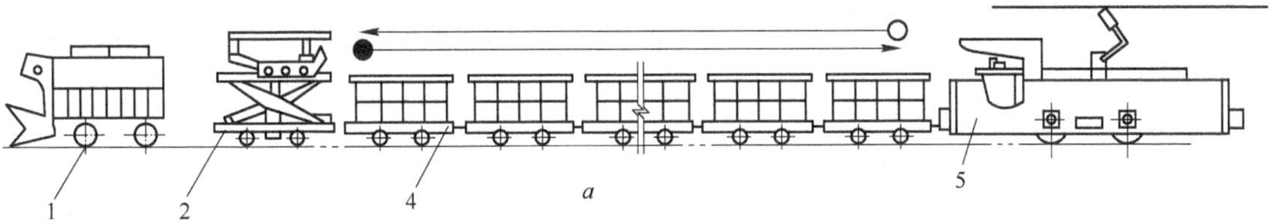

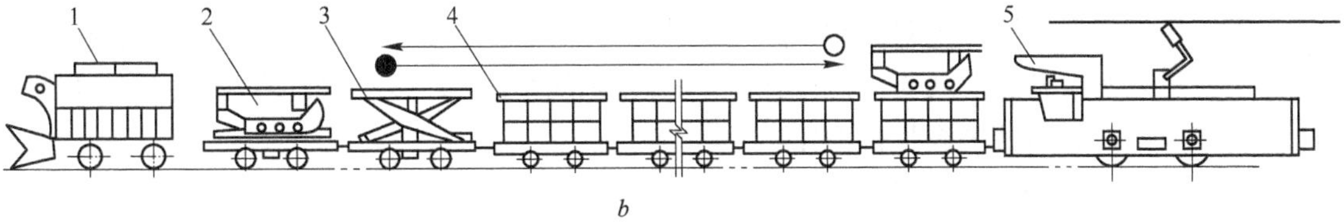

图 11－106 斗式转载列车转载工作示意图

a—单斗转载法；*b*—双斗转载法

1—铲斗式装岩机；2—转载斗车（或短途斗车）；3—长途斗车；4—曲轨侧卸式矿车；5—电机车

方式Ⅲ，用多台气腿式凿岩机同时作业，具有灵活、方便、速度快、连续作业等特点，对组织快速掘进较合适。湖南新晃汞矿采用由 6 台 7655 凿岩机、新－1 型蟹立爪装载机、皮带矿车、电机车组成的机械化作业线（见图 11－107），于 1976 年 3 月创独头平巷月进 1056.8m 的纪录。马万水工程队采用 8 台 7655 凿岩机、ZXZ－60 型蟹爪装载机、8m^3 梭式矿车和电机车（见图 11－108），于 1977 年 11 月创造 33 天掘进 1403.6m 的好成绩[23]。

方式Ⅳ，主要用于无轨采场中掘进进路巷道，具有设备少、机械化程度高、速度快等优点。在符山铁矿及大冶有色金属公司等地使用时收到较好效果。

方式Ⅴ，机械化程度高、速度快、连续作业，适于大断面巷道掘进。

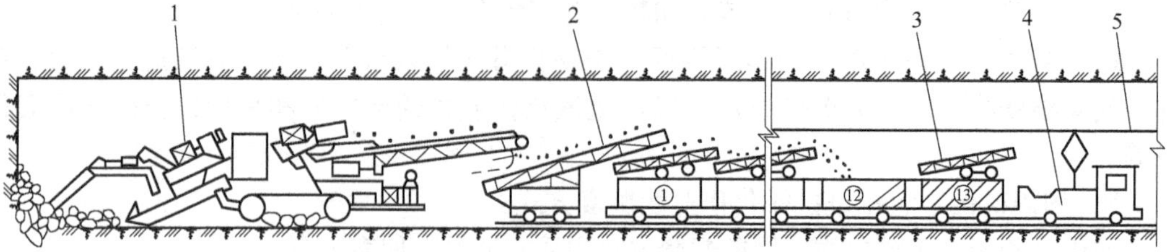

图 11-107　装运卸机械化作业线示意图

1—蟹立爪型装载机；2—过桥皮带转载机车；3—胶带转载矿车；4—7t 电机车；5—电机车架线；①~⑫、⑬—底侧卸矿车

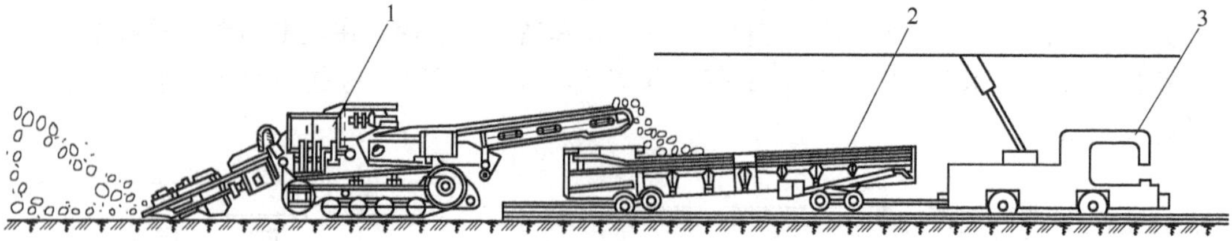

图 11-108　装运机械化作业线

1—蟹爪式装载机；2—梭式矿车；3—10t 架线式电机车

以上五种配套方式并不是固定的，根据矿山具体情况可以灵活组配，以获得最好效果为原则。

C　国外矿山平巷掘进机械化配套情况

在采用凿岩爆破法掘进巷道时，除重视凿岩爆破技术的改进提高外，还十分重视采用凿、装、运配套设备，发展支护机械化，使各工序协调工作，形成凿、装、运、支的机械化配套作业线，进而使之逐步自动化。

a　趋向性的几种配套方式

（1）自动式或轨轮式回转支臂（2~3 个）掘进钻车，配以高频高效重型凿岩机凿岩，蟹爪或立爪式装载机装岩，有轨巷道配梭式矿车，无轨巷道配低车体自卸卡车或推出车厢式卡车运输。

（2）柴油轮胎式回转支臂掘进钻车，配以 2~3 台外回转重型凿岩机或液压凿岩机凿岩，铲运机装运。在运距较大时，采用多台铲运机或一台铲运机加自卸卡车运输。这是近期采用较多的设备数量少、效率高的方案。断面为 10~15m^2 的巷道，每班两人，两个工作面，可完成三个循环，循环进尺为 3m，工班效率是很高的。

（3）自卸式（轨轮、轮胎或履带）多旋臂掘进钻车，配以 3~4 台高频高效凿岩机，正装侧卸式装载机，悬挂式皮带转载机或可弯曲皮带转载机，电机车牵引矿车运输。

b　实际使用的几种配套方式

（1）双机全液压掘进钻车、立爪式装载机、梭式矿车等组成的作业线。美国卡尔佛克（Garrfork）铜矿在掘进断面为 4m×4.5m、穿过石英岩和石灰岩的主平巷时，采用了这种配套方式。

(2) 凿岩装载机、悬吊式皮带转载机和侧卸式矿车列车等组成的作业线。法国的普利罗累（Plyolles）平巷和普罗文斯（Pro - vence）运河工程的掘进中采用过这种配套方式。

(3) 凿岩装载机、可弯曲的自行皮带转载机和矿车列车等组成的作业线。苏联的KГ-2型掘进机组包含了这一作业线的主要设备，并组织进行试验。

(4) 柴油轮胎式多支臂掘进钻车配以重型凿岩机和铲运机组成的作业线。瑞典基律纳铁矿和加拿大国际镍公司等掘进大断面巷道时都采用过这种配套方式。

(5) 多支臂掘进钻车配以重型凿岩机、后卸式铲斗装载机、滑动底板（调车用）和10t矿车等作业线。加拿大格兰杜克铜矿和智利爱尔梯门脱铜矿的平巷掘进中，都先后采用过这种配套方式。

(6) 气腿式凿岩机、蟹爪式装载机、梭式矿车、电机车等组成的作业线。苏联克里沃罗格矿区布尔什维克铁矿掘进石门和远东冶金矿山公司“上方”矿掘进平硐时采用过这种方式。

(7) 气腿式凿岩机、蟹爪式装载机、组合式自行皮带转载运输机和矿车列车等组成的作业线。苏联米尔盖利姆塞斯克矿在平巷掘进中，先后于1964年和1965年采用这种方案创造了独头平巷月进尺1192.1m和1237.6m的成绩。

D 提高掘进机械化作业线技术经济效果的途径

(1) 使用质量可靠的掘进设备。

(2) 强调以经济效果为主来决定配套方案，选取设备，并切实采取降低成本的措施，如提高设备质量，加强维护，延长设备寿命；降低设备价格；采用与掘进钻车相适应的高效凿岩机和耐磨钎头，以提高掘进工效和速度；加强管理，提高机械设备的作业率等。

(3) 推广机械化作业线必须与改进掘进工艺技术结合起来，以充分发挥机械设备效率，提高技术经济效果。

(4) 要解决实现机械化作业中的一些实际问题。如必须培养一支有熟练操作技能和维修力量的队伍；加强设备的维修及管理工作，以及备品备件的供应，以提高设备的完好率和实际作业率；

(5) 要建立和健全相应的机构和管理制度。应有丰富实践经验的科技人员组成的专门管理机构，根据矿山具体条件确定机械化作业线的配套方案和推广使用作业线，建立维修责任制和可行的承包责任制及其奖励制度。

11.4.1.7 施工方式与组织

A 施工方式

a 独头掘进[18]

(1) 独头掘进的实质：一个掘进队（组）只担负一个工作面的掘进任务；掘进队（组）的成员在整个工作班内只限于在一个工作面工作，可顺序或平行地完成各个工序的任务。

(2) 独头掘进的适用条件：基建工程要求快速掘进的主平硐或阶段巷道；对工期有特殊要求的巷道，如突击通风或探矿巷道；不具备多头掘进的其他巷道；要有一支一专多能的掘进队伍。

(3) 评价：可使一个工作面迅速推进；可使人力物力集中，实现集中作业；一般情况下，工时利用率和工效都较低，且成本较高。但总体经济效益则不一定差。

b　多头掘进

（1）多头掘进的实质：一个掘进队（组）担负两个以上工作面的掘进任务；掘进队（组）的成员在工作班内同时在几个工作面工作；对某一工种而言，在各工作面的本工种任务是按工作面顺序完成的，而不是将工种人员分散在几个工作面同时进行本工种的工作。

（2）多头掘进的适用条件：有两个以上一般相距不超过200～300m的工作面可供作业；掘进队（组）一般情况下多数工种具有完成两个工作面任务的能力；对掘进的工作面，在掘进速度上没有特殊要求；掘进队（组）的主要掘进设备有一定的备用量。

（3）评价：每个工种只担负本工种职责范围的工作，效率较高；由于每个工作面的掘进工序都是顺序完成的，工种之间干扰小；能充分利用工时，工效一般较独头掘进高20%左右；作业线长，设备的需要量大，对某一工作面来说，掘进速度较低。

c　一次成巷施工方法的实质与评价[8,20,21]

（1）一次成巷的实质：一般是指掘进和永久支护这两大部分，工程形成掘砌并举相辅相成的协调关系，掘砌（支护）并行完成。

就广义说，凡是能在同一单位时间内（一般按月）完成工程设计规定成巷的工程要求，均可称为一次成巷施工。

（2）一次成巷的适应条件：岩石较松软，需要进行临时和永久支护的巷道，特别是因时间长在拆除临时支护时可能产生顶板冒落的巷道；人力物力允许，且要求巷道掘通后尽快竣工投产的巷道工程。

（3）评价：可使构成施工主体的掘进和永久支护平行作业，并同时完成水沟开挖和轨道铺设等主要辅助工程，巷道掘通后很快可以竣工投产，成巷速度快，综合工效高；可节省部分临时支护材料和二次支护及返工的费用，成本较低；掘砌平行作业，要求施工技术组织工作严密，管理较复杂。

d　一次成巷的施工技术组织

本法施工要求在巷道有限的空间内，同时有几个工种进行几道工序的施工，又需放置大量的掘砌设备和材料，还要求尽可能缩短巷道顶帮暴露时间，节约临时支护等，因此，要求有严密的技术组织保证才能完成。主要应解决好的技术组织问题和相应的措施如下：

（1）掘砌工作面的合理布置及两工作面的间距。解决的主要措施：为使工作面布置合理，不致影响工作面调车和永久支护材料的堆放，在工作面附近一般应加设浮放道岔，特别是单轨巷道更应该统筹兼顾，合理安排；有效利用有限的巷道空间，特别是地平面空间。要求做到“活完料净场地光”外，应采用不占地平面空间的无腿临时支架形式；一般情况下，掘砌工作面的间距为15～20m，最大不宜超过40m。实例见表11－98。

（2）掘砌进度平衡及作业循环安排。解决的主要措施：准确弄清造成掘砌进度失调，拉大或缩小掘砌工作面间距的原因，如掘、砌工作条件改变、劳动力安排不当、或材料供应不及时，要有针对性地采取措施，以恢复掘砌进度平衡保持掘、砌工作面的间距；及时调整好掘砌作业的综合循环图表并严格执行。

（3）掘进与永久支护进度的关系及支护形式。解决的主要措施：应充分肯定掘进工

表 11－98 掘进平行作业中掘进工作面间距实例

项 目	单位名称							
	马万水工程队	湘潭锰矿	焦作第二建井队	开滦赵各庄矿	包头长汗沟	大同新白洞	谢家集二矿	鹤壁二矿
巷道净断面（m^2）	11	6.5	5.6	7.43	10.4	6～8	12.7	
掘进工作面间距（m）	10～14	15～18	10	14～16	15～20	20～40	20	10～20

作是平巷施工中的主体，掘进速度一定程度上决定着成巷速度。因此，一般应以采取措施提高支护进度来适应掘进速度；采用浇灌整体混凝土和混凝土预制块支护时，可采用“无腿拱胎”（图 11－109），拱胎不需立柱支承，不占巷道地面空间；临时支护采用无腿结构支架（图 11－110）或矩形支架。

（4）水沟辅助工程。主要措施：水沟工程要紧跟永久支护工作面推进，但相距不得小于 10m；轨道铺设要求尽可能按设计的轨型和坡度完成，投产前只须稍加调整即可交付使用。

（5）劳动组织。主要要求：必须是综合工作队组织形式；努力培养一专多能的多面手；成绩考核应以成巷指标为准。

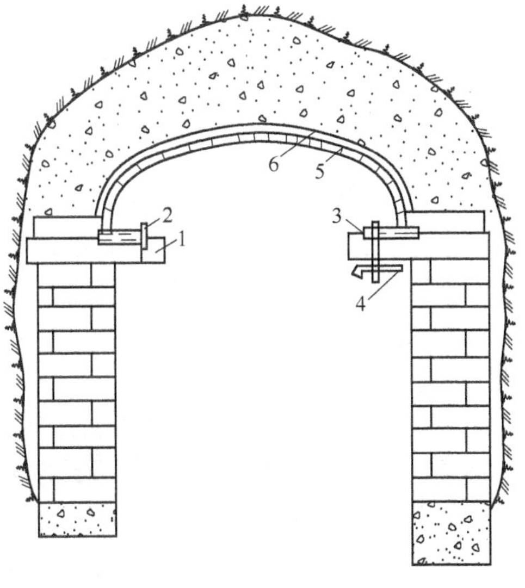

图 11－109 无腿拱胎

1—方木块；2—矩形铁卡环；3—无腿拱脚；4—铁楔；5—胎骨；6—木模板

B 施工劳动组织与管理

a 劳动组织

正确使用和确定劳动组织形式和工种人数，对施工工效和速度的提高有重要作用。劳动组织是根据施工条件和任务的具体条件而定的，衡量选用的劳动组织是否合理，主要标志是每个工人的技术专长能否充分发挥和工时是否能得到充分利用。

劳动组织主要有以下两种形式：

（1）专业工作队。主要特点是各工种严格分工，专业性较强。一般只适用于掘、砌

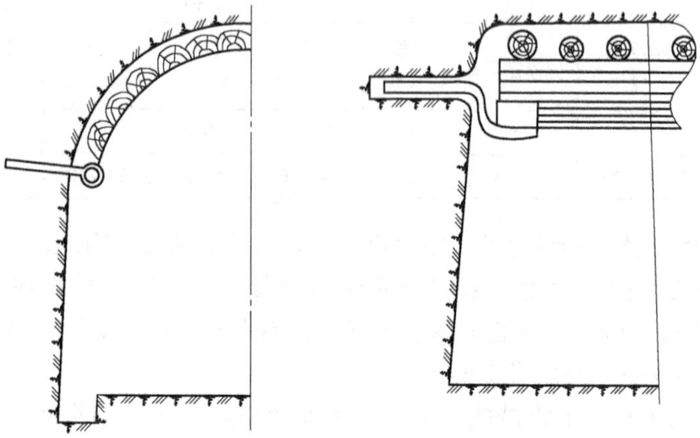

图11－110　无腿支架示意图
a—金属拱形支架；b—木材梯形支架

顺序作业的掘进队。

（2）综合工作队。主要特点将掘进（甚至包括支护）各工种组合起来，共同完成整个施工任务。这种组织形式具有工种间相互协作，充分利用工时；可使工序的衔接更加紧密，缩短作业循环时间；各工种任务和利益休戚相关，能配合得更好等优点，应推广这种组织形式。

b　施工组织管理

一个合理的劳动组织形式，必须辅以科学的技术组织管理，和深入细致的思想工作，要制定一个严格按照按劳取酬原则的工资奖励制度，要制定并严格执行技术操作规程，安全规程及设备维护检修制度，材料消耗及用工定额管理制度，工程质量标准的考核与奖惩制度，以及各工种岗位责任制度等。

C　掘进作业循环图表

掘进作业循环是指掘进主要工序（凿岩、爆破、装岩和临时支架）和辅助工序（通风、铺轨和接管等）的周期性的重复。为使掘进循环计划化，要编制表示循环中各工序工作持续时间及其相互间在时间上的衔接关系的掘进循环图表，作为指导生产的指示图表。

下面介绍两个实例：新晃汞矿创独头月进1056.8m时和云锡掘进四队10人掘进组多头（两个工作面）掘进时的作业循环图表（表11－99和表11－100[18]）。

制定循环图表时，应对各工序作业时间和潜在能力，以及新措施的作用等，进行必要的测定和留有余地的估算，作为制定的依据，并考虑下面几方面的因素：

（1）尽可能地增长各工序的平行作业时间和多工序平行作业，但随着掘进机械化程度的提高，凿装主要工序顺序作业的方式也应予以重视；

（2）一个班的掘进循环次数：为便于组织，一般均应为整数；

（3）在处理掘进循环次数和循环进尺的关系时，应在保证必要的循环进尺（约2m）前提下提高循环次数。制定循环图表，必须通过实践检验，予以调整，使其更加符合实际和起到指导生产实践的作用；

表 11－99　新晃汞矿独头掘进作业循环

工 序	时间 min	全循环 72min													
		5	10	15	20	25	30	35	40	45	50	55	60	65	70
凿岩准备	3														
凿 岩	22														
吹 孔	10														
装 药	6														
爆 破	5														
通 风	5														
装岩准备	4														
装 岩	24														
钉 道	30														
接 管	28														
架 线	22														

注：炮孔 24～30 个，炮孔深度为 2.0～2.4m

表 11－100　云锡掘进四队多头掘进作业循环

工 序	延续时间 min	一个工班							
		1	2	3	4	5	6	7	8
交接班	5								
洒水处理浮石	10	45							
第一工作面出碴	60		45						
洒水处理浮石	10		35						
第二工作面出碴	60			45					
凿岩准备	15								
第一工作面凿岩	115								
第二工作面铺道接管	115								
间隙时间	15								
凿岩准备	15								
第二工作面凿岩	115								
第一工作面铺道接管	115								
收拾工具吹炮孔	15								
装药爆破	20								
通 风	25								

（4）如果采用掘砌平行作业一次成巷施工方法时，作业循环要统一安排掘砌各工序的协调内容。

D　平巷掘进技术经济指标实例

国内外几个独头平巷快速掘进的技术经济指标列于表11－101。

11.4.2　复杂地质条件下的巷道施工[18]

11.4.2.1　复杂地质条件的类型特征

在复杂地质条件下的巷道施工困难很大，对施工速度、工程成本和施工安全都有严重影响。要针对岩层的不同类型，选用与之相适应的掘进与支护及两者的正确结合的施工方法。

对复杂地质条件下岩层的特征分类，其考虑的因素不仅是岩石的强度等物理力学特性。而且要综合考虑围岩在掘进后稳定状态的各种因素，如岩体结构类型、断裂、节理、裂隙的发育程度，充填物的特征，岩层的含水量等等。为了工程实用和简便易行，便于选择施工方案，可将复杂地质条件下的岩层分为四种类型：

A　软弱膨胀流变岩层

岩质软弱或软硬相同，其坚固性系数一般$f \leqslant 3$，结构面黏结力差，多为泥质胶结的页岩、片岩、千枚岩、泥质板岩等，当岩体中富含蒙托石、伊利石、高岭土、绿泥石等黏土矿物成分时，遇水将会膨胀，巷道穿过此种岩层将会呈现明显的侧胀底鼓现象。在此种岩石中掘砌巷道，一般要进行二次支护或多次支护。

B　松散破碎岩层

岩层经断裂等地质破坏或节理裂隙发育，纵横交错贯通，岩体切割成碎块，且互不胶结或胶结很差，掘进后易形成松散体，此种岩层自稳能力差，无支护、暴露一般不超过1～2.5m，暴露时间不超过8～24h。

C　含水层与流砂

当破碎岩层与砂砾岩含水后，其稳定性随着含水量的增加而急剧降低，当岩层富含水时，砂砾岩层即可形成流砂。在此种岩石中掘砌巷道，一般要进行排水疏干或采取特殊措施。

D　塌陷区

巷道年久失修，或地压很大，巷道支架破坏，顶帮塌落，巷道过松散破碎带时，采取措施不当，造成工作面大量塌落，这将严重影响施工的区段，必须采取特殊措施，方可安全通过。

11.4.2.2　软弱膨胀流变岩层中巷道的施工——新奥法[18,27,28]

A　新奥法的实质

新奥法是从50年代中期至60年代中期发展起来的新的奥地利隧（巷）道施工方法的简称。它是奥地利拉布西维兹（L. Vrebewicz）教授等在长期从事隧（巷）道工程理论和施工实践中，从岩石力学的新观点出发而概括出来的一种隧（巷）道工程设计、施工、监控结合并根据量测信息反馈不断调整完善掘进、支护设计及工艺参数的施工方法。它的基本内涵是在巷道施工过程中，充分利用围岩的承载能力，将围岩的作用从载荷的系统转变为支承系统。在对岩层支护构件、巷道形态等参数动态监测的基础上，配合正确的掘进、支护工艺，以充分发挥支护构件与围岩之间的共同作用，达到安全、快速、优质、经济施

表 11－101　国内外独头平巷快速掘进的技术经济指标

掘进指标	单位	马万水工程队		新晃汞矿		汶水钨矿	宁夏燃化局基建公司建井队	北票矿务局冠山煤矿	捷克斯洛伐克雅西莫夫平窿		苏联米尔盖利姆塞斯克矿
		1977 年 11 月	1960 年 5 月	1976 年 3 月	1973 年 3 月	1972 年 11 月	1973 年 11 月	1973 年 5 月	1956 年 10 月	1954 年 5 月	1965 年 4 月
全月进尺	m	1403.6	628.2	1056.8	707.3	513.7	759.2（斜井 384.2m）	712.8	1021.3	870.5	1237.6
巷道断面	m^2	6.7	6.1，7.2	6.6	6	4.4	5～7.25	6.4	9	10.5	10
岩石名称		石灰岩 1061.6m，页岩 342m	砂岩、石英岩	白云岩、砂化白云岩、石灰岩	白云岩、矽化白云岩及局部灰岩	矽化变质砂岩	钙质和砂质磷块岩等	煤系集块岩	石英板岩、矽化结晶片岩	石英板岩等	
岩石坚固性系数 f		$f=8\sim16$ $f=4\sim8$	$f=8\sim10$ $f=12\sim15$	$f=8\sim14$	$f=8\sim12$	$f=8\sim10$	$f=6\sim8$ $f=10\sim15$	$f=6\sim8$	$f=12\sim16$	$f=8\sim9$	$f=12\sim14$
实际工作天数	d	33	31	31	31	30	30	31	31	31	31
每天平均循环数	次	21.3	18.45	16.67	12.38	10.3	21.3	21.6	14.13	11.48	22
每次循环进尺	m	1.997	1.1	2.04	1.84	1.706	1.19	1.07	2.33	2.44	1.81
每天平均进尺	m	45.3	20.26	30.09	22.82	17.12	25.3	23	32.9	28.05	39.92
最高日进尺	m	52.7	31.5	49.8	28.6	23.8	34.8			32.3	46.6
工班效率	米/（工·班） 米/（工·班）	0.46 2.99	1.56	0.386 2.53	0.335 2.01	0.46 2.02	1.53（平巷） 1.84（斜井）	0.245 1.57	0.783 7.05	0.57 6	0.998 0.98
炮孔数目	个	30（平均）	22～24	24～26	18.7	22.4	24	30		20～26	30～31
使用凿岩机数	台	8	6～7	6～7	5	3	7	5	10	8～12	10
炮孔利用率	%	88.5	85	87	91.6	94.8	90	约 84	0.83	0.787	0.82
矿车容积	m^3	6.5，7.8	0.75	皮带矿车 1.8	1	0.55	0.75	1	0.75	0.75	组合式矿车
装岩机台数	台	1	1	1	1	1	1	1	1	1	1
通风时间	min	3.5（平均）	3～5	3～5	5	12	5	5	5	5	3～5

工的目的。

B　新奥法的特点及施工要点

（1）视围岩为巷道支承构件的组成部分，应尽量减少巷道周边围岩应力的扰动和应力集中。因此，施工时尽可能采取全断面掘进和微差起爆的光面爆破法等措施，以减弱围岩的震动并使巷道表面平滑，避免局部应力集中。

（2）建立薄壁柔性支护系统，提高其抗剪切能力和减少产生弯矩及出现受弯断裂的机会。当采用锚喷支护和可塑性支架的适当组合构成较薄的衬砌时，可使围岩与支架（护）间的密贴程度好而无空隙，使之达到早期控制压力的目的，并可提高剪切能力。此外，当地质条件需要加强巷道衬砌时，也不是增大衬砌厚度，而是采取加铺钢筋或加密锚杆网的措施，以保持其薄壁结构。

（3）为适应巷道围岩变形发展的特点，要建立初期和后期两次支护的观念，进行分期支护。对软弱膨胀流变岩层，不能过早进行刚性永久支护，应在掘进后及时进行第一次柔性支护，随着围岩变形发展，积能释放，变形速率下降趋于稳定时，进行第二次支护，方可获得良好效果。

（4）采用曲线形全断面封闭式支护，使围岩和两次支护构件形成近似圆筒形的厚壁支承环，最大限度地发挥其力学支撑作用。超前掘进的弧形导坑，使悬着的半边壳体（拱部衬砌）在纵轴上承受很大的挠曲，而使拱趾下的岩体受到很高载荷。因此，应及时上仰拱，缩短衬砌闭合时间，改善受力条件。

（5）强调对巷道围岩变形与地压的系统量测来指导施工，及时调整支护参数和施工工艺。传统的衬砌厚度是根据经验公式推算地压和变形而设计的，而新奥法则是根据系统量测地压、支护应力、围岩和支护变形参数体系，大致定量地设计锚杆长度及间距、喷射混凝土厚度，且在施工中经常进行系统的动态量测，了解时间对岩体及衬砌系统性能的影响，及时分析判定围岩及衬砌构件变形发展速率及稳定趋势，并根据量测的信息反馈来校正设计，及时调整设计参数和施工工艺。

（6）要采取巷道的防治水措施，防止围岩水化膨胀而降低其支承能力。因此，在含水岩层中，要采取有效措施，进行引水，排水或注浆止水，防止地下水浸溶岩石，使岩石水化分解，恶化其物理力学特性。特别是有些岩层遇水膨胀后，往往要引起大的侧压底数，而使巷道及其支架遭受破坏，更应重视治水。

C　新奥法的适用范围

实践表明，只要严格遵循体现新奥法特点的原则进行施工，则其不仅可以广泛应用于一般不稳固的岩层中，而且特别适宜于软弱膨胀流变岩层中的巷道施工。

11.4.2.3　松散破碎岩层中的巷道施工

A　松散破碎岩层的掘进

在松散破碎带掘进巷道，凿爆装运工作不是关键，主要的工序是支护以及掘进与支护工作的正确配合。根据地质岩层条件选用不同的掘进支护方法。

a　超前锚杆法

本法适用于岩石中硬，层理、节理发育，中等破碎，采用锚喷支护。

实施本法的操作要点：锚杆孔顶帮向外张角5°～7°；杆长相当于循环进尺1.5～1.8倍；光爆配合；超前杆作永久支护一部分。

b 撞楔法（见图 11－111）

本法适用于松散岩层，干砂砾层，围岩不稳固，掘进后不允许空顶，涌水 <10t/h。

实施本法的操作要点：撞楔一般用 ϕ10～12cm，长 3～3.5m 的圆木，套上铁帽；撞杆仰角与外张角 15°～20°；撞锤可吊在棚梁上打，效率可提高 3～4 倍；工作面 3～4m 内，棚距 0.7～0.8m，其后部背成密集棚。

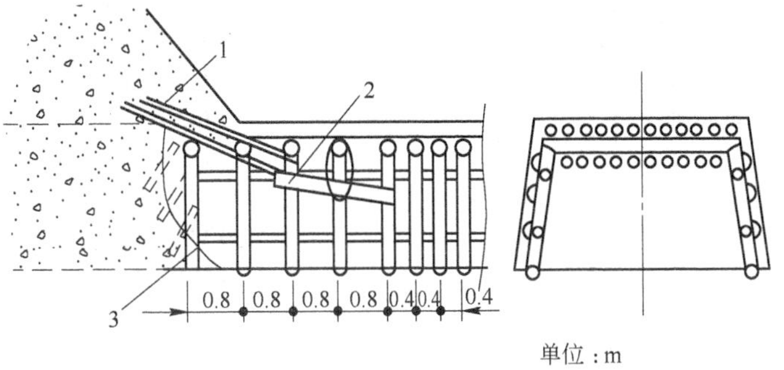

图 11－111 撞楔掘进法示意图

1—撞楔；2—拉杆；3—撞锤

c 钢轨送梁法（见图 11－112）

本法适用于冒落 3m 以上，岩石硬，并夹有大块，撞楔打不进去的岩层。

实施本法的操作要点：用 24kg/m 钢轨及特制 U 卡送梁；钢轨根数视地压大小而定，一般为 2～3 根；两帮掏窝立腿后清碴。

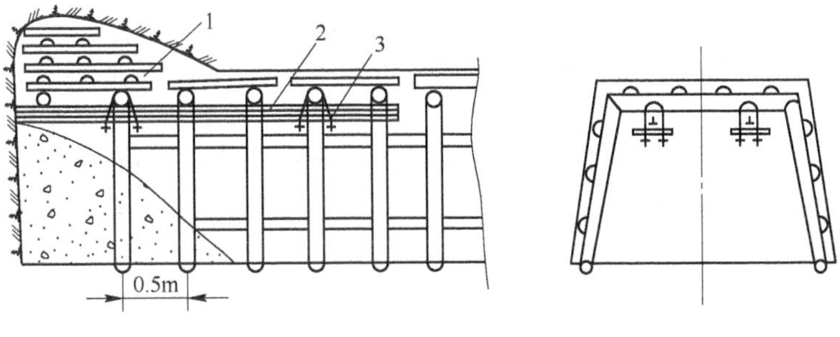

图 11－112 钢轨送梁掘进法示意图

1—梁；2—钢轨；3—卡子

d 穿梁护顶法（见图 11－113）

本法适用于断层附近、节理交错、挤压破碎，容易掉块，但岩石硬，撞楔打不进去，冒落高 1.5m 以下。

实施本法的操作要点：爆破后先支悬臂托梁护顶，然后出碴支棚；托梁上不得悬有木块。

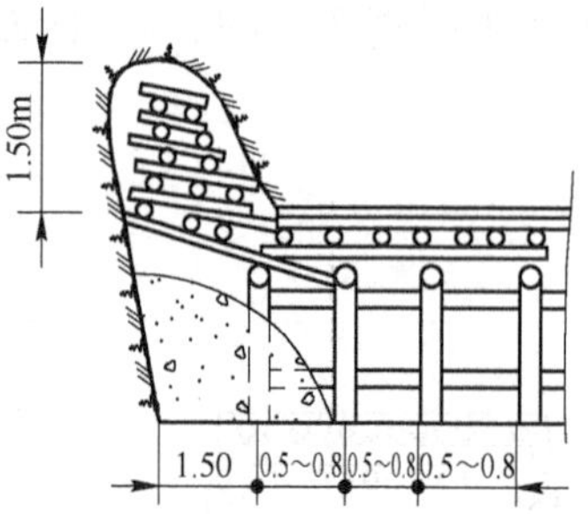

图 11－113　穿梁护顶掘进法示意图

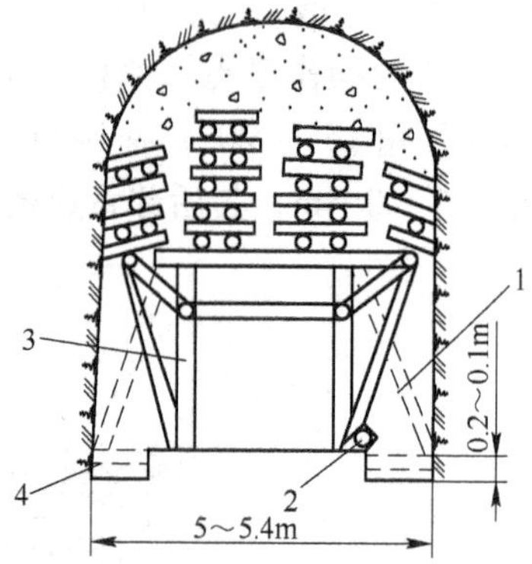

图 11－114　托梁换柱示意图
1—原棚顶；2—碴石；3—新柱；4—水

B　松散破碎岩层的支护

在严重风化和断层破碎带，或岩脉反复穿插，节理交错发育的软质砂岩接触带，围岩碎裂成小块且胶结很差，无法利用围岩的自支承能力。这时通常采用简易的木支架作临时支护，而后用钢筋混凝土作永久支护。临时木支架虽尽可能紧跟掘进进行，但围岩暴露后自稳能力差，很快在木支架上形成冒落区。

对这类岩层的支护，最好先用注浆法将已冒落的松散破碎岩层予以胶结，然后进行短段混凝土整体浇灌，稳步推进。此外，也有矿山对此采用套棚支护法，该法的施工要点和步骤如下：

（1）托梁换柱，砌基础和碹墙，见图 11－114；

（2）在碹墙上架设大棚，见图 11－115；

（3）用撞楔法处理顶帮；

（4）顶压大时，梁下加立柱，待混凝土拱凝固后拆除立柱，并补灌高标号混凝土，见图 11－116。

该法的优缺点是：与拆棚放顶支护法比较，作业较安全；拱顶上留有密实的缓冲层，不会在碹拱上造成二次冒顶冲击；坑木不能回收，成本较高；施工工序复杂，进度较慢。

11.4.2.4　含水层与流砂层中的巷道施工

A　钻孔放水施工法

在含水层或破碎带中掘进巷道是极困难的。巷道淋水涌水不仅恶化作业条件，主要影响爆破等作业。这时，必须先治水，弄清水文地质情况，采取各种引、排水措施，并采用防水炸药和非电起爆系统，方可保证安全施工。当含水层稳固性较好，岩性中硬，含水量较大（>15t/h）时，必须打钻孔放水，或在巷道附近较低位置开凿放水小巷疏干，待水量降至 5~10t/h 以下时，即可正常掘进。

B　工作面预注浆施工法

当含水岩体极破碎松散或砂砾层，含水量大于 10t/h 时，即可形成半流动体或流砂，这时用普通法无法施工，而采用工作面预注浆止水，极其有效。

石人嶂钨矿 560 主平硐掘至 125m 处遇一条宽 1.5m 的极破碎断层带，有涌水，且含有泥

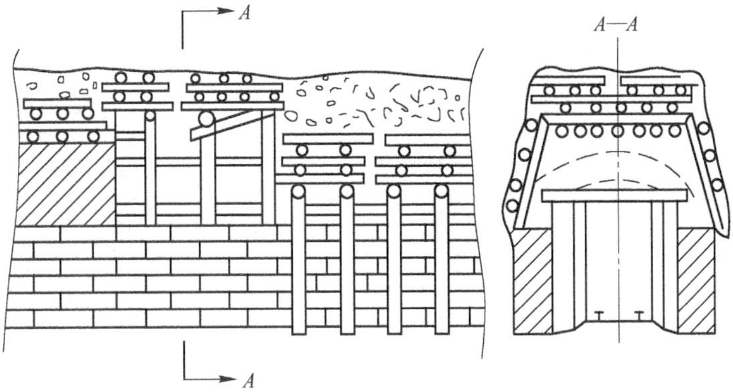

图 11－115 碹墙上支棚子示意图

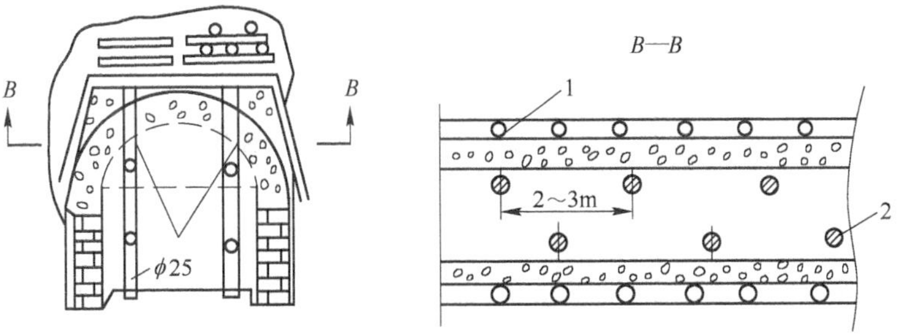

图 11－116 顶梁下加托梁立柱示意图
1—棚腿；2—立柱

砂及角砾。为防止塌方，并采用工作面预注浆（浆液为木铵与水泥混合体），注浆后三天开始掘进，断层已经固结止水。掘进采取浅孔少装药的短段掘砌法，只用6个作业班便安全通过含水的断层破碎带。

注浆设备布置、参数的选择与计算、材料等情况，参见本卷10.5.2和第6卷34.7。

11.4.2.5 塌陷区的处理

A 塌陷区固结注浆施工法

在塌陷区或遇水砂层及细颗粒破碎带不稳定岩体，用常规法难以通过，采用化学注浆法或化学水泥混合注浆法是有效的特殊掘进法之一。

B 封闭式撞楔施工法

当塌陷区内松散岩体含水疏干后，在其安息角（30°±）范围内，能保持其相对稳定时，可采用小断面封闭式撞楔法施工。特点是：不只是在巷道顶帮周边打撞楔，为了防止工作面流碴涌出，用长短不一的圆杆及插板直接打入工作面的塌落岩体中，进行封闭，然后用掏窝法支上梁柱。清碴石时，可以边清碴边用锯将打入碴石中的圆杆截断，同时在孔隙处打入新的圆杆和插板。推进一小段（0.8~1.0m）后，再将工作面封闭，开始下一轮操作。小断面掘进后的永久支护，可采用套棚支护法施工。封闭式撞楔法施工情况见图11－117。

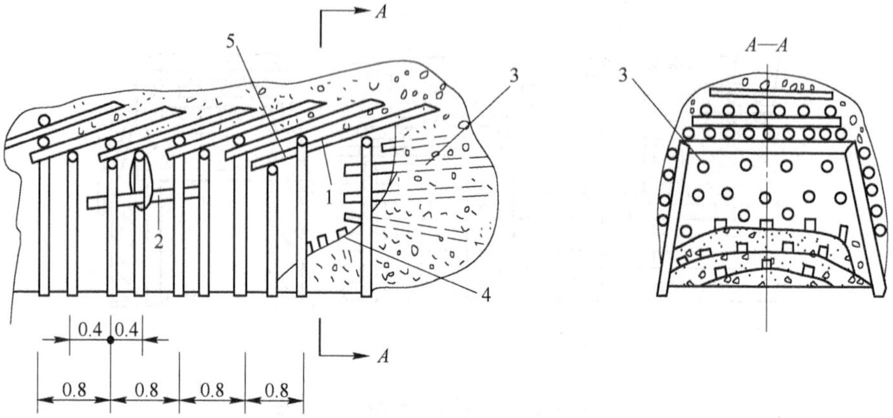

图11-117 撞楔封闭法过流砂断层示意图

1—撞楔；2—撞锤；3—封闭杆；4—封闭板；5—操作棚

马万水工程队曾用此法在龙烟铁矿850平硐通过一冒落高30m，宽20m，长10m的塌陷断层带。

C 盾构法施工

在铁路水利隧道工程中，有用钢结构或混合结构制成的封闭式掩护盾筒，前端刃形，借液压千斤系统将盾筒逐步推进。操作在坚固的钢盾壳内进行，十分安全，但设备复杂，价格昂贵，金属和非金属矿山很少应用。

11.4.3 联合掘进机及掘进新方法[18, 29]

我国在60年代中期开始了掘进机的研制工作，1983年和1984年JE-30型和SJ-58A型掘进机才相继进行技术鉴定。在抗压强度80MPa以下的岩层中，JE-30型掘进机的最高班进尺9.34m，月进尺213.4m，平均月进尺98.85m。JEA-50型已达到月钻掘煤矿平硐150m的速度。设备的机械作业率：SJ-58A型为17.24%~18.7%，工时利用率为53.7%~57.9%，JE-30型则为18.7%和60.7%。

11.4.3.1 联合掘进机掘进法的实质与评价

A 联合掘进机掘进法的实质

联合掘进机掘进法的实质是采用联合掘进机连续进行机械破碎岩石和出碴等各项工序，实现连续掘进的方法。作业过程的连续性是这一方法最大的工艺特点。

B 联合掘进机掘进的评价

a 优缺点

(1) 优点：掘进工序简化，连续作业，掘进速度快；机械化程度高，节省人力，劳动强度低；不用爆破，对围岩破坏少，安全性高；周壁光滑，不会超欠挖，巷道质量好，支护简单；切落的岩屑块小而均匀，排碴容易。

(2) 缺点：机体庞大笨重，重量大成本高；构造较复杂，制造工期和辅助时间长；动力容量大，动力费用大；刀具寿命不长；适应性差，要求的掘进巷道曲率半径大，也不适于多变岩层。

b 适用条件

(1) 基本投资大，要求巷道要长，一般不少于400m；
(2) 地质情况要明，因主要适用于岩层比较稳定，不易坍落的巷道施工；
(3) 适用于中硬岩层，过硬的岩层因刀具费用过大而难于应用；
(4) 主要用于曲率半径大的直巷道掘进；
(5) 掘进的直径不宜过大，国外虽有10m以上的机型，但国内合理的直径为3～5m。

11.4.3.2 联合掘进机的分类及破岩工具

A 联合掘进机的分类及其特点

联合掘进机的分类及其结构特点见表11－102。

表11－102 联合掘进机的分类及其结构特点

类别		结构特点	适用条件及评价
全断面联合掘进机	整体式掘进机（图11－118）	整个机体为一整体，上下大梁在框架中滑动，水平支撑从框架中伸出。它的破岩方式与非整体式掘进机一样，均主要以挤压和剪切相结合的方式采用同心圆单刀盘旋转破碎切割岩石，进行全断面掘进	工作时机体较稳定 重量大，价格高，转弯半径也大，一般在150m以上 只适于长、直平硐的掘进
	非整体式掘进机（图11－119）	整个机体由移动部和固定支撑推进部组成。单大梁在转弯机构箱中滑动，水平支撑与箱体固定。两大部分通过刚性连接于移动部的大梁和固定支撑推进部的移动框架，连接成一整体	工作时稳定性稍差，但能正常工作 重量较整体式轻，转弯半径也要求较小 价格稍低于整体式，但价格较昂贵 适用于长直平硐的掘进
部分断面联合掘进机	悬臂式掘进机	由悬臂和切割头、收集和装载岩石的机构、行走机构和动力控制系统组成。悬臂可作垂直和水平摆动，有的悬臂还可以伸缩；切割头大多为圆锥形或圆筒形	作业连续，掘进速度高于凿岩爆破法，操作简单，维修方便，设备工时利用率可达50%，高于全断面掘进机 巷道壁面平整，超欠挖对围岩破坏小，优于凿岩爆破法 能在硬岩中掘进，结构比较简单，重量轻，外形尺寸小，较全断面掘进机易于解决掘进硬岩、断面尺寸和曲率半径小的巷道掘进问题 切削头的电动机功率较大，掘进时设备有较大的振动
	冲击式掘进机	它利用一个液压冲击锤作为破岩工具，该锤安装在一支臂上，支臂安装在履带行走（或迈步行走）的底座上，或直接装在装岩机上 总的机体有带装岩机的和不带装岩机的两种。前者与破岩机构组合成相当于一台完整的联合掘进机	机构简单，重量轻 冲击频率高，故不需很大的冲击功，而又具有较高的掘进速度，英国生产的一种机型，功率90kW，冲击频率600次/分，冲击功为4070N·m，在砂岩和页岩中掘进5.2m×4.2m巷道时，班进尺6.1m 适用于掘进又硬又脆的硬岩和中岩以下的岩层，也可以用来修整巷道

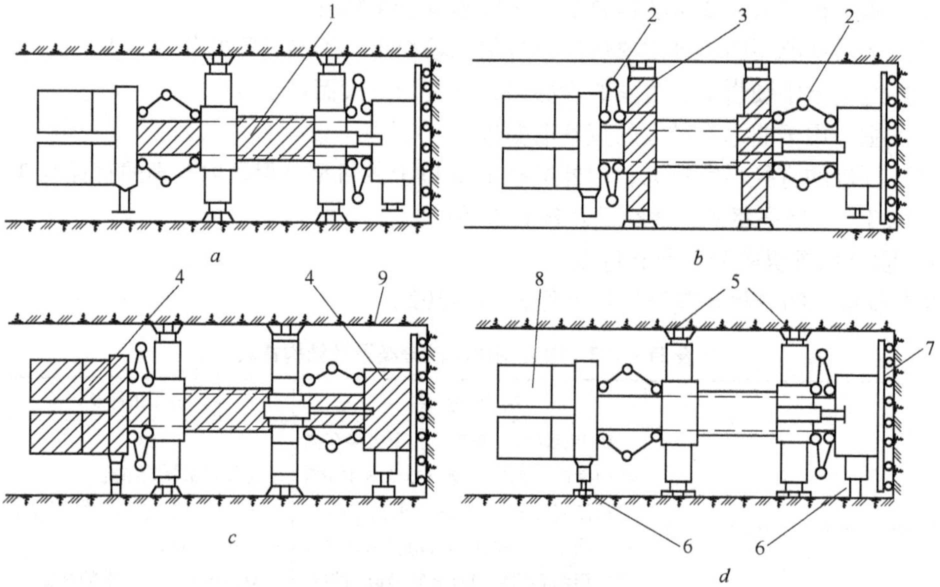

图 11－118 整体式联合掘进机结构

a—钻进位置；*b*—钻进结束；*c*—前移身机；*d*—滑移终了

1—管轴；2—伸缩机构；3—外机架；4—内机架；5—撑靴；6—前后下支撑；

7—刀盘；8—刀盘驱动装置；9—推进油缸

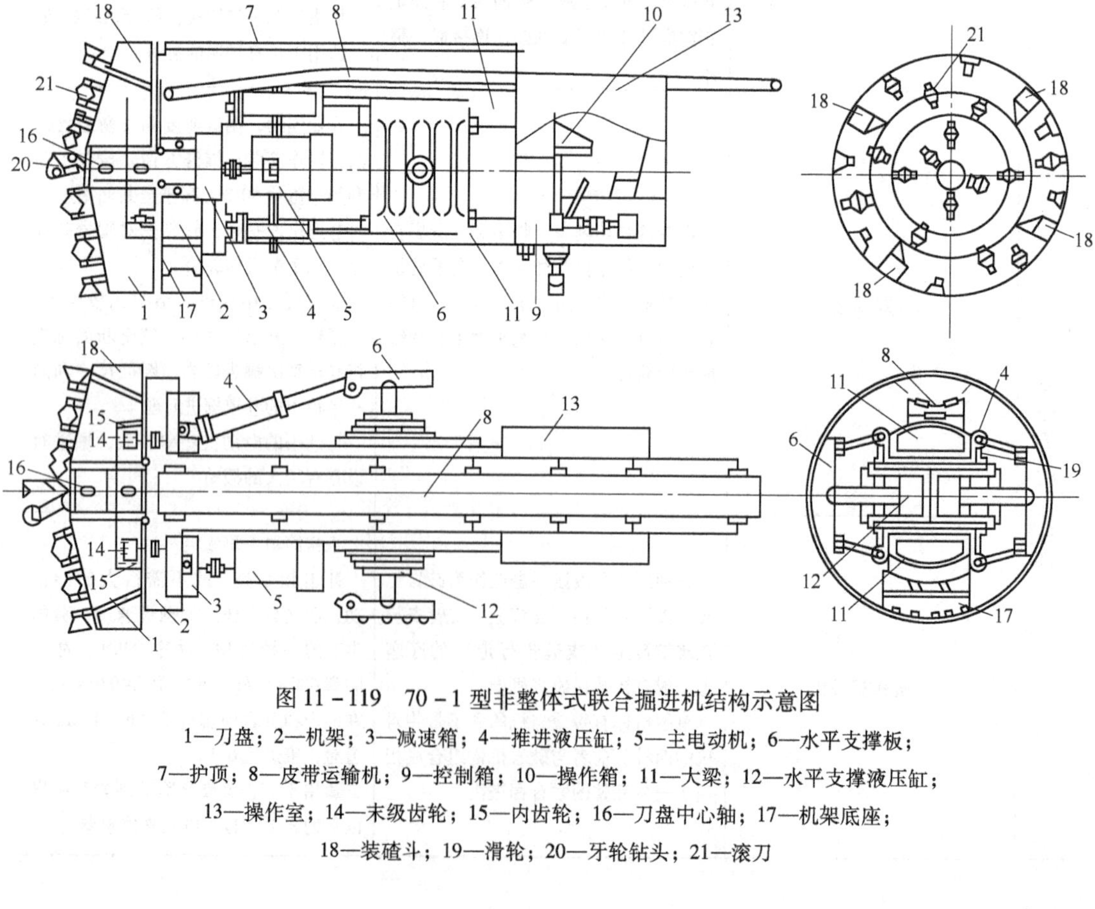

图 11－119 70－1 型非整体式联合掘进机结构示意图

1—刀盘；2—机架；3—减速箱；4—推进液压缸；5—主电动机；6—水平支撑板；

7—护顶；8—皮带运输机；9—控制箱；10—操作箱；11—大梁；12—水平支撑液压缸；

13—操作室；14—末级齿轮；15—内齿轮；16—刀盘中心轴；17—机架底座；

18—装碴斗；19—滑轮；20—牙轮钻头；21—滚刀

表 11-103 国内几种全断面联合掘进机主要技术特征

技术特征	单位	70-1	EJ-30	SJ-55	SJ-58A
直 径	m	2.6	3.0	5.5	6.8
实际掘进岩石抗压强度	MPa	石灰岩、砂岩 20~120	石灰岩、砾岩、风化片麻岩	白垩系砂岩 30~80	硅质石灰岩 60~83.6
实际掘进速度	m/h	1~1.5	2.1	1~1.5	1.4~2.1
工作头刀盘形式		截锥，圆弧过渡	球面	凹凸平面折线过渡	凹凸平面，折线过渡，刀座埋入式
中心刀形式和数量	把	三牙轮，单刃双支点，双刃双支点，3	单刀盘形刀 ϕ280，4	双刃悬臂转轴式，3	盘形双刃定轴式 ϕ310，2
正刀形式和数量	把	单刃双支点，12	单刀盘形刀 ϕ280，17	单刃双支点定轴式，34	盘形单刃定轴式 ϕ400，34
过渡边刀形式和数量	把	单刃，双刃双支点，8	单刀盘形刀 ϕ280，8	单刃双支点定轴式燕尾式刀座，12	盘形单刃定轴式 ϕ400，10
刀盘转速	r/min	8	8	6.53，4.43，3.35	
刀盘功率	kW	2×7.5	125×2	3×150，3×100，3×80	600
推进缸行程	mm	600	1000	1000	1000
最大总推力	kN	4×500	3000	1110×4=4440	1500×6=9000
最大支撑力	kN	2×2500	8000	3730×4=14920	11900×2=23800
出碴皮带机宽度	mm	500	500	600	650
电源进线电压	V	660	660	6~10/0.4~0.23	6/0.4~0.23
机器总功率 机器总重量	kW t	 40	303.5 60	500 110	685 190
机器长度	m	11.43	14	14	16.86
设计制造单位		萍乡矿务局、上海煤炭研究所	上海煤炭研究所、萍乡矿务局、山西小峪煤矿	铁道兵科研所、上海水工机械厂	水电部机械制造局上海水工机械厂
备 注		1970年6月起在萍乡青山煤矿掘进了几百米	1977年~1982年12月在安源煤矿，迁西南观洞及王坪矿井，共掘进1500m	在甘肃“引大工程”1979年11月~1980年12月掘进141天计563.42m	1981年12月~1982年12月在河北来润新王庄引水隧洞掘进1038m

表11-104 悬臂式掘进机技术特征

国名		英国				日本	奥地利	苏联		联邦德国			
技术特征	单位	多斯科公司		梅沃尔—考尔松公司		密特苏米格公司	阿尔阜尼公司	ΠK-7	ΠK-9P	狄马克公司		艾克霍夫公司	
		DOS-CO	Bre-tby	RH-1	RH-20	MRH-S40B	F-6A			VS-1	VS-2E	EV-100	EV-100B
岩石的坚固性系数	f	6~7	8	5.5~6.8	硬煤、软岩	煤、软岩	5	≤4	4~6	煤、软岩	<7	8~12	8~12
巷道断面	m^2	16	16.2	19.5	25.5	15	8.5~12.7	4~8.2	7~16	4~8	10~24	14~30	16.6
切割头转速	r/min	75	37.7	36.7	38.57	98	150	60	60，89			25.6	12~25
悬臂伸缩行程	mm		508	560	508	1000		500	600			600	
总功率	kW	2×37.5	79	97	97	55	60	66	173，189	50	165	218	200
其中切割头功率	kW	37.5	30	48.5	48.5	40	30	25	88，93	26	75	100	60~120
适用坡度	(°)	9°30′	<10	12~14			+30 -13	15	±6	+20 -15	25	15	18
外形尺寸	m												
长度	m	6.11	7.30	10.30	8.46	9.88	6.00	5.60	7.70	6.00	7.80	12.60	
宽度	m	2.90	2.70	2.70	2.59	1.66	2.00	1.23	1.80	3.50	4.90	3.20	
高度	m	2.12	1.70	2.30	1.55	1.87	1.50	1.30	1.83	0.85	2.20	2.20	
重量	t	18.5	19	21	24.5	14	8.50	10.65	30	11.5	50	45	60

B 全断面联合掘进机的破岩刀具

参见11.5.5.5。

C 联合掘进机的技术特征

国内全断面联合掘进机及国外悬臂式联合掘进机的主要技术特征和技术经济指标，分别列于表11－103、表11－104和表11－105。

表11－105 悬臂式掘进机掘进的技术经济指标

指标名称		单位	DRCL/PSY	AM－50	EV－100	VS－2E	ПК－9	2ПП－2
巷道断面		m^2	11～25	14～17	17～19	11～21	13～15	11～19
岩石所占总体积比例		%	0～50	18～50	33～54	0～70	0～18	45～100
掘进速度	平均速度	m/d	16	13	12	21	21	6～9
	最高速度	m/d	19	20	18	30	46	12
掘进工效	以长度计	米/（工·班）	0.3～1.2	0.4～1.1	0.5～1.1	0.5～1.8	1.0～1.2	0.5～0.8
	以体积计	米³/（工·班）	5～24	5～16	8～17	6～13	13～16	6～10

11.4.3.3 联合掘进机和掘进新方法的发展动向

A 联合掘进机存在的问题及发展途径

由于近期在刀具方面有了很大的突破，平巷联合掘进机已能掘进硬岩，且在它的适应性和导向性能，以及掘进非圆形断面巷道等方面的研究工作，也取得了很大的进展。但是，从国内外的实际情况看，全断面联合掘进机主要仍应用于隧道工程、水电工程及城市地下工程中。究其原因，除了它存在重量大，机体装、运、卸麻烦，成本高以及制造周期长，动力容量大，转弯半径大等缺点外，矿山地质条件比较复杂，在掘进中经常会遇到断层破碎带，岩石又比较硬，刀具寿命，掘进机的适应范围的局限性等方面存在的问题，也是一个重要的原因，有待进一步改进和提高。

当前研究的主要目标是：从金属材料研究着手，以求保证刀具的高硬度、高冲击韧性和高耐磨性能，延长刀具和轴承使用寿命；研究刀具的结构形式及其在刀盘上的合理分布；改善支撑系统，增大推力等。重点是改革刀具，设备小型化以及试制和完善硬岩掘进机。为研制高效率硬岩掘进机，正在探索超声波振动、高频电热、激光束、电子流溶化、水射流以及化学软化剂等新的岩石破碎和辅助破碎方法，以期高速贯穿破碎坚硬的岩石。但目前主要是围绕着下面几方面的问题进行研究探索工作。

a 提高刀具寿命

除研究刀具的材质外，主要研究：

（1）为使刀具合理受力，刀具合理布局，正确选择过渡区形状（折线、曲线、圆弧），刀间距、偏角和倾角等。

（2）设计合理的刀具结构，使有足够的强度和刚度，包括选择和确定刀具形式（双支点、单支点）、刀圈形状（刃角）、尺寸（直径）、密封、轴承、刀架形式、刀具及其刀盘的连接方式等。

b 导向系统和调向机构的改进

(1) 导向系统

采用激光束指向和前后两个靶指示机器方向和纵轴线。我国近期有较大进步，已研制出多种体积小，重量轻和调节简易的激光定向器，其主要规格性能见表11－106。

表11－106 几种不同规格激光指向仪主要技术性能

型号及生产厂	JZB－1型（防爆） 江苏吴江煤矿电器厂	JZY－1型（非防爆） 西安连湖区测绘仪器厂	JK－3型（防爆） 上海煤矿机械研究所
激光管型号	ZN25或HNJ－230 氦氖激光管 127 $^{+10\%}_{-30\%}$	氦氖激光管	ZN25或HNJ－230 氦氖激光管
外接电流电压（V）	交流380 $^{+10\%}_{-30\%}$	直流，蓄电池电压 12＋15%	交流 127±3% 380±30%
最大有效指向距离（m）	500	500	500
聚焦系统	望远镜放大率 V＝20X 固定焦距式		望远镜放大率 V＝30X 固定焦距式
光束调节方式	机械整体调节	机械整体调节	光学调节
光束调节范围	水平和垂直方向 均为±2°		水平和垂直方向 均为±2°
工作方式	连　续	连　续	连　续
外形尺寸（长×宽×高）（mm）	445×200×250	820×183×260	605×144×168
重量（kg）	约12	22	9

(2) 调向装置。采用浮动支撑斜油缸调整坡度，用推进油缸背压差控制机器水平左右方向，此法可以连续调向（边掘进，边调向），但尚嫌对刀具影响较大。

c 提高掘进机的适应性

主要研究掘进机在多变岩层中和曲率半径小的矿山巷道中使用。如研究护盾式掘进机，以适应岩层多变情况。目前掘进机对曲率半径的要求，已由150m、100m降到80m和35m，朝着等于掘进巷道直径的2～2.5倍方向努力。瑞典新设计的FF－4826型矩形断面掘进机，曲率半径可降低到12.2m。

d 研究掘进断面尺寸和形状

研制了非圆形（如矩形）断面的掘进机，提高了断面利用率，减少了切割工作量，特别是采用“底部截槽”破碎方法后，使机体大大减轻，转弯半径大大减小。此外，国外还研制一种可调节直径的掘进机，调节范围为200mm，因此，便于机器后退和边部的拆装。

另外，在解决通风和除尘，以及机器的后配套（出碴运输）方面，也都有相当的进展。

B 联合掘进机发展前景

当前平巷联合掘进机的突出问题，主要是研究它如何适应矿山平巷掘进的具体条件，如向重量轻，转弯半径小，矿山巷道所要求的非圆形断面和能适应多变岩层的方向发展。可以相信，在圆满解决导向技术、后配套、刀具等问题之后，伴随着金属材料和液压技术的发展以及新的破岩方法的出现和配合应用，联合掘进机必将更多地应用于矿山主要巷道和其他工程中。

平巷联合掘进机有一定的适用范围，因此，也不可能完全取代凿岩爆破掘进法。但是作为一种有发展前途的掘进新技术，是肯定无疑的。为此应积极地有计划有步骤地解决存在的有关技术问题，以促进它的发展。

C 平巷掘进的新方法

在平巷掘进的新方法中，除上述联合掘进机掘进法已得到迅速发展外，随着破岩新技术的发展，国外正在研究试验各种平巷掘进的新方案和新方法。目前进展较大的有遥控连续爆破掘进法、高压水射流掘进法和炮击掘进法等。

几种掘进新方法的基本情况见表 11－107。

表 11－107 几种掘进新方法的基本情况

掘进方法	实 质	评 价
遥控连续爆破掘进法（图 11－120）	主要是遥控螺旋凿爆机，它包括一台凿岩机、装药器（自动装药和引爆装置）和一块护板 把巷道断面分成若干扇形小块，在各小块上同时单独进行钻孔、装药、爆破、出碴等工序，实行各块依次爆破，使工作面形成螺旋台阶状，并螺旋式前进，从而实现全断面连续平行作业 螺旋爆破是在扇形截块上，从中心按辐射状钻多排炮孔，为形成工作面螺旋式前进的效果，每一根辐条的炮孔深度是相同的，但各辐条上炮孔深度逐渐加大，在全断面形成一个螺旋导程值	能利用爆力高、价廉的爆破能破碎坚硬、耐磨的岩石 能实现全断面连续平行作业，掘进速度高 爆破自由面不断扩大，炸药消耗少，爆破效率高 实现了凿、爆、装工序均遥控作业，提高了安全性 在美国一铜矿试验中，掘进了 $3\times3m^2$ 的马蹄形巷道，掘进速度较普通凿岩爆破法提高 4 倍
高压水射流切槽掘进法（图 11－121）	它是巷道掘进前，先利用高压水（一般为 200～400MPa）射流切割机沿巷道周边切槽，然后用高压水钻凿炮孔（切槽深度与循环进尺相等），最后爆破破岩。其他工序与凿岩爆破法相同	可减少超挖，保护围岩，降低支护成本 可增加爆破自由面，降低炸药消耗和减少炮孔 较联合掘进机法能量消耗大，但比较灵活，能开凿任何断面形状的巷道 美国和苏联在断面为 ϕ6m 和 7～12m^3 巷道中，采用此法的掘进速度分别为 1.37m/h 和 150～200 米/月
滚刀加高压水射流的高效破岩法	以掘进机的滚刀破岩为主，并用高压水射流作辅助破岩	由于有高压水辅助破岩，可减少掘进机的扭矩约 25%，推力和机重均可相应地减少 在花岗岩中试验结果，较纯滚刀破岩掘进速度平均提高 50%～60%，甚至近 2 倍。同样适用于软岩，掘进速度提高 50%～200%，成本降低 12%～35%
炮击掘进法	本法是用全消声炮车上装置的光膛炮向工作面发射炮弹（钢筋混凝土或钢炮弹）以破碎岩石的方法代替凿岩爆破破岩法，其他工序相同 美国一公司掘进 ϕ3.65m 巷道时的炮击掘进方案是：由一台全消声炮车，上面装二门 105mm 光膛炮和弹药供给系统；一台装岩机、运输机和包括喷雾通风系统的环境控制系统等三部分组成掘进综合配套设备	根据试验估算，当掘进 ϕ3m 和 ϕ6m 的平硐时，与凿岩爆破法比较，掘进速度分别高 3.5 倍和 7 倍，成本分别降低 70% 和 60% 单位进尺的能量消耗比所有方法都低，仅为凿岩爆破法的 28.1%，为全断面掘进机法的 9.9%，为高压水射流掘进的 0.25%

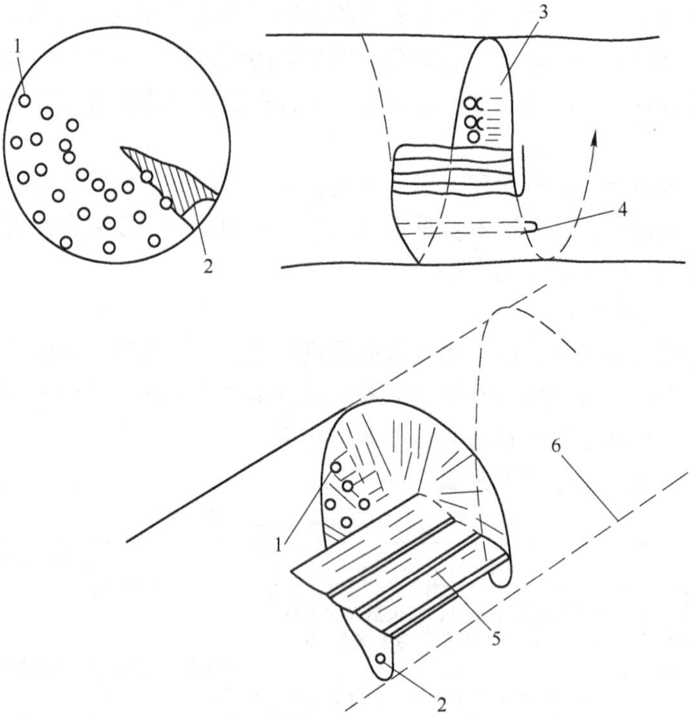

图 11-120 遥控连续爆破掘进法

1—凿岩位置；2—爆破位置；3—推进螺旋线；4—炮孔；5—自由面；6—待完成巷道

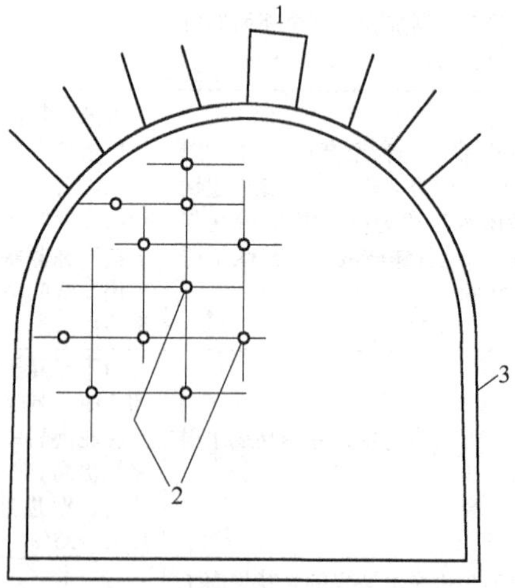

图 11-121 高压水射流切槽掘进法

1—水射流钻的锚杆孔；2—水射流钻的炮孔；3—水射流切割的槽

11.5 天(溜)井掘进[30]

天（溜）井掘进分为井内施工法和井外施工法两大类。

（1）井内施工法：1）普通法掘进天井；2）吊罐法掘进天井；3）爬罐法掘进天井。

（2）井外施工法：1）深孔爆破法掘进天井；2）钻进法掘进天井。

11.5.1 普通法掘进天井

普通法掘进天井，每掘进循环需架设一次凿岩工作台。并随掘进工作面向上推进，每隔6～8m，需移动一次安全棚，与此同时，还要安设梯子间和放岩间等，如图11－122所示。该法不仅作业条件差，劳动强度大，而且掘进速度慢，工效低，特别是掘进高天井时更为严重。但是它可以跟随矿脉掘进，有利于探矿。

为了提高普通法掘进速度与工效，在解决架设工作台耗时费工方面，一些矿山采用铁链环悬吊工作台和双吊环挂钩架设工作台。其凿岩工作台结构如图11－123所示。这种简易工作台一般在工作面上架设两层，上层为凿岩工作台，下层为安全台，两层间距为一次掘进循环进尺长度。

生产实践证明，采用以上方法架设工作台，可以缩短作业时间和节省坑水，但要求围岩稳固，能够有效地锚固悬吊工作台用的悬吊装置。

表11－108 吊罐结构类型、技术特征、优缺点及适用条件

<table>
<tr><td colspan="3">吊罐型号</td><td>华－1型垂直吊罐</td><td>华－2型斜吊罐</td><td>DT－2型气动吊罐</td></tr>
<tr><td colspan="3">基本结构</td><td>见图11－125</td><td>见图11－126</td><td>见图11－127</td></tr>
<tr><td rowspan="8">主要技术特征</td><td colspan="2">自重（kg）</td><td>400</td><td>500</td><td>1200</td></tr>
<tr><td colspan="2">最大载重（kg）</td><td>600</td><td>600</td><td></td></tr>
<tr><td rowspan="2">外形尺寸</td><td>折叠时的最小尺寸（长×宽×高）（mm）</td><td>900×900×1250</td><td>2200×1330×930</td><td rowspan="2">1656×1656×3210</td></tr>
<tr><td>工作时的最大尺寸（长×宽×高）（mm）</td><td>1700×1400×2100</td><td>2200×2000×1410</td></tr>
<tr><td rowspan="2">气动横撑</td><td>压力（牛顿/每件）</td><td>1764</td><td>1764</td><td></td></tr>
<tr><td>气压（MPa）</td><td>0.441～0.539</td><td>0.441～0.539</td><td></td></tr>
<tr><td colspan="2">行走车轮轨距（mm）</td><td>600</td><td>600</td><td>600</td></tr>
<tr><td colspan="2">适用天井倾角（°）</td><td>90</td><td>60～90</td><td>90</td></tr>
<tr><td colspan="3">优缺点</td><td>优点：体积小，轻便灵活，搬运方便，结构简单，容易制作，辅助工程量小
缺点：乘罐人员不能在吊罐上操纵吊罐的升降和停留。安全性较差</td><td>优点：轻便灵活，运搬方便，罐体底部设有4个气动横撑，作业时较稳定
缺点：运行时罐体不够稳定</td><td>优点：乘罐人员可在吊罐上操纵吊罐的升降和停留，安全性较好
缺点：罐体大，笨重，使用不灵活，运搬不方便，避炮和绞车硐室等辅助工程量大</td></tr>
<tr><td colspan="3">适用条件</td><td>掘进断面为1.8m×1.5～2m×2m的垂直天井</td><td>掘进断面为2m×2m的垂直高天井</td><td>掘进断面为2m×2m，倾角为60°～90°的天井</td></tr>
</table>

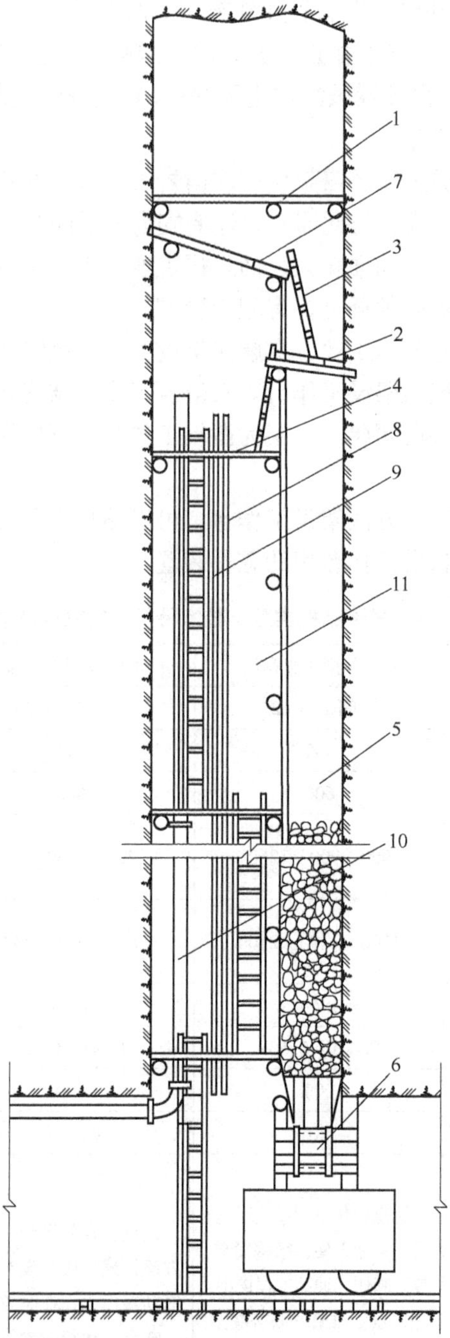

图 11-122 普通法掘进天井示意图

1—工作台；2—临时平台；3—短梯子；4—工具台；5—放岩间；6—漏斗口；
7—安全棚（约与水平面成30°角）；8—水管；9、10—风筒；11—梯子间

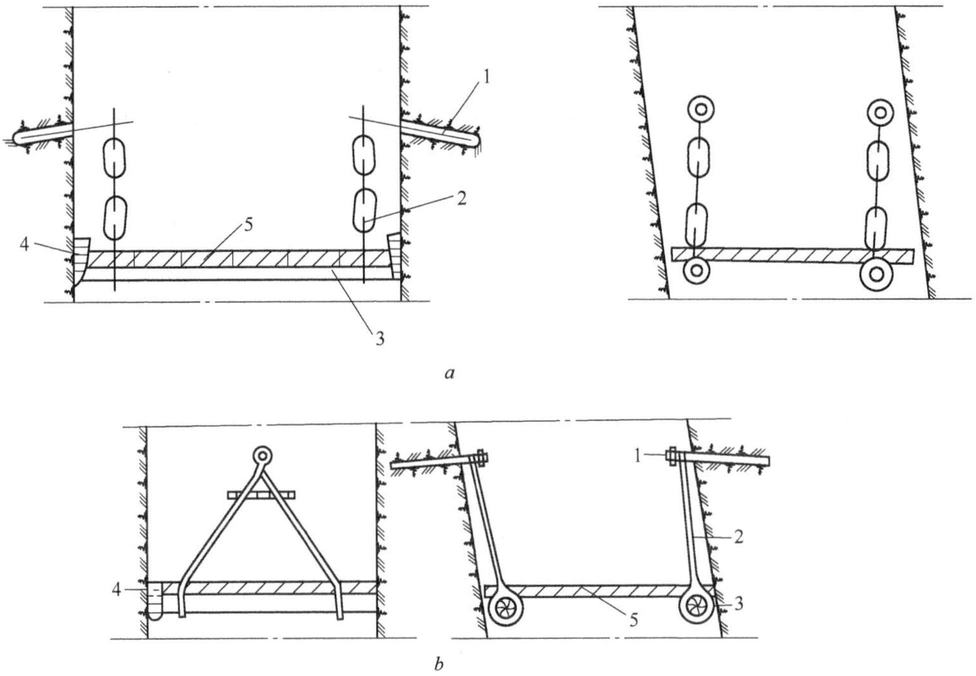

图 11－123 简易工作台的安装示意图

a—采用铁链环悬吊工作台；*b*—采用双吊环挂钩安装工作台

1—托钩；2—铁链环；3—铁管支承梁；4—楔子；5—木板

11.5.2 吊罐法掘进天井

吊罐法掘进天井（图 11－124）是以吊罐代替普通法的凿岩工作台，同时又作为升降人员、设备和材料工具的提升容器。它不仅减轻工人劳动强度，而且掘进速度快，工效高。

11.5.2.1 吊罐法的专用设备

吊罐法掘进天井使用的专用设备有：吊罐、提升绞车及信号联络装置。

A 吊罐

我国矿山所使用的吊罐结构类型，技术特征及优缺点，适用条件等情况见表 11－108。

B 提升绞车

在吊罐法掘进天井中，使用的提升绞车有两种类型：游动式绞车和固定式绞车。

游动绞车（图 11－128）是与华－1 型和华－2 型吊罐配套的专用提升设备。其特点是：在升降吊罐时，它借助于钢绳缠绕卷筒时产生的横向推力使绞车在轨道上自行来往游动，使钢绳自动对准中心孔，减少了钢绳与孔壁摩擦，以及避免了吊罐在提放过程中因钢绳乱叠而产生的蹾罐现象，从而可延长钢绳的寿命和使吊罐提放平稳。但由于提升能力及容绳量小，只适于掘进高度小于 60m 的天井。

固定式绞车一般采用通用的慢速电动绞车，它能与重型吊罐配套使用，适用于掘进高度大于 60m 的天井。

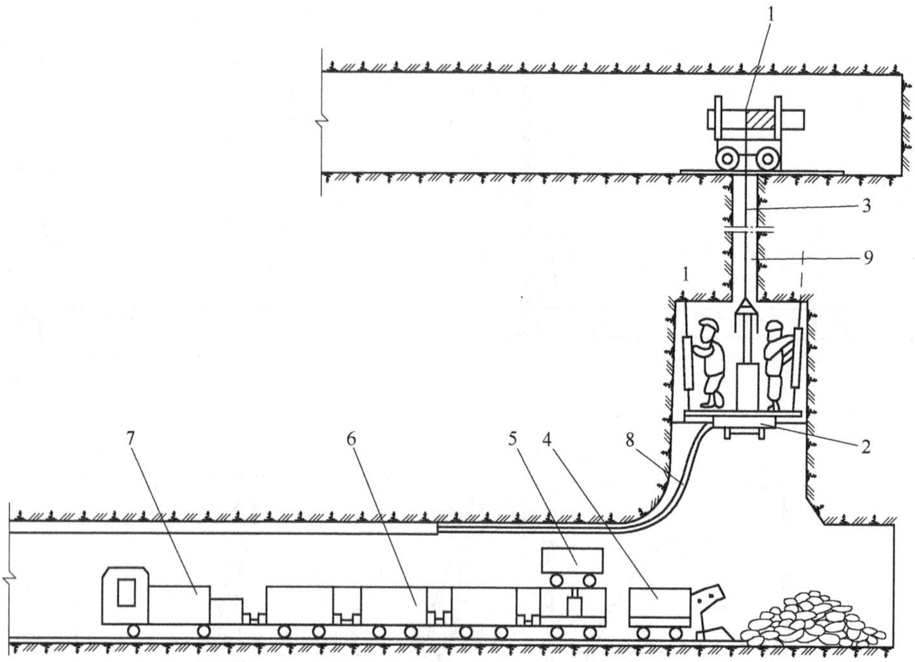

图 11－124　吊罐法掘进天井示意图

1—游动绞车；2—吊罐；3—提升钢丝绳；4—装岩机；5—斗式转载机；6—矿车；7—架线式电机车；8—风水管、电缆；9—中心孔

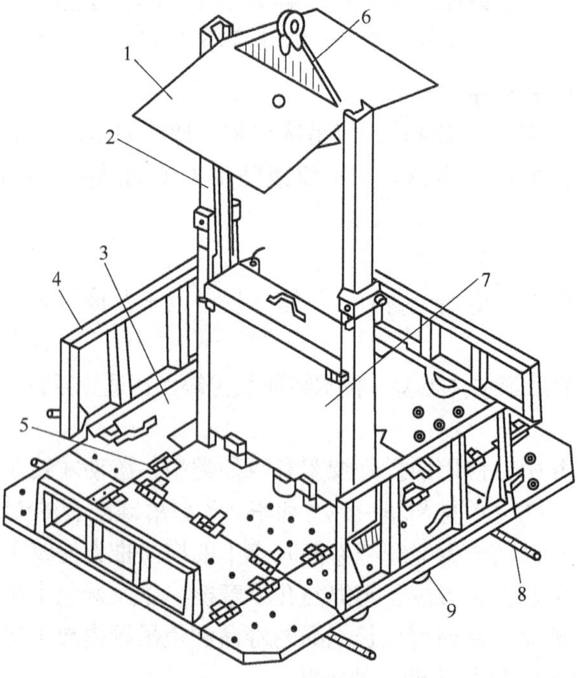

图 11－125　华－1 型吊罐结构图

1—保护伞；2—可伸缩支架立柱；3—折叠式平台；4—挡架；5—折页；6—吊架；7—炸药箱；8—稳定钢丝绳；9—行走车轮

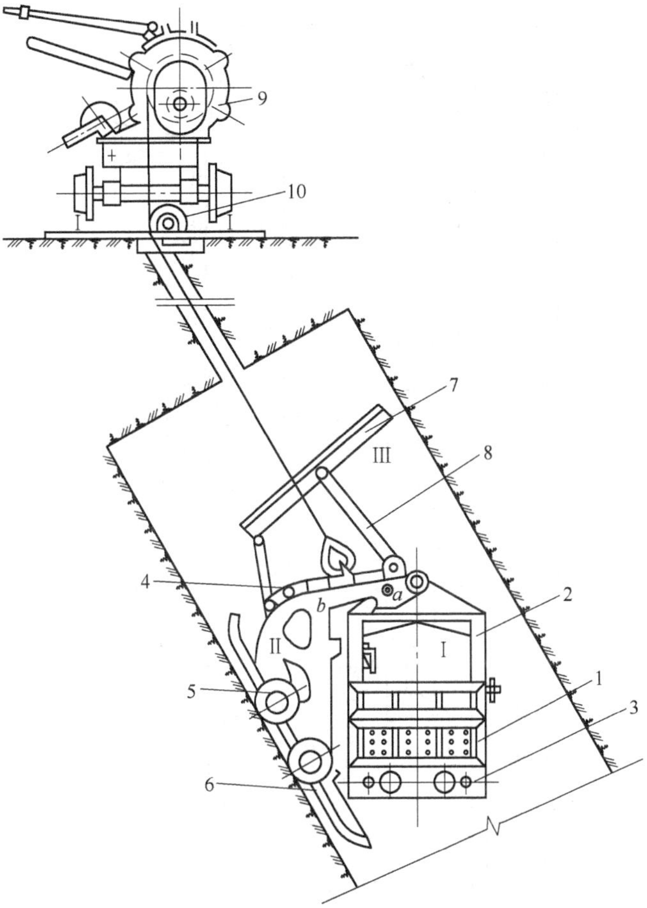

图 11－126 华－2 型吊罐结构图

1—折叠平台；2—伸缩支架；3—风动横撑 4 个；4—悬吊耳环；5—行走车轮；6—滑动撬板；7—保护盖板；8—支撑；9—游动绞车；10—导向地轮；a—自位销孔；b—环孔；Ⅰ—罐体；Ⅱ—吊架；Ⅲ—保护盖板

C 信号联络装置

信号联络的畅通与可靠，是保证吊罐法安全施工的重要措施之一。一般都采用电铃、灯光与电话装置等复式信号系统。符山铁矿在吊罐上除设有常用的信号联络装置外，同时装有电控绞车的专用信号装置，罐内人员可直接控制吊罐上、下和停车，确保了施工中的提升安全。

11.5.2.2 施工准备

吊罐法施工的准备工作内容包括：开凿上下硐室、钻凿中心孔和安装施工设备。

A 上下硐室的开凿

在吊罐法掘进天井之前，为了安装深孔钻机、绞车，以及放炮时吊罐避炮，需要在天井的上下阶段开凿硐室。硐室大小主要由所使用的吊罐和绞车类型、钻机类型和钻进及出碴方式等确定。

如果掘进大型主溜井采用漏斗装岩时，下部吊罐避炮硐室可采取图 11－129 中的布置形式。

B 钻凿中心孔

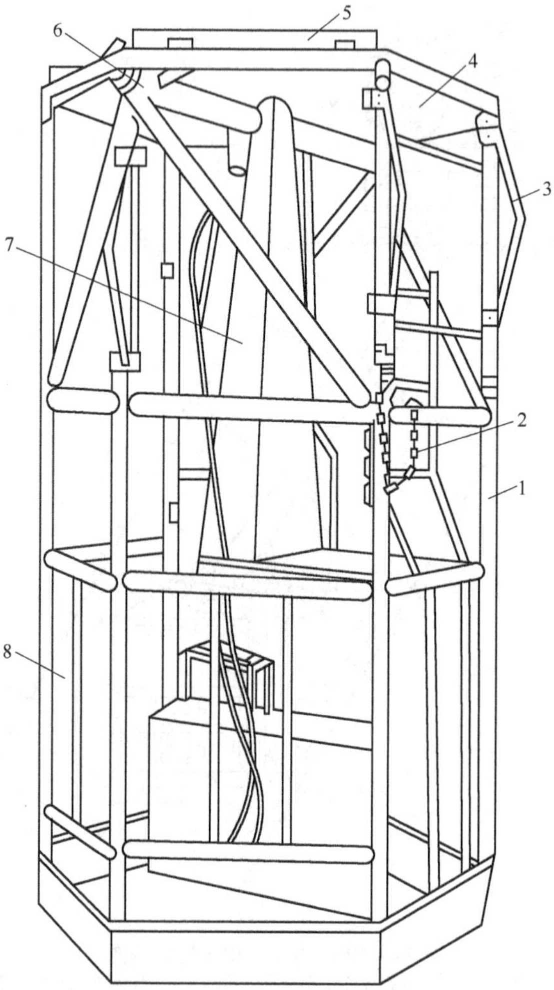

图11-127 DT-2型风动吊罐结构图

1—立柱；2—链条，3条；3—保护板；4—工作台；5—折页；6—气动横撑2个；
7—提升钢丝绳的导向筒；8—内装卷扬机

（1）钻机的选择。钻凿中心孔所使用的钻机类型及其优缺点和适用条件，详见11.5.4.1。

（2）钻孔防偏措施。吊罐法的中心孔，一般是采用冲击式潜孔钻机钻进，由于受各种因素影响易产生孔斜，如果孔斜严重时，不仅影响成井质量及安全施工，而且会增加找孔工作量。因此，一般要求中心孔偏斜率不超过1%，防止或减小钻孔偏斜的措施，见11.5.4.2。

11.5.2.3 掘进经验及实例

A 中心孔堵塞预防及处理方法

中心孔常因爆破掉入石块或挤压引起堵塞，其预防措施如下：

（1）在孔口装设高出底板的短钢管或胶皮管，以防掉入杂物和石块；

（2）中心孔穿过裂隙断层时，为防止破碎岩石被放炮震落堵孔，可采用水泥砂浆加固孔壁，即先灌浆后钻进洗孔，或采用下放套管护孔；

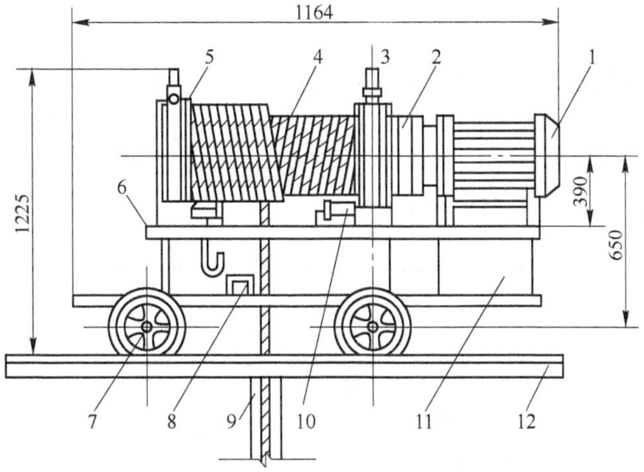

图 11－128 游动绞车结构示意图

1—电动机；2—减速器；3—制动器；4—钢丝绳；5—卷筒；6—机座；7—行走轮；8—信号开关；9—绳孔；10—信号绳卷筒；11—配电箱；12—轨道

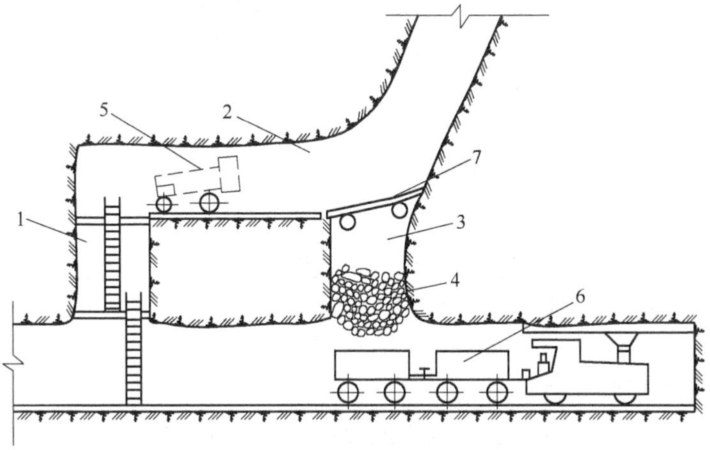

图 11－129 吊罐法掘进天井漏斗装岩时天井底部结构示意图

1—人行井；2—联络道；3—出碴井；4—漏斗；5—吊罐；6—矿车与电机车；7—钢轨（上下罐用）

（3）视岩性严格掌握掏槽孔与中心孔的平行度、距离、深度及装药量；

中心孔堵塞时，应分析堵塞原因，找出堵塞部位，分别用重锤法、药崩法、钻通法处理。

B 防止杂散电流的起爆方法

（1）利用电阻丝或点火电桥点火的火雷管起爆法；

（2）利用5A的高电流雷管或抗杂散电流的低阻微差电雷管起爆法；

（3）非电导爆管起爆法

上述第一种方法是金属矿山目前常用的方法；第二种方法适用于有杂散电流、瓦斯和矿尘爆炸危险的矿山；第三种方法具有操作简便、安全可靠等优点，在吊罐掘进天井中日益得到应用，但不能用于有瓦斯、矿尘爆炸危险的矿山。此外，因对联结好的爆破网路无法用仪表检查，所以在使用中要特别注意保证网路联结的质量。

C　加强通风的措施

为了缩短吊罐掘进的通风时间，瑶岗仙钨矿采用了在上阶段天井中心孔上安装小型高压离心式风机抽风的方法（如图11－130），一般放炮后10min就可将天井内的炮烟排净。也有的矿山采取钻凿两个中心孔，增加的一孔专用于加强通风和下放电缆。这些措施都有效地改善了通风条件，缩短了通风时间。

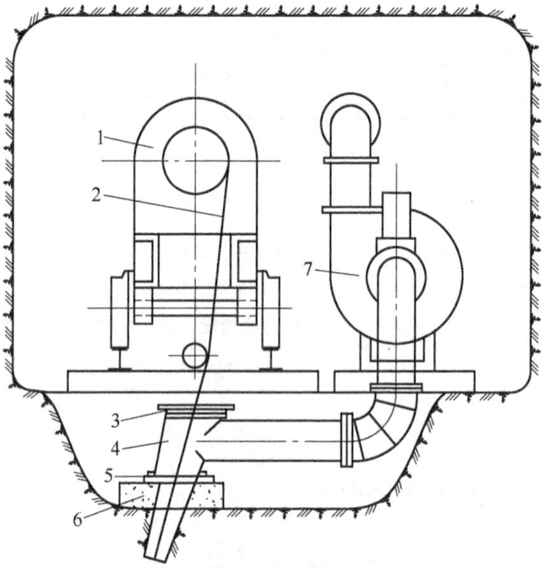

图11－130　利用高压离心式风机借中心孔进行抽风示意图

1—气动游动绞车；2—提升钢丝绳；3—木盖板；4—三通管；5—橡皮垫圈；6—混凝土底座；7—离心式风机

D　局部不良岩层的掘进措施

掘进通过松软、破碎等不稳固的局部地段时，为使吊罐能继续而安全的上掘，江西东乡铜矿采用安全托盘蔽护吊罐掘进作业，曾多次安全顺利通过破碎层。其安全托盘如图11－131所示。梅山铁矿在天井掘至最后5～7m时，碰上节理裂隙发育的岩层，吊罐法无法上掘，而采用深孔爆破法贯通了天井。

E　吊罐法的应用范围

吊罐法除掘进天（溜）井以外，国内一些矿山还成功地应用吊罐掘进联络道、采矿凿岩硐室以及竖井延深，大大扩大了吊罐法的使用范围。

F　合理组织吊罐法多工作面快速掘进实例

寿王坟铜矿于1973年3月采用5台吊罐（其中1台备用）同时掘进四条天井，交替作业，月进尺达1025m。总掘进循环数为839次，平均班循环数为9.3次；最高日进尺和班进尺为41.5m和15.9m，平均日进尺和班进尺为34.2m和11.4m。

采用的主要设备除5台吊罐外，有游动绞车5台，01－45型凿岩机20台，华－1型装岩机5台，斗式转载车1台，2～7t电机车（蓄电池和架线式）6台，5.5kW通风机4台，以及0.55m^{3}的矿车70辆等。

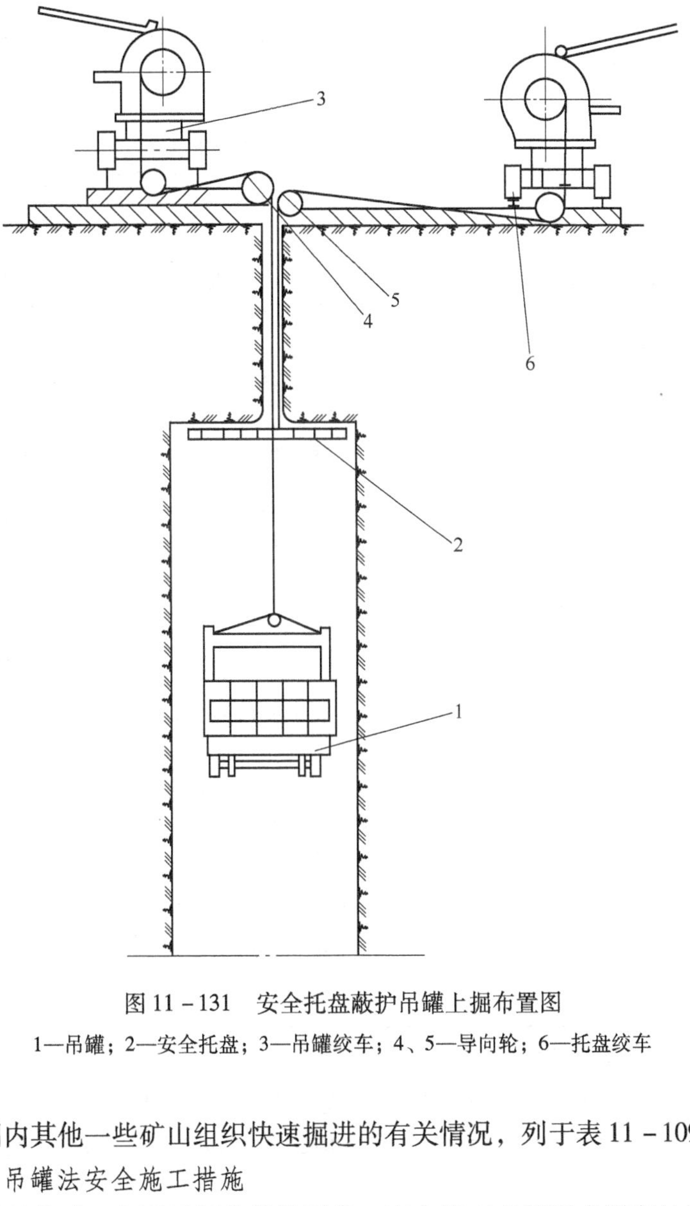

图 11－131　安全托盘蔽护吊罐上掘布置图

1—吊罐；2—安全托盘；3—吊罐绞车；4、5—导向轮；6—托盘绞车

该实例及国内其他一些矿山组织快速掘进的有关情况，列于表 11－109。

11.5.2.4　吊罐法安全施工措施

吊罐法掘进天井时，上下运行条件较恶劣，安全施工必须要有严密的施工组织和管理制度，以及相应的安全技术措施，除严格遵守各项安全操作规程外，要注意防止吊罐过卷。其主要措施为：

（1）选用安全系数 $K \geqslant 13$ 的粗钢丝绳，小容量电机，提升能力较大的慢速绞车，一旦过卷，不致拉断钢丝绳。电动机要装有过流保护装置，这样可以自动切断电源；

（2）若采用普通信号联络装置。电铃和电话信号应分别敷设专线；

（3）配备两名绞车司机操作。每个循环的进尺在钢绳或深度指示器上作出明显记号，以便准确地显示出工作面位置；

（4）应严格执行信号联络装置配备不全，不畅通，不可靠，不准作业的制度。

表 11-109 我国吊罐法快速掘进天井实例

矿山名称	掘进速度（米/月）	时间	天井断面（m²）	天井高度（斜长）（m）	岩石坚固性系数（f）	设备情况	作业方式	劳动组织	工效（米/（工·班））
寿王坟铜矿	1025	1973年3月	2×2	60	12~14；8~10	华-1型直吊罐；可调速游动绞车	多工作面	三班制，由36人组成综合工作队，每班12人，下分两个6人作业小组	平均：0.95 最高：1.32
寿王坟铜矿	416	1966年3月	2×1.5 2×1.8	35~57	8~10；8~14	华-1型直吊罐；游动绞车	单工作面	三班制，每班5人	0.93
华铜铜矿	306.4	1972年4月	2×1.5	30~60	12~14	华-1型直吊罐；游动绞车	基本上为单工作面	三班制，每班6~10人	0.51
寿王坟铜矿	186（59d）	1972年9月	2.6×2.5	186	8~10	华-1型直吊罐；10kW游动绞车	二次成井	每天二班，每班8小时，8人	上掘：0.31 扩大：0.38
石人嶂钨矿	377	1971年5月	1.6×2.2	35~45	8~14	自制华-2型斜吊罐；游动绞车	双工作面	三班制，每班7人	0.59
因民铜矿	356.2（25.4d）	1969年5月	1.8×2	60	8~12	自制双层轮子式斜吊罐；游动绞车	单工作面	每天二班，每班8小时，5~6人	0.58~0.7
锦屏磷矿	435.7（31d）	1978年5月	1.7×2.5	59~67	6~8；6~10	自制斜吊罐	单工作面	三班制，每班12人	全吊：0.433 工作面：1.30
漂塘钨矿	160（32d）	1978年11月	2.75×2.75	160	8~12	自制雪橇式吊罐；固定式卷扬机	单工作面	四班制，每班9人	
梅山铁矿	1160.1（30d）	1973年9月	1.6×1.8	42~57	9~15	华-1型直吊罐；可调速游动绞车	多工作面（5~6个工作面）	三班制，每台吊罐每班4人（不包括运碴和机修工）	

11.5.3 爬罐法掘进天井

爬罐法（图11-132）是以自带驱动装置的工作台，沿固定在井壁上的导轨上下爬行，运送人员、材料和设备并进行凿岩、装药联线等掘进作业，它适于掘进高、盲、倾角小于60°的天井。

11.5.3.1 爬罐法的专用设备

主要专用设备有：爬罐（主爬罐和辅助爬罐）、导轨、信号装置及辅助设备（控制阀、风水软管绞车和起重设备等）。

A 爬罐

爬罐按其驱动力的不同有气动爬罐、电动爬罐和柴油机爬罐三种。气动爬罐由于供气软管过长，气压损耗大，严重影响气动马达的驱动能力，不适于掘进高天井。电动爬罐上升速度较快，驱动能力受电缆长度的影响较小，因此适宜于掘进高天井。内燃机爬罐具有爬行速度快，不需要压气管和电缆，爬行高度不受限制，安装工作量也少，但对井内空气有污染。各类爬罐的技术性能见表11-110。

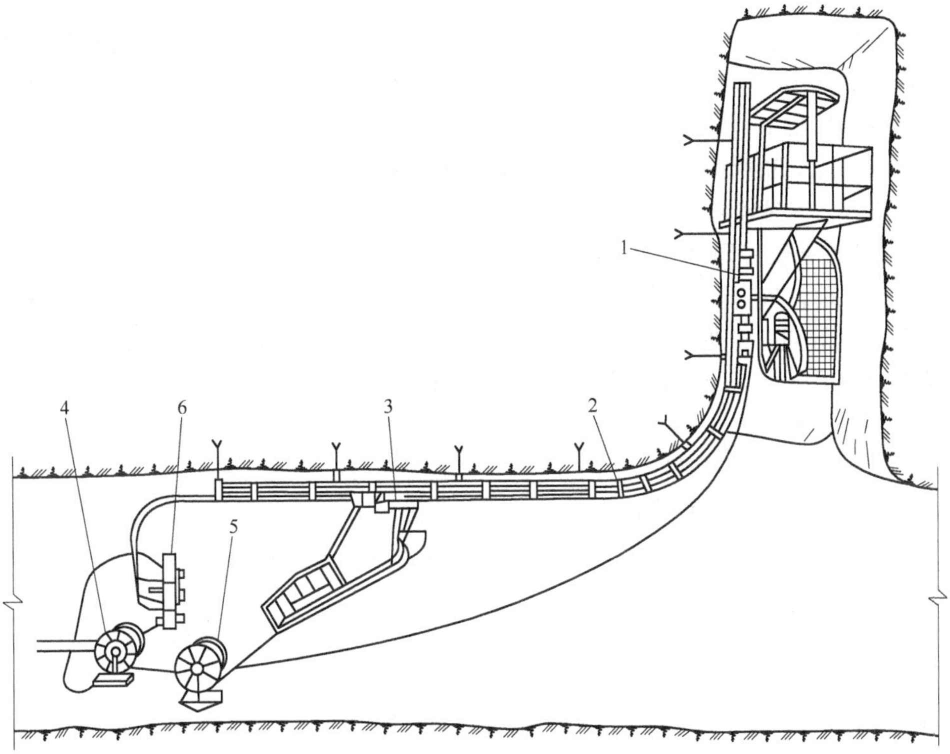

图 11－132 爬罐法掘进天井示意图

1—主爬罐；2—导轨；3—副爬罐；4—主爬罐软管绞车；5—副爬罐软管绞车；6—压气、水分配器

表 11－110 爬罐主要技术性能

技术特征	单 位	中 国		瑞 典		苏 联		法国
		PG－1	TD1.6×1.6	STH－5E	STH－5D	KΠB－1	KΠB－2	HBL
驱动方式		气动	电动	电动	柴油	气动	气动	气动
最大掘进高度	m	200	200	1000	1500	80	100	300
载 重	kg	570	570			500	400	500
驱动功率	kW	12.5	11	14.7	5.6	1.9	14.7	12.5
气 压	MPa	0.588						0.588
耗气量	m^3/min	7						7
上升速度	m/min	12	18	18	22	12	12	18
下降速度	m/min	借重力 18～30	借重力 24～30	借重力 25～30	借重力 25～30	借重力 15	借重力 18	借重力 25～30
工作平台尺寸	m×m	2×2.1	1.6×1.6	2×2.5	2×2.5	1.5×1.5	2×1.5	1×1
自 重	kg	1050	1130	1075				950
生产单位		重庆矿山机械厂	杨家杖子矿务局机械厂					

B　导轨

导轨由四根直径32mm的钢管、齿条和厚钢板焊接而成，分直导轨和曲导轨两种类型。直导轨有0.5m、1m、2m三种规格。2m直导轨有普通导轨、加重型导轨和多托板导轨三种。曲导轨长1m。后弯曲轨分3°、7°、8°、25°四种规格；前弯曲轨有3°和7°两种规格。每节普通导轨用两根涨壳式锚杆固定在井壁的炮孔内。

11.5.3.2　掘进准备工作

A　开凿设备安装硐室

在掘进之前，首先要开凿好爬罐和软管绞车的安装硐室，并用普通法将天井上掘3～5m，以便安装导轨。避炮硐室尺寸应根据设备的尺寸和在硐室内的布置形式，以及出碴方便等综合考虑确定，硐室布置的方位视实际情况决定。

B　安装导轨

导轨的安装方法可采取自上而下或自下而上的安装，在安装时必须注意以下问题：

（1）为保证天井的设计方向，必须对天井内第一节导轨的安装方向进行严格校正。

（2）为保证导轨线路的牢固，第一节直轨和天井内曲导轨上的第一节直轨均应采用加重型导轨和多托板导轨。

（3）若导轨与岩壁之间间隙过大，必须加上垫撑套筒，以免锚杆暴露过长，被岩块打弯或打断。

（4）在软岩中安装导轨时，应加长锚杆，其长度为1.2～1.6m。

11.5.3.3　施工经验及实例

（1）导轨的装接工作。接轨前，首先处理好浮石，放下工作台折页；接轨时，最上一节导轨顶端距工作面的距离不得小于900mm，以防导轨在放炮时被岩石打坏。同时，必须根据天井中心线校正导轨的安装方向。

（2）为了保护导轨和固定导轨的锚杆不致被爆破岩石打坏，掏槽孔应布置在导轨的对侧（图11－133），而靠近导轨的炮孔在背离导轨方向上带一定角度，并最后起爆。

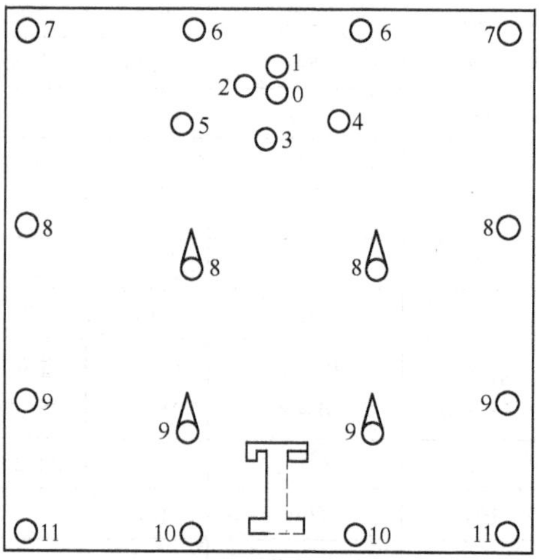

图11－133　炮孔排列图

（零眼不装药）

表 11－111 国内外采用爬罐法掘进天井的实例

矿山名称	酒泉钢铁公司镜铁山矿	江西大吉山钨矿[33]	挪威波尔金德水电站	苏联特尔内阿乌兹斯克钼矿
掘进速度	116.1 米/月	65.8 米/月	2.2 米/班	602 米/月
时间	1972 年 11 月	1985 年 10 月	1971～1972 年	1969 年 10 月
天井断面（m^2）	5	2×2.4	5.8～6.6	4～5
天井倾角（°）	90	90	45	90
天井高度（m）	60	121.8	980	
岩石性质	大部分在千枚岩内掘进，$f=8\sim10$；小部分在镜铁矿内掘进，$f=12\sim14$	闪长岩、花岗岩、矿岩，$f=8\sim14$ 中等稳固		$f=16\sim18$
作业方式	双工作面	单工作面	单工作面	双工作面
劳动组织	四班制，每班 8 人（出碴人员另配）	三班制，每台班 5 人，其中两名凿岩工凿岩，爆破、装导轨；3 名装运工，维修等辅助工作	三班制，每班 3 人，其中掘进工 2 人，辅助工 1 人	四班制，每班 6 人，其中凿岩工 2 人，爆破工 2 人，电钳工 1 人，电耙工 1 人
循环次数		1 次/班	1 次/班	3 次/班
工班工效（m^3）	2.20	1.05～1.30	4.25～4.84	凿岩工：11.6 全队平均：3.76

（3）采用爬罐掘进天井时，由于机械化程度较高，技术性较强，准备工作多，因此，要组织有一定数量钳工的专门爬罐掘进队，设备多的矿山，还采取多工作面快速掘进。

（4）采用爬罐法掘进大断面天井，镜铁山铁矿根据生产需要，采用双爬罐在大断面天井井筒内并列安装或采取加大爬罐工作台，用 7.5kW 电动机和 6.3kW 气动马达联合驱动的方法、成功地掘进了几条 18.2m^2 的电梯井，并取得了月进尺 116.1m 的好成绩。

国内外采用爬罐法掘进天井的实例列入表 11－111 中。

11.5.4 深孔爆破法掘进天井[30,34]

深孔爆破法掘进天井（图 11－134）的实质，是采用深孔钻机，在天井断面范围内，沿天井全高自上向下或自下向上一次钻完全部平行炮孔，然后分段或一次爆破成井达到设计要求的天井。掘进过程中，工人不进入天井内作业，因此，它具有工作安全，作业条件好，劳动强度低等优点，是我国近期掘进天井行之有效的方法之一。

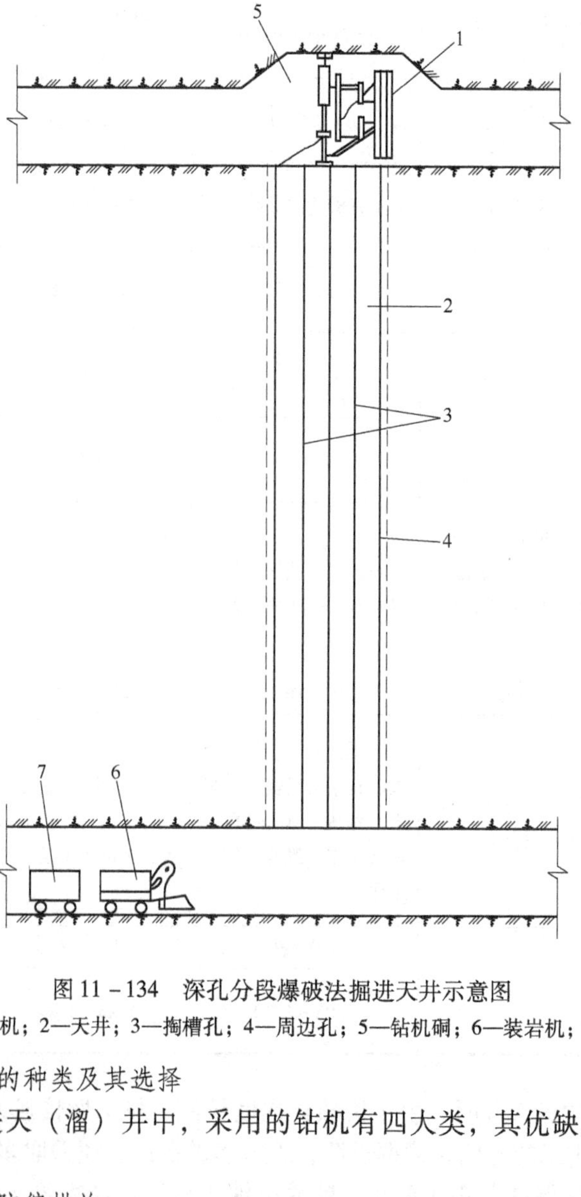

图 11－134 深孔分段爆破法掘进天井示意图

1—深孔钻机；2—天井；3—掏槽孔；4—周边孔；5—钻机硐；6—装岩机；7—矿车

11.5.4.1 钻机的种类及其选择

深孔爆破法掘进天（溜）井中，采用的钻机有四大类，其优缺点及适用条件见表 11－112。

11.5.4.2 钻孔防偏措施

炮孔偏斜的大小是直接关系到盲天井一次爆破成井的成败和明天井分段爆破效果好坏的关键，因此，深孔分段爆破法对炮孔的相对偏斜率一定要控制在1%以下，超过时，应考虑采取报废补孔措施。

产生偏斜的主要原因有：钻架的稳定性，立钻的精确度，开孔的孔位差，钻杆的挠度，岩层的变化，以及工人的操作技术等。针对上述因素，防止孔偏的措施有如下几点：

（1）选用稳定性能好，移位、调位和定位方便而精确度又较高的凿岩钻架，立钻时必须严格校正，以避免安装时造成初始误差；

（2）要切实做到开孔准确，先使用比钻头直径大的平头柱齿钻头，慢慢将开孔处的

表 11－112 天（溜）井深孔爆破法采用的钻机种类及其选择

钻机种类	钻机型号	炮孔直径（mm）	钻进方式	优缺点	适用条件
潜孔钻机	YQ－80 YQ－100	90、110 扩孔 120～150	由上向下或由下向上钻进	优点：钻进速度较快，安装容易，搬运方便 缺点：钻机稳定性较差，移位对位困难，钻孔偏斜率大	高度小于60m 倾角65°～90°的天井
	TYQ－80 SQZ－1	90 扩孔 130～150	由上向下钻进	优点：钻进速度快，钻孔台班效率7～15m；钻机移位对位准确迅速；能实现一次定位钻完全部平行钻孔，偏斜率小；钻车体积小，运输方便 缺点：其中TYQ－80型安装、搬运困难	高度小于50m 倾角60°～90°的天井
外回转冲击式钻机	YZ－90 YZ－100	55、65 扩孔 120～150	配DG－1型钻架，由下向上钻进	优点：钻机故障少，钻进效率高，平均台班效率达25～33m 缺点：钻进深度受到限制，钻凿20m以上深孔凿岩效率显著降低	高度小于20m的垂直盲天井和切割天井
牙轮钻机	KY－120 TYZ－500	120、230 扩孔 300～500	由上向下钻进	优点：钻进速度快，台班效率达10～31m；定位准确，工作稳定，钻孔偏斜小；能钻凿大直径空孔，爆破效果好；操作方便，作业安全 缺点：掘进不同倾角的天井时，要加工不同倾角垫块，较麻烦；要求硐室条件高，准备工作量较大	高度小于50m 倾角60°～90°的天井
地质钻机	JXD－75 红棉－100 XU－100 KA－2M－300	80～120	由上向下钻进	优点：钻进深度大，钻孔偏斜率小 缺点：钻进速度慢，安装辅助工作量大，不易搬运，钻机硐室大	只适用于无其他钻机设备条件下，或高度大于60m的垂直高天井

表 11－113 石人嶂钨矿大孔钻进中所采用的防偏校正角

钻孔的设计角度（°）	岩石坚固性系数（f）	校正角	钻孔的设计角度（°）	岩石坚固性系数（f）	校正角	钻孔的设计角度（°）	岩石坚固性系数（f）	校正角
90～88	>12	0″～30″	90～88	8～12	0°～1°	90～88	6～8	0°～1°
88～85	>12	30″～1°	88～85	8～12	1°～1°30′	88～85	6～8	1°～1°45′
85～80	>12	1°～1°30′	85～80	8～12	1°30′～2°	85～80	6～8	1°45′～2°30′
80～70	>12	1°30′～2°30′	80～70	8～12	2°～3°	80～70	6～8	2°30′～3°30′

岩面凿平，以防刚开孔就使钻杆产生偏斜；

（3）采用导向管或导向钻杆以减小钻杆摆动及岩层发生变化时而引起的钻进偏斜；

（4）钻凿斜孔时，为了克服钻杆、钻头重量引起的钻进偏斜，在安装钻孔时，可根据不同岩性，炮孔的长度和倾角，朝相反方向偏一个校正角，这样就有可能使钻孔落入设计位置。石人嶂钨矿在钻凿天井高度为35～45m的中心孔时，按照表11－113中防偏校正角安装钻机，施工中收到了较好的效果。

11.5.4.3 凿岩爆破参数的确定

深孔爆破法掘进天井的掏槽方法有两种：垂直平行空孔掏槽法和漏斗掏槽法，其原理见图11－135。

A 平行空孔掏槽法

国内矿山采用深孔爆破法掘进天井，绝大多数是采用平行空孔掏槽法，如图11－135*a*

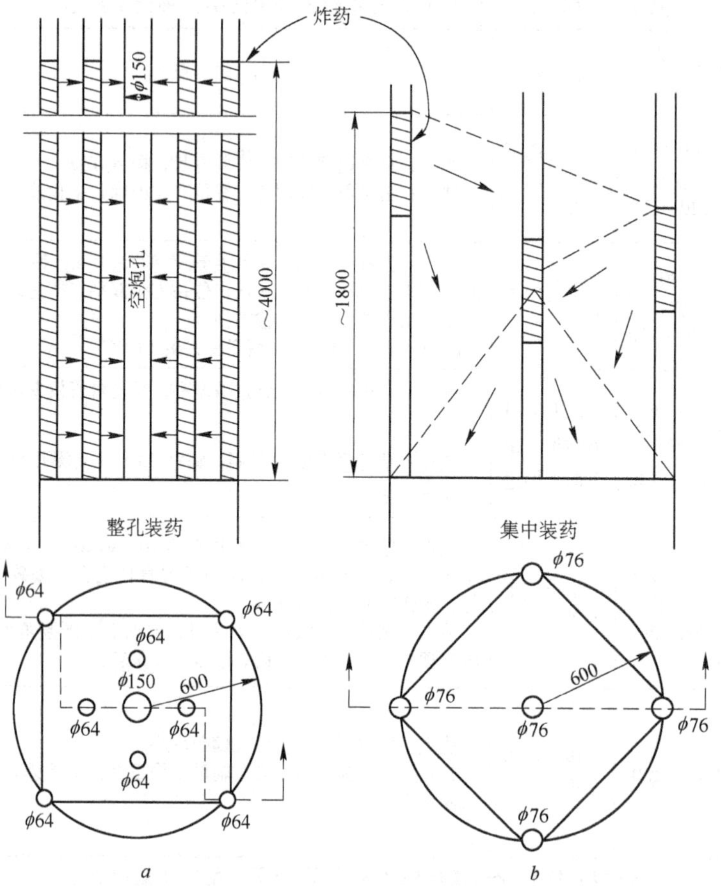

图 11-135 平行空孔掏槽及漏斗掏槽爆破形式比较图

a—对不装药的空孔爆破的掏槽；*b*—对底部自由面爆破的漏斗掏槽

所示。其特点是以中心空孔为自由面，连续柱状装药，爆破范围小而深，自由面条件差，爆破夹制性大，因此，在设计时必须合理确定凿岩爆破参数，以确保掏槽爆破可靠。

（1）初始补偿系数

空孔面积 S_o 与首爆装药孔所爆落岩碴的实体面积 S_1 之比，称为初始补偿系数 n。设计中要求补偿空间能完全容纳爆落的松散岩碴，而不发生挤死。从理论上分析，松散系数为 1.4 ~ 1.6 的矿岩，n 为 0.4 ~ 0.6，但实际中 n 值还受到以下两方面因素影响：

1）由于孔偏存在，装药孔与空孔距离在不同孔深上是变化的，从而影响装药孔爆落岩碴的实体面积和补偿系数的大小；

2）首爆装药孔爆破的岩碴抛至空孔的速度极大，槽腔容纳岩碴完全不是处于静态状况，这就要求 n 值的设计要留有一定余量。故对分段爆破天井，要求 $n \geqslant 0.7$，对盲天井一次爆破成井除上述因素外，还要考虑一次爆破高度大小及孔底偏斜难以探测等因素，则要求 $n > 1.2$。

（2）首爆装药孔与空孔中心的距离

合理的首爆装药孔与空孔中心的距离 L_1，应避免两孔在天井内钻通，同时又应满足初始补偿系数 n 的要求，根据桃林和黄沙坪铅锌矿的经验，可按（11-35）式计算（参阅

图 11－136）。

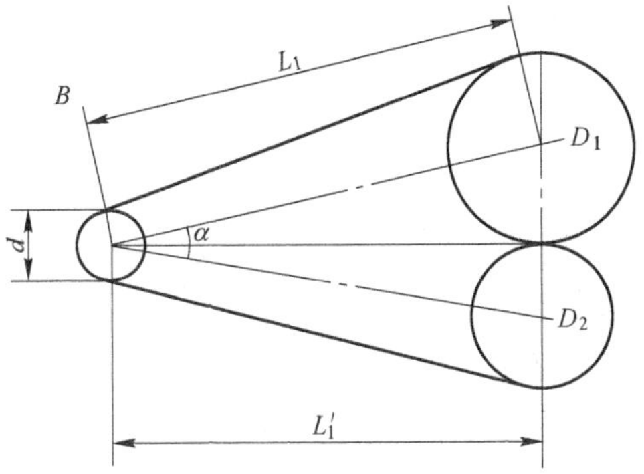

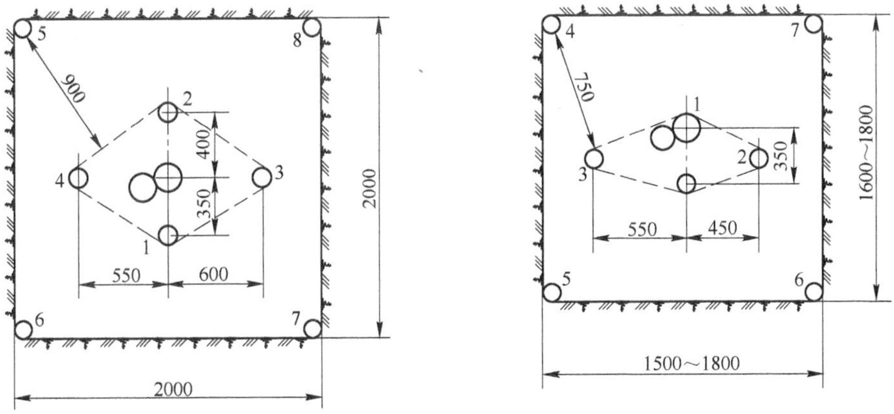

图 11－136　并联空孔炮孔排列图

$$L_1' = \frac{\pi}{4} \times \frac{2(D_1^2 + D_2^2) + n(D_1^2 + D_2^2 + d^2)}{n(D_1 + D_2 + d)}$$

$$L_1 = \frac{L_1'}{\cos\dfrac{\alpha}{2}} \tag{11-35}$$

式中　D_1 ——大空孔直径，mm；

D_2 ——并联小空孔直径，mm。如不用并联导向器扩孔时，$D_2=0$；

d ——装药孔直径，mm；

n ——初始补偿系数，取 $n \geqslant 0.7$，但对盲天井一次爆破成井，则取 $n \geqslant 1.2$；

α ——装药孔中心与两个并联空孔中心的连线夹角，当一个空孔时 $\alpha=0$，则 $L_1=L_1'$；

L_1 ——首爆装药孔与空孔中心距离，mm。

（3）掏槽孔每米装药量

深孔爆破法易产生槽腔挤死和邻孔带炮现象，因此，掏槽孔的每米装药量 q 不能过大，q 值大小主要取决于该孔的抵抗线和自由面的宽度、岩石和炸药的性质等。如黄沙坪铅锌矿采用深孔分段爆破掘进天井，使掏槽孔的 q 值从 3.6kg/m 下降到 1.65kg/m，取得了良好的爆破效果；桃林铅锌矿采用深孔一次爆破成井[31]，掏槽孔每米装药量比其他孔的装药量减少 35% ~38%，q 为 1.0 ~1.05kg/m，使一次爆破成井高度达到 12m。q 值可由药包直径和长度、装药间隔长度来调节。可参考公式（11 -36）或图 11 -137 来确定 q 值[32]。

$$q = 0.55\left(L - \frac{D_1}{2}\right)\left(\sin\frac{\beta}{2}\right)^{\frac{3}{2}} \tag{11-36}$$

式中　q——掏槽孔每米装药量，kg/m；

L——掏槽装药孔中心到空孔中心距离，m；

D_1——空孔直径，m；

β——装药孔中心到自由面两端连线间的夹角（即岩石破碎角（°））。

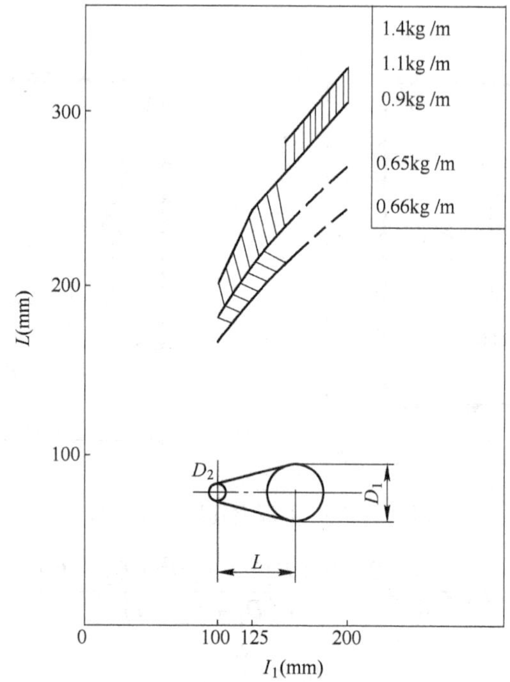

图 11 -137　空孔直径与孔间距离确定掏槽孔装药量

（4）爆破分段高度

一次爆破分段高度 h 愈大，愈能节省爆破器材和辅助作业时间，但 h 过大，会引起炮孔堵塞，反而影响成井速度。h 值主要取决于初始补偿系数 n 值大小，根据经验：

$n \leqslant 0.5$ 时，$h = 3 \sim 4$m；

$n = 0.55 \sim 0.7$ 时，$h = 5 \sim 7$m；

$n > 0.7$ 时，$h = 8 \sim 10$m

桃林铅锌矿盲天井深孔爆破一次成井，采取平行双空孔掏槽，空孔直径为 150mm，$n > 0.7$，一次爆破的成井高度达 12m，成井合格率为 100%。

B 漏斗掏槽法

漏斗掏槽的特点是：不要中心空孔，爆破是以天井工作面为自由面的漏斗爆破，如图11－137所示。在掏槽过程中，中心炮孔爆破，能否可靠地形成圆锥形自由面极为重要，因此必须正确地求出中心炮孔的装药量和最佳装药深度，以及合理地确定四个角孔的间距。

集中装药的漏斗掏槽爆破参数设计是根据莱文斯顿理论推算的，计算方法如下：

（1）集中装药长度

$$L_0 = 6d \tag{11-37}$$

式中 L_0——集中装药长度，mm；

d——炮孔直径，mm。

（2）中心炮孔的装药量

$$Q = \frac{3}{2}\pi d^3 \rho \tag{11-38}$$

式中 Q——中心炮孔装药量，kg；

ρ——装药密度，使用气力装填机装药时，$\rho = 1.3\text{kg/dm}^3$。

（3）中心孔药包的最佳装药深度

$$L = 13.7d \tag{11-39}$$

式中 L——中心孔药包的最佳装药深度，即中心孔药包中心至自由面的距离，mm。

（4）中心炮孔与四角掏槽孔的间距 a（mm）

$$a = (0.58 \sim 0.7)L \tag{11-40}$$

瑞典布利登公司采用集中装药漏斗掏槽深孔爆破法掘进天井时，所推荐用的凿岩爆破参数见表11－114。

表11－114 集中装药漏斗掏槽法推荐用的凿岩爆破参数

炮孔直径（mm）	理论计算值			实际应用值		
	孔距（m）	最佳装药深度（m）	炸药（公斤/孔）	孔距（m）	最佳装药深度（m）	炸药（公斤/孔）
64	0.5	0.86	1.35	0.46～0.50	0.7	1.50
76	0.6	1.02	2.58	0.6	0.85	2.50
中心孔102，四角炮孔64	0.8	1.37	6.12			

11.5.4.4 施工经验及实例

A 施工经验

（1）在使用一般的深孔钻机时，为了不更换钻机而实现增大空孔面积和破碎角，提高槽腔的爆破效果，黄沙坪铅锌矿采用并联导向扩孔器（图11－138），将直径120mm的炮孔扩大至130mm和150mm的两个并联的空孔，明显地改善了爆破条件，使一次爆破分段高度由原来的3～4m提高到5～7m。

（2）为了减少掏槽孔装药量，采用了空气间隔装药，间距长200～230mm，炮孔内全长敷设导爆索，双雷管起爆。

（3）装药高度应尽可能落在同一个水平上，切不要跨过软岩或断层破碎带，以免爆破产生“楼板”现象，给施工处理带来极大困难。

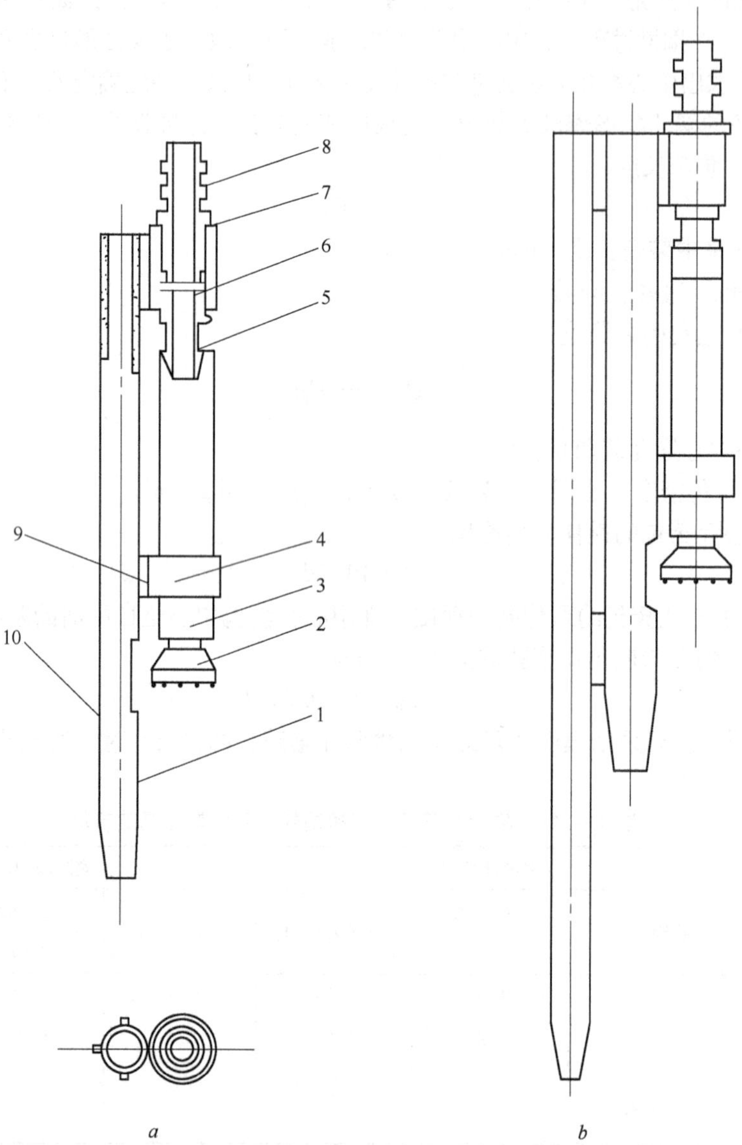

图11-138 并联导向扩孔器示意图

a—单并联器；*b*—双并联器

1—导向杆；2—钻头；3—冲击器；4—限制器；5—连接头；6—支承导向套；7—垫圈；8—接钎器；9—衬板；10—筋条

（4）盲天井采用深孔一次爆破成井时，为了保证一次爆破达到设计高度，一般槽孔应超深1.5~2m，辅助孔超深1~1.5m，周边孔超深0.5~1m。

（5）放炮时不能随意加大分段高度，以免造成炮孔挤死或堵塞。

B 施工实例

国内外矿山采用深孔分段爆破法掘进天井实例见表11-115和表11-116。

表 11－115 国内矿山用深孔分段爆破法掘进天井实例

矿山名称	湖南黄沙坪铅锌矿	四川石棉矿	云南八街铁矿	湖南桃林铅锌矿
天井断面尺寸（m）	2×2、2×1.5、1.5×1.5、ϕ3.5	ϕ1.5、1.7×1.7	ϕ0.8～2.5、0.5×4.9	2.5×2.5
岩石性质	灰岩、砂岩 $f=8\sim14$	花岗岩、蛇纹岩 $f=4\sim15$	砂岩、板岩、辉绿岩 $f=2\sim5$	角砾绢绿石英岩 $f=7\sim9$
天井高度（m）	15～36	37～56	13～53	8～15
天井角度（°）	68～90	90	50～90	90
钻机型号	YQ－100 型、TYQ－80 型	YQ－100 型	YQ－100 型、KD－100 型	YZ－90 型
炮孔直径（mm）	90～120	100	100～120、100～130	55～75
炮孔数量（个）	7～9	3～5	1～5	19～21
掏槽方式	平行空孔掏槽，单空孔 ϕ150mm，并联空孔 ϕ130、170mm	平行空孔掏槽，空孔直径 ϕ120mm	各孔同时爆破	平行空孔掏槽，空孔 ϕ120～150mm
爆破分段高度（m）	分段爆破：一次爆破分段高度，单空孔为 3～4，并联空孔为 5～7	分段爆破：一次爆破分段高度为 3～5	15m 以下一次爆破成井；15～25m 分二段爆破；25m 以上分三段爆破	一次爆破成井：单空孔棱形掏槽，一次爆破高度≤8；双空孔棱形掏槽一次爆破高度≤12
装药结构	槽孔间隔装药，其他孔为连续装药	连续装药	连续装药	槽孔间隔装药，其他孔连续装药
堵塞物	木楔＋炮泥（0.2～0.5m）	无	炮泥（0.2～0.3m）	木楔＋炮泥（0.1～0.5m）
凿岩生产率（米/（台·班））	YQ－100、6～10 TYQ－80、15～20	6	8	30～33
平均炸药消耗量（kg/m）	20	15	11.1	22.4
掘进成本（元/米）	173.81	120	15～22 （单孔一次爆破直接成本）	157.65
试验时间	1982 年	1967 年	1970 年	1980 年

表11-116 国外矿山深孔分段爆破法掘进天井实况资料

矿山名称	瑞典布利登公司	苏联塔什塔戈尔矿	日本日立矿	芬兰奥托昆普矿
天井断面	4~8m²	4m²	φ1.2m	φ2m
岩石性质	硬岩	f=12~16	硅质角闪片岩	石英岩，中硬至硬
天井高度（m）	50	50	22	26
天井倾角（°）	90	90	90	90
钻机型号	辛巴-5型	HKP-100型	HKP-100型	四立柱钻架，坦佩拉S125型钻机和L400型钻机
炮孔直径（mm）	64~76	110	105	51
炮孔数目（个）	10~13	7	10	19
掏槽方式	漏斗掏槽	漏斗掏槽	平行空孔掏槽，中心空孔φ120mm	平行空孔掏槽，中心空孔φ127mm
爆破分段高度	(13.7) d① +600mm	2~3.5m	2m	2~3m
装药结构	球状药包	连续柱状装药	连续装药	连续装药
堵塞物	木塞、砂、胶管、水	木塞+炮泥	塑料水封袋	胶管堵塞
凿岩生产率	25~30米/（人·班）		7.32米/（台·班）	S125纯钻速为8.4m/h
平均炸药消耗量	2~2.5公斤/孔	50~52kg/m	25.17kg/m	20kg/m
掘进成本	350克朗/米	40~48卢布/米		203联邦德国马克/米

①d为装药孔直径，mm。

11.5.5 钻进法掘进天井[35,39]

钻进法是用天井钻机和扩孔刀头刀具钻进天井，施工全部机械化，连续作业的天井掘进法。目前国外天井钻机的钻井深度已达近1000m，扩孔直径超过6m。国内的钻井深度为120m，扩孔直径为2m。

11.5.5.1 天井钻机的钻进方式及其评价

A 天井钻机的钻进方式

（1）上扩法。用牙轮钻头向下钻一条导孔，换上扩孔刀头，再自下而上地扩孔（图11-139a）。

（2）下扩法。用牙轮钻头向上钻一条导孔，换上扩孔刀头，再自上而下地扩孔（图11-139b）。

（3）全断面上向钻进法。用盲井钻机全断面上向钻掘天井（图11-139c）。

B 基本评价

天井钻进法的主要优点是：掘进速度快，劳动生产率高，作业安全，劳动强度低，并可实现微机遥控。

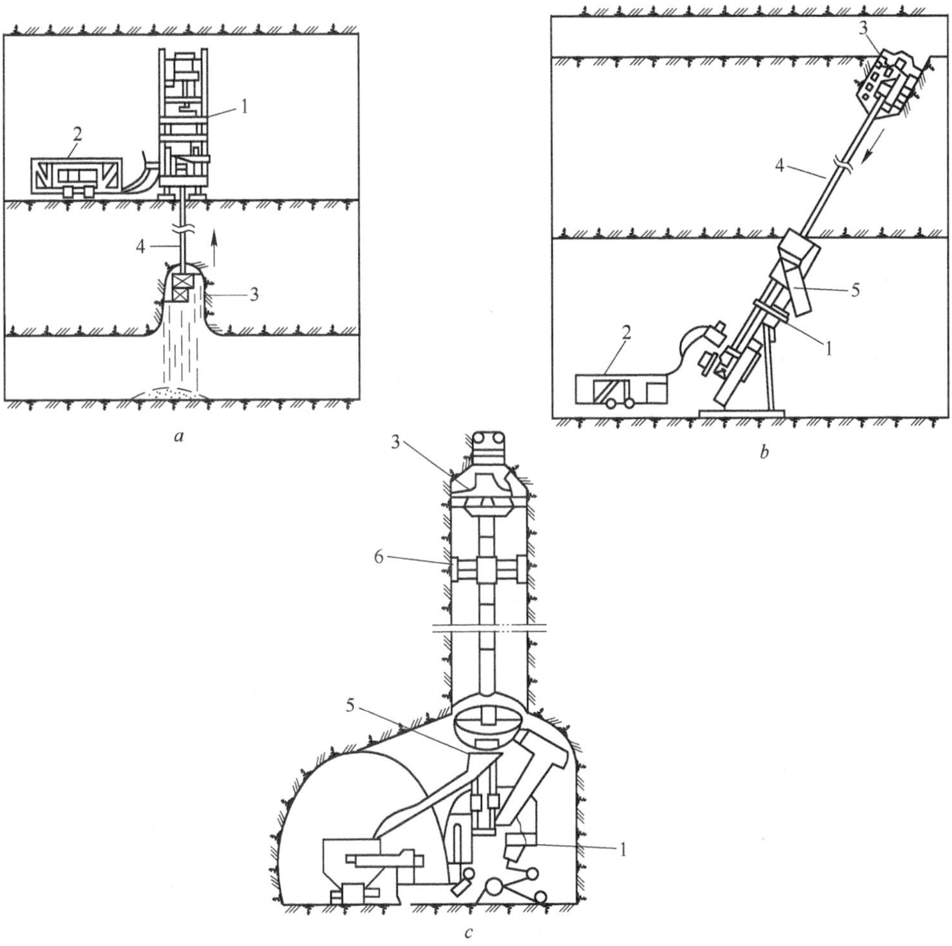

图 11－139 天井钻进法的钻进方式

a—上扩法；*b*—下扩法；*c*—全断面上向钻进法

1—天井钻进；2—动力组件；3—扩孔钻头；4—导向孔；5—漏斗；6—稳定器

除盲井钻进外，一般均使用上扩法，因为岩碴可借自重坠落，无重复破碎，不但劳动条件好，而且有利于设备的保养和维修。不需增设溜放岩碴的附加装置，开孔容易，出碴方便、易于防止偏斜，保证钻进质量。而下扩法所扩下的岩碴，由导孔排出，势必经受重复研磨，这不但影响扩孔速度，而且影响刀具寿命。同时，下扩法人员在下阶段操作，岩碴向下坠落，因此劳动条件差。

全断面上向钻进法除用于盲井钻进外，现潜入式盲井钻机亦可钻进一般天井，其优点是在钻进中可改变钻进方向。

11.5.5.2 钻机的类型[36]

钻进法使用天井钻机与盲井钻机两类钻机。我国目前只有天井钻机，又分普通型和低矮型两种，二者之间的主要区别在于推进油缸。低矮型采用三缸并列的串联油缸，可缩小钻机的外形尺寸和工作高度，有利于设备搬运和减少钻机硐室的开挖量，适合我国中型矿山使用。其技术性能列于表 11－117。

表 11-117 国内外天井钻机的技术性能

技术特征	中国						美国	
	TYZ-500	TYZ-1000	TYZ-1500	TYZ-2000①	AT-500④	AT-2000	81R	52R
总功率（kW）	72	92	92	93	83	148.5	224	112
导孔直径（mm）	216	216	250	250	216	250	353	
扩孔直径（m）	0.5	1	1.5	2.0	0.5	2.0	2.4，3.6	1.5
钻进高度③（m）	120	120	120	100	120	120	615	100
钻进角度（°）	60~90	60~90	60~90	70~90	60~90	60~90	45~90	30~90
转速（r/min）	0~70，0~35	0~40，0~20	0~40，0~13	0~27，0~12	0~63，0~32	0~54，0~13	0~165	0~10
最大拉力（或推力）（kN）	510	720	1000	1000	460	1340	5740	2915.4
最大扭矩②（N·m）	13400	24640	37520	50310（64750）	20000	69160（96290）	433000	124650
钻杆直径（mm）	176	176	200	200	180	200	333	
钻杆长度（m）	1.1	1.1	1.1	1.1	1.05	1.1		
主机重量（t）	3.447	4.000	5.000	5.500		10.5	44.45	12.56
外形尺寸（长×宽×高）运输时（mm）	1900×1042×1220	1920×1000×1130	2200×1320×1375	2200×1200×1235		2890×1380×1398	2780×4000×7460	
工作时（mm）	2580×1340×2650	2940×1320×2833	3010×1630×3280	3046×1630×3327	2200×1060×3300	4555×1380×4029	工作高度×470	2600×1550×3759
硐室尺寸（长×宽×高）（m）	3.5×3.0×2.9	4.0×3.0×3.1	4.0×3.0×3.4	4.0×3.0×3.5		4.8×3×4.8		
备注								盲天井钻机

①系用于$f\leq 12$中硬以下岩石钻机，现出厂名改为 LTZ-2000 型；

②未加括号的数值是液压为 20MPa 的扭矩值；而括号内的数字是液压为 25MPa 的扭矩值；

③表列高度值：TYZ 型指钻孔周围 $1.5m^2$ 内的高度，其外围高度为 2.5m；AT-2000 型指孔周围 $1.8m^2$ 内的高度，其外围为 3.2m；

④除 AT-500 为直流电动钻机外，其余均为液压钻机。

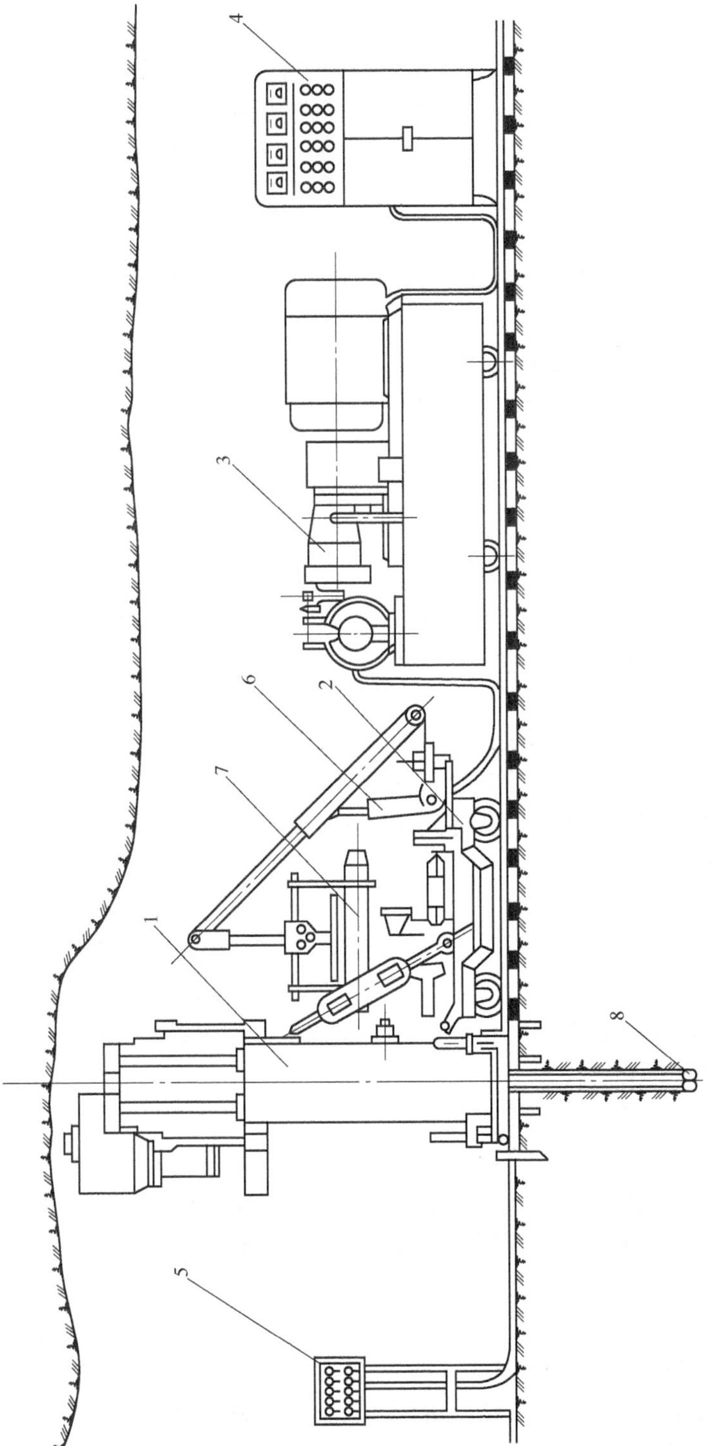

图 11-140 天井钻机结构示意图

1—主机；2—行走机构；3—泵站；4—操纵箱；5—移动操纵盒；6—给杆机构；7—钻杆；8—钻头

11.5.5.3 天井钻机的基本结构

天井钻机一般由五部分组成。即钻机、动力车、操作台、开关柜及行走机构（图11－140）。

钻机又由回转系统、推进系统、机架和底座等组成。其工作原理是由钻机马达通过变速箱驱动主轴，主轴带动机头回转，机头通过钻杆旋转钻头或扩孔刀头，并传递扭矩。与此同时，钻机的推进系统通过钻杆向钻头或扩孔刀头给出推、拉力，从而破碎岩石，达到钻扩天井的目的。

A 回转系统

国产天井钻机一般多采用顶部传动系统，其结构紧凑、坚固、工作可靠。亦有用马达直接带动机头回转的。

天井钻机有采用双马达驱动的。钻导孔时，可单马达驱动，扩孔时用双马达驱动，除节省电力外，又可减小大型钻机的外形尺寸。

B 推进系统

由油缸组成，有单式、双缸式、三缸式和六缸串联式等数种。串联油缸可使钻机在推进行程相同的情况下，缩短钻机高度，使钻机小型化。

C 机架

机架的作用一是导向，二是承受钻进反力。一般采用双主柱式或板式，用地脚螺栓或锚杆固定，这样钻机可钻进位置上钻倾斜天井。

D 机头

机头是关键部件，其结构有卡块式、锥套式和齿形卡块双球面式三种。它应能上下浮动一定距离，以调节上钻杆时的拧合速度与推进速度之间的不协调，同时，还应具有调心作用，以避免将钻杆传递的瞬时弯矩传递到主轴上去，钻进时它不仅要传递扭矩与拉力，还要起卡紧钻杆的功能。

E 卡盘

有上下之分，上卡盘设在机头，下卡盘安在底板上，均用来卡住钻杆。

F 辅助装置

由钻机行走起落机构及给杆机构组成。行走起落机构用于钻机的搬运、安装及拆除。给杆机构由吊车、机械手组成。

11.5.5.4 钻机的动力

天井钻机的驱动方式有四种：交流电、直流电、液压和变频。

变频驱动是近期发展的，装置比较复杂，目前主要应用于盲井钻机。由于液压马达重量轻、体积小，有利于压缩压钻机高度，运转比较平稳，故一般采用较多。

11.5.5.5 盲井钻机的基本结构

盲井钻机有四种结构形式：

A 驱动和推进系统布置在钻机上

其结构类似天井钻机。为防止岩碴坠落在设备上，在钻机顶部增设一由护板及溜槽组成的密封装置，以封闭井口，使岩碴和水由溜槽流入矿车运走。

B 驱动系统安设在刀头部位

其优点是钻杆不传递扭矩，可适当减小钻杆直径和钻机外形尺寸和重量。刀头后应有反扭力装置，并使用变频驱动（图 11－141）。

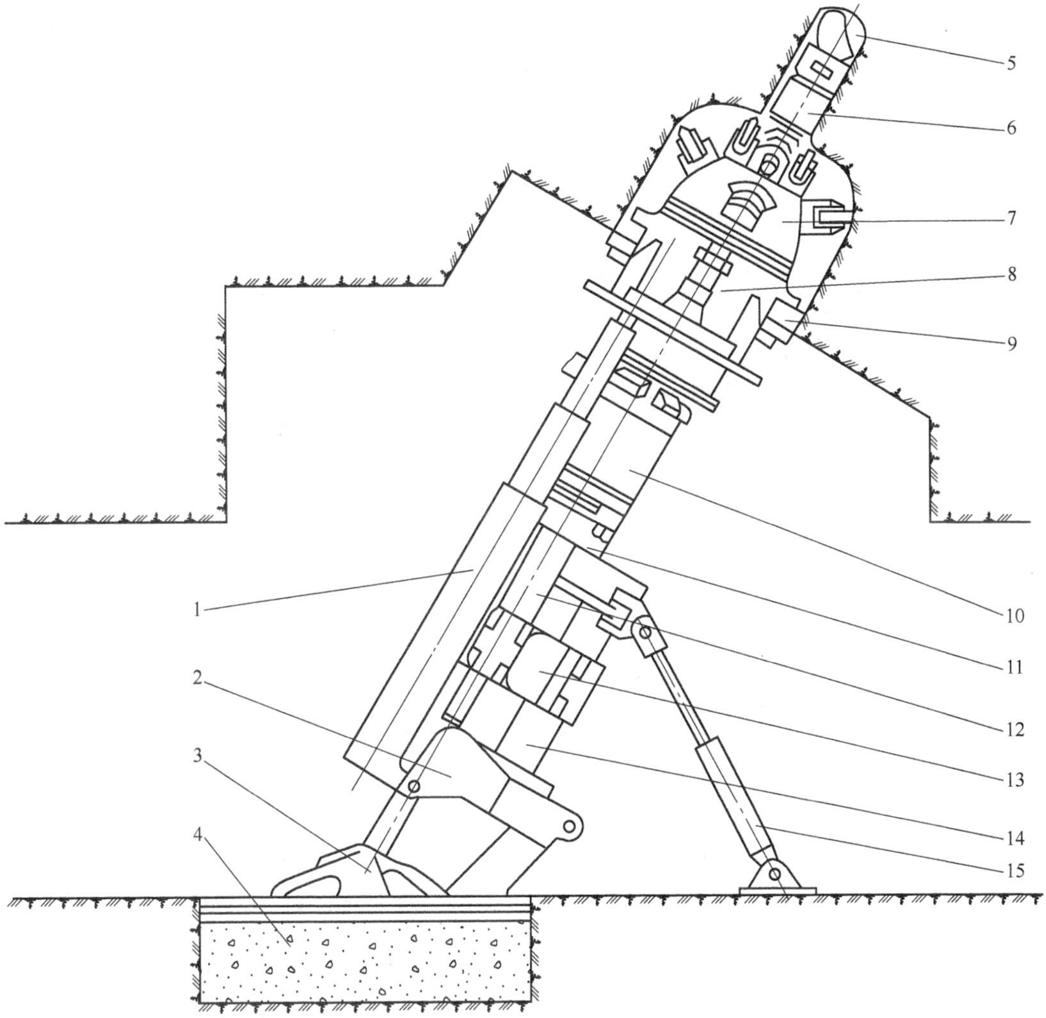

图 11－141 电动盲井钻机结构示意图

1—伸缩支柱；2—主框架；3—底座；4—混凝土基础；5—牙轮钻头；6—前导杆；7—刀头；8—齿轮箱；9—稳定托轮；10—驱动马达；11—钻杆；12—钻进缸；13—滑架；14—导向支柱；15—机缸

C 推力系统设置在刀头后

在刀头后设有四块撑板，每块板两侧均安有一只油缸，刀的另一端与刀头相连接。通过钻杆输入高压水，使撑板紧撑井壁。油缸向刀头给出推力，这样，钻杆仅传递扭矩，可改用轻型的，并可减少稳定器，增加钻进高度。

D 潜入式

其结构近似于小型巷道掘进机，钻机潜入井筒内作业，由电子计算机通过随机进入井筒内的电缆，传送数字信号进行操作（图 11－142）。钻机上安有许多撑板，可连续作业而不需钻杆支撑，钻进时可改变前进方向。

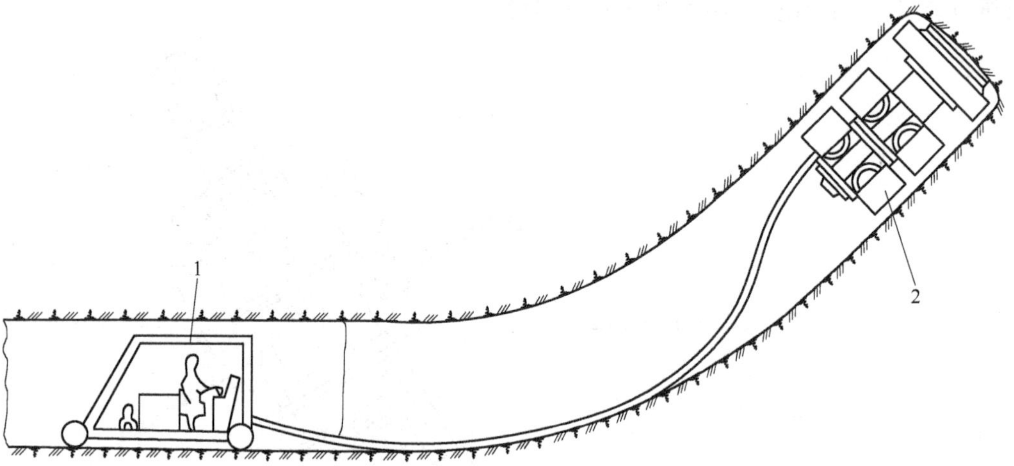

图 11－142 潜入式盲井钻机示意图

1—操作车；2—钻机

11.5.5.6 扩孔刀头与刀具

扩孔刀头与刀具是天井钻进的关键设备，其性能直接影响钻进法的发展和钻进成本。

A 扩孔刀头

扩孔刀头由刀盘、拉杆和刀具组成。它的结构形式受天井直径和岩石性质的严格约束。整体式刀头的直径是固定的，一般直径为 1.5m 以下。装配式刀头的直径多在 1.5m 以上，它可在一定范围内变动，有良好的适应能力，并可减少刀头、刀具的制造费用。在所有刀头上均可更换不同形式的刀具，以适应钻进不同的岩石。刀头的工作面形状对其使用性能有很大影响，主要有四种形式（图 11－143），其优缺点见表 11－118。

表 11－118 几种典型刀头形状的优缺点比较

刀头工作面形状	优 点	缺 点
平面形（刀刃基本上垂直工作面）	能将拉力集中于破岩，效果好，滚刀易于布置，大块岩易掉落，运转平稳	扩孔时有摆动，中心刀离导孔壁间距大于 60mm，受力大，磨损快
双锥面形（锥－平－锥形）	有良好的定心性，能提高钻进速度，中心刀寿命可增长	试验成功不久，缺点尚待发现
球面形（呈球面状）	对中性好，稳定性好	刀头高度过高，不适合井巷断面较小的矿山应用
半球面形（呈双球面状）	能有效地消除角应力的集中，延长滚刀使用寿命，稳定性好	安装精度高，刀具切削刃的包络面呈曲线形，加工困难

B 拉杆

拉杆是传递拉力和扭矩的，现采用花键突台型装配式拉杆，结构简单，拆装方便。

C 刀具

钻进法的钻进效率和技术经济指标在极大程度上取决于刀具的破岩效能。国内使用的刀具形式主要有以下几种：

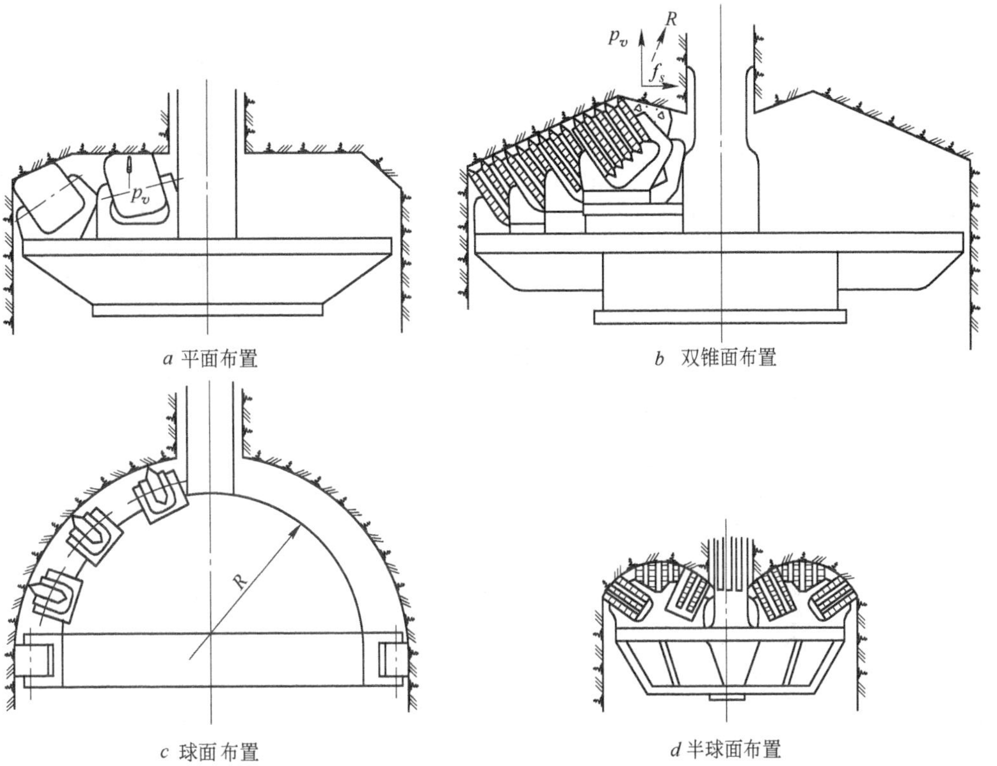

图 11－143　几种典型刀头的工作面形状

（1）固定式割刀。只能用于岩石抗压强度不大于 42MPa 的软岩，一般用于煤矿及部分断面平巷掘进机，掘进煤和软岩巷道；

（2）楔齿滚刀。它和割刀有大致相同的缺点，即刃口磨损和崩刀，只适用于抗压强度 100MPa 以下的岩石。目前部分断面平巷掘进机大多采用这种滚刀；

（3）碳化钨齿粒滚刀。主要应用于硬岩，其破岩原理是齿粒在极大负荷下，以压滚和冲击作用破碎岩石，滚刀上齿粒的排列视岩石性质的不同而变更；

（4）密齿型滚刀。适用于坚硬、磨砺性强的岩石，是破碎硬岩的一种标准刀型，但用于中硬以下的岩石时，破岩效果差；

（5）合金钢盘形滚刀。适用于 $f=12$ 以下岩石，这种滚刀破岩效率高，岩石破碎后呈大片状，破岩所需扭矩小，刀具造价低，但磨损快；

（6）镶齿盘形滚刀。这是近期发展的新型刀具，广泛用于平巷掘进机和天井钻机，可在抗压强度 50～60MPa 的岩石中使用，特别是在软硬交错的岩层中有显著使用效果。

滚刀的轴承一般由滚柱、滚珠组成，并由滚刀的刀圈和主轴作轴承套和跑道，这种结构承载能力大，可达 15t，现由于滚刀尺寸的增大，采用锥柱状轴承作滚刀轴承已逐渐被接受。滚刀的密封亦已由橡胶密封改为双金属密封。

11.5.5.7　使用效果

各类型天井钻机的平均综合成井速度及有关指标列于表 11－119[37,38]。

从表中可知，我国天井钻机的平均综合成井速度为 0.37～0.95m/h，最高可达 1.4m/

表 11-119 国内外天（溜）井钻进法使用效果

使用矿山	下垅钨矿 水口山铅锌矿	南山钨矿	金川龙首矿	金州石棉矿	金川二矿区	凡口铅锌矿	北美 Helco 采矿公司	
							一号井	二号井
钻机型号	TYZ-500	AT-500	TYZ-1000	TYZ-1000	TYZ-1500	AT-2000	81R	
岩石情况	变质砂岩、大理岩矽化页岩、铅锌矿体、石英型黑钨矿	坚硬粉质板岩	橄榄岩、二辉橄榄岩、大理岩、混合岩	白云岩、矽化白云岩、辉绿岩及矿体	花岗辉绿混合岩	石灰岩、黄铁铅锌矿体	石英二长岩，抗压强度为120MPa	石英二长岩，抗压强度为120MPa
岩石坚固性系数（f）	8~10，8~14个别16	8~14	5~10	8~12	14~18	10~16	10~12	10~12
平均综合成井速度（m/h）	0.66	0.96	0.69	0.67	0.51	0.42		
最高综合成井速度（m/h）	1.13	1.42	1.14	0.95	1.40	0.58		
钻进法直接成本（元/米）	79.69~86.55	74.81	149.69	67.85	≈200	294.43		
偏斜率（%）	0.2~1	0.2	0.12~0.4	0.2~1	0.2	小于1	0.2	0.12
成井效果	23天成井4条，计164m，平均班进尺2.4m最高8个班贯通一条41m的天井	电动钻机19天成井2条，计100m	平均工班效率0.65m，为普通法的4.8倍。钻30m天井用3.2~14.1个班，60m天井为37个班	有断层、溶洞、破碎带，钻60°~80°的斜井7条，计342m平均工班效率0.67m	导孔用3个班，扩孔用68h，井深60m	钻井4条，共计160m。1986年钻进一条80m盲天井，综合成井速度0.45m/h	井径3.6m，井深400m，导孔钻进速度为1.5m/h，每班进尺9.8米/班。扩孔速度0.61m/h，班进尺2.74m，综合成井速度为2.07米/班	井径2.4m，井深400m，导孔钻进速度1.94m/h，班进尺7.72米/班，扩孔速度1.37m/h，班进尺8.72m综合成井速度为3.57米/班

h，工班效率一般在0.6米/（工·班）左右，月成井速度为120～150m。

11.5.5.8 天井钻机的扩大使用

A 结合深孔爆破法钻凿大直径天井

水口山铅锌矿、下垄钨矿和瑶岗仙钨矿使用TYZ－500型天井钻机，沿天井全高钻进直径500mm中心孔和4个直径为216mm的炮孔，然后采用深孔分段爆破法成井。共掘进断面为2m×2m，2.4m×2.6m的天井700多m，最高的达80m。当中心孔为ϕ500mm时一次爆破的高度最高达14.8m，最小为6.3m。当中心孔为ϕ216mm时，段高最高为8.6m，最小为3m。

B 掘进煤仓工程中先钻进排碴泄水孔

兖州煤建矿山公司利用TYZ－1000型天井钻机先钻进煤仓工程和排碴泄水孔，然后自上而下用浅眼爆破法刷大成直径9米的煤仓和给煤仓，取得了掘进工效提高一倍以上，掘进工期缩短二分之一的技术经济效果。

表11－120 各类天（溜）井掘进方法的优缺点及适用条件

类别	掘进方法	优点	缺点	适用条件
井内施工法	普通法	不受岩面条件和天井倾角的限制，适应性较强 可沿脉掘进，有利于探矿	作业条件恶劣，安全性差，劳动强度大 掘进速度慢，工效低 通风极为困难，粉尘浓度大 木材消耗多，成本高	在软岩或破碎地带掘进天井以及不宜用其他法掘进时方采用
	吊罐法	掘进工艺流程简单，易于掌握和推广 掘进速度快，工效高，成本低 设备简单，易于加工和维修，搬运方便	易发生“翻罐”和“蹾罐”事故，安全性较差 通风困难，粉尘浓度大，作业条件较差	天井高度小于60m，倾角大小65°，岩层稳定为宜
	爬罐法	适用范围广，能掘进高、盲倾斜、变坡的天井	通风仍较困难，粉尘浓度较大，作业条件较差 导轨的牢固性受岩性和爆破影响，安全性较差 设备维修、安装等辅助工作量大	当围岩稳定，能掘进各种类型天（溜）井，天井高度，倾角不受限制
井外施工法	深孔爆破法	工人不进入天井内作业，工作安全、劳动强度低，作业条件好，设备投资费较少	对炮孔偏斜要求严格，钻进中不易掌握 炸药消耗量大，成本较高 装药工艺较复杂，费时	围岩整体性较好，天井高度30～40m，倾角大于70°时，采用深孔分段爆破掘进 当天井高度小于15m时，可采用一次爆破成井
	钻进法	作业安全可靠，劳动条件好 机械化程度高，钻进速度快，工效高 成井质量好，有利于井筒稳定和降低通风阻力 适应性强，能掘进较复杂条件的天井	设备投资大，动力消耗大 设备维修、硐室开凿等辅助工作量较大	能掘进高、盲、斜各类天（溜）井 适于在地压大、地温高、岩层破碎、涌水量大和高瓦斯等复杂条件下掘进天井

11.5.6 天井掘进方法评述

各类天（溜）井掘进方法的优缺点及适用条件见表 11－120。

11.5.7 溜井加固[30]

溜井的井壁受大量矿石长期的冲击，摩擦以及处理溜井堵塞时的爆破，一般都可能导致溜井壁和放矿口等部位产生片帮、磨蚀、开裂或损坏等溜井磨损现象。为避免溜井因过度磨损而报废，必须对溜井进行预加固或在其使用期间进行补强加固。

国内外一些矿山溜井加固实例见表 11－121。

表 11－121 国内外矿山溜井加固实例

国 别	矿山及溜井名称	加 固 部 位	加固材料及方法
中 国	南芬铁矿北部溜井 兰尖铁矿主溜井 齐大山矿北溜井 梅山铁矿采区溜井 程潮铁矿主溜井 中条山篦子沟铜矿集矿溜井 北京水泥厂综合矿	放矿口、井壁 放矿口、矿仓 放矿口额墙、溜口 溜井井壁 溜井井壁 溜井壁、放矿口 井 壁	钢轨、锰钢板、堆积粉矿锰钢板、钢轨 ϕ200 炭素圆钢、锰钢板钢纤维喷射混凝土锚杆、钢筋混凝土钢轨、扁钢圈、钢板料石
墨西哥	卡纳尼亚铜矿主溜井	下部放矿口	曲面型锰钢衬板
瑞 典	布利登公司转运溜井	溜井井壁	钢纤维喷射混凝土
苏 联	基洛夫磷灰石公司中央露天矿	下部放矿口	重型钢轨及钢板

11.5.7.1 溜井井壁磨损的一般规律

A 垂直溜井的磨损

a 非贮矿段

如这一段溜井没有穿过松软破碎岩层，则其磨损主要来自矿石块的冲击、碰撞。矿石冲撞溜井壁的部位称“冲击点”，第一个冲击点距卸矿点的高度可由式（11－41）（参见图 11－144）求得（忽略对矿石块的空气阻力及矿石块之间的相互干扰）：

$$Y = \frac{gx^2}{2v_0^2\cos^2\theta_0} + x\mathrm{tg}\theta_0 \tag{11-41}$$

式中 x——冲击点距卸矿点的水平距离，m；

g——重力加速度，m/s^2；

v_0——矿石块在卸矿点处的抛射初速度，m/s；

θ_0——矿石块在卸矿点处的出射角，(°)；

Y——冲击点与卸矿点的垂直距离，m。

根据国内溜井考查资料，卸矿点以下冲击磨损严重地段约在 5～35m 范围内，越往下，则冲击点部位的磨损程度逐步减轻。

b 贮矿段

经常贮存有矿石的溜井井段井壁的磨损主要来自矿石块对井壁的摩擦，一般磨损轻微而且均匀，相对而言，处于溜井放矿口正上方一侧的井壁磨损要稍严重些。

c 溜井下部放矿口

该部磨损最严重的是放矿口顶板，次之是两侧壁。而被“死矿堆积”所掩盖的部位（侧壁下部和底板）则很少磨损。此外，由于常用爆破方法处理放矿口处的堵塞，因此加剧了放矿口或放矿硐室与溜井之间隔墙的磨损，有时隔墙被磨蚀得很薄甚至被击穿，不得不停产检修（见图 11－145）。

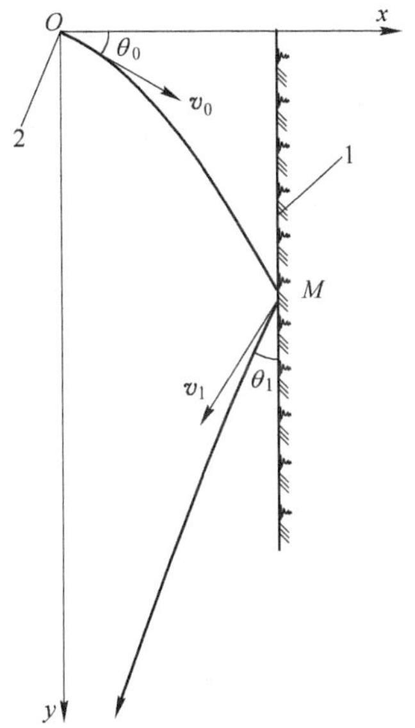

图 11－144 矿石在溜井非贮矿段运动轨迹

1—溜井壁；2—卸矿点；

M—第一冲击点

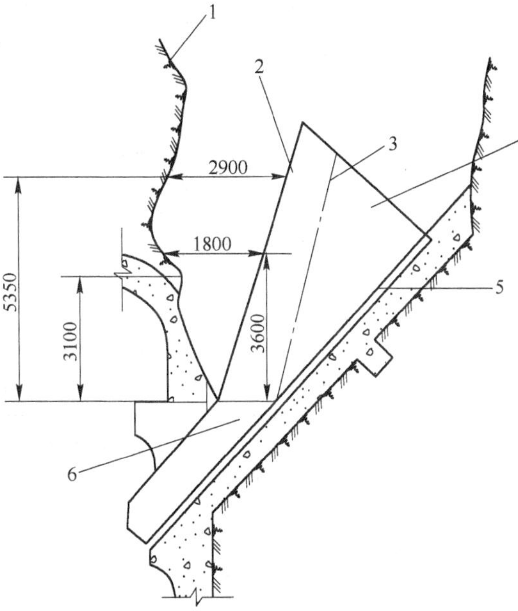

图 11－145 放矿口顶板挡墙的磨损情况（南芬铁矿）

1—磨损后的顶板（钢板已脱落）；2—顶板原加固轮廓线；3—粉矿堆积线；4—侧壁加固轮廓线；5—上段钢轨加固完好；6—放矿口部位

B 斜溜井的磨损

a 非贮矿段

斜溜井非贮矿段底板磨损严重，往往被矿流磨蚀、冲击成沟槽或凹坑，而两侧壁次之，顶板很少磨损；

b 贮矿段

顶板井壁磨损较严重，两侧壁次之，底板最轻；

c 过渡段

磨损程度介于上述两者之间；

d 放矿口部位

与垂直溜井放矿口的磨损特征相类似。

C 其他的磨损一般规律

（1）如溜井为多水平卸矿，则在各卸矿点以下的非贮矿段，均可有较严重的冲击磨损。

（2）溜井井身有折曲、变坡、转向等部位时，在这些部位井壁磨损严重。

（3）如溜井穿过局部松软岩层或破碎裂隙带，则该部位井壁易发生片帮或坍塌，这种情况称为“原发性磨损”。这些部位，在溜井开凿过程中就应及时进行预加固。

11.5.7.2 溜井加固方法及结构的选择

A 加固方法的分类及结构特点

加固方法、结构特点及其适用条件等情况见表11－122。

表11－122 加固方法分类及结构特点

分类原则	方法名称	加固的作用及特点	适用条件	优缺点
按加固位置	井壁外加固	增强井壁抗冲耐磨性能，如敷设锰钢板、钢轨、钢纤维混凝土等	溜放矿石坚硬、块大、量多，井壁岩层软弱或放矿口部位	使用可靠、寿命长、适用范围广，但成本高
	井壁岩层加固	增强溜井围岩整体性，如锚杆、注浆等	井壁岩层较坚硬，但整体性差	施工快，成本较低
按加固材料特性	柔性维护	在冲击部位贮集粉矿避免井壁磨损	井壁冲击点，井壁岩层软弱	施工快，成本低
	刚性加固	在井壁外施作抗冲耐磨层	溜放矿石硬、块度大，量多等	可靠、寿命长、适用范围广、但成本高
按组成加固结构的型式	整体式	加固金属构件间焊接，形成整体	溜放矿石块大、量多，井壁岩层差	可靠、寿命长、施工难
	装配式	构件间用螺栓连接，或用特殊方式悬挂	溜放矿石块小、量少且溜井深	施工快，但可靠性差些
按加固材料布置方式	均匀布置	井壁周围用同种材料、相同结构加固	贮矿段，井壁岩体不良	施工较简便
	非均匀布置	根据井壁磨损情况不同，用不良材料或结构加固	非贮矿段或放矿口	施工复杂，省材料

B 选择加固方法及结构时应考虑的主要因素

（1）需加固部位井壁围岩的状况及其受力特点。如围岩软弱，整体性不好，则需先行增强其整体性，然后再作抗冲耐磨层加固；如果是冲击点部位，最好采用贮集粉矿的柔性维护方法；如图11－146，如采用高强度抗冲击材料加固，则宜选用整体式结构。

（2）溜井用途、服务年限、通过的矿石总量、矿石性质及块度。对大型矿山的主溜井，应选用高强抗冲耐磨材料的整体式加固结构，材料的规格以较大的为宜，施工工艺应能充分保证加固材料固定的可靠性；如果是地下矿山的采区溜井，加固材料性能和规格可适当降低和减小；对溜井进行临时紧急的维修加固，可优先考虑以钢纤维喷射混凝土为主的加固方案等。我国矿山溜井常采用的几种加固材料的磨损寿命列于表11－123。

（3）加固材料、加固结构的性能和特点以及费用、工期和施工难易程度。高强抗冲耐磨材料组成的整体式加固结构，费用高、施工难，常用于主溜井加固；为了降低费用，就地取材，对于溜放较软矿石、且通过矿量不大的溜井，其贮矿段也可考虑用混凝土或料石

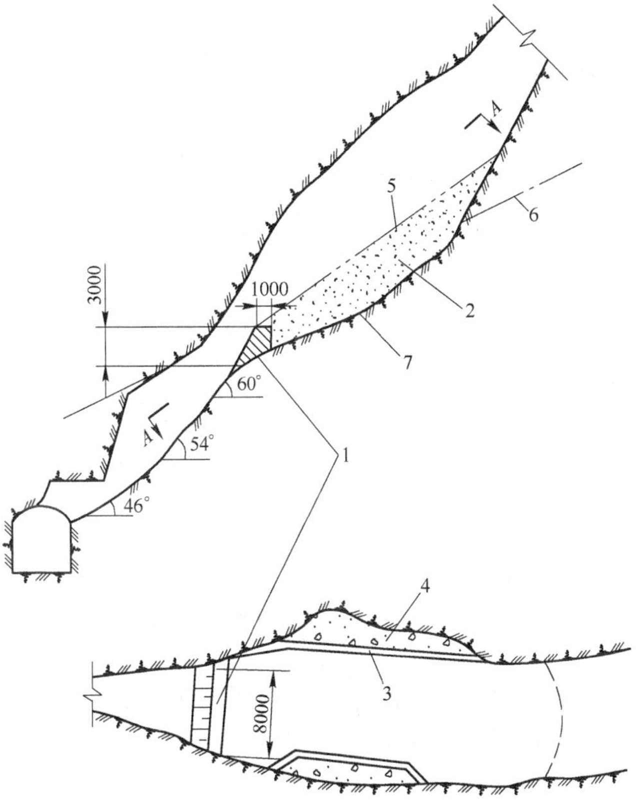

11－146 南芬铁矿3号暗溜井用“挡矿坝”贮集粉矿示意图

1—挡矿坝；2—粉矿堆；3—侧壁钢板加固；4—混凝土；
5—粉矿堆积线；6—岩层分界线；7—被保护的井壁

加固。但对于放矿口部分，一般均采用预埋固定件与其他抗冲耐磨材料组成的整体式或装配式结构来加固。

11.5.7.3 溜井加固实例

实例1 攀钢兰尖山2号主溜井加固

兰尖山2号主溜井及其加固概况。该主溜井直径5m，下部矿仓部分断面8m×8m，溜井深度400m，倾角90°，通过铁矿石块度最大达1.2m，矿山设计年产量为500万t。溜井主要穿过辉长岩和铁矿体。溜井底部放矿口和矿仓硐室处于较破碎的细粒辉长岩内，开挖过程中该部发生过片帮和冒顶。溜井的加固部位主要是底部放矿口6和副矿仓7（见图11－147）。加固用锰钢板总重89t，固定锰钢板用的螺栓1370根，金属构件总重量为110t，混凝土量为171m^3。

加固方法与结构。采用锰钢衬板（部分为钢轨）作抗冲耐磨层的整体式与装配式联合的“硬性加固”方法。加固材料的布置，底部放矿口为非均匀布置，而副矿仓则为均匀布置，兹分述如下。

底部放矿口有两种加固结构，一种是用埋头螺栓固定锰钢板，另一种是用“生根钩”固定钢轨，分别如图11－148*a*、*b*所示。

表 11－123 几种加固材料的磨损寿命

加固材料	溜放矿石条件		加固情况		磨损寿命		溜井实例
	矿石种类	最大块度（mm）	材料规格	加固厚度（mm）	每溜放1万吨矿石磨损值（mm）	加固后工程的使用年限（a）	
混凝土	铁矿石 $f=8\sim12$	400	300号	500～600	非贮矿段 5～15	3～4	庞家堡铁矿一区1号垂直溜井（通过矿石总量10万t）
钢筋混凝土	铁矿石 $f=8\sim12$	400	170号	650	非贮矿段 8.9～13.3	6	庞家堡铁矿西二斜溜井，通过矿石总量65万t
	铁矿石 $f=10\sim15$	300	200号	350～400	非贮矿段 6.9～21.4	3	溜井深度84m，垂直溜井，通过矿石总量17.3万t
钢轨	铜矿石 $f=4\sim6$	350	11kg/m		0.017～0.55	3	易门铜矿一期垂直溜井，通过矿量74.6万t
	铁矿石 $f=12\sim16$	350	38kg/m		贮矿段 0.05～0.062	8	南芬铁矿北部暗溜井坡度51°～65°，通过矿量159万t
	铁矿石 $f=10\sim15$	300	38kg/m		非贮矿段 0.82～2.19	3	垂直溜井，通过矿量9.4万t
锰钢板	铁矿石 $f=12\sim16$	1000	Mn13锰钢板，200号混凝土	钢板厚度500mm	给矿口（放矿口）0.0015～0.02	6	南芬铁矿北部溜井粗碎给矿口，通过矿石量1000～1300万t

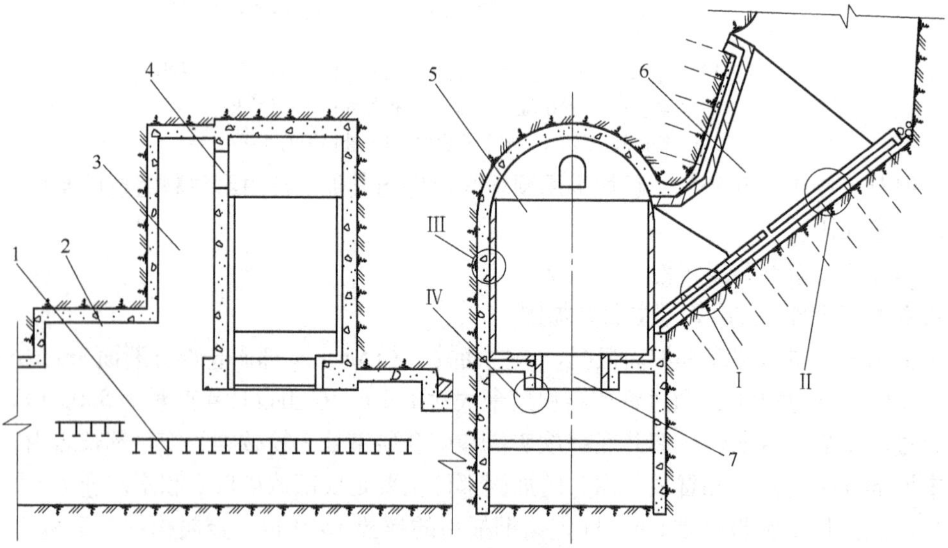

图 11－147 兰尖山2号主溜井底部放矿口和副矿仓加固

1—板式给矿机平台；2—放矿硐室；3—检查道；4—副矿仓观察孔；5—副矿仓；6—底部放矿口；7—副矿仓下口

Ⅰ—底部板矿口锰钢板加固；Ⅱ—钢轨加固；Ⅲ—副矿仓锰钢板加固；Ⅳ—副矿仓下口锰钢板加固

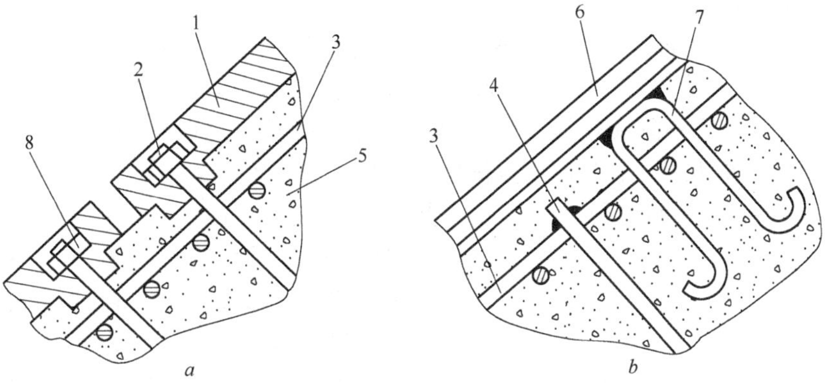

图 11－148 底部放矿口加固结构示意图

a—顶板、两侧帮及底板下段锰钢板固定；*b*—底板上段钢轨固定（在“死矿堆积区”以下）

1—锰钢板；2—螺栓；3—钢筋网；4—锚杆；5—混凝土；6—钢轨；7—生根钩；8—防松卡铁

锰钢板厚度，顶板部位为 70mm；两侧帮及底板下段为 50mm，螺栓长 700mm，直径 40mm。钢轨规格为 24kg/m；生根钩用长 600mm、ϕ22mm 的圆钢制成，焊于钢轨底面。钢筋网主、副筋均为 ϕ22mm 圆钢，间距均为 200mm。锚杆 ϕ25mm、长 1.7m，间距为 1.5m × 1.5m。混凝土浇注厚度 700mm，标号为 200 号。

副矿仓壁的加固结构有锰钢板，采用螺栓穿过穿壁套管固定和采用带生根钩的钢板条焊接固定两种方式。见图 11－149。

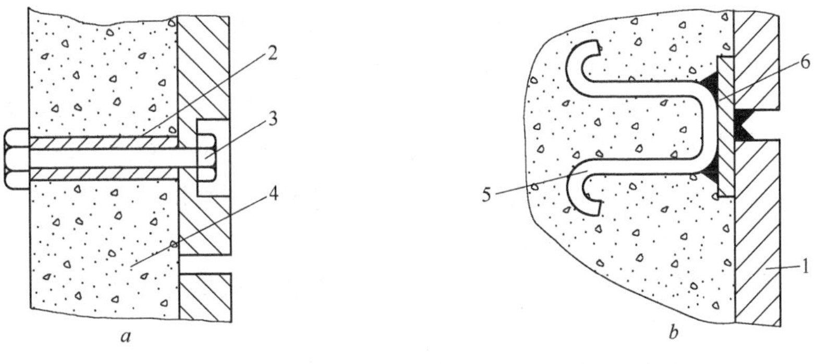

图 11－149 副矿仓加固结构示意图

a—螺栓穿过穿壁套管固定锰钢板；*b*—带生根钩的钢板条焊接固定锰钢板

1—锰钢板；2—穿壁套管；3—螺栓；4—副矿仓下口壁；5—生根钩；6—钢板条

套管是在浇灌副矿仓壁时预埋的；而生根钩与钢板条则是先焊好后预埋在仓壁中且使钢板条稍突出于壁面，然后将锰钢板与之焊接。

实例 2 梅山铁矿西区 5－1 溜井加固

5－1 溜井全深 86m，大部分掘进在高岭土化安山岩中，岩层节理裂隙发育，且遇水泥化膨胀。由于开凿中间水平卸矿口以及矿石冲击与岩壁遇水软化，致使原来局部加固的钢轨脱落，井壁片冒横向深度达7m、高度达9m。

为及时修复溜井，采用钢纤维喷射混凝土加固。根据井壁磨损的差异，在上段12m范围内，仅用15～20cm厚的钢纤维喷射混凝土层加固；而下段破坏较严重的9m范围内，则先采用喷混凝土支护岩壁，同时用块石充填片冒区并在其外层以锚杆和钢筋网进行维护，钢筋网与锚杆的外露端焊接，钢筋网交叉处也焊接，最后在钢筋网之外喷以30～40cm厚的纤维喷射混凝土，其厚度以固定在喷层中的铁丝桩来控制，在卸矿口方向一侧井壁因破坏较轻，喷层减薄至10～15cm。其加固结构图如图11－150所示。

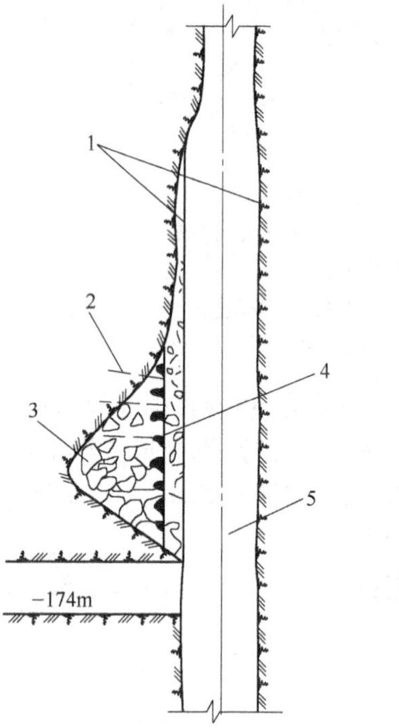

图11－150 梅山铁矿西区5－1溜井加固
1—钢纤维喷射混凝土层；2—锚杆；3—浆砌片石充填；4—钢筋网；5—溜井井筒

整个工程耗用钢纤维约3t，钢纤维直径0.4mm，长度25mm，钢纤维喷射混凝土配比为：水泥:砂:碎石:钢纤维＝1:1.6:1.6:0.16。

加固施工人员在溜井中贮矿表面上进行作业，随着加固工作向下进行而逐步放出溜井中的存矿。

溜井加固施工中的几点经验：

（1）在锰钢板加固施工中，可用锰钢板代替浇注混凝土的模板。锰钢板用埋头螺栓固定在钢筋网外侧后，在锰钢板与岩壁间浇注混凝土并捣实，锰钢板块间间隙用木条塞紧，用以堵浆。

（2）为了提高加固锰钢板固定的可靠性，可以采用高标号混凝土、钢纤维混凝土等作钢板的壁后充填，固定锰钢板的螺栓应与钢筋网焊牢。

（3）如用钢轨作抗冲耐磨层，宜将钢轨截为不超过2m的短段，以利固定牢靠，并最好采用焊接方法将轨底与固定在混凝土表面的钢带焊牢，接头部位应平直，焊接中还应注意防火与通风。

（4）在溜井贮矿表面上进行加固施工时，应防止在贮矿中形成空洞，以免贮矿表面突然发生坍落；同时，在贮矿层中不得淌入水泥浆，以免存贮矿石结块，造成溜井堵塞。

11.5.7.4 *减轻溜井磨损的措施*

（1）在避免发生溜井井身部位堵塞的情况，尽可能提高溜井中的贮矿高度；

（2）控制进入溜井的矿岩块度；

（3）尽可能地将溜井布置在坚硬、稳定、整体性好的岩层中，避免“原发性磨损”；

（4）控制卸矿方向，最好形成中心落矿，可以考虑设置挡板、链条帷幕、中心漏斗、振动出矿机转载，或采用底卸矿车等措施；

（5）选择合理的溜井结构型式。有分支溜道的溜井、斜溜道不能过陡、过长；溜井中部不要有变坡或折曲；放矿口尺寸选择要合理，防止频繁堵塞而导致用炸药爆破损坏放矿口挡墙等；

（6）放矿口的放矿，采用振动出矿机取代板式给矿机和各种闸门（见本卷9.10）。

11.6 斜井及斜坡道施工[2, 14]

在现代矿山技术条件下，采用斜井开拓的矿山年产量可达400万t左右，斜长可达3000～5000m，相当于最大垂直深度950m，斜井掘进速度也有了大幅度提高，我国矿山的最高月进尺达705.3m，国外矿山为300～400m，因而大大提高了斜井在矿井开拓中的地位。近些年来，随着无轨装运设备在井下的应用，斜坡道的应用亦日益增多。

11.6.1 斜井施工

11.6.1.1 斜井的分类

A 按用途分类

（1）主斜井：专门提升矿石；

（2）副斜井：提升废石，升降人员和器材；

（3）风井：通风并作安全出口。

B 按提升容器分类

（1）带式输送机斜井；

（2）箕斗提升斜井；

（3）串车提升斜井。

11.6.1.2 斜井位置和倾角的确定

A 斜井井口位置的选择

井筒可布置在矿体或围岩内，选择斜井井口位置时，主要应考虑：

（1）地表的地形与工业场地的布置，地面的运输线路，确保地表水不会进入井筒内。

（2）矿体的埋藏要素、储量，井筒穿过的岩层与水文地质条件。

（3）斜井的提升能力、用途与服务年限，井筒穿过的岩石性质、施工难易。

B 斜井倾角的确定

斜井的倾角是设计的主要参数之一，对施工的工艺、设备、支护和施工速度都有很大的影响。我国矿山斜井的倾角多在20°左右，大于30°的很少，但个别矿山达到50°（如锦屏磷矿东山和西山的主斜井的倾角均为50°）。

斜井的倾角与采用的提升容器密切相关。如采用带式输送机时，一般不大于17°，个别情况可达18°；箕斗一般为20°～30°，个别情况可大于35°；串车最好为15°～20°，最大不超过25°。

要求整条斜井的斜角一致，特别要防止上陡下缓，也要防止上下段倾角相差过大。

11.6.1.3 施工准备及井口工业场地布置

A 施工准备

施工准备工作包括技术、工程、物质及劳动力的准备，其具体内容见11.3.1.1。

B 井口工业场地的准备

井口工业场地的布置是斜井施工准备工作中的一项重要内容。场地内有临时道路、铁路、气（水）管道、临时和永久建筑物，以及各种材料的堆放地或仓库等，如场地布置不合理将会影响掘进工程和安全作业。

工业场地的总平面布置（见11.2.3）应遵守如下原则：

（1）大的临时建、构筑物应尽量不占永久建、构筑物位置；

（2）在有利于井筒施工的前提下，互不影响，也不要经常搬迁；

（3）尽量节约用地，更要少占农田；

（4）尽量缩短下井管、线的长度；

（5）在保证井架、提升机房、井口车场位置的前提下，再安排其他的建、构筑物和场地。

11.6.1.4 井口段及表土施工的特点

斜井井口段（又称井颈）多建筑在表土及风化岩石层中。井口段的长度视表土层的厚薄和斜井的倾角而定，通常在井口段延伸到基岩内3~5m。

A 井口段的施工方法

由于表土层的性质不同，地表的地形各异，斜井倾角有大有小，井口段的形式、结构与开挖方案也不一样。

井口位于山岳或丘陵地带，一般可利用天然的山岗和崖头，施工较简单，井口前的露天工程量小。此时只需稍作工业场地的平整，便可进行井口段的掘进。

为防止两季和汛期山洪水涌入井筒，影响施工，危害安全，要求斜井的门脸必须用混凝土或石材砌筑，并在井口和门脸顶部修筑排水沟（见图11－151）。

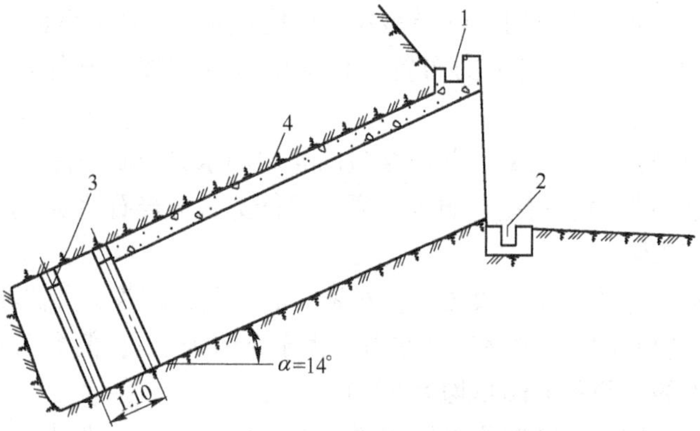

图11－151 山岳地带斜井井口段示意图

1—门脸顶部排水沟；2—井口排水沟；3—临时木支护；4—混凝土整体浇灌永久支护

井口位于平坦地带，一般表土层较厚，顶板不易维护，为保护施工安全和掘砌质量，在井口段施工时，须先开挖井口坑再进行井口段的开挖。待井口段完成永久支护砌筑后，再将表土回填夯实。

B 井口坑的开挖

a 井口坑的开挖方法

（1）直墙明槽开挖法（图11－152），在表土很薄或表土虽厚但土层稳定时，明槽的侧墙可为垂直的，但其上部可适当作成斜面。

当采用此法开挖时，其垂直深度在不同岩土的条件下不得超过下列数值：

亚砂土、亚黏土	1.25m
黏土	1.50m
特别致密的土	2.00m

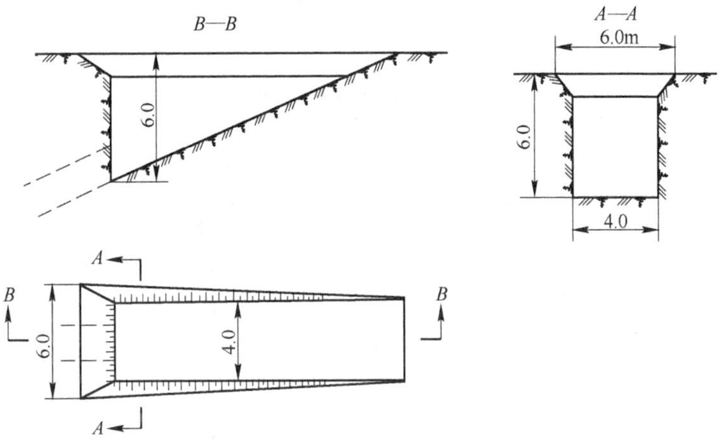

图 11－152 直墙明槽开挖法示意图

本法的优点是土方工程量小，施工速度快。这一方法的选择主要取决于地下水的作用和施工速度的影响，因此必须采取有效的管理和技术措施，加快施工速度。

（2）斜壁明槽开挖法（图 11－153），当表土不稳定时，为保证施工安全，常采用这种方法。

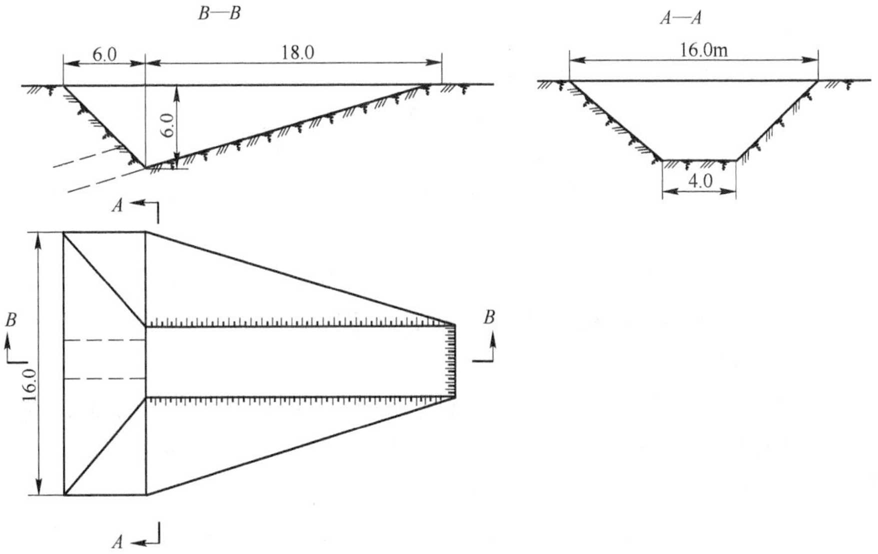

图 11－153 斜壁明槽开挖法示意图

b 井口坑的基本几何尺寸

井口坑的形状和尺寸，主要取决于表土层的稳定程度和斜井的倾角。它的正确选择对保证施工安全和减少土方工程量有着直接影响。

（1）井口坑的坡度。一般应与斜井的倾角一致，只有在地形较陡，又不具备直接开挖井颈的条件，为减小开挖的土石方量，井口坑的坑底可采用水平的，如山东福山铜矿斜井的井口坑坑底，采用了平底结构。但根据表土的稳定程度和井口坑的深度、坡度，一般为45°～85°，当井口坑深度 $h\leqslant 5$m 时，边坡的允许坡度数值见表11－124。

（2）井口坑的宽度。可采用与井筒掘进相同的宽度，但为了在坑壁塌落时，仍能满足井筒砌壁的要求，一般要求加宽0.6～1.0m。

表11－124 边坡允许坡度

表土土壤名称	人工挖土时将土抛于槽上		机械挖土时在槽内作业		机械挖土时在槽上作业	
	坡率1∶h	坡度	坡率1∶h	坡度	坡率1∶h	坡度
砂 土	1∶1	45°	0.75∶1	53°08′	1∶1	45°
亚砂土	0.67∶1	56°08′	0.50∶1	63°26′	0.75∶1	53°08′
亚黏土	0.50∶1	63°26′	0.33∶1	71°44′	0.75∶1	53°08′
黏 土	0.33∶1	71°44′	0.25∶1	75°58′	0.65∶1	56°58′
含砾石，卵石土	0.67∶1	56°08′	0.50∶1	63°26′	0.75∶1	53°08′
泥炭岩，白垩土	0.33∶1	71°44′	0.25∶1	75°58′	0.67∶1	56°08′
干黄土	0.25∶1	75°58′	0.10∶1	84°17′	0.33∶1	71°44′

（3）井口坑的深度。在稳定的表土层中应比斜井掘进在此段深度增加2～4m；在不稳定的表土层中增加6～8m。

C 井口段施工的要求和注意事项

（1）表土稳定时，井口坑的永久支架（砌碹）可在井筒掘进5～10m后，再自下而上砌筑，直至井口。

（2）井口的临时标高，要高出地表。

（3）井口设在山坡脚下时，井口的顶侧必须加设挡墙。

（4）井口坑的碹顶外表，必须涂抹防水沥青，或夯填三合土，然后再回填土石方。回填土应水平分层夯实，人力打夯时，每层的虚铺厚度为0.2m；如为机械打夯时，虚铺厚度为0.3m。

（5）当斜井倾角大于20°时，永久支架的混凝土基础，必须做成台阶形，而且每一个台阶长度不小于1m；若斜井倾角超过30°，砌碹胎不能垂直于斜井的轴线，而是应向上偏2°，在碹胎之间还应加横撑。

（6）采用短段掘砌，必然带来较多的接岔处，为了确保接岔处的质量，接岔处需做成麻面；料面砌碹时，碹头应做成台阶形，若掘砌段小于2m时，可采取齿形接头；采用混凝土砌碹时，特别要防止土块掉入碹体内。

（7）木材或金属制作的临时支架，其外的空间应用石块和背板揹实，临时支架应尽可能回收，但必须确保人员的安全。

（8）在有水地段进行永久支架的混凝土整体浇灌时，务必将施工地段的水疏导排至地表；当井壁达到设计厚度后再进后壁后注浆。

D 表土施工方法

它主要取决于井筒的倾角和表土层的稳定情况。稳定性表土常采用短段掘砌，根据具体情况又可分为全断面掘进和超前导硐两种施工方法。

不稳定表土（指含水的砾石、砂、粉砂组成的松散表土、流砂或淤泥层），一般必须采用特殊方法施工。

当井口段的下部即将由表土进入岩石风化带时，在这一过渡区内采用土、岩分别短掘短砌的施工方法。掘完土层后，即可通过风化岩石在基岩中刷出壁座，先砌好拱和部分墙，然后再掘下部风化岩石，并补砌剩下的侧墙。

11.6.1.5 斜井基岩掘进的特点

由于斜井的倾角一般小于30°，因而斜井的施工在很多方面类似平巷。

A 凿岩爆破工作的特点

（1）斜井掘进时的凿岩爆破工作，多同于平巷施工。但斜井所需的孔数和药量较平巷多，特别是靠底板边的炮孔所需药量更多。

（2）为了提高掘进效率，有增大孔深、采用垂直孔掏槽的趋势，垂直孔掏槽中，多用空孔作为人工自由面或补偿空间，空孔直径有增大的趋势；其形状有由圆形过渡到其他形状（例如8字形等）的趋势，以期提高爆破效果。

（3）底孔有时为水所淹没，必须使用抗水炸药或进行防水处理。

（4）为防止井筒底板偏高，应将底孔的倾角较井筒坡度大2°~5°，且底孔深度较其他孔深大100~200mm，一般底孔间距不大于30~40cm。

B 装岩工作

过去多采用人工装岩，当斜井倾角较小时，也有矿山采用带自耙装置的正装后卸轨轮式装岩机，1970年以来，耙斗式装岩机得到较广泛的应用。我国创斜井高速掘进纪录的矿山都是采用耙斗式装岩机装岩。

a 耙斗式装岩机

（1）主要机型的技术特征（见表11-125）

（2）耙斗式装岩机在工作面的布置。采用耙斗式装岩机装岩和气腿式凿岩机、箕斗提升时，斜井工作面的布置情况如图11-154所示。

表11-125 耙斗装岩机技术特征

机 型	ZYP-17	ZYPD-1/30
装岩生产率（m^2/h）	41~58	80~120
耙斗容积（m^3）	0.35~0.4	0.70
钢丝绳直径（mm）	12.5，15	15.5
绞车牵引力（kg）		2230~3270
主 绳	950~1370	
尾 绳	812~1170	
主绳速度（m/s）	1.2~1.37	0.97~1.23
尾绳速度（m/s）	1.68~2.05	1.34~1.81
电动机：		
型号	DZ_3B-17	DZB-30
功率（kW）	17	30
转速（r/min）	1480	1470

（3）评价。优点（与铲斗后卸式装岩机比较）是：结构简单，维修量小，操作容易，安全可靠，岩尘量小，铺轨简单，能够倒碴，适用面广以及装岩生产率高；缺点是：

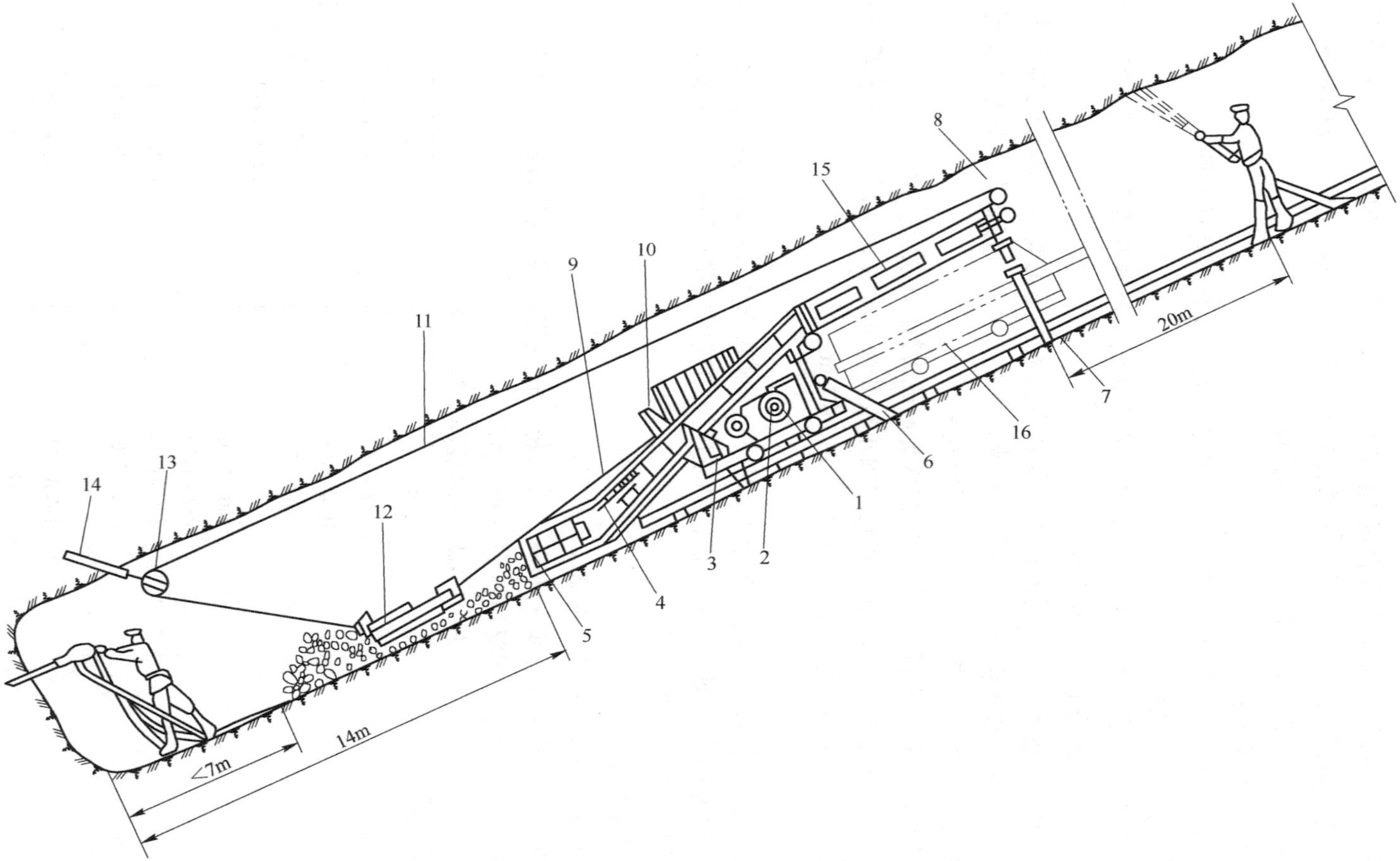

图 11－154 耙斗装岩机在斜井工作面布置示意图

1—绞车绳筒；2—大轴轴承；3—操纵连杆；4—升降丝杆；5—进矸导向门；6—大卡道器；7—托梁支撑；8—后导绳轮；9—主绳（重载）；10—照明灯；11—副绳（轻载）；12—耙斗；13—导向轮；14—铁楔；15—溜槽；16—箕斗

如与国外应用的其他先进装岩设备比较，尚存在着效率不高，操作不太灵活，底板不易清除干净，耙装范围受到一定限制，手工辅助作业多等。

国外在斜井掘进中，正大力推广耙斗装岩机装岩。波兰应用耙斗装岩机后，将斜井的施工速度提高54%；法国和联邦德国的斜井施工中，使用耙斗装岩机的台数也是较多的。

b 国内外斜井掘进用的其他装岩设备

倾角<10°的斜井，国外在施工中使用了蟹爪式装岩机。该机在使用时粉尘较少，能连续装岩，装载高度低；苏联在斜井施工中，较多地使用了蟹爪式装岩机，如ПНБ－3К型（$3m^3/min$）、ПНБ－3Д型（$3.5m^3/min$）、1ПНБ－2型和2ПНБ－2型（$2m^3/min$）等，但都使用在倾角较小的斜井施工中。我国生产的ZB－1型装岩机，其生产能力可达$150 \sim 180m^3/h$。

联邦德国较多地使用侧卸式装岩机，S型侧卸式装岩机，可装配不同容积的铲斗（$0.6 \sim 1.25m^3$），最大装岩生产率为$120m^3/h$，铲斗臂能伸缩和回转，能适用于20°的斜井。2S型装有两个铲斗，生产率达$200m^3/h$，它适用于$14m^2$以上大断面的斜井施工。日本生产的ME612型和ME632H型侧卸式装岩机，可用于倾角为30°以内的斜井，前者还可以进行遥控。我国生产的ZC－1型和K－146型，分别适用于14°和18°的斜井施工。

国内外有将铲运机用于斜井掘进的实例，并取得了较好的效果。

C 提升及安全措施

a 提升的特点和容器

斜井掘进时提升的特点：一是提升钢绳在不断延长，提升机的负荷在变化；二是提升设备较简陋。

b 提升容器

可以采用矿车和箕斗。掘进井筒浅时，可采用矿车；但一般均采用箕斗。

c 箕斗提升的评价

它与矿车提升比较有如下优点：箕斗容量大，每次可提升较多的碴石，从而提高了出碴效率，缩短了一个循环的装岩时间；它免去了摘挂钩、调车时间，减少了提升一个循环所需的时间；箕斗装载高度低，提升连接装置安全可靠，卸载方便，而矿车提升易发生跑车事故，影响工人的安全生产。

d 无卸载轮前卸式箕斗的评价

我国采用的箕斗，有后卸式、前卸式和无卸载轮前卸式三种。

无卸载轮前卸式箕斗是一种新型的箕斗，具有较多的优点，使用量在增多。主要优点是：由于去掉了两侧的卸载轮，改用翻转架。既可以避免发生刮坏管线、设备和误伤人等事故，又可扩大箕斗的有效装卸宽度，增大箕斗容量；由于斗容增大，提升一个掘进循环碴石的时间可以大大缩短；采用这种箕斗提升可以使卸载时间（一个提升循环）缩短到7～11s；结构简单，易于制造，也便于检修。缺点是：提升过卷距离较短，仅有500m左右；卸载时的冲击力大，常带来一些新问题。

e 箕斗提升和卸、运系统的布置

其布置见图11－155。

f 提升安全

由于作业面窄，人员集中，掘砌作业都较平巷容易发生事故，且有跑车引起严重事故

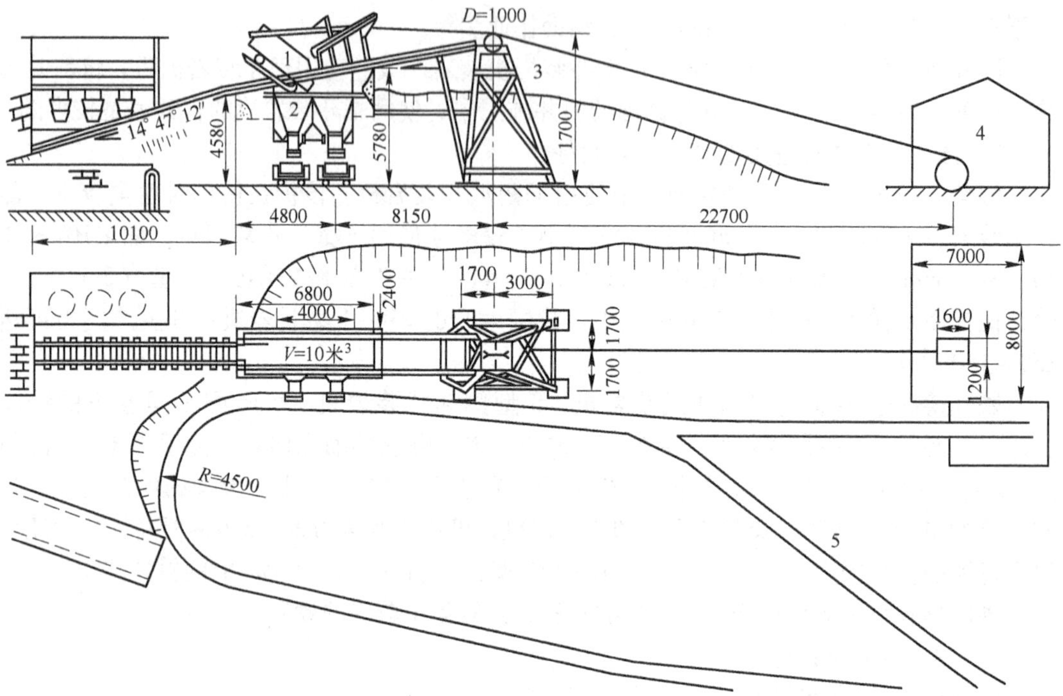

图 11－155　斜井掘进提升及排碴系统布置图

1—$4m^3$ 无卸载轮前卸式箕斗；2—$10m^3$ 双卸载口储碴仓；3—简易木结构天轮架；

4—直径 1.6m 提升机；5—环形排碴道

的可能性。

防止跑车事故的措施：采用井口平车场阻车器，型钢挡车门，常闭式型钢阻车器等安全装置和设置跑车信号，都是有效措施。

为防止轨道下滑，可在井筒底板每隔 30～50m 设一混凝土防滑底架，将钢轨固定其上。

D　通风和排水

a　通风

它与平巷施工时的通风相似，由于爆破时生成的炮烟向上易排出。当施工的井筒较短时，可采用压入式通风，局扇可设在距井口 10m 以外的地方；当施工井筒的长度大于 200m 时，在井口外的局扇改作抽出式风机，在井内距工作面 40～80m 处，再增设一台局扇，以利于将干净风流压入工作面，形成混合式通风。

b　排水

工作面的积水，其来源是多方面的，因此，在解决斜井施工中的排水问题时，应当弄清水的来源，然后采取相应的办法。

（1）为防止地表水进入井筒，应把斜井的井口位置选在高于附近的地面处，或是在井口周围挖掘和砌筑环形水沟，以截断流入井内的水源。

（2）当斜井穿过透水岩层时，可以根据不同的情况采取堵水或排水，或堵排结合的方法。

(3) 当斜井穿过透水岩层，且是两条相距很近的斜井同时下掘时，此时，可以在一条斜井内先掘进一段，利用先掘的井筒排水来降低后掘斜井工作面的水位，以利掘进。

(4) 排除工作面积水，可采用机械排水的方法。当斜井的涌水量在 $5m^3/h$ 以内，可采用压气或电动潜水泵排水。但由于潜水泵的排水量小（约为 $15m^3/h$），扬程小（仅为20m），故只能将积水排至提升容器内。为了克服潜水泵扬程低的缺点，我国研制了铜1－18－130旋涡型高扬程气动潜水泵，其排水量为 $18m^3/h$，扬程为 130m，最小气压为0.5MPa，耗气量为 $10m^3/min$，总重 30kg，其外形尺寸为 310mm×214mm×445mm，它的整体性强，中轴短，密封性能好。

当涌水量超过潜水泵的排水量，必须采用普通水泵进行排水时，为了减少水泵的移动次数，可以用喷射泵将水排至距工作面有一定距离的中间转水站，再用水泵排至地表。

喷射泵的结构简单，体积小，重量轻，无运转部分，容易检修，工作可靠，又能不间断排水，即使是吸入了空气和泥水或是在放炮的情况下，都不会影响排水。其缺点是排水效率低，必须配合其他的高压泵使用，因而排水成本高。喷射泵排水工作面布置如图11－156所示。

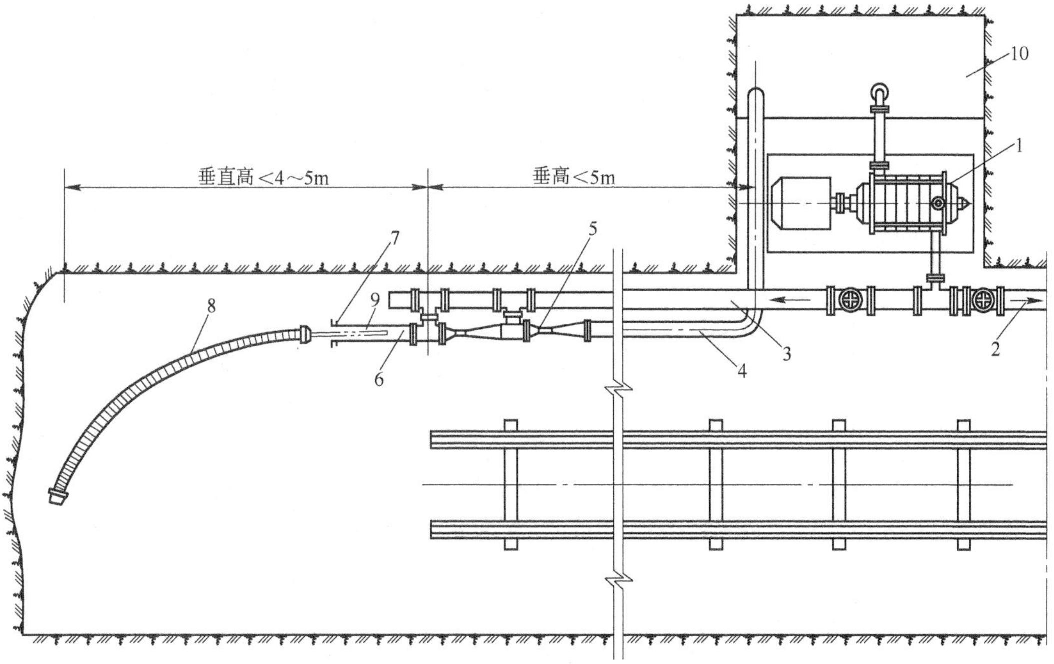

图 11－156 喷射泵排水工作面布置示意图

1—原动泵兼水仓排水泵；2—主排水管；3—高压排水管；4—喷射泵排水管；5—双喷嘴喷射泵；6—伸缩管；7—伸缩管法兰盘；8—吸水管；9—填料；10—水仓

11.6.1.6 斜井快速施工实例

我国煤炭系统矿山在斜井施工方面积累了丰富经验。曾于 1974 年先后创造月成井605.2m 和 705.3m 的高速纪录。使我国的斜井成井速度进入了世界先进行列。

我国几个斜井快速施工的实例见表 11－126。

表 11－126　我国斜井快速成井实例情况表

斜井名称	施工年月	成井速度（米/月）	井筒倾角	围岩及其坚固性系数 f	掘进断面（m^2）	支　护	工效（米^3/（工·班））	劳动组织	主要设备
陈家山平硐二采区主斜井	1973.9	452.1	15°	3～5	7.3	喷射混凝土	掘进 2.15 全员 0.79	四班作业，全队 155 人	MZ－1.2 电钻，ZYP－17 耙斗装岩机，2.5m^3 无卸载轮前卸式箕斗
阜新东梁六井	1974.10	499.3	21°	4～6	8.27	喷射混凝土	掘进 1.95	四班作业	ZYPD－1/30 型耙斗装岩机，3.5 m^3 后卸式箕斗
铜川陈家山平硐二采区人行斜井	1974.3	605.2	12°31″	3～6	7.5	喷射混凝土厚 70～100mm	掘进 2.02 全员 1.01	掘进四班作业，支护三班作业，维修四班作业，辅助六班作业，全队 159 人	MZ－1.2 型电钻，ZYP－17 型耙斗装岩机，3.5m^3 无卸载轮前卸式箕斗
铜川下石节平硐二采区回风井	1974.12	705.3	14°47″ 19°	3～6	9.23	喷射混凝土厚 100～150mm	掘进 2.7，支护 0.59 全员 1.22	掘进四班作业，支护三班作业，维修四班，辅助六班作业	MZ－1.2 型电钻，ZYPD－1/30 型耙斗装岩机，4.0m^3 无卸载轮前卸式箕斗
山东福山铜矿下盘斜井	1970.9～1970.11	平均月掘进 100～120	28°	硅化石墨大理岩，稳定	5.83	不支护		全队 24 人，人工出碴	01－30 型凿岩机，0.55m^3 翻斗车，28kW 绞车
云南六苴铜矿区二号盲斜井	1974	月掘进 95.4	19°	泥岩 6～8	8.37	大部分不支护	0.39	四班作业	东方红－70 型凿岩机，斗容 0.1m^3，14kW 耙斗装岩机，1m^3 前卸式箕斗

日本南大夕张煤矿幌南二号斜井，于 1969 年 12 月，在页岩中掘进倾角为 11°～18°，断面为 19.02m^2 的井筒，采用 TY－260LD 型凿岩机、ME－632H 型侧卸式装岩机、单轨悬吊式 7m^3 仓式运输机、1.7m^2 侧卸式翻斗车 6 辆串车提升，月成井达到 352m。

斜井快速施工的经验：

（1）不断改进。完善现有斜井施工的工艺和劳动组织，以实现快速、优质、安全和经济效益好的目的。

（2）努力提高施工的机械化水平，使施工机械配套成龙。改善易损件的供应，做好设备的维护检修，充分发挥每台设备的应有效果。这样，不仅可以降低成井的成本，又能实现快速高效。

（3）结合各队和各矿的实际情况，大力推广国外行之有效并在本队经过试验认可的先进经验。

11.6.2　斜坡道掘进

我国已经开凿了不同型式不同规格和不同用途的斜坡道二十余条。详见表 11－127。

表 11－127 我国斜坡道情况

矿 名	斜坡道用途	断面（m^2）	坡度（%）	岩石名称及坚固性系数 f	斜坡道全长（m）	路面材料及其厚度（mm）	备 注
凡口铅锌矿	上、下无轨设备	14.6	15	灰岩，8～10			上坡独头，二次成巷，月成巷 45m
大冶铁矿尖林山龙洞矿	上、下人员和无轨设备（ZLD－40，LK－1 型铲运机）；通风	11.17	直线段部分为 14，曲线段为 7	闪长岩	887.3	200 号混凝土，厚度为 200	
大厂铜坑锡矿	上、下人员和无轨设备	17.5 12.16	15～20 曲线段 2				
符山铁矿	上下人员、材料和无轨设备（LK－1 型铲运机）	13.86 12	8～10 19.51 17.49	闪长岩，12～20 12～14	278； 235	15 号混凝土，厚 200	
酒钢桦树沟矿	上、下人员、材料、解放牌汽车，Wagner EST－5C（$3.3m^3$）电动铲运机和 ST－5C（$3.8m^3$），内燃铲运机	23，23，错车道处为 33	15，≤15，缓坡段 7～8		1640	混凝土，主采区斜坡道路面厚均为 300	
白银小铁山矿	人行，上、下 WagnerEHST－1A（$0.76m^3$）和 CT1500（$0.83m^3$）型铲运机	12.96，转弯处为 14.04	14，缓坡段为水平		1300		
小寺沟钼铜矿	上、下人员，材料和设备	15 20.25	10～15 缓坡段 2	矽化灰岩 10～12	576	碎石路面，厚 200	上坡多头一次成巷，上坡独头一次成巷
金川公司二矿区	上、下人员，材料，CT1500 型铲运机，CHH 矿用汽车和 L380 型凿岩台车	19.68 16.4	14 3.12 16.1 18.8	花岗岩	已掘 70m，420	沥青，厚 30cm，岩石路面	
中条山公司篦子沟矿	上、下人员和 LK－1 型铲运机	12	9°～12°；拐弯为 60°	白云岩，大理岩，不支护	300	150 号混凝土，厚 100	螺旋式
寿王坟铜矿	上、下人员，材料，LK－1 型铲运机，汽车 CTJ－500	14	14	灰岩，12～14	820	岩石路面	掘进时使用 DXZ－1 蟹爪式抓岩机，T148 汽车
丰山铜矿	上、下人员，材料，LK－1 型铲运机，CTJ－500 型汽车	14.7	15	4～8	803		
红透山铜矿	上、下人员，材料及 LK－1 型铲运机	10.08	15～20	片麻岩		水泥砂石	
上海梅山铁矿	上、下人员，材料及 LK－1 型铲运机	13.44	15～20	安山岩	682	200 号混凝土，厚 150～200	
柿竹园多金属矿		11.2～11.4	15～20	12～14			

11.6.2.1 斜坡道施工

A 施工方案。斜坡道的施工工艺和方法，大体同于斜井施工，从施工的方向上考虑，有以下几种施工方案：由上而下施工方案；由下而上施工方案；由上而下和由下而上并用的施工方案。

B 方案的选择。选择方案时，主要考虑施工所用的设备和斜坡道上下段有无其他平巷相通等因素。

(1) 通过地表的主斜坡道，多采用自上而下的施工方案。其优点是通风条件较好；缺点是出碴、排水较困难，炸药消耗量也大。采用这一方案时，装岩可用铲运机或装运机；当斜坡道直而长时，可用耙斗装岩机配箕斗提升，也可以采用带自耙装置的正装后卸式或正装侧卸式装岩机配矿车。

(2) 不通地表的采区斜坡道（多为折返式），多用自下而上的施工方案。其优点是出碴、排水均较方便；缺点是通风困难。

11.6.2.2 施工实例

兹将金川有色金属公司二矿区盘区斜坡道（图 11－157）及梅山铁矿、三山岛金矿等掘进斜坡道的有关情况列于表 11－128。

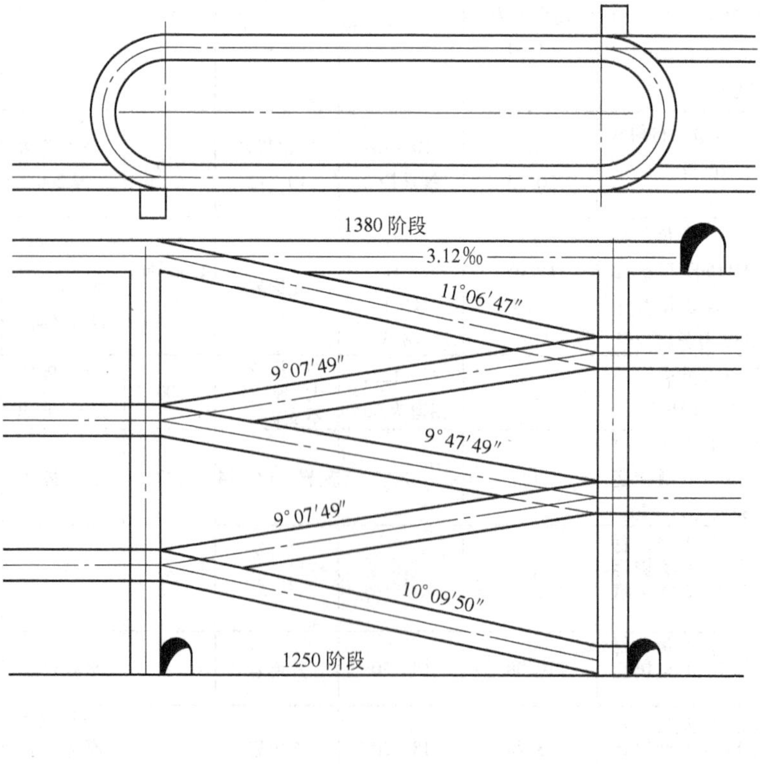

图 11－157 金川二矿区盘区斜坡道示意图

表 11－128 斜坡道施工实例

矿名	斜坡道名称及型式	长度（m）	倾角	断面（m^2）	岩石名称及坚固性系数 f	施工方向	凿岩设备	装运设备及通风设备	支护型式	最大日进尺（m）	备注
金川有色公司二矿区	盘区斜坡道，螺旋折返式，曲线段曲率半径为6.5m，分段高度最高12m，最低9m，共6个段	螺旋道长为494.8，两条天井长110	最大11°06′47″最小9°07′48″曲线段为水平	净面积为13.08，掘进断面为16.129，最小掘进断面为14.1	大部分为肉红色花岗岩，局部有棉斑岩、闪长岩、闪长斑岩	由下向上	YT－25气腿式凿岩机	30kW、50kW电耙各1台，耙至天井。11kW局扇2台（压入式）	节理少的地段，采用素喷混凝土；节理发育地段采用锚喷支护，管缝式锚杆长1.8m，HPH6型喷射机两台		参看图11－157。在掘进第一段时，同时掘进断面为2m×2m的方形垂直天井，后用混凝土浇灌成φ1.5m的圆形天井；小寺沟矿、篦子沟矿采用同样的方案，获得成功
梅山铁矿	北部采区斜坡道，螺旋折返式	全长682，其中弯道部分长76	最小坡度为15%最大坡度为20%弯道坡度为2%		多数为高岭土化的安山岩，少部分为矽化安山岩	由下向上	7655气腿式凿岩机	耙斗装岩机装岩，用局扇进行混合式通风	喷混凝土厚为100～150mm，标号为200号	50	
金川有色公司二矿区	斜坡道，上部为直线段下部为螺旋折返式	计划全长6500	直线段为14%，曲线段为10%	净断面为（4.8×4.1）19.68		由上向下	L380双机凿岩台车	ZYP－17耙斗装岩机（斗容0.3m^3）装岩，GHH联邦德国矿用汽车	井口段采用整体浇灌钢筋混凝土；以下先喷一层素混凝土，内砌筑厚为30cm的混凝土预制块，再往下视情况而定	20～30	
三山岛金矿	斜坡道	2353（地表＋15至－250为第一段，长1868，联络各阶段；自－250至井底泵房长495，用于粉矿回收）	第一段直线段坡度为17%，曲线段为10%，曲率半径15m；第二段直线段为20%，曲线段为15%	第一段净断面16.6，21.8；第二段净断面8.97	花岗岩，10～12	由上向下	7655凿岩机4台	1983年10月至1984年3月卷扬机提升，有轨运输；1984年6月至8月国产2m^3铲运机运输；1984年9月至1987年，瓦格纳3.8m^3铲运机及13t卡车运输		曾获得月进100的速度	无轨出矿，有轨运输

11.7 硐 室 施 工[2,30]

地下开采时，在井筒附近的硐室如水泵房、变电所、卷扬机硐室和粗碎硐室等，一般是断面大、长度短、施工项目多，工作场所密集，相互干扰大，往往给施工造成困难，延误工程进度。因此必须重视硐室工程的施工技术。

11.7.1 硐室开挖方法的影响因素

开挖大断面硐室的方法有多种，施工条件各异，因此，为达到施工安全可靠、速度快、效率高，以及保证工程质量经济效果好等要求，必须综合考虑地质条件、断面大小、支护形式、运输条件，以及施工队伍与设备条件等有关影响因素，才能合理选择施工方法。

A 地质条件

硐室的开挖与支护方法、施工速度、工程费用都与围岩的地质条件和地下水情况有关，尤其是开挖方法和支护形式，在很大程度上取决于地质条件。因此，确定硐室开挖方法时，首先应根据硐室围岩的地质构造、岩石坚固性、地下水等，以判断硐室围岩的整体稳定性。并根据这种分析判断围岩的允许暴露面积和暴露时间，以便选择与其相适应的开挖方法。

在复杂地质条件下，施工中有时还需要随着岩石地质条件的变化及时变更开挖方法。

此外，为保证硐室顺利施工和投产后设备正常运转，在确定硐室位置时除考虑生产系统的需要外，还应尽量避开断层和软弱夹层较多的不稳定岩层，若难以避开时也应使硐室轴线与岩体软弱结构面的走向尽量接近垂直相交，以保证硐室围岩的稳定性。

在围岩坚固和稳定的情况下，地下水尚不致影响硐室的稳定性，主要是解决施工期的排水问题。但当岩石破碎、软弱及遇水膨胀时，地下水有可能造成开挖过程中的冒顶和片帮事故，给施工带来极大困难。因此，硐室的位置应尽量避开复杂的地质构造。

B 硐室的断面大小

硐室由于用途不同，断面大小也各自有别。水泵房、变电所、卷扬机硐室和粗碎硐室的断面一般为30～150m^2，长度为10～40m。地下矿山硐室的特点是断面大、长度小，进出口通道又狭窄。因此施工宜采用矿山现有的小型设备和机具，并根据地质条件和硐室断面大小确定相应的开挖方法。

当围岩条件允许采用锚喷支护，硐室的跨度和高度均达10m以上的情况下，应用上下导硐，天井溜碴，先拱后墙的施工方法较为适宜（参看图11－164）；当硐室的跨度大于10m而高度只有6～7m时，采用两侧下导硐开挖法（参看图11－163）较为方便；硐室的跨度和高度均为6～7m时，多采用中央下导硐法进行开挖（参看图11－162）。

此外，在岩石坚固稳定开挖后无需临时支护的条件下，若硐室的跨度和高度均小于5～6m时，应采用全断面开挖法施工；若硐室跨度和高度均达10m以上，利用矿山现有设备无法进行全断面开挖时，采用留矿法施工能获得较高的效率和速度。

C 硐室的支护形式

常用的永久支护有混凝土整体式浇筑和锚喷支护两大类。由于不同的类型，有其不同的工艺特点，就同一类型也因具体条件的差异其施工方法和顺序亦不一样，这就要求开挖方法与之相适应。

整体式混凝土支护时，一般采用先墙后拱的施工顺序较多: 而锚喷支护的硐室一般是采用先拱后墙的施工顺序。这是由于前者使用先墙后拱的施工方法能获得良好的整体性，而后者使用先拱后墙的施工顺序是由于锚喷支护工艺的需要。然而在某些破碎松软岩层中，不允许有较大暴露面积的情况下，采用整体式混凝土支护硐室时，为了施工安全也有采用先拱后墙施工顺序进行施工的。

D 运输条件

井下粗碎硐室、水泵房、变电所和深部开采的卷扬机硐室一般是处在底部开采水平的井筒附近。施工期间材料、设备的运输，出碴以及人员上下都要通过井筒提升。常常由于运输条件差，工程量集中、施工项目繁多，相互干扰大而造成工期长。因此在硐室施工前确定开挖方法时，应对整个施工进行全面规划，特别是对硐室施工中的运输通道和运输方式必须进行仔细考虑和合理选择。

例如，凤凰山铜矿粗碎硐室原设计与井筒没有直接通道，后考虑在硐室施工高峰期人员器材的过分集中，运输将十分紧张，因此加开了井筒与硐室的联络道。又如梅山铁矿在井筒掘进到底后开挖粗碎硐室之前，为加速硐室的开挖，将吊桶提升改为临时罐笼提升。所有这些措施都给硐室施工和设备安装带来很大便利。

E 施工队伍与设备条件

确定硐室开挖方法时，必须从现实条件出发尽量利用矿山现有的设备和机具，并考虑充分发挥施工队伍的技术特长。

硐室的施工一般是由专业掘进队承担，该队伍应熟悉井巷掘进方法并配备必要的掘进设备和机具。由于硐室的工程量与井巷总工程量相比是很少的，因此，确定硐室开挖方法时，要考虑施工机械与其他井巷工程的通用性，否则，在技术和经济上都是不合理的。

硐室的断面大、长度小、埋深大、进出口通道小等特点，决定了不宜采用大型设备施工。因此，应充分利用矿山现有设备和机具，采用与矿山井巷掘进有工艺联系并能充分发挥井巷掘进队伍特长的开挖方法，如全断面法、导坑法和留矿法等。

11.7.2 硐室开挖方法

大断面硐室开挖方法分全断面法、导硐法和留矿法三类。

11.7.2.1 全断面开挖法

当岩石坚固性中等，节理裂隙不甚发育，围岩整体性较好，硐室高度不大于5m的条件下，可采用全断面开挖法。该法可根据工作面的布置方式分为直壁式工作面和阶梯式工作面两种。

A 直壁式工作面

在掘进工作面上只有一个垂直作业面，凿岩、爆破依次进行，与普通巷道掘进相同。目前地下矿山硐室施工多使用小型凿岩和装运机械，钻凿上部炮孔常采用蹬碴作业，装药联线借助梯子进行。

应用本法掘进硐室的优点是由于开挖面大，能发挥深孔爆破的优点；作业集中，便于施工管理；工作面空间大，易于通风。缺点是硐室长度一般较短，掘砌只能流水作业；由于采用小型设备和上部炮孔装药借助梯子等，使所开挖硐室的高度受到限制。

一般情况下，本法用于开挖高度小于5m的硐室较为适宜。

B 阶梯式工作面

开挖时将工作面分成上下两部分，若上部工作面超前时形成正台阶，称正台阶工作面；若下部工作面超前时形成倒台阶，称反台阶工作面。

a　正台阶工作面开挖

采用此法时将硐室断面分成两部分，先掘上部断面使上部超前而出现台阶。爆破后先将拱部用喷射混凝土进行支护，出碴后在上下断面同时进行凿岩（图11－158）。此外，根据硐室大小也可将断面分成几个部分，但在施工中一般多采用两个台阶。

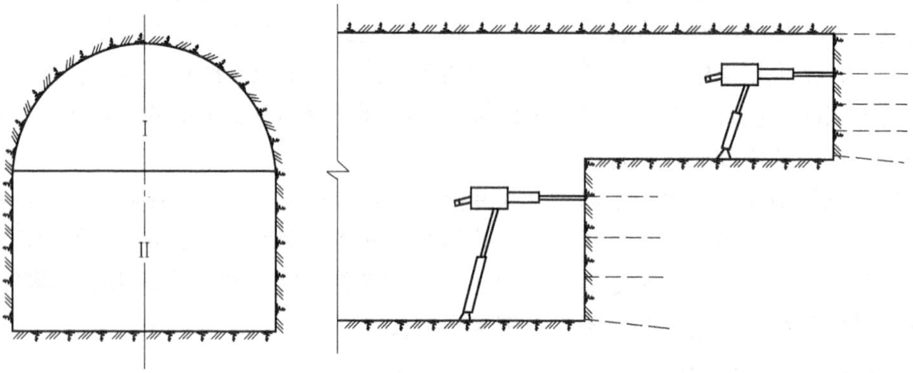

图11－158　正台阶工作面开挖示意图

下部台阶开挖时由于工作面具有两个自由面，因此也可以采用向下钻立孔的方式进行。但有时由于钻孔深度不够会出现底板欠挖的现象，此时必须及时进行纠正。

在整个硐室完成开挖后，自下而上先墙后拱进行浇灌混凝土工作。若采用锚喷支护，拱部锚杆的安设随上部断面的开挖及时进行，而喷射混凝土则可视具体情况分段完成。

正台阶开挖法在施工中需经常调整上下台阶的进度，且往往由于上部出碴速度慢而影响下部钻孔工序的进行，致使不能按照正规循环作业。在一般情况下，上部工作面要超前3～5m。但在施工中还应根据具体条件调整工艺参数，才能取得良好效果。

b　反台阶工作面开挖

本法开挖方式如图11－159所示。先开挖下部断面Ⅰ，然后在离开下部开挖面一段距离处开挖上部断面Ⅱ。在开挖上部断面时，由于有良好的爆破自由面，可适当减少炮孔数量。

整个硐室开挖后，自下而上先墙后拱浇灌混凝土，若采用锚喷支护，拱顶支护与上部断面开挖平行作业，随后完成墙部支护。

本法的主要优点是：上部断面爆破时岩碴直接落到硐室底板上，减少了上部工作面人力耙运岩碴的工序，并使上下两个工作面的作业相互干扰少，平行作业的时间长，因而工效高且管理方便。

此外，为减少搭设凿岩台架的工作，也可将下部工作面Ⅰ一直掘至硐室的端墙，然后再开挖上部断面Ⅱ，此时凿岩和支护均可利用碴堆做工作台，这样便将全断面反台阶工作面开挖法改变为先拉底后挑顶的两部开挖法。实践证明，该法也是一种行之有效的方法。如梅山铁矿地下机车硐室采用该法施工收到了良好效果。

采用直壁式或阶梯式布置工作面的开挖均具有以下优点：

（1）开挖空间大，有利于提高施工机械化程度和劳动生产率；

（2）作业地点集中，施工管理方便；
（3）轨道和管线路可以一次铺成，并可铺双轨提高出碴效率；
（4）通风条件好，有利于改善劳动条件。

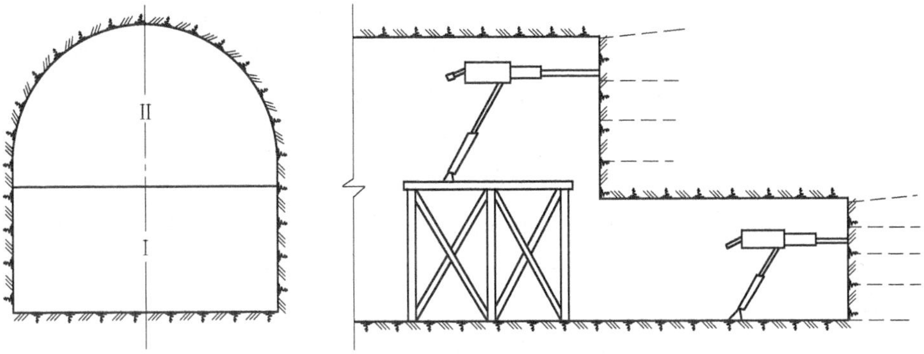

图 11－159 反台阶工作面开挖示意图

11.7.2.2 导硐开挖法

借助辅助巷道（导硐）开挖大断面硐室的方法称为导硐法。导硐可用于硐室施工的通风、行人和运输，并有助于进一步查明硐室范围内的地质情况。这种导硐具有临时性，一般断面 4～8m^2，在中等稳定岩层中不需临时支护。采用本法施工时不需要特殊设备和机具，并能根据不同地质条件、硐室断面和支护形式变换开挖方法，灵活性大，适用性强，矿山应用较多。

A 上导硐开挖法

在松软破碎的岩层中，利用上导硐开挖拱部，先浇灌混凝土拱顶，然后在拱顶的掩护

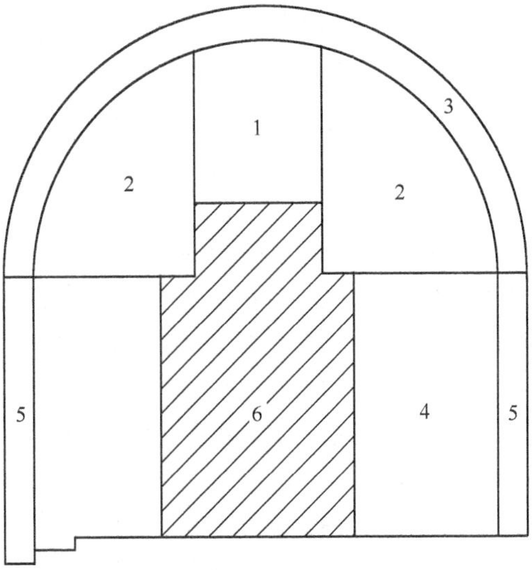

图 11－160 上导硐先拱后墙开挖法施工顺序图
1—上导硐；2—拱部扩大；3—浇灌混凝土拱顶；4—开挖边墙；
5—浇灌混凝土边墙；6—挖取中心岩柱

下进行下部施工，其施工程序如图 11－160 所示，为保证在松软岩层中施工的安全，可采用短段掘砌法，掘一米支一米，临时支护紧跟工作面。

由于岩石松软直接用风镐开挖或局部钻浅孔放小炮，这样对围岩破坏较小。在岩石条件较差的情况下，上导硐不宜一次掘至尽头，每掘 5～6m 便进行拱部扩大，每扩大一段随即对该段浇灌混凝土。上部全部开挖与浇灌混凝土后，在混凝土拱顶的保护下进行下部施工。下部施工时先开挖并浇灌混凝土边墙，最后挖取中心岩柱。

边墙施工采用短段掘砌的方式进行。两侧边墙先从一侧开始，掘一段浇灌一段，然后再从另一侧掘一段浇灌一段，这样左右交替暴露面积小，施工安全。

施工中利用中心岩柱作为临时支撑和架立模板的基础，可节省木材。拱顶和墙壁混凝土全部浇灌并养护后，拆除模板，挖取中心岩柱。由于中心岩柱的自由面多，可多开工作面加快挖取速度。

本法工序多，相互干扰大，施工速度慢；且极易造成混凝土拱顶的下沉而影响净空；拱脚与墙壁连接处的整体性较差，往往会出现裂缝和渗水现象。但在松软破碎的岩层中采用该法能保证施工安全。如易门铜矿翻笼硐室（规格 6.3m×7.6m× 6.5m），在炭质板岩（$f=1\sim2$）中施工，岩石松软破碎，侧压大，用风镐掘进，采用上导硐先拱后墙快掘快砌连续施工，实现了安全施工。

B　下导硐开挖法

在中等稳固的（$f=6\sim8$）岩层中，开挖 5～7m 高的水泵房、变电所和卷扬机硐室时，最常用的方法是利用下导硐进行扩帮挑顶，将断面刷大至设计规格。其施工程序如下：

（1）开挖下导硐。从进入硐室的联络道末端开始，平行于硐室轴线方向，贴底板掘进下导硐，使下导硐与硐室另一端的联络道掘通，以利于通风和运输。

下导硐的位置，在硐室跨度较小时在硐室中央，跨度较大时在两侧。其断面尺寸的确定原则：在容纳挑顶或挑顶加拱部光面层爆落的岩碴后，还能获得距顶板有 2m 左右的空间，为钻凿拱部锚杆孔和锚喷作业创造条件。减少搭设人工平台的工序。

（2）扩帮、挑顶。该工序具有一定的灵活性，可以先扩帮后挑顶，也可以先挑顶后扩帮。但为了取得平整的开挖轮廓面，扩帮、挑顶刷大断面时，均需沿硐室周边预留光面层。

采用下导硐先挑顶后扩帮的开挖程序如图 11－161 所示。

爆破时挑顶爆落的岩碴靠自重集中溜到下导硐内。这就能充分发挥机械装岩的作用。但拱脚处的岩石受到的夹制作用大，选择该处光面爆破参数时应适当注意。

采用下导硐先扩帮后挑顶的开挖顺序如图 11－162 所示。

掘进下导硐后，先扩帮后压顶。这一开挖顺序，能使墙部和拱部的光面层在爆破时均具有良好的自由面，光面爆破效果好。

当硐室跨度较大采用两侧下导硐开挖时，其施工顺序如图 11－163 所示。掘进两侧下导硐时，导硐的外帮采用光面爆破，以使硐室的两侧边墙获得平整的轮廓面。

挑顶时的爆破顺序是由两侧向中央发展，这样可避免岩石的夹制作用，能获得良好的爆破效果。同时拱部爆破时可将大部分岩碴直接崩落到两侧下导硐中，有利于采用机械装岩。

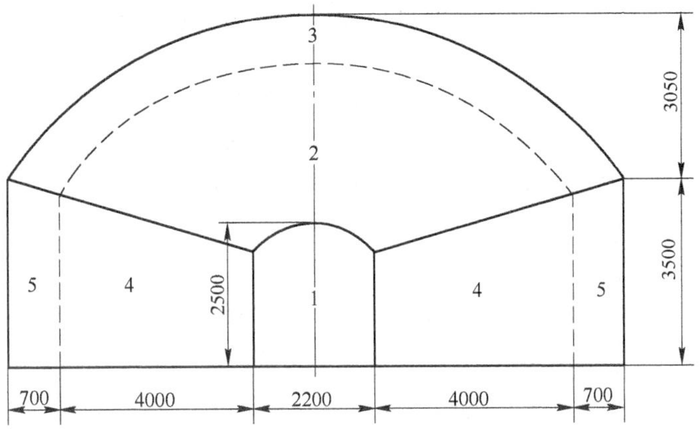

图 11-161 牟定铜矿卷扬机硐室采用下导硐先拱后墙的开挖顺序图

1—下导硐；2—挑顶；3—拱部光面层；4—扩帮；5—墙部光面层

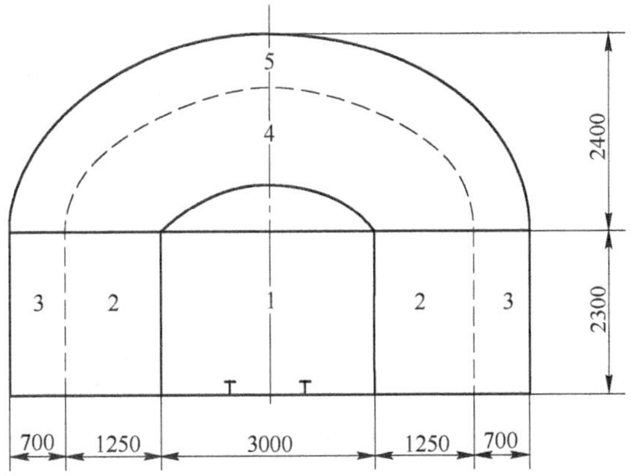

图 11-162 酒钢一矿变电硐室采用下导硐先墙后拱的开挖顺序图

1—下导硐；2—扩帮；3—墙部光面层；4—挑顶；5—拱部光面层

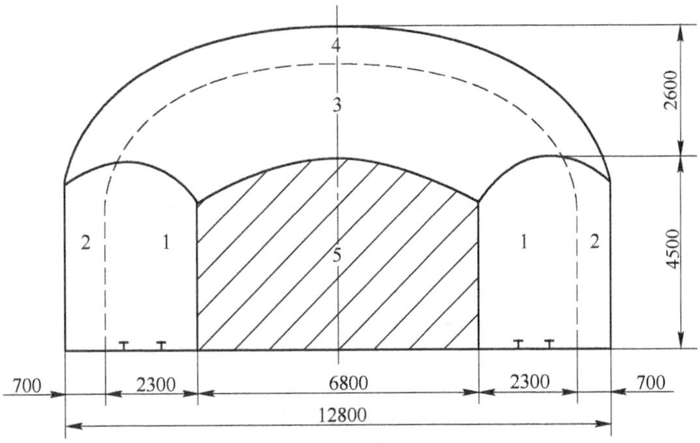

图 11-163 酒钢一矿卷扬机硐室采用两侧下导硐的开挖顺序图

1—两侧下导硐；2—墙部光面层；3—挑顶；4—拱部光面层；5—中心岩柱

（3）支护。应紧跟掘进工作面及时进行锚喷支护，使工作面暴露面积小、时间短，提高施工的安全性。不论下导硐掘进时挑顶和扩帮的先后顺序如何，支护顺序一般都是先拱后墙。

拱部锚杆的安设可随着拱部开挖及时进行。而喷射混凝土工作，当岩石条件较差时可分段与拱部开挖交替进行；若岩石条件较好时，可待拱部全部开挖后一次完成。

由于下导硐开挖法施工简单，且灵活性大，故应用较广。

C 上、下导硐开挖法

a 实质与适用条件

本法的实质是利用上下导硐，天井溜碴，先拱后墙，自上而下分部开挖的施工方法。它原是一种开挖大断面隧道的施工方法，随着控制爆破和锚喷支护技术的应用，使这种方法日趋完善，扩大了使用范围。目前该法在矿山大断面硐室施工中被广泛采用，它适用于中等稳定和稳定性较差的岩层，在不允许暴露面积过大和暴露时间过长的情况下，开挖断面超过 $100m^2$ 硐室时更为适用。

b 上、下导硐开挖法的几种形式

由于上、下导硐的布置和选取的个数不同，有以下四种形式：

（1）中央上、下导硐开挖法。梅山和小官庄铁矿的粗破碎硐室施工均采用此法。上导硐布置在拱部中央，下导硐布置在硐室底部中央，上、下导硐由施工天井联通。如图11－164所示。

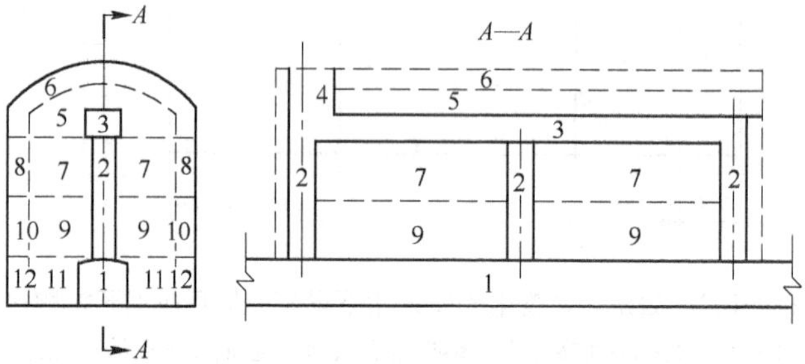

图11－164 采用中央上、下导硐开挖硐室示意图

1—下导硐；2—施工天井；3—上导硐；4—切割槽；5—拱部扩大；6—拱部光面层；7、9、11—下部开挖分层；8、10、12—墙部光面层

（2）上部中央、下部两侧导硐开挖法。金山店铁矿的粗碎硐室采用此法施工。上导硐布置在拱部中央，两个下导硐布置在底部的两侧。上、下导硐由施工天井联通。如图11－165所示。

（3）两侧上导硐、中央下导硐开挖法。西石门铁矿粗碎硐室采用此法施工。上导硐布置在拱部的两侧，下导硐布置在底部的中央、上下导硐均由施工天井联通。如图11－166 所示。

（4）两侧上、下导硐开挖法。程潮铁矿粗碎硐室采用此法施工。在硐室底部两侧先布置两个下导硐，然后开凿施工天井，再在拱基两侧布置两个上导硐。上部开挖时岩碴沿两侧施工天井溜到两侧下导硐运走。如图11－167 所示。

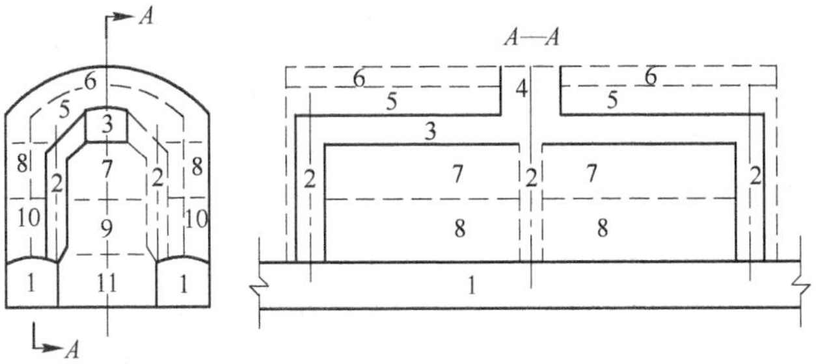

图 11－165　采用中央上导硐、两侧下导硐开挖硐室示意图

1—下导硐；2—施工天井；3—上导硐；4—切割槽；5—拱部扩大；
6—拱部光面层；7、9、11—下部开挖分层；8、10—墙部光面层

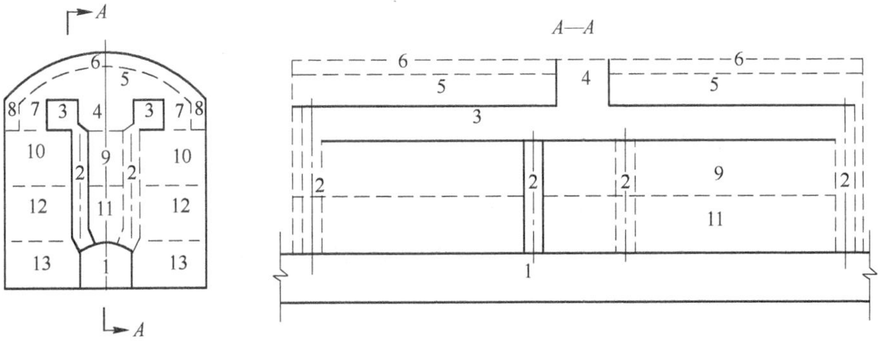

图 11－166　采用两侧上导硐、中央下导硐开挖硐室示意图

1—下导硐；2—施工天井；3—两侧上导硐；4—切割槽；5—拱部扩大；
6—拱部光面层；7—拱基扩帮；8—拱基光面层；9～13—下部开挖分层

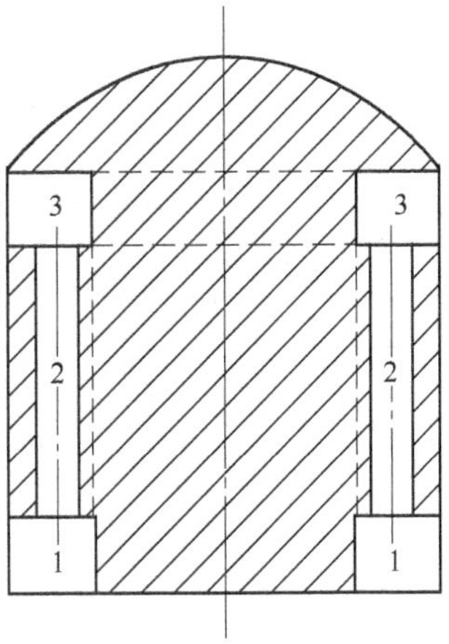

图 11－167　采用两侧上下导硐开挖硐室示意图

1—两侧下导硐；2—施工天井；3—两侧上导硐

以上几种形式的实质都一样，只不过在实践中为了施工方便根据各自的具体条件稍有改变而已。

在拱部中央只布置一个上导硐时施工准备工作量较小。但在开挖过程中往往由于硐室跨度大，电耙耙碴作业的范围有限而需要较多地人工辅助出碴。如果在拱部布置两个上导

硐时，虽然准备工作量有所增加，但是可以大大减少人工辅助出碴。

在硐室底部只布置一个中央下导硐，如果机械装运岩碴的能力较强时，一般都不会影响上部开挖的正常作业。但下部导硐出碴能力配备不足时，不能及时将天井溜放下来的上部岩碴清除，此时将影响上部开挖的继续进行。在这种情况下可以考虑布置两个下导硐以保证拱部开挖的正常进行。

上下导硐之间每隔5～6m开凿一个施工天井作为通风、行人和溜放上部岩碴之用，天井的位置和个数可根据施工的需要确定。一般在硐室的两端和中间都设有施工天井，大型粗碎硐室的施工天井个数在4～6个范围之内。

开挖拱部的切割槽布置在硐室的一端，从一端向另一端推进；切割槽也可布置在硐室的中间，以中间向两端推进。后一种方式的出碴与支护工作量较集中，但施工管理方便，速度较快。

为获得良好的硐室开挖轮廓面，以往拱、墙部均采用光面爆破，近几年来，拱部和边墙的开挖分别采用光面爆破和预裂爆破法。

11.7.2.3 留矿法开挖硐室

有些矿山在围岩稳定，岩石坚固性中等以上，整体性好，无较大裂隙、断层，无片帮、冒顶危险的条件下，采用浅孔留矿法开挖大断面硐室取得了良好效果。凡口铅锌矿和红透山铜矿粗碎硐室以及黄沙坪铅锌矿卷扬机硐室都是采用此法施工的。见图11－168。

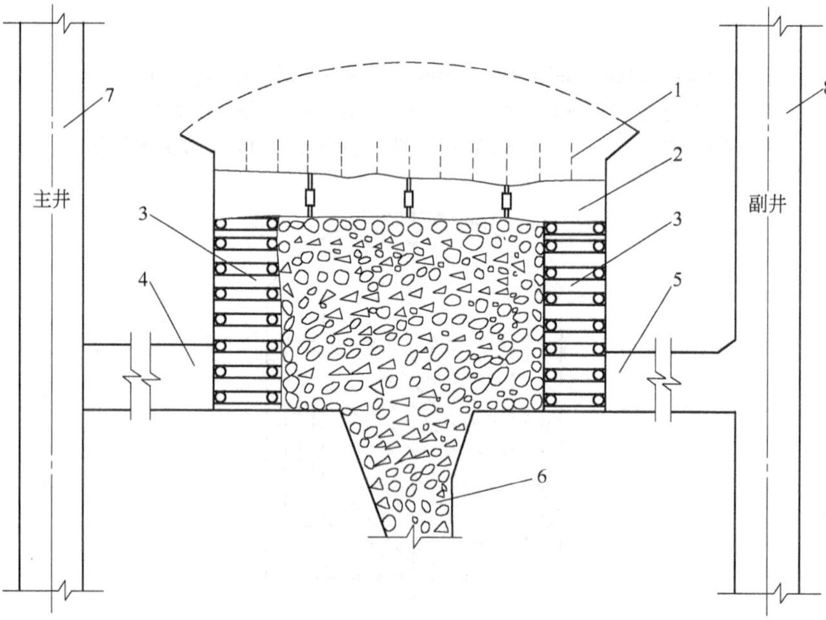

图11－168 凡口铅锌矿粗碎硐室采用留矿法施工示意图

1—上向炮孔；2—作业空间；3—顺路天井；4—主井联络道；5—副井联络道；6—下部储矿仓；7—主井；8—副井

采用留矿法开挖粗碎硐室时，首先应完成以下准备工程：计量装矿硐室，下部贮矿仓、井筒与硐室的联络道（即大件道）。然后以水平联络道进入硐室并沿硐室底板按全宽拉开底槽，使用上向凿岩机分层上掘。在每分层的中间部分采用楔形掏槽。

岩碴经下部贮矿仓通过漏斗放出，但在利用下部漏斗出碴来降低工作面碴堆高度时，需控制碴堆面距顶板 1.8～2.0m 的距离，以利于凿岩作业。此外，还应控制爆破块度以免堵塞漏斗口。

掘进顺序是自下而上，但锚喷支护的顺序则是自上而下先拱后墙。拱顶和边墙的支护均利用碴堆面为工作台。拱顶支护后，利用分层降低碴堆面的方式自上而下逐层进行边墙的锚喷支护。

如果边墙不需支护，硐室中的存碴便可一次连续放出。但在放碴过程中必须将四周边墙的松石处理干净以保证安全。

本法开挖硐室工艺简单，辅助工作量小，作业面宽可布置多台凿岩机作业。但它的适用范围受地质条件限制较大，同时要求底部最好有漏斗装碴的条件，比如粗碎硐室的下部贮矿仓。

11.7.3 硐室开挖工艺技术及经验

由于控制爆破与锚喷支护技术的作用，使硐室工程的建造起了重大变化：施工工艺简化，机械化程度提高，岩石开挖量减少，节约原材料，缩短工期，取得了显著的技术经济效果。

11.7.3.1 应用控制爆破技术开挖硐室轮廓面

为获得平整光滑的轮廓面，可应用控制爆破技术（光面爆破和预裂爆破）。在一般情况下，拱部轮廓面用光面爆破技术来实现，边墙轮廓面可用预裂爆破或光面爆破技术来实现。

应用光面爆破开挖拱部轮廓时，采用预留光面层的措施有助于获得良好的光面爆破效果。预留光面层就是在拱部开挖过程中，将掘进工作面先超前两茬炮的距离，然后光面层再与掘进工作面同时向前推进。这样，光面层始终保持落后掘进面两荐炮的距离而被“预留”。图 11－169 为采用预留光面层开挖硐室拱部示意图。

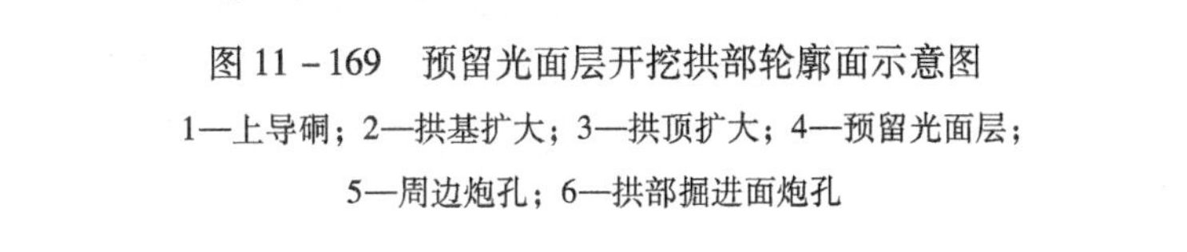

图 11－169 预留光面层开挖拱部轮廓面示意图

1—上导硐；2—拱基扩大；3—拱顶扩大；4—预留光面层；5—周边炮孔；6—拱部掘进面炮孔

光面层的厚度由（11－42）式决定：

$$K=\frac{E}{W} \tag{11-42}$$

式中 E——周边孔间距；

W——光面层厚度；

K——周边孔密集系数。K=0.8~1.0为最优值。

光面层厚度受岩石坚固性、破碎程度、节理裂隙发育程度等因素影响，在一般情况下，W=70~80cm。

必须保证预留光面层的质量，对光面层里圈的一排炮孔的爆破质量要严格控制，避免因光面层薄厚不均而影响光面爆破效果。

E值一般取50~70cm，大曲率的拱部或边墙周边孔间距可取70cm，在拱脚小曲率半径处可取50cm，在周边孔之间加一不装药的空孔，对克服小弯处岩石夹制作用有一定效果。

为减少周边围岩的破坏，对周边孔的装药可采取选用低猛度炸药和减少装药量以及改变装药结构等措施。

多数矿山选用2号岩石炸药，也有用铵油炸药。从效果上看都能满足基本要求。周边孔的装药集中度即平均每米装药量选为0.15~0.25kg/m。同时，炸药在炮孔中还须均匀分布。为此，通常采用不耦合装药和空气间隔装药，不耦合装药是将小直径药卷（20~25mm）装入大直径（40~45mm）的炮孔中，见图11－170。炮孔直径与药卷直径之比称为不耦合系数。试验表明，控制爆破的不耦合系数应为1.4~2.0。空气间隔装药是将普通药卷（直径32mm）分成两段，装入炮孔时药卷彼此之间用间隔物或空气隔开，见图11－171。

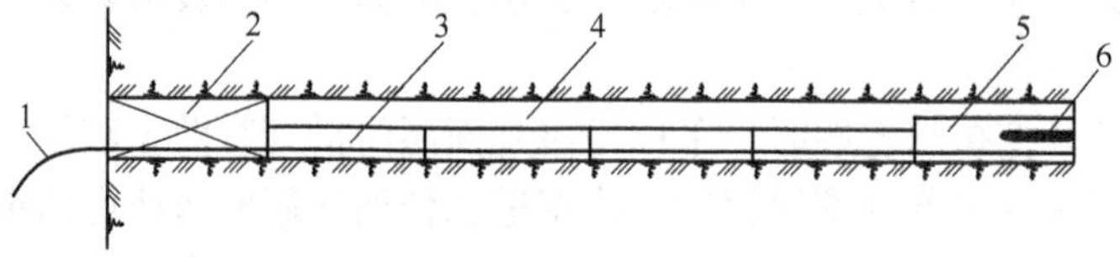

图11－170　小直径连续装药结构示意图

1—导爆管；2—炮泥；3—小直径药卷；4—空气间隙；5—孔底起爆药卷；6—雷管

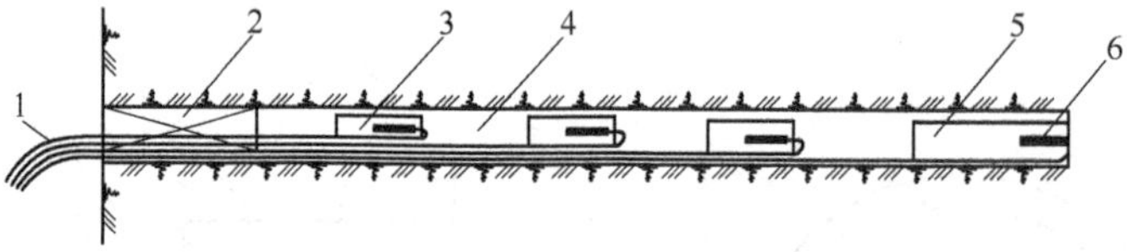

图11－171　空气间隔装药结构示意图

1—导爆管；2—炮泥；3—短药卷；4—空气间隔；5—孔底起爆药卷；6—雷管

实践表明，各周边孔起爆的同时性明显地影响光面爆破效果。为了保证周边炮孔起爆的同时性，以往主要是采用导爆索实现同时起爆，在无导爆索或有水情况下采用瞬发电雷管或同段微差电雷管起爆。塑料导爆管非电起爆系统，它具有安全可靠、成本低、操作简便等优点，是较为理想的爆破器材。

11.7.3.2　锚喷支护技术在硐室工程中的应用

采用光面爆破开挖硐室轮廓面，不仅能保证开挖面符合设计要求，同时为锚喷支护创造了有利条件。光面爆破和锚喷配套应用能大大减少硐室的开挖量和缩短工期。梅山铁矿粗破碎硐室施工中首先应用锚喷支护做永久支护，该硐室原设计为混凝土支护，改为锚喷支护后，减少开挖量321.72m^3节省木材38.14m^3，减少混凝土消耗量296.54m^3。施工中全面应用了光面爆破、钢筋砂浆锚杆和喷射混凝土等各项新技术，获得良好的技术经济效果。之后，金山店、小官庄和西石门铁矿也用此法建造了大型地下硐室，并取得了更为显著的技术经济效果，从而取代了旧式的开挖与支护方法。

兹将我国一些硐室工程锚喷支护结构与参数列于表 11－129。粗破碎硐室和卷扬机硐室施工实例分别列于表 11－130 和表 11－131 中。

11.7.3.3 硐室的防水防潮

在破碎或断层裂隙较多、涌水量较大的岩层中，为保证硐室的稳定和防水防潮需要，

表 11－129 矿山地下硐室锚喷支护结构与参数例表

岩体稳定性	地质条件	跨度（m）	支护结构和参数	工 程 实 例
稳定性好	岩石坚硬致密不易风化。无软弱结构面，整体性好	5～15	不支护，或喷射混凝土 3～5cm	香夼铅锌矿水泵房硐室，跨度 5～6m，位于节理中等的花岗岩中，$f=10$。喷射混凝土 3cm，局部敷设钢丝网 红透山铜矿粗碎硐室，跨度 8.7m。前震旦纪角闪片麻岩，节理裂隙不发育，整体性好，无裂隙水，$f=12～14$。拱顶喷射混凝土 10～15cm，边墙裸露
稳定性较好	岩石中硬，整体性好。破碎、裂隙轻微，无平行硐室轴线的较大断层	5～10	喷射混凝土 5～10cm	冶山铁矿水泵房和变电所硐室，跨度 4～6m，花岗闪长岩，弱裂隙较稳定。喷射混凝土 8～10cm
		10～15	喷射混凝土 10～15cm。或锚杆加金属网，锚杆长 1.5～2.0m，间距 0.8～1.0m	牟定铜矿卷扬机硐室，跨度 11.6m，长石石英岩，节理裂隙不发育，$f=10$。喷射混凝土厚：拱 7～15cm，边墙 15cm，局部加钢筋砂浆锚杆，其长 1.8～2.0m，直径 22mm（螺纹钢筋） 镜铁山铁矿卷扬机硐室，跨度 12.8m，钙质千枚岩，片理较发育。采用钢筋砂浆锚杆加金属网支护，拱顶锚杆长 2.2m，直径 18mm（螺纹钢筋），间距 0.8m，边墙锚杆长 1.5m
稳定性中等	岩石中硬，节理裂隙发育，总体基本稳定，局部有不稳定因素	5～10	喷射混凝土加钢筋网或金属网，喷层厚度 10～15cm	铜官山铜矿卷扬机硐室，跨度 10m。靠近采场陷落区 5～7m。围岩为闪长岩，中部横贯 50cm 宽的风化破碎带，局部有淋水，$f=10$。喷射混凝土 10～15cm，钢筋网度 30cm×30cm，主筋 ϕ16mm，副筋 ϕ8mm
		10～15	喷射混凝土、锚杆加钢筋网联合支护喷层 15cm 厚，锚杆长 2.5m，间距 0.8～1.0m，钢筋网度 0.4m×0.4m	小官庄铁矿粗破碎硐室，跨度 12.4m，正长闪长岩 $f=8～10$，节理发育，中部有一条较大断层破碎带不稳定，其他部分基本稳定，喷射混凝土厚 15cm，钢筋砂浆锚杆长：拱基部分杆长 3m，其他均为 2.5m，锚杆排间距为 0.8m，锚杆直径 22mm（螺纹钢筋），钢筋网度 345cm×200mm，钢筋直径 10mm
稳定性较差	岩石软弱，节理裂隙发育，有较大破碎带，存在软弱结构面	5～10	锚喷联合支护，喷射混凝土厚 5～10cm，锚杆长 1.5～2.0m，间距 0.8～1.0m	梅山铁矿水泵房硐室，跨度 6m，石英粗面岩，有小断层和构造破碎带，并伴有强烈的高岭土化和绿泥石化，稳定性较差，$f=4～6$，局部 $f=2～3$。喷射混凝土厚 10cm，钢筋砂浆锚杆长 1.6m，直径 18mm（螺纹钢筋），间距 1m×1m
		10～15	锚喷网联合支护喷射混凝土厚 15cm，钢筋砂浆锚杆长 2.5～3.0cm，间距 0.8m。钢筋网度 0.4m×0.4m	梅山铁矿粗碎硐室，跨度 10.5m，硅化和高岭土化安山岩，硅化安山岩较稳定，高岭土化安山岩遇水膨胀，易风化，稳定性较差。硐室中部有三条较大断裂穿过，裂隙最大宽度 0.8m，局部有渗漏水，采用锚喷网联合支护，喷射混凝土厚 15cm，钢筋砂浆锚杆长：拱顶 2.5m，拱基 3.0m，边墙 1.5～2.5m，间距 0.8m×0.8m。钢筋网度 0.4m×0.4m，主筋 ϕ10mm，副筋 ϕ6mm，锚杆直径 18～22mm（螺纹钢筋）

表11－130 井下粗碎硐室施工方法实例

矿山名称	硐室规格（长×宽×高）（m）	断面尺寸（m^2）	开挖量（m^3）	设 备	围岩性质	支护形式	开挖方法	建成时间	设计施工单位
程潮铁矿	14.4×9.4×12.88	121	2307	颚式破碎机一台，900×1200	花岗岩，f=12～14，节理明显，整体性较差	混凝土圆弧拱顶，梁柱支承拱顶，边墙不承重	导硐法：两侧上、下导硐，天井溜碴，先梁柱，后拱顶支护	1970年	长沙黑色金属矿山设计研究院，一冶一井巷公司
凡口铅锌矿	15.7×14.5×9.1	132	2406	颚式破碎机二台，600×900	石灰岩，f=10～12，岩层稳定，无涌水，不需临时支护	圆弧拱直墙，整体混凝土支护	留矿法	1970年	长沙有色冶金设计研究院，十六冶十七井巷公司
凤凰山铜矿	10×8×10.75	86	860	颚式破碎机一台，900×1200	大理岩与角闪岩互层，f=10～12，裂隙不甚发育，无涌水岩层较稳定	原为锚喷支护施工，后又采用三心拱直墙、整体混凝土支护	导硐法：上下导硐，天井溜碴，自上而下进行锚喷支护，后又自下而上进行整体混凝土支护	1970年	北京有色冶金设计研究总院、十八井巷公司
梅山铁矿	26.6×10.5×13.39	140	3724	悬回式破碎机一台，900×1200	安山岩，f=6～8，整体稳定性一般，局部较差，有少量渗漏水	钢筋砂浆锚杆－钢筋网－喷射混凝土联合支护	导硐法：上下导硐、天井溜碴，先拱后墙进行锚喷支护	1972年	鞍山黑色金属矿山设计研究院、梅山铁矿一大队
红透山铜矿	15×8.7×10.4	90	1532	颚式破碎机一台，900×1200	角闪片麻岩，f=12～14，裂隙不发育，无裂隙水，整体性好	喷射混凝土厚100～150mm	留矿法	1972年	红透山铜矿
金山店铁矿	31×11.5×14	148	4838	颚式破碎机一台，900×1200	石英二长岩，f=10～12，节理发育，无断层构造，整体性好，局部有少量渗水	钢筋砂浆锚杆－钢筋网－喷射混凝土联合支护	导硐法：上单、下双导硐，天井溜碴，先拱后墙，进行锚喷支护	1973年	长沙黑色金属矿山设计研究院、十五冶十四井巷公司
小官庄铁矿	36×12.4×14.9	169.88	6777	颚式破碎机二台，1200×1500	正长闪长岩，f=8～10，节理发育，有一条破碎带，围岩整体性很差	钢筋砂浆锚杆－钢筋网－喷射混凝土联合支护	导硐法：上下导硐，天井溜碴，先拱后墙，进行锚喷支护	1980年	鞍山黑色金属矿山设计研究院，张家洼工程指挥部井巷公司
西石门铁矿	30.4×10×12.5	117.46	3606	颚式破碎机二台，900×1200	蚀变角闪二长岩，f=7～15，节理发育，有一条破碎带，围岩整体性较差	钢筋砂浆锚杆－钢筋网－喷射混凝土联合支护	导硐法：上双、下单导硐天井溜碴，先拱后墙，锚喷支护	1982年	马鞍山钢铁设计研究院、马万水工程队

表 11－131　卷扬机硐室施工方法实例

矿山名称	硐室规格（长×宽×高）（m）	断面（m^2）	开挖量（m^3）	设　备	围岩性质	支护形式	开挖方法	建成时间	设计施工单位
因民铜矿（鹦哥架）	12×11×6	66	950	ϕ2m 卷扬机	紫色板岩，f=6～8，有一条较大裂隙，局部有滴水	整体混凝土支护	导硐法：侧壁导硐，先墙后拱	1965 年 5 月	北京有色冶金设计研究总院、因民铜矿
因民铜矿（猴跳岩）	11×10×6	60	792	ϕ2m 卷扬机	紫色板岩，f=6～8，无裂隙、断层、无滴水	整体混凝土支护	导硐法：侧壁导硐，先墙后拱	1965 年 12 月	北京有色冶金设计研究总院、因民铜矿
黄沙坪铅锌矿	12.5×13.5×7.7	104	1745	ϕ3m 卷扬机	风化花岗岩，f=6～8	锚杆做临时支护，混凝土做永久支护	留矿法	1966 年	长沙有色冶金设计研究院、十五冶十三井巷公司
镜铁山铁矿	17.1×12.8×7.1	91	1867	ϕ2.5m 卷扬机	钙质千枚岩，f=8～10	钢筋砂浆锚杆加金属网	导硐法：侧壁导硐，先墙后拱开挖，先拱后墙支护	1969 年	鞍山黑色矿山设计研究院、酒泉钢铁公司
易门铜矿（狮山主井）	12.4×10×15.4	150	2232	ϕ3m 卷扬机	薄层灰岩，f=6～8，局部有滴水	整体混凝土支护	导硐法：侧壁导硐，先墙后拱	1967 年	昆明有色冶金设计研究院、易门铜矿
易门铜矿（狮山副井）	16.5×11×15.6	170	3366	ϕ4m 卷扬机	薄层灰岩，f=6～8	整体混凝土支护	导硐法：侧壁导硐，先墙后拱	1968 年	昆明有色冶金设计研究院、易门铜矿
牟定铜矿	10.3×11.6×6.55	76	1014	ϕ2.5m 卷扬机	长石石英岩，f=6～10，岩层稳定，倾角 15°～19°，层厚 1～1.5m	局部锚杆，喷射混凝土厚 7～15cm	导硐法：中央下导硐，先拱后墙	1971 年 3 月	昆明有色冶金设计研究院、十四冶十二井巷公司

应进行注浆堵水，注浆时采用壁后注浆。注浆浆液可根据具体情况选择单液、双液的水泥或化学注浆。

当硐室墙拱有渗漏水时，过去常在硐室中设置永久性导水管将积水及时排出，虽取得一定效果，但仍存在一些问题。在地下工程中近期使用氯化铁防水剂取得了显著效果。

将氯化铁按水泥用量的3%加入混凝土或砂浆中，制成防水混凝土或防水砂浆，用防水混凝土浇灌的墙和拱具有防水作用。用普通浇灌混凝土或喷射混凝土支护的墙、拱，如有渗水时，可用氯化铁防水砂浆抹面，抹面层厚2～3cm，施工顺序是先抹拱顶、后抹边墙和地坪。

对局部滴渗水处，用水泥、水玻璃按1:2比例拌和均匀后进行堵渗，在仅有少量渗水而不足成滴的部位可用氯化铁防水砂浆处理。在滴水成细流的部位，先用钢刷去掉污垢，然后一边浇刷水玻璃溶液，一边压抹干水泥粉，如此反复进行数次即可堵水滴流渗水。

当出水点较集中、漏水形成急流时，可将漏水处凿成内大外小的孔，如是小裂隙可剔成沟槽，然后用水玻璃水泥浆堵住出水点，待停止渗水后立即再压抹一层氯化铁防水砂浆。一般情况下，砂浆凝固后就不再渗漏。

参 考 文 献

1 朱柏石主编，井巷掘进第二分册，竖井掘进，冶金工业出版社，1986年
2 吴理云主编，井巷硐室工程，冶金工业出版社，1985年
3 沈季良等编著，建井工程手册，煤炭工业出版社，1986年
4 山东矿业学院译，国外井巷工程，煤炭工业出版社，1985年
5 简富昌主编，立井抓岩机，煤炭工业出版社，1981年
6 房延贤主编，立井井筒施工机械化，煤炭工业出版社，1980年
7 煤炭工业部基本建设司编，立井施工，煤炭工业出版社，1984年
8 季大滩等编，立井凿岩钻架，煤炭工业出版社，1980年
9 林增禧等编，立井支护机械化，煤炭工业出版社，1983年
10 Н. К. Шафранов，Технология армирования вертнкальных стволов шахт；Москва，НОДРА，1984年
11 中国矿业学院编，井巷工程第三分册——立井，煤炭工业出版社，1979年
12 煤炭工业部生产司编，煤矿立井井筒延深，煤炭工业出版社，1977年
13 东北工学院等六院校合编，井巷工程，煤炭工业出版社，1960年
14 周昌达主编，井巷工程，冶金工业出版社，1979年
15 中国矿业学院主编，特殊凿井，煤炭工业出版社，1981年
16 余力等编，煤炭沉井法凿岩，煤炭工业出版社，1984年
17 山东矿业学院编，井巷工程第6分册，煤炭工业出版社，1982年
18 周晋华主编，井巷掘进第一分册，平巷掘进，冶金工业出版社，1987年修订版
19 《采矿设计手册》编委会，采矿设计手册，矿床开采卷下册，中国建筑工业出版社，1987年
20 周晋华编，平巷掘砌一次成巷，冶金技术，1963年第8期
21 周晋华编，金属矿山一次成巷施工，长沙矿山研究院采矿文集，1964年第一期
22 新晃汞矿、长沙矿山研究院，新晃汞矿独头平巷月进1056.8米技术总结，有色金属，1977年
23 马万水工程队，创平巷独头掘进1403.6m技术总结、金属矿山，1978年
24 周晋华，我国矿山井巷掘进技术发展方向的探讨，长沙矿山研究院季刊，1982年第一期
25 吴统顺，周晋华，我国金属矿山采矿科技30年的发展，有色金属创刊35周年文集，1984年
26 马鞍山矿山研究院情报室，国外平巷掘进，矿山情报，1982年2期
27 桑原弥介，新奥法概论，日本土木施工，1979年6期
28 Leopoid Muller，改变对新奥法的错误概念，隧道译丛，1980年
29 三门峡水工机械厂编译，隧洞联合掘进机，科学出版社，1972
30 马良玉主编，井巷掘进第三分册，天井硐室掘进，冶金工业出版社，1980年修订本
31 冯保成、谢国华等，盲天井深孔爆破一次成巷新工艺，金属矿山，1987年7期

32 掘进爆破，日本爆破手册，4.1，1989 年
33 占罗林，大吉山爬罐法掘进天井新纪录，有色金属，矿山分册，1987 年第四期
34 谢国华，深孔爆破掘进法掘进天井技术的应用，冶金科技，1978 年第 11 期
35 陈中政，李格等，我国天井钻进技术的发展及今后的任务，长沙矿山研究院季刊，1987 年
36 国外采矿，天井钻机专辑，1975 年第 7 期
37 国外天井掘进现状和钻进法，国外采矿，1978 年第 1 期
38 竖井和天井掘进设备，国外采矿，1984 年第 4 期
39 Raise drill drive systems，Interntional mining，1984，No. 5
40 淮南煤炭学院编，井巷设计，安徽人民出版社，1976 年 2 月
41 南昌有色冶金设计院编，冶金矿山井巷设计参考资料，上册，冶金工业出版社，1979 年

索 引

T

W

X

Y

冶金工业出版社部分图书推荐

书　名	定价（元）
现代金属矿床开采科学技术	260.00
选矿手册（第1卷至第8卷共14分册）	637.50
选矿设计手册	140.00
矿山地质手册（上、下）	160.00
采矿工程师手册	即将出版
非金属矿加工技术与应用	119.00
工程爆破实用手册（第2版）	60.00
中国冶金百科全书·采矿	180.00
中国冶金百科全书·选矿	140.00
中国冶金百科全书·安全环保	120.00
中国典型爆破工程与技术	260.00
中国爆破新技术	200.00
工程爆破新进展（全英文版）	190.00
有岩爆倾向硬岩矿床采矿理论与技术	18.00
矿山工程设备技术	79.00
充填采矿技术与应用	55.00
矿山废料胶结充填	42.00
现代矿山企业安全控制创新理论与支撑体系	75.00
矿井风流流动与控制	30.00
拆除爆破	16.00
特种爆破技术	35.00
露天矿山台阶中深孔爆破开采技术	25.00
采矿知识问答	35.00
选矿知识问答（第2版）	22.00
常用有色金属资源开发与加工	88.00
金属矿山尾矿综合利用与资源化	16.00
采矿概论	28.00
地下采矿技术	36.00
球团矿生产技术	36.00
球团矿生产知识问答	19.00
难采矿体新型采矿法	88.00
采矿学	39.80
矿石学基础（第3版）	43.00